高校建筑学专业指导委员会规划推荐教材

CAD在建筑设计中的应用

卫兆骥　吉国华　童滋雨　等编著

中国建筑工业出版社

图书在版编目(CIP)数据

CAD在建筑设计中的应用/卫兆骥　吉国华　童滋雨等编著.
北京：中国建筑工业出版社，2005
高校建筑学专业指导委员会规划推荐教材
ISBN 978-7-112-07186-9

Ⅰ.C…　Ⅱ.卫…　Ⅲ.建筑设计:计算机辅助设计—高等学校—教材　Ⅳ.TU201.4

中国版本图书馆CIP数据核字(2004)第130829号

高校建筑学专业指导委员会规划推荐教材
CAD在建筑设计中的应用
卫兆骥　吉国华　童滋雨　等编著
*
中国建筑工业出版社出版、发行(北京西郊百万庄)
各地新华书店、建筑书店经销
北京富生印刷厂印刷
*
开本：787×1092毫米　1/16　印张：35　字数：830千字
2005年4月第一版　2009年7月第五次印刷
定价：**52.00**元(含光盘)
ISBN 978-7-112-07186-9
(13140)

全书的内容分成两部分：第一篇是介绍用 AutoCAD 软件进行二维建筑绘图和三维建筑建模；用 3ds max 和 Photoshop 软件进行建筑渲染和后期处理。这是 CAD 在建筑设计中使用最为广泛又最为有效的应用技术。也是目前国内大专院校建筑系开设的 CAD 课程的内容。第二篇是介绍用 DreamWeaver 软件制作建筑方案的网页演示；用 PageMaker 软件制作建筑方案的文档排版；用 PowerPoint 软件制作建筑方案的演示文稿。在建筑方案的投标、汇报和演示时，这些演示和文档的制作就需要用到这类 CAD 技术。

本书涉及的 CAD 软件较多，所以采用了实用化的围绕目标选择内容的方法，重点介绍软件中与专业目标相关的功能和内容。内容能满足 CAD 学习的基本需要，而且重点明确，有利于初学者的学习。

本书是为建筑学专业学生编写的 CAD 教材。也可作为广大建筑设计人员学习 CAD 技术的参考书。

* * *

责任编辑：陈　桦
责任设计：崔兰萍
责任校对：刘　梅　李志瑛

前　言

近年来，CAD技术得到了飞速的发展和普及，CAD在建筑设计中已得到了广泛的应用。在高校的建筑系中，建筑CAD(CAAD)已经成为一门重要的专业基础课，纳入了学生培养的教学计划。根据目前建筑设计中CAD技术的实际使用状况，它的应用范围几乎包括了建筑设计的方方面面，所涉及的内容也相当广泛，但作为一本建筑学专业学生的CAD课程的教材，它受到教学大纲和学时的限制。为此，我们将全书分为上、下两篇，第一篇包括电脑建筑绘图和电脑建筑渲染。这是目前大多数院校设置的建筑CAD课程的内容。第二篇包括网页演示、文档排版、演示文稿的制作，可作为学生自学时的参考。

谈到CAD，必然会涉及电脑的硬件和软件，但本书并不包含介绍电脑基本知识方面的内容。建筑CAD所涉及的应用软件也相当多，我们只能选择目前国内最常用的相关应用软件为基础，如建筑绘图以AutoCAD 2002、2004为主，建筑渲染以3ds max 5.0、6.0和Photoshop 7.0为主，网页演示以DreamWeaver MX为主，文档排版以PageMaker 6.5c为主，演示文稿以PowerPoint 2002为主等。使用国外的软件最好使用它的原版，我们在软件介绍中尽量采用英文原版的内容。另外，上述的每种应用软件的适用范围都很广，应用于建筑设计之中，可能只涉及软件功能的一部分。所以，我们在讲述软件功能时，一般只介绍与建筑设计相关的功能和内容。这样做可以突出学习的重点，便于初学者尽快入门并掌握基本的操作技能，但是就软件学习而言，它们是不完整的。所以需要进一步深入学习和研究时，就应该结合参照这些软件的使用手册和相关的专业书籍进行。

参加本书第一篇编写的是东南大学卫兆骥、江苏省建筑设计院刘志军先生和三江学院王斌先生。参加第二篇编写的有南京大学吉国华先生和东南大学童滋雨先生。限于作者的水平，书中难免存有错误或不切之处，望读者不吝批评指正。

目　录

绪论 …… 1
一、人脑与电脑 …… 1
二、CAD与CAAD …… 1
三、CAAD应用 …… 2
四、电脑渲染图 …… 4

第一篇　建筑绘图与建筑渲染 …… 9
第一章　建筑设计二维绘图(AutoCAD) …… 11
第一节　AutoCAD绘图环境 …… 11
第二节　AutoCAD图形绘制功能 …… 38
第三节　AutoCAD图形编辑工具 …… 55
第四节　建筑图块与参考图形 …… 79
第五节　文字标注和尺寸标注 …… 85
第六节　建筑总平面图绘制方法 …… 97
第七节　建筑平面图绘制方法 …… 100
第八节　建筑立面图、剖面图绘制方法 …… 107
第九节　建筑图形的打印输出 …… 110
第二章　建筑设计三维建模(AutoCAD) …… 119
第一节　AutoCAD三维建模环境 …… 119
第二节　AutoCAD三维建模工具 …… 127
第三节　AutoCAD三维建筑建模方法 …… 147
第四节　AutoCAD斜坡屋顶三维建模 …… 167
第五节　AutoCAD复杂形体三维建模 …… 176
第三章　建筑方案彩色渲染(3ds max) …… 193
第一节　基本界面和基本概念 …… 193
第二节　基本操作和命令面板 …… 200
第三节　AutoCAD模型导入和局部修改 …… 220
第四节　视野环境的大气和像机设定 …… 239
第五节　光照环境的设计 …… 245
第六节　大气环境和光环境设计实例 …… 258
第七节　渲染环境的渲染参数设定 …… 270
第八节　材料编辑和基本材料 …… 274
第九节　贴图类型和贴图方式 …… 285
第十节　贴图坐标的设定 …… 293
第十一节　贴图工作过程实例 …… 299

第十二节 建筑动画的制作基础 …… 314
第四章 渲染图像后期处理(Photoshop) …… 328
第一节 基本界面和基本概念 …… 328
第二节 效果图后处理工作过程 …… 332
第三节 效果图图像调整基本操作 …… 333
第四节 图像处理范围的选择 …… 341
第五节 图形处理工具箱 …… 351
第六节 图层和通道技术 …… 361
第七节 常用环境配景技法 …… 370
第八节 几种特殊效果技法 …… 383

第二篇 方案演示与文档排版 …… 393
第五章 建筑方案网页演示 …… 395
第一节 Web Page 和 HTML 语言 …… 395
第二节 Dreamweaver MX 基本界面 …… 398
第三节 站点的建立 …… 402
第四节 网页的基本结构与制作 …… 406
第五节 表格的制作 …… 414
第六节 层的创建 …… 419
第七节 框架网页 …… 426
第八节 建筑方案网页演示 …… 431
第六章 建筑方案文档排版(PageMaker 6.5C) …… 443
第一节 PageMaker 6.5C 的界面 …… 443
第二节 基本操作 …… 447
第三节 版面设置 …… 452
第四节 文本与图形的输入与编辑 …… 457
第五节 链接、颜色和图层 …… 470
第六节 实例演示 …… 475
第七章 建筑方案演示文稿(PowerPoint 2002) …… 491
第一节 建筑方案演示文稿的常用种类 …… 491
第二节 PowerPoint 2002 的界面 …… 492
第三节 演示文稿和幻灯片的基本操作 …… 498
第四节 文本和图形的编辑 …… 506
第五节 幻灯片的放映及控制 …… 523
第六节 幻灯片母板 …… 527
第七节 一个建筑方案演示文稿的制作实例 …… 529

附录 将 AutoCAD 图形输出为图像 …… 540

绪　论

一、人脑与电脑

随着计算机技术的飞速发展，我们进入了计算机信息时代。联合国教科文组织(UNESCO)曾经指出：在信息时代的今天，不懂得信息技术的人就是现代文盲。信息时代人们面对的是信息的海洋，无论是日常生活还是从事建筑设计工作，都必须面对信息的挑战。我们必须学会在信息海洋中游泳，掌握和更新 CAAD 技术，才不会落后于这个飞速发展的新时代。

现在的计算机(Computer)，人们也称其谓电脑，是因为它不仅仅是一种计算的机器，而且它能够像人脑一样，进行判断，识别，学习，记忆。当然，它也能帮助设计师进行设计和绘图。但是，电脑作为一种由人创造出来的智能性工具，它与人脑相比又有着很大的区别。我们可以作一个简单的类比：

	人　脑	电　脑
思维方式	经验加推理。直觉，联想及判断	系统性，遵循预置的程序化过程
智慧水平	能积累，灵活运用，但因人而异	学习能力差，但易达到预期效果
创造能力	善于构思，有触发灵感和能动性	机械，因循，创造性差
数据处理	慢，容易出错，重复性差	快，严密详尽，重复性好
分析识别	能直观分析，数字分析识别较差	无直观分析，数字分析识别很强
综合判断	能力强，但易受内外因素影响	能力弱，不易受内外因素干扰
信息存储	量小，时间长容易错位和遗忘	量大，查询方便，不受时间影响
信息传递	量小，速度慢，不能联机联网	量大，速度快，可以联机联网
综合评价	有创造性，灵活性，综合性和主观能动性	速度快，存储量大，错误少严密准确，系统性强

不难看出，人脑与电脑是各具优势，具有很大的互补性。充分发挥他们各自的优势，就能产生高效率。在人脑和电脑的合作中，人脑总是起着主导作用，而电脑只是起着辅助作用。所以，CAD 技术就应运而生了，而 CAD 技术就是：

人脑＋电脑＝生产力

二、CAD 与 CAAD

CAD(Computer Aided Design)技术——电脑辅助设计技术是一种用电脑技术来辅助工程设计的技术。从 1963 年世界上第一次出现这个概念以来，短短的 40 年间，CAD 技术的突飞猛进，改变了工程设计的理念和方法，同样也冲击着古老传统的建筑学。CAD 技术在建筑设计中的辅助设计技术称之谓 CAAD(Computer Aided Architectural Design)技术，在建筑设计的方方面面正起着越来越重要的作用。全国大大小小的设计单位已经基本上结束了图板绘图的时代。数字化的工程数据库替代了传统的档案和资料的管理。信息的

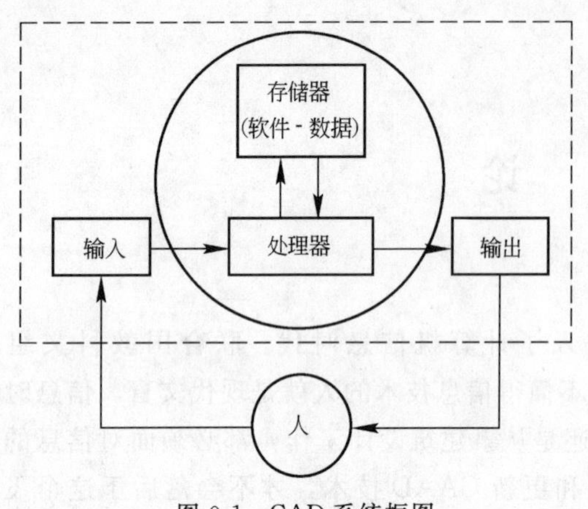

图 0-1　CAD 系统框图

网络化使得信息的交流和管理变得十分简捷和方便。可以毫不夸张地说，现在建筑设计人员对于 CAAD 的认识早已不是“要不要”的问题了，而是“离不开”、“很需要”了。

一个完整的 CAD 系统应该包括人和电脑系统两个部分。如图 0-1 所示。

电脑系统(虚线框内)包括硬件和软件两大部分。硬件部分主要包括处理器、存储器、输入设备和输出设备四大部件。软件部分包括系统软件、应用软件和数据库，它们一般是被安装在存储器内。人们常常认为 CAD 系统就指的是系统的硬设备，而忽略软件系统的重要性，人在系统中的作用更是放在比较次要的地位。某些人认为，添置了 CAD 设备就基本解决了 CAD 的建设问题，这是一种很大的误解。如果把电脑 CAD 系统类比成一个人，处理器和存储器就相当于人的大脑部分，输入设备：键盘，鼠标，输入板等相当于人的眼和耳，而输出设备：屏幕，打印机，绘图仪，音响等相当于人的手和嘴。而储存在存储器中的各种软件和数据库就相当于人脑中的知识、智慧和能力。有了好的躯体硬件，没有好的知识软件，就好像一个人四肢发达头脑简单，不能胜任复杂繁重的工作任务。在人与设备的关系问题上，人的因素总是属于第一位的，有了掌握 CAD 技术的人才，才能真正发挥出 CAD 系统设备的巨大的潜力。我们应该把三者的轻重关系作如下的排列：人、软件、硬件。重视 CAD 人才的培养，扶植 CAD 技术的开发，增加 CAD 软件的投入，这是欧美国家多年发展 CAD 技术总结出来的重要的经验。

CAD 系统有两类：工作站 CAD 系统和微机 CAD 系统。前者是专业化的 CAD 系统，它的电脑系统和应用软件都是比较专业化的，还往往附有专用的辅助设备和专门的软件系统。这类系统的特点是效率高，专业性强，能实现某些微机 CAD 系统所达不到的功能。但是，它的价格高、技术性强、通用性差，需要专门的人员操作和维护。微机 CAD 系统相对比较简单，一般就是在通用的微机系统上安装相应的 CAD 应用软件(也有附加某种输入设备的)。它的价格低廉，便于操作和交流，又具有基本的 CAD 工作能力。所以，微机 CAD 系统是广大设计单位和个人使用最多、最为普及的 CAD 工作系统。

CAAD 系统同样也分工作站系统和微机系统两类。本书所涉及的 CAD 在建筑中的应用的内容，都是在微机 Windows 操作系统下的 CAAD 系统上实现的。

三、CAAD 应用

虽然建筑设计有它自身的特殊性，特别是在方案设计的电脑辅助方面还存在一定的局限性，但是，CAAD 技术依然在建筑设计很多的重要的方面得到了广泛和有效的应用。

1. 概念设计与体量设计

建筑方案的概念设计和体量设计是建筑方案设计中十分重要的第一步。但是，这方面还没有专门的 CAAD 应用软件。多种 CAAD 图形应用软件，可以用来作为概念设计和体量设计的辅助工具，其中运用 3ds max 软件进行建筑体量设计，是一种较为可行的选择。

该软件所能提供的功能主要有：

(1) 使用 3ds max 几何原体的参数化造型功能营造三维的建筑体量和空间；

(2) 运用 3ds max 中的空间实时浏览功能进行建筑体量和空间设计的审视；

(3) 调整 3ds max 中单体(几何原体)的几何参数来改变单体的外形比例；

(4) 运用 3ds max 中的变换工具进行调整建筑体量之间的相对位置和组合。

2. 方案设计与工程制图

(1) 功能分析

对功能性和技术性较强的建筑类型可以进行以下三个方面的功能分析：

1) 关系矩阵的辅助分析

这类建筑强调的是功能空间之间的相互关系，如住宅建筑就是属于这类建筑。进行关系矩阵的分析，首先要建立一个关系矩阵。把建筑的主要组成空间排列成表，表中的两两空间之间根据功能使用上的密切程度填入关系程度系数，构成一个功能关系的半矩阵(图 0-2)。在建立这个关系矩阵时，关系系数值的确定是一个难点，需要进行多方面的调查和分析。具体的关系矩阵的设计辅助分析是：把建筑方案图中的两两空间入口点之间的距离值(Dij)和关系矩阵中的相应系数(Cij)的乘积总的加在一起($\sum\sum(Dij \times Cij)$)。

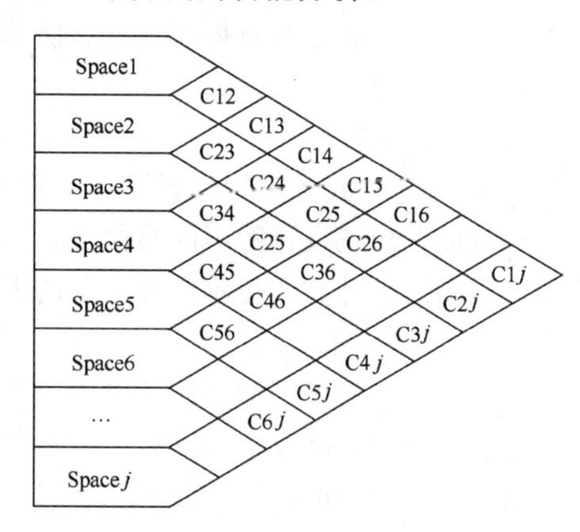

图 0-2　功能关系矩阵

$$\sum_{j=1}^{n}\sum_{i=1}^{m}(Dij \times Cij)$$

这就是该方案功能关系矩阵的目标函数。每个设计方案都可以计算出这个目标函数的值，这个函数值是越低越好，它可以作为在同样的设计条件下，不同平面方案间功能关系的一个评价指标。

2) 功能流线的辅助分析

在许多公共建筑设计中，需要进行各种功能流线的辅助分析，如医疗建筑、交通建筑等。以门诊楼设计为例，在功能上可以区分医护人员、病人、医辅人员三种人流；就病员而言又可以分为传染病人、急诊病人和一般病人；一般病人中可分内科、外科、五官科、眼科等。每种病人都有自己的移动路线(流线)。一个好的门诊楼设计，应该使各种流线短捷有效，流线之间没有交叉干扰。为了分析比较功能流线短捷与否，可以列出如下的目标函数表达式：

$$\sum_{j=1}^{n}\left(\sum_{i=1}^{m}Di \cdot Wj\right)$$

式中　$\sum Di$——每条流线中经过的路程的总和；

Wj——第 j 条流线的权值，它与流线的人数、重要性有关。

3) 专项指标的技术分析

建筑中有不少设计功能的、物理的、技术的专项指标可以运用CAAD的手段进行定性和定量分析。例如在影剧院的设计中，涉及的专项指标有：观众厅视觉质量设计和分析、观众厅疏散时间的计算、观众厅音响质量的设计和分析等。在住宅的建筑设计中，有住宅的日照和采光设计、住宅的节能热工设计等。这些专项指标都可以编写独立的电脑程序，进行专项的技术分析。

(2) 艺术效果

当今的CAAD技术已经能够提供良好的技术手段在微机系统上实现建筑效果图渲染，建筑动画和建筑实时浏览。在建筑设计的全过程中，这些技术手段可以帮助我们审视建筑方案的环境艺术、空间效果以及色彩质感，使我们能够及时地发现设计中存在的问题，并加以纠正和完善。

(3) 经济控制

运用CAAD技术进行建筑设计工程项目的经济核算和造价控制是电脑最为擅长的工作。它可以在建筑设计的不同阶段进行不同层次的经济控制。同时它也能够在方案设计的不同阶段动态地计算和显示设计方案的面积指标和其他控制指标。

(4) 工程制图

建筑设计的施工图纸现在基本上都是采用CAAD技术实现的。CAAD建筑制图具有高性能、高质量、高效率和易修改、易协作、易管理的特性。这三高三易的优越性能是人工制图所不能比拟的。CAAD已经把广大的建筑设计人员从繁重的绘图劳动中解放出来。使他们能够投入更多的精力去研究设计方案，提高建筑方案设计的质量。

3. 项目管理与经济核算

(1) 档案管理	建筑设计资料的档案管理。
(2) 经济管理	建筑设计项目的经济管理。
(3) 技术管理	建筑设计工程的技术管理。

4. 建筑表现与三维动画

(1) AutoCAD-3ds max-Photoshop	建筑设计效果的静态表现。
(2) 3dsmax-Premiere	建筑设计效果的动态表现。
(3)AutoCAD-Multigen	建筑设计效果的实时漫游。

5. 多媒体演示与网络展示

(1) PowerPoint	建筑设计图文的幻灯演示。
(2) PageMaker	建筑设计图文的手册制作。
(3) FrontPage，DreamWeaver	建筑设计图文的网页演示。

四、电脑渲染图

1. 电脑渲染图和方案辅助设计

建筑渲染图又称建筑效果图。它是一种三维的模拟真实形象、真实环境的彩色的建筑工程图，又是一种表达设计意图和效果的艺术创作。它兼有工程准确性和形象艺术性的双重特点。建筑渲染图常常是建筑设计方案评议和审批的重要依据，是工程项目设计投标中的重要内容。所以，它的重要性是不言而喻的。

电脑建筑渲染图是以电脑来代替传统的手、纸、笔、墨制作而成的建筑渲染图。随着电脑和CAD技术的快速发展和普及。电脑硬件和渲染软件不断地更新换代，电脑渲染图的制作技术和效果有了很大的发展的提高。它和建筑制图一起，是目前CAAD技术中应用得最多最广的两个方面。

电脑渲染图与手工渲染图相比，它的制作方法、过程和效果都是很不相同的。我们把两者的主要特点作一比较。

	手工渲染图	电脑渲染图
透视方式	手工透视建模，两点透视为主	自动透视变换，三点透视为主
调整透视	调整透视构图，需要重新绘制	修改透视角度，无需重新建模
修改设计	图上修改设计，过程相当繁杂	编辑电子模型，操作比较简便
光照效果	手工绘制阴影，技能决定效果	阴影自动处理，光照效果自然
材质环境	材质难以细致，环境难以仿真	材质可以贴图，环境可以仿真
图像处理	所绘彩色图像，不宜多次修改	生成数码图像，适宜加工处理
艺术表现	才能决定效果，自由艺术发挥	过程因循严谨，限制艺术发挥
图形复制	无法直接复制，仿制难以一致	可以任意复制，拷贝完全一致
网络联系	不能直接上网，先要扫描处理	直接网上传递，便于远程协作
人员要求	要有一定天赋，技能还需积累	理性操作功能，学习相对容易

从上面的比较结果可以看出，电脑渲染图制作方式在很多方面是优于手工制作方式的。近年来人们的电脑渲染图的制作水平有了很大的提高。在各种设计单位中，电脑渲染效果图已经基本上代替了手工制作方式，得到了建筑界的广泛认同。还出现了一些专门制作电脑渲染图的专业公司。随着社会需求的不断提高，建筑动画的制作也已经有了市场的需求。而可控的建筑实时动画软件技术(Virtual Reality)的微机化，更为我们展示了CAAD的广阔发展前景。

电脑建筑渲染技术的快速、高效、可编辑和可实时操作的特点，给建筑师提供了一种设计方案自我审视的辅助设计工具。我们可以在建筑设计的任何阶段，用它来发现和改正设计中的错误之处，改进和提高我们的设计质量。在建筑的概念设计阶段，在电脑提供的三维空间环境中进行体量的构思和组织；在方案设计阶段，我们可以在电脑的彩色三维环境中审视方案的整体和细部设计，审视材料的色彩和质感效果等等。并可以在此基础上制作四维动画效果，使得人们能够更有效、更全面地审视设计方案。在这个意义上，它不仅仅是绘制一幅最后的渲染效果图，而成为我们建筑设计过程中的有效辅助手段。我们每一个从事建筑设计工作的人员都应该学习它、掌握它和运用它。这是著者希望特别强调的。

2. 对制作者的基本要求

电脑渲染图的制作方法和技术与手工渲染图有很大的区别。但它们之间存在着某些基本的共同点。

首先，它们的工作对象和目的要求是一致的，也就是说它们对建筑的模型和渲染的准确性和艺术性要求是一致的。这要求我们电脑渲染图的制作者也应具有一定的建筑修养和艺术修养。

电脑渲染图对材料材质、场景渲染和图像处理的操作是一种对对象的光色操作，它不同于手工渲染图的颜色操作，所以我们应该对光色理论有一个基本的认识。我们将在书中的有关章节介绍这方面的知识。

电脑渲染图是在电脑设备上进行制作的，所以制作者应该具有基本的电脑知识和操作技能。如对微机系统的基本硬件环境有一大体的了解；DOS，WINDOWS操作系统的基本操作；渲染图制作的有关电脑应用软件AutoCAD、3ds max、Photoshop等的基本操作技能等等。

对于一个初学者来讲，请不要被那些厚厚的使用手册所吓倒。我们是有针对性地进行学习，没有必要全面地掌握每一个软件。电脑渲染图制作并不涉及什么高深的理论和公式，主要是掌握软件的操作技术和经验的逐渐积累。目前，我们大多数的建筑设计人员都能够较熟练地操作电脑，都能够用AutoCAD软件绘制二维的建筑图。本书对读者的知识基础也就是这样定位的。从这个基点出发，只要有信心和耐心，循序渐进，反复实践。入门并不难，深入提高也是完全可以做到的。

3. AutoCAD-3ds max-Photoshop工作模式

电脑建筑渲染图制作分成三个阶段：

(1) 建筑电子模型制作阶段——建筑建模(Architectural Modeling)

根据建筑方案的平、立、剖面等图纸尺寸和对渲染图的具体要求，运用相应的CAD建模软件的功能，在电脑中构造一个三维立体的建筑电子模型。

(2) 建筑场景环境渲染阶段——场景渲染(Scene Rendering)

在相应的软件中，对建筑模型进行场景环境的设置。其中包括透视环境、光照环境、渲染环境和物体的材质贴图的设定。最后渲染生成图像文件。

(3) 渲染图像后期处理阶段—图像处理(Image Processing)

在相应的软件中，对渲染生成的图像进行后期加工润色。其中包括整体和局部的色调色彩、明暗对比调整及天空、背景和环境的配景制作等。

以上三个工作阶段就是电脑渲染图制作的三部曲，缺一不可。不同的阶段的工作对象、工作要求和工作方式都有很大的差别。根据国情，我们推荐以三个应用软件的接力来完成渲染图的制作任务。目前，建筑软件市场上的相关软件种类繁多，有的可以兼作上述三个步骤中的两个内容的工作。那么为什么我们推荐用AutoCAD建模，3ds max渲染和Photoshop后处理的三段一体的组合模式呢？

AutoCAD属于工程制图类软件，在当今同类的软件中，三维建模功能并不是它的强项，但它在国内建筑界乃至工程设计界，无可争辩地成为三维建模的基础软件。它的技术资料书籍最多，而且二次开发的建筑软件也最多，在国内市场上占有绝对的优势地位。AutoCAD具有功能齐全、图形精确、界面友好、操作方便和结构开放五大特点。它的版本升级更新很快，在很大的程度上弥补了早期版本中存在的问题。目前，在我国的各种规模的设计单位中，绝大多数都采用它或它的二次开发软件来绘制各种建筑的方案图和施工图。广大设计人员都能较熟练地使用AutoCAD软件，这是考虑采用AutoCAD软件进行三维建模的主要原因。

由于设计单位大都用AutoCAD绘制建筑二维图纸，所以可以在已有的二维图形信息基础上来进行三维建模。这种工作过程不仅可以减少三维模型的信息输入，还可以通过三维建模和对三维模型的审视，帮助我们检查发现二维图形中或方案设计中可能存在的问题，并进行修改和调整，再把信息反馈到二维设计图中去。这是一种简单有效的电脑辅助建筑设计的工作模式，这也是我们考虑采用 AutoCAD 软件进行三维建模的重要原因。

3ds max 属于视觉造型类软件，它的主要功能是对三维景物的渲染和动画制作。它也有很强的三维建模的功能，但是它的数据是单精度的，而 AutoCAD 的数据是双精度的。一般建筑物的体形相对比较规则，但是它的内容多数据量大，用 AutoCAD 建模是适合的。但如果对模型精度没有高的要求，有复杂的曲面，也不存在与 AutoCAD 的二维图形有图形反馈的关系的话，也可以采用全部或部分在 3ds max 中进行三维建筑建模的方式。

3ds max 与 AutoCAD 一样，都是美国 Autodesk 公司的软件产品。所以，尽管 AutoCAD与 3ds max 之间有较大的不同，但它们之间图形数据的可转换性是很好的。3ds max 的场景环境功能和渲染功能要比 AutoCAD 强大得多。3ds max 的渲染功能虽然不能算同类软件中最强的，却也是在国内市场的同类软件中最流行的一种，资料书籍也最多。所以，我们选择了用 3ds max 软件作为场景渲染的软件系统。

Photoshops 是目前国际上公认的图像处理优秀软件。在同类软件产品的市场上最为流行，而且它在总体性能上也是要高出一筹。它对于进行建筑渲染图的后处理这种相对简单的工作，还是绰绰有余的。

第一篇　建筑绘图与建筑渲染

第一章　建筑设计二维绘图(AutoCAD)

第一节　AutoCAD绘图环境

AutoCAD是个通用性的工程绘图软件。它功能齐全、操作简便、界面友好、用户众多、更新快捷。它在国际上，特别是在中国大陆，已成为建筑界一种主要的基础绘图软件。AutoCAD具有良好的开放性，所以它的二次开发的建筑软件也相当丰富。

AutoCAD软件的基本界面是一个典型的Windows应用软件格式。最顶部是常规的软件标签行，提供软件名、版本号和当前工作文件名和路径。

界面的其余部分分为五个功能区：下拉菜单区、图标工具区(工具栏区)、图形编辑区、命令提示区和状态显示区(图1-1)。

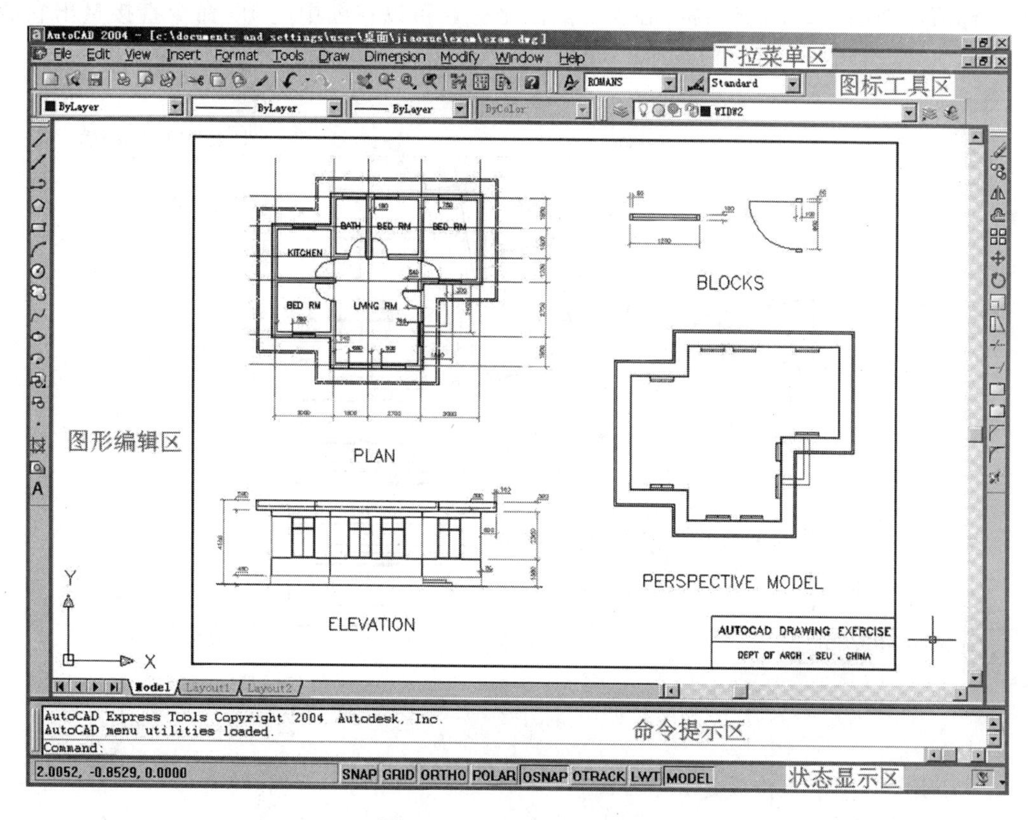

图1-1　AutoCAD基本界面

一、基本工作环境

1. LIMITS—图形界限设定

Command：Limits

Reset model space limits：(重新设定模型空间的图形界限：)

Specify lower left corner or [ON/OFF] <0.0000，0.0000>：(输入左下角点坐标或[ON/OFF])

Specify upper right corner<12.0000，9.0000>：(输入右上角点坐标)

通过设定左下角点和右上角点来确定一个二维绘图的图形界限。栅格点的显示范围就限定在这个范围内。如果设定 LIMITS 的控制选项为“ON”后，图形界限将可输入的坐标限制在这个矩形区域内。执行 ZOOM 命令 All 选项后，如果没有图形超越图形界限，屏幕将显示所设定的图形界限范围。

在绘制二维建筑图形时，一般将图形界限范围设置成大于最大的图形绘制尺寸。在绘制有地形图的总平面图时，如果地形图上又注有控制点的坐标值，那么，可以选择图上的两个控制点的坐标值，作为图形界限的两个角点。在图 1-2 中，已知基地红线转折点的绝对坐标值，在绘图时选择它们中最小的 X 和 Y 值为图形界限的左下角点(145561，499765)，选择它们中最大的 X 和 Y 值为图形界限的右上角点(145702，499880)。这样就可以把基地红线以它们的实际坐标输入图中，把绘图系统的坐标系与地形图的坐标系一致起来，以后在总图上绘制的所有建筑、道路和其他物体在图中的坐标值将反映它们真实的地形坐标值，如图 1-2 中的道路中心线交点的坐标，可以在图中用 ID 命令直接量出它的绝对坐标值为(145646.561，499829.163)。

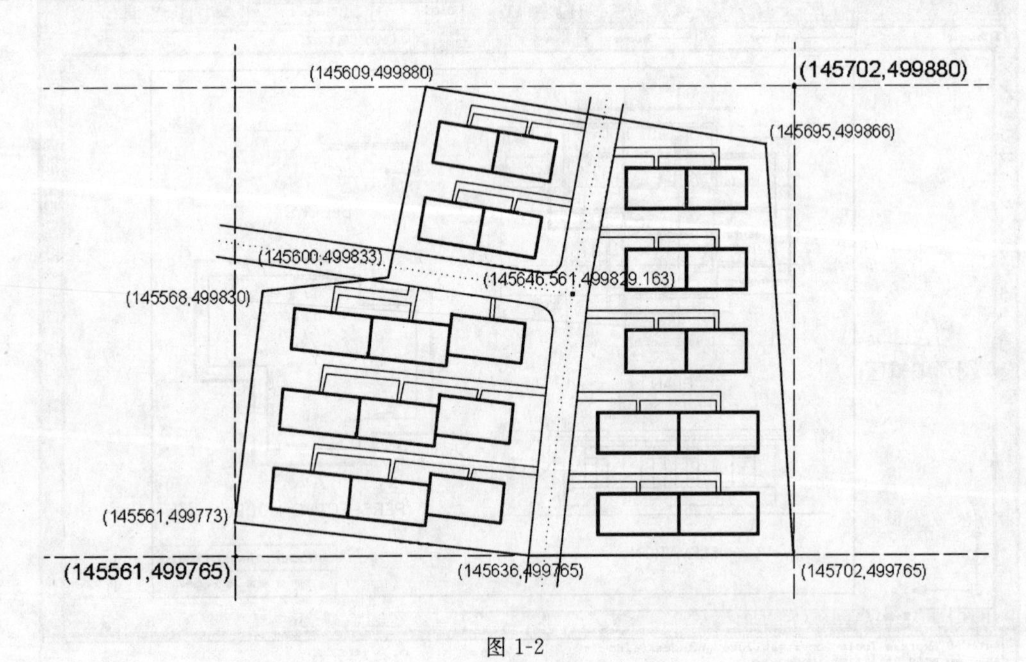

图 1-2

2. UNITS—图形单位设定

Command：Units

屏幕出现 Drawing Units 对话框(图 1-3)

(1) Length (长度)

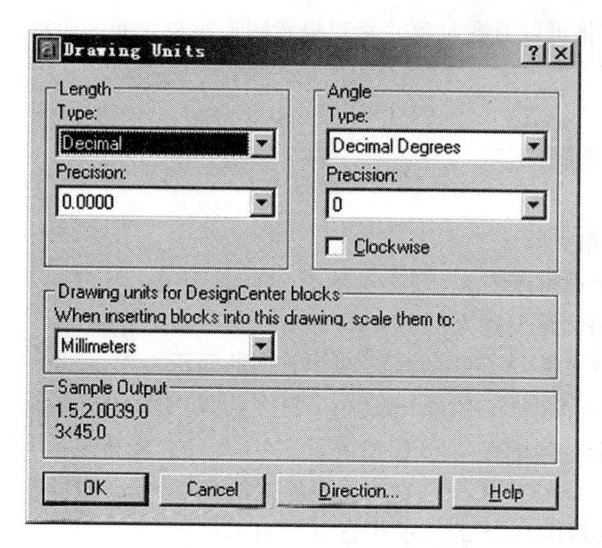

图 1-3

指定测量的当前单位及当前单位(Type)的精度(Precision)。当前单位格式包括“建筑”(Architectural)、“小数”(Decimal)、“工程”(Engineering)、“分数”(Fractional)和“科学”(Scientific)，这里的“建筑”格式是指美国的建筑格式(英制)。

我们建筑制图用的是“小数”格式。总平面图的单位是“m”，平、立、剖面图的单位是“mm”。精度为 0，即精确到整数位，没有小数。

(2) Angle(角度)

设置当前角度格式和显示精度。格式有：十进制度数、百分度、度/分/秒、弧度、勘测单位等。建筑制图中用十进制度数格式。精度为 0.0，即精确到小数点后一位就够了。默认的正角度方向是逆时针方向，如果选择“Clockwise”则为顺时针方向，时针三点的方向为零度方向。

(3) Drawing Units for DesignCenter Blocks(为设计中心的块设定绘图单位)

控制使用 DesignCenter 选项板拖入当前图形的块的绘图单位。如果块或图形创建时使用的单位与该选项指定的单位不同，则在插入这些块或图形时，将对其按比例缩放。

3. COORDS—坐标显示状态设定

Coords 是一个系统变量，改变它们值就能改变状态行中光标点坐标的显示方式。

Command：coords

Enter new value for COORDS＜2＞：(输入 COORDS 的新值＜2＞)

新值的范围为 0～2 的整数。为 0 时，锁定在前一次输入点的坐标显示上(以灰色显示)；为 1 时，不断地更新显示光标当前的绝对坐标；为 2 时，在没有前一点输入时就显示光标的绝对坐标，输入过前一点后，就显示相对于前一点的距离和角度值。

连续按＜F6＞键，可以使 Coords 的值在 0，1，2，0，1，2……之间切换。坐标显示状态也作相应的变化。

4. GRID—栅格显示状态设定

栅格是点的矩阵，延伸到整个图形界限(Limits)之内。使用栅格类似于在图形下放置一张坐标纸。利用栅格可以对齐对象并直观提示图形对象之间的距离。

Command：Grid

Specify grid spacing(*X*) or［ON/OFF/Snap/Aspect］＜10.0000＞：

(设定栅格间距或选择选项)

选项：

- ON—显示栅格点阵。
- OFF—不显示栅格点阵。
- Snap—将栅格间距设置为由 SNAP 命令指定的捕捉间距。
- Aspect—设定水平(*X*)和垂直(*Y*)两个方向的间距。

执行下拉菜单 Tools＞Drafting Settings 命令，弹出 Drafting Settings 对话框，选择 Snap and Grid 选项卡。其中有 Grid 栅格的设定(图 1-4)。栅格显示有矩形排列(Rectangular)和轴测形排列(Isometric)两种，它的显示形式往往与 Snap 的步进状态相一致。

按＜F7＞键可以切换 Grid 的显示状态。

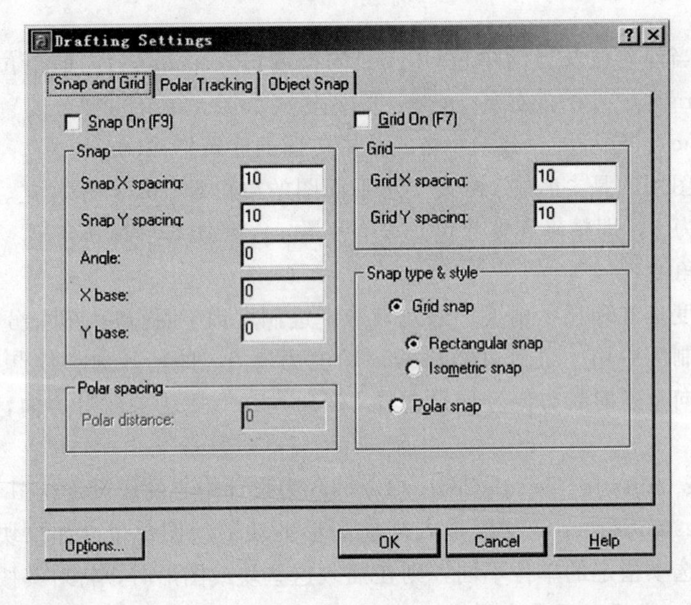

图 1-4

5. SNAP—光标步进状态设定

屏幕光标通常是由鼠标驱动，一般情况下，光标的移动是平滑而连续的。我们通过改变 Snap 的状态设定，可以使光标的移动成为步进方式，也就是等距离的跳动方式。我们可以通过设定步进的步长，使光标的步进移动符合我们需要的模数值。它不仅可以加快图形输入的速度，也是 AutoCAD 精确绘图的一种方式。Snap 的步长往往设置成与 Grid 栅格的间距相一致或成倍数状态，使得光标可以在栅格点上跳动。

Command：Snap

Specify snap spacing or［ON/OFF/Aspect/Rotate/Style/Type］＜10.0000＞：

(设定步长或选择专项)

选项：

- ON—光标进入步进移动状态
- OFF—光标退回连续移动状态
- Aspect—设定水平(*X*)和垂直(*Y*) 两个方向的步进间距
- Rotate—设定栅格的旋转基点和旋转角度
- Style—设定步进栅格的类型：标准(S)或轴测(I)
- Type—设定步进的类型：栅格步进(G)或极点角度的步进(P)

执行下拉菜单 Tools>Drafting Settings 命令，弹出 Drafting Settings 对话框，选择 Snap and Grid 选项卡。其中有 Snap 步进移动状态的设定(图 1-4)。

按<F9>键可以切换 Snap 的工作状态。

6. ORTHO—正交绘图状态设定

处于正交绘图状态时，系统只能绘制垂直或水平线条。

Command：Ortho<Enter>

Enter mode [ON/OFF] <OFF>：(输入模式 [开(ON)/关(OFF)] <关>：)

当 Grid 栅格设定了某个旋转角度后，Ortho 正交状态的水平和垂直线也对应倾斜同样的角度。这对于某种建筑平面图的绘制特别有帮助(图 1-5)。

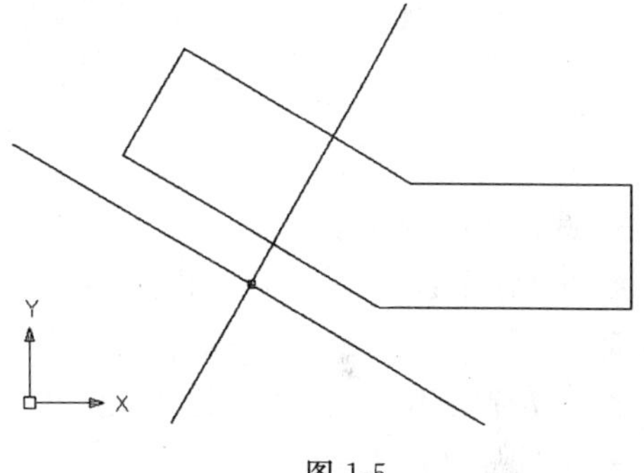

图 1-5

按<F8>键可以切换 Ortho 的工作状态。

二、点的坐标定位

电脑建筑工程绘图的基础，是要在一个坐标系中确定一个点的空间位置，然后，才能绘制建筑的线、面、体等几何物体。AutoCAD 系统提供了一个笛卡儿几何坐标系，即在绘图中常用的“世界坐标系”(World Coordinate System)，简称 WCS。在三维绘图时，为了便于图形的输入，用户常定义和使用若干个由 WCS 经过变换而成的新坐标系，这类坐标系称之谓“用户坐标系”(UCS)，这部分内容将在第三章中详细介绍。

在命令提示输入点时，可以结合状态行的坐标显示使用定点设备指定点，也可以在命令行中精确地输入点的坐标值来定位。为此，用户必须首先了解点的坐标表示法。

1. 点的坐标表示法

(1) 直角坐标表示法：

用直角坐标来表示点的空间位置时，是以点与坐标原点在 X，Y，Z 三个轴线方向的投影距离值 x，y，z 来定位和表示(图 1-6a)。如果在二维绘图中省略 Z 坐标，图形都绘制在坐标系的 XY 平面内，点的坐标以 x，y 来定位和表示(图 1-6b)。

(2) 极坐标表示法：

用极坐标表示时，点的坐标是以它与原点的距离和角度来定位和表示。二维极坐标表示为 $d<a$，d 表示在 XY 平面中的点与原点的距离，a 表示在 XY 平面中的点与原点的连线与 X 轴的夹角(图 1-7a)。在三维的极坐标表示中由于第三个参数的不同，又可以分为圆柱极坐标和圆球极坐标两种。

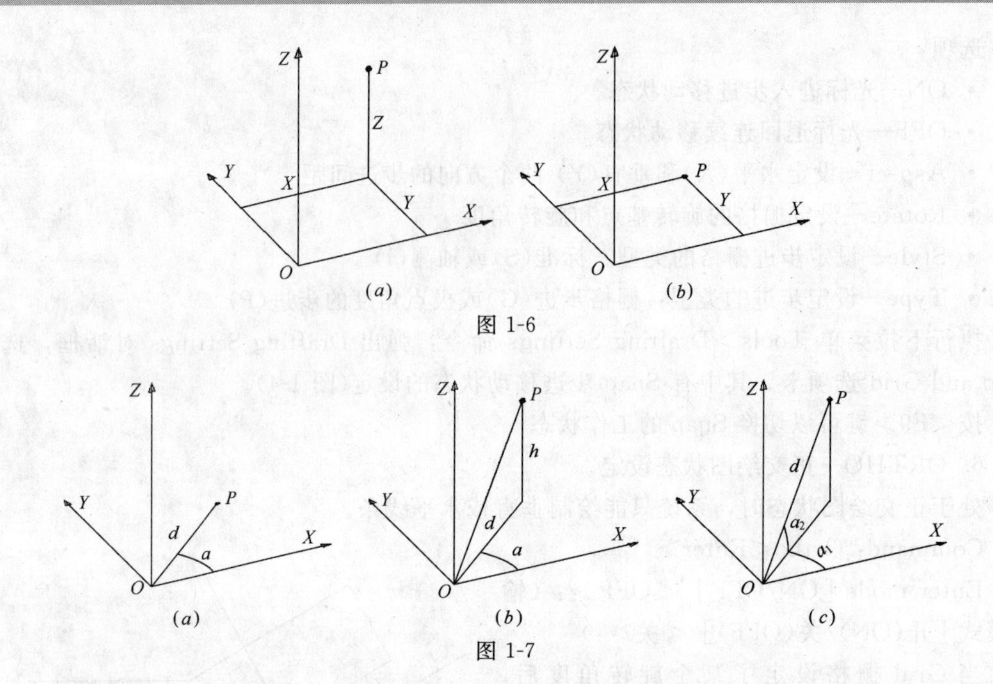

图 1-6

图 1-7

• 圆柱极坐标表示法：

点的坐标是以 $d<a$，h 方式来定位和表示。d 表示该点在 XY 平面上的投影点与原点的距离，a 表示上述投影点和原点的连线与 X 轴的夹角，h 表示该点与 XY 平面的垂直距离。假如 d 保持不变，a 和 h 的变化产生的轨迹是圆柱面(图 1-7*b*)。

• 圆球极坐标表示法：

点的坐标是以 $d<a_1<a_2$ 方式来定位和表示。d 表示该点与原点的直线距离，a_1 表示该点在 XY 平面上的投影点和原点的连线与 X 轴的夹角，a_2 表示该点与 XY 平面的垂直夹角。假如 d 保持不变，a_1 和 a_2 的变化产生的轨迹是圆球面。相对于坐标系的 XY 平面，a_1 是方位角，a_2 是高度角(图 1-7*c*)。

2. 绝对坐标和相对坐标

以上的点在坐标系中的表示方法，都是相对于原点而言的，所以称之谓绝对坐标。AutoCAD 中有个名为 LastPoint 的系统变量，随时动态存储最近一次输入的点坐标。如果我们的坐标表示是相对于这个最近的输入点时，就称之谓相对坐标。具体在表示形式上，相对坐标方式是在绝对坐标方式前面加一个@符号。各种点的坐标表示和输入方式可参见表 1-1。

点的坐标表示方式 **表 1-1**

坐标方式	绝对坐标	相对坐标
二维直角坐标	x，y	@x，y
三维直角坐标	x，y，z	@x，y，z
二维极坐标	$d<a$	@$d<a$
三维圆柱极坐标	$d<a$，h	@$d<a$，h
三维圆球极坐标	$d<a_1$，a_2	@$d<a_1$，a_2

3. 运用 From 工具定位点坐标

在执行命令的过程中需要定位一个新点时，如果已知新点与一个现有图形点的相对坐标(即偏离值)，在输入坐标前可以先插入 from<Enter>，然后用对象捕捉方式捕捉到那现有图形点，再输入与该点的相对坐标即可。

运用 from 工具，可以在定位新点时直接键入，也可以在光标位于绘图区时按<Shift>+<鼠标右键>，在随后出现的弹出菜单中选取。

三、点的辅助定位

在绘图操作中，有很多点的定位可以直接或间接地通过已有的图形获得。这是 AutoCAD 系统智能化精确绘图功能的重要组成部分。我们应该熟练地掌握和运用。

AutoCAD 点的辅助定位功能有三种：Object Snap(对象捕捉)，Point Filters(点过滤器)和 Tracking Lines(追踪线)。而 Tracking Lines 又包括 Tracking(正交连续追踪)，Osnap Tracking(对象捕点追踪) 和 Polar Tracking(极点追踪)三种方式。

1. Object Snap(Osnap)对象捕捉方式

对象捕捉方式是系统直接获取现有图形上的某个特征点坐标的方式。这是 AutoCAD 图形系统的一大特色，是用户进行交互图形输入的最为精确而有效的工具。

Command：OSNAP<Enter>

屏幕显示 Drafting Settings(草图设置)对话框中的 Object Snap(对象捕捉)选项卡(图 1-8)。能使屏幕显示该对话框选项卡的途径还有：

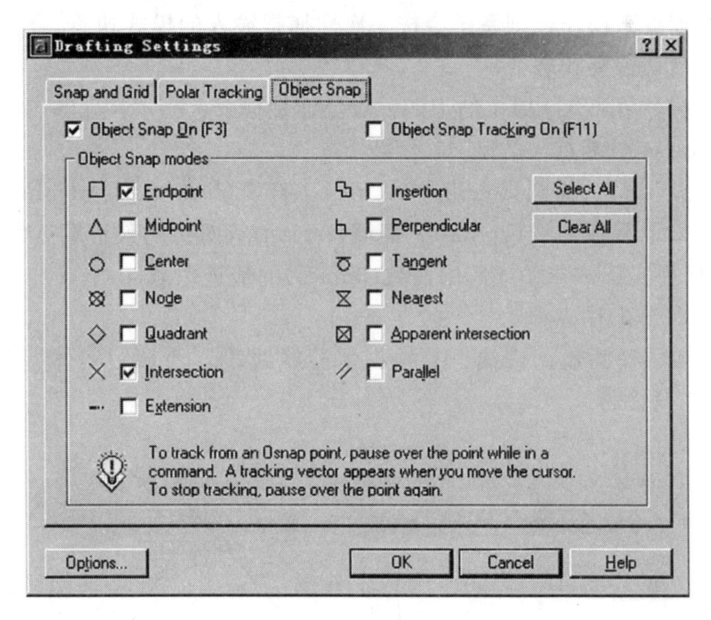

图 1-8

(1) 右键单击状态行的 OSNAP 键；

(2) Object Snap 工具栏的 Object Snap Settings 钮；

(3) 下拉菜单 Tools>Drafting Settings 中的 Object Snap 选项卡。

在对话框中，可以看到系统提供了 13 种对象捕捉模式和它们的模式符号：Endpoint(端点)、Midpoint(中点)、Center(圆心点)、Node(点对象)、Quadrant(象限点)、Intersection(交点)、Extension(延伸点)、Insertion(插入点)、Perpendicular(垂足点)、Tangent(切点)、Nearest(最近点)、Apparent Intersection(外观交点)和 Parallel(平行点)。另加一个 None (无捕点)模式，共十四个。每种模式都可以用它的前三个字母作为它的简称来使用。

对象捕捉方式按自身特性分类，可分为：

(1) 捕捉到对象自身的特征点，如：端点(end)、中点(mid)、圆心点(cen)、点对象(nod)、象限点(qua)、插入点(ins)；

(2) 捕捉到对象上的某点，该点与某已知点或已知对象构成特定的几何关系，如：交点(Int)、外观交点(app)、切点(tan)、垂足点(per)；

(3) 捕捉到对象上的、或对象延长线上、或过已知点的与对象平行的线上的某一点，如：最近点(nea)、延伸点(ext)、平行点(par)。

对象捕捉方式按工作状态分类，可分为自动捕捉状态和一次性捕捉状态两种：自动捕捉状态是指每当系统需要输入一个点的时候，系统会自动进入对话框中设定的捕捉模式的捕点工作状态。<F3>键和状态行的<OSNAP>键是自动捕捉状态的开关键钮。在对话框中的 Object Snap On(F3)选项，也可以设定当前的自动捕捉状态。一次性捕捉状态是在系统每一次输入点时需要输入一次对象捕捉模式。模式的输入方式可以是键盘输入 14 种模式的三个字母简称；也可以在光标位于绘图区时按<Shift>+<鼠标右键>，在随后出现的弹出菜单中选取；也可以在 Object Snap 工具栏中选取。如果自动捕捉处于打开状态，用户又按一次性捕捉来操作，则系统会按一次性捕捉输入的模式执行。所以，**一次性捕捉状态总是优先于自动捕捉状态**。

下面具体说明 AutoCAD 提供的十四种对象捕捉模式：

(1) Endpoint(end)端点

可捕捉到圆弧(arc)、椭圆弧(elliptical arc)、直线(line)、复线(mline)、多段线线段(polyline segment)、样条曲线(spline)、面域(region)等对象的最近端点(图 1-9*a* 中蓝色方框图标)。也可捕捉实体(solid)或三维面域(3dface)的最近角点。

(2) Midpoint(mid)中点

可捕捉到圆弧、椭圆弧、直线、复线、多段线线段、面域、实体、样条曲线的中点(图 1-9*b* 中蓝色三角图标)。

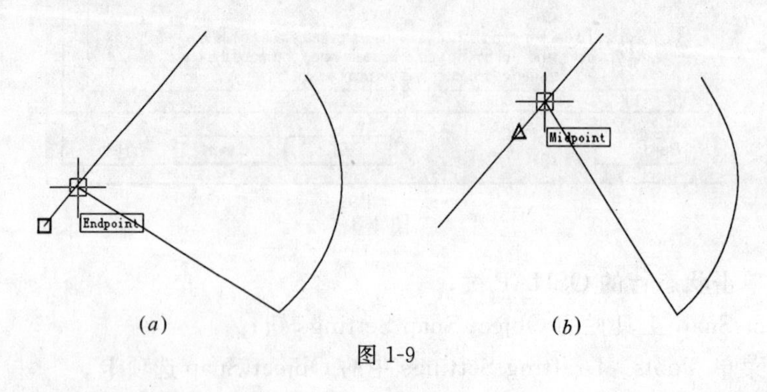

图 1-9

(3) Center(cen)圆心点

捕捉到圆弧、圆(circle)、椭圆(ellipse)或椭圆弧的圆心点(图 1-10*a* 中蓝色圆形图标)。

(4) Node(nod)节点

可捕捉到点对象、标注定义点或标注文字起点(图 1-10*b* 中蓝色圆形图标)。

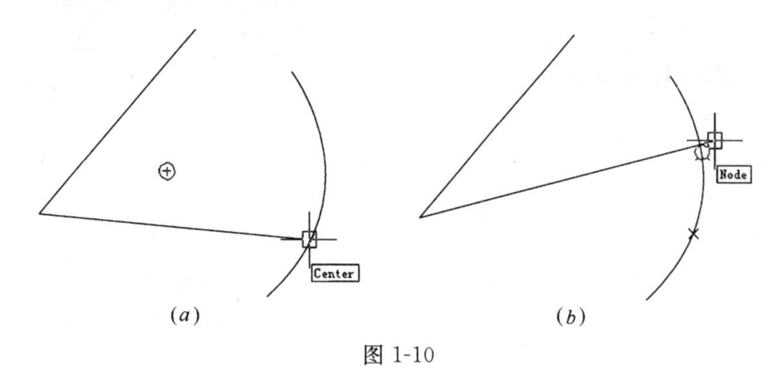

(*a*)　(*b*)

图 1-10

(5) Quadrant(qua)象限点模式

可捕捉到圆弧、圆、椭圆或椭圆弧的象限点(图 1-11*a* 中蓝色菱形图标)。

(6) Intersection(int)交点

可捕捉到圆弧、圆、椭圆、椭圆弧、直线、复线、多段线(polyline)、面域、样条曲线的交点(图 1-11*b* 中蓝色小叉)。

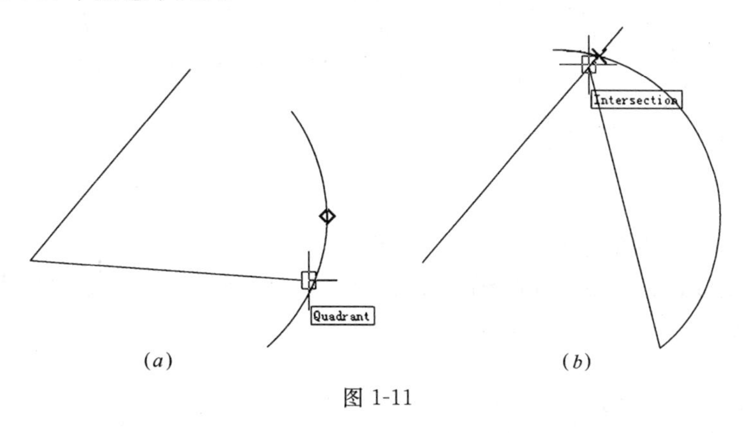

(*a*)　(*b*)

图 1-11

如果两个对象沿它们的自然路径延长后将会有一个交点，它被称之谓“延伸交点”(Extended Intersection)。它是“交点”模式的一种扩展，可以捕捉到这两个对象的潜在交点(图 1-12)。该模式的具体操作过程是：在需要输入点时，输入一次性的 int 捕捉方式，再按<Enter>或<空格>键来激活捕点状态，移动光标靠近第一条线，出现 Extended Intersection 模式符号(图 1-12*a*)，用<鼠标左键>确认第一线。再移动光标到第二条线，此时，在两线的延线交点处出现 Intersection 交点模式符号(图 1-12*b*)。再次用<鼠标左键>确认第二线，该交点就已被定位和输入了。

(7) Extension(ext)延伸点

在此捕点模式下，当光标经过对象的端点时，端点被激活呈黄色小十字，并显示对象的临时延长线，ext 模式只是确定一个线的延伸方向，用户可以移动光标，在延长线上根据光标旁显示的距离来定位并输入一个新点。也可在显示延长线时键入一个与端点的距离值，来确定一个新点。也可以利用两条线的 ext 延长线的交点，来确定一个新点(图1-13)。

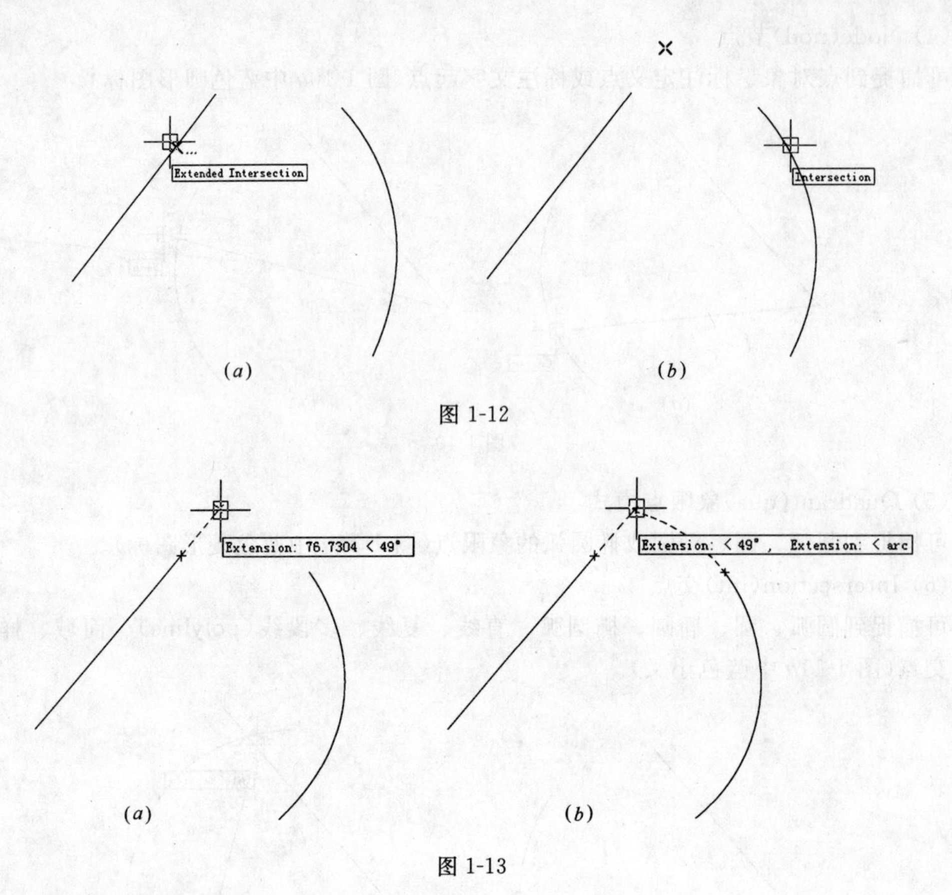

图 1-12

图 1-13

(8) Insertion(ins)插入点

可捕捉到块(Block)、属性(Attribute)、形(Shape)或文字(Text)的插入点(图 1-14*a* 中蓝色双方图标)。

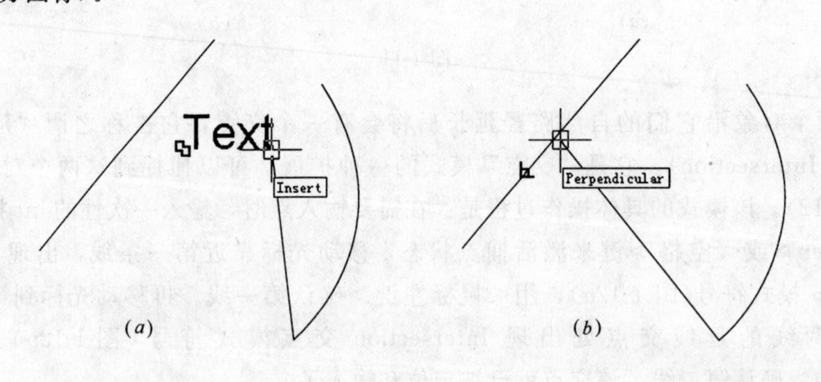

图 1-14

(9) Perpendicular(per)垂足点

可捕捉到已知点到圆弧、圆、椭圆、椭圆弧、直线、复线、多段线、面域、实体、样条曲线或参照线上的垂足点(图 1-14*b* 中蓝色正交图标)。

“递延垂足”(Deferred Perpendicular)模式是“垂足”模式的一种扩展，它可以在直线、圆弧、圆、多段线、射线、参照线、复线或三维实体的边等对象之间绘制对两者都垂直的直线(如果有的话)。图 1-15 是一个说明操作过程的例子：执行 Line 直线绘制命令，在定义第一点时，使用一次性 per 模式光标靠近第一对象(图 1-15*a*)，出现“递延垂足”模式符号并点取第一对象。随后在定义第二点时，再使用一次性 per 模式并移动光标到第二对象，出现“递延垂足”模式符号(图 1-15*b*)并点取第二对象。此后就绘出与两者都垂直的直线段(图 1-15*c*)。

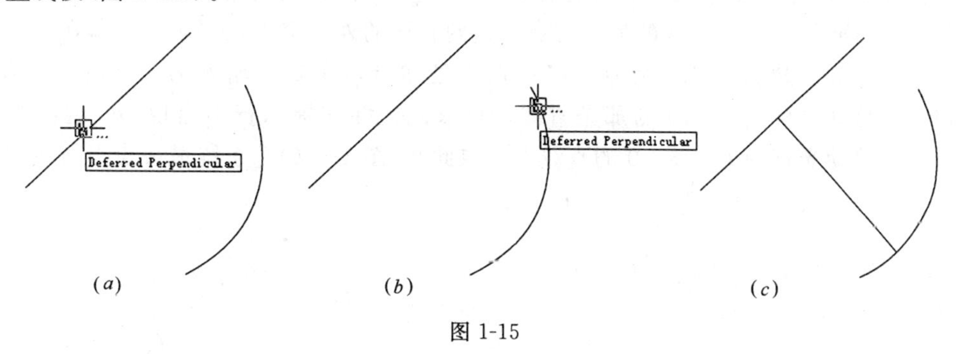

图 1-15

(10) Tangent(tan)切点

可捕捉到圆弧、圆、椭圆、椭圆弧或样条曲线的切点(图 1-16*a*)。

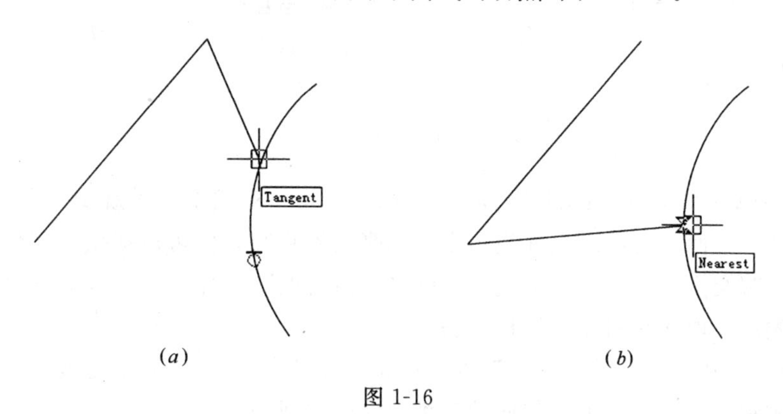

图 1-16

“递延切点”(Deferred Tangent)模式是切点模式的一种扩展，它是在使用一次性的 tan 切点模式情况下，分别点取需要相切的对象而成。它可以在 Line 命令下自动绘制与两个圆，圆弧或多段线圆弧(polyline arc)相切的直线；在 Circle 命令下自动绘制与三个直线、圆弧、圆、多段线的线段与圆弧等对象相切的圆等。操作过程请参考上述“递延垂足”模式。

(11) Nearest(nea)最近点

可捕捉到圆弧、圆、椭圆、椭圆弧、直线、复线、点、多段线、样条曲线上的距离靶框框心最近的点。它的特点是捕捉到的点，必定落在对象线上(图 1-16*b*)。

(12) Apparent Intersection(app)外观交点

“外观交点”模式捕捉两个对象(圆弧、圆、椭圆、椭圆弧、直线、复线、多段线、样条曲线)的外观交点，这两个对象在三维空间不相交，但可能在当前视图中看起来是相交的(或在 UCS 的 *XY* 平面视图上看起来是相交的)。所以外观交点实际上是空间中两不相交的几何对象在某个视图方向投影相交的交点。

外观交点可以直接像对待真正的交点那样操作获取，然而，捕捉到的外观交点究竟落在哪个对象上将是不确定的，这要取决于它们在数据库中的排列顺序。如果用户要确保外观交点落在所需要的对象上，就必须用一次性的抓点方式先后对两条线分别进行 app 的操作，交点必定会落在首先进行操作的那条线上。

在图 1-17(*a*)中两条直线的 *Z* 坐标值为 0 和 10，它们在空间是不相交的。现在，从已知线外的一点要作一直线，线的另一端点是这两直线的外观交点，要求该点落在 *z*=10 的那条线上。首先，执行 LINE 命令，第一点为已知点，在要求输入第二点时，输入 app <空格>，移动光标到 *z*=10 的那条直线，点取此线并在提示行中出现 and 继续等待输入，此时再移动光标到另一 *z*=0 的直线上点取此线(图 1-17*b*)。系统最后绘出新线的端点是落在 *z*=10 的直线上(图 1-17*c*)。

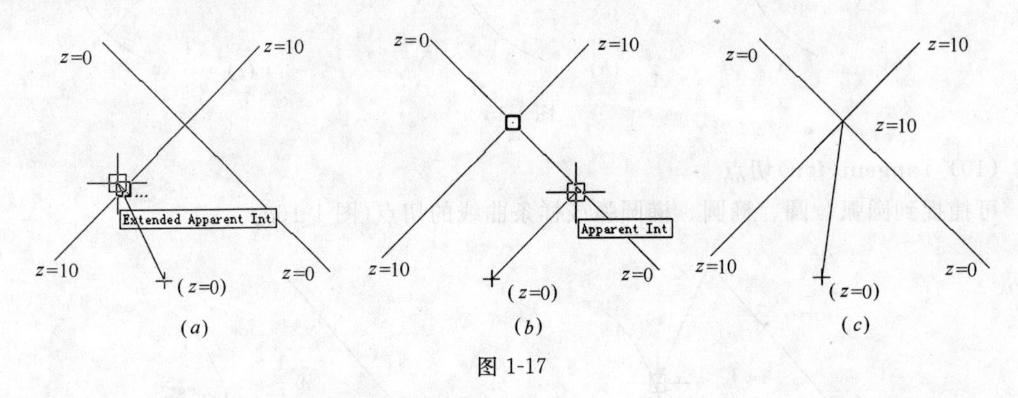

图 1-17

“延伸外观交点”(Extended Apparent Intersection)模式是“外观交点”模式的扩展，它的不同之处是：两个对象在当前视图中看起来也不相交，但可以捕捉到它们在视图中自然延长后的外观交点。“延伸外观交点”和“延伸交点”一样，也是只能采用一次性的捕捉方式，并先后点取两个对象的操作方法。

“外观交点”和“延伸外观交点”也可以定位“交点”和“延伸交点”捕捉点。它们可以使用面域和曲线的边，但不能使用三维实体的边或角点。

(13) Parallel(par)平行点

无论何时 AutoCAD 提示输入直线矢量的第二个点时，都可以绘制出平行于另一个对象的矢量。定位直线矢量的第一个点后，如果在平行点模式下，将光标移动到另一个对象的直线段上，则会在该线段上留下一个小十字黄点，表明该线段已经被纪录作为平行模式的参考对象。当光标在创建对象时移近平行于该直线段时，系统就显示一条平行对齐的路径，可以用它来定义直线矢量的第二个点以创建一个平行对象(图 1-18)。

可以在显示一条平行对齐路径的时候，键入直线的绝对长度值，以确定直线的第二点，也可以通过与其他捕捉模式的连线用来确定直线的第二点。

例如：已经定位直线矢量的第一点，要求定位直线矢量的第二点。矢量必须平行于一已有对象的直线段，而矢量的第二点又必须在另一已有对象的延长线上。假如该矢量的第二点必须落在另一已有对象上。

(14) None(non)无捕点

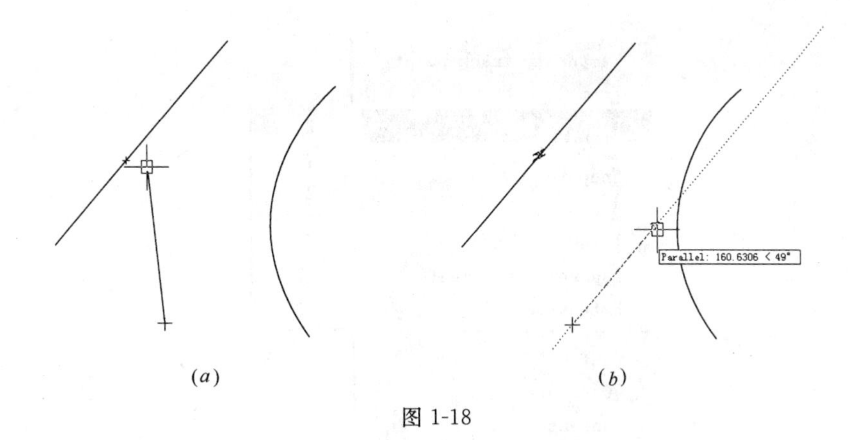

(a) (b)

图 1-18

当系统状态行中的 OSNAP 按钮处于激活状态，每当需要输入点时，系统总会自动执行系统所设定的对象捕捉方式。如果用户需要临时取消一次对象捕捉的输入时，可以在不退出 OSNAP 的激活状态下输入一次性的 non 模式。

2. Point Filters 坐标过滤器方式

坐标过滤器方式是一种点的组合定位方式。坐标过滤器方式结合对象捕捉方式，可以一次提取现有点坐标 x，y，z 中的一个或两个坐标值，而暂时忽略其他坐标值。在获取第一部分坐标值后，系统将提示输入其余的坐标值。可以继续捕捉另一现有点或键盘输入方式获取其余的坐标值，从而组成一个新的输入点的坐标。这种点坐标输入方式在图形的交互输入中，得到了广泛的应用。

坐标过滤器种类共有六种：

三个单坐标值过滤器 .x，.y，.z 分别提取某现有对象点的 x 或 y 或 z 值。

三个双坐标值过滤器 .xy，.xz，.yz 分别提取某现有对象点的 x，y 或 x，z 或 y，z 值。

如果新点坐标是由两个点的不同坐标组成，在输入点时，先根据需要选择并键入一个坐标过滤器，按<Enter>或<空格>键后，系统返回一个 of(于)，等待用户用对象捕捉方式抓取一个现有点，系统根据过滤器的种类，过滤出被抓取点的一个或两个相应的坐标值。同时，系统在输入行再反馈一个信息，提示用户继续输入新点还缺少的那部分坐标值。此时，用户可以继续采用对象捕捉方式抓取另一点来提取所缺少的那部分坐标值。用户也可以用输入相应数据的方式来代替第二点的抓取。

如果新点坐标是由三个点的不同坐标组成，那么用户就需要连续使用两个单坐标值过滤器，分三次分别抓取三个不同的点来组成新的点坐标。用户也可以用输入相应数据的方式来代替第三点的抓取。

使用坐标过滤器时，可以键盘输入相应的过滤器符号，也可以在光标位于绘图区时按<Shift>+<鼠标右键>，在随后出现的弹出菜单中的 Point Filters 中选取(图 1-19)。

3. 追踪线定位方式

追踪线定位方式是一种功能非常强又非常灵活的点的定位方式。它提供了通过特定点，以特定角度显示的追踪线，其中的某条追踪线就是即将定位的点的轨迹线。追踪线定位方式功能强大，操作灵活，得到了广泛的应用。它们还可以与其他的定位方式联用，组

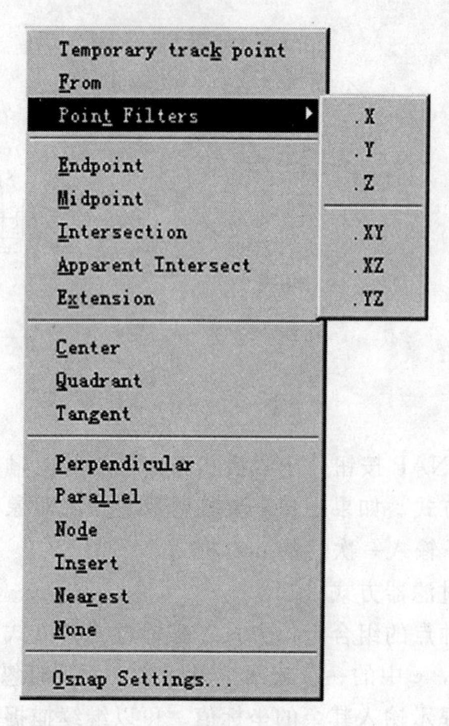

图 1-19

合成多种新的定位点的方式。在状态行中有专门的“捕点追踪”(OTRACK)和“极点追踪”(POLAR)方式的状态工作开关(图 1-20)。

SNAP GRID ORTHO POLAR OSNAP OTRACK LWT MODEL

图 1-20

(1) Tracking 正交连续追踪方式

在定位新点时，输入 tracking、track、tk 加＜Enter＞或＜空格＞键。系统反馈：

First tracking point：(第一个追踪点：)用捕捉方式指定一点

Next point(Press ENTER to end tracking)：下一点(按＜Enter＞键结束追踪)：

Next point(Press ENTER to end tracking)：下一点(按＜Enter＞键结束追踪)：

……

为确定最后的新点位置，可通过指定一系列临时点的过渡最后达到。此时，系统临时处于正交状态，每个临时点均会从上一点偏移一个 X 或 Y 值。确定临时点的方法可以是抓取另一个现有点，也可以采用移动光标以指定方向，然后输入数字距离的方式。按下＜Enter＞键就结束这次追踪过程，也就最后确定了新点的坐标位置。

正交连续对象追踪方式也可以像 Point Filter 那样，可通过结合两个指定点的 X 和 Y 值来建立一个新的二维点。

(2) Object Snap Tracking(OTRACK)对象捕捉追踪方式

在定位新点时，它与自动对象捕捉方式连用，光标在捕捉到图形的特征点时，会在捕点位置上将留下黄色小十字的追踪点，表示该点已处于追踪状态。以后，当光标移动到追踪点的追踪角位置时(一般是水平或垂直位置)，就会显示过追踪点的相应角度的追踪线，并在光标处显示当前点与追踪点的距离和角度(图 1-21a)。此时定位一个点，它必定落在追踪线上。此时，也可以键入与追踪点的距离值来确定点的位置。系统可以最多同时存在七个追踪点。要删除一个追踪点，只要把光标移回到这个追踪点上即可。

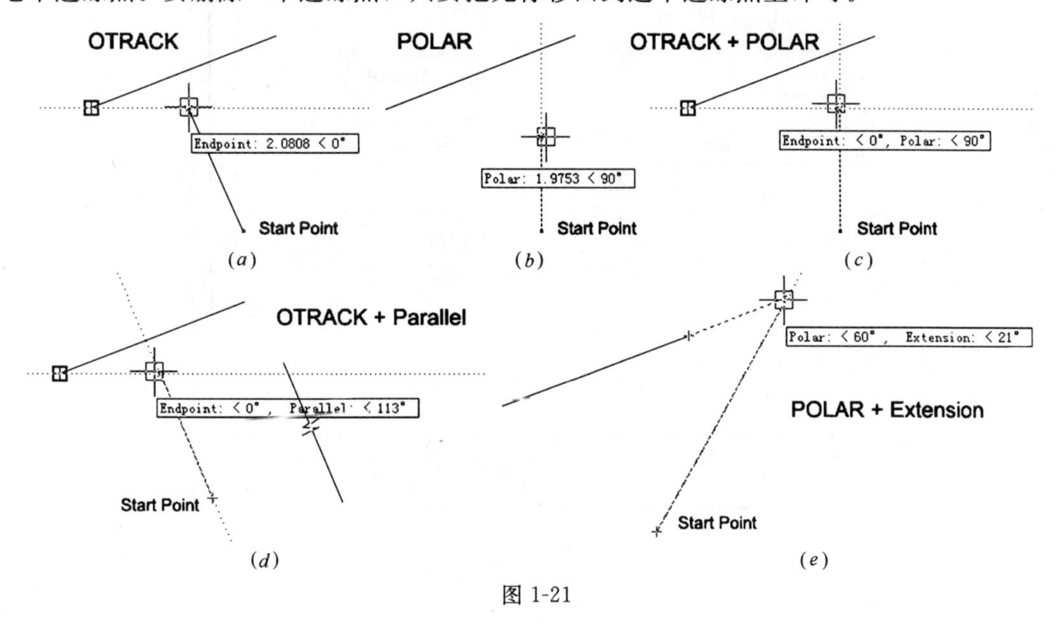

图 1-21

在默认情况下，对象捕捉追踪线是设置为水平/垂直的正交状态。即显示过追踪点的0°、90°、180°和 270°方向上的追踪线。但是，也可以使用极点追踪角来代替(设定详见图 1-22 极点追踪方式对话框)。

＜F11＞键和状态行的＜OTRACK＞键是对象捕捉追踪方式切换开关，也可以通过 Object Snap 对话框选项卡中设定 Object Snap Tracking On (F11)选项来实现。

(3) Polar Tracking(POLAR)极点追踪方式

在从开始点(Start Point)出发继续定位下一个新点时，打开“极点追踪”方式。移动光标，在它与开始点的角度接近设定的极点角度时，会显示该角度方向上通过自身开始点的追踪线。光标处同时显示它与开始点的距离和角度。此时，按下定位左键或直接键入距离值把新点定位在该追踪线上(图 1-21b)。系统默认的极点角增量为 90°，但可以在下述的对话框中定义任意角度的追踪角度。

从下拉菜单 Tools ＞Drafting Settings 进入对话框中的 Polar Tracking 选项卡(图 1-22)。也可以用＜鼠标右键＞点击状态行的＜POLAR＞键进入对话框。在这里，可以对极点追踪的各种相关参数进行设定：

- Polar Angle Settings 极点角设置
- Increment Angle 项是设定极点角度的增量。如激活 Additional angles 选项，就可以在该数值框内增添或删除用户特殊需要的任意极点追踪角度。
- Object Snap Tracking Settings 对象捕捉追踪设置

选择 Track orthogonally only 选项是把追踪角度限定在正交范围内，不理会 Polar Angle Settings 的设定。如果选择 Track using all polar angle settings 选项，就按 Polar Angle Settings 的设定的角度进行极点追踪。两者必居其一。

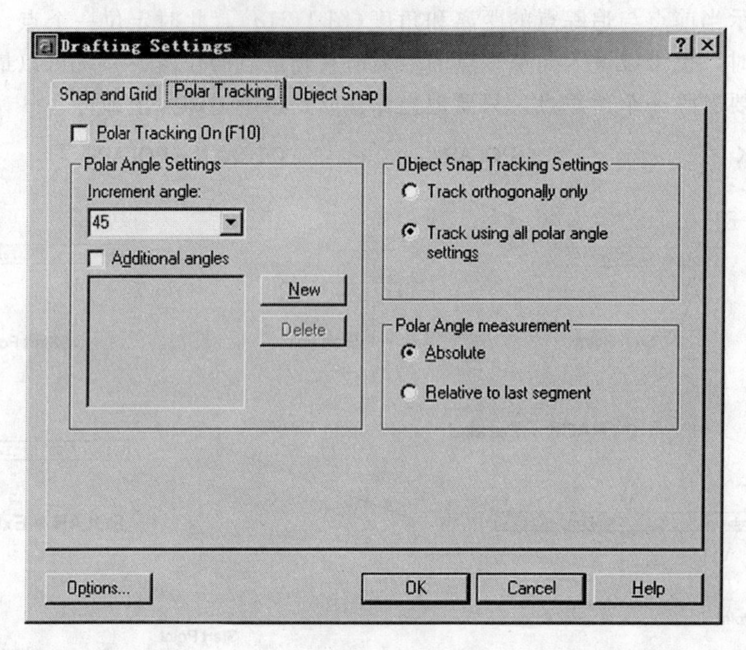

图 1-22

• Polar Angle Measurement 极点角测量

选择 Absolute 选项时，所有的极点角都是按 UNITS 中设定的 0°方向算起。如果选择了 Relative to last segment 选项，极点角的度量将从上一次的角度方向为 0°方向算起了。前者是绝对算法，后者是相对算法，两者也必居其一。

• Polar Tracking on(F10)

该选项是极点追踪工作方式的开关设定项，只有此项处于激活状态，极点追踪方式才起作用。<F10>键和状态行的<POLAR>键也是极点追踪工作状态的切换开关。

(4) 组合追踪方式

如果“极点追踪”与“捕点追踪”或它们与其他对象捕捉模式连用，可以形成追踪线与追踪线或与其他对象捕点共同作用的组合定点方式(图 1-21*c*，*d*，*e*)。这类的组合定点有：

• Otrack＋Otrack 组合方式；
• Otrack＋Polar 组合方式；
• Otrack＋Osnap 组合方式；
• Polar＋Osnap 组合方式。

其中，Osnap 方式中的 Ext，Par，Int，App，Nea 等模式都可以与 Otrack 和 Polar 组合联用。

四、对象基本属性

AutoCAD 的每个图形对象都具有下列两个基本属性：图层(Layer)和颜色(Color)。线形对象还有下列两个属性：线型(Linetype)和线宽(Lineweight)。

1. LAYER 图层

图层就像是透明且重叠的图纸，不同的图形对象可以绘制在不同的图层上，使用它可以很好地组织不同类型的图形信息，以及执行图层设定的线型、颜色、线宽及其他标准。

可以使用图层控制对象的可见性，还可以使用图层将特性指定给对象。可以锁定图层以防止对象被修改。通过将对象分类放到各自的图层中，可以快速有效地控制对象的显示以及对其进行更改。可以改变对象的图层名和图层特性(包括颜色和线型)，也可更改对象的图层名。可以控制在图层特性管理器中列出的图层名，并且可以按图层名或图层属性对图层名进行排序。

(1) 执行下拉菜单 Format >Layer 命令打开 Layer Properties Manager(图层特性管理器)对话框(图 1-23*a*)。可以在对话框中点击右键，弹出快捷菜单，进行多种图层的管理操作(图 1-23*b*)。

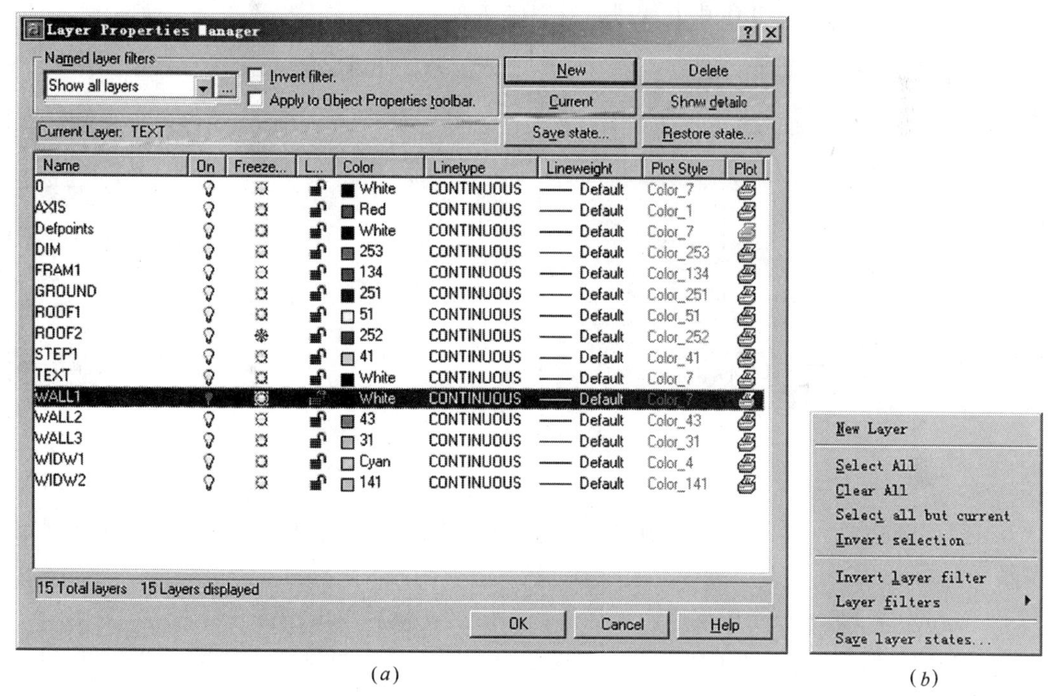

(*a*)　　　　　　　　　　　　(*b*)

图 1-23

对话框中包括：

1) Named Layer Filters(命名图层过滤器)：确定要在图层列表中显示的图层。可以基于图层是否依赖外部参照或是否包含对象而对其进行过滤。也可以根据图层的名称、可见性、颜色、线型、线宽、打印样式名、是否打印或者是否在当前视窗或新视窗中被冻结进行过滤。

Invert filter 选项—是否实现反向过滤。

Apply to Object Properties 选项—是否应用到图层工具栏中。

2) New(新建)键：创建新图层。点击"New"按钮后，列表将显示名为"Layer 1"的图层。可以立即编辑此图层。要快速创建多个图层，可以选择用于编辑的图层名并用逗号隔开输入多个图层名。

3) Current(当前)按钮：将选定图层设置为当前图层。

4) Delete (删除)按钮：从图形文件定义中删除选定的图层。不能删除正在工作的参照图层，包括图层 0 及 DEFPOINTS、包含图形对象的图层、当前图层和依赖外部参照的 Xref 图层。

5) Show detail(显示细节)按钮：控制是否在“图层特性管理器”中显示“详细信息”部分。

6) Save state...(保存状态)按钮：显示“保存图层状态(Save Layer States)”对话框(图 1-24*a*)。可在其中保存图形中所有图层的图层状态和图层特性设置。可以选择要保存的图层状态和特性。通过为图层指定一个名称来保存该图层状态。

7) Restore state...(状态管理器)按钮：显示“图层状态管理器(Layer States Manager)”对话框(图 1-24*b*)。可在其中管理命名图层状态。

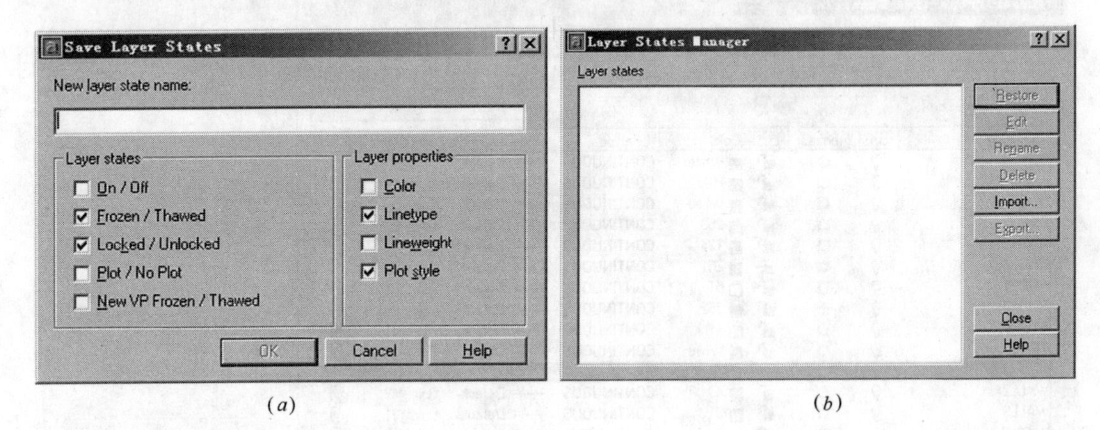

(*a*)　　(*b*)

图 1-24

8) 图层列表框：显示图层及其特性。如果要修改某个特性，可以单击相应的特性图标。

• Name(名称)—显示图层名。可以选择图层名，然后单击左键并输入新图层名。

• On(开/关)—打开和关闭图层。当图层打开时，它是可见的，并且可以打印。当图层关闭时，它是不可见的，也不能打印。

• Freeze in all VP(在所有视窗中冻结/解冻)—在所有视窗中冻结选定的图层。冻结图层可以加快 ZOOM、PAN 和许多其他操作的运行速度，增强对象选择的性能并减少复杂图形的重生成时间。AutoCAD 不在冻结图层上显示、打印、隐藏、渲染或重生成对象。

• Freeze in current VP(在当前视窗中冻结)—冻结当前布局视窗中的选定图层。可以冻结或解冻当前布局视窗中的图层，而不影响其他视窗中图层的可见性。冻结的图层是不可见的，并且不能重生成或打印。此功能非常有用，例如，可以创建一个注释图层，仅在某特定视窗中可见。解冻可恢复图层的可见性。此选项仅在布局(Layout)工作时才可用。

• Freeze in new VP(在新视窗中冻结)—冻结新建布局视窗中的选定图层。例如，冻结所有新建视窗中的 DIMENSIONS 图层，可以限制任何新创建的布局视窗中该图层上标注的显示，但不影响现有视窗中的 DIMENSIONS 图层。如果接着创建一个需要标注的视窗，可以通过解冻该视窗中的图层来替代默认设置。此选项也仅在布局(Layout)工作时才可用。

• Lock(锁定/解锁)—锁定和解锁图层。不能选择和编辑锁定图层中的对象。如果只想查看图层信息而不需要编辑图层中的对象，则将图层锁定是有益的，还能起到保护作用。

• Color(颜色)—改变与选定图层的颜色属性。单击颜色名可以显示“选择颜色”对话框来修改颜色属性。

• Linetype(线型)—修改与选定图层相关联的线型。单击任意线型名称均可以显示“选择线型”对话框来修改线型属性。

• Lineweight(线宽)—修改与选定图层相关联的线宽。单击任意线宽名称均可以显示“选择线宽”对话框来修改线宽属性。

• Plot style(打印样式)—修改与选定图层相关联的打印样式。如果正在使用颜色相关打印样式(PSTYLEPOLICY 系统变量设为 1)，则不能修改与图层关联的打印样式。单击任意打印样式均可以显示“选择打印样式”对话框。

• Plot(打印/不打印)—控制是否打印选定的图层。即使设为不打印的图层，该图层上的对象仍会显示出来。图层设定的打印/不打印状态只对可见图层(即图层是打开的并且是解冻的)有效。图形中被冻结的或关闭的图层，系统是不会打印该图层上的图形的。

(2) 工具栏 Layer 命令执行方式(图 1-25)：

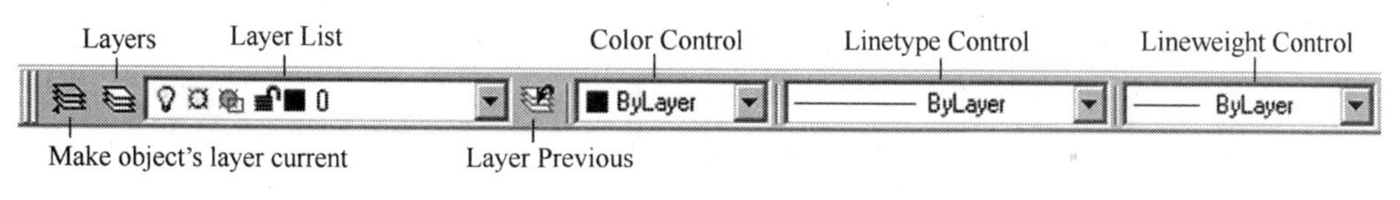

图 1-25

1) 点击<Layers>钮—打开“Layer Properties Manage”对话框。

2) 点击<Make Object's Layer Current>钮—把选中的对象所在的图层改为当前层。

3) 点击<Layer Previous>钮—恢复上一次的当前层为当前层。

4) 点击<Layer List>列表—简易图层属性状态列表，可以进行图层属性状态切换。属性内容包括：

• Turn a layer on or off—开/关—图层。
• Freeze or thaw in all viewports—在所有视窗中冻结/解冻。
• Freeze or thaw in current viewport—在当前视窗中冻结/解冻。
• Lock or unlock a layer—锁定/解锁图层。
• Color of layer—图层颜色。
• Name of layer—图层名称。

(3) 命令行 Layer 命令执行方式：

1) 输入 Layer<Enter>命令，打开“Layer Properties Manage”对话框。

2) 输入—Layer<Enter>命令，在命令行选项方式执行 Layer 命令(图 1-26)。

? —列出当前所有图层。

• Make—建立一个新图层并设定为当前层。
• Set—设定一个新的当前层。
• New—建立一个或若干个新图层。

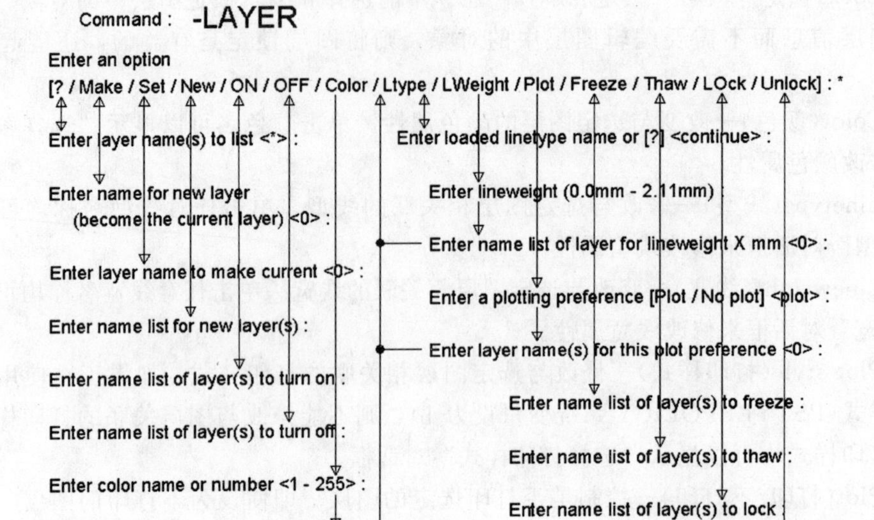

图 1-26

- ON/OFF—打开/关闭一个或若干个图层。
- Color—设定一个或若干个图层的颜色属性。
- Ltype—设定一个或若干个图层的线型属性。
- LWeight—设定一个或若干个图层的线宽属性。
- Plot—设定一个或若干个图层的打印状态属性。
- Freeze/Thaw—冻结/解冻一个或若干个图层。
- Lock/Unlock—锁定/解锁一个或若干个图层。
- stAte—对图层状态进行编辑管理。

当对多个图层进行操作时，可以使用统配符“?”和“*”来输入层名。

2. COLOR 颜色

一个复杂的建筑图形，可以由成千上万个基本图形或图形块等组合而成。在电脑屏幕上我们可以用不同的颜色代表不同性质的对象物体，使得图形在屏幕和图纸上看起来比较清晰而容易区分。也由于图形对象有了颜色属性，使得图形编辑处理变得更为方便。

从命令行键入 Color＜Enter＞、从下拉菜单 Format ＞Color 项、从工具栏 Object Properties ＞Color Control ＞Other 项，均可以进入 Select Color(选择颜色)对话框(图1-27)。该对话框的功能就是设定新对象的颜色属性。

AutoCAD 2004 版中，对话框有三个选项卡：Index Color(索引颜色)，True Color(真彩色)，Color System(配色系统)。

(1) Index Color 选项卡上是传统的 AutoCAD 颜色设定方式,包括编号为 1～256 的 256 种 ACI 颜色,如果选择了一种颜色,则这种颜色的名称或编号将显示在“Color”框里,作为当前的工作颜色,随后输入的图形对象将沿用这个颜色。

每个对象物体,每个图层都有自己的颜色属性,它们可以是具体某个颜色种类,也可以是“ByLayer”或“ByBlock”这样的逻辑颜色。

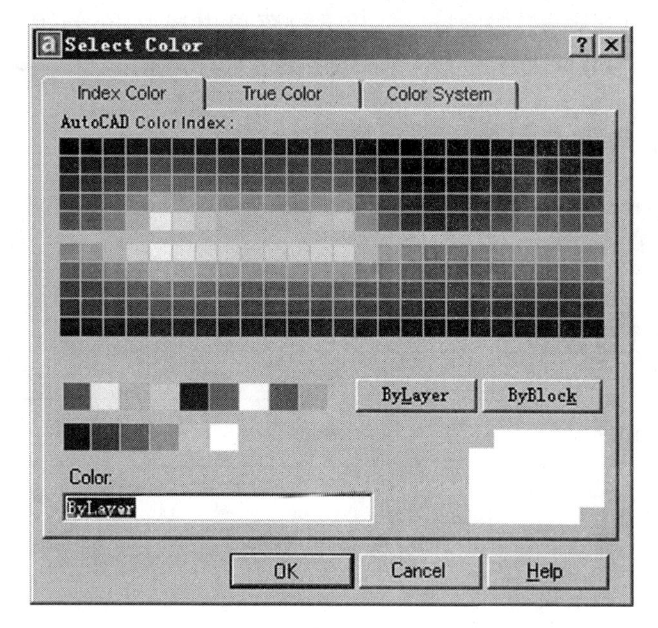

图 1-27

ByLayer 选钮—指定新对象采用创建该对象时所在图层的指定颜色。如果对象物体的颜色属性是“ByLayer”。也就是说它的颜色是随同它所在图层的属性颜色。

ByBlock 选钮—指定新对象的颜色为默认的白色或黑色(取决于图形区背景色的设定)，如果将有此颜色属性的对象组合进块内。在插入图形块时，块中的颜色为“ByBlock”的对象将与当前的工作颜色相一致。

(2) True Color 选项卡上，使用 24 位真彩色方式来设置颜色。在颜色模式列表中有 HSL 和 RGB 两种模式，显示两种色彩组合和选取的方式。最多可以指定一千六百多万种颜色。

HSL 颜色模式—Hue(色调 0～360)、Saturation(饱和度 0～100)和 Lightness(亮度 0～100)。

RGB 颜色模式—Red(红 0～255)、Green(绿 0～255)、Blue(蓝 0～255)。

(3) Color System 选项卡中，可以从配色系统下拉列表中选择一个配色系统。滑动色彩竖条的滑标，可以浏览该配色系统中的所有颜色，并选取一种作为新的设定。

从命令行键入－Color<Enter>，可以进入命令行执行方式来设定颜色。

Command：－COLOR<Enter>(在 Color 命令前加一个“－”减号)

Enter default object color [True color/Color system] <ByLayer>：

(输入默认对象颜色 [真彩色(T)/配色系统(CO)] <ByLayer>：)

3. 线型(LINETYPE)

在建筑工程制图中，大多是依靠线条图形来表达一个工程设计的设计意图和具体做法。由于线条很多，施工图纸上又不能采用不同色彩的线条，所以，对于不同类型或功能的线条有时会采用不同的线型来表示。如，实线、虚线、点划线等等。线型是 AutoCAD 对象的另一种重要的属性。

从命令行键入 Linetype<Enter>、从下拉菜单中选取 Format >Linetype 项、从“Object Properties”工具栏的 Linetype Control 列表框中选取 Other 项，均可以进入“Linetype Manager”(线型管理器)对话框(图 1-28)。该对话框的功能就是设定新对象的线型属性。建筑制图中，所用到的线型类型不多，所以这里对对话框中的部分功能进行介绍：

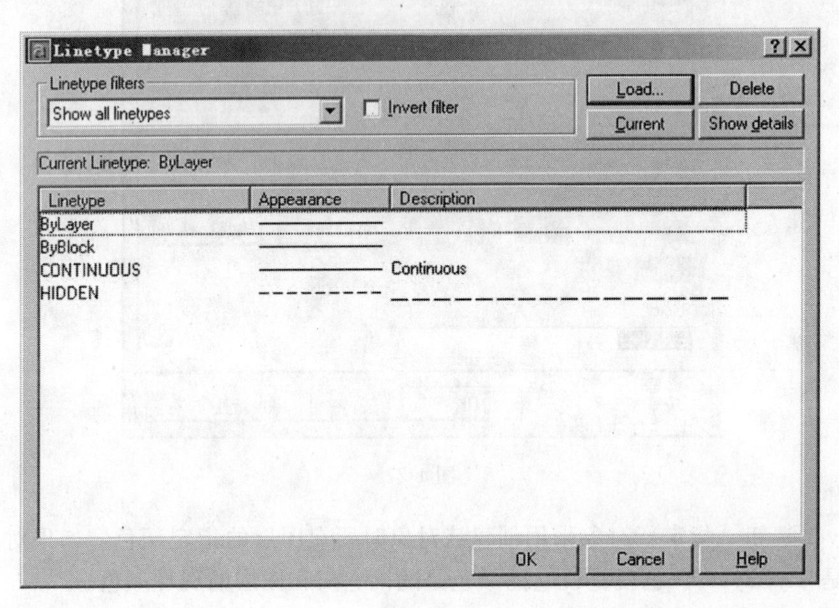

图 1-28

- Load (加载)钮—显示“Load or Reload Linetype”对话框可从中将 acad. lin 文件中选定的线型加载到图形并将其添加到线型列表中。
- Delete(删除)钮—删除线型列表中选中的线型。
- Current(当前)钮—把线型列表中选中的线型设定为当前工作线型。
- Show details(显示细节)钮—控制是否显示线型管理器的详细信息。
- 线型列表框—列出系统当前可供选择的所有线型的名称，外观和说明。

每个对象物体，每个图层都有自己的线型属性，它们可以是具体某个线型种类，也可以是“ByLayer”或“ByBlock”这样的逻辑线型。具体用法与 COLOR 命令相同。

设定了对象物体的线型后，有时往往会发现所绘制的图形并没有显示出所设定的线型外观形状。这是因为线型的显示，还受到系统变量 LtScale(线型比例)的影响。屏幕图形界限范围的大小不同，需要用不同的线型比例值才能正确地显示图形的线型(图 1-28)。

4. LINEWEIGHT 线宽

在建筑制图中，有时需要用不同粗细的线来区分图形线条的等级，从而达到良好的图形效果。可以通过设置图形对象的线宽属性来达到做到这一点。

从下拉菜单中选取 Format >Lineweight 项、<鼠标右键>单击状态行中的“LWT”(线宽)钮后，选择弹出的菜单的“设置”项，均可以进入 Lineweight Settings(线宽设置)对话框(图 1-29)。该对话框的功能就是设定新对象的线宽属性。

点击工具栏 Object Properties>Lineweight Control>Other 项，也可以打开 Lineweight Settings 对话框，进行新的线宽设定。

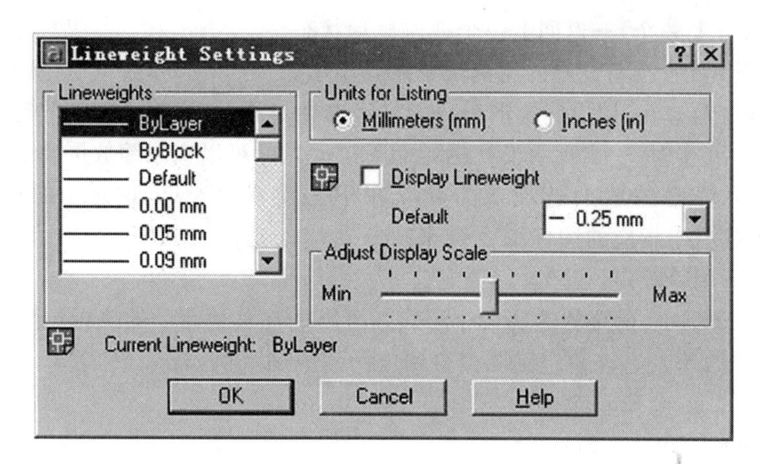

图 1-29

五、图形显示环境

在学习了图形的输入环境之后，接下来应该学习图形的显示环境。二维的图形显示环境命令有：ZOOM（缩放）、PAN（平移）、AERIAL VIEW（鸟瞰）、REDRAW（重画）、REGEN（重生成）、VIEW（视图）、VPORTS（视窗）七个命令。

1. ZOOM 视图缩放命令

这是 AutoCAD 中使用频率最高的命令之一。要在有限的屏幕尺寸范围内，能显示各种类型和规模的建筑设计图的整体和细部，主要就是靠 ZOOM 命令的强大功能。此命令的操作过程见图 1-30。

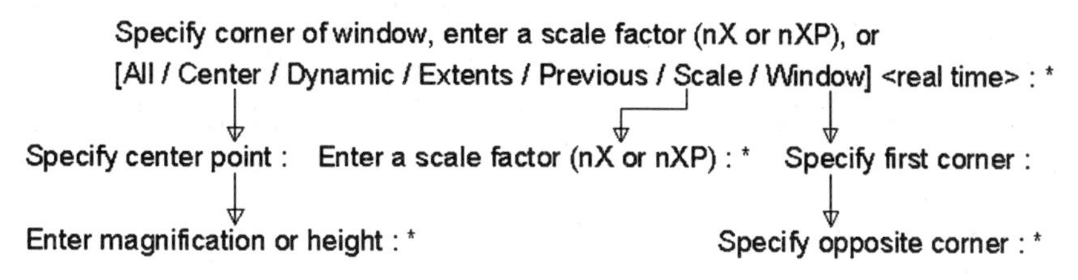

图 1-30

• All（全部）—在平面视图中，如图形在图形界限内，就显示图形界限范围。如图形超出图形界限，就将显示全部图形，并最大限度地充满整个屏幕。

• Center（中心点）—显示由新的中心点和放大比例值（或高度）所定义的窗口。

• Dynamic（动态）—切换到虚拟屏幕显示状态。此时，屏幕显示三个色框：蓝色框表示图形界限和图形范围中较大的一个，绿色虚线框表示原先视图的位置，白色选取框代表将选取的视图框的大小和位置。选取框有两种状态：一种是平移状态，有“X”符号表示其中心位置，它大小不变，可任意移动；另一种是缩放状态，有箭头符号在框右中点，它不能平移，但可以调节大小。两种状态之间用鼠标左键进行切换。在调节到合适的大小和位置后按＜Enter＞键结束操作。

• Extents（范围）—将所有的图形全部显示在屏幕上，并最大限度地充满整个屏幕。

- Previous(上一个)—返回上一个视窗显示状态。
- Scale(比例)—按新设定的比例因子缩放显示。
- Window(窗口)—用设置矩形窗口的方式选择要放大观察的区域。
- Real time(实时)—出现手形光标，上下拉动光标可以实时缩放屏幕的显示范围。

在以上几种屏幕缩放的选项，都可以在下拉菜单 View>Zoom 的子菜单中，或"Standard"工具栏中相应的图标命令键来执行对应的功能。其中，All，Dynamic，Window 和 Realtime 用得较多。

'ZOOM 是 ZOOM 命令的透明命令形式，可以插在其他命令的执行过程中执行，从而大大地提高工作效率。它在建筑制图中得到广泛的应用。例如：

Command：Line<Enter>

Specify first point：<Specify a point>

Specify next point or [Undo]：'ZOOM<Enter>

>>Specify corner of window，Enter a scale factor(nX or nXP)，or

[All/Center/Dynamic/Extends/Previous/Scale/Window] <real time>：D<Enter>

(此时临时插入执行 ZOOM Dynamic 功能，执行完后返回 LINE 命令状态)

Resuming LINE Command.

Specify next point or [Undo]：

……

在 AutoCAD 中有不少命令可以作为透明命令使用。如：'PAN，'LIMITS，'UNITS，'COLOR，'LINETYPE，'LTSCALE，'OSNAP，'ORTHO，'SNAP，'GRID，'REDRAW，'TEXTSCR，'GRAPHSCR，'STATUS，'HELP，... 等等。

2. PAN 视图平移命令

在绘图过程中，由于屏幕大小有限，当前图形不一定全部显示在屏幕内，若想比例不变来察看屏幕外的图形，就可使用 PAN 命令。PAN 命令只是移动显示框的位置，所有图形对象的空间位置没有作任何移动，这是与 MOVE 命令的本质上的区别。

Command：PAN

Press ESC or ENTER to exit，or right-click to display shortcut menu.

此时屏幕出现手形光标，按住鼠标左键并移动光标就能相对平移屏幕上显示的图形内容。它比 Zoom 快，操作比较直观而且简便，因此在绘图中常使用该命令。

用下拉菜单 View >Pan 或"Standard"工具栏的<Pan Real time>键也能执行 Pan 命令。

3. AERIAL VIEW 鸟瞰视图命令

在大型绘图过程中，为了方便地掌握当前视图在整个图形中的位置，AutoCAD 提供了"鸟瞰"功能，即用户可像飞鸟一样在空中俯视，快速找出所要的图形，并可放大图形。

启动鸟瞰视图命令的方法有如下几种：命令行输入 DSVIEWER<Return>或选择 View >Aerial View 选项。屏幕出现 Aerial View 鸟瞰视图(图 1-31)。光标按住视图框的标题栏，可将该图框拖至屏幕上任何位置，鸟瞰视图的操作与 Zoom>Dynamic 的操作相似。改变视图中选取框的大小和位置就可以选取所需的屏幕图形显示状态。

4. REDRAW 重画命令

在绘图时，常在图上留下一些修改的痕迹，利用 Redraw 能按照当前内存中记录下

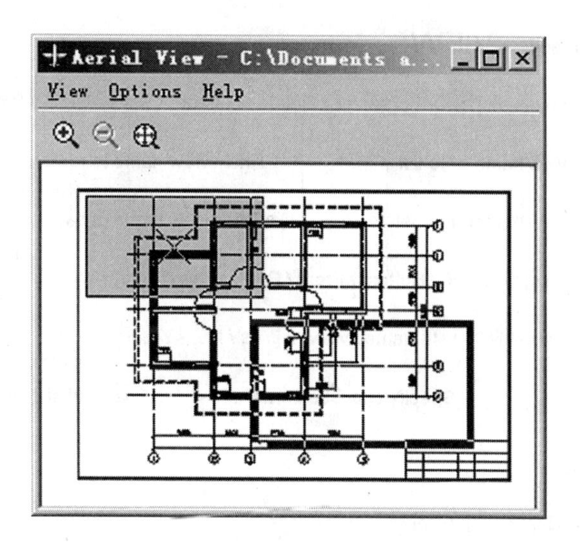

图 1-31

的显示状况(虚屏)重新刷新当前视图的屏幕显示，去除残留的痕迹。可以在命令行键入Redraw命令，也可以选取下拉菜单 View >Redraw 选项执行。

在多视窗屏幕显示时，Redraw 命令只对当前工作视窗起作用，Redraw All 命令可以使所有视窗重新刷新它们的屏幕显示。

5. REGEN 重生成命令

根据当前图形数据库中记录的图形数据重新计算生成全部图形的显示信息，记录在内存的“虚屏”上，并按当时的视图设置，在屏幕上显示图形。由于增加了一个图形的重新生成的过程，Regen 比 Redraw 要慢得多，特别是在图形量很大的时候，尤为明显。

6. VIEW 视图命令

View 命令的功能是保存和恢复命名视图。从命令行执行 VIEW 命令或选取下拉菜单View>Named Views 选项后，屏幕就出现 View 对话框(图 1-32)。

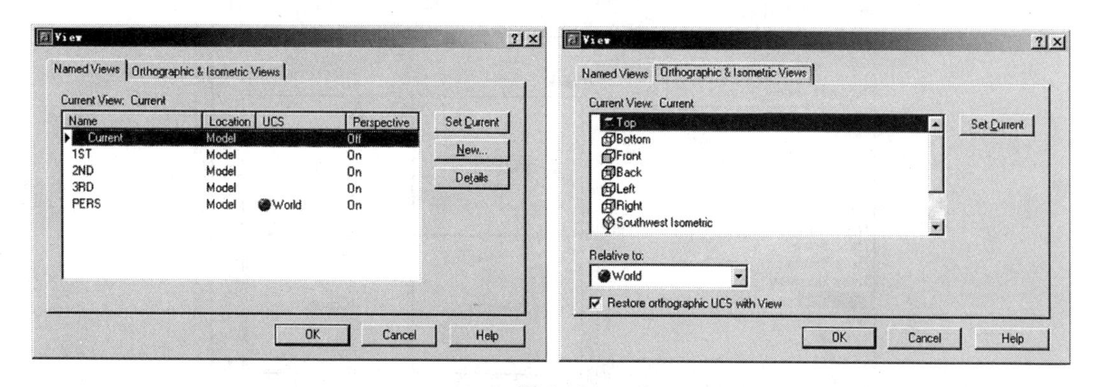

图 1-32

该对话框有“Named View”(命名视图)和“正交或等轴测视图”两个选项卡。前者是创建、设置、重命名和删除命名视图，而后者是恢复各种正交以及等轴测视图。

在命令行执行 _ VIEW 命令的工作过程为(图 1-33)：

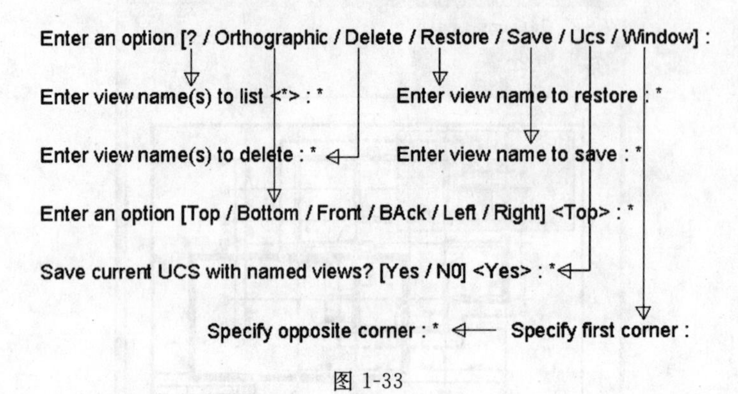

图 1-33

- ？—列出所有命名视图的名称。
- Orthographic—恢复预定义的正交视图，此视图被用户指定到当前视窗中。
- Delete—删除一个或多个命名视图。
- Restore—将指定的命名视图恢复到当前视窗中。如果 UCS 设置已与视图一起保存，它也被恢复。
- Save—使用用户提供的名称来创建一个命名视图。
- Ucs—决定在保存图形时是否保存当前 UCS 和标高设置。
- Window—在当前视图中，用 Window 方式创建一个命名视图。

7. VPORTS(VIEWPORTS)多视窗命令

VPORTS 命令的功能是创建多个视窗。从命令行执行 VPORTS 命令后，或选取下拉菜单 View＞Viewports 选项后，屏幕就出现 Viewports 对话框(图 1-34)。该对话框有“New Viewports”(新建视窗)和“Named Viewports”(命名视窗)两个选项卡。

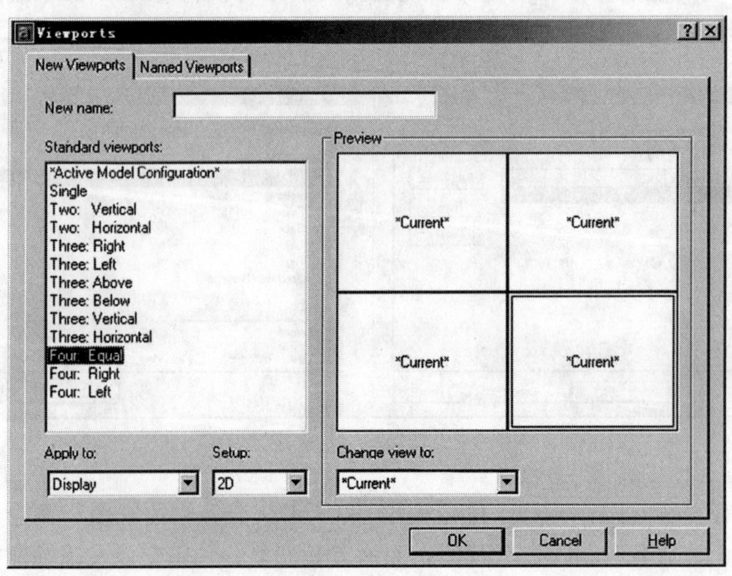

图 1-34

在新建视窗选项卡中，先给视窗设置予以命名，然后，按需要在 Standard Viewports 区选择一种标准视窗方式，在 Preview 区预览视窗分割的效果，在 Apply to 列表项中选定此设置将用于分割整个显示窗口还是用于分割当前工作窗口。

命名视窗选项卡中，可以在现有的多个命名的视窗设置中选择一种，作为当前视窗的工作设置。

在命令行执行-VPORTS 命令，命令的执行过程为(图 1-35)：

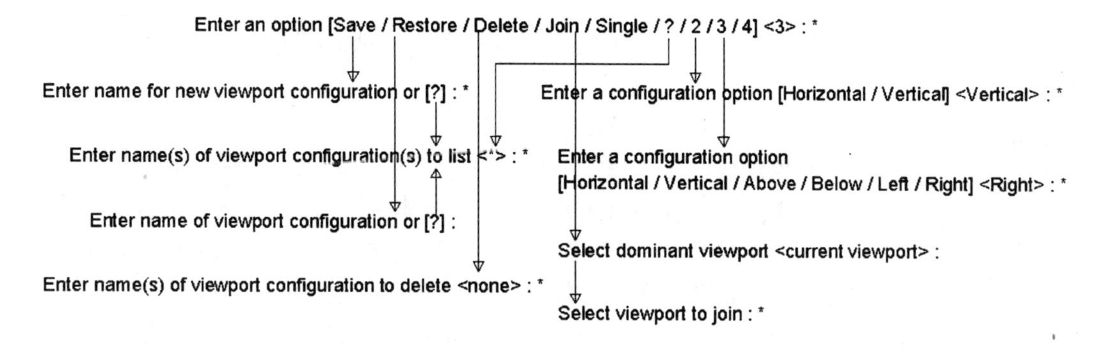

图 1-35

- Save—使用指定的名称保存当前视窗配置。
- Restore—恢复以前保存的视窗配置。
- Delete—删除命名的视窗配置。
- Join—将两个邻接的视窗合并为一个较大的视窗。得到的视窗将继承主视窗的视图。
- Single—将图形返回到单一视窗的视图中，该视图使用当前视窗的视图。
- ？—显示活动视窗的标识号和屏幕位置。
- 2—将当前视窗拆分为相等的两个视窗。
- 3—将当前视窗拆分为相等的三个视窗。
- 4—将当前视窗拆分为相等的四个视窗。

六、图形样本文件（DWT）

AutoCAD 的标准图形文件格式的后缀为 . DWG。而 AutoCAD 的样本文件(. DWT)是一种初始图形文件格式。它们存放在系统的 Template 目录之中。不同的建筑图使用不同的样本文件。在建筑图的样本文件中包含了绘制某种建筑图所需要的各种基本的图形环境设置。其中包括：

(1) Limits，Units，Layers，Linetype，Lineweight… 等图形环境和对象属性的设置。

(2) Snap，Grid，Ortho，Polar Tracking，Object Snap，Object Tracking…等工作状态。

(3) 相关的系统变量和 Options 对话框中的各种系统的初始工作状态设定。

(4) 各种构配件图块、建筑符号和图标图签的设定。

为了统一建筑设计的规范和标准，为了提高设计工作的效率和便于协作和交流，每个设计单位和个人都会需要创建适合自己工作的各种样本文件，作为绘制建筑图形的基础环境。建立样本文件有以下两种常用的方法：

1）从现有的图形文件中，挑选出某些图形环境设置比较好的建筑图为基础，进一步加以调整和完善，删除所有的图形内容，最后用 Save as 命令以 .DWT 为后缀把它们存储为样本文件。

2）从系统提供的样本文件中，挑选出比较接近的样本文件为基础，进一步对图形工作环境加以调整和完善，用 Save as 命令以 .DWT 为后缀把它们存储为样本文件。

第二节　AutoCAD 图形绘制功能

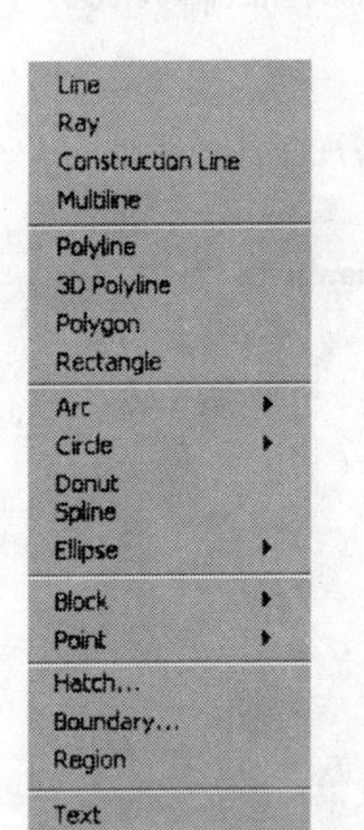

图 1-36 “绘图”菜单

一张建筑工程图纸，无论其内容复杂与否，都是由一些基本的图形对象组成。对于每个初学者，学习用 AutoCAD 来绘制建筑图，首先要学习并掌握 AutoCAD 中绘制基本图形对象的方法和过程。

AutoCAD 提供许多基本图形的绘制命令。这些命令大多可以通过 Draw 下拉菜单，或在 Draw 工具栏中找到并进行调用。我们也可以在屏幕菜单中选取相应的命令执行。所有的 AutoCAD 可执行命令包括图形的绘制命令，都可以在命令提示行中输入执行。

在需要重复执行前一个命令时，可以简单地按一个＜Return＞或＜Space＞键即可。新的 AutoCAD 版本中，还增添了上下文菜单(鼠标右键菜单)。用户在绘制图形对象的过程中，也可以利用此菜单来启动绘制物体的命令。

一、点型对象绘图命令

绘制点型对象有三个命令：点(POINT)、等分点(DIVIDE)、测量点(MEASURE)。

1. 点对象(POINT)

点对象(Point)是 AutoCAD 中最简单、最基本的图形对象。它虽然没有体积，但代表着一个空间点的位置，我们常常用它来表征空间中或图形对象上的一个特定位置，以便以后进一步的图形处理。可以用 Osnap 的 nod 模式把点对象捕捉到。命令的输入为：

Command：POINT

Current point modes：PDMODE＝0　PDSIZE＝0.0000

Specify a point：

在该提示行中，用户可以在命令行输入点的坐标，也可以通过光标在绘图屏幕上直接确定一点。

点的显示形式可以多种多样，用户可自己确定。在 Format 下拉菜单中点取 Point Style 项或在命令行输入 Ddptype 命令，就出现 Point Style 对话框(图 1-37)：

在 Point Style 对话框中可以从 20 种显示形式中的一种作为当前形式的选择，也可以在 Point Size 文本框中设定它的显示尺寸。在建筑制图和建模工作中，常常使用＋或×的显示形式来代表一个点(图 1-38)。

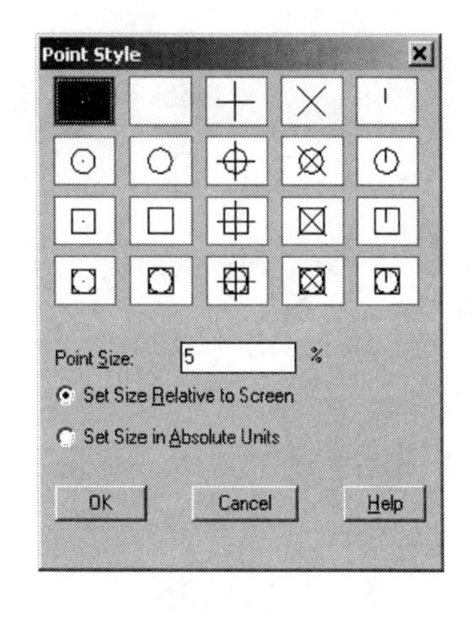

图 1-37

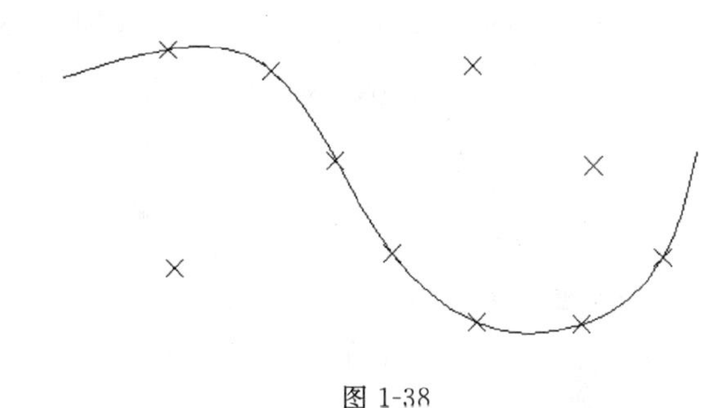

图 1-38

2. 等分点(DIVIDE)

DIVIDE 命令是用来等分一个线型对象物体，并在等分点处插入 Point 点对象。也可以利用此命令，沿着线型方向在等分点处插入图形块对象。用户可以利用该命令来等分直线段、圆弧、圆、椭圆、椭圆弧、组合线以及样条曲线等图形对象。

DIVIDE 命令的执行过程(图 1-39)：在选择了需要作等分处理的对象物体后，系统要求输入等分的数量，以便能算出等分点位置并插入点对象(图 1-38)。如果是需要在等分位置上插入图形块，此时先选择［Block］选项，随后输入被插入图形块的块名、确定在块插入时是否随线型的法线的变动而相应旋转图块，并在确定对原物体的等分数后实行等分插入。等分点就成为图形块的插入点(图 1-40)。

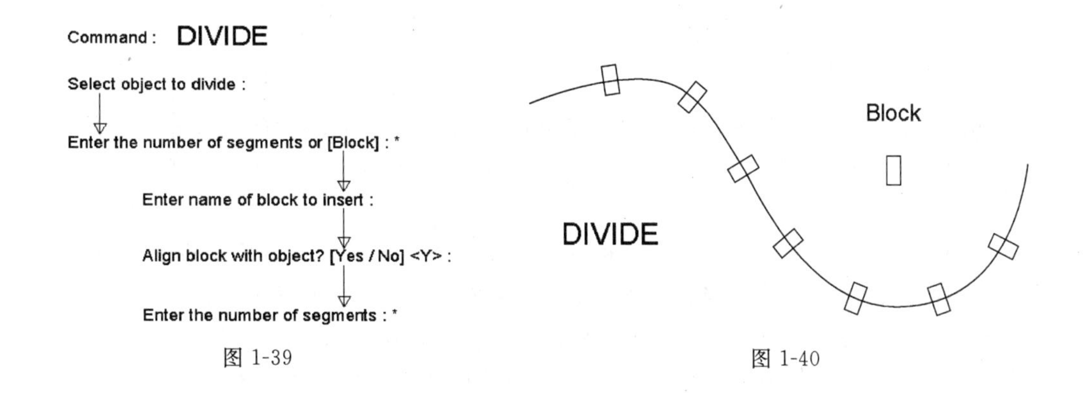

图 1-39

图 1-40

3. 度量点(MEASURE)

执行 MEASURE(度量)命令，沿着选定的线型对象的线型方向按设定的距离，均匀度量出每个一个度量点的位置。在度量点处插入点图形对象或图形块。

MEASURE 命令的执行过程(图 1-41)与 DIVIDE 命令相似，但它执行时不是等分物体，而是度量物体，所以它需要输入度量段的长度，而不是等分数。执行结果往往在最后留下一段小于度量段长度的余段(图 1-42)。

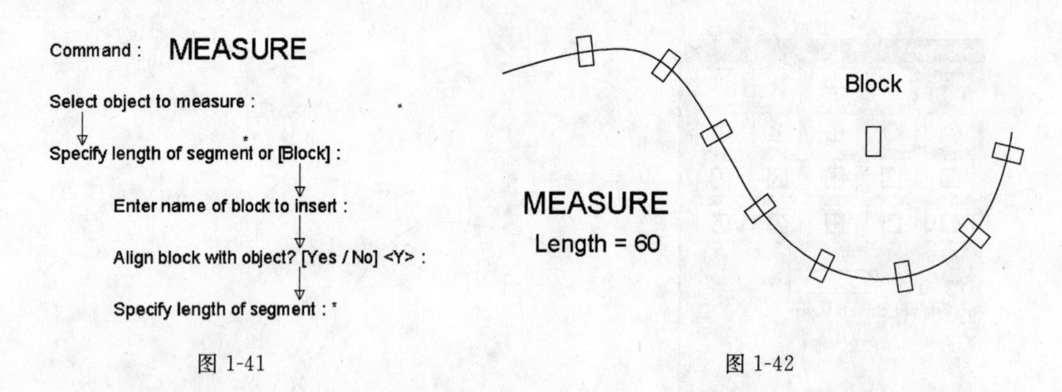

图 1-41　　　　图 1-42

二、直线型对象绘图命令

绘制直线型对象有三个命令：直线段(LINE)、射线(RAY)、直线(XLINE)。

1. 直线段(LINE)

直线段是图形中最常见、最基本的图形对象。在 AutoCAD 中用户通过执行 LINE 命令来绘制一条或多条连续的直线段，其中，每一条直线段都是一个独立的图形对象。

LINE 命令的执行过程是连续定义线段的端点(图 1-43、图 1-44)。

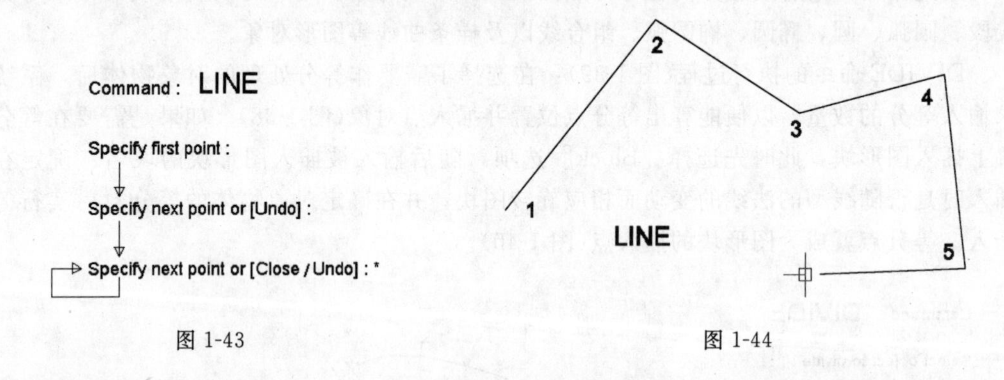

图 1-43　　　　图 1-44

在连续绘制直线的过程中，可以用［Undo］选项删除前一段线的错误输入，然后继续正常的输入。可以选用［Close］选项，把当前点与起始点连接起来，形成封闭的线段图形。

可以用二维或三维坐标来指定直线的端点。也可以在定了前一点后呈现 Drag 拖引线状态时，继续以极坐标方式来定点画线。拖引线方向就是设定的直线方向，可以按＜F6＞键调整状态行的坐标动态显示处于极坐标状态，来控制输入线段的角度和长度。也可以通过设定 Polar Tracking 的极点追踪方式来定位线段的角度，键入距离值来精确定义线段端点。

2. 构造线：单向射线(RAY)

Ray 命令生成由一端点向某一方向无限延长的射线。它在制图中主要用作辅助线，以便精确绘图(图 1-45、图 1-46)。

3. 构造线：双向直线(XLINE)

XLINE 命令生成两端无限延长的双向直线。它也在制图中主要用作辅助线。

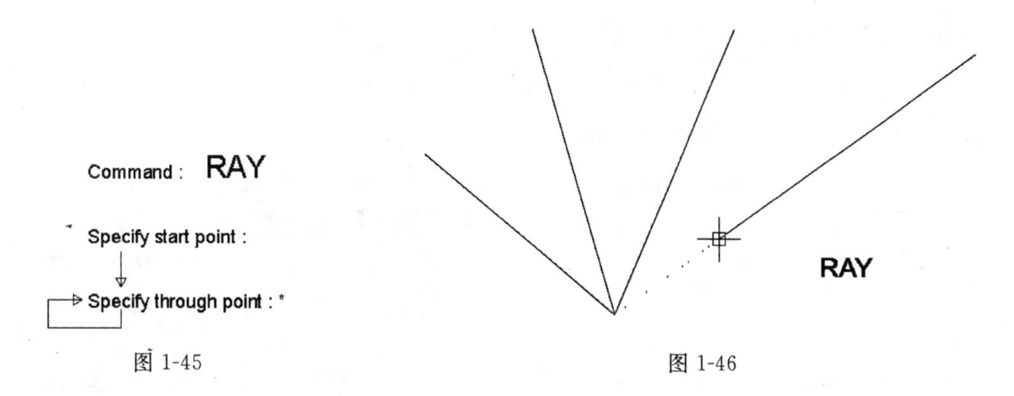

图 1-45　　　　　　　　　　　　　　图 1-46

在双向直线命令的执行过程中(图 1-47)。有若干种生成线的选项：

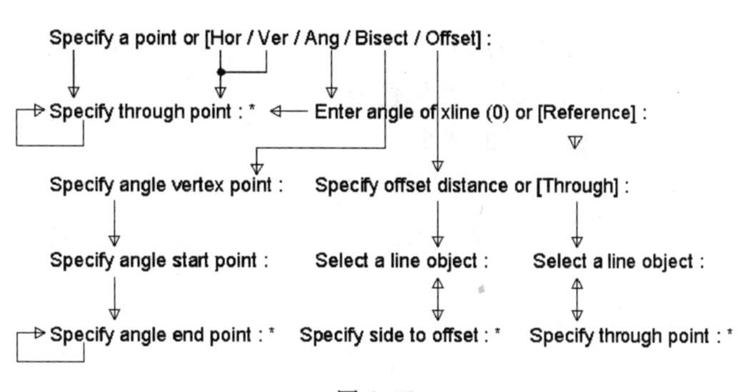

图 1-47

- Specify a point—缺省项，定义两点来确定直线。
- Hoz—通过一点的平行线。
- Ver—通过一点的垂直线。
- Ang—通过一点的与水平方向成一定角度的直线。
- Bisect—通过一个已知角的顶点的角平分线。(Reference 选项用法参见 Rotate 命令介绍)
- Offset—与某已知线段相平行，又通过某已知点或又与该线段的距离为定长的直线。

RAY 和 XLINE 命令绘制的辅助线，一般都是工作过程中的临时的辅助用线。常常绘制在一个专门的图层上，整个图形完成后就将其删除。

三、圆弧型对象绘图命令

圆弧型对象绘图命令有四个：圆(CIRCLE)、圆弧(ARC)、圆环(DONUT)、椭圆(ELLIPSE)。

1. 圆(CIRCLE)

圆也是建筑图形中一种常见的基本图形对象。圆可以表示圆柱、圆台、圆孔等。用 CIRCLE 命令绘制圆形有六种输入方式：(图 1-48、图 1-49)

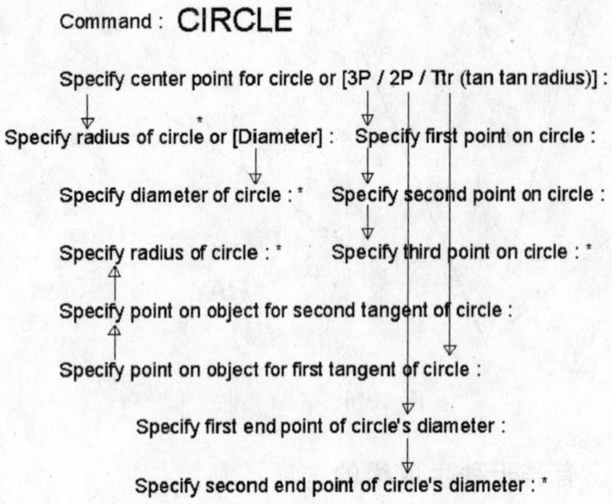

Command : CIRCLE

Specify center point for circle or [3P / 2P / Ttr (tan tan radius)] :

Specify radius of circle or [Diameter] : *　　Specify first point on circle :

Specify diameter of circle : *　　Specify second point on circle :

Specify radius of circle : *　　Specify third point on circle : *

Specify point on object for second tangent of circle :

Specify point on object for first tangent of circle :

Specify first end point of circle's diameter :

Specify second end point of circle's diameter : *

图 1-48

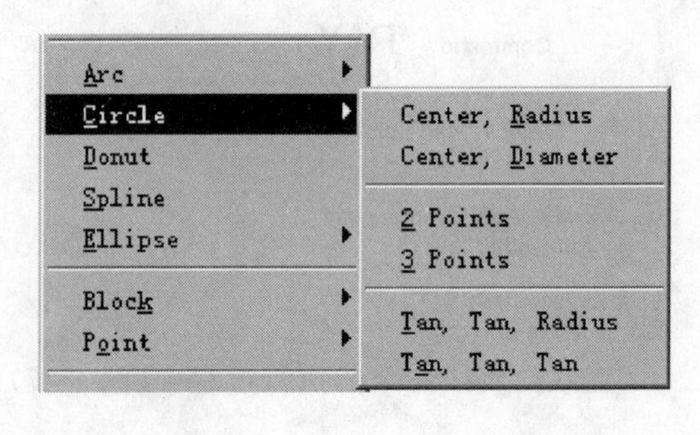

图 1-49

(1) Center，Radius—确定圆心点和半径。

(2) Center，Diameter—确定圆心点和直径。

(3) 2 Points(2P)—确定圆直径的两个端点。

(4) 3 Point(3P)—确定圆周上的三个点。

(5) Tan，Tan，Radius(T，T，R)—选定与之相切的两个图形对象和半径(图 1-50)。

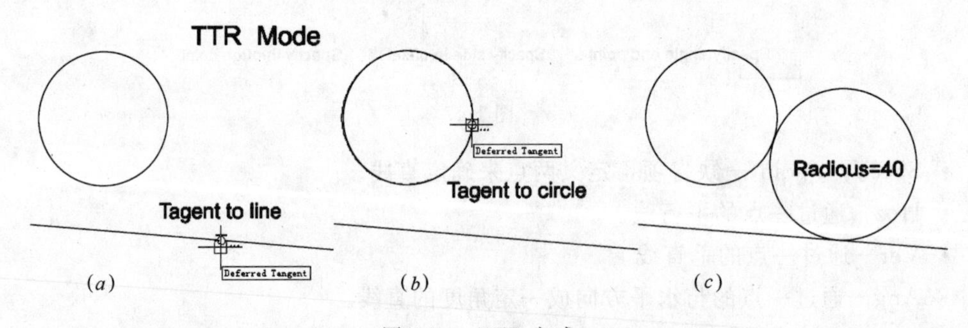

图 1-50 TTR 方式

(6) Tan,Tan,Tan(T，T，T)—选定与之相切的三个图形对象(图 1-51)。在命令行执行的 CIRCLE 命令中没有 T，T，T 的选项，可以选用 3P(三点)方式，在三个相切的图形上用一次性的 tan 方式定义三个“递延切点”(Deferred Tanget)，系统会自动算出切点位置并绘出圆形对象。

2. 圆弧(ARC)

圆弧是图形中又一种重要的基本图形体，ARC 命令就是绘制圆弧的命令。确定圆弧的参数较多，它们有：起始点(Start)，第二点(Second)，终止点(End)，弧心点(Center)，半径(Radius)，弧心角(Angle)，切线方向(Direction)，弦长(Length)等。一般而言，确定了三个参数值，就可以绘出相应的圆弧。在 ARC 命令的执行过程中(图 1-52)系统提供的十种不同参数组合的圆弧绘制方法和一种连续画弧的方法(图 1-53)：

(1) 3 Points—确定圆弧始点，弧上任一点和圆弧终点。这是常用的画圆弧方式。

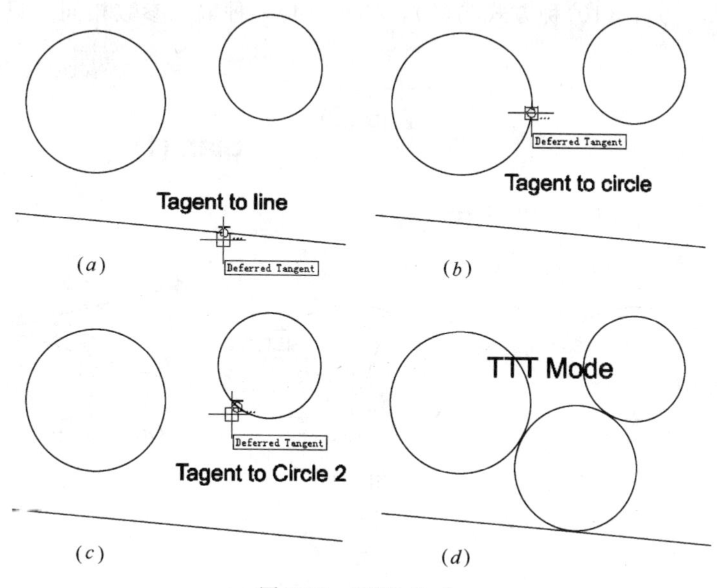

图 1-51　TTT 方式

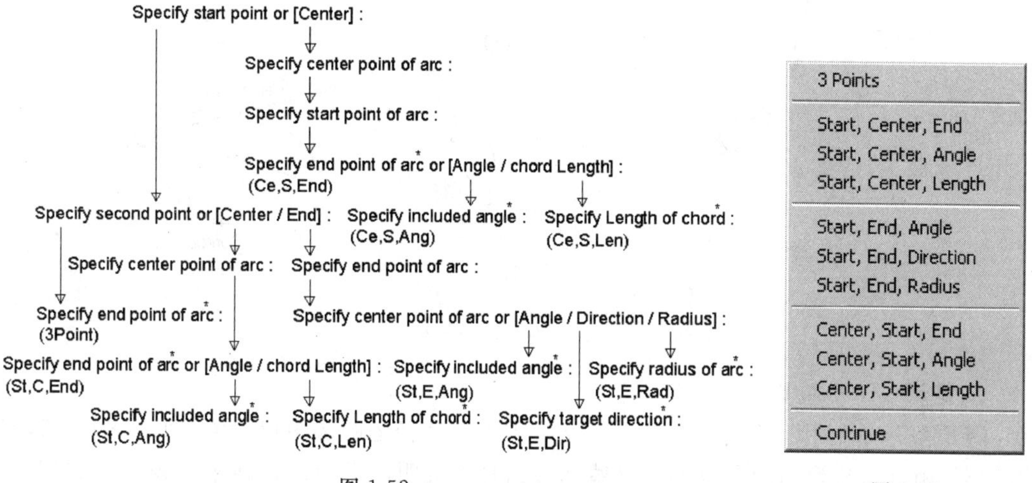

图 1-52　　　　图 1-53

(2) Start，Center，End—确定圆弧始点，弧心点和圆弧终点。这也是常用的画圆弧方式。

(3) Start，Center，Angle—确定圆弧始点，弧心点和圆弧对应的弧心角。

(4) Start，Center，Length—确定圆弧始点，弧心点和圆弧对应的弦长。

(5) Start，End，Angle—确定圆弧始点，圆弧终点和圆弧对应的弧心角。

(6) Start，End，Direction—确定圆弧始点，圆弧终点和圆弧始点的切线方向。

(7) Start，End，Radius—确定圆弧始点，圆弧终点和圆弧半径。

(8) Center，Start，End—确定圆弧弧心点，圆弧始点和圆弧终点。

(9) Center，Start，Angle—确定圆弧弧心点，圆弧始点和圆弧对应的弧心角。

(10) Center，Start，Length—确定圆弧弧心点，圆弧始点和圆弧对应的弦长。

这里，(8)，(9)，(10)种方式与(2)，(3)，(4)三种输入参数相同，只是顺序不同。

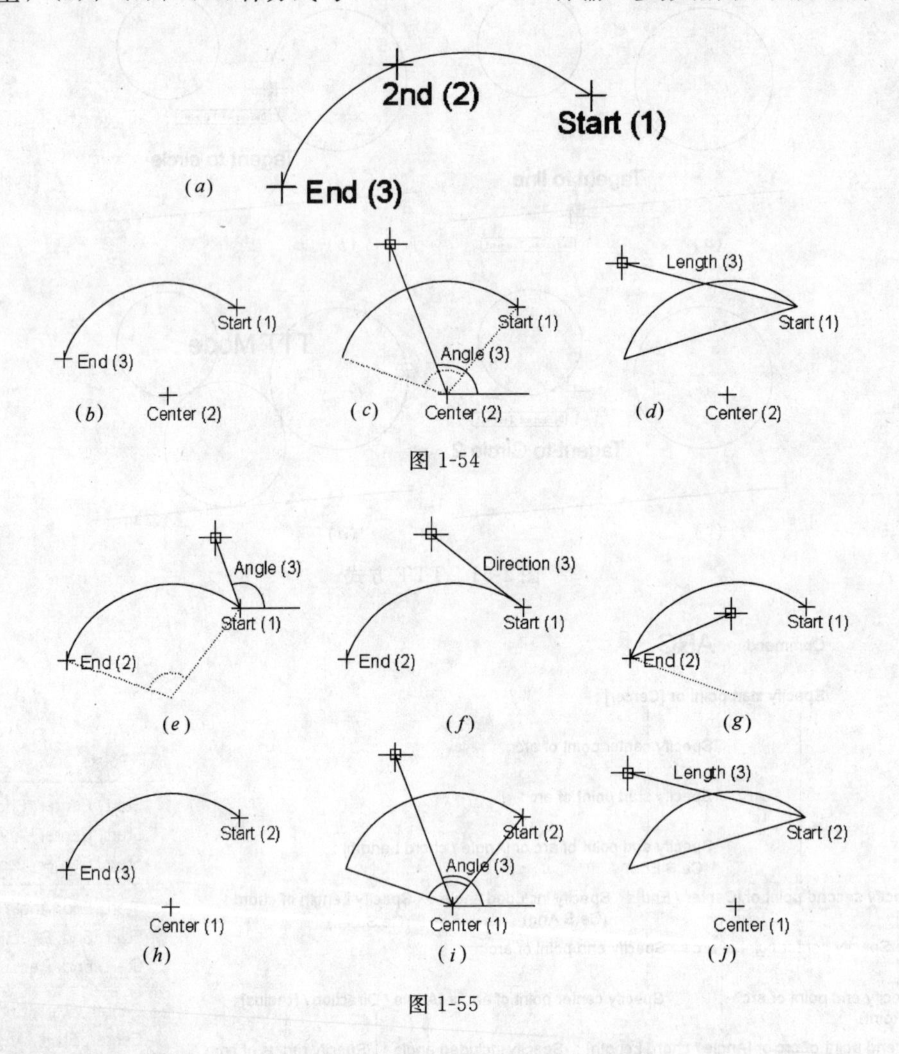

图 1-54

图 1-55

3. 圆环 (DONUT)

DONUT 命令用于绘制一个或多个指定内、外直径的圆环图形对象(图 1-56)。所绘制的圆环是由许多梯形面围合成的，这些梯形面是不透明的平面体，在平面视图中它们一般显示成图层或 COLOR 命令设定的颜色。如果圆环的内径为零，则填充圆环就成为填充圆。这种填充圆常常在建筑平面图中用来表示钢筋混凝土圆柱。

可以执行 Fill 命令来控制圆环的填色或不填色(On/Off)(图 1-57)。

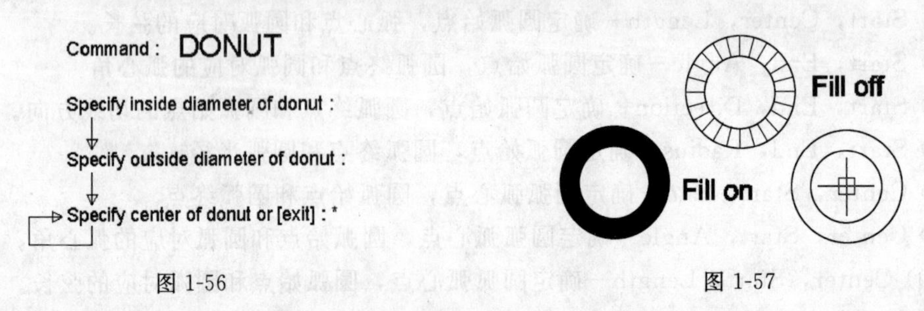

图 1-56　　图 1-57

4. 椭圆(ELLIPSE)，椭圆弧(ELLIPSE ARC)

椭圆可以理解为是一种半径在两个长度间变化的特殊的圆，所以椭圆有长轴和短轴之分。而椭圆弧就是椭圆上的一部分。AutoCAD 绘制椭圆和椭圆弧都是使用 ELLIPSE 命令(图 1-58)。

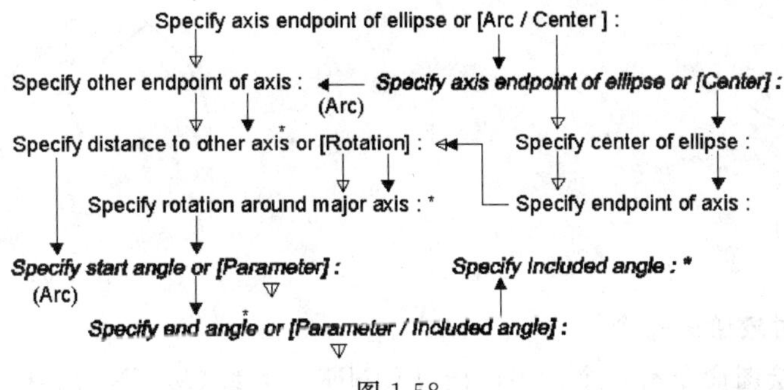

图 1-58

椭圆有四种输入方法：

(1) 定义椭圆第一条轴的两个端点和另一条轴的半轴长度。第一条轴可以是长轴也可以是短轴(图 1-59)。

(2) 定义椭圆第一条轴的两个端点和一个以该轴为直径的圆绕该轴空间旋转的角度。这个空间的圆在平面的投影就是所输入的椭圆(图 1-60)。

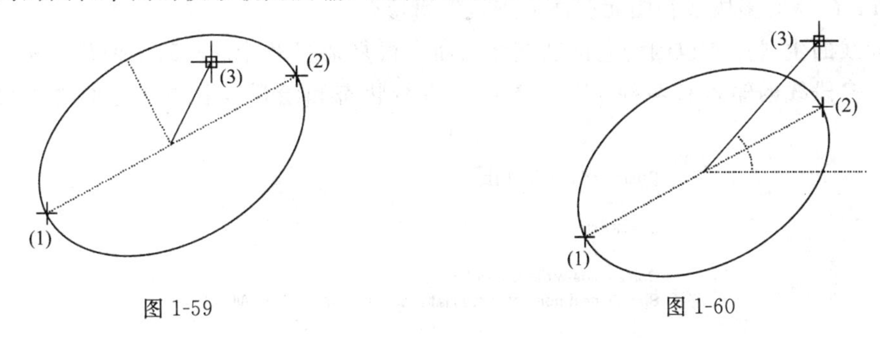

图 1-59　　　图 1-60

(3) 定义椭圆圆心，第一条轴的一个轴端点和另一条轴的半轴长度。第一条轴可以是长轴也可以是短轴(图 1-61)。

(4) 定义椭圆圆心，第一条轴的一个轴端点和一个以该轴为直径的圆绕该轴空间旋转的角度。这个空间的圆在平面的投影就是所输入的椭圆(图 1-62)。

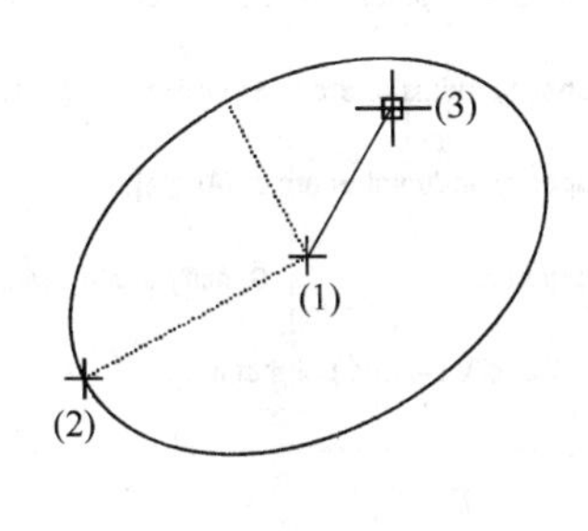

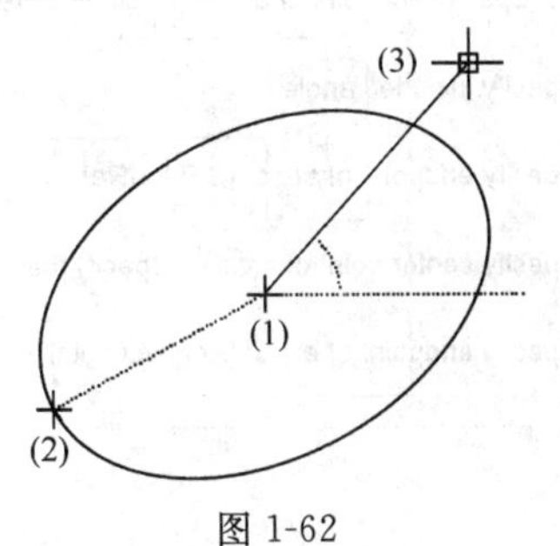

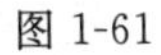

图 1-61　　　图 1-62

绘制椭圆弧首先要确定该弧所在的椭圆(方法同上)，然后：

(1) 确定椭圆弧的起始角和终止角(图 1-63)。

(2) 确定椭圆弧的起始角和椭圆弧的弧心角(图 1-64)。

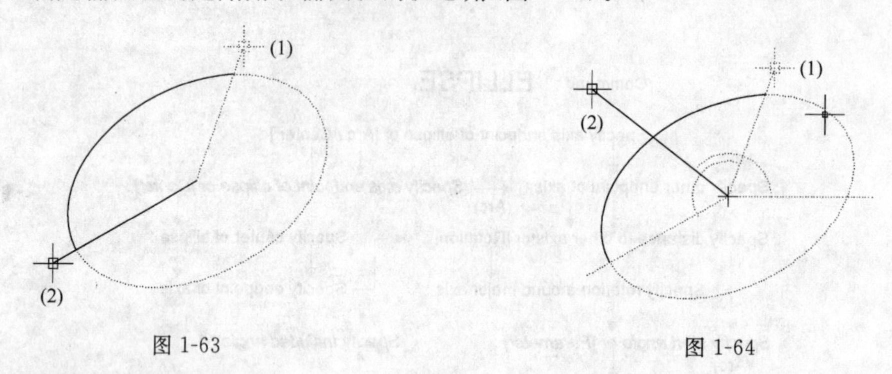

图 1-63　　　　图 1-64

四、复合型对象绘图命令

复合型对象绘图命令有三个：多段线(PLINE)、复线(MLINE)、样条线(SPLINE)。

1. 多段线(PLINE)

多段线(Polyline-Pline)是 AutoCAD 中非常有特点的一种图形对象。多段线可以由两种基本的图元(直线和弧线)组合而成，但整条多段线仍是一个独立的整体。用户可以对多段线的局部或者整体设定线的宽度，从而生成各种复杂的图形来(图 1-66)。多段线更是因为它具有强大的可编辑功能而得到了广泛的应用，除了常规的编辑命令外，还有一个专门的 PEDIT 命令对多段线在图元层面上进行编辑修改。

多段线的生成操作也因为它的功能增加而变得复杂起来(图 1-65)，但是分析一下就可以看出，多段线的输入有两种工作状态：绘直线状态和绘弧线状态，它们之间可以随时切换。

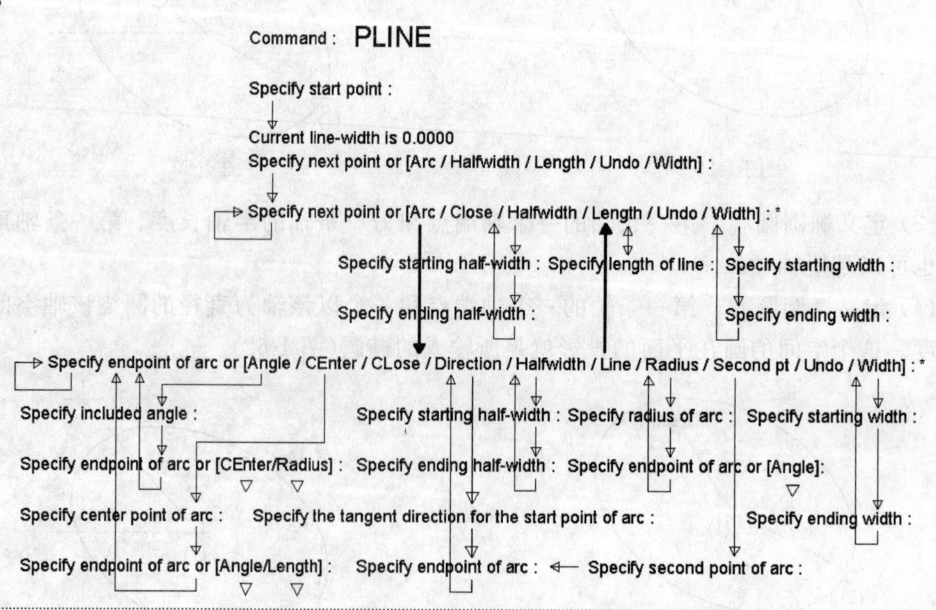

图 1-65

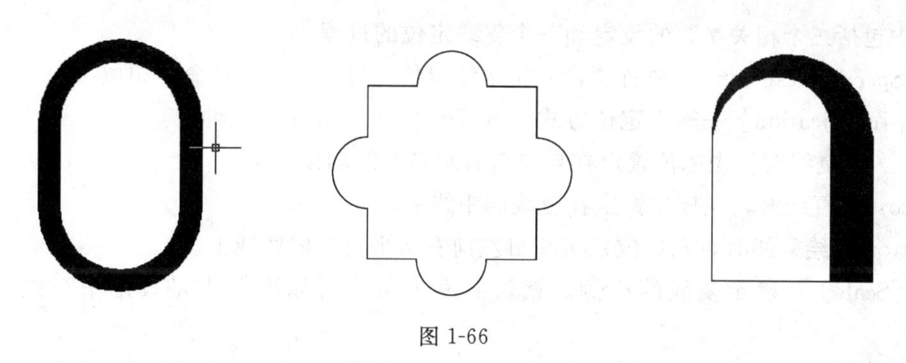

图 1-66

在任一种工作状态下，都可以设定下一段线开始的线宽度值或半宽度值。线宽可以设定不同的开始宽度和结束宽度。如果后面线段不再设定线宽，那么这个最后的结束宽度就成为后面所绘的线的缺省线宽。这里的线宽与 Line Weight(Lweight) 是不同的。后者是图形线的显示宽度，并不是真正的物理宽度。在屏幕进行缩放显示时，它的显示宽度不变。而多段线的宽度是指它的物理宽度，缩放显示时宽度也会随之相应改变。有线宽的 Pline 线段，它的宽度范围内是个不透明的平面，它一般是填充以当前的设定颜色。也可以通过 FILL 命令来设置(On/Off)，确定它们是否需要填色。

多段线的绘直线方式，除了一般的两点定位外，还增加了一种顺延定位(Length)。它是顺着前一段线的方向延长一个距离，来绘制一段新线段。多段线的绘弧线方式，包含了各种生成弧线的输入方式。

多段线中也可以像 LINE 命令一样，使用［Undo］选项来取消上一次操作，用［Close］选项使多段线**首尾相连**形成闭合图形，它的起始点和结束点已经合成为一点，所以这种图形称之谓“Closed Polyline”。另有一种多段线它的首尾也在一起，然而它在绘制时是把最后线段的最后点定义在线的始点位置上，并没有选择“Close”项退出而生成的形似闭合的多段线图形。这种多段线它的起始点和结束点虽然在一起，但实际上还是两个点，它就不能算是“Closed Polyline”。两者在特性上是有很大的不同的。例如，当多段线的宽度大于 0 时，只有 Closed Polyline，才能使其完全封闭，否则，就会出现缺口。在后面章节中，还会多次讨论到它们之间的差别。

2. 复线 (MLINE)

复线是一种特殊类型的直线，它由多条平行直线组成的一个图形对象。复线在建筑工程绘图中常被用来绘制双线或多线的平行墙体线和楼地剖面线。

(1) MLINE 命令的执行过程(图 1-67)

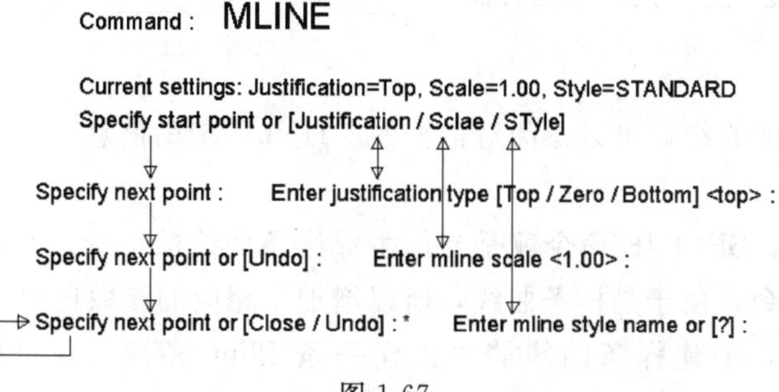

图 1-67

图 1-68

其中包括三个相关参数的设定和一个复线定位的过程：

• Specify first point—缺省项，开始复线定位，过程与 LINE 命令相似。

• [Justification] —输入定位方式，有 Top/Zero/Bottom 三种：

Top：绘复线时，光标位置定在自左向右水平复线的顶线上。

Zero：绘复线时，光标位置定在复线的中线上。

Bottom：绘复线时，光标位置定在自左向右水平复线的底线上。

• [Scale] —确定复线的比例。默认值为 1.00，可以理解为是设定平行线之间的距离。

• [STyle] —确定绘复线时所需的线型样式。默认线型样式为 STANDARD。

(2) 定义复线线型样式

不同场合使用复线，用户常常选用不同的复线的线型。AutoCAD 提供 MLSTYLE 命令来自行定义复线的线型。

键盘输入 MLSTYLE 命令，屏幕弹出 Multiline Styles(复线型样式)对话框(图 1-69)。对话框分为三个功能区：

• Multiline Style 信息设置区—在该区中，用户可以设定复线线型样式的各种文字信息和对设置的复线样式进行存储操作。

• Element Properties 按钮—进入 Element Properties 图元属性对话框(图 1-70)。在对话框中可以显示和定义当前复线线型样式的构成和它的各个图元的位置尺寸、颜色、线型等属性。

• Multiline Properties 按钮—Multiline Properties 细部特性对话框(图 1-71)。在对话框中可对复线线型的端部设定绘制方式，设定复线的填充状态和颜色。

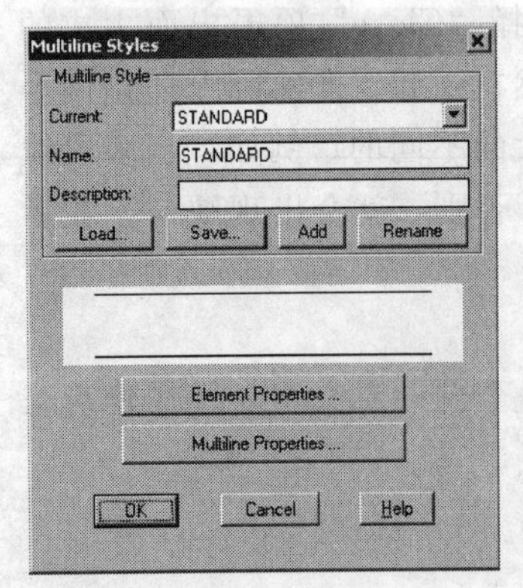

图 1-69

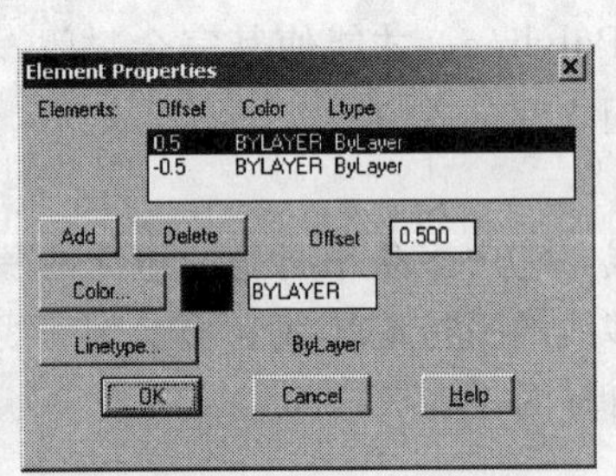

图 1-70

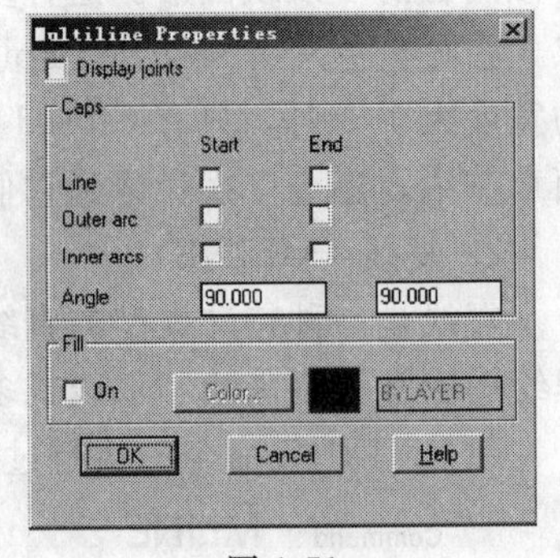

图 1-71

对以上的对话框操作的更为详细的介绍，可以参阅对话框的“Help”帮助信息。

3. 样条曲线 (SPLINE)

样条曲线是三次以上的方程曲线，SPLINE 命令就是专门生成样条曲线的命令。它的执行过程(图 1-72)也近似于 LINE 命令，由于是样条曲线，所以增加了相应的参数选项。

• [Object] —在较早的版本中，创建样条曲线需要先建一条 Pline 多段线，经过 PEDIT 命令编辑后才行。这种样条曲线的构造方法在新版本中继续延用，但是它与由

SPLINE 命令生成的样条曲线在数据内容和格式上是有所不同的，SPLINE 命令中的[Object] 选项可以把由 Pline 线产生的样条曲线格式转化为 SPLINE 命令的信息格式。

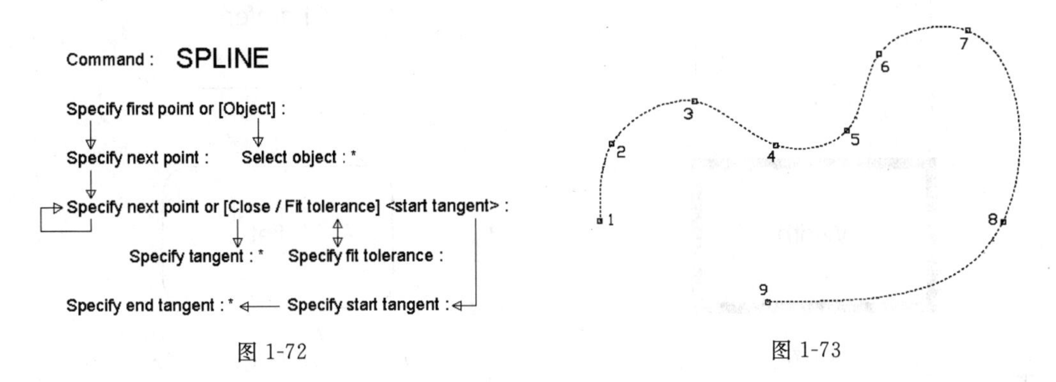

图 1-72　　　　图 1-73

• [Fit tolerance] —拟合公差是指样条曲线与输入点之间所允许的最大偏移距离，在该值为 0 时，曲线通过输入点，数值越大偏离输入点将越大，而曲线将越趋于平滑。修改拟合公差将会对整个样条曲线产生影响。

• [Close] —将最后点定义为与起始点一致，并使它在连接处相切，这样可以闭合样条曲线。

• ＜start tangent＞—结束点的输入，定义样条曲线的第一点和最后一点的切向。

五、多边形对象绘制命令

多边形对象绘制命令有两个：矩形(RECTANG)、正多边形(POLYGON)。

1. 矩形(RECTANGLE，RECTANG)

RECTANG 命令主要是指定两个对角点来绘制矩形(图 1-74，图 1-75)。

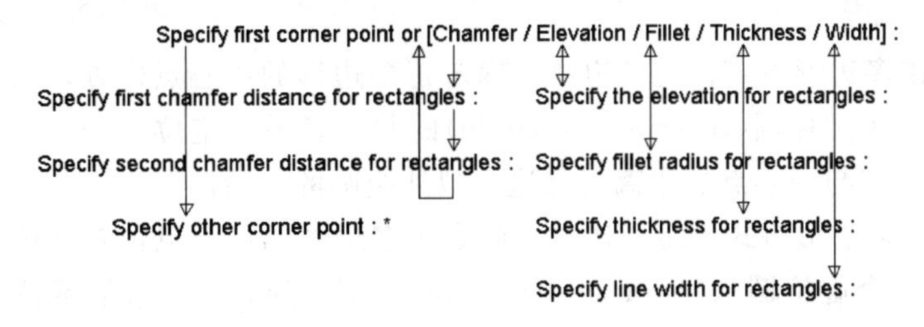

图 1-74

在本质上讲，RECTANG 命令绘制的矩形属于 Closed Polyline 类型。生成的图形，可以像一般的 Pline 物体一样，使用 PEDIT 命令进行图形编辑。RECTANG 命令的选项有：

• Specify first corner—缺省项，定义矩形的两个对角点。
• [Chamfer]—按照设定的距离，对矩形四个角进行倒角处理(图 1-76)。
• [Elevation]—设定矩形的 Z 坐标标高。(三维绘图中使用)
• [Fillet]—按照设定的半径，对矩形四个角进行倒圆角处理(图 1-76)。
• [Tickness]—设定矩形在 Z 坐标方向的拉伸高度。(三维绘图中使用)

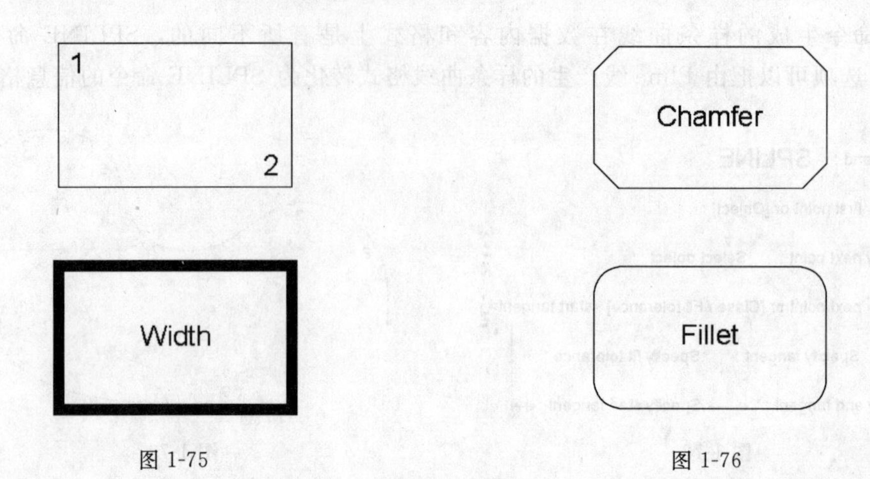

图 1-75　　　　图 1-76

• [Width]—对矩形线设定整体线宽(图 1-75)。

2. 正多边形(POLYGON)

正多边形是指由三条以上的等长线段组成的封闭图形。POLYGON 命令是专门绘制正多边形图形的命令(图 1-77)。此命令提供了三种绘制正多边形的方法(图 1-78):

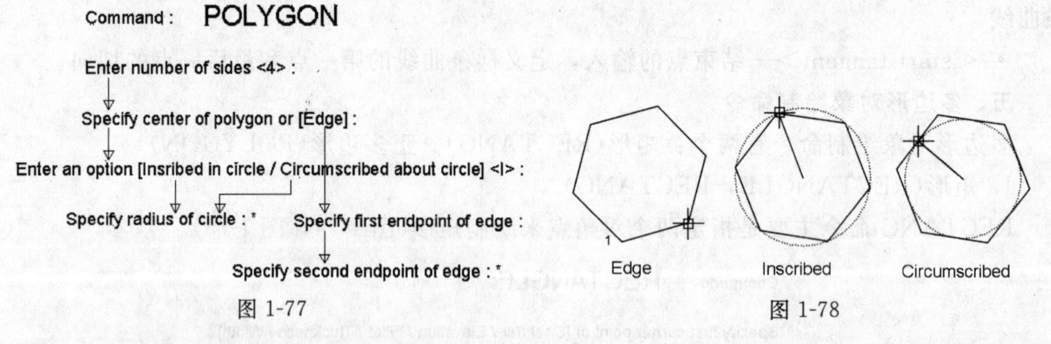

图 1-77　　　　图 1-78

(1) 圆的内接多边形方式：定义边数，确定正多边形的中心点位置，然后假定正多边形是处于内接于一个虚拟圆(Inscribed in circle)的状态。最后定位一个点，该点就是正多边形的一个角点，它与中心点的距离就是这虚拟外接圆的半径。

(2) 圆的外切多边形方式：定义边数，确定正多边形的中心点位置，然后假定正多边形是处于外切于一个虚拟圆(Circumscribed about circle)的状态。最后定位一个点，该点就是正多边形一条边上的中点，它与中心点的距离就是这虚拟内切圆的半径。

(3) 定义边数，确定正多边形的一条边的两个端点的位置，生成正多边形。

Polygon 命令绘制的图形也是属于 Closed Polyline 类型。今后也能像一般的 Pline 物体一样，使用 Pedit 命令进行图形编辑。

六、区域型对象绘制命令

区域型对象绘制命令有两个：区域填充(BHATCH)、区域边界(BOUNDARY，BPOLY)。

1. 区域填充(BHATCH)

在建筑的平面，立面和剖面图中，常常需要在某些区域内加进某种填充图案，以表示它的材料或其他特性，同时也改善图面效果(图 1-79)。BHATCH 命令能够很好地满足这方面的工作需要。

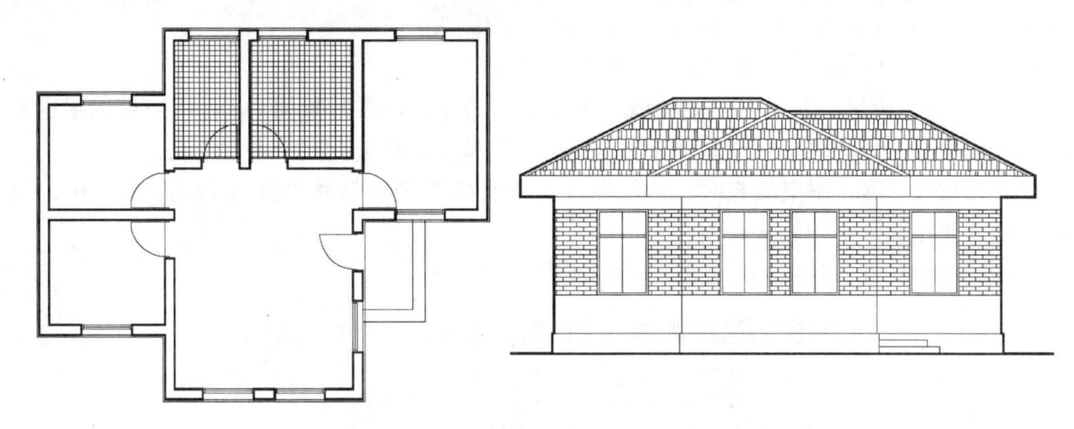

图 1-79

具体操作顺序为：从下拉菜单，工具条或命令行输入 BHATCH 命令，屏幕出现“Boundary Hatch”对话框(图 1-80)。对话框包括三部分内容：Quick(快速)选项卡、Advanced(高级)选项卡和通用公共选项。下面介绍的是各部分中的主要选项内容。

(1) 对话框的 Quick(快速)选项卡

• Type—设置填充图案类型。单击输入框右边的下拉箭头则弹出下拉列表选项。

1) Predefined：选用 AutoCAD 的标准填充图案文件(ACAD. PAT)中的图案进行填充。

2) User defined：选用用户自己定义的图案进行填充。

3) Custom：表示选用 ACAD. PAT 图案文件或其他图案中的图案文件。

• Pattern—设置填充图案样式。单击下拉箭头，出现填充图案样式名的下拉列表选项。单击 Pattern 右边的对话框按钮，将出现 Hatch Pattern Palette(图案填充样式)对话框，显示系统中已有的填充样式(图 1-81)。

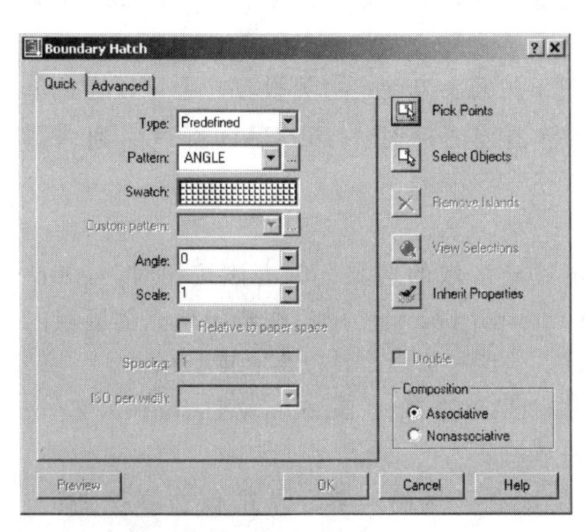

图 1-80

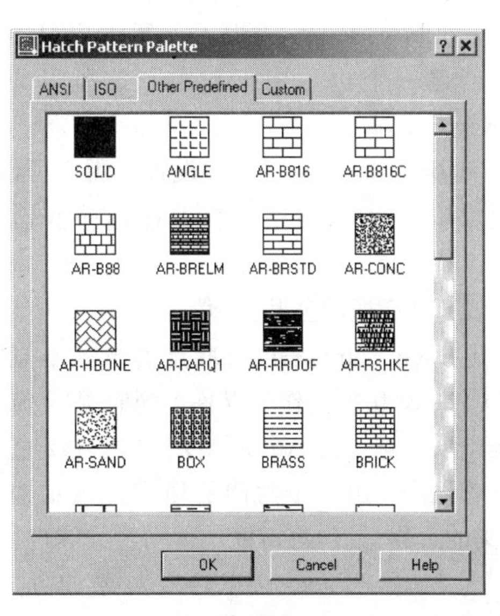

图 1-81

对话框的顶部有ANSI(美国国家标准化组织)、ISO(国际标准化组织)、Other Predefined(其他预定义图案)以及Custom(用户定义图案)四个选项卡。

• Swatch—样本。显示了所选填充对象的图形。

• Scale—确定填充图案的比例值。每种图案的比例值在开始均为1，用户可以根据需要放大或缩小。该比例值可以在Scale输入框中直接输入所确定的比例值。

• Angle—确定图案填充时的旋转角度。每种图案的旋转角度在开始均为0，用户可以根据需要在输入框中输入任意值。

(2) 对话框的Advanced(高级)选项卡(图1-82)

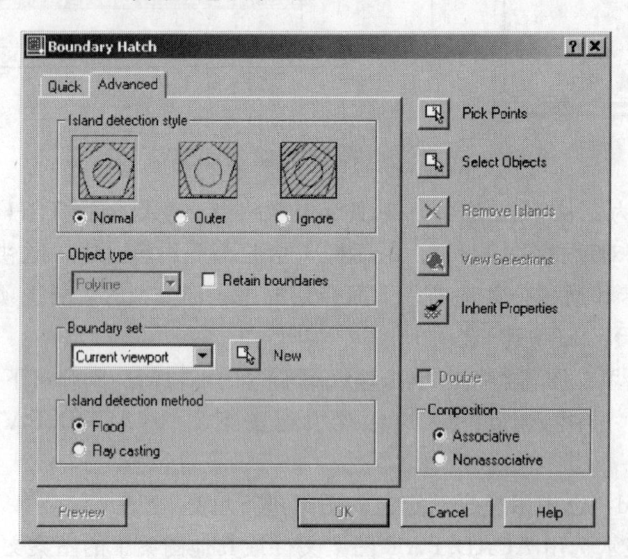

图1-82

• Island detection style—界内“岛区”的填充方式。有三种岛区填充方式：Normal(标准填充方式)、Outer(只填岛区外部)、Ignore(忽略岛区存在)。

• Object type—选取了保留边界(Retain boundaries)选钮，系统将在确定边界的同时，创建一个边界图形对象。这里可以设定边界物体的类型：多段线(Pline)或面域(Region)。

• Boundary set—边界设置。用户可以通过下拉箭头来确定边界设置，也可以通过单击右图所示的New图标，选取新的边界。单击该图标时，AutoCAD将返回到作图屏幕。

(3) 对话框的公共选项

• Pick Points—以点取点的形式自动确定填充区域的边界。单击该按钮时，AutoCAD会自动切换到作图屏幕，同时提示Select internal point:。用户在希望填充的区域内任意点取一点，则AutoCAD会自动确定包围该点的填充边界，且以高亮度显示。

若无法给出一个封闭的填充区域信息，AutoCAD会弹出Boundary Definition Error(定义的边界有误)对话框，否则会继续进行填充。

• Select Objects—以选取对象的方式确定填充区域的边界。单击该选择按钮时，AutoCAD会自动切换到作图屏幕，并提示Select Objects:(用户可根据需要选取构成区域边界的对象)。

• Inherit Properties—继承特性，选用图中已用的填充图案作为当前图案。选击此钮后，系统返回绘图工作屏幕，同时提示用户选取一已有的填充图案。选取后，系统返回对话框，同时对话框内显示出刚选取的填充图案的名称和特性参数。

• Composition—在该设置区中，用户设置边界与填充图案之间的关系状况。

1) Associative：边界与填充图案之间是关联的。边界变了，图案范围也随之改变。

2) No associative：边界与填充图案之间相互独立，没有关联关系。

• Preview—预览按钮。按照设定预览图案填充效果。

2. 区域边界(BOUNDARY，BPOLY)

区域边界命令是用来搜索并创建一个封闭区域的边界，创建的对象类型可以是 Pline 或 Region。这是建立平面实体 Region 的一种常用的方法(平面实体将在此命令后介绍)。在 Command 命令行输入 BOUNDARY 或 BPOLY 命令后，就出现图 1-83 对话框，此框界面与 Bhatch 命令对话框的 Advanced 选项卡一样，只是可操作的内容有所不同。其中：

(1) Object Type(对象类型)参数栏

有两种选择：Polyline 或 Region，如果选择了 Region，就会在有效边界范围内创建一个平面实体对象(参见接着的平面实体内容)。

(2) Boundary Set(边界集合)参数栏

• Current viewport—从视窗中所有可见的对象物体中来判断建立边界。

• Existing—从选定的对象物体中来判断建立边界。

• New(图钮)—用来建立一个 Existing 所包含的物体的集合。

(3) Island detection Method(岛区测定方法)

• Flood—岛区物体也作为边界集合的成员。

• Ray casting—以距离点取点最近的对象物体开始搜索边界，忽略所有内部岛区的存在。

(4) Pick Points(图钮)

在每个欲建立边界的区域内，用光标点取一点，系统可以自动按设定搜索边界。

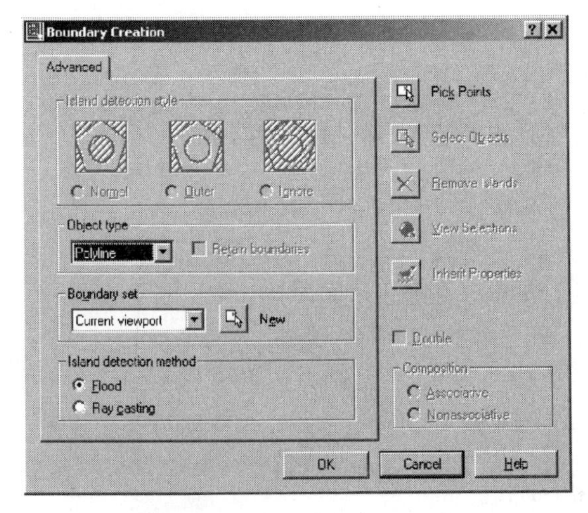

图 1-83

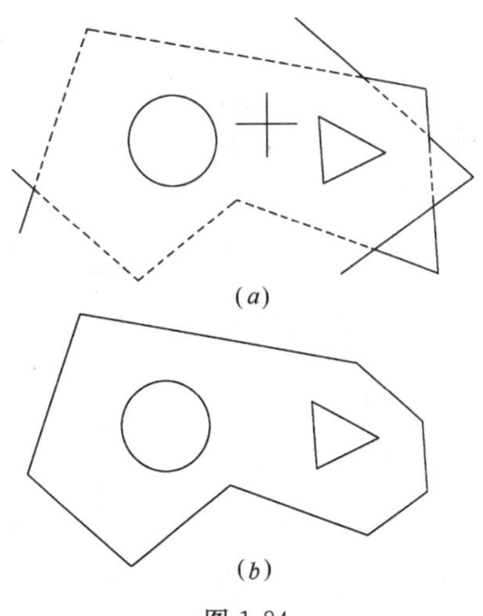

图 1-84

七、平面体对象绘图命令

制作平面实体的命令有两个：平面实体（REGION）、区域边界（BOUNDARY，BPOLY）。

实体模型物体(Solid)一般的是指以实体模型方法构建的三维模型体。它有别于另外两种构建三维模型的方法：线框模型和表面模型。这将在后面的章节中进行讨论。现在我们涉及的平面实体(Region)是二维的 Solid 实体。所谓平面实体就是在此实体范围内，都是由实实在在的不透明的面所填满，如果在它的后面有其他物体，执行 HIDE 命令后就可以遮挡后面物体。执行 SHADE 命令后就可以对 Region 面进行上色。Region 和 Solid 一样可以进行布尔(Boolean)运算。这是它的另一个重要的特点。图 1-85 中图(*a*)为两段 Polyline 线，执行 HIDE 命令不能遮挡后面的直线。图(*b*)是建好的 Region 物体，执行 HIDE 命令后，有 Region 面的部分遮挡了后面的直线。图(*c*)是用 SHADE 命令上色后的 Region 物体。

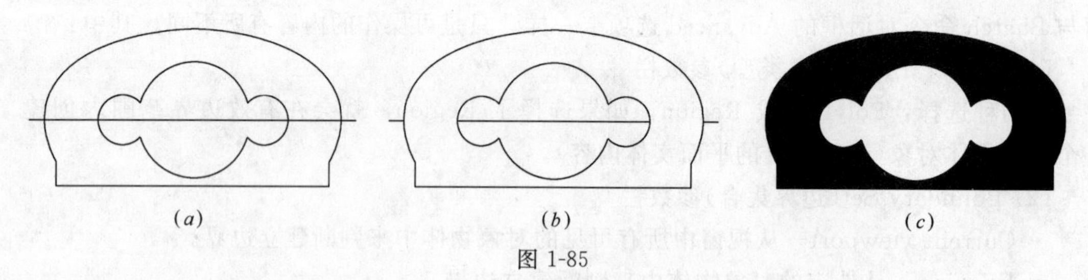

图 1-85

(*a*)Hided Plines；(*b*)Hided Region；(*c*)Shaded Region

在绘制二维的建筑图形中，Region 物体用处不大，但在三维建模时就是一种非常有用的图形类型。它经常被用来构造复杂形状的平面物体。

建构平面实体(Region)有两种方法：前面已经介绍了用 BOUNDARY 或 BPOLY 命令创建 Region 的方法。另一种方法是执行 REGION 命令。

Command：REGION

Select objects：

……

Select objects：<Enter>

1 Region is created.

此命令只适用于由首尾相接的平面线段围成的封闭图形的情况(图 1-86)。

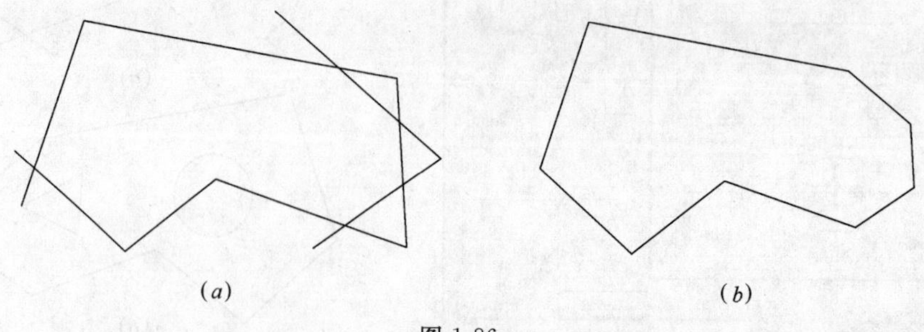

图 1-86

(*a*)Can't be created with REGION Cmd.；(*b*)Can be created with REGION Cmd.

第三节　AutoCAD 图形编辑工具

建筑设计制图的过程就是个不断修改、不断调整、不断完善的过程。往往设计师花在图形的编辑修改上的时间，要多于生成图形的时间。AutoCAD 系统不仅为设计师提供了一套简便实用的生成图形体的功能，同时还提供了一套功能强大的图形体编辑功能。

一、编辑对象的选择

要编辑修改已有的图形对象，就必须首先选定修改的对象。关于对象的选择有两种工作状况：一是在执行编辑命令前，预先选好工作对象，被选的图形对象呈现虚线高亮显示，然后执行编辑命令。另一种是先执行编辑命令，系统提示：Select object(s)，在命令过程中选择执行对象，选择完成后自动执行修改功能。就对象的选择而言，前一种方式称为非命令状态的对象选择，后一种方式称为命令状态的选择。后者的选择功能要强得多。

1. 非命令状态选择

(1) Single(单选)

用光标捡取框单个点取图形对象，每选中一个对象，该对象高亮显示。选择一般是处于累加状态。如果左手按住＜Shift＞键，选择就改成累减状态。此时再去选取一个已选对象，该对象将被取消选择。

(2) Window(矩形框内选)

光标先在屏幕上定义一点，然后光标从左向右拉出一个实线矩形区，提示区显示 Specify opposite corner：(确定对角点)，选择位置确定对角点构成矩形框区。整个图形都在矩形框区内的那些对象被选中。

(3) Crossing Window(矩形框交选)

与 Window 方式相似，光标从右向左在屏幕上定义一个虚线矩形框区，只要有一部分图形在矩形框区内，该对象就被选中。

2. 命令状态选择

是在编辑命令中的提示 Select objects：下工作。

(1) Single 单选方式

用光标捡取框单个点取图形对象，工作状况与非命令状态的 Single(单选)方式一样。可在 Select objects：(累加状态)输入“R”后，使提示改成 Remove objects：(累减状态)。或再键入“A”使提示改回 Select objects：(累加状态)。

(2) Window(W)矩形框内选方式

在提示 Select objects：后输入“W”，进入 Window 框选状态，光标可以在屏幕上任意定义一个实线矩形框，只有整个图形都在矩形框区内的那些对象才被选中。图 1-87 左图中的矩形框为 Window 框，它所选到的内容为右图中以虚线高亮显示的物体图形对象。

(3) Crossing Window(C) 矩形框交选方式

在提示 Select objects：后输入“C”，光标可以在屏幕上任意定义一个虚线矩形框，凡是有部分图形落在此矩形框区内的对象就被选中。在图 1-88 的左图中，虚线矩形框为 Crossing Window 框，所选中的物体在右图中以虚线高亮显示。

(4) Auto 自动方式

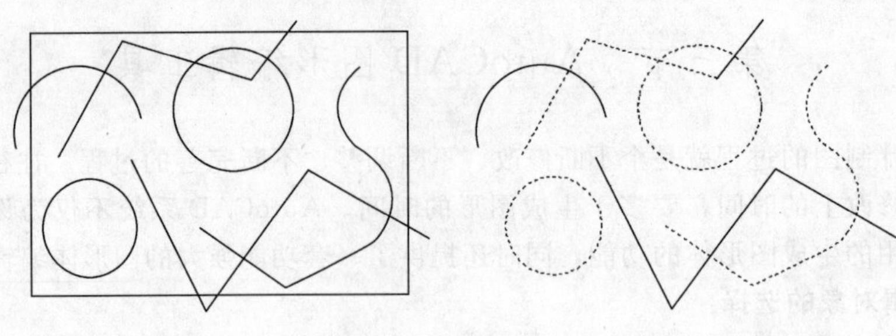

图 1-87　Window

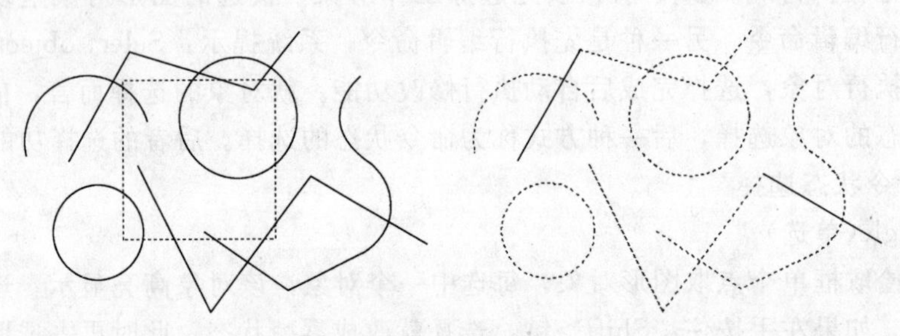

图 1-88　Crossing

不输入任何关键字符，像非命令状态一样进行选择。包括：点选(Single)、自左向右取实线框(Window)，自右向左取虚线框(Crossing window)三种。

(5) All 全选方式

在提示 Select objects：后输入“All”，全部可见的未被锁定的图形对象都被选中。

(6) Window Polygon(WP)多边形内选方式

在提示 Select objects：后输入“WP”，用光标输入若干点，定义一实线封闭多边形。只有整个图形都在多边形区内的那些对象才被选中(图 1-89)。在欲选对象与不选对象交织在一起时，“WP”和下面的“CP”都是十分有效的选择方式。

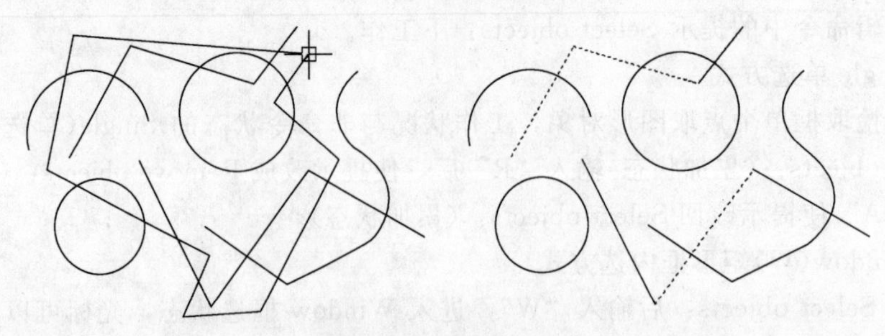

图 1-89　W-Polygon

(7) Crossing window Polygon(CP)交叉多边形方式

在提示 Select objects：输入“CP”后，光标输入若干点，定义一虚线封闭多边形。凡是全部或部分图形在多边形区内的对象都被选中(图 1-90)。

(8) Fence 折线相交方式

在提示 Select objects：后输入“F”，用光标输入若干点，定义一虚线型折线，凡是与该折线相交的图形对象都被选中。这也是一种高效的选择方法(图 1-91)。

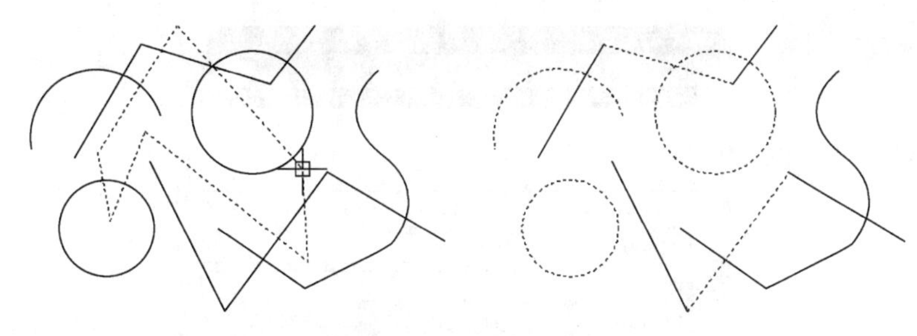

图 1-90 C-Polygon

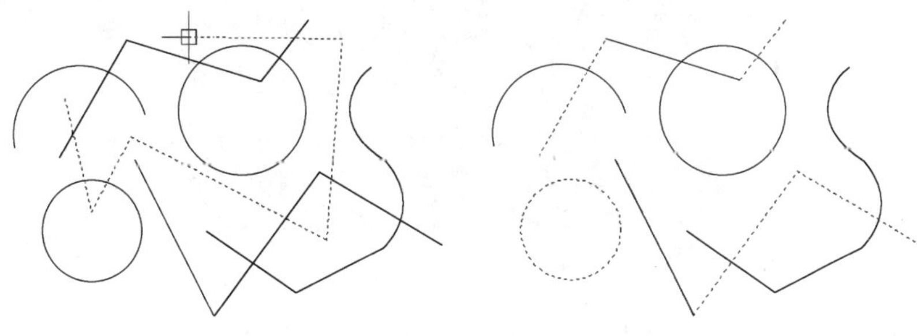

图 1-91 Fence

(9) Previous(P) 起用最近建构的选择集合—当前选择集

在提示 Select objects：后输入“P”。

(10) Last(L)选用系统最后生成的一个对象

在提示 Select objects：后输入“L”。

(11) Group(G)起用命名对象组

在提示 Select objects：后输入“G”，再输入对象组名。

3. 建立当前选择集

当前选择集是系统记录的最近一次被选对象的集合，一旦进行了新的对象选择操作，当前选择集就被更新。建立对象当前选择集有四种途径：

(1) 上一次非命令状态的选择结果。

(2) 上一次编辑命令的选择结果。

(3) 执行 SELECT 选择命令的结果。

(4) 运行选择过滤器(Filter)的结果。

如果系统启用了 UNDO 或 U 命令，当前选择集将会被撤销。

4. 建立对象组(GROUP)

对象组就是予定义的命名对象集合。它们可以由 GROUP 命令创建、修改和解体。每一个 Group 命令生成的对象集合能像一个整体一样被选择，一起进行平移、复制、旋转等操作。与图形块(Block)相比，对象组要简单得多，它仅仅在对象选择这点上互相关联了起来。键入或选取 GROUP 命令后，屏幕出现 Object Grouping 对话框(图 1-92)。利用该对话框用户可显示、标识、命名和修改对象组。

对话框的顶部，有一个当前系统中所有对象组的组名和可选性的列表。可以在列表中点选某个对象组作为当前工作的组。

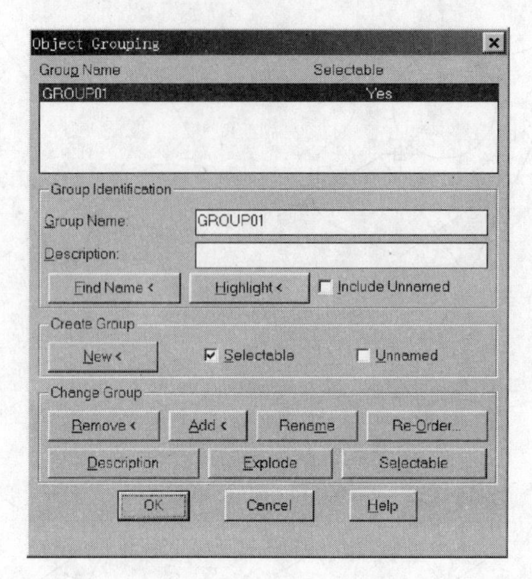

图 1-92

(1) Group Identification(组标识)：显示组名及其说明。

• Group Name(组名)：对象组名

• Description(说明)：显示选定组的文字说明。

• Find Name 钮：单击该钮返回绘图窗口，并提示用户选择某个对象组中的成员，然后系统将给出被选对象所属的所有组名。

• Highlight 钮：单击该钮返回绘图窗口，并亮显选定对象组的成员。

• Include Unnamed(包含未命名的)：指定是否在列表中显示未命名的组。

(2) Create Group(创建组)：指定新组的属性。

• New 钮：单击该钮返回绘图窗口，选择用来构成新对象组的对象。

• Selectable(可选择的)：设定新组是否可被选择。如是可选的，则选中组的一个成员时其他全部成员都被选中。

• Unnamed(未命名的)：设定是否不给新组命名。

(3) Change Group(修改组)：修改已有组的属性。

• Remove 钮：单击该钮返回绘图窗口，选择指定组内的部分对象，将其删除。

• Add 钮：与 Remove 钮相反，用于将指定对象添加到选定的组中。

• Rename 钮：将选定的组重命名。

• Re-Order 钮：单击该钮将显示“Order Group(组排序)”对话框，用于修改组内对象的编号次序。对象是按照被添加到编组中的顺序排列的。

• Description 钮：更新指定组的说明文字。

• Explode 钮：删除选定的对象组定义。注意，仅仅是删除组的定义，而原组中的对象仍保留在图形中。

• Selectable 钮：修改对象组的可选性。

5. 快速选择(QSELECT)

快速选择命令 QSELECT 可以在整个图形或现有选择集的范围内来创建一个选择集，

它的基本过程是通过包括或排除符合指定对象类型和对象特性条件的所有对象。同时，用户还可以指定该选择集用于替换当前选择集还是将其附加到当前选择集之中。

调用该命令后，系统弹出 Quick Select(快速选择)对话框，如图 1-93 所示。

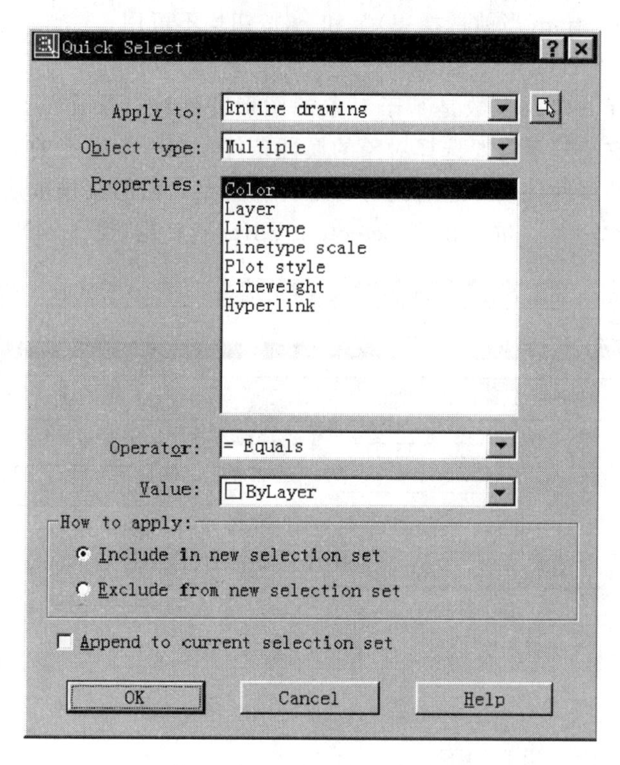

图 1-93　Quick Select 对话框

该对话框中各选项为：

(1) Apply to(应用到)：指定过滤条件应用的范围，包括“Entire drawing(整个图形)”或“Current selection(当前选择集)”。用户也可单击按钮返回绘图区来创建选择集。

(2) Object type(对象类型)：指定过滤对象的类型。如果当前不存在选择集，则该列表将包括 AutoCAD 中的所有可用对象类型及自定义对象类型，并显示缺省值“Multiple(所有图元)”；如果存在选择集，此列表只显示选定对象的对象类型。

(3) Properties(特性)：指定过滤对象的特性。此列表包括选定对象类型的所有可搜索特性。

(4) Operator(运算符)：各种算术运算符号，控制对象特性的取值范围。

(5) Value(值)：指定过滤条件中对象特性的取值。如果指定的对象特性具有可用值，则该项显示为列表，用户可以从中选择一个值；如果指定的对象特性不具有可用值，则该项显示为编辑框，用户根据需要输入一个值。

(6) How to apply(如何应用)：指定符合给定过滤条件的对象与选择集的关系：

• Include in new selection set(包括在新选择集中)：将符合过滤条件的对象创建一个新的选择集。

• Exclude from new selection set(排除在新选择集之外)：将不符合过滤条件的对象

创建一个新的选择集。

(7) Append to current selection set(附加到当前选择集中)：选择该项后通过过滤条件所创建的新选择集将附加到当前的选择集之中。否则将替换当前选择集。如果用户选择该项，则“Current selection(当前选择集)”和按钮均不可用。

6. 选择过滤器(FILTER)

前面介绍的选择方式大多数是基于对象的图形特性进行操作的。选择过滤器方式与Qselet方式一样，它是基于需要选择对象的属性条件，在一个指定的大范围中，把每个对象的属性与所要求的属性比较，过滤出符合条件的对象。它们就是被选中的对象物体。键入或点击FILTER命令后，屏幕出现Selection Filter对话框(图1-94)。

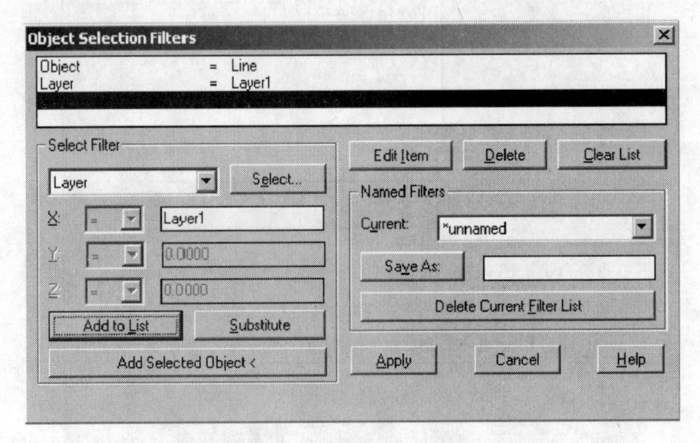

图1-94

该对话框中各项内容说明如下：

(1) 过滤器列表：

位于对话框的顶部，列表中显示了组成当前过滤器的全部属性条件。表下有三个按钮可以对列表中的过滤器条目进行编辑。

- 单击＜Edit Item＞钮，编辑选定的过滤条目。
- 单击＜Delete＞钮，删除选定的条目。
- 单击＜Clear List＞钮，清除整个列表。

(2) Select Filter(选择过滤器)：

根据对象的特性向当前列表中添加过滤器。

- 对象条件列表：表中包含了可用于构造过滤器的全部对象以及关系运算符。运用关系运算符，可把若干个条件组成一个复合条件进行逻辑计算。关系运算符包括AND、OR、XOR和NOT等。使用关系运算符时必须成对出现且协调一致(图1-95*a*)。如果在过滤器列表中有一组过滤条目而没有关系运算符，那么在执行时相当于在首尾加上了** beginAND和** endAND关系符号(图1-95*b*)。
- 算符与参数：设置运算符来控制过滤取值的关系，并指定相应的参数值。
- Select钮：如果用户选择了某种非数值参数的对象类型(如Layer、Color等)，可单击此钮来以对话框的形式列出指定类型的各项参数选择。
- Add to List钮：当完成过滤条件设置后，单击此钮向过滤器列表中添加当前的过

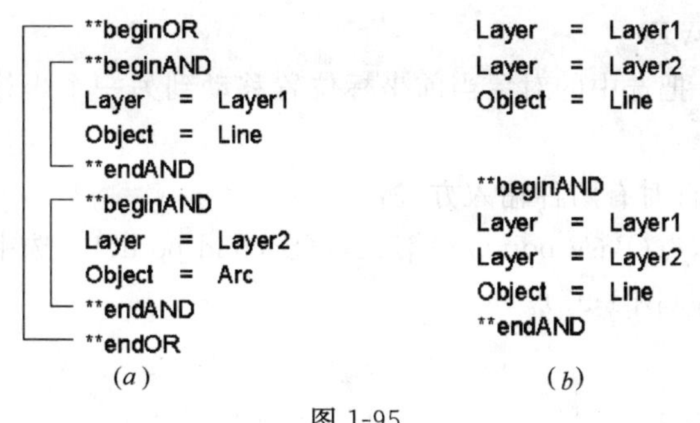

图 1-95

滤条件。

• Substitute 钮：单击此钮向过滤器列表中用新设定的过滤条件来替换列表中选中的过滤器条目。

• Add Sclected Object 钮：单击此钮返回绘图区来选择图形对象，该对象的属性设置将自动添加到过滤器列表中。

(3) Named Filters(已命名的过滤器)：

该栏用于显示、保存和删除过滤器列表。用得较少，如需要请参见“Help”内容。

(4) Apply 钮：完成过滤器条件的设置后，可单击此钮退出对话框，并提示用户创建一个选择集，系统将在该选择集上应用列表中的过滤器。过滤出符合条件的图形对象。

FILTER 命令经常是插在其他命令的过程中作为透明命令使用。

二、删除恢复和取消重做命令

此组命令有四个：删除(ERASE)、恢复(OOPS)、取消(U，UNDO)、重做(REDO)。

1. 删除命令(ERASE)

在绘图过程中可能有画错的图形或已经没用的图形，可以用 ERASE 命令为用户提供删除功能。

Command：ERASE

Select object：(选择要删除的对象)

……

2. 恢复命令(OOPS)

假如用 ERASE 命令误删了一些有用的图形对象，则在删除之后，立即在命令行执行 OOPS 命令将删除的对象恢复。

3. 取消命令(U，UNDO)

在命令行执行 U 命令可以取消前面的一次操作。也可以紧接着连续按<Return>键，实现多次的取消操作。而 UNDO 命令的取消功能更为强大，但不常用。可详见“Help”介绍。

4. 重做命令(REDO)

在执行 U 或 UNDO 命令后紧接着执行 REDO 命令，可以恢复最后一次被取消的操作。

三、对象的变换命令

对象的变换命令有三个：移动(MOVE)、旋转(ROTATE)、比例(SCALE)。

1. 移动命令(MOVE)

移动命令 MOVE 把选中的对象当前坐标位置移动到另一个坐标位置。它的操作过程如图 1-96 所示。

MOVE 命令在执行时有两种输入方式：

(1) 输入移动的基点(Base point)和第二点(Second point)。选中的对象将移动一个这两点间的相对坐标增量(图 1-97)。

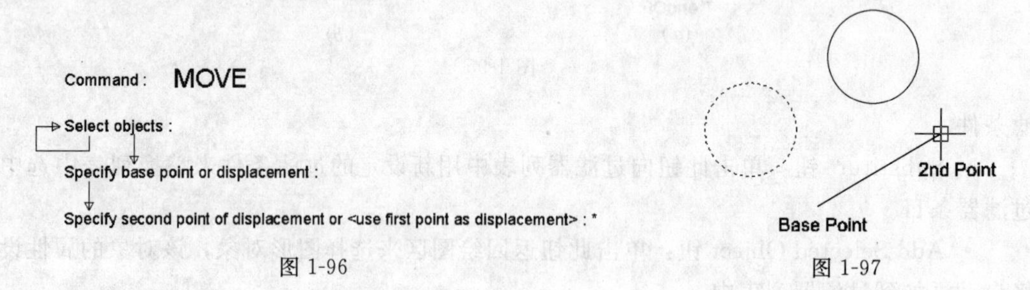

图 1-96　　图 1-97

(2) 输入对象的 x，y，z 移动增量(Displacement)，然后按<Enter>键。

2. 旋转命令(ROTATE)

旋转命令 ROTATE 使选中的对象在 XY 平面中绕指定的基点旋转一个指定的角度。命令的执行过程见图 1-98 所示。

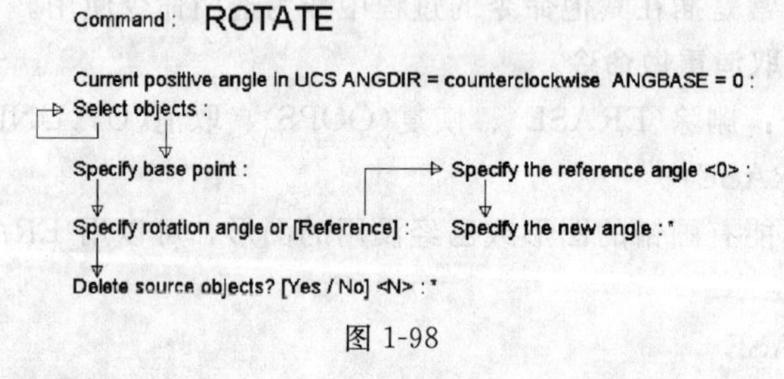

图 1-98

ROTATE 命令有两种执行方式：

(1) 输入旋转的基点(Base point)和转角(Rotation angle)。选中的对象将在 XY 平面中绕着基点旋转一个转角。图 1-99 中输入的转角为 45°。整个五角星绕形心转了 45°。

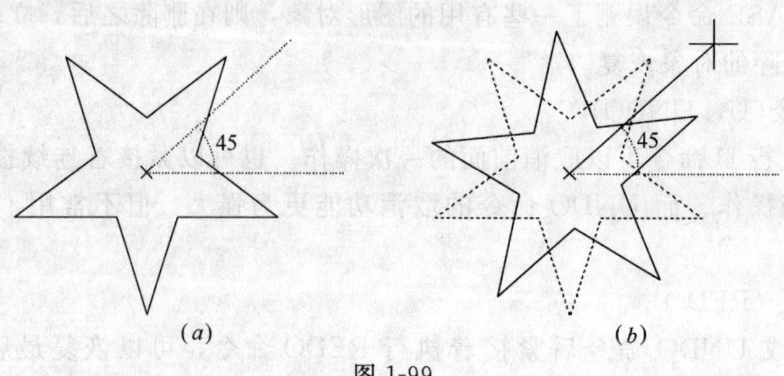

图 1-99

(2) 输入基点后选 [Reference] 选项，先输入一个参考角度，后定义该参考角旋转后的新角度。这两个角度之差(相对增量)就是选中对象的旋转角度。常常在图形中定点确定参考角度和新角度。图 1-100 中在选了 Reference 选项后就定义 1，2，3 三点。1，2 两点定义了参考角，而 1，3 两点定义了新的角度。执行的结果是 1-2 方向旋转到 1-3 方向。此项常常是在图中捡取以上两个角度，此时整个五角星绕形心旋转的角度为：

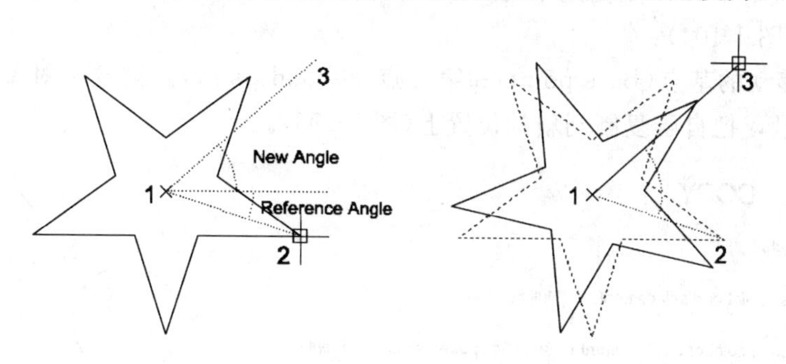

图 1-100

Rotation Angle＝New Angle-Reference Angle 完成旋转操作。

3. 缩放命令(SCALE)

缩放命令 SCALE 对选中的对象以指定的基点为中心，按指定的倍数缩放。SCALE 命令也有两种执行方式(图 1-101)：

(1) 输入缩放的基点(Base point)和缩放倍数(Scale factor)。选中的对象将以基点为中心，按指定的倍数缩放(图 1-102)。

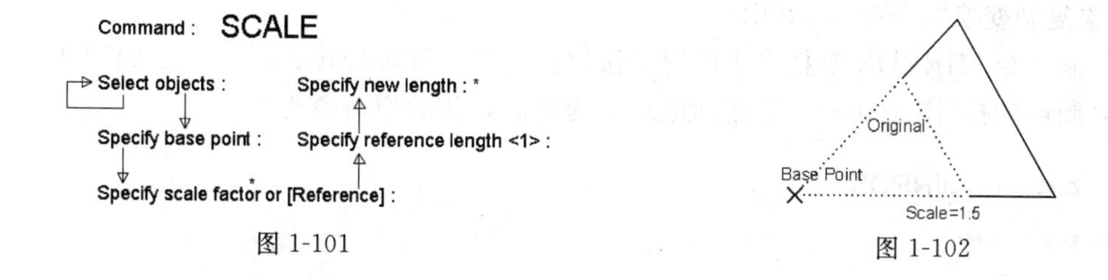

图 1-101　　　　图 1-102

(2) 输入基点后选［Reference］选项，先输入一个参考长度，后定义一个新长度。新长度与参考长度的比值就是选中对象的倍数缩放。常常在图形中定点确定参考长度和新长度。图 1-103 中，1-2 为参考长度，1-3 为新长度。

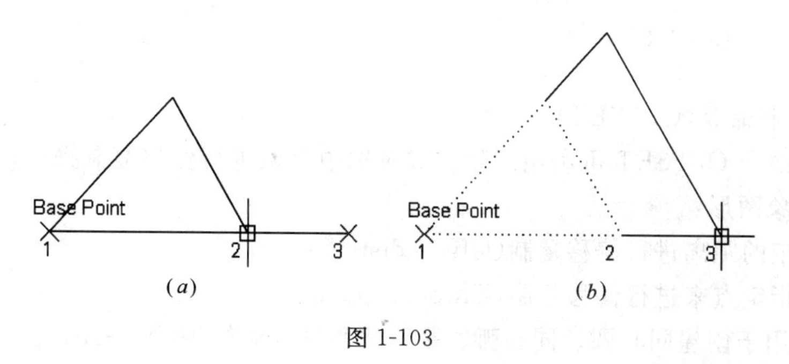

图 1-103

四、对象的复制命令

对象复制命令有四个：复制(COPY)、镜像(MIRROR)、偏移(OFFSET)、阵列

(ARRAY)。

1. 拷贝复制命令(COPY)

拷贝复制命令 COPY 是把选中的对象从当前位置复制到另一个位置上。COPY 命令有三种执行方式(图 1-104)：

(1) 输入移动的基点(Base point)和第二点(Second point)。被选中对象将按这两点间的相对坐标增量，把自己复制到新的位置上(图 1-105)。

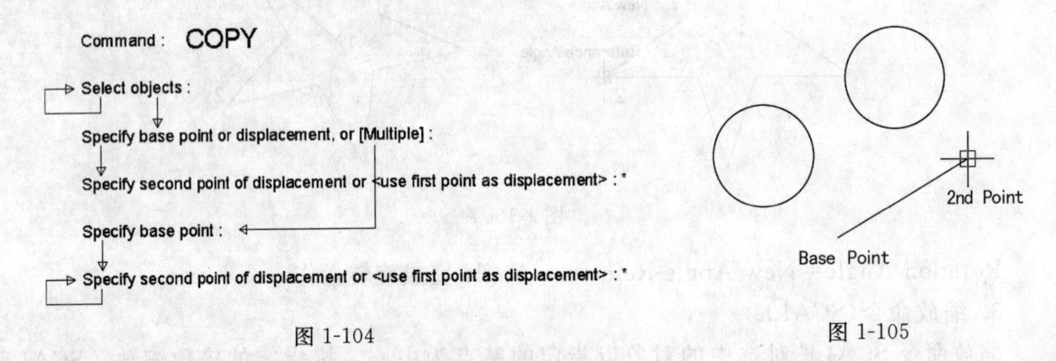

图 1-104　　图 1-105

(2) 输入对象的 x，y，z 相对复制增量(Displacement)，然后按＜Enter＞键。

(3) 先选择［Multiple］选项，再按上述方式继续执行，可以进行多重复制，直到按＜Return＞键为止。

2. 镜象复制变换命令(MIRROR)

镜象复制命令 MIRROR 是把选中的对象按照指定的对称轴(Mirror line)在 XY 平面中进行镜像复制或变换(图 1-106)。不删除原对象为复制，删除原对象为变换。

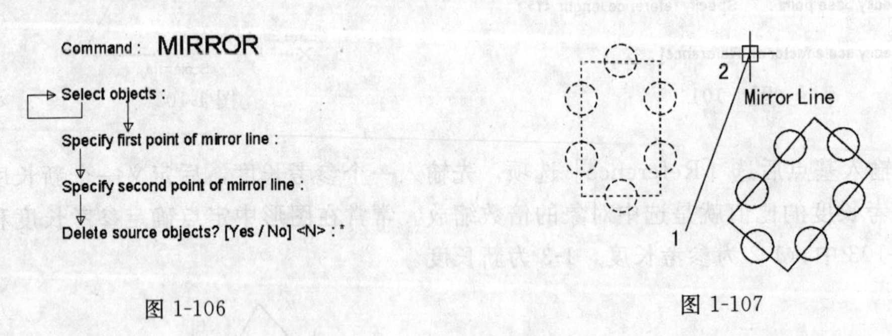

图 1-106　　图 1-107

3. 偏移复制命令(OFFSET)

偏移复制命令 OFFSET 可利用两种方式对选中对象进行偏移复制操作(图 1-108)，从而创建新的对象图形：

(1) 按指定的距离进行偏移复制(Offset distance)。

(2) 通过指定点来进行偏移复制(Through point)。

该命令常用于创建同心圆、同心弧、平行线和平行曲线等(图 1-109)。

4. 阵列复制命令(ARRAY)

阵列复制命令 ARRAY 可用两种方式对选中对象进行阵列复制操作(图 1-110)，从而创建一组阵列排列的图形对象：

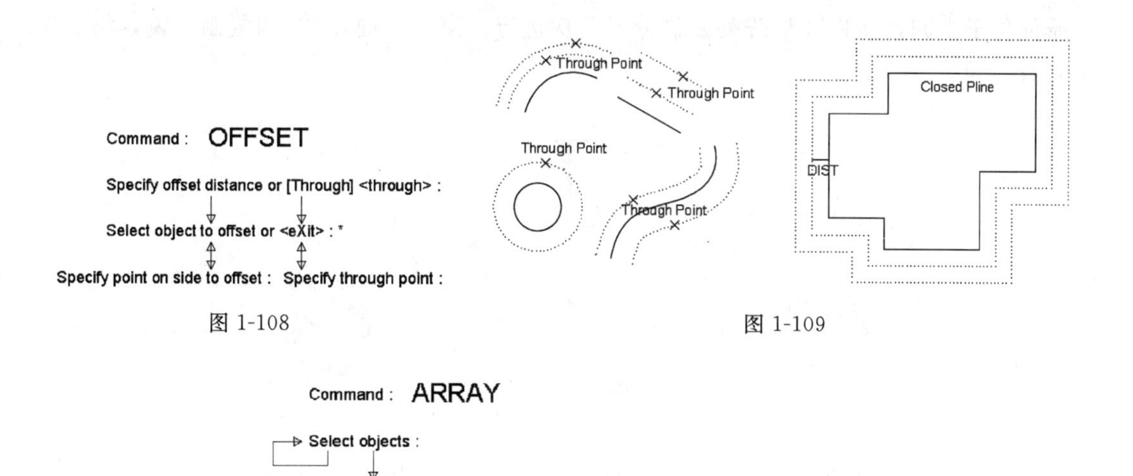

图 1-108　　　　图 1-109

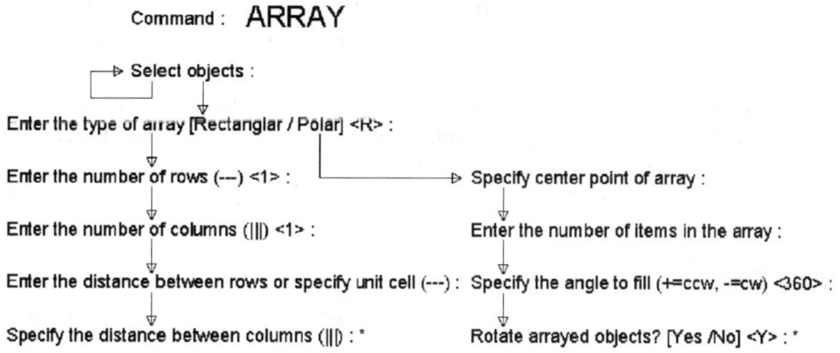

Command : ARRAY

Select objects :

Enter the type of array [Rectanglar / Polar] <R> :

Enter the number of rows (---) <1> :

Enter the number of columns (|||) <1> :

Enter the distance between rows or specify unit cell (---) :

Specify the distance between columns (|||) : *

Specify center point of array :

Enter the number of items in the array :

Specify the angle to fill (+=ccw, -=cw) <360> :

Rotate arrayed objects? [Yes /No] <Y> : *

图 1-110

(1) 矩形阵列(Rectangular Array)

确定矩形阵列复制的行数(rows)、列数(columns)和行距、列距(或在屏幕上定义一个矩形单元体 Unit cell，单元体的宽就是行距，单元体的高就是列距)。图 1-111 中左下角的一个窗户分两次进行阵列复制，第一次是复制成 3 行 2 列，第二次把整个第一次产生的 6 个窗户为阵列对象复制成 1 行 4 列，产生最后的结果。

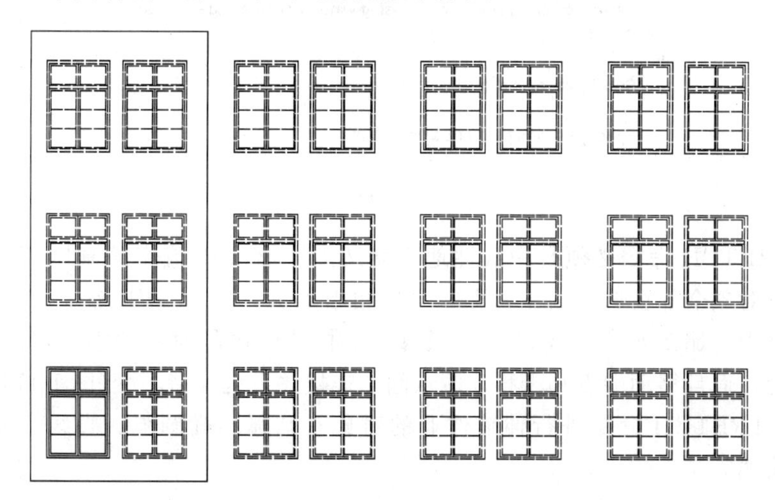

图 1-111

(2) 环形阵列(Polar Array)

确定环形阵列复制的中心点(center)、复制数量(number)和控制复制对象所在范围的圆心角(angle)。最后还要明确：复制时对象是否旋转面向中心点。在图 1-112 中，由于窗户原件位于中间，所以环形阵列复制分成两次进行。第一次向左 90°内复制 4 窗，第二次是向右－90°复制 4 窗。

1st Array
90
2nd Array
−90
Center Point

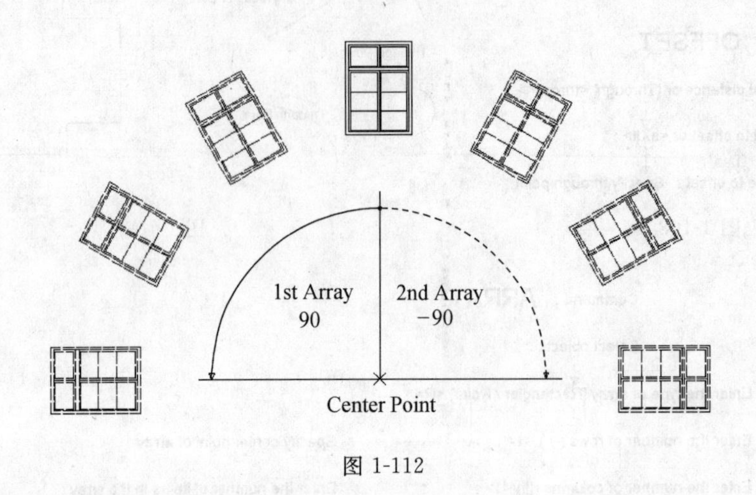

图 1-112

五、对象的变异命令

对象变异命令有三个：伸缩(STRETCH)、变长(LENGTHEN)、延伸(EXTEND)。

1. 伸缩命令(STRETCH)

拉伸命令 STRETCH 在二维建筑图形编辑修改中具有特别的意义。它可以方便地在一个方向上拉伸或收缩建筑图形、移动建筑构件在墙体中的位置等等，所以，它是一个高效率的图形编辑命令，命令的执行过程参见图 1-113 所示。

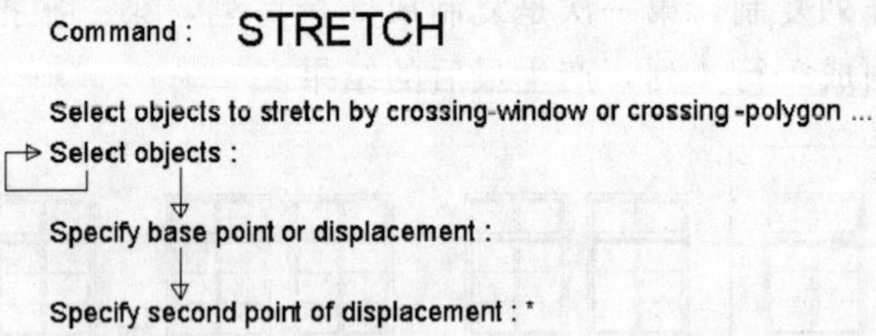

Command : STRETCH
Select objects to stretch by crossing-window or crossing-polygon ...
Select objects :
Specify base point or displacement :
Specify second point of displacement :

图 1-113

使用 STRETCH 命令必须是一次性地用交叉多边形(CP)或交叉窗口(C)的方式来选择对象。如果对象全部在选框之中，那么对象相当于执行了 MOVE 命令。如果对象只有部分在选框之中，那么 STRETCH 命令只移动选框范围内的对象的端点，而其他端点的位置保持不变，而且移动端点和未移动端点间的连接关系也保持不变(图 1-114)。

可使用 STRETCH 命令进行伸缩作业的对象有圆弧、椭圆弧、直线、多段线线段、射线和样条曲线等。

2. 变长命令(LENGTHEN)

变长命令 LENGTHEN 用于检查和(或)改变非闭合对象的长度(或弧心角)，包括直线、圆弧、非闭合多段线、椭圆弧和非闭合样条曲线等。图 1-115 为命令的操作过程。图 1-116 为 Dynamic 选项的操作示意图。

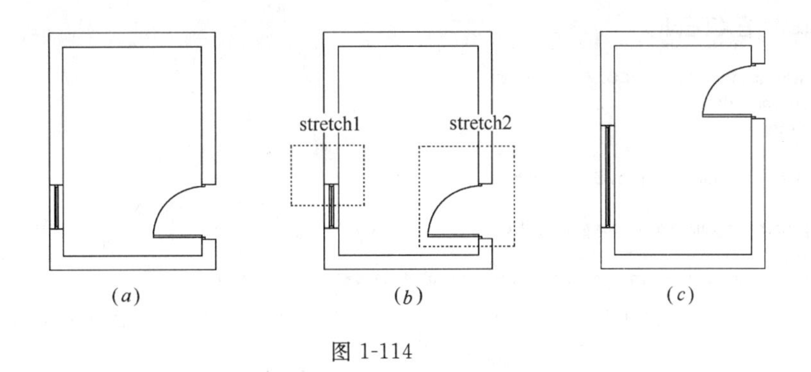

图 1-114

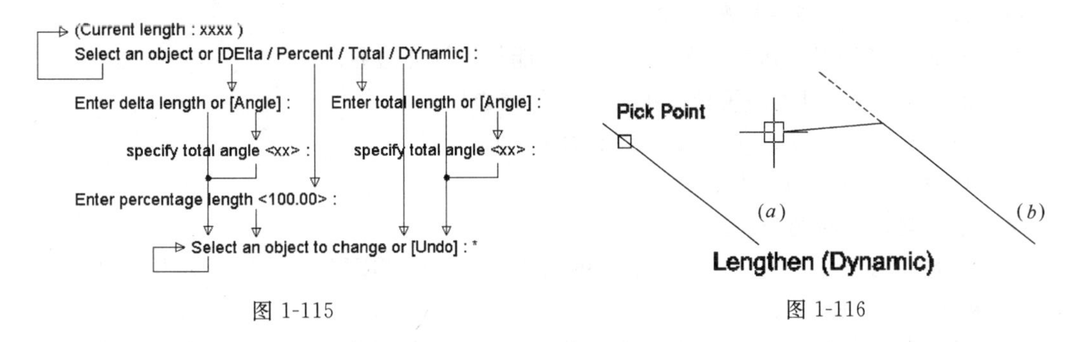

图 1-115　　　　图 1-116

命令提供了四种变长的方式：

(1) [Delta]（增量）：指定一个长度或角度的增量。

如果指定的增量为正值，则对象从靠近选点的端点开始增加一个增量长度(角度)；而如果指定的增量为负值，则从近端点开始缩短一个增量长度(角度)。

(2) [Percent]（百分数）：指定对象总长度或总角度的百分比来改变对象长度或角度。

如果指定的百分比大于 100，则对象从近端点开始延伸，延伸长度(角度)为原长度(角度)乘以指定的百分比；如果指定的百分比小于 100，则对象从近端点开始修剪，修剪后的长度(角度)为原长度(角度)乘以指定的百分比。

(3) [Total]（全部）：指定对象修改后的总长度(角度)的绝对值。

(4) [Dynamic]（动态）：动态拖动近端点，改变对象的长度(角度)。

在使用以上四种方法进行修改时，均可连续选择一个或多个对象进行多次修改，并可随时选择 [Undo] 选项来取消最后一次的修改。

3. 延伸命令(EXTEND)

用 EXTEND 命令可以拉长或延伸直线或弧，使它延伸到预先定义的对象边界为止。命令的执行过程见图 1-117。操作例子见图 1-118。

执行 EXTEND 命令时，有三个状态参数影响对象的延伸方式和操作：

(1) Project—边界对象与被延伸对象在空间并不相交。但是，按投影方式观察，又有外观交点(Apparent Intersection)。是否考虑以外观交点为延伸的终止点，用那种投影模式来确定外观交点。共有三个选择：

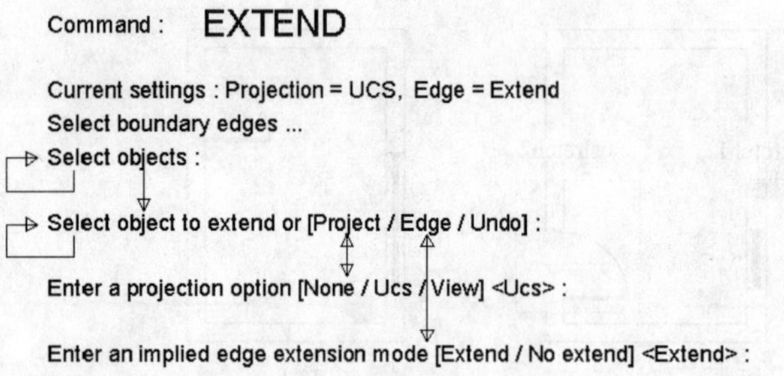

Command : EXTEND

Current settings : Projection = UCS, Edge = Extend

Select boundary edges ...

Select objects :

Select object to extend or [Project / Edge / Undo] :

Enter a projection option [None / Ucs / View] <Ucs> :

Enter an implied edge extension mode [Extend / No extend] <Extend> :

图 1-117

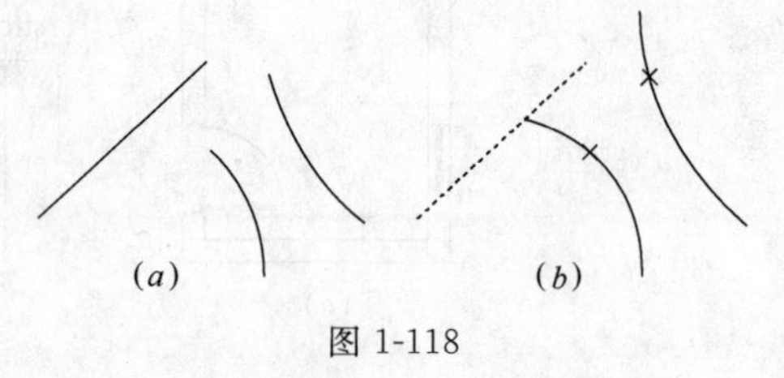

图 1-118

- None：不考虑外观交点方式。
- Ucs：沿当前坐标系 Z 轴方向投影。
- View：沿当前视图的视线方向投影。

(2) Edge—是否考虑边界对象的延长线也能作为延伸边界。

- Extend：边界对象的延长线也能作为延伸边界。
- No extend：不考虑边界对象延长后的情况。

(3) Undo—取消一次操作。

六、图形对象的断切功能

图形对象的断切命令有三个：断开(BREAK)、剪切(TRIM)、分解(EXPLODE)。

1. 断开命令(BREAK)

断开命令 BREAK 可以把对象上指定两点之间的部分删除，当指定的两点相同时，则对象在指定点处分解为两个部分(图 1-119，图 1-120)。这些对象包括直线、圆弧、圆、多段线、椭圆、样条曲线和圆环等。

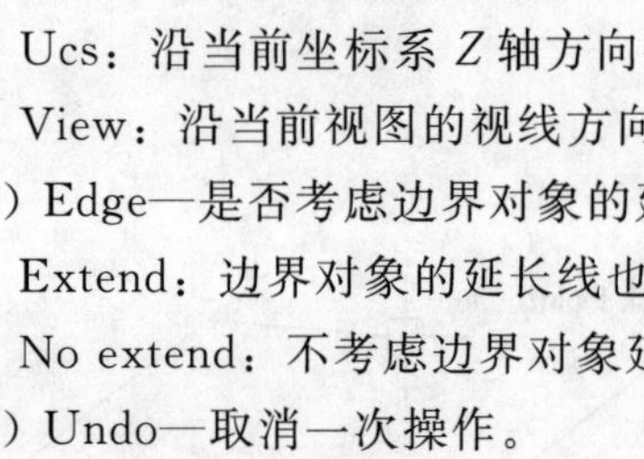

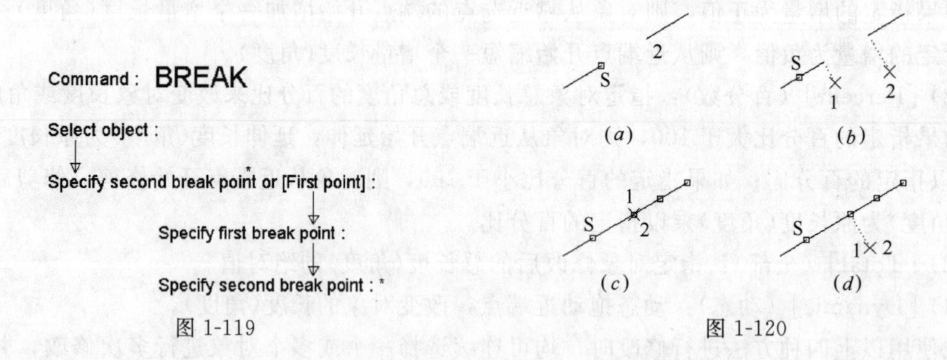

图 1-119

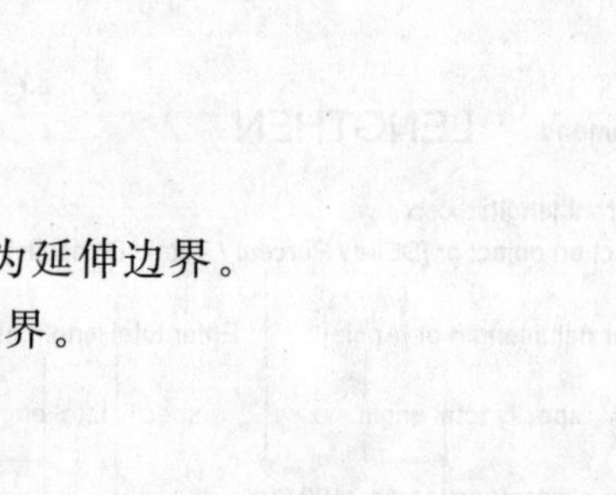

图 1-120

用户选择某个对象后，系统把选择点作为第一断点，并提示选择第二断点。如果用户需要重新指定第一断点，则可选择 First point(第一点)选项，系统将重新提示选择第一、第二两断点。如果用户希望两个断点重合，则可在指定第二断点时输入“@”即可。

2. 剪切命令(TRIM)

TRIM 命令是剪切线对象的有效工具。执行此命令时，需要定义剪切对象和被切对象(图 1-121)，它们的交点就是修剪点。有时候一个对象可以既是剪切线对象又可以是被切对象。还要确定被切对象上剪切点两侧，究竟那一部分是被切除的部分。一次 TRIM 剪切操作中，可以同时选择多条剪切线和多条被剪切线。图 1-122 例子中两组线段如相交(图 a)，要修改成中空模样(图 *d*)。此例中所有的四条边线互为切割对象，所以把四条线均设定为剪切对象(图 *b*)，然后再选择被切对象时选中四条线中的被切部分(图 *c*，图 *d*)。

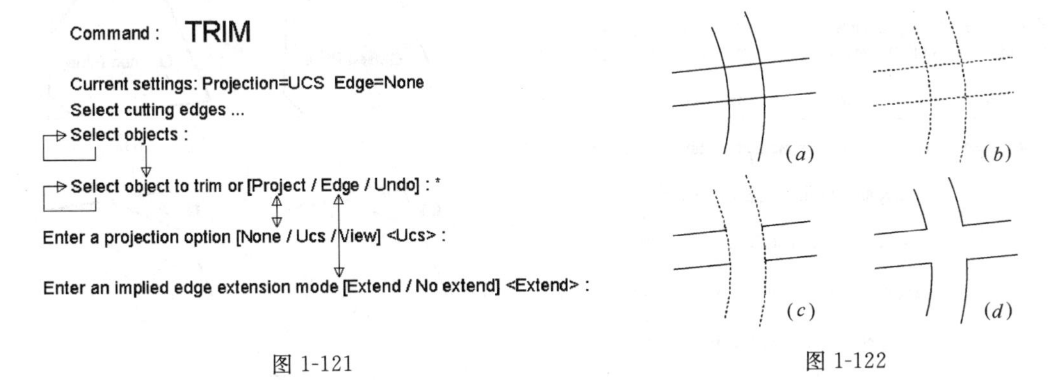

图 1-121　　　　图 1-122

执行 TRIM 命令时，有三个状态参数影响对象的修剪方式和操作：

(1) Project—剪切对象与被切对象在空间并不相交。但是，按投影方式观察，又有外观交点(Apparent Intersection)。是否考虑外观交点为剪切点，用那种投影模式来确定外观交点。共有三个选择：

- None：不考虑外观交点为剪切点。
- Ucs：沿当前坐标系 *Z* 轴方向投影。
- View：沿当前视图的视线方向投影。

(2) Edge—是否考虑剪切对象的延长线依然可以切割的情况。

- Extend：剪切对象的延长线依然有效。
- No extend：不考虑延长后切割的情况。

(3) Undo—取消一次操作。

3. 分解命令(EXPLODE)

分解命令用于分解组合对象，组合对象即由多个 AutoCAD 基本对象组合而成的复杂对象，例如多段线、复线、标注、块、面域、多面网格、多边形网格、三维网格以及三维实体等等。分解的结果取决于组合对象的类型。如果是组合对象中有嵌套的子组合对象，则需要多次使用 EXPLODE 命令，才能一层层地进行彻底分解。

七、对象的倒角命令

对象倒角命令有两个：倒方角(CHAMFER)、倒圆角(FILLET)。

1. 倒方角命令 (CHAMFER)

倒方角命令 CHAMFER 是在两线段相交的交点处用一段直线来平缓交角的处理过程(图 1-123，图 1-124)。

下列五个命令选项用来设定执行命令的工作状态和参数：

(1) [Polyline] (多段线)—选择该选项后，系统提示用户指定二维多段线，并在二维多段线中两条线段相交的每个顶点处插入折线。如果是封闭(Close)多段线，所有转角点都进行倒角处理，而对开口(Open)多段线就只对中间转角点进行倒角处理(图 1-124*a*，*b*)。所谓开口多段线是指多段线的开始点和终结点是两个点，也许这两个点是重合在一起，但还是属于开口多段线。只有在多段线用 PLINE 命令创建时或用 PEDIT 命令修改时选用 Close 选项闭合后。两点就合成一点，成为封闭多段线。

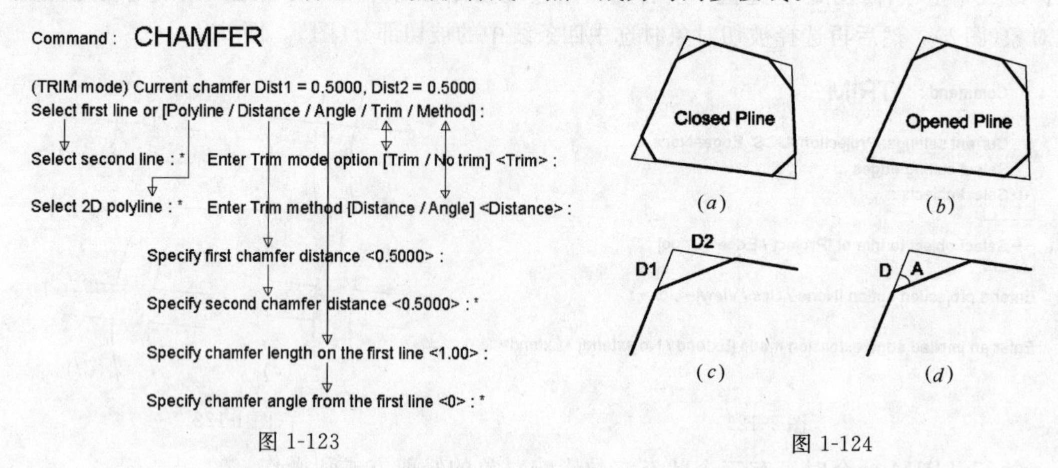

图 1-123　　　　图 1-124

(2)［Distance］(距离)：设定倒角处的第一、第二两段距离(图 1-124c)。

(3)［Angle］(角度)：设定倒角处一端的距离和折线与原线段的夹角(图 1-124d)。

(4)［Trim］(修剪)：指定倒方角时是否使用修剪模式(除去线段在倒角后多余的部分)。如果处于修剪状态，距离又为 0，就等于把两线段修剪成无冒头线的相交状态(图1-125)。

(5)［Method］(方法)：指定倒方角是用 Distance 还是 Angle 方法。

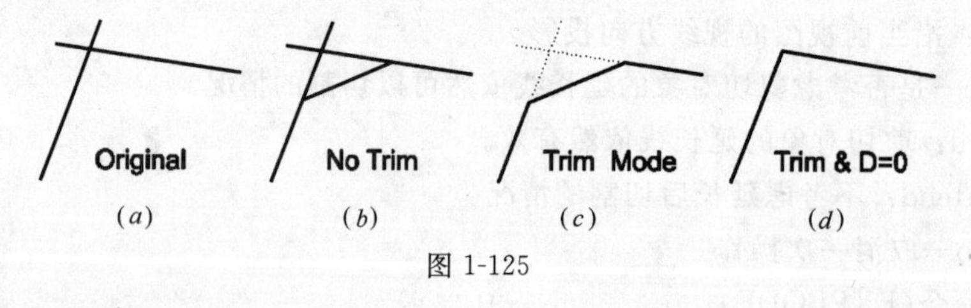

图 1-125

2. 倒圆角命令(FILLET)

倒圆角命令 FILLET 是在两线段相交的交点处用一段圆弧线来平滑交角的处理过程(图 1-126，图 1-127)。

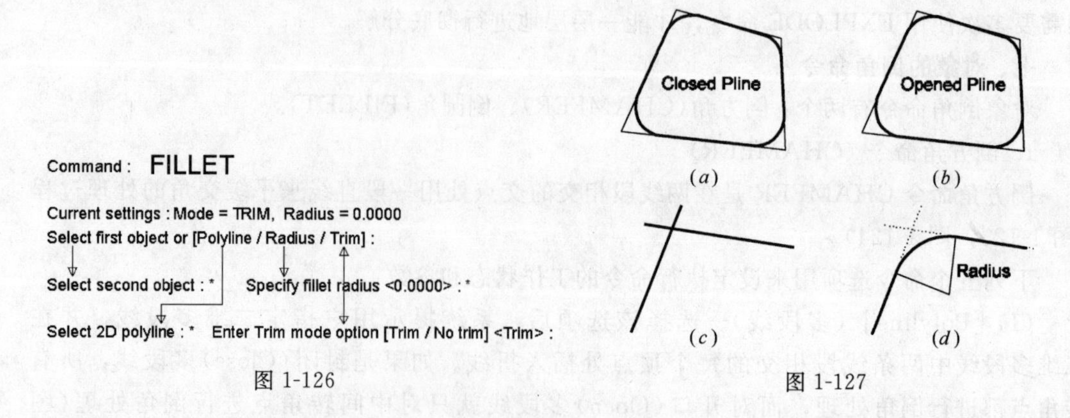

图 1-126　　　　图 1-127

(1)［Polyline］(多段线)：选择该选项后，系统提示用户指定二维多段线，并在二维多段线中两条线段相交的每个顶点处插入圆弧。同样，如果是封闭多段线，所有的转角点都作倒角处理，而对开口多段线只对中间转角点进行倒角处理(图 1-127*a*，*b*)。

(2) [Radius] (半径)：指定倒圆角的半径(图 1-127*c*，*d*)。

(3) [Trim] (修剪)：指定进行圆角操作时是否使用修剪模式(除去线段在倒角后多余的部分)。如果处于修剪状态，半径又为 0，就等于把两线段修剪成无冒头线的相交状态(图 1-128)。

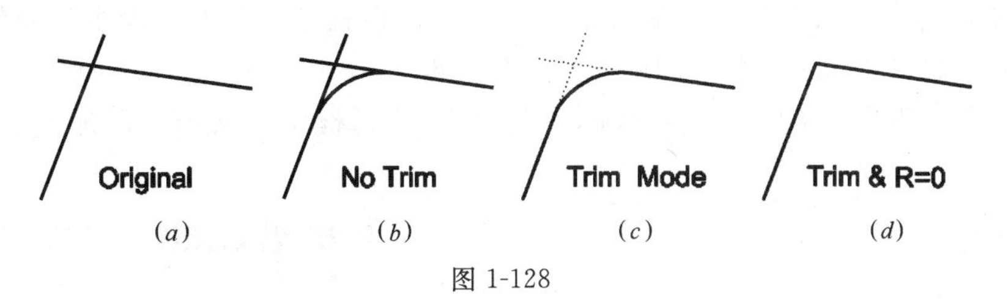

图 1-128

八、对象属性修改命令

对象的属性修改命令有四个：属性框修改(PROPERTIES)、属性匹配(MATCH-PROP)、修改(CHANGE)、修改属性(CHPROP)。

1. 对象属性修改对话框(PROPERTIES)

Properties 命令是以修改对象参数的方式对对象物体进行修改。执行下拉菜单 Modify>Properties 命令，或点击工具条中的 Properties 图例命令，就会出现 Properties 对话框(图 1-129)。无论是先选择对象物体，还是在出现对话框后选择物体，对话框中会显示被选对象的各种属性参数。我们可以对其中的实显参数在对话框内进行选择和修改。对话框有两个选项卡，它们的内容是一样的，只是参数的排列顺序有所不同。

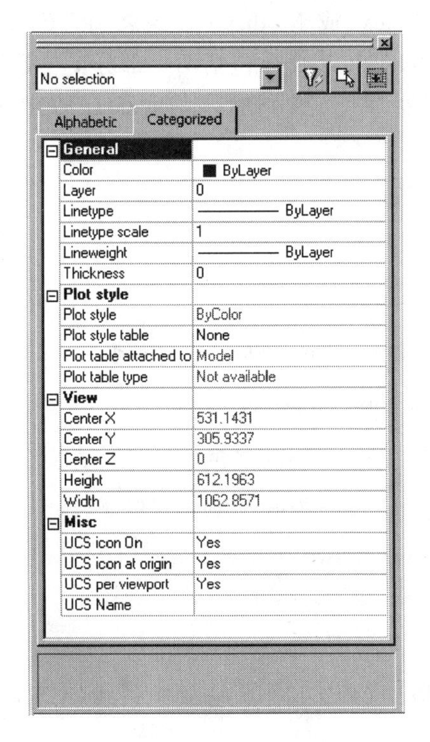

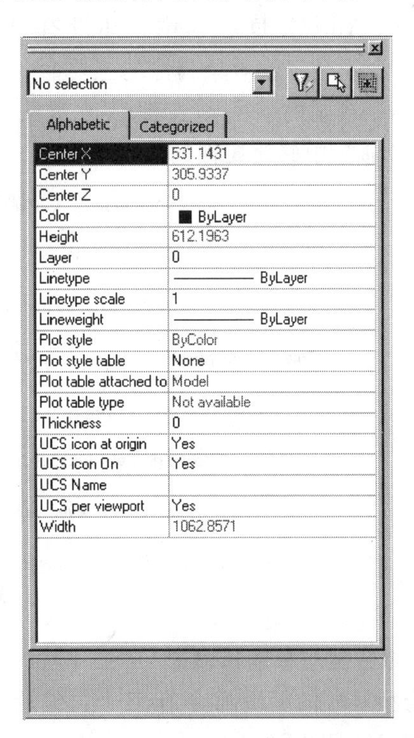

图 1-129

- Categorized 选项卡：参数按内容类别排列。
- Alphabetic 选项卡：参数按字母顺序排列。

如果选择的是多个对象，Properties 对话框中将只显示它们内容相同的共有参数。

2. 对象属性匹配命令(MATCHPROP)

此命令是先选定一个源对象物体(Source)，再选择一个或多个目标(Destination)对象，使它们的属性内容与源对象相同属性的内容一致，也就是相匹配。命令的操作过程见图1-130所示。而机定的匹配属性包括：Color，Layer，Ltype，Ltscale，Lineweight，Thickness 等。可以选取 Settings 选项，在弹出的对话框中定义需要匹配的属性参数(图1-131)。

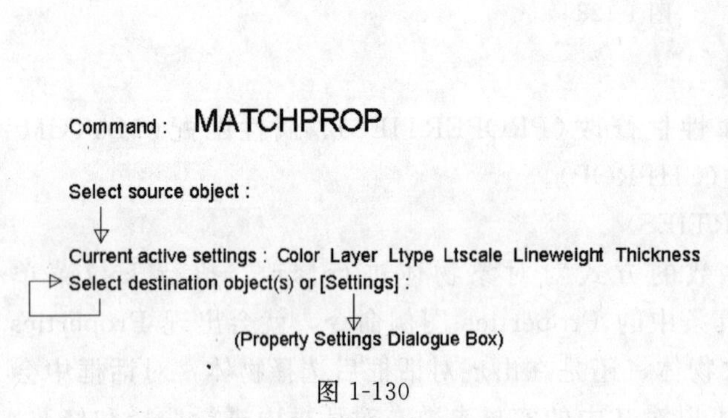

图 1-130

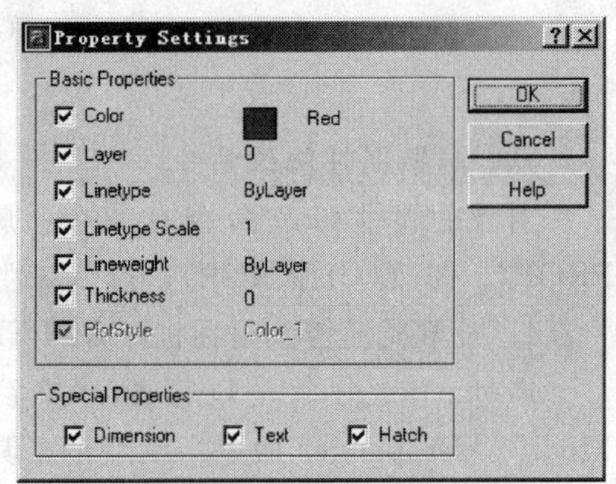

图 1-131

3. 修改，修改属性命令(CHANGE，CHPROP)

在老的 AutoCAD 版本中，还没有 Properties(或 Modify)命令之前，CHANGE 或 CHPROP 命令是修改对象属性的主要命令。CHANGE 命令包括两个部分，一是修改对象端点的位置(或圆的半径)；二是修改对象的各种属性(图 1-132)。而 CHPROP 命令只是 CHANGE 命令中修改属性的那部分功能。

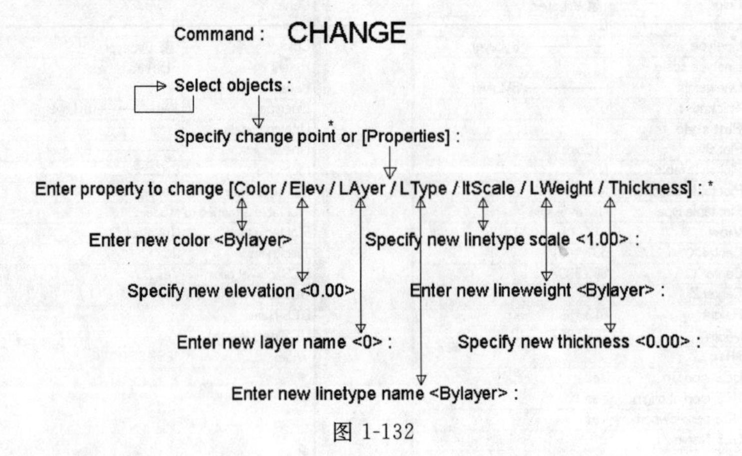

图 1-132

九、组合型对象编辑命令

组合型对象的编辑命令有三个：编辑多段线(PEDIT)、编辑样条线(SPLINEDIT)、编辑复线(MLEDIT)。

1. 编辑多段线(PEDIT)

多段线(Polyline-Pline)是 AutoCAD 系统很有特色的图形类型。而 PEDIT 命令是专门用于“Pline”线编辑的命令。也由于 PEDIT 命令强大的编辑功能，使多段线得到了广泛的应用。

PEDIT 编辑命令主选项内容(图 1-133)：

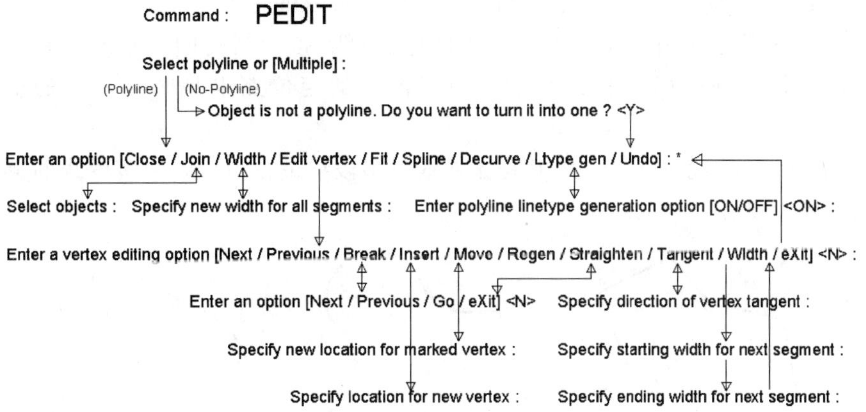

Command : PEDIT

Select polyline or [Multiple] :

(Polyline) (No-Polyline)

Object is not a polyline. Do you want to turn it into one ? <Y>

Enter an option [Close / Join / Width / Edit vertex / Fit / Spline / Decurve / Ltype gen / Undo] : *

Select objects : Specify new width for all segments : Enter polyline linetype generation option [ON/OFF] <ON> :

Enter a vertex editing option [Next / Previous / Break / Insert / Move / Regen / Straighten / Tangent / Width / eXit] <N> :

Enter an option [Next / Previous / Go / eXit] <N> Specify direction of vertex tangent :

Specify new location for marked vertex : Specify starting width for next segment :

Specify location for new vertex : Specify ending width for next segment :

图 1-133

(1) [Close] (闭合)：增加最后点和开始点的连线，封闭当前开口(Open)的多段线。必须指出，即使多段线的起点和终点均位于同一点上，系统仍认为它是打开的，而只有使用该选项才能真正的闭合。

[Open] (开口)：删去最后一段线，使封闭(Close)的多段线开口。

(2) [Join] (合并)：当前的多段线与其他首尾相连的直线、弧线或多段线合并成新的多段线。

(3) [Width] (宽度)：确定所编辑多段线新的线宽。

(4) [Edit Vertex] (编辑顶点)：编辑多段线的顶点。

• Next：当前点位置向后移一点(有 X 图标)。

• Previous：当前点位置向前移一点(有 X 图标)。

• Break：删除多段线中的部分线段。此时系统把当前的编辑顶点作为第一个断点，同时提示：Next/Previous/Go/eXit<N>：其中 Next、Previous 分别用来选择第二断点；Go 选项执行对多段线从用户所确定的第一断点到第二断点的删除；eXit 表示退出 Break 操作，返回到上一级提示。

• Insert：在多段线的当前编辑顶点的后面插入一个新的顶点。执行该选项时，系统提示输入新顶点的位置。

• Move：移动当前编辑顶点的位置。执行该选项时，系统提示输入新的位置。

• Regen：重新生成多段线。常与 Width 连用。

• Straighten：拉直多段线中的部分线段(相当于删除部分顶点)。执行该选项时，系统把当前编辑顶点作为第一拉直端点，并提示：Next/Previous/Go/eXit<N>:。其中 eXit 表示退出操作，返回上一级提示；Next 和 Previous 用来选择第二个拉直点；Go 选项执行对多段线中用户所确定的第一与第二个拉直点之间各线段的拉直处理，即用一条直线代替。

• Tangent：指定当前所编辑顶点的切线方向。执行该选项，系统提示：Direction of tangent:。用户可直接输入切线方向，也可输入一点。输入一点后，系统以该点与多段线上的当前点的连线作为切线方向，同时用箭头表示出当前点的切线方向。

• Width：改变多段线中当前编辑顶点后面一条线段的起始和终止的宽度。执行完此命令后，图形不立即改变，只有执行 Regen 选项后图形才发生相应的变化。

• eXit：退出 Edit Vertex 项，返回到 PEDIT 命令的主选项。

(5) [Fit]（拟合）：采用相切的二次曲线(圆弧线)拟合当前的多段线，原多段线的每段线段由两段相切圆弧(双圆弧)代替，原多段线的定位点也是圆弧之间的切点(图 1-134*b*)。

(6) [Spline]（样条曲线）：用 B 样条曲线对多段线进行拟合，原多段线的定位点成为样条曲线的控制点(图 1-134*c*)。

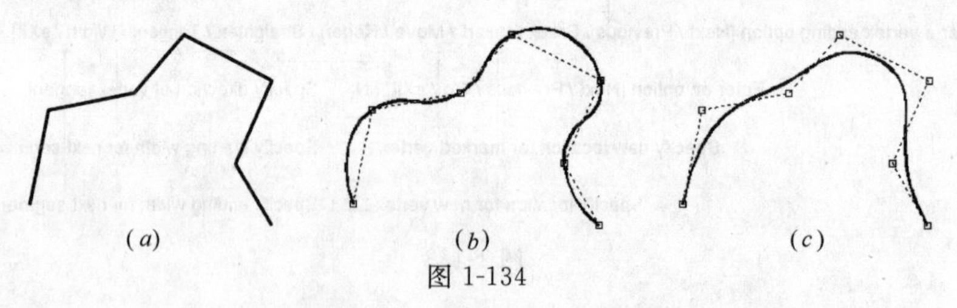

图 1-134

(*a*) Original；(*b*) Fit curve；(*c*) Spline

(7) [Decurve]（非曲线化）：恢复最近一次 Fit 或 Spline 选项操作前的多段线状况。

(8) [Ltypegen]（线型生成）：可以重新调整非连续线型多段线的绘线方式，使在各顶点处都成为非连续线段的起点。

(9) [Undo]（放弃）：取消 PEDIT 命令的上一次操作。可以重复使用。

(10) <Return>(回车)：退出当前的 PEDIT 命令。

通过执行 EXPLODE 命令可把 Pline 线分解为独立的直线段和弧线段。也可以通过 PEDIT 命令把 Line 线或 Arc 线转化为 Pline 线，或把其他的 Line、Arc 或 Pline 线合并进来生成更大的 Pline 线。

PEDIT 命令还可用于对三维多段线和三维网格进行修改操作。

2. 编辑样条线(SPLINEDIT)

样条曲线有拟合样条曲线和非拟合样条曲线两种类型。前者是用 SPLINE 命令生成后仍保留有原拟合点数据的样条线。后者是经过编辑修改后失去了拟合点数据的样条线(以控制点代替了拟合点)。在编辑样条曲线时对两种类型的样条曲线也有所不同。SPLINEDIT 命令的工作流程如图 1-135 所示。

(1) [Fit data]（拟合数据）：拟合数据由所有的拟合点、拟合公差和与样条曲线相关联的切线组成。用户选择该项来编辑拟合数据时，系统将进一步提示选择如下拟合数据选项：

• Add(添加)：在样条曲线中增加拟合点。AutoCAD 将通过新设置的点重新拟合样条曲线。

• Close(闭合)：将开放的样条曲线闭合，并使其切线在端点处连续；对于已闭合的样条曲线，则该项被“Open(打开)”所代替。

• Delete(删除)：从样条曲线中删除指定的拟合点并且用其余点重新拟合样条曲线。

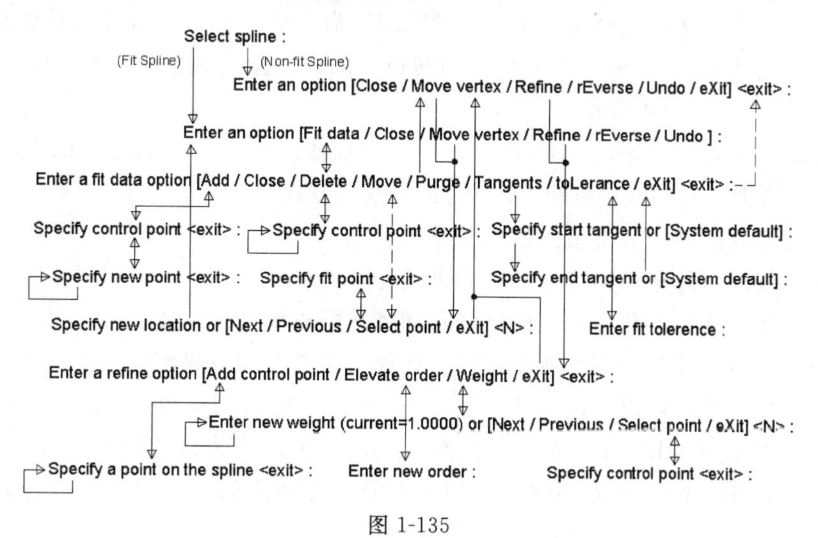

图 1-135

- Move(移动)：把拟合点移动到新位置。
- Purge(清理)：删除拟合曲线的拟合数据。
- Tangents(切向)：编辑样条曲线的起点和端点切向。
- toLerance(公差)：修改拟合当前样条曲线的公差，系统将根据新公差重新定义样条曲线。
- eXit(退出)：退出 Fit data 选项，返回主选项。

(2) [Close] (闭合)：闭合开放的样条曲线，使其在端点处切向连续。如果样条曲线的起点和端点相同，“闭合”选项使其在两点处都切向连续。对于已闭合的样条曲线，则该项被“Open(打开)”所代替，其作用相反。

(3) [Move vertex] (移动顶点)：重新定位样条曲线的控制顶点并且清理拟合点。

(4) [Refine] (精度)：精密调整样条曲线定义。用户选择该项后，系统将进一步提示选择如下拟合数据选项：

- Add control point(添加控制点)：保持样条曲线精度不变的情况下，将指定的控制点由一个增加到两个。
- Elevate order(提升阶数)：提高样条曲线的阶数。阶数越高则整个样条曲线的控制点数越多，使控制更为严格。阶数的最大值为 26。
- Weight(权值)：修改控制点的权值。权值越大则样条曲线距离该控制点越近。
- eXit(退出)：退出 Refine 选项，返回主选项。

(5) [reverse] (反转)：反转样条曲线的方向。该选项主要由应用程序使用。

(6) [Undo] (放弃)：取消上一编辑操作而不退出命令。

如果进行了以下操作，样条曲线将失去拟合数据。

1) 编辑拟合数据时使用 Purge(清理)选项。

2) 重定义样条曲线。

3) 按公差拟合样条曲线并移动其控制顶点。

4）按公差拟合样条曲线并打开或关闭它。

经过样条拟合的多段线也可使用 SPLINEDIT 命令进行修改，修改前系统会自动将样条多段线转换为样条曲线(Spline)对象，但转换后的样条曲线对象没有拟合数据。

3. 编辑复线(MLEDIT)

对于复线对象，可以通过 MLEDIT 命令来增加或删除顶点，执行 MLEDIT 命令，出现图 1-136 对话框。对话框中列出 12 种编辑复线的方式：

第一列是复线三种╋形交接点的处理方式。

第二列是复线三种┳形交接点的处理方式。

第三列中有复线在转角交接点的处理和加减转折点的处理方式。

第四列中是对复线进行部分或全部断开处理或由断开恢复封闭处理的方式。

在建筑平面图中，可以采用复线(MLINE)命令来绘制墙体线。在墙线的┳形和╋形的交接处，就需要用 MLEDIT 命令进行修改调整。图 1-137(*a*)是用 MLINE 命令生成的平面墙体线图，中间的 Mline 墙线与周边的 Mline 墙线之间的交接需要进行处理。图 1-137(*b*)是用 MLEDIT 命令修改后的平面墙体线图。

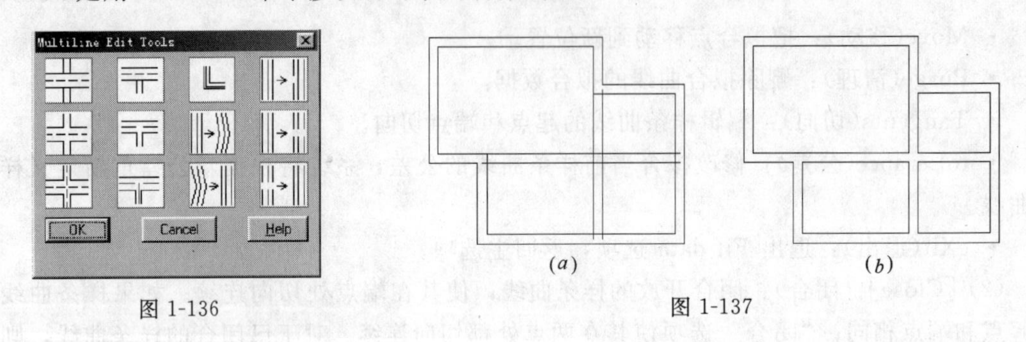

图 1-136

(*a*)　(*b*)

图 1-137

十、对象的夹点编辑模式(GRIPS)

1. 夹点(GRIPS)

AutoCAD 在等待命令的状态(Command:)下，当用户选择了某个对象后，对象呈亮显状态，同时在对象的特征位置上会出现小的蓝色正方形框，这些正方形框被称为对象的夹点(Grips)。例如，选择一条圆弧，弧上的两个端点和中心点处将出现夹点(图 1-138*b*)。

在被选的对象呈亮显状态又显示夹点的状态下，光标移向对象的夹点，在距离小到一个定值时，光标会自动跳到夹点的精确位置上与之对齐。此时如果单击鼠标左键，就可选中该夹点，选中的夹点显示为红色实心正方形，被称为热夹点。按住＜Shift＞键不放连续点选多个夹点，可以产生多个热夹点(图 1-138*a*)。未被选中的夹点称为温夹点(图 1-138*b*)。如果原先选中的对象经过操作后不再处于亮显选择状态，但仍然显示夹点，这样的夹点被称为冷夹点(图 1-138*c*)。

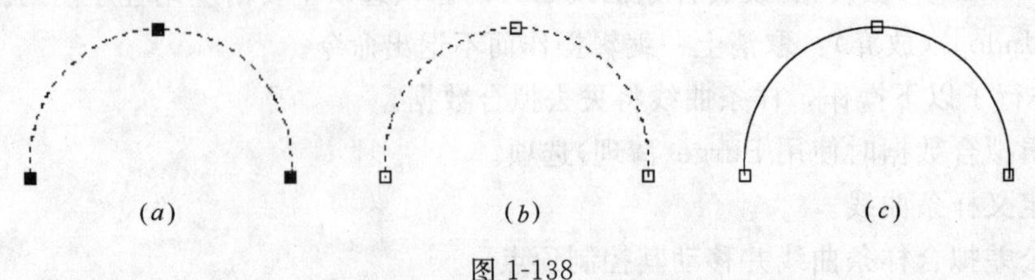

(*a*)　(*b*)　(*c*)

图 1-138

如果某个夹点处于热夹点状态，则按<Esc>键可以使之变为温夹点状态，再次按<Esc>键可取消所有对象的夹点显示。如果仅仅需要取消选择集中某个对象上的夹点显示，可按<Shift>键的同时选择该对象，使变为冷夹点状态；按<Shift>键的同时再次选择该对象将清除夹点。此外，如果调用系统其他命令时也将清除夹点。

不同类型的 AutoCAD 对象，它们的夹点位置和数量也是不同的。下列的是几种常见的对象类型的夹点位置(图 1-139)：

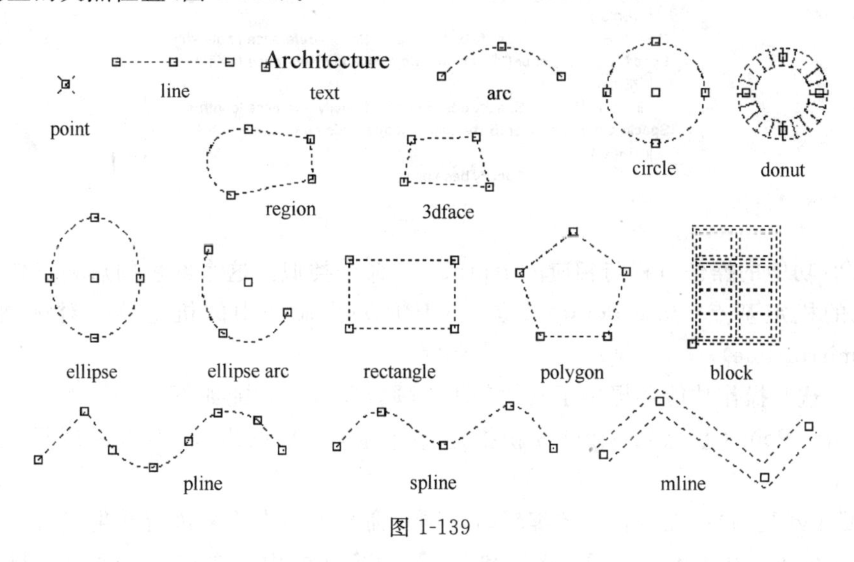

图 1-139

(1) 点(Point)—一个夹点：点的定位点。

(2) 直线，圆弧(Line，Arc)—三个夹点：端点、中点、端点。

(3) 圆，椭圆(Circle，Ellipse)—五个夹点：圆心点和四个象限点。

(4) 椭圆弧(Ellipse arc)—四个夹点：圆心点、端点、中点、端点。

(5) 多段线(Pline)—数量不定：直线段的端点和弧线段的端点和中点。

(6) 圆环(Donut)—四个夹点：圆环中心圆上的四个象限点。

(7) 矩形，正多边形(Rectangle，Polygon)—四个或多个夹点：矩形或正多边形的顶点。

(8) 复线(Mline)—数量不定：复线的定位线端点。

(9) 样条线(Spline)—数量不定：样条线的定位点。

(10) 面域(Region)—数量不定：构成面域的每条边线的端点。

(11) 三维面(3dface)—四个夹点：每条边线的端点。

(12) 块，文本(Block，Text)—一个夹点：块或文本的插入点。

2. 热夹点编辑状态

一般情况下，选中一个热夹点后，命令行就显示夹点编辑的命令提示(图 1-140)，就可以开始对选中的对象进行“STRETCH”、“MOVE”、“ROTATE”、“SCALE”、“MIRROR”和“COPY”等功能的操作。按<Enter>或<Space>键可在以上五种功能中循环显示，由用户选择一种功能进行操作。也可以在选中热夹点后单击右键，在弹出菜单中选择操作的功能。

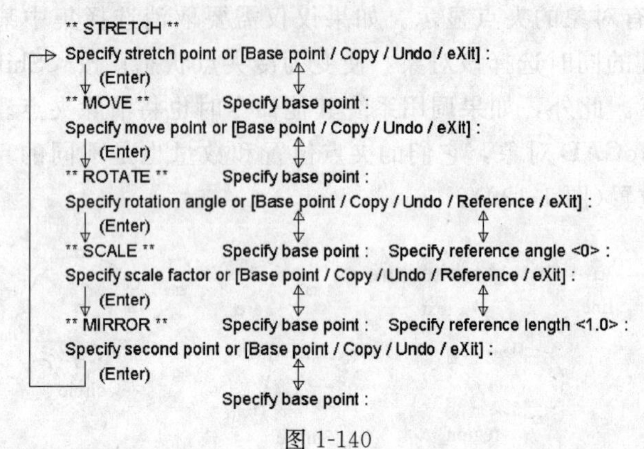

图 1-140

GRIPS 功能的操作过程与相应的 AutoCAD 命令类似。这个红色的热夹点作为多数功能操作中的机定基点(Base Point)或是“MIRROR”命令中的机定第一对称轴点(First point of mirror line)。

此外，这些操作功能还提供了其他若干选项，其具体功能如下：

(1) Base Point(基点)：用户重新指定操作基点(起点)，而不再使用机定基点(热夹点)。

(2) Copy(复制)：在进行对象编辑时，同一命令可多次重复进行并生成对象的多个副本，而原对象不发生变化。在 MOVE 和 ROTATE 功能中，在进行重复的复制时系统会记住第一次复制的位移或转角，其后可以按此位移或转角实现步进复制，就像是阵列复制(Rectangular Array)和环形复制(Polar Array)的效果(图 1-141)。

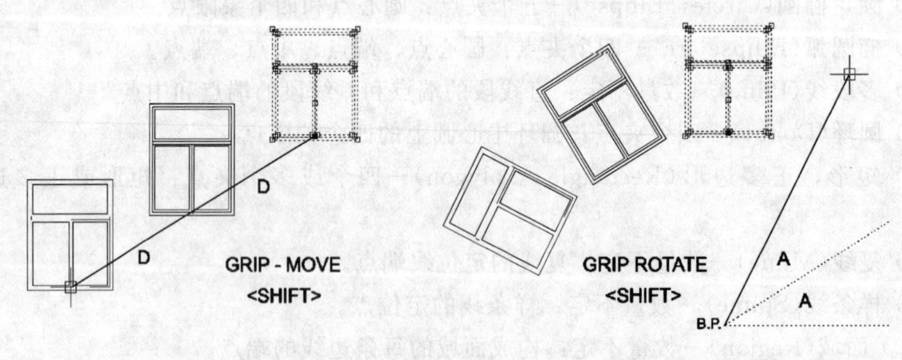

图 1-141

(3) Undo(放弃)：在使用 Copy 选项进行多次重复操作时可选择该选项取消最后一次的操作。

(4) Reference(参考)：在操作 ROTATE 和 SCALE 功能时，此选项可以像相应的 ROTATE 和 SCALE 编辑命令一样，设定操作的参考角度或参考比例。

(5) Exit(退出)：退出 GRIPS 编辑操作模式，相当于按＜Esc＞键。

3. 多个热夹点的设置

在进行 GRIPS 的 STRETCH 功能操作时，往往需要实现多个夹点的伸缩作业，这就需要使被拉伸的夹点都成为热夹点。实现多个热夹点的操作要领是：先按住＜Shift＞键，再开始选择一个个温夹点，使之逐个成为热夹点。全部选好之后，放开＜Shift＞键并在热夹点中再选一个点作为基准夹点。然后再进行 GRIPS 的编辑操作。

在多个热夹点的设置过程中，如果发现有错设的热夹点，可以对它再设定一次，该点就又退回到温夹点状态。

第四节　建筑图块与参考图形

一、块的概念和功用

在 AutoCAD 中，图形块(Block)是一种重要的复合型图形对象，它是由若干个 AutoCAD 的基本图元对象组成的一个有具体含义的图形单元，它往往是在图形中被多次重复引用。若干个小图形块可以组合成一个大图形块，构成嵌套图形块。在建筑制图中，建筑图块可能是某种门、窗构件；也可能是某个建筑节点的大样图；也可能是建筑的构配件图。图形块可以块中套块(Nestled block)，构成更大的图形块(图 1-142)。

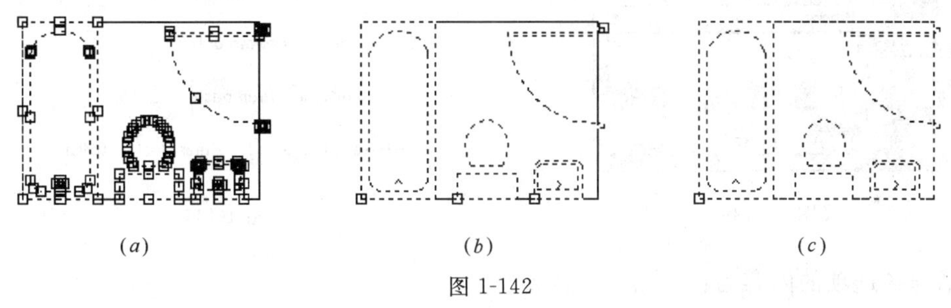

(*a*)　　(*b*)　　(*c*)

图 1-142

(*a*)Drawing with no block；(*b*)Drawing with 4 blocks；(*c*)With a nestled block

图形块是一个图形的组合体，它作为单一的对象被选择、移动、复制、旋转、删除、镜面对称、阵列复制等等。每个图形块有一个插入点，对它的调用插入操作既安全又方便。也可以在需要时用 EXPLODE 命令把应用的图形块分解，分解成原先组成它的基本图形对象。

在用户创建一个图形块后，系统就把块的定义信息存入图形数据库。以后，如果需要多次插入该块的图形时，只是反复调用这个块的数据。调用的信息只包括块名、插入点、比例和旋转角度，省略了描述图形的数据。因此调用块的信息量要比重复绘制图形的信息量要小得多，从而节省了计算机的存储空间。

AutoCAD 也可以将块的信息存储为一个独立的图形文件存放在外存设备上，称为文件块或外部块。便于和他人共享块图形信息。我们常常用建文件块的方法建立建筑设计的各种定型的结构、配件和大样图的图形库，供相关的设计人员使用。

块的优点可以概括如下：

(1) 建立专业图库：从而提高了设计的效率和质量，提高了设计的标准化程度。

(2) 节省存储空间：在电脑建筑制图中，块的使用率越高，图文件所用的空间越少。节省的空间越大。

(3) 便于图形修改：重复调用的块图形，调用的是同一的数据。所以，只要修改块的定义数据，就可以对所有重复调用的块图形实现一次性的修改。

(4) 增加属性信息：每种图形块在定义时可以加入属性定义。在调用每个块时可以按照块的属性定义格式，输入相应的块图形的属性信息。便于图形的属性管理。由于在建筑制图中基本不加属性信息，所以本书不进行介绍。

二、块的定义(Block)

在下拉菜单、工具条或命令行中输入 BLOCK 命令，屏幕弹出 Block Definition(块定义)对话框(图 1-143)。如在命令行输入-BLOCK，命令就以一般提示方式执行(图 1-144)。

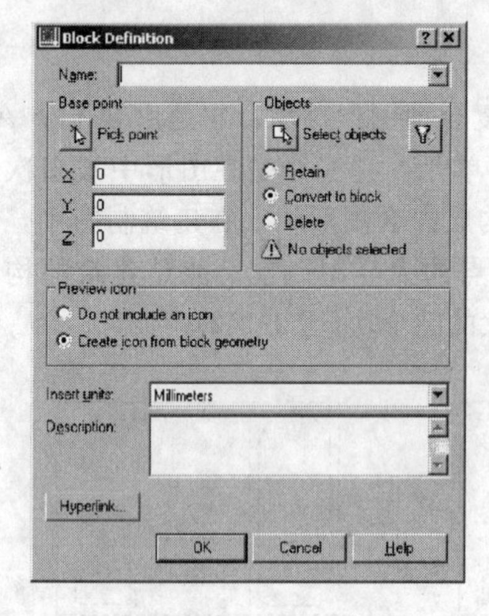

图 1-143

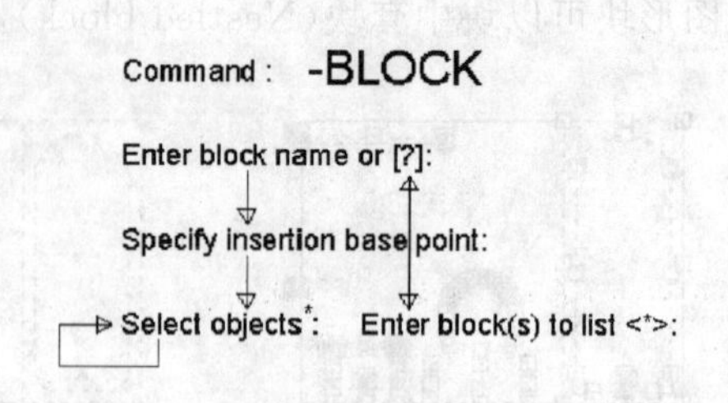

图 1-144

对话框各选项的内容为：

(1) Name(名称)：编辑框中输入块名。

(2) Base point(基点)栏：设置块的插入基点，有以下两种方式：

1) Pick point—单击此图形按钮，返回绘图区鼠标定位基点，完成后回到对话框。

2) X, Y, Z—编辑框中分别输入基点的 x, y, z 坐标值。

(3) Objects(对象)栏：选择对象。

1) Select objects—选择块包含的图形对象，有两种方式：

- Select objects：单击此图形按钮，返回绘图区选取块的图形对象。
- Quick select：单击此图形按钮，显示快速选择对话框，定义选择集。

2) Retain—激活此项，建块以后选定的对象被原样保留下来。

3) Convert to block—激活此项，建块以后选定的对象被转化为块。

4) Delete—激活此项，建块以后选定的对象被删除。

(4) Preview icon(预览图标)栏：设置块的图标。

1) Do not include an icon—激活此项，不包含图标，

2) Create icon from block geometry—激活此项，以块几何图形为块图标。

(5) Insert units：指定从 AutoCAD 设计中心拖动块时，用以缩放块的单位。

(6) Description：指定块的文字说明。

(7) Hyperlink：打开插入 Hyperlink 对话框，与网络联接。

三、块的插入(Insert)

图形块插入命令(INSERT)的功能是把已定义的内部图形块插进当前图形。或是把一个外部DWG图形文件作为外部图形块插进当前图形。

在命令行或工具条调用insert命令后，系统将弹出Insert(插入)对话框(图1-145)。

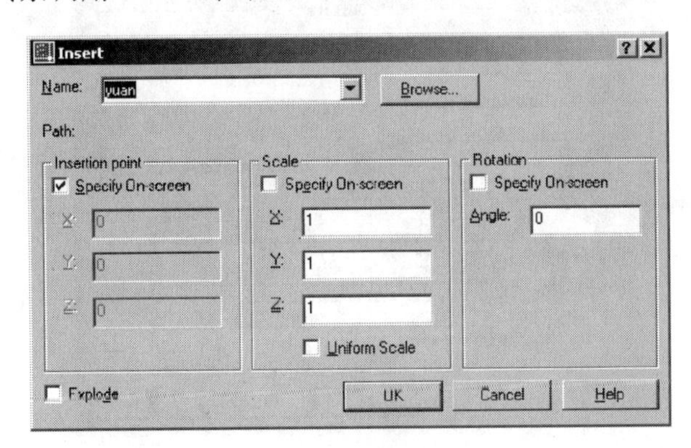

图1-145

该对话框各部分操作说明如下：

(1) Name(名称)：指定要插入的块名。用户也可单击右边的<Browse>按钮来选择并插入外部图形文件作为外部块调用。

(2) Insertion point(插入点)：指定块的插入点(块的夹点位置)。如果用户选中了Specify On-screen(在屏幕上指定)项，则可在关闭对话框后用定点设备在绘图区指定块的插入点。

(3) Scale(缩放比例)：指定插入块在X、Y、Z轴向上的比例(以块的基点为准)。如果用户选中了Specify On-screen(在屏幕上指定)项，则可在关闭对话框后用定点设备指定块比例。如果用户选择Uniform Scale(统一比例)项，则只需指定X方向上的比例因子，Y、Z向上的比例因子自动与其保持一致。

(4) Rotation(旋转)：指定插入块的旋转角度(以块的基点为中心)。如果用户选中了"Specify On-screen(在屏幕上指定)"项，则可在关闭对话框后用定点设备指定旋转角度。

(5) Explode(分解)：选择该项后，在插入块的同时将对块进行分解。同时，该选项要求只能使用统一比例对块进行缩放。

四、块文件的定义(Wblock)

块文件定义命令(WBLOCK)有两种用法：一是用系统中的块定义信息来建立一个独立的图形文件，二是选择当前的部分图形来建立一个独立的图形文件。而外部的任何图形文件也都可以作为外部块进行调用。

输入WBLOCK命令，系统弹出Write Block(写块)对话框(图1-146)。

并进行如下设置：

1. Source(来源)区

(1) 在Block(图形块)，Entire drawing(整个图形)，Objects(选择对象)三个单选项中选择一种。如是Block，需要在右面列表项中选定块名。

(2) Base point(基点)栏：设置块文件的插入基点(同BLOCK对话框)。

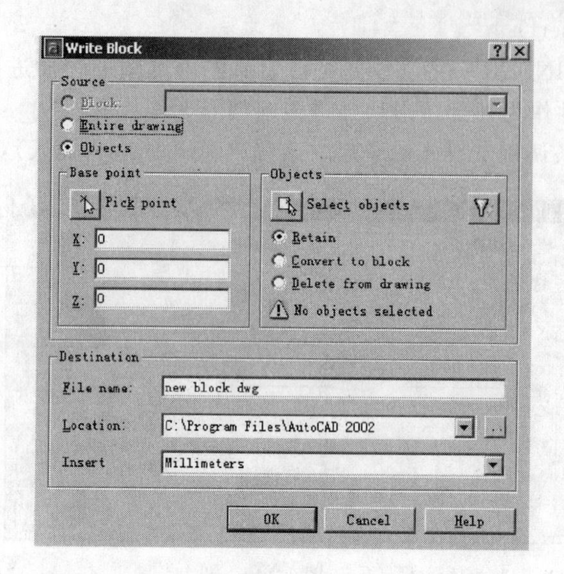

图 1-146

(3) Objects(对象)栏：选择对象(同 BLOCK 对话框)。

2. Destination(目标)区

(1) File name(文件名)项：输入文件名。

(2) Location(位置)项：存储文件的路径。

(3) Insert unit(插入单位)项：指定存储文件的单位。

五、块的分解和重定义(Explode, Block)

1. 图形块的分解(EXPLODE)

每一个被调用的图形块都是一个整体，如果仅仅需要对某一个调用块的内容进行调整，就只要把它进行分解处理，使块分解成组成它的对象图元，然后可以分别进行编辑调整。

2. 图形块的重定义(BLOCK)

如果多个相同的块图形需要作同样的内容调整时，就应该对图形块进行重新定义。重定义后，所有的调用块的图形都得到了同样的修正。块的重定义的操作过程为：

(1) 用 EXPLODE 命令把其中的任一个图形块进行分解处理。

(2) 根据需要对分解后的图形对象进行编辑修改。

(3) 用 BLOCK 命令按原来的块名和原来的插入点位置进行重新定义。

六、外部参照(Xref)

外部参照(External Reference, Xref)是 AutoCAD 提供的另一种图形调用方法。使用外部参照可以将多个图形文件链接到当前图形中，并且作为外部参照的图形会随着原图形的修改而更新。

建筑工程项目设计是一种综合的设计工作，除了建筑专业外，还有多种其他专业的设计人员参与工作。他们都以建筑专业的设计图作为本专业设计的基础。所以，以建筑设计图作为其他专业设计图的外部参照，是最合适不过的了。

当一个图形文件被作为外部参照插入到当前图形中时，外部参照中每个图形的数据仍然分别保存在各自的源图形文件中，当前图形中所保存的只是外部参照的文件名和路径。

所以不会明显增加当前图形的文件大小，从而大大节省了磁盘空间。

对于一个外部参照，系统都把它作为一个单一对象。可以对它进行 Scale、Move、Copy、Mirror 或 Rotate 等操作，也可以控制它的显示状态，而所有这些操作都不会影响到它原来的源文件。

1. 建立外部参照的过程

(1) 从下拉菜单 Insert ＞External ＞Reference 或工具条 Reference ＞External Reference Attach 或命令行输入 XATTACH 命令，系统首先弹出 Select Reference File 对话框选择外部参照文件。也可以在命令行输入 XREF 命令在出现的 Xref Manager 对话框中选择＜Attach＞按钮进入上述对话框(图 1-147)。

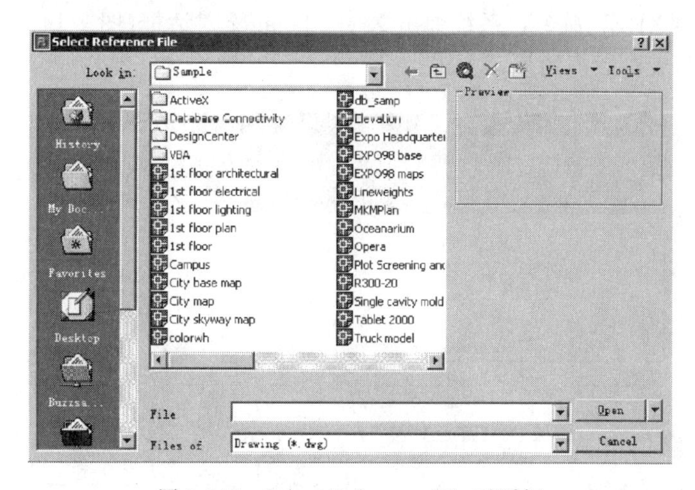

图 1-147　Select Reference File 对话框

(2) 选定外部参照文件后，系统弹出 External Reference 对话框(图 1-148)。

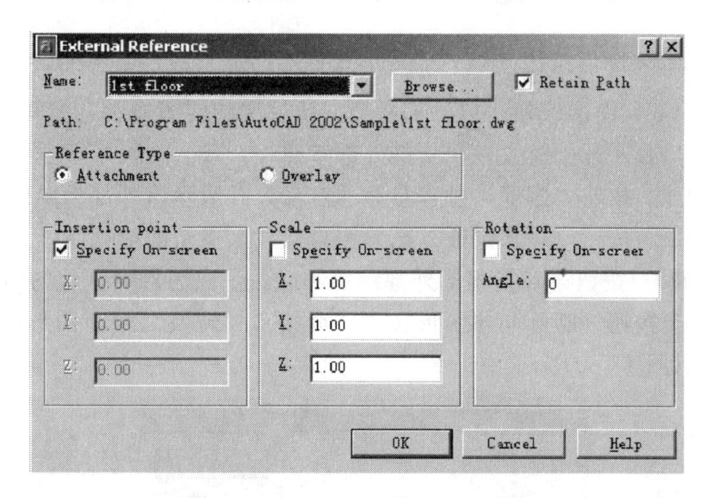

图 1-148　External Reference 对话框

该对话框中的 Insertion point(插入点)、Scale(比例)和 Rotation(旋转)等项与 Insert(插入)对话框相同，其他项的作用为：

1) Retain Path(保留路径)：设置是否保存外部参照的完整路径。如果选择了这个选项，外部参照的路径将保存到图形数据库中，否则将只保存外部参照的名称而不保存其路径。

2) Reference Type(参照类型)：指定外部参照是 Attachment(附加型)还是 Overlay(覆盖型)，其含义为：

• Attachment(附加型)：在图形中附着附加型的外部参照时，如果其中嵌套有其他外部参照，则将嵌套的外部参照包含在内。

• Overlay(覆盖型)：在图形中附着覆盖型外部参照时，则任何嵌套在其中的覆盖型外部参照都将被忽略，而且其本身也不能显示。

2. 外部参照的管理

输入外部参照 XREF 命令，系统弹出 Xref Manager 对话框(图 1-149)。对话框左上角有两个按钮，控制着对话框的显示方式：

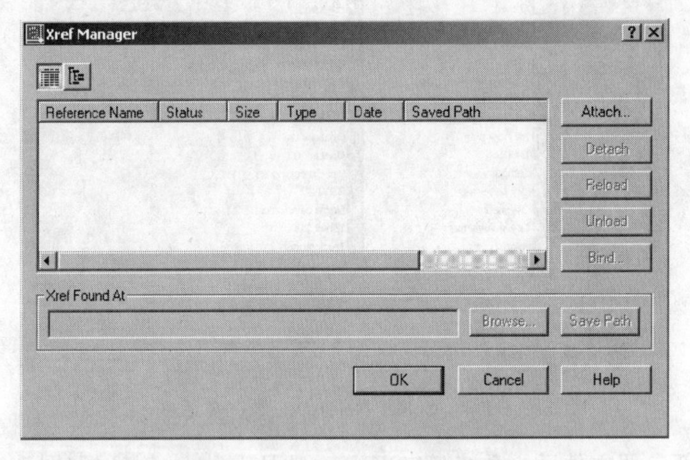

图 1-149　Xref Manager 对话框

(1) List View 图形按钮—以列表的形式显示已加载的外部参照的详细信息。

(2) Tree View 图形按钮—以外部参照树状层次结构图显示它们间的关系和状态。

(3) Attach(附加)—开始建立一个新的外部参照。

(4) Detach(取除)按钮—删除该外部参照的定义，并清除该外部参照的图形。

(5) Reload(重载)按钮—对指定的外部参照重新载入更新图形。

(6) Unload(卸载)按钮—对指定的外部参照卸载。仅取消外部参照的图形显示。

(7) Bind(绑定)按钮—断开与原图形文件的链接，并转换为当前图形的块对象。弹出 Bind Xrefs 对话框(图 1-150)。其中：

图 1-150　Bind Xrefs 对话框

• Bind(绑定)：按原外部参照中图层名已加进外部参照名和依赖符号的形式(符号改

成“$ n $”形式）。加进当前图形的图层名列表中。

• Insert（插入）：除去原外部参照中图层名中的外部参照名和依赖符号，并把它们并入当前文件图层名列表。如有相同图层名出现，就合并成为一个图层。

(8) Xref Found At（外部参照发现于）栏—用于修改外部参照路径。

在外部参照列表中选择某个参照后，Xref Found At 编辑框中将显示当前选定外部参照的路径。此时，用户可以单击＜Browse＞钮，重新指定外部参照的原文件路径或文件名，并可单击＜Save path＞钮将其保存在外部参照的定义中。

对于附着在图形中的外部参照和外部插入的块，AutoCAD 提供了一种在位编辑（In-place Edit）功能，调用 REFEDIT 命令可以对外部参照或外部块中的对象进行修改，并可以将修改结果保存到原来的图形中。

第五节　文字标注和尺寸标注

在建筑工程图纸中必然包括有文字的标注和尺寸的标注。进行文字标注首先要建立或选择一个合适的文本样式，它包括有文本的字体样式，显示效果等。在 AutoCAD 中有两种命令方式来进行文字标注，也就是 TEXT(DTEXT)命令方式和 MTEXT 命令方式。

一、文本的样式

在添加文字前首先选择字体。在命令行输入 STYLE 命令或执行菜单 Format ＞Text Style 命令，就可以打开 Text Style（文字样式）对话框（图 1-151）。对话框中各选择项的含义为：

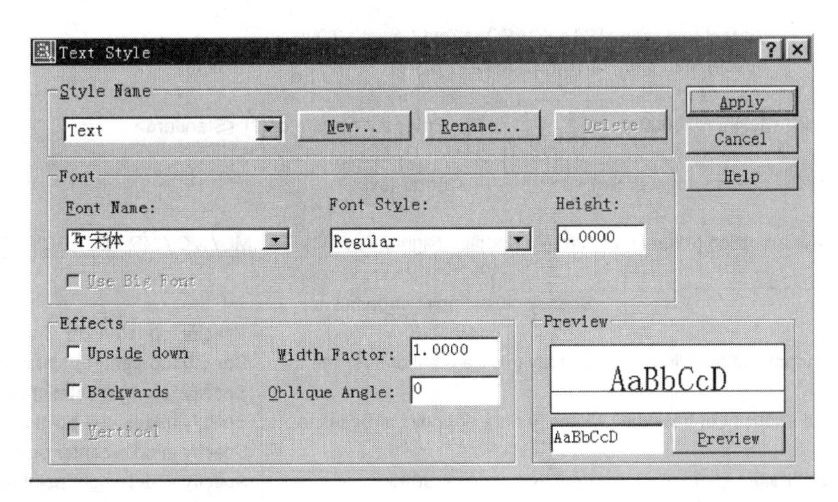

图 1-151

1. Style Name（样式名）栏

(1) Style Name（样式名）选项：选择一种列出的样式名。

(2) New（新建）按钮：创建一个新的文字样式。

(3) Rename（重命名）按钮：更改指定的样式名。

(4) Delete（删除）按钮：删除指定的样式名。

2. Font(字体)栏

(1) Font Name(字体名)选项：选择一种列出的字体名。

(2) Font Style(字体样式)选项：可选的字体样式因字体的不同而不同，常见的有：Regular(常规)，Bold(粗体)，Bold Italic(粗斜体)，Italic(斜体)等。

(3) Height(高度)：设定字高。

3. Effects(效果)栏

(1) Upside down(顶向下)：字体上下颠倒排列。

(2) Backwards(后在前)：字体前后颠倒排列。

(3) Vertical(垂直)：字体垂直排列

(4) Width Factor(宽度系数)：设定字体宽高比。

(5) Oblique Angle(斜角)：设定字体的斜角。

4. Preview(预览)栏：预览文字样式效果。

二、文本的输入

文本输入的命令有两个：单行文本(TEXT，DTEXT)、多行文本(MTEXT)。

1. TEXT，DTEXT 单行文本命令

TEXT 与 DTEXT 命令都是以单行输入为基础的文本命令，虽然它也可以输入多行的文本，但是，它们都是以一行为一个独立的文本对象。这两个命令都是用命令行提示的方式执行命令。在新版本中两者已没有区别。它们的执行过程为：

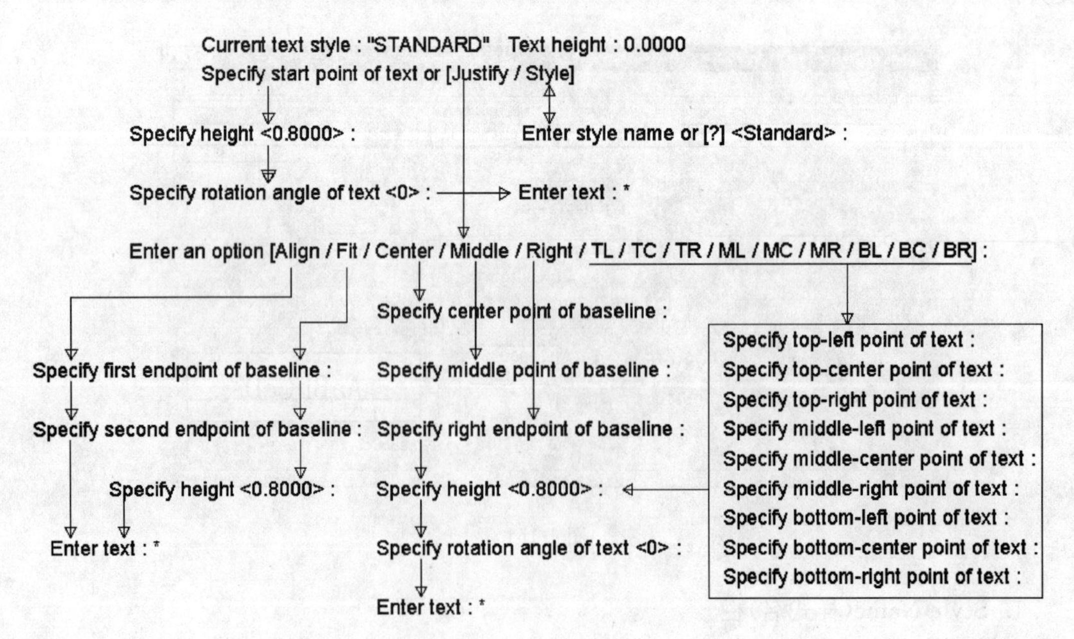

图 1-152

命令的执行可以分成不分次序的三个部分：指定文本样式，指定定位方式以及输入文本。

(1) Style(文本样式)：在系统中已定义的样式中指定一个当前的样式。

(2) Justify(定位方式)：在列出的 14 种定位方式中，指定当前的文本第一点的定位方式。

(3) Specification(确定参数)：确定文本的第一点，字高，转角，文本内容。

2. MTEXT 多行文本命令

MTEXT 命令是多行文本输入命令。它的操作方式是命令行和对话框相结合的输入方式。在命令输入后，首先在命令行进行操作(图 1-153)，设定主要文本参数和文字输入范围，然后进入 Multiline Text Editor(多行文字编辑器)对话框，进一步调整参数和文本输入(图 1-154)。

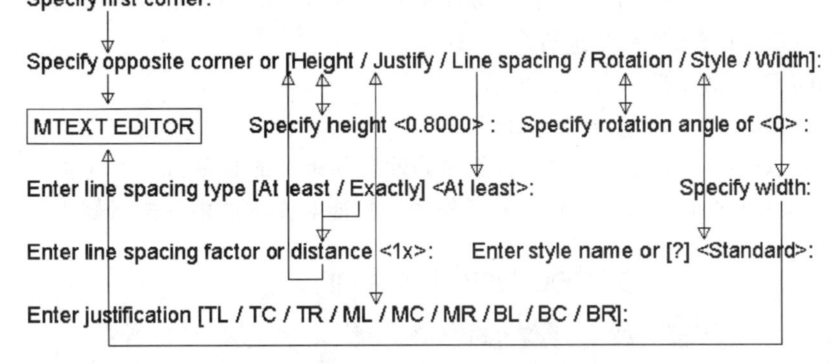

图 1-153

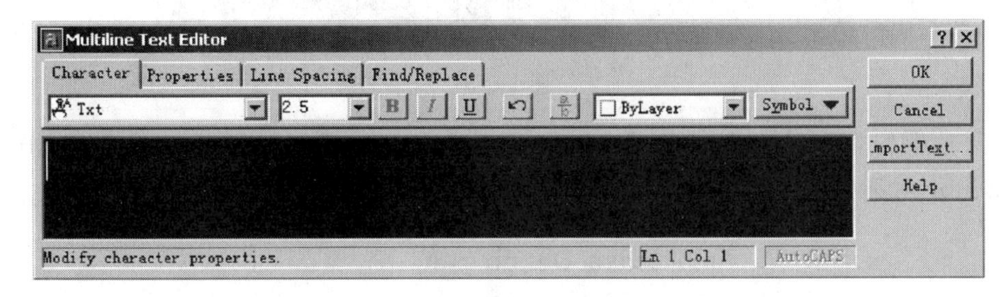

图 1-154

MTEXT 命令行提示中的选项功能有：

(1) First，Opposite point：定义多行文本的范围。

(2) Height：定义文字的高度。

(3) Justify：定义文本的定位对齐方式。

(4) Line space：定义行间距。

(5) Rotation：定义输入文本的倾斜角。

(6) Style：定义文本的样式。

(7) Width：定义文本范围的宽度。

随后进入的 Multiline Text Editor 对话框，是一个内建的文字编辑器。它有四个选项卡：

(1) Character；

(2) Properties；

(3) Line Spacing；

(4) Find/Replace；

它具有一般文字编辑器的基本功能，还可以对个别文字设置不同的样式；产生堆叠式字符显示；输入特殊的符号；设定行间距等。

三、文本的编辑

文本的编辑命令有两个：文本编辑(DDEDIT)、属性修改对话框(PROPERTIES)。

1. DDEDIT 编辑命令

DDEDIT 命令也是个命令行和对话框结合操作的文字编辑命令。它可以编辑单行文本对象和多行文本对象。对于尺寸标注对象中的数据内容，先用 EXPLODE 命令进行分解处理后，也可以用 DDEDIT 命令进行内容修改。

输入 DDEDIT 命令后，命令行显示：

Select an annotation object or [Undo]:

此时，可以选择一个文本对象进行编辑修改。如果选的是单行文本对象，屏幕就出现 Edit Text 对话框(图 1-155)：在这个对话框中，只能对文本的内容进行修改。

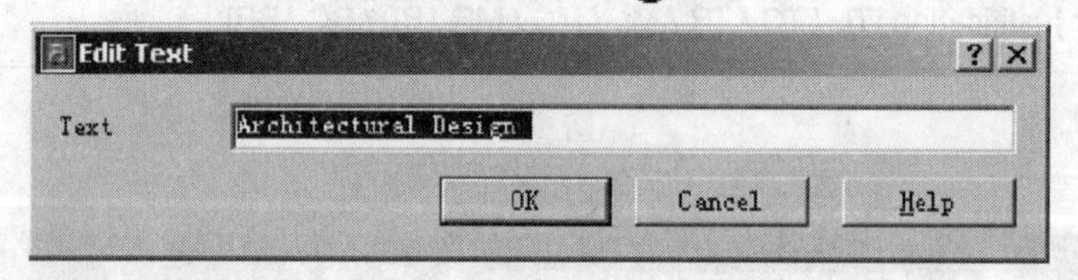

图 1-155

如果选中的是多行文本对象或尺寸标注对象的尺寸数据，屏幕就会出现 Multiline Text Editor 对话框(图 1-156)。在对话框中可以进行内容和属性的修改。

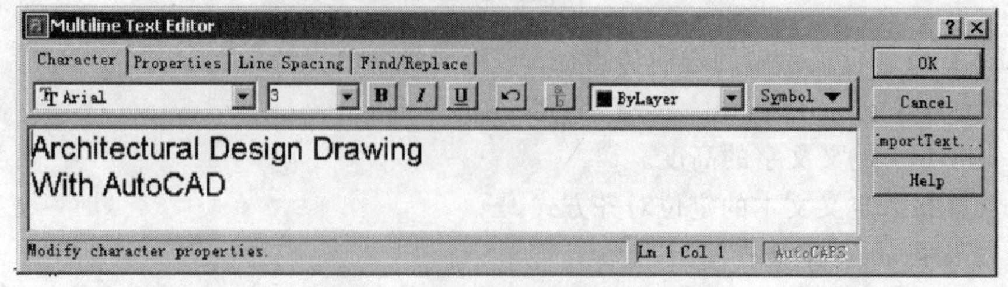

图 1-156

2. PROPERTIES 对话框文本编辑

Properties 对话框是一种万能的编辑修改器，当然也能用于对文本的各种参数进行修改。从下拉菜单 Modify >Properties、工具条 Standard >Properties 或命令行中输入 Properties 命令后，出现 Properties 对话框。选择了相应的对象后，对话框就显示该文本对象的各种参数。此时就可对需要修改的参数条目内容进行修改。由于单行文本和多行文本的相关参数有所不同，所以，对话框中所列出的参数条目也是不尽相同的(图 1-157)。

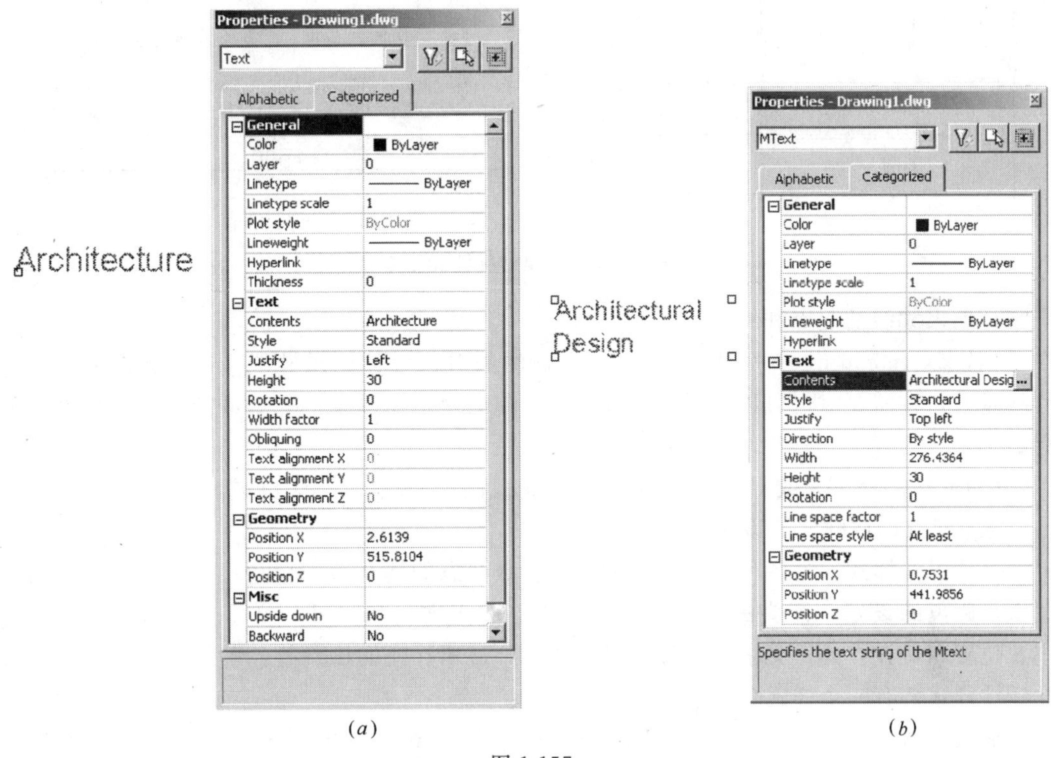

(*a*)　　(*b*)

图 1-157

在图 1-157*a* 中，为单行文本对象的对话框内容，图 1-157*b* 为多行文本对象的对话框内容。其中的 Contents 选项为文本内容的修改，在右图的此项中出现一个小图键，点击此键可以进入 Multiline Text Editor 对话框进行编辑修改。

四、尺寸标注的基本概念

尺寸标注是对绘制的建筑图形进行尺寸注释，用来度量和显示对象的长度、角度的值。

与文字标注中的文字样式一样，尺寸标注中也有尺寸样式。AutoCAD 提供了多种尺寸样式和设置尺寸样式的方法。

AutoCAD 的尺寸标注是由以下几种基本元素所构成的(如图 1-158)：

(1) Dimension Text(标注文字)：表明尺寸度量值。可由 AutoCAD 自动计算出来。用户也可以自行指定文字或取消文字。

(2) Dimension Lines(尺寸线)：表明标注的范围的线段。可以是条端头带有箭头的线段或圆弧。

(3) Arrowheads(箭头)：表明度量的开始和结束位置。建筑制图中，常用小斜线或圆

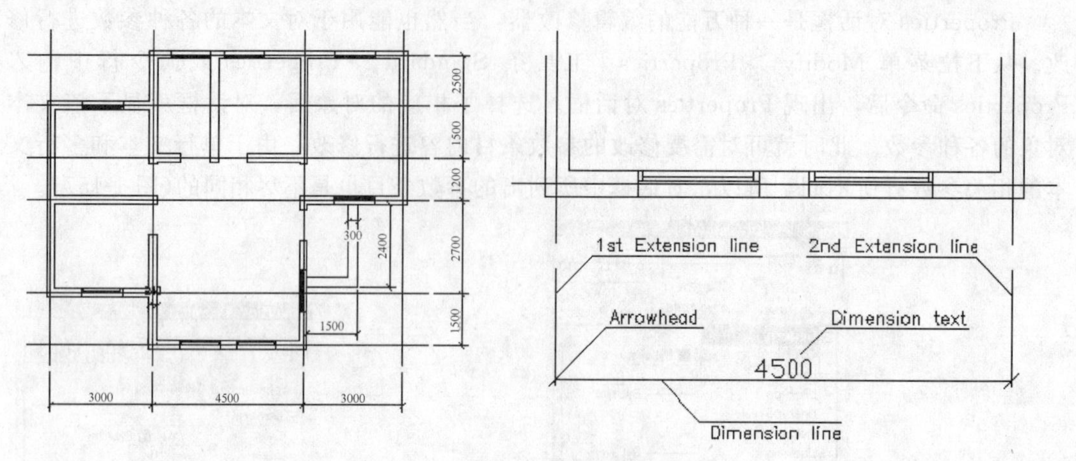

图 1-158　建筑图尺寸标注和基本元素

点来标明尺寸线的起点和终点。

(4) Extension lines(尺寸界线)：从被标注的对象延伸到尺寸线。尺寸界线一般与尺寸线垂直，在需要时也可以将尺寸界线倾斜。有时也可用对象的轮廓线或中心线代替尺寸界线。

(5) Center Mark 或 Centerlines(圆心标记或圆中心线)：标记圆或圆弧的圆心。

五、尺寸标注样式的设置

尺寸标注样式就是各种标注元素的各种参数状态的组合。它包括尺寸线、尺寸界线的关系，距离的设定，箭头的形式、大小，圆心标记方式和尺寸，文字的样式、颜色、大小、位置和对齐方式，文字的单位格式、精度，显示标注的比例控制等等。每个定义的尺寸标注样式都有一个样式名。

输入 DIMSTYLE 命令就出现 Dimension Style Manager(标注样式管理器)对话框(图 1-159)。

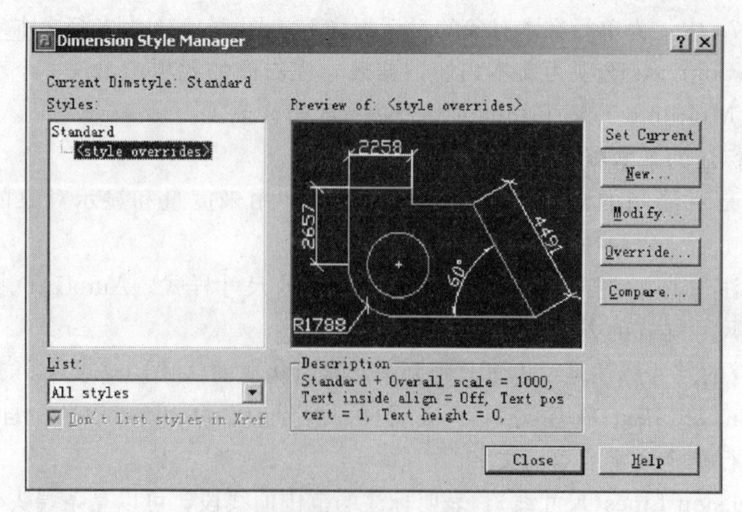

图 1-159

(1) Dimension Style Manager 对话框的主要功能是列在对话框右边的五个功能按钮：

1）Set Current(置为当前)：先在左边 Styles(样式)列表中选中一个样式，单击 Set Current 按钮把它置为当前样式。

2）New(新建)：在弹出的 Create New Dimension Style 对话框中设定新样式名后，按 Continue 键进入 New Dimension Style 对话框(图 1-160)定义新样式。

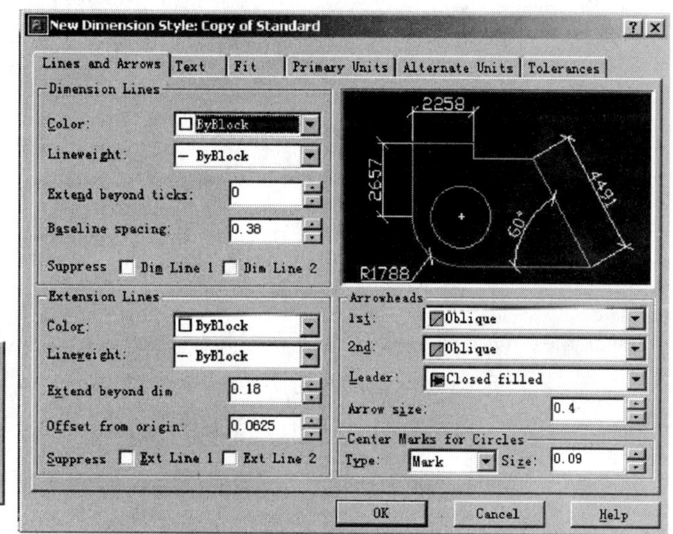

图 1-160

3）Modify(修改)：进入 Modify Dimension Style 对话框，对当前样式进行修改。对话框选项与 New Dimension Style 对话框中的选项相同。

4）Override(替代)：显示 Override Dimension Style 对话框，在此可以设置标注样式的临时替代值。对话框选项与 New Dimension Style 对话框中的选项相同。

5）Compare(比较)：显示 Compare Dimension Style 对话框，该对话框比较两种标注样式的特性或列出一种样式的所有特性。

(2) New Dimension Style 对话框中有六个选项卡，每个选项卡中有多个参数的设定：工作中常常采用改变标注系统变量的值，来改变标注参数的设定。下面的介绍中，具体参数后的括号内，为它对应的系统变量名。

1）Lines and Arrows(直线和箭头选项卡)：设置尺寸线、尺寸界线、箭头和圆心标记的格式和特性(图 1-160)。

a) Dimension Lines(尺寸线)：

- Color：设定颜色(Dimclrd)。
- Lineweight：设定线宽(Dimlwe)。
- Extend beyond ticks：超出界线距离(Dimdle)。
- Baseline spacing：基线的间距(Dimbaseline)。
- Suppress Dim Line1：是否隐藏第一尺寸线(Dimsd1)。
- Suppress Dim Line2：是否隐藏第二尺寸线(Dimsd2)。

b) Extension Lines(尺寸界线)：

- Color：设定颜色(Dimclrd)。

• Lineweight：设定线宽(Dimlwd)。

• Extend beyond ticks：超出尺寸线距离(Dimexe)。

• Offset from origin：起点偏移量(Dimexo)。

• Suppress Ext Line1：是否隐藏第一尺寸界线(Dimse1)。

• Suppress Ext Line2：是否隐藏第二尺寸界线(Dimse2)。

c) Arrowheads(箭头)：在建筑制图中，常用的箭头类型有：Architectural tick(建筑标记)，Oblique(倾斜)，Dot(点)，Dot small(小点)。

• 1st：设定第一箭头类型(Dimblk1)。

• 2nd：设定第二箭头类型(Dimblk2)。

• Leader：引出线头的类型。

• Arrow size：箭头尺寸(Dimasz)。

d) Center Marks for Circles(圆心标记)：

• Type：设定圆心标记的类型：None，Mark，Line(Dimcen：0，正值，负值)。

• Size：设定圆心标记的尺寸(Dimcen 绝对值)。

2) Text(文字选项卡)：设置标注文字的格式、放置和对齐方式(图 1-161)。

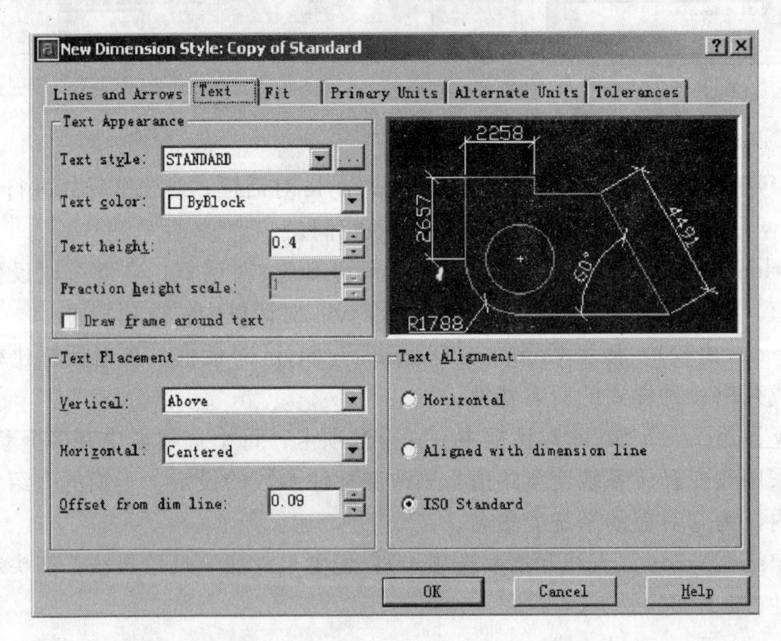

图 1-161

a) Text appearance(文字外观)：

• Text style(文字样式)：设定文字样式(Dimtxsty)。

• Text color(文字颜色)：设定文字颜色(Dimclrt)。

• Text height(文字高度)：设定文字高度(Dimtxt)

• Fraction height scale(分数高度比例)：设置相对于标注文字的分数比例。只在 Primary Units 选项卡上的 Unit format 选项被设定为 fractional 时此选项才可用。

• Draw frame around text(绘制文字边框)：在标注文字的周围绘制一个边框。

b）Text Placement（文字位置）：

• Vertical（垂直）：控制标注文字相对尺寸线的垂直位置（Dimtad）。垂直位置选项包括：

• Centered（居中）：尺寸线分成两段，标注文字两线之间（Dimtad=0）。

• Above（上方）：标注文字放在尺寸线上方（Dimtad=1），这是建筑制图中的常用方式。

• Outside（外部）：标注文字放在远离定义点的一侧的尺寸线（Dimtad=2）。

• Horizontal（水平）：控制标注文字相对于尺寸界线的水平位置（Dimjust）。水平位置选项包括：

• Centered（居中）：标注文字沿尺寸线放在两条尺寸界线的中间（Dimjust=0），这是建筑制图中的通常方式。

• At Ext Line 1（第一尺寸界线）：沿尺寸线与第一尺寸界线左对齐（Dimjust=1）。

• At Ext Linc 2（第二尺寸界线）：沿尺寸线与第二尺寸界线右对齐（Dimjust=2）。

• Offset from dim line（从尺寸线偏移）：设置两个字符之间的间距（Dimgap）。

c）Text Alighment（文字对齐）：控制标注文字放在尺寸界线外边或里边时的方向是保持水平还是与尺寸界线平行（Dimtih，Dimtoh）。

• Horizontal（水平）：水平放置文字。

• Aligned with dimension line（与尺寸线对齐）：文字与尺寸线对齐。

• ISO Standard（ISO 标准）：当文字在尺寸界线内时，文字与尺寸线对齐。当文字在尺寸界线外时，文字水平排列。

3）Fit（调整选项卡）：控制标注文字、箭头、引线和尺寸线的放置。

此选项卡中，最重要的参数栏是：Scale for Dimension Features（标注特征比例）：

• Use overall scale of（使用全局比例）：设置所有尺寸标注样式对象的总体的显示比例。此个比例并不改变标注的测量值（Dimscale）。

• Scale dimension to layout [Paperspace]：（按布局 [图纸空间] 缩放标注）。

4）Primary Units（主单位选项卡）：设置主标注单位的格式和精度，并设置标注文字的前缀和后缀。

a）在 Linear Dimensions（线性标注）栏中：

• Unit format（单位格式）：建筑制图通常选用 Decimal（十进制小数格式）。

• Precision（精度）：建筑制图中的尺寸通常以 mm 为单位，所以精度设置为 0 即可。

b）在 Angular Dimensions（角度标注）栏中：

• Unit format（单位格式）：建筑制图中，通常用 Decimal Degree（十进制度数格式）。

• Precision（精度）：建筑制图中角度标注的精度设置视需要而定。

5）Alternate Units（换算单位选项卡）：指定标注测量值中换算单位的显示并设置其格式和精度。建筑图中一般不用。

6）Tolerances（公差选项卡）：控制标注文字中公差的显示与格式。建筑图中一般不用。

六、尺寸标注方式

尺寸标注的方式有以下十一种：

(1) Linear(线性)

用于标注对象的水平或垂直尺寸(图 1-158)，这是在建筑制图中用得最多的一种尺寸标注方式。在命令行输入 DIMLINEAR 命令，或从下拉菜单或工具条点取 Dimension > Linear 后进入命令执行状态(图 1-162)：

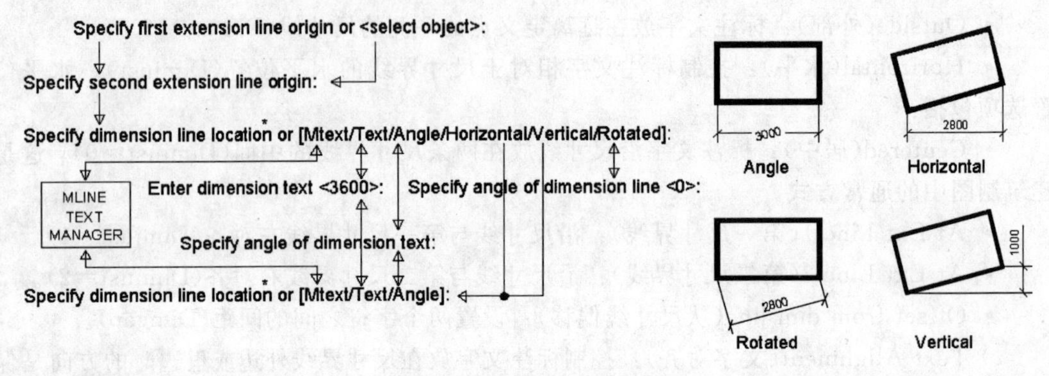

图 1-162

(2) Aligned(对齐)

用于标注倾斜对象的倾斜尺寸(图 1-163)，标注的尺寸线与对象的倾斜角度相对齐一致。

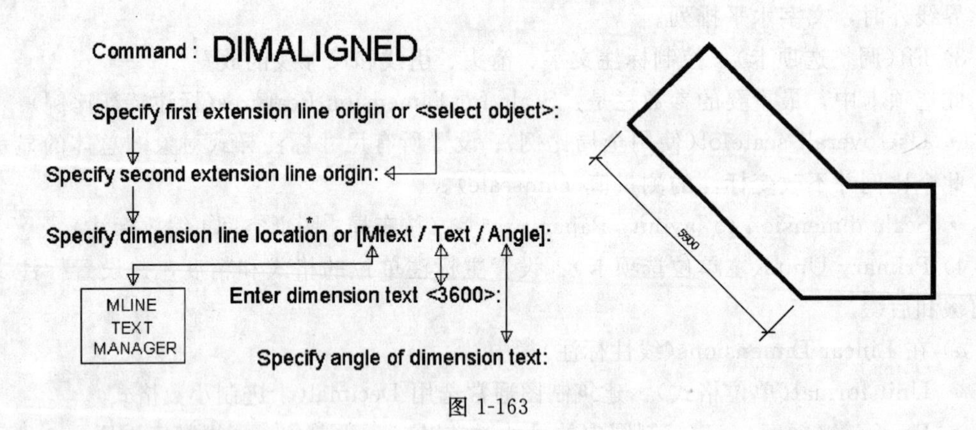

图 1-163

(3) Ordinate(坐标)

利用 DIMORDINATE 或 DIMORD 命令进行标注图中某点的 X 或 Y 坐标值。在建筑制图中一般用不上此功能，故在此不作介绍。

(4) Radius(半径)

DIMRADIOUS 或 DIMRAD 命令用于标注圆或圆弧对象的半径尺寸(图 1-164)。

如所标注尺寸在标注的圆内放不下，则 AutoCAD 会把它移到圆的外面。若在“Dimension text:”的提示下直接回车，则 AutoCAD 按该值标注半径尺寸，并自动在尺寸前加“R”，若输入新的半径值则需要在数据前加“R”或“$R=$”。

(5) Diameter(直径)

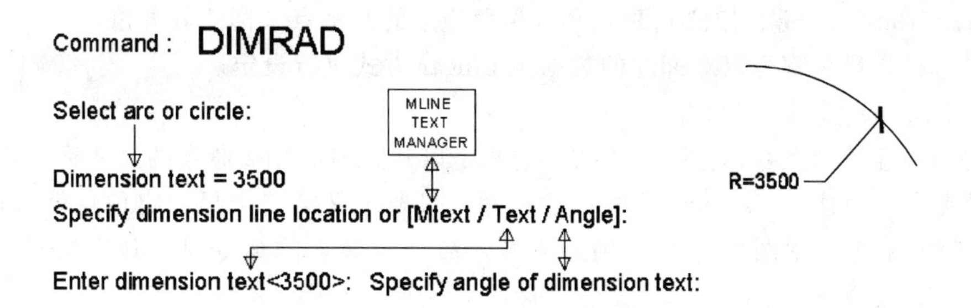

图 1-164

Diameter 方式用于标注圆或圆弧的直径。在建筑制图中，一般不用此标注方式。

(6) Angular(角度)

输入 DIMANGULAR 或 DIMANG 命令绘制角度型的尺寸，用于标注倾斜对象的倾斜角度(图 1-165)。

在提示行中，用户可以有四种标注选择(图 1-166)：

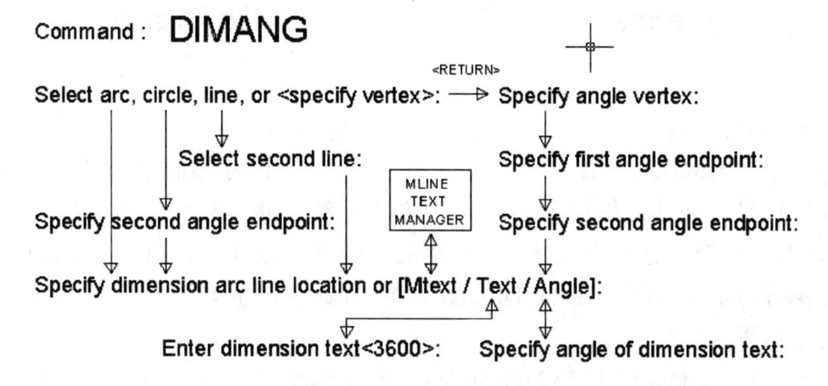

图 1-165

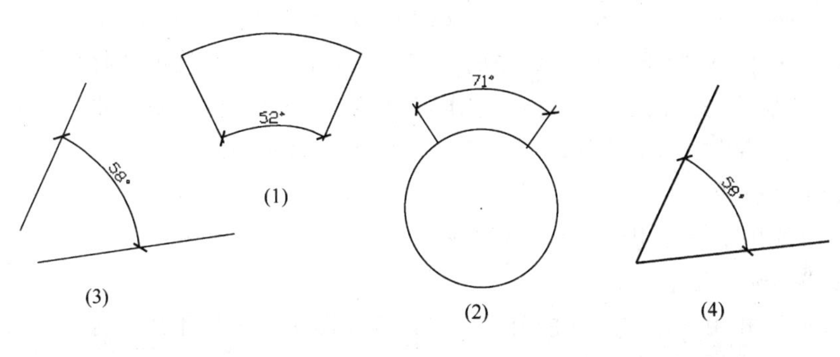

图 1-166

1) 选择一圆弧对象：标注弧的中心角。

2) 选择一圆对象：选点为第一点，再选圆上的第二点，标注两点间圆弧的中心角。

3) 选择一直线对象：选线为第一线，再选第二线，标注这两条不平行直线之间的夹角。

4）按<Return>键：定义角顶点和两条角边上的两个点来标注其夹角。

每种选择，最后都可以对标注的数据像 Linear 方式进行设定。

(7) Baseline(基线)

这是一种连续的尺寸标注操作方式。它总是以开始 Baseline 命令的尺寸标注的第一尺寸界线为基准，每次用 Baseline 方式标注尺寸，只要定义第二个尺寸定位点就可以完成。(图 1-167)。在建筑制图中一般不用此方式。命令行输入的命令是 DIMBASE 或 DIMBASELINE。

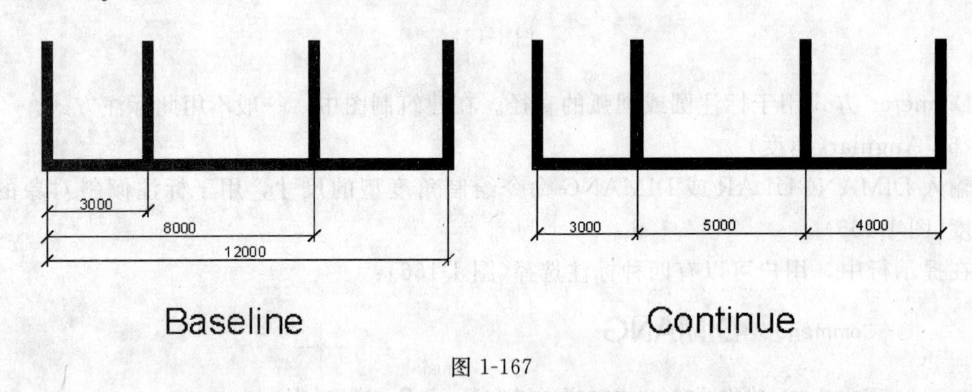

图 1-167

(8) Continue(连续)

这是另一种连续的尺寸标注操作方式。它总是以前一次标注的第二尺寸界线作为新标注的第一尺寸界线。所以，每次用 Continue 方式标注尺寸，只要定义第二尺寸定位点就可以完成。(图 1-167)。这是建筑制图中常用的连续标注方式。在执行此 Continue 标注之前，必须先执行过 DIMLINEAR 或 DIMALIGNED 命令。也就是已经有了用 Continue 标注的第一尺寸界线的信息。

从命令行输入 DIMCONTINUE 命令或下拉菜单或工具条中选取 Dimension > Continue选项后提示：

Specify a second extension line origin or [Undo/Select] <Select>:

在此提示下直接确定下一尺寸标注的第二引出点的位置，就可从标注出尺寸。此后，系统会重复出现上面的提示信息，继续定义再下一个连续的尺寸标注，一直到用<RETURN>键终止输入。在选取引出点时，可用目标捕捉命令。

(9) Leader(引线)

Leader 方式用于标注引线，在建筑制图中，一般不用此标注方式。

(10) Tolerance(公差)

Tolerance 方式用于标注尺寸的公差，在建筑制图中，一般不用此标注方式。

(11) Center Mark(圆心标记)

Center Mark 方式用于标注圆心位置，在建筑制图中，一般不用此标注方式。

七、修改尺寸标注

修改尺寸标注的命令有三个：尺寸位置(DIMTEDIT)、尺寸标注(DIMEDIT)、更新(UPDATE)

(1) DIMTEDIT 命令

此命令专门用于修改尺寸对象中文字的位置。输入命令后的执行过程为：

Command：DIMTEDIT

Select dimension：

Specify new location for dimension text or [Left/Right/Center/Home/Angle]：

各选项的含义如下：

1）Specify new location for dimension text：动态移动尺寸线和尺寸文字的位置。

2）Left：移动尺寸文字向左靠齐。

3）Right：移动尺寸文字向右靠齐。

4）Center：移动尺寸文字向中间靠齐。

5）Home：移动尺寸文字到原先设定的位置。

6）Angle：重新设定尺寸文字的角度。

（2）DIMEDIT 命令

此命令专门用于修改尺寸对象的尺寸线垂直位置和尺寸文字的水平位置。输入命令后的执行过程为（图 1-168）：

Command：DIMEDIT

Enter type of dimension editing [Home/New/Rotate/Oblique] <Home>：

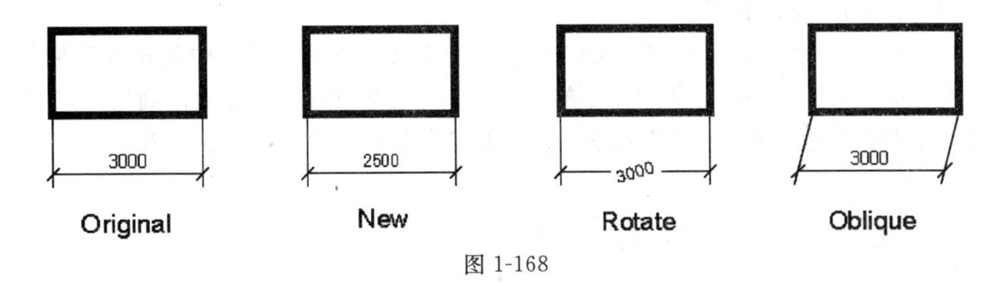

图 1-168

1）Home：恢复到原先设定的状况。

2）New：修改尺寸文字内容。

3）Rotate：修改尺寸文字转角。

4）Oblique：修改尺寸界线倾角。

（3）UPDATE 更新命令

UPDATE 命令是一个非常有用的尺寸对象更新命令。为了修改尺寸对象，把对话框尺寸参数或尺寸变量重新进行了设定，这对于先前生成的尺寸对象，并不会产生任何变动。只有执行 UPDATE 尺寸更新命令，并在该命令状态下选择需要更新的尺寸对象后，这些被选的对象才会按照新设定的参数进行更新。而未被选择的尺寸对象，依旧保持原来的状态。

第六节　建筑总平面图绘制方法

一个建筑设计项目，除了建筑自身的设计之外，还需要考虑建筑群体之间的组合和协调，建筑室外空间的组织和设计，布置道路、绿化和辅助设施。还需要考虑建筑与基地的环境：原有的建筑、道路、地形地貌之间的协调和统一。建筑单体的方案设计总是会受到总体环境的制约的。所以，建筑设计的总平面设计是做好项目工程设计的重要前提。

建筑总平面设计的主要依据是规划部门提供的建筑基地的环境资料。包括建筑基地的环境条件，建筑红线，市政条件和具体的规划设计要求。其中，基地环境包括地形地质、地物地貌、建筑红线、风向玫瑰、原有建筑、道路路面、坐标和标高基准点等。市政条件包括市政管网状况，供水排水和供电条件等。

基地地形图应该事先扫描成电子图像文件。在总平面设计时，基地环境的图像文件就用作为总平面设计的背景图像。

一、直接在基地环境图中绘制总平面图

如果总平面设计的内容和基地的环境都不太复杂，我们就直接在基地的地形图中设计和绘制总平面。

它的操作过程为：

(1) 把基地的环境地形扫描成位图图像文件(图 1-169)。

(2) 执行 Insert>Raster Image 下拉菜单命令，在弹出的 Select Image File(选择图像文件)对话框中选取并输入基地的位图图像文件。

(3) 用 ROTATE 命令对基地图像文件进行旋转处理，使基地的朝向与习惯的绘图方向一致(上北下南，左西右东)。

(4) 用 SCALE 命令对基地图像文件进行缩放处理，使基地图像中的长度比例与设定的总平面图单位长度相一致，利用命令的 Reference 选项可以很容易地做到这一点。

(5) 以基地环境的图像文件为背景，设计和绘制建筑总平面图(图 1-170)。

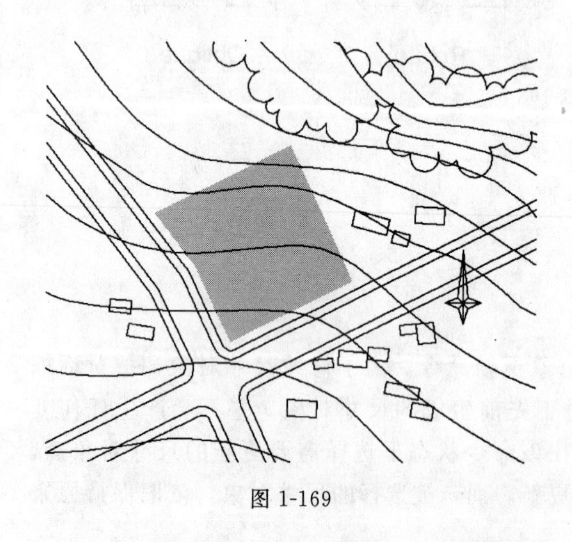

图 1-169

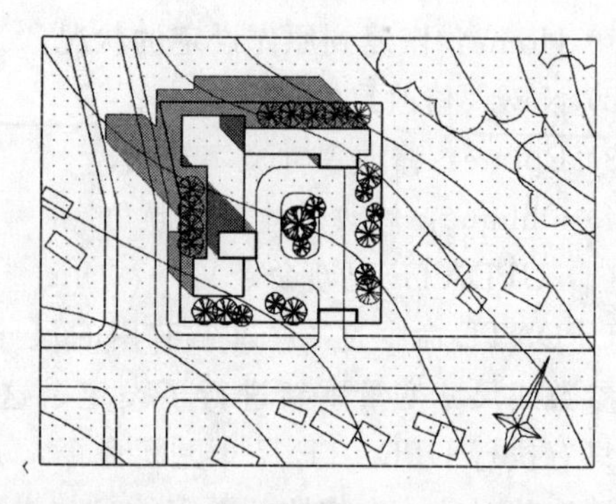

图 1-170

二、把绘制的总平面图插入基地环境图

如果总平面设计的内容很多而基地的环境也很复杂，我们常常把建筑红线范围单独取出来进行总平面的设计和绘制。当总平面设计和绘制完成后再插入基地的地形环境之中。插入时把总平面图中的建筑红线范围与基地地形环境图中的建筑红线各位置点要完全重合一致(图 1-171，图 1-172)。

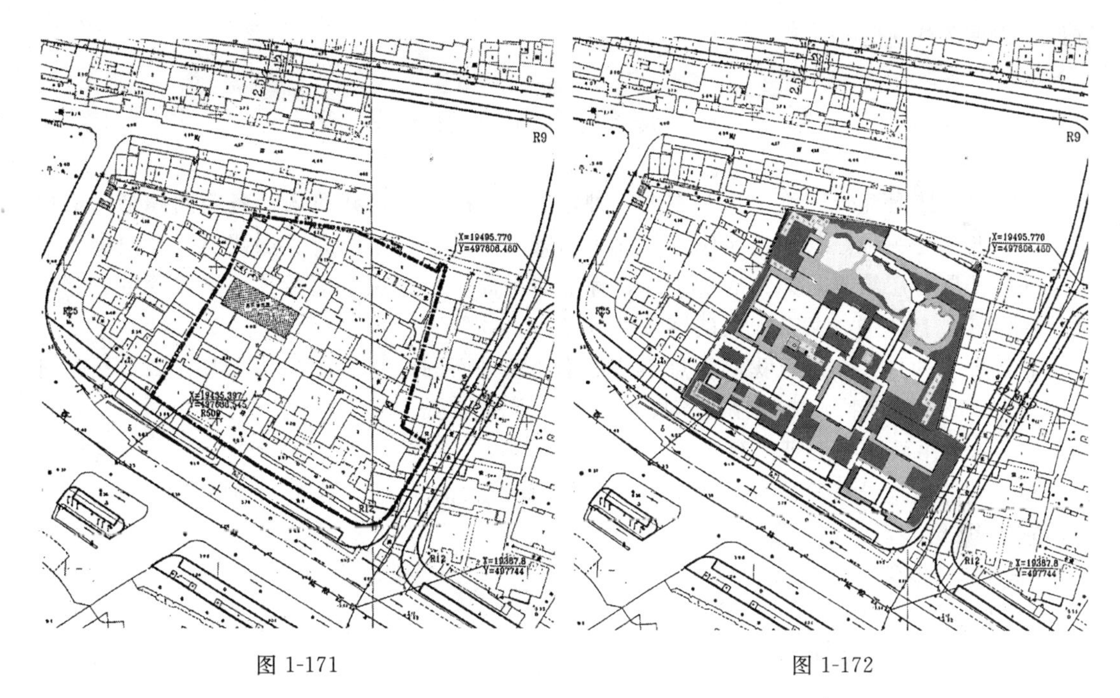

图 1-171　　　　图 1-172

三、OLE 对象的插入和修改

在总平面图的绘制中，由于设计的需要经常会修改基地环境的原始图像。如果把基地的环境图像作为链接的 OLE 对象来插入，就可以在绘制总平面图的同时在 Photoshop 软件中同步修改基地环境的图像。

总平面图中的 OLE(链接和嵌入对象)，是以 AutoCAD 为容器，Photoshop 为服务器的一种图像链接对象。所链接的图像就是基地环境图像。

(1) 插入基地环境图像

执行下拉菜单 Insert ＞OLE Object 命令，在弹出的 Insert Objects 对话框中选择 ＜由文件创建(F)＞选择项，激活＜链接(L)＞选项，然后点击＜浏览(B)＞键选取由 Photoshop 生成的基地环境图形的 . psd 文件(其他格式的图像文件须先在 Photoshop 中转存一个 . psd 文件)。电脑会先启动 Photoshop 软件，此时你把软件跳转到 AutoCAD，就可以看到基地环境的图像文件已经插进 AutoCAD 系统。

(2) 对图像文件进行比例调整

OLE 对象不能用常规的 AutoCAD 编辑命令进行缩放、移动。它只能在对象被激活时，可以移动对象，并采用拉动四角的 Grips 点来调整图像的比例大小。

(3) 设计图形与基地图像的调整

打开总平面设计中的建筑和其他图形的图层，把设计图形与基地图像进行配合调整。如果发现需要对基地图像进行修改的，就双击基地图像，此时就转到 Photoshop 软件中对基地图像进行修改。修改后执行 File＞Update 命令(或旧版的 Save 命令)。再跳转到 Auto CAD 系统时，修改后的 OLE 基地图像已经自动导入。

需要注意的是：OLE 对象的操作，涉及 WINDOW 操作系统和多个软件的出入转换，所以系统的限制条件比较多。如果基地图像文件不认 Photoshop 为生成图像的软件，这种链接操作就无法进行。

第七节　建筑平面图绘制方法

建筑平面图是建筑图纸中最基本的一种，它表示的内容是建筑内部各空间和结构的形状、尺寸和相互关系。其他建筑图都是在平面图的基础上产生的。多层建筑的平面图一般按不同的楼层分层绘制，如：底层平面、标准层平面、地下层平面、顶层平面等等。它们之间在内容上有差别，又有很大的连续性。

需要说明的是：在这里我们重点不是讨论建筑平面图、立面图应该画些什么，而是讨论用 AutoCAD 数字技术来绘制建筑图形的基本方法。

一、建筑平面图的图纸内容

在不同的建筑设计阶段中对平面图的要求有很大的不同，就施工图阶段的平面图而言，它的图纸内容通常包括：

(1) 图名图签；

(2) 定位轴线和编号；

(3) 结构柱网和墙体；

(4) 门窗布置和型号；

(5) 楼梯、电梯、踏步、阳台等建筑构件；

(6) 厨房、卫生间等特殊空间的固定设施；

(7) 水、暖、电等设备构件；

(8) 标注平面图中应有的尺寸、标高和坡面的坡度方向；

(9) 剖面图剖切位置、方向和编号；

(10) 房间名称、详图索引和必要的文字说明。

二、建筑平面图的绘制步骤

(1) 设置绘图环境，其中包括图域、单位、图层、图形库、绘图状态、尺寸标注和文字标注等。或选用符合要求的样板图形(Template file)；

(2) 插入图框图块；

(3) 根据尺寸绘制定位轴线网；

(4) 绘制柱网和墙体线；

(5) 绘制各种门窗构件；

(6) 绘制楼梯、电梯、踏步、阳台、雨篷等建筑构件；

(7) 绘制与结构、水暖电系统相关的建筑构件；

(8) 标注各种尺寸、标高、编号、型号、索引号和文字说明；

(9) 检查、核对图形和标注，填写图签；

(10) 图纸存档或打印输出。

三、墙体线的两种绘制方法

墙体线在建筑平面图中是最基本的图形，它是其他许多建筑构件的基础，如门窗构件等等。平面图中的墙体线一般绘成平行的双线，现在以一个小型住宅建筑为例(图 1-173)，介绍两种绘制墙体线的方法：Line 绘制法和 Mline 绘制法。

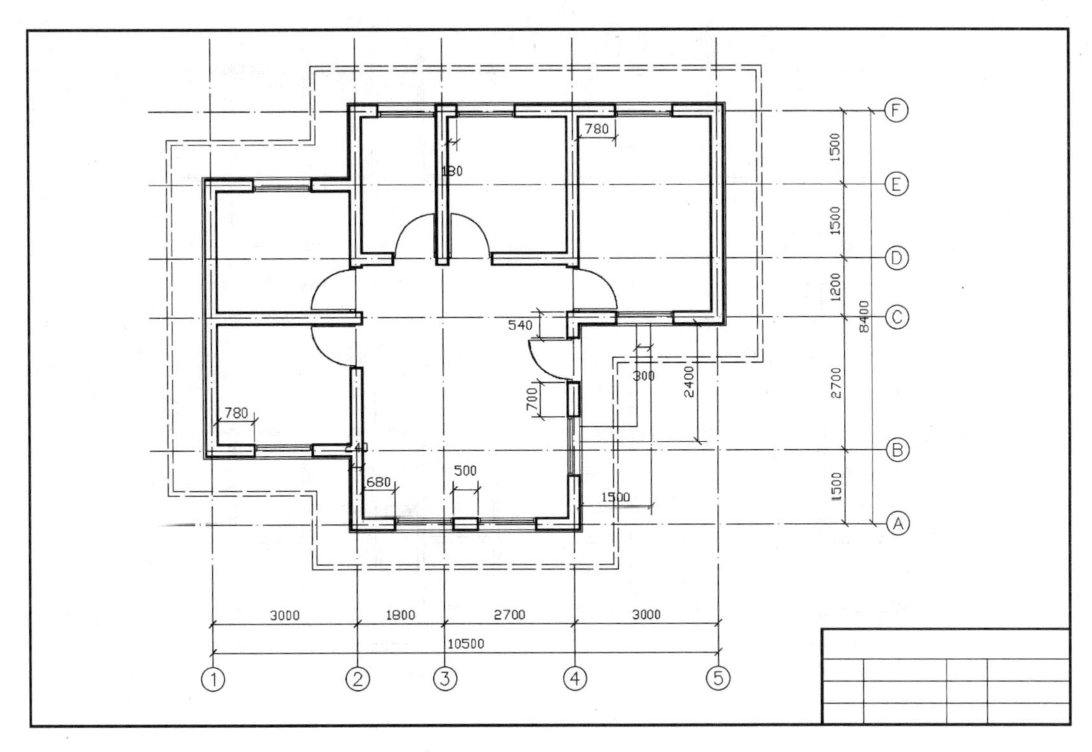

图 1-173

(1) Line 绘制法(图 1-174)

取名 Line 绘制法是因为墙体线是由 Line 线建构而成。实际上，也可以全部用 Pline 多段线来建构。此法的工作过程是：

1) 在轴线图层根据尺寸建构该建筑的轴线网络，并用 GROUP 命令按墙体厚度的不同对轴线分别建立轴线的选择组集。本例中只有一种 240 墙厚，所以就把全部轴线建立一个选择组集(图 1-174*a*)。

2) 选取任意一根轴线，就选中了全部的轴线，并把它们分别以@120，－120 和@－120，120 的相对坐标对原轴线网络进行两次复制，产生了墙体线的位置参考线(图 1-174*b*)。如果有不同的墙厚，就应该按不同的相对距离分别进行复制，这就是为什么要对不同墙厚的轴线分别建立选择组集的缘由。

启动 LINE(或 PLINE)命令，在墙体图层上，用 Osnap 捕点方式先绘出建筑的外墙面线，随后绘出每个内部空间的内墙面线。可以把图层的线宽属性(Light Weight)设定成一个能显示粗线的值，使墙体线显示为剖断线(图 1-174*c*)。

最后，删除原先复制的两个轴线组集。完成建筑平面图墙体线的绘制工作(图 1-174*d*)。

(2) Mline(复线)绘制法(图 1-175)

取名 Mline 绘制法是因为墙体线是由 Mline 线建构而成。此法的工作过程是：

1) 在轴线图层根据尺寸建构该建筑的轴线网络(图 1-175*a*)。

2) 启动 MLINE 命令，绘制前，首先设定复线的参数项 Style(样式)为 Standard(标准样式)；Justification(对正)为 Zero(光标对正复线中心)；Scale(比例)为 240(双线间距)。

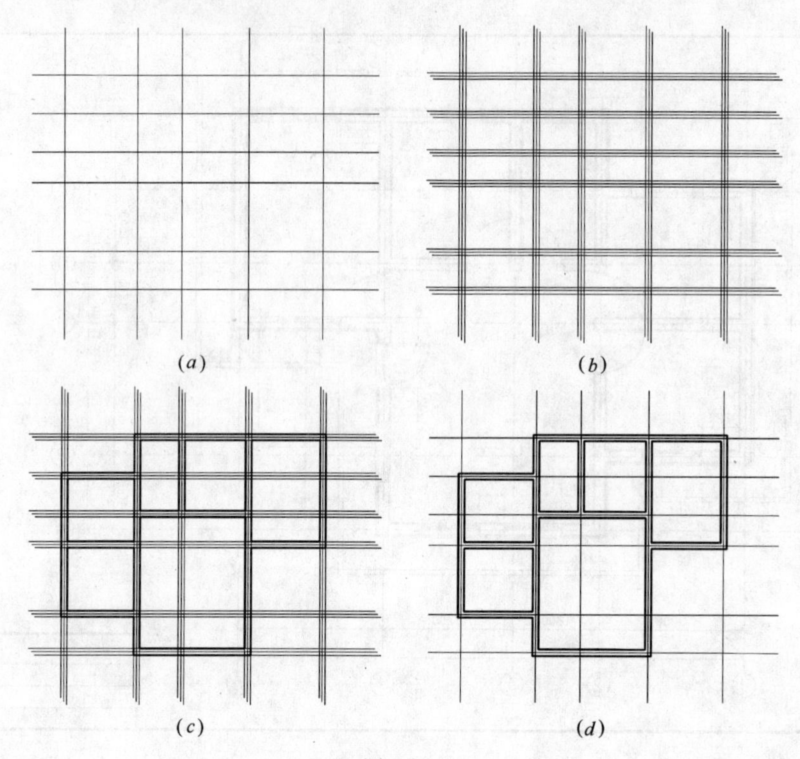

图 1-174

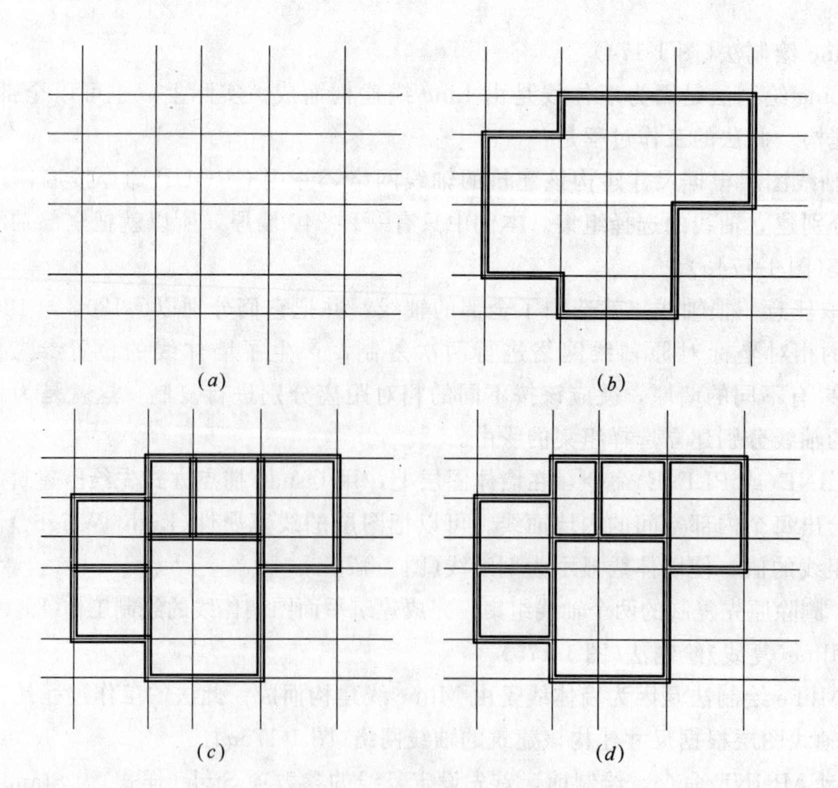

图 1-175

然后，用 Osnap 捕点方式，在轴线网点上绘制建筑外墙体线(图 1-175*b*)。

3) 继续绘出全部内墙墙体线。如果存在不同的墙体宽度，在绘制它们前应先修改参数项 Scale 的值，使之等于实际墙体宽度，如果墙体与轴线有偏离，绘后再移到准确位置(图 1-175*c*)。

4) 启动 MLEDIT 命令，选择对话框中合适的交点方式，对全部内墙线与外墙线，和内墙线与内墙线之间的交接处进行修正，完成墙体线的绘制(图 1-175*d*)。

5) 最后，用 EXPLODE 命令把所有的 Mline 复线进行解体处理，使之成为一般的 Line 线。这样就可以下一步在墙线上开启门窗洞孔的工作。

四、平面图冒头墙体线处理方法

墙体线是建筑平面图中的重要内容，有时由于某种原因，墙体线并不是按上述方法建构的，而是由许多冒头 Line 线参差交叉组成，有时还加上定位门窗洞的边线(图 1-176*a*)。对这种情况有多种处理方式，如 Grips 编辑方式；Trim 编辑方式；Fillet 编辑方式等等。这些编辑方式都是需要一个个交点，一条条线段逐个进行处理，效率较低。现在介绍一种用 BPOLY 方式进行墙体线处理的方法，它可以对墙体线进行整体性编辑处理。现举一简单例子(图 1-176)加以说明介绍：

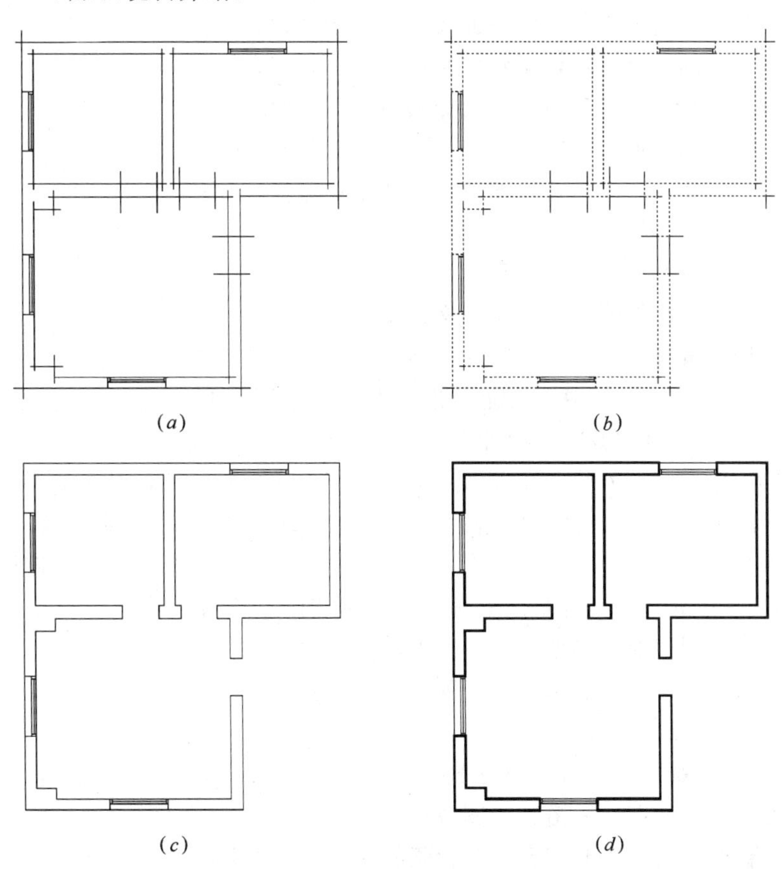

图 1-176

(1) 在处理之前的平面图中(图 1-176*a*)，除了窗是图形块之外，其他都是用 Line 线绘制。这些直线段把墙体组成一段段独立的墙体段，本例中共有五个墙体段(图 1-176*c*)。要确保图 1-176*a* 中的每个墙体段内部能够连通，不被线段阻断。如有阻断应事先进行 Break 开口处理。

(2) 启用 BPOLY 边界命令，在出现的对话框中确保“Object Type”栏中为 Polyline，点击“Pick Points”按钮退出对话框。用光标点击每个墙体段内部的任意空白点，系统就会自动搜索出每个墙体段的边界(虚线显示)(图 1-176*b*)，确认后为每个墙体段创建一条封闭的多段线。

(3) 执行 ERASE 删除命令，调用‘FILTER 透明选择过滤器选取全部 Line 线段，并把它们删除。只留下四个窗户和五个墙体段的多段线(图 1-176*c*)。

(4) 执行 PEDIT 命令，选择全部五条多段线，对它们的 Width(宽度)进行调整，使之能以粗线显示(图 1-176*d*)。也可以用修改多段线的 Line Weight 属性，改变墙体线的显示宽度。

五、提高平面图绘图效率

提高建筑平面图的绘制效率，除了应该熟练运用掌握 AutoCAD 的各项命令功能和绘图工具外，还应该充分利用电脑绘图自身的优势条件：

(1) 优化个人的 AutoCAD 建筑绘图环境。

1) 选择或建构合适的绘制建筑平面图的样板图系列；

2) 设置好系统的控制变量，调整好系统的工作状态；

3) 合理调整符合个人工作习惯的命令菜单工作界面；

4) 在 ACAD. PGP 文件中，设置个人快捷键命令设定；

5) 运用用户化技术定义专业性图钮命令或菜单命令。

(2) 减少图形的重复绘制和重复修改。

1) 运用各种专业的构件库、家具库和符号库；

2) 运用图形块，文件图形块和参考文件调用；

3) 充分利用建筑自身的重复性和对称性。

(3) 运用 AutoCAD 设计中心功能，有效地管理图形资源。

六、运用镜面对称绘制建筑方案平面图

某单位招待所建筑，设计于 20 世纪 80 年代，建筑标准较低，又是属单位内部性质，所以在某些方面不很规范。但该建筑的布局简单、纵横对称、上下一致。适合于作为 CAD 教学的例子。现以标准层平面方案为例演示建筑平面方案图绘制的工作过程：

(1) 绘制套房单元体平面并拼成对称双单元体(图 1-177)。

1) 在“轴线”图层上绘制单元体平面的轴网线；

2) 在“墙体”图层上绘制单元体平面的墙体线；

3) 在墙体线上开启门窗洞；

4) 在“门窗”图层上插入门、窗图块；

5) 在“设备”图层上插入浴、厕图块；

6) 在“阳台”图层上绘制阳台平面栏板；

7) 在“地面”图层上对卫生间和阳台地面加图案(图 1-177*a*)；

8) 对“墙体”图层上的墙体线修改显示线宽(图 1-177*b*)；

9) 执行 MIRROR 命令，以单元体右墙轴线为对称轴，把单元体图形、水平方向的轴

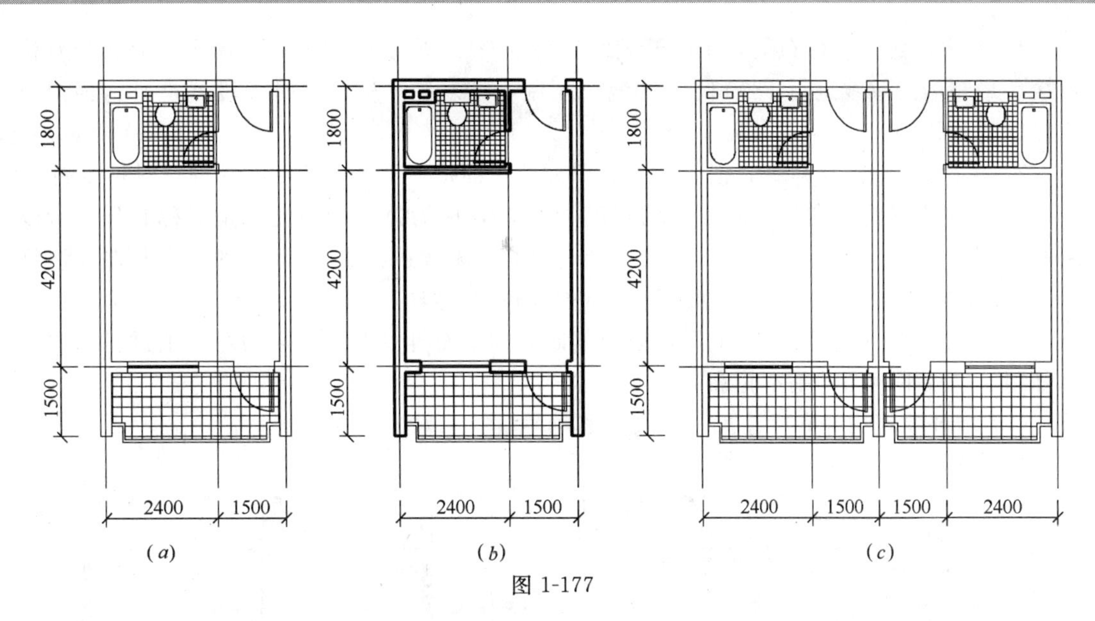

图 1-177

线和尺寸线复制到相邻右侧；

10）对复制后的原单元体右墙体线进行修正。

(2) 作横向水平对称复制和纵向垂直对称复制(图 1-178)。

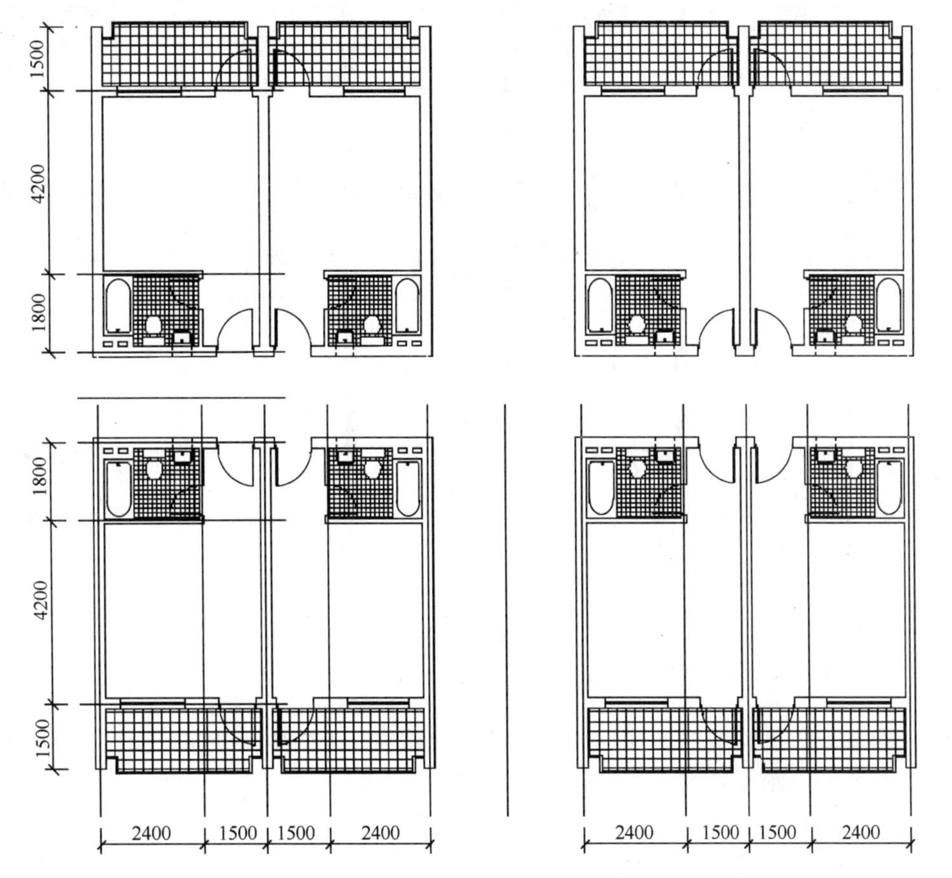

图 1-178

1）方案东西为对称布局，中间开间跨度为 3600，所以用 OFFSET 命令，对相邻对称拼接后最右墙的轴线进行 1800 间距的偏离复制。该复制产生的临时线段就是进行横向对称复制的对称轴。

2）执行 MIRROR 命令，把两个相邻单元体平面按前面产生的对称轴进行对称复制。

3）方案中纵深方向的中间走廊的宽度为 2100，因为方案的南北也是对称布局，所以用 OFFSET 命令，对前面对称拼接后的沿走廊的墙轴线进行 1050 间距的偏离复制。该复制产生的临时线段就是下一步进行纵向对称复制的对称轴。

4）执行 MIRROR 命令，把经过横向复制后的平面再以上面产生的对称轴进行纵向对称复制。完成平面图的基本轮廓。

(3) 增补建筑构件和标注尺寸、文字和轴号(图 1-179)。

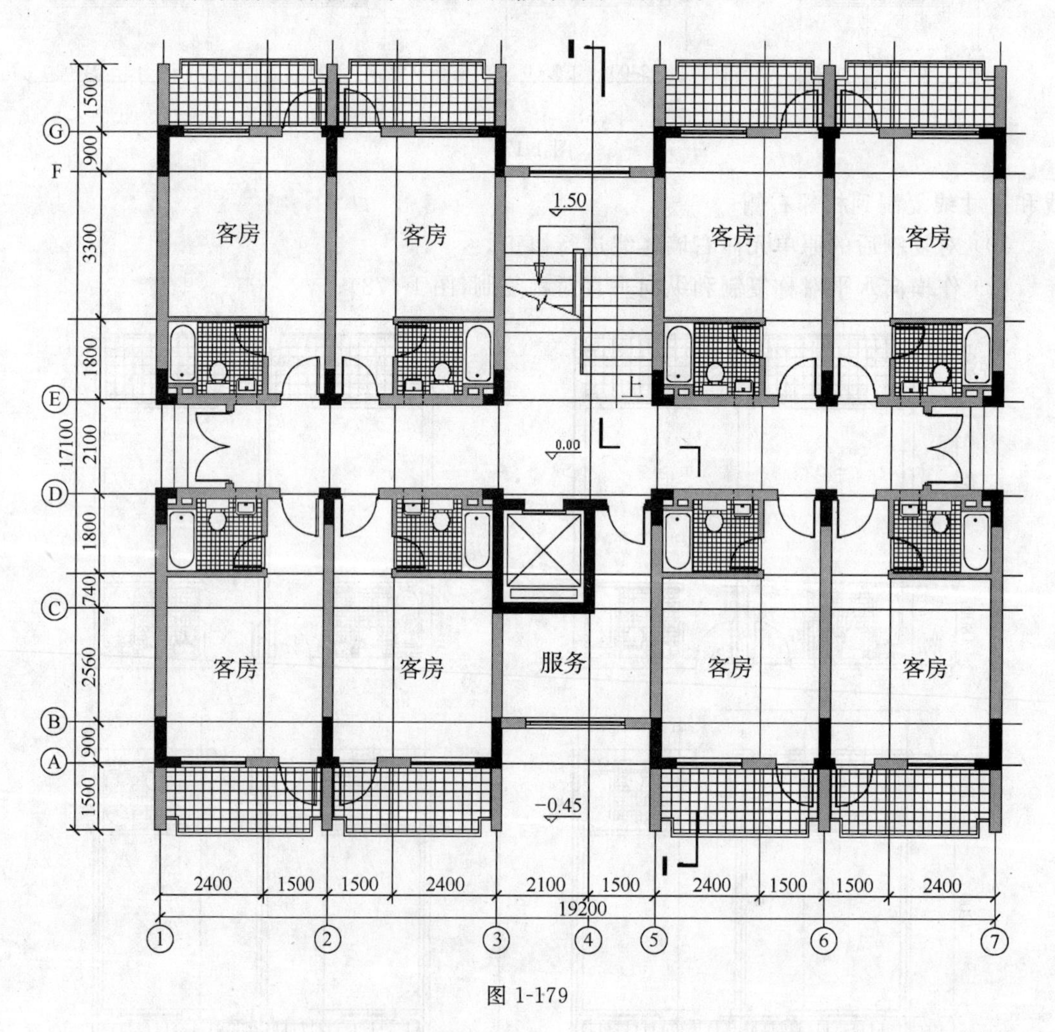

图 1-179

1）调整轴线长度，增补 B 和 F 水平轴线和此两轴线上的中间开间两段墙体和窗户；

2）增补楼梯将踏步和服务间门窗隔断；

3）增补走廊两端的踏步及外门和墙垛；

4）修补原有轴线尺寸，增加总尺寸；

5）增加轴线编号；

6）增加地面标高标注；

7）增加剖面线位置。

完成建筑方案平面图绘制。

第八节 建筑立面图、剖面图绘制方法

一、建筑立面图的图纸内容

（1）图名图签（施工图）；

（2）两端的定位轴线和编号；

（3）立面门窗的形式、位置和开启方式；

（4）立面上室外楼梯、踏步、阳台、雨篷、水箱等建筑构件；

（5）立面上墙面的建筑装饰、材料和墙面划分线；

（6）立面屋顶、屋檐做法和材料；

（7）室外水、暖、电设备构件和结构构件（施工图）；

（8）立面上的尺寸标注和标高标注；

（9）立面上的伸缩缝和沉降缝（施工图）；

（10）详图索引和必要的文字说明（施工图）。

二、建筑立面图的绘制步骤（图 1-180）

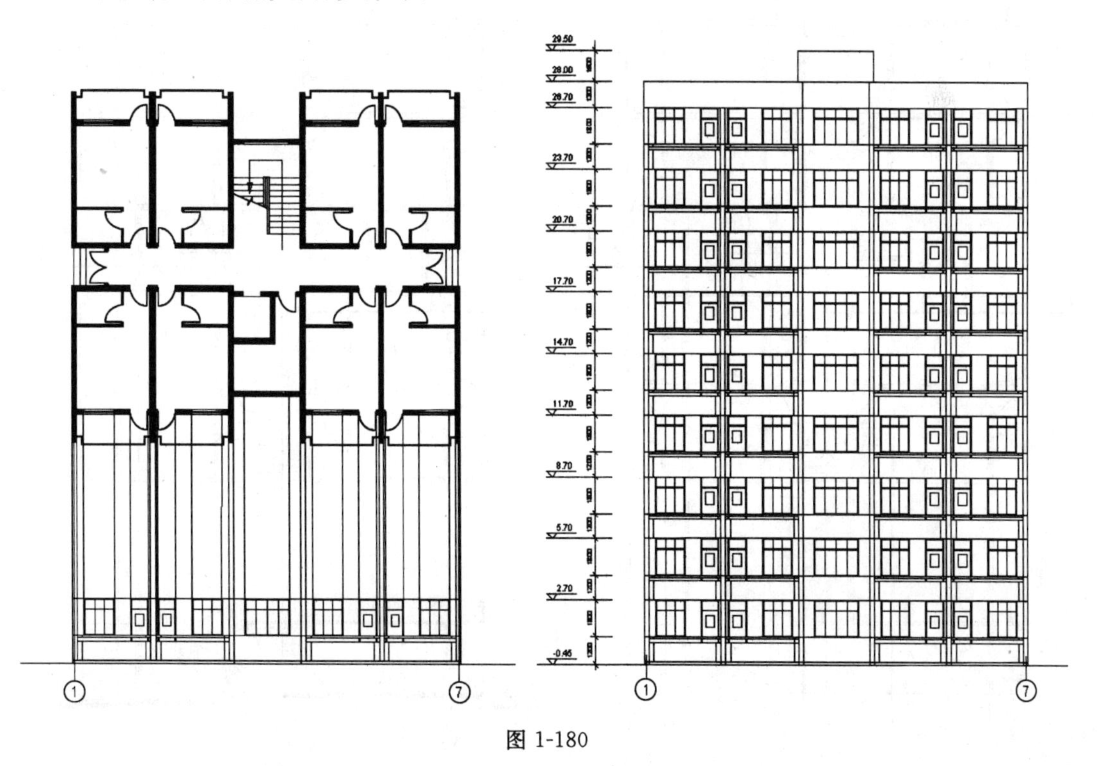

图 1-180

（1）设置绘图环境，或选用符合要求的样板图形（Template file）；

（2）插入图框图块；

（3）转动平面图使需要绘制立面的墙面朝下，在下方绘制立面图；

（4）如果已经有了剖面图，把剖面图复制在拟绘立面图一侧；

（5）从平面上向下引出端墙轴线和全部墙角线；

（6）从剖面图或剖面尺寸引出地平线和门窗高度线，从平面图上引出门窗位置线，插入门窗图块；

（7）绘制室外楼梯、踏步、阳台、雨篷、水箱等建筑构件；

（8）绘制屋顶和檐口建筑构件；

（9）绘制与结构、水暖电系统相关的建筑构件；

（10）标注尺寸、标高、编号、型号、索引号和文字说明；

（11）检查、核对图形和标注，填写图签；

（12）图纸存档或打印输出。

三、建筑剖面图的绘制内容

（1）图名图签(施工图)；

（2）两端的定位轴线和编号；

（3）立面门窗的形式、位置和开启方式；

（4）立面上室外楼梯、踏步、阳台、雨篷、水箱等建筑构件；

（5）立面上墙面的建筑装饰、材料和墙面划分线；

（6）立面屋顶、屋檐做法和材料；

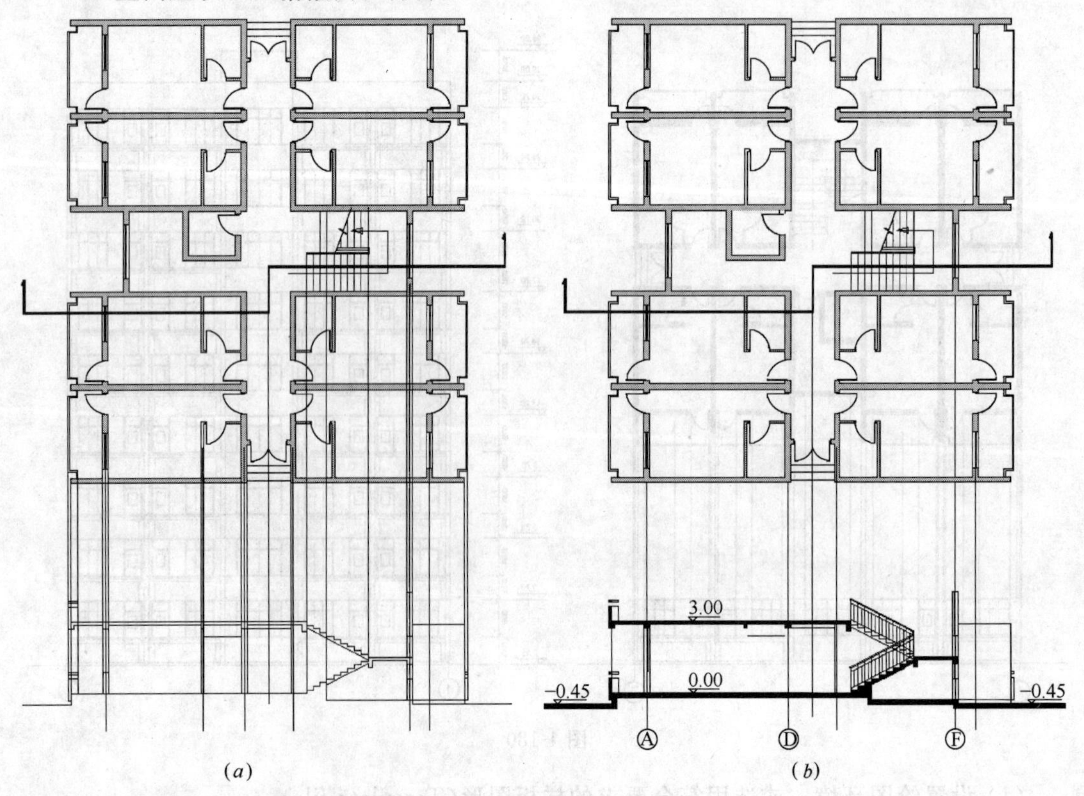

图 1-181

(7) 室外水、暖、电设备构件和结构构件(施工图)；

(8) 立面上的尺寸标注和标高标注；

(9) 立面上的伸缩缝和沉降缝(施工图)；

(10) 详图索引和必要的文字说明(施工图)。

四、建筑剖面图的绘制步骤(图 1-181，图 1-182)

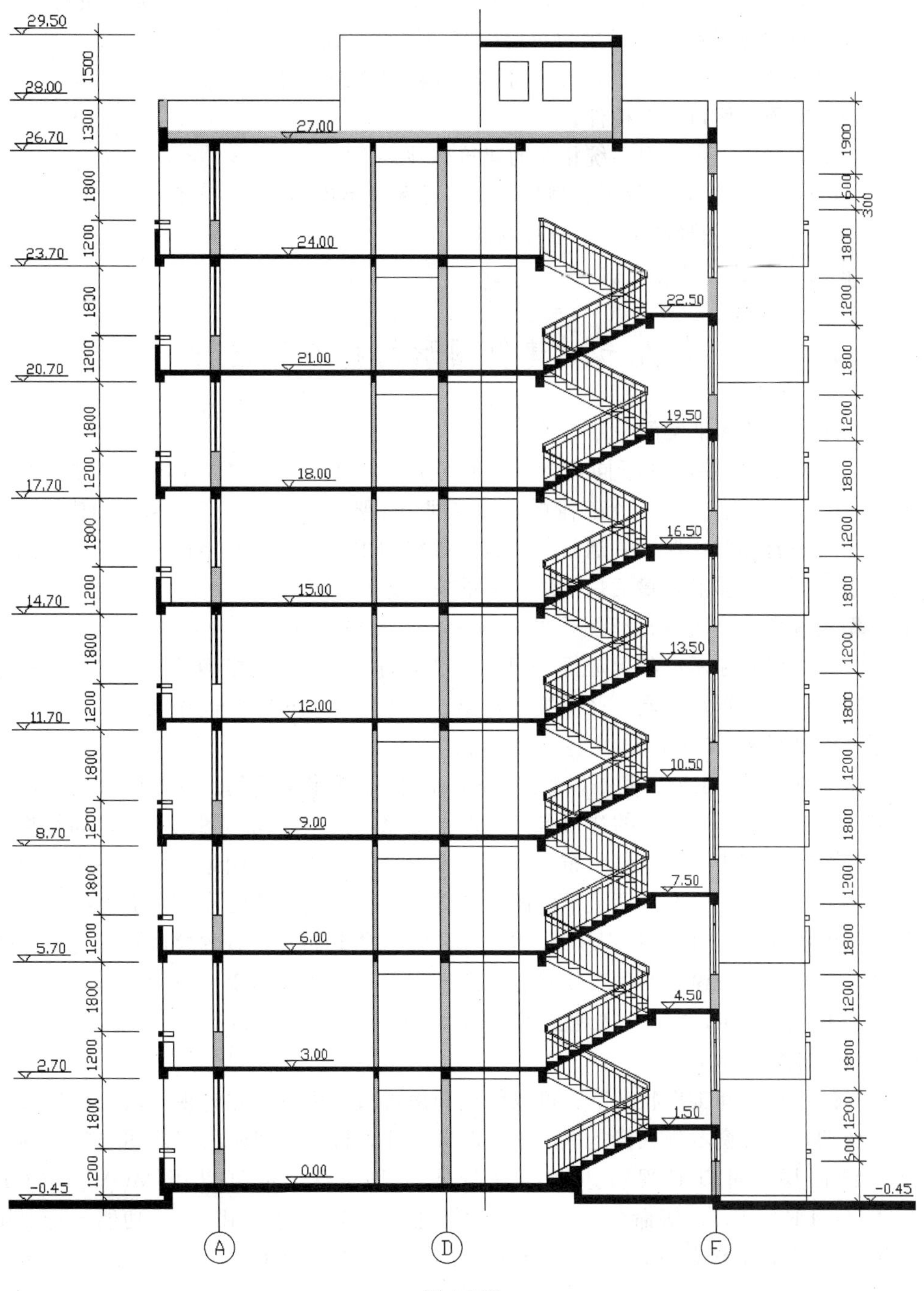

图 1-182

(1) 设置绘图环境，或选用符合要求的样板图形(Template file)；

(2) 插入图框图块；

(3) 转动平面图使剖面线与拟绘的剖切方向与剖面线一致，在下方绘制剖面图；

(4) 如果已经有了相应立面图，把立面图复制在拟绘剖面图一侧；

(5) 从平面上向下引出端墙轴线和全部剖面线和墙角线；

(6) 从立面图上引出地面线和在剖断墙体上的门窗洞的高度位置。如果没有立面图，则先绘出每层的楼地面线，然后定位每层门窗的垂直位置；

(7) 绘制室外楼梯、踏步、阳台、雨篷、水箱等建筑构件；

(8) 绘制屋顶和檐口建筑构件；

(9) 绘制与结构、水暖电系统相关的建筑构件；

(10) 标注尺寸、标高、编号、型号、索引号和文字说明；

(11) 检查、核对图形和标注，填写图签；

(12) 图纸存档或打印输出。

第九节　建筑图形的打印输出

一、模型空间和图纸空间

AutoCAD系统提供两种不同概念的操作空间：模型空间(Model Space)和图纸空间(Paper Space)。模型空间是一个三维的坐标空间，主要用于建筑几何模型体的建构。而在对几何模型进行打印输出时，则通常需要在图纸空间中完成。图纸空间就象一张图纸，可以在图纸上进行图形排版，最后以图纸空间的安排进行打印输出。

在模型空间中也是可以打印图形的，但是，它只能按照当前视窗中显示的内容来打印。不能按多视窗所显示的状况进行打印。如果我们需要把建筑模型的平面、立面和透视图以及不同比例的图形放在同一张图纸中打印，就不可能在模型空间中实现，然而，在图纸空间中就能做得到(图1-183)。

在AutoCAD中，图纸空间是以布局(Layout)的形式来使用的。在绘图区的底部，有Model(模型)和Layout(布局)的选项卡，可以方便地在模型空间和图纸空间之间转换。一个图形文件可包含多个布局，每个布局代表一张单独的打印输出图纸，它们可以包含不同的打印比例和图纸尺寸。布局所显示的图形与图纸上打印出来的图形是完全一样。

在布局的状态下，可以用MVIEW命令来创建和管理视窗。视窗之间可以有空隙也可以有重叠。布局中的视窗有两种工作状态：图纸空间工作状态和模型空间工作状态。它可以用状态行中的Model/Paper按钮进行切换。或在Command：行中执行MSPACE或PSPACE命令来转换。

在布局的图纸空间工作状态下，可以创建和编辑布局视窗。此时视窗内的图形被暂时冻结不能变动，但视窗本身就像是一个图形对象一样，视窗创建时的当前图层就是视窗边框线所在的图层。可以对视窗边框线进行选择和隐藏，也可以用MOVE，COPY，STRETCH，ERASE，... 等命令对它们进行编辑操作，甚至可以用Grips功能进行编辑修改。在图纸空间工作状态下，我们还可以用LINE，ARC，CIRCLE，TEXT，... 等命令在图纸的范围内绘制图形、边框、标题和说明文字。

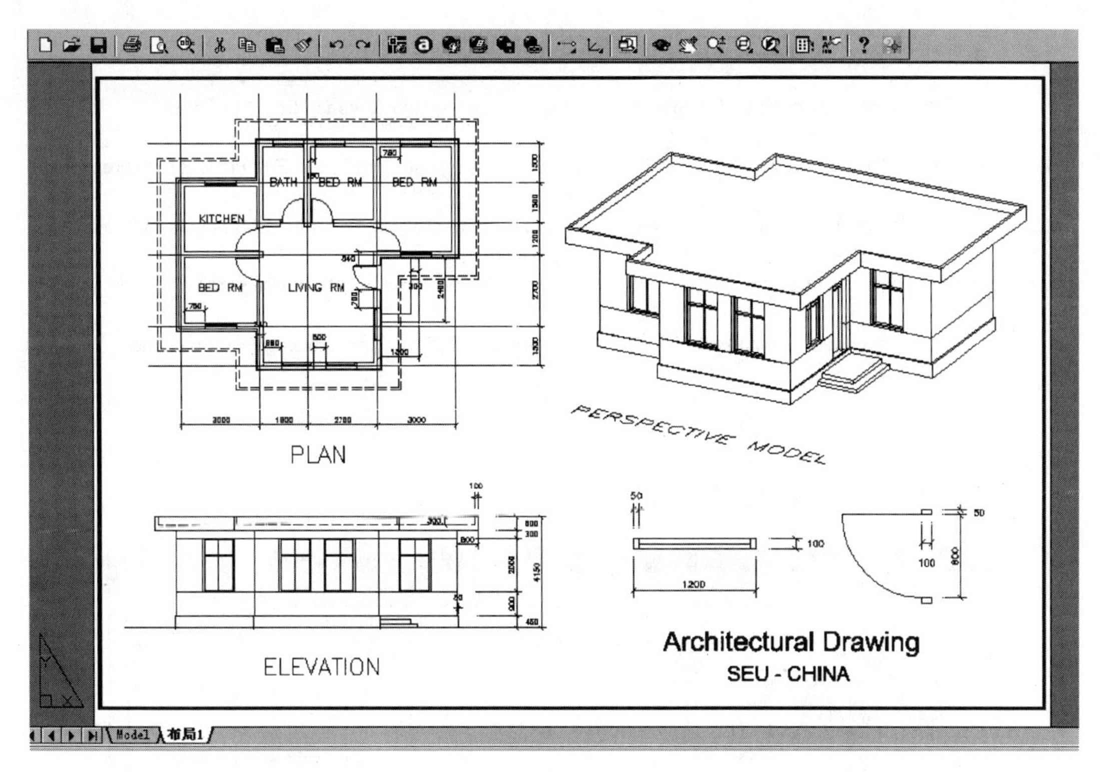

图 1-183

在布局的模型空间工作状态下，可以修改布局视窗内的图形显示。每个视窗都有模型空间的三维图标。此时的视窗的边框线不能变动，但视窗中的图形可以进行编辑修改或调整显示的角度和范围。像 Viewports 的多视窗一样，多个视窗中有只有一个可进行编辑操作的当前工作视窗。可以通过点击其他视窗窗口来变更当前视窗的设定。

二、布局的创建和管理

在用布局功能进行建筑图形的输出打印的操作中，创建布局和创建布局视窗是工作的关键。

1. 执行下拉菜单 Insert ＞Layout 命令创建布局

此命令有三种执行方式：

(1) Insert ＞Layout ＞New Layout 方式：按当前设定构建一个新布局。

(2) Insert ＞Layout ＞Layout from Template 方式：新布局来自样板文件。

(3) Insert ＞Layout ＞Layout Wizard 方式：按预定顺序逐项设定一个新布局。

2. 执行 LAYOUT 命令创建和管理布局

此命令的操作过程见图 1-184。

其中的选项：

(1) Copy：复制一个布局。

(2) Delete：删除一个布局。

(3) New：建立一个新布局。新的布局在使用之前，需要在 Page Setup 对话框中进行页面设置(图 1-185)。其中，除了有 Layout name(布局名)和 Page setup name(页面设置

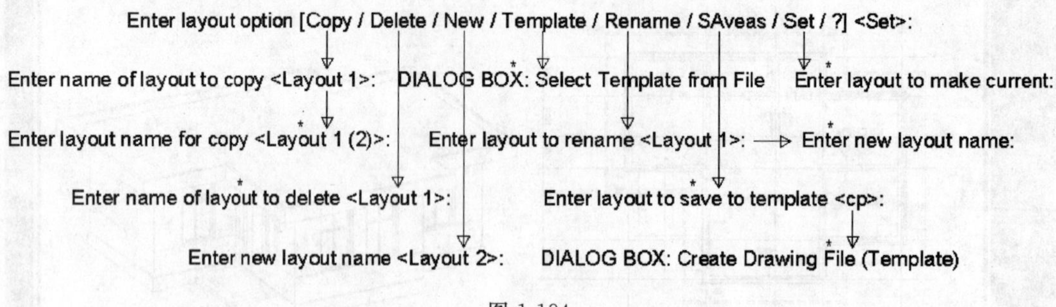

图 1-184

名)外，还有两个选项卡：

1）Plot Device—打印设备设置(图 1-185)

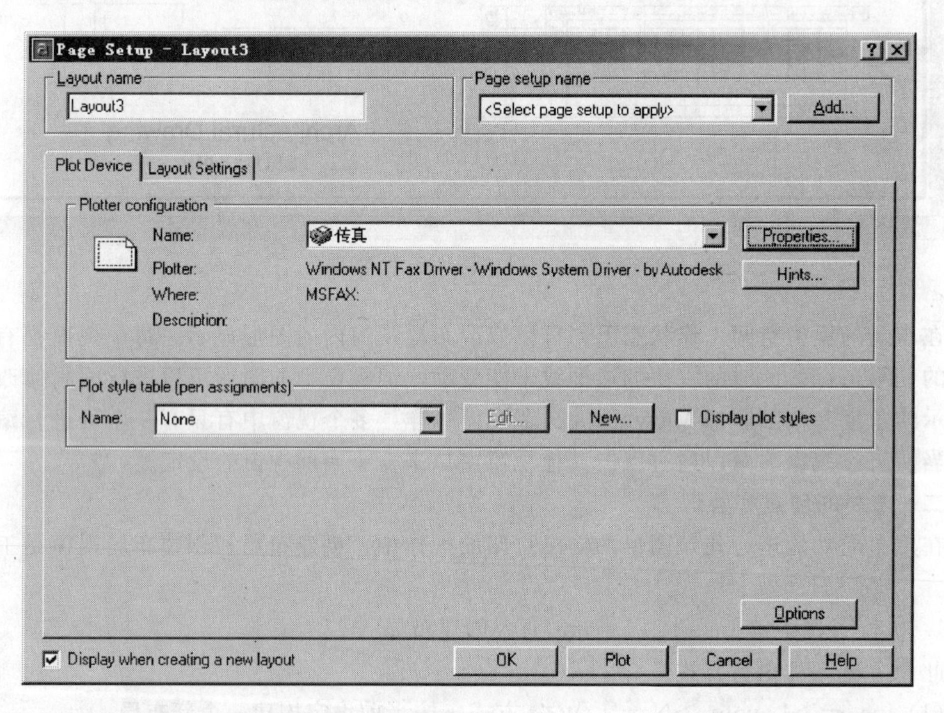

图 1-185

a）Plotter Configuration：打印机设定

• 打印设备列表—**选择其中的一种设备驱动。**

• Properties 钮—弹出 Plotter Configuration Editor(打印机设置编辑器)对话框。

打印样式 Hints 钮—在弹出的对话框中介绍所选设备的基本信息。

b）Plot style table(Pen assignments)：确定打印样式表(笔型设置)

在此设定和修改各种图中各种线条的打印粗细样式。

• 打印样式列表—选择其中的一种打印样式。

• Edit 钮—弹出对话框，对选中的打印样式进行编辑修改。

• New 钮—弹出对话框，从中建立一个新的打印样式。

2) Layout Settings—布局初始设置(图 1-186)

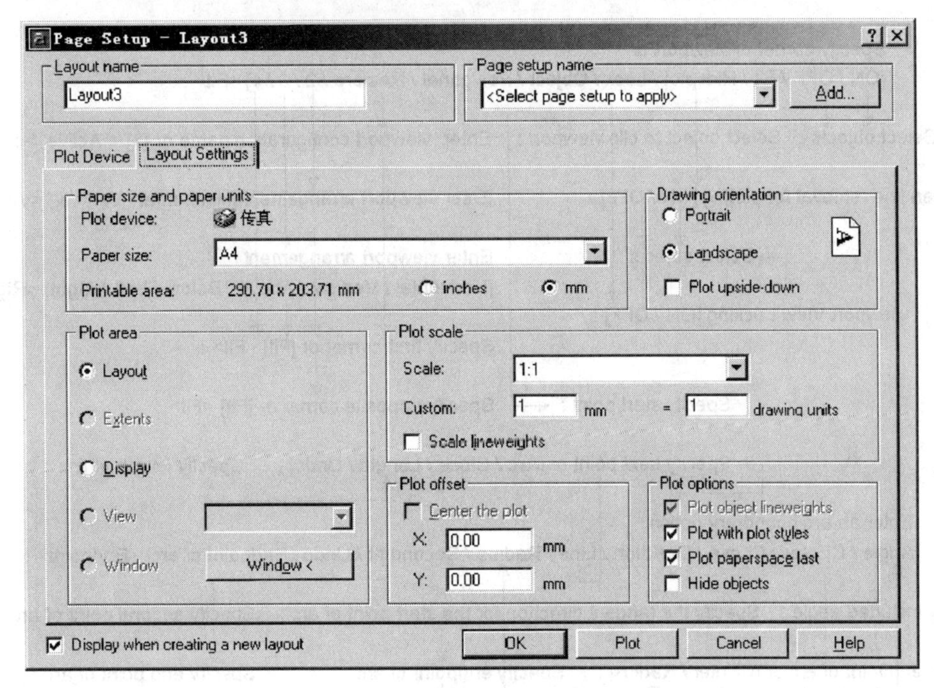

图 1-186

a) Paper Size and Paper Units：**设定图纸尺寸和单位**(选择图纸型号，mm 或 inch)。

b) Drawing Orientation：设定图纸绘制方向(竖向，横向，下在上)。

c) Plot Area：指定打印范围。有 Layout(按布局)，Extents(按最大)，Display(按显示)，View(按视图)，Window(按窗口)。

d) Plot Scale：**在此设定图纸的打印比例。**可以直接设定比例或设定图纸单位与绘图单位之间的比值，是否对线宽属性也按比例进行等。

e) Plot Offset：设置图形打印原点的 x，y 偏离位置。

f) Plot Options：打印的其他选项。有 Plot object lineweights(按设定的线宽打印)；Plot with plot style(按设定的样式打印)；Plot paperspace last(按最后图纸空间打印)；Hide object(是否在打印消除三维对象的隐藏线)。

(4) Template：选择样板文件中的布局设定。

(5) Rename：对布局重新命名。

(6) Saveas：把布局存入样板文件。

(7) Set：设定当前工作布局。

(8) ?：列出全部布局名。

三、布局视窗的创建和管理

要能在布局中以不同的视角和比例显示建筑图形，并以此来打印输出建筑图纸，就必须在布局中为不同的对象创建多个图纸空间下的视窗。

1. 在布局选项页执行 MVIEW 命令，就能够创建多个图纸空间下的视窗，并对它们进行管理操作。命令的工作过程见图 1-187 所示。

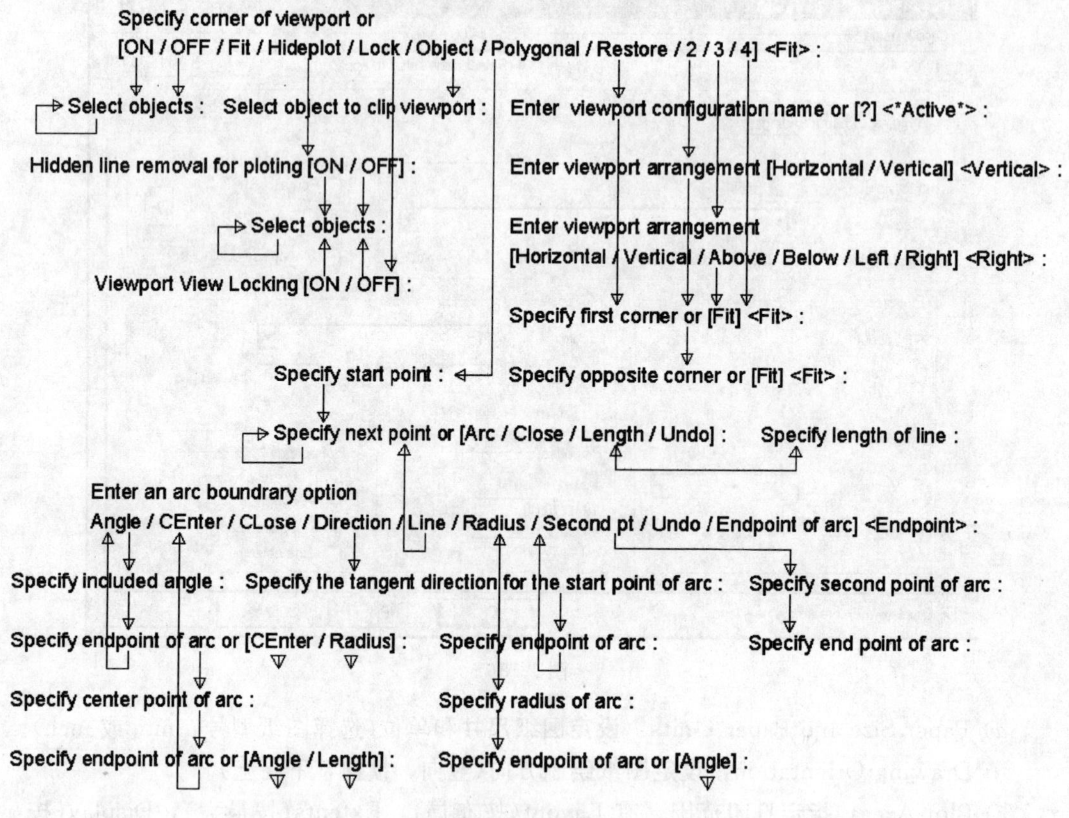

图 1-187

其中：

(1) Specify corner of viewpoint(机定项)：定义一矩形视窗中的一个角点。

(2) ON/OFF：图纸空间中是否激活显示所选视窗中的图像。

(3) Fit：创建一个图纸可以容纳的最大的视窗。

(4) Hideplot：设定所选视窗在打印时是否要移去隐藏线。

(5) Lock：设定所选视窗是否需要进行锁定。

(6) Object：把一个封闭的图形对象(Pline，Circle，Ellipse，Spline 等)转成一个视窗。

(7) Polygonal：创建一个任意的多边形视窗。

(8) Restore：把用 VIEWPORTS 命令生成并储存的多视窗设置在此恢复成图纸空间的视窗设置。

(9) 2/3/4：按照选项设定，同时创建 2、3 或 4 个平铺排列的视窗。

2. 布局和布局视窗操作实例

以上面图 1-183 作为例子，介绍那个“布局”的制作过程：根据输出需要，小建筑的平面图、立面图、透视图和门窗块要打印在一张图纸中。这里透视图和平立面图不能存在于同一视窗里，图形块和平立面图有比例上的矛盾，也不能存在于一个视窗中。所以必须在一个布局中分视窗进行处理。

(1) 执行 LAYOUT 命令或下拉菜单命令，创建一个“布局”(如已有布局选项页可直接选用)。在 Page Setup 对话框中进行布局的初始设定。

(2) 建立一个新图层，并把它设为当前图层。执行 MVIEW 命令构造四个视窗。这一过程可以采用多种方式进行，开始时对视窗的形状和位置不必过多考虑，随后可以随时进行修改调整。此时，每个视窗内所显示的内容是一样的(图 1-188)。视窗的边框线沿用新建图层的层色(Bylayer)，如果把该层的属性设为 OFF，那么所有视窗的边框线就全都看不见(如图 1-183 所示)。

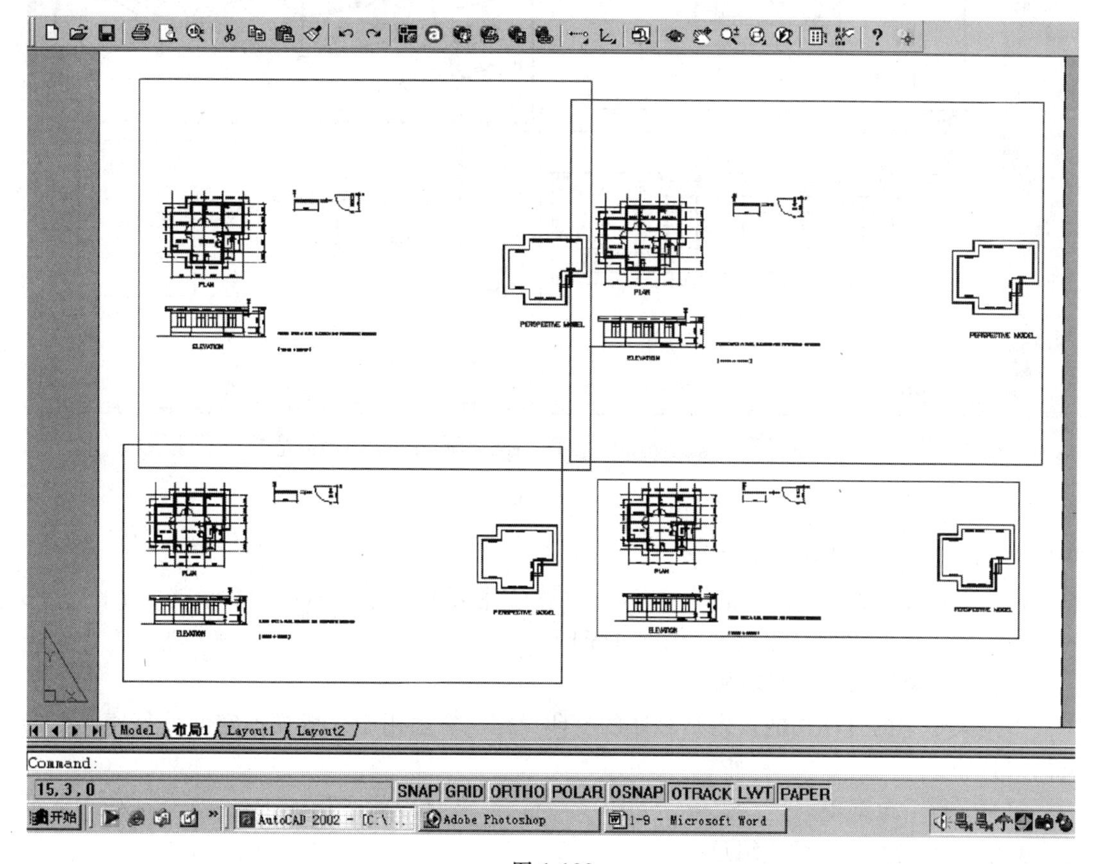

图 1-188

(3) 执行 MSPACE 命令或点击状态行中的 PAPER 按钮，使之转成 MODEL 按钮。此时布局中的四个视窗全部处于 Model Space 工作状态。逐个激活视窗，对视窗中显示的内容和显示方式进行调整。使得每个视窗内都能恰当地显示相应的图形内容(图 1-189)。如果发现视窗的位置或大小不合适，就再返回 Paper Space 工作状态修改视窗的位置和尺寸。

(4) 在 Model Space 状态下完成了显示内容，大小和方式的调整后，执行 PSPACE 命令或把状态行中 MODEL 按钮点击改成 SPACE 按钮。使布局返回 Paper Space 工作状态。执行 RECTANGLE 命令绘制图纸边框；执行 TEXT 命令，在图形块下部插入“ARCHI-

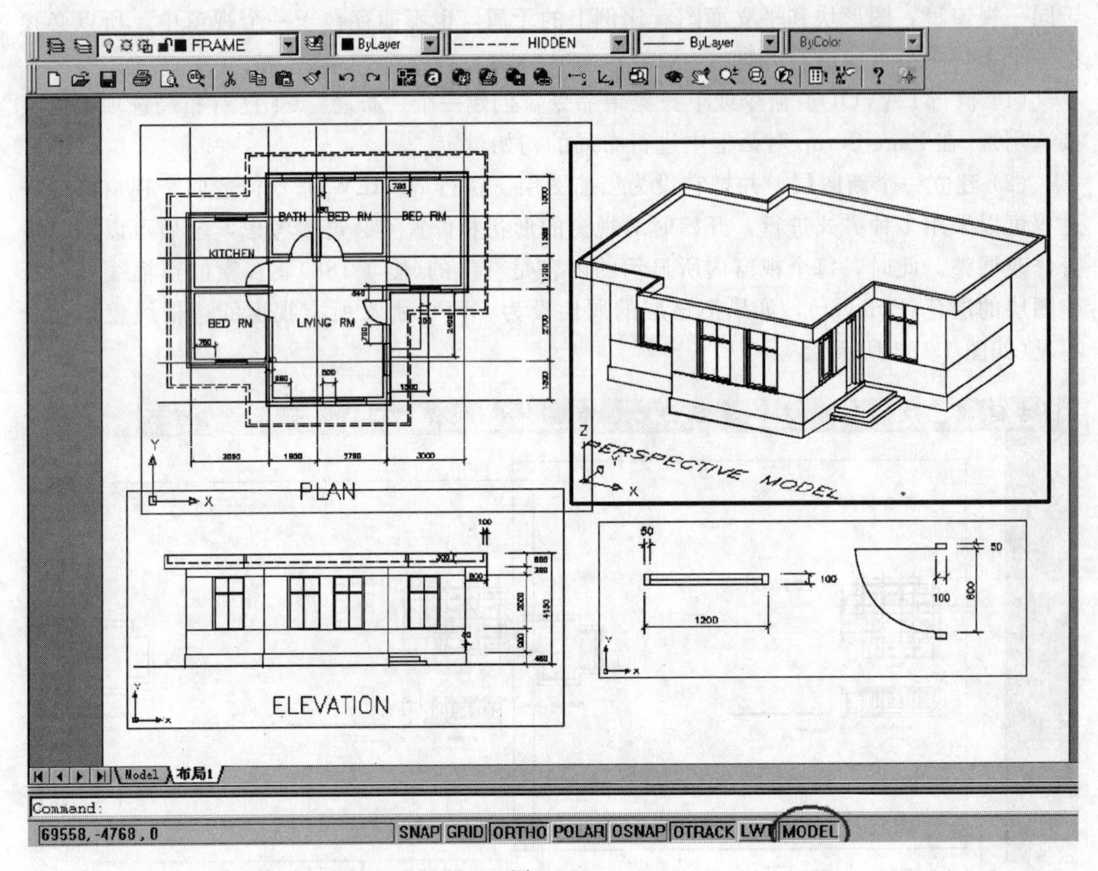

图 1-189

TECTURAL DRAWING”等文字。

(5) 关闭视窗边框线所在的图层，消除视窗边框线的显示。布局的显示就成了图1-183的状况。就可以输出到打印机进行图纸打印了。

四、菜单中的图形打印功能

下拉菜单中的打印功能设定是总体的打印设定。它适用于一般模型空间的打印和布局页面的打印。

(1) 执行下拉菜单 File ＞Page Setup 命令，提供对当前布局的 Page Setup 对话框操作。具体内容在前面已经介绍过。

(2) 执行下拉菜单 File ＞Plotter Manager 命令，在对话框中选择相应的打印机接口文件。

(3) 执行下拉菜单 File ＞Plot Style Manager 命令，在对话框中选择相应的打印样式文件。

(4) 执行下拉菜单 File ＞Plot Preview 命令，预览图纸打印效果。

(5) 执行下拉菜单 File ＞Plot 命令，出现 Plot 打印设置对话框。对话框与 Page Setup 相似，也有 Plotter Device 和 Plot Settings 两个选项卡：

1) Plot Device 选项卡(图 1-191)：

内容基本上与 Page Setup 对话框中的 Plot Device 选项卡相似。另外还增有：

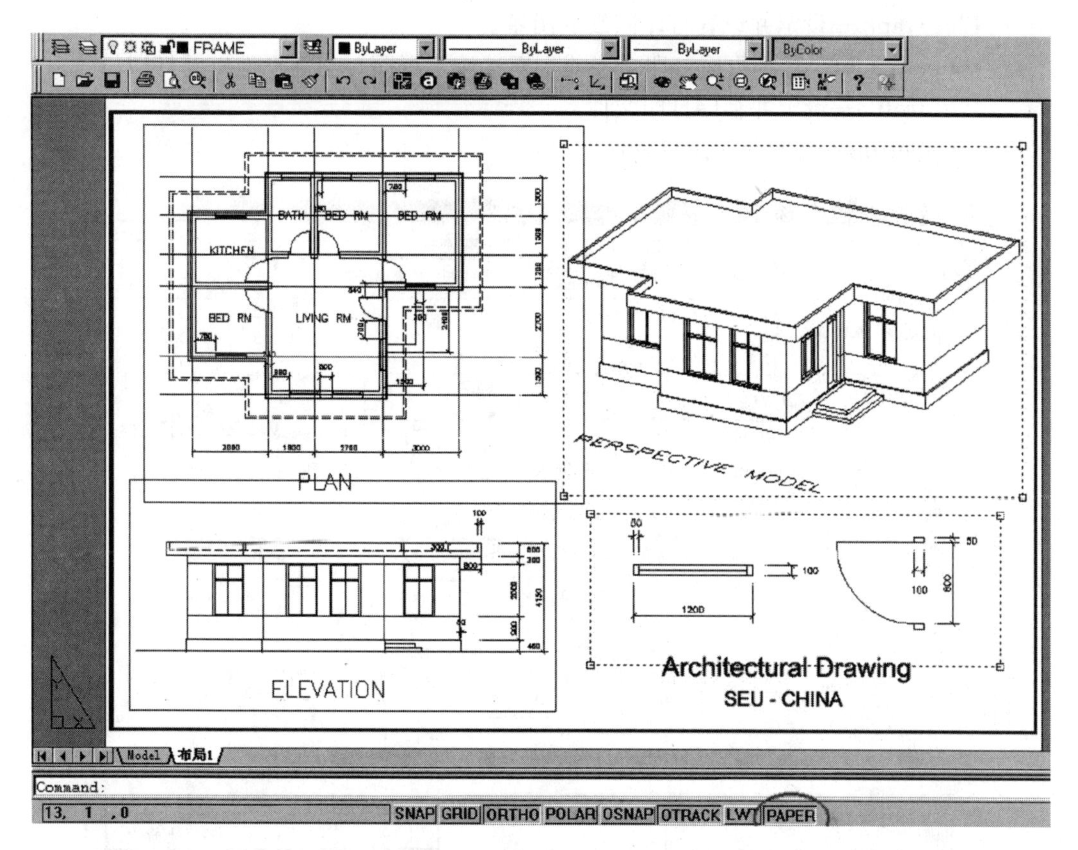
FRAME
ByLayer
ByLayer
ByLayer
ByColor
BATH
BED RM
BED RM
KITCHEN
BED RN
LIVING RM
PLAN
PERSPECTIVE MODEL
ELEVATION
Architectural Drawing
SEU - CHINA
Model
布局1
Command:
SNAP
GRID
ORTHO
POLAR
OSNAP
OTRACK
LWT
PAPER

图 1-190

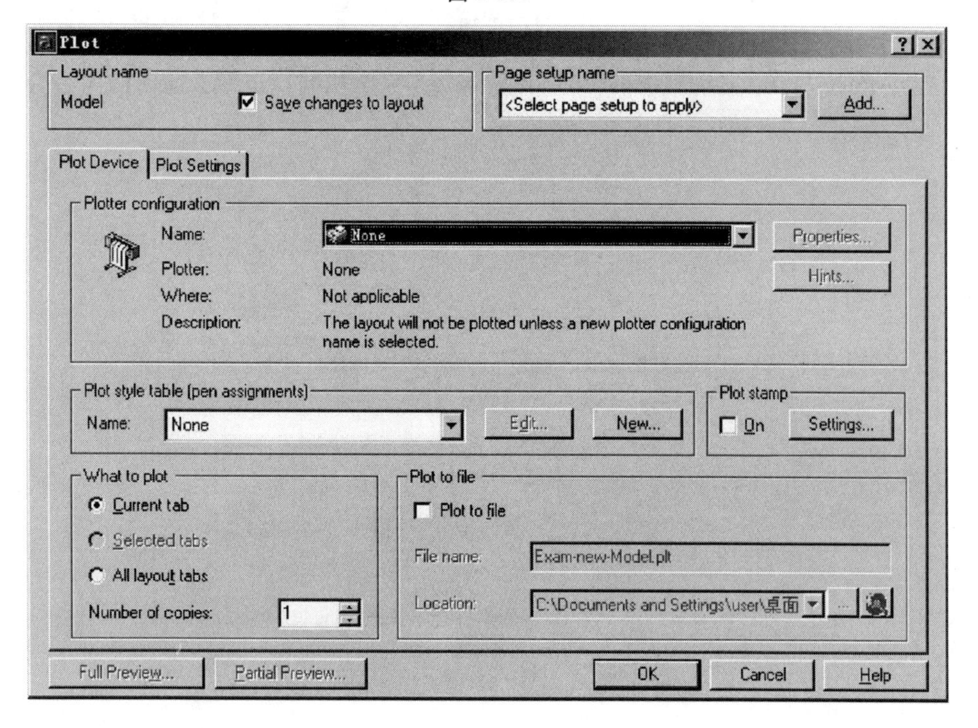
Plot
Layout name
Model
Save changes to layout
Page setup name
<Select page setup to apply>
Add...
Plot Device
Plot Settings
Plotter configuration
Name:
None
Properties...
Plotter:
None
Hints...
Where:
Not applicable
Description:
The layout will not be plotted unless a new plotter configuration name is selected.
Plot style table (pen assignments)
Name:
None
Edit...
New...
Plot stamp
On
Settings...
What to plot
Current tab
Selected tabs
All layout tabs
Number of copies:
1
Plot to file
Plot to file
File name:
Exam-new-Model.plt
Location:
C:\Documents and Settings\user\桌面
Full Preview...
Partial Preview...
OK
Cancel
Help

图 1-191

- Plot stamp—设定并设置打印图纸的图签。
- What to plot—选择页面打印：当前页面；选定页面；全部页面以及打印份数。
- Plot to file—设定并存储打印文件。

2) Plot Settings 选项卡(图 1-192)：

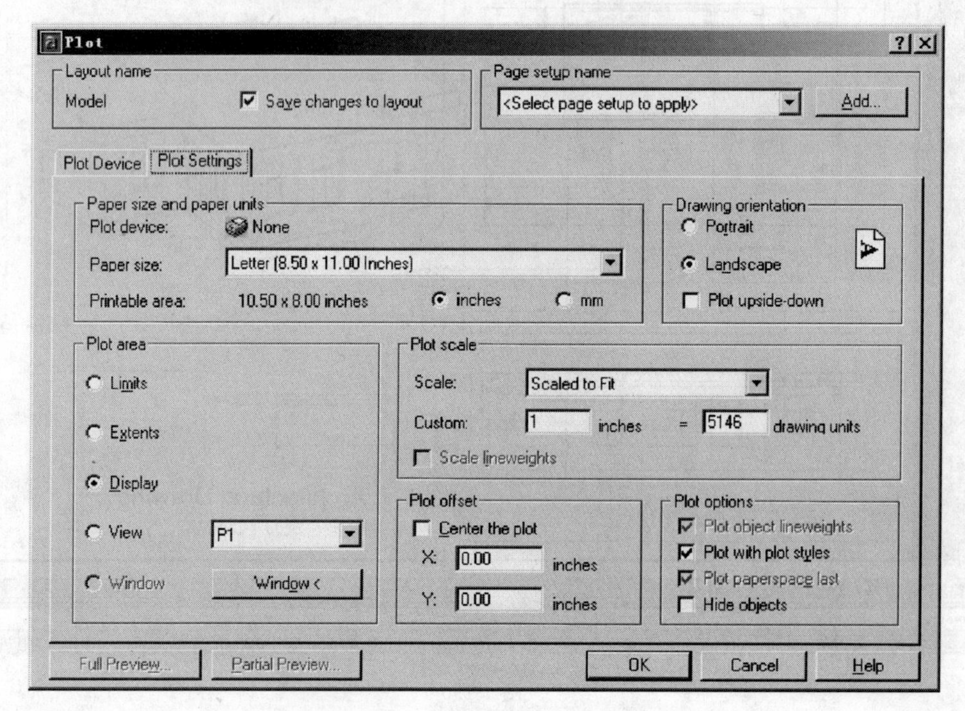

图 1-192

内容与 Page Setup 对话框中的 Layout Settings 完全相同，请参考前面的内容介绍。

第二章　建筑设计三维建模(AutoCAD)

第一节　AutoCAD三维建模环境

一、三维模型的类型

在AutoCAD的系统中，建构一个三维物体模型的过程就是AutoCAD三维建模。按三维模型的建构方式和几何特性的不同，可以分成三种类型：线框模型(Wire-frame Modeling)，表面模型(Surface Modeling)和实体模型(Solid Modeling)。

(1) 线框模型：用点，直线和曲线的几何元素来描述三维空间中物体的轮廓，形体和位置。这种三维模型没有物体面和体的信息，简单、数据量最少，但不能进行消隐和渲染处理，对于形体复杂的建筑模型，是不能用线框模型的。

(2) 表面模型：用点、线和面的几何元素来描述三维空间中物体的轮廓、形体和位置。所涉及的面都是平面，而曲面以若干个微分小平面组合而成。表面模型方式能很好地描述一般的三维建筑模型，产生的数据量也适中。AutoCAD系统提供了许多简便有效的生成和编辑三维表面模型的工具和方法。

(3) 实体模型：除了点，线和面的几何元素外，还增加了体内，体外的判别运算，也就是有了体的特征。在AutoCAD系统中，实体模型方式提供三种生成模型的方法：几何原体，拉伸实体和旋转实体。在实体模型生成的形体之间可以进行布尔运算(Boolean Operation)，从而能产生更为复杂的几何形体。描述实体模型的数据量会较多，而布尔运算过的物体的数据量就更多。

在实际的AutoCAD三维建模操作时，我们往往以表面模型方式为主，而在某些实体模型具有优势的地方才采用实体模型方式。

二、AutoCAD用户坐标系

在一般的情况下，AutoCAD采用的是世界坐标系(World Coordinate System—WCS)。二维建模用的就是WCS，二维绘图作业一般都是在WCS的*X-Y*平面中完成的，而且常常会省略图形元素的*Z*坐标。如果在WCS中建构三维模型，例如，要在建筑物垂直墙面上输入门窗构件，就会变得非常困难，因为每个门窗构件的*Z*坐标都是在变化的(图2-1)。

建立一个由AutoCAD系统支持的用户坐标系(User Coordinate System—UCS)，就能方便地解决这个三维建模的难题。UCS坐标系是由用户自行设定的坐标系。如在上面图中，我们把新的UCS坐标系的*X-Y*平面设成与该垂直墙面重合，也就是说，在该墙面上的所有点的*Z*坐标都为0。这样，我们就可以方便地像绘制二维图形一样，在该墙面上输入门窗了。

在AutoCAD系统中WCS是惟一的，但是可以建立任意多的UCS坐标系。而UCS与WCS之间的数据转换是由系统自动进行的。UCS的基本功用就是：把三维模型的输入问题简化成二维输入问题，也就是三维问题二维化。

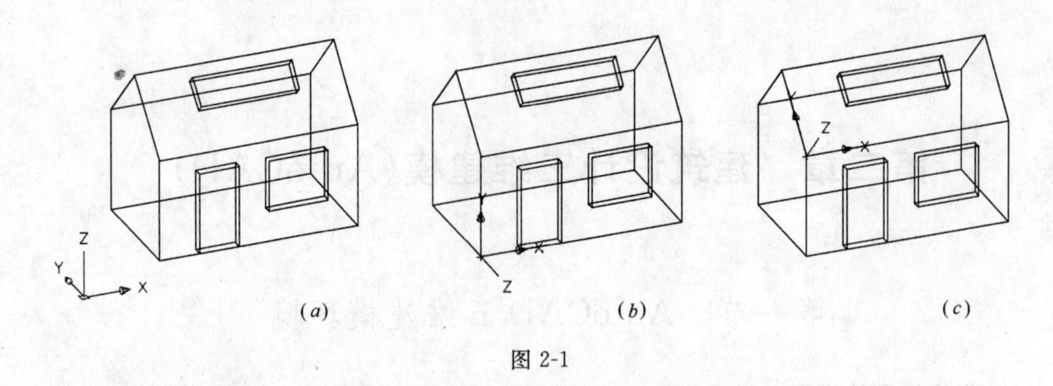

图 2-1

有关创建和操作 UCS 的 AutoCAD 命令有：UCS，DDUCS 和 UCSICON。

(1) -UCS 命令(图 2-2)

Command : Ucs

ucs name : *WORLD*

Enter an option [New / Move / orthoGraphic / Prev / Restose / Save / Del / Apply / ? / World] <World> :

Specify new origin point or [Zdepth] <0,0,0> :

Pick viewport to apply current UCS or [All] <current> :

Enter Zdepth <0> : *

Enter UCS name to delete <none> : *

Enter an option [Top / Bottom / Front / Back / Left / Right] <Top> : *

Enter name to save current UCS or [?] :

Enter name of UCS to restore or [?] :

Enter UCS name(s) to list <*> : *

Specify origin of new UCS or [ZAxis / 3point / OBject / Face / View / X / Y / Z] <0,0,0> :

Specify new origin point : *

Select object to align UCS : *

Specify point on positive portion of Z-axis <0,0,0> : *

Select face of solid object : *

Specify point on positive portion of X-axis <0,0,0> : *

Specify rotation angle about X axis <90> : *

Specify point on positive-Y portion of the UCS XY plane <0,0,0> : *

Specify rotation angle about Y axis <90> : *

Specify rotation angle about Z axis <90> : *

图 2-2

在命令的执行过程中，有下列功能选项：(其中 1)～8)为创建新 UCS 的选项)

1) Move 选项：平移原坐标系原点。原坐标系的 X，Y，Z 轴方向不变。建筑物中许多墙面之间是平行的。在这些平行墙面之间转换 UCS 的坐标系就可用此选项。

2) ZAxis 选项：定二点建立新坐标系。第一点为原点，第二点定新坐标系的 Z 轴方向。即对原坐标系进行一次平移和一次旋转。

3) 3point 选项：定三点建立新坐标系。第一点为原点，第二点定新坐标系的 X 轴方向，第三点与 X 轴构成 XY 平面并确定 Y 轴的正值方向。

4）Object 选项：以所选取的图元的所在平面为 XY 平面，以图元的拉伸方向为 Z 轴方向建立新坐标系。常用来设定与某图形生成时的 UCS(OCS—Object Coordinate System)相平行的 UCS 坐标系，以便进一步对它进行厚度，标高等属性的修改或进行拉伸(Stretch)等编辑操作。

5）View 选项：建立一新坐标系，它的 Z 轴与当前视图的视线方向平行。

6）Face 选项：选择一实体模型的表平面作为 UCS 的 XY 平面。

7）$X/Y/Z$ 选项：原坐标系绕 X 或 Y 或 Z 轴旋转一个角度，生成一新坐标系。

8）Orthographic 选项：把原坐标系旋转成上、下、左、右、前、后六个正交方向的 UCS 坐标系。

9）Apply 选项：选取指定视窗或全部视窗来应用当前的 UCS。

10）World，Prev 选项：返回世界坐标系(WCS)或上一次的 UCS 坐标系。

11）Save，Restore，Del，?：保存，恢复，删除或查询命名的 UCS 坐标系。

为了构造三维建筑模型而建立 UCS 新坐标系，用得较多的选项是 Move 和 3point。为了编辑三维建筑模型而需要改变 UCS 时，用得较多的是 Object 和 Z 选项。

在 UCS 变换频繁的三维建模工作中，最好是把每种 UCS 的设定用 Save 选项命名后存储起来，到使用时用 Restore 选项恢复成当前的 UCS。可用 Prev 选项来恢复上一次的 UCS 设定。? 选项可查看存储过的 UCS 名。在被存储的 UCS 中，多余的设定可用 Del 选项来删除。<world>选项可直接恢复到世界(通用)坐标系的工作状态。

(2) DDUCS 命令

执行 DDUCS 命令，打开 UCS 对话框进行对用户坐标系的操作和管理。

图 2-3 是对话框的 Named UCSs 选项卡，可进行 Set Current(Restore)，World，Previous，Delete 等命名 UCS 的操作。图 2-4 是对话框的 Orthographic UCSs 选项卡，可进行六个正交 UCS 的设定。图 2-5 是对话框的 Settings 选项卡，可进行 UCS 的图标(UCSICON)等设定。

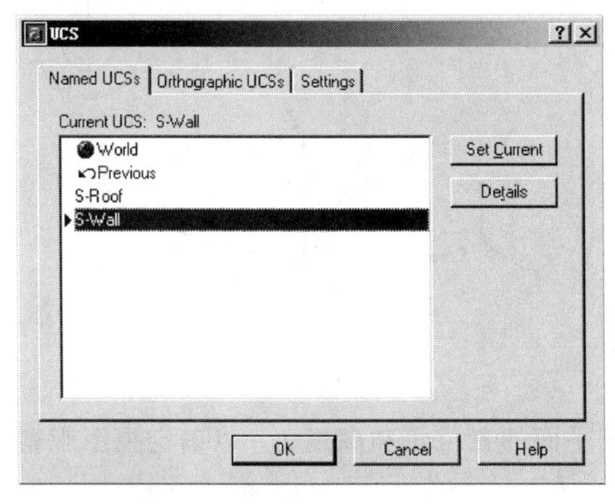

图 2-3

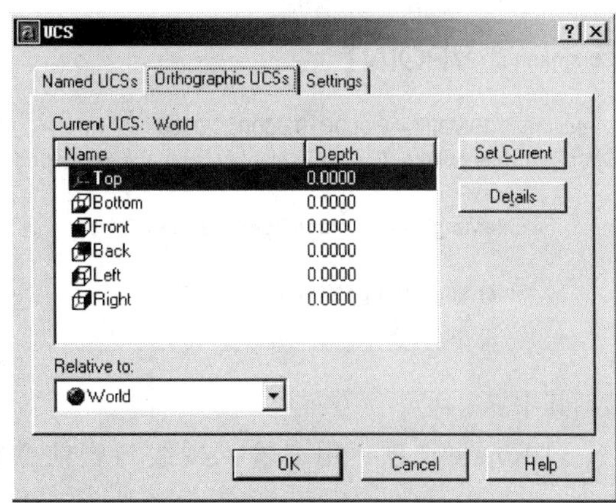

图 2-4

(3) UCSICON 命令

设置 UCS 图标状态的命令。

Command：UCSICON

Enter an Option [On/OFF/ALL/Noorigin/ORigin/Properties]:

其中，On/OFF 控制图标的显示；All 选项设置是否对所有视窗起作用；Noorigin/ORigin 控制图标是否需要留在原点位置；Propertiess 选项会导出图 2-6 的 UCS Icon 对话框，进行图标的设定。

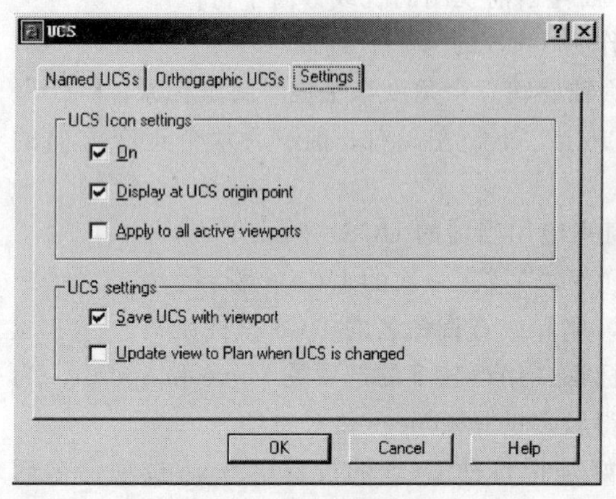

图 2-5

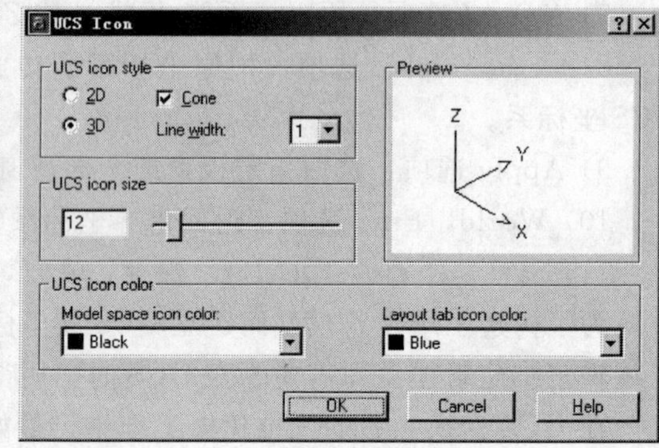

图 2-6

三、轴测图和透视图的设定

此组命令有四个：视点轴测（VPOINT）、视点对话框（DDVPOINT）、顶视平面（PLAN）、动态透视(DVIEW)。

(1) VPOINT 视点轴测命令

用来设定三维轴测图的视图观察方向。它有三种输入方式：一是视点坐标的数据输入（确定从视点与原点连线的视线观察方向）；二是动态设定当前坐标系与视线方向的相对位置关系；三是设定视线的高度角和方位角。命令的执行过程见图 2-7 所示。

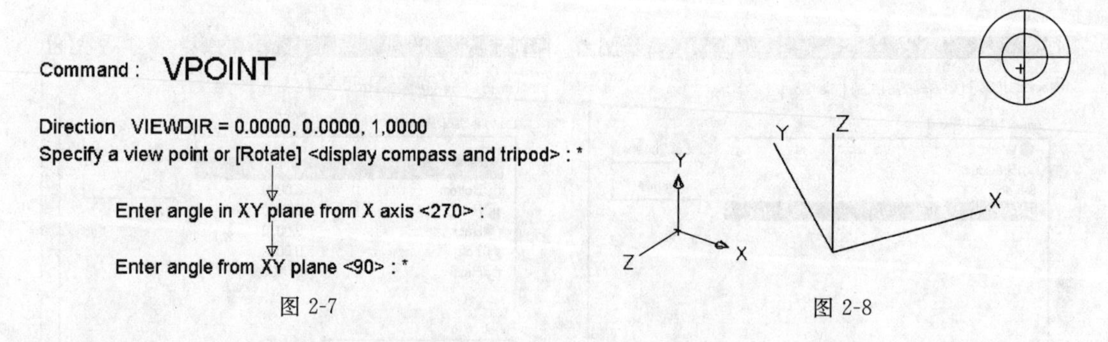

图 2-7　　图 2-8

其中：

1) Rotate 选项：用来输入视线与当前 *XY* 平面的方位角和高度角，以确定视图观察方向。

2) Specify a view point 选项：输入空间的一个点的坐标，该点朝坐标系原点的矢量方向就是所设定的轴测图的视线观察方向。

3) <display compass and tripod>：缺省选项，显示一个原来视点方向的坐标系图标（灰色），一个动态绕原点旋转的三轴坐标系图标和一个罗盘（图 2-8）。光标在罗盘内移动能驱动动态旋转坐标轴的转动，这个在罗盘内的小十字光标代表视点位置。我们可把罗盘理解为一个天体圆球，一个被从南极点向四周弹性拉开后压成平面的球体象限空间示意图。两条正交轴线的交点代表球体的北极；整个外圆周线代表南极；内圆周线代表赤道，赤道与外圆周线(南极)之间是南半球，赤道与北极之间是北半球；两条轴线代表东西向和南北向的两条子午线。它与赤道把罗盘划分成八个象限。子午线与赤道的四个交点代表东，南，西，北四个方向。赤道面表示为地平面，当视点光标位于赤道小圆内的北半球四个象限，表示视点在地平面之上，高度角大于零。当视点光标位于赤道小圆外的南半球四个象限，表示视点在地平面之下，高度角小于零。光标与子午线的相对位置确定视线的水平角；光标与极点和赤道的相对位置确定视线的高度角。球面上光标点到球心点的矢量方向就是视线的方向。光标的移动与三轴图示是同步的，我们可以控制光标在罗盘的位置并参照三轴图示来大致设定视图观察方向。

(2) DDVPOINT 对话框

在命令行输入 DDVPOINT 命令后，出现图 2-9 对话框。如果执行下拉菜单命令 View ＞3D Views ＞Viewpoint Presets(图 2-10)后，屏幕显示同样的对话框。

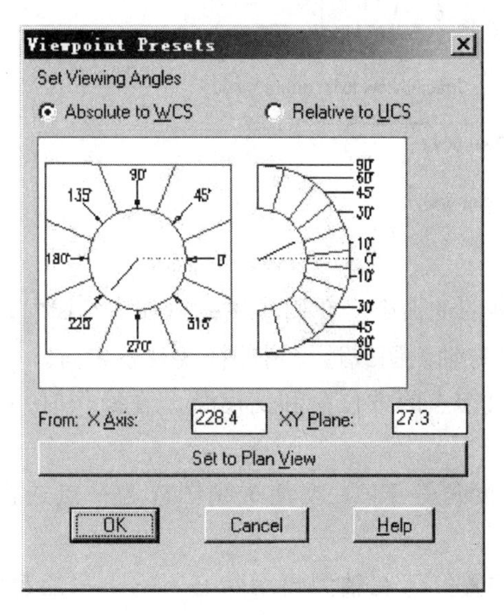

图 2-9

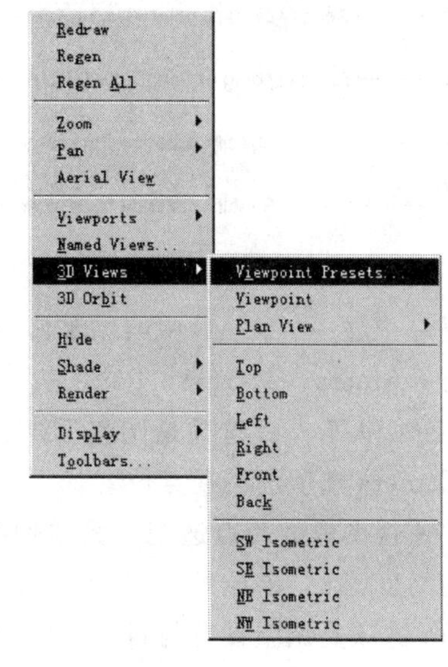

图 2-10

在此对话框的左边方框图中设置视线的方位角，在右边半圆环图中设置视线的高度角，也可以在图形下面的输入栏中精确输入视线的高度角和方位角值。单击 Set to Plan View 按钮，可以直接设置顶视图状态 。设定 Absolute to WCS 选项，角度设定值是按 WCS 坐标系为基准。设定 Relative to UCS 选项，角度的设定值以当前的 UCS 坐标系为基准。

(3) PLAN 命令

此命令是用来把当前的视图改变成顶视图。

Command：PLAN＜回车＞

Enter an Option [Current ucs/Ucs/World]：

有三个选项：

1) Current ucs：改变到当前 UCS 坐标系的顶视图状态；

2) UCS：改变到某指定 UCS 坐标系的顶视图状态；

此时显示?/Name of UCS：(用于指定 UCS)

3) World：改变到 WCS 世界坐标系的顶视图状态。

(4) DVIEW 动态轴测和透视视图设定命令(图 2-11)

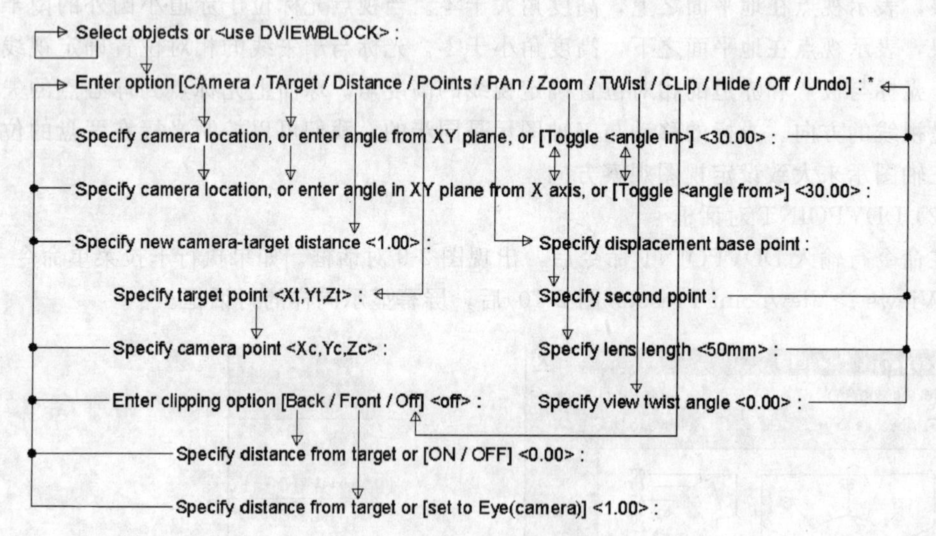

图 2-11

这是一个在 AutoCAD 中绘制和修改建筑透视图的命令。我们应该较熟练地掌握它。

执行 CAmera，TArget，Point 三个选项来设定轴测图或透视图的视线观察方向。

Camera 和 Target 选项是调整视线上视点和目标点的方位角和高度角。在操作时一般先选择 Camera 选项调整视点位置。

要使透视图成为两点透视，只要使视线的高度角等于 0。要使透视图成为一点透视，使视线的高度为 0，方位角为 270(−90)即可。

POint 选项是调整视点与目标点的绝对坐标位置，但在轴测显示状态下它也只能起到确定视线方向的作用。

1) Camera 选项

视点和目标点的连线为视线。该选项是通过定义视线的高度角和方位角来确定视线方向。具体操作是移动视点，目标点不动：

• Specify camera location：通过光标在屏幕上的移动，动态地、形象地设定视线方向的高度角和方位角。在设定过程中，图形总是围绕目标点旋转，而目标点总是显示在屏幕的中心的位置上。

• Enter angle from XY plane：先输入高度角值，然后再输入方位角值。

• [Toggle(angle in)]：选 T 项来转换输入顺序，改为先输入方位角值，然后再输入高度角值。

• 先按回车键锁定当前高度角参数。再动态驱动光标根据直觉确定方位角参数，记下方位角值。第二次再执行 Camera 选项，先选 T 项转换输入顺序，输入并锁定刚才记下的方位角参数值，再动态驱动光标根据直觉确定高度角参数。这种用两次分别进行方位角，高度角设定的操作方法比较适合于初学者。

2）Target 选项

通过定义目标点相对于视点之间在当前坐标系中的高度角和方位角来设定目标点的方向位置。即视点不动，改变目标点位置。

操作方法与 Camera 选项相同。此选选项很少使用，当建筑模型超出画面时或目标点的高度不适合时才会调整目标点的位置。

3）Point 选项

先设定目标点(Target point)位置的 X、Y、Z 坐标，再设定视点(Camera point)位置坐标，从而来确定视线的方向和视距，视距参数值只是在透视状态下才有实际意义。Point 方式常常用于需要准确设定视点和目标点位置的透视图设定之中。例如，室内透视图的视点与目标点的设定就是一个例子(图 2-12，图 2-13)。所输入的两个点的坐标都是绝对坐标值，我们可以先在平、立面视图中用光标测出视点和目标点的绝对坐标值，然后进行输入。或者在执行 DVIEW 命令前，先用 PLAN 命令把模型呈平面图显示状态，以便在平面上能正确选定坐标点位置。在选取坐标点时，采用 .XY 点过滤器的方法来补充输入所选定的二维点的 Z 坐标，并最终确定点的三维坐标。

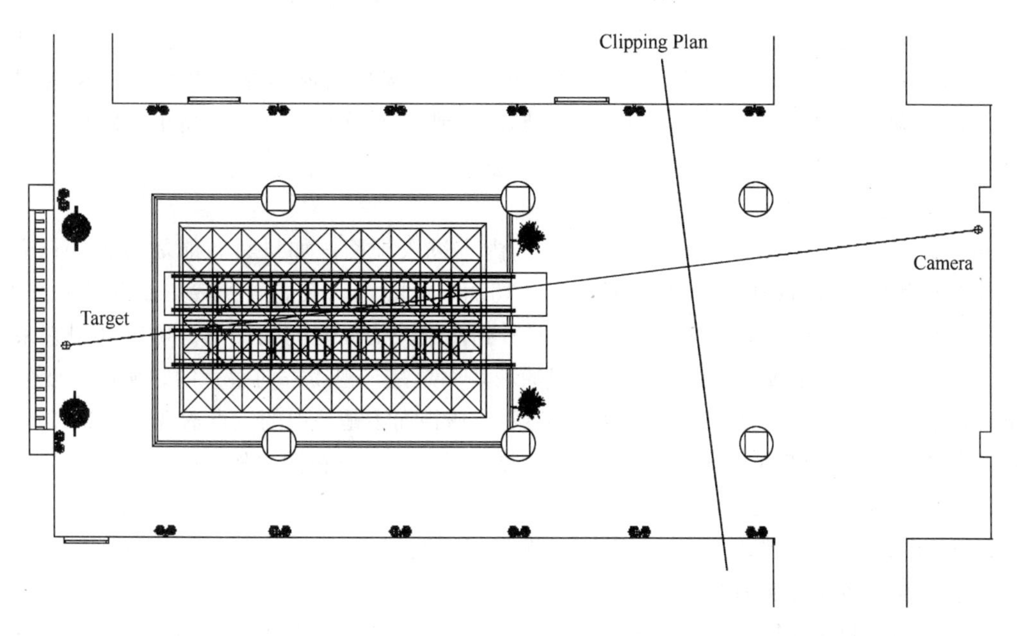

图 2-12

4）Distance 选项

设定视距值并使屏幕显示进入透视状态。它与 Off 选项组成 DVIEW 命令的轴测和透视两个状态之间转换的开关选项。

Off 选项：屏幕显示退出透视状态并返回轴测投影状态。

5）Pan 选项

图 2-13

可以像系统的 PAN 命令一样输入两点使视图的画框移，实现指向性的移动。从而调整图形在屏幕上的位置。对于透视图形而言，它会导致视点位置的移动，因此透视图的透视关系也有相应的改变。常用作透视画面上、下、左、右的微调。

6）Zoom 选项

可输入缩放系数或在屏幕顶部的滑动条中动态地调整图形的缩放系数，如在透视状态，滑动条调整的是相机镜头的焦距长度，同时看到透视图形的放大或缩小。图形在进行缩放的同时，画面的透视关系也会有相应的调整。

7）Clip 选项

可以设定裁切面位置来排除某些不需要的内容进入画面。如果只有前裁切面(Front)，就只能看到裁切面以后的图形。如果只有后裁切面(Back)，就只能看到裁切面以前的图形。如果同时存在前、后两个裁切面所在的，就只看到两个裁切面之间的图形。可以利用它来制作建筑的剖面透视。需要注意的是 Clip 生成的裁切面总是与视线方向垂直的。所以，要使裁切面能与建筑平面垂直，就必须使透视图成为两点透视而不是一般的三点透视。图 2-12 中使用的 Clip 功能是前裁切面，把离视点最近的一排柱子排除在透视图之外。

8）Twist 选项：对视图画面进行旋转处理。建筑图中基本上不用。

9）Hide 选项：不退出命令状态对图形进行消隐处理。

四、三维视图动态实时旋转

可以执行 3DORBIT 命令实现对视图的动态实时的旋转功能。点击工具条中的 3DORBIT 命令或在命令行输入此命令后，命令行提示：

Press ESC or ENTER to exit，or right-click to display shortcut-menu.

并进入视图的动态实时旋转状态(图 2-14)，此时在屏幕的中央出现绿色的圆圈，在圆的四个象限点处各有一个小圆。如果移动光标到左右两个小圆内，按住左键移动视图只做水平方位角的旋转。如果移动光标到上下两个小圆内，按住左键移动视图只作上下高度角的旋转。如果光标在其他任何处按下移动，试图是做任意角度的转动。视图就会围绕大圆的中心点进行旋转。在不同的四个小圆点处驱动，旋转的效果也会不同。经过 3DORBIT 的驱动旋转，原来的图 2-14 中的视图已经变成了图 2-15 中的视图模样了。按<ESC>键或<ENTER>键退出命令执行状态。

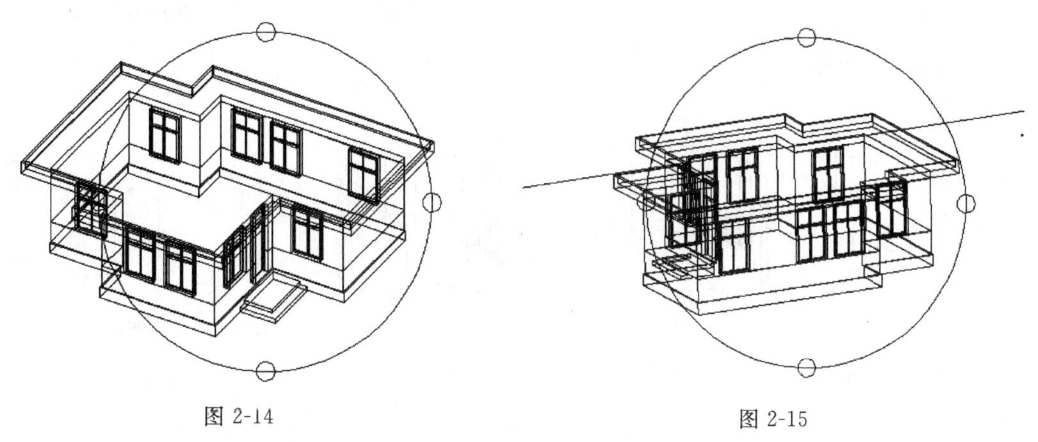

图 2-14　　　　图 2-15

五、三维视图的保存和恢复

视图操作命令(VIEW)在三维建模中使用很多。它可以把三维的图形的显示的范围、观察角度等状态参数保存起来，便于在图形的输入和编辑时恢复到设定的视图环境之中。我们也常常把用 DVIEW 命令创建的透视图的观察的方向和范围等参数作为视图保存起来，以备后用。透视视图在转入 3ds max 时，可以转成一个 Camera 的设定。

第二节　AutoCAD 三维建模工具

一、二维对象设定三维属性：标高和厚度

在 AutoCAD 系统中，每一个 AutoCAD 对象都在系统的数据库中对应有一个描述它形状特征的属性数据表。在 Point，Line，Arc，Circle，Donut，Pline，Rectangle，Polygon，Trace 这些对象类型中，它们的属性数据表的格式中具有描述对象拉伸方向和拉伸厚度的属性数据。这些类型的对象被称之为可拉伸对象。所谓对象的拉伸方向，是指该对象在它生成时所处的 UCS 坐标系(即 OCS—Object Coordinate System)的 *Z* 轴方向。所谓对象的拉伸厚度，是指对象从它的基线位置沿拉伸方向所拉伸出的垂直面的高度，也就是对象的 Thickness 属性参数。

对于可拉伸对象，当对象的 Thickness 参数值不等于 0 时，该对象在物理空间中就呈现出自身的三维特征。例如，一条直线就成为一个从基线拉出来的高度为 Thickness 值的垂直面，一个圆就成为一个圆柱面，而一条带宽度的 Pline 线就成为一个具有高度为 Thickness 值的立体图形了(图 2-16)。

在 AutoCAD 系统中，有一个 Thickness 的系统变量，记录着当前系统的 Thickness 设定。在可拉伸对象生成时，系统自动以该变量的值来设置对象的 Thickness 属性。该变量的初始值为 0，对象是呈现两维状态，我们可以直接在命令行输入 Thickness 或 Th 来设定变量新的当前值，以此来改变其后生成对象的 Thickness 属性。对于一个已经存在的可拉伸对象，可以利用 Properties 修改功能，在该对象的 Properties 对话框内修改它的

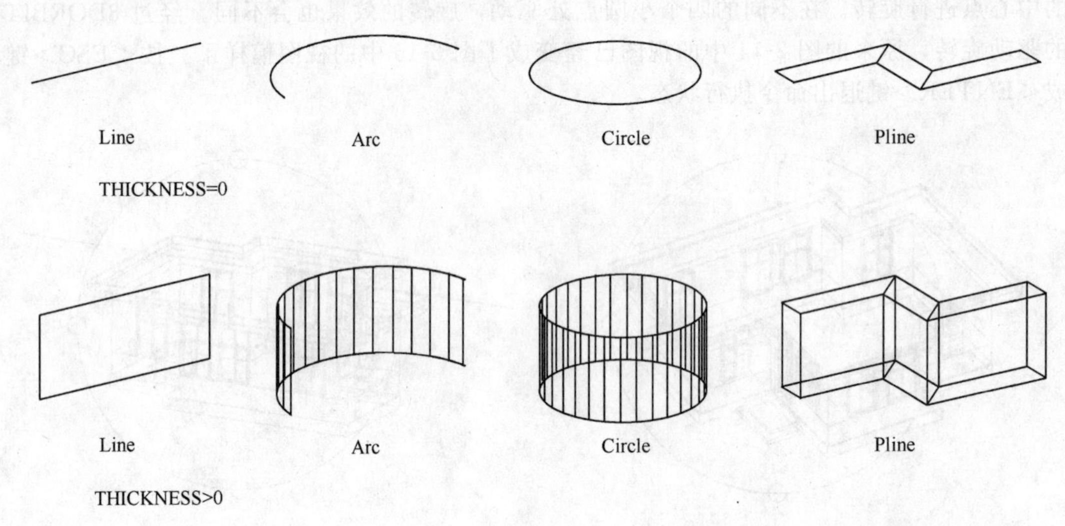

图 2-16

Thickness 属性值。

采用设定 Thickness 值生成三维对象，或通过改变原有对象的 Thickness 属性值使之成为三维面或三维立体，是 AutoCAD 进行三维建模的一个基本方法。它简便，高效，是 AutoCAD 系统的一大特色。特别是在三维建筑建模中，由于大多数的建筑墙体都是垂直等高的几何体，我们可以用这种方法很方便地把两维平面图改变成为三维建筑图形。但是，这种以基线加 Thickness 生成的三维模型，也具有相当大的局限性。首先，它必定是等高的垂直的面或体，而且，它只能处在与对象自身的 OCS 相平行的 UCS 坐标系下时才能修改它的 Thickness 属性，也就是说，对象要修改 Thickness 属性，它的拉伸方向必须与当前坐标系的 Z 轴方向相一致。

在 AutoCAD 系统中，还有一个与三维建模有关的 Elevation 系统变量，系统在生成一个新的对象时，如果在输入对象坐标时没有确定它的 Z 坐标，那么，系统就以 Elevation 变量中的值来设定对象的 Z 坐标。它的物理意义是对象基点与当前 UCS 坐标系的 XY 平面之间的距离，我们一般称为对象的标高。Elevation 变量的初始值为 0。我们可以直接在命令行输入 Elevation 来设定此系统变量的当前值，或者输入 Elev 命令来设定 Elevation 和 Thickness 两个变量的当前值。

Command：ELEV

Specify new default elevation＜0.0000＞：(指定新的默认标高值)

Specify new default thickness＜0.0000＞：(指定新的默认厚度值)

二、三维多段线、三维面和三维网面命令

(1) 3DPOLY 命令生成三维多段线

Pline(Polyline)多段线是二维的图形对象，它的每个节点的 Z 坐标都相等。而三维多段线就没有这个限制，每个节点的 Z 坐标可以不相等。但是正因为如此，三维多段线只能由直线段构成，不能包含弧线。也不能有宽度属性，所以命令的结构就简单多了(图 2-17a)。

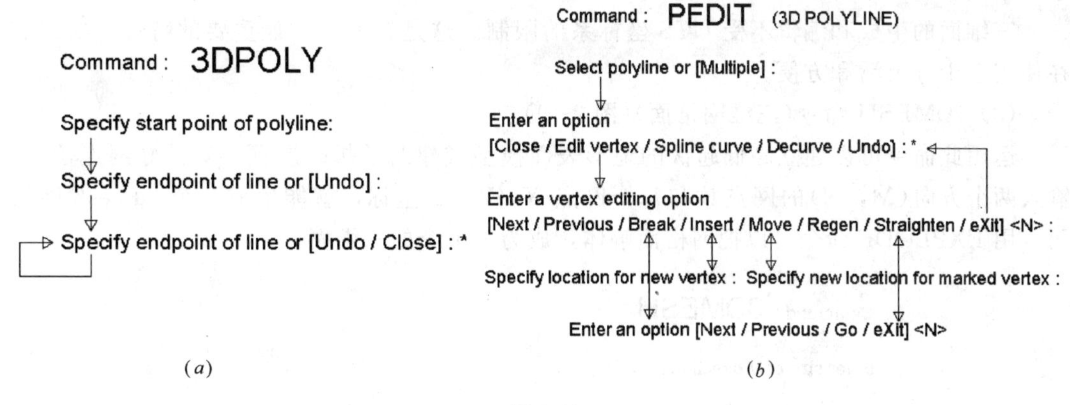

图 2-17

三维多段线可以用 PEDIT 命令进行编辑(图 2-17*b*)，其中的 Spline curve 选项可以把三维多段折线变成三维样条曲线，这在三维建模工作中经常使用。

(2) 3DFACE 面-AutoCAD 三维表面模型的基本图素

3dface(三维面)是 AutoCAD 在三维建模中的一种基本的、重要的图素。在许多三维建模命令所生成图形曲面中，基本的构成元素就是 3dface 三维面。如：3DMESH，3D Objects 命令组，EDGESURF，RULESURF，REVSURF，TABSURF 等等。

单独生成三维面，就用 3DFACE 命令(图 2-18)。

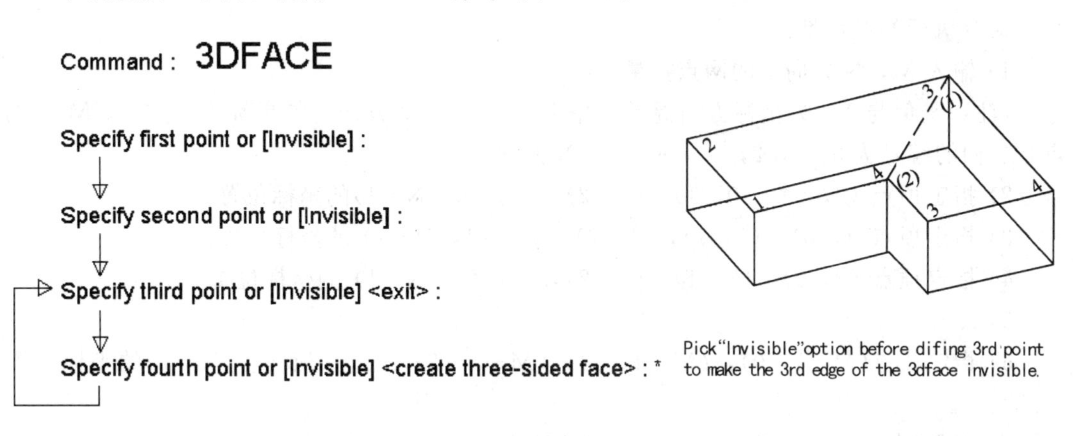

图 2-18

用 3DFACE 命令定义任意 4 个空间点，可以构造一个三维面。接着系统以刚生成的三维面的第三和第四点作为下一个三维面的第一和第二点，继续绘制下一个三维面。可以这样连续下去，构造一连串的相邻的三维面。

绘制三维面时，在定义下一点之前，可以设定一个不可见状态 (Invisible)，从而使下一条三维面的边线成为不可见。例如，图 2-18 中，为一个三维建筑模型加封平屋面。为使第一个三维面的第三条边不可见，就应在定义第三点前先选择“I”选项或输入一个“I”字符，来设置一个不可见状态。

单个的三维面实际上是由 2 个三角形的平面构成的，四个点如何构成两个面，这取决于三维面的四个点的生成顺序和它们的 Z 坐标值。

三维面的生成和编辑不受 UCS 坐标系的限制。这是它的一个最重要的特性。所以它在使用上十分灵活和方便。

(3) 3DMESH 命令(三维网格面)(图 2-19)

运用此命令可以建立高低起伏的地形表面模型或建筑的折壳屋顶。安排好网点位置，输入两个方向(M，N)的网点数和每个网点 X，Y，Z 坐标，就能生成一个 3dmesh 网格面。用 EXPLODE 命令可以把网格面解体，成为一个个的三维面。

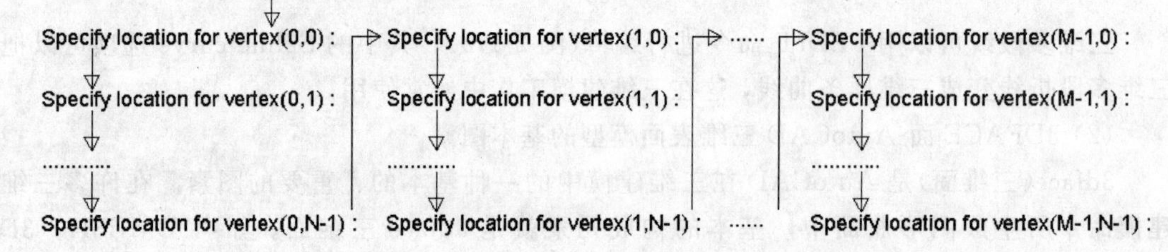

图 2-19

命令执行的过程是：

1) 输入 M，N 方向上的网点数量

(注：避免与 X，Y 坐标方向混淆，用 M，N 代表两方向。如果在 M 方向有 M 个网点，它们的编号为 0，1，2，...，M－1。N 方向亦然)

2) 指定顶点 (0，0)，(0，1)，(0，2)，...，(0，N－1)的坐标位置。

3) 指定顶点(1，0)，(1，1)，(1，2)，...，(1，N－1) 的坐标位置。

4) 指定顶点 (2，0)，(2，1)，(2，2)，...，(2，N－1) 的坐标位置。

5) ....

6) 指定顶点(M－1，0)，(M－1，1)，(M－1，2)，...，(M－1，N－1)的坐标位置<结束>。

全部网点的坐标输入完成后，系统就按照设定的参数值生成 3dmesh 网格面。可以看出，这是一个十分冗长乏味的工作过程。一旦中途出错后还不能回头修改。制作一幅地形图时，由于精度的需要，往往网点数量相当巨大。用这种低效率的输入方法是行不通的。

运用 AutoCAD 的 Script 功能，可以改进 3DMESH 命令的输入方式。Script 功能可以理解为在 AutoCAD 系统中的批处理方法。首先用 WINDOWS 文字处理器 Notepad，Write 或 Word 建立一个以 .SCR 为后缀的 ASCII 码文件，文件内容记录下在 AutoCAD 中执行 3DMESH 命令过程和全部网格点数据。在 AutoCAD 中用 SCRIPT 命令执行这个 SCR 文件，自动生成地形图的 3dmesh 图形(图 2-20)。

我们也可以进一步利用 AutoCAD 二次开发技术，自动采集地形图上等高线的坐标和

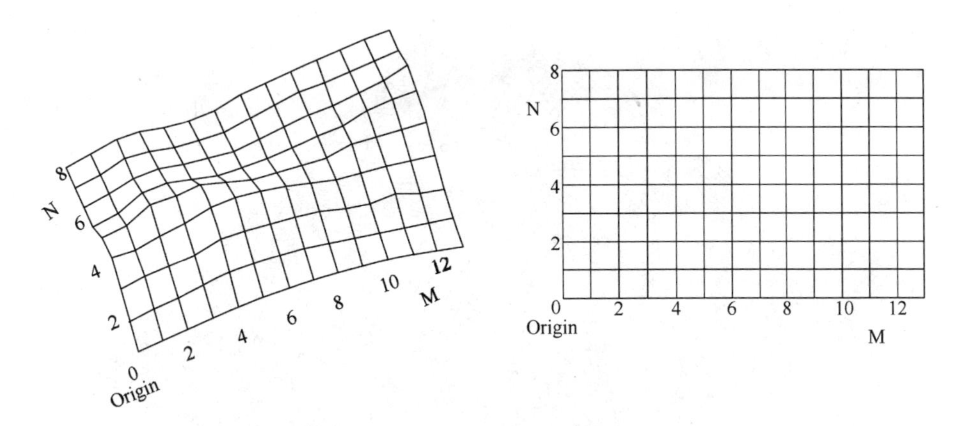

图 2-20

标高数据(图 2-21)，最后用 3DMESH 命令自动绘制出指定范围的地形网面图(图 2-22)。由于涉及的内容已超过本书的范围，所以不作详细介绍。(此图例由钱敬平先生提供。)

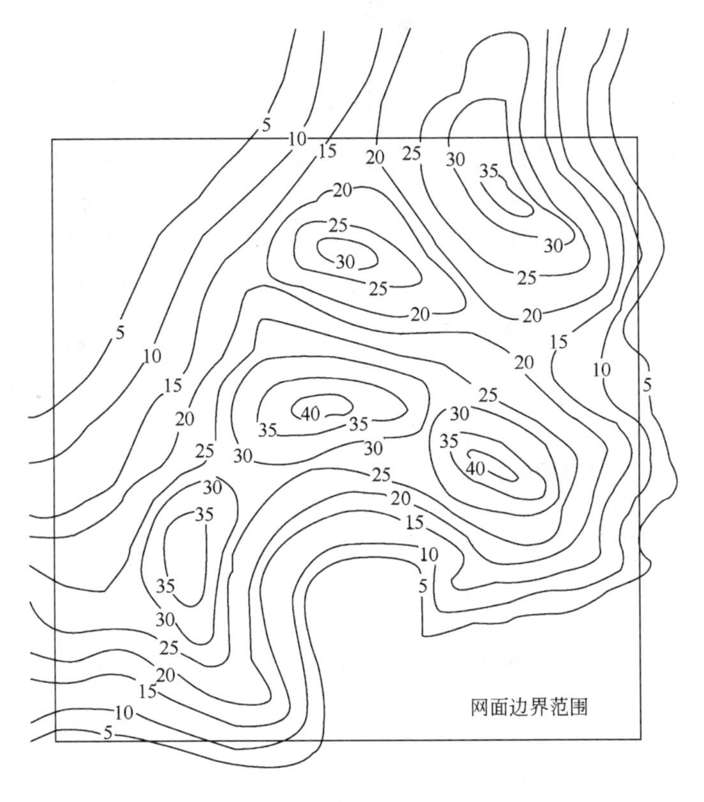

图 2-21

3dmesh 网面和其他由 3dface 构成的整体网面也可以用 PEDIT 命令进行编辑，但是这类编辑的功能并不适合与建筑建模的需要，所以很少使用，这里就不作介绍了。

三、基本几何体的三维网面命令组(3D Surfaces)

三维表面模型的基本几何体建模命令组 3D Surfaces，是一组由 AutoLISP 程序构成的 AutoCAD 补充命令，用来构造 9 种常用的基本几何体的表面模型。这些基本体的表面都

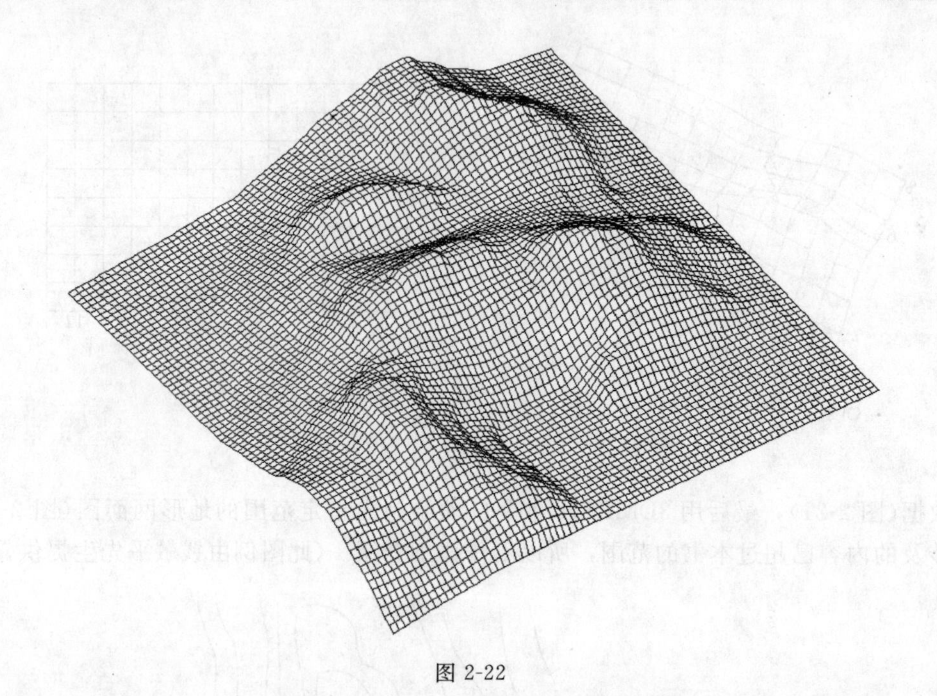

图 2-22

是由 3dface 面为基本元素构成的。我们可以直接输入命令执行也可以从下拉菜单 Draw > Surfaces >3D Surfaces 中选择相应的命令项执行。在打开的 3d-objects 对话框中，共有九种绘图工具：Box3D(长方体网面)、Pyramid(棱锥体网面)、Wedge(楔形体网面)、Dome(上半球网面)、Sphere(球体网面)、Cone(圆锥体网面)、Torus(圆环体网面)、Dish(下半球网面)、Mesh(网格面)。在命令行输入这些命令时需在每个名字前面加上前缀"ai _"。

(1) AI _ BOX 长方体网面体（图 2-23）

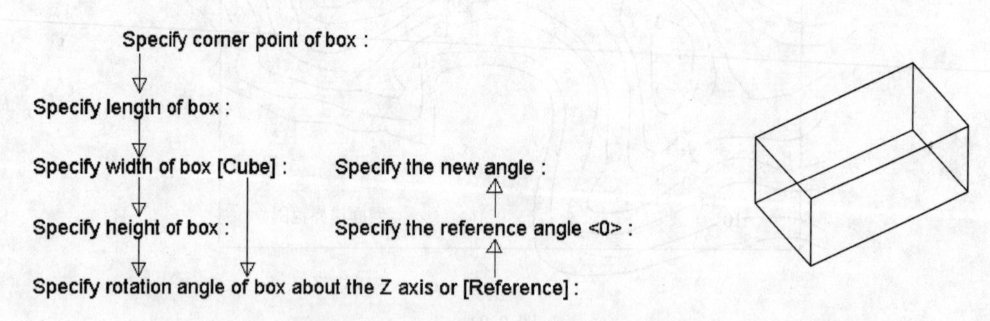

图 2-23

(2) AI _ PYRAMID 棱锥网面体、棱台网面体(图 2-24)

命令的执行过程是：

1) 指定三棱或四棱体底面的第一，二，三个角点。

2) 指定四棱体底面的第四角点或［Tetrahedron(三棱体)］。

• 选定第四角点后，继续定义四棱锥体的 apex point(顶点)或［Ridge(脊体)/Top(台

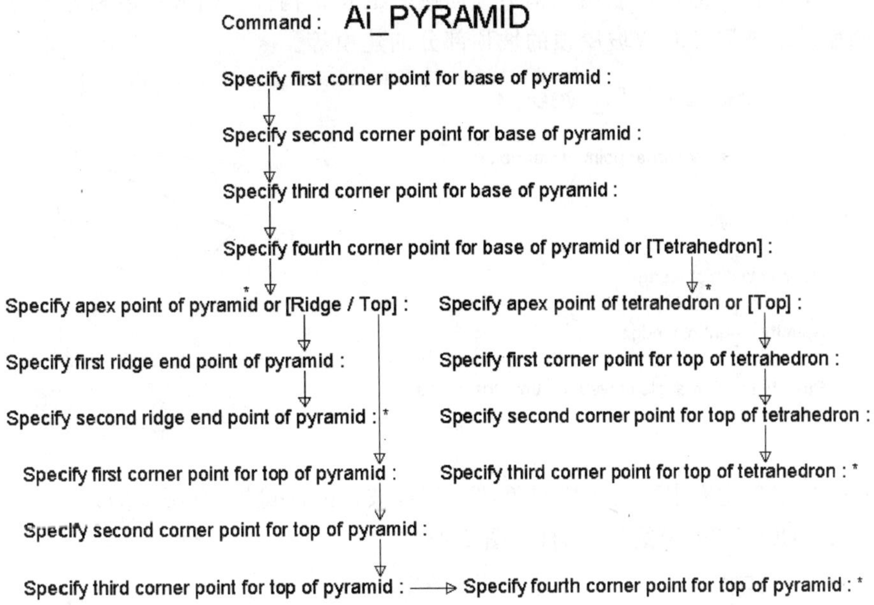

Command: Ai_PYRAMID

Specify first corner point for base of pyramid :
↓
Specify second corner point for base of pyramid :
↓
Specify third corner point for base of pyramid :
↓
Specify fourth corner point for base of pyramid or [Tetrahedron] :

Specify apex point of pyramid or [Ridge / Top] :
↓
Specify first ridge end point of pyramid :
↓
Specify second ridge end point of pyramid : *

Specify first corner point for top of pyramid :
↓
Specify second corner point for top of pyramid :
↓
Specify third corner point for top of pyramid : ——▷ Specify fourth corner point for top of pyramid : *

Specify apex point of tetrahedron or [Top] :
↓
Specify first corner point for top of tetrahedron :
↓
Specify second corner point for top of tetrahedron :
↓
Specify third corner point for top of tetrahedron : *

图 2-24

体)]。

a) apex point：指定四棱锥体的顶点。

b) [Ridge]：四棱脊体(四坡体)。

指定四棱脊体上脊线的第一，二端点。

c) [Top]：四棱台体。

指定四棱台体顶面的第一，二，三，四角点。

• 选择 Tetrahedron 选项，继续定义三棱锥体的顶点(apex point)或 [三棱台体(Top)]。

a) apex point：指定三棱锥体的顶点。

b) [Top]：三棱台体。

指定三棱台体顶面的第一，二，三角点。

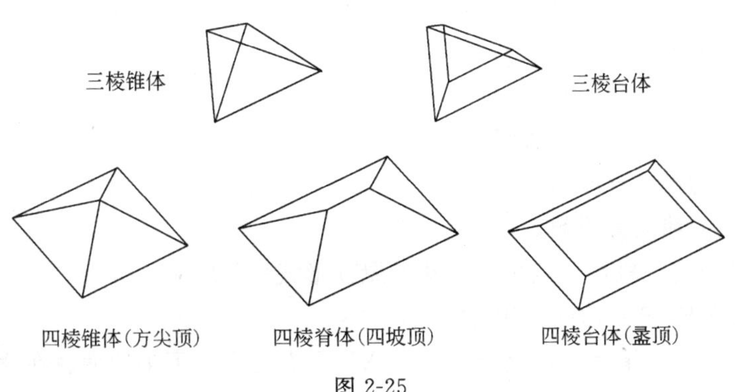

图 2-25

(3) AI _ WEDGE 楔形网面体(图 2-26)

相当于半个长方体，可以用于构造顶面倾斜的建筑构件。输入参数和方式与 Box 基本相同。例如，单坡屋顶和双坡屋顶的坡顶部分的建模等。

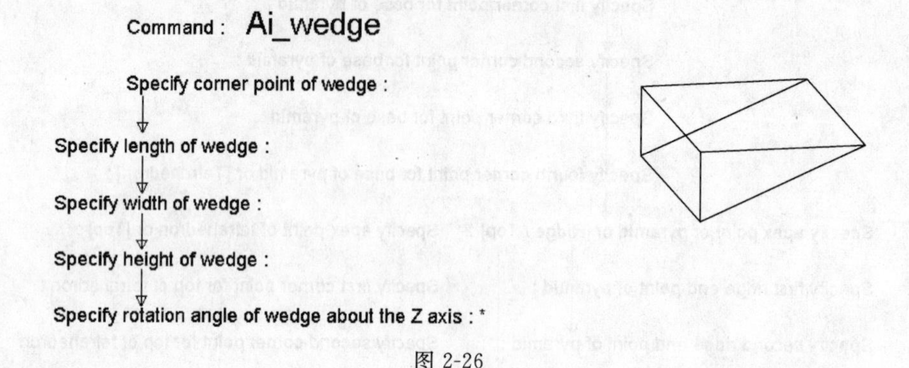

图 2-26

楔形体在建筑建模中可用于构造单坡顶和双坡顶的体量模型(图 2-27)。

(4) AI _ DOME 上半圆球网面体(图 2-28)

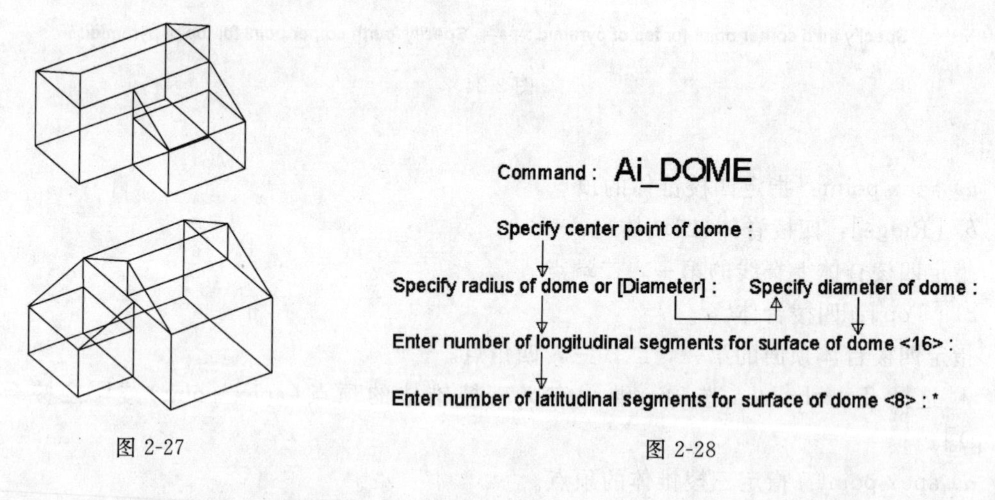

图 2-27

图 2-28

是上半个圆球面，由许多 3dface 面构成。可以设定半球面上经向和纬向的分段数，分段数越大，球面就越圆，但数据量也越大。如球面中心在 *XY* 平面上，上半球面就在 *XY* 平面之上。

命令的执行过程为：

1）指定上半球面的球心点。

2）指定上半球面的半径或直径。

3）输入球面的经向分段数。

4）输入球面的纬向分段数。

适当选定经向的分段数可以生成特殊的屋顶形式(图 2-29)。

(5) AI _ SPHERE 圆球网面体(图 2-30)

如球面中心在 *XY* 平面上，上半球面在 *XY* 平面之上，下半球面就在 *XY* 平面之下。

命令执行过程为：

1）指定球面的球心点。

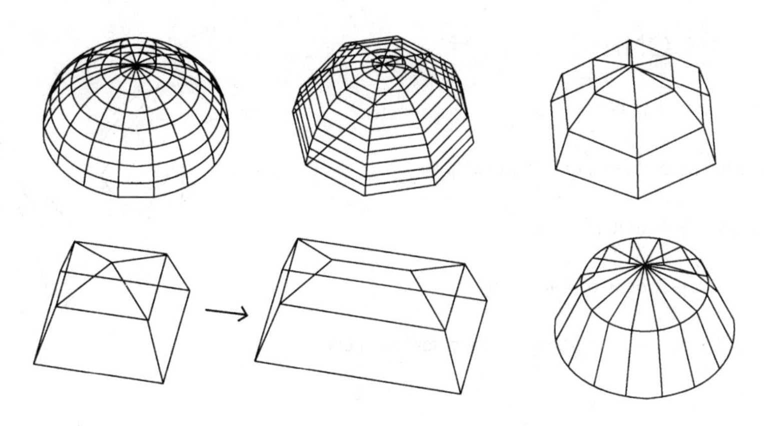

Ai-dome 命令不同的经纬分段设定得到的不同图形效果

图 2-29

Command： Ai_SPHERE

Specify center point of sphere :

Specify radius of sphere or [Diameter] :　Specify diameter of sphere :

Enter number of longitudinal segments for surface of sphere <16> :

Enter number of latitudinal segments for surface of sphere <16> : *

图 2-30

2）指定球面的半径或直径。

3）输入曲面的经线数目给球面。

4）输入曲面的纬线数目给球面。

在建筑建模中可以用来构造部分的球面(图 2-31)。

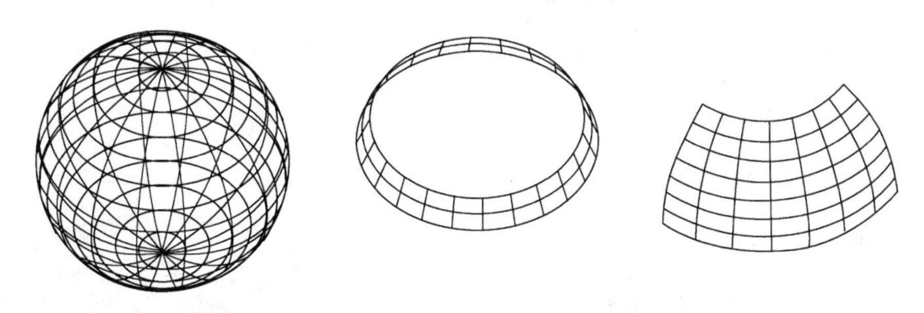

Ai-dome 生成的圆球体和选取部分球面作为模型的构成部分

图 2-31

(6) AI _ CONE 圆锥网面体、圆台网面体(图 2-32)

命令的执行过程为：

1）指定圆锥或圆台底面的中心点。

2）指定圆锥或圆台底面的半径或直径。

Command : **Ai_CONE**

Specify center point for base of cone :

Specify radius for base of cone or [Diameter] :

Specify diameter for base of cone :

Specify radius for top of cone or [Diameter] <0> :

Specify height of cone : * ← Specify diameter for top of cone :

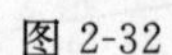

图 2-32

3）指定圆锥或圆台顶面的半径或直径(如指定为 0 即是圆锥，否则是圆台)

4）指定圆锥或圆台的高度

5）输入圆锥或圆台侧曲面的分段数目。

此命令在建筑建模中可以用来构造多边形或圆形的平屋顶的盝顶(图 2-33)。

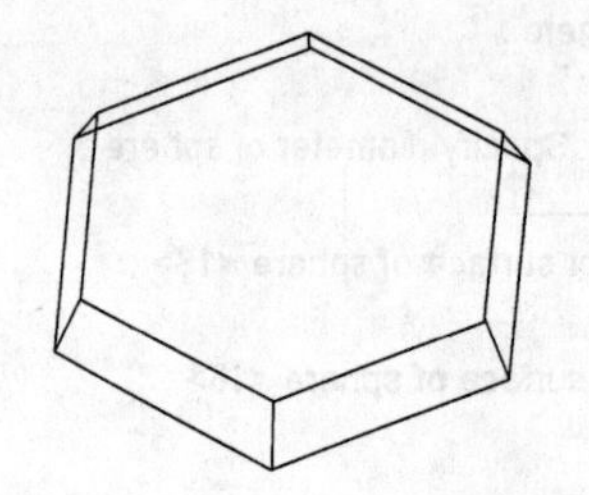

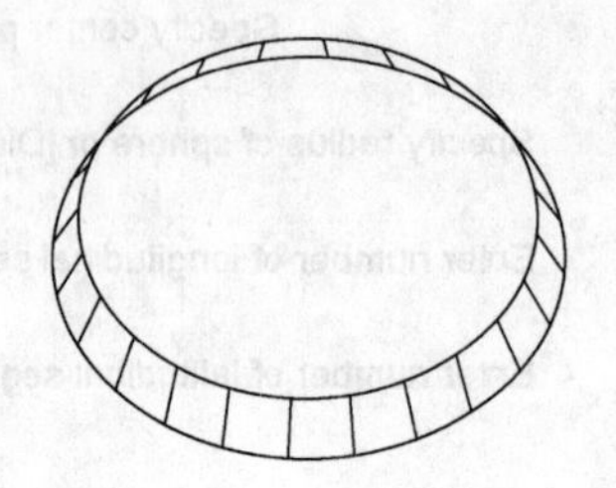

圆台面体在建筑建模中的应用

图 2-33

(7) AI _ TORUS 圆环网面体(图 2-34)

Command : **Ai_TORUS**

Specify center point of torus :

Specify radius of torus or [Diameter] :

Specify diameter of torus :

Specify radius of tube or [Diameter] :

Specify diameter of tube :

Enter number of segments around tube circumference <16> :

Enter number of segments around torus circumference <16> : *

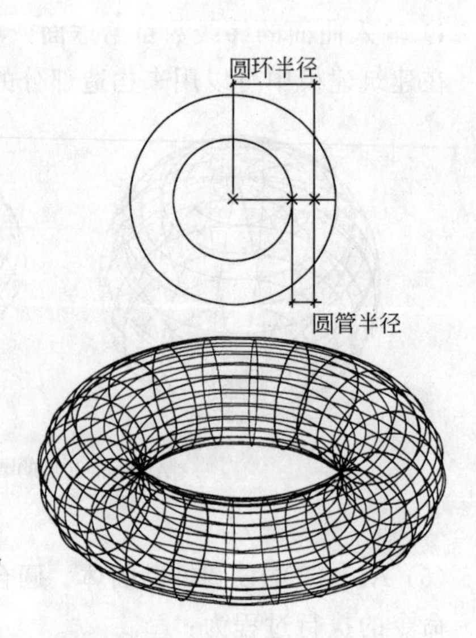

图 2-34

命令的执行过程为：

1）指定圆环面的中心点。

2）指定圆环面的半径或直径。

3）指定圆管的半径或直径。

4）输入环绕圆管圆周的线段数目。

5）输入环绕圆环面圆周的线段数目。

可以用它来构造多边形或弧形的走廊屋顶(图 2-35)。

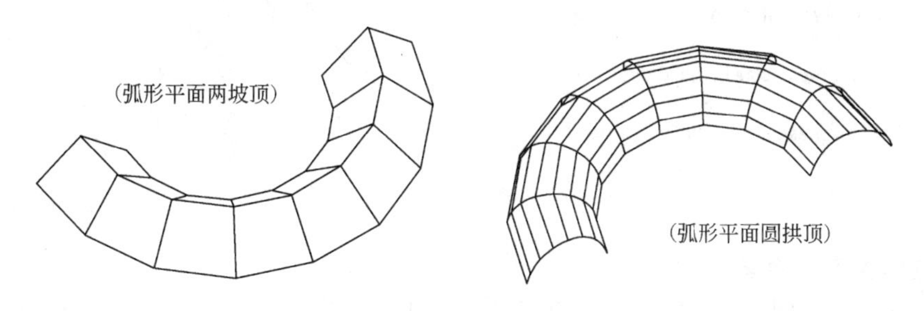

圆环面体在建筑建模中的应用举例

图 2-35

(8) AI _ DISH 下半圆球网面体(图 2-36)

Command : Ai_dish

Specify center point of dish :

Specify radius of dish or [Diameter] :　Specify diameter of dish :

Enter number of longitudinal segments for surface of dish <16> :

Enter number of latitudinal segments for surface of dish <8> :

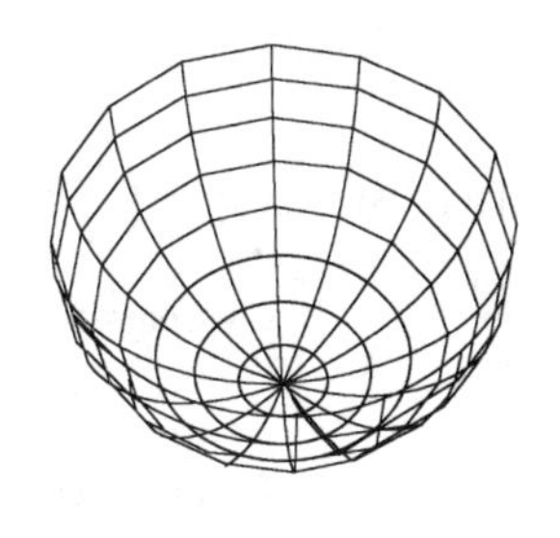

图 2-36

如球面中心在 XY 平面上，下半圆球面就在 XY 平面之下。

命令的执行过程为：

1）指定下半球面的球心点。

2）指定下半球面的半径或直径。

3）输入曲面的经线数目给上半球面。

4）输入曲面的纬线数目给上半球面。

(9) AI _ MESH 网格面(图 2-37)

定义空间四点，它们的连线是空间网格面的边线，M 或 N 方向的两条直线具有相同的分段点数，相对应的点之间的连线，构成网格线。每一个网格都是一个三维面，它们的分段数取决于 M size 和 N size 的定义。

命令的执行过程为：指定网格面的第一，二，三，四角点，然后输入 M，N 方向上的网格数量。其中，1、4 点和 2、3 点的方向为 M 方向，1、2 点和 3、4 点的方向为 N 方向。

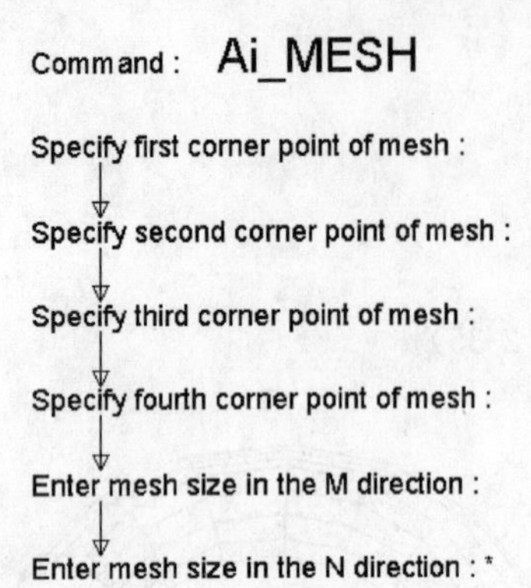

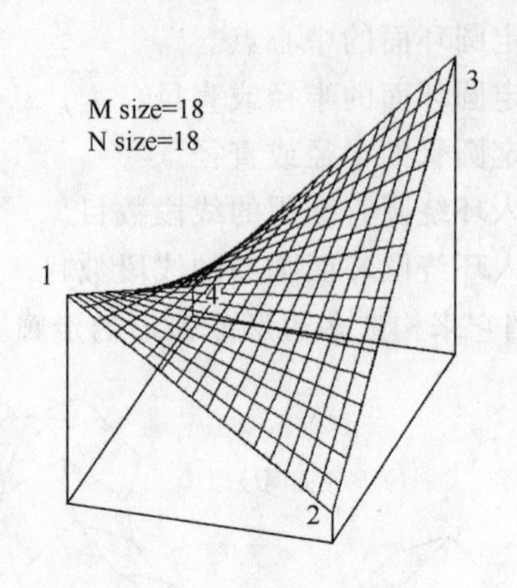

图 2-37

四、三维曲面命令组

三维曲面命令组共有四个命令：边界曲面(EDGESURF)、直纹曲面(RULESURF)、旋转曲面(REVSURF)、延伸曲面(TABSURF)。

这是一组在 AutoCAD 的三维建筑建模中非常有用的命令，我们常常用它们来构造各种空间几何曲面。这些曲面用 EXPLODE 命令解体后，都是一个个三维面。所以，这些曲面都可以进行灵活的柔性修改和编辑。

我们可以直接输入命令执行，也可以从下拉菜单 Draw ＞Surfaces 中选择相应命令项执行。

1. EDGESURF 边界曲面命令(图 2-38)

Command : **EDGESURF**

Current wire frame density : SURFTAB1=12 SURFTAB2=6
Select object 1 for surface edge :
↓
Select object 2 for surface edge :
↓
Select object 3 for surface edge :
↓
Select object 4 for surface edge : *

图 2-38

生成一个以四条首尾相接的空间曲线为边界和基准构成的三维网格曲面(图 2-39)。用此命令可以构造一些相当复杂的空间曲面。操作时需要注意两点：

(1) 必须是四条曲线或直线，而且它们必须是首尾相接。

(2) 构成的空间网格面是由许多三维面构成的。第一和第三曲线的网格面分段数由系统变量 Surftab1 的当前值控制；第二和第四曲线的分段数由系统变量 Surftab2 的当前值控制。

命令的执行过程为：顺序选择用作曲面边界的第一，第二，第三和第四边界对象。

以下是两个比较复杂的例子(图 2-40)。

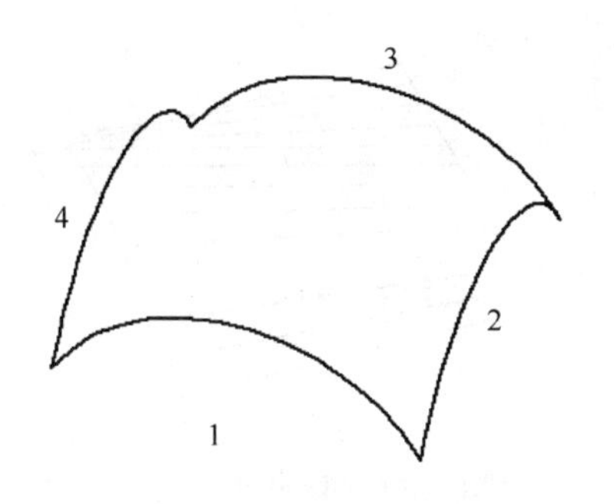

Edgesurf 命令构建边界曲面
(1,2,3,4 为边界定义顺序)

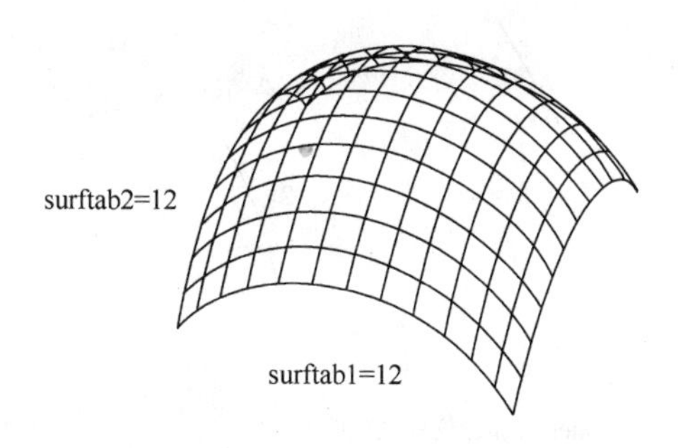

1-3 方向分段数由系统变量 surftab1 控制
2-4 方向分段数由系统变量 surftab2 控制

图 2-39

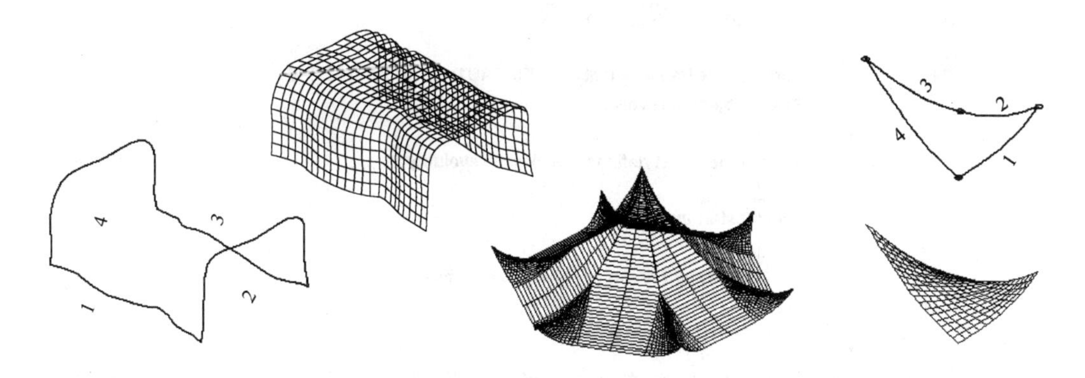

Edgesurf 命令的建筑建模中的应用实例

图 2-40

2. RULESURF 直纹曲面命令(图 2-41)

Command: **RULESURF**

Current wire frame density : SURFTAB1=12
Select first difining curve :
↓
Select second difining curve : *

图 2-41

在生成曲面的过程中，由一条直线以两条空间曲线(包括直线)为界，在它们之间等速率地滑动所构成的轨迹曲面(图 2-42)。此命令在建筑建模中用得非常广泛，在操作时有两点需要注意的：

(1) 它所构成的网格面也是由许多三维面组成。两条曲线之间的分段数是由系统变量 Surftab1 的当前值确定。

(2) 在定义这两条基准曲线时，要注意选取点的位置。三维面构建是从每条曲线上距选点近的端点开始向另一端展开的。选取点位置不当会产生意想不到的结果。

命令的执行过程为：分别选择第一条和第二条定义曲线。

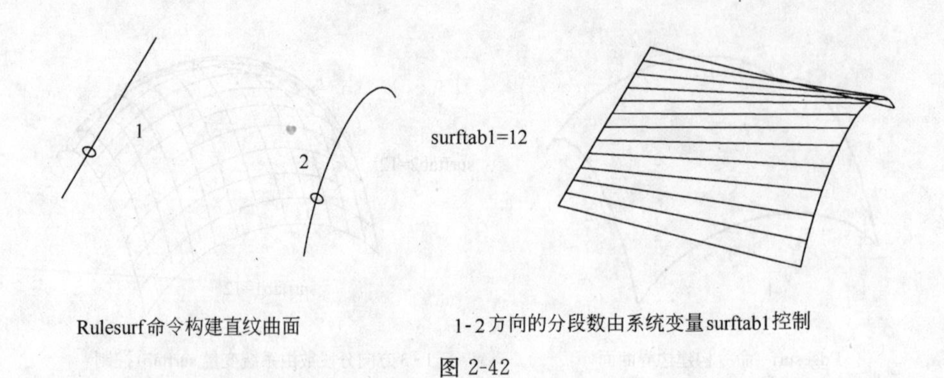

图 2-42

3. REVSURF 旋转曲面命令(图 2-43)

```
Command :    REVSURF

Current wire frame density : SURFTAB1=12  SURFTAB2=6
Select object to revolve :
        ↓
Select object that defines the axis of revolution :
        ↓
Specify start angle <0> :
        ↓
Specify included angle (+=ccw, -=cw) <360> : *
```

图 2-43

生成由一条空间曲线绕一轴线旋转而产生的空间网格面(图 2-44)。在建筑建模中用来构造各种旋转曲面，如复杂的柱身、柱础。也可以用来生成各种正多边形旋转面和它们的各种变形体。此命令执行时要注意：

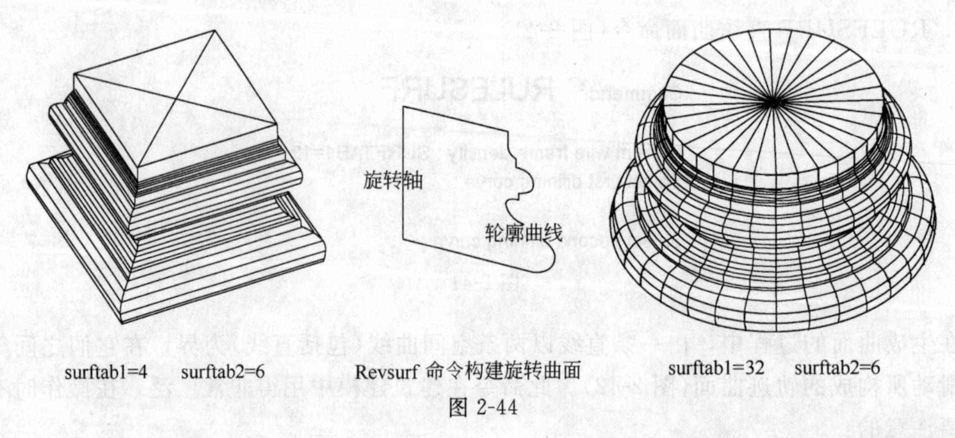

图 2-44

(1) 产生的旋转曲面也是由三维面组成，被旋转的曲线在旋转方向的分段数由变量 Surftab1 控制；被旋转曲线自身的每段曲线部分的分段数由变量 Surftab2 控制。Surftab1 的值决定了生成的正多边形旋转面的边数，分段数足够大时，可看成为圆弧面，最小分段数为 3，即构成正三角形旋转体。所以，可以利用这个特性来构造多边形柱子、柜台等。

(2) 被旋转的曲线在绕轴线旋转时可以设定旋转的方向、起始角和旋转角度。

命令的执行过程为：

1）选择旋转的对象；

2）选择作为旋转轴的对象；

3）指定起始旋转的角度；

4）指定旋转包含的角度(正值为逆时针转，负值为顺时针转)<360>。

4. TABSURF 延伸曲面命令（图 2-45）

Command： **TABSURF**

Select object for path curve :

↓

Select object for direction vector : *

图 2-45

生成由一条空间曲线沿一直线矢量的方向和长度拉伸生成的网格面(图 2-46)。

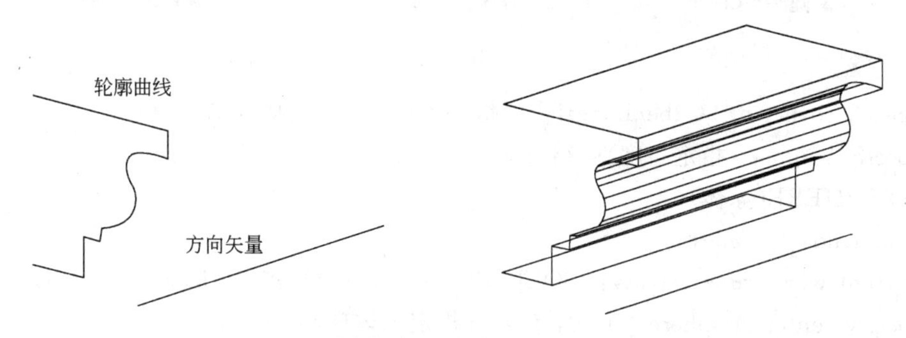

Tabsurf命令构建平移曲面 (surftab1=6)

图 2-46

(1) 此命令只能沿直线矢量方向拉伸，不能沿曲线、折线拉伸。

(2) 变量 Surftab1 控制了空间曲线中每个曲线段的分段数。

(3) 在选取直线段作为矢量时，它的矢量方向是由距选取点靠近的端点指向远端点。

命令的执行过程为：先选择用作轮廓曲线的对象，再选择用作方向矢量的线段对象。

五、三维实体命令

在 AutoCAD 的三维建模环境中，三维实体建模是三维表面建模方式的补充。它的最大的优点是可以通过布尔运算来生成复杂的三维模型，同时，它的模型数据量也会相应有较大的增加。从 Draw 菜单选择 Solids 选项就可以选择各种三维实体建模命令。生成实体的命令分成两类：三维基本几何实体和基于二维图形的三维构成实体。

1. 三维基本几何实体命令组(图 2-47)

包括：Box(长方体)，Sphere(球体)，Cylinder(圆柱体)，Cone(圆锥体)，Wedge(楔体)，Torus(圆环体)。

(1) BOX(长方体)

Command：_ box

Specify corner of box or [CEnter] <0，0，0>：(指定长方体的角点或 [中心点(CE)] <0，0，0>)

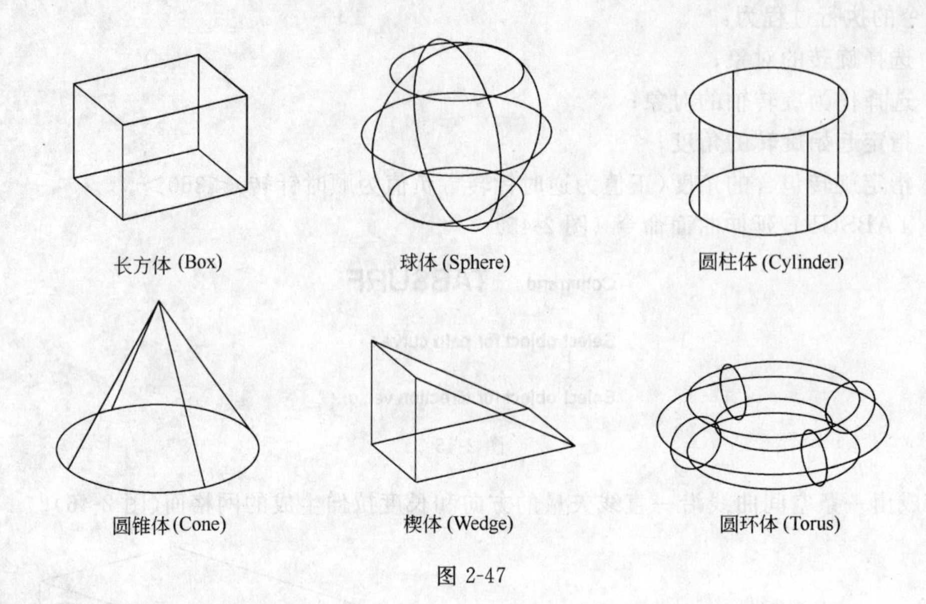

图 2-47

Specify corner or [Cube/Length]:(指定角点或[立方体(C)/长度(L)])

Specify height:(指定高度)<结束>

(2) SPHERE(球体)

Command:_ sphere

Current wire frame density: ISOLINES=4 (当前线框密度: ISOLINES=4)

Specify center of sphere<0, 0, 0>:(指定球体球心<0, 0, 0>)

Specify radius of sphere or [Diameter]:(指定球体半径或[直径(D)])<结束>

(3) CYLINDER(圆柱体)

Command:_ cylinder

Current wire frame density: ISOLINES=4 (当前线框密度: ISOLINES=4)

Specify center point for base of cylinder or [Elliptical] <0, 0, 0>:(指定圆柱体底面的中心点或[椭圆(E)] <0, 0, 0>)

Specify radius for base of cylinder or [Diameter]:(指定圆柱体底面的半径或[直径(D)])

Specify height of cylinder or [Center of other end]:(指定圆柱体高度或[另一个圆心(C)])<结束>

(4) CONE(圆锥体)

Command:_ Cone

Current wire frame density: ISOLINES=4 (当前线框密度: ISOLINES=4)

Specify center point for base of cone or [Elliptical] <0, 0, 0>:(指定圆锥体底面的中心点或[椭圆(E)] <0, 0, 0>)

Specify radius for base of cone or [Diameter]:(指定圆锥体底面的半径或[直径(D)])

Specify height of cone or [Apex]:(指定圆锥体高度或[顶点(A)])<结束>

(5) WEDGE(楔体)

Command：_ wedge

Specify first corner of wedge or [CEnter] ＜0，0，0＞：(指定楔体的第一个角点或[中心点(CE)] ＜0，0，0＞)

Specify corner or [Cube/Length]：(指定角点或[立方体(C)/长度(L)])

Specify height：(指定高度)＜结束＞

(6) TORUS(圆环体)

Command：_ torus

Current wire frame density：ISOLINES=4 (当前线框密度：ISOLINES=4)

Specify center of torus＜0，0，0＞：(指定圆环体中心＜0，0，0＞)

Specify radius of torus or [Diameter]：(指定圆环体半径或[直径(D)])

Specify radius of tube or [Diameter]：(指定圆管半径或[直径(D)])＜结束＞

2. 三维构成实体命令

包括 Extrude(拉伸实体)和 Revolve(旋转实体)。

(1) EXTRUDE 命令(图 2-48)

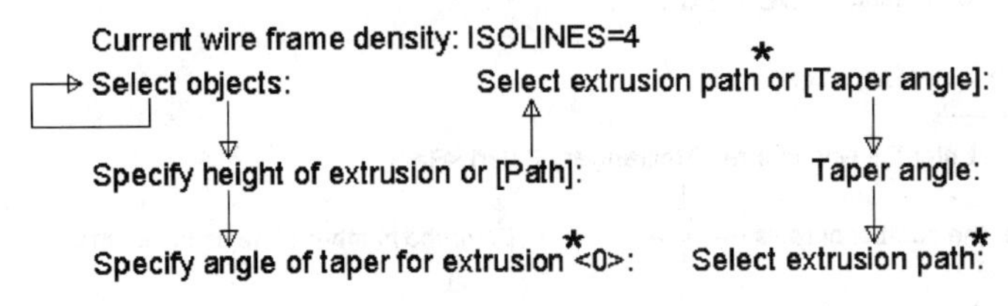

图 2-48

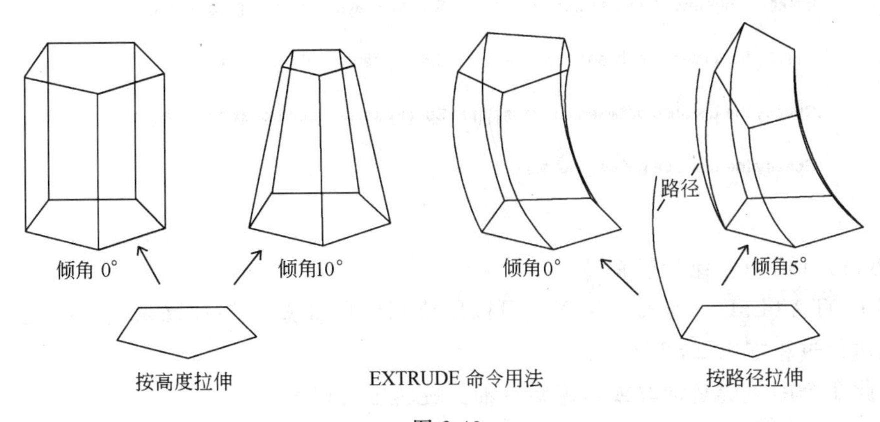

图 2-49

一个或多个自封闭的非自相交的单一的曲线(折线)，沿着另一条指定的曲线或折线指示的方向进行拉伸，从而生成的一个空间实体。

(2) REVOLVE 命令(图 2-50)

一个或多个自封闭的非自相交的单一的曲线(折线)，绕着一条指定的轴线进行旋转，从而生成的一个空间实体。

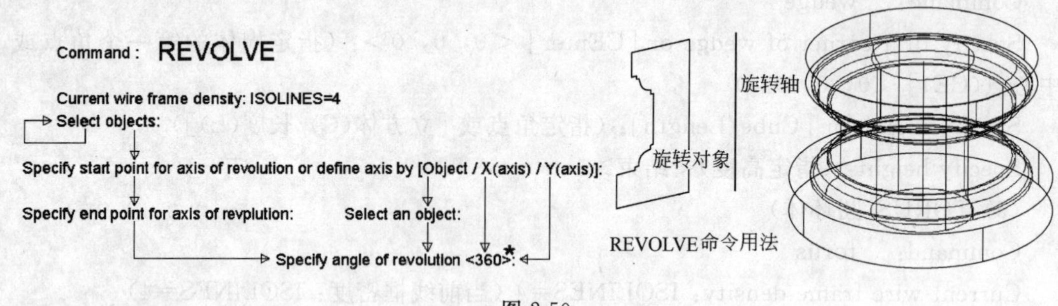

图 2-50

六、三维编辑命令

AutoCAD 提供了一组对对象进行三维编辑的命令，它们有：3Darray(三维阵列复制)，Rotate3D(三维旋转)，Mirror3D(三维对称) 和 Align(三维对齐)。

1. 3DARRAY 三维阵列命令

此命令在二维阵列命令 Array 的基础上，增加了 Z 轴方向的阵列复制。执行过程如图 2-51 所示：

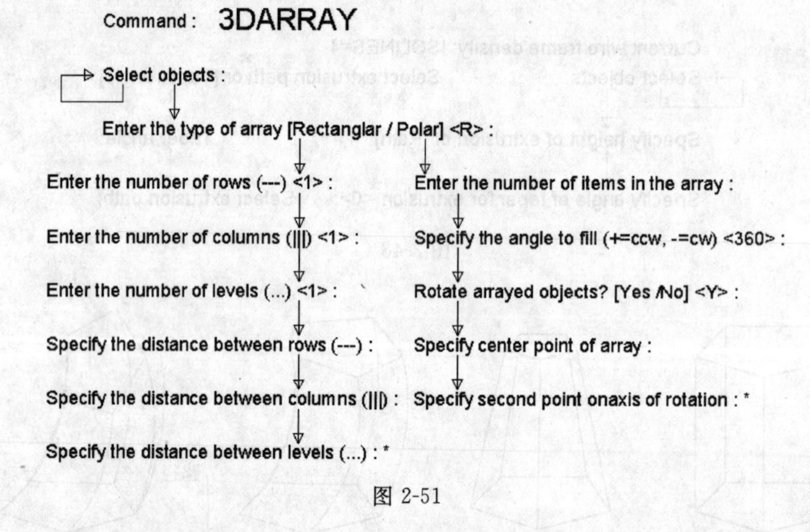

图 2-51

2. ROTATE3D 三维旋转命令

使用 ROTATE3D 三维旋转命令，可以围绕指定的任意空间轴线来旋转指定的对象。此命令的执行过程如图 2-52 所示：

执行此命令的关键是选取或指定旋转轴。旋转轴可以是：

(1) Object(对象)：将旋转轴与某个现有对象对齐。

(2) Last(最近的)：使用前一次定义的旋转轴。

(3) View(视图)：定义通过指定点并与当前视图平面垂直的直线方向为旋转轴。

(4) Xaxis(X 轴)：定义通过指定点并于 X 轴平行的直线方向为旋转轴。

(5) Yaxis(Y 轴)：定义通过指定点并于 Y 轴平行的直线方向为旋转轴。

(6) Zaxis(Z 轴)：定义通过指定点并于 Z 轴平行的直线方向为旋转轴。

(7) 2Points(两点)：通过指定两个点来定义旋转轴。

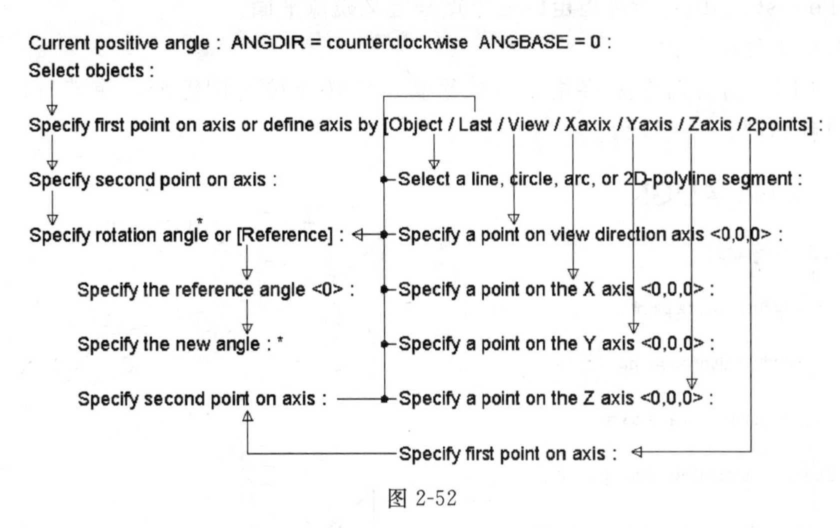

图 2-52

3. MIRROR3D 命令

可以使用 MIRROR3D 三维镜像命令，通过指定空间中的某平面作为镜像平面，创建某指定对象的空间镜像对象。此命令的执行过程如图 2-53 所示：

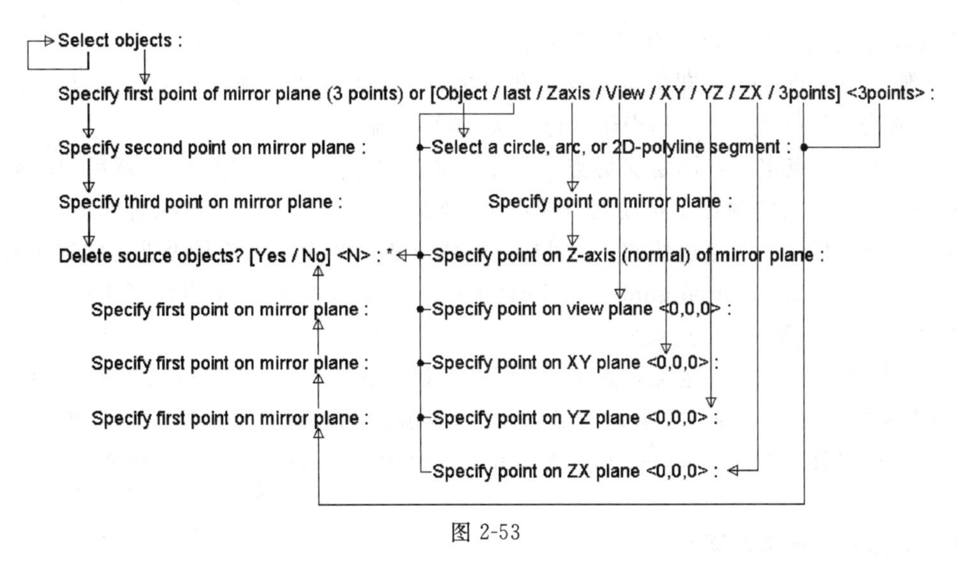

图 2-53

执行此命令的关键是选取或指定镜像面。镜像平面可以是：

(1) Object(对象)：使用指定的平面对象作为镜像平面

(2) Last(最近的)：使用前一次定义的镜像平面。

(3) Zaxis(*Z* 轴)：根据平面上的一个点和平面法线上的一个点定义镜像平面。

(4) View(视图)：通过指定点，并与当前视图平面平行的平面。

(5) *XY*(*XY* 面)：通过指定点，并与 *XY* 平面平行的平面。

(6) *YZ*(*YZ* 面)：通过指定点，并与 *YZ* 平面平行的平面。

(7) *ZX*(*ZX* 面)：通过指定点，并与 *ZX* 平面平行的平面。

(8) 3Points(三点)：通过指定的三个点来定义镜像平面。

4. ALIGN 对齐命令

使用 ALIGN 对齐命令来将指定对象平移、旋转或按比例缩放，使其与目标对象对齐。执行过程如图 2-54 所示：

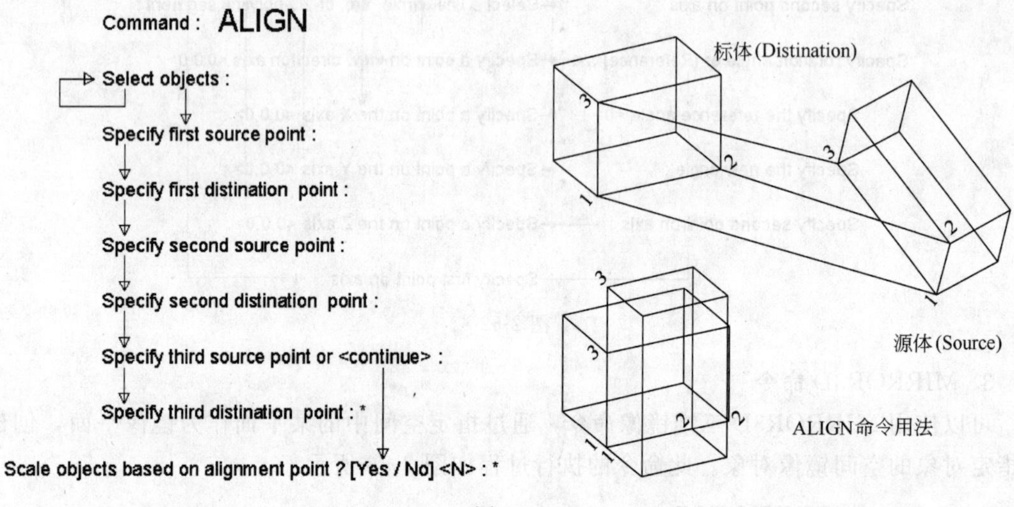

Command : ALIGN
Select objects :
Specify first source point :
Specify first distination point :
Specify second source point :
Specify second distination point :
Specify third source point or <continue> :
Specify third distination point : *
Scale objects based on alignment point ? [Yes / No] <N> : *

标体(Distination)
源体(Source)
ALIGN命令用法

图 2-54

在此命令的执行时，可以有三种执行方式：

(1) 使用一对点定义：即指定源点 1 和目标点 1，然后回车确认。系统将源对象从它的源点 1 移动到目标点 1。即相当于执行一次 MOVE 命令。

(2) 使用两对点定义：即定义源点 1、目标点 1 和源点 2、目标点 2，然后回车确认。系统先把源对象从它的源点 1 移动到目标点 1，然后以 1 点为基点，对源对象进行一次旋转，使得源对象的 1-2 源点连线和 1-2 目标点连线对齐。并提示用户是否进行比例缩放：

Scale objects based on alignment points? [Yes/No] ＜N＞：(是否以第 1 点为基点对源对象进行缩放? [Yes/No] ＜N＞)

(3) 使用三对点定义：定义源点 1、目标点 1 和源点 2、目标点 2 以及源点 3、目标点 3，系统首先将源对象从源点 1 移动到目标点 1；再旋转源对象将 1-2 源点连线和 1-2 目标点连线对齐；再旋转源对象将 1-3 源点连线和 1-3 目标点连线对齐，从而最终确定指定对象的位置。

七、实体对象布尔运算

两个或两个以上的实体对象，无论是二维的(Region)还是三维的(Solid)实体对象，它们之间都可以进行布尔运算。布尔运算的方式有：布尔加(UNION)、布尔减(SUBTRACT)和布尔与(INTERSECT)三种(图 2-55)。

进行布尔运算的操作较简单，主要是在输入命令后选择好运算对象。

在进行布尔减的运算操作时，输入命令后，首先是要选择被减的实体对象，回车后再选择欲减去的实体对象，两者顺序不能颠倒，否则会产生错误的结果。

Command：subtract

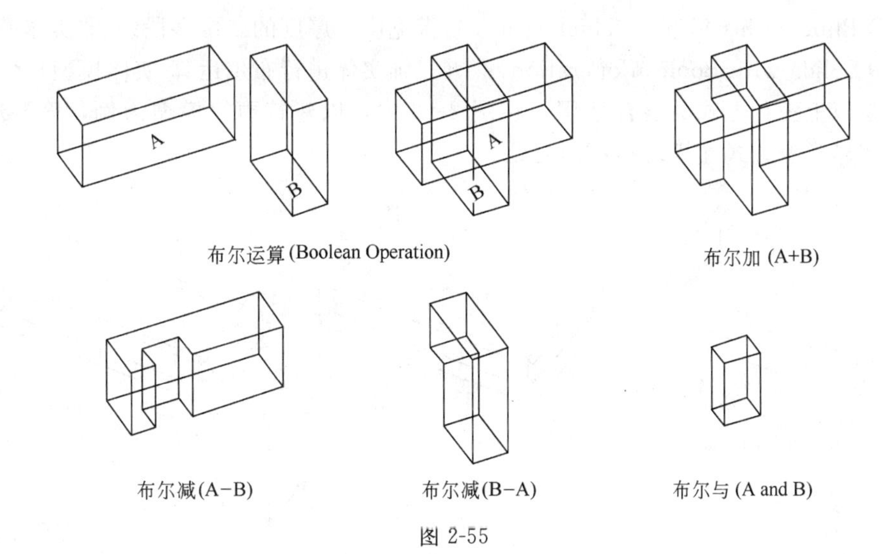

布尔运算(Boolean Operation)　布尔加 (A+B)

布尔减(A−B)　布尔减(B−A)　布尔与 (A and B)

图 2-55

Select solids and regions to subtract from...

Select objects:

......

Select solids and regions to subtract...

Select objects:

......

实体模型对象的数据要比表面模型对象要多，如果是进行多重布尔运算，它们的几何描述就会变得相当复杂，数据量也会变得相当庞大。所以，在当前微机的资源条件下，应当尽量减少不必要的实体布尔运算过程。

第三节　AutoCAD 三维建筑建模方法

建筑物本来就是一个三维的实体，但是当处于设计阶段时，它并不存在。为了对设计方案进行审视和改进，以往就需要制作建筑模型或绘制建筑透视图。现在，我们可以运用电脑的三维建筑建模技术，来构造建筑方案的电子模型，以表达建筑方案的三维形象特征。制作三维建筑的电子模型具有成本低、速度快和模型便于修改调整的优点，并能在此基础上制作建筑效果图、建筑动画和建筑虚拟实境(VR)。三维电脑建筑模型特别适合于在建筑方案设计阶段用作审视和调整设计的工具，它已成为建筑师在进行建筑设计时的一种不可或缺的重要手段。

一、三维建筑建模的基本方法

一般而言，在进行三维建筑建模时，已经有了建筑方案的平、立、剖面设计图，而且往往还有建筑方案的 AutoCAD 两维图形文件。就应该尽量利用这些已有的信息资源。

1. 模型构件的对象类型

按模型基本构件所用的对象类型分类，建筑的三维建模可以分为以下三类：

- Line，Arc with thickness ＋ 3dface　(带厚度的直线段，圆弧加三维面-表面模型)

- 2D Pline with width & Thickness　　（带宽度、厚度的二维多段线-准实体模型）
- 3D Solids with Boolean operation　　（三维实体进行布尔运算-实体模型）

或者是以上三种方式的混合运用。在图 2-56 中，以建筑雨篷模型为例，简要地说明用这三种图形类型方式建模时的不同之处。

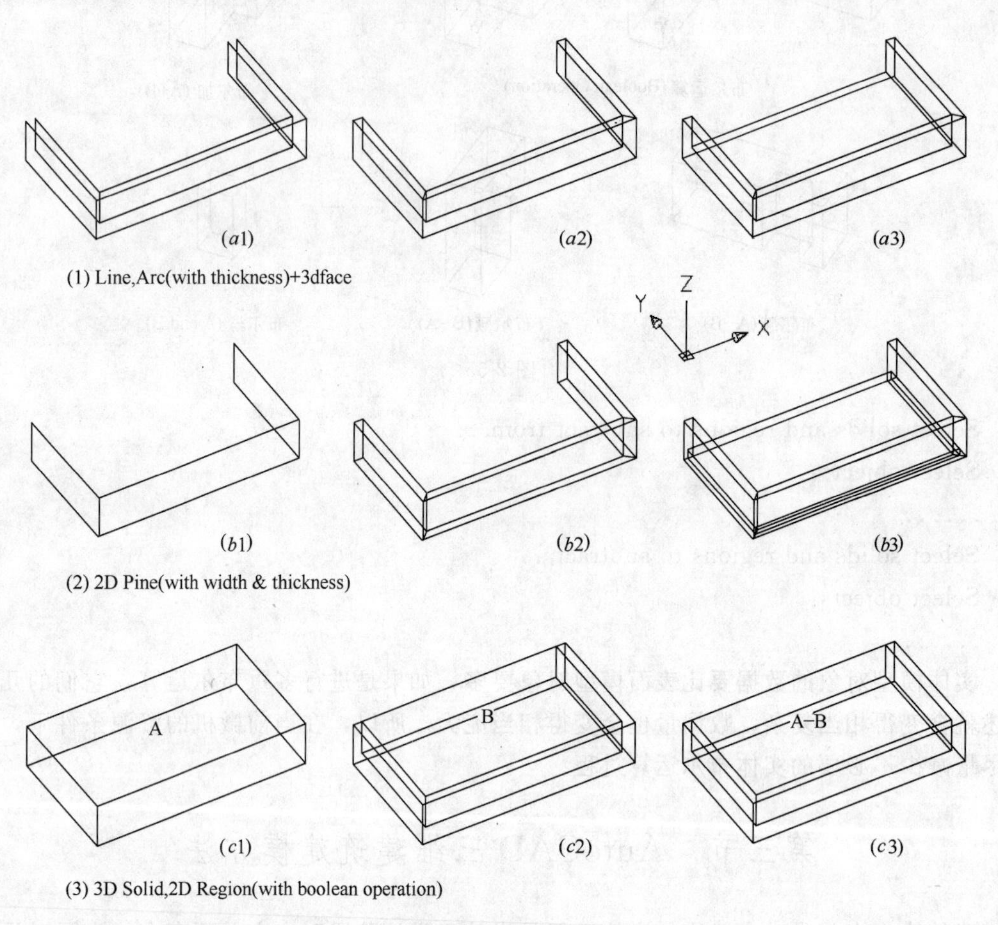

图 2-56

(1) 带有厚度的直线段、圆弧加三维面方式：

这是一种典型的表面模型构建方式，模型面完全由拉伸面(line，arc with thickness)和三维面(3dface)构成。

图 2-56(*a*1)为由直线段构成的雨篷翻梁边面。图 2-56(*a*2)中在翻梁顶面加盖三维面。图 2-56(*a*3)中用三维面加铺雨篷底板的上下面。

(2) 带有宽度和厚度的二维多段线方式：

带有宽度和厚度的多段线 Pline 可以表现一个三维的体量(拉伸体)，但它不是真正的三维实体类型，它不能进行布尔运算，拉伸体的角点坐标也没法被捕获，它只能捕获到 Pline 线的中心定位点。所以，我们称这种方式为准实体模型建构方式。这种类型还包括 Trace，Donut 和 Rectangle 等命令生成的三维图形体。

图 2-56(*b*1)为多段线构成的雨篷翻梁中心线。图 2-56(*b*2)中把多段线改宽后成为翻

梁。图 2-56($b3$)中在底板位置上，加盖另一条多段线，使之成为雨篷的底板。

(3) 带有布尔运算的三维实体，二维实体面域方式：

这是典型的实体模型建构方式，图 2-56($c3$)中模型体是两个实体 A 和 B 的布尔减(A－B)运算的结果。

2. 表面模型的建构方法

以模型建构的工作方式分类，三维建筑建模可以分为直接建模方式和分段拼接方式两种。前者一般适用于小型的建筑单体，后者适用于较为复杂的建筑单体和群体。也有采用两者相结合的方式。

(1) 建筑的三维直接建模方式

直接建模就是直接把平躺的平面图、和竖立的立面图对齐放置在同一个三维视图中，平面图作为模型的基础，并从中获取构件的坐标位置和长度、宽度信息，从立面图上获取构件标高位置和高度信息。由下而上，对建筑构件逐个建模。立面图的数量视模型的要求而定，但最少也要有两个立面图。这种直接建模的方式适用于小型建筑或体量造型比较简单的建筑的建模。现在以一个小建筑为例(图 2-57)，来说明三维建模的基本方法和步骤：

1) 对建筑平面图(图 2-57a)中的内部墙线、门窗线和其他与三维模型无关的线条清除干净(图 2-57b)。

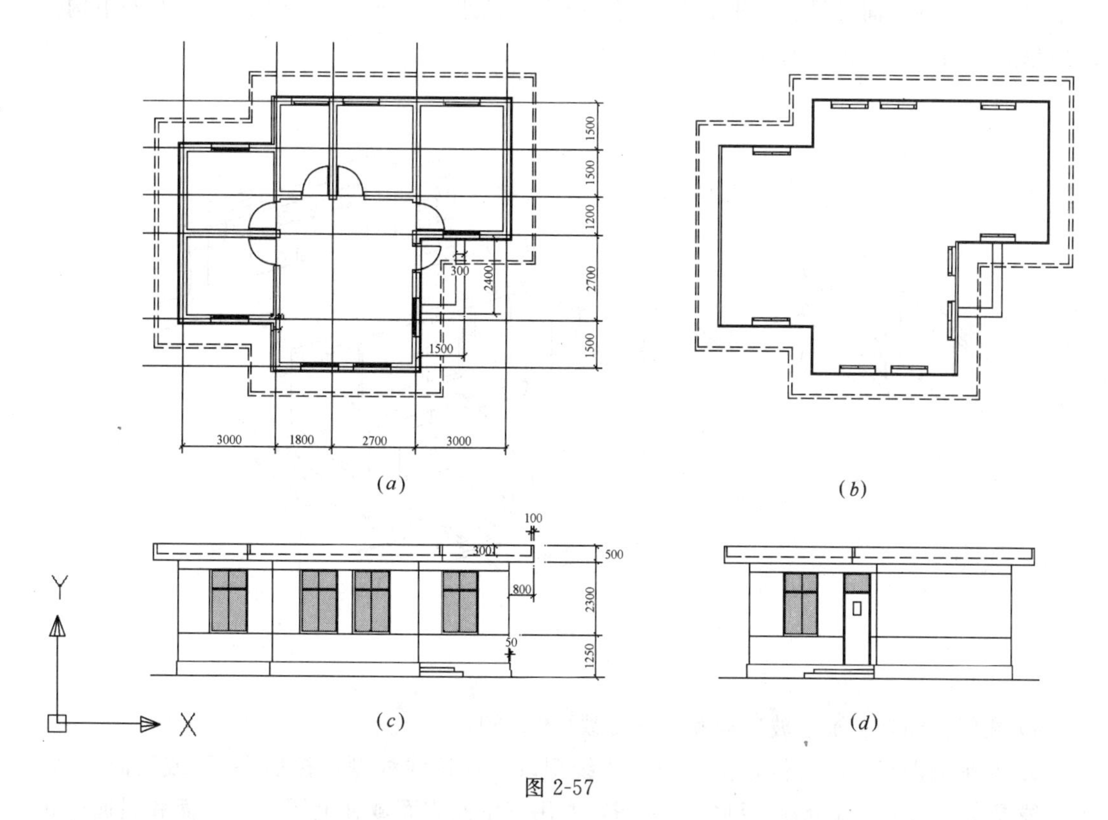

图 2-57

2) 建立轴测视图，以清理后的平面图为中心，把另外两个立面图(图 2-57c，d)三维旋转 90°后移动到与平面相对应的对齐位置(图 2-58)。

3) 以平面图为位置基础，以立面图(或剖面图)为高度依据，由下而上地从勒脚、窗

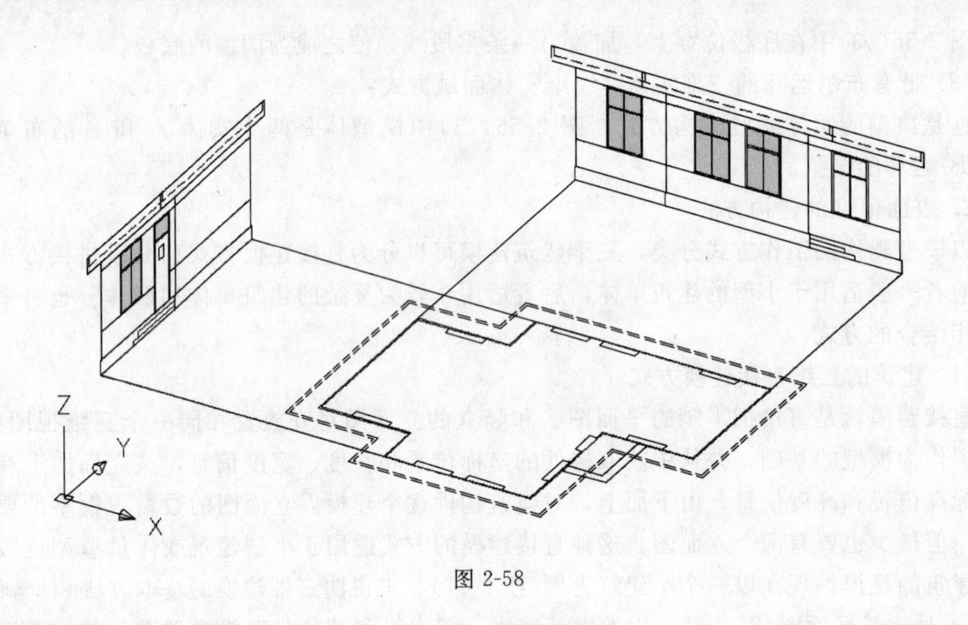

图 2-58

下墙、窗间墙、窗过梁等，分别选定图层、标高和厚度，逐个进行三维建模。特别要注意补上窗台面，踏步面等没法在平面图上用线条表示的水平三维面(图 2-59)。在本例中构件的对象类型属于第一种表面模型的图形元素。

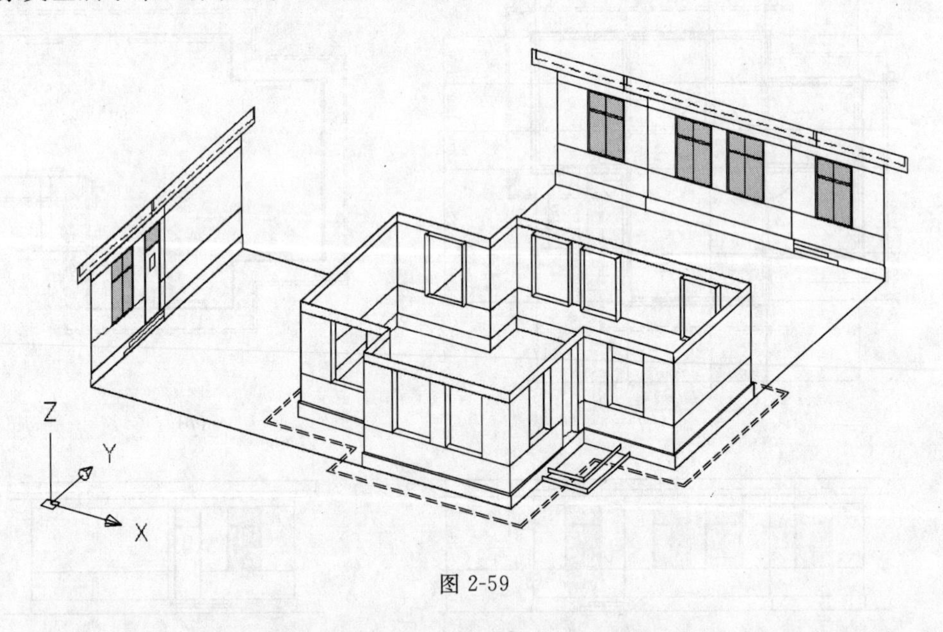

图 2-59

4）在门窗洞处，加上玻璃面和门窗框线(图 2-60)。

5）在平面图檐口线的位置上，把虚线线型改为连续线线型，按照立面(或剖面)设定檐口线檐高。把屋檐部分提升到实际标高，并用三维面或面域补上屋面，屋面和屋檐应属于不同的图层。(图 2-61)。

(2) 建筑的分区段拼接建模方式

对于较大、较高的建筑物或建筑群体，建模时往往需要进行分成若干区段，先对每个

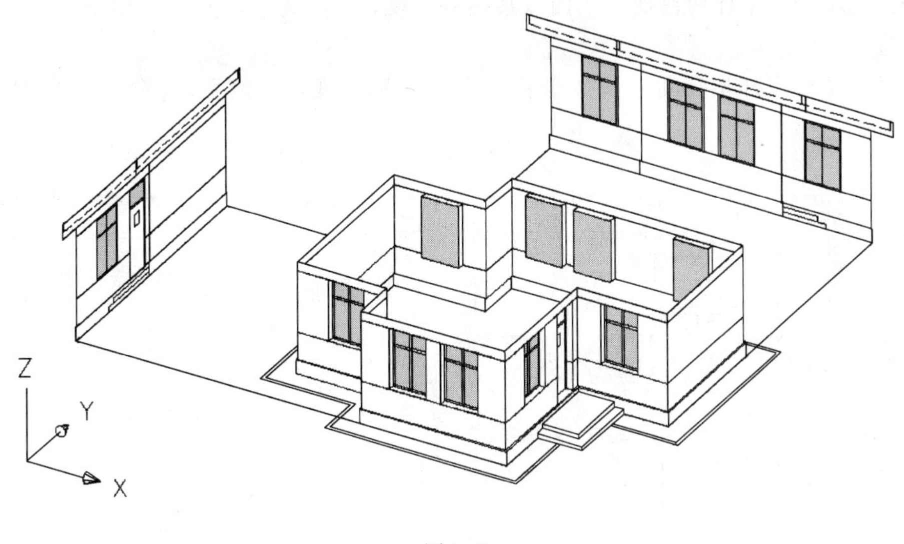

图 2-60

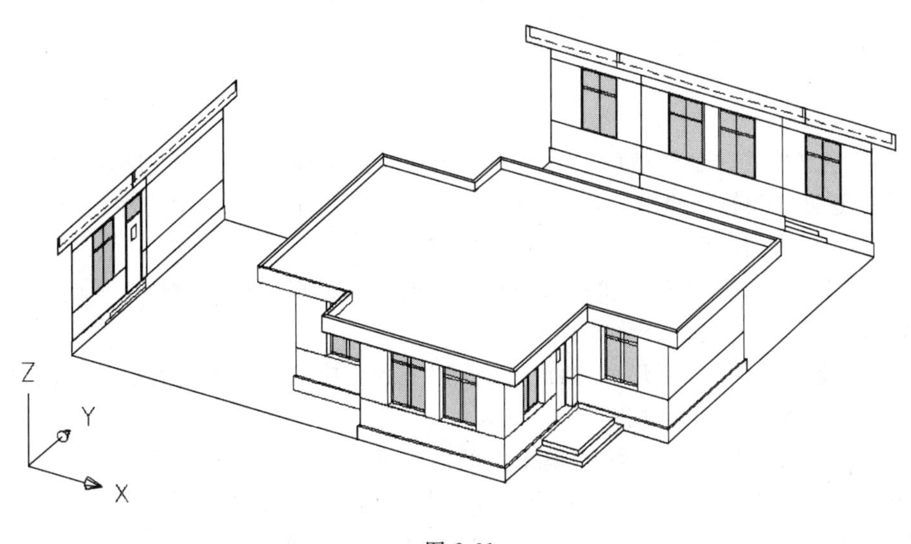

图 2-61

段单独进行三维建模，储存独立的图形文件，最后进行拼装组合，形成最终的三维建筑模型。

建筑的分区段是指在水平方向分区和垂直方向分段。对于一个建筑物，无论是单个建筑还是群体建筑，往往都是以总平面的三维模型为基础的。如果总平面上比较复杂，就应该在水平方向上分成若干个独立的模型区，如果某个模型区在垂直高度方向上层数较多或形式变化较大，可以在垂直方向上再分成若干个独立的模型段。每个区段虽然都是一个独立的图形文件，但它们都沿用同一个世界坐标系，也就是说这些图形文件中的模型构件的坐标 X，Y 值和标高 Z 值是协调统一的，就像是在一个文件中建的模型一样。同时它们的用的图层名，块名等系统设置也是相同的。所有这些都是为了保证最后的模型组装拼接的顺利进行，不会产生任何错误。下面以某招待所设计方案为例，具体介绍垂直分段拼接的建模过程。

这是个单位内部招待所，虽然设施等方面并不很规范，但平面简单对称，上下一致(图 2-62*a*)。

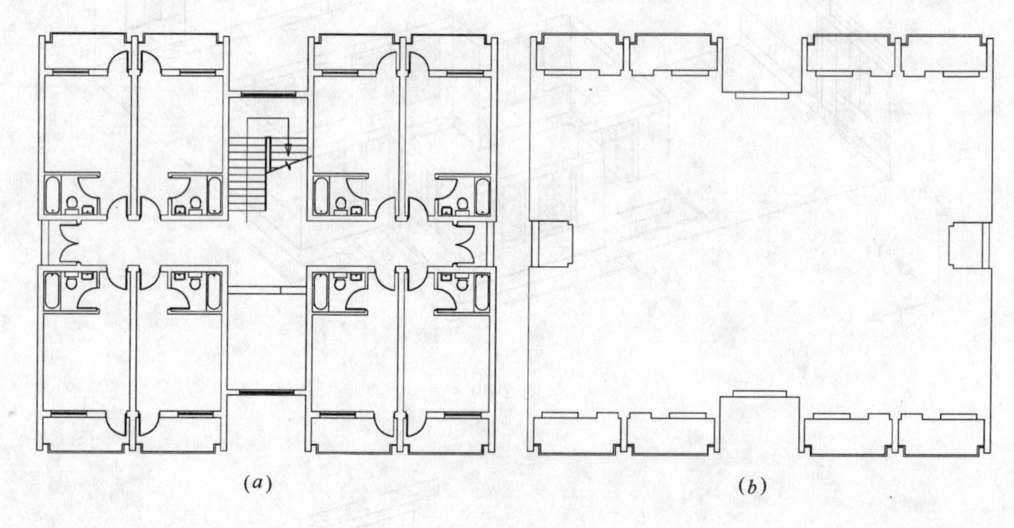

(*a*)　(*b*)

图 2-62

招待所建筑分成四个模型段：总平面地形段、底层建筑段、标准层建筑段和平屋顶段。分别对这四个模型段建模，并存入四个独立的图形文件。本例中构件建模的对象类型也是属于第一种表面模型的图素。详细步骤如下：

1）按照总平面图设计图形和基地的地形、地貌和标高信息，构建总平面地形段的三维模型。完成后存一独立的图形文件。

2）按照建筑底层平面图形和立面、剖面图上的相应信息，构建底层建筑段的三维模型。完成后存一独立的图形文件。

a）把建筑平面图中的与三维建模无关的内容进行清理，该模型是考虑作为制作建筑动画的模型，所以东、南、西、北各个方向的外部构建全部保留下来(图 2-62*b*)。如果只是绘制某个角度的透视图，可以在不影响透视和渲染的效果的前提下，对看不到的部分进行简化或删除。

b）对清理后的底层平面图设置三维轴测视图(图 2-63*a*)所有的图形的 *Z* 坐标均为 0，即在底层地面的标高上。

c）设定 Thickness 变量值为－450，构造向下拉伸的底层勒脚的封闭多段线(Closed Pline)。封闭的多段线可以在模型转入 3dsmax 软件时自动在多段线上下地面封上平面作为模型的地面。同时，在平面走廊两端的入口处加上踏步(图 2-63*b*)。

d）选择平面上的所有的墙体线，并在 Properties 对话框中把它们的 Tickness 参数值改成 3000(图 2-63*c*)。

e）在每个窗户的位置把墙线拉伸厚度改为 900 的窗下墙高度，另外在同样的位置向上复制一段墙线，标高为 2500，拉伸厚度为 500。这样，形成一个个 1600 高的窗洞。在每

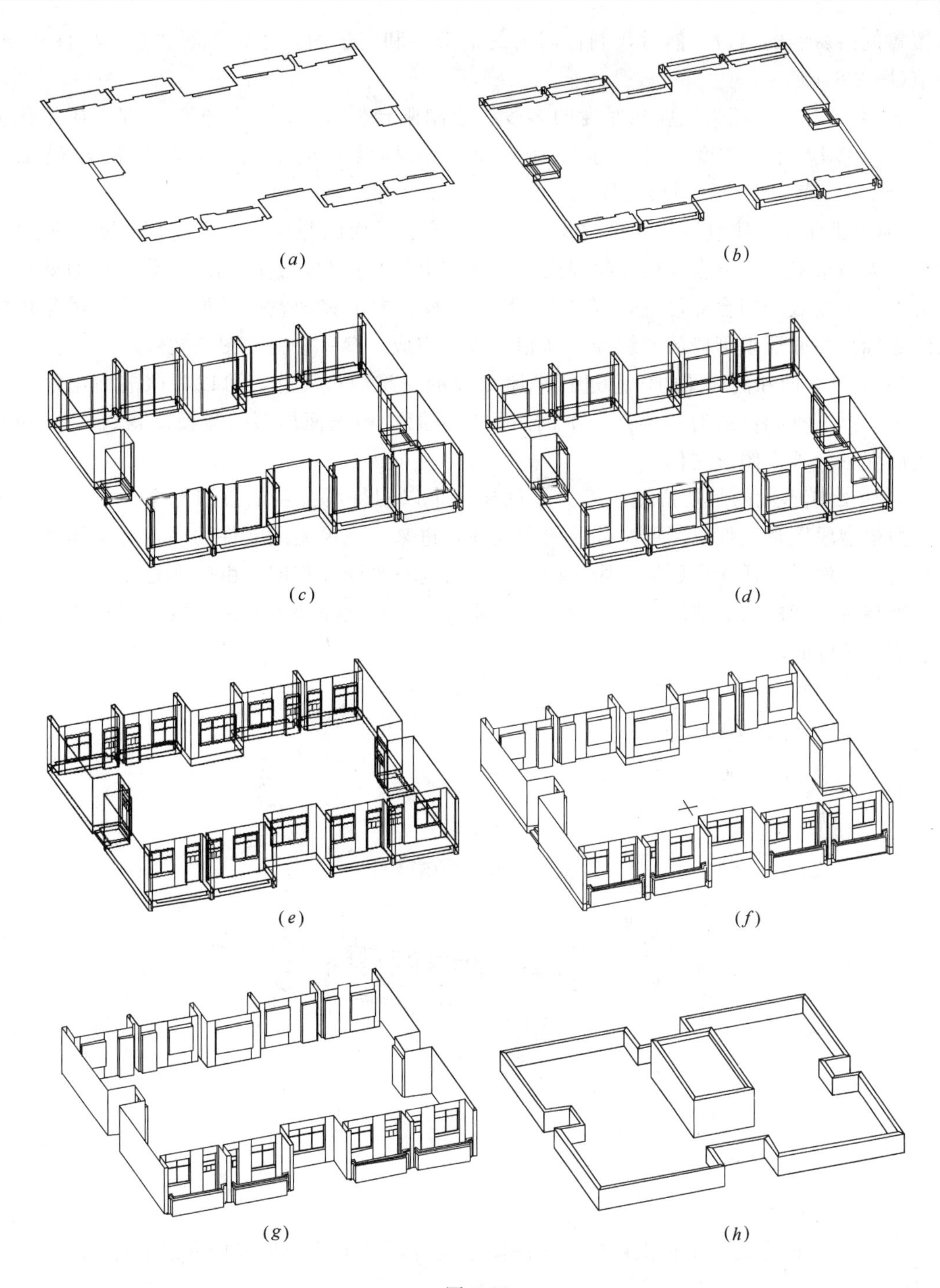
(a)　(b)　(c)　(d)　(e)　(f)　(g)　(h)

图 2-63

个门户的位置上方，复制一段拉伸厚度为 500 的墙线，形成一个个 2500 高的门洞。在窗洞和门洞的上下和两侧添加表达墙洞厚度的垂直面(厚度为窗高的线段)和水平面(三维面)(图 2-63*d*)。

f) 在门窗洞内口，用带门窗高为拉伸厚度的线段来封面，这些拉伸面被用作为玻璃

面覆盖的门窗洞的内口。然后，制作门窗的框架线和门板面，详见下面“基本构件建模”一节(图 2-63*e*)。

g) 在阳台位置用带宽度和厚度的多段线绘制阳台栏板。注意栏板线底部的应该比地面低一个楼层结构高度。它的标高为－150。这样就完成了底层建筑段的建模工作(图 2-63*f*)。存一个独立图形文件。

3) 构建标准层建筑段的三维模型。因为标准层平面图与底层平面差别很小，所以三维模型无需重做，只要在底层建筑段模型的基础上进行修改，删除勒脚部分并把原两个入口处的踏步改成凹阳台即可(图 2-63*g*)。但需要垂直向上移动整个模型段，使该模型段的墙线底标高与底层模型段的墙线顶标高相一致。完成后存一个独立图形文件。

4) 按照立面和剖面图的信息进行平屋顶段的三维建模工作，可以参照前面雨篷建模的例子选择一种构件的对象类型，本例用的也是第一种表面模型的建模图素(图 2-63*h*)。完成后存一个独立图形文件。

5) 开始模型段的组装拼接。第一步创建一个以招待所命名的总图形文件，然后先把总平面模型段图形文件以图形文件块的方式插入进来，把模型段文件的原点与总体图形文件相重合。然后再插入底层模型段，插入的方法与总平面段相同。由于在建模时已经考虑了各模型段之间的坐标的统一性，所以插入原点的重合，保证了各模型段之间自动坐标定位的正确性(图 2-64)。

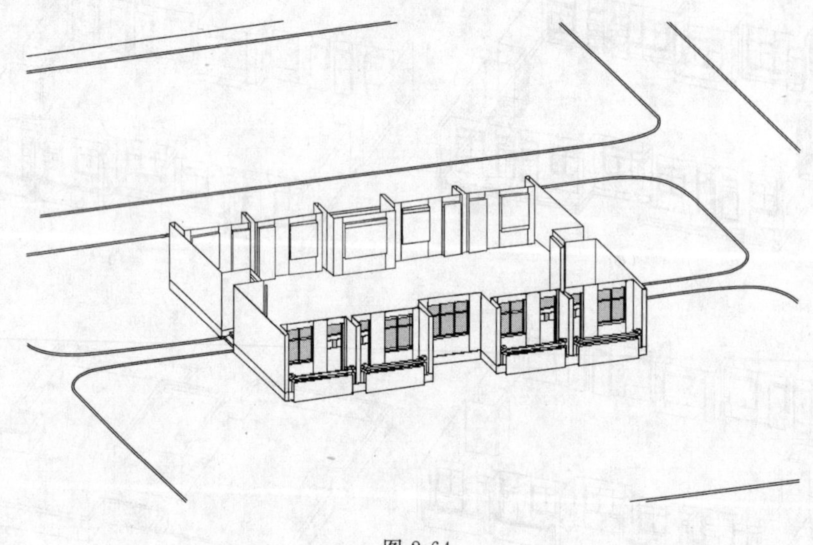

图 2-64

6) 以相同的方法，把标准层建筑段的图形文件以图形块的形式插入进总体图形中(图 2-65)。

7) 对标准层建筑段图形块，进行垂直重复复制到设计层数(图 2-66)。

8) 最后把屋顶建筑段的图形文件插入进总图形文件，完成三维建筑模型的构建工作，并把总图形文件进行存盘归档作业(图 2-67)。

(3) 区段建模的拼接方式

分区段建模的模型段拼接有两种方式：图块文件方式和参考文件方式。上面的招待所

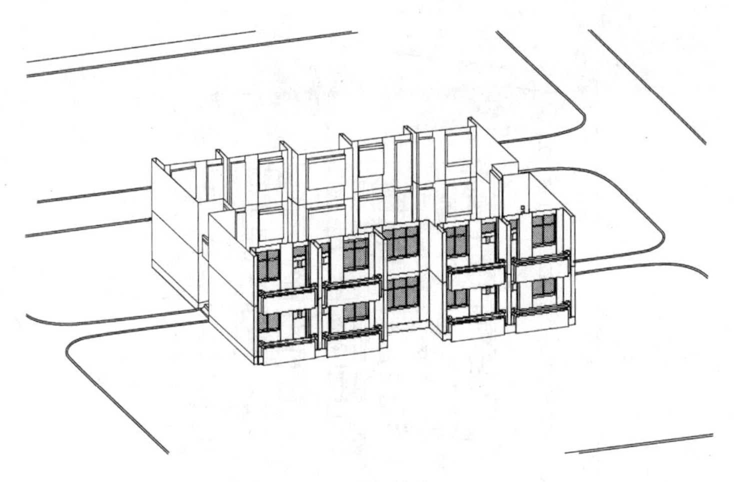

图 2-65

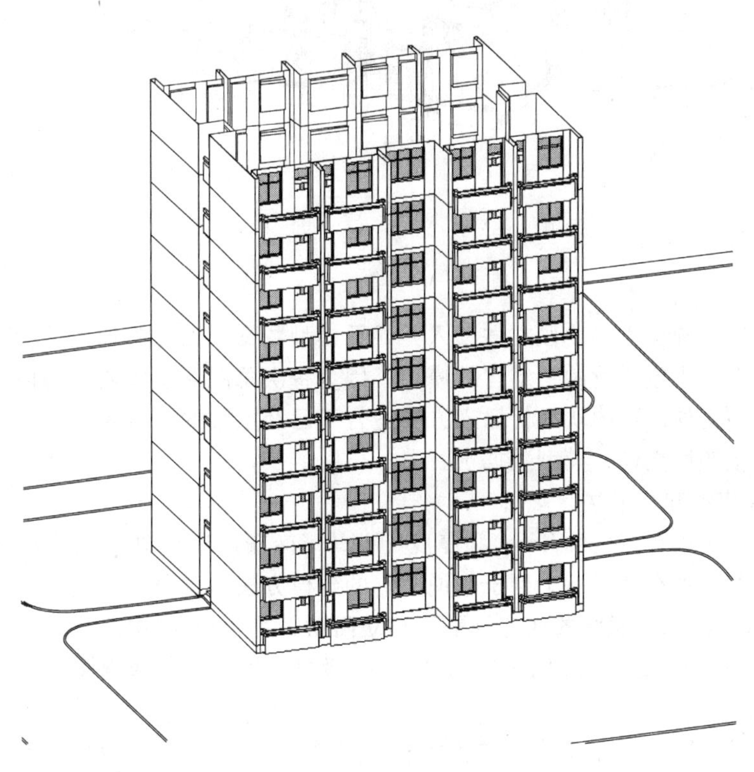

图 2-66

区段建模中，建筑物沿垂直方向分了四个段，每个段的模型存入独立的图形文件。总体拼装时将段文件以图形块的方式插入总图形文件。另外，也可以把四个模型段的图形文件以参考文件的方式插入进总图形文件。从外观上看，两者没有差别。但是，在特性上有很大的不同。

图块文件插入方式，是把作为块的段文件数据写入总图形文件，所以就不再依赖原来的段文件。而参考文件插入方式，段文件的模型数据并没有真正写入总图形文件，以后每

图 2-67

次打开总文件时，都会去寻找段文件读入并显示模型数据。正因为如此，参考文件插入方式更适合于方案尚未定案时的三维建筑模型。因为每次总图形文件调用的段模型文件都是最新版本的模型文件。而图块文件插入方式适合于已经定案的三维建筑模型。因为它不应该也不需要再依赖段文件的模型数据了。

3. 准实体模型建模方法

准实体模型是以有宽度(Width)和厚度(Thickness)的 Pline 线为基本的建模构件建构起来的建筑模型。现在介绍一个例子来说明它的建模方法和过程。

(1) 图 2-68(*a*)为某联立式住宅的平面和立面图。图 2-68(*b*)中所示为在平面图上直接用准实体的 Pline 对象建构起建筑的内墙体。后部的模型因为在透视图中看不见，所以就不予建模。

(2) 图 2-68(*c*)中增加了准实体的各层楼板和屋顶。这些水平的准实体模型，可以用带宽带厚的 Pline 来建构，也可以用不带宽的封闭多段线(Closed Pline)来建构。这种模型看起来好像只是个没有顶面的框子，但它们在导入 3ds max 进行渲染时，可以设定选项使它们被自动封顶。图 2-68(*d*)中加上了楼梯处的墙体和凳柱，因为这段墙体的材质与其他墙体有所不同，所以在别的层上建模。

(3) 图 2-68(*e*)中增加了两侧的挑台模型。图 2-68(*f*)中加上了玻璃面。

(4) 图 2-68(*g*)中建构了栏板和窗间墙。图 2-68(*h*)中增加了栏板柱、门窗框和凳板。

(5) 图 2-68(*i*)中加上了地面、花台和踏步。完成了建筑模型的建构工作。图 2-68(*j*)

为以此建筑模型制作的建筑效果图。

在实际的建模的工作中，像这样的对称模型，只要建半个模型体后用 MIRROR 命令就可以复制出另一半的模型。从而减少建模的工作量。

二、建筑基本构件的三维建模

1. 建筑墙体的建模

建筑模型中，墙体所占的比重很大，它是建筑模型的主要组成部分。墙体按材料质感分主要有实体墙面和玻璃幕墙两种。

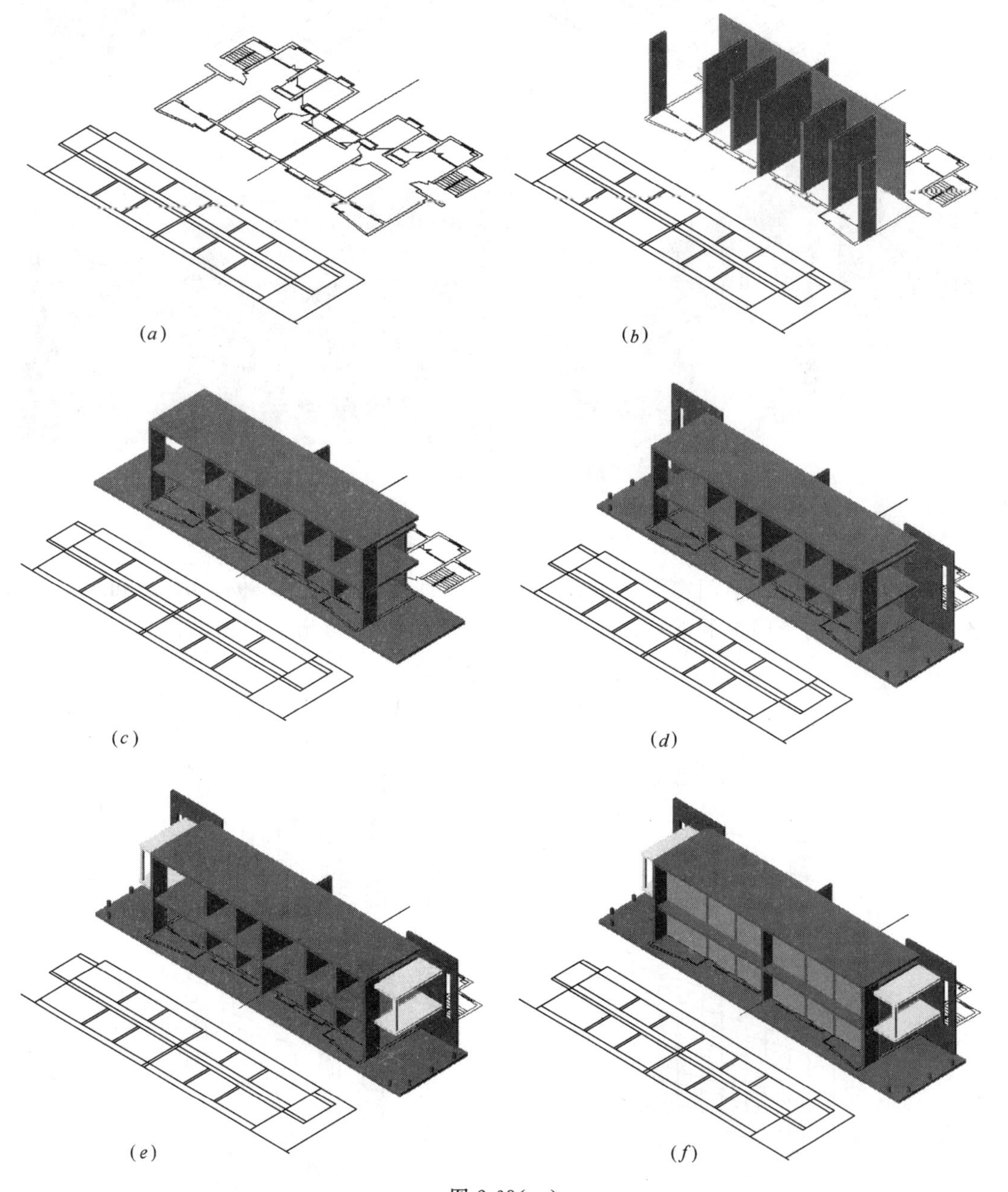

(*a*)　(*b*)　(*c*)　(*d*)　(*e*)　(*f*)

图 2-68(一)

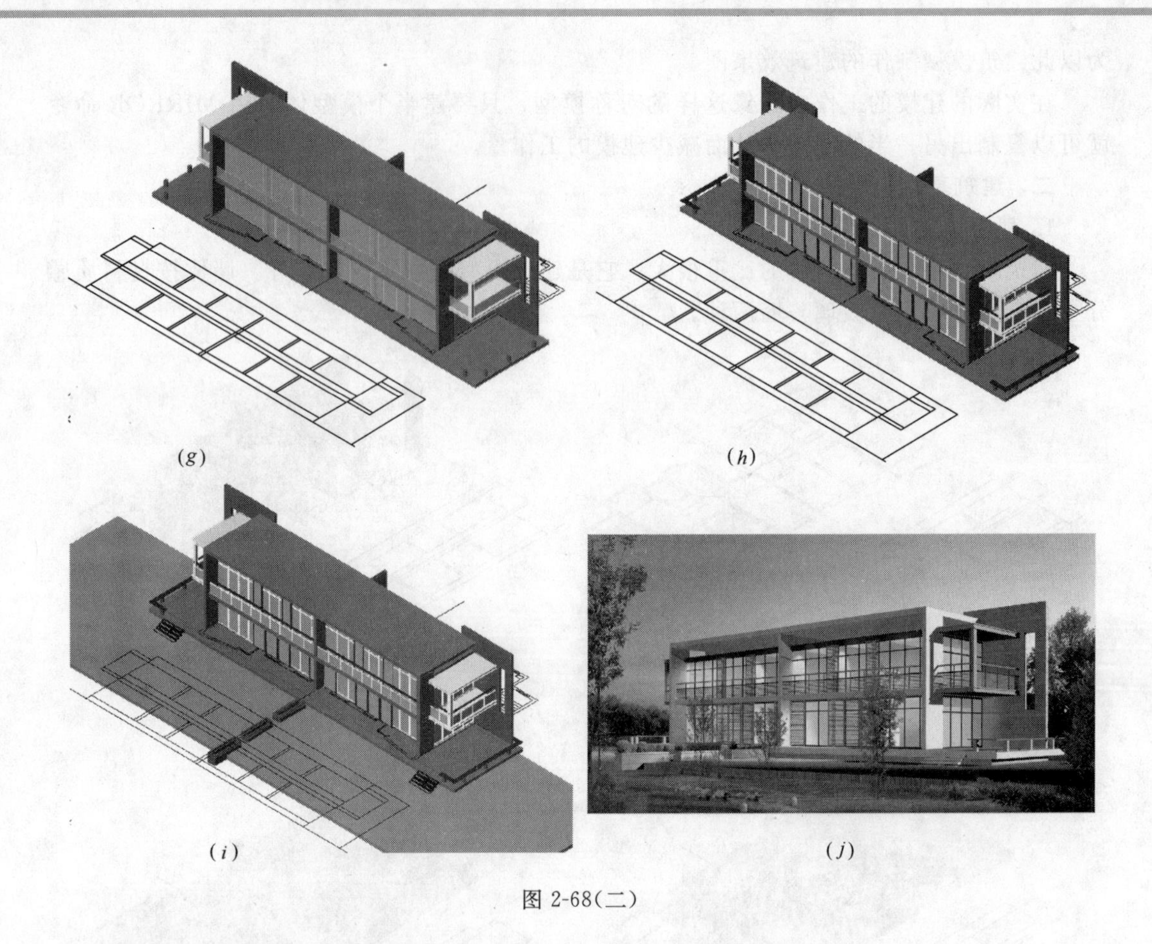

(g)　(h)

(i)　(j)

图 2-68(二)

实体墙面上一般开有门窗洞，图 2-69 以 Line 线拉伸面(图 2-69*a*，*b*，*c*)和实体面域(图 2-69*d*)建构的带门窗洞的墙面。多个拉伸面组合拼接留出了门窗的洞口，其中，图

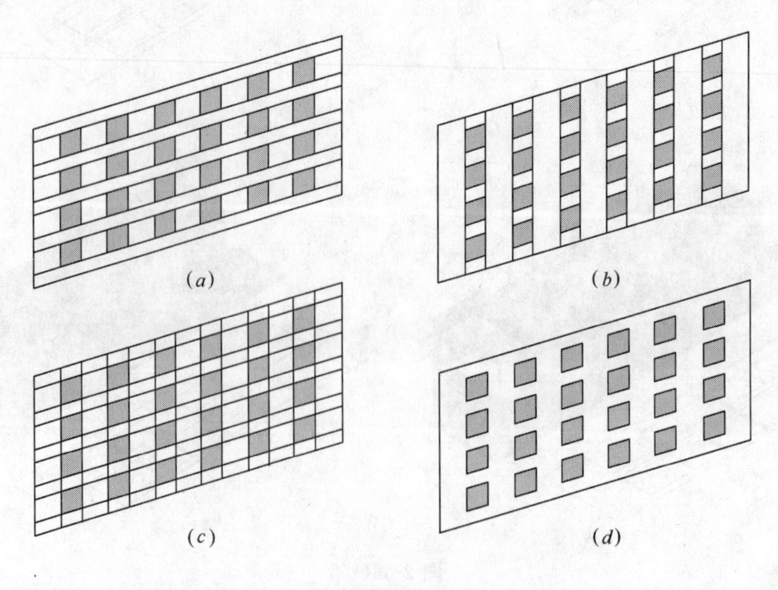

(a)　(b)

(c)　(d)

图 2-69

2-69(*a*)是拉伸面的水平组合方式，是用得最普遍的一种，适合于墙面是以水平划分为主的场合，也适合于模型的垂直分段建模的情况。图 2-69(*b*)是拉伸面的垂直组合方式。适用于墙面是以垂直划分为主的场合。而图 2-69(*c*)是前两种的复合，它所用的拉伸面最少，但它产生的门窗洞口没有可抓获的定位点，所以就门窗的定位而言，不太方便。图 2-69(*d*)中，面域是平面实体模型，此墙面上的门窗则是通过实体的布尔减运算生成的。它的最大的优点是可以在墙面上开出任意形状的孔洞。

图 2-70 种列出的是四种是以 Pline 线拉伸体组合构成的准实体模型(图 2-70*a*，*b*，*c*)和三维实体模型墙体(图 2-70*d*)建构方式。它们与前面介绍的四种墙面建构方式相一一对应，它们的适用范围和优缺点也都相类似。

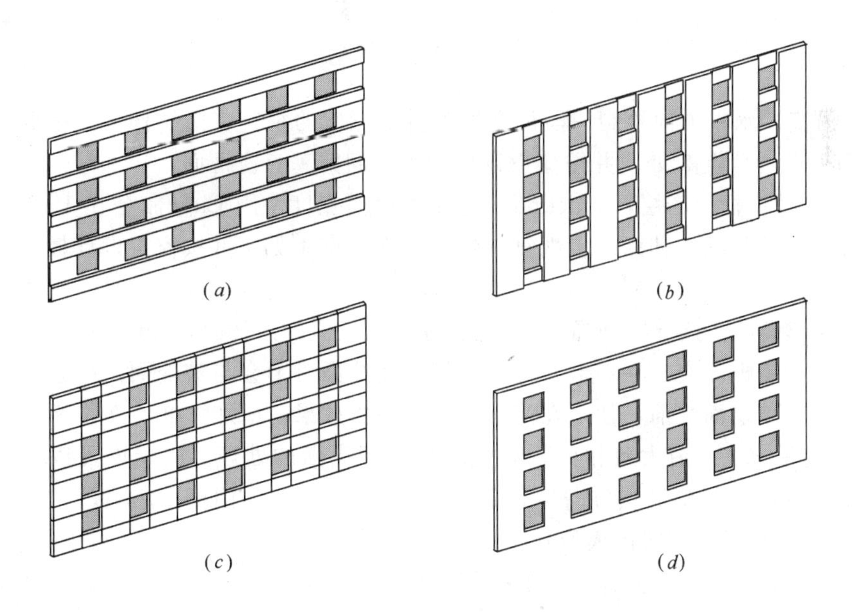

图 2-70

2. 门窗体的建模

门窗是另一项建筑模型的主要构件，对一般门窗的建构方式有两种：表面模型和准实体模型。

现在介绍两种方式中最常用的具体建模方法：

(1) 拉伸面建模法(表面模型)

这是一种最简单有效、最经济的方法。它不需要改变坐标系(UCS)，占用的数据量最小，但立体感和细部相对较差，适用于一般要求的门窗建模。现以一个具体例子来说明它的工作步骤(图 2-71)：

在通常的坐标系中，门窗墙面在 *X* 方向，墙高是 *Z* 方向。墙面上已有 1-2-3-4 窗洞和 5-6-7-8 门洞，1′-2′-3′-4′和 5′-6′-7′-8′是它们对应的内墙面洞口。

1) 首先设定系统变量 Thickness 等于窗高 1-4，设定“玻璃”层为当前层启用 Line 命令在 1′-4′之间绘一段直线，也就是在 1′-2′-3′-4′洞口盖上一个“玻璃”层的拉伸面。

2) 设定当前层为“窗框”层，Thickness 依旧等于窗高，启用 Line 命令在内窗洞角点

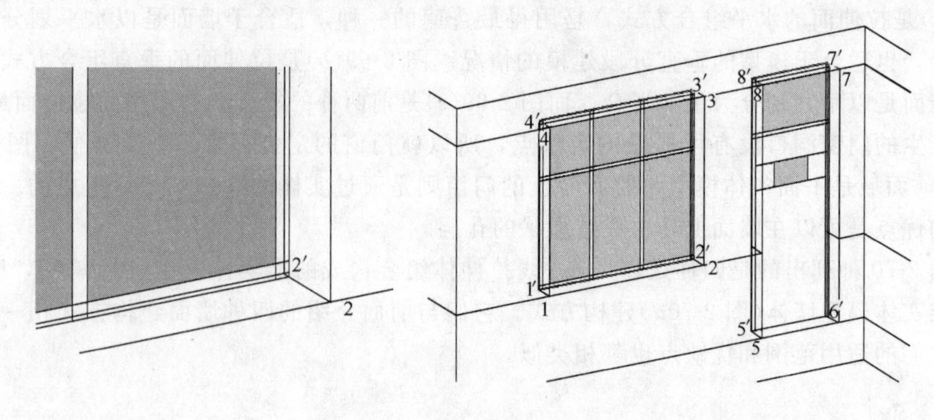

图 2-71

1′处开始，沿窗口水平方向绘制一段长度等于窗框宽度的垂直窗框拉伸面。把此拉伸面右下端复制到另一内角点 2′处，并按窗户设计插入中间的垂直窗框面。

3）依旧是“窗框”图层，Thickness 值改为窗框宽度，用 Line 命令在 1′-2′处绘制水平的窗框拉伸面。把此拉伸面左上端复制到另一内角点 4′处，并按窗户设计插入中间的水平窗框面。

4）选择所有该窗的窗框拉伸面，把它们沿 Y 的负值方向移出 30mm(左图)。此举有两个作用：一是把窗框面突出在玻璃面之前，使之在渲染时不会与玻璃面产生显示冲突。二是窗框面突出在玻璃面之前，使之在渲染时产生阴影效果，增加窗框的立体感。

5）门的建模方法与窗大致相同，只是增加了门扇面的处理。门扇面可以用与门框不同的材料，或者门扇面在 Y 负方向移动 10mm，介于玻璃面与门框面之间。

(2) 拉伸体建模法(准实体模型)

此法的门窗框都是以准实体模型的拉伸体模型建构而成的，所以它们都是真正的立体模型，所以门窗框的立体感比较强(图 2-72)。

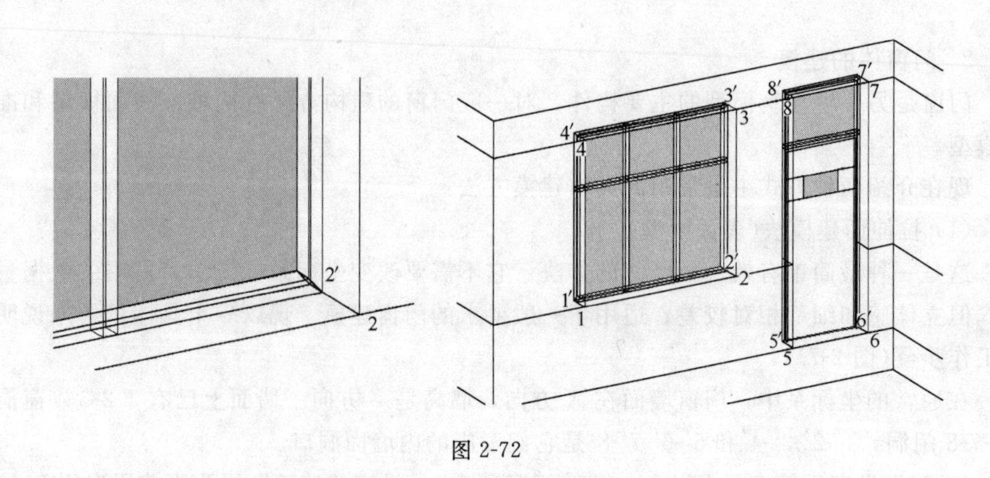

图 2-72

此法有两种制作方法：一是把前面介绍的拉伸面法中的 Line 线全部改为 Pline 线并设定一个相同的宽度(width)就形成了立体窗框。此法生成的框体就不需要从玻璃面外移了。

二是“正规”地以玻璃面为 XY 平面来制作立体框线的方法：

1）如同上法，先在内窗洞口覆盖上玻璃拉伸面或“玻璃”层的三维面。

2）把 UCS 绕 X 轴旋转 90°，使 Z 轴方向与 1′-1 的矢量方向一致。Thickness 设定为窗框的高度，启动 Pline 命令，设定线宽为窗框的宽度，沿 1′-2′-3′-4′四角点建构一闭合的多段线。

3）建好的闭合的多段线应该就是立体的拉伸体，但是，因为它的定位点就是内墙窗洞的四个角点，所以拉伸体在宽度上就有一半在窗洞内，另一半是在窗洞外。为了使拉伸体在窗洞内显示出真正的窗框宽度，就必须把此 Pline 拉伸体向内 Offset 半个窗框宽度的距离，并删除原来的拉伸体，或者，把原来的拉伸体的宽度改成两倍的宽度，使在窗洞内显示的是一个窗框宽度。

4）在设计的窗中间位置上，插入水平和垂直的 Pline 窗框拉伸体。完成窗模型的建构。

5）门模型的拉伸体方法也大致相同，它的外门框在地面处是开口的，另外，门扇也需要作与拉伸面法相同的处理。

3. 踏步、楼梯的建模

踏步和楼梯的共同特点是它们有一个相同的踏步高度，而且踏高是逐步递升的。为此，建构它们的模型相对比较简单。无论是踏步还是楼梯，都可以从平面图形开始着手进行，下面介绍的是用表面模型方法建模的步骤(图 2-73)：

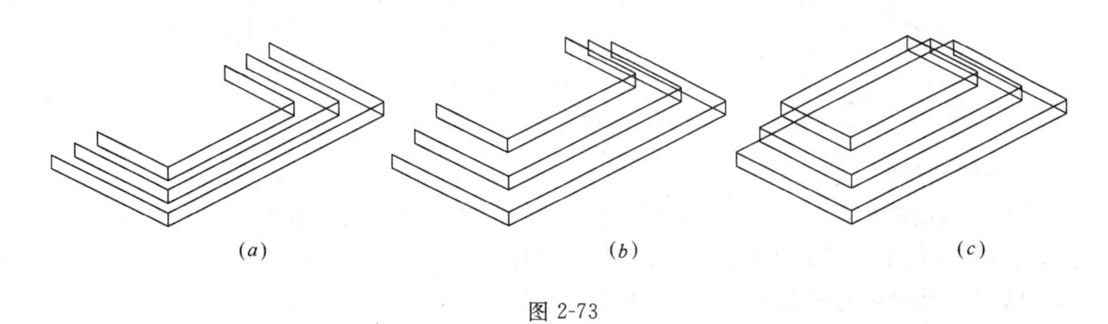

图 2-73

(1) 踏步线拉伸为面

在三维视图中，把踏步线的厚度修改为实际的踏高，成为踏高拉伸面(图 2-73*a*)。

(2) 踏高面移高就位

启动 Move 命令，选择除了第一步踏高面以外的其他踏高面，并把它们移高一个踏高。重复 Move 命令，选择 Previous 选项先选取上次选到的踏高面，然后从中减去第二踏高面，再把它们移高一个踏高。再重复 Move 命令……。直到全部踏高拉伸面升高就位为止(图 2-73*b*)。

(3) 添加踏步顶平面

在每个踏高面的顶部，加铺三维面(3dface)或面域(Region)(图 2-73*c*)。

在图 2-74 中所示的是一个带有圆弧角的踏步模型，它当然也可以按上述的方法建模，只是在踏面的顶部必须加盖面域平面。如果此模型将会转入 3ds max 作渲染，那么可以采用另一种更简单的方式：把所有图每一步踏高面用 Pedit 命令改造成封闭的多段线(Closed Pline)，然后把它们升高就位即可。不需要另外加面域面。因为在 3ds max 软件输入 AutoCAD 的三维模型时(Import)，可以设定这种封闭的多段线的顶，底端部自动封顶加面。

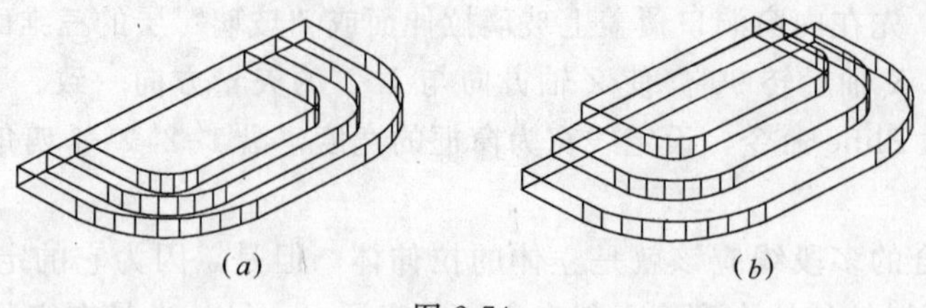

图 2-74

直跑楼梯的踏步较多，除了采用上述的方法外，可以把梯面和梯高组成一个梯步单元(图 2-75)，用此梯步单元重复复制的方法进行建模(图 2-75*a*，*b*，*c*)。楼梯两侧，需要有栏板、栏杆，它们可以用两端不等高的直线拉伸面和三维面组合而成(图 2-75*d*)。

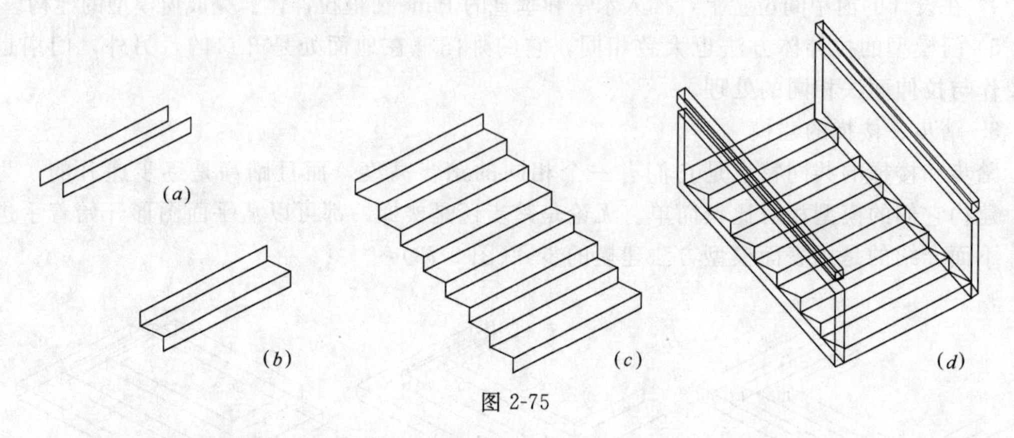

图 2-75

4. 曲线楼梯的建模

任意形状的楼梯都可采用前面介绍的方法进行三维建模。这里例举了一个较为极端的例子-某剧院大厅的单跑曲线楼梯，来说明它建模的全过程(图 2-76)：

(1) 已知楼梯段的平面图形，在三维视图中进行建模(图 2-76*a*)。

(2) 把所有踏步线的厚度属性改为实际踏高，拉伸成面(图 2-76*b*)。

(3) 按上述方法把所有踏高面移升到实际标高位置(图 2-76*c*)。

(4) 在每个踏高面顶部用三维面封面，启用 3DPLINE 命令，把每段踏高底线的左右两端点，分别连成三维多段线，并把它们复制到底梁和栏杆扶手的高度位置(图 2-76*d*)。

(5) 在扶手线位置，构造一个封闭的扶手断面曲线，用实体 EXTRUDE 命令对此断面曲线进行沿路径实体拉伸，生成扶手实体模型(图 2-76*e*)。

(6) 在底梁线位置，对底梁侧面用三维面进行铺盖(图 2-76*e*)。三维面的具体铺盖过程可参考图 2-76(*f*)所示：1-2-3-4-... 是踏高面底线端点连成的三维多段线；1′，2′，3′，4′,... 是踏高面顶部的端点；1″-2″-3″-4″-... 是由 1-2-3-4-... 三维多段线复制而成的底梁线。三维面的铺盖点为：1-1″-2″-2′，2-2″-3″-3′，3-3″-4″-4′,......

5. 曲面幕墙的框线划分

曲面玻璃幕墙上的垂直划分线或框架体，除了它们需要等距离插入外，还要求框架体的面向与曲面的面向相一致。这个是技术问题，可以在执行 DIVIDE(等分)或 MEASURE(度量)命令时插入预定义的垂直划分框架图块来实现。现举例来说明建模的过程：

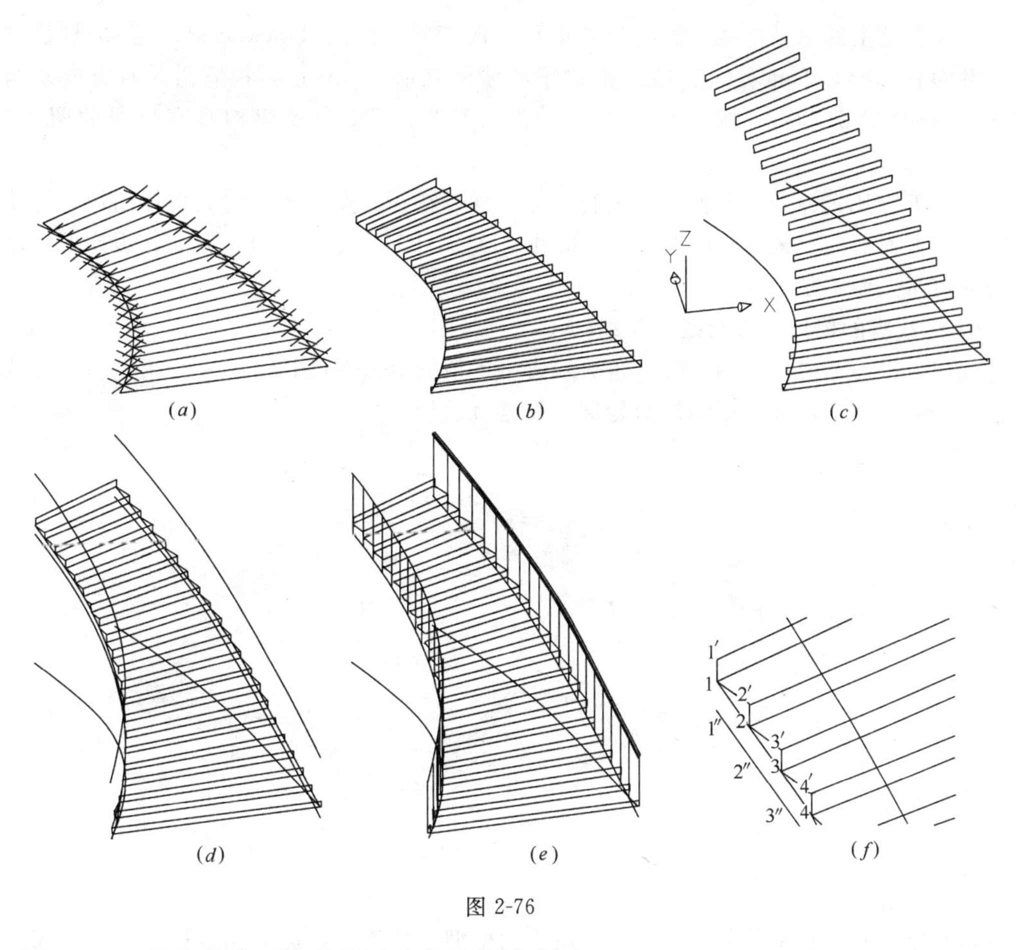

图 2-76

图 2-77(*a*)是拉伸曲面构成的玻璃幕墙的玻璃面。

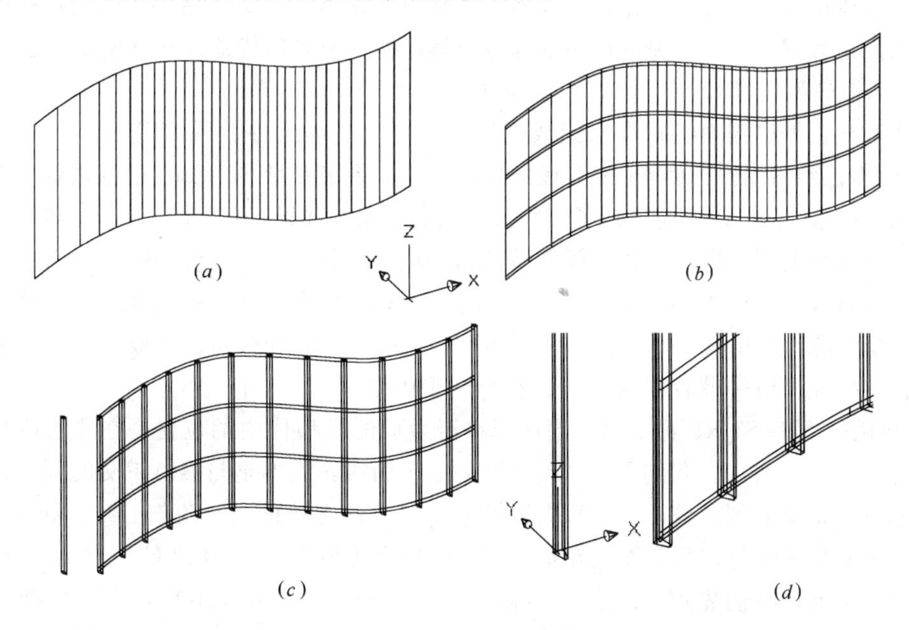

图 2-77

制作幕墙上的水平框线。先复制曲墙面，改变复制面的 Thickness(厚度)成框线的高度，并对它进行 Offset 处理，使之能位于曲墙面之前 20mm；再把它沿垂直方向复制其他水平框线(图 2-77*b*)。按正常的坐标位置，用 BLOCK 命令建构垂直框线的图块(图 2-77*c*)。

启用 DIVIDE 命令，对曲墙面进行等分处理，在等分点上插入垂直框体图块，并使图块面向与曲面面向一致(图 2-77*d*)。如果用 MEASURE 命令，这插入点是按设定的长度量出来的度量点而不是等分点。

6. 带线脚的檐口、阳台线、腰线

现以一平面为曲尺型的，带有古典线脚平屋顶檐口为例(图 2-78)，介绍建模的方法过程。已知的条件应该有外墙的平面轮廓线和檐口的剖面。

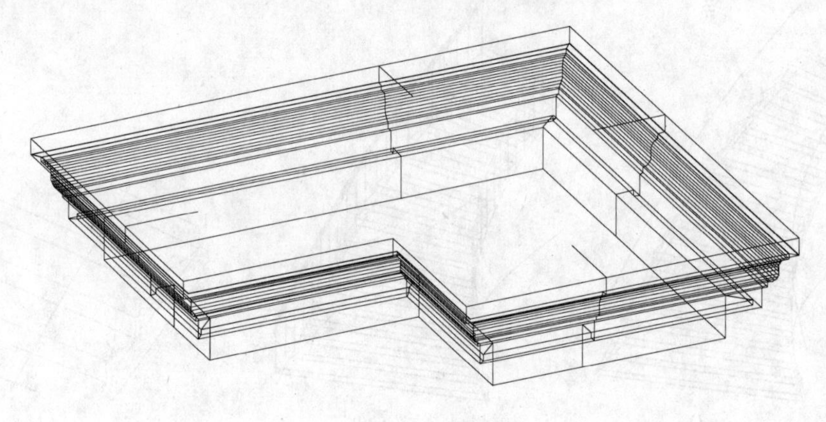

图 2-78

这类模型的建模有两种方法：一是用表面模型工具建模，优点是数据量小，建成后还可以修改形体尺寸，缺点是操作过程较多。二是用实体模型工具建模，它的优点是操作简单，而缺点是数据量较大，完成后不能修改形体尺寸。两者的优缺点正好相反。

(1) 表面模型法(REVSURF，TABSURF)

首先，根据檐口剖面线来构造组成平屋顶檐口的基本组件。用 REVSURF 命令对檐口剖面线(多段线)进行旋转，生成分段的旋转曲面。系统变量 Surftab1 的值确定了旋转曲面的分段数(Segment)，从而确定了直线段之间的转角。如果 Surftab1＝4，旋转后得到的是正方形状旋转曲面，即直线段之间的转角为 90°。Surftab1＝6，得到的是正六边形状旋转曲面，即直线段之间的转角为 120°。所生成的线脚在转角处交接得很理想，但 REVSURF 命令只能生成小于 180°的凸转角的组件，TABSURF 命令可以生成大于 180°的凹转角的组件。生成的组件最后构成整个平屋顶檐口模型。

1) 在执行 REVSURF 命令时，剖面线在所生成的模型体中的位置是在段与段之间的转角处(图 2-79)。所以，我们需要的是转角处的剖面线，而不是与檐口正交的剖面线。一般，我们只有正交的剖面线，就应根据两者的几何关系先转化成转角剖面线。如果 Surftab1＝4，正交剖面线与转角剖面线在水平方向的长度比为 1∶1.414(2 的平方根)，而垂直高度不变。为此，我们先把正交剖面线做成一个图块(图中的 BLK1)，再调用插入该图块，在插入时设定它的水平方向插入比例为 1.414，而垂直方向的插入比例为 1。这样就得到变形后的转角剖面线图块(BLK2)，用 EXPLODE 命令分解此图块，并使它成为一条多段线形式的转角剖面线。在执行 REVSURF 命令时，要确保旋转轴线与转角剖面线在同一个平面中，而轴线与剖面线间的距离并不重要。执行后就能得到一个正确檐口剖面的正方形的模型体。

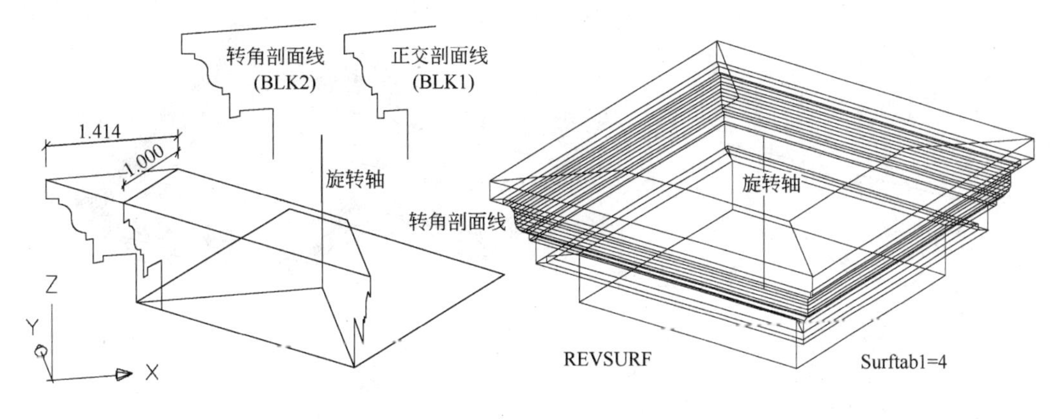

图 2-79

2) 把正方形的模型体旋转 45°，使得模型体的直线段与 X，Y 轴线保持一致。并用 EXPLODE 命令把模型体解体成三维面(3dface)。这些就是檐口的凸转角模型组件(图 2-80*a*)。

3) 执行 TABSURF 命令，以转角剖面线为轮廓线，分别以互相垂直的两条直线为方向矢量，生成两片可组成凹转角檐口的模型组件(图 2-80*b*)。

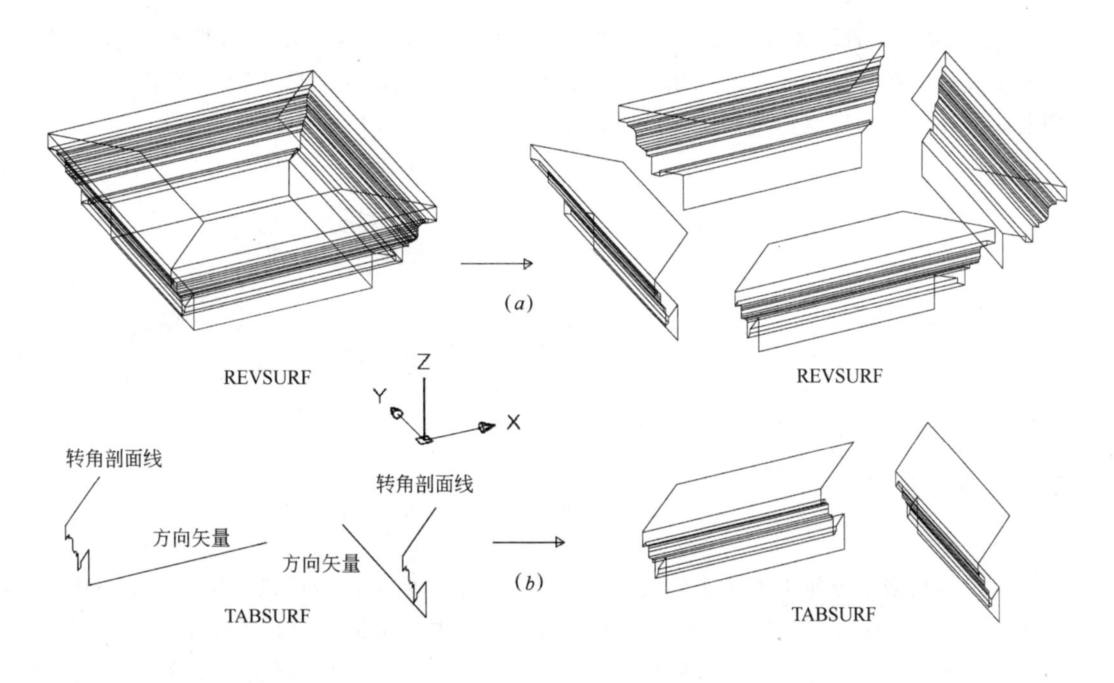

图 2-80

4) 以曲尺形外墙平面轮廓线为基准，在每段轮廓线上，根据所处位置逐个选用相应檐口模型组件进行拼装。与凹转角相邻的轮廓线上采用 Tabsurf 组件，其余的均采用 Revsurf 组件。长度尺寸方面可以用 STRETCH 命令进行修改调整。最后完成带线脚的平屋面檐口的建模(图 2-81)。

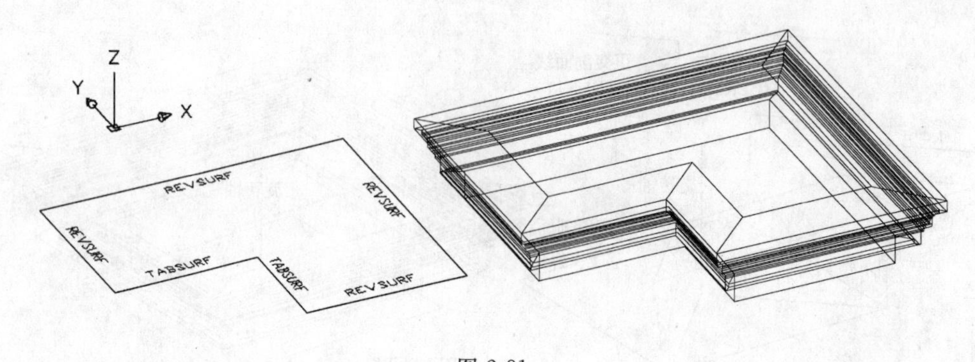

图 2-81

(2) 实体模型法(EXTRUDE)

实体模型法的操作比较简单。我们还是以上述平屋顶檐口为例说明制作的过程和要点。在执行实体拉伸命令 EXTRUDE 时，檐口的正交剖面线是被拉伸的轮廓线，外墙平面线是拉伸的路径。正确执行拉伸命令后就能生成了平屋顶檐口的实体模型(图 2-81)。在执行此命令时必须注意以下两点：

1) 作为拉伸的路径，外墙平面轮廓线可以不闭合，但必须是一条多段线。在本例中路径是一条闭合的多段线。

2) 作为被拉伸的轮廓线，檐口正交剖面线必须是一段**闭合的没有自相交的多段线。**它应该垂直放置在路径多段线的起始点上，且与路径多段线的初始段正交。在本例中，檐口剖面线上外墙线的底点与路径多段线的起始点重合(图 2-82 中的 1 点)。

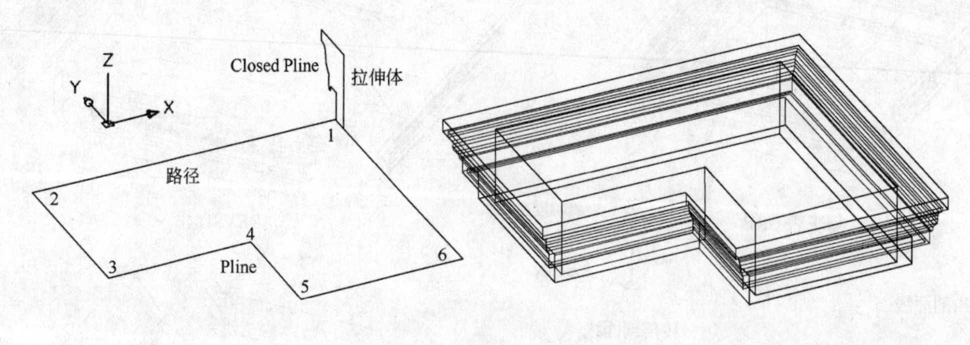

图 2-82

为了减小数据量或便于进一步的模型处理，所生成的实体模型可以再用 EXPLODE 命令分解，变成一组平面实体-面域(Region)。如图 2-82 中的实体经过用 EXPLODE 命令分解后顶部加上三维面作为屋面，再删除一些不必要的面域后，最后成为图 2-78 中显示的状况。

第四节 AutoCAD斜坡屋顶三维建模

一、盝顶的建模方法

所谓盝顶就是在平屋顶的屋檐部分做成局部的斜坡形式。它的建模方法相对比较简单。现举例说明它的建模方法(图2-83)。

1. 表面模型法

(1) 建筑模型中取出盝顶建模的底板模型，并在上面复制一个或构造一个多段线(Pline)(图2-83*a*，*b*)。

(2) 执行EXTRUDE实体命令，选择上面的多段线为拉伸对象，输入盝顶高度和斜面倾斜角后，生成锥台实体(图2-83*c*)。拉伸的倾斜角应为90°减去斜面的坡角。

(3) 执行EXPLODE分解命令，把锥台实体分解成一组面域(Region)，并删除顶上的面域，形成盝顶。

(4) 沿着盝顶的上沿，构造一条闭合的多段线，并向内用OFFSET命令偏移复制一条多段线，偏移的距离为盝顶上沿的宽度。把偏移生成的多段线的Thickness(厚度)改成女儿墙的高度(负值向下伸展)(图2-83*d*)。

(5) 最后，在盝顶上沿的两段多段线之间用三维面铺盖(图2-83*d*)。

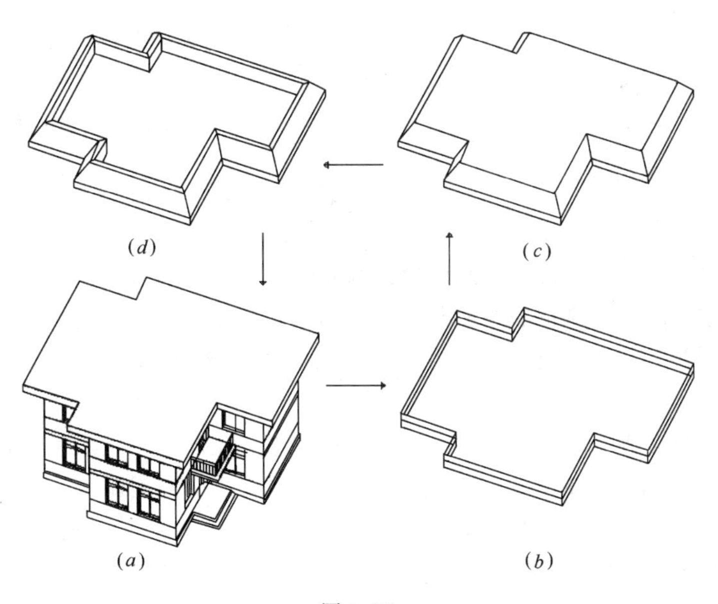

图2-83

2. 实体模型法(可参考图2-83)

(1) 按上例先建成锥台实体，不对它进行分解。

(2) 在锥台上沿构造多段线(女儿墙外口)，并用OFFSET复制成女儿墙内口位置的多段线。

(3) 把内口多段线用EXTRUDE向下拉垂直拉伸生成一个女儿墙高度的、边缘垂直的实体。

(4) 用原先的锥台实体对此新实体进行布尔减操作，生成实体模型的盝顶。也可对它用 EXPLODE 分解成面域围成的盝顶。或者，对面域再次用 EXPLODE 命令分解成一组直线段组成的轮廓线，再在线框上加封三维面，完成盝顶建模。

二、四坡顶的建模方法

在 AutoCAD R12 版本中，可以直接用 AME 的实体命令 EXTRUDE 对 Pline 线构成的屋檐线进行斜向拉伸，可以自相交生成四坡顶实体模型。随后对生成的实体模型进行分解后，成为一组可编辑的三维面组成的四坡顶模型。可是 R13 版以后的版本，由于数据结构和算法的改变，都失去了这项功能。

为此，我们不得不采用较为复杂的建模方法。为了便于解释四坡顶的建模过程，首先要介绍一些基本概念(图 2-84)。

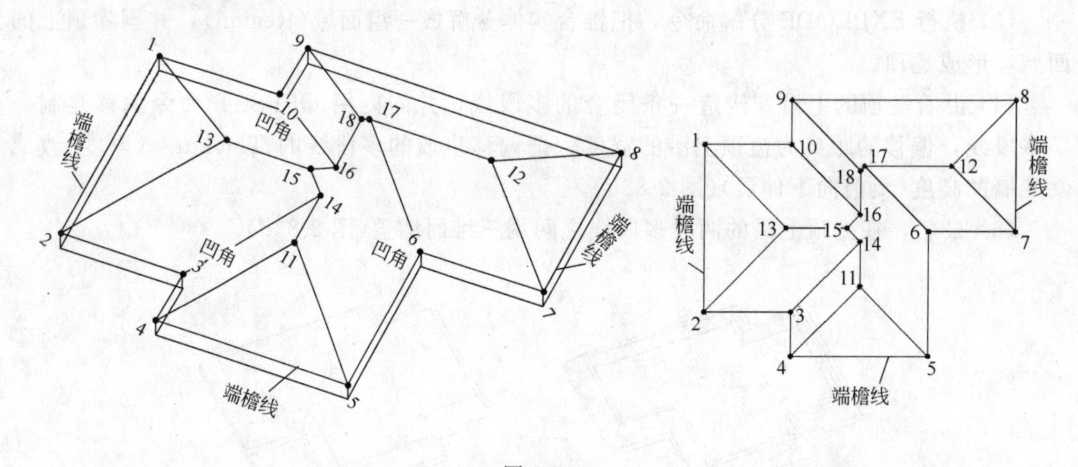

图 2-84

一个四坡屋顶，是由以每段建筑屋檐线为基线、以一定的坡角向上起坡的屋面围合而成的。一般而言，同一个建筑的起坡角度是相同的，角度的大小取决于屋面材料或建筑形式的要求。如，普通平瓦屋面的坡角约 27°，即屋顶的高跨比为 1∶4；石棉瓦屋顶的高跨比为 1∶5。

两个坡屋面相交成一段屋脊线。由两段平行的檐线反向起坡生成的屋面交线为平屋脊线(图中的 11-14，13-15，16-18，12-17 线段)，平屋脊线的空间高度取决于平行檐线的间距(跨度)乘以高跨比。所以，坡角相等时，跨度小的平屋脊线就相对要低些(图中 12-17 最低，11-14 和 16-18 由于跨度一样，所以高度也一样，处于中高，13-15 最高)。

由两段相邻的或成交角的檐线起坡的屋面的交线为一条空间斜线。屋檐线间的交角可分为凸角和凹角两种(图中的 1，2，4，5，7，8，9 点处的檐角为凸角，而 3，6，10 点处的檐角为凹角。通过凸檐角的空间斜线为斜脊线(图中的 1-13，2-13，4-11，5-11，7-12，8-12，9-18 线段)，通过凹檐角的空间斜线为斜沟线(图中的 3-14，6-17，10-16 线段)。此外，其余的不通过檐角的空间斜线也都是斜脊线(图中的 14-15，16-15，17-18 线段)。

三个坡顶屋面(或两条屋面线)相交成一个屋脊点。如 11 号屋脊点是由通过 3-4，4-5，5-6 为檐线的三个坡屋面的交点；14 号屋脊点是由通过 2-3，3-4，5-6 为檐线的三个坡屋面的交点；15 号屋脊点是由通过 2-3，5-6，1-10 三段檐线的三个坡屋面的交点。

从顶视图中观察，屋顶的空间高度消失了，屋面线都成了它们的水平投影线。其中的斜脊线成了每个檐角的平分线，图中的凸檐角为 90°，凹檐角为 270°，它们的平分角为 45°和 135°。选择从端檐线开始，把与它两边的檐线分别求出屋面交线(即檐角的平分线)，两交线的交点即为三个面的交点。例如从 4-5 开始，4-5 和它两边的檐线 3-4 和 5-6 起坡的屋面的交线分别为 4-11 和 5-11，三个面交于 11 点。3-4 与 5-6 为平行檐线，通过它们的屋面交线为平屋脊线 11-14。这个 14 点应该落在 3-4 和 5-6 两线中**尺寸较短的** 3-4 线的另一相邻檐线 2-3 起坡的屋面上。也就是说，14 点应该是 3-4，5-6 和 2-3 的起坡面的交点，即 3-14和 11-14 两线的交点。所以，过 14 点的另一条屋脊线必然是由 2-3 和 5-6 起坡屋面的交线。这样就可以定出，新的屋脊线的走向…以此类推可以逐个求出所有的屋脊线和屋脊点。

在绘出全部屋脊线的投影后，用 STRETCH 命令把平屋脊线拉伸到实际的空间高度。并对每个屋面加上三维面。

四坡顶的建模的具体操作方法有：

1. 屋脊投影升起法(图 2-85)

(1) 从三维建筑模型中提取四坡顶的屋檐线(图 2-85*a*)。

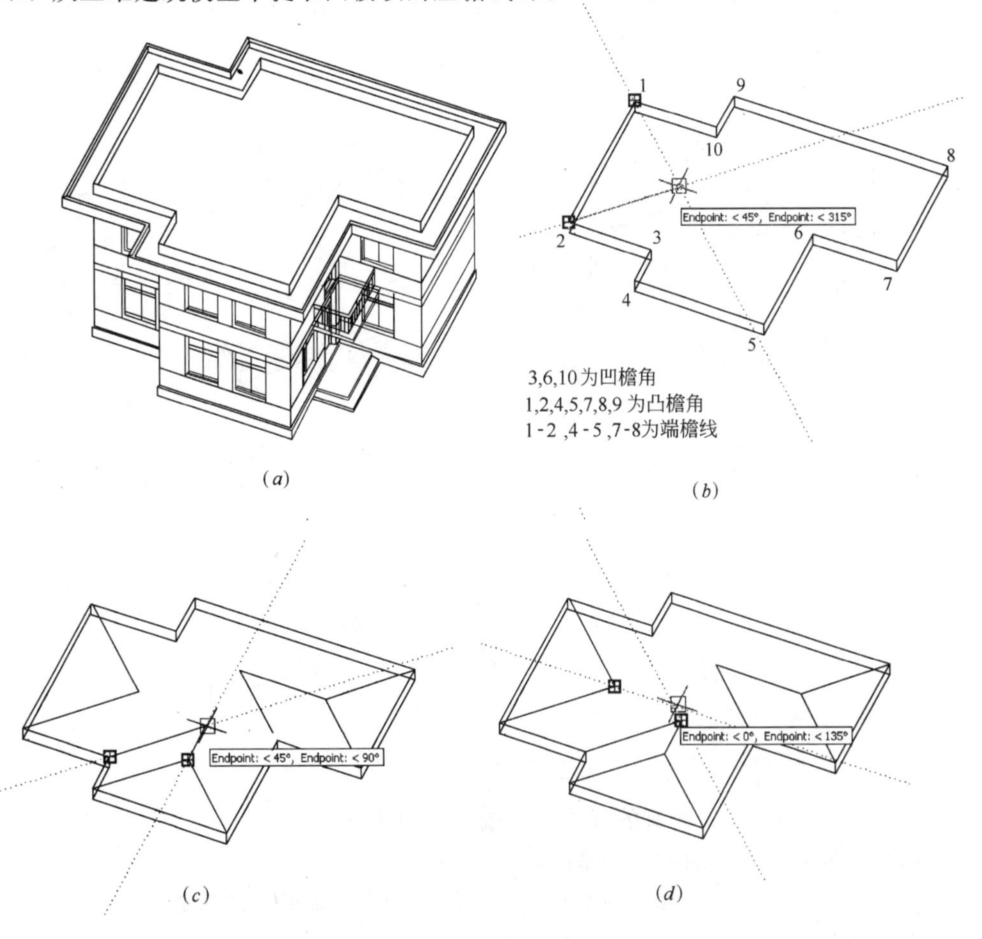

图 2-85(一)

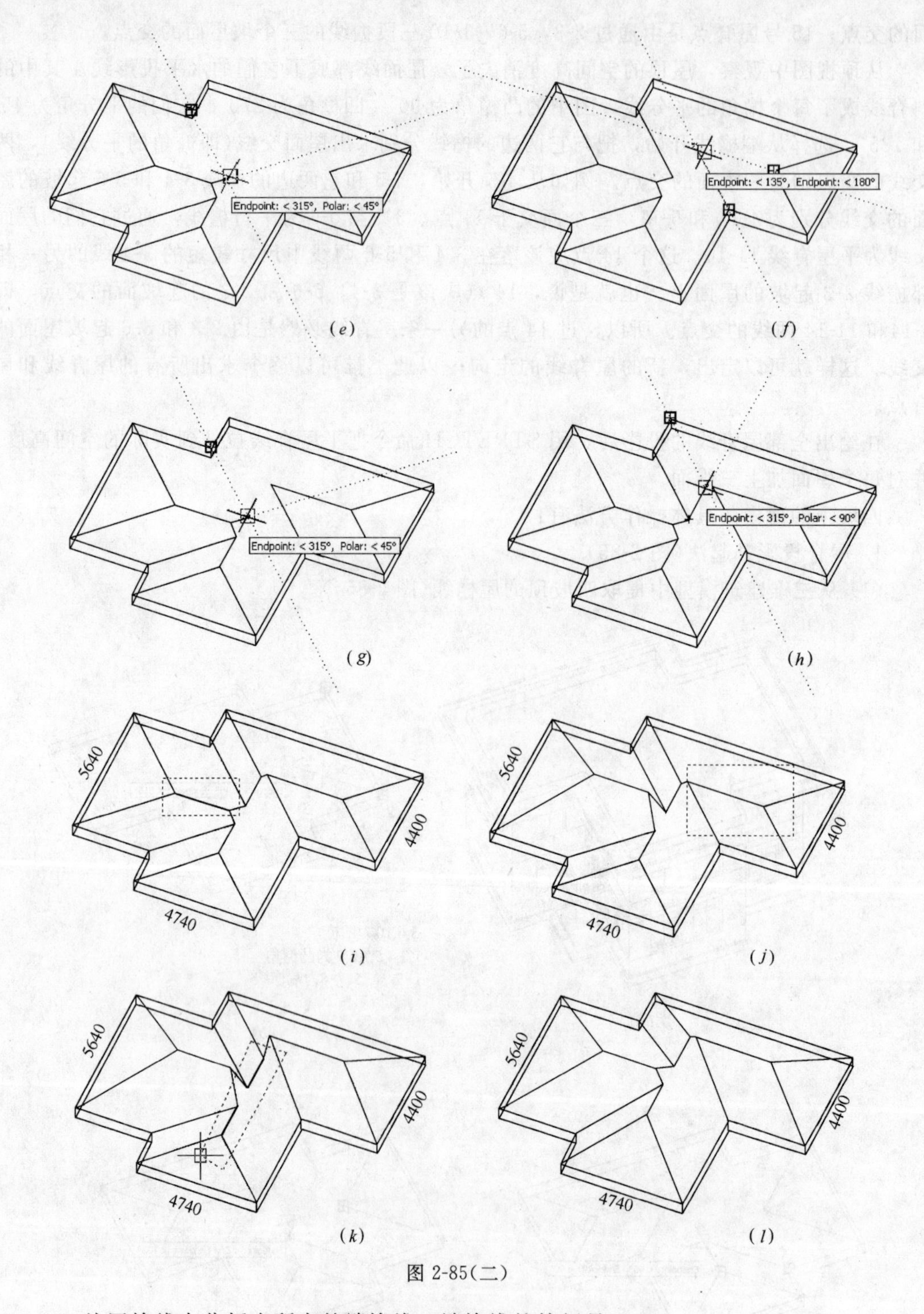

图 2-85(二)

(2) 从屋檐线中分析出所有的端檐线。端檐线的特征是：

1) 端檐线的两个端点的檐角都是凸檐角。

2) 如果相邻的两条檐线都有两个凸檐角，则短的那条檐线为端檐线。

在图 2-85b 中 1-2，4-5，7-8 三条檐线为端檐线。

(3) 在边界线的平面中，对每条端檐线的两端作檐角的角平分线(如果檐角为 90°即为 45°线)，分别相交于各自的一个脊点(图 2-85*b*，图 2-85*c*)。AutoCAD 系统提供的 Polar Tracking 和 Object Tracking 功能，使这项工作变得十分简便。当然，操作之前需要设置：

1) 把状态行中的＜POLAR＞，＜OSNAP＞和＜OTRACK＞功能钮按下，处于 ON 的状态；

2) Drafting Setting(草图设置)对话框中的 Object Snap(对象捕捉)选项卡的设定中，Endpoint(端点)项处于 ON 状态；

3) Drafting Setting 对话框中的 Polar Traching(极轴追踪)选项卡的设定中，Increment Angle(增量角)设置为檐角的一半(45°)或另设定所有檐角平分线的附加角。而且，Track using all polar angle settings(用所有极轴角设置追踪)选项处于 ON 状态。

(4) 绘出端檐线开始的端斜脊线和端脊点后，继续用类似的方法绘制与端脊点相连的屋脊线和与凹檐角相连的斜沟线(这些线都还只是空间的脊线和沟线在屋檐线平面内的投影)(图 2-85*c*)。需要指出的是：

1) 有多条端檐线时，选择较短的端檐线作为下一步绘制的起点；

2) 在此端檐线两个端点处连着两段檐线，取其中较短的檐线的凹角点作为下一段斜沟线的开始点。

(5) 以两面交一线和三面交一点的原则，由外向内，由低向高地逐个绘出全部的屋脊线和屋脊点(图 2-85*d*，*e*，*f*，*g*，*h*)。

(6) 对于每条平屋脊线，根据所在的跨度和高跨比计算出它们的空间高度。然后用 STRETCH 命令把它们提升到实际的高度(图 2-85*i*，*j*，*k*)。完成四坡顶的三维线框模型。

(7) 对线框状态的三维四坡顶的每个线框平面上铺设 3dface 三维面(图 2-85*l*)。

2. 空间屋脊构成法(图 2-86)

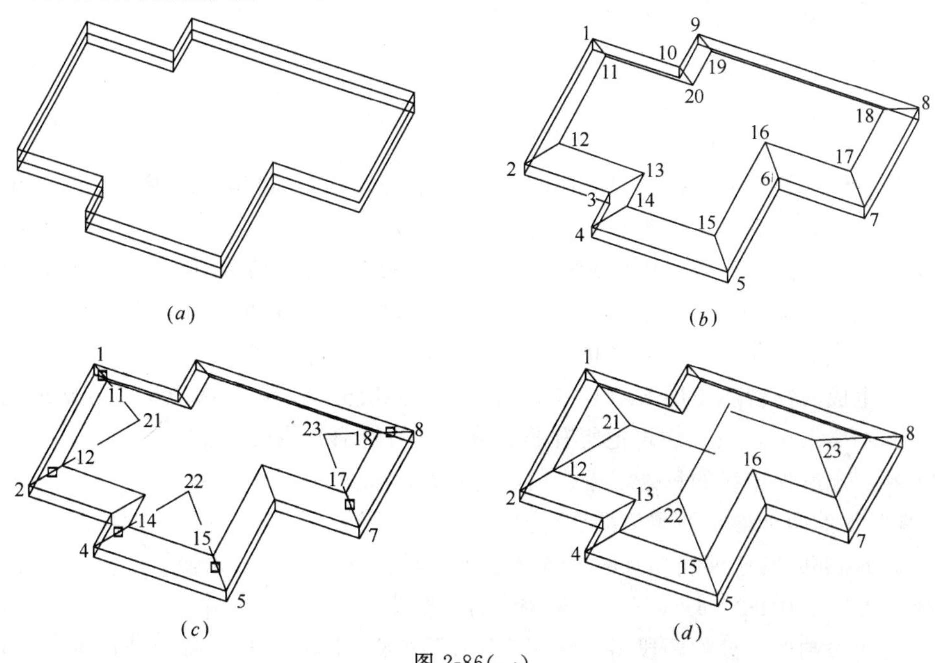

图 2-86(一)

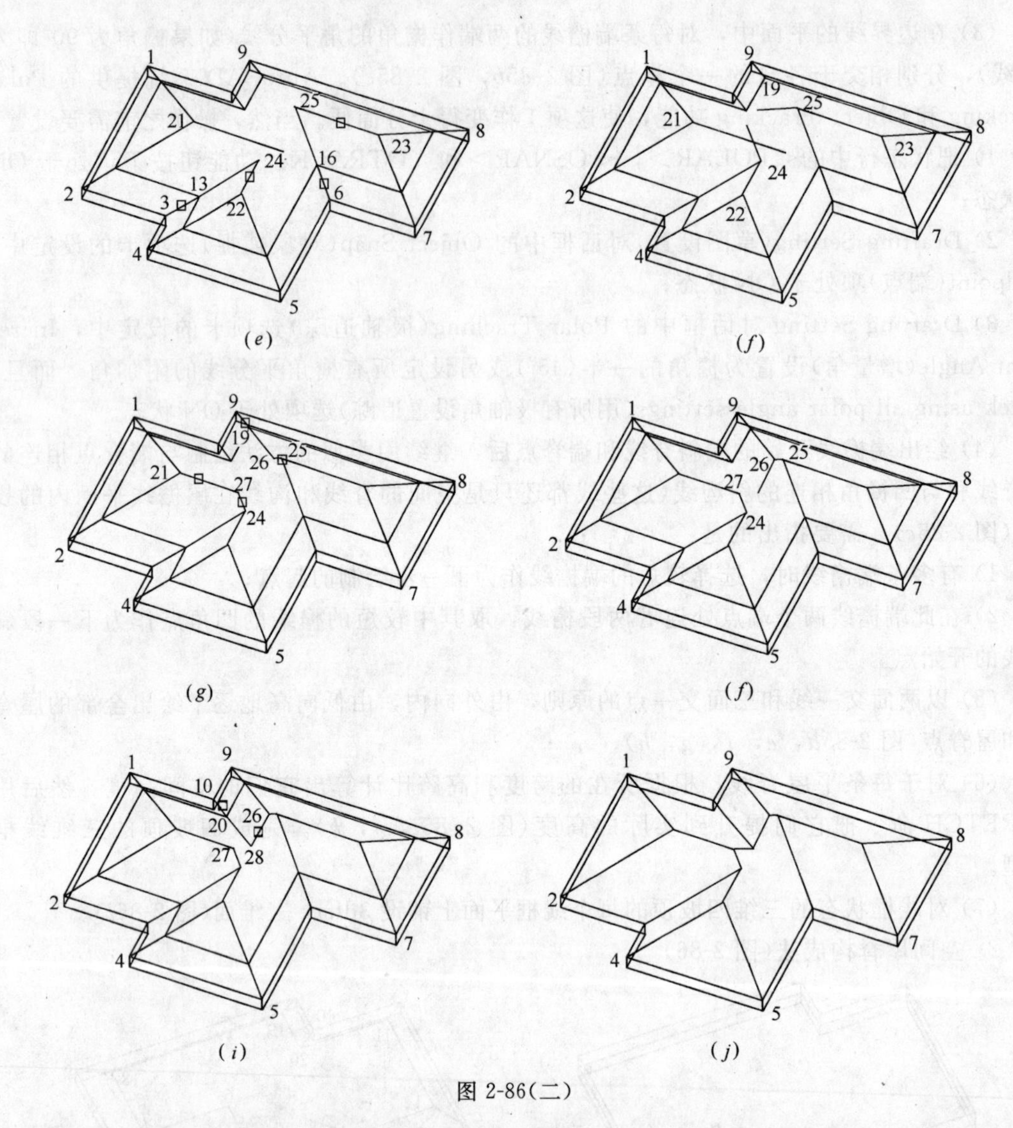

图 2-86(二)

(1) 从三维建筑模型中提取四坡顶的屋檐线(图 2-86*a*)，将其处理成单一的 Pline 线，并在其上复制一份，以作实体拉伸之用。

(2) 先像盝顶建模一样，执行 EXTRUDE 实体命令，对复制的 Pline 屋檐线进行实体拉伸。拉伸的高度要选择一个较小的值，以防出现自相交的情况；拉伸的倾斜角应为 90°减去屋面的坡角，生成一个锥台实体(图 2-86*b*)。

(3) 对生成的锥台实体用 EXPLODE 命令进行**两次分解**。第一次把实体分解成围合的一个个面域(Region)，第二次再把所有的面域分解为轮廓直线段。

(4) 判别出屋顶檐线的每条端檐线段，判断的标准是：

1) 端檐线的两个端点的檐角都是凸檐角。

2) 如果相邻的两条檐线都有两个凸檐角，则短的那条檐线为端檐线。

在图 2-86(*b*)中 1-2，4-5，7-8 三条檐线为端檐线。

(5) 对每段端檐线处的两段斜脊线用 FILLET(或 CHAMFER)命令进行倒角处理(倒

角的半径或距离为零)，实际上，使它们分别在空间相交于屋脊点。在图2-86(*c*)中，1-11与2-12交于屋脊点21；4-14与5-15交于屋脊点22；7-17与8-18交于屋脊点23。

(6) 通过屋脊点21，22，23的三条屋脊都是平屋脊，所以过此三点分别复制三条水平屋脊线(图2-86*d*)。

(7) 选择较短的端檐线4-5开始，在其相邻的两段檐线中选短的一条檐线3-4，它的另一端点3处有一段斜沟线3-13，用FILLET命令对3-13和通过22点的平屋脊线进行倒角处理，相交于24点。同理，把6-16和过23点的平屋脊线倒角，相交于25点(图2-86*e*)。

(8) 因为屋脊点24是2-3，3-4和5-6三条檐线起坡的屋面的交点，22-24是3-4和5-6起坡屋面的交线，所以，从点24开始的另一条屋脊线必定是从2-3和5-6起坡的屋面的交线。同样，可以分析出从点25开始的另一条屋脊线必定是从5-6和8-9起坡的屋面的交线。于是分别把6-16和8-18复制在24和25两个新屋脊点处(图2-86*f*)。

(9) 用FILLET命令对从屋脊点21和24引出的两屋脊线进行倒角，相交于屋脊点27。再用此命令对从屋脊点25引出的斜脊线与9-19倒角，交于屋脊点26(图2-86*g*)。

(10) 用前面同样的方法可以确定：26点的另一条屋脊线是从5-6和9-10起坡的屋面的交线，由于5-6与9-10相平行，所以此交线是平行于5-6或9-10的水平线。在26点处复制一段水平线(图2-86*h*)。

(11) 用FILLET命令对从屋脊点26引出的水平线与10-20线段进行倒角，相交于新屋脊点28(图2-86*i*)。

(12) 连接27，28两点，完成屋脊线，屋脊点的空间建构过程。清除无用的线段后，对线框状态的三维四坡顶的每个线框平面上铺设3dface三维面(图2-86*j*)。

三、两坡顶的建模方法(图2-87)

两坡顶屋面是在完成了四坡顶屋面的基础上，对山墙端的屋面进行两坡顶屋脊的推山处理。

(1) 用STRETCH命令分别把图中的21，22，23三个屋脊点拉伸到端部檐线的位置(图2-87*a*)。拉伸时，可以用点过滤器工具，精确就位。如：新的21点的坐标，可以用点过滤器提取原来21点的y，z坐标和1(或2)点的x坐标组合而成。

(2) 删除1-2-21，4-5-22，7-8-23屋面。

(3) 把原有的封檐板在山墙端进行改造，成为倾斜的封檐板(图2-87*b*)。

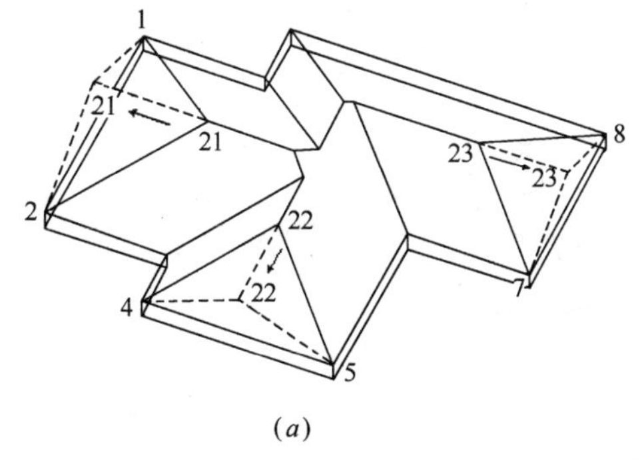

(*a*)

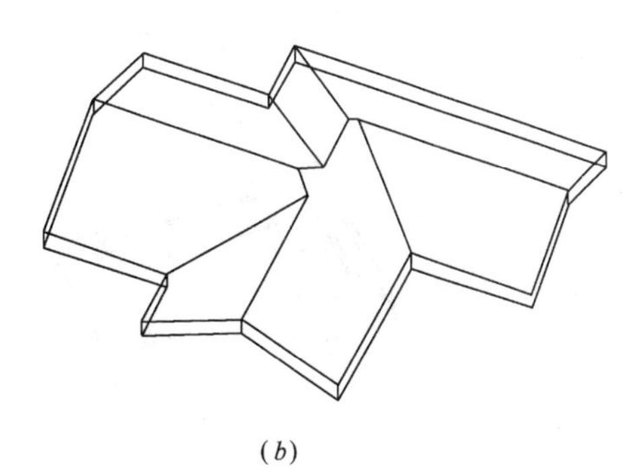

(*b*)

图2-87

四、歇山顶的建模方法

歇山顶屋面可以看成是四坡顶(或盝顶)和两坡顶的结合。歇山顶屋面也有两种建构的方法。但它们都是在先完成一个四坡顶屋面的基础上进行的。

1. 屋脊延伸法(图 2-88)

(1) 先完成了四坡顶建模后(图 2-88*a*)，把平屋脊两端向外延伸到实际的歇山顶屋脊的长度(图 2-88*b*)。

(2) 采用垂足点抓点方式，从歇山屋脊的两端点分别对非山墙檐线作四条垂线(图 2-88*c*)。

(3) 四垂线与四斜脊线相交于垂脊和斜脊的交角处。进行清理后，对线框状态的歇山顶的每个线框平面上铺设 3dface 三维面(图 2-88*d*)

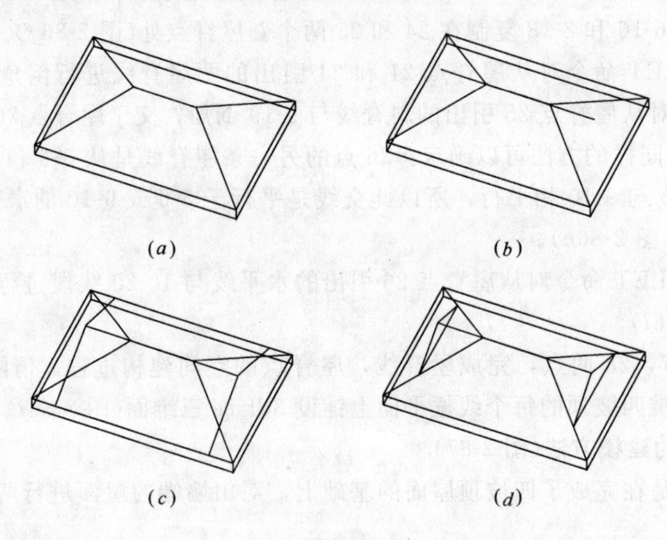

图 2-88

2. 歇山推山法(图 2-89)

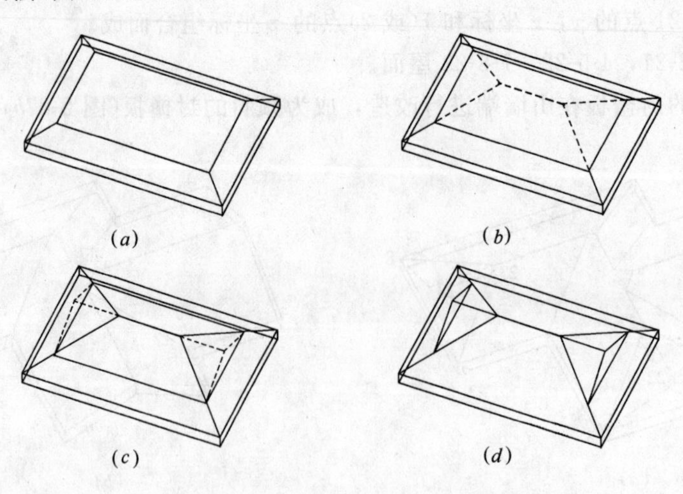

图 2-89

(1) 用 EXTRUDE 命令拉伸出一个盝顶锥台实体(图 2-89*a*)。盝顶的高度即为歇山顶山墙一侧的屋顶高度。

(2) 用 EXPLODE 命令对锥台实体进行两次分解，使之成为一组轮廓线段(其中每段轮廓线都应包含两根重复的直线段)。用 FILLET 命令分别对山墙端的其中两组斜脊线进行倒角处理，使之相交于四坡顶的两个屋脊点，并连接这两个屋脊点(图 2-89*b*)。

(3) 用 Grips 夹点编辑的方法，把新生成的四坡顶的四条斜脊线在檐角处的端点上移到盝顶的上沿处(图 2-89*b* 中虚线的底端)，而原来的盝顶斜脊处还保留着分解后生成的另一组线段。所以，现在四坡顶的斜脊线是由两条斜线组成，它们连结后相交于盝顶上沿交角处。

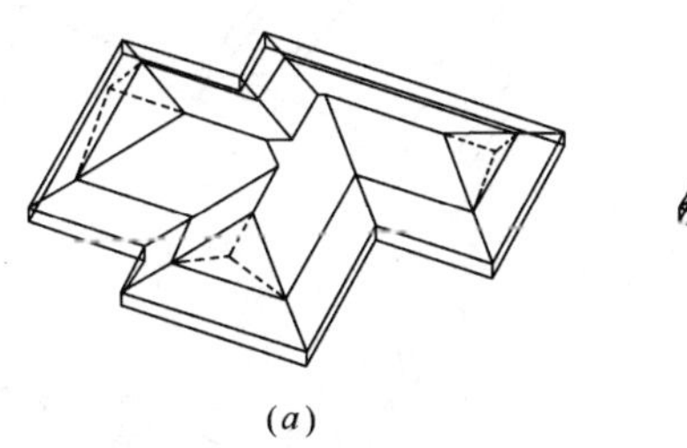
(*a*)

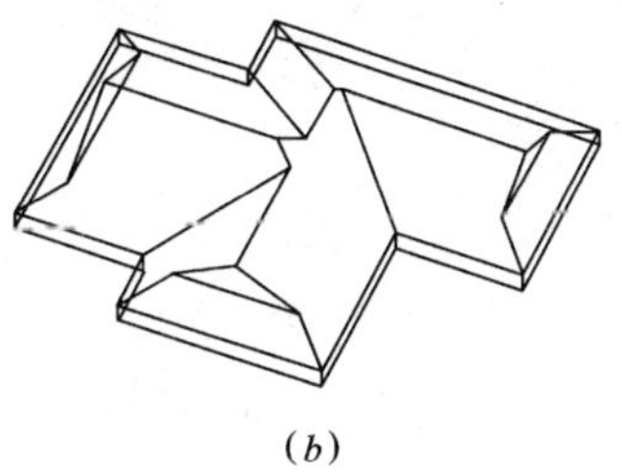
(*b*)

图 2-90

五、组合坡顶的建模方法

坡屋顶的设计组合是建筑艺术表现的一个重要课题。除了上述的复杂平面的坡屋顶设计外，坡屋顶的组合还有两种情况：不同坡屋顶形式的组合或不同檐高的坡屋顶组合。它们的组合方式很多，主要还是建筑师的坡屋顶设计的方案构思问题。如果产生了屋面的相交问题，就会使问题复杂起来。下面以例子来说明组合坡屋顶建模中的问题。

1. 不相交的坡屋顶组合实例(图 2-91)

(1) 如图所示，共有四个屋顶块(图 2-91*a*)，*A*，*B* 两屋面为不等高的两坡顶，*C* 屋面为从 *A* 屋面延续下来的单坡顶，*D* 屋面为从 *B* 屋面水平延伸过来的单坡屋面。

(2) 根据出檐的大小，绘出每个屋面块的屋脊线(图 2-91*b*)。

(3) 根据屋脊线的位置对 *A*，*B* 两个屋顶块建构四坡顶(图 2-91*c*)，然后再改成两坡顶(图 2-91*d*)。

(4) 按照 *A* 屋顶与 *C* 相邻的屋面的坡度延展绘出 *C* 块的单坡顶(图 2-91*d*)。

(5) 拉伸外墙线，提升屋顶面到实际高度，并从 *B* 屋顶前屋面水平延伸构造入口的单坡屋面(图 2-91*e*)。

(6) 对山墙面的山花部位进行墙面处理，加封檐板和屋脊线(图 2-91*f*)。

2. 组合坡屋顶的相交问题

在组合坡屋顶设计中，屋顶块之间产生穿插交接是经常会产生的。一般说来，两个交叉的模型体即使不求出它们的交线，也会在模型渲染后显示出它们之间的交接关系。但是，如果要在模型体的交接处进行细部设计和表现，或者必须交待模型体量之间的空间关系时，就需要绘出它们之间的交线。建筑模型体量的穿插相交问题(包括坡屋顶相交问题)，是三维建筑建模中的一个难点。需要引入专门的辅助建模方法。为此，留在后面的章节中进行详细的讨论。

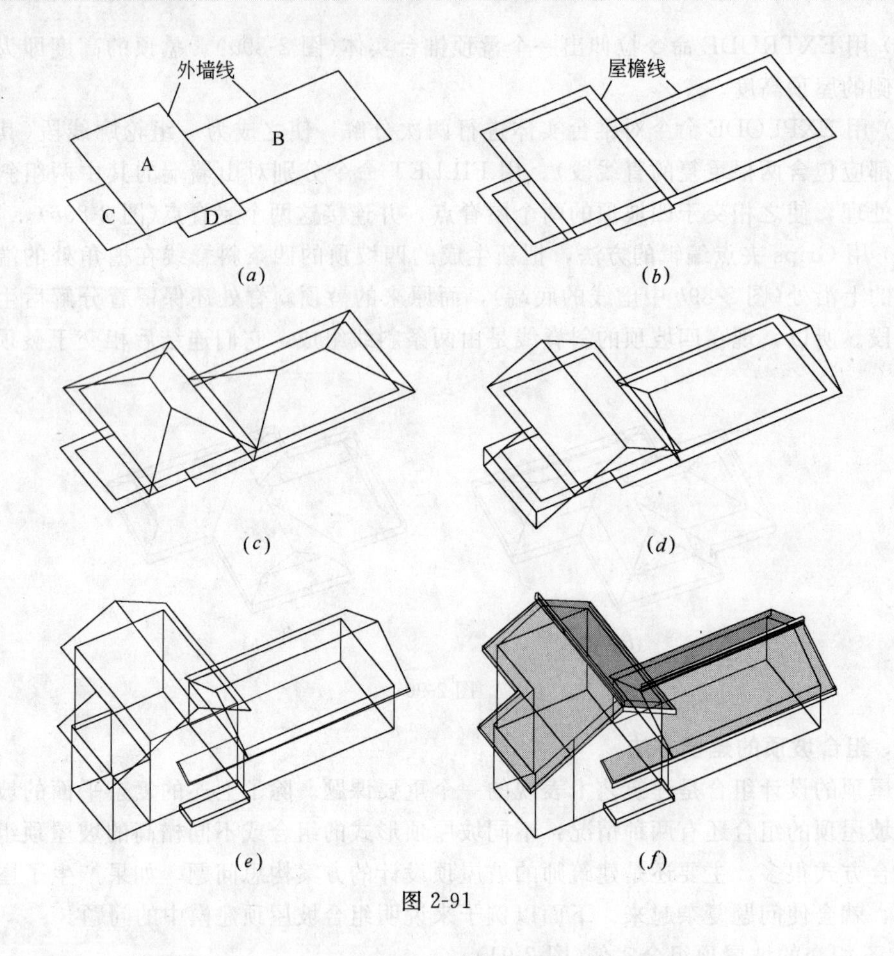

图 2-91

第五节　AutoCAD 复杂形体三维建模

一、复杂建模的辅助方法

在复杂的几何形体交叉连接的情况下，需要采用某些辅助手段来帮助建模工作。现在介绍三种表面模型建模的辅助方法。它们在下面的建模实例中得到了广泛的应用。

1. 外观交点两步定位法

AutoCAD 系统的对象捕捉方式(Object Snap)中，有一种“外观交点(Apparent Intersection)”方式。可以捕捉到空间中并不相交的线段之间、在视图中看起来相交的“外观交点”。但是，这个交点究竟会落在两条线的那一条上，是要根据两个对象在数据库中的排列顺序而定。如果我们不知道它们的生成顺序，就很难正确判断。然而，在工作中往往就需要确定外观交点所在的线段，我们可以采用分两步进行的操作方法来实现。

图 2-92 中所示，线段 1 和线段 2 由于 Z 坐标不同，在空间中并不相交，但是在视图中有外观交点。现要求过 $P1$ 点作一直线段 $P1$-$P2$，$P2$ 点应是 1 和 2 线段的外观交点，而且它必须落在线段 1 上。下面就是外观交点两步定位法的工作步骤：

(1) 执行 LINE 命令，捕捉 $P1$ 点作为直线段的第一点。

(2) 命令行要求定位第二点，此时先输入一次性的 APP(Apparent Int 捕点方式)后回

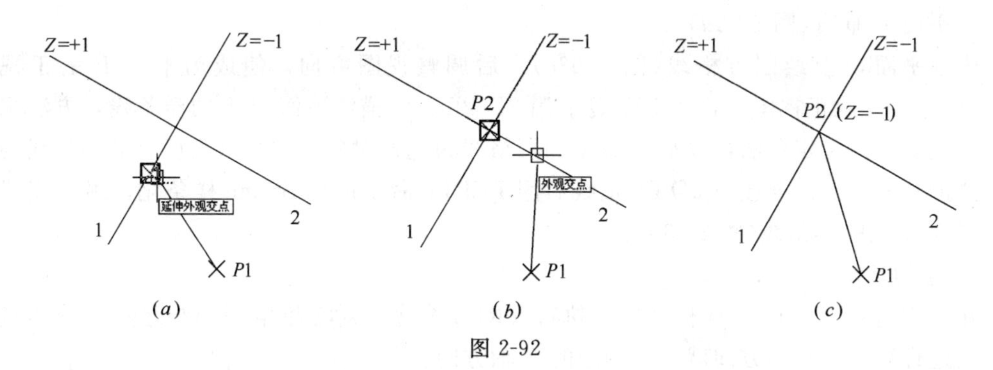

图 2-92

车，把光标移向线段 1，屏幕上显示延伸外观交点的图标(图 2-92*a*)后，按下光标确定键，这是第一步。

(3) 移动光标到线段 2，此时在外观交点处显示外观焦点的图标(图 2-92*b*)，按下光标确定键，这是第二步。直线段 *P*1-*P*2 绘制完成，*P*2 点必定落在先定义的线段 1(图 2-92*c*)上。

结论：在用外观交点捕捉方式定位点时，如对它的两条线段采用先后分开定义，则所得的外观交点必定落在先定义的线段上。

可以利用这个特性，求出任意对象物体在任意平面或曲面上的投影，这种投影是以作外观交点操作时的视图观察方向为投影方向，它与坐标系无关。

现举一个工作例子来说明外观交点两步定位法的应用：图 2-93 中，平面 *P* 中有条样条曲线，平面 *Q* 与平面 *P* 成倾角(图 2-93*a*)，欲绘出该样条曲线在平面 *Q* 上的投影，投影

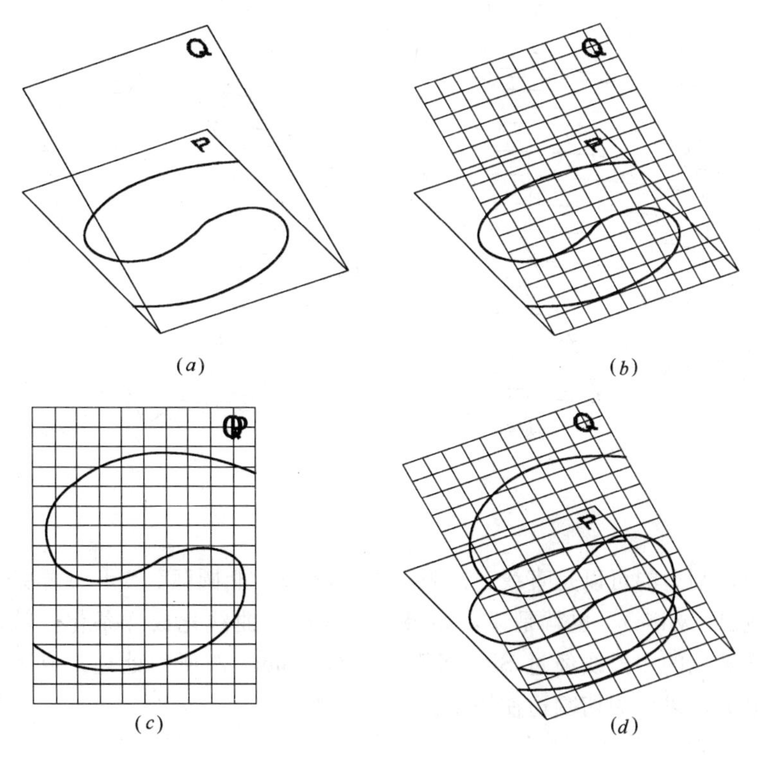

图 2-93

方向与平面 P 垂直(图 2-93d)。

先在平面 Q 上绘制方格线(图 2-93b)。后调整视图方向，使成为平面 P 的正视图(图 2-93c)。在此正视图中，在平面 Q 上用 3D Pline 线描绘平面 P 上的样条线，方法采用上述外观交点两步定位法，以平面 Q 上的网格线为先选对象，顺序求出所有的网格线与样条曲线的外观交点。连接成 3D Pline 线后用 PEDIT 命令进行 Spline 样条化，最后完成投影在平面 Q 上的样条线(图 2-93d)。

2. 空间切割法

在切割边对象的 OCS 坐标系中，执行 TRIM 命令，对三维空间中与之不相交的直线或曲线进行切割。切割方向就是切割边的 Z 轴方向。

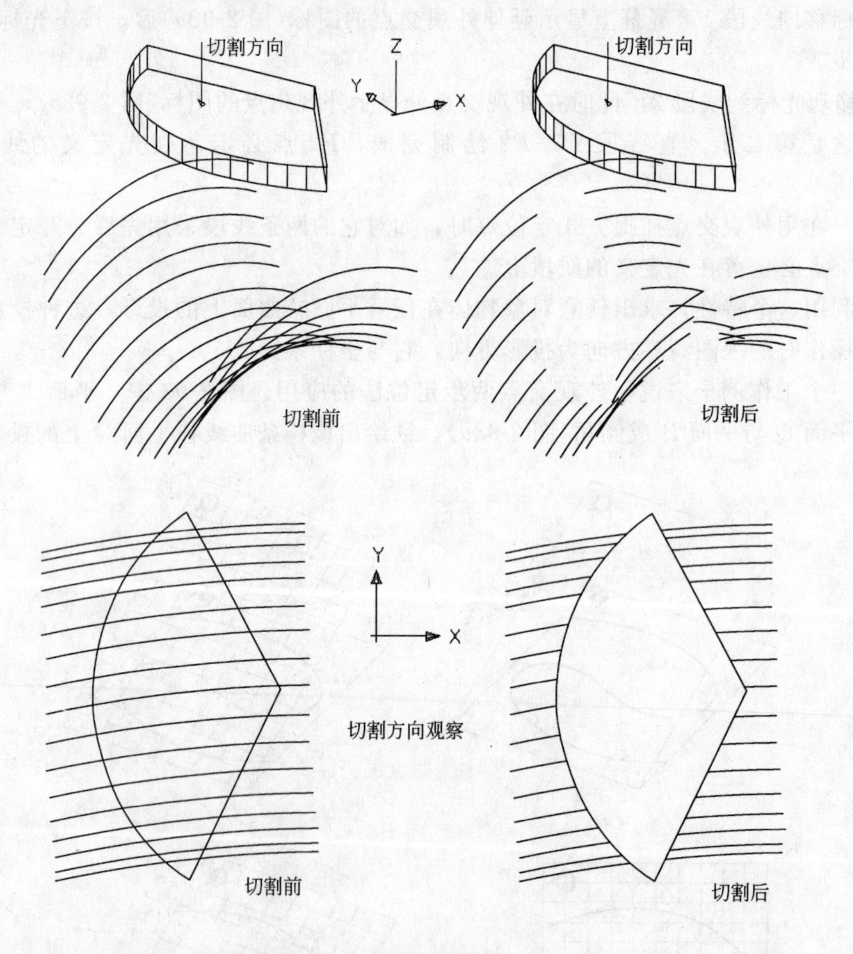

图 2-94

用来作为切割边的可以是直线、圆弧、圆、椭圆、椭圆弧、Spline 样条曲线和未被曲线化的多段线(Polyline)。也就是说，如果多段线已被曲线化或样条化，就不能用作切割边。只有被样条化的多段线经过 SPLINE 命令的 Object 选项的处理，成为真正的样条曲线后，它们就又可以作为切割边使用了。

3. 空间延伸法

在边界对象的 OCS 坐标系中，执行 EXTEND 命令，把三维空间中与之不相交的直线或曲线延伸到边界对象在 Z 轴方向的延展面上。

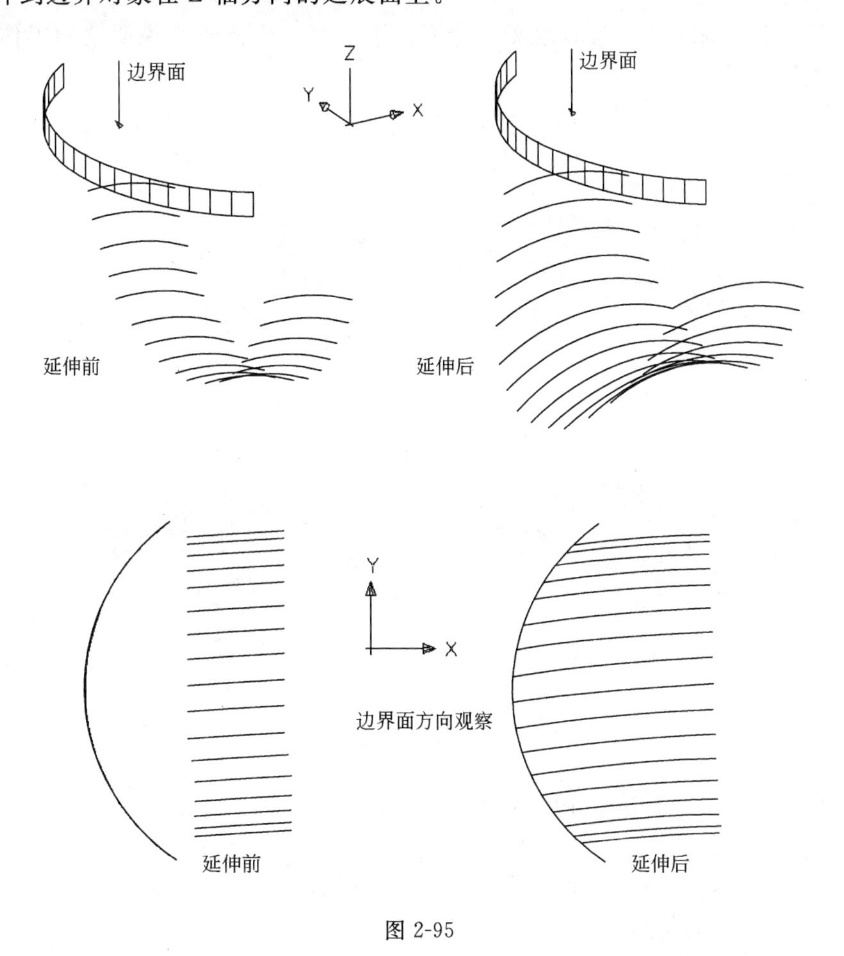

图 2-95

以上两种对辅助线的切割和延伸，可以在三维建模中帮助求找空间的关键点或关键线。在使用中特别要注意的是：要把当前的 UCS 坐标系 Z 轴方向设成与切割边或边界线的 OCS Z 轴方向相一致。

下面的复杂建模的例子中，有许多是采用了上述的方法进行建模的。特别是关系到曲面体的建模。

二、起伏地面的建模方法

在高低起伏的山坡地上进行街区或建筑物的三维建模，就应该首先对原始地形进行建模，然后按规划设计加以修改调整。加上道路、建筑和其他地物地貌。使建筑物模型与地面模型之间具有正确的相互关系。

山坡地面的建模有两种方法：

1. 三维网面法

把地面划分成 M 列 N 行的方格网，用 3DMESH 命令输入每个网格点的坐标，建立三维网格地面。有专门的应用程序可以自动把地形图上的等高线转换成每个网点的 Z 坐标，并绘出三维网格地形图(图 2-20)。

2. 直纹曲面法

(1) 建模步骤：

1) 适用于小范围的起伏地形地面的建模。用下面一个例子来说明它的工作步骤和方法(图 2-96)：

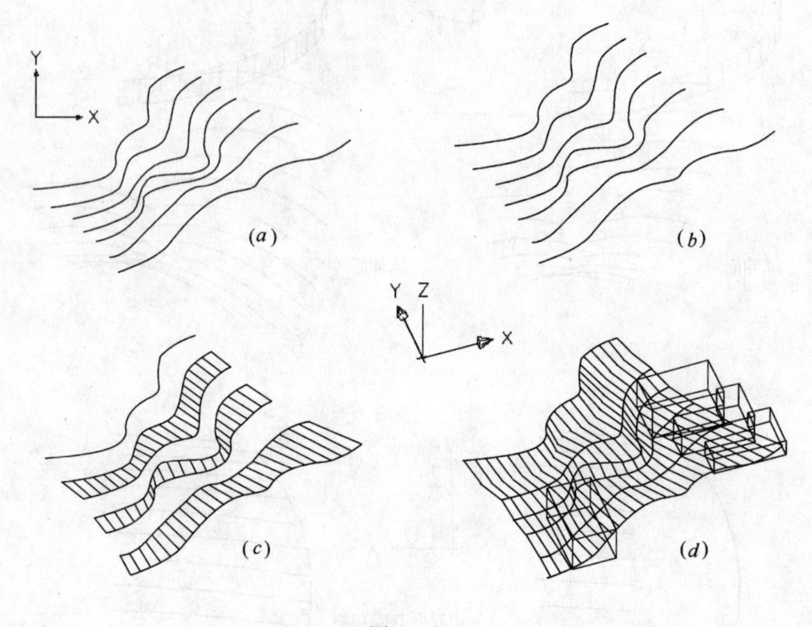

图 2-96

2) 在平面视图中用多段线(Pline)构建每一条地形等高线(图 2-96*a*)。

3) 在三维视图中，把每条等高线提升到它的实际坐标高度(图 2-96*b*)。

4) 设定适当的 Surftab1 变量的值(分段数)，用 RULESURF(直纹曲面)命令对等高线进行两两铺面，完成地面的建模工作(图 2-96*c*)。

5) 把建筑物、道路等地物、地貌按实际情况放置到原来的位置；把设计的建筑物按设计的位置和标高放置到正确的位置(图 2-96*d*)。

(2) 地面与建筑的交线求法

如图 2-97*a* 所示为例，欲求出等高线所代表的坡地地面与建筑物之间的交线。设定当前的坐标系与建筑的 OCS 相一致。一种简单的途径是用空间切割法来求出建筑与地面的交点和交线(图 2-97*a*)。

1) 在建筑的地面，选择两条与等高线相交的底边，绘出与之重合的 *a-a* 和 *b-b* 两线(图 2-97*b*)。

2) 采用空间切割法，以 *a-a* 和 *b-b* 两线为切割边切割有关的等高线，分别得到 1，2，3，4，5，6 点，连接 1，2，3 点和 4，5，6 点。(图 2-97*c*)。

3) 2-3 线与建筑墙角线交于 7 点，5-6 线与建筑墙角线交于 8 点。用直线段连接 1，2，7，8，5，4 点。该组直线段即为建筑与坡地面的交线。

另一种方法是采用外观交点两步定位法，求出建筑边线的延长线与等高线之间的、落在等高线上的外观交点，进而求出建筑与地面的交线(图 2-98)。

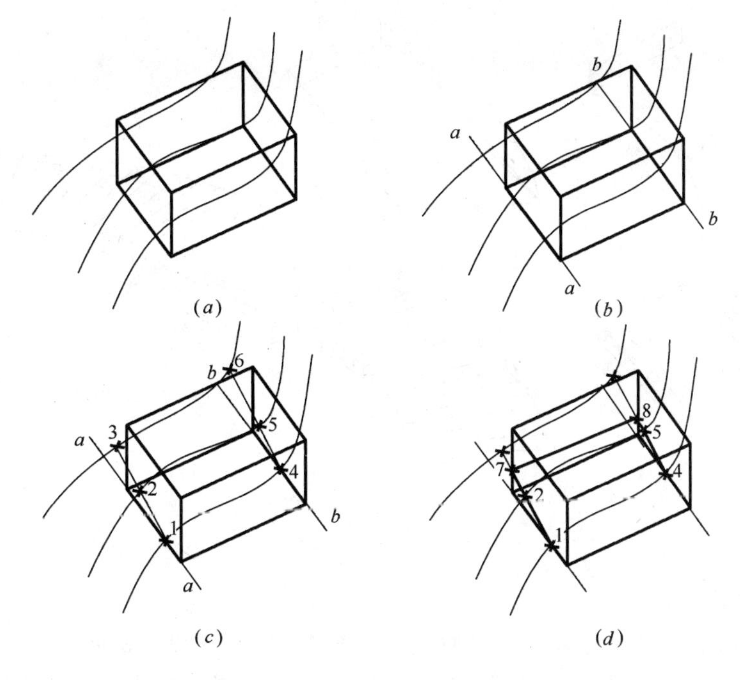

图 2-97

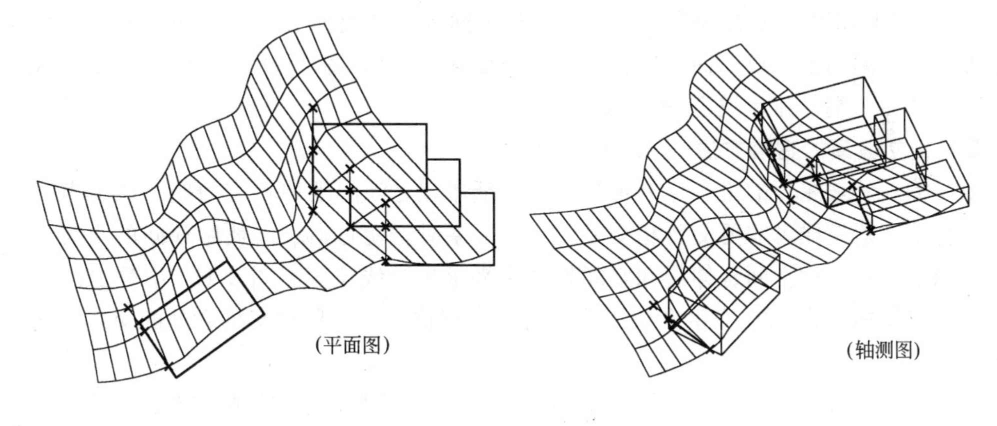

图 2-98

三、建筑入口的弧形车道

建筑物入口常常设有弧形行车车道。它在平面投影中是两条同心圆弧，但是它从开始处逐渐升高而形成坡道(图 2-99*d*)。建模工作的关键是要绘出坡道两边的曲线，这两条曲线，严格说来应该是两段椭圆弧，由于坡道的升高值与弧长相比很小，为了简化绘图起见，可以把它们看作为圆弧线。在具体的入口弧形车道建模时，地面上的两条同心弧线和坡道端头的升高值是已知的(图 2-99*a*)。工作步骤为：

(1) 以内弧线为例，连接内弧线起点 1 与终点坡高处上下两点 3 和 2，构成直角三角形。在地面上的 1-2 直角边就是内弧线的弦，连接弦的中点 4 和弧的中点 5。

(2) 在直角三角形中，连接弦的中点 4 和斜边中点 6，并 4-6 复制到弧线的中点 5 上，

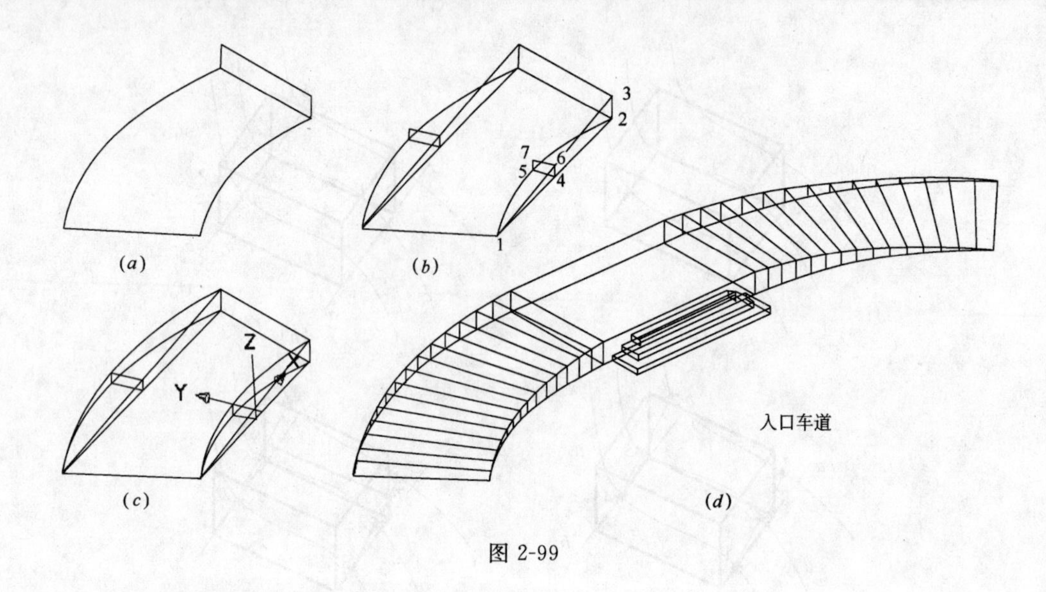

(a) (b) (c) (d)

图 2-99

成为 5-7，连结点 6-7。

(3) 建立新的 UCS 坐标系，使之原点在点 6，X 轴与线段 6-3 重合，Y 轴与线段 6-7 重合(图 2-99*c*)。并在新的 XY 平面中过 1，7，3 三点绘制圆弧线。此弧线即为弧形坡道在斜面上的内弧线。同理绘出弧形坡道在斜面上的外弧线(图 2-99*c*)。

(4) 用 RULESURF 命令在两条斜面弧线之间铺盖直纹曲面；也在两条内弧线之间和两条外弧线之间铺上直纹曲面，完成弧形坡道的铺面工作(图 2-99*d*)。最后，用 MIRROR 命令复制出另一端的弧形坡道(图 2-99*d*)。

四、相交坡顶的建模方法(图 2-100)

不同檐高的坡屋顶的组合，有可能出现高低屋顶之间的延伸相交问题。如果需要对相交处进行细部建模或者需要交待相交处的空间关系时，就必须求出坡屋顶间的交线。我们可以运用前面介绍的空间延伸法和空间切割法来求出交线位置。图 2-100 中是由两个不同檐高的四坡顶的组合成的 T 字形坡屋顶，现在介绍这两个坡顶在交接之处的交点和交线的建模方法。

(1) 图 2-100*a* 所示 T 字形排列的两个矩形建筑外墙平面和它们的屋檐线平面。

(2) 以各自的屋檐线为基准，构建出两个四坡顶(图 2-100*b*)。

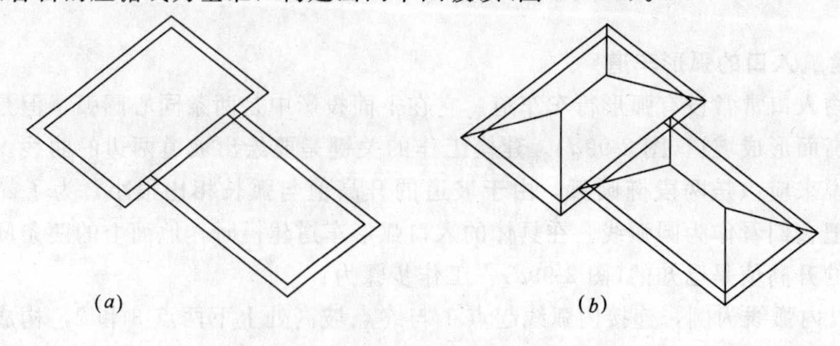
(a) (b)

图 2-100(一)

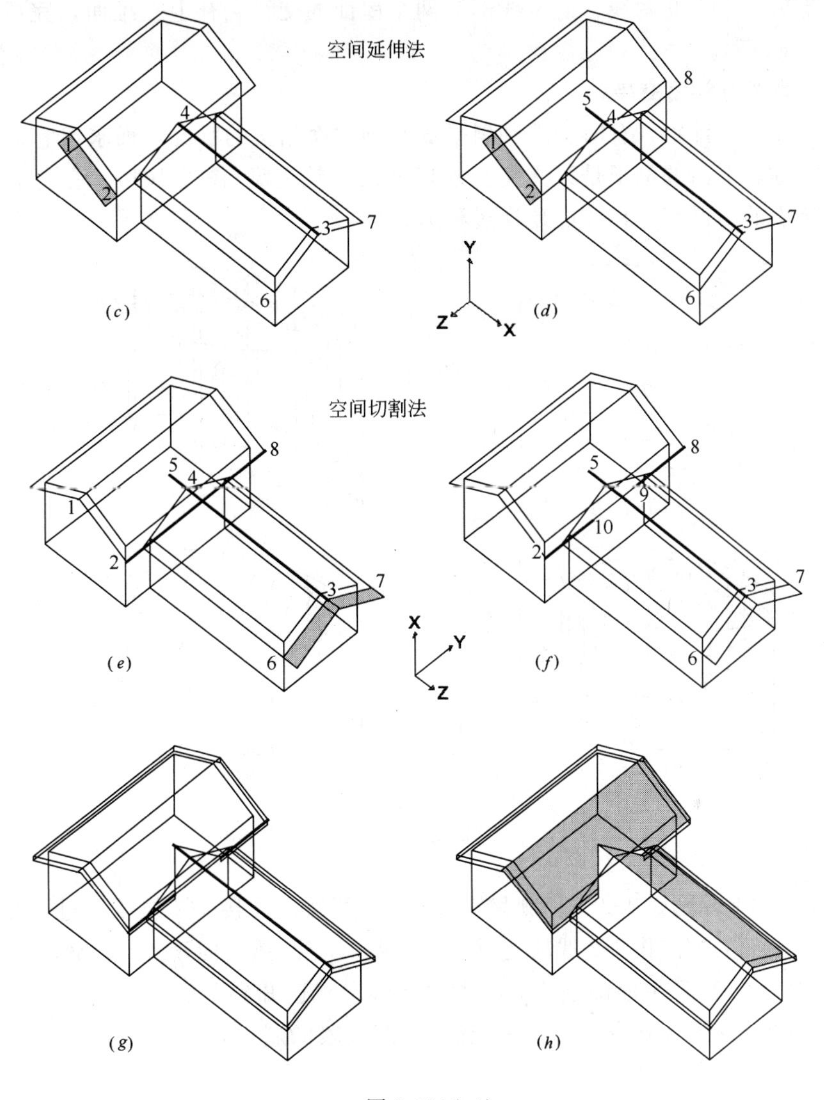

图 2-100(二)

(3) 将四坡顶改成两坡顶，把外墙线和屋顶按照一高一低的实际高度提升到位(图 2-100*c*)。低檐屋顶的屋脊线为 3-4。为求出低檐屋顶延伸与高檐屋顶的交线，必须先求出此屋脊线与高檐屋顶的交点。

(4) 把 UCS 坐标系的 *X-Y* 平面设在高屋檐的山墙上，在高檐屋顶的斜屋檐上绘制 1-2 线段(图 2-100*d*)。

(5) 运用空间延伸法，执行 EXTEND 命令，以 1-2 线为边界线，则 1-2 线所在的坡屋面就是延伸时的边界面。将 3-4 线的 4 端向边界面延伸交于点 5(图 2-100*d*)。

(6) 绘出高檐屋顶的檐线 2-8，把 UCS 的 *X-Y* 平面设在低檐屋顶的山墙上。并在低檐屋顶的斜檐线上绘出 6-3 和 3-7 两条线段(图 2-100*e*)。

(7) 运用空间切割法，执行 TRIM 命令，用 6-3 和 3-7 两线切割 2-8 线段，得 10，9 两个交点(图 2-100*f*)。

(8) 连接 5-10 和 5-9 两线，此两线即为两个屋面的交线。补上三维面，完成屋顶交接建模(图 2-100g，h)。

五、弧形墙面与斜面交接

在建筑的体量设计中，有时会遇到斜平面与圆柱面相交的状况，而求出它们之间的交线是问题的关键。下面的例子是某文化宫入口处的建筑造型(图 2-101)。在背后的凹弧墙前，是一段矮小的凸弧墙。具体的建模过程为：

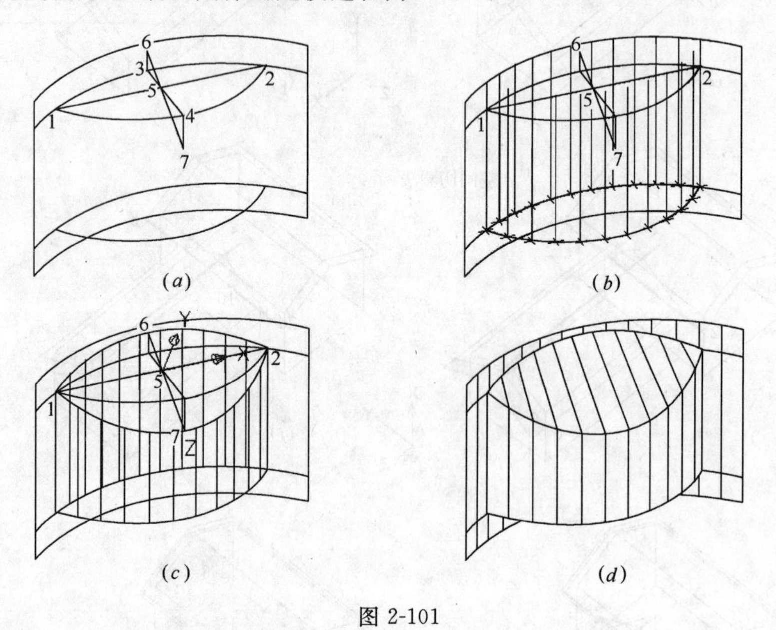

图 2-101

(1) 凸弧墙的上端圆弧 1-2 与凹弧墙交于 1，2 两点。连接 1-2 线段，过 1-2 的中点 5 在平行于 X-Y 平面的方向作 1-2 线段的垂直平分线，交凹弧墙面于点 3，交凸弧墙面于点 4。过点 5 在垂直于 X-Y 平面的面中，又与 3-4 线段成已知斜角的 6-7 线段，与两段弧墙的交点为点 6 和点 7(图 2-101a)。过 1-2 和 6-7 两线段的斜面，就是对两段弧墙进行切割的斜面。

(2) 在凸段弧墙的底线上，用 DIVIDE 命令等分凸弧线，而在与凸弧墙交织那部分凹弧墙也进行同样数量的等分作业，并过所有的等分点复制一段定长的垂直线(图 2-101b)。

(3) 设定新的 UCS 坐标系，使之原点位于点 5，X 轴与 5-2 线段重合，Z 轴与 5-7 线段重合(图 2-101c)。此时执行 TRIM 命令，以 1-2 线段为切割边来切割所有的从等分点引出的垂直线段，它的切割方向就是 UCS 的 Z 轴方向，也就是那个过 1-2 和 6-7 的斜平面(图 2-101c)。

(4) 连接空间切割后的切割点，分别在凹弧墙面和凸弧墙面上生成两段椭圆弧线，它们就是斜平面与两段弧墙面的交线。用三维面把凸弧墙和屋顶平面覆盖后，就完成建模工作(图 2-101d)。

这里需要说明的是，在两段椭圆弧线求出后，也可以用 Rulesurf 的直纹曲面来进行表面覆盖，但是组成这些直纹曲面的三维面的边线并不平行，这对建筑建模而言就不是一种好的选择。

六、曲线墙面上任意开洞

在垂直的样条曲线墙面上，开设任意形状的门窗洞的建模问题，也可以用空间切割法来处理。现在用一圆弧墙面上开圆窗洞为例(图 2-102)，介绍建模的方法和过程。

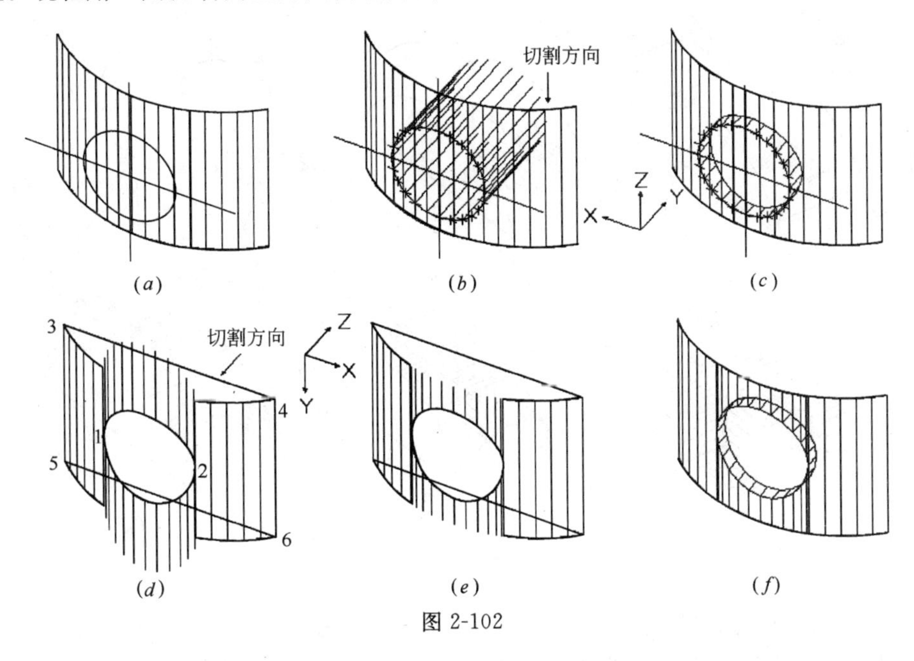

图 2-102

(1) 图 2-102*a* 表示已知的圆弧墙和一个圆窗形，圆形并不在弧墙上，它的 OCS 的 *Z* 轴方向就是弧墙上圆窗洞的投影开启方向。

(2) 用 DIVIDE 命令将圆等分，等分数可以按精度需要而定。并过所有的等分点作圆在其 OCS 的 *Z* 轴方向的直线段(图 2-102*b*)。

(3) 确保当前的 UCS 与弧墙的 OCS 相一致，用弧墙线切割那组刚生成的直线段。所得的切割点就是圆在弧墙上的投影点，用 3DPOLY 命令把切割点连成 3D 多段线(图 2-102*c*)。

(4) 执行 BREAK 命令，以图 2-102*d* 中的 1，2 两点(多段线的在弧线方向上最外两点)断开弧墙线，并在上下多段线的上下切割点处，分别向上和下方向复制与弧墙高度方向一致的直线段(图 2-102*d*)。

(5) 在图 2-102(*d*)中用直线连接弧墙上下端点 5-6 和 3-4。把 UCS 的 *X*-*Y* 平面设成与平面 3-4-6-5 相重合，用 3-4 和 5-6 两线来切割与弧墙高度方向一致的那组直线段(图 2-102*e*)。

(6) 用三维面铺盖多段线上下的切割线段。把多段线沿窗洞的深度方向复制到弧墙的内墙面位置，再在两多段线之间用三维面或直纹曲面铺盖(图 2-102*f*)。

任意垂直的样条曲线墙面上，开设任意形状的门窗洞都可以参照上述的方法和步骤。

七、曲屋面与曲屋面交接

这里所指的曲屋面是单向曲面，也就是由一条曲线拉伸而成的曲面。这种曲屋面之间的相交问题，也可以用空间切割法或空间延伸法来解决。下面是个入口车道处的壳体屋的顶建模实例(图 2-103)。实际上是大小两个筒壳屋顶的垂直方向交接。

(1) 图 2-103(a)所示两个弧形筒壳的基本弧线位置和大小。1-2 和 3-4 弧线为主要入口方向的大圆弧，5-6 圆弧和与之对称的圆弧为车道入口小圆弧。把 UCS 的 X-Y 平面设成与 1-2 圆弧所在平面重合，即 1-2 弧线的 OCS 与当前 UCS 相一致。

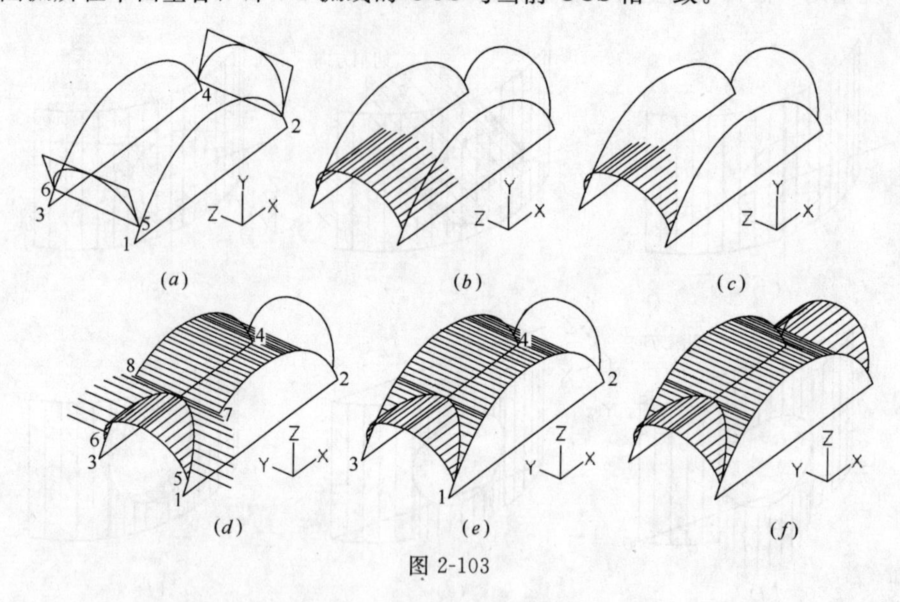

图 2-103

(2) 对 5-6 小圆弧进行等分处理，并过所有的等分点绘制一组 X 方向的平行线(图2-103b)。

(3) 用 1-2 弧线来切割这组平行线，得到大小圆弧屋面的一组交点(图 2-103c)。

(4) 用 3D 多段线连接这组交点，该多段线就是两屋面的交线。用三维面铺盖小圆弧屋面，同时用 BREAK 命令以多段线上最高的切割点和 5，6 两点为断切点，分别对 1-2 和 3-4两圆弧进行断切，1-2 弧线在点 5，7 处断开，3-4 弧线在点 6，8 处断开。在大圆弧的另一端也同样进行断切处理，把两条大圆弧断切后的中间段之间铺盖三维面(图 2-103d)。

(5) 接着，要正确铺盖在小圆弧两侧的大圆弧屋面上的三角形部分屋面，需要重新设置 UCS，使 X-Y 平面与 1-2-3-4 平面重合，1-2 线与 X 方向平行。过所有多段线上的切割点，绘制一组平行 Y 方向的平行线(图 2-103d)。

(6) 分别用 1-2 和 3-4 两直线切割那组平行线，所得到的切割点必定在原先的 1-2 和 3-4 弧线上。用三维面铺盖这部分屋面(图 2-103e)。

(7) 执行 MIRROR 命令，把 5-6 小圆弧屋面和三角形部分的大圆弧屋面复制到屋顶的另一端，完成相交弧形屋面的大体积建模(图 2-103f)。

八、曲墙面与曲屋面交接

这里的曲墙面和曲屋面也都是指单向的曲面。它们也可以用空间切割法或空间延伸法来建模。图 2-104 所示例子的建模方法与前面的例子大同小异。

(1) 曲墙面和曲屋面的基线都是样条曲线(图 2-104a)。

(2) 对曲墙面 1-2 基线进行等分处理，等分数量由模型的精度而定。在每个等分点上复制一段垂直的直线段(图 2-104b)。

(3) 变换 UCS，把它的 X-Y 平面与曲屋面的 3-4 基线所在的平面重合。以 3-4 基线为切割边切割这组垂直的平行线(图 2-104c)。

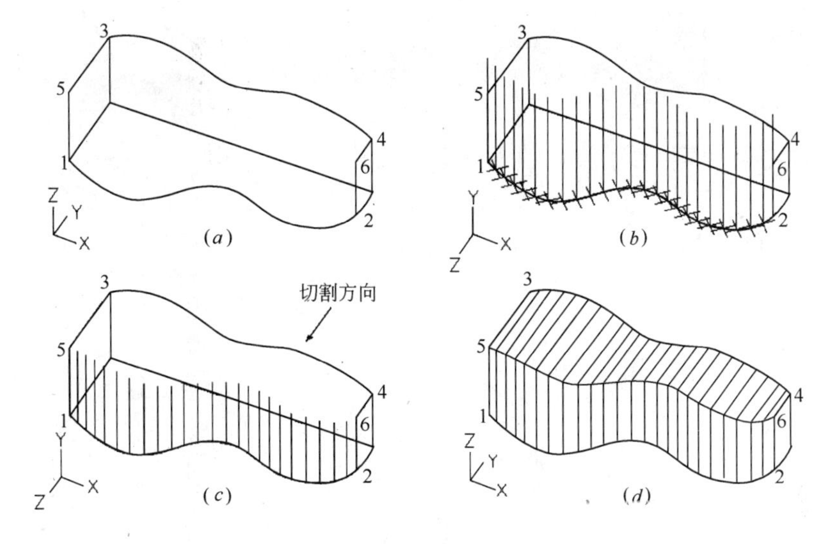

图 2-104

(4) 这组垂直线上的切割点连成3D多段线，此线就是曲墙面与曲屋面之间的交线。用三维面(3dface)铺盖曲墙面。并以多段线上的所有的切割点作为起始点向曲屋面的3-4基线作垂线(用Perpendicular捕点方式)，再用三维面铺盖屋面(图 2-104d)。

九、双向曲面与拉伸曲面交接

双向曲面与拉伸曲面的交接是建筑建模中较为复杂的一种。双向曲面一般都是三维网面，因此都可以得到网面上的线网，而单向的拉伸曲面在拉伸方向上观察，都是一条直线或曲线。所以，只要使UCS的Z轴方向与拉伸曲面的拉伸方向相一致，我们就可以用“外观交点两步定位法”求得拉伸曲面的基线与所有的双向曲面的网格线之间的交点。把这些交点连成3D多段线，此线就是两个曲面之间的交线。由于双向曲面一般都是三维网面，用EXPLODE命令分解后就是一个个独立的三维面。所以可以根据交线的位置，把不必要的三维面删除，对交线处的三维面进行边界线的调整就能得到满意的结果。

下面以圆球屋面与一个正方体的交接建模为例(图 2-105)。说明建模的步骤和方法。

(1) 图 2-105(a)所示为一个半圆球屋面和一个正方拉伸体之间的相对位置，正方拉伸体的基线正方形的四个角点落在半圆球的基线上。

(2) 确认UCS的Z轴方向与正方形的拉伸方向一致后，把视图设定为UCS的X-Y平面视图(图 2-105b)。

用“外观交点两步定位法”求得视图中正方形与圆球网格线在圆球上的交点，并用3D多段线连成交线(图 2-105b)。图 2-105(c)是从轴测图中观察交线的情况。

(3) 还是在平面视图中，用EXPLODE命令把半球体屋面分解成一组三维面(3dface)，并删除整个或大部分正方形内的三维面(图 2-105d)。图 2-105(e)是从轴测图中观察交线的情况。

(4) 对在交线边缘的三维面的边线进行调整，用Nearest捕点方式使三维面的交点都落在交线上，并用三维面补上可能的遗漏之处(图 2-105f)。

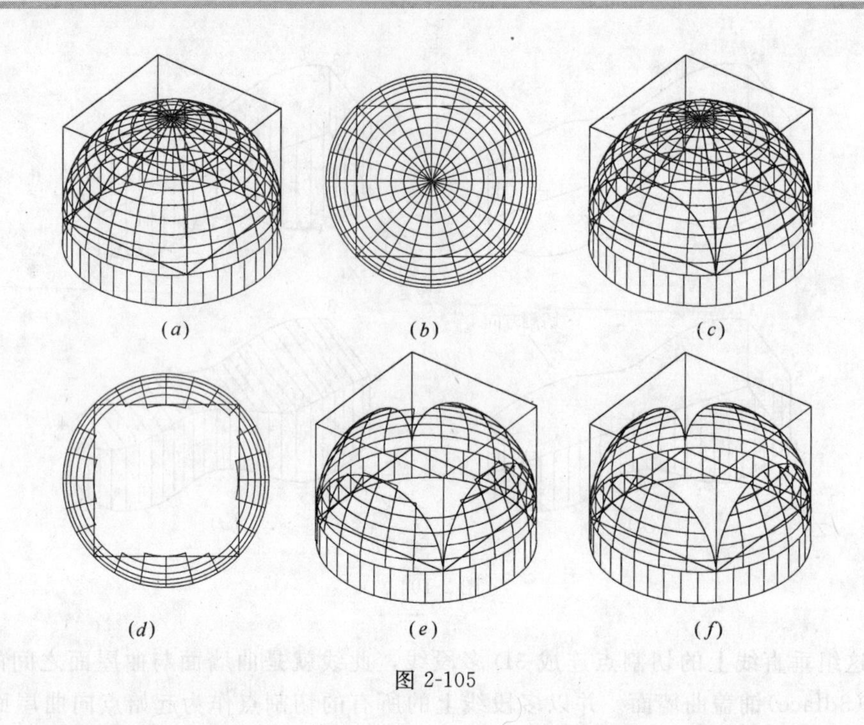

图 2-105

十、古亭起翘屋顶的建模

在我国的古典建筑中，屋顶的建筑形式多种多样最具特色，而最妙之处莫过于它的屋面曲线和屋角起翘。同时，这也是进行建模时的一大难点。在图 2-106 中是南方的四角亭和歇山亭，在图 2-107 中是按设计图样绘制的南方的重檐六角亭和单檐六角亭。在单檐六角亭中，屋顶上瓦楞也进行了建模。

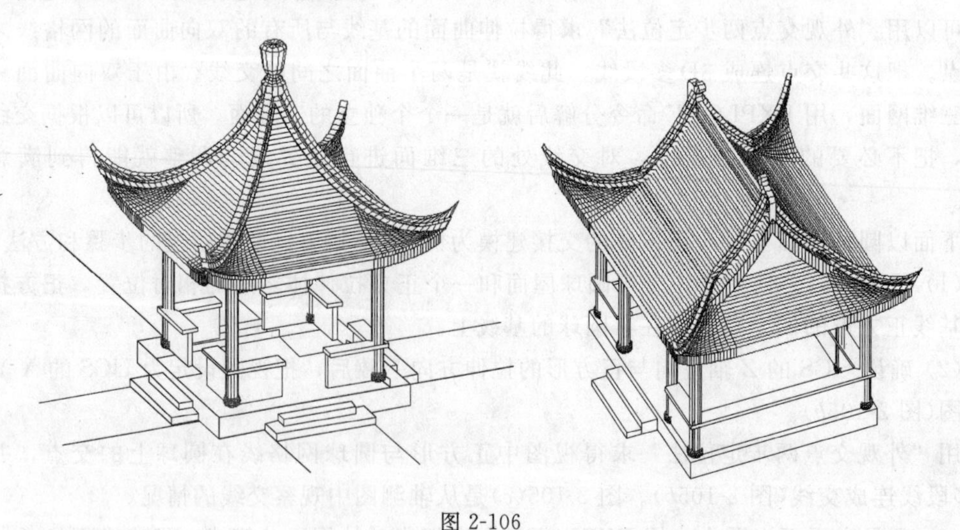

图 2-106

这里列出这些例子是要说明：古建的屋顶虽然很复杂，但同样是可以对它用计算机建模的。下面以六角亭为例，简要介绍屋顶的建模过程和方法。

任意攒尖屋顶的建模，只要构造它的一个单元屋面和一条屋脊后，进行极阵列复制就能生成。

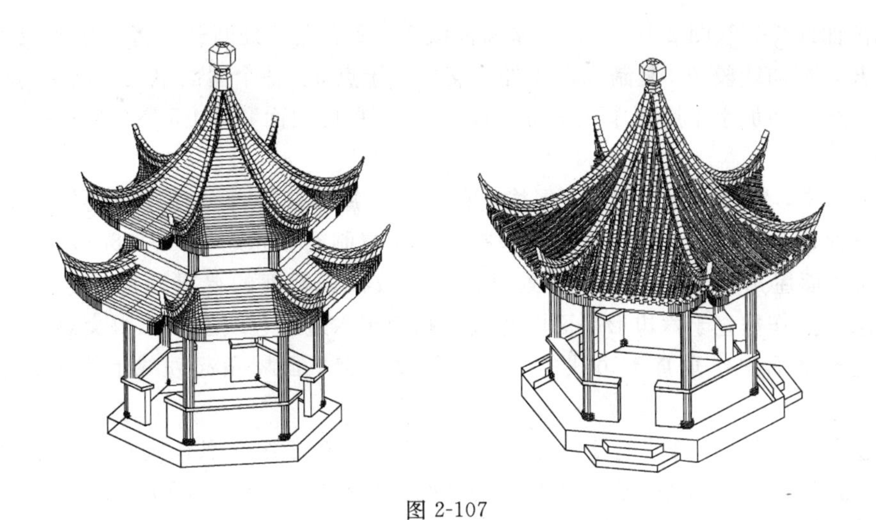

图 2-107

1. 定位屋面、屋角曲线和屋檐起翘线(图 2-108)

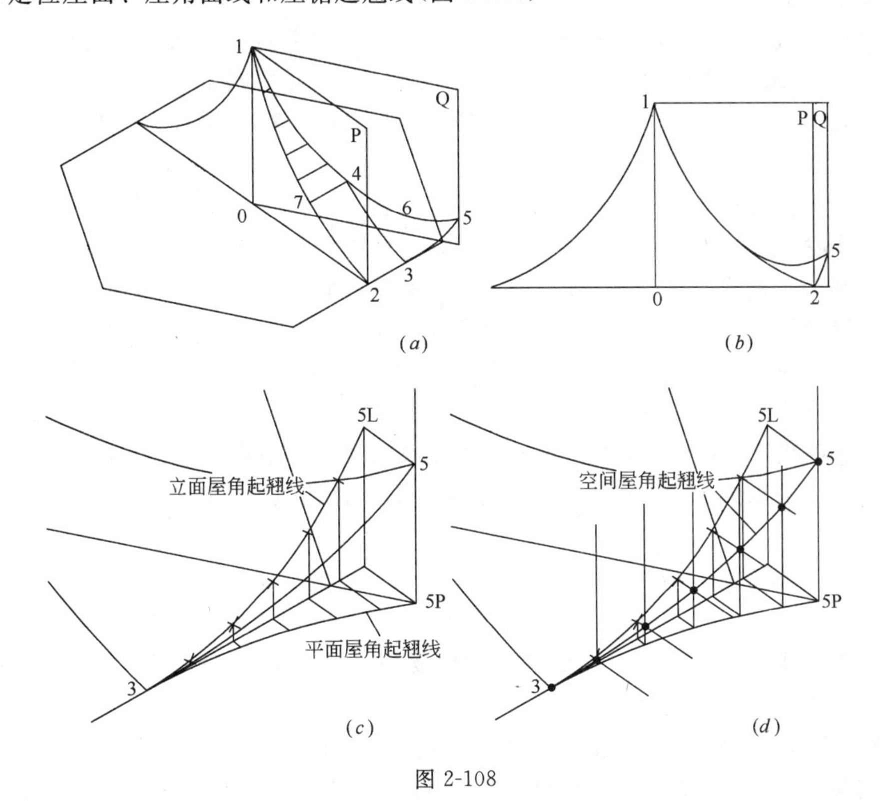

图 2-108

(1) 在六边形中，过中心点 0 作一垂直于六边形平面和一条边线的平面 P(图 2-108*a*)。在平面 P 中，0-1 是屋顶的垂高，0-2 为屋顶的半进深，所以，平面 P 就是屋顶的剖平面。根据设计，可以在 P 平面上绘出屋顶的剖面曲线 1-7-2。

(2) 过 0-1 垂线，作另一垂直于六边形平面并过一角点的平面 *Q*。根据设计，也可以绘出 *Q* 平面上的转角曲线 1-4-5(图 2-108*a*)。

(3) 由于转角曲线在近角处向上向外起翘，所以从剖面上看 1-4-5 曲线在点 4 或点 7

处开始偏离曲线 1-7-2(图 2-108*b*)。将屋面曲线 1-7-2 在点 7 处断开，将屋角曲线 1-4-5 在点 4 处断开，把曲线段 7-2 复制到点 4 处，交檐线于点 3。整个屋面单元可被 1-7-2 分成对称的两个部分，而那半个屋面单元又可分成 1-2-3-4 单向曲面和 3-4-5 屋角双向曲面两部分(图 2-108*a*)。

(4) 下一步，需要准确绘出 3-5 屋檐空间曲线。屋檐起翘部分在立面的投影线和在平面的投影线是设计的已知信息。把这两段投影曲线复制到点 3 处(图 2-108*c*)。

(5) 对立面屋角起翘线进行等分处理，等分数根据精度的要求而定，这是第一组交点。过这组交点作垂直于六边形平面的垂线，相交于六边形边线上第二组交点，再过这组交点在六边形平面中作垂直于边线的一组平行线。交平面屋角起翘线上第三组交点(图 2-108*c*)。

(6) 过第一组交点，作平行于 0-2 的一组字线；过第三组交点作垂直于六边形平面的一组垂线。连结两组线的焦点就生成真正的空间屋角起翘线(图 2-108*d*)。

2. 建构屋顶单元的屋面和瓦楞(图 2-109)

(1) 图 2-105 所示，开始铺盖屋面。屋面中间部分 1-7 和 1-4 两曲线之间，用 RULESURF 命令铺盖直纹曲面；7-2 和 4-3 两曲线之间，也铺盖直纹曲面。三角形曲面 3-4-5 处，用 EDGESURF 命令铺盖边界曲面，由于该命令定义需要四条边界，所以把 4-5 曲线断成两段，段点为点 6。以 0-2 为对称轴，把以上三块屋面对称复制，构成整个屋面单元的屋面(图 2-109*a*)。

(2) 下一步确定屋顶瓦楞在屋面上的位置。首先，对整个屋檐线进行等分处理。并在屋面中间部分区域内过等分点复制 2-7-1 曲线，这些曲线都落在屋顶的中间曲面上。在三角形曲面区域，过檐线上每个等分点作平行于 2-0 线段的直线组(图 2-109*b*)

(3) 用屋面的两条边线 1-8 和 1-4 来切割屋面中间的那组平行曲线。用“外观交点两步定位法”绘出三角形曲面区域的那组平行线在边界网面上的投影线。这些在屋面上的平行线就是屋面瓦楞的位置线(图 2-109*c*)。

(4) 将这些瓦楞位置线在檐线的端头向外延长出挑一个距离，并在它们的端头复制圆形的瓦楞勾头。分别用 EXTRUDE 把圆形沿瓦楞位置曲线拉伸出所有屋面上的瓦楞(图 2-109*d*)。

3. 构建屋顶斜角处屋脊造型(图 2-110)

(1) 设定 UCS 的 *X*-*Y* 平面与 Q 平面重合，以 1-4-5 斜角曲线为基础构造屋脊造型，按照屋脊的断面形状和尺寸，在断面棱角位置复制 1-4-5 曲线。并在顶部的起翘的部位，对曲线作进一步调整(图 2-110*a*)。

(2) 用 RULESURF 命令在各棱角曲线间铺盖直纹曲面，并对起翘屋脊的端部用三维面铺盖。将整个屋脊部分建成一个块(Block)，块的插入点设定在点 1 位置。

4. 完成六角亭的屋顶建模(图 2-111)

(1) 把屋脊块安装在绘成的屋顶单元片上，加上封檐板，并与之整合成一个屋顶单元块(图 2-111*a*)。

(2) 设定系统变量 Surftab1＝6，用 REVSURF 命令在点 1 处绘制宝顶的旋转曲面造型(图 2-111*a*)。

(3) 以点 0 或点 1 为中心极点，用 ARRAY 命令对屋顶单元块进行极坐标陈列复制，

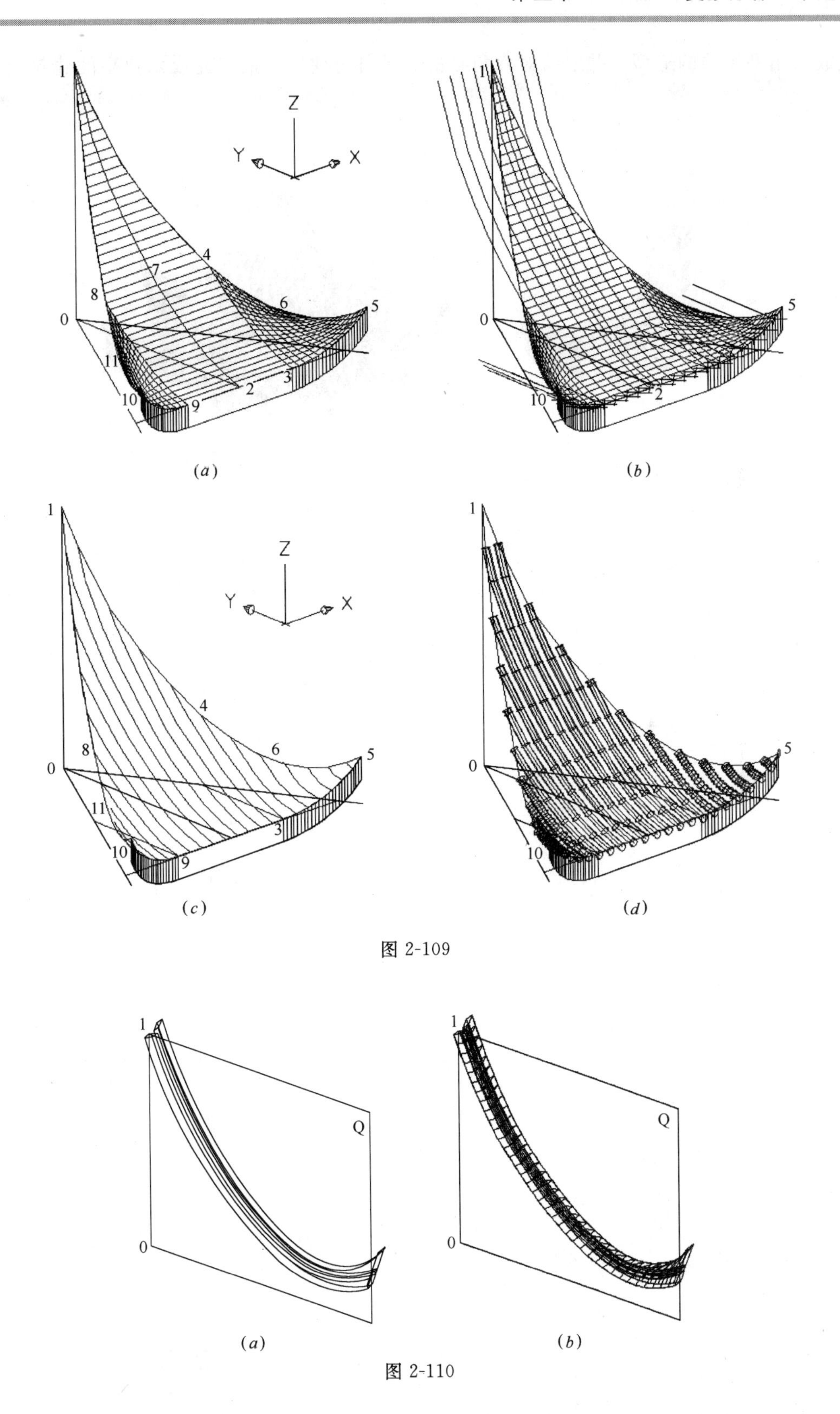

图 2-109

图 2-110

完成六角亭屋顶的造型。并继续对六角亭的其他部分建模，最终完成六角亭的建筑建模工作(图 2-111*b*)。

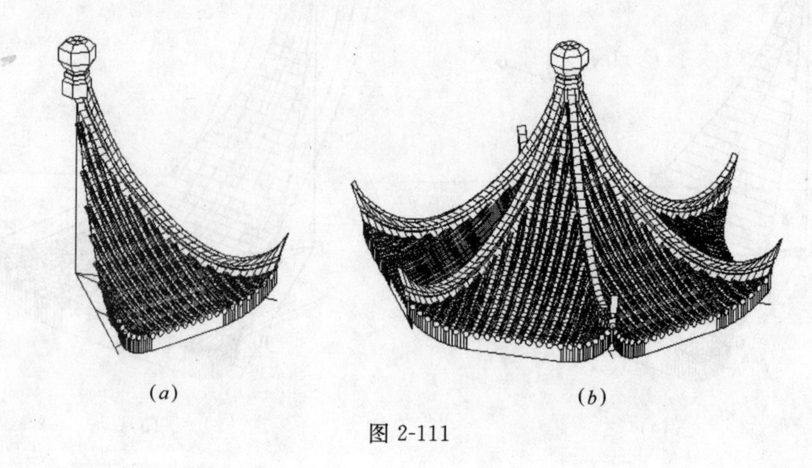

(*a*)　　(*b*)

图 2-111

第三章　建筑方案彩色渲染(3ds max)

第一节　基本界面和基本概念

一、3ds max 基本界面

3ds max 的基本界面是个 Windows 典型的应用软件界面。最顶部是软件的标签条，包含的信息有：当前文件名和 3ds max 软件版本等标注。标签条下面就是软件的工作区域。不同的版本的界面会有一些变化，但是它的总框架结构没有变动。为了便于说明，在图 3-1 的 3ds max 6 界面图中，用红线划分开八个功能区域：下拉菜单区、图标工具区、图形编辑区、命令面板区、时间控制区、状态提示区、动画控制区和视图控制区，这里将介绍与渲染图制作关系较密切的相关的内容。

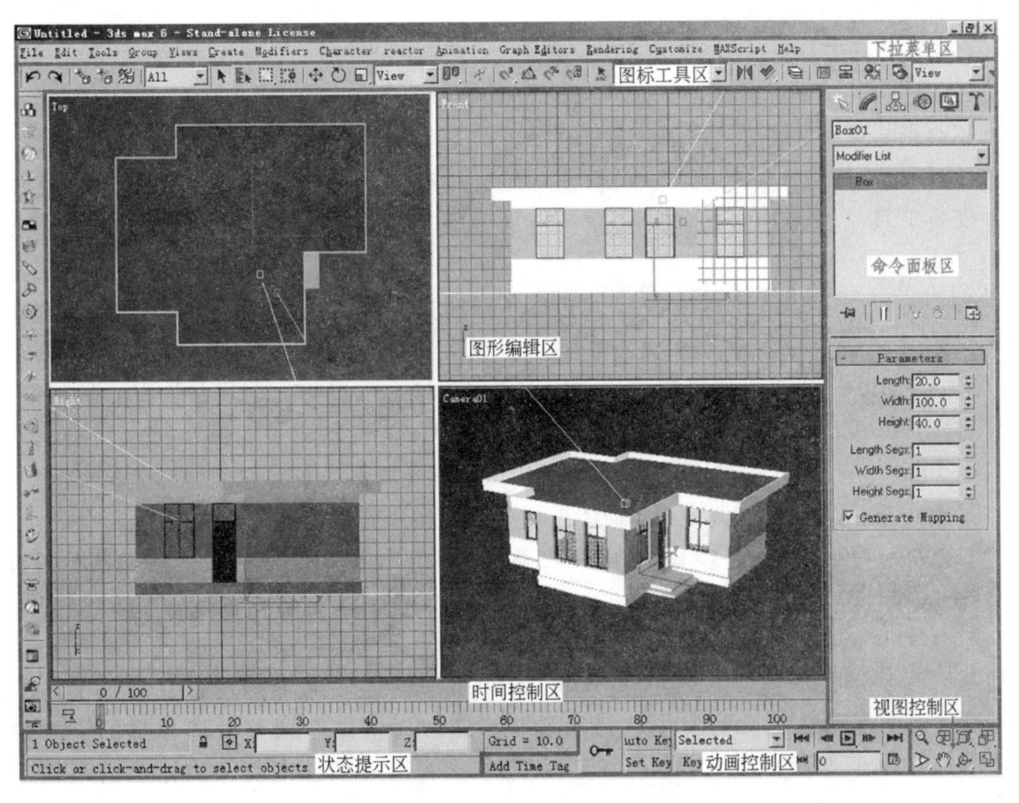

图 3-1

1. 下拉菜单区

3ds max 6 包含十五个下拉菜单页。如果只是制作渲染图或常规的建筑动画，我们可以忽略其中某些菜单功能。如：Character，Reactor，MAXScript 等，而且其他的下拉菜单中也有不少功能项是可以忽略的。

(1) File(文件菜单)：

1) New，Reset，Open，Save，Save as：是 Windows 常规的控制当前 max 文件的新建、重置、打开、保存和保存为功能。

2) Merge，Replace：用一个系统外的 max 文件与当前场景的内容进行合并，就是 Merge 功能。被合并的内容是可以有选择性的。用一个系统外的 max 文件中的物体来替换当前场景的同名物体，这就是 Replace 功能。

3) Import 选项是把其他软件的图形文件转入 3ds max 的功能接口。我们在 AutoCAD 中建立的三维建筑模型文件，就是通过此功能进行的。

4) Export 选项可以把当前 max 文件转存为其他软件格式的文件。

5) Summary Info 功能可以帮助我们查询系统的当前工作信息，我们常常用来查询物体的材料设置情况。

6) View Image File 功能来观看一个存在磁盘上的图像文件。

(2) Edit(编辑菜单)：

主要是 Undo、Redo 功能和物体的选择功能。Object Properties 选项可以对被选的物体的各种物性进行修改调整。

(3) Tools(工具菜单)：

1) 四个 Floater 对话框，所谓 Floater 就是这类对话框可以长时间地停留在显示界面上，不会影响系统的正常操作。

- Transform Type-In(键入变换)：与标签工具区中的“Move”，“Rotate”，“Scale”三种变换工具结合使用。操作时，在相应的参数项内键入精确的参数值来进行物体的变换。
- Display Floater(显示控制)：可以以不同的方式对物体进行显示、隐藏和冻结、解冻操作。
- Selection Floater(选择物体)：与 Select by Name(以物体名进行选择)对话框一样选择物体。不同之点是它可以在选过之后依旧留在屏幕上。
- Light Lister(光源列表)：列出场景中的所有光源体设置和它们的部分参数设定。

2) Mirror，Array，Align：对物体进行对称、阵列复制和对齐位移操作。

3) Snapshot，Spacing tool：前者是在动画路径某位置上获取一个静态视图；后者是在路径上等距离复制物体的功能。

4) Normal Align，Align Camera，Align to View，Place Highlight：这是一组物体的面向对齐操作的功能命令。Normal Align 是用于两物体之间根据以各自的一个面的面向对齐来移动物体；Align Camera 是定义某物体的一个面，调整被选相机的空间位置使之与定义面的面向对齐。Align to View 是调整视图方向使之与某物体上的某指定的面对齐。

5) Place Highlight 是个制作渲染图时比较有用的命令，它可以使某个光源体在空间内移动，使之在某物体表面的指定位置上产生的高光。

(4) Group(组团菜单)：

3ds max 中，有相同特性的物体之间可以组合成组团(简称组)，组是一种松散的联合，建成组之后，所有的成员就以单一的组(Group)的形式出现，组名两侧加方括号以示与物体区别。有了组以后，可以大大减少场景中的物体数量，便于系统的操作。组团菜单中包含 Group(建组)、Ungroup(解散)、Open(打开)、Close(关闭)、Attach(附加)、Detach(删减)和 Explode(解体)。等组团的编辑功能。

(5) View(视图菜单)：与视图有关的各种显示状态和操作命令。

(6) Create(生成菜单)：

3ds max 中各种物体的生成命令。执行其中的菜单项，就会转而执行命令面板区 Create 面板中的相应生成命令功能。

(7) Modifiers(修改器菜单)：

3ds max 中各种物体的修改器的调用，与修改面板中的修改器选用功能相同。

(8) Animation(动画菜单)：

包括系统制作动画的各种工作命令、制约和控制器等。

(9) Graph Editors(图形化编辑器菜单)：

提供跟踪视图(Track View)和框图视图(Schematic View)等系统图形化编辑工具的相关命令。

(10) Rendering(渲染菜单)：

包含各种场景渲染的命令和工作参数；环境的设置；渲染效果；场景渲染与视频后处理(Video Post)的组合等功能。

(11) Customize(用户化菜单)：

包含设置用户化界面的各种工作命令和系统的各部分工作状态的初始参数设定。

(12) Help(帮助菜单)：

访问 3ds max 提供的在线(On line)帮助参考系统。

2. 图标工具区

系统共有五个工具条命令：主工具条(Main)，轴限工具条(Axis Constraints)，图层工具条(Layers)，反应器工具条和额外工具条(Extra)。其中的主工具条位于图标工具区。它把常用的功能命令以图标按钮命令形式组合在一起，使用十分方便快捷。具体的图标命令将在以后的章节中进行介绍。

3. 图形编辑区

又称视图工作区，是 3ds max 的图形编辑工作区域。

4. 命令面板区

由六个工作面板组成：创建面板(Create)，修改面板(Modify)，层级面板(Hierarchy)，运动面板(Motion)，显示面板(Display)和实用面板(Utilities)。这里包括了 3ds max 物体的生成、修改、调整、显示等绝大多数的功能命令和参数设定。具体的功能命令和参数设置将在以后的章节中进行介绍。

5. 时间控制区

设有时间控制标尺，作为控制动画制作的时间(帧数)之用。

6. 状态提示区

显示当前操作的状态和提示信息。

7. 动画控制区

控制动画制作和播放。

8. 视图控制区

各种种类的视图的操作控制区。将在以后的章节中进行具体介绍。

二、3ds max 基本概念

3ds max 软件是一个功能较强的制作视觉效果的应用软件，建筑设计人员常常用来制作建筑的渲染效果图或建筑动画。它与 AutoCAD 软件有较大的差别。软件的工作文件是 *.max 格式，它虽然也是一个矢量图形文件，但是它包含了所有材质贴图和渲染场景的信息和设定。3ds max 渲染后可以生成一个某种格式的位图文件或动画文件。在学习时我们有必要先对软件中涉及的某些基本概念有所了解。

1. 几何体、物体、环境和场景

(1) 几何体(Geometry)：在 3ds max 中是指构成所有三维建筑和环境模型的几何物体。

(2) 物体(Object)：在 3ds max 中是三维几何体(Geometry)、二维形体(Shapes)、光源体(Lights)、摄像机(Cameras)、辅助物体(Helpers)和空间变形体(Space Warps)的总称。

(3) 环境(Environment)：在 3ds max 中，环境是指除了几何体以外的，影响场景视觉效果的各种几何和物理属性的存在和工作状况。例如：

1) 模型环境——全部模型体和材质、贴图、背景等的设定状况；

2) 光照环境——所有设置的光源体和环境光所构成的总的光照环境效果；

3) 大气环境——在场景空间中设定的大气效果(Atmosphere)和作用范围；

4) 透视环境——构成透视视图的所有摄像机的相关参数设定状况；

5) 渲染环境——与场景渲染相关的所有参数的设定状况。

(4) 场景(Scene)：在 3ds max 中由用户所营造的上述视觉和物理环境的总和。

2. 物体修改器和修改器堆栈

(1) 物体修改器(Object Modifiers)：在 3ds max 中，有一种特殊的对物体进行修改的功能，它不是记录下物体修改后的结果形状，而是纪录了物体的原来形体和修改的方式和过程。后者就是物体的修改器。所显示的物体修改结果是原物体被修改器修改运算后产生的结果。

修改器的种类很多，但是我们常用的只是为数不多的几个。因为我们的模型体主要是从 AutoCAD 转来的，所以能用的修改器就较少。如：编辑网面(Edit Mesh)，贴图坐标(UVW Map)，编辑样条线(Edit Spline)，拉伸(Extrude)等等。

(2) 修改器堆栈(Modifier Stack)：每个物体有记录附加修改器的存储空间，它记录了修改器的类型和参数设定。物体可以同时附加多个修改器，它们在堆栈中是有序排列的，表示作用于物体的先后顺序，越是排在上面的表示作用的顺序越后。可以在堆栈中任意选择原物体或某修改器，并对它们进行参数的修改。也可以暂时关闭某个修改器来观察没有它时的效果。

用一个简单的例子可以形象化地说明上述概念：一个长方形几何体附加了弯曲修改器(Bend Modifier)和扭转修改器(Twist Modifier)后的修改效果(图 3-2)。右边的修改面板中显示的是修改器堆栈中的原物体(Box)和两个修改器(Bend，Twist)。目前选中的是 Twist 修改器，所以下面面板中的参数栏(Parameters)中显示的是 Twist 修改器中的参数设定。

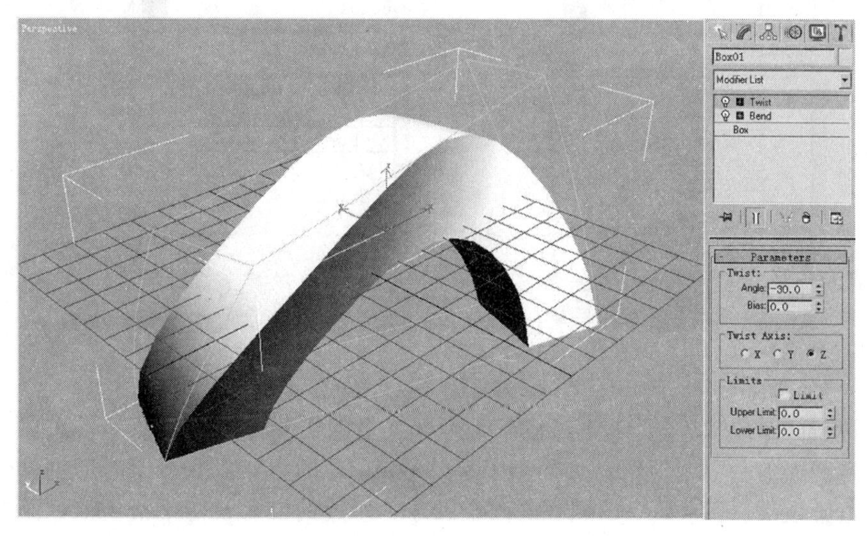

图 3-2

在图 3-3 中，(*a*)图显示的是关闭了 Twist 修改器后，只有 Bend 修改器作用于长方体上时的效果。参数栏显示 Bend 修改器的参数设定。(*b*)图显示的是两个修改器同时关闭，只显示几何原体时的效果。参数栏显示原物体的参数设定。

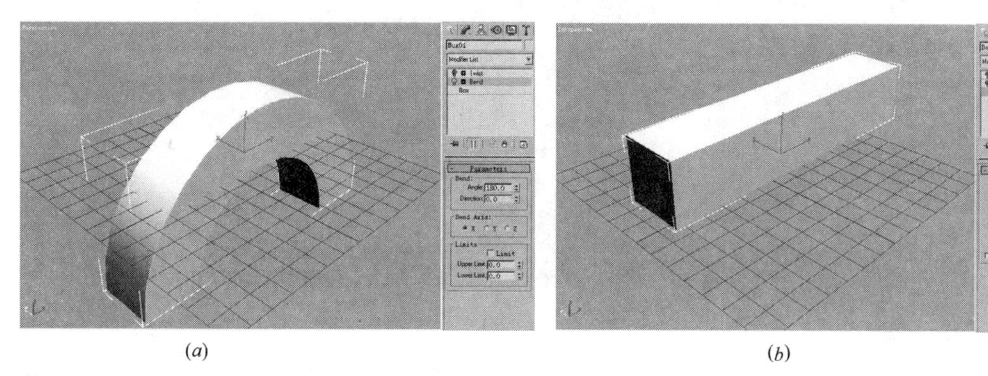

(*a*)　　　　(*b*)

图 3-3

3. 物体的子物体层级

对几何物体进行修改可以在不同的子物体层面上进行。例如，编辑网面修改器(Edit Mesh)中有：顶点(Vertex)、边(Edge)、面(Face)、多边形面(Polygon)，单元体(Element)五个子物体层面。但是，贴图坐标修改器(UVW Map)中只有贴图图标(Gizmo)一个子物体层面(图 3-4)。修改器的子物体层面是因修改器的不同而不同。操作时先选定工作的子物体层面，用选择工具选取物体上需要修改的那部分子物体，再在下面修改面板中选取修改的功能并调整好合适的参数值进行修改。

4. 几何体表面平滑组值

3ds max 中，无论几何体的表面是平面还是曲面，它都是一个个小的三角形平面

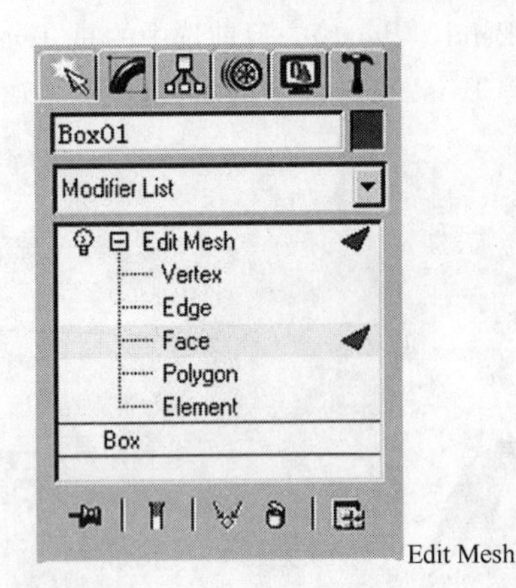

Edit Mesh

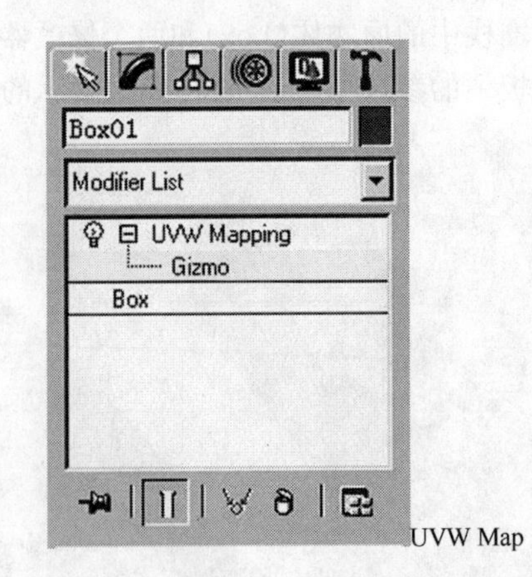

UVW Map

图 3-4

(Faces)围合而成的。如一个球体，它在 3ds max 中的实际形状是有棱边的。但是，可以通过设定这些面的平滑组值(Smoothing Group Values)的方式，在渲染时产生一个非常光滑表面的渲染效果。图 3-5 中，同样的两个圆球，左边的没有设定平滑组值，而右边的是设定了平滑组值后的效果。

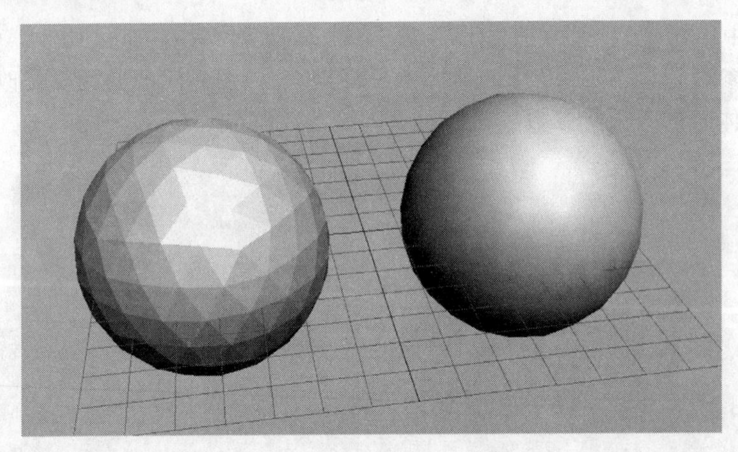

图 3-5

3ds max 的几何体中，每个面都可以设定多个整数型的平滑组值的属性，要使相邻的两个面之间在渲染时产生平滑效果(没有棱边)，它们必须具有相同的平滑组值的设定。而这些设定一般都是由系统自动进行的。如在生成一个圆球时，系统就自动对组成圆球的每个小面设定了相同的平滑组值。我们在 AutoCAD 中建好的模型体，在转入 3ds max时的“Import AutoCAD DWG File”对话框中可以设定是否在转入时对符合条件的物体的表面上自动设置相同的平滑组值。物体表面的平滑组设定可以用 Edit Mesh 修改器进行修改。

5. 物体的三种复制方式

在 3ds max 中，物体的复制(Clone)方式有三种：

(1) 拷贝(Copy)：复制后拷贝体与原物体之间没有关联关系，彼此独立存在。

(2) 引例(Instance)：复制后引例体与原物体之间存在双向关联关系，即任一方的组成有了改变，另一方自动相应改变。

(3) 参考(Reference)：复制后参考体与原物体之间存在单向关联关系，即原物体的组成有了改变，参考体也自动相应改变。但是参考体产生变化，原物体不随其变。

6. 位图、像素点、位深和分辨率

(1) 位图图像(Bitmap Graphics)：是以行列方式排列的光色点组成的矩形点阵图像。位图图像可以产生色彩丰富、变化细腻的高质量图像，但是它所需要储存的信息量较大。

(2) 像素点(Pixel)：构成位图图像的光色点称为像素点。

(3) 像素点位深(Depth of Pixel)：每个像素点可以表达的色彩信息量的大小。位深是以每个像素点所占用的二进制的“位(bit)”的多少来确定的。位数越多，可代表的色彩越多，信息量也越大。

1) 1位：像素点用一个二进制位来表示。只能有0和1两种状态，表示黑和白两种颜色。

2) 8位：像素点用一个8位的字节(Byte)来表示。可以代表2的8次方即256种状态，它可以代表黑白光色中的256种不同的灰度，被称为灰度色；它也可以代表256种被定的色彩配方，被称为索引色。

3) 24位：像素点用三个8位的字节来表示。每个像素点可以代表16777216种色彩，被称为真彩色。

(4) 位图分辨率(Bitmap Resolution)：位图图像中每行和每列的像素点数目，以行点数×列点数来表示。分辨率限定了图像的正常的高宽比例，也限定了图像可以表达的精细程度。同样的场景，位图分辨率越高，图像也就越精细。

例如，某场景的长度范围为100m如果位图的分辨率为1000×700，则在长度方向上每个像素点所代表的显示长度为10cm，所以尺寸小于10cm的物体就有可能无法被显示。如果分辨率提高到5000×3500，则每个像素点代表的显示长度为2cm。位图的显示精度提高了5倍，但是位图像素点数增加了25倍。所以在制作效果图时，要根据实际需要来确定像素点的显示长度，进而确定位图所需要的分辨率大小。

7. 显示器的灰度系数(Gamma)

图像从黑色-灰色-白色的变化速率从理论上应该是线性的，即灰度系数(Gamma)为1。但是显示器等输出设备对灰度变化的响应并不是线性的，而且还因设备而异，所显示的图像色彩会产生不同程度的偏离。为了补偿输出设备的非线性偏离，我们必须对显示器的灰度系数进行调整。否则，我们所看到的色彩显示并不是它的真实的色彩。

调整的方法很简单：选择下拉菜单Customize>Preferences中的Gamma页面(图3-6)。激活Enable Gamma项，调节Gamma项的参数值，使下方方框中内外两个色块的灰度相一致。工作位图的Input Gamma和Output Gamma一般可以保持不变。

8. 贴图和贴图坐标

(1) 贴图(Mapping)：用一个位图图形(已有的位图文件，或是系统按设定生成的位图)作用于物体的表面，使物体看起来具有特定的材料质感、纹理色彩、物性变更和形体变化的视觉效果。如图3-7中，有三个简单的几何体：长方体、圆柱体和圆球体。(*a*)图是没有贴图处理的渲染效果，(*b*)图是经过贴图处理后的渲染效果。

(2) 贴图坐标(Mapping Coordinate)：约定系统进行贴图的投影方式、尺寸范围、角

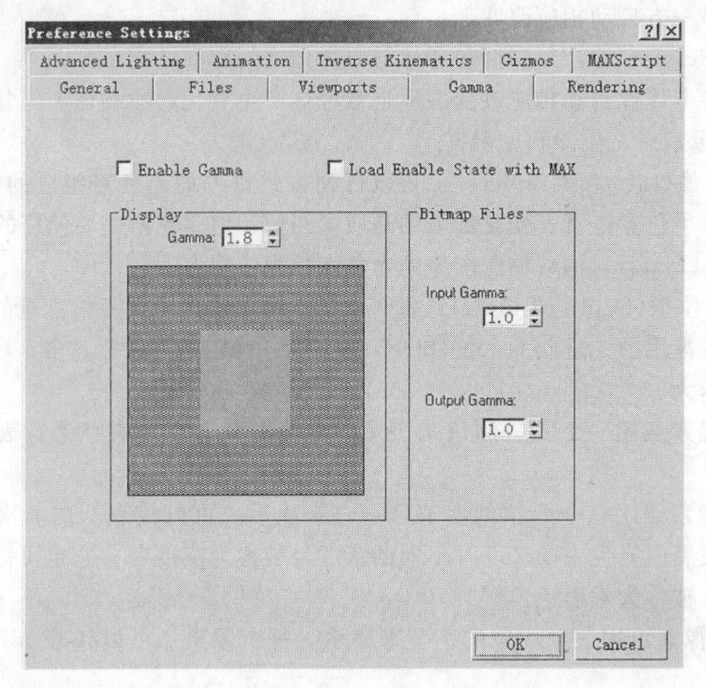

图 3-6

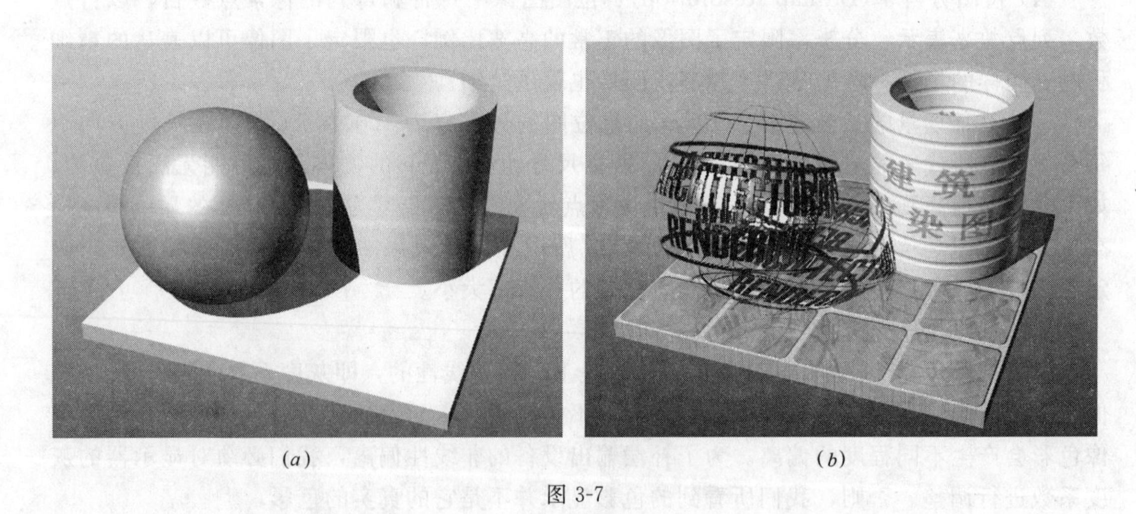

(a)　　(b)

图 3-7

度位置等参数。没有贴图图标的设定，系统将无法执行贴图功能。

第二节　基本操作和命令面板

一、3ds max 基本操作

1. 物体的选择

在 3ds max 中执行物体的修改命令时，都需要首先选定修改的对象。所以，熟练掌握对物体的各种选择方法，是我们操作 3ds max 的基础。线框显示的物体，被选中后呈白色高亮状态。如果物体是色块显示状态，物体选中后会出现白色角框。

在图标工具区和下拉菜单区 EDIT 菜单中，3ds max 提供了多种物体选择的方式方法，现逐一介绍如下：

(1) Select Object(选择物体)图标命令

激活此图标按钮，系统处于物体选择状态(图 3-8)。

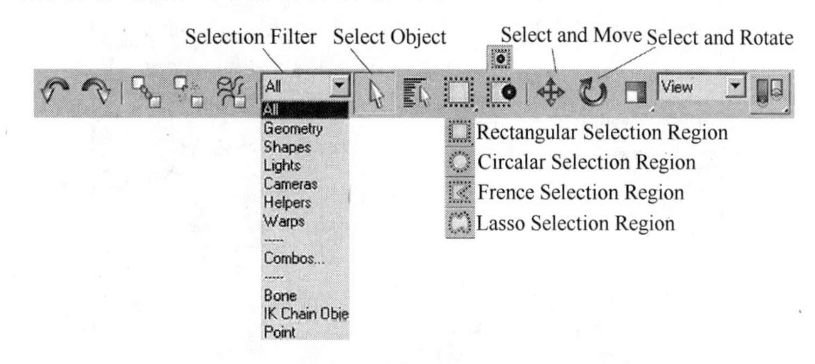

图 3-8

1) 单选状态：用光标直接选取欲选的单个物体，只能同时选中一个物体。

如果〈Ctrl〉键保持下按状态，选择处于“变选状态”，此时如果光标选中的是未选的物体，它就被加进已选物体的集合中；如果选中的是已选物体，它就被从已选物体的集合中减除。

如果〈Alt〉键保持下按状态，选择处于“减选状态”，光标可以从已选物体的集合中减去被选物体。

2) 框选状态：用光标在屏幕上没有物体的位置定义一个选择区域(Region)，符合区域定义条件的物体被选中。在图标工具区中，有两个图标钮分别定义框选区域的形状特征和工作方式。

按下 Region 图标钮，在原处弹出四种区域形状钮，选择其中一种(图 3-8)：

Rectangular Selection Region—定义一个矩形选择区域。

Circular Selection Region—定义一个圆形选择区域。

Fence Selection Region—定义一个多边形选择区域。

Lasso Selection Region—定义一个一笔圈定的选择区域。

按下 Window>Crossing 图标钮设定框选区域的工作方式(图 3-8)：

Window—物体全部在框选区内时，物体才会被选中。

Crossing—物体只要有部分在框选区内，该物体就被选中。

(2) Select by Name(按物体名选择)图标命令

在图标工具区点取 Select by Name 图标按钮；或执行下拉菜单 Edit>Select by Name 命令；或执行下拉菜单 Tools>Selection Floater 命令后，系统出现 Select Objects 对话框(图 3-9)。按物体的名称选择物体是我们经常使用的物体选择方法。后者 Selection Floater 命令的不同之处是它在选择物体之后，对话框依旧留在屏幕上，下次可以直接使用。

对话框的用法为：

1) 左边列表为物名列表，列出可供选择的物体名称。

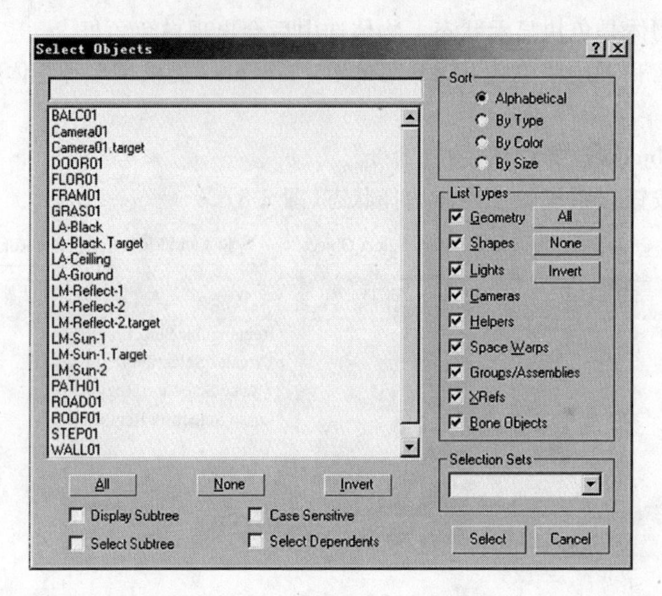

图 3-9

• 用光标单选物体名，选中者呈高亮显示。在物名列表中，有方括号的代表物组(Group)的组名。

• All，None，Invert 三钮是选择物体的全选钮，无选钮和反选钮，其功能为全部选中，全没选中和全部改变选择状态(改已选者为未选，改未选者为已选)。在 Edit 下拉菜单中，也有 Select All，Select None 和 Select Invert 三个命令，其功能完全相同。

• 选中 Display Subtree 项，显示物体的层级(hierarchy)结构；选中 Case Sensitive 项，物名排序区分大小写；选中 Select Subtree 项，当选择某物体时，它的全部子层级物体也被选中；选中 Select Dependents 项，当选择某物体时，与它有 Instance，Reference 关联关系的物体等也被选中。

2) Sort 栏中设置物名列表中物体排序的方式：Alphabetical(按字母顺序)；By Type(按类型)；By Color(按颜色)；By Size(按尺寸)。

3) List Type 栏设置在物名列表中所显示物体的类型范围。

4) Selection Sets 栏中可按预先建立的命名选择集的名称进行物体选择。在图标工具区中的 Named Selection Sets (命名选择集)列表项中同样可以进行命名选择集的选择操作。命名选择集是一种松散的联合，只能在用命名选择集进行选择时使用，如果一般选择其中的单个物体，选择集合中的其他物体不会受影响。

命名选择集的建立过程非常简单：

• 首先选中欲建立命名选择集的所有物体。

• 在图标工具区的 Named Selection Sets 列表项中输入选择集的名称，回车即可。

(3) Selection Filter(选择过滤器)列表选项

位于图标工具区中的 Selection Filter 列表项中包括各种物体类型，选中某类型后，所有的物体选择操作就只能限定在这种类型的物体之中(图 3-8)。

(4) Select by Color(按物体色选择)菜单命令

执行下拉菜单 Edit>Select By>Color 命令后，用光标点取场景中某物体，与该物体具有物体色设定的所有其他物体也全部都被选中。

2. 物体的组体-物组(Group)

3ds max 场景中由于物体的数量太多，会造成操作上很大的不便。不仅效率很低，而且会造成操作失误。系统提供的物组的功能是把场景中同类型的物体组合在一起，物组是一种较紧密的联合，多个物体组成物组后它们之间的相对位置被固定下来，选中其中的一个物体，整个物组都被选中，就像是个单一物体一样。可以对物组进行变换，修改和设定材质。事实上，物组只是物体之间的一种联合约束关系，它可以建立，也可以解除，物组之间可以嵌套组成大物组。从 AutoCAD 导入建筑模型时，系统可能把将原属 AutoCAD 同一图层的内容转化成几个物体，但是它们可以按照设定自动组成一个以原来的图层名为名的物组(Group)。为此，在 Select by Name 对话框中物名列表的物体数量就被大大减少。

下拉菜单 Group 菜单页中的命令都是以物组为对象的各种操作命令(图 3-10)：

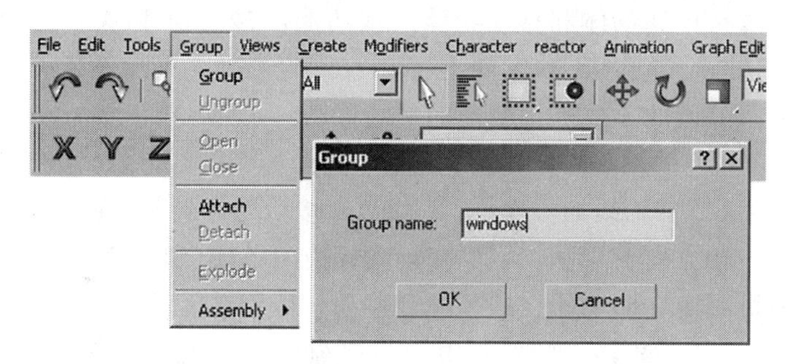

图 3-10

- Group(合组)—把场景中选中的物体组合成物组(Group)。
- Ungroup(解组)—对选中的物组解除外层的物组关系。
- Open(打开)—对选中的物组临时解除内部相对位置的约束，用来调整内部的位置。
- Close(关闭)—把当前临时打开的物组恢复固定相对位置的物组状态。
- Attach(附加)—把当前选中的物体加进随后指定的物组之中。
- Detach(分离)—把正处 Open 的物组中的被选物体从物组中分离出来。
- Explode(解体)—不论物组有多少嵌套层次，选中的物组被彻底解体。
- Assembly(组装)—新增物体组装命令。有专门的控制参数进行整体动作的控制。

3. 物体的变换(Object Transforming)

物体的变换是指对物体进行平移，旋转和缩放三种最基本的变换处理。它们不会改变物体的数据结构，也不需要附加任何修改器。在 3ds max 中。它们是对物体进行的最经常性的操作。所以我们必须熟练地掌握它们。物体的变换命令集中设置在图标工具区，它们是：Select and Move，Select and Rotate，Select and Scale 三个图标命令(图 3-11)。

物体在变换时会经常遇到两个物理概念：轴心点和限定轴。

• 轴心点(Pivot Point)—代表物体所在空间的位置点，它是物体自身坐标系(Local)的原点。有底面的 max 物体的轴心点一般位于底部创建平面的中心点上，如长方体、方锥体、圆柱体、圆锥体等，球体等无底面物体的轴心点一般位于它们的形心处。轴心点与物体的相对位置和轴向可以在层级命令面板(Hierarchy)的 Pivot 选项卡中进行移动、旋轴

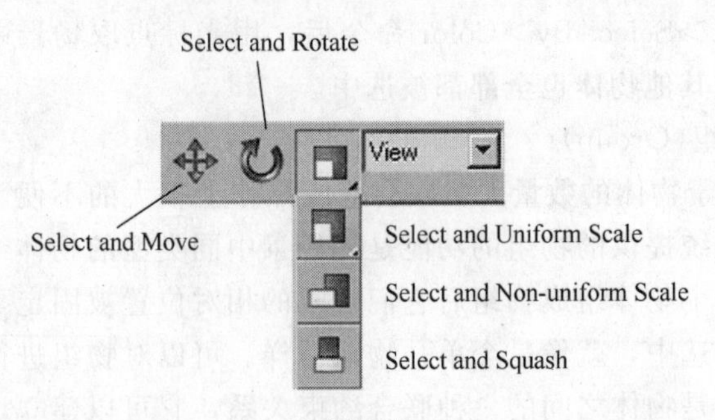

图 3-11

和缩放操作。在物体的旋转和缩放变换时，如果设定以 Pivot 为变换中心的话，它就成为旋转或缩放的中心点。

(1) Select and Move(选择和平移)图标命令

此命令可一次执行单选物体和移动物体两项功能，移动物体时注意不要松开鼠标键。物体可以限定在 *X* 轴，*Y* 轴，*Z* 轴方向上移动或限定在 *XY* 面，*XZ* 面，*YZ* 面上移动。物体也可以用键入距离值的方式进行精确的空间移动。

物体被选中后，在它的轴心点位置显示它的自身坐标系的红、绿、蓝三轴标记(Gizmo)，代表坐标系的 *X*，*Y*，*Z* 三轴线的方向(图 3-12*a*)。移动光标到某坐标轴处，该轴呈高亮黄色，物体就限定在该轴方向上移动。也可移动光标使两条轴(和代表的小方面)同时高亮呈黄色，此时物体便可限定在两轴所在的平面上移动。可用功能键来设定限定轴，〈F5〉键设定为 *X* 轴，〈F6〉键限定为 Y 轴，〈F7〉键限定为 *Z* 轴，〈F8〉键设置限定平面，它将在 *XY* 面，*XZ* 面，*YZ* 面之间循环切换。

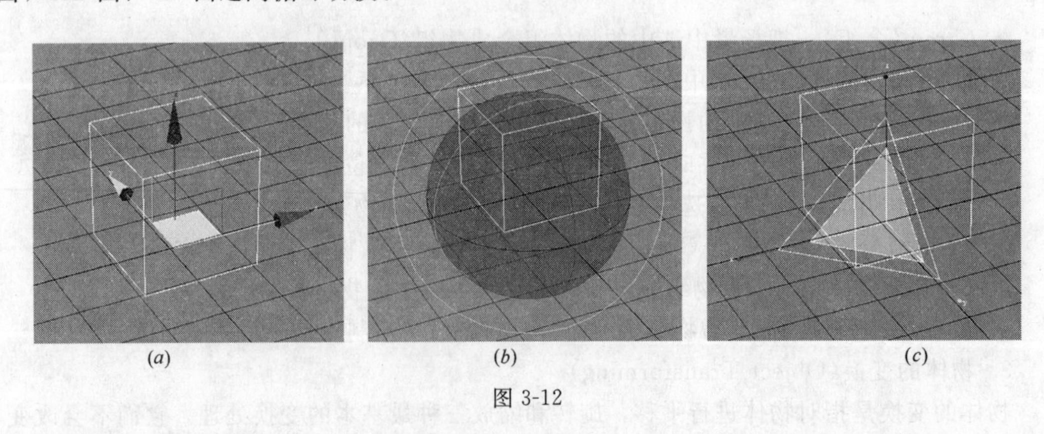

图 3-12

在图标工具区的空白处用光标右键单击后会弹出一个菜单。在菜单中选择 Axis Constraints(轴向限定)菜单项之后，屏幕会出现限定轴工具条。可以选择轴向限定图标，来限定物体移动方向。

(2) Select and Rotate(选择和旋转)图标命令

此命令可一次执行单选物体和旋转物体两项功能，在旋转物体时注意也不要松开鼠标键。物体被选中后，在它的轴心点位置显示它的自身坐标系的旋转标记(Gizmo)。此标记有红、绿、蓝三个圆代表绕 *X* 轴，*Y* 轴，*Z* 轴旋转的三种状态(图 3-12*b*)。光标移动到某色圆处，该圆高亮呈黄色，此时就限定了物体的旋转方向。内圈灰色圆弧可以让物体在空间里自由旋转。外圈灰色圆弧则是让物体限定在当前视图平面里旋转。

(3) Select and Scale(选择和缩放)图标命令

此命令可一次执行单选物体和缩放物体两项功能，在缩放物体时注意也不要松开鼠标键。物体被选中后，在它的轴心点位置显示它的自身坐标系缩放标记(Gizmo)，此标记为直角三棱锥(图 3-12*c*)。移动光标可以使物体处于沿三个轴向缩放状态(连接三条轴的三角形高亮呈黄色)，或处于沿两个轴向缩放状态(连接两条轴的梯形高亮呈黄色)。坐标系的 *X* 轴，*Y* 轴，*Z* 轴对应于标记中的红、绿、蓝三种颜色轴。

(4) Transform Type-In(键入数据物体变换)菜单命令

物体变换的三个图标命令，都是用手动操作来控制变换量，如果不用抓点方式定点，就不能精确地进行变换操作。下拉菜单 Edit>Transform Type-In 命令与任一个图标变换命令的联用，就可以在出现的对话框中以输入数值的方式进行物体的精确变换。相应的对话框分别为：Move Transform Type-In，Rotate Transform Type-In，Scale Transform Type-In(图 3-13)。在某个图标变换命令处于激活状态(呈黄色)下，再用光标右键点击任一个图标变换命令，屏幕也会出现相应被激活的变换命令的对话框(图 3-13)。

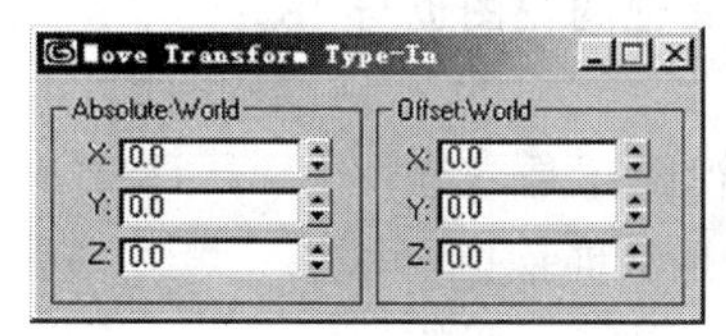

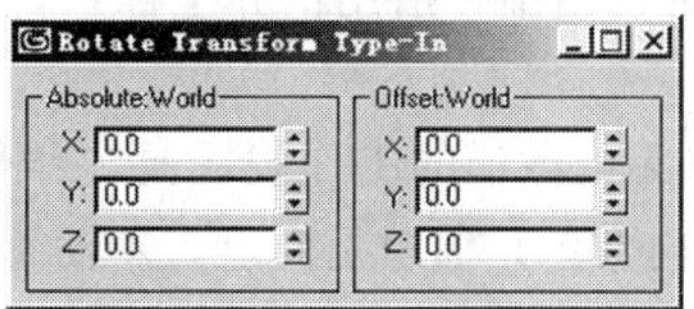

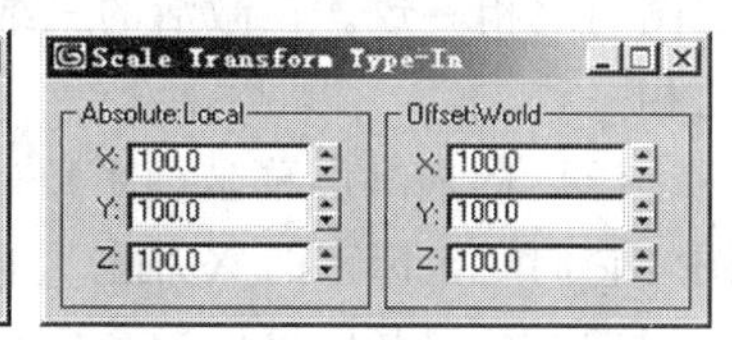

图 3-13

三个对话框内容基本相同，都有 Absolute：World(绝对世界坐标值)输入栏和 Offset：World(相对坐标偏移值)输入栏。这是两种数据的输入模式，可任选一种输入模式。不同之处是：Move 对话框输入的是在 *X*，*Y*，*Z* 三个轴向上移动的长度单位。Rotate 对话框中输入的分别是绕 *X*，*Y*，*Z* 三个轴的旋转角度。而 Scale 对话框中输入的是物体在 *X*，*Y*，*Z* 三个轴线方向上的缩放后的百分数。

"Select and Scale 有三种工作状态：

- Select and Uniform Scale：三个轴向上以相等速率缩放。
- Select and Non-uniform Scale：在限定的轴向上可以缩放。
- Select and Squash：在限定轴向缩放，同时体积保持不变。在 Select and Rotate 和 Select and Scale 的操作时，都会以某一个空间点作为变换的基准中心点。在图标工具区中，有一个图标钮可以选择基准点的三种位置：
- Use Pivot Point Center：采用物体自身坐标系的原点。
- Use Selection Center：采用被选物体的形心位置。
- Use Transform Coordinate Center：采用当前变换坐标系的原点。"

在状态显示区中，有个显示光标 *X*，*Y*，*Z* 坐标位置的数据显示段。当执行物体变换的任一个图标命令处于激活状态时，这个坐标数据显示段就可作为 Transform Type-In 的数据输入段。左侧的图标按钮用来控制数据的输入模式，它可以通过鼠标点击使之在 Absolute Mode 和 Offset Mode 之间进行切换(图 3-14)。

在 3ds max 的默认状态下，轴向限定是随着光标与标记轴向的位置的变化而改变。有

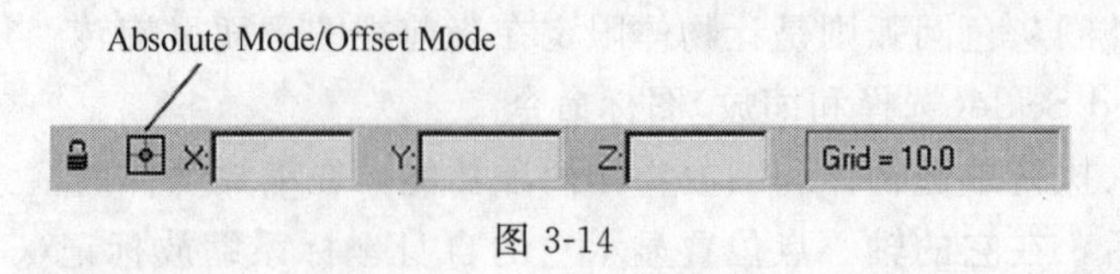

图 3-14

时为了便于控制，可以在下拉菜单的 Customize＞Preferences 对话框的 Gizmos 页面卡中，将 Transform Gizmos 栏的 On 选项关闭。从而使物体变换时的 Gizmo 标记不起作用，而变换的轴向限定就只能由功能键或轴向限定工具条来设定。

4. 参考坐标系(Reference Coordinate System)

对物体进行变换和修改时，都会涉及到方向和坐标，也就会涉及到所使用的坐标系。在 3ds max 系统中，可以根据不同的情况使用不同的参考坐标系，在图标工具区中的 Reference Coordinate System 列表项中可以设定所需要的坐标系(图 3-15)。

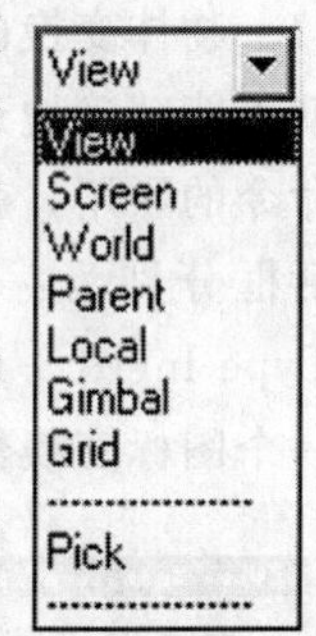

图 3-15

(1) View(视图坐标系)—在激活的二维视图(当前工作视图)中，坐标系的 X 轴总是向右，Y 轴总是向上，Z 轴总是从屏幕向外指向你，其他的视图与之相一致。在激活的三维视图中，沿用世界坐标系，其他的视图也与之相一致。

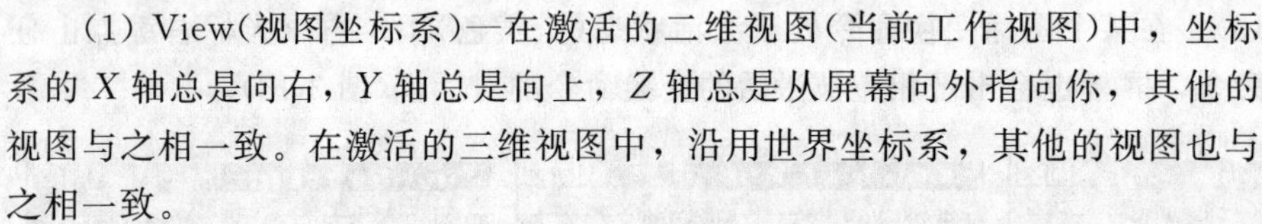

(2) Screen(屏幕坐标系)—无论激活的工作视图是二维视图还是三维视图，它们的坐标系的 X 轴总是向右，Y 轴总是向上，Z 轴总是从屏幕指向你。

(3) World(世界坐标系)—在物理空间中，它是惟一的、固定不变的坐标系，又称通用坐标系：轴线正方向是以 Front 视图为准，X 轴向右，Z 轴向上，Y 轴离你而去。在每个视图的左下方的坐标标记就是世界坐标系。

(4) Parent(父体坐标系)—是指与当前被选物体的父物体的自身坐标系。常用于有层级关系的连动动画之中。

(5) Local(自身坐标系)—是指被选物体在生成时的坐标系，它的原点就是物体的轴心点(Pivot)，自身坐标系的原点和轴向都可以调整。我们可以在 Hierarchy(层级)面板的 Pivot 功能中对轴心点进行平移或旋转处理。也是常用于动画制作场合。

(6) Gimbal(金宝坐标系)—此坐标系与 Euler XYZ 旋转控制器联用，用于动画的制作中。它类似于自身坐标系，但它的三个旋转轴不必一定要是相互垂直的。

(7) Grid(栅格坐标系)—是指当前激活的用户栅格的坐标系。

(8) Pick(拾取坐标系)—检取场景中的一个物体，以它的自身坐标系作为当前的参考坐标系。在 Pick 列表的下方会列出该物体的名称。

5. 栅格和捕捉(Grid and Snap Settings)

在 3ds max 的操作中，栅格和捕捉是两种很有用的辅助定位工具。栅格是一个方形网格，网格的间距显示在状态显示区中。可以在栅格上捕捉定位。

(1) Grid(栅格)—有主栅格和用户栅格之分。

1) Home Grid(主栅格)：系统提供的栅格，执行下拉菜单 Customize＞Grid and Snap Settings 命令，显示 Grid and Snap Setting 对话框(图 3-16)。在 Home Grid 页面中设置主栅格的参数。

2) User Grid(用户栅格)：这是一种辅助物体，它提供一个用户自己定义的工作平面，

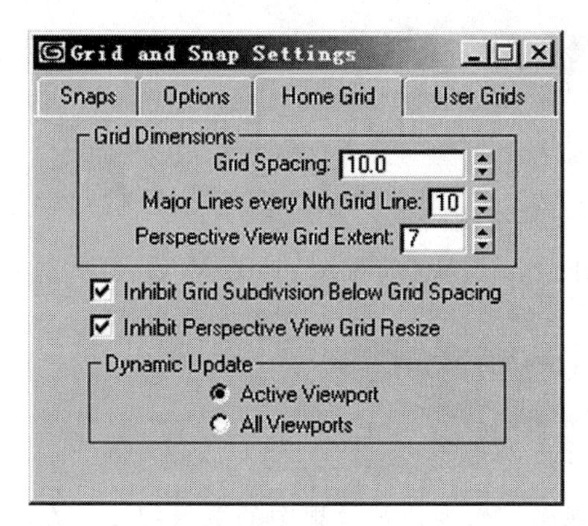

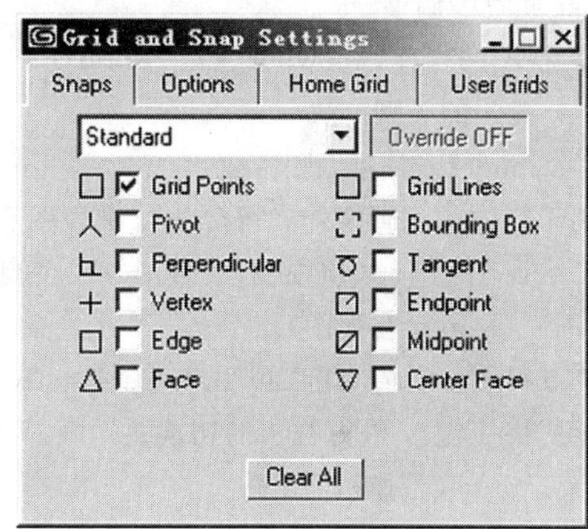

图 3-16

如果同时使用用户栅格坐标系，就相当于 AutoCAD 中的 UCS 坐标系中加上了 Grid 网格一样。用户栅格的建立是在 Create 创建面板的 Helpers(辅助物体)子板上的 Grid 选项中进行。这里对话框中的 User Grids 页面只是设定它的工作状态。

(2) Snap(捕捉/步进)—实现具体捕捉操作之前，要进行两个方面的设定：设定捕捉对象或设定步进步长；选择捕捉种类并打开捕捉开关。

1) 设定捕捉对象或步进步长：

在上述下拉菜单中打开 Grid and Snap Settings 对话框。也可用鼠标右键点击图标工具区中 Snap 图标按钮，弹出同样的对话框(图 3-16)。

在 Snap 页面中选择需要捕捉的特征点。它与 AutoCAD 的 Object Snap 的设置相似。其中用得较多的特征点有：Grid Points （栅格交点），Vertex(物体网面顶点)，Endpoint (边缘线或样条线的端点)，Midpoint(边缘线或样条线的中点)等等。

在 Option 页面中可以设定角度的步进的步长和百分数的步进的步长。

2) 设定捕捉种类并打开捕捉开关：

在图标工具区中有四个与捕捉工作状态相关的图标按钮：分别为只捕捉 2 维物体平面上的位置；2.5D Snap(2.5 维捕捉)，捕捉 3 维物体在空间上的位置，但选中的点只在 2 维平面上，就好像 3 维物体投影在平面一样；3D Snap(3 维捕捉)，捕捉 3 维物体在空间内任何位置。用光标右键点击 Grid and Snap。在 Snap 面板上，设置捕捉点。

• Snap Toggle(捕捉切换开关)：

打开/关闭捕捉特征点工作模式。捕点功能有三种工作方式：

2D Snap(二维捕捉)—光标捕捉只限于发生在栅格平面上($Z=0$)。

3D Snap(三维捕捉)—光标捕捉可在整个三维空间中进行。

2.5D Snap(二、五维捕捉)—可捕捉到三维物体顶点在栅格面上的投影。

• Angle Snap Toggle(角度步进开关)：打开/关闭旋转角度的步进工作模式。

• Percent Snap(百分数步进开关)：打开/关闭缩放百分数的步进工作模式。

• Spinner Snap Toggle(旋钮式输入步进开关)：打开/关闭旋钮式输入的步进工作模式，它的步长在下拉菜单 Customize＞Preferences 弹出的 Preference Settings 对话框中的

General 页面中调整。

6. 视图的操作(Viewport Operations)

(1) 视图的类型

1) Standard(标准)视图

用于物体的编辑操作，可分为二维视图和三维视图两类：

二维视图：Top(顶视图)、Bottom(底视图)、Front(前视图)、Back(后视图)、Left(左视图)、Right(右视图)。

三维视图：User(用户视图)、Perspective(透视视图)。

运用快捷键 V 进行视图的切换。

2) Camera(摄像机)视图

创建 Camera 物体后，同时产生 Camera 视图，作为建筑效果图的取景视图。在物体场景中加入摄像机后，可以运用快捷键 C，把当前视图切换成摄像机视图。

3) Spot(聚光灯)视图

生成 Spot 物体后，同时产生 Spot 视图，用来审视该光源在场景中的照射范围。在物体场景中加入聚光灯(只能为聚光灯)后，可以运用快捷键 Shift＋$，把当前视图切换成聚光灯视图。

4) ActiveShade(实时渲染)视图

在视图框中快速进行场景实时渲染，渲染包括基本的光影、材质和贴图效果。

另外，还有某些有特殊用途的视图 Schematic(图解视图)、Extended(扩展)视图、Grid(栅格)视图、Shape(线形)视图等。

(2) 视图的设定

用光标右键点击视窗，就会出现浮动对话框，这里包括常用的对物体的 Display(显示)和 Transform(变换)命令(图 3-17*a*)。

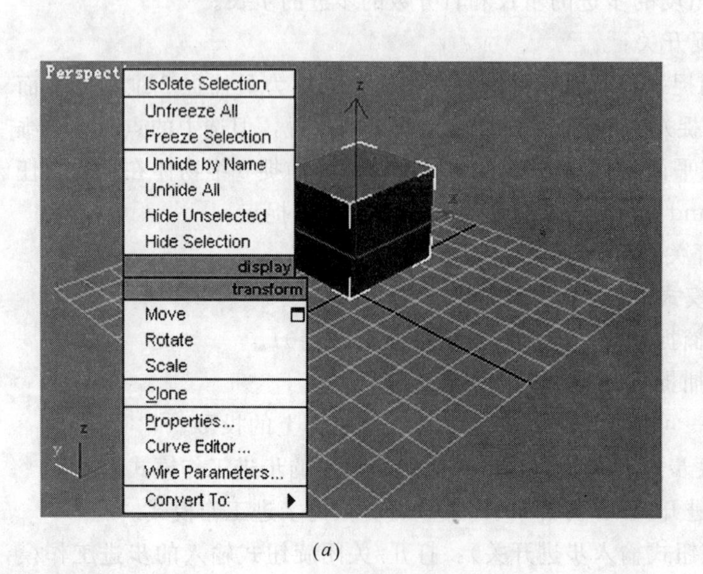

(*a*)

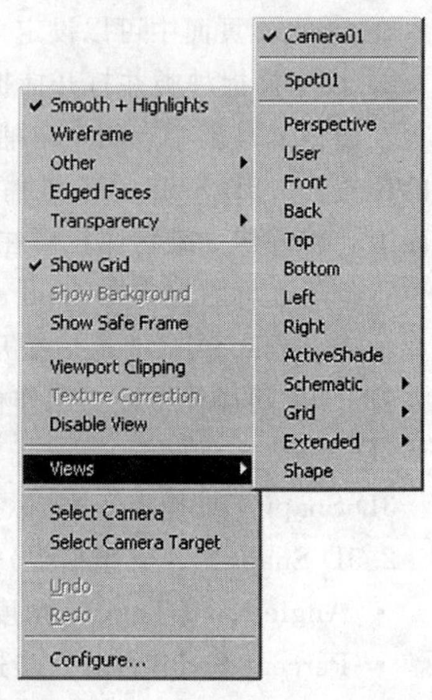

(*b*)

图 3-17

用光标右键点击视窗左上角文字，就会出现浮动对话框，这里包括了最常用到的各种视图的设定(图 3-17*b*)。

如果选取浮动对话框中最后一项 Configure，屏幕出现 Viewport Configuration 对话框，这里可以对视图的工作状态进行全面的设定。执行下拉菜单 Customize＞Viewport Configuration 命令也可以进入上述对话框。对话框分成若干页面进行设置。

1) Rendering Method(渲染方式)页面

a) Rendering Level—设置视图中几何体的渲染级别：

- Smooth＋Highlights：表面平滑处理有高光。
- Smooth：表面平滑处理没有高光。
- Facets＋Highlights：表面不作平滑处理有高光。
- Facets：表面不作平滑处理没有高光。
- Lit Wireframes：有明暗线框。
- Wireframes：单色线框。
- Bounding Box：边框盒。
- Edged Faces：在 Smooth 的状态下选中此项，面的边缘加线显示。

b) Rendering Options 设置视图的渲染状态选项

其中，比较常用的选项有：

- Force 2-Sided：如果我们的模型是从 AutoCAD 的 DWG 文件导入的，可能在视图中没能显示模型的部分内容，因为这些面的面向是背面向外。此时，把该选项激活就可以显示全部模型了。
- Z-buffer Wireframe Objects：线框显示时，线框按深度顺序显示。

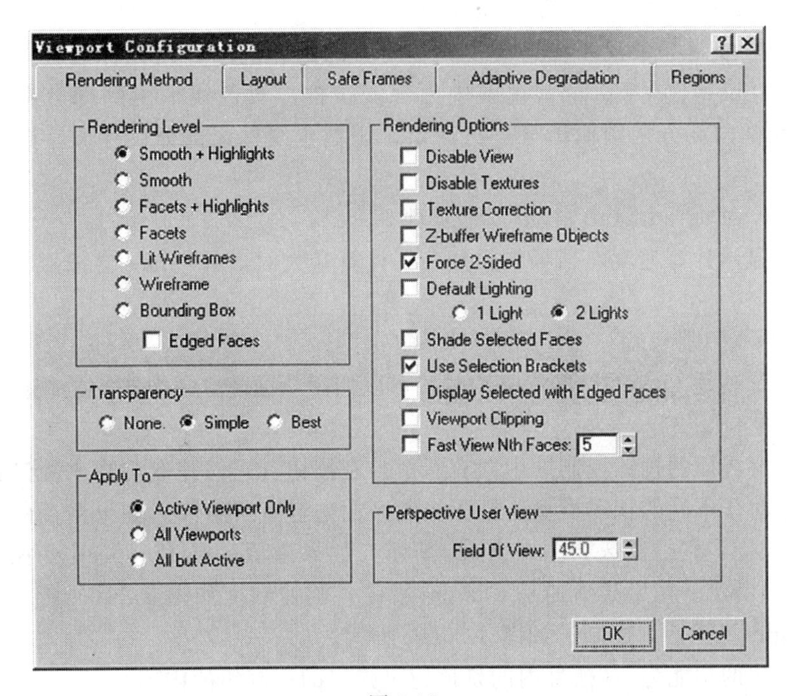

图 3-18

• Default Lighting：未设置光源前系统机定的视窗光源数。

• Shade Selected Faces：对被选中的表面以半透明红色显示。

2) Layout(视图布局)页面

在此页面中可以选择最适合自己工作的视图布局划分。也可以通过点击对话框中的视图来设定它的视图类型。

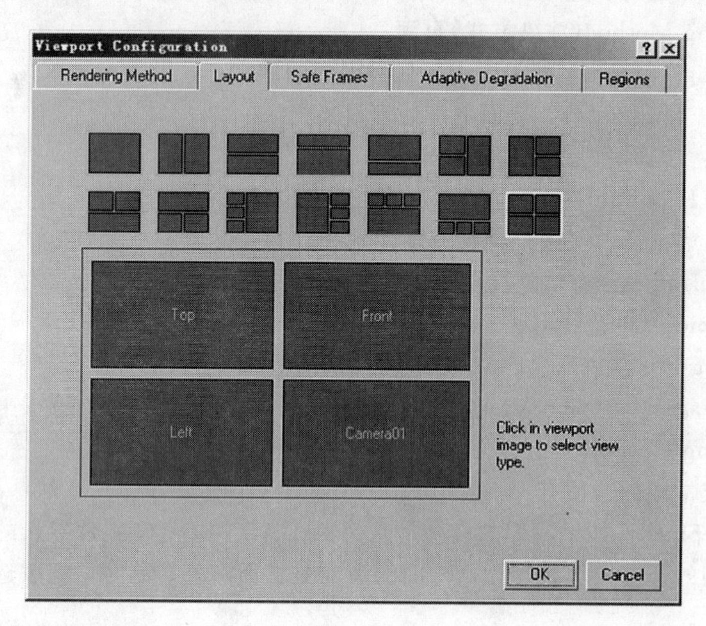

图 3-19

3) Safe Frames(安全框)页面

安全框用来控制渲染视图在进行视频输出时的画面范围。用光标右键点击视窗左上角文字，选择 Show Safe Frame，视图中出现安全框。黄色线框内的部分都会被渲染出来；天蓝色线框内部分视频输出会进行保留；土黄色线框内部分确保文字或标题位于此框内。

4) Adaptive Degradation(自动降级)页面

为了提高显示计算速度，当场景很复杂，计算量大时，3ds max 会按照设置自动降低显示的等级。

5) Regions(范围)页面

当 3ds max 使用 OpenGL 显示驱动时，可以使用该项建立一个虚拟的视图框。

(3) 视图控制区操作

在系统主要界面的视图控制区中，有八个控制按钮，它们是专门用来控制各种视图的显示状态的。对于不同的视图类型，视图控制区的内容有所不同。如果激活的是标准二维视图或 User 视图，则控制区如图 3-20(a)所示。如果激活的是 Perspective 视图，则控制区如图 3-20(b)所示。如果激活的是 Camera 视图，则控制区如图 3-20(c)所示。如果激活的是 Spot Light 视图，则控制区如图 3-20(d)所示。

每种控制钮的功能为：(括号内的是该钮可弹出的控制钮的内容)。

• Zoom—实时缩放视图显示范围。

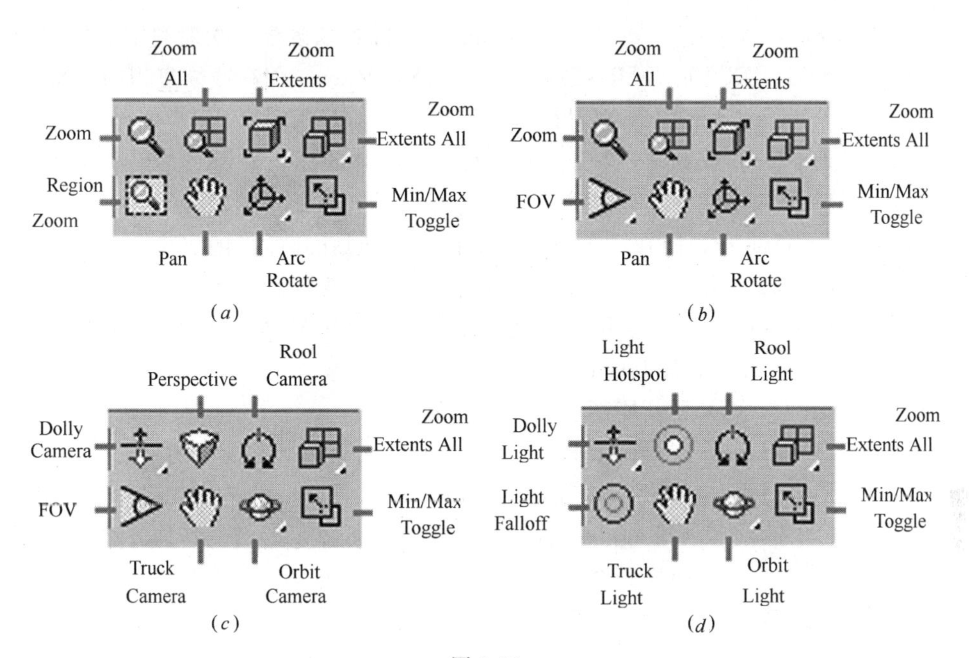

图 3-20

- Zoom All—实时缩放所有二维、用户和透视视图。
- Region Zoom—放大显示视图被框定的局部范围。
- Pan—移动视图框，改变视图显示范围。
- Zoom Extents—满视图显示全部物体。

(Zoom Extents Selected—满视图显示被选物体)。

- Zoom Extents All—满视图显示所有二维、用户和透视视图中的全部物体。

(Zoom Extents All Selected—满视图显示所有二维、用户和透视视图中的被选物体)。

- Arc Rotate—视图的观察方向绕视图的中心旋转。二维视图旋转后成为用户视图。

(Arc Rotate Selected—视图的观察方向绕视图中被选物体的中心旋转)。

(Arc Rotate SubObject—视图的观察方向绕视图中被选的子物体的中心旋转)。

- Min/Max Toggle—当前视图在多视图显示与全屏幕显示之间切换。
- Field Of View—调整摄像机和透视视图的视角范围，改变视图的观测范围。
- Truck Camera—微调摄像机位置或透视视图的视点位置，改变视图的观测角度。
- Truck Light—微调聚光灯位置，改变聚光灯的照射角度。
- Dolly Camera—保持摄像方向，移动摄像机来改变视距。

(Dolly Target—保持摄像方向，移动目标点来改变视距)。

(Dolly Camera＋Target—保持摄像方向，同时移动摄像机和目标点来改变视距)。

- Dolly Light—保持光照方向，移动聚光灯来改变照距。

(Dolly Target—保持光照方向，移动目标点来改变照距)。

(Dolly Light＋Target—保持光照方向，同时移动摄像机和目标点来改变照距)。

(4) Views 视图功能

在下拉菜单 Views 菜单页中，提供了许多有用的视图的显示和操作功能。

- Undo View Change，Redo View Change—去除或恢复上一次对视图的操作。
- Save Active XXX View，Restore Active XXX View—保存或恢复当前 XXX 视图。
- Viewport Background—出现对话框，设置视图的背景图形。
- Show Transform Gizmo—在变换时是否显示物体的标记。
- Show Ghosting—视图在动画演示时是否显示动物体的虚影。
- Show Key Time—视图在动画演示时是否显示动画的时间(帧数)。
- Shade Selected—视图中是否对被选的物体上色渲染显示。
- Show Dependencies—当在用修改面板修改某被选的物体时，是否同时显示与该物体相关联的物体(Instances，References)。
- Redraw all Views—重新刷新所有视图的显示。
- Activate all Maps，Deactivate all Maps—激活或消除所有视图的贴图显示状态。
- Update during spinner drag—在拖动旋钮式输入项时，相应图形是否随之刷新。
- Adaptive Degradation Toggle—视图允许自动降低显示等级的切换开关。
- Expert Mode—系统切换到全屏幕造作状态。命令面板区、图例工具区、状态提示区和视图操作区暂不显示，加大了视图工作区的现实范围。

7. 基本操作功能(Clone，Array，Spacing tool，Mirror，Align)

(1) Clone(克隆复制)

1) 执行下拉菜单 Edit>Clone 命令复制物体

执行命令后复制后弹出 Clone Options 对话框(图 3-21)。确认后产生新物体，它与原物体重合在一起。对话框中 Object 参数项栏为复制一般物体，Controller 栏为复制物体的动画控制器之用。这里的参数含义为：

- Copy(拷贝)—复制选择的物体，复制产生的物体与原物体相互完全独立。
- Instance(关联)—复制后产生的物体与原物体相互双向关联。
- Reference(参考)—复制后产生的物体与原物体单向关联，改变原始物体的参数，复制的物体的参数一起随着同样地改变。但改变复制物体的参数，原始物体的参数不发生改变。
- Name(名字)：新物体的名称。

2) Shift＋Transform 复制物体

在物体进行 Move，Rotate，Scale 的变换(Transform)操作时，同时按住 Shift 键，就可以在变换物体的同时又在原位上复制物体。执行时也出现 Clone Options 对话框，但多一项 Number of Copies(复制数目)设置(图 3-22)。

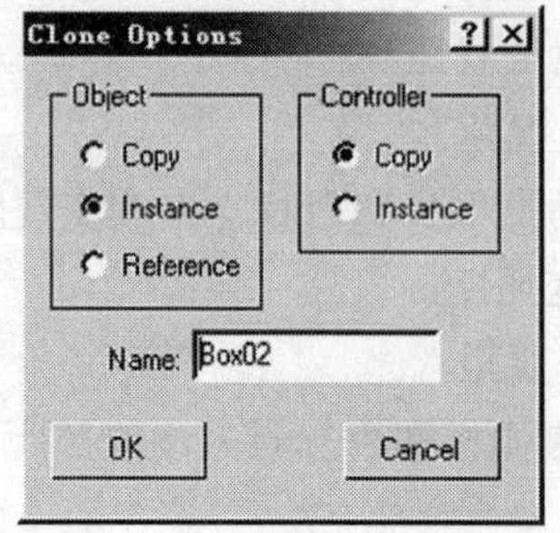

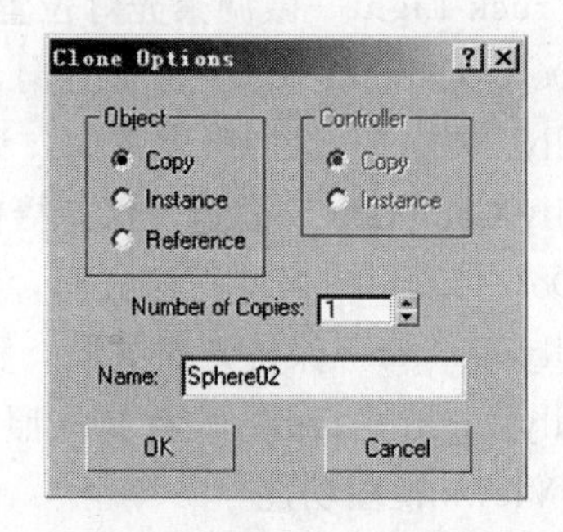

图 3-21　　　　图 3-22

(2) Array(阵列复制)

运用阵列复制命令，可以对被选物体产生一维、二维、三维的阵列复制。在图标工具区点击图标命令，或执行下拉菜单 Tools>Array 命令后，出现 Array 对话框(图 3-23)。对话框内主要包括三部分参数：

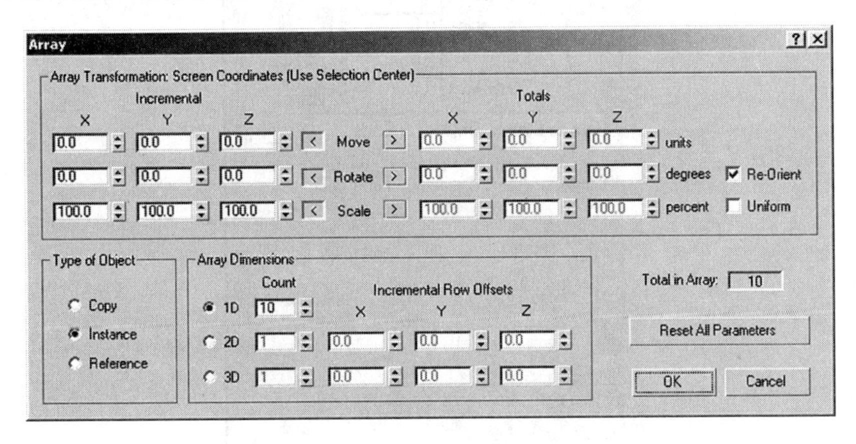

图 3-23

1) Array Transformation

第一维阵列的工作参数。有两种数据表示方法：Incremental—以增量表示；Total—按总量表示。

- Move(移动)：设置阵列物体在 X、Y、Z 方向的偏移增量(或总量)。
- Rotate(旋转)：设置阵列物体在 X、Y、Z 方向的旋转增量(或总量)。

Re-Orient(重定向)：旋转阵列物体时，物体是否也绕轴心旋转。

- Scale(缩放)：设置阵列物体在 X、Y、Z 方向的缩放增量(或总量)。

Uniform(等比缩放)：缩放阵列物体时，是否按等比例缩放。

2) Type of Object(阵列物体类型)

设置阵列复制时生成物体的类型属性：Copy，Instance or Reference。

3) Array Dimensions(阵列的数量)

- 1D(一维)：第一维阵列的物体数。
- 2D(二维)：第二维阵列的物体数和第二维的 X、Y、Z 方向的偏移增量。
- 3D(三维)：第三维阵列的物体数和第三维的 X、Y、Z 方向的偏移增量。

Total in Array(阵列总数)：物体在阵列中的总数。

Reset All Parameters(参数复位)：将所有参数恢复成缺省值。

(3) Spacing Tool(沿线复制)

功能是在直线或曲线路径上将物体等距离排列复制。选好物体后，执行下拉菜单 Tools>Spacing tool 命令，或点击图标 Spacing Tool 命令后，出现 Spacing Tool 对话框。

此命令有两种执行方式：

- Pick Path—选择一条二维的 Spline 样条曲线，在此曲线上沿线复制物体。
- Pick Point—在视图中定义始点和终点，在此直线上沿线复制物体。

下有三组参数定义物体复制具体细节：

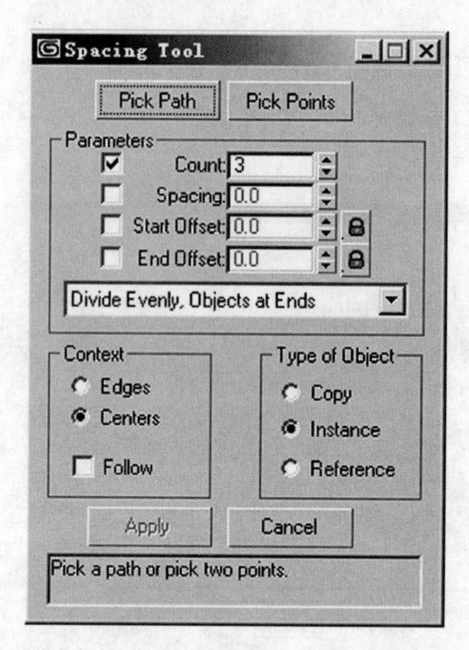

图 3-24

1) Parameters(参数栏)

- Count：物体复制总数。
- Spacing：物体定位的间距。
- Start offset：开始点的偏离值。
- End offset：结束点的偏离值。
- 工作状况列表：包含18种工作状态。

2) Context(相互关系)

- Edges：物体间距以外轮廓的边线到边线计算。
- Centers：物体间距按轴心点(Pivot)到轴心点计算(以上两者据一)。
- Follow：在复制时物体是否与曲线的法向对齐。

3) Type of Object(物体类型)

复制产生物体的类型：Copy，Instance，Reference。

(4) Mirror(镜像对称)

此功能是对被选物体进行镜像对称处理。执行下拉菜单 Tools>Mirror，或点击图标 Mirror 命令后，出现 Mirror 对话框。对话框中有两组参数需要进行设定：

1) Mirror Axis(对称轴)栏

- *X*，*Y*，*Z*：设定 *X* 或 *Y* 或 *Z* 方向为镜像物体的对称方向。
- *XY*，*YZ*，*ZX*：设定 *X*、*Y* 或 *Y*、*Z* 或 *Z*、*X* 为镜像物体的对称方向。
- Offset(偏离值)：设定原物体与镜像物体的两轴心点之间的偏离值。

2) Clone Selection(克隆选择)栏

- No Clone：没有复制。
- Copy：独立复制。

- Instance：关联复制。
- Reference：参考复制。

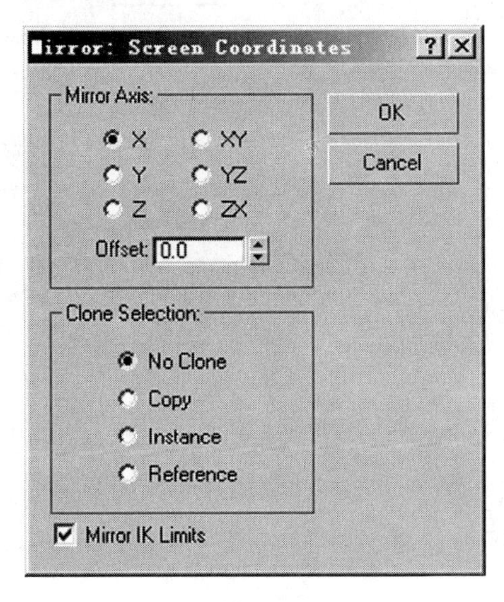

图 3-25

(5) Align(物体对齐)

功能是把被选物体按照目标物体进行对齐处理。执行下拉菜单 Tools>Align 命令，或单击图标 Align 命令后，出现 Align Selection 对话框。

对话框有三组参数供对齐调节之用：

1) Align Position [Screen] 设定对齐位置(屏幕坐标)

- *X* Position：对齐两者的 *X* 坐标。
- *Y* Position：对齐两者的 *Y* 坐标。
- *Z* Position：对齐两者的 *Z* 坐标。
- Current Object(当前物体对齐点)：Minimum(最小值点)，Center(中心点)，Pivot Point(轴心点)，Maximum(最大值点)。四者居其一。
- Target Object(目标物体对齐点)：Minimum(最小值点)，Center(中心点)，Pivot Point(轴心点)，Maximum(最大值点)。四者居其一。

2) Align Orientation [Local] 对齐方向(自身坐标系)

- *X* Axis：对齐两者的 *X* 轴线方向。
- *Y* Axis：对齐两者的 *Y* 轴线方向。
- *Z* Axis：对齐两者的 *Z* 轴线方向。

3) Match Scale(匹配缩放比例)

- *X* Axis：对齐两者的 *X* 轴向的缩放比例。
- *Y* Axis：对齐两者的 *Y* 轴向的缩放比例。
- *Z* Axis：对齐两者的 *Z* 轴向的缩放比例。

可以同时进行多个对齐物体的操作，只要把要对齐的物体都选好就行，而目标对象只能有一个。

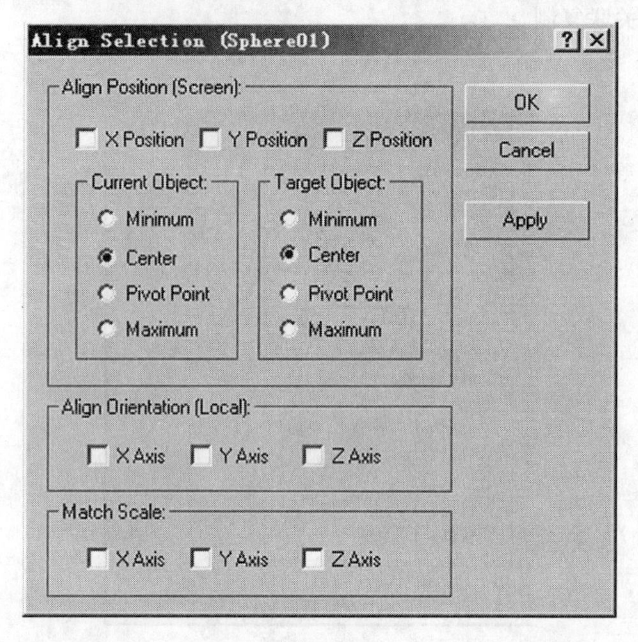

图 3-26

(6) Normal Align(法线对齐)

此项功能是将两个物体的法线方向相向对齐。执行下拉菜单 Tools>Normal Align 命令，或点击图标 Normal Align 命令后，先选择原物体对齐面上的一点，显示过该点的法线。再选择目标物体被对齐面上一点，也显示过该点的法线。此时原物体立即飞转到目标物体之上，使两个对齐面重合，也使两个法线点重合。同时出现 Normal Align 对话框。我们可以通过调节对话框中的 Position Offset(位置偏离)和 Rotate Offset(转角偏离)来在距离和角度上作一定的微调处理。

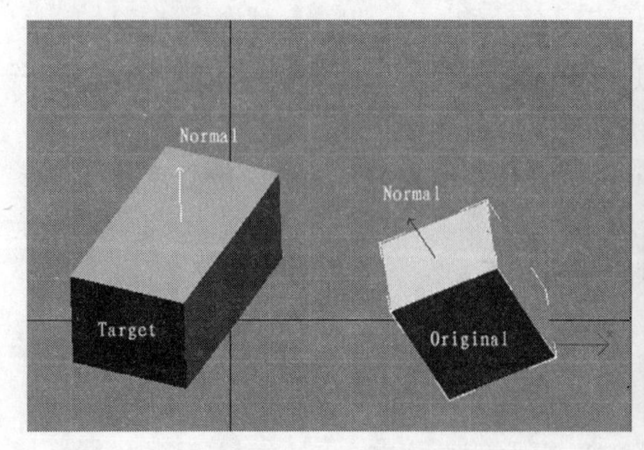

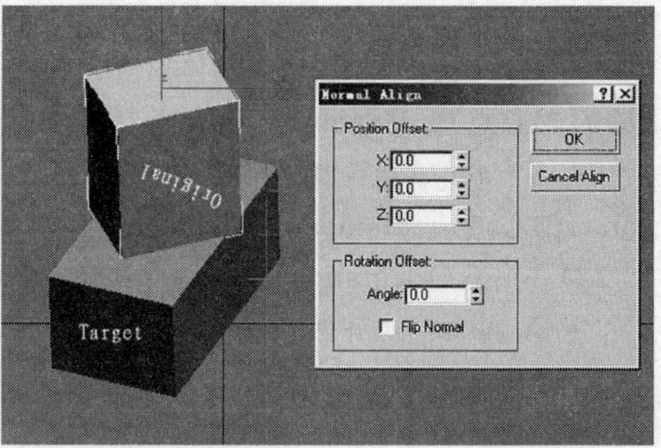

图 3-27

(7) Align to View(对齐到当前视图)

调整物体的自身坐标与屏幕坐标对齐正交。先选择欲调整的物体，执行下拉菜单 Tools>Align to View 命令，或点击图标 Align to View 命令后，物体立即旋转成与视图正交。同时出现 Align to View 对话框，可以在对话框中调节物体的 X，Y，Z 轴中一条轴与屏幕成正交状态。

二、3ds max 命令面板

在3ds max界面的命令面板区，是系统的参数化功能命令的主要展示操作区。命令面板区提供有六个命令面板：Create(创建命令面板)，Modify(修改命令面板)，Hierarchy(层级命令面板)，Motion(运动命令面板)，Display(显示命令面板)，Utilities(辅助命令面板)。

命令面板提供的功能命令非常丰富，由于我们的建筑模型主要是采用AutoCAD建模，所以，对3ds max的建模工具这里只是做一般的介绍。但是在后面的章节中，会详细介绍AutoCAD建筑模型导入后，可能遇到的各种修改或补充的内容。

1. 创建命令面板(Create Panel)

在创建面板中，可以创建七种类型的物体：Geometry(几何体)、Shapes(线形体)、Lights(光源体)、Cameras(摄像机)、Helpers(辅助物体)、Space Warps(空间扭曲物体)、Systems(系统)(图3-28)。

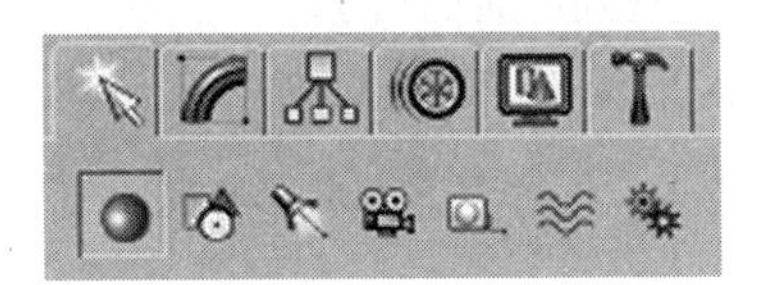

图3-28

(1) Geometry(几何体)

提供多种参数化的基本几何形体的建模功能，在这基础上再把它们逐步组合成复杂的建筑形体。这是一种最基本的建模方法。几何体又可以分为：Standard Primitives(标准几何原体)，Extended Primitives(扩展几何原体)，Compound Objects(复合物体)，Particle System(微粒系统)，Patch Grids(面片栅格)，NURBS Surface(NURBS曲面)，Dynamics Objects(动态物体)七种子类型(图3-29*a*)。

(*a*)

(*b*)

图3-29

Standard Primitives是最常用的一种子类型，它包括：Box(立方体)，Cone(原锥体)，Sphere(经纬球体)，GeoSphere(等面球体)，Cylinder(圆柱体)，Tube(圆筒体)，Torus

(圆环体)，Pyramid(方锥体)，Teapot(茶壶体)，Plane(平面)共 10 种几何原体。

以创建一个立方体(Box)为例，首先点取 Box 原体选钮(图 3-29*b*)，移动光标到 Top 视图中定位第一角点，并拉伸定位第二角点，再移动光标定义立方体的高度。在创建面板的下部，显示出立方体的各种参数，并可以立即修改这些参数值(图 3-30)。

标准几何原体的创建参数都有四个卷展栏：Name and Color(名称和颜色)，Creation Method(创建方法)，Keyboard Entry(键盘输入)和 Parameters(参数表)。不同的几何原体的几何参数可能会有不同，但基本的结构是相同的。

某些几何原体可以利用调整参数的途径产生多种几何变体；从而丰富了可以创建的几何体的种类。例如：圆锥原体可以调整为圆台体，或多边形台体，或多边形锥体等等。

(2) Shape(线形)

创建没有体积的由样条线构成的线形。如 Line(直线段)，Rectangle(矩形)，Circle(圆形)，Ellipse(椭圆形)，Arc(弧线)，Donut(圆环形)，NGon(多边形)，Star(星形)，Text(文字)，Helix(弹簧线)，Section(剖面线)等。这些线形除了 Helix 以外都是二维图形。它们可以沿着另一条线形放样(Loft)而创建新的几何体。这是 3ds max 生成三维几何体的又一种重要方法。

(3) Lights(光源)，Cameras(摄像机)

这些是 3ds max 中的特殊的物体，是建筑效果图场景中的重要组成部分。它们可以像几何体一样进行移动和旋转。我们将在后面的章节中加以详细介绍。

2. 修改命令面板(Modify Panel)

几何体的修改分两种情况：参数尺寸修改和修改器修改。

前者是针对在 3ds max 中创建的几何原体而言，如图 3-30 显示的是在创建面板中生成的 Box01 物体，图 3-31 为在修改面板中显示的物体参数项；它与图 3-30 相比 Parameter(参数卷展栏)中的内容完全一样。只是上面增加了一个修改器列表和一个修改器堆栈。

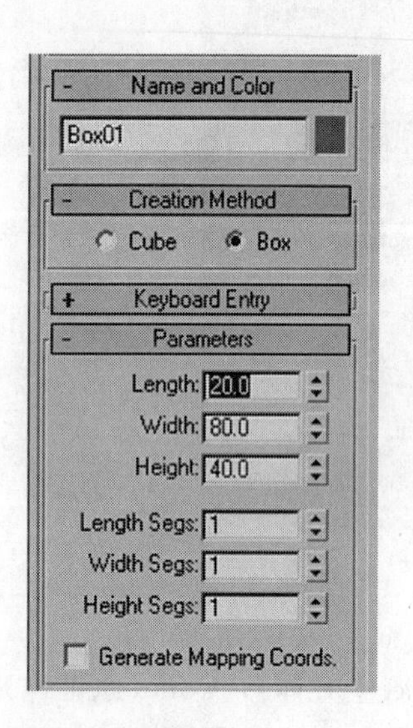

图 3-30

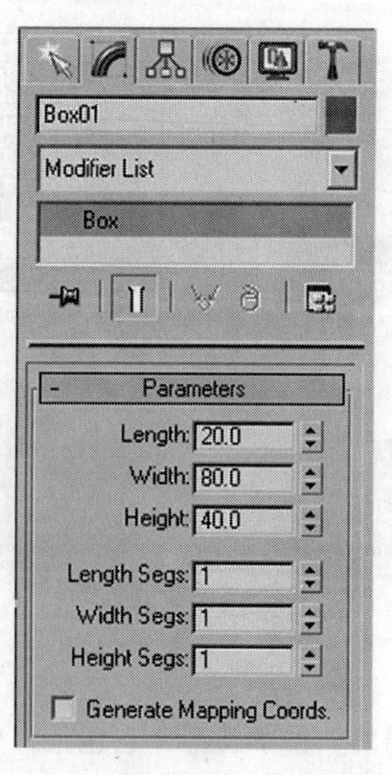

图 3-31

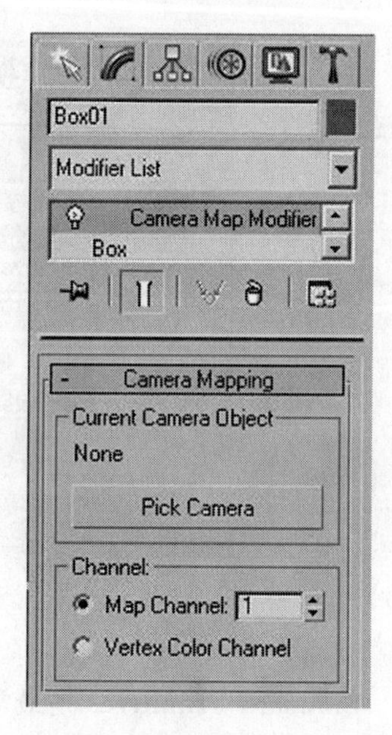

图 3-32

后者的修改器修改是一种过程化的修改，它把各种修改器的修改过程连同物体的原始数据纪录在堆栈内。操作者可以随意访问任一个过程并修改其中的参数。图 3-32 中在堆栈中增加了一个修改器后，显示的是修改器的参数内容。

对于导入的建筑模型，没有几何体的参数项数据，系统都把它们看作为可编辑网面(Editable Mesh)所以不能直接修改物体的尺寸。常用的修改器也不多，它们是：

(1) Edit Mesh(编辑网面)修改器

用来编辑修改物体的尺寸，面向(Normal)，平滑组值(Smoothing Value)等。可以对网面物体在 Vertex(点)、Edge(边)、Face(面)、Polygon(多边形)、Element(单元体)五个子物体层面上进行编辑修改。此修改器将在后面章节作详细介绍。

(2) Edit Spline(编辑样条线)修改器

用来编辑修改样条曲线。可以对样条曲线在 Vertex(点)、Segment(线段)、Spilne(曲线)三个子物体层面上进行编辑修改。

(3) UVW Map(贴图坐标)修改器

导入的模型体是不会设有贴图坐标的，如果物体的材质中附有贴图的话，就需用此修改器来增设物体的贴图坐标。此修改器将在后面章节作详细介绍。

(4) Extrude(拉伸)修改器

可以将二维的样条线拉伸成三维实体或者面，如果二维线条是闭合的，那么拉伸后是三维实体，如果二维线条是不闭合的，那么拉伸后是三维的面(图 3-33)。

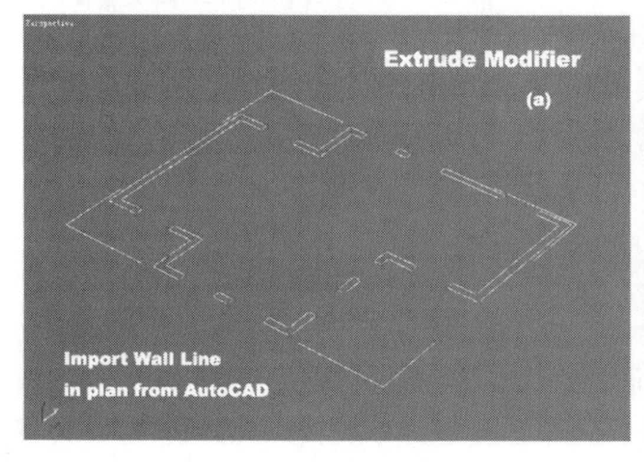

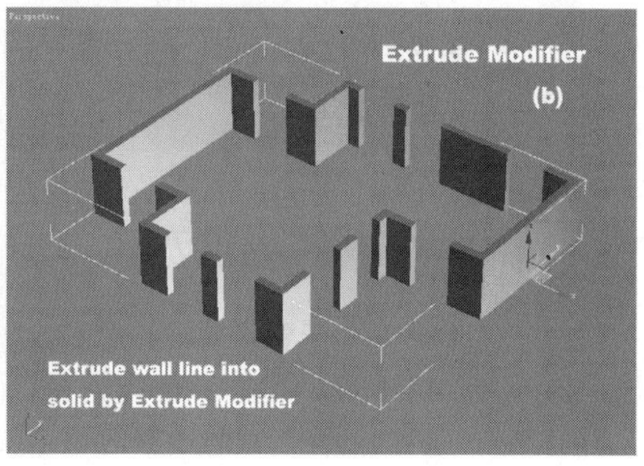

图 3-33

(5) Bevel(线角)修改器(图 3-34)

对二维样条线进行分段拉高、伸缩和倒角处理形成建筑的线角模型。

(6) Lathe(车切)修改器(图 3-35)

将二维样条线绕一轴线旋转形成旋转实体。

另外，对于由创建面板创建的建筑模型体还可以用以下的修改器进行变形修改。

- Bend(弯曲)修改器：对物体进行弯曲变形。
- Taper(侧变)修改器：对物体在轴向上进行侧变变形。
- Skew(切变)修改器：对物体在轴向上进行切变变形。

3. 层级命令面板(Hierarchy Panel)

层级面板主要是用来为动画制作中物体间的层级关系进行设定具体的连接方式。它包括三个内容：Pivot(轴心点设定)，IK(反向连动设定)，Link Info(连接信息)。

在物体进行变换操作时，轴心点是物体自身坐标系的原点。一般它位于物体底部的中心点上，我们可以在此移动或旋转轴心点以满足这方面的需要(图 3-36)。

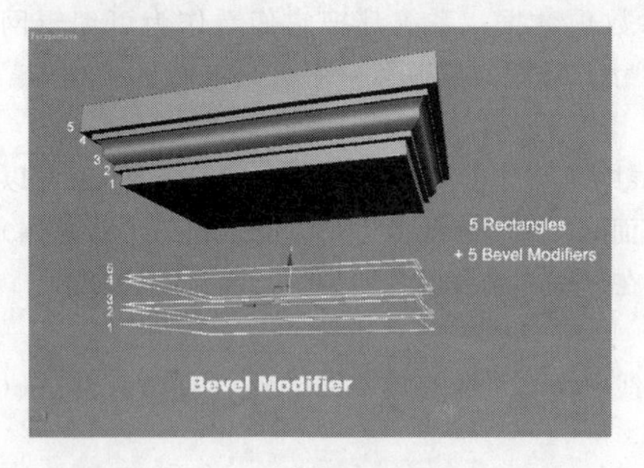

图 3-34

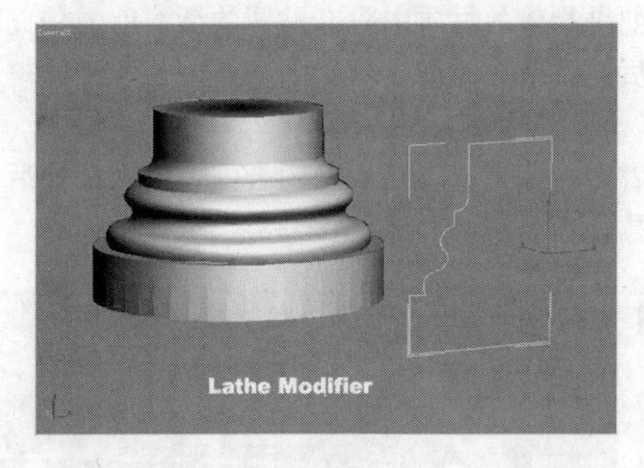

图 3-35

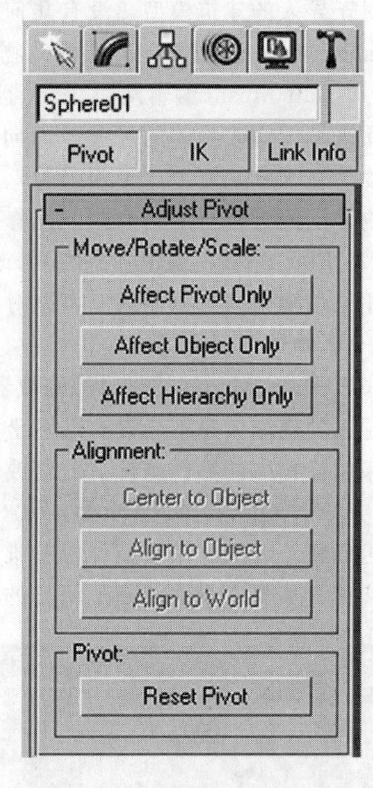

图 3-36

具体操作过程为：

(1) 选中物体，显示物体的轴心点图标。

(2) 激活 Hierarchy 面板中 Pivot 选钮，面板显示轴心点操作的内容。

(3) 在 Adjust Pivot 卷展栏中激活 Affect Pivot Only(仅影响轴心点)选钮。此时物体轴心点的三轴图标变成立体的粗三轴图标。轴心点处于待编辑状态。

(4) 点取图例命令 Select and Move 对图标进行移位操作。点取图例命令 Select and Rotate 对图标进行旋转处理。

(5) 完成后重新点取 Affect Pivot Only 选钮，释放该钮的激活状态。

第三节 AutoCAD 模型导入和局部修改

一、AutoCAD 几何模型的导入

了解 AutoCAD 建构的建筑模型导入 3ds max 的过程是十分重要的。模型在转化过程中的规则、特点和设定反过来对我们在 AutoCAD 中的建模工作具有重要的指导意义。

1. 3ds max 5 的模型的导入

执行下拉菜单 File>import 命令，开始进入 AutoCAD 模型的导入过程。并将先后自动出现三个对话框，设定 AutoCAD 模型文件的类型、名称和路径，设定导入的方式和数据转换的具体设定。

(1)“Select File to Import”对话框

在对话框文件类型栏选择 DWG 或 DXF 文件格式；并选定模型文件的文件名和工作路径，确认后进入第二个对话框作业。

(2)“DWG Import”对话框

在对话框中选定导入模型与系统已有模型之间的关系：〈单选〉

1) Merge object with—文件中的模型物体与当前场景中的模型物体合并。常常用于对已经导入 3ds max 的来自 AutoCAD 的模型进行补充建模。补充的模型部分先在原模型上追加，然后用 WBLOCK 命令单独存一个 DWG 文件。再用此追加的文件导入并与原模型合并。

2) Completely replace—完全替代原有场景。这是导入新的 AutoCAD 模型时的选项。

两者必须选择一种，然后进入第三个对话框。

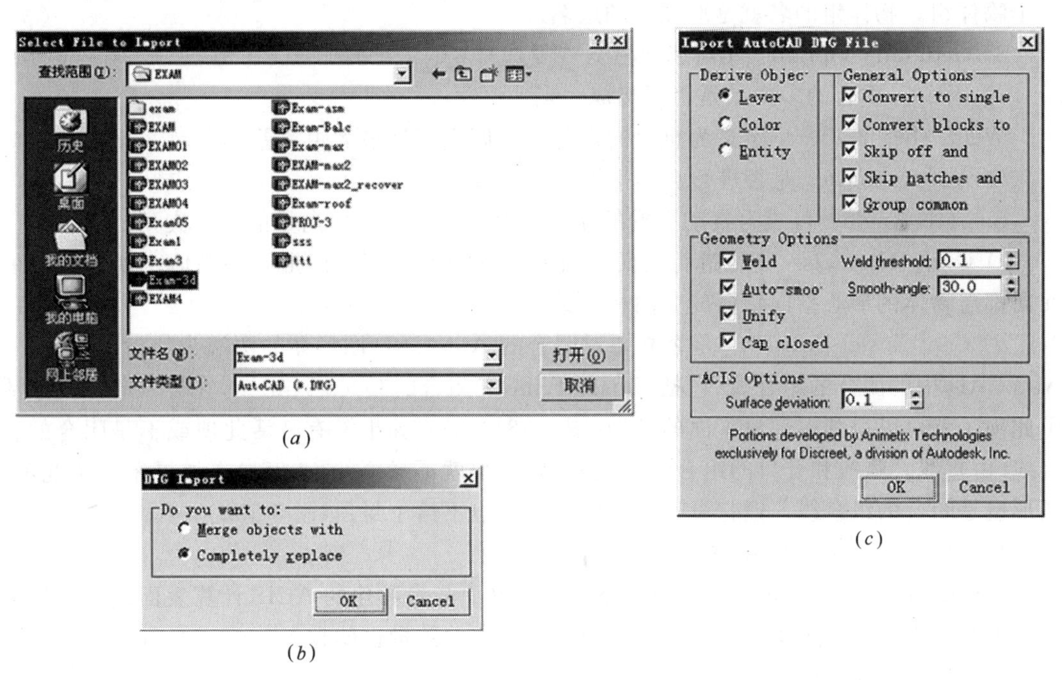

图 3-37

(*a*)Select File to Import 对话框；(*b*)DWG Import 对话框；(*c*)Import AutoCAD DWG File 对话框

(3)“Import AutoCAD DWG File”对话框

在此对话框中，设定原有 AutoCAD 模型与导入后的 3ds max 模型之间的对应转换关系，对话框共有四个栏：

1) Derive Object(衍生物体栏)：〈单选〉

• Layer—来自 AutoCAD 同一图层的对象可组成物体，图层名成为物体名。此乃首选设定。

- Color—来自 AutoCAD 同一色彩的对象可组成物体。色彩号成为物体名。
- Entity—来自 AutoCAD 同一类型的图形可组成物体。类型名成为物体名。

2) General Options(一般选项栏):〈复选〉

a) Convert to Single Objects—在同层或同色的衍生条件限定下，再按照下列条件把多个 AutoCAD 对象组合成一个 3ds max 物体：

- 所有的网面对象(3dface...)将组成同一物体。
- *Z* 方向没有拉伸的二维图形构成同一物体。
- *Z* 方向拉伸值相同的二维图形构成同一物体。

所以，在相同的衍生条件，可以生成多个同名而不同编号的物体。

b) Convert Block to Groups—把 AutoCAD 图块转化为 3ds max 的物体组(Group)。

c) Skip Off and Frozen Layers—不转化被关闭和冻结的图层。

d) Skip Hatches and Points—不转化填充图案对象和点对象。

e) Group Common Objects—相同的衍生条件下产生的多个物体可以结合成物体组。例如衍生物体的设定为“Layer”时，原属于AutoCAD 同图层的多个新生物体，可以组成一个物体组，物体组的名就是原图层的层名。

3) Geometry Options(几何选项栏):〈复选〉

a) Weld—重合的多个点是否焊接成一点。

Weld Threshold—可定义为重合的点与点之间的容许最大距离差。

b) Auto-smooth—是否进行自动平滑组值设置。

Smooth Angle—可成为自动平滑的相邻两个面之间的面向向量的最大夹角。

c) Unify Normals—是否进行物面面向的自动一致处理，使得同一物体中所有物面的面向都与物体的形心指向物面的方向相一致。

d) Cap Closed Entities—是否需要对闭合的 AutoCAD 图形体的两端头处封面。例如，AutoCAD 中的闭合的组合线(包括 Closed Pline 和闭合的 Open Pline)，在导入时如果激活了此项，就可以得到端部封了面的模型(图 3-38*a*，*b*)；如果没有激活此项或不是闭合的组合线(由直线、弧线和开口的组合线组成)，则端部就不封顶(图 3-38*c*)；如果激活了此项，图形也是闭合的组合线，但它没有垂直厚度，则也不给予封顶(图 3-38*d*)。

4) ACIS Options(ACIS 选项栏)

Surface Deviation—设置 3ds max 的 ACIS 网面与参数化的 ACIS 计算表面之间容许的最大差距。设定的值越小，网面的精度越高，网面的数量也就越大。

2. 3ds max 6 的模型导入

在 3ds max 6 版本中对 AutoCAD 模型的导入的 IMPORT 操作命令有较大的变化。现介绍如下：

(1)“Select File to Import”对话框基本没变，只是把 DWG 和 DXF 作为一种文件类型。

(2)“DWG Import”对话框被取消，导入时都是处于与当前场景物体合并(Merge)状态，如果不需要合并，则先对系统进行 Reset 操作。

(3)“Import AutoCAD DWG File”对话框改为“AutoCAD DWG/DXF Import Options”对话框，该对话框设置 Geometry，Layers，Spline Rendering 三个选项卡的内容(图 3-39)。

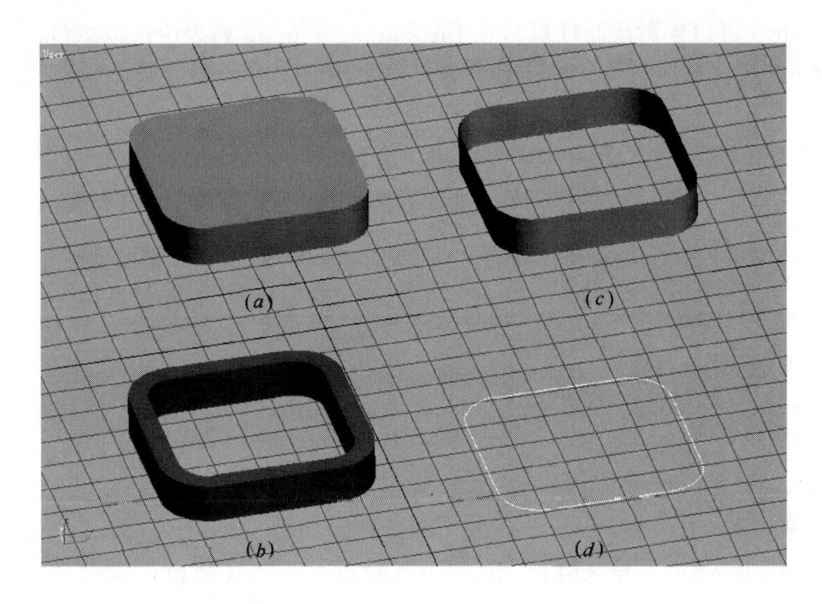

图 3-38
(a)Pline closed(width=0，Thickness=100)；(b)Pline closed(width=50，Thickness=100)；
(c)Pline opened with Line or Arc(width=0，Thickness=100)；(d)Pline closed(width=0，Thickness=0)

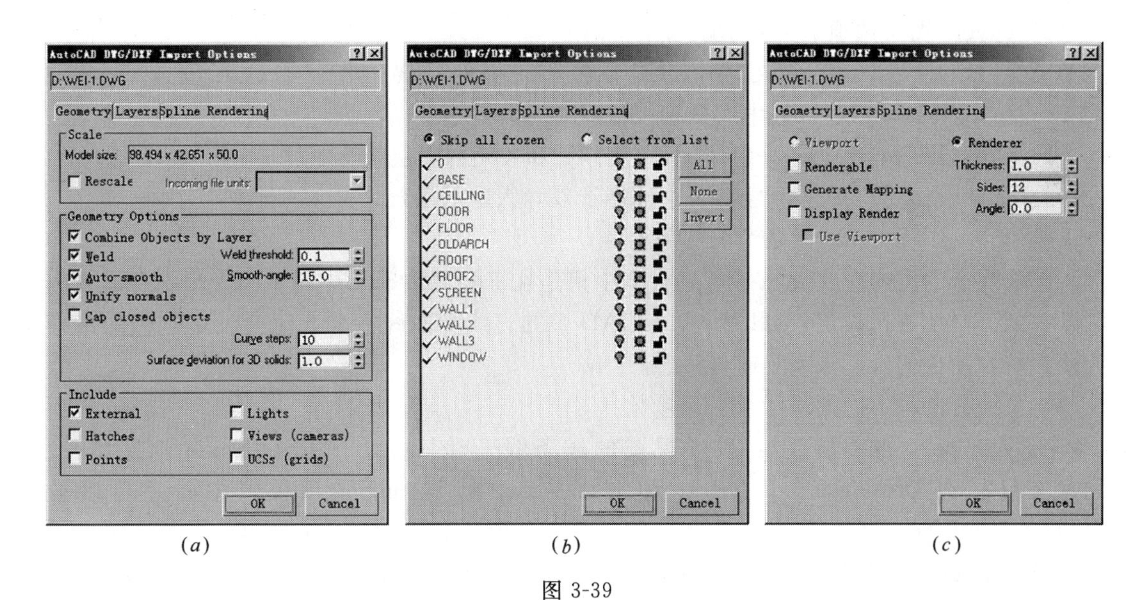

图 3-39
(a)Geometry 页表；(b)Layers 页表；(c)Spline Rendering 页表

1）Geometry 几何体选项卡

内容包括三个参数栏：

a）Scale(比例栏)

• Model size—显示模型体被自动转换后的边界立方体的尺寸。如果 DWG 文件中没有设定数据单位，导入后就直接采用 DWG 文件中的模型数值。而单位就用 max 当前设定的单位。

• Rescale—可以先激活此项后再在 Incoming file units 列表中选取单位。对模型体重新按新单位进行尺寸转换，Model size 中内容也将改变。

b) Geometry Options(几何选项栏)

基本上与 max 5 版本中的相应选项相同，请参阅前面的介绍。有两点不同之处：

• Curve Step—这是新增的选项，用以设定 AutoCAD 的曲线(如圆弧线等)在转入时的分段数。

• Surface Deviation for 3D Solid—此选项与 max 5 中的 ACIS Options 栏中的 Surface Deviation 选项是相同的。

c) Include(包含内容栏)

• External References(Xref)—导入包含 AutoCAD 的外部参考。

• Hatches—导入时包含 AutoCAD 的填充图形。

• Points—导入时包含 AutoCAD 的点图形。

• Lights—导入时包含 AutoCAD 的光源设置。

• Views(Cameras)—导入时把 AutoCAD 的每一个透视视窗设定都转化为 3ds max 的摄像机物体。

• UCSs(Grids)—导入时把 AutoCAD 的每个 UCS 设定都转化为 3ds max 的网格物体。

2) Layers 图层选项卡

此选项卡中列出 DWG 文件中的图层名和它们的主要工作状态(On/Off，Frozen/Thaw，Lock/Unlock)。页表中有两种工作状态需要选定：

a) Skip all Frozen Layers(排除所有被冻结和关闭的图层)。

b) Select from List(从图层列表中选择予以导入的图层)。

3) Spline Rendering 样条渲染选项卡

此选项卡的内容，在 max 5 等老板本中只是在 Editable Spline 的 Rendering 卷展栏中可以找到。对此进行设定，可以使 AutoCAD 中的直线和曲线在导入时就设定它们的渲染特性参数。使他们看起来就具有体积感。

样条线有两种不同的显示或工作参数：

a) Viewport(视图参数)：设置视图的样条线 Thickness，Sides，Angle 参数状态。此状态只有在 Display Render Mesh 和 Use Viewport Setting 选项被选中时才可以被激活。

b) Renderer(渲染器参数)：设置渲染器的样条线 Thickness，Sides，Angle 参数状态。

c) Thickness(厚度)：设定样条线的直径厚度。

d) Sides(边数)：设定样条线多边形断面的边数，如果为 4 即为正方形。

e) Angle(转角)：设定样条线多边形断面的转角，如果断面为正方形，可旋转使平面向上。

f) Renderable(可以渲染)：激活此项样条线可按设定的参数渲染。

g) Generate Mapping Coords(产生贴图图标)：样条线可自动产生贴图图标。

h) Display Render Mesh(显示渲染网面)：样条线在视图中以渲染网面方式显示。

i) Use Viewport Setting(采用视图参数)：在视图中按视图参数方式显示样条线。

以下实例就是图 3-40 中补充的阳台模型部分。在 AutoCAD 的模型中，可以看出阳台的栏杆部分都是用 Line 线段建构而成，在用 3ds max 6 版本的 IMPORT 命令时可以设定这些导入的样条线的工作参数(图 3-40)，此例中设定的参数为：Thickness＝80，Sides＝4，Angle＝45 并激活 Renderable，Generate Mapping Coods，Display Render Mesh 三个选项。所以在视图中显示的是有 80 厚度的、断面为正方形又旋转了 45°的栏杆模型。真正渲染的效果也是这样。

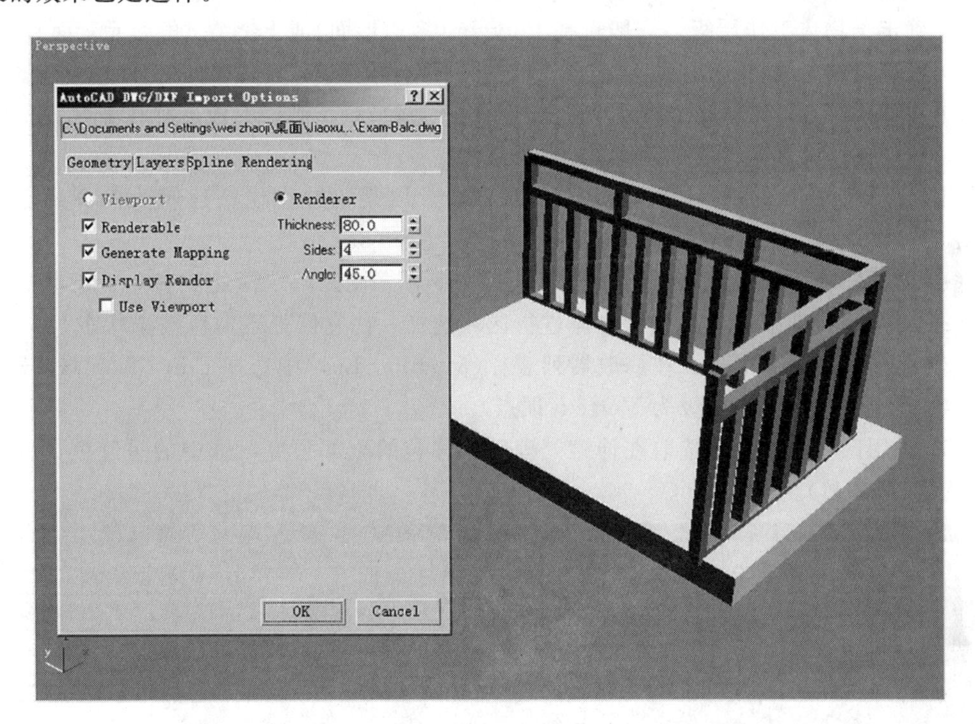

图 3-40

操作中有两点需要注意的：

• 此例中的正方形栏杆断面，可能在最初的显示中看不到棱角清晰的边线。这是因为系统自动在面之间设置了 Smooth Value(平滑组值)，需要加一个 Edit Mesh 修改器，并在 Polygon 的子物体层级上，选取 Surface Properties 卷展栏中 Smoothing Groups 参数组中的 Clear All 按钮。把所设定的平滑组值删除。

• 在导入模型时所设定的样条线工作参数只能有一个设定。如果模型中需要有不同的参数设定(如不同的厚度)，就需要在导入模型后，先选择欲修改的样条线并进入修改面板。这时的样条线是 Editable Spline，打开面板中的 Rendering 卷展栏，栏中的参数与前面介绍的“样条渲染页表”的内容一样，可以在这里修改所选样条线的参数值。

二、AutoCAD 几何模型的修改

在 AutoCAD 模型导入后，可能会由于种种原因需要对模型进行修改和调整。这些是我们需要掌握的 3ds max 的最基本操作。

1. 删除物体或删除部分模型体

(1) 删除整个物体：

选好要删除的物体后，执行下拉菜单 Edit>Delete 命令即可。也可以按〈Del〉键进行删除。

(2) 删除部分模型体：

1) 选取包含删除内容的模型物体，使之处于白色被选状态。

2) 激活修改命令面板。在修改器列表栏(Modifier List)中选择 Edit Mesh 修改器。

3) 确定子物体工作层级，一般选择 Polygon(多边形面)或 Face(三角形元素面)。

4) 在选定的子物体层级上，再选择欲删除的部分模型体。选中的面呈红色显示。

5) 在 Edit Geometry 命令展栏中点击 Delete(删除)命令键。完成删除作业。

2. 拉伸或压缩建筑模型的尺寸

相当于执行 AutoCAD 中的 STRETCH 命令。以某单层小住宅建筑为例介绍操作的过程：

(1) 激活图标工具区的 Select Object 选择命令，并使区域选择处于 Crossing 状态。

(2) 对欲进行伸缩处理的模型物体进行区域选择，使它们处于白色被选状态。

(3) 激活修改命令面板。在修改器列表栏(Modifier List)中选择 Edit Mesh 修改器。

(4) 确定子物体工作层级为 Vertex(顶点)。

(5) 再用区域选择工具选取在伸缩处理后会移位的全部顶点，选中的呈红色，没选中的呈蓝色(图 3-41)。

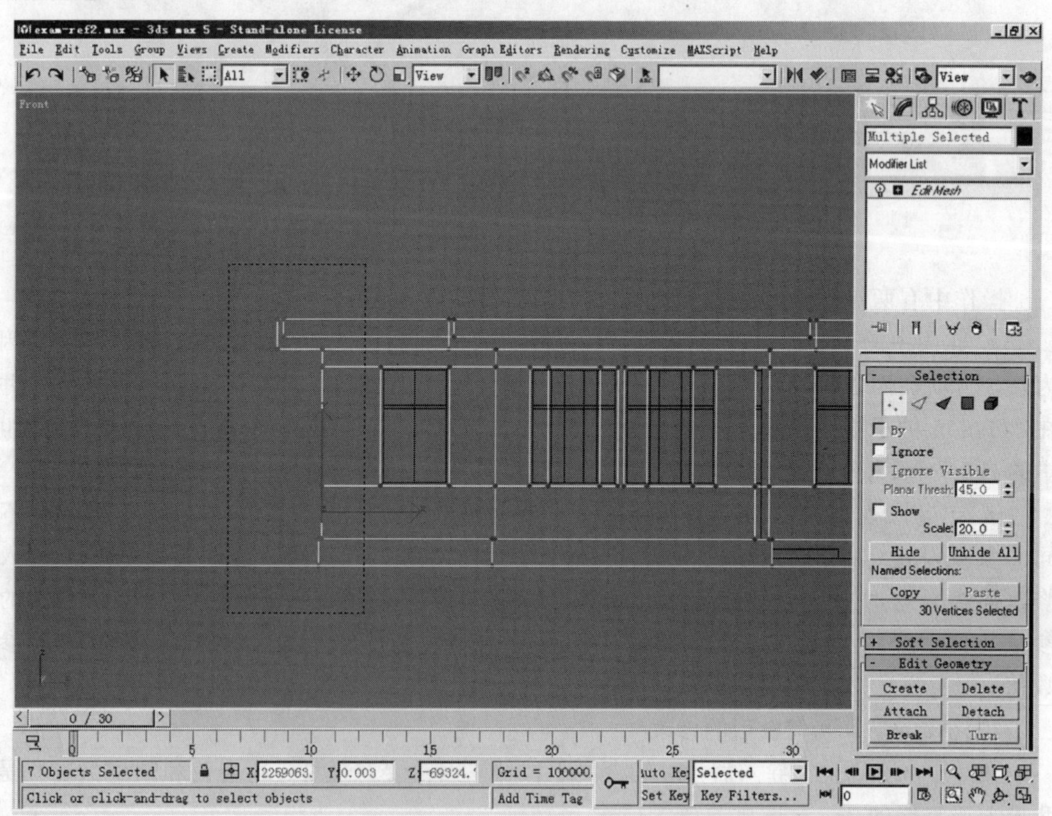

图 3-41

（6）激活图标工具区的 Select and Move（选中并移动）命令。

（7）再执行下拉菜单 Tools＞Transform Type-In 命令，屏幕出现 Move Transform Type-In 对话框。

（8）在对话框中，根据物体伸缩的方向，选择相应的数据项输入伸缩的距离值。完成操作。

因为在之前已激活了 Select and Move 键，所以 Transform Type-In 命令的对话框就成为 Move Transform Type-In 对话框。对话框中左列的三个数据项是输入世界坐标系 X，Y，Z 方向移动的绝对坐标；右列的三个数据项是输入屏幕坐标系 X，Y，Z 方向移动的相对坐标。一般我们采用相对坐标输入（图 3-42）。

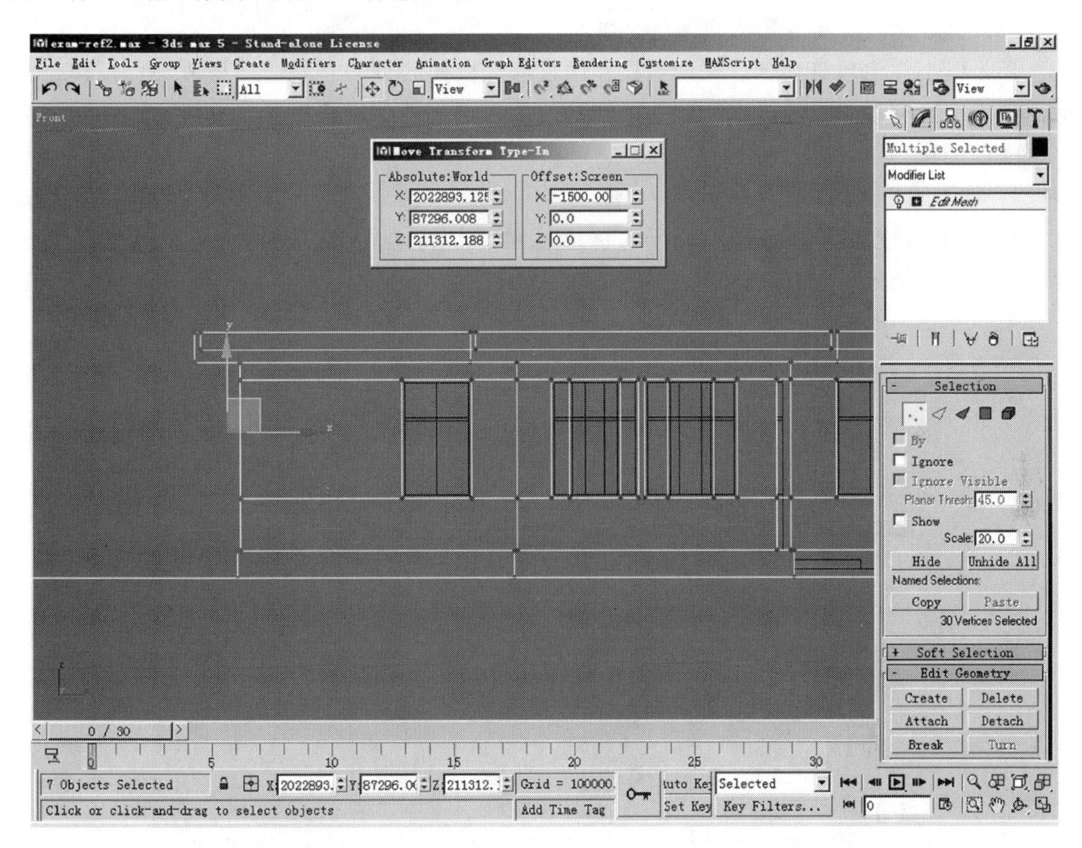

图 3-42

3．场景中各类物体移位或复制

物体的移位和移位复制的操作有两种方式。一种是非精确的移位或移位复制，一种是精确的移位或移位复制。物体的复制有移位复制和原位复制两种。

（1）物体的非精确移位和非精确移位复制

1）物体的非精确移位

先选中物体，再用图标工具栏的 Select and Move 图标命令进行移位操作就行。如果是单个物体的移位，可以不先选择，直接用上述命令进行操作。操作时要注意限定轴的方向设定或物体图标上轴的锁定方向。

2）物体的非精确移位复制

只需要在物体移动的操作时左手同时按下〈Shift〉键即可。原来位置的物体依旧存在，而在移动后的新位置处出现了复制物体。此时屏幕出现 Clone Option 对话框(参见图 3-45)，选定复制产生的物体的类型属性：Copy，Instance，Reference 和复制体的名称等。

(2) 物体的原位复制

选择了复制的对象物体后，执行下拉菜单 Edit>Clone 命令，出现 Clone Option 对话框，选定复制物体的类型属性后，被选物体在原来位置上进行了复制。此时被选中的还是原物体。

(3) 物体的精确移位和精确移位复制

还是以小住宅建筑为例，来说明操作的过程。操作的目的是把一层楼改为二层楼，为此需要先把平屋顶向上精确移位到二层楼的位置。接着把一层的楼身精确地移位复制成为二层楼的楼身。

1）物体的精确移位

a）选中构成建筑的平屋顶部分的物体，激活 Select and Move 图标命令，执行下拉菜单 Tools>Transform Type-In 命令，屏幕出现 Move Transform Type-In 对话框(图 3-43)。

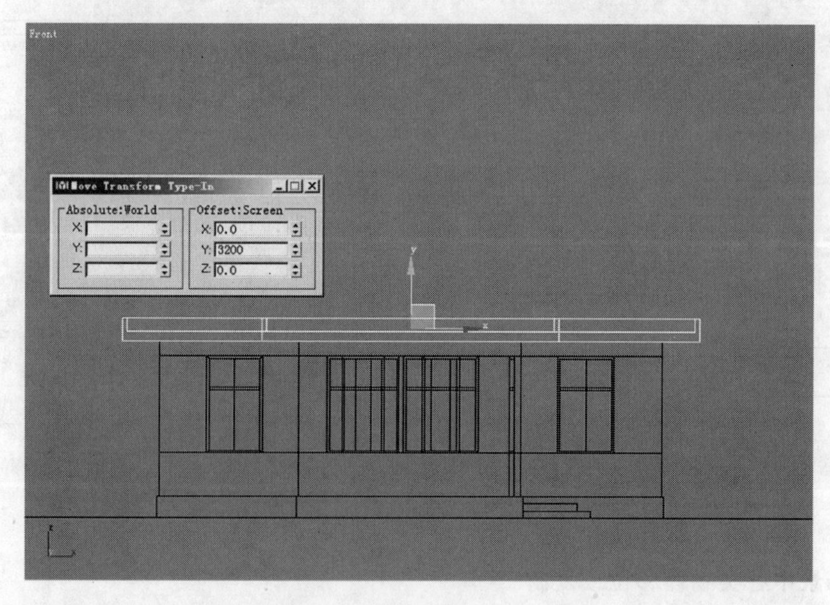

图 3-43

b）平屋顶要向上移位 3200mm，在 Move Transform Type-In 对话框中选择右列 Offset 的 *Y* 坐标项中输入 3200 后平屋顶就精确地向上移动了 3200mm(图 3-44)。

2）物体的精确移位复制

物体的精确移位复制的过程包括原位复制和精确移位两个部分。

a）选取构成一层楼身的全部物体。执行下拉菜单 Edit>Clone 命令，把一层楼身进行原位复制(图 3-45)。

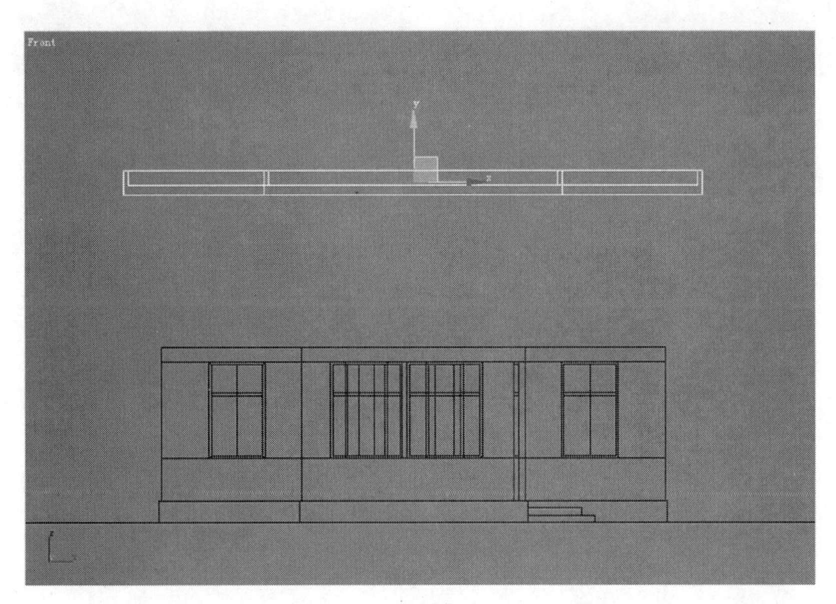

图 3-44

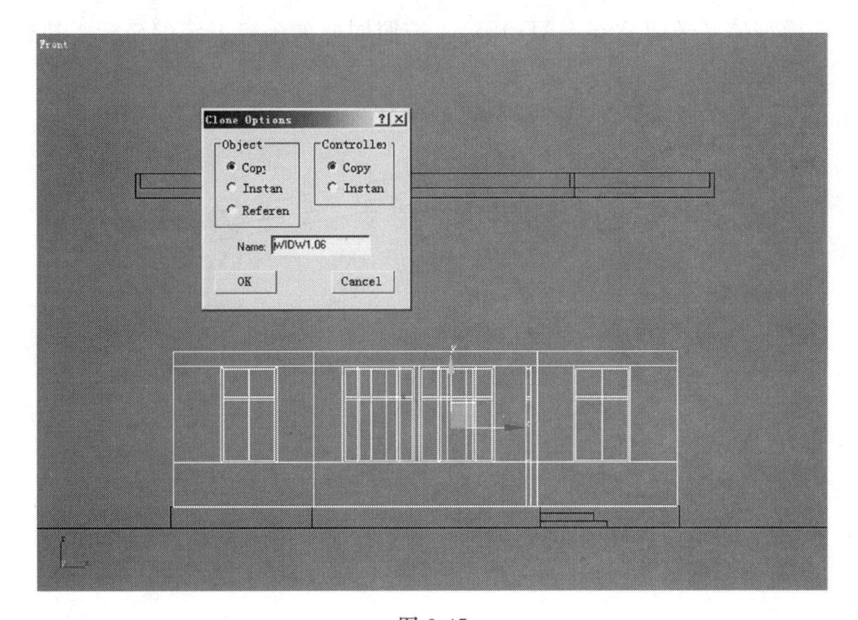

图 3-45

b）把被选的原一层楼身精确地向上移动 3200mm 高度（图 3-46）。完成操作过程。

4. 从 AutoCAD 文档中补充物体

如果我们当前的场景模型体是从 AutoCAD 的 DWG 文件导入的。工作了相当一段时间后，发现需要增补部分模型体，此时返回 AutoCAD，模型修改后再重头开始在 3ds max 中的作业，就会造成很大的损失。一般，我们采用增补 AutoCAD 模型体的方法。为了说明增补的工作过程，我们继续用上面已经构建成二层楼的住宅建筑为例，在其上增加四坡顶和入口上方的阳台。

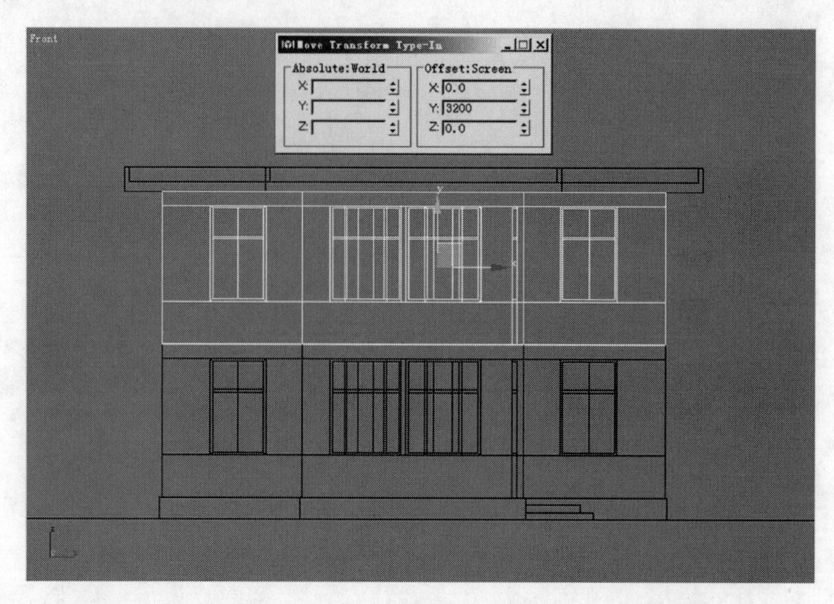

图 3-46

(1) 返回模型体原来的 AutoCAD 环境，按照同样的坐标系统的坐标，补建欲增加的四坡顶和阳台的模型体。

(2) 用 WBLOCK 命令把新增的模型体单独存储一个 DWG 文件(图 3-47)。

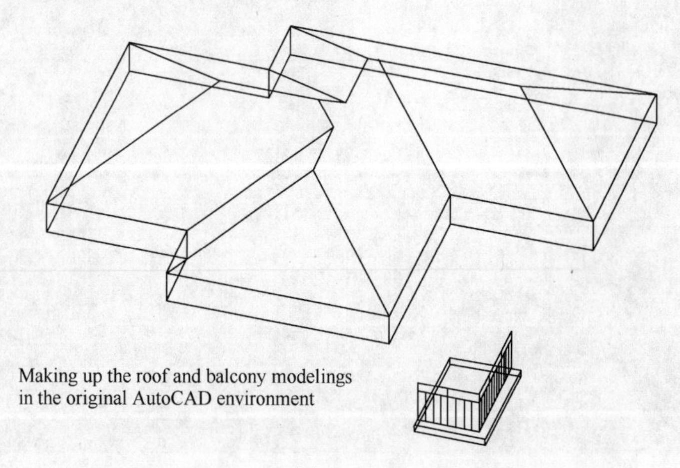

图 3-47

(3) 在 3ds max 中先载入原先的场景文件，再执行 File>Import 命令，在“DWG Import”对话框中选定“Merge Object with”选项。最后完成模型体的增补作业(图 3-48)。

5. 从其他 max 文档中并入物体

执行下拉菜单 File>Merge 命令，可以把另外一个 max 文件中的全部或部分场景物体并入当前的场景中。例如我们可以把另一个场景中的光源物体并入当前的场景，从而来借鉴它的光环境设计效果。

如果欲并入的新物体与现有场景物体同名，则以新物体替换现有物体。

执行下拉菜单 File>Replace 命令，可以把另一个 max 文件中的物体置换当前场景中

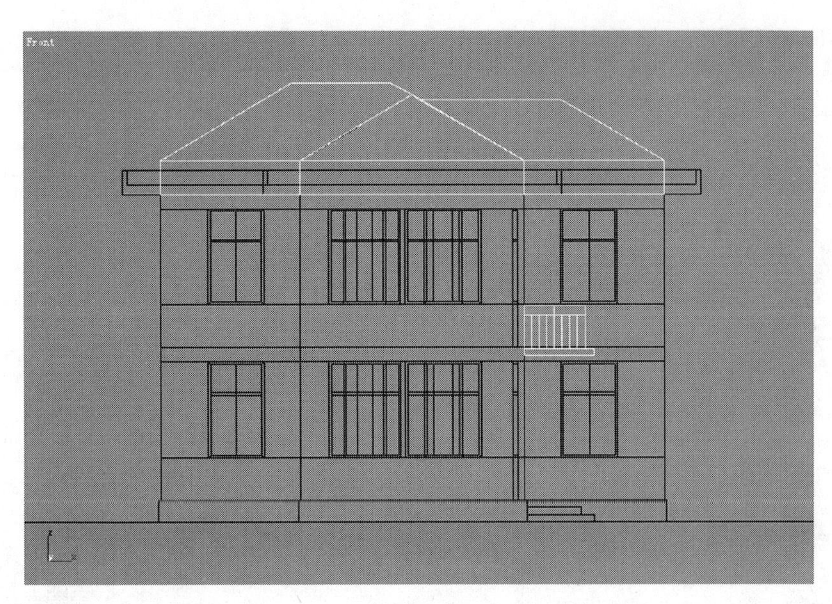

图 3-48

的同名物体的模型，而保留原物体的材质和贴图设定。我们利用这个特性，在对大型的复杂的建筑模型制作效果图时，可以准备两个 max 文件，第一个是实际的建筑模型，第二个是简化了的建筑模型，它们之间相应的物体都用相同的物体名。在效果图的调试制作阶段使用的是第二个 max 文件，在制作最后效果图之前，利用 File>Replace 命令，用第一个 max 文件中的模型物体置换第二个 max 文件中的同名物体。一次性地渲染完成效果图的制作。

6. 从模型物体中分离出新物体

在 AutoCAD 模型导入 max 系统后，有时会发现由于材质贴图或其他原因，原先 AutoCAD 同一图层转入的物体需要分解，也就是需要从某个模型物体中分离出一部分，组成新物体。此操作可执行 Edit Mesh 修改器中 Polygon 子物体层级的 Detach 功能。下面结合单层住宅的例子具体介绍操作过程。

(1) 选中那个欲分解的模型体(W-Wall)，它包括窗下墙和窗过梁，现在欲把此两部分分离开。

(2) 在修改面板的 Modifier List 列表中选取 Edit Mesh(修改网面)修改器(图 3-49)。

(3) 在 Edit Mesh 的修改面板中，在 Polygon 子物体工作层级下框选上部过梁部分，选中的呈红色显示。

(4) 在 Edit Geometry 卷展栏中点取 Detach 按钮，屏幕显示 Detach 对话框，输入新物体的物体名。确认之后，新物体就从原物体中分离出来(图 3-50)。

7. 把模型体合并进另一模型体

在 AutoCAD 模型导入 max 系统后，有时也需要把第二物体合并进第一物体。合并后新物体名沿用第一物体名，原来的两个物体成为新物体的 Element 子物体。此操作可用 Edit Mesh 修改器的 Attach 功能实现。下面也以单层小住宅为例，把其中的踏步物体(Step)合并入勒脚墙物体(Base)之中。

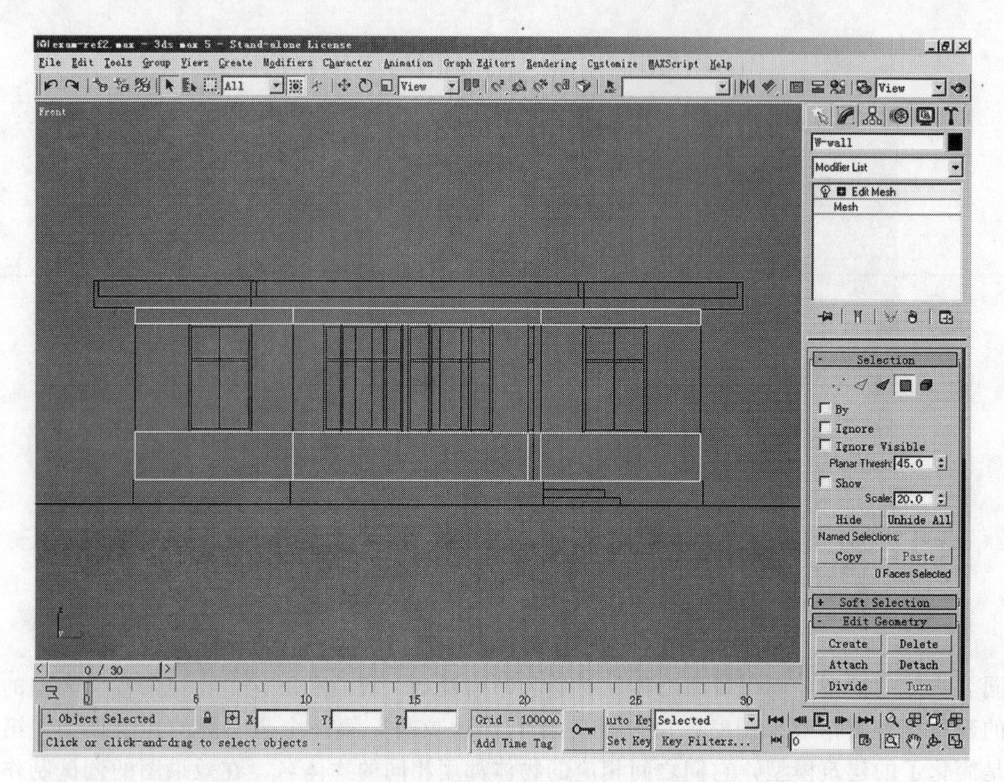
exam-ref2.max - 3ds max 5 - Stand-alone License
File Edit Tools Group Views Create Modifiers Character Animation Graph Editors Rendering Customize MAXScript Help
Front
W-wall
Modifier List
Edit Mesh
Mesh
Selection
By
Ignore
Ignore Visible
Planar Thresh: 45.0
Show
Scale: 20.0
Hide
Unhide All
Named Selections:
Copy
Paste
0 Faces Selected
Soft Selection
Edit Geometry
Create
Delete
Attach
Detach
Divide
Turn
0 / 30
1 Object Selected
Click or click-and-drag to select objects
Grid = 100000.
Add Time Tag
Selected
Key Filters...
图 3-49

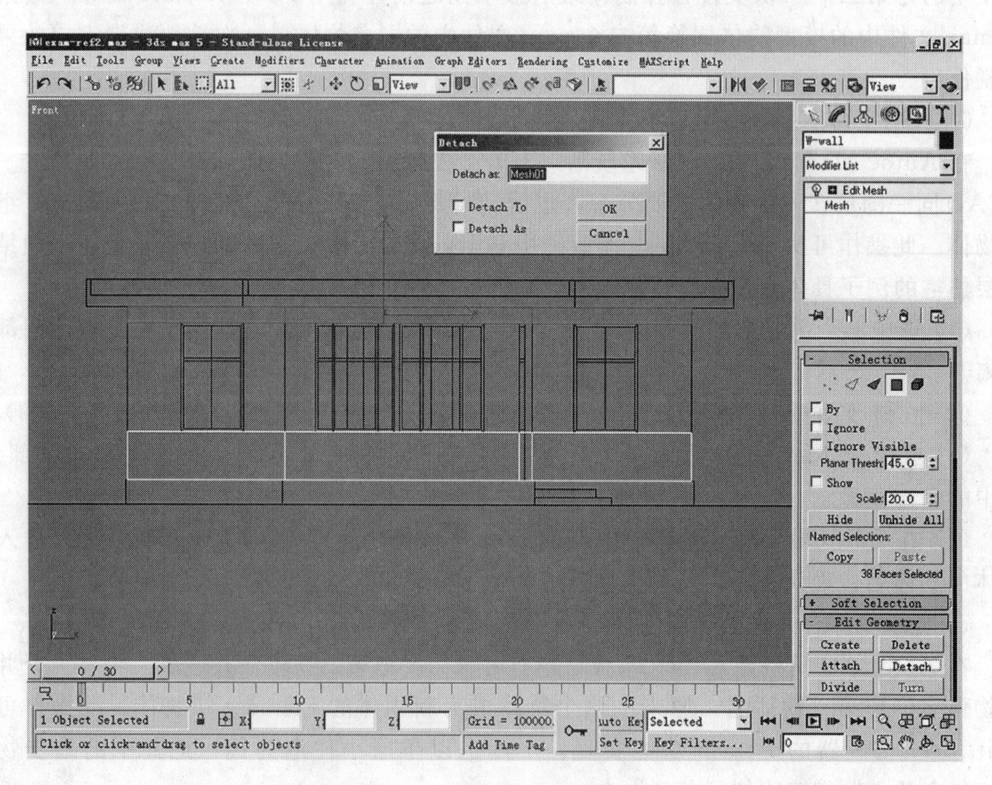
exam-ref2.max - 3ds max 5 - Stand-alone License
File Edit Tools Group Views Create Modifiers Character Animation Graph Editors Rendering Customize MAXScript Help
Front
Detach
Detach as: Mesh01
Detach To
Detach As
OK
Cancel
W-wall
Modifier List
Edit Mesh
Mesh
Selection
By
Ignore
Ignore Visible
Planar Thresh: 45.0
Show
Scale: 20.0
Hide
Unhide All
Named Selections:
Copy
Paste
38 Faces Selected
Soft Selection
Edit Geometry
Create
Delete
Attach
Detach
Divide
Turn
0 / 30
1 Object Selected
Click or click-and-drag to select objects
Grid = 100000.
Add Time Tag
Selected
Key Filters...
图 3-50

(1) 先选择第一物体。这里，第一物体是小住宅的勒脚墙部分(图 3-51)。

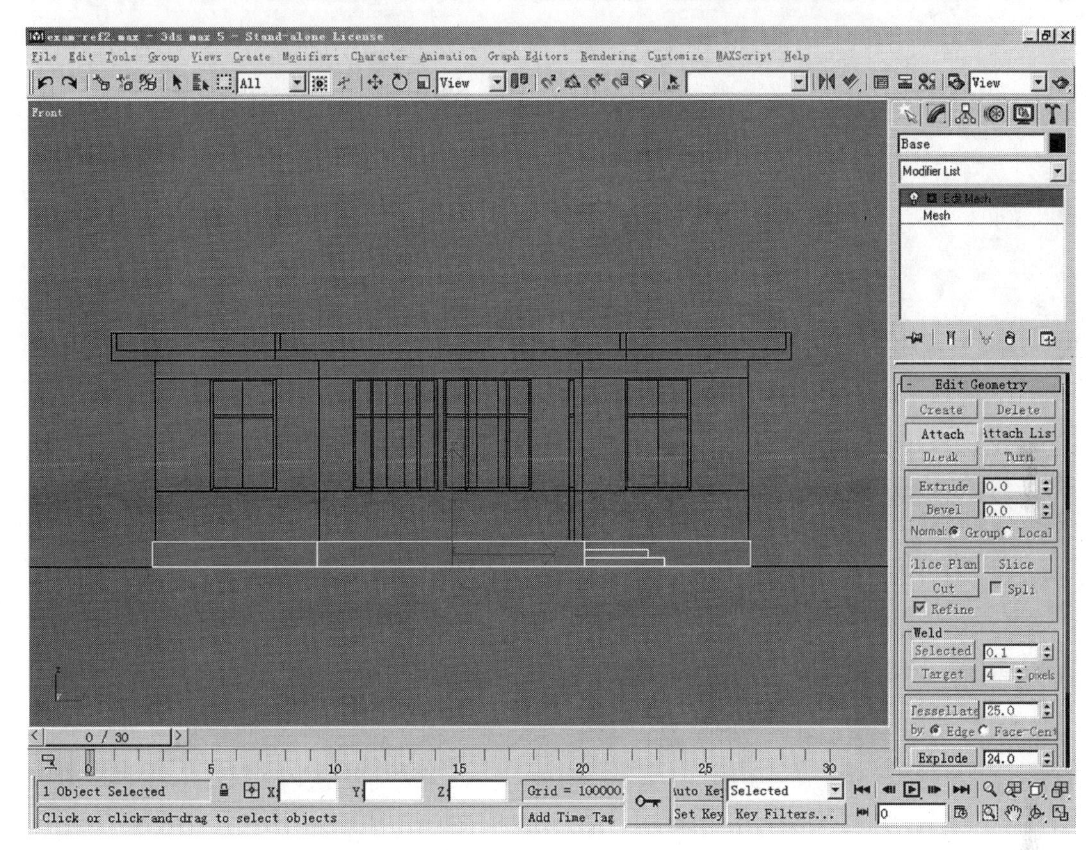

图 3-51

(2) 在修改面板的 Modifier List 列表中选取 Edit Mesh(修改网面)修改器。

(3) 在 Edit Geometry 卷展栏中激活 Attach 按钮。此钮就呈黄色。

(4) 点取第二物体(也可在 Select by Name 对话框中选取)，出现 Attach Option 对话框，有多个选项供选择，这里不作介绍，详细请参见系统的求助说明(图 3-52)。

两个物体的合并操作也可以通过布尔运算来实现。即执行 Create 面板中 Compound Objects 的 Boolean 功能。

8. 修改物体的部分表面的面向(normal)

在 AutoCAD 中，三维物体和三维面不存在表面的面向问题。但是在 3ds max 中，构成物体的面就存在正面和背面的面向问题。无论在视图中的简易渲染，还是系统渲染器的工作渲染，如果所见物体上存在有背面的话，这些面就像是不存在一样不能被看见。如图 3-53 中的单层住宅的屋顶物体(Roof)，由于有部分屋面是背面向上，所以就看不见。

解决此问题，有两种途径：

(1) 设置双面显示和双面渲染

1) 执行下拉菜单命令 Customize>Viewport Configuration，在出现的 Viewport Configuration 对话框中的 Rendering Method 选项卡中，激活 Force 2 sided 选项。解决该视图

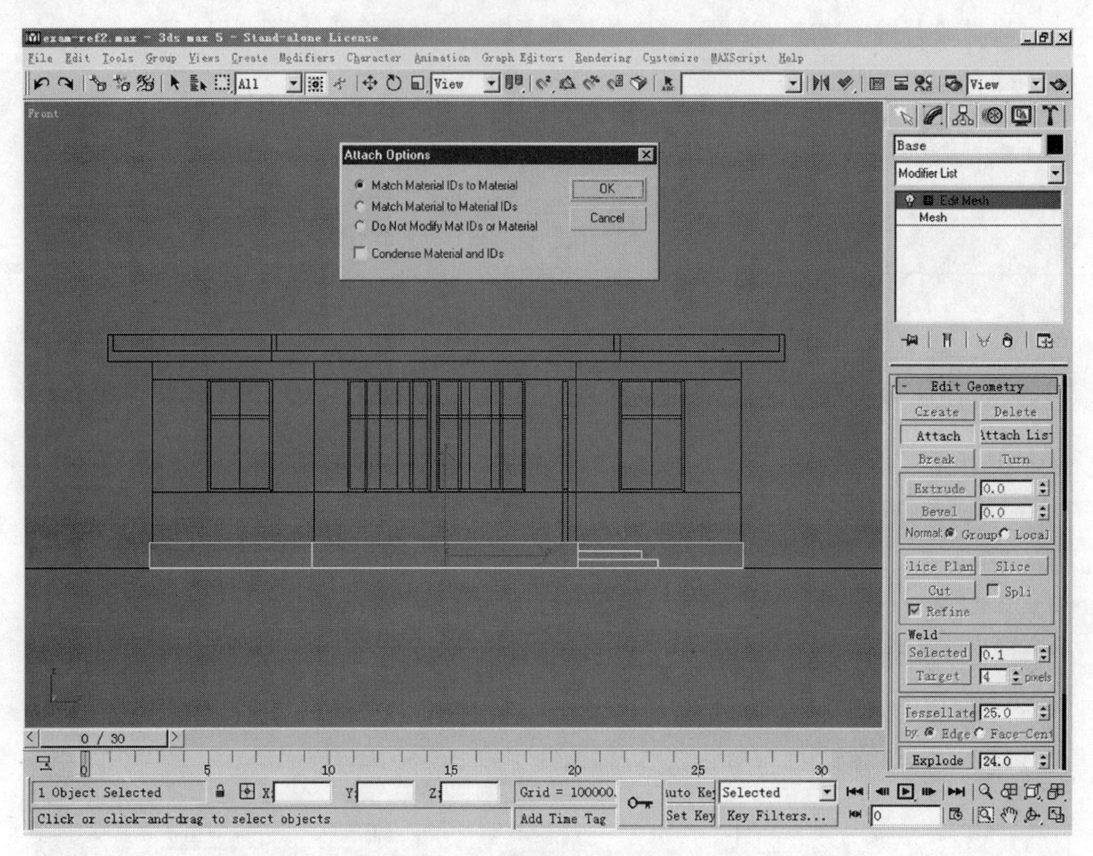

图 3-52

的双面显示问题(图 3-53)。

2) 执行下拉菜单命令 Rendering>Render，出现 Render Scene 对话框，在框中 Common Parameters 卷展栏中的 Options 参数栏内，激活 Force 2 sided 选项。可以解决渲染器的双面渲染问题(图 3-54)。

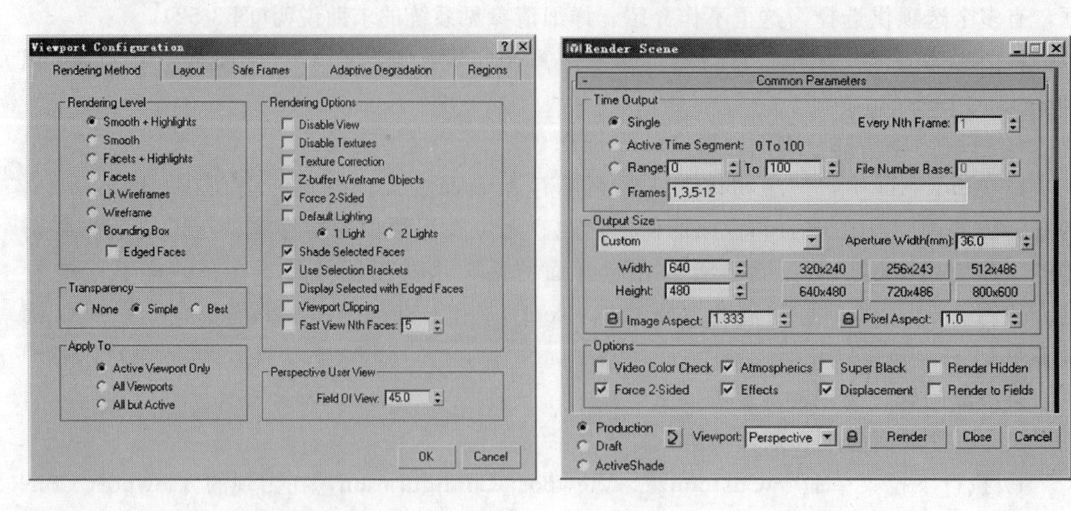

图 3-53　　　　　　　　　　　　　　图 3-54

(2) 对背向的面进行翻转处理

上述的方法虽然简单，但是会增加系统渲染的时间。而且，背面虽然也被渲染了，但在某些场合就不能适用。例如在物体的表面进行贴图，则背面的贴图图案正好与正面的贴图图案反相。如果选用的是 Bump(凹凸)贴图，则贴图的凹凸方向也正好相反。两者出现在一起，会有明显的矛盾效果。所以，在这种场合，就必须对背面进行翻转处理。在图 3-55 中，深色的建筑屋面上有部分的面背面向上，所以没能显示出来。实现部分面的翻转，可执行 Edit Mesh 修改器中 Face、Polygon 子物体层级的 Normal 栏 Flip 功能。现介绍背面的翻转的操作过程。

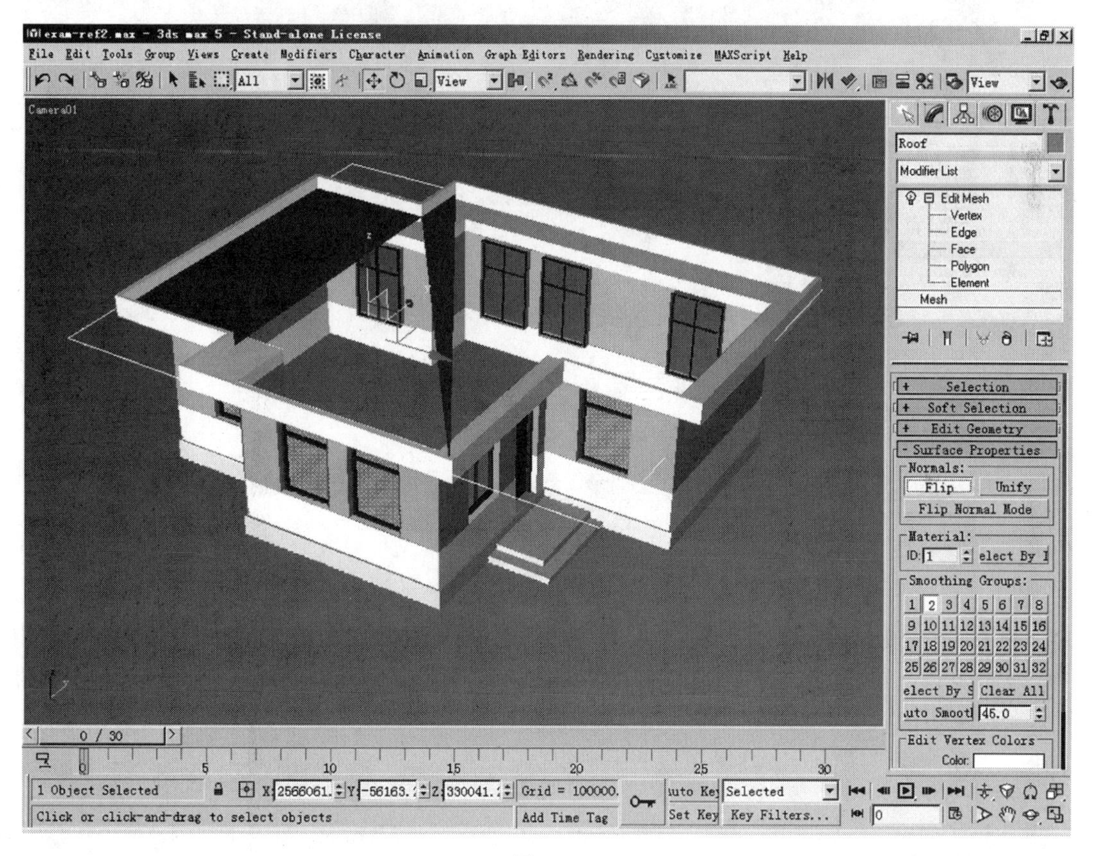

图 3-55

1) 选中有部分面背向的物体，在修改面板中加设 Edit Mesh 修改器。

2) 在 Face(面)子物体层级上，进入 Surface Properties 卷展栏的 Normals 功能栏。激活 Flip Normal Mode(翻转面向模式)，然后在那些背向面的位置上用光标点击，就可以看到翻转的效果。也可以用 Flip 按钮，选一个按一次，进行逐个翻转。最后完成修改过程(图 3-56)。

9. 修改物体表面的平滑组设定(smoothing group value)

在 3ds max 中，曲面的模型体都是由一个个小的平面构成的。要达到光滑的曲面渲染效果，系统对这些小平面设置了有相同数值的平滑组值。这样系统在渲染时就对它们之间的边线进行平滑处理。为了控制几何体表面的平滑效果，就需要修改表面的平滑组设定。此功能是通过 Edit Mesh 修改器中 Face、Polygon 子物体层级的 Smoothing Group 功能

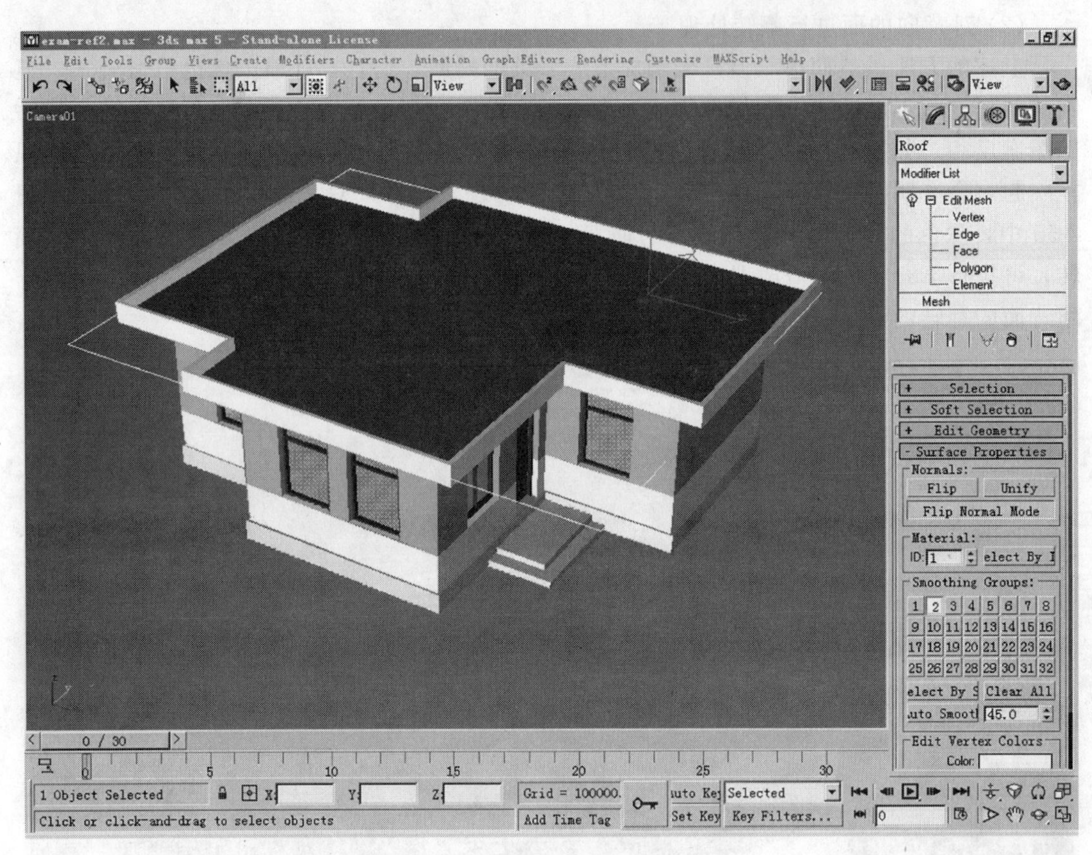

图 3-56

实现。

在下面的八角形拱顶的例子中，图 3-57 金色的屋顶部分的全部面都由系统自动设置了相同的平滑组值，所以渲染后的效果比较光滑。在图 3-58 中，构成金色屋顶的面没有设置平滑组值，渲染后的效果，就显露出面与面之间的边线。而设计所需要的效果是图 3-59 中显示的效果。为此，我们需要人工设置屋顶的平滑组值。

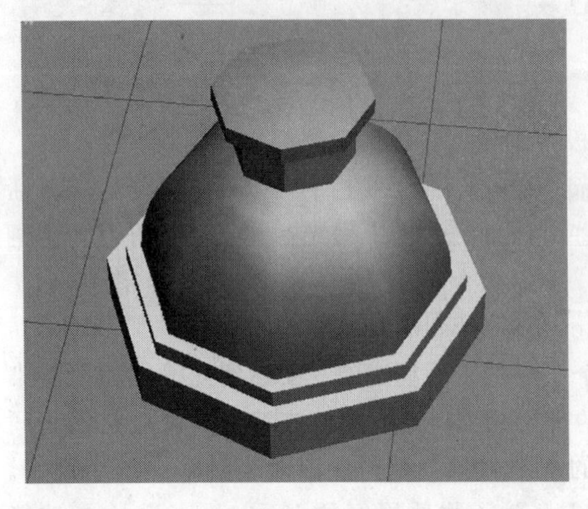

图 3-57

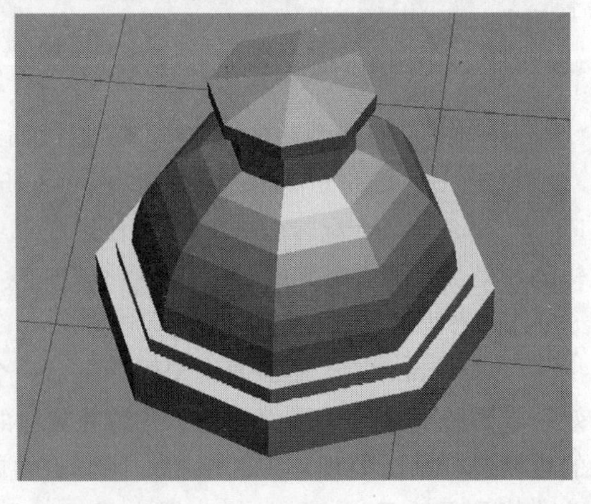

图 3-58

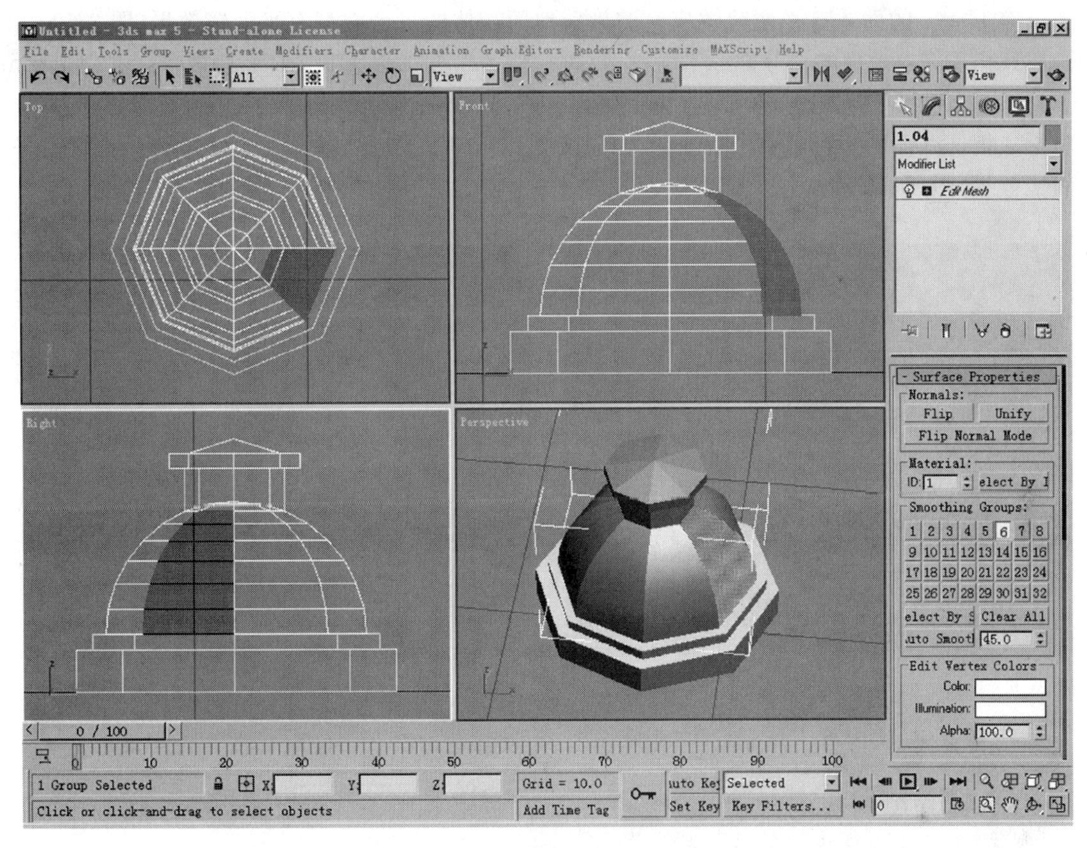

图 3-59

上例中，八角形拱顶是由八个拱片构成的，构成每个拱片上的小面具有相同的平滑组值时，每个拱片在渲染后显得很光滑。而当每两个相邻的拱片之间的平滑组值不同时，相邻拱片之间就有非常明确的边界线。操作的过程是：

(1) 选中屋顶物体，加设 Edit Mesh 修改器。

(2) 进入 Polygon(多边形)子物体层级，选择构成一个拱片的小面(选中呈红色)。

(3) 在 Surface Properties 卷展栏的 Smoothing Group(平滑组栏)中选择一个值赋给选中的面。

(4) 再一起选择另一个拱片中的小面，再赋值另一个值。直到八个拱片全部赋值完毕。

10. 修改物体表面的 ID 值设定

ID 是几何物体的每个面的一种标识属性，往往与物体表面的材料的设置有关。一般情况下，ID 是由系统自动设置的，但也可以人工修改，我们可以对同一物体中具有不同 ID 编号的表面赋予不同的材质(Multi/Sub-Object 材料类型在后面章节中介绍)。也可以通过 ID 的设定来控制物体的某种表面特性。此功能可通过 Edit Mesh 修改器中 Face、Polygon 子物体层级的 Material 栏 ID 功能实现。

在下面例子里，场景中的地面设置了平面镜反射贴图效果(贴图操作在后面章节中介绍)。地面物体是由生成面板的 Create>Geometry>Plane 命令建构的，它由多个方形的平面组成，系统自动设定它们的 ID 均为 1。本例中，对地面设定了平面镜反射贴图，设定了只有 ID=1 的面才有平面镜效应。渲染后地面物体的每个面都有平面镜效果(图 3-60)。

我们现在对地面的部分方形平面的 ID 进行修改。先加设 Edit Mesh 修改器，在 Polygon 子物体工作层级，选择地面的部分方形小面，在 Surface Properties 卷展栏中的 Material 选项中，把这些面的 ID 改成 2(图 3-61)。渲染后的效果可以看出 ID 为 2 的方形面上没有平面镜效果(图 3-62)。

图 3-60

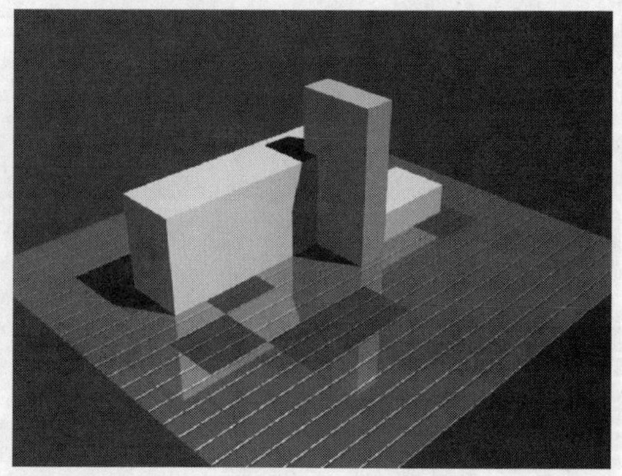

图 3-61

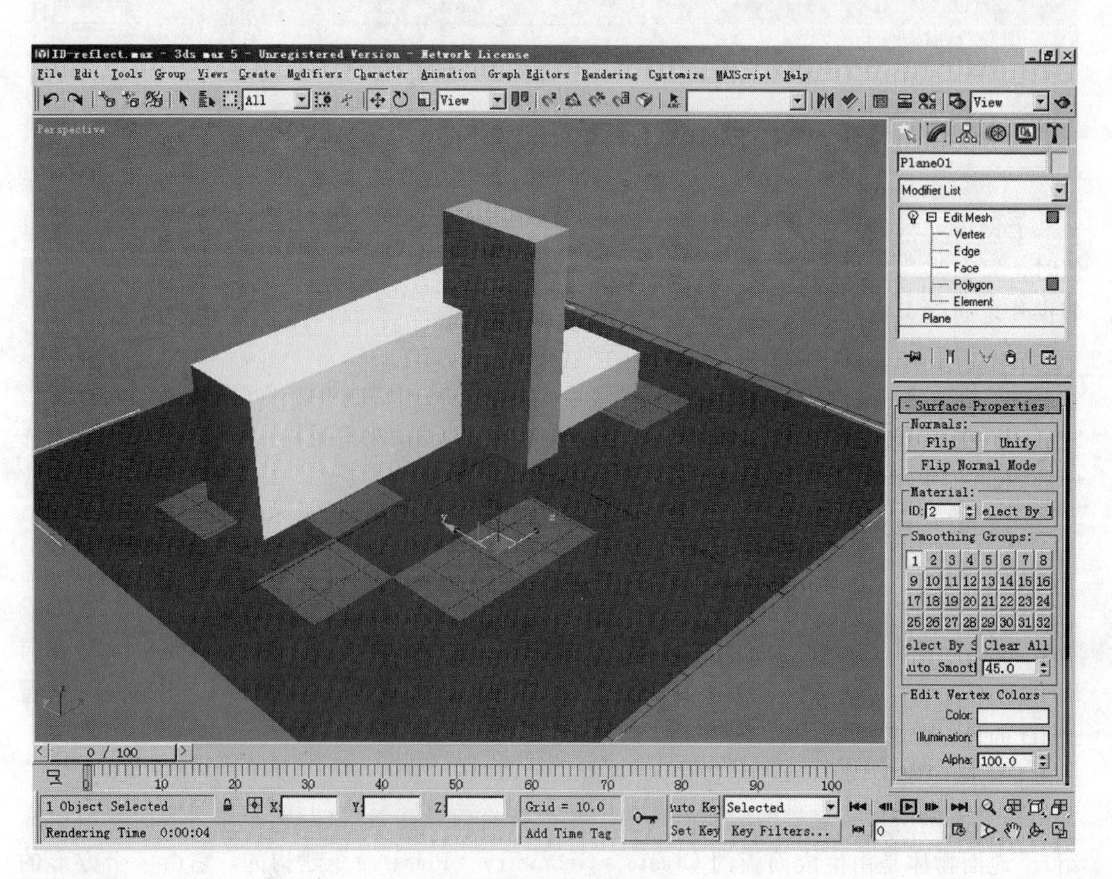

图 3-62

第四节　视野环境的大气和像机设定

一、视野环境的背景和大气

1. 视野环境的背景设定

在渲染的视图中，除了场景中的模型物体之外，其他所看到的部分都属于场景的背景。虽然我们可以以后在 Photoshop 中对背景进行加工处理，但是请记住一个原则：能在 3ds max 系统中产生的效果，就应该在 3ds max 中实现。这是因为在 3ds max 中最后渲染的结果是整合在同一个光环境中的产物，各部分之间的光色关系和它们的变化过程是统一的、和谐的。

执行下拉菜单 Rendering>Environment 命令，出现 Environment and Effects 对话框，其中的 Environment 页面 Common Parameters 卷展栏中的 Background 参数栏就是设定视野环境的背景的地方(图 3-63)。

场景的背景有两种设置方法：设置单一的背景色或使用背景贴图。卷展栏中的参数为：

- Color：设定场景的背景色。
- Environment Map：设定场景的环境贴图。
- Use Map：确认使用环境贴图的选框。

2. 视野环境的大气效果

产生大气效果，就是在下拉菜单 Rendering>Environment 中设定大气雾的效果。有了大气雾的存在，使得整个场景环境就有了空气感、距离感和真实感。

执行上述命令后，出现 Environment(环境)对话框，在 Atmosphere(大气)的列表中添加 Fog(雾)的效果(图 3-63)。在 Fog Parameters 卷展栏中设置雾(空气)的颜色，标准雾在

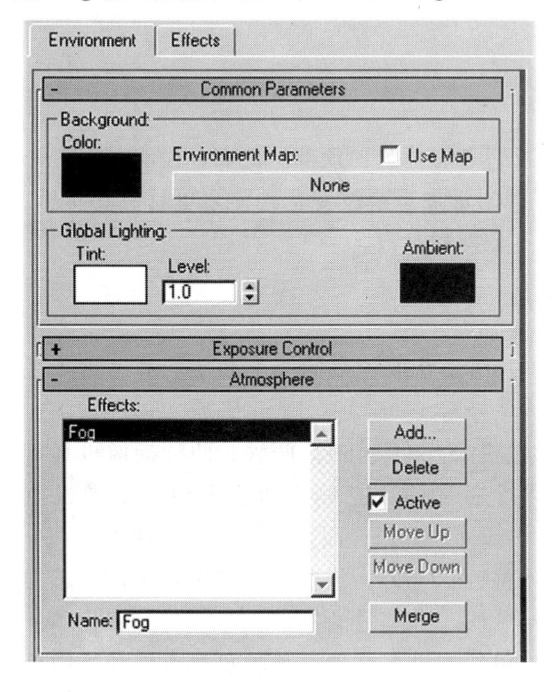

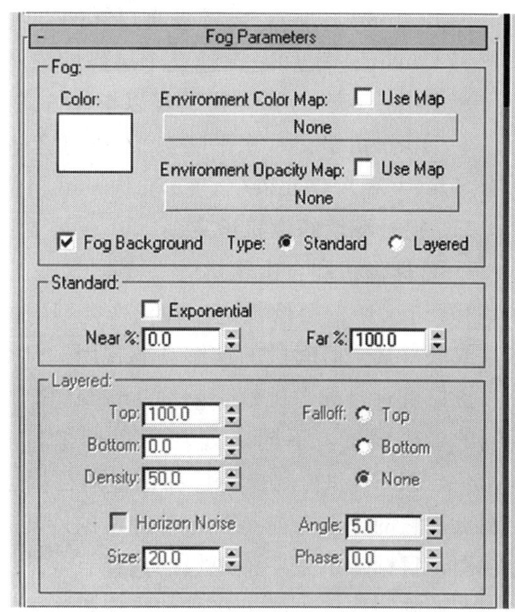

图 3-63

近界点和远界点处的浓度等参数。这是一种最基本的水平标准雾的用法。再在修改摄像机的面板参数中，在 Environment Range(环境作用范围)栏中设置雾的 Near Range(近界点)和 Far Range(远界点)与像机点之间的距离。进行了对像机视图的渲染后，即可以看到大气雾的效果(图 3-64)。

增加标准雾前的效果

增加标准雾后的效果

图 3-64

- Color(颜色)：设置大气雾的颜色。
- Environment Color Map(环境色贴图)：指定一个控制雾的颜色的贴图。
- Environment Opacity Map(环境不透明贴图)：用不透明贴图来影响雾的透明度。
- Fog Background(雾背景)：以雾的颜色作为背景色。
- Type(类型)：雾的类型，有 Standard(标准雾-水平方向)和 Layered(层雾-垂直方向)两种。Layered 可以用于高层建筑的鸟瞰图中。
- Exponential(指数)：如选此项，雾的浓度将以指数方式随距离的增加而增加。
- Top(顶部)：设置垂直层雾的上限。
- Bottom(底部)：设置垂直层雾的下限。
- Density(密度)：设置整个层雾的浓度。
- Falloff(衰减)：设置层雾以指数方式衰减到 0 的位置：顶部、底部、没有。
- Horizon Noise(水平噪波)：雾可在地平线附近加进杂波变化，使之更具有真实感。它有 Size(大小)，Angle(角度)和 Phase(相位)三个控制参数。

二、视野环境的像机设定

1. 目标像机和自由像机

3ds max 中的摄像机是一种特殊类型的物体，用于获取场景的某个期望的静态透视视图，或取得某个时间段的连续动画视图。

摄像机有目标像机(Target Camera)和自由像机(Free Camera)两种。两种摄像机具有相同的参数设置，不同之处在于目标像机有两个控制点：控制像机空间位置的像机点(Camera Point)和控制像机目标位置的目标点(Target Point)。而自由像机只有像机点一个控制点，它的摄取方向是要靠对像机的旋转来调整(图 3-65)。很明显，如果要制作静态的透视图，目标像机是一种理想的选择。

在动画制作中，如果在移动摄像机时要求：单独像机点移动，单独目标点移动，像机点目标点非同步的移动时，目标像机明显也是理想的选择。但是，如果像机点不动，摄取方向的变化是用旋转角度来控制，或是像机点移动而摄取方向保持不变时，就要用到一个控制点的自由像机了。

2. 像机的焦距视角设定

除了摄像机的位置和摄取方向外，像机自身的性能参数决定了它的工作状态。其中，镜头的焦距(Lens)和视角范围(Field of View-FOV)是最重要的两个参数(图 3-66)。它们虽然是两个不同的参数，但是它们之间存在着一种相互的制约换算关系。也就是说，设定了一个参数，另一个也被确定了。

图 3-65

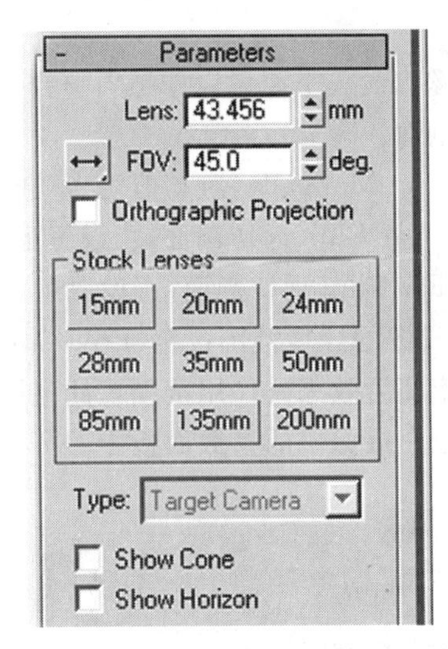

图 3-66

- Lens(镜头焦距)：设置摄像机的镜头焦距。50mm 为标准镜头，85mm 为中焦镜头，135mm 以上为长焦镜头，小于 35mm 者为广角镜头。值越大(长焦)，看到的东西越近，值越小(短焦)，看到的东西越远。人眼看物体时，一般焦距值设为 48mm 左右。
- FOV(视角)：可根据左边图标按钮的设定调节水平、垂直、对角三种视角范围值。
- Orthographic Projection(正交映射)：选中此项，视图产生的将是轴测图效果。
- Stock Lenses(镜头包)：镜头包中提供九种常用的镜头供选用。

3. 像机的纵深切割平面

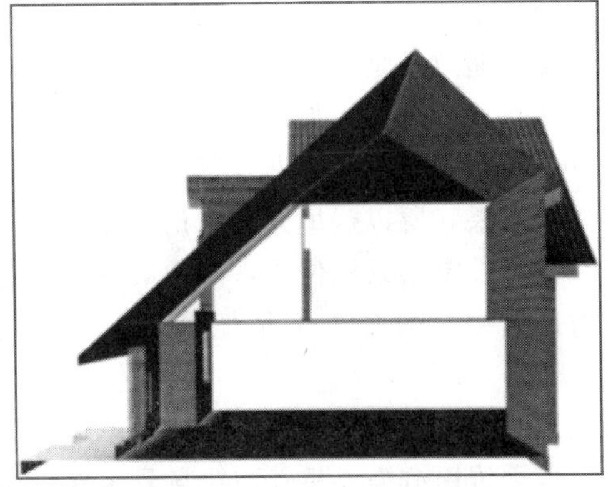

图 3-67　摄像机界切割效果

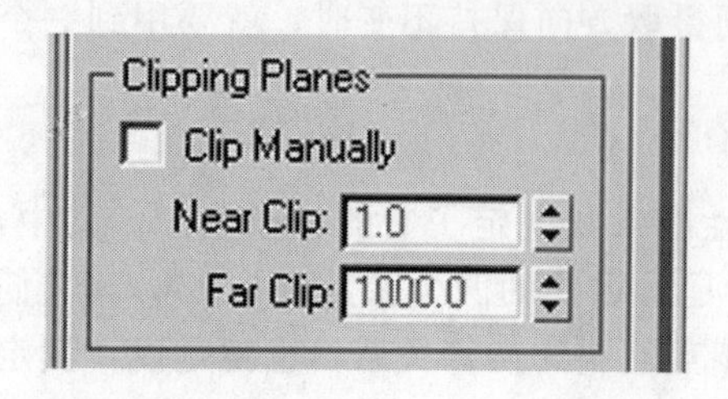

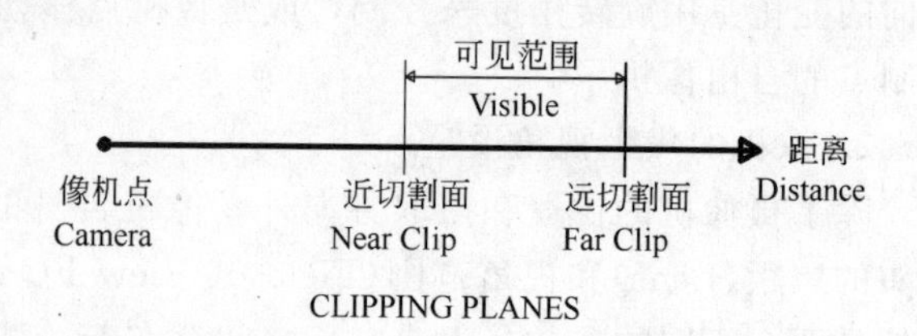

图 3-68

摄像机镜头平面可以像把刀一样，剖开物体。通过调节近距和远距值，可以直接看到物体的剖面。

- Clip Manually(启动剪切)：选定此选项后，摄像机就会产生切割效果。
- Near Clip(近切割面)：设置近点切割平面，切割面以前的物体图像不作显示。
- Far Clip(远切割面)：设置远点切割平面，切割面以后的物体图像不再显示。

4. 视图的环境范围设定(Environment Range)

设定环境效果的作用范围，此范围是以透视视图中的像机点为观察位置，所以此参数的设置放在摄像机的参数面板中。

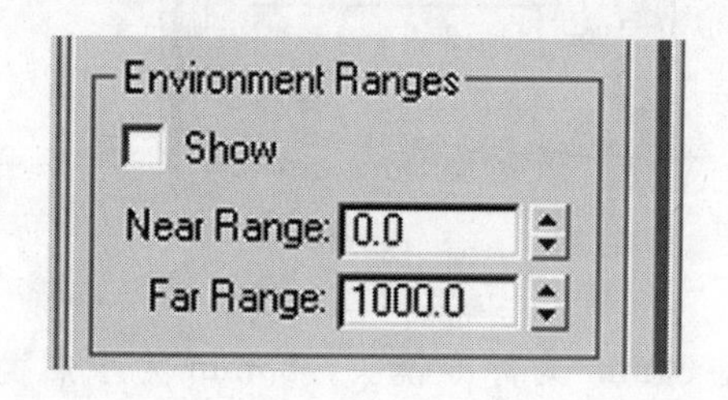

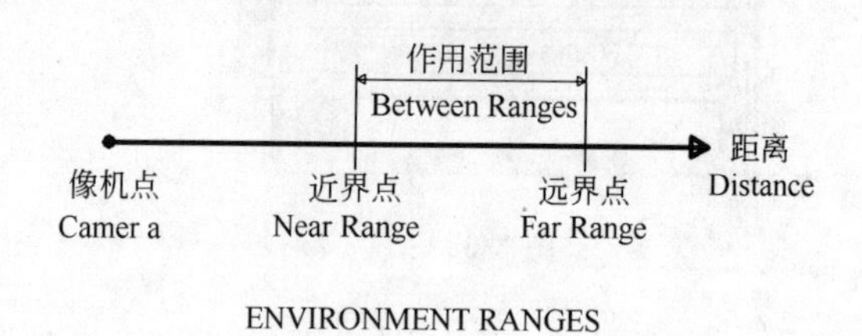

图 3-69

- Show(显示)：选定此项，视图将在像机的取景框中显示 Near Range 和 Far Range 的位置。
- Near Range(近界点)：设置近界点到像机点之间的距离，即大气雾起始的位置。
- Far Range(远界点)：设置远界点到像机点之间的距离，即大气雾远端的位置。

5. 像机的景深效果设定(Multi-Pass Effect：Depth of Field)

多重传递效果是一种新的渲染技术，它对同一个画面进行多次渲染，每次让像机有微小的移动，最后叠加成像。这种技术可以模拟像机在景深位置之外的物体模糊成像效果(Depth of Field)，也可以模拟运动物体的动态模糊效果(Motion Blur)。建筑效果图主要使用景深效果，所以这里只是讨论景深的内容。

在像机设定的景深位置，图像最清晰，越是偏离景深点就越模糊，从而产生了远近虚实的对比效果。通常方法是把景深点与像机的目标点重合。这样便于调整像机的景深位置。

如果我们像考虑大气效果一样考虑运用景深效果，就可以达到更为真实，生动的渲染效果。多重传递渲染要重复渲染场景多次，所以会占用较多的渲染时间。

(1) Multi-Pass Effect(多重传递效果)栏(图 3-70)：

• Enable 选框：选定此框，就设定了多重传递效果的工作状态。

• Preview 按钮：可以在视图中预览多重传递效果的大概效果。

• 列表框：选择工作状态是景深还是动态模糊。一般选用景深，下面的卷展栏就会显示景深参数。

• Render Effects Per Pass 选框：在每次的传递运算时渲染设定的效果，会增加渲染时间。

(2) Depth of Field Parameters(景深参数)卷展栏(图 3-71)：

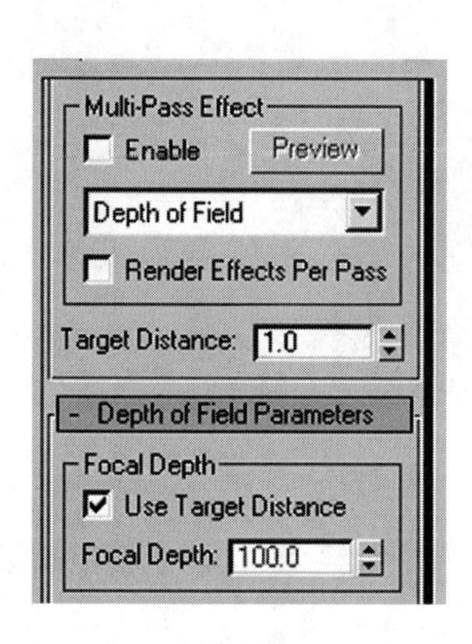

图 3-70

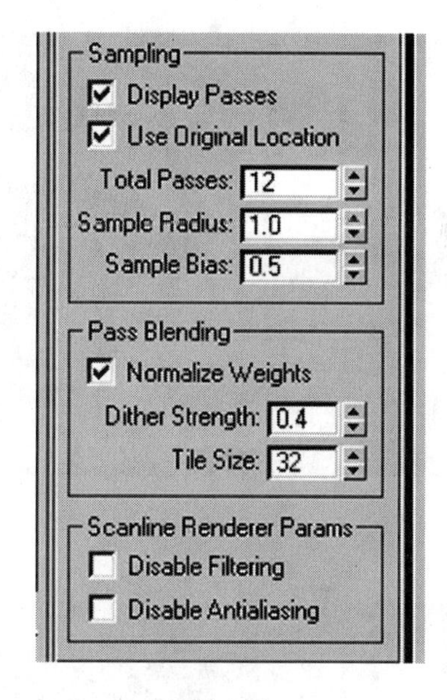

图 3-71

1) Focal Depth(聚焦深度)栏：

• Use Target Distance：使用到目标点的距离(最常用的设定)。

• Focal Depth：设定聚焦深度(0～100 之间)，常用于整体模糊的场合。

2) Sampling(采样)栏：

• Display Pass：激活时，显示多次的传递渲染结果。

• Use Original Location：激活时，第一次的传递使用像机的原来的位置。

• Total Passes：设定多重传递渲染的次数。

• Sample Radius：设定采样的半径，增加此值就增加总的模糊度。

• Sample Bias：设定采样半径的偏离度(0～1)，加大此值增加景深的模糊量。

3) Pass Blending(传递的混合)栏：

• Normalize Weights：激活时，采用随机加权方式进行各传递间的混合，比较平顺自然。

• Dither Strength：控制用于各个渲染传递的抖动强度。

• Tile Size：设定抖动模式尺寸的百分比。

4) Scanline Renderer Params(扫描线渲染器参数)栏：

• Disable Filtering：关闭贴图的色彩过滤功能(提高速度)。

• Disable Antialiasing：关闭图像边缘反锯齿功能(提高速度)。

下面显示同一场景的四幅渲染图。图 3-72 是没有设置大气雾和像机景深效果的情况，前后的三幢建筑的色彩和清晰度没有变化。图 3-73 是只设置了大气雾后的渲染效果，由于大气雾的作用，远处的建筑的色彩由于大气的影响逐渐变灰变冷。图 3-74 是只设置了像机的景深效果。虽然远近的色彩没有变化，但随着距离的增加，建筑的模糊度也明显增加了。图 3-75 是大气雾和景深效果同时设置的渲染结果。我们从中可以明显地看出它们的不同之处。

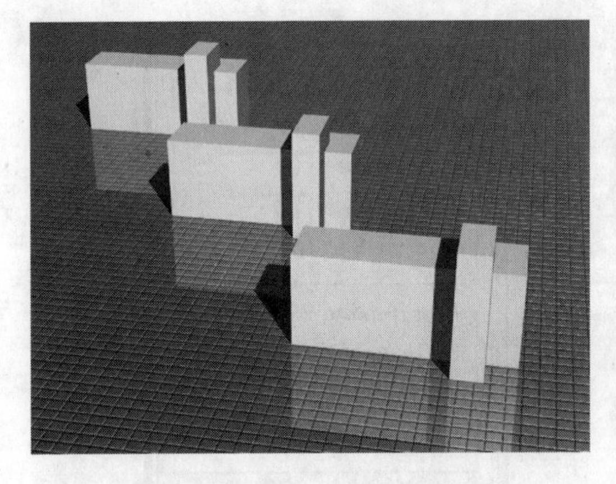

图 3-72　没有大气雾或景深

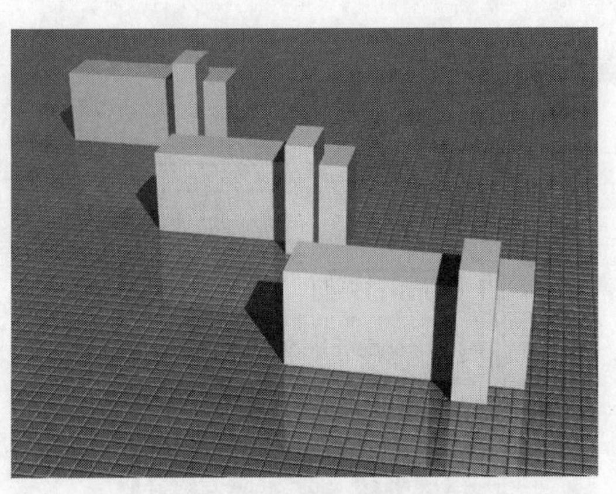

图 3-73　只加设大气雾

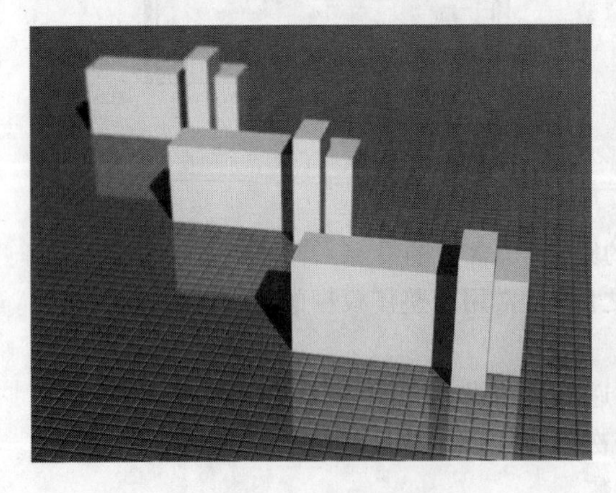

图 3-74　只加设像机景深

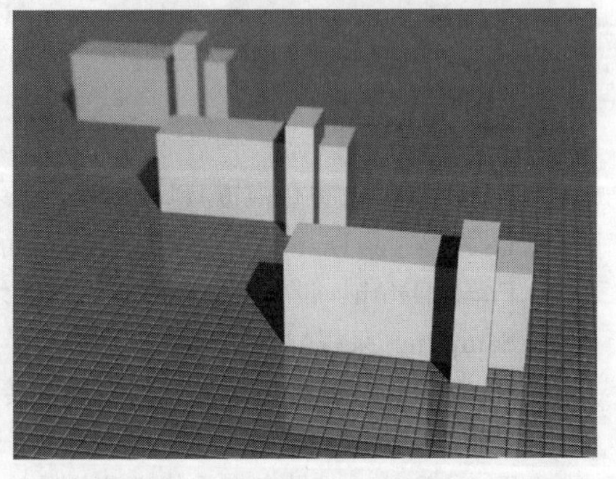

图 3-75　加设大气雾和景深

6. 像机与背景图像的匹配定位(Camera Match)

如果有一张拟建建筑现场的实地照片，又具有照片中五个以上场景物体的空间点的位置和高度信息(这些需要实地测量并标注在基地平面图上)。我们就可以利用这些信息来创建一个像机物体，使它产生的像机视图的各项参数与背景照片图像能匹配一致。如果我们把背景照片作为渲染时的背景图像，就能渲染得到有真实背景的渲染效果图。它的主要工作过程为：

(1) 在现场选择适当的位置拍摄基地背景照片。

(2) 选定镜头中五个以上的空间控制点。它们应是现场具有固定的特征点，最好是能够有上有下有前有后，相互分得较开。

（3）准确测量这些控制点的平面位置和标高值标注在基地平面图上。

（4）把背景照片扫描后作为背景输入到已有三维建筑模型的视图中。

（5）根据控制点的空间位置信息，把控制点输入到有三维建筑模型的场景中。

（6）把建筑模型体先隐藏起来不显示。在场景中的每个控制点位置上，执行面板命令 Create>Helper>CamPoint（图 3-76），逐个创建相应的像机匹配点物体：CamPoint01，CamPoint02……。

（7）执行面板命令 Utilities>Camera Match，在 CamPoint Info 卷展栏中(图 3-77)，选中 CamPoint01，点取 Assign Position 钮后把 CamPoint01 定位到背景图中的对应第一个控制点。然后选择 CamPoint02，同样方法把它定位到背景图的第二控制点上，……直到全部控制点定位完毕。

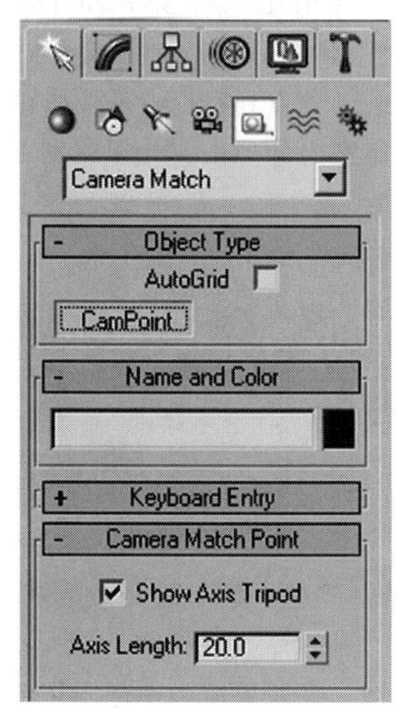

图 3-76

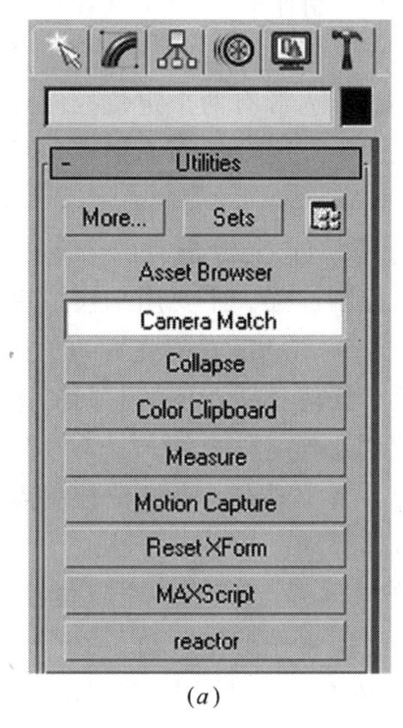

(*a*)

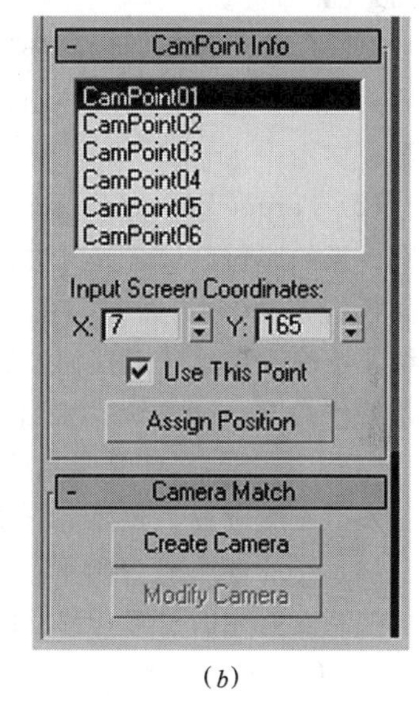

(*b*)

图 3-77

（8）在 Camera Match 卷展栏中，按下〈Create Camera〉钮。系统根据这些控制点的匹配信息，就计算出并创建一个与背景图像相匹配的像机物体。

此方法虽然结果比较精确，但是需要选择和测量五个以上的控制点在基地平面图上的位置和标高，制作起来工作量较大，所以在实际的工作中应用得并不多。

第五节　光照环境的设计

制作建筑效果图，人们常说“模型是基础，光影是关键，材质是保证”。也就突出了做好效果图的三项基本的任务。

建筑场景的光照环境设计，就是利用系统提供的各种光照工具和功能，来模拟、营造一个准自然的光照环境。要做好这项工作，我们必须：第一，了解自然光环境的特点和规律；第二，掌握系统所提供的各种光源的性能和特点，它们与真实环境中的光源有什么相同与不同之处。光照环境设计是在光源的生成面板和修改面板中进行。

一、光源的类型和参数

在生成面板的光源页面中，创建光源物体。3ds max 系统提供两大类的光源物体：Standard(标准光源)，Photometric(光度光源)。后者是用于产生精密光学效果的场合，它们的渲染时间也会相应增加。对于建筑效果图而言，采用 Standard 光源完全够了，所以这里只讨论 Standard 标准光源。

1. 光源类型(Object Types)卷展栏

在光源类型卷展栏中，3ds max 系统提供的标准光源类型有：聚光源(Spot)，平行光源(Direct)，泛光源(Omni)，天光源(Skylight)等(图 3-78)。其中，聚光源和平行光源又可以按是否存在目标(Target)控制点而再分成 Target 和 Free 两种。两者的区别与摄像机的 Target 与 Free 的区别基本相同。制作静态的建筑效果图只要使用 Target Spot 和 Target Direct 即可。

(1) Target Spot(目标聚光源)：光源有两个定位控制点，从光源点到目标点产生锥形的照射区域，光照方向的控制性强。此光源的用途很广，可用作室内外的主要光源或辅助光源。

(2) Target Direct(目标平行光源)：光源也有两个定位控制点，从光源点到目标点产生圆筒形的照射区域，光照方向控制性强。主要用来模拟室外的太阳光的照射效果。在生成面板的 System 页面中，有生成 Sunlight(太阳光源)的选项功能。它可以模拟一个阳光系统，准确设定地球上任何位置、任何日期、任何时间的太阳位置。这个阳光系统实质上就是特殊的 Direct 光源，后面我们讲作具体介绍。

(3) Free Spot(自由聚光源)：光源只有一个定位控制点，产生锥形的照射区域，只能控制发射光的位置，光源将作整体移动。

(4) Free Direct(自由平行光源)：光源只有一个定位控制点，产生圆筒形的照射区域，只能控制发射光的位置，移动时光源将作整体移动。

(5) Omni(泛光源)：又称点光源，由光源点向四周发散光线。在建筑渲染中常用作辅助光源使用。

图 3-78

图 3-79

(6) Skylight(天光源)：模拟整个半球形天空投射的均匀光源。可作为室外晴天的辅助光源或阴天的主要光源。

(7) mr Area Omni(面积点光源)：在用 Mental Ray 渲染器渲染时才起作用的面积点光源。

(8) mr Area Spot(面积聚光源)：在用 Mental Ray 渲染器渲染时才起作用的面积聚光源。

最后两种光源的光源点可以定义成一个圆盘面积或一个矩形面积的面积光源。在建筑渲染图制作中很少会使用它们。

2. 光源基本参数

(1) 一般参数(General Parameters)卷展栏(图 3-79)

大部分光源的一般参数设置都是相同的，现介绍如下：

1) Light Type(光源类型)参数栏：

• On(开启)：光源开关。选中此框，开启光源。

• Light Type(类型列表)：可在此改变光源的类型，可选的有 Spot、Direct、Omn 三种。

• Targeted(有目标点)：选中此框为目标光源；不选此框为自由光源。为自由光源时，右面的数值可调，用来调节照射的范围。

2) Shadow(阴影)参数栏：

• On(打开)：控制光源是否产生阴影，选中此框，产生阴影。

• 阴影方式列表：选择阴影的产生方式，共有五种：Shadow Maps(阴影贴图)、Adv. Ray Traced Shadows(高级光线跟踪阴影)、Mental Ray Shadow Maps(Mental-Ray 阴影贴图)、Area Shadows(面积阴影)、Ray Traced Shadows(光线跟踪阴影)。它们的优缺点见下表 3-1。

五种阴影方式的优缺点比较 **表 3-1**

阴影类型	优　点	缺　点
Advanced Ray Traced Shadows (高级光线跟踪阴影)	• 支持有透明度的和有不透明贴图的物体 • 比标准的光线跟踪阴影所用的内存要少 • 被推荐在带有许多光源或物体表面数量很大的场景中使用	• 速度比贴图阴影慢 • 不支持软边阴影 • 动画的每帧画面是一次阴影生成过程
Area Shadows (面积阴影)	• 支持有透明度的和有不透明贴图的物体 • 使用很少的 RAM 内存 • 推荐在光源或物体面很多的场景中使用 • 面积阴影支持不同的图形格式	• 速度比贴图阴影慢。 • 动画的每帧画面是一次阴影生成过程
Mental-Ray Shadow Maps (mr 贴图阴影)	• 使用 mental-ray 渲染器渲染时速度可以比光线跟踪阴影快	• 它的阴影没有光线跟踪的阴影精确
Raytrace Shadows (光线跟踪阴影)	• 支持有透明度的和有不透明贴图的物体 • 如没有动画物体阴影生成过程只是一次	• 不支持软边阴影
Shadow Maps (贴图阴影)	• 产生软边阴影 • 如没有动画物体阴影生成过程只是一次 • 速度最快的阴影类型	• 使用很多的 RAM 内存。 • 不支持有透明度的或有不透明贴图的物体

• Use Global Settings(使用全局设置)：场景中所有使用全局设置的光源都共用相同的阴影工作参数。

• Exclude(排除)：把某些指定的物体排除在该光源照射的物体名单之外。点击此钮后出现 Exclude/Include 对话框(图 3-80)。

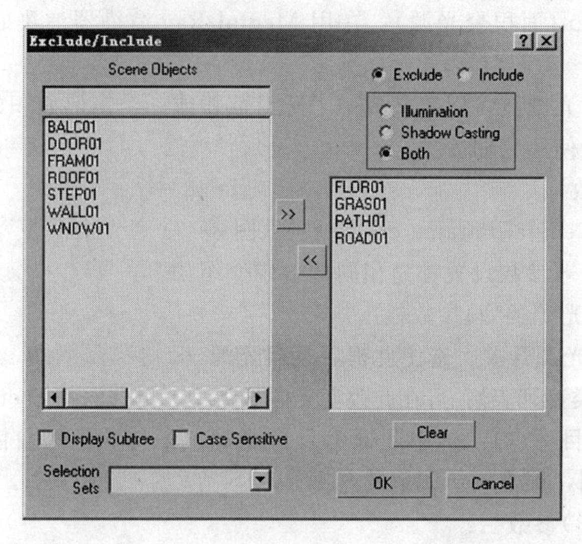

图 3-80

在对话框左侧物体名称列表中选择物体，放到右侧排除物体名称列表中。作为排除的物体不再受到光源照射作用，其中可以分别选择排除物体受光源的 IIlumination(照明)和 shadow Casting(投射阴影)作用。在对话框的右上角，有一个 Include 选项。如果选中此项，也就把 Exclude“排除”工作状态转变成为“包括”工作状态。效果正好相反。

(2) 亮度/颜色/衰减(Intensity/Color/Attenuation)卷展栏

光强、光色和光衰减是光源最重要的物理参数，它们在此卷展栏中设定。光的衰减特性是靠设定衰减参数获得的，在 3ds max 中，光的衰减有两种工作方式：Decay(衰变)和 Attenuation(衰减)。他们可以单独选用，也可以连用。

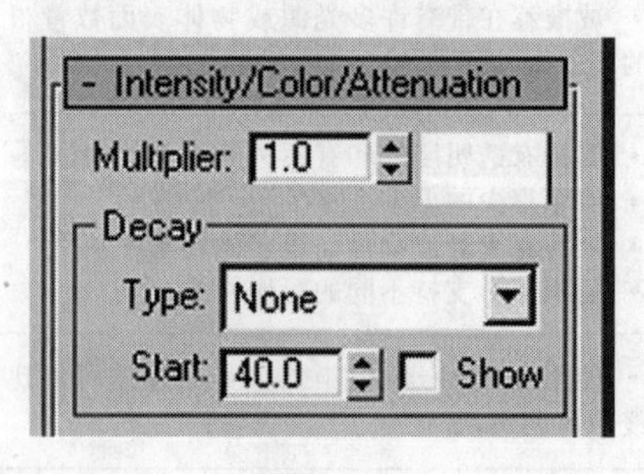

图 3-81

1) Multiplier，Color(光源倍数，光源色彩)

• Multiplier(光倍数)：对光的照射强度进行控制。一般设定为 1，可以在渲染调试时调节它的大小来控制光的强度。如果此值设置为负数，将会产生吸收照射面光能的“黑光”。一个使用的例子是：建筑的墙体双面受光，较暗的一边墙面靠转角处加了“黑光”，以增强墙角的明暗对比效果。图 3-82 是一个医院建筑的效果图，建筑的正面是次受光面，为了加强与主受光面的对比效果，主墙面在左上角转角处加了黑光。前面的 5 层楼正面墙面左上角也加了黑光。

图 3-82

• Color(颜色)：点击此色块进入 Color Selector 对话框，调节光源的颜色同时也设定了光的基本强度。可以分别调节 R、G、B 三原色光的值，或分别调节 H(色相)、S(饱和度)、V(亮度)的值。

2) Decay(光强度随距离而衰变)参数栏

• Type(衰变类型)：

None—没有光距衰变；

Inverse—光强度的衰变与距离成反比；

Inverse Square—光强度的衰变与距离平方成反比；是自然界中真实的光距衰变的方式。

• Start(开始)：光线开始衰变的起始位置。

3) Near Attenuation(近端衰减)参数栏

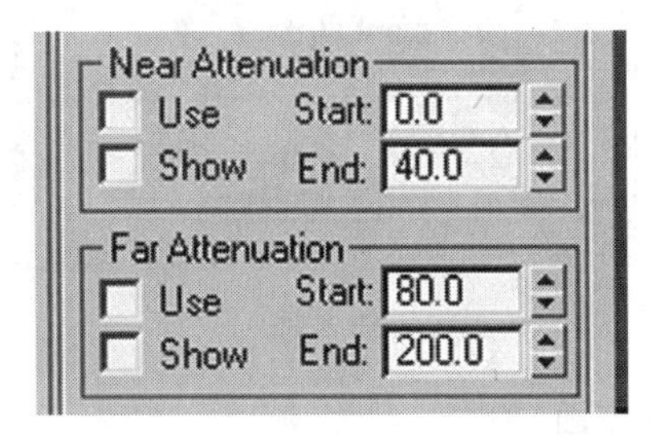

图 3-83

在光源点和指定的起点之间光的强度为 0，在指定起点到指定终点之间，光强线性增加直到设定的光源强度，在终点以外，光源保持设定的强度不变(图 3-84)。在实际效果图制作中很少用到。

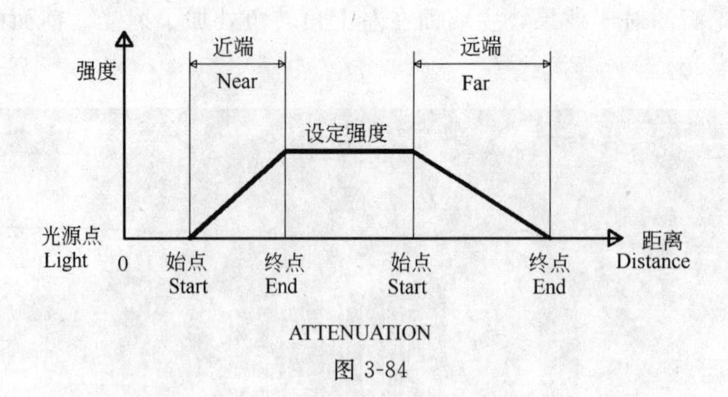

图 3-84

- Use(使用)：近端衰减开关。选中此框，近端衰减功能起作用。
- Show(显示)：在视图中显示近端衰减的位置线框。
- Start(起点)：设置近端衰减的起点与光源点之间距离。
- End(终点)：设置近端衰减的终点与光源点之间距离。

4) Far Attenuation(远端衰减)参数栏

在光源点和指定的起点之间光的强度为设定的光源强度，在指定起点到指定终点之间，强度线性减小直至为0。在终点以外，没有光源照射影响(图 3-84)。在建筑效果图制作中，设置光源的衰减，大都是使用此选项，来控制光源在场景中的照射效果。

- Use(使用)：远端衰减开关。选中此框，远端衰减功能起作用。
- Show(显示)：显示远端衰减的范围线框。
- Start(起点)：设置远端衰减的起始位置。
- End(终点)：设置远端衰减的终点位置。

(3) 高级效果(Advanced Effects)卷展栏

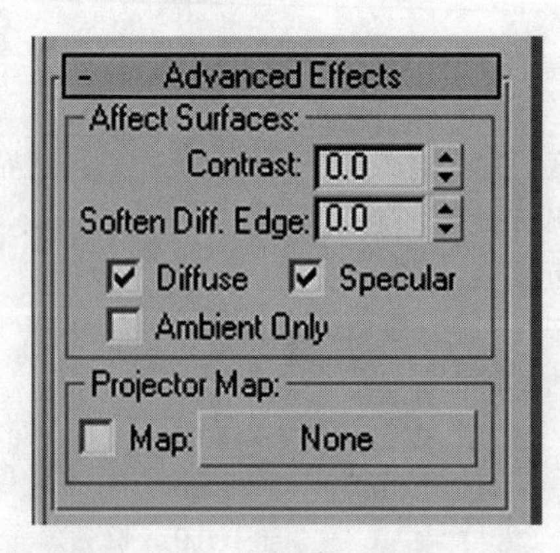

图 3-85

1) Affect Surfaces(影响表面)栏

- Contrast(对比度)：调节物体受光区与背光区之间的对比度。
- Soften Diff. Edge(柔化受光区边界)：柔化物体受光区与背光区之间的边缘。
- Diffuse(受光区)、Specular(高光区)：设置光源仅对物体表面受光区起作用，还是

原图

增强 Contrast

图 3-86

原图

增强 Soften Diff.Edge

图 3-87

仅对物体表面高光区起作用，或对物体表面受光区、高光区都起作用。默认光源设置是对物体表面受光区、高光区都起作用。

- Ambient Only(仅对背光区)：激活此项，光源仅对物体的背光区起作用。

原图

打开 Ambient Only

图 3-88

2) Projector Map(投射贴图)栏

- Map(是否贴图)：激活此框，运用投射贴图。
- Map(贴图名)：可以让光源投出图片效果。模拟投影效果。

下面的两个实例是投影贴图在效果图制作中的应用：

图 3-89 中建筑物受到天空云彩阴影的影响效果。它是用右图的黑白云彩图像作为幻灯片，以模拟太阳的光源作为幻灯机，投射到场景中的建筑模型上所产生的效果，红框范围表示实际作用到视图中的投影图像的区域。

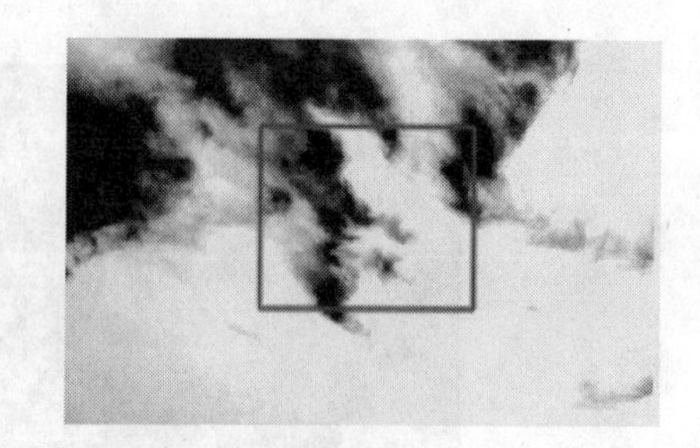

图 3-89

图 3-90 中建筑物受到高大树木阴影的影响效果。它是用右图的黑白树木图像作为幻灯片，以太阳光源为幻灯机投射到场景建筑上的效果，红框范围为视图实际作用到的图像区域。

图 3-90

(4) 不同类型光源参数

聚光源参数(Spotlight Parameters)卷展栏见图 3-91(平行光源的参数卷展栏内容与此相同)。

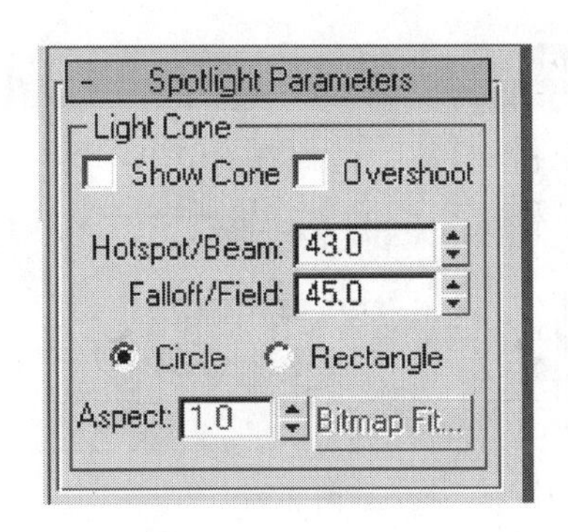

图 3-91

• Show Cone(显示锥形框)：是否显示光源的照射范围。在光源没有被选中的情况下显示光的照射范围。

• Overshoot(超范围照明)：打开此选项后，光源的照射范围以外也会被照亮。这样一盏聚光灯即会产生阴影，又会照亮整个场景。

• Hotspot/Beam(光照圈/光束)：调节光束的照射区域，在区域内的光最亮。

• Falloff/field(衰减圈/光域)：调节光束的衰减区域，到此范围以外的区域不再受到任何光线的影响(图 3-92)。

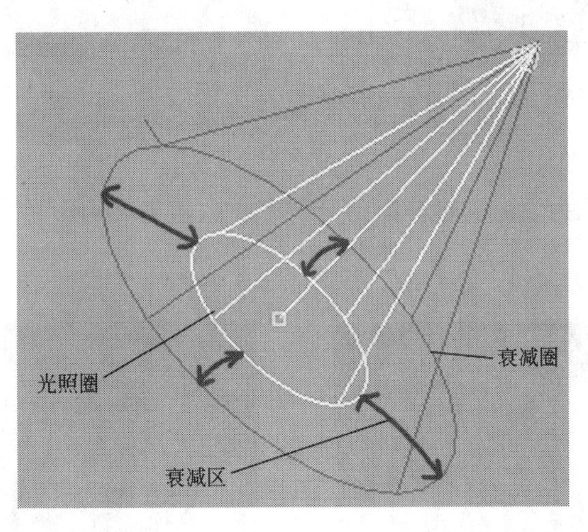

图 3-92

• Circle/Rectangle(圆形/矩形)：设置圆形灯还是矩形灯，缺省的是圆形灯。如果选择矩形灯，下面的 Aspect(纵横比)来调节矩形的长宽比。

• Bitmap Fit(位图适配)：用一张图片来指定矩形灯的长宽比，确保光源投出的图像比例正确。

(5) 阴影类型

1) Shadow Map Params(贴图阴影参数)卷展栏(图 3-93)

能够产生软边缘的阴影效果，也速度最快的产生阴影的类型。但复杂的场景中，计算阴影不精确，而且不支持透明和不透明贴图物体的阴影生成。

• Bias(贴图偏移)：提高该值，阴影会偏离物体；减小该值，阴影会靠近物体。值设

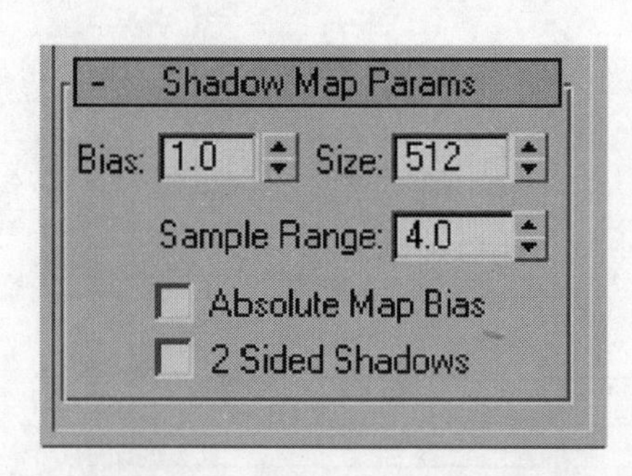

图 3-93

得过高或者过低都会产生阴影漏洞情况(图 3-94)。

Bias=1

Bias=20

图 3-94

• Size(大小)：此为设定阴影贴图的分辨率，数值越高阴影越清晰。反之，阴影越模糊(图 3-95)。

Size=1500

Size=32

图 3-95

• Sample Range(采样范围)：设定阴影边缘的模糊程度。值越高边缘越模糊。反之，阴影边缘越清晰(图 3-96)。

• Absolute Map Bias(绝对贴图偏移)：以绝对方式计算贴图偏移值。在动画中，需要把此项选中。在静态场景中，则不需要打开此项。

Sample Range=4

Sample Range=20

图 3-96

• 2 Sided Shadows(双面阴影)：使物体内部也产生阴影。

2) Ray Traced Shadow Params(光线跟踪阴影参数)卷展栏(图 3-97)

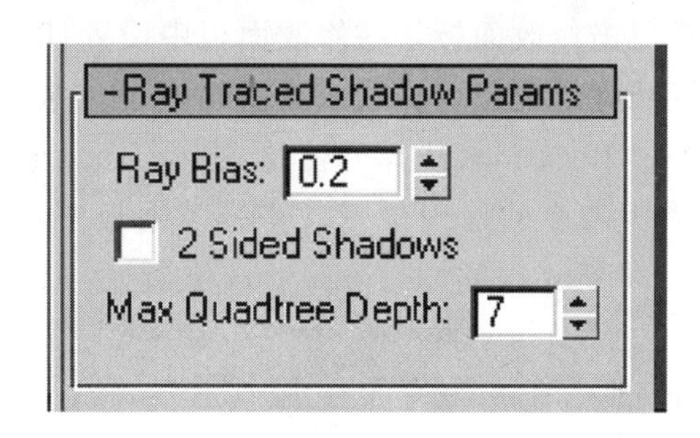

图 3-97

通过跟踪从光源发出的光线，计算出阴影。阴影的边缘精确、清晰。支持有透明度和不透明贴图的物体生成阴影。但产生的阴影边缘比较生硬。

• Ray Bias(光线偏离)：提高该值，阴影会远离物体；减小该值，阴影会靠近物体。值设地过高，过低都会产生阴影漏洞情况。

• 2 Sided Shadows(双面阴影)：使物体内部也产生阴影。

• Max Quadtree Depth(最大平方子集深度)：该值设得越高，光线跟踪速度越快，但占用内存越大。比如深度设为 10，那么 $2^{10}=1028$ 个子集的点在进行光阴跟踪计算。

二、日光系统的设定

3ds max 系统提供了 Sunlight 和 Daylight 两种日光系统。他们之间各方面都十分相似，所不同的是 Sunlight 系统为 Free Direct 光源，而 Daylight 系统是 Free Direct＋Skylight 的组合光源。在此我们介绍的是 Daylight 系统。

(1) 在命令面板中，执行 Create＞Systems＞Daylight(创建＞系统＞日光)按钮顺序(图 3-98)。

(2) 建立日光以后，日光不可以随意移动来调节阳光位置，这是因为日光是按照真实的太阳光设置的。但是我们可以单击修改面板，在修改面板中勾选 Manual(手动)选项后，就可以在视图里自由地移动日光的发射源了。

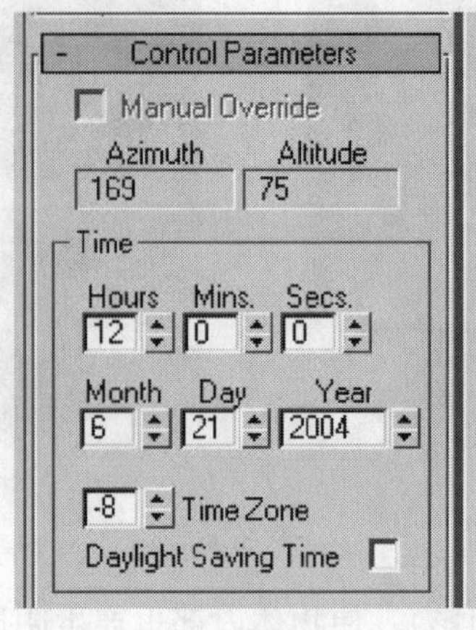

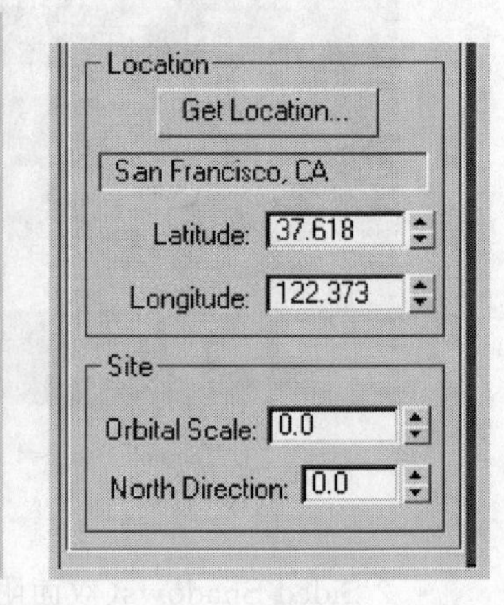

图 3-98

(3) 确定已选择日光，单击修改面板，在修改面板中设置日光的强度和颜色。

(4) 我们可以通过设置照亮的地点、时间来设置日光的参数。确定已选择日光，在修改面板中点击 Setup 中的 Get Location(选择方位)，出现 Geographic Location(地理位置)选择对话框，我们可以选择所需要的地理位置。在修改面板中，也可以设定 Azimuth(方位角)、Altitude(高度角)、Time(时间)、Location(位置)、Latitude(纬度)、Longitude(经度)、Site(基地朝向)。

三、场景的光环境设计

光环境设计是指利用 3ds max 提供的各种光源的功能和特性，模拟自然环境中各种光源照射物体的真实光环境。

可以说，一幅建筑效果图的成败关键就在于光环境设计的好坏。我们通过 3ds max 不但可以模拟出逼真的自然光线效果，而且也可以制作出自然光线所不能做到的超现实光线效果，或者说需要特殊的光源才能出现的效果。例如，晚霞光环境、日出光环境、激光束效果、室内射灯效果等等。

一般我们做效果图，设计光环境所要追求的无非是两种效果，第一种是模拟出逼真的效果，达到同现实环境拍出的照片效果一样；第二种是一种艺术效果，通过效果图达到一种艺术境界，无论要达到何种效果，光环境设计包括两个部分：整体光环境参数设置和场景光源设置。整体光环境参数设置包括模拟天空漫反射的环境光设置和整体光色和光强的控制。这部分内容将在下一节中结合光环境设计实例进行讨论。场景的光源设置可分为主体光源、辅助光源两大类。它们是：

1. 主体光源

在室外就是太阳光，在室内就是照射范围最大的起控制作用的光源。要确定光源的位置，光照色度，光照强度，光照方向，光照范围和产生阴影的方式。主体光源一般选用 Target Spot(目标聚光灯)或 Target Direct(目标平行光)；产生阴影的方式选用 Ray Traced Shadows，计算机可以精确地计算出阴影的部位和范围。

2. 辅助光源

它们是模拟周围环境的地面、地物和建筑物的反光。它们因用途不同而分成五种：

(1) 投向阴影的反光——主要作用是照亮建筑的阴影部位，使阴影更透明而不是漆黑一团。照射的方向常与主体光源相反，照射的强度一般是主光源的1/5～1/4，光色往往带有主体光的补色光，例如，阳光是带黄色的，所以阳光阴影中宜带有紫色成分。复杂的场景可能需要设置一个以上的光源实现此目的。

(2) 模拟地面的反光——地面的面积很大，阳光照射很强，必须考虑模拟建筑墙体、门窗来自地面的反光效果，此类光源光线自下而上，光色带有地面的固有色。如草地的反光就带有绿色。

(3) 来自建筑的反光——是指模拟邻近的或自身的建筑墙面或屋面的反光效应的光源。

(4) 个别部位的补光——是指用于照亮专门部位的用途单一的光源。用Exclude把其他物体排除在照射范围之外。

(5) 越照越黑的黑光——所谓黑光就是光源的Multiplier参数为负值，它的作用是吸收照射区的光能，所以越照越黑。专门用来增加建筑表面的明暗变化或增强建筑墙面之间的明暗对比。

辅助光源一般选择Omni(泛光灯)，选定为不产生阴影方式。在不产生阴影的设定下，光线可以透过被照物体的表面继续照亮后面的物体。我们常常通过调节物体受光的角度来控制光照强度，设置Attenuation参数来控制纵向衰减。

有时为了限制光的照射范围，或需要产生横向的光衰减效果(Fall off)，所以也常选用Target Spot光源来作为辅助光源。

有时也选用能产生阴影的光源来照射建筑的阴影区，在阴影区内产生反光阴影，以加强阴影区内部的立体感。

室外的建筑效果图，总的要求是建筑物要明快、立体而有层次，场景中没有光照的死区存在。具体要领在以下五段顺口溜中已基本表达：

- 明暗对比要适度——明暗层次要丰富
- 整体气氛要明快——素描效果要突出

- 阴影部位要透明——反射光源来设定
- 光影比例要恰当——阴面影面要分明

- 近地邻墙加反光——曲面弧墙加高光
- 局部需要加补光——强化对比加黑光

- 远近前后要虚实——大气环境来设置
- 上下左右要变化——光照角度来控制

- 纵向衰减**矮腿牛**——横向衰减**疯老虎***
- 无影光线能透射——光照对象可排除

* 矮腿牛——Attenuate，疯老虎——Fall off

光环境的建构过程是个逐个深化、渲染效果、反复调整、不断完善的过程。以整体的光影效果作为取舍的基本标准。

为了能更好地说明光环境设计的过程，我们将在下一节中通过某招待所建筑的实例，进一步介绍光环境设计的操作步骤和设计要领。

第六节　大气环境和光环境设计实例

一、招待所光环境实例

把上一章中 AutoCAD 的招待所三维模型导入 3DS max 系统(图 3-99)。它的摄像机设置就是由 AutoCAD 的透视视图转化而来。现在，我们要对它进行大气环境和光环境设计。

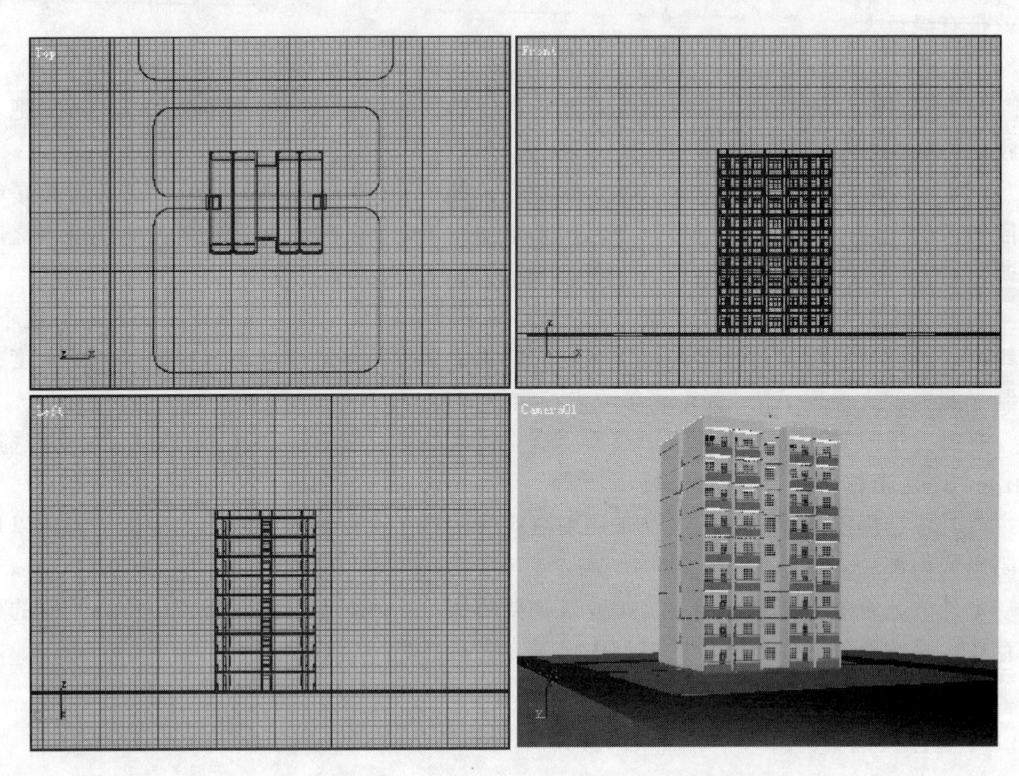

图 3-99

1. 大气环境设置

设置大气环境，在效果图中主要是用“Fog”(雾)的设置来模拟大气的半透明效果，产生空气感和距离感。大气环境的设置分两部进行。

(1) 设置大气雾的参数(图 3-100)

1) 执行下拉菜单 Rendering>Environment 命令，屏幕出现 Environment 对话框(图 3-100*a*)。

2) 在 Atmosphere 卷展栏中，点取 Add 按钮。出现 Add Atmosphere Effect 对话框(图 3-100*b*)。

3) 在列表中选择 Fog 项，确认后退回 Environment 对话框，Effect 列表出现 Fog，并出现 Fog Parameter 卷展栏(图 3-100*a*)。

4) 在 Fog Parameter 卷展栏中，点取 Color 色框，出现 Color Selector 对话框，调整大气雾的颜色(图 3-100*c*)。

5) 在 Standard 参数组中设定大气雾浓度变化范围，近端为 0%，远端的 100%。因为

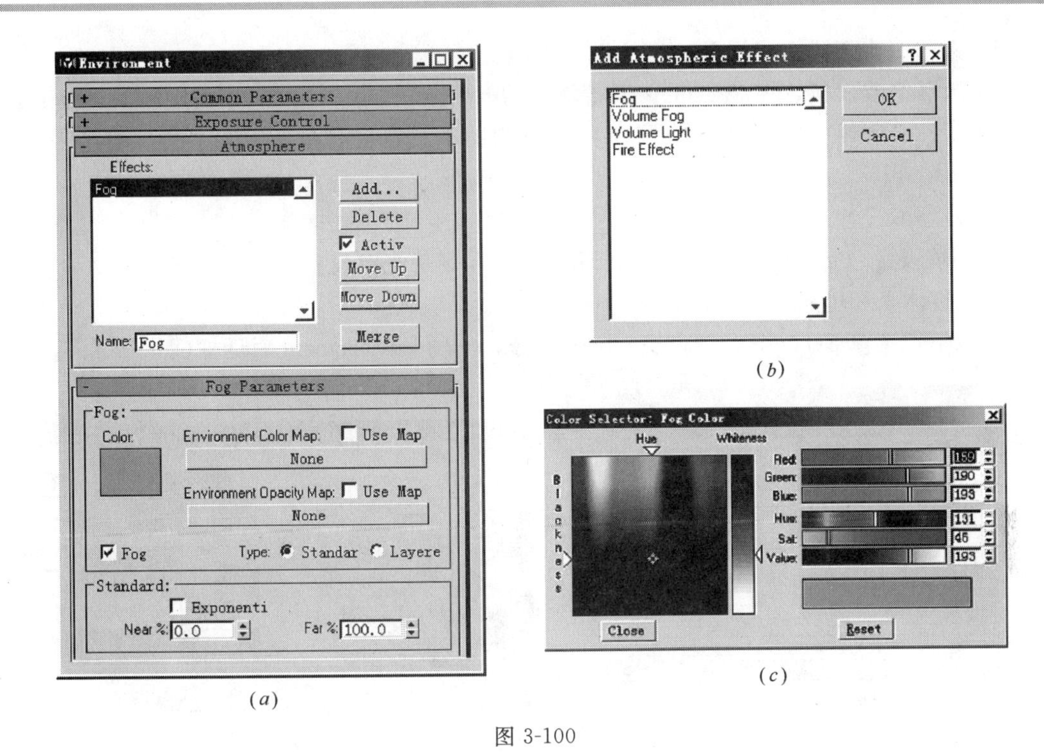

图 3-100

远端是 100%，所以建筑的背景部分就是大气雾的颜色，其他有关背景的设置就被覆盖。

(2) 设置大气雾的范围(图 3-101)

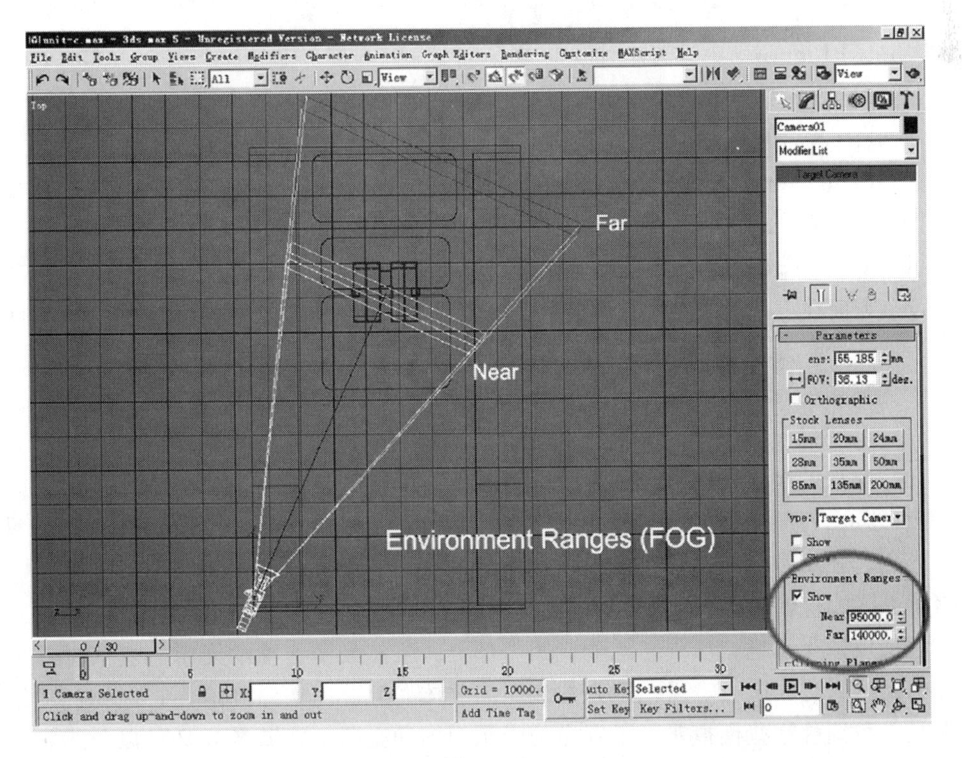

图 3-101

1）选中作为正式透视视图的摄像机。

2）激活修改面板，在 Parameters 卷展栏的 Environment Ranges 参数组中，调整 Near（近端）和 Far（远端）的距离参数。同时在 Top 视图中观察它们在平面图中的位置是否合适（图 3-101）。

2. 光环境设计

光环境设置包括两个部分：整体光环境设置和场景光源设置。

(1) 整体光环境设置

点取下拉菜单 Rendering>Environment 命令，出现 Environment 对话框（图 3-102*a*）。

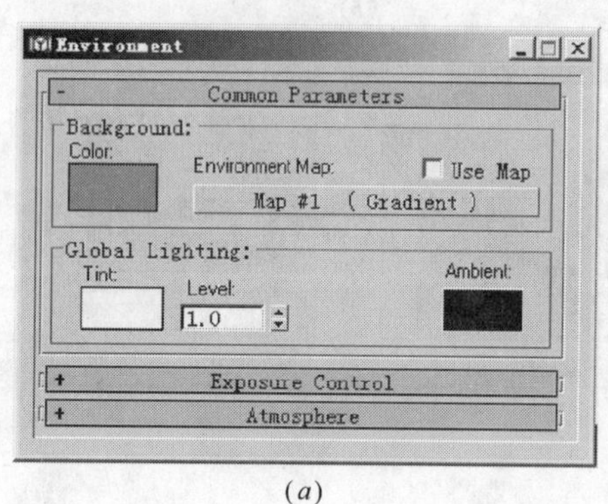

(*a*)

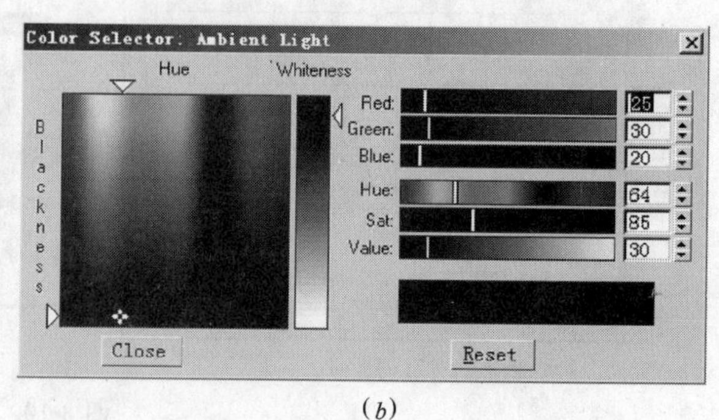

(*b*)

图 3-102

在 Common Parameter 卷展栏中：

1）Background 中设置背景的颜色或背景贴图。

2）Global Lighting 中设置整体光环境参数：

- Tint—光环境整体色调倾向。
- Level—光环境整体明暗控制。
- Ambient—场景的环境光（包围场景的大气的光反射）。

在图 3-102(*b*)的 Color Selector 对话框中调整色彩。

Ambient 模拟场景中天空的漫反射效果，需要设置场景的环境光，环境光源充斥于整个场景，没有方向性。在晴天时带有淡紫色，在阴天呈灰白色，成为光环境中的主体光源。

(2) 场景光源设置

场景光环境的设计，是运用 3ds max 系统提供的光源功能来模拟一个真实的光环境。我们首先需要明确模拟怎样的一个光环境。为此，应该根据具体效果图的特点和需要，进行场景光照效果的整体构思：例如，光环境所处的季节（春夏秋冬）、所处的时间（钟点）、地域特点（寒冷、炎热）和人文气氛（亲切、严肃）等。由此来指导场景光源的种类、数量、位置、光色、强弱和衰减特性等，以及建筑物的阴影的大小和位置。

有了总体的构思，下一步就是具体实施。为此，我们应该熟悉进行光环境模拟的工具。

我们把模拟光环境的场景光源分成两个部分：主体光源，辅助光源。真实世界中的室外发光的光源只有太阳光，模拟阳光的光源为主体光源。阳光照到地面，地物和建筑物产生反射光。我们称这些模拟非真正发光的光源为辅助光源。辅助光源又可以分为物体的反射光-反光和追补环境反射效果的光源-补光。而阳光照射到云层和大气，产生的环境光和大气效果称环境光源。

1）主体光源的设置：

a）Sun-1（太阳-1）光源

本例中招待所（或鸳鸯楼）是居住性建筑，效果图应该具有明快、可人的气氛。所以考虑是春天的季节里，时间在下午二时左右，此时从南偏西的透视角度观察建筑物，能得到南和西两面受光的效果。主体光源模拟太阳，选用 Target Direct（目标平行光源）类型（图 3-103）。光源点的空间位置除了考虑南、西两面的受光强度外，更要考虑太阳的高度角和南面凹阳台产生的阴影面积的大小和位置。每次调整都要渲染看一看效果，图 3-103 是 Sun-1 在调整后的效果，它的主要参数见表 3-2。

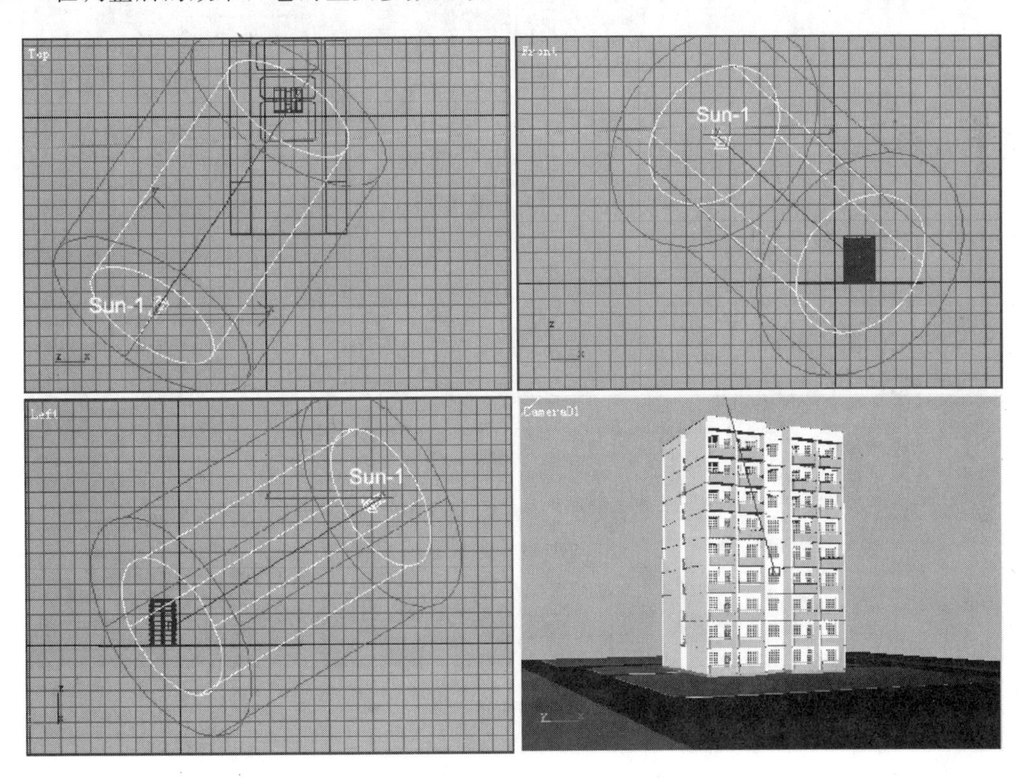

图 3-103

场景光源设置的主要参数（招待所 Unit. max）　　**表 3-2**

Name	Type	R/G/B	Multiply.	Include	Hotspot/Fall	Shadow	Far-Attanuation
Sun-1	TD.	255/255/220	1.2	All	50000/80000	RT.	—
Sun-2	O.	65/65/65	1.0	(Exc：Flr，Rod，Pat，Grs)	—	—	—
Ref-1	O.	120/135/105	1.0	Bal，Dor，Wnd	—	—	14000/36000
Ref-2	TS.	32/65/52	1.0	All	40/120	—	2700/35000
Black	TS.	25/25/25	−1.0	All	5/60	—	—
Ceiling	O.	80/75/85	1.0	Wal	—	—	—
Ground	O.	80/80/80	1.0	Grs，Pat，Rod	—	—	40000/90000

b) Sun-2(太阳-2)光源

在图 3-105 中可以看出：由于照顾了光影效果，使南、西两面的受光强度差别不大，立体感还不够强。为此增设了 Omni(点光源)类型的 Sun-2 补充太阳光源，主要是增加南墙面的光照强度，同时它的位置较低，所以也可以部分起到地面的反射作用，也照亮了建筑的阴影区域(图 3-104)，光源设定也排除了对地面、道路等的光照作用。调整后的 Sun-2 和 Sun-1 共同作用下的渲染效果可见图 3-106 所示，它的主要参数见表 3-2。

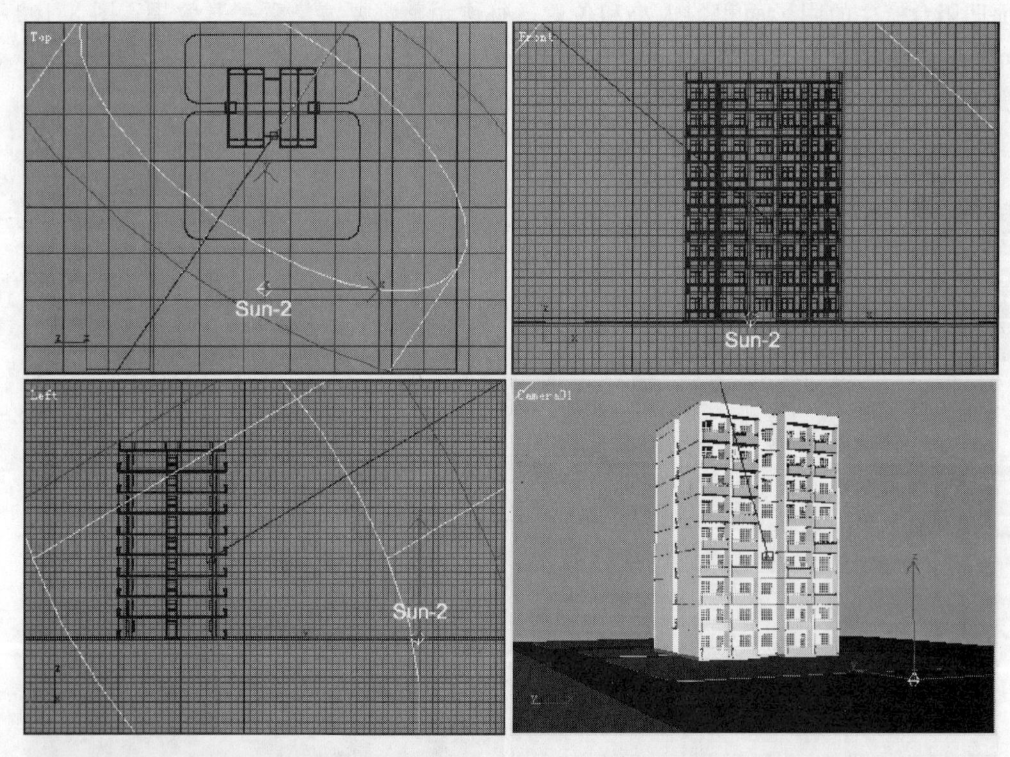

图 3-104

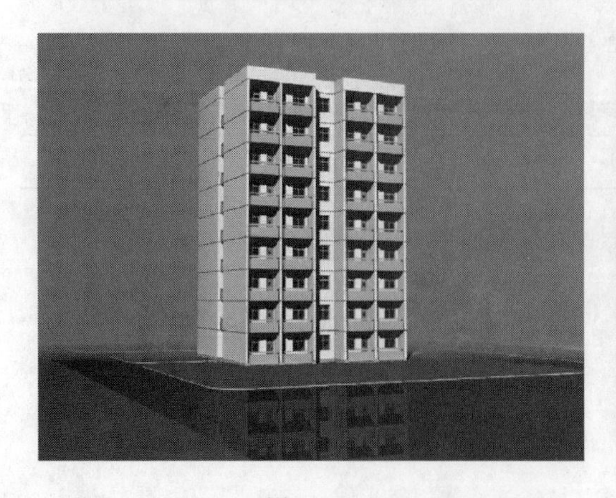

图 3-105

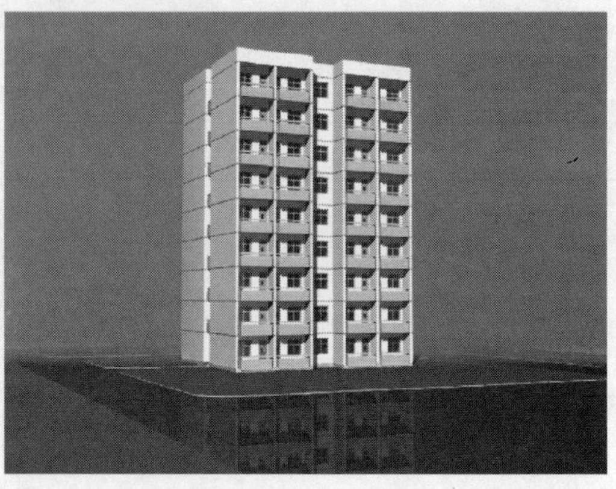

图 3-106

2）辅助光源的设置

a）Ref-1（反射-1）

在目前场景中，虽然 Sun-2 也有部分反光作用，但主要还是主体光源在起作用，建筑物大面的光照效果比较平均，缺少变化，这是因为还没有模拟场景中存在的反射光照效果。地面是个主要的反光辅助光源，建筑靠近地面的部分应该受到较大的影响。Ref-1 是点光源类型模拟草地对南墙面的反射，光的颜色也带有草地的绿色，它只对阳台、门和窗三个物体起作用。

b）Ref-2（反射-2）

西墙面的光效果希望光强度能达到由西北端底部向西南端顶部递减的效果。所以，在靠近西墙的西北端底部加设 Ref-2 光源，它是 Target Spot（目标聚光源）类型，这种光源可以在横向和纵向控制光的衰减。

c）Black（黑吸光）

在近西墙的西南端顶部加设 Black 光源，这是一个特殊的光源，它的 Multiplier 参数设为－1，即此光源发出的是越照越黑的黑吸光（吸收受光区的光能），它也是目标聚光源类型，但它的 Hotspot 圈很小。而 Falloff 圈较大，使它的受光区的黑光强度变化较大。把光照最暗的地方落在西、南墙交界的顶部位置（图 3-107）。此时的场景整体渲染效果为如图 3-109 所示，它的主要参数见表 3-2。

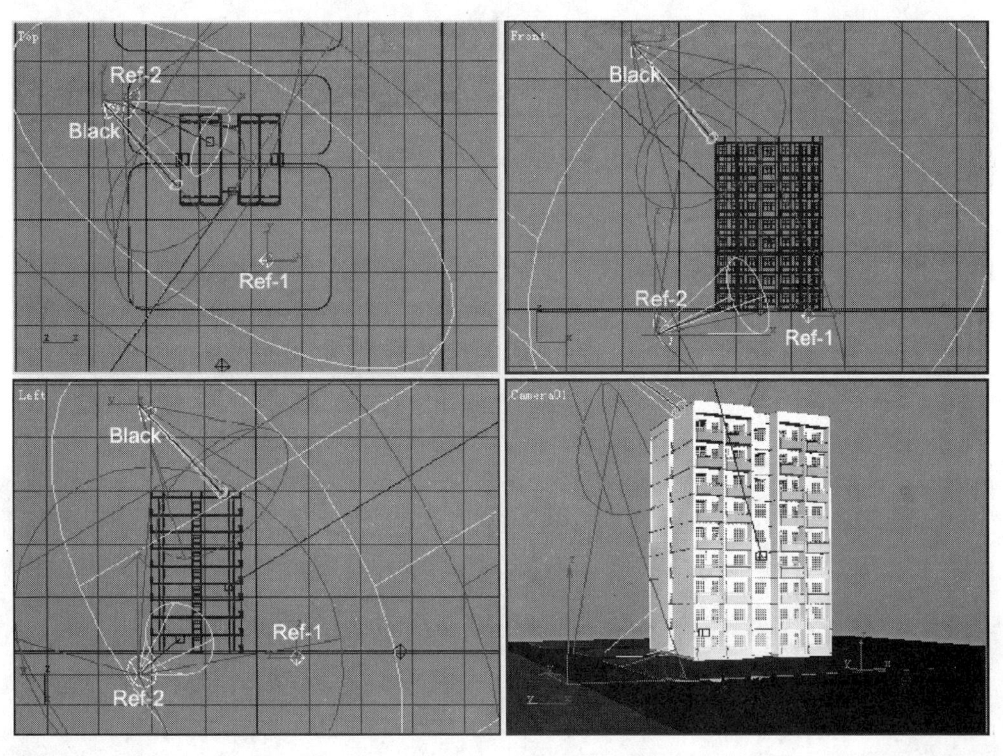

图 3-107

d）Ceiling（顶棚补光）

观察了目前光环境下的渲染效果后，发现凹阳台底部的顶棚需要增加反光强度。为此，增加了 Ceiling 补光源。补充光源往往是有非常明确的目的性，所以常常只照亮个别的物体。从 Ceiling 光源只对墙体起作用(顶棚属于墙物体)。

e) Ground(地面补光)

为了增加远处的地面和道路的亮度，再加一个补光光源 Ground。光源只对地面和道路物体起作用。

补充光源的主观性、独立性强，多用会破坏光环境的整体性(图 3-108)。最后场景光环境的渲染效果如图 3-110 所示，它的主要参数见表 3-2。

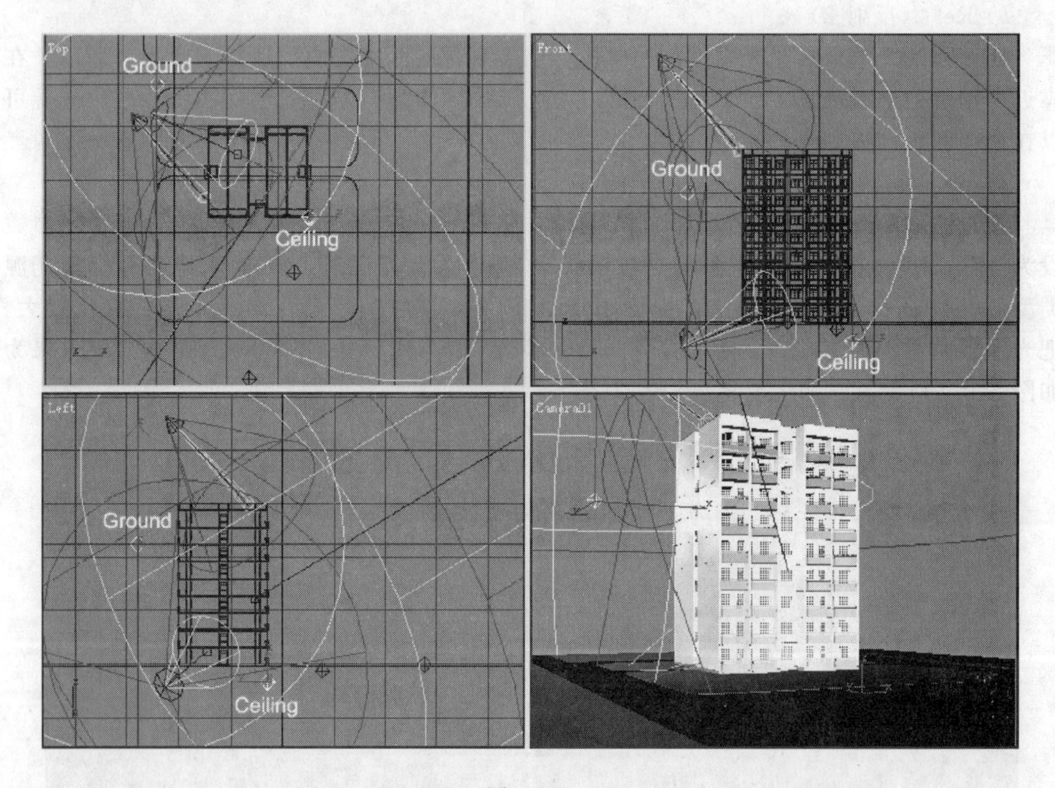

图 3-108

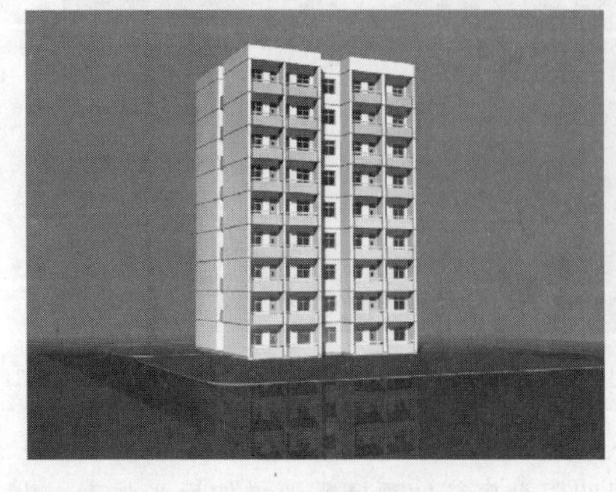

图 3-109

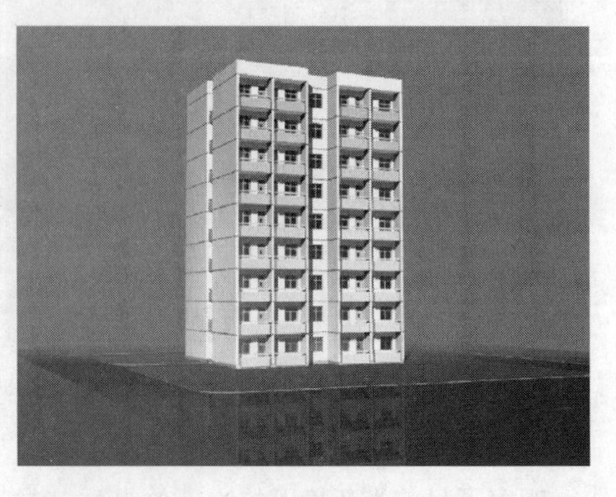

图 3-110

二、夜景光环境实例

在自然界，白天的光线来源是太阳光，因此日景的光环境是比较简单的，可以设定主光源模拟太阳光，设定若干辅助光源漫反射光。通过调节光源的强弱、色相和角度的对比来模拟白天、早晨或黄昏的光环境效果。模拟白天效果时光源色相相近而强弱对比大，光源色相都接近白色；模拟早晨或黄昏的效果时光源强弱对比小而色相对比大。

夜景的光源设置比日景要复杂得多，涉及的灯光数量和类型要多，可以采取“从整体到局部，从暗到亮”的步骤逐步添加光源，并不时对前面步骤设定的灯光适当调整。

1. 内外光源配合的夜景效果

图 3-111 为办公楼的三维建筑模型。图 3-112 为 max 中的办公楼塔顶部分模型。此例中光环境设置的步骤和要点为：

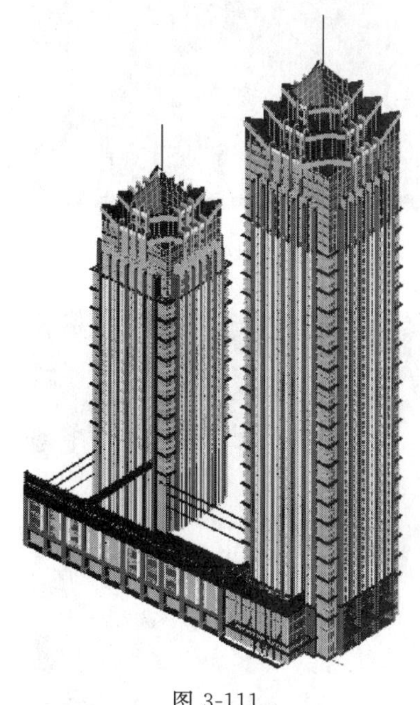

图 3-111

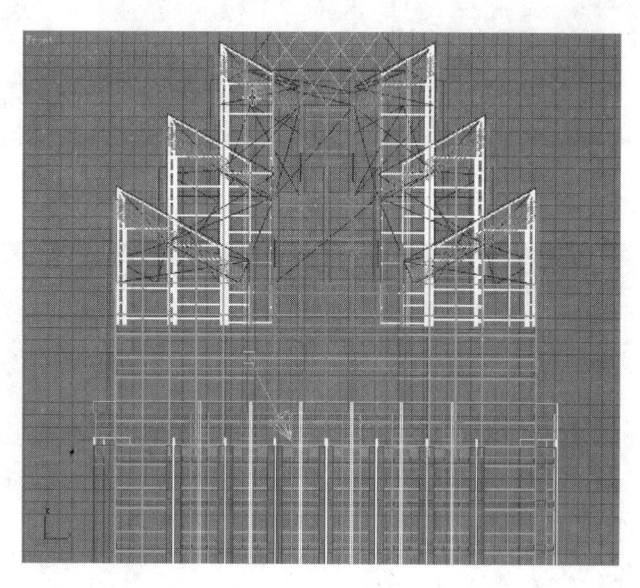

图 3-112

(1) 设置一组光源大致分出明暗，夜景对材质不是非常敏感，主要材质的调整最好在日景光环境中进行。夜景需要调整的材质是室内顶棚等处的灯具贴图和自发光材质。

(2) 设置第二组光源照亮楼板。需注意的是夜景光源不同于太阳光，它是不均匀的，因此在设置灯光时要有变化，可以设置几个光源来达到目的。

(3) 布置光源照亮墙面。

(4) 重点布置和调整照亮塔顶部分的光源(图 3-113)。

(5) 布置光源照亮裙房，进行整体效果的调整(图 3-114)。

2. 内光源为主的夜景效果

图 3-115 为某小住宅设计的夜景效果图。它的夜景光环境特别强调屋内光源，强调光

图 3-113

图 3-114

图 3-115

线透过门窗玻璃对室外地面的投射效果。首先，对室外地面、屋面等设置无阴影的点光源基础照射，使它们具有一定的亮度，这是模拟空气尘埃和水汽的漫反射效果，从而室内投射过来的较强光照不会显得过分地强烈和生硬。

三、室内的光环境实例

室内的光环境设计更是室内效果图成败的关键。应该结合室内的照明设计来选择和配置相应的光源，而所得到的室内光照效果，又是调整室内照明设计的重要依据。

对室内光环境的要求基本上与室外的光环境相似，也应该划分主体光源和辅助光源。但是光源的数量要比室外光环境多，光线在室内往往呈现交叉重叠的复杂状况。除此之外，室内光环境设计还需要注意以下几点：

(1) 具有统一的色调，产生的光照效果和环境气氛应该与室内建筑的设计和功能相协调。

(2) 室内光照环境光源较多，光照和阴影都比较柔和，但是也应具有整体感、立体感和产生远近虚实变化的空气感。

(3) 灯光的照射效果应符合灯具的布置状况和光学特性，具有光环境的真实感。

图 3-116 某住宅的客厅室内布置效果图，图 3-117 是它所设置的各种光源的布置情况。

图 3-116

图 3-118 是某休息厅的室内设计效果图，柔和的暖色灯光效果产生明亮和辉煌的气氛。

图 3-119 是冷色调的卧室室内效果图，光线柔和明亮，色彩接近于单色渲染，呈现出宁静安适的气氛。

图 3-120 是一个家庭起居空间的室内效果图。

图 3-117

图 3-118

图 3-119

图 3-120

注：以上的夜景和室内渲染作品均选自东南大学学生作业。

第七节　渲染环境的渲染参数设定

执行下拉菜单 Rendering>Render 命令或图例工具命令 Render Scene 后，屏幕出现 Render Scene 对话框，在此，进行场景渲染的参数设置。其目的是为了更好地控制图像按照需要进行输出。

3ds max 提供两种渲染工作方式：Production(成品渲染)和 ActiveShade(即时上色渲染)。前者是机定(缺省)的渲染方式，渲染精度较高，可以使用多种不同的渲染器。后者只能运用机定的线扫描渲染器，如果设置了一个专门的 ActiveShade 视图或独立视窗。它就可以自动更新显示物体在材料贴图和光源状况改变后的新的效果。所以，它在渲染调试阶段是一种很方便的渲染工具。但它的精度不如成品渲染方式。

对话框共有五个参数页面，涉及的参数很多，其中有些参数只是在特别情况下才会用到。为了突出重点，我们在此只介绍 Common Parameters(公共参数)页面和 Renderer(渲染器)页面中最基本、最常用的渲染参数。

一、公共(Common)选项卡

1. Common Parameters(公共参数)卷展栏

(1) Time Output(时间输出)栏(图 3-121)

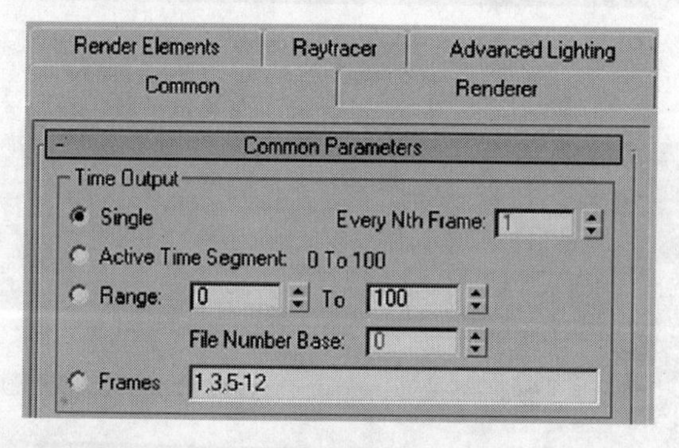

图 3-121

- Single(单帧)：渲染当前帧数的静态图像。
- Every Nth Frame(间隔帧数)：设置间隔渲染帧数，如果是 5，那么每隔 5 帧渲染一张图像。
- Active Time Segment(渲染时间段)：渲染当前活动时间段内的所有帧数。
- Range(帧数范围)：手动设置渲染范围。
- File Number Base(文件序号)：设置保存文件后面依序递增的起始序号。
- Frames(帧数)：指定要渲染的帧数或要渲染的范围。

(2) Output Size(输出尺寸)栏(图 3-122)

- Custom(自定义)：在列表中选择输出格式，3ds max 提供很多种输出格式，有各种电影输出格式、各种幻灯片输出格式、各种视频输出格式。
- Aperture Width(镜框宽度)：设置摄像机视图渲染输出时摄像机的镜框宽度。
- Width/Height(宽度/高度)：设置渲染图像的宽度和高度，数值越大，图像分辨率也就越高。

• Image Aspect(图像宽高比)：设置图像宽度和高度方向的像素数量的比例。后面的锁钮用来锁定比值，控制住图像的宽高比例。

• Pixel Aspect(像素宽高比)：不同设备在显示相同数量的像素时的宽高比值也会不太一样，因此设置像素宽高比是为了补偿设备在显示上的偏差。后面的锁钮也是用来锁定所设的比值。

(3) Options(选项)栏(图 3-123)

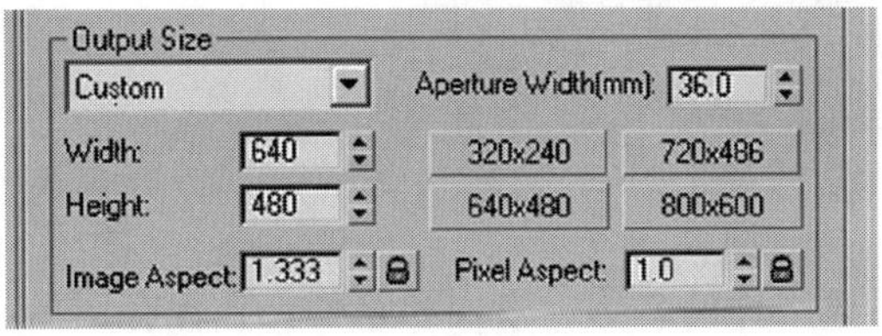

图 3-122

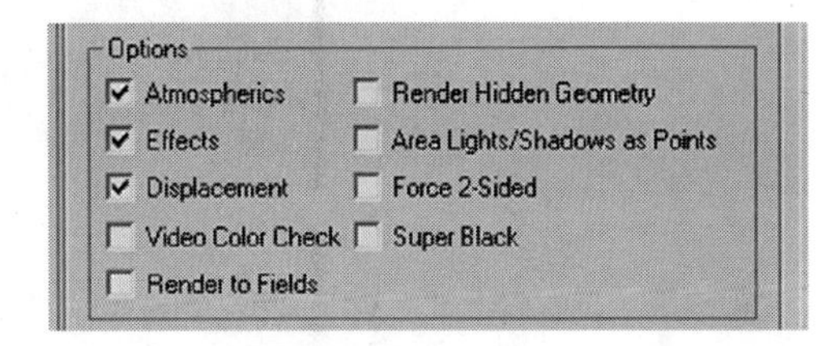

图 3-123

• Atmospherics(大气)：选中此项，就按场景中大气效果设定进行渲染。

• Effects(效果)：选中此项，对场景中设置的特殊效果进行渲染，如光环境中的一些特殊效果等等。

• Displacement(位移)：选中此项，对场景中已设置的位移贴图进行渲染。

• Video Color Check(视频色彩检查)：检查图像中是否有颜色超出视频显示范围，如果有，对它们进行转化处理。

• Render to Fields(渲染到视频场)：当渲染画面输出到电视上时，是由两个视频场的信号合成显示的。选中此项，就是渲染按视频场的方式输出。

• Render Hidden Geometry(渲染隐藏几何体)：对场景中所有物体进行渲染，包括隐藏物体。

• Area Lights/Shadows as Points(面光/阴影作为点的方式)：消除面积光产生的面积阴影轮廓点的扩散。

• Force 2-Sided(强制双面渲染)：对物体表面的正反两面都进行渲染，如果场景中的模型是由 AutoCAD 的模型导入的，就需要把此项选中，否则渲染出来的模型可能会不完整。

• Super Black(超级黑色)：为了视频的合成的需要，限制几何体在渲染时的黑度。此项一般保持未选状态。

(4) Advanced Lighting(高级照明)栏(图 3-124)

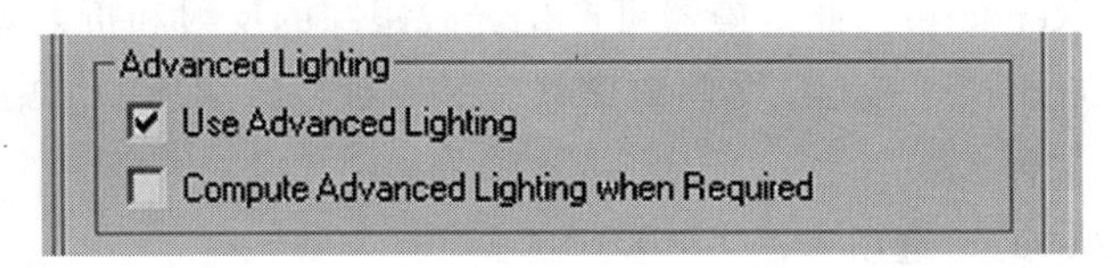

图 3-124

• Use Advanced Lighting(使用高级照明)：使用高级照明效果进行渲染，但是必须要先设定高级照明的参数后，才能进行高级照明渲染。

• Computer Advanced Lighting when Required(当需要时计算高级照明)：判断是否需要计算高级照明计算。当场景中物体发生位移后，高级照明进行重新计算。

(5) Render Output(渲染输出)栏(图 3-125)

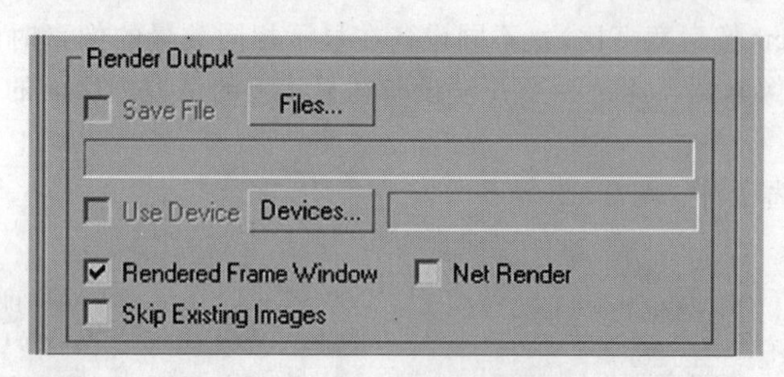

图 3-125

• Save File(保存文件)：设置保存渲染图像文件的名称、格式和路径。在保存图像文件时，一般选择 JPG 图像格式或者 TIF、TGA 格式，选择 TIF 或 TGA 格式时可以增加 Alpha(透明)通道，以便在 Photoshop 里加工图像时方便使用。

• Use Device(使用设备)：选择作渲染输出用的视频硬件设备。

• Rendered Frame Window(渲染图像窗口)：设置是否在渲染时同时显示渲染图像的视窗。

• Net Render(网络渲染)：选中此项，允许进行电脑网络渲染，再启动渲染之后会出现 Network Job Assignment(网络工作作业)对话框，进行网络工作设定。然后进行网络分画面渲染。

• Skip Existing Images(跳过已存在的文件)：在动画制作时，在 Safe File 选项处于激活工作状态时，渲染器会自动跳过在顺序中已经渲染到磁盘上的顺序图像，而继续下一个顺序图像的渲染工作。

2. Email Notification(电子邮件通知)卷展栏

在网络渲染大作业时，可以设定自动电子邮件通知功能。可以设定每隔多少帧画面通知一次，或渲染失败时和渲染完成时发出通知。所以操作者可以不必留在机房守候结果。

3. Assign Renderer(设置渲染器)卷展栏

设置渲染器类型。可以对 Production(最后成品)、Material Editor(材料编辑器)、ActiveShade(预览材料和光源变化效果)三种情况分别设置渲染器。渲染器种类有：

• Default Scanline Renderer—机定(缺省)线扫描渲染器。

• Mental Ray Renderer—此渲染器可产生光线跟踪的反射和折射等效果。

• VUE File Renderer—VUE 文件渲染器。是一种特殊用途的渲染器，可生成表述场景的 ASCII 码 .vue 文件。

二、渲染器(Renderer)选项卡

在 Renderer 页面中设置渲染器的许多工作参数和工作状态。不同的渲染器会有不同的参数，这里介绍的是常用的 Default Scanline Renderer(机定线扫描渲染器)的工作参数。

1. Default Scanline Renderer(机定线扫描渲染器)卷展栏

(1) Options(选项)栏(图 3-126)

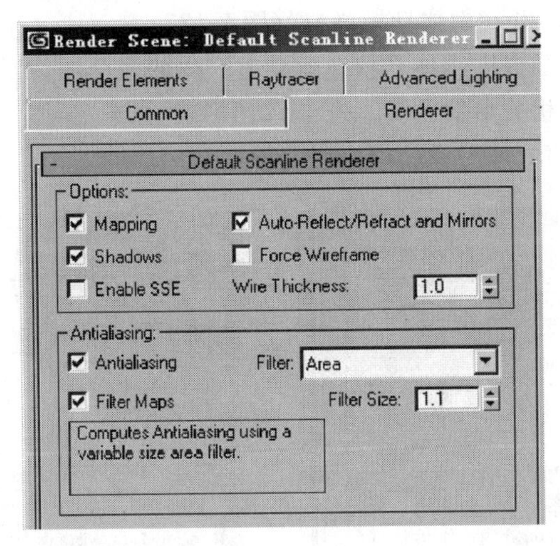

图 3-126

• Mapping(贴图)：机定处于选中状态。如关闭此项，场景中所有的贴图被忽略，从而加快渲染进程。

• Shadows(阴影)：机定处于选中状态。如关闭此项，场景中所有的阴影渲染被忽略，从而加快渲染进程。

• Enable SSE(SSE 起作用)：可执行单指令多数据流动扩展(取决于 CPU)，以提高渲染速度。

• Auto-Reflect/Refract and Mirrors(自动反射/折射和镜像)：在调试阶段，如关闭此项，场景中的反射、折射贴图被忽略，从而加快渲染进程。

• Force Wireframe(强迫线框显示)：设置场景中把所有的表面渲染成线框形式，可以设定线框的厚度。

Wire Thickness(线框厚度)：此输入项输入线框厚度。

(2) Antialiasing(反锯齿)栏(图 3-126)

• Antialiasing(反锯齿)：选中此项，系统会在渲染时对倾斜线和曲线产生的锯齿显示进行平滑处理。只是在调试阶段，为了提高渲染速度才临时关闭此项。另外，关闭此项会导致 Force Wireframe 选项失效。

• Filter(过滤器列表)：选择反锯齿过滤器。过滤器是工作在像素层级上，用来锐化或软化渲染的输出效果。具体效果取决于所选的过滤器。通常所用的 Area 过滤器是一种软化过滤器，它是系统原有的可变尺寸的面积过滤器。

• Filter Maps(过滤贴图)：是否对各种贴图进行过滤器过滤。

Filter Size(过滤器尺寸)：允许你增加或减少过滤器应用于图像的模糊程度。此项只应用于软化过滤器。

(3) Global SuperSampling(整体的超级采样反锯齿)栏(图 3-127)

SuperSampling 是系统的多种反锯齿技术之一，它是一种可供选择的附加步骤，来为图像的每个像素提供可能是最佳的色彩。此栏中设定是否关闭所有的采样器，是否使整体超级采样器进行工作，是否对贴图进行超级采样和选择哪一种采样器等等。

(4) Object Motion Blur(物体动模糊)栏(图 3-127)

物体动模糊是为动画提供物体在快速运动时产生的多个图像重叠的视觉模糊效果。此栏中设定物体动模糊的相关参数。

(5) Image Motion Blur(图像动模糊)栏(图 3-128)

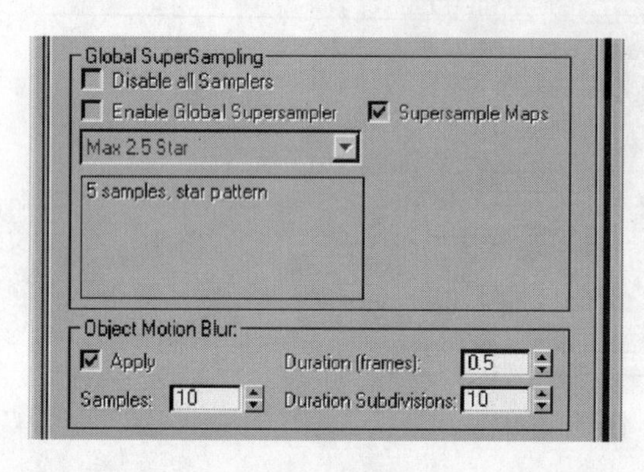

图 3-127

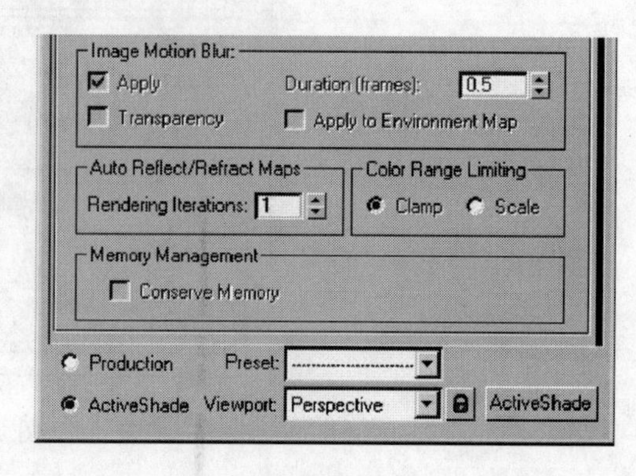

图 3-128

图像动模糊是由于像机的移动而造成的图像模糊效果，它的模糊效果均匀平滑。此栏中设定图像动模糊的相关参数。

(6) Auto Reflect/Refract Maps(自动反射/折射贴图)栏(图 3-128)

• Rendering Iterations：设定在非平面型的自动反射/折射贴图中的重复运算的次数。增加次数可能会提高反射/折射的图像质量，但会增加渲染的时间。

(7) Color Range Limiting(色彩范围限定)栏(图 3-128)

选择对超过亮度范围的色彩的处理方式：

• Clamp：所有色彩范围保持在 0～1 之间。小于 0 者为 0，大于 1 者为 1，其余不变。

• Scale：对所有的色彩范围进行按比例缩放，使最小者为 0，最大者为 1。

(8) Memory Management(内存管理)栏(图 3-128)

• Conserve Memory：选中此项，渲染时会控制内存的使用量保持在 15%～25%之内。但会增加渲染的时间。

2. Mental Ray Randerer(玄光渲染器)卷展栏—(略)

3. VUE File Randerer(VUE 文件渲染器)卷展栏—(略)

第八节 材料编辑和基本材料

一、材料编辑器(Material Editor)

1. 样本窗设定(Sample Slot Setting)

Sample type(样本类型)：选择样本几何体的形状，包括球体、柱体、立方体等。

Backlight(背光)：为样本体增加背光照射的效果，便于审视背光区材料效果。

图 3-129

Background(背景)：为样本体加设背景，便于显示材料的透明效果。

UV Tiling(铺盖贴图)：在 *U*，*V* 两个方向上设定并显示样本体重复贴图的效果。

Video Color check(视频色彩检测)：监测样本体的色彩是否超越 NTSC 或 PAL 的范围，超越之处将呈黑色显示。

Make Preview，Play Preview，Save Preview：为在样本窗中生成、显示、存储动画预览效果。

Option(样本窗选项)：在出现的 Material Editor Options 对话框中设定多种样本窗显示的参数选项(图 3-130)。

Select by Material(按材选择)：以当前激活的样本窗的材料来选择赋有此材料的物体。凡是赋有此材料的物体会全部显示在列表中，以便选择。

Material/Map Navigator(材料/贴图导航器)：显示当前样本窗中物体的材料/贴图的树状层级逻辑关系。并可以通过点击材料或贴图的名称，随意进入材料结构的某个层面位置，进行编辑修改作业，它起到快速的导航作用。

2. 样本窗操作(Sample Slot Operation)

如果样本窗中的材料已经赋值给场景中的某物体，样本窗的四角会出现三角形标记，这表明此材料与物体之间已处于关联状态，被称为热材料(Hot Meterial)。任何对热材料的修改，系统会自动传递给关联的场景物体，不需要再作赋值。

如果样本窗中的材料没有和场景物体建立关联关系，窗口四角也没有三角形标记，这种材料被称为冷材料(Cold Material)。

Put to Scene(换置同名材料)：通过对样本窗的复制，可以得到一个与原样本窗材料相同又同名的冷材料。对冷材料进行编辑修改后，按 Put to Scene 图钮，可以替换场景中某物体上已赋值的同名的材料，并且建立新的关联关系，成为热材料。而原来同名的热材料样本窗成为冷材料。此功能常用于需要修改已有的物体材料，又要保留原来的材料设定的场合。

Assign to Select(赋予选定物体)：把样本体设置好的材料赋值给当前被选的物体。

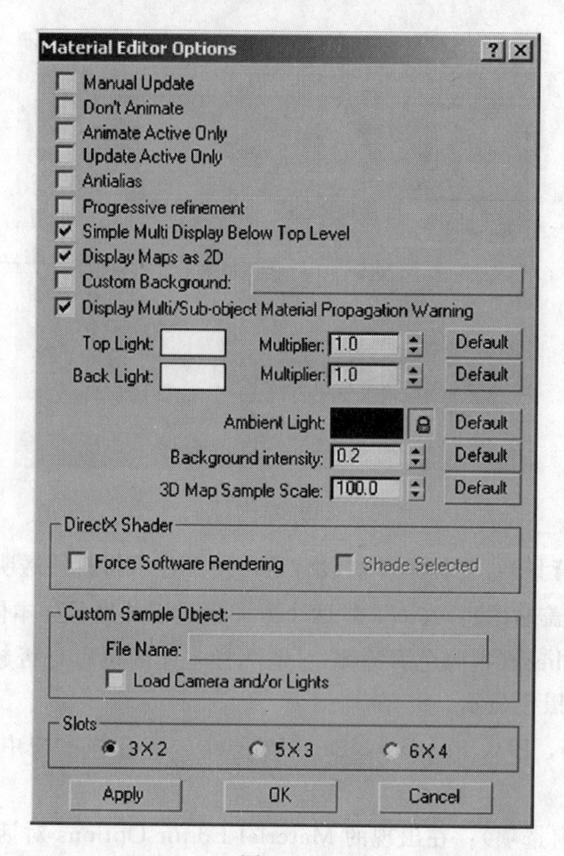

图 3-130

这是最基本、最常用的对场景物体赋值材料的方法。

Show Map(显示贴图)：在视图中显示物体的贴图效果。根据计算机显卡支持的显示驱动程序，可以显示多重材料的复合贴图。

Go to Parent(转到上层级)：在复合材料或贴图的次层级位置上，向上移动一个材料结构层级。

Go Forward to Sibling(转到同层级)：在复合材料或贴图的层级中，移动到另一个同级的结构位置上。

Get Material(获取材料)：进入材料/贴图浏览器浏览和选取材料和贴图。

图 3-131 显示材料编辑器通过各种操作功能按钮与场景、当前材料库、库文件等以及与材料/贴图浏览器和材料/贴图导航器之间信息往来的逻辑关系。

3. 材料/贴图浏览器(Material/Map Browser)

由图钮进入材料/贴图浏览器对话框，执行材料的选择、编辑和保存的功能(图 3-132)。

浏览器基本上分成材料和贴图两个部分。材料项以蓝色圆球为开头标记。贴图项以绿色平行四边形为开头标记。

(1) Text Entry—材料/贴图名称检索。

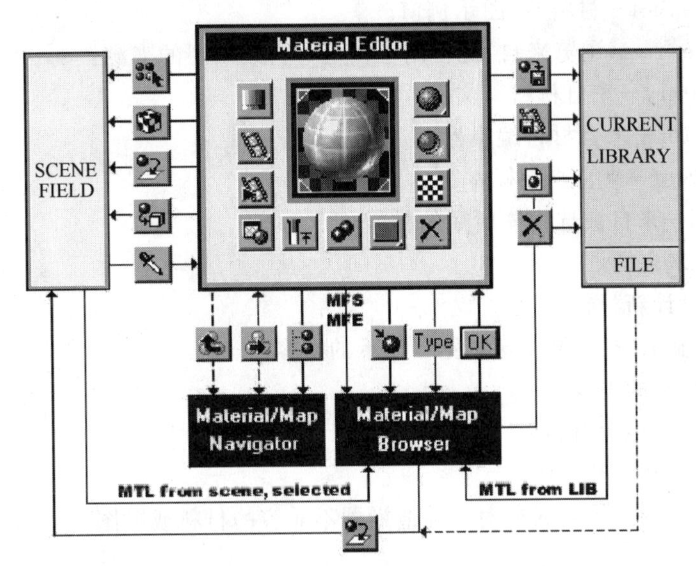
Material Editor
SCENE FIELD
CURRENT LIBRARY
FILE
MFS
MFE
Type
OK
Material/Map Navigator
Material/Map Browser
MTL from scene, selected
MTL from LIB
3DS MAX MATERIAL-EDITOR

图 3-131

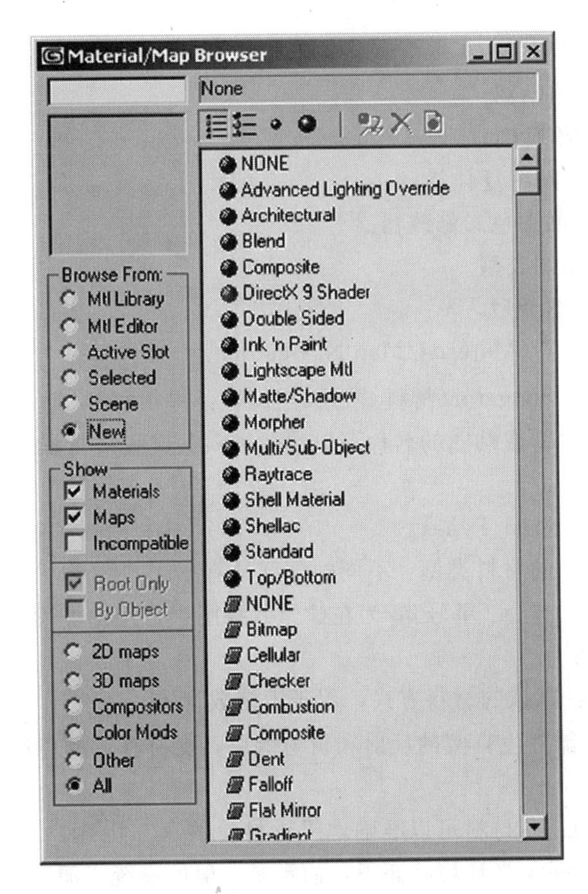
Material/Map Browser
None
NONE
Advanced Lighting Override
Architectural
Blend
Composite
DirectX 9 Shader
Double Sided
Ink 'n Paint
Lightscape Mtl
Matte/Shadow
Morpher
Multi/Sub-Object
Raytrace
Shell Material
Shellac
Standard
Top/Bottom
NONE
Bitmap
Cellular
Checker
Combustion
Composite
Dent
Falloff
Flat Mirror
Browse From:
Mtl Library
Mtl Editor
Active Slot
Selected
Scene
New
Show
Materials
Maps
Incompatible
Root Only
By Object
2D maps
3D maps
Compositors
Color Mods
Other
All

图 3-132

(2) Sample Slot—材料/贴图示例窗。

(3) Browse from(浏览来自)此栏用于设定材料或贴图的来源：

- Mtl Library—来自材料库文件。
- Mtl Editor—来自材料编辑器。
- Active Slot—来自当前样本窗。
- Selected—来自被选物体所赋的材料。
- Scene—来自场景。
- New—设计新材料。

(4) Show(显示)栏主要设定浏览器显示的内容：

1) 浏览器显示的内容：

- Materials—显示材料。
- Maps—显示贴图。
- Incompatible—是否灰显对当前渲染器不兼容的材料或贴图。

2) 浏览器显示的方式：

- Root Only—只显示材料层级的根层内容。
- By Object—在材料名的左面加显场景中用此材料的物体名，显示内容是以物体名顺序排序。

3) 浏览器显示的贴图类型：

- 2D Maps—二维贴图。
- 3D Maps—三维贴图。
- Compositors—贴图复合器。
- Color Mods—贴图色彩修改器。
- Other—其他贴图类型。
- ALL—所有贴图类型。

4. 材料/贴图导航器(Material/Map Navigator)

Material/Map Navigator(材料/贴图导航器)：提供材料/贴图层级关系快速导航作用。通过导航器点击材料或贴图的名称可以快速进入某层级进行操作。也常常用来检查材料和贴图的层级关系。

二、材料类型(Material Types)

max 系统提供多种的材料类型，不同的类型具有不同的特点，适用于不同的场合。下面所列的材料类型中，有 *(星号)者为在建筑效果图中常用的类型。

单一材料类型有：

(1) ** Standard：默认的材料方式，用于大多数物体。

(2) * Raytrace：能产生真实的反射和折射效果，支持雾，颜色浓度，半透明，荧光等功能特性。

(3) Architectural：此材料可以准确地提供材料的真实特性。它通常是工作在 Photometric Lights 或 Radiosity 光环境状态下，而不是一般的系统光源状态。

(4) Mental Ray：此材料适合于用 Mental Ray 渲染器进行渲染。

(5) Matte/Shadow(隐藏/投影材料)：它的作用是隐藏场景中物体，渲染时也看不到，不会对背景进行遮挡，但可对其他物体遮挡还可产生自身投影和接受投影的效果。

(6) Shell：此材料用于储存和观察渲染的材料纹理质效果。

(7) Advanced lighting Override：此材料可在 Radiosity 和 Light Tracer 工作状态下更细微地完善材料效果。

(8) Lightscape：此材料可帮助支持来自 Lightscape 产品的输入和输出。

(9) Ink'n Paint：此材料可提供卡通视觉效果的材料。

(10) DirectX 9 Shader：此材料可允许用 DX9 着色器在视窗内对物体上色。

复合材料类型有：

(11) Blend：将两个不同材料融合在一起，可以设定融合度来控制两种材料的融合程度。也可指定一张图像，以图像的灰度来控制两种材料的融合程度。

(12) Composite：此材料是将多个不同材料叠加在一起，包括一个基本材料和 9 个附加材料，按照材料不透明度进行相加(A)，相减(S)，和混合(M)的叠加方式，产生多样的复合材料效果。

(13) * Double Side：可为物体表面的正面和背面分别指定两种不同的材料，并且可以控制他们彼此间的透明度来产生特殊效果。

(14) Morpher：配合 Morpher 修改器使用，产生材料融合的变形动画。

(15) * Multi/Sub-Object(多重/子物体材料)：

(16) Shellac：模拟金属漆，地板漆等。

(17) Top/Bottom：为一个物体指定不同的材料一个在顶端一个在底端，中间交互处可产生过渡效果，且两种材料的比例可调节。

三、标准材料(Standard Material)

标准材料类型是应用最广的材料类型，它也是其他复合类型的主要基础类型。所以我们必须对此有一个较全面的了解。标准材料的材料参数通常有六个参数卷展栏。它们是：

- Shader Basic Parameters—着色基本参数卷展栏
- (Shader Type) Basic Parameters—某着色方式的基本参数卷展栏
- Extended Parameters—扩展参数卷展栏
- SupperSampling—SupperSampling 参数卷展栏

选用某种额外的 SupperSampling 反锯齿方法来提高渲染图像的质量。

- Maps—物体贴图方式卷展栏
- Dynamics Properties—动态特性参数卷展栏

定义物体之间在动画中产生冲突时的控制参数。

下面介绍其中的最主要的最常用的控制参数。

1. Shader Basic Parameters(着色基本参数)卷展栏(图 3-133)

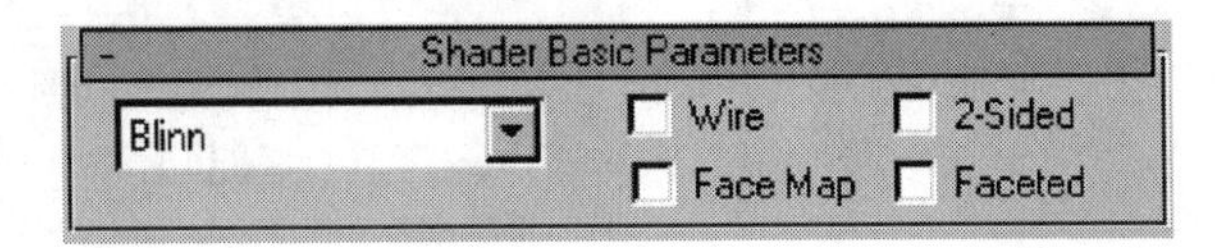

图 3-133

(1) 着色方式列表：(带＊者用得较多)

- ＊Anisotropic—能产生椭圆高光，适用于圆柱型玻璃面的高光。
- ＊Blinn—能产生圆软的高光效果。
- ＊Metal—应用于金属物体表面。
- Multi-layer—适用于比 Anisotropic 更复杂的多层次高光情况。
- Oren-Nayar Blinn—适用于灰暗表面。
- Phong—能产生圆强高光效果。
- Strauss—适用于金属、非金属表面。
- Translucent—类似 Blinn，可以定义荧光效果。

(2) 着色参数

- Wire—强制采用线框方式渲染物体。
- 2-sided—物体的正反双面进行渲染。
- Face map—对物体的每个面进行贴图(如图 3-147 中的灯具)。
- Faceted—排除 Smoothing Group 设定的作用，按原来物体小面状况渲染。

2. (Shader Type)Basic Parameters(某着色方式的基本参数)卷展栏(图 3-134)

不同的着色方式的基本参数会有少许不同，这里介绍它们的共同内容。凡是在参数项的最后有方形贴图按钮者，表示可以点击此钮设定贴图方式。如果此项已经设置了贴图方式，则在贴图按钮上出现“M”字母。

(1) 材料基本色

- Ambient color—背光区色，与受光区色可以连锁，始终保持一致。
- Diffuse color—受光区色，与背光区色或高光区色可以连锁，始终保持一致。
- Specular color—高光区色，与受光区色可以连锁，始终保持一致。

(2) Self-illumination—自发光。用在发光材料上，如白色材料看起来不够白，把它的值设为 10 左右可以看起来更白。

(3) Opacity—材料不透明度。

(4) Specular Highlights(镜面高光)参数栏

- Specular level—高光区高光强度。
- Glossiness—材料表面光洁度。
- Soften—高光区边缘软化系数。

3. Extended Parameters(扩展参数)卷展栏(图 3-135)

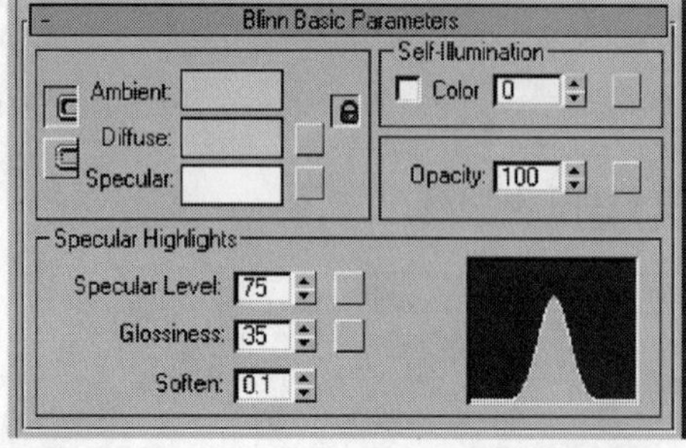

图 3-134

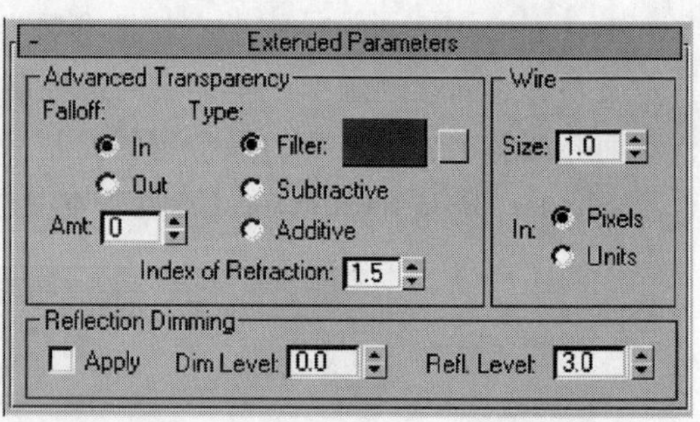

图 3-135

(1) Advanced Transparency(高级透明度)参数栏

这些参数会影响到物体透明度的衰减变化。

- Fall off(衰减)—In：向内增加透明度。

  Out：向外增加透明度。

  Amt(Amount)：定义内部或外部的透明度。

- Type(类型)—定义是如何提供透明色的。

  Filter：采用过滤色与背后色相乘的计算结果。

  Subtractive：从背后的色彩减去自身色彩，更暗。

  Additive：从背后的色彩加上自身色彩，更亮。

- Index of Reftraction—设定透明物体的折射系数。

(2) Wire(线框)参数栏

- Size—定义在线框渲染状态下线框的渲染宽度尺寸。
- In：Pixels—尺寸单位为像素点，线框远近都一样。

  Units—尺寸单位为系统设定的长度单位，由于透视关系，线框远近看起来有透视变化。

(3) Reflection Dimming(反射暗化)：暗化反射贴图在阴影中的效果。

- Apply—反射暗化效果的控制开关。
- Dim Level—控制暗化程度。0 为无暗化，1 为全暗化。
- Refl. Level—用以补赏由于暗化而造成的非阴影区反射贴图的强度的损失。缺省值为 3。

4. Maps(贴图方式)卷展栏—(请参见本章第 9 节)

四、光线跟踪材料(Raytrace Material)

光线跟踪材料的主要的特点是光线跟踪的反射效果，采用此材料的物体表面能够自动产生准确的周围环境的反射图像。图 3-136 所示的小建筑效果图中，地面和建筑的玻璃窗选用的是光线跟踪材料。

选用光线跟踪材料的过程为：

(1) 点击材料类型按钮，激活 Material/Map Browser 对话框。

(2) 在对话框的材料类型列表中选择 Raytrace 选项。

(3) 点击〈OK〉按钮确认，退回材料编辑器，此时材料类型已经改为光线跟踪(Raytrace)材料，下一步将着手相关参数的设定。

此种材料涉及的控制参数较多，共有七个参数卷展栏。一般常用到的是 Raytrace Basic Parameters(Raytrace 基本参数)卷展栏中的参数(图 3-137)。其他参数可用它们的缺省值。

1. 着色方式列表

- Phong—能产生圆强高光效果。
- Blinn—能产生圆软的高光效果。
- Metal—应用于金属物体表面。
- Oren-Nayar Blinn—适用于灰暗表面。
- Anisotropic—能产生椭圆高光，适用于圆柱型玻璃面的高光。

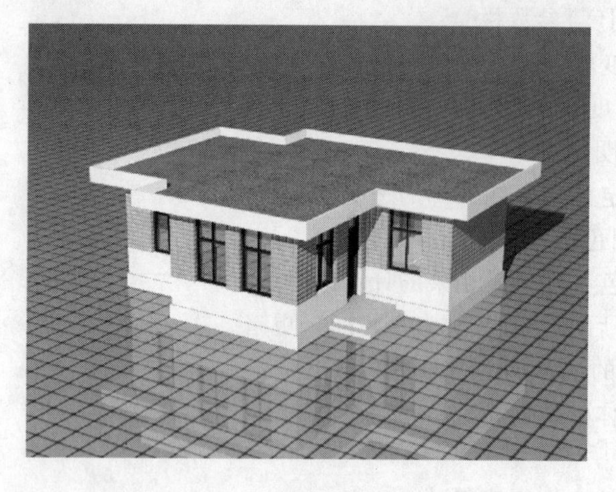

图 3-136

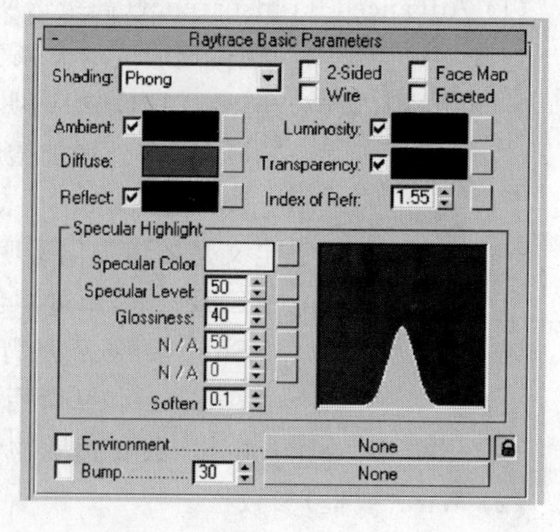

图 3-137

2. 着色参数

• Wire—强制采用线框方式渲染物体。

• 2-sided—物体的正反双面进行渲染。

• Face map—对物体的每个面进行贴图(图 3-147 中的灯具)。

• Faceted—排除 Smoothing Group 设定的作用，按原来物体小面状况渲染。

3. 基本参数

• Ambient—与标准材料不同，它是环境光吸收系数。也就是材料吸收多少环境光。如设定为白色就表示没有吸收，就好像在标准材料中与 Diffuse 连锁一样。缺省值设定为黑色。如果关闭它的色彩选取框，可以改为输入吸收系数值。

• Diffuse—与标准材料一样，是物体表面反射的受光区颜色。

• Reflect—设定镜面反射的颜色，就是场景中其他的一切经过滤后的颜色，此色彩值控制了物体的反射数量。缺省的色彩为黑色(无反射)。如果关闭该项的色彩选取框，可以改为输入反射系数值。

• Luminosity—与标准材料相似，控制材料的自发光强度。不同之处在于它的光色与 Diffuse Color 无关，可以自行设定光色。如关闭选取框可改为输入自发光灰度强度系数。

• Transparency—类似于设定标准材料的透过透明物体后的过滤光色。如关闭选取框可改为输入过滤光灰度强度系数。

• Index of Refr. —设定材料折射系数。

4. 高光参数

不同的着色方式，此栏的参数内容也稍有不同。以下为常用的 Blinn 方式的参数。

• Specular Color—高光区的颜色，假定场景中的光源为白色。

• Specular Level—高光区的光强度。

• Glossiness—材料表面光洁度。

• Soften—高光区边缘软化系数。

5. 附加贴图

• Environment—为物体定义一新的环境贴图来覆盖整体设定的环境贴图。如该项后面的连锁钮处于 on 状态，此贴图也同时用作为 Transparency Environment 贴图。

• Bump—此项与标准材料的 Bump 贴图一样使物体表面产生凹凸效果。

五、双面材料(Double Side Material)

双面材料常用于能看到物体表面的正反两个面，而又要求它们的材料有所不同的场合。例如，某小建筑的窗间墙外墙面是红色面砖，而其内墙面是米色粉刷。我们可以看到窗间墙的外墙面，也可以透过玻璃窗看到其内墙面。所以此窗间墙的材料类型就采用双面材料(图 3-138)。

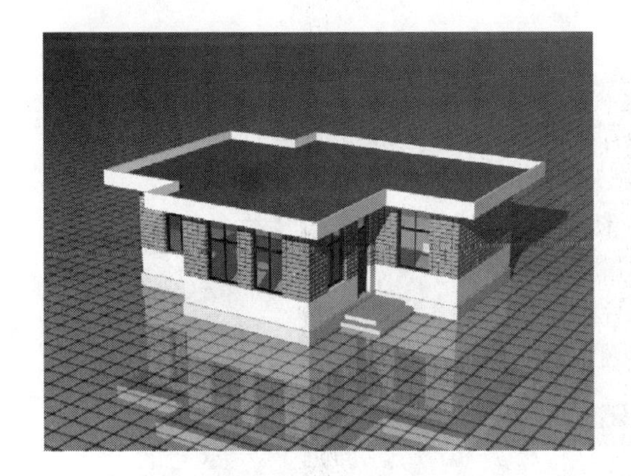

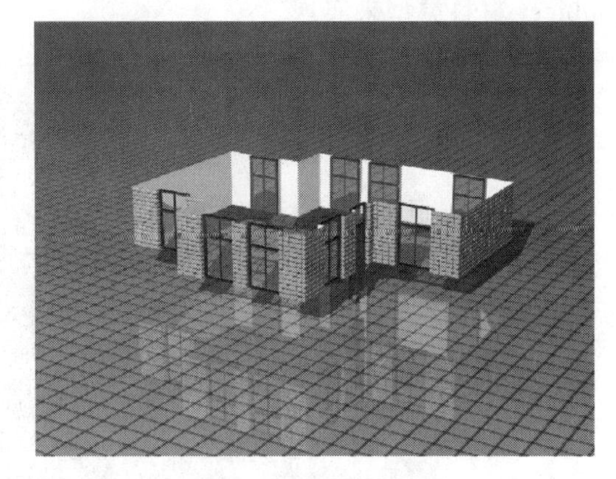

图 3-138

选用双面材料的过程为：

(1) 点击材料类型按钮，激活 Material/Map Browser 对话框。

(2) 在对话框的材料类型列表中选择 Double Sided 项。

(3) 点击 OK 按钮确认，激活 Replace Material 对话框，确定是否保留点击前的材料作为新类型中的子材料。

(4) 退出上述对话框后退回材料编辑器，此时材料类型已经改为双面材料(图 3-139)。下一步继续进行双面材料的 Facing Material(正面材料)或 Back Material(背面材料)的子材料的设定(图 3-139)。

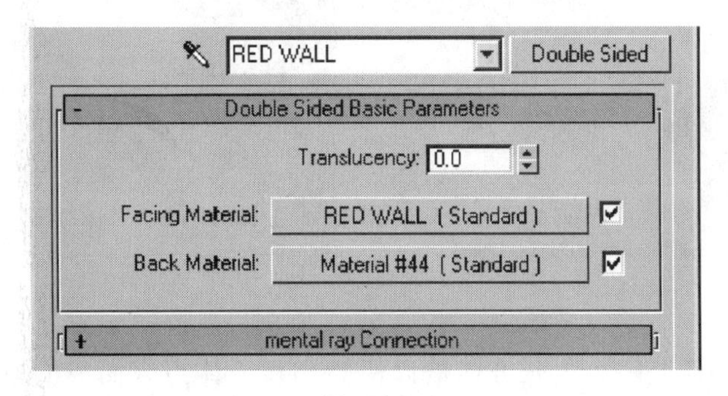

图 3-139

六、多重/子物体材料(Multi/Sub-Object Material)

有时候，从 AutoCAD 导入的建筑模型体总的物体较大，想要将其分成几个部分，分别赋予不同的材料/贴图，或是材料/贴图相同，但贴图参数有不同的取值。在这种情况，有两种处理方法：一是用上面学过的方法，把物体分解成几个独立的物体，然后分别设定材料/贴图和参数。另一种方法就是选用 Multi/Sub-Object 材料。首先，把物体按 Face 子物体层级把物体表面分成相应的几个组，每组中的面赋予相同的 ID 号，不同的组具有不同的 ID 号。选用 Multi/Sub-Object 材料后，根据 ID 号分别对每个组的表面赋予不同的材料和贴图。图 3-140 所示的效果图中，贴有花岗石贴面的墙体是属于同一个物体，所用的也是相同的位图贴图。为了做到贴图灰缝的位置能与窗户相一致，所以必须把墙面贴图分成若干块，每块单独贴图以便选用不同的贴图坐标的参数。这里就需要选用 Multi/Sub-Object 材料类型来实现。

图 3-140

现在以图 3-141 中的物体为例，来介绍多重/子物体材料类型的具体操作过程。

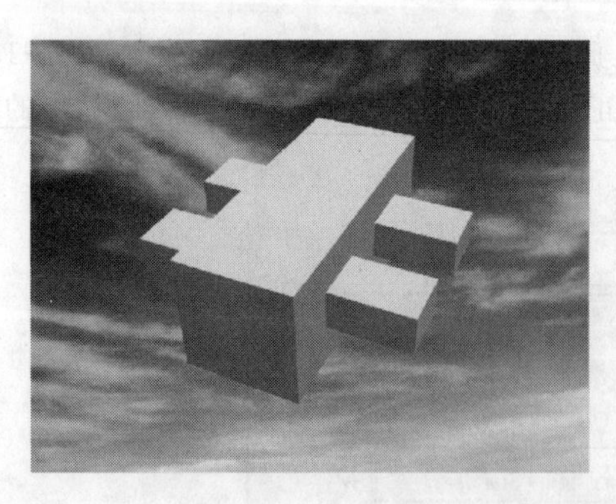

图 3-141

图 3-141 中的物体是一个大长方体被以两侧小长方体组合而成的单一物体。左图为用单一标准材料渲染后的效果。右图为改用多重/子物体材料后得到的渲染效果。所谓多重/子物体材料就是对物体的不同部位赋以不同的材料。这些材料可能是属于标准材料类型，也可能是其他的某种材料类型。

1. 物体表面的 ID 分组的过程为

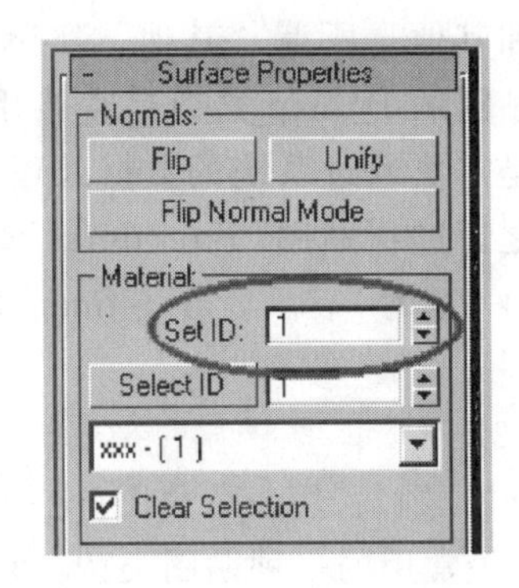

图 3-142

(1) 选择该物体，激活修改面板，加载 Edit Mesh 修改器(图 3-142)。

(2) 在 Face 子物体层级，再次用选择工具选取只属于同一材料的物体面，选中者呈红色。

(3) 在 Edit Mesh 修改器的 Surface Properties 卷展栏中的 Material 参数栏中，对 Set ID 输入一个正整数编号，完成对所选表面的 ID 设定。

(4) 重复(2)，(3)的过程，直到把全部材料分组的表面 ID 赋值完毕。

2. 改用多重/子物体材料的过程为

(1) 点击材料类型按钮，激活 Material/Map Browser 对话框。

(2) 在对话框的材料类型列表中选择 Multi/Sub-Object 选项。

(3) 点击〈OK〉按钮确认，激活 Replace Material 对话框，确定是否保留点击前的材料作为新类型中的子材料。

(4) 退出上述对话框后退回材料编辑器，此时材料类型已经改为多重/子物体材料(图 3-143)。下一步是继续对多重/子物体材料中的子材料进行设定，需要特别注意的是：物体表面分组的 ID 编号与子材料的 ID 编号必须保持一致。

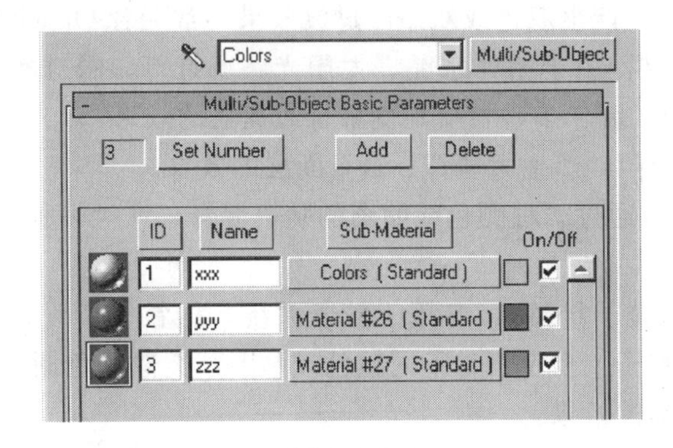

图 3-143

第九节 贴图类型和贴图方式

一、贴图类型(Mapping Types)

贴图的类型很多，按照它们的特点可以分成五类：两维贴图，三维贴图，贴图复合器，色彩修改器和其他。所谓“其他”实际上就是指反射/折射贴图。在所有的贴图类型中，除了两维贴图的Bitmap类型是直接用现成的图形文件(位图)来贴图外，所有其他的贴图类型都是需要通过系统的数据处理后再能生成的贴图图形，最后粘贴到物体的表面，它们被称之谓过程贴图(Procedural Map)。在建筑效果图的制作中，我们把常用的贴图类型前加 *(星号)表示。在Bitmap类型前加了两个星号，表示它是用得最多的贴图类型。

1. 两维贴图(2D)

(1) * * Bitmap(位图)：用一张位图(电子图形)作用在物体的表面，产生的贴图效果。这是建筑效果图中最常用的一种贴图类型，它可以采用各种位图的格式。

(2) * Checker(棋盘格)：产生两色交错方格的图案，在建筑效果图的制作中常用于室内外的铺地贴图。

(3) Combustion(燃烧)：配合 discreet 公司的 combustion 软件来使用。

(4) * Gradient(渐变色)：产生三色渐变效果，有直线形和射线形两种渐变方式。常用于渐变的背景色贴图之中。

(5) Gradient ramp(渐变延伸)：产生多色渐变效果，提供多达 12 种纹理类型。经常用于制作石头表面，天空，水面等材质。

(6) Swirl(漩涡图像)：常用来模拟水中漩涡，星云等效果。

(7) * Tiles(砖块)：常用于制作建筑物中墙砖、地砖和拼铺图案等纹理的贴图。

2. 三维贴图(3D)

(1) Cellular(细胞)：除了细胞外常用来模拟石头砌、墙、鹅卵石路面甚至是海面等物体的效果。

(2) Dent(凹痕)：能产生一种风化和腐蚀的效果，常用于Bump 贴图，可做岩石、锈迹斑斑的金属等效果。

(3) Falloff(衰减)：产生双色或双贴图过渡效果，常配合 Opacity(不透明贴图)方式使用，产生透明衰变效果，用于制作水晶、太阳光、霓虹灯、眼球等物，还配合 Mask(遮罩)和 Mix(混合)贴图，制作多种材质渐变融合或覆盖的效果。

(4) Marble(大理石)：产生大理石、岩石断层的效果。

(5) Noise(噪波)：通过两种颜色或贴图的随机混合，产生一种无序的杂点效果，常用于石头、天空等。

(6) Particle Age(粒子年龄)：专用于粒子系统，据粒子所设定的时间段，分别为开始，中间，结束处的粒子，指定三种不同颜色或贴图，类似颜色渐变，不过是真正的动态渐变，做彩色粒子流动的效果。

(7) Particle M-blur(粒子运动模糊)：根据粒子速度进行模糊处理，常配合 Opacity(不透明贴图)使用。

(8) Prelim Marble(珍珠岩)：通过两种颜色混合，产生类似珍珠岩纹理的效果，常用制作大理石，星球等一些有不规则纹理的物体材质。

(9) Planet(行星)：产生类似地球的纹理效果，根据颜色分为海洋和陆地，用来制作行星、铁锈的效果。

(10) Smoke(烟雾)：产生丝状、雾状、絮状等无序的纹理，常用作背景和不透明贴图使用，和 Bump 结合还可表现岩石等表面腐蚀的效果。

(11) Speckle(斑纹)：产生双色杂斑纹理，做花岗岩、灰尘等。

(12) Splat(油彩)：产生类似油彩飞溅的效果，做喷涂墙壁，腐蚀和破败的物体效果。

(13) Stucco(泥灰)：功能类似 Splat，用作腐蚀生锈的金属和物体破败的效果。

(14) Waves(波纹)：产生三维和平面的波纹效果。

(15) Wood(木纹)：产生木头纹理效果。

3. 贴图复合器

(1) Compositors(合成)：由多个贴图一层层叠合在一起，贴图层由外向内(编号由大到小)，透过上一层贴图的透空部位可以看到下一层的贴图，这样一层层合成产生最后的贴图效果。透空部位的产生可能是由于：

1) Mask—由于遮罩贴图的作用产生的位图贴图的被遮挡，半遮挡部位。

2) Alpha—信息定义的贴图透明，半透明部位。

3) Decal—印花贴图方式的非贴图部位。

4) Output—由于小于 1 的贴图输出强度而得到的下层贴图的图像显示。

(2) Mask(遮罩)：由一张遮罩位图和一张贴图位图共同作用。工作机理是通过遮罩位图的色彩灰度来控制贴图位图的贴图强度。遮罩位图中的白(亮)色区相当于是透明区，允许同样部位的贴图位图图像贴到物体表面上。遮罩位图中的黑色区相当于是不透明区，而灰色区域则为半透明区。贴图位图是透过遮罩位图的遮挡后作用到物体表面的。

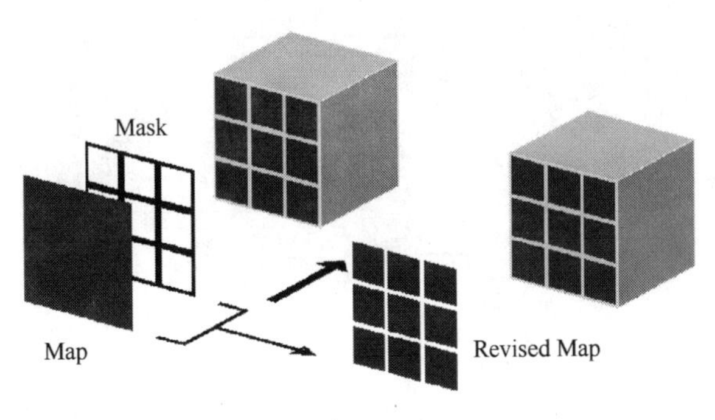

图 3-144

(3) Mix(混合)：将两种贴图混合在一起，通过调整混合参数 Mix Amount 或混合曲线 Mix Curve 来产生需要的融合效果。

(4) RGB Multiply(色彩相乘混合)：以色彩相乘的方式，达到将两种贴图混合在一起的效果。

4. 色彩修改器

(1) Output(输出)：专门用来弥补某些无输出设置的贴图类型。

(2) * RGB Tint(染色)：对用作贴图的位图的色调和明暗效果进行调整。

(3) Vertex Color(顶点颜色)：用于可编辑的网格物体，也可用它来制作彩色渐变效果。

5. 其他

(1) * Flat Mirror(镜面反射)：用于平面表面产生模拟镜面反射的效果，配合反射贴图使用。

(2) * Ray-trace(光线追踪)：可提供真实环境完全的反射与折射，但渲染时间较长。

(3) * Reflect/Refract(反射与折射)：配合反射、折射贴图，产生反射、折射效果，运算速度较快，可作动画。

(4) Thin wall Refraction(薄壁折射)：配合折射贴图使用，产生透镜变形的折射效果，运行速度较快，用来制作玻璃和放大镜，产生较真实的材质效果。

二、贴图方式 (Maps)

贴图除了自身有许多种不同的类型之外，根据它作用的部位和它产生的视觉效果的不同又可以分成多种不同的贴图方式。材料类型的不同，物体可运用的贴图方式也有不同。下面所讨论的是标准材料(Standard Material)的 Maps 卷展栏中所涉及的贴图方式(图 3-145)。下面的贴图方式中有 * 号者为建筑效果图中常用的贴图方式。有 * * 号者为使用最多的贴图方式。

Maps

	Amount	Map
Ambient Color	100	None
Diffuse Color	100	None
Specular Color	100	None
Specular Level	100	None
Glossiness	100	None
Self-Illumination	100	None
Opacity	100	None
Filter Color	100	None
Bump	30	None
Reflection	100	None
Refraction	100	None
Displacement	100	None
....	0	None

图 3-145

(1) Ambient Color(背光区色彩贴图)：物体背光区独立进行材质和纹理贴图，默认时与 Diffuse Color 贴图锁定一致。

(2) * * Diffuse Color(受光区色彩贴图)：是使用最多的贴图方式，用于表现物体表面的材质和纹理效果。图 3-146 所示的建筑效果图中的上下两种玻璃墙面分别用位图贴图使之产生玻璃面反射环境树木和建筑的效果。图 3-147 所示的室内效果图中的地面和墙面也是运用 Diffuse Color 的贴图效果。

(3) Specular Color(高光区色彩贴图)：用于表现物体高光区的材质和纹理效果。

(4) * Specular Level(高光区强度贴图)：用于控制高光区的高光强度，贴图中白色的像素产生完全的高光部分，贴图中黑色的像素不产生任何高光。

(5) Glossiness(高光区光洁度贴图)：用于控制高光区的光洁度的强弱变化。

(6) * Self-IIlumination(自发光强度贴图)：用于控制物体自发光的强弱变化。图3-147

图 3-146

图 3-147

所示的效果图中的灯具，采用自发光贴图产生灯具上的图案效果。

(7) * Opacity(材料不透明度贴图)：根据贴图图像的颜色灰度来控制原图像的透明效果，图像黑色像素部分产生完全透明的效果，图像白色像素部分完全不产生透明。

(8) Filter Color(光线色彩过滤贴图)：用贴图图像过滤色在物体表面进行贴图，能产生彩色透明图案。

(9) ** Bump(材料表面凹凸贴图)：根据贴图图像的明暗灰度，产生表面的凹凸效果，白色的像素凸起，黑色的像素凹陷。图 3-146 所示的效果图中的裙房黄色墙面上用位图贴图使之产生墙面凹凸的拉毛效果。图 3-148 所示的效果图中墙面上的红墙砖贴面和油毛毡屋面也是使用凹凸贴图使之产生凹凸的立体效果。

(10) ** Reflection(材料表面反射贴图)：物体表面反射周围环境和物体的景象或影响。图 3-146 所示的效果图中的道路路面的反射效果就是运用平面镜反射贴图的结果。

图 3-148

(11) Refraction(透明材料折射贴图)：透过透明物体产生折射效果，一般选择 Reflect/Refract(反射/折射)方式，产生背景图像折射效果。

(12) Displacement(材料表面变形贴图)：常与 Displacement 修改器联用，根据位图灰度对物体表面进行凹凸变形贴图，是把物体进行变形而产生的凹凸效果。

三、位图贴图(Bitmap Mapping)

位图贴图和大多数过程贴图都有各自可控的参数来调整和控制贴图的输出效果。我们在建筑效果图的制作中采用位图贴图的概率很高。所以在此重点讨论位图贴图的参数问题。

如果在材料的 Maps 卷展栏中，点击了某贴图方式的 Map 选钮，并在 Material/Map Browser 的对话框中选定了 Bitmap 贴图类型后，就可以选择一个位图来作为该贴图方式的贴图文件。除了需要设定贴图方式的 Amount(贴图强度)参数外，位图贴图自身还有不少的参数可以控制和调整位图贴图的最后效果。这里只介绍主要的控制参数。

1. 坐标(Coordinates)卷展栏(图 3-149)

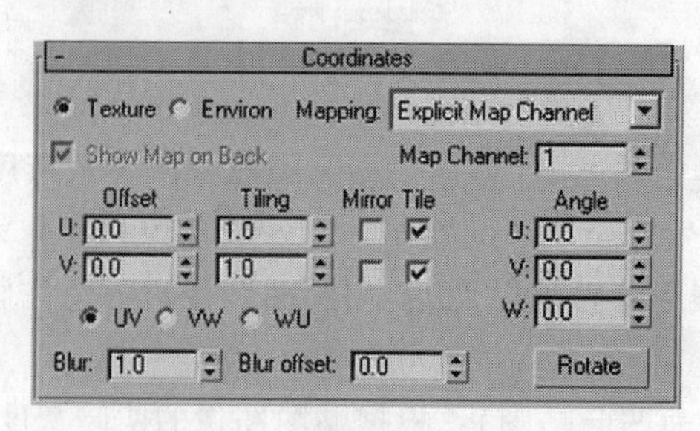

图 3-149

• Texture(纹理)：位图图像作用在物体的表面成为物体的纹理和质感。在 Mapping 列表中一般采用 Explicit Map Channel(确定的贴图通道)方式。在 Map Channel 项中可指定使用 1～99 中任意一个确定的贴图通道进行贴图作业。

• Environ(环境)：将位图图像作为环境贴图的方式按设定的某种环境的投影方式作

用到物体表面。在 Mapping 列表中可以选择的环境投影方式有：Spherical Environment（球形环境），Cylindrical Environment（柱形环境）和 Screen（屏幕平面）等。

• *U*/*V* Offset（*U*/*V* 偏移量）：调节改变贴图图像在物体表面的位置。*U* 表示物体表面横向的偏移量，单位以物体横向的长度为 1；*V* 表示物体表面纵向的偏移量，单位以物体纵向的长度为 1。

• Tiling *U*/*V*（*U*/*V* 重复数）：设置物体表面横向和纵向位图贴图的重复次数。

• Mirror *U*/*V*（*U*/*V* 镜像）：设置物体表面横向和纵向相邻位图的镜像重复方式。

• Tile *U*/*V*（*U*/*V* 平铺）：设置物体表面横向和纵向多个位图的平铺重复方式。

• *U*/*V*，*V*/*W*，*U*/*W*（贴图坐标系统）：改变贴图坐标系统。*U*/*V* 是缺省的系统，*V*/*W* 和 *U*/*W* 系统，旋转贴图，使之与物体表面垂直。

• Angle *U*/*V*/*W*（*U*/*V*/*W* 转角）：设定位图在贴图时 *U*/*V*/*W* 坐标方向的旋转角度。

• Rotate（旋转）：点击此钮，出现 Rotate Mapping Coordinates 对话框，在此框中可以动态地调整 *U*/*V*/*W* 转角，并动态地在样本窗中显示效果。

• Blur（模糊度）：贴图的模糊/清晰程度与物体和视图的距离有关，此模糊设定主要是用来避免产生贴图的锯齿图像。

• Blur Offset（模糊）：贴图的模糊/清晰程度与物体和视图的距离无关。此值大于 0，趋于模糊，小于 0，趋于清晰。

2. 位图参数（Bitmap Parameters）卷展栏（图 3-150）

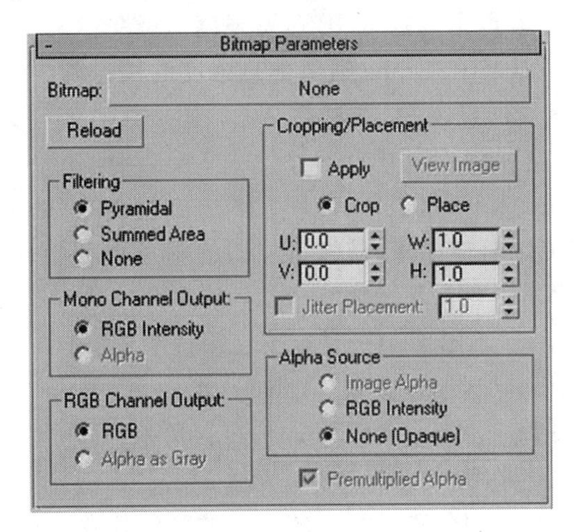

图 3-150

（1）Bitmap（位图）：

• Bitmap 选钮—点击可以在出现的 Select Bitmap Image file 对话框中选择一个位图文件并装入系统。

• Reload（重装）—点击此钮可以重新装入已选定的位图文件。

（2）Cropping/Placement（裁切/位移）参数栏：

在位图上裁切部份矩形部位作为贴图使用，而且可以改变裁切部分的贴图位置。裁切/位移只影响贴图效果，不影响位图本身。

• View Image（审视位图图像）—点击此钮后，显示位图图像，并出现裁切的虚线框。

调整虚线框的大小和位置来选取位图的部分图像作为贴图的内容。

• Apply(应用)—把裁切/位移的修改设定应用于物体贴图，样本窗显示改后效果。

• Crop(裁切)—激活裁切过程。

• Place(位置)—激活位移过程。

• *U*/*V*(横/纵)—调整位图的位置。

• *W*/*H*(宽/高)—调整位图或裁切部分的尺寸。

• Jitter Placement(随机偏移)—设定偏移的随机值，0 为无随机偏移。

(3) Filtering(过滤)：

在贴图的反锯齿处理过程中，选用像素点的匀化运算的算法。可以有下列三种选择：

• Pyramidal(棱形算法)—需要较少的内存，适合于大多数使用场合。

• Summed Area(全面积算法)—需要多得多的内存，但会产生很好的过滤效果。

• None(无)：关闭过滤运算。

(4) Mono Channel Output(单通道输出)参数栏：

某些参数，如不透明度，高光强度等是单值参数的来源：

• RGB Intensity—位图图像 RGB 的光强度。

• Alpha—位图的 Alpha 通道信息的强度。

(5) RGB Channel Output(RGB 通道输出)参数栏：

此栏确定贴图输出的 RGB 的强度信息来源。其中，

• RGB—显示位图像素点全部的 RGB 色彩强度值(缺省)。

• Alpha as gray—显示基于 Alpha 通道信息强度的灰色调。

(6) Alpha Source(透明信息来源)参数栏：

选择位图中透明信息的来源。其中，

• Image Alpha(图像 Alpha 通道)—使用位图中已包含的 Alpha 通道透明信息。

• RGB Intensity(RGB 明暗度)—是指将位图的彩色强度转化为黑白灰度作为 Alpha 透明度信息。黑色为透明，白色为不透明。

• None(Opaque)(没有[不透明])—是指不使用透明信息。

(7) Premultiplied Alpha(透明度预乘 Alpha 方式)：

确定应以何种方式来处理位图中的 Alpha 信息：预乘 Alpha 方式或非预乘方式。

3. 输出(Output)卷展栏(图 3-151)

• Invert(反向)：将位图的色彩进行反转，就像彩色胶卷的负片一样。

• Alpha From RGB Intensity—激活此项，产生一个由位图中的 RGB 通道强度转换成黑白灰度的 Alpha 通道信息。黑色为透明，白色为不透明。

• Clamp(限定)：可限制色彩的值不高于 1。在用 RGB Level 选项时把此项激活。

• Out Amount(输出量)：控制位图贴图的作用程度。在 Diffuse 贴图方式中，如果此值为 1 表示位图图像完全替代物体的表面的原始色彩。如果此值为 0.4，表示看到的效果是贴图占 40%，下面的物体本色占 60%。

• RGB Offset(RGB 偏离)：数值加进位图像素的 R、G、B 的色值，从而影响位图贴图的色调输出。

• RGB Level(RGB 程度)：数值乘以位图像素的 R、G、B 的色值，从而影响位图贴

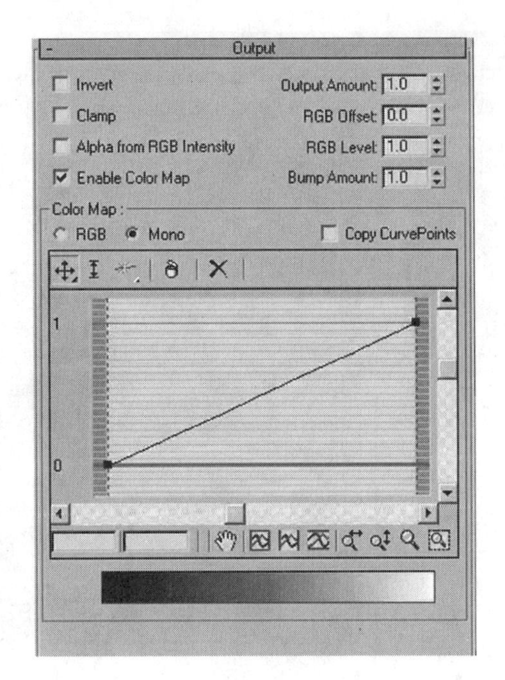

图 3-151

图的色彩饱和度输出。

- Bump Amount(凹凸倍数)：调节凹凸贴图的凹凸强度。
- Enable Color Map(贴图色彩可调)：可通过曲线调节位图的色彩输出。

第十节　贴图坐标的设定

一、贴图坐标(Mapping Coordinate)

在 3ds max 的材料设定中，贴图是一项特别有用的技术。它能使物体的表面获得真实的材料纹理质感和细小的形体变化效果。贴图操作必须有两个部分组成，第一步是解决贴什么的问题，第二步是解决如何贴的问题。系统要执行一项贴图工作，它必须得到有关贴图的尺寸、范围、角度，投影方式等信息，而物体贴图图标的设定就是提供这些信息。

某些利用 3ds max 的生成工具生成的几何体，可以由系统自动为它设置贴图图标，但是，在从 AutoCAD 导入的模型体上设置贴图时，就必须另外为它设置贴图图标。否则，贴图作业就无法完成。某些特殊贴图方式如 Face Map(每面贴图)它按照每个面的尺寸贴一个图，可以没有贴图坐标的设定。

二、贴图图标修改器(*UVW* Map Modifier)

对从 AutoCAD 导入的物体设置贴图图标就必须对物体加设贴图图标修改器(*UVW* Map Modifier)。如，在图 3-152 中，住宅小建筑的红砖贴面贴图，用的是凹凸(Bump)贴图，其效果的色彩还是材料的原色，只是增加了贴了面砖后的凹凸感。而屋面和地面的贴图是受光面(Diffus Color)贴图，它们的贴图图标是如何设定的呢？

1. 贴图(Mapping)参数栏

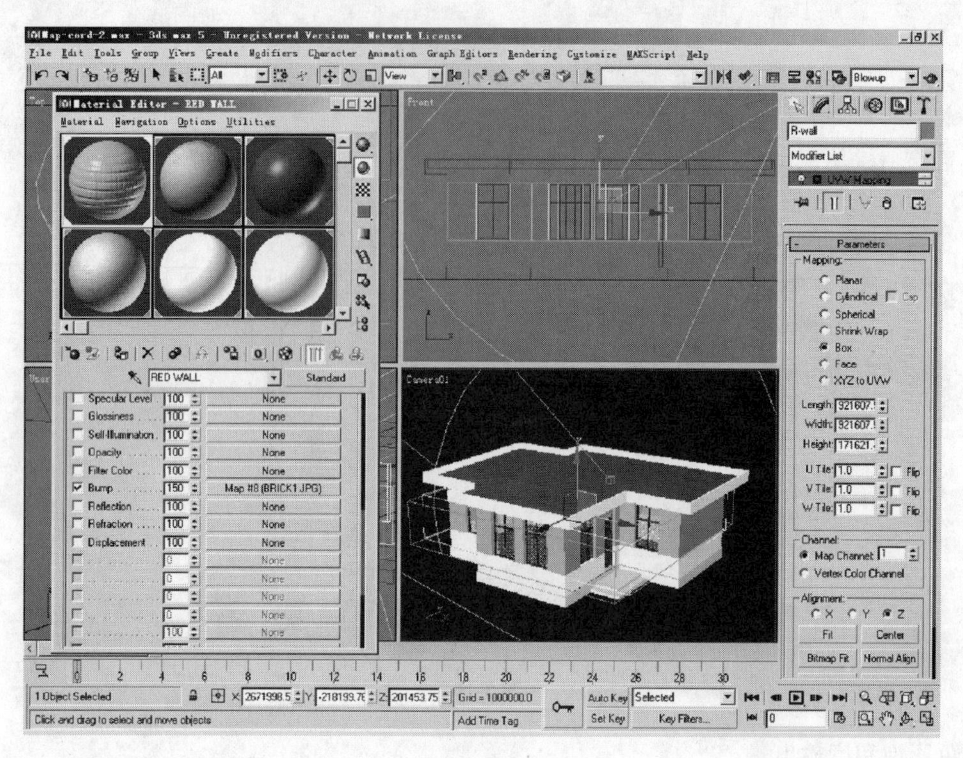

图 3-152

（1）贴图坐标类型

贴图首先要确定一张图是以什么方式贴到物体表面的，同一张贴图图像，同一个贴图对象，采用不同的投影方式，会产生不同的贴图效果，这些贴图的投影方式称为贴图坐标的类型。

共有七种贴图坐标的类型(图 3-153*a*)。多数类型有自己的图标(Gizmo)。图标是一个棕黄色的线框图形，它代表贴图图像的空间位置、形状大小和投影方法。它与被贴物体之间的空间关系，决定了贴图的实际效果。

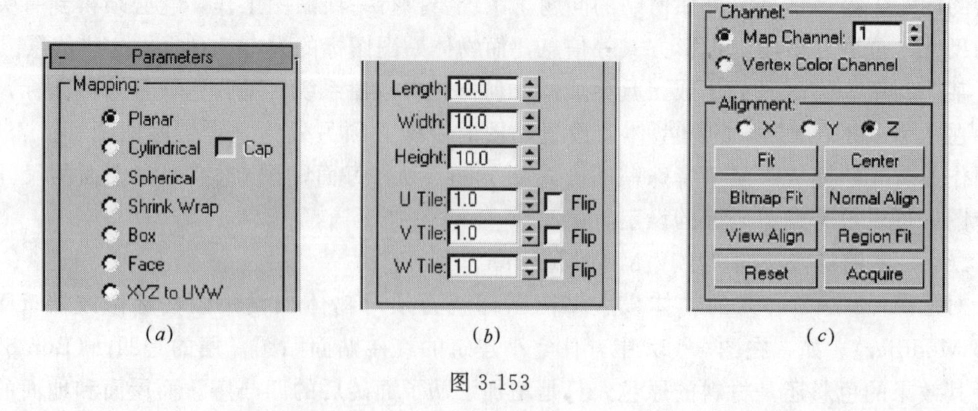

(*a*) (*b*) (*c*)

图 3-153

最常用的贴图坐标类型是图 3-154 所列的四种。前三种中的短线标识贴图位图的上边方向，绿色边标识位图的右边线。

下面介绍每种贴图坐标类型的工作特征：

1）Planar(平面型)：

是最简单、最常用的投影方式。Gizmo 图标呈方形平面，表示整张位图的大小和位置，短线处表示位图的上边沿，绿线表示右边沿(图 3-154)。贴图垂直于平面反相进行投影。如把图 3-155 作为贴图的位图。贴图的投影效果可见图 3-156 所示。

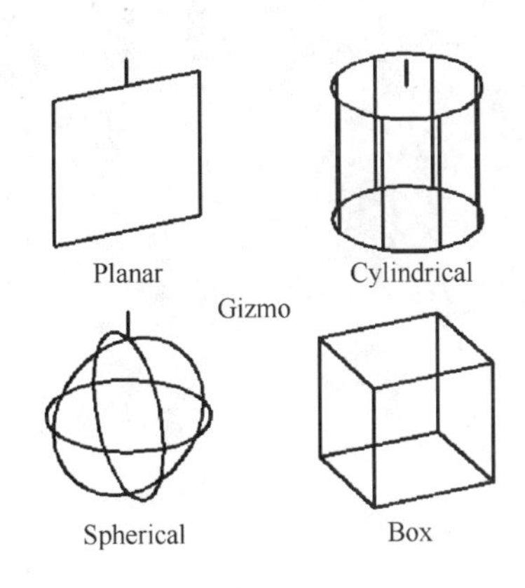

图 3-154

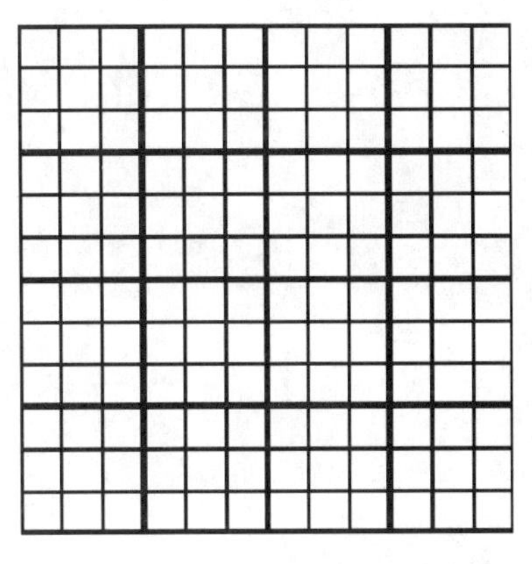

图 3-155

2）Cylindrical(圆柱型)：

常用的贴图投影方式之一。Gizmo 图标是圆柱形的圆侧面，即表示一张位图被弯成圆筒，然后向圆柱的中心线方向投影。用图 3-155 作为贴图位图，向长方形物体投影的效果见图 3-157 所示。这种投影方式比较适用于圆柱形表面的物体的贴图。

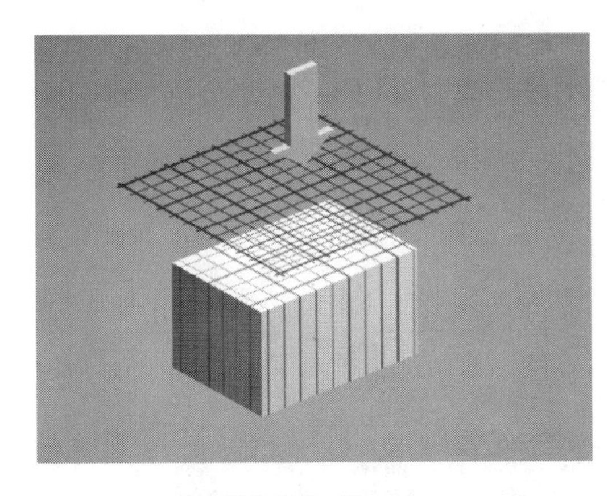

图 3-156　Planar

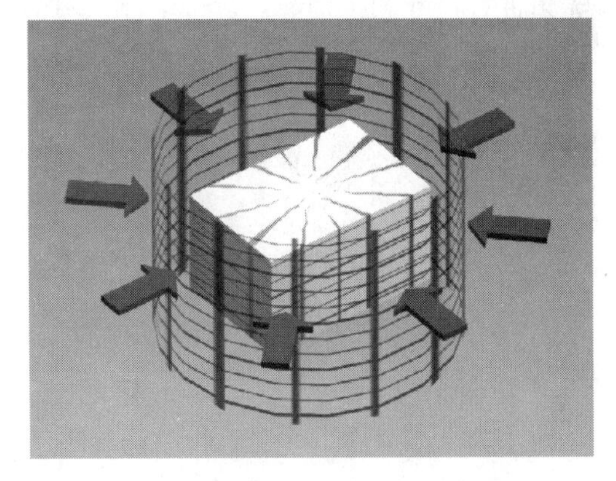

图 3-157　Cylindrical

此贴图坐标类型有一个 Cap 选项，选了此项，圆柱体的上下两个底面都会独立加贴一个位图。

3）Spherical(圆球型)：

常用的贴图投影方式之一。Gizmo 图标是圆球形表面，平面位图的上边汇交到圆球的北极点上，而平面位图的下边汇交到圆球的南极点上。位图有较大的变形，投影的方式是球面上的位图向球心点投影。投影的效果如图 3-158 所示。此类贴图投影可以用平面的位图来对球形物体进行贴图。

4) Shrink Wrap(网兜型)：

圆球形表面，平面位图的四个边都汇交到一个网兜点上。所以位图的变形很大，全都向网兜点方向投影，效果如图 3-159 所示，此类型很少使用。

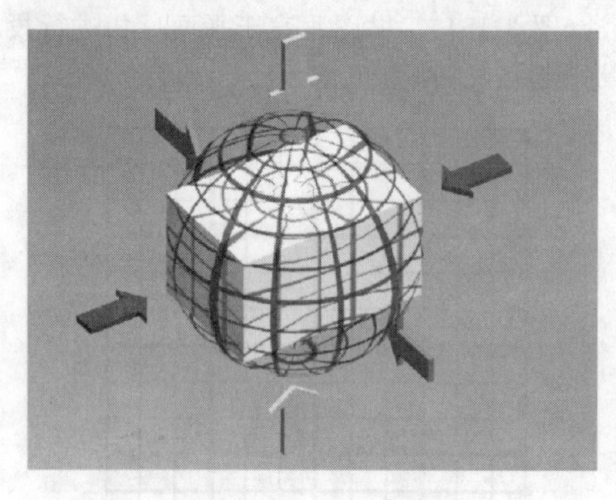

图 3-158　Spherical

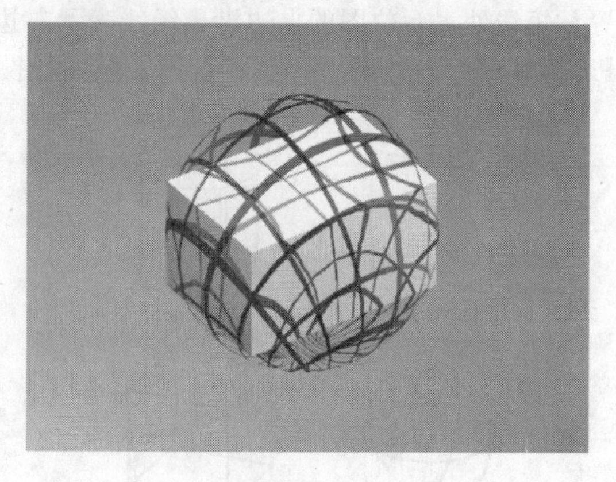

图 3-159　Shrink Wrap

5) Box(方盒型)：

此投影方式非常适合建筑墙面的贴图建筑物，往往是立方体的组合。方盒型投影方式是：上、下、左、右、前、后六个互相垂直的平面以垂直各自平面的方向投影贴图。此方式与上述方式的不同点是：有六个位图分别投影于物体的不同的方向上(图 3-160)。

6) Face(每面型)：

以模型物体的几何平面为基本单位，对每个平面满贴一图。此方式没有 Gizmo 图例，也无须进行尺寸和位置等参数设定(图 3-161)。

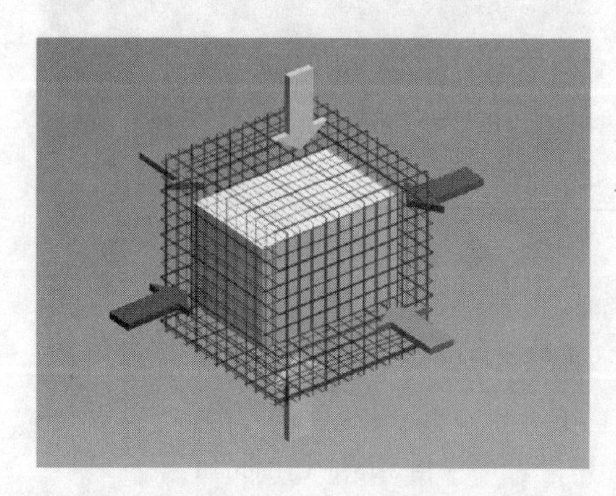

图 3-160　Box

图 3-161　Face

7) *XYZ* to *UVW*：

此方式用于设置三维过程贴图坐标到物体表面。在建筑效果图制作中，基本上不使用三维贴图，所以可以不必讨论这种方式。

(2) Parameters(参数)(图 3-153*b*)

- Length—设定 Gizmo 图标的长度。
- Width—设定 Gizmo 图标的宽度。

• Height—设定 Gizmo 图标的高度。

• *U*，*V*，*W* tile—设定在长、宽、高三个方向上的 Gizmo 图标尺寸中贴图位图的重覆铺贴次数。选中 Flip 选项可使相邻的铺贴位图相互对称。

2. 通道(Channel)参数栏(图 3-153*c*)

• Map Channel—设定贴图的使用专用贴图通道和通道编号。

• Vertex Color Channel—设定贴图使用顶点色彩通道。

3. 对齐(Alignment)参数栏(图 3-153*c*)

用来调整 Gizmo 大小方向的各种功能。

• *X*，*Y*，*Z*—选择其中之一来翻转 Gizmo 的方向。选择 *X* 代表 Gizmo 的 *X* 轴与物体自身坐标系的 *Z* 轴方向一致。

• fit—把 Gizmo 的尺寸调整到能包容物体的最小尺寸。

• center—移动 Gizmo，使它的中心点与物体的中心点相重合。

• bitmap fit—调整 Gizmo 的尺寸比例，使之与贴图位图的尺寸比例相一致。

• normal align—点击物体的某面上一点并拖动光标，使 Gizmo 与该面对齐，光标点的位置就是 Gizmo 的原点位置。

• region fit—可以在视图中定义一个矩形区域作为贴图之用。

• view align—使 Gizmo 与视图平面对齐，尺寸大小保持不变。

• acquire—从另一个已经设置贴图坐标的物体处复制 Gizmo，作为本物体的贴图图例。

• reset—恢复所有的参数设置为机定设置。

除了上述编辑 Gizmo 的功能外，我们可以把 *UVW* Map 修改器的工作状态设定在子物体 Gizmo 层级，这样就可以用标准工具条中的 Move，Rotate 和 Scale 命令对 Gizmo 进行平移、旋转和缩放等变换。Gizmo 的变换也就意味着贴图投影坐标的变更，我们应根据需要选择合适的贴图坐标类型，并且把它的 Gizmo 设置在合适的大小、位置和角度上，才能得到最佳的贴图效果。

三、贴图坐标设定实例(小住宅建筑)

1. 屋面贴图坐标设定

屋面上采用油毛毡绿豆砂石的 Diffuse 贴图，可事先做好贴图的设定。由于整个贴图是在一个平面上，所以采用 Planar 贴图投影方式(图 3-162)。操作过程为：

(1) 选择 Roof 物体，激活 Modify 修改面板，堆栈中增加 *UVW* Map 修改器。

(2) 在 Mapping 参数栏中选择 Planar 方式。如果在 Bitmap 贴图的 Coordinates 参数栏中已经设定了贴图的 Tiling 铺贴次数。这里就不应重复设定 *U*，*V*，*W* Tile 参数。

(3) 在 Alignment 参数栏中选择 *Z* 轴项。并选用 Fit 编辑功能，使 Gizmo 与物面尺寸相对应。所以不必在前面设定 Length 和 Width。

屋面的贴图坐标设置完成。

2. 红墙面贴图坐标设定

红色窗间墙墙面上应达到红色面砖贴面的效果。它可以用 Diffuse 贴图方式实现，但这里是采用 Bump 贴图方式。两者的效果会有所不同。同样，对墙面也可事先做好贴图的设定。由于贴图墙面都是等高的垂直面，而且相互都是垂直正交，所以最适合选用 Box 贴图坐标投影方式(图 3-163)。操作过程为：

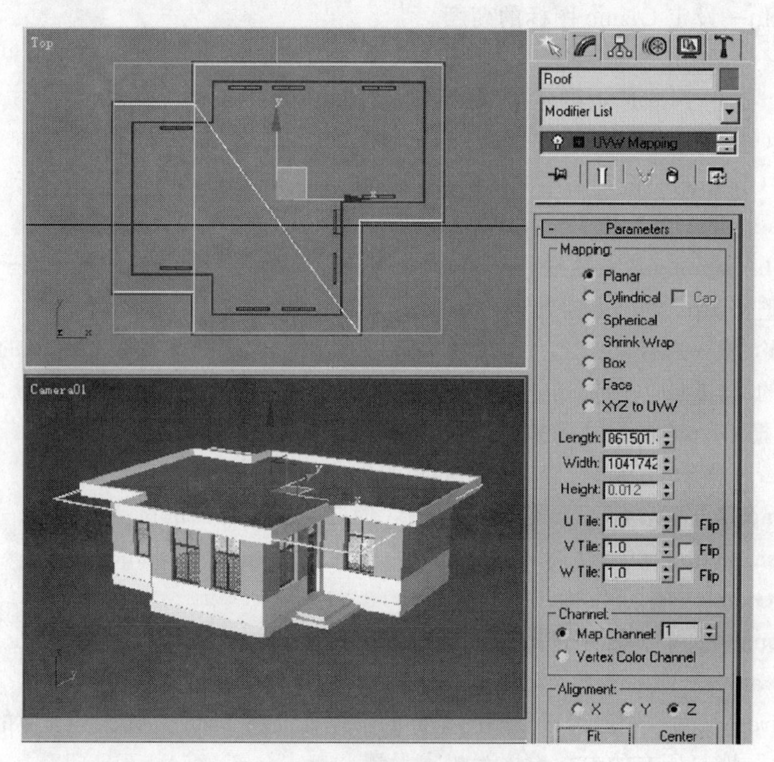

图 3-162　屋面贴图坐标设定

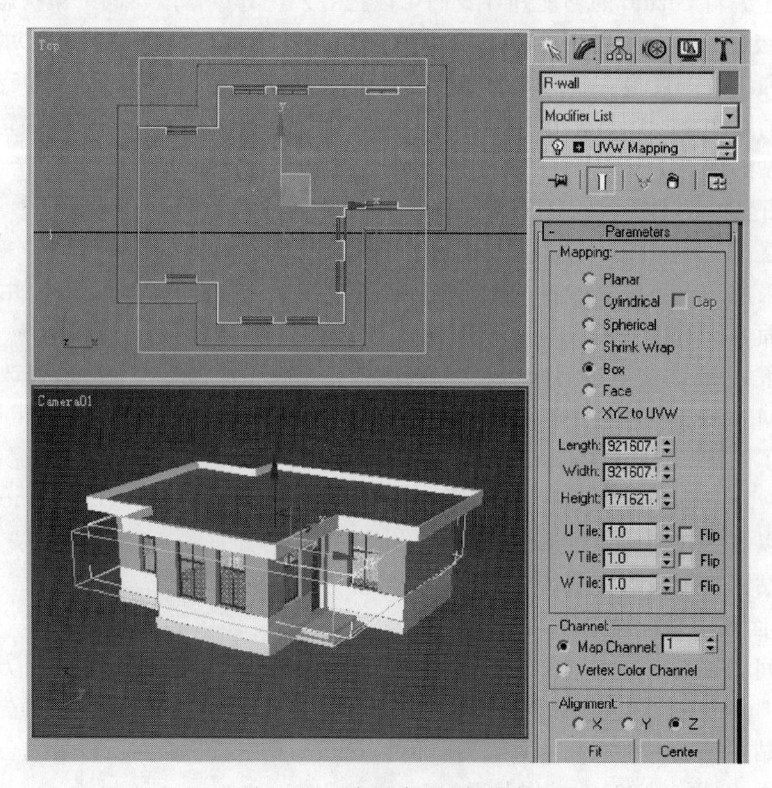

图 3-163　墙面贴图坐标设定

(1) 选择 R-Wall 物体，激活 Modify 修改面板，堆栈中增加 *UVW* Map 修改器。

(2) 在 Mapping 参数栏中选择 Box 方式。如果位图贴图的参数栏中设定了贴图的 Tiling 铺贴次数。这里就不再设定 *U*，*V*，*W* Tile 参数。

(3) 在 Alignment 参数栏中选择 *Z* 轴项。并选用 Fit 编辑功能，使 Gizmo 与物面尺寸相对应。所以不必在前面设定 Length 和 Width。

红墙面的贴图坐标设置完成。

3. 渲染后的贴图效果

图 3-164 为屋面和墙面的最后贴图效果，为了能看清细部，采用 Blowup 的渲染类型（在工具条的 Render Type 列表中选择）。选中此渲染类型，在最后渲染之前会要求定义一个矩形框，渲染时只渲染框线内的那部分画面并将它放大撑满全图。

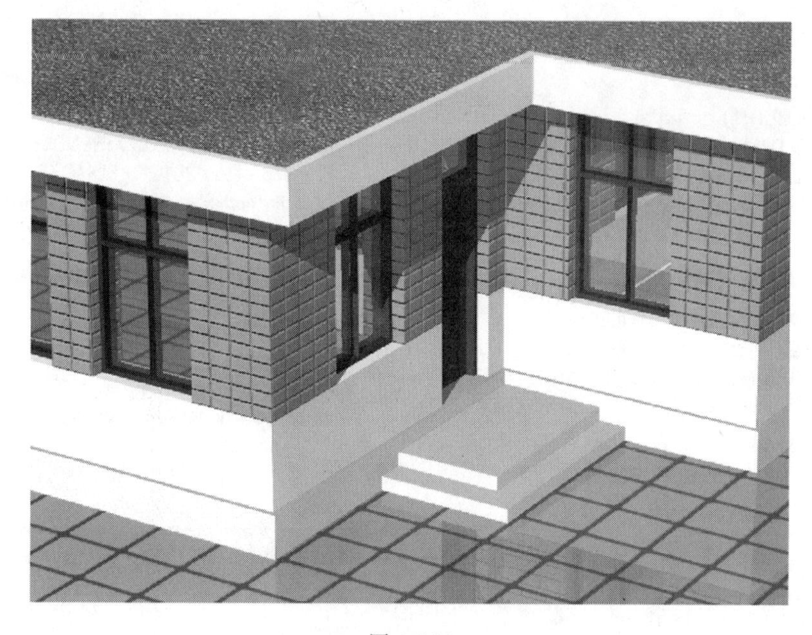

图 3-164

第十一节 贴图工作过程实例

材料的贴图是 3ds max 建筑渲染的重点和难点之一。我们可以通过以下的贴图练习来掌握这项技术的基本操作过程。图 3-165 中有三个基本几何体：长方体，圆筒体和球体。通过材料的贴图处理后，最后的渲染效果变成图 3-166 显示的效果。图 3-167 为三个物体各自贴图的结构层次导航图。图 3-168 为三个物体在各自 Maps 卷展栏中的参数设定。

下面我们来解剖这个贴图工作操作的全过程：

整个贴图作业包括五个部分：背景贴图、地板贴图、圆筒贴图、圆球贴图和反射贴图。

图 3-165　　　　图 3-166

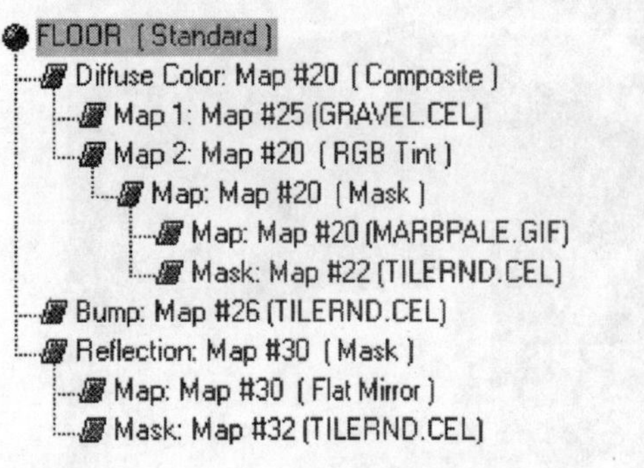

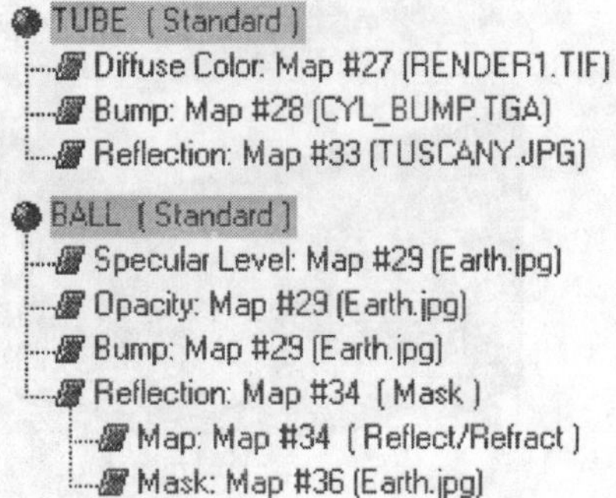

图 3-167

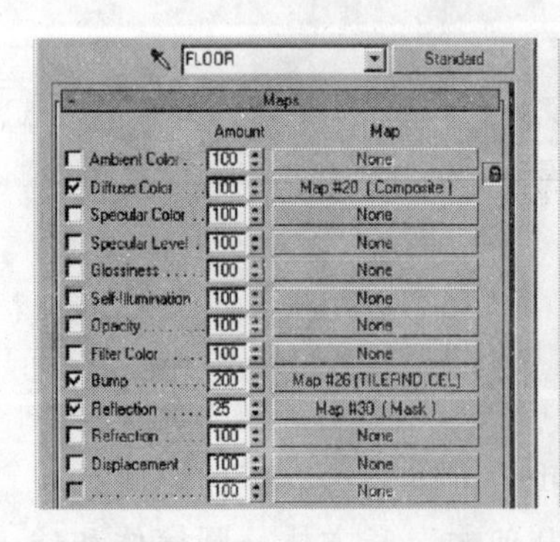

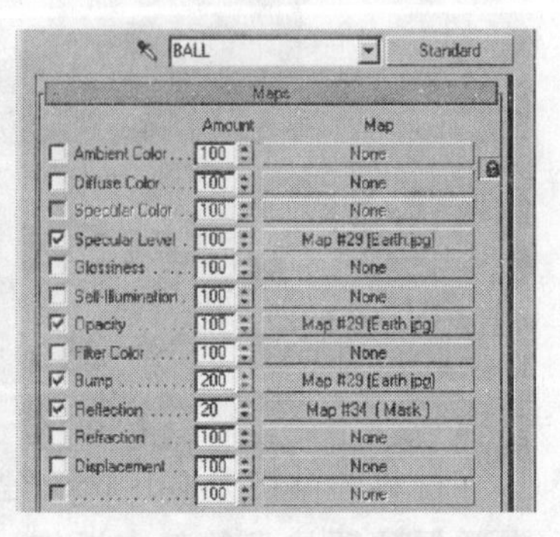

图 3-168

一、背景贴图(Background Map)

(1) 执行菜单命令 Rendering/Environment 后，出现 Environment and Effects 对话框(图 3-169)。

(2) 在 Background 参数栏中，点击 Environment Map 的选钮。出现 Material/Map Browser 对话框。

(3) 选择 Gradient 贴图类型。在 Environment Map 的选钮中出现 Map ＃5 [Gradient]。

(4) 用鼠标把上述选钮的内容拉拖到材料编辑器中的某个样本窗。此样本窗显示上黑下白的渐变背景图形。

(5) 在 Gradient Parameters 卷展栏中，有 Color＃1，Color＃2 和 Color＃3 三个色彩选钮和贴图选钮。

(6) 修改 Color＃1，使之 RGB 成为 R＝175，G＝195，B＝215；修改 Color＃2，使之 RGB 成为 R＝118，G＝157，B＝185；修改 Color＃3，使之 RGB 成为 R＝54，G＝85，B＝68。最后的背景效果如图 3-170。

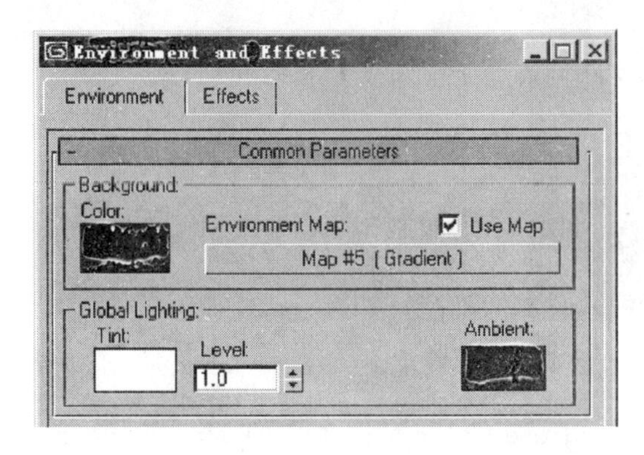

图 3-169

图 3-170

二、地板贴图(Floor Mapping)

执行菜单命令 Tools/Display Floater，把圆筒体和球体隐藏不显示。

1. 长方体(FLOOR)基本材质参数(图 3-171)

Shader＝Blinn，

Anbient and Diffuse：R＝220，G＝215，B＝190，Specular：R＝250，G＝250，B＝250

Specular level＝100，Glossiness＝50

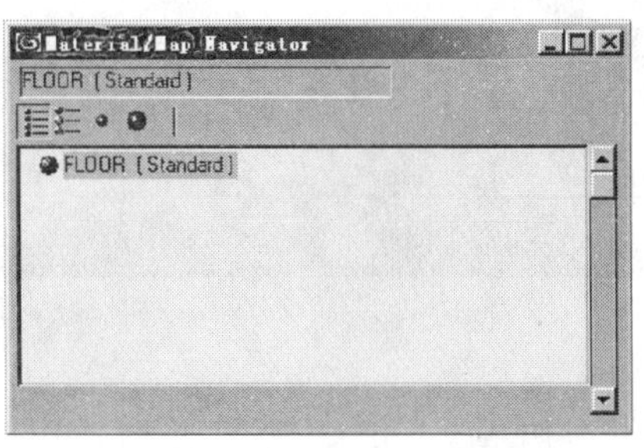

图 3-171

渲染后长方体显示上述设定的材质的基本色效果。图 3-171 显示场景的渲染效果和材质导航器(Material/Map Navigator)中的内容。

2. 加设大理石贴面(图 3-172)

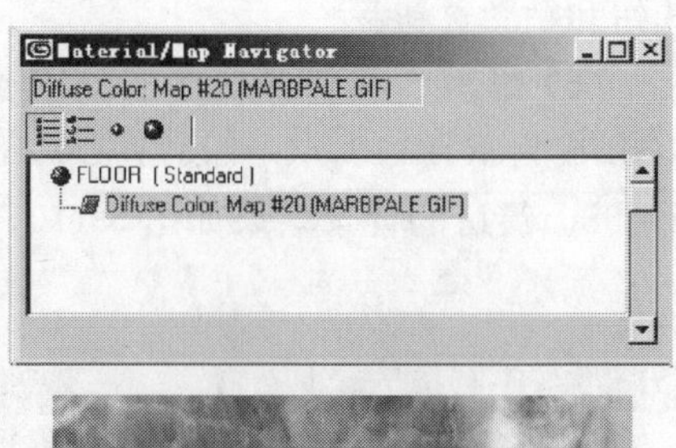

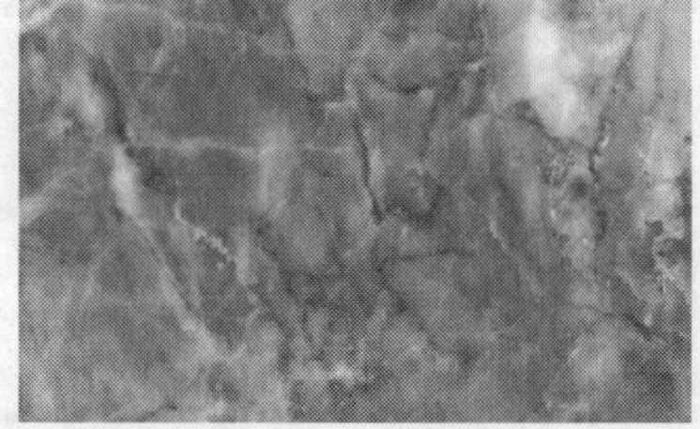

图 3-172

在 FLOOR 材质的 Maps 参数栏中，点击 Diffuse Color 贴图项中的 Map 按钮，选取 Bitmap 类型的 Marbpale. gif 图形文件作为贴图文件。重新渲染后的场景效果和材质导航器的显示如图 3-172 所示。

3. 增加地面砖的砖缝(图 3-173)

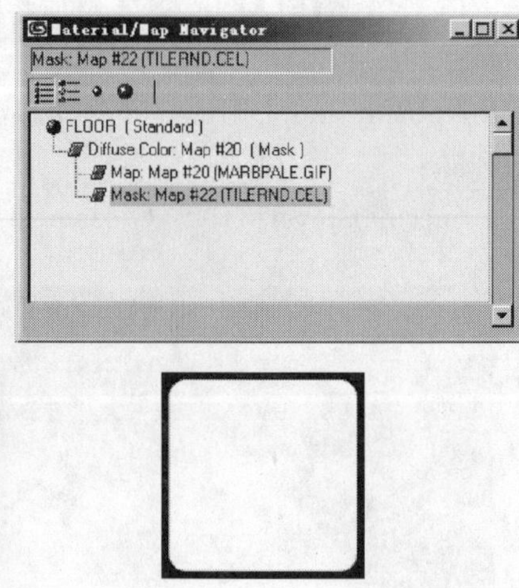

图 3-173

改用 Mask 屏蔽贴图类型，用 Tilernd. cel 黑白图形文件对 Marbpale 贴图进行屏蔽。被屏蔽部分显露出原来的基本色。改变贴图类型(由 Bitmap 改成 Mask)的操作过程为：

(1) 点击材料编辑器中位于材料名称输入框右边的 Material/Map Type 按钮，出现

Material/Map Browser 对话框。

(2) 在对话框中选取 Mask 贴图类型。出现 Replace Map 对话框，选取对话框中 Keep old map as sub-map 选项后确认。

(3) 随后返回 Mask 贴图类型的 Mask Parameters 卷展栏。点击 Mask 选钮，并选取 Tilernd. cel 作为屏蔽文件。重新渲染后的场景效果、材质导航器和 Tilernd. cel 文件的图形显示如图 3-173 所示。

4. 修改地面砖的划分数量(图 3-174)

修改屏蔽文件 Tilernd. cel 的 Coordinates 参数栏中的参数。把其中的 U、V 的 Tiling (平铺数)由 1 改为 4。重新渲染后的场景和 Coordinates 卷展栏修改如图 3-174 所示。

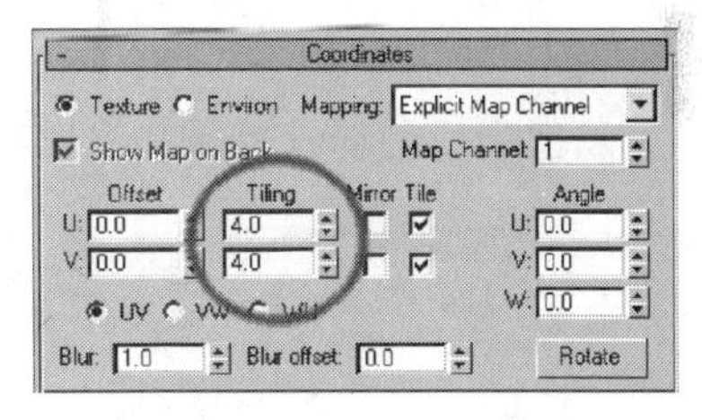

图 3-174

5. 调整砖缝的位置(图 3-175)

修改屏蔽文件 Tilernd. cel 的 Coordinates 参数栏中的参数。把其中的 U，V 的 Offset (偏移量)由 0 改为 0.125(总长度为 1，偏移量为总长度的 0.125。重新渲染后的场景和 Coordinates 卷展栏修改如图 3-175 所示。

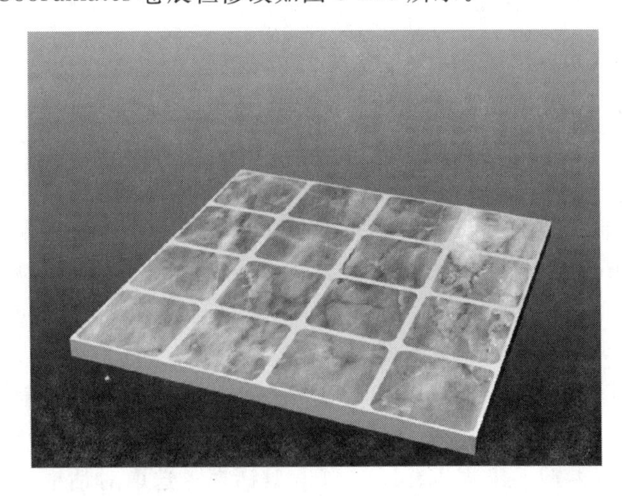

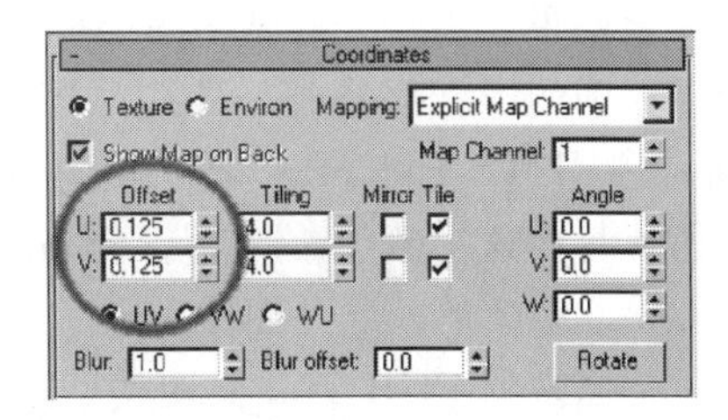

图 3-175

6. 改变地面砖的色彩(图 3-176)

把原来的 Mask 贴图改成 RGB Tint 贴图类型，即对原来的大理石贴图进行调色处理。色调改为较暗的咖啡色。

改变贴图类型(由 Mask 改成 RGB Tint)的操作过程为：

(1) 点击材料编辑器中的 Material/Map Type 按钮，出现 Material/Map Browser 对话框。

(2) 在对话框中选取 RGB Tint 贴图类型。出现 Replace Map 对话框，选取对话框中 Keep old map as sub-map 选项后确认。

(3) 随后进入 RGB Tint 贴图类型的 RGB Tint Parameters 卷展栏。其中包含 R(红)，G(绿)，B(蓝)三个调色按钮。可以调节 RGB 三原色光的新的强度比例关系。

点击 R 按钮，在 Color Selector 中调整为：R=200，G=0，B=0。

点击 G 按钮，在 Color Selector 中调整为：R=0，G=160，B=0。

点击 B 按钮，在 Color Selector 中调整为：R=0，G=0，B=110。

重新渲染后的场景效果和材质导航器的显示如图 3-176 所示。

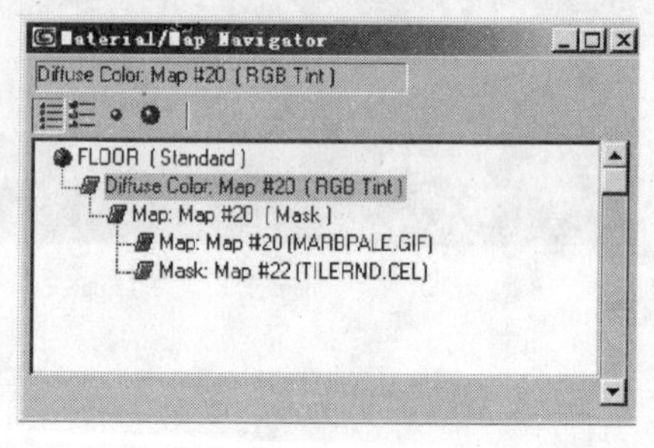

图 3-176

7. 地面砖缝中增加砂子效果(图 3-177)

这种情况需要用到 Composite 贴图类型。Composite 贴图的特点是可以达到多层贴图的复合效果。编号大的贴图图层位置在外，编号小的贴图图层位置在内。我们往往是透过外层贴图的屏蔽部分或是外层贴图的透明或半透明部分看到内层的贴图效果。这里，由 Mask 文件 Tilernd. cel 屏蔽产生的砖缝部分不再是长方体的基本材质，它被一个砂子的贴图所代替，这个砂子贴图就是 Composite 中的内层贴图，而被屏蔽掉砖缝的大理石贴图就是 Composite 的外层贴图。

把原来的 RGB Tint 贴图类型改为 Composite 贴图类型的操作过程为：

(1) 点击材料编辑器中的 Material/Map Type 按钮，出现 Material/Map Browser 对话框。

(2) 在对话框中选取 Composite 贴图类型。出现 Replace Map 对话框，选取对话框中 Keep old map as sub-map 选项后确认。

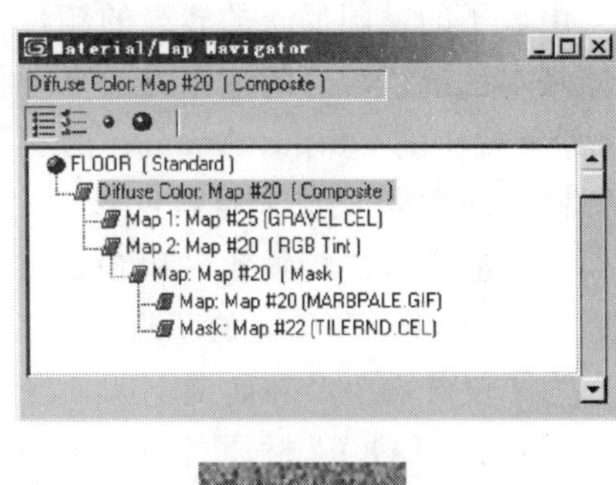

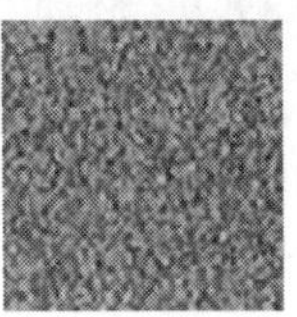

图 3-177

(3) 随后返回 Composite 贴图类型的 Composite Parameters 卷展栏。其中 Number of Maps 项显示复合贴图的复合层数，可以用 Set Number 选钮来修改层数的设定。目前设定的层数应该为 2。此时卷展栏中应有 Map 1 和 Map 2 两个选项，而 Map 1 已经被原来的 RGB Tint 所占用。因为 RGB Tint 贴图产生的未被屏蔽的大理石地面砖应该是在 Composite 的外层，即是在 Map 2 的位置上。

(4) 把在 Map 1 的 RGB Tint 拖动复制到 Map 2 的位置上。出现 Copy(Instance)Map 对话框，选择其中 Swap(交换)选项，执行结果是把 Map 1 和 Map 2 两选项的内容进行了互换。

(5) 点击 Map 1 选项，选取 Bitmap 类型的 Gravel. cel 文件为内层贴图文件。

(6) 由于 Gravel. cel 的图形不大，贴到长方体表面后的沙粒很大，为此，修改它的 Coordinates 卷展栏中的 U，V 的 Tiling 参数值为 7，即在长方体地面上砂子贴图在水平和垂直方向各重复 7 次。

重新渲染后的场景效果和材质导航器的显示如图 3-177 所示。

8. 在砖缝的砂子色彩中混合基本原色(图 3-178)

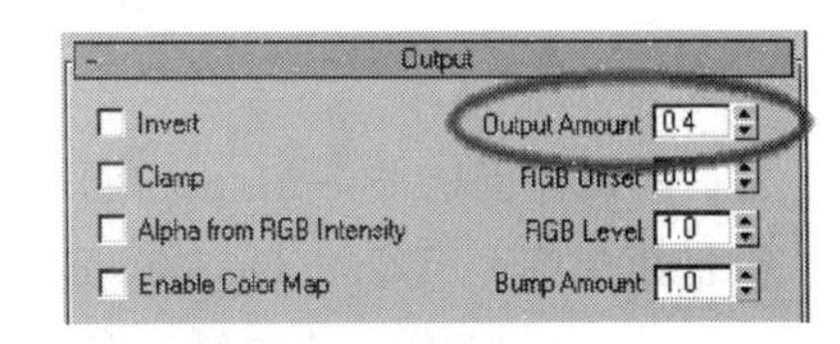

图 3-178

由砂子的贴图反映的砖缝的颜色过于凝重和灰暗，所以采用将砂子贴图与它下面的长方体基本色进行混合的输出方法来改善输出效果。具体的方法是将 Gravel. cel 贴图的 Output 卷展栏中的 Output Amount 的参数值由 1 改为 0.4。即是只输出 40%的 Gravel 贴图而保留原来的 60%的原来材料色彩。

重新渲染后的场景效果和 Output 卷展栏修改如图 3-178 所示。

9. 增加砖面和砖缝的凹凸效果(图 3-179)

为了使砖面上凸和砖缝下凹，应该对长方体表面增加 Bitmap(凹凸)贴图。

(1) 在 FLOOR 材质的 Maps 卷展栏中，点击 Bump 贴图项中的 Map 按钮，选取 Bitmap类型的 Tilernd. cel 黑白图形文件作为贴图文件。

(2) 为了使地面的凹凸位置和 Diffuse Color 的砖缝位置相一致，把该贴图的 Coordinates 卷展栏中的 Offset 和 Tiling 参数与前面介绍的砖缝屏蔽所设的 Tilernd 文件的参数完全一致(即 U，V 的 Offset=0.125，Tiling=4)。另一种方法是把 Navigator(浏览器)中 Diffuse Color 贴图中的 Mask：Map # 22 [Tilernd. cel] 项用光标拖动到 Maps 卷展栏中的 Bump 贴图项中的 Map 按钮上。在出现的 Instance(Copy)Map 对话框中选择 Instance 选项。

(3) 修改 Maps 卷展栏中的 Bump 贴图项的 Amount 参数为 200。(Bump 的 Amount 参数不是百分数的概念，而是与视觉凹凸量成正比例的数值。

重新渲染后的场景效果和材质导航器的显示如图 3-179 所示。至此，长方体地板的贴图基本完成。

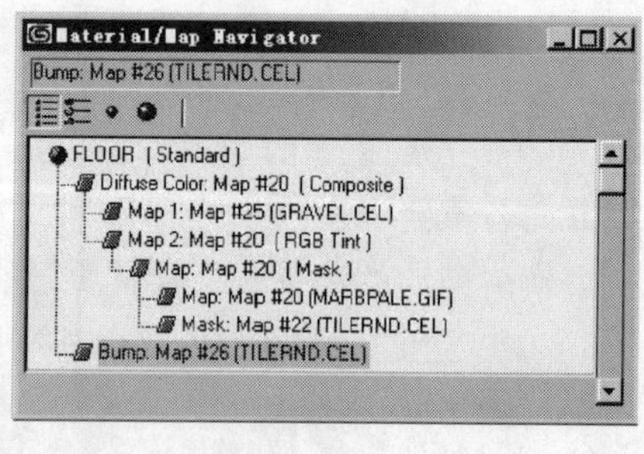

图 3-179

三、圆筒贴图(Tube Mapping)

执行菜单命令 Tools/Display Floater，显示圆筒体，隐藏长方体和球体。

1. 圆筒体(TUBE)基本材质参数(图 3-180)

Shader=Blinn，

Anbient and Diffuse：R=200，G=240，B=252，Specular：R=250，G=250，B=250

Specular level=95，Glossiness=44

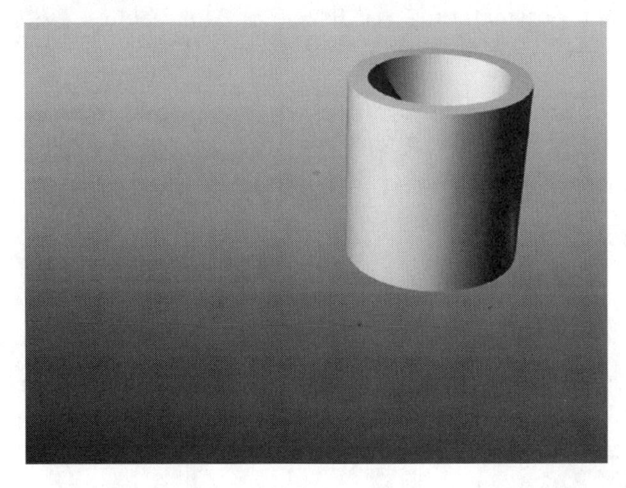

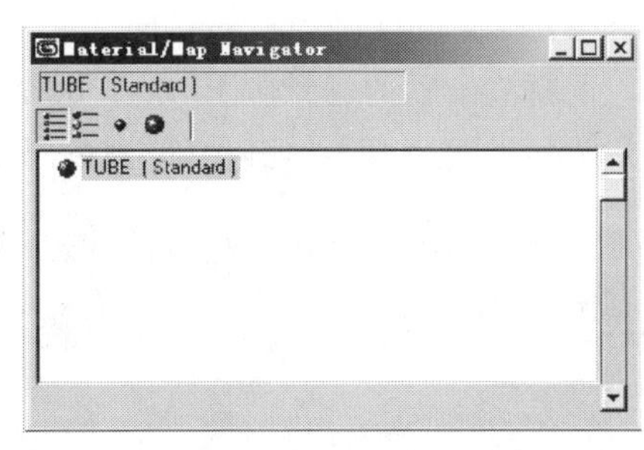

图 3-180

渲染后圆筒体显示上述设定的材质的基本色效果。图 3-180 显示场景的渲染效果和材质导航器(Material/Map Navigator)中的内容。

2. 加设印花贴面(1)

在 TUBE 材质的 Maps 参数栏中，点击 Diffuse Color 贴图项中的 Map 按钮，选取 Bitmap 类型的 Render1. tif 图形文件作为贴图文件。重新渲染后的场景效果、材质导航器和 Render1. tif 文件的图形显示如图 3-181 所示。

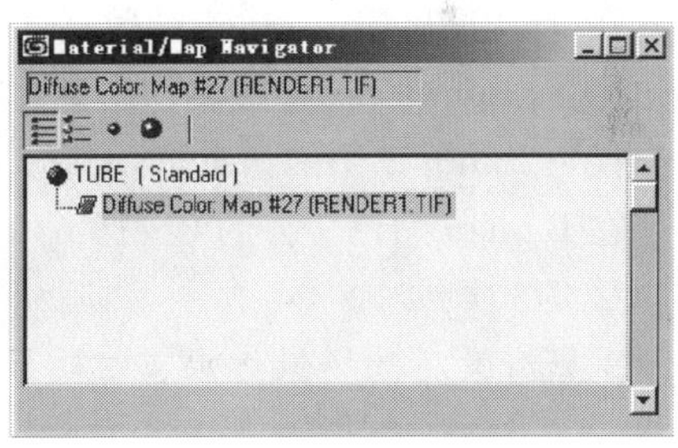

建 筑
渲染图

图 3-181

原意是只把“建筑渲染图”字体贴到圆筒面上，现在连白色的背景也贴上了，这不符合要求。

3. 加设印花贴面(2)

Render1. tif 文件自身包含有图像 8 bit 的 Alpha 透明信息：文字部分为不透明，背景部分为全透明。只要设置参数调用 Render1. tif 文件的 Alpha 信息就可以达到只贴文字部分的印花贴图。

(1) 在 Render1. tif 贴图文件的 Bitmap Parameters 卷展栏中，激活 Alpha Source 参数栏中的 Image Alpha 选项。

(2) 确保最后行的 Premultiplied Alpha 选项处于未选状态。

重新渲染后的场景和 Bitmap Parameters 卷展栏的修改如图 3-182 所示。贴图的文字部分贴到了圆筒面上，其他部分保留圆筒原来的基本材质。

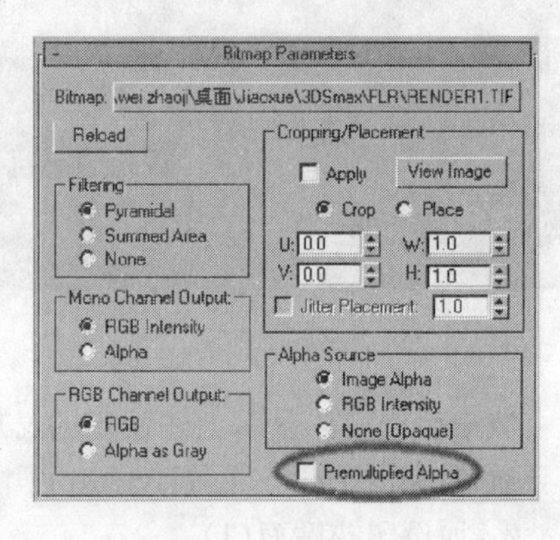

图 3-182

4. 筒面增加凹槽(1)

在 TUBE 材质的 Maps 参数栏中，点击 Bump 贴图项中的 Map 按钮，选取 Bitmap 类型的 Cyl _ bump. tga 图形文件作为贴图文件。

设定 Bump 贴图的 Amount 参数为 500。

在 Bitmap 贴图文件的 Coordinates 卷展栏中，设定 V 方向的 Tiling 参数为 8，即垂直方向重复 8 次。

重新渲染后的场景效果、材质导航器和 Cyl _ bump. tga 文件的图形显示如图 3-183 所示。

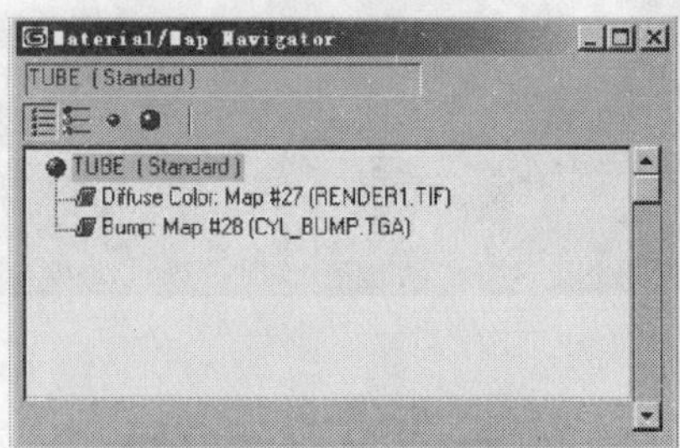

图 3-183

5．筒面增加凹槽(2)

上面设定所得到效果是凸槽而不是凹槽(白色部分凸起，黑色部分凹陷)。为此，在Bitmap贴图文件的Output卷展栏中激活Invert选项。使贴图的输出反相成凹槽。重新渲染后的场景和Output卷展栏的修改如图3-184所示。圆筒体自身的贴图基本完成。

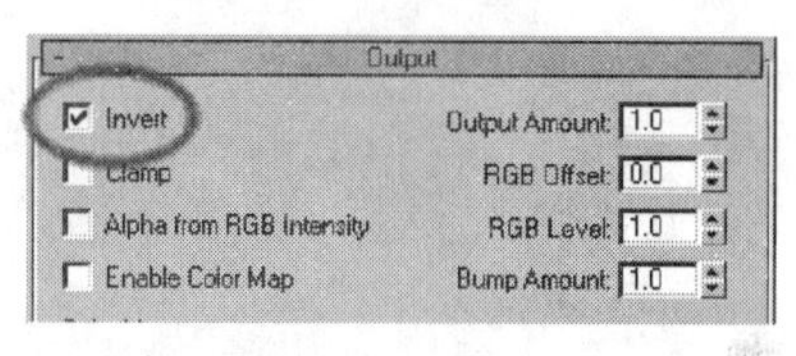

图 3-184

四、球体贴图(Ball Mapping)

执行菜单命令Tools>Display Floater，显示球体，隐藏长方体和圆筒体。

1．球体(BALL)基本材质参数(图3-185)

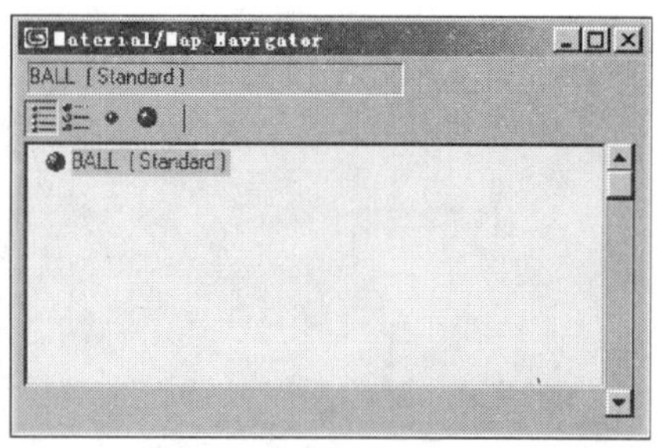

图 3-185

Shader＝Metal(金属)，激活2-sided选项，实行双面显示。

Anbient and Diffuse：R＝220，G＝230，B＝102，Specular：None

Specular level＝35，Glossiness＝75

渲染后球体显示上述设定的材质的基本色效果。图3-185显示场景的渲染效果和材质导航器(Material/Map Navigator)中的内容。

2. 对圆球体进行不透明贴图

在 BALL 材质的 Maps 参数栏中，点击 Opacity 贴图项中的 Map 按钮，选取 Bitmap 类型的 Earth.jpg 图形文件为贴图文件。贴图后，贴图图形的白色部位将不透明，黑色部位将成为透明。重新渲染后的场景效果、材质导航器和 Earth.jpg 文件的图形显示如图 3-186所示。

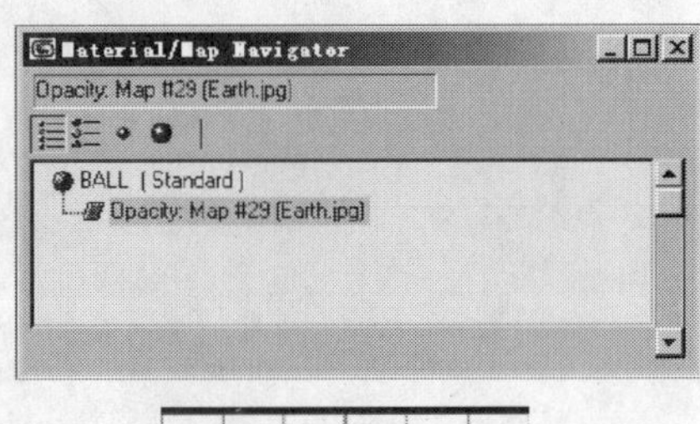

图 3-186

3. 使物体透明状态反相

为了使球体的透明状态反相，也可以像图 3-184 中所示的那样，激活贴图文件 Output 卷展栏中的 Invert 选项。重新渲染后的场景效果和 Earth.jpg 文件 Output 卷展栏的显示如图 3-187 所示。

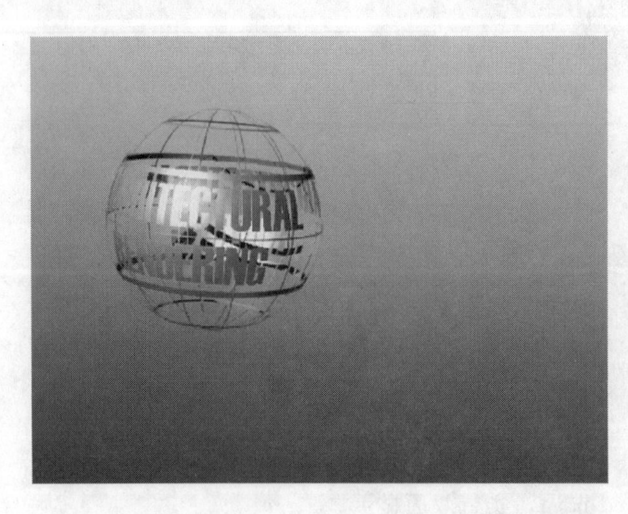

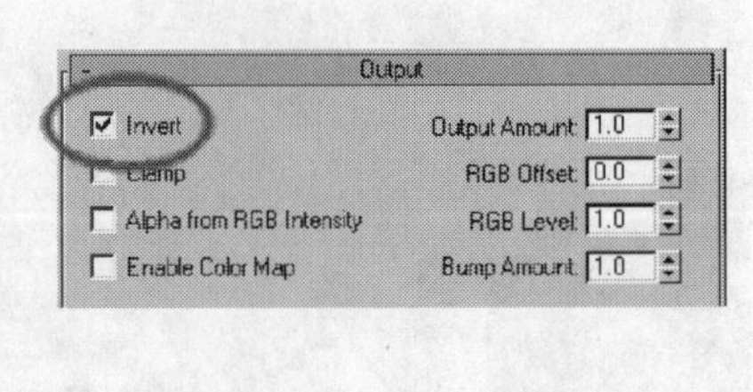

图 3-187

4. 除去透明部位的高光

现在球体看上去成了空心的有文字的金属球框，但是透明部位还是存在高光现象。要除去它就需要增加一个 Specular Level 贴图，贴图类型依然是 Bitmap 图形文件 Earth.jpg，所有的参数设定与Opacity贴图完全相同，所以可以在BALL材质的Maps卷展栏中，把Opacity贴图的Map选项的内容直接拖动复制到Specular Level贴图的Map选项上去。重新渲染后的场景效果、材质导航器显示如图3-188所示。

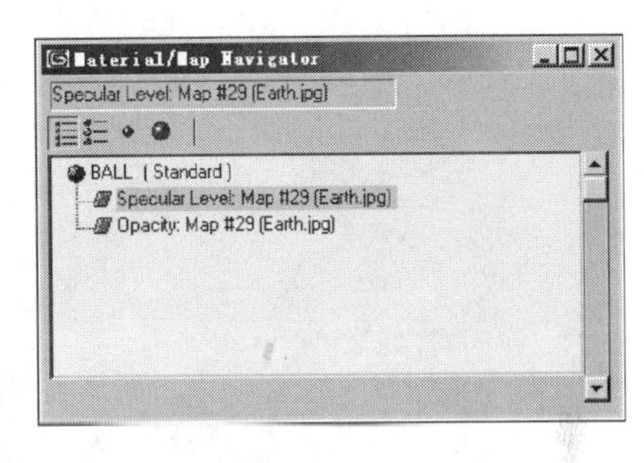

图 3-188

5. 加强金属球框的立体质感

要加强金属球框的立体质感，就需要增加一个Bump贴图，贴图类型依然是Bitmap图形文件Earth.jpg，所有的参数设定也与Opacity贴图完全相同，所以可以在BALL材质的Maps卷展栏中，把Opacity贴图的Map选项的内容直接拖动复制到Bump贴图的Map选项上去。重新渲染后的场景效果、材质导航器显示如图3-189所示。球体自身的贴图基本完成。

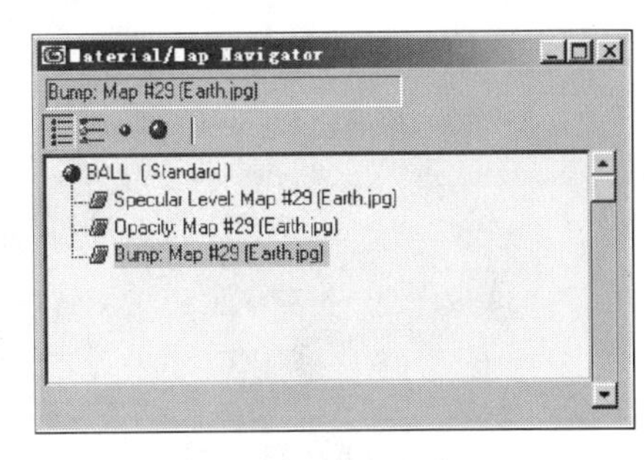

图 3-189

五、反射贴图(Reflect Maps)

场景中的长方体、圆筒体和球体各自的贴图完成后，就需要考虑物体之间的相互的光影反射的影响。

1. 地板的反射贴图(Flat Mirror—平面镜贴图)

长方体地板是光滑平整的大理石表面，得到它的反射效果可以有多钟贴图途径：Flat Mirror(平面镜贴图)，Reflect/Refract(自动反射贴图)，Raytrace(光线跟踪贴图)等。其中用 Flat Mirror 类型是最简单合理的选择。

(1) 在 FLOOR 材质的 Maps 参数栏中，点击 Reflect 贴图项中的 Map 按钮，选取 Flat Mirror 贴图类型，Amount 参数设定为 25。重新渲染后的场景效果、材质导航器内容显示如图 3-190 所示。

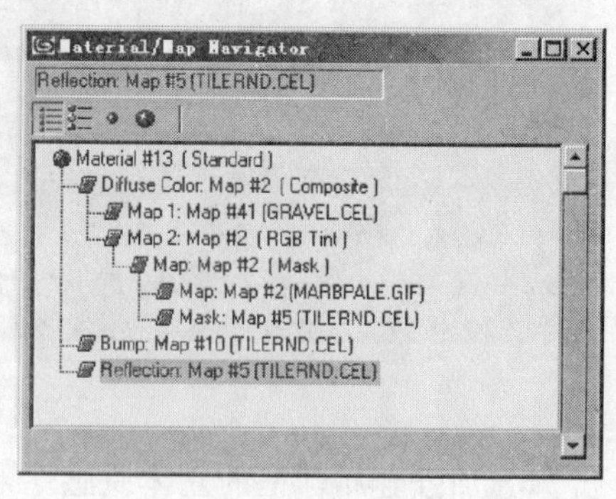

图 3-190

(2) 上面的平面镜反射效果中，砖缝比较粗糙，不应该有反射效果，而且在侧面处也存在问题。为了消除这个问题，可以用屏蔽方式除去砖缝的平面镜反射。点击贴图类型按钮，把 Flat Mirror 在 Material/Map Browser 对话框中改为 Mask 类型。和前面的留出砖缝的屏蔽操作一样，把 Tilernd. cel 作为屏蔽图形文件，参数也完全相同。重新渲染后的场景效果、材质导航器内容显示如图 3-191 所示。

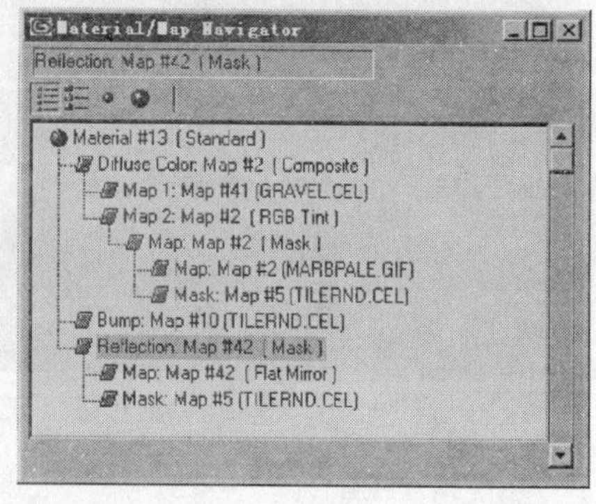

图 3-191

2. 圆筒的反射贴图(Bitmap Reflect—图像反射贴图)

圆筒体表面是一种不很光滑的磁质材料，由于它放在地板面上，而使它的底部受到咖啡色地砖的影响带有棕色的反光，而顶部主要受天光的影响有蓝色反光。为此在 TUBE 材质的 Maps 卷展栏中 Reflect 贴图的 Map 选项上选取 Bitmap 类型的文件 Tuscany. jpg。重新渲染后的场景效果、材质导航器内容显示和 Tuscany. jpg 如图 3-192 所示。

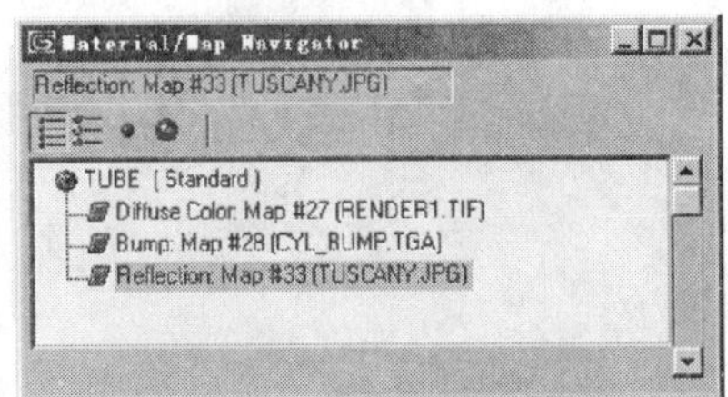

图 3-192

3. 圆球反射贴图(Reflect/Refract—自动反射/折射贴图)

圆球表面不能用 Flat Mirror，这里我们选用 Reflect/Refract 自动反射贴图类型。

(1) 在 BALL 材质的 Maps 卷展栏中 Reflect 贴图的 Map 选项上选取 Reflect/Refract 自动贴图类型。重新渲染后的场景效果、材质导航器内容显示如图 3-193 所示。发现在贴图透明的部位也产生了反射效果。

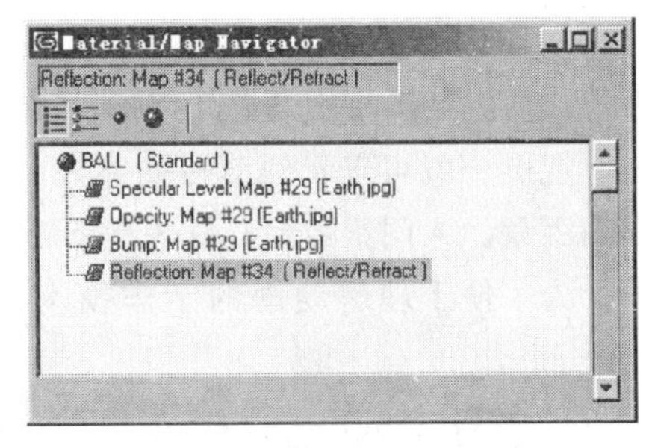

图 3-193

(2) 为了除去透明部位的反射效果，需要对反射贴图增加一个屏蔽。用前面介绍的方法，把原来的 Reflect/Refract 类型改成 Mask 类型，屏蔽图形依旧为 Earth. jpg。重新渲染后的场景效果、材质导航器内容显示如图 3-194 所示。

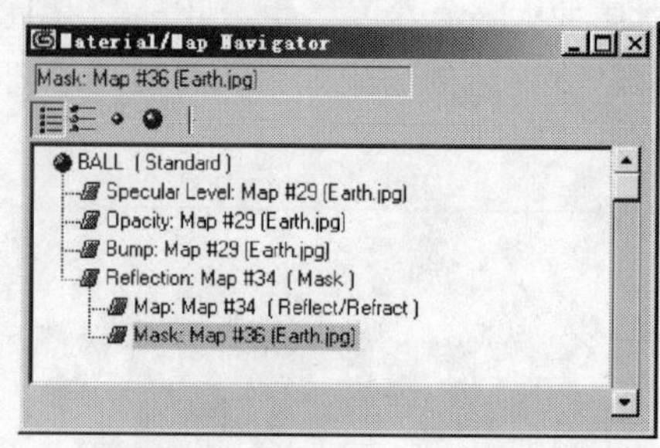

图 3-194

至此，完成全部场景的贴图作业。

第十二节　建筑动画的制作基础

一、动画制作的基本概念

前面，我们已经学习了如何用 3ds max 来绘制一张建筑效果图。下面，我们将学习如何绘制建筑动画。我们知道，动画(Animation)是由一幅幅静态的、相互连贯的、按某种设定的情节和规律变化的图片组成。当它们被连续快速播放时就产生了动画效果。所以，动画的基础是静态的图片。

在 3ds max 中，制作动画的方法很简单，如果你想把移动某物体的位置的过程、或旋转物体一个角度、或对它进行缩放的过程做成动画，你可以先按下 Auto Key 按钮，进入动画制作状态，此后所有的操作都被纪录下来。移动时间滑尺到一个关键帧位置，对物体进行你所要的改变。再按下 Auto Key 关闭动画状态，这段动画就完成了。按下动画播放钮，视图中就可以看到动画效果。在 3ds max 中，物体相关的可变参数都可以成为动画制作的因素。入门很容易，深入也不难。

为了便于理解动画的制作技术，我们应该首先了解一些与动画制作相关的概念和术语。

1. 帧(Frame)

组成动画的一幅幅静态的画面称为 1 帧。动画的长度可以以总帧数来表示，但这对于一般人们并不方便，人们习惯上把动画长度用时间表示。3ds max 的动画制作是以时间(Time)为基础的，但具体的动画操作时还是以帧为单位进行，此时的“帧”可以理解为一个时间的单位。

不同的工作制式，动画的播放速度是不同的：PAL 制为 25 帧/秒，NTSC 制为 30 帧/秒，电影为 24 帧/秒。所以帧数概念也就可以转化为具体的时间概念。

2. 关键帧(Key Frame)

以往的动画制作，首先有一个动画的剧本，由动画设计师按照故事情节设计出各个关键位置的画帧叫关键帧，再由一般画师画出两个关键帧之间的中间画帧。

现在在电脑的动画制作，与此非常相像。也是先确定一个动画脚本，首先由设计者在电脑中设计动画中的每个物体造型，然后设计它们在每个关键帧中的位置和状态，最后由电脑自动插值运算来完成所有的中间帧画面。这是最常用的一种动画的制作方法叫关键帧法。

3. 关键(Key)

是指物体在关键帧位置上的各种状态特征参数的设置。

4. 轨迹(Track)

是指动画制作中物体的某个单独分离出来的参数项的变化资料信息。例如每个物体的位移(Position)、旋转(Rotation)、比例缩放(Scale)关键帧都带有各自的轨迹。任何可以动态设定的参数都可以带有自身的轨迹。

5. 路径(Path)

是指物体运动行进所遵循的轨道，一般是事先定义好一条样条曲线把它设定为某运动物体的路径曲线。这是另一种常用的动画制作方法叫路径法。

6. 制约(Constraints)和控制器(Controllers)

制约是一种限定条件，限制物体以某种约定的方式运动。控制器是用来储存和控制中间帧进行自动插值计算方式和信息。动画制作中的制约和控制器的种类很多，在建筑动画中常用的制约是 Path Constraint(路径制约)，就是限制物体在指定的路径上移动。常用的控制器是 Bezier Controllers(贝塞尔控制器)，它是以样条线(Spline)的方式对中间帧进行插值。

7. 层级连接(Hierarchy)

在较为复杂的动画制作中，物体之间存在着某种主从的层次连接关系，例如，人体可以简化为由躯体、头和四肢组成，躯体的移动会带动头和四肢的移动，这是一级主从关系，再如下肢又可分为大腿、小腿和脚掌三个部件(物体)，它们之间相互也存在着主从的连接关系。这样从躯体→大腿→小腿→脚掌，构成的四个层次的主从连接，整个人体的复杂的层次关系，构成了人体活动的复杂连动关系，这就是层级连接关系(Hierarchy)。

在建筑动画中，运动体的层级关系比较少，所以我们不准备介绍这方面的内容。

8. 正向运动(FK)和反向运动(IK)

物体的层级连接关系，常常比喻为父子关系。父物体的运动会带动子物体的运动，这被称为正向运动(Forward Kinematics-FK)；反过来，子物体的运动也会带动父物体的运动，这就称为反向运动(Inverse Kinematics-IK)。这方面的内容虽然非常有意思，但本书也将不再涉及，有兴趣的读者可以根据 Help 中的介绍和其他有关书籍进行自学。

二、建筑动画的制作工具

1. Track View(轨迹视图)

轨迹视图是 3ds max 动画制作的重要工具。Track View 的功能有：

- 显示场景中的物体列表和它们的各种参数；
- 改变所设关键(Key)的参数值(Value)和时间(Time)；

• 改变控制器(Controller)的范围(Range)，控制中间帧的插值方式；

• 编辑多个关键(Keys)的范围和时间区段。

Track View 视图的界面包括两个视窗：左侧的视窗为层级列表(Hierarchy)。其中包含了场景中所有的物体、所赋的材质和所有可以动态设定的参数项的轨迹(Track)。右侧的视窗为编辑视窗。可以在此移动、复制或删除关键帧，以及编辑功能曲线的共用。Track View 视窗的上方是菜单条和工具条，菜单条包含了控制器操作和各种操作命令。工具条包含许多具体的控制选项按钮。视窗的右下方为五个视窗显示的控制按钮。

为了便于操作，Track View 具有两种显示形式，可以在 Modes 菜单中进行切换：

(1) Curve Editor——功能曲线编辑器

以功能曲线的形式来显示整个的动画过程。图 3-195 中显示的是下面介绍的一个建筑构件 Flying in 从天外一件件地飞落地面的动画。以示建筑的建造过程。

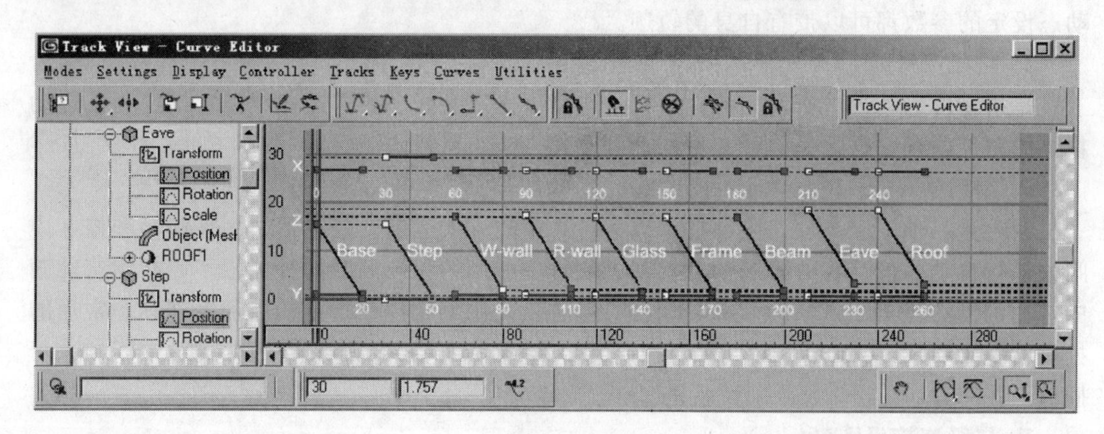

图 3-195

在层级列表视窗中激活了每个建筑部件的 Position 轨迹，所以在编辑视窗中就显示每个部件在整个动画过程中的 X，Y，Z 坐标方向的位移，红色表示 X 坐标，绿色表示 Y 坐标，蓝色表示 Z 坐标，从曲线图中我们可以看出：

• 建筑部件共有 9 个，在 Time=0 时位置都在地面上方 15m 以上。

• 在整个动画中所有构件都只有 Z 方向有位移，表明物体是垂直向下匀速降落的。

• 降落过程先是勒脚墙(Base)：0～20 帧，停了 10 帧时间；接着是踏步(Step)：30～50 帧，再停 10 帧时间；接着是窗下墙(W-wall)：60～80 帧，……；直到最后屋面(Roof)降落就位：240～260 帧。

• 260～300 帧为停顿时间，完成整个动画的过程。这段停顿只在动画进行连续播放时才发挥作用。

(2) Dope Sheet

此种形式是编辑视窗中显示的每个物体的关键(Keys)的位置。图 3-196 所示为上述动画过程的 Dope Sheet 的表示形式，它的优点是可以随时观察到所有物体的关键帧的位置，并进行各种有关关键(Key)的各种编辑操作。

2. Track Bar(轨迹图条)

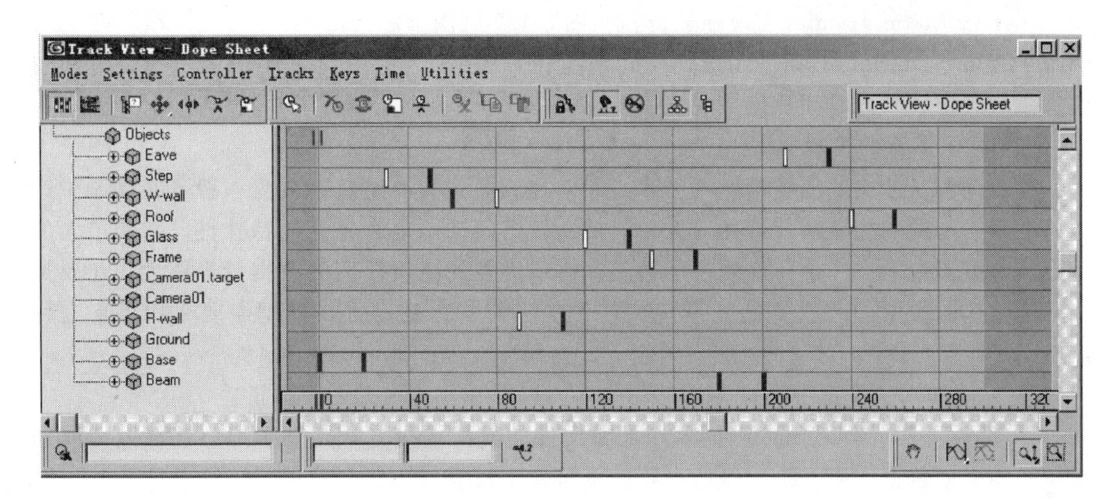

图 3-196

位于时间滑尺和状态行之间，是 Track View 的一种简化的替代形式(图 3-197)。图条中将显示一个或多个被选物体的 Keys(关键)。这些 Keys 呈现出下带短线的长方块，方块中填红色。用光标点击红色的 Key，它就变成白色处于被选状态。按住〈Ctrl〉键可以选中多个 Keys。

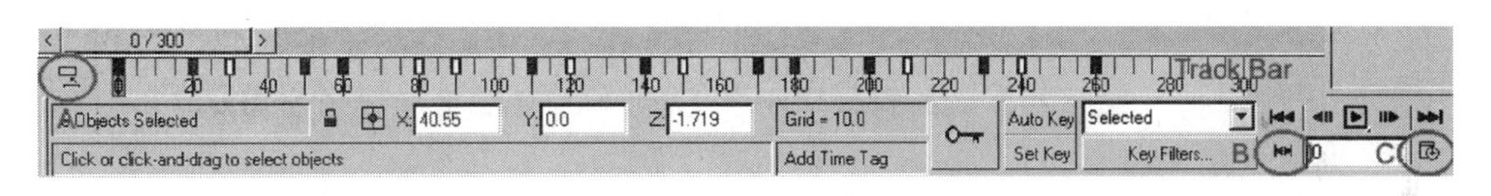

图 3-197

我们可以用光标将被选中的 Key 进行移动位置；如果同时按住〈Shift〉键移动就变成了复制；如果选定了 Keys 再按下〈Delete〉键，就把被选的 Keys 删除。

上图中的红圈 A 处为 Mini Track View 的显示按钮。

3. Hierarchy Panel(层级面板)

位于工作面板区，六大面板中排行第三。此处不作介绍。

4. Motion Panel(运动面板)

位于工作面板区，六大面板中排行第四。采用路径法的建筑动画中，在面板的 Parameters 功能区中，设置移动物体的位置项(Position)为 Path Constraint，并在此选定作为动画的路径物体。

5. Time Controls(时间控制)

• Time Slider(时间滑尺)—显示当前帧的位置，并可以把它移到可用时间段的任何帧的位置。

• Auto Key Button(自动状态钮)—自动状态动画的开关钮，建筑动画常用的工作状态。

• Set Key Buttons(设定状态钮)—设定状态动画的开关钮(此处不作介绍)。

• Animation Playback Buttons(动画播放键钮组)

• Key Mode Toggle(切换播放键钮)(图 3-197 红圈 B)

• Time Configuration Button(时间定义钮)—在对话框中设定动画的速率、时间单位、播放设定、动画时间长度等(图 3-197 红圈 C)。

三、建筑动画的基本类型

建筑动画所涉及的动画制作的技术是相对比较简单的。建筑物自身一般不在动画中产生的变形，动画的故事情节也相对简单。然而，建筑动画也有自身的特殊性。它的最大的特点就是数据量大。一个一定规模的建筑动画所涉及的建筑模型的数据量都很大，还要加上环境物体的数据，一般的电脑系统往往无法运行。为此，可以根据需要采用以下三种措施：

• 贴图技术—模型中大量使用贴图技术，以减少建筑模型的数据量。

• 参考文件—运用 Script 技术和参考文件的数据连接方式，动态地有选择地读取动画所需的模型数据。使系统只保留必要的少量模型数据。

• 动态取型—各种物体都建有 2 种不同复杂度的模型，在动画制作时，系统按画帧中能“见”物体的距离，动态读取相应复杂度的模型数据，以减少建筑模型的数据量。

建筑动画可以分成以下三类：

1. 构建模拟类(关键帧法)

(1) Growing up—建筑整体或部件一个个从地下升起到位，就像从地下生长出来一样。

(2) Flying in—建筑部件从天外飞落到位，展示建筑的内部结构和建造过程。

(3) Flying out—建筑部件由内到外一个个飞向天外，揭示建筑的内部构造。

2. 动态观察类(路径法)

观察者沿着一条预先制定的路线对建筑物进行动态的观光浏览。

(1) Walk through(穿越)—观察者沿着路径步行穿越建筑群或建筑物，浏览建筑内部。

(2) Car tour(汽车旅行)—观察者沿着路径模拟汽车在路上行驶，观察两边的建筑群体。视点较低，速度较快。

(3) Helicopter tour(直升机旅行)—观察者模拟直升机沿着路径飞行，观察建筑物或建筑群体的效果。视点可以进行高低变化。

也可以是以上三种方式的综合。

3. 设计模拟类

(1) Architecture Function(建筑功能)—建筑的功能活动、人流的分析模拟。

(2) Structure Analysis(结构分析)—建筑结构内力和变形的分析模拟。

(3) Others(其他)—建筑设备、智能和安全系统等的性能模拟。

4. 环境模拟类

(1) Sunshine(日照)—进行太阳能、采光和日照的模拟，观察建筑阴影的影响程度。

(2) Micro Climate(小气候)—建筑或建筑群体的风流场、温度场的模拟分析。

四、建筑动画制作实例

1. 建筑动画实例之一：建构模拟

以住宅小建筑为例，模拟建筑部件由上而下的 Flying in 动画。表现了一个个建筑部件自天而降的建造过程。

（1）建立动画脚本：

前面的 Track View(图 3-195)显示的是动画完成后的、各个建筑部件的功能曲线。它揭示了整个动画的工作过程。

动画脚本就是制作者事先设计构思出动画的全过程。包括各个动画部件的动作起止时间和动作变化内容。本例的动画脚本是：

1）动画时间总长为 300 帧，整个建筑在 Time=0 时位于地面上方 15，透视图中看不见。

2）降落顺序 Base(0～20)→Step(30～50)→W-wall(60～80)→R-wall(90～110)→Glass(120～140)→Frame(150～170)→Beam(180～200)→Eave(210～230)→Roof(240～260)。

3）每个构件在 20 帧的时间段中，沿 Z 方向匀速降落各 15m。

4）两构件动作之间间歇时间为 10 帧。

5）260～300 帧时间段留空，作重复播放的间歇时间。

（2）动画制作过程：

1）设计好动画的动作过程(如上所述)，把动画的时间长度设定为 300 帧。

2）以 Front 视图作为工作视图，把整个建筑从地面向上升高 15m。

3）移动滑尺到 0，点击 Auto Key 按钮，进入动画制作状态。

4）选择物体 Base，移动滑尺到 20，把 Base 向下移动 15m。此时，在 Track Bar 的 Time 为 0 和 20 处出现两个关键帧的图标。

5）选择物体 Step，Base 的关键帧图标消失，移动滑尺到 50，把 Step 向下移动 15m。此时，在 Track Bar 的 Time 为 0 和 50 处出现两个关键帧的图标，把光标移动 0 处的关键帧图标移到 30。所以使 Step 物体的移动是从 Time=30 处开始。

6）参考第四步的操作，把其余的建筑部件(物体)的下降过程纪录下来。直到最后的屋面下降到位。此时的 Time=260，并留下了最后的 40 帧时间。

7）再次点击 Auto Key 按钮，关闭动画制作状态。完成动画模型制作。

8）移动滑尺，或点击播放动画的 Playback 按钮运行动画，检验视图中的动画效果是否正确(图 3-198～图 3-202)。

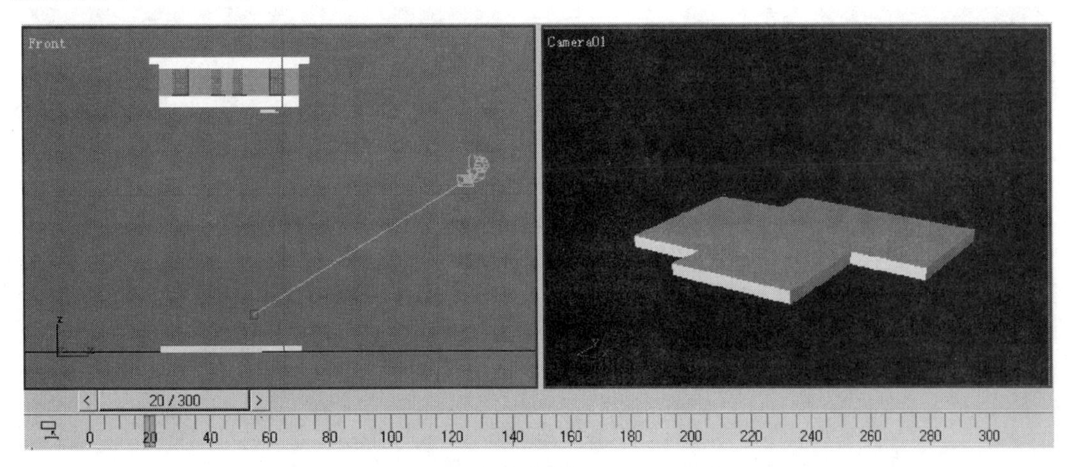

图 3-198　第 20 帧勒脚墙(Base)降落

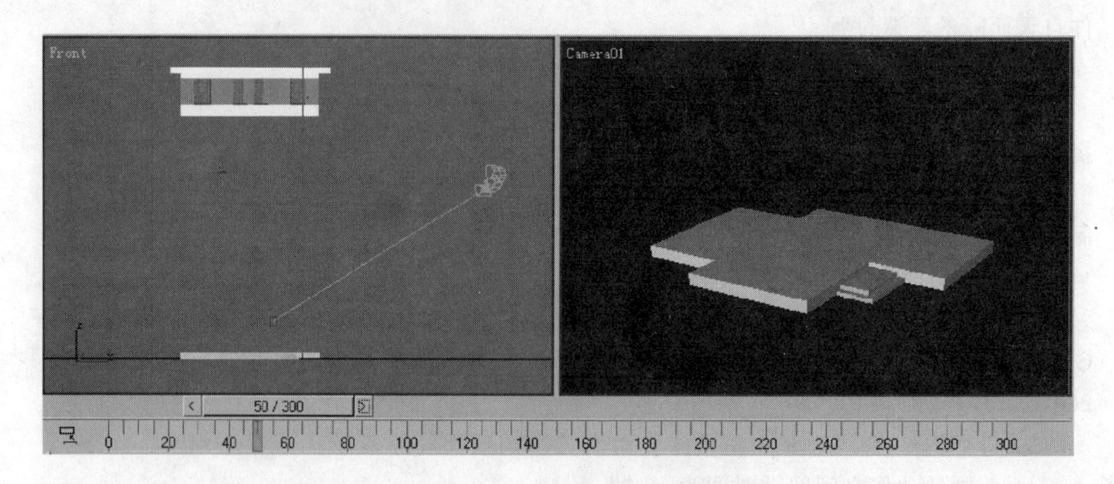

图 3-199　第 50 帧踏步(Step)降落

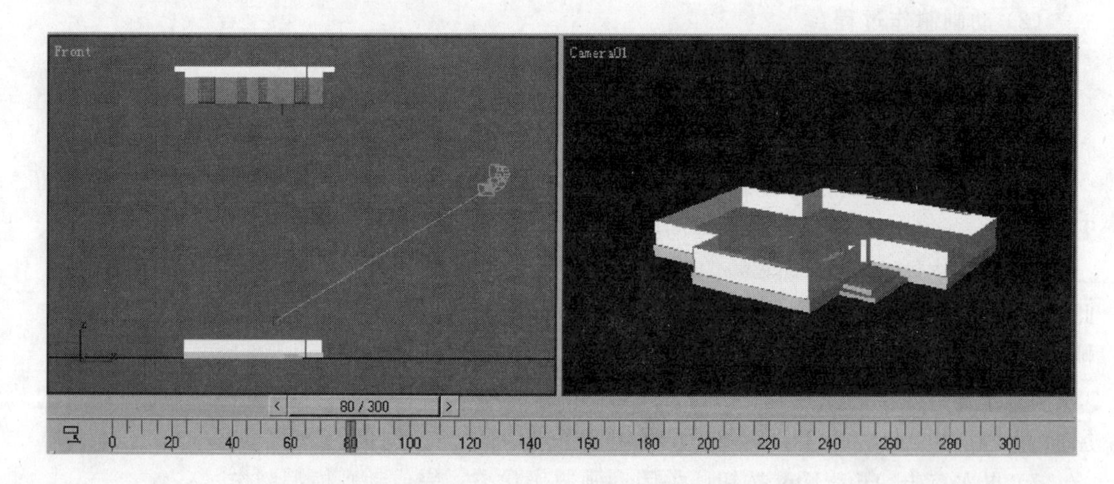

图 3-200　第 80 帧窗下墙(W-wall)降落

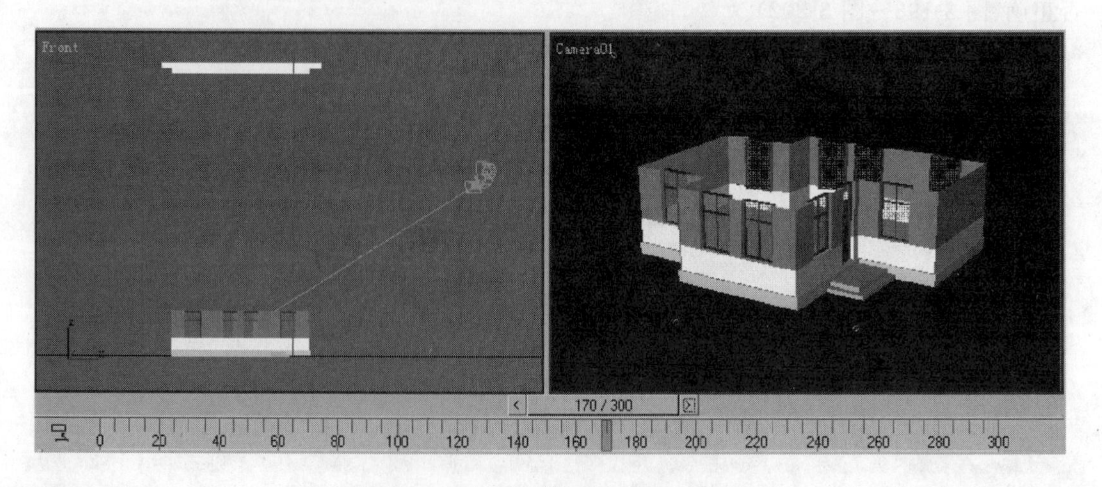

图 3-201　第 170 帧窗框(Frame)降落

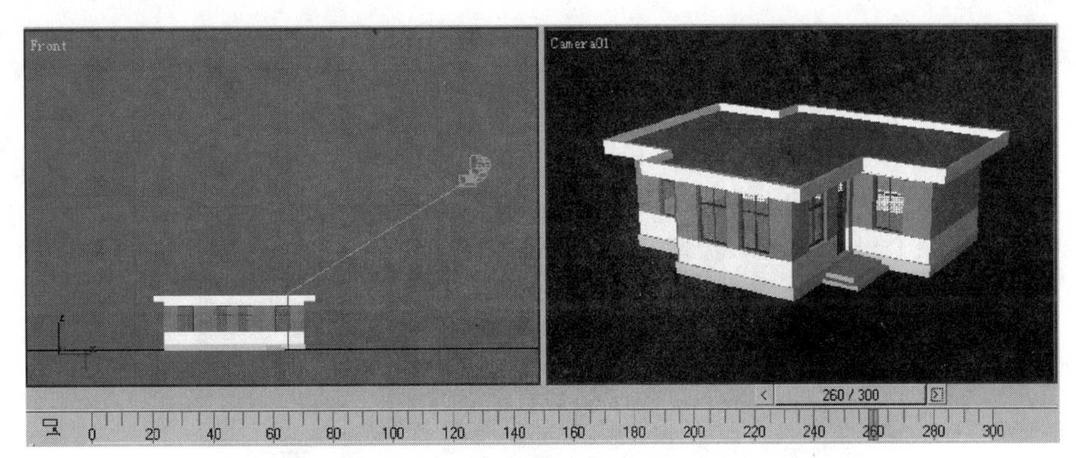

图 3-202　第 260 帧屋面(Roof)降落

9）打开 Rendering 对话框，设定渲染参数后进行动画渲染，生成可播放的动画文件。

2. 建筑动画实例之二：动态观测

以住宅小建筑为例，制作一个 Helicopter tour 动画。模拟观察者乘坐直升机沿着一空间的椭圆路径飞行时观察到的建筑群形象。

(1) 建立动画脚本

此动画采用路径法制作，脚本和制作都相对比较简单。

1）在建筑群上空，创建一个东南低西北高的倾角又转角的椭圆形，它的北端比南端更靠近建筑群的中心。椭圆形作为摄像机点的移动路径，所以它制作的好坏对动画的效果具有决定性的作用。

2）动画时间总长为 200 帧，整个建筑在 Time=0 时摄像机位于建筑群东北方。

3）摄像机沿着路径作匀速运动，像机的目标点定在建筑群的中心区内。

(2) 动画制作过程

1）设计好动画的动作过程(如上所述)，把动画的时间长度设定为 200 帧。

2）在 Top 视图，按要求绘制一椭圆，在 User 视图中把椭圆沿着 Local 坐标系的椭圆短旋转一个小角度。完成椭圆建模。

3）选择摄像机(Camera01)物体，激活 Motion 面板中的 Parameters 功能区按钮。

4）在 Assign Controller 参数栏内的列表中激活 Position(Bezier)项，点击列表左上方的 Assign Controller 图钮，在出现的对话框中选取 Path Constraint 选项。列表中改显 Position(Path Constraint)(图 3-203)。

5）在 Path Parameter 参数栏中点击 Add Path 选钮，在任一正交视图中选中椭圆物体。此时 Track Bar 中的 Time 为 0 和 200 两处出现关键帧图标。完成动画模型制作(图 3-204)。

6）移动滑尺，或点击播放动画的 Playback 钮运行动画。检验视图中摄像机是否在椭圆上移动，检验 Camera 视图中的动画效果(图 3-204，图 3-205，图 3-206，图 3-207)。

7）打开 Rendering 对话框，设定好渲染参数。进行动画渲染，生成可播放的动画文件。

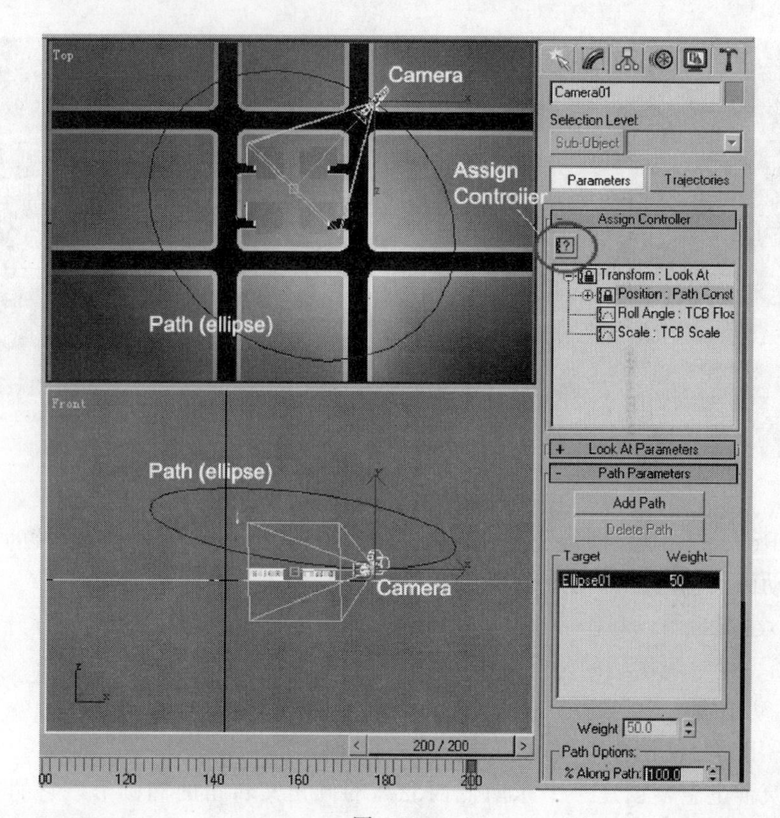
Top
Camera
Assign
Controller
Path (ellipse)
Camera01
Selection Level:
Sub-Object
Parameters
Trajectories
Assign Controller
Transform : Look At
Position : Path Const
Roll Angle : TCB Floa
Scale : TCB Scale
Front
Path (ellipse)
Camera
Look At Parameters
Path Parameters
Add Path
Delete Path
Target
Weight
Ellipse01
50
Weight 50.0
Path Options:
% Along Path: 100.0
200 / 200

图 3-203

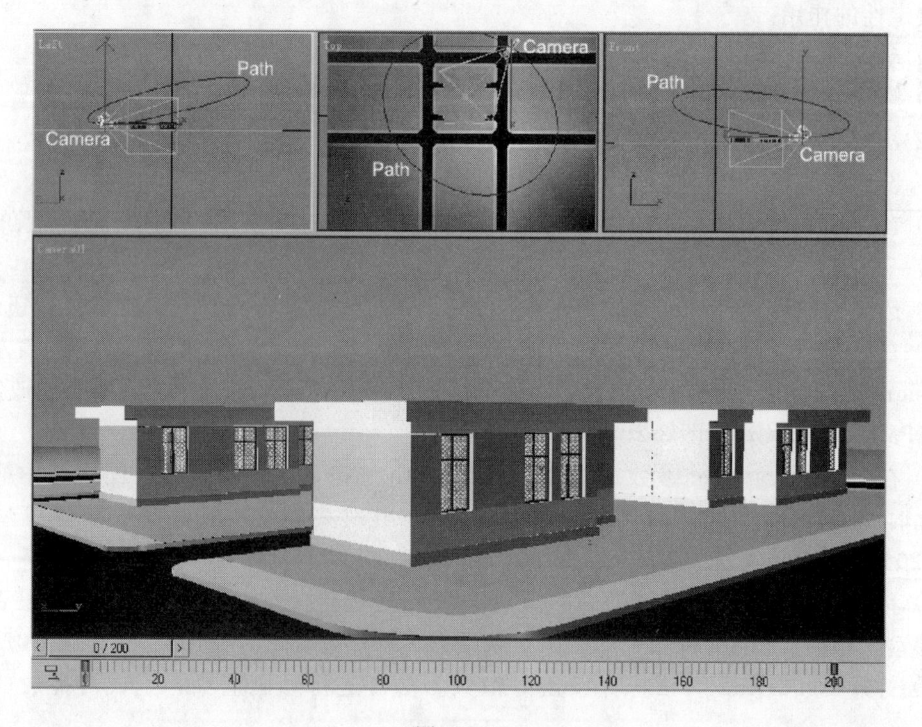
Path
Camera
Camera
Path
Path
Camera
0 / 200

图 3-204

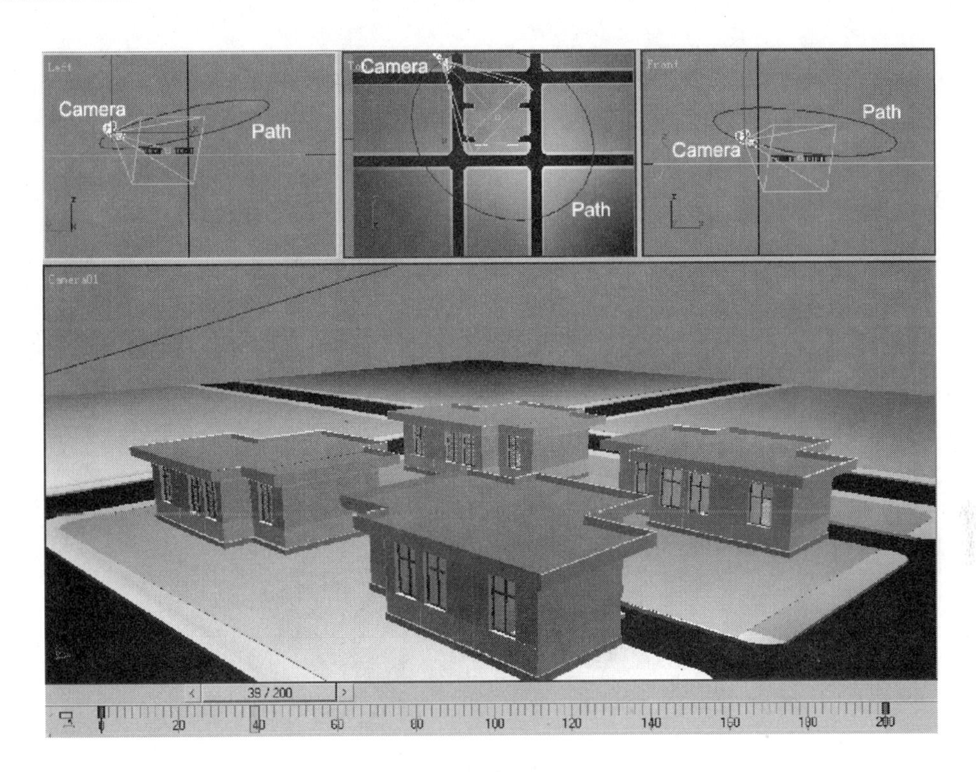
Left
Camera
Path
Camera
Path
Front
Path
Camera
Camera01
39 / 200
20
40
60
80
100
120
140
160
180
200

图 3-205

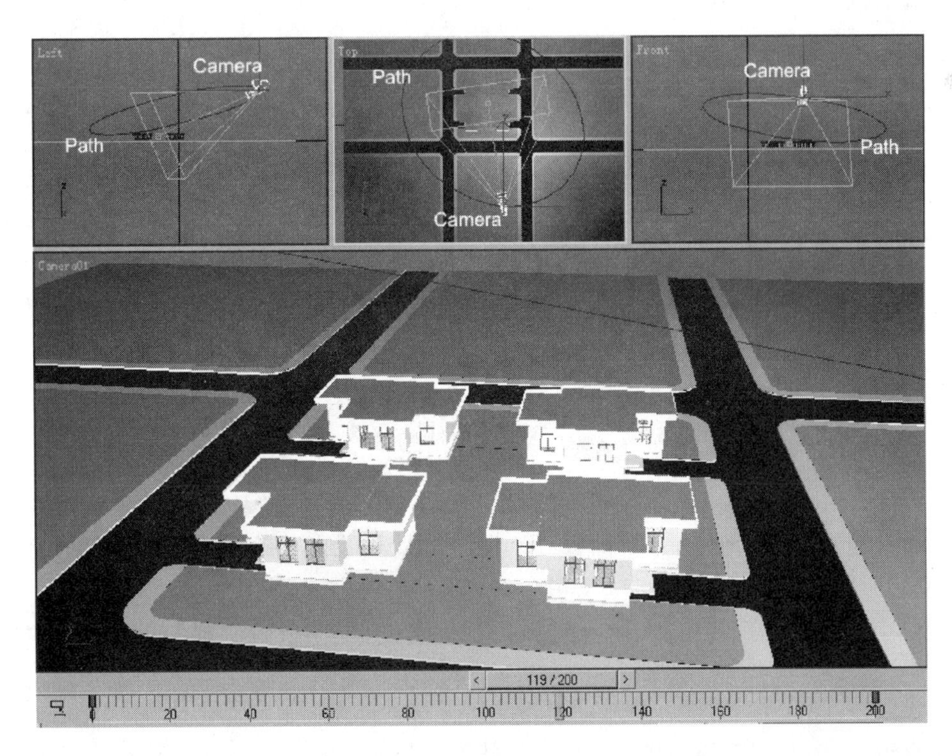
Left
Camera
Path
Top
Path
Camera
Front
Camera
Path
Camera01
119 / 200
20
40
60
80
100
120
140
160
180
200

图 3-206

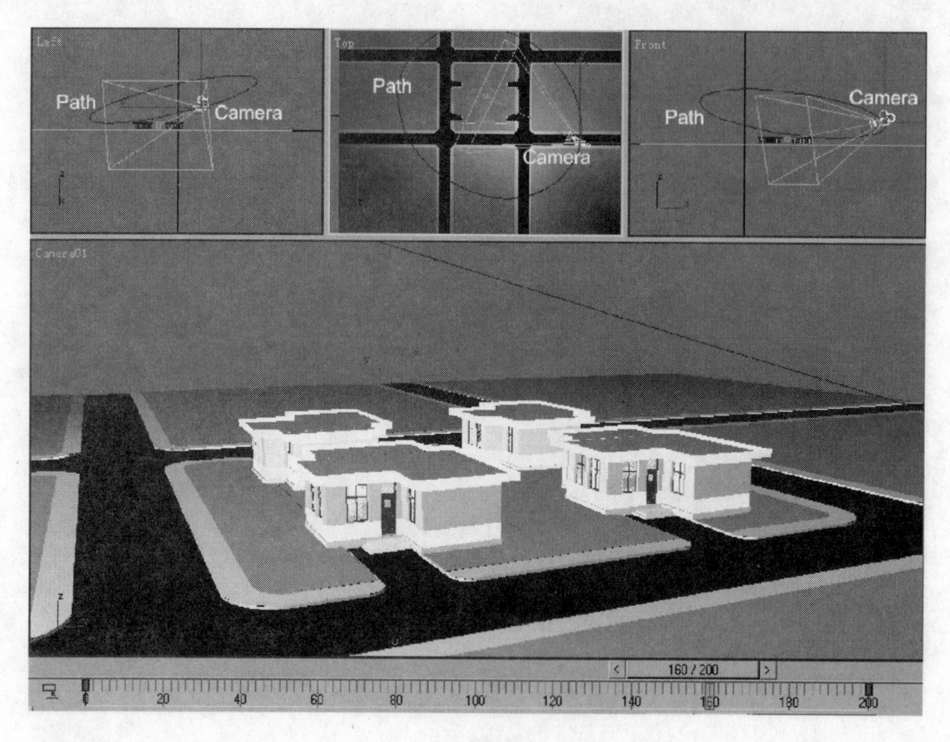

图 3-207

3. 建筑动画实例之三：光照模拟

以住宅小建筑为例，制作一个冬至日太阳光照的模拟动画。模拟从日出到日落全过程中，随着太阳位置的变化产生的建筑日照和阴影的变化。

(1) 建立动画脚本

此动画采用关键帧法制作，脚本内容为：

1) 在建筑群的场景设定地理位置在南京。动画时间长度为 210。

2) 以日出，日落和每个正点时间的太阳位置为关键帧的位置。

3) 设置另一 Target Direct 光源从日出到日落在上述每个时间的太阳位置间移动。模拟一天的太阳移动轨迹。光源产生的照明和阴影动画效果就是南京冬至日的日照和阴影模拟。

(2) 动画制作过程

1) 设计动画的动作过程。把动画的时间长度设定为 210 帧，时间范围为－5～205。－5～0 为日出至 7 时，0～20 为 7 时至 8 时，……，200～205 为 17 时至日落时。

2) 用 Create 面板/Systems 子面板/Sunlight 命令设置南京冬至日(12 月 22 日)太阳在日出时(s1)，7 时(s2)，8 时(s3)，9 时(s4)，10 时(s5)，11 时(s6)，12 时(s7)，13 时(s8)，14 时(s9)，15 时(s10)，16 时(s11)，17 时(s12)、日落时(s13)的 Free Direct 光源，并把它们全部关闭。

3) 设置一 Target Direct 光源 s14 模拟真正可移动的太阳。

4) 点击 Auto Key 按钮，进入动画制作状态。把 s14 作为惟一的移动对象，从－5 帧日出时开始，0 帧移到 7 时点，20 帧移到 8 时点，40 帧移到 9 时点，……，200 帧移到 15

时点，205 帧移到日落点。再次点击 Auto Key 按钮，退出动画制作状态(图 3-208)。

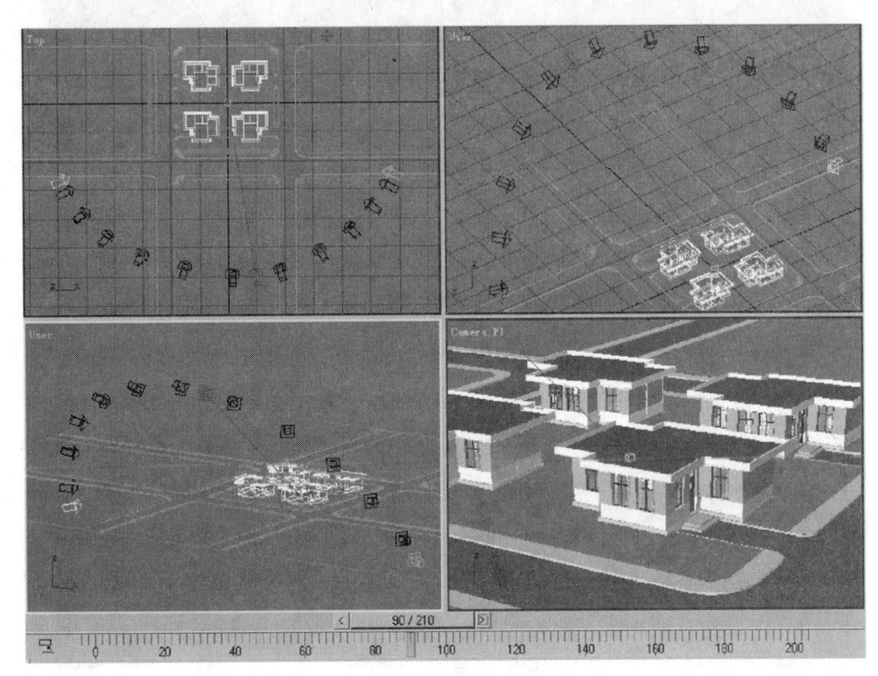

图 3-208

5）在 Track Bar 的－5，0，20，40，60，80，100，120，140，160，180，200，205 的时间点出现关键帧图标(图 3-209)。

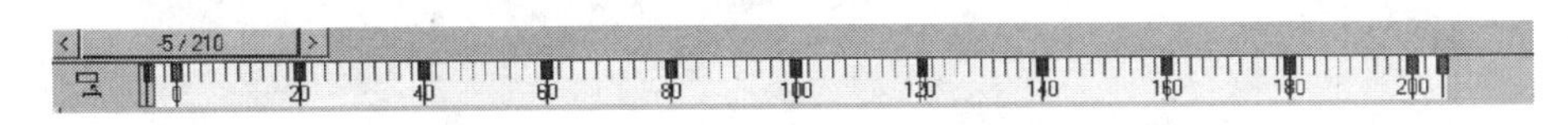

图 3-209

6）移动滑尺，或点击播放动画的 Playback 按钮运行动画。检验视图中 S14 光源是否在 S1 至 S13 位置之间移动，检验 Camera 视图中的动画效果(图 3-210～图 3-216)。阴影效果要到渲染后播放的动画文件中才能看到。

7）打开 Rendering 对话框，设定好渲染参数。进行动画渲染，生成可播放的动画文件。

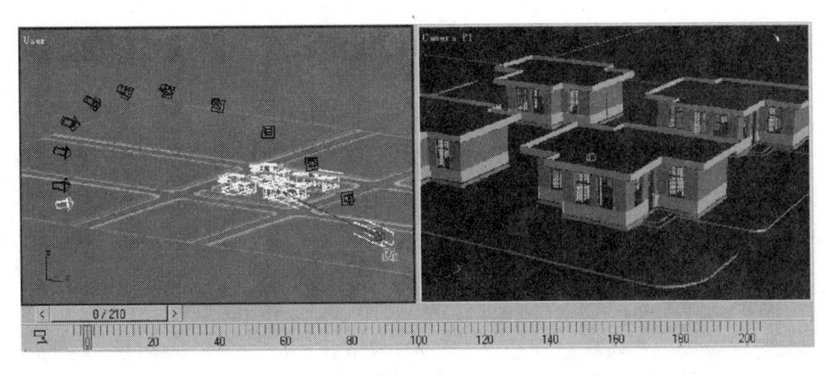

图 3-210

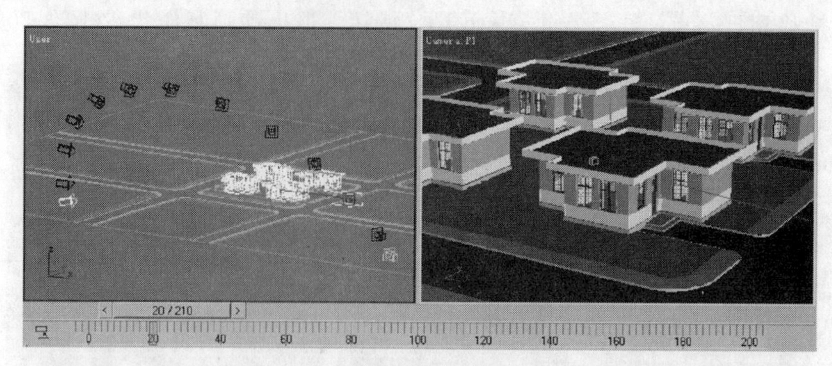

图 3-211

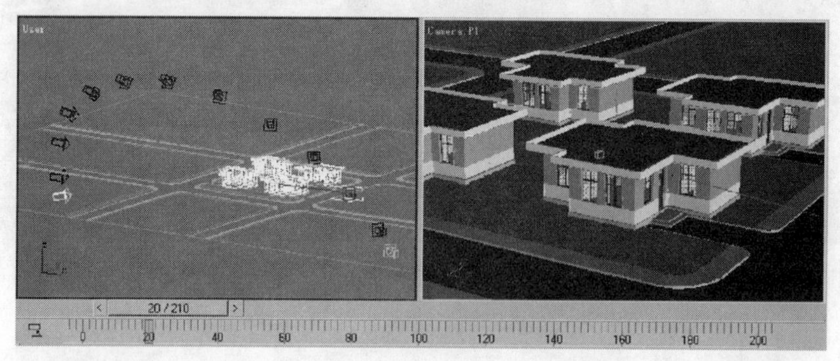

图 3-212

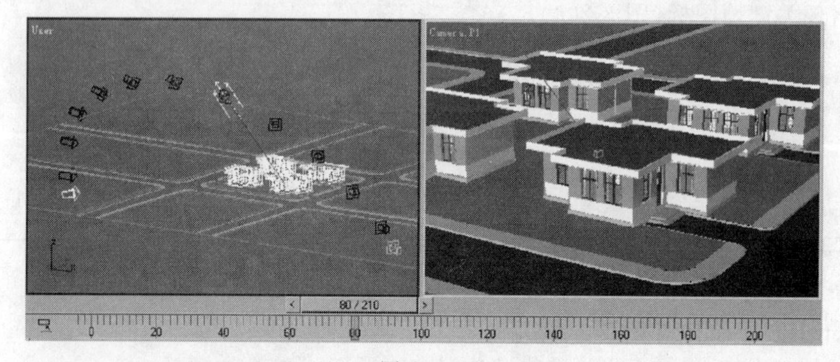

图 3-213

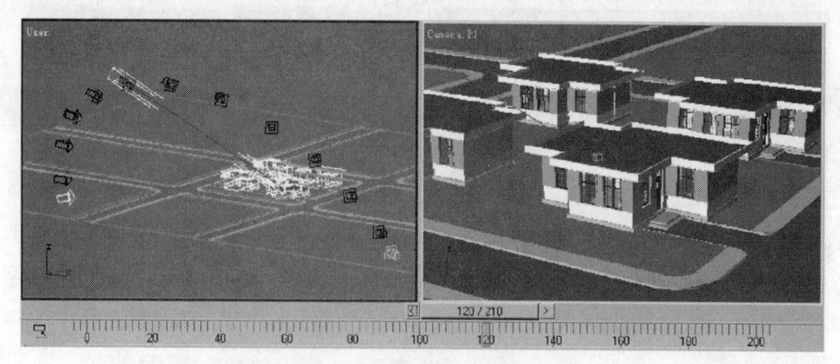

图 3-214

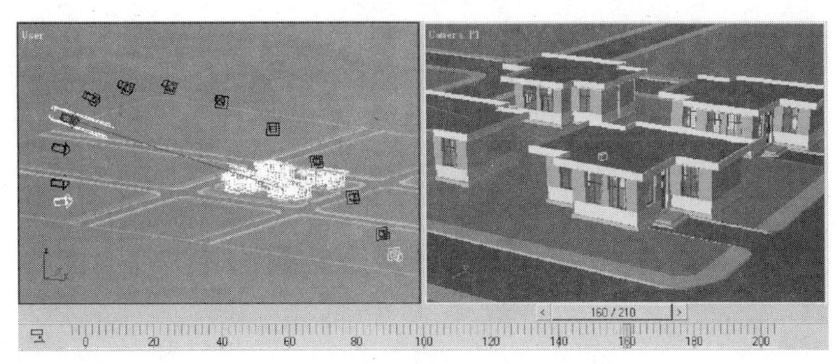

图 3-215

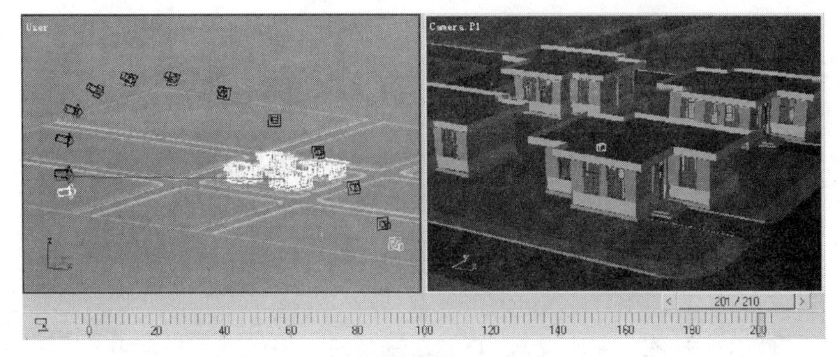

图 3-216

制作阳光日照的动画，还有一种更为简便的方法：

(1) 执行 Create＞Systems＞Sunlight 面板命令，选定地点、日期和基地朝向，制作一太阳光源。

(2) 选中此光源，打开 Motion 命令面板，面板中显示太阳光源在生成时的各项参数。

(3) 将时间滑尺设在动画的开始帧位置，在 Motion 面板中设定光源于动画开始的时间。

(4) 按下 AutoKey 按钮，开始制作动画。

(5) 将时间滑尺设在动画的结束帧位置，在 Motion 面板中设定光源于动画结束的时间。

(6) 再次按下 AutoKey 按钮，结束动画过程制作。

第四章　渲染图像后期处理(Photoshop)

第一节　基本界面和基本概念

一、Photoshop 基本界面

Photoshop 的基本界面也是 Windows 的应用软件界面。最顶部是软件的标签条。标签条下面是软件的工作区域，包括下拉菜单区、工具命令区(工具箱和工具参数)、图像编辑区(位图图像和控制面板)(图 4-1)。

图 4-1

二、Photoshop 基本概念

1. 图像种类和文件格式

(1) 图像的种类

数字化图像可以分成两大类：向量图像(Vector Graphics)和位图图像(Bitmap Graphics)。

1) 向量图像：

以数学向量方式来记录图像中的线条和色块。优点是信息量小，可以进行图像变换操作，精度不受分辨率的影响。它的缺点是不能制作出色彩丰富、变化细腻的图像效果，并且绘出来的图不是很逼真，同时这种格式保存的文件不易在不同的软件间交换使用。生成向量图像的软件有：CorelDRAW，IIlustrator 等。

2）位图图像：

是由两维的阵列像素点组成数字图像，它又可以根据使用色彩的多少分成四种不同的层次：

- 黑白位图图像(B/W Bitmap)—像素点只有黑和白两种状态，位深 1 位。
- 黑白灰度图像(Gray Scale)—像素点有 256 种黑白灰度状态，位深 8 位。
- 索引色图像(Index Color)—像素点有 256 种索引色彩色状态，位深 8 位。
- 真彩色图像(True Color)—像素点有 16777612 种彩色状态，位深 24 位。

真彩色图像能够产生质量极高的彩色图像效果。但是，它的精度受图像分辨率的影响，而且图像信息量很大(图 4-2)。

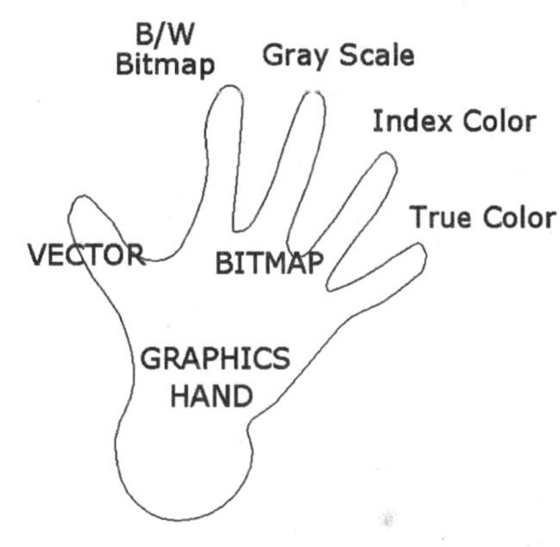

图 4-2　图像手示意

(2) 图像文件格式

从 3ds max 生成的渲染图是位图图像。Photoshop 是专门处理位图图像的应用软件。而位图图像是以某种图像信息格式存储在介质中。位图图像的格式很多，每种格式具有各自的特点，相互之间也可以进行格式转换。Photoshop 支持 20 多种图像文件格式。以下介绍几种主要的格式。

1）BMP 格式

BMP 图像格式是一种 Windows 标准的位图图形文件格式。它支持 RGB、索引色(Index Color)、灰度(Gray Scale)，但不能包含记录透明度信息的 Alpha 通道。

2）GIF 格式

GIF 格式是一种 8 位索引色图形格式，在图像之中它只用到 256 种色彩，它们每种颜色的红、绿、蓝三色配比存在一个索引色表中，每种颜色以一个索引号代表。此格式的信息量较小，所以被广泛应用于 Internet 网页中。

3）JPG 格式

JPG(JPEG)是一种真彩色的图像格式，但是通过压缩处理后可以大大地减小图像的信息量，它通常用于一般的图像浏览和 Internet 网页之中。JPG 会在压缩时丢失一些数据。

4）TIF 格式

TIF(TIFF)是一种较为通用的高质量的真彩色图像格式，支持多种色彩模式，它便于软件之间的图像数据交换，并且能在多种色彩模式下支持 Alpha 通道，构成 32 位深的带有透明信息的图像文件。

5）TGA 格式

TGA(Targa)格式也像 TIF 格式一样是一种常用的高质量的 24 位真彩色图像格式。

6）PSD 格式

PSD 格式是 Photoshop 自身的文件格式，它能够存储 Photoshop 工作过程中的图层、通道、路径等信息，对于保留 Photoshop 的工作状态具有实用意义。缺点是专用性强、数据量大。

2. 图像的色彩工作模式

在电脑中，图像的色彩工作模式有彩色和黑白两类。建筑效果图涉及的主要是彩色模式，而彩色模式中可以根据色彩的配色方式或色彩元素构成的不同，分为五种工作模式(图 4-3)：

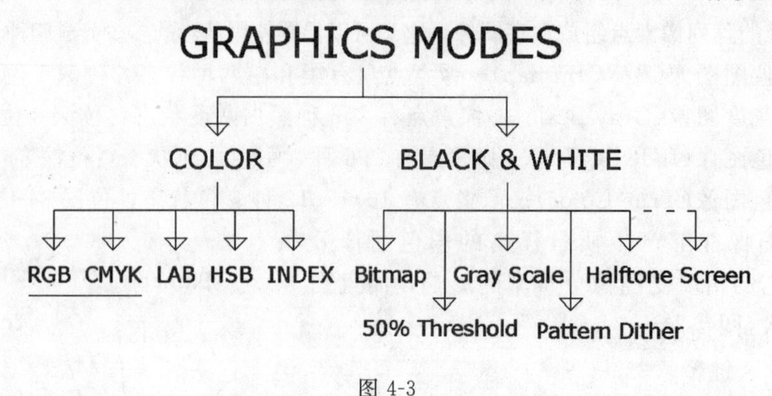

图 4-3

(1) RGB 工作模式

用红(Red)、绿(Green)、蓝(Blue)三种色光可以配制出绝大部分可见光的颜色。彩色电视的显像管显示色彩就是以这种 RGB 模式工作的。它的光色合成方式是采用光色相加合成，即如同彩色光线的叠加，是越加越亮。RGB 模式中红、绿、蓝每种基本光色的都按它的强弱分成 256 个等级，所以可以配制出 16777612 种色彩来。但是人的眼睛是不可能分辨出如此多的颜色的。

(2) CMYK 工作模式

CMYK 模式是由青(Cyan)、品红(Magenta)、黄(Yellow)、黑(Black)四种基本色调配制而成的各种不同的光色。它的光色合成方式是采用光色相减合成，即如同印刷的油墨颜色，是越加越暗。实际上，它就是模拟印刷的合成效果，用于图像的印制系统，如绘图仪等等。CMYK 模式中每种色彩的调整范围都在 0～100 之间。

(3) HSB 工作模式

HSB 模式是利用色相(Hue)、饱和度(Saturation)、亮度(Brightness)这三种色彩要素向量的组合来表示某种光色。色相是指的某一特定波长的可见光，在连续的可见光谱中光色由红到紫在 0～360 之间进行选择，代表不同的颜色光谱。饱和度是指色彩的鲜艳程度或色纯度，可在 0～100 之间调节。亮度是指色彩的明暗程度，也可在 0～100 之间调节。

(4) LAB 工作模式

LAB 模式是由一个光色的亮度分量 L(Lightness)和两个颜色分量 a 和 b 组合而成。a 分量是由绿色演变为红色，而 b 分量是由蓝色演变成黄色。亮度的调整范围是 0～100 之间，两个色彩分量的调整范围是在－128～127 之间。

(5) INDEX 工作模式

24 位深的色彩工作模式，能表达完整的色彩信息，但是它所占用的信息量很大。据统计，一般的彩色图像中，往往只有几十到几百种色彩。为了减少彩色图像的信息量，出现了 8 位深的索引色模式。它把所用到的颜色建立一个编了号的颜色表(Color Table)，每一个编号确定了某一种 RGB 的组合。这样，就可以把 24 位深的图像变成了 8 位深的图像了。8 位位深意味着最多只能有 256 种颜色，虽然每个图像可以具有不同的 256 色，但对于很细腻的彩色图像而言，就显得不够了，这是 INDEX 模式的弱点所在。

3. 图像的图层概念(Layer)

图层主要是用于图像的编辑和管理。它如同一张张透明的纸，每张纸上绘有相应的图形，它们相互独立、互不相干，将这些透明纸叠加在一起就形成了完整的整体图像。可以根据需要对某个或某些图层进行编辑、复制、删除和合并(图 4-4)。

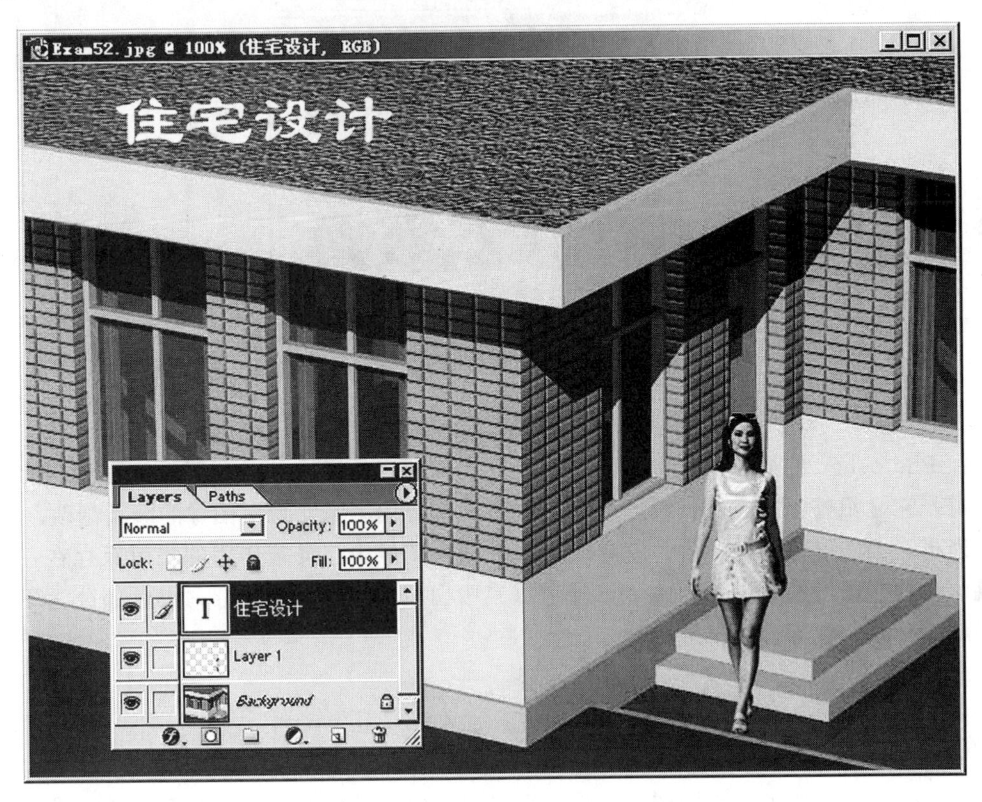

图 4-4

Photoshop 常用的有三种类型的图层：

(1) 普通图层

普通图层就是一般概念上的用得最多的图层，这种图层是透明无色的，用户可以在其上添加图像、编辑图像，然后使用图层菜单或图层控制面板进行图层的控制。

(2) 文本图层

在我们用文本工具进行文字的输入后，系统自动新建一个文本图层。文本图层是一个比较特殊的图层，它可以像文本编辑器一样进行文本编辑。需要时也可以转化为普通图层。

(3) 调节图层

调节图层不是一个存放图像的图层，它用来控制色调及色彩的调整，而不会永久性地改变原始图像。

4. 图像的通道概念(Channel)

所有图像都是由一些通道组合而成。根据当前的色彩模式，每个彩色图像都可以按相应的色彩通道来储存图像信息。每个像素点都分别在不同的通道内记录下在该通道的色彩信息。如 RGB 模式具有 R、G、B 三个通道，CMYK 模式具有 C、M、Y、K 四个通道。像素点在每个通道的色彩信息被合成时，就构成了像素点的色彩。所有的像素点组合在一起构成了整幅彩色图像(图 4-5)。

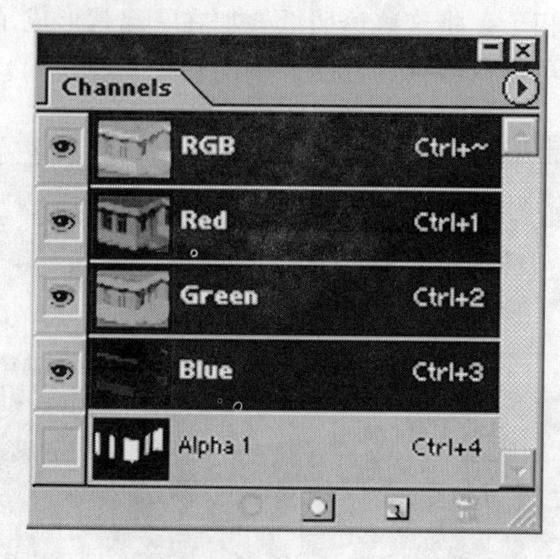

图 4-5

在 Photoshop 的通道面板中，除了有色彩模式所定的通道外，还可看到在顶端有一个主通道，它显示整幅图像。可以通过改变通道的部分内容来实现对图像的编辑修改。

当将一个选取范围保存后，就会成为一个能在图像中起屏蔽作用的蒙版保存在一个新通道中，这些新增的通道称为 Alpha 通道。其中白色部分为透明部分，黑色部分为不透明的屏蔽部分，灰色部分为半透明部分。

第二节 效果图后处理工作过程

由 3ds max 产生的效果图图像文件，往往只是完成了建筑本身的渲染效果，没有环境的气氛和效果。有的可能连建筑自身也还存在着缺陷。所以在 Photoshop 中进行效果图的后处理，是十分必要的。建筑效果图的后处理工作，包括整体图像调整，局部图像调整和建筑环境润色三个部分。

一、总体图像调整

1. 图像的尺寸和构图

在 3ds max 的视图渲染时是只考虑建筑的透视效果，不考虑画幅构图的。所以效果图后处理首先是对画幅进行重新构图。使用系统的工具箱(Tool Box)中的裁切工具(Crop Tool)就可以进行画面的重新构图。

2. 总体色调、明暗对比度调整

对效果图总体色调的倾向性和明暗对比度进行调整，所使用的工具集中设置在下拉菜单 Image>Adjustments 的子菜单页中，其中主要有：

(1) 调整色彩色调—Color Balance，Hue/saturation，Replace Color，Variations……

(2) 调整明暗对比—Levels，Curve，Brightness/Contrast……

3. 滤镜效果(Filters)

运用系统提供的滤镜功能来增加画面的特殊效果。其中用得较多的有：

(1) 模糊滤镜效果(Blur)

(2) 光晕滤镜效果(Lens Flare)

(3) 浮雕滤镜效果(Emboss)

(4) 波纹滤镜效果(Ripple，Ocean Ripple)

二、局部图像调整—局部选择，局部色彩，局部明暗对比，过滤器效果，局部图像修补，删除和添加

1. 局部图像画面的修整

由于种种原因，可能在局部画面上产生错误或瑕疵的。可以利用工具箱中的工具进行修整。

2. 局部范围图像的选择

为了对画面的某些部位进行色彩和明暗对比的调整，必须先对调整的范围进行选择。也就是在画面上划分了两个区域，选中的范围是工作区，未选中的区域为屏蔽区。如果点击工具箱底部的 Quick Mask Mode 按钮，就可看到未被选中区域被半透明的红色覆盖，而工作区依旧是全透明状态。

图像的选择工具很多，后面将进行详细的介绍。

可以建立一个渐变选区(Gradient Selection)，就是该选择范围内的像素点的选中程度由从 0～100% 的程度变化。

3. 局部范围色彩、明暗对比度调整

在被选择的图像范围内，用与总体调整相同的工具和方法进行色彩色调和明暗对比的调整。也可以用工具箱中的各种工具进行调整。

三、环境图像插入

由远至近，由大到小，把环境效果图像插入进建筑效果图中来。其中包括：天空，远山远树，背景建筑，树木绿化，车辆，行人，小品，标题，…等等。也常常把真实的环境照片的景色插入效果图中，以增加它的真实性。

为了保证效果图的整体性，无论是局部调整还是环境图像的插入，都必须注意以下四点：

(1) 不宜在效果图的建筑部分进行过多的修改，以免破坏建筑渲染产生的统一和谐的光照效果。

(2) 保持效果图完整的和匀称的构图效果。

(3) 保持被插入图像的色调与原图色调的一致性，不破坏原图的色调和气氛。

(4) 保持被插入图像的透视、光照和尺寸比例与图中建筑物的统一和协调。

第三节　效果图图像调整基本操作

一、构图比例调整

1. 运用 Crop Tool 工具

使用系统的工具箱(Tool Box)中的裁切工具(Crop Tool)就可以进行画面的重新构图。下面以招待所建筑为例说明工作的具体过程。

(1) 在 Photoshop 中打开 Unit-c.jpg(图 4-6)。

(2) 点击工具箱 Crop 工具在图面上设定裁切范围(图 4-7)。由于顶部的裁切边在图框线以外。所以裁切需分两部到位：第一步只能把左右和下边拉动到位，顶边只能拉到图框的框顶。第二步用光标拉动顶线的中点拉到设定位置。

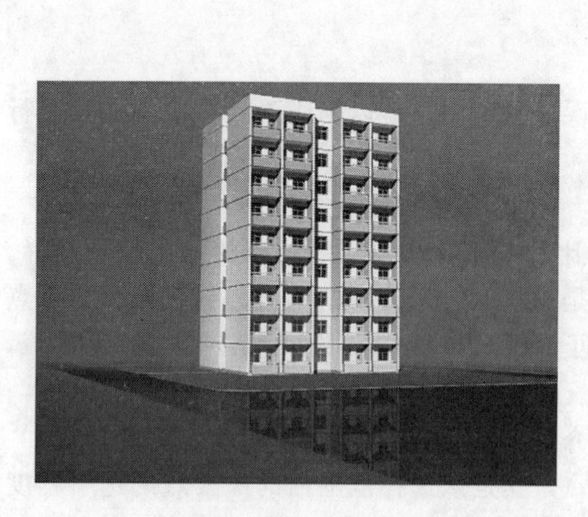

图 4-6

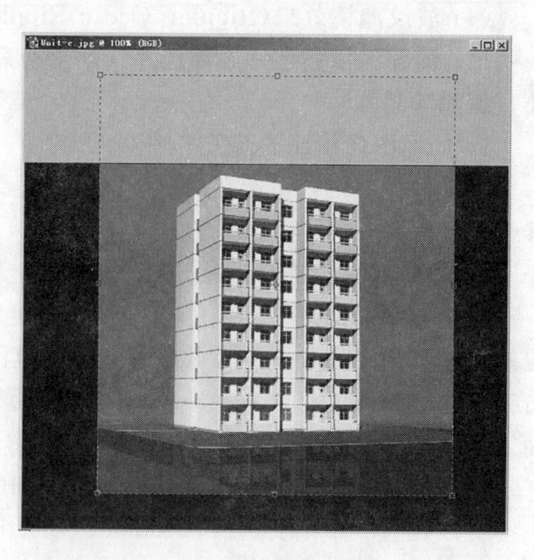

图 4-7

(3) 裁切后的效果如图 4-8 所示，上方超出图框的部分被背景色黑色填充。

(4) 用魔棒工具选中上方黑色区域，用滴管工具(Eyedropper)点取天空蓝色为前景色，用漆桶工具(Paint Bucket)把黑色区改成蓝色(图 4-9)。完成重新框定画面的工作。这两种工具用法详见第五节“常用图形处理工具”中的介绍。

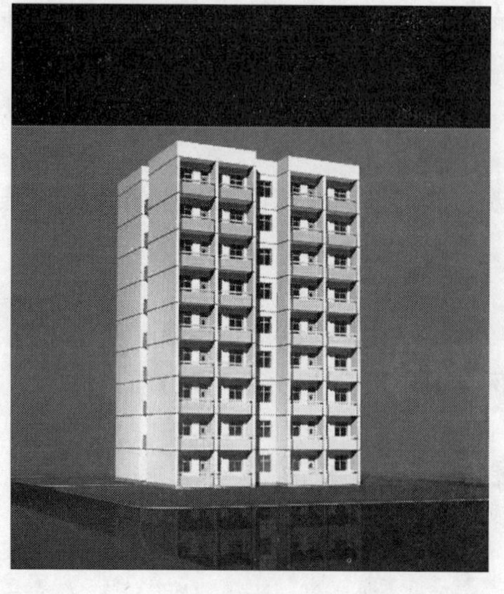

图 4-8

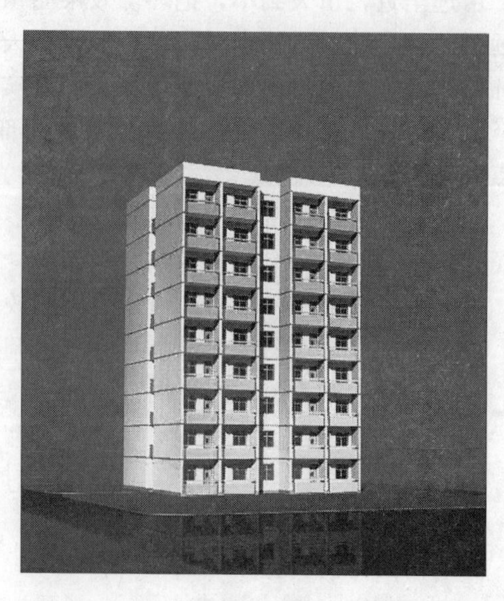

图 4-9

2. 执行 Canvas Size 命令

事先计算好图像的比例尺寸，执行下拉菜单 Image>Canvas Size 命令，在出现的对话框中输入尺寸 Width 和 Height(图 4-10)，设定伸缩方向后完成图框尺寸的设定，如果是超出原图框，就会像上例那样用背景色填充超出部分，然后再修改它的颜色，使之与原色一致。此法尺寸精确，但不容易掌握构图的比例效果。

二、图像尺寸调整

调整图像的像素点的多少。像素点多，同样精度输出的尺寸也大。如果输出的尺寸不变，像素点多，输出的精度就大。

执行下拉菜单 Image>Image Size 命令，出现对话框(图 4-11)。可以按像素点或文件尺寸进行设定。如果参数项之间有连锁符号，表示它们之间的比例保持不变。

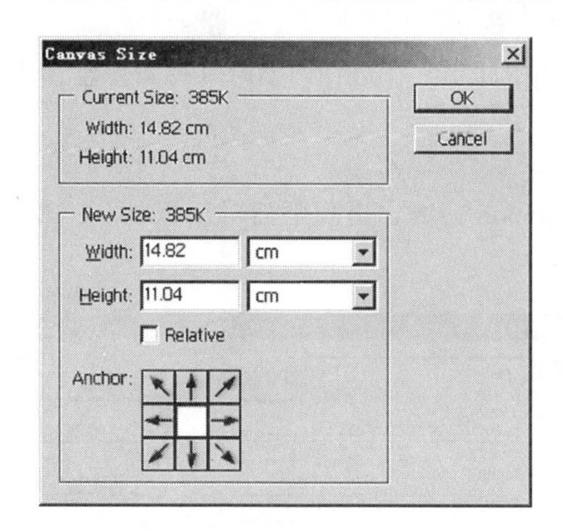

图 4-10

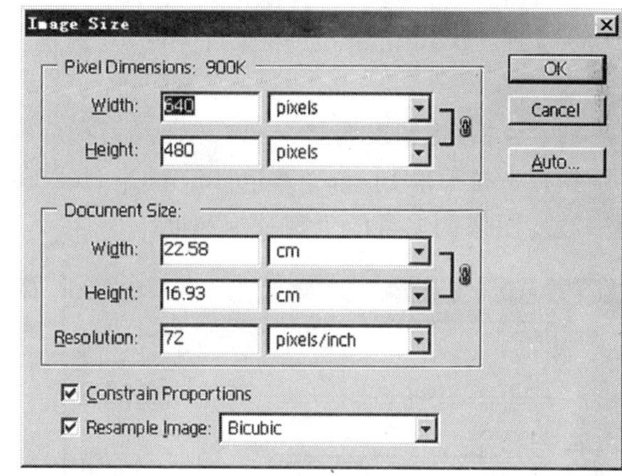

图 4-11

三、色彩平衡调整

执行下拉菜单 Image>Adjustments>Color Balance 命令，出现下面对话框(图 4-12)。用来调整图像色彩中各级本色的比例成分。

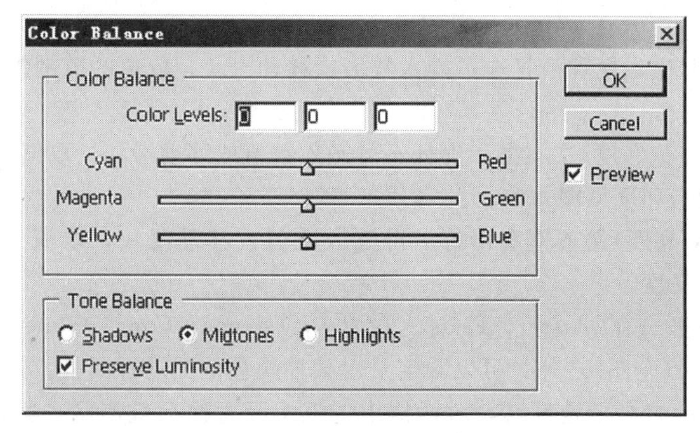

图 4-12

对话框的内容有：

1. Color Balance 参数栏

• Color Level(色阶)文本框

共有三个文本框，它们分别对应其下面的三个滑杆，默认状态时色彩值均为 0，可输入相应的值来改变色彩的比例成分。滑块的变化范围都是在－100～100 之间。

• Cyan-Red，Magenta-Green，Yellow-Blue 三滑杆

默认状态时滑块处于滑杆的正中间，通过调节滑杆或者在文本框中键入数值就可以控制 CMY 三原色到 RGB 三原色之间对应的色彩变化。当调整滑块向左端时，图像的颜色接近 CMYK 的颜色；当调整滑块向右端时，图像的颜色接近 RGB 的颜色。

2. Tone Balance 参数栏

• Shadows(暗调)—激活此项可调节暗色调的像素。

• Midtones(中间调)—激活此项可调节中间色调的像素。

• Highlights(高光)—激活此项可调节亮色调的像素。

• Preserve Luminosity(保持亮度)复选框—选中此项，在进行调整时维持图像整体亮度不变。

四、色相/饱和度调整

执行下拉菜单 Image＞Adjustments＞Hue/Saturation 命令，出现下面对话框(图 4-13)。用来改变图像的像素的色相及饱和度。

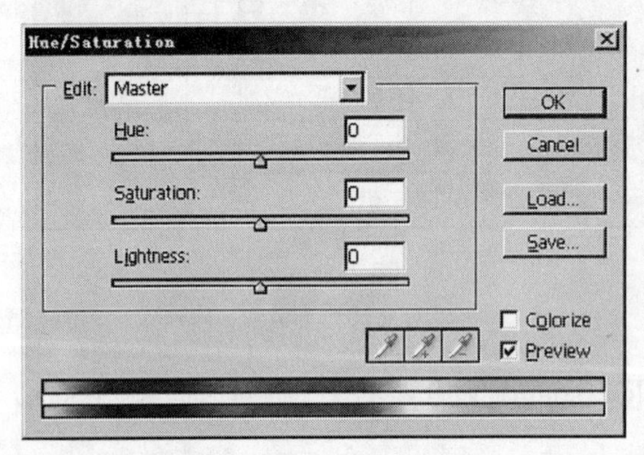

图 4-13

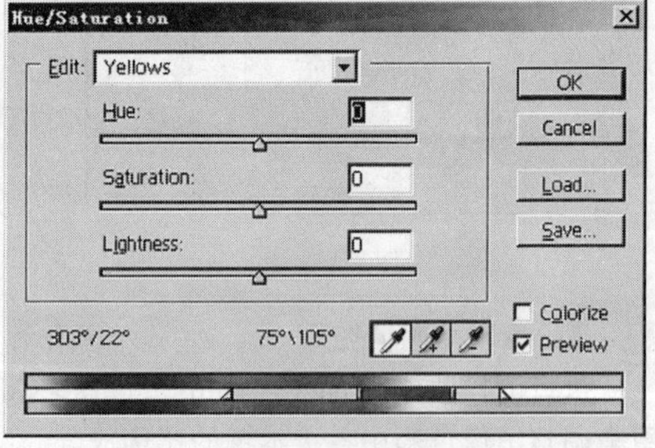

图 4-14

• Hue(色相)文本框和滑杆—可键入数值或移动滑块，取值的范围为－180～180。调整图像的色相。

• Saturation(饱和度)文本框和滑杆—可键入数值或移动滑块，取值的范围为－100～100。调整图像的饱和度见图 4-14。

• Lightness(亮度)文本框和滑杆—可键入数值或移动滑块，取值的范围为－100～100。调整图像的亮度。

• Edit 列表框—有 Master，Reds，Yellow，Greens，Cyan，Blues，Magentas 七种选择。除了 Master(全图)之外，可以限定只对某种颜色范围进行调整。

当选中 Master 之外的选项时，对话框中的三个吸管便会被激活，其左侧有四个数值显示，它们分别对应于下方的颜色条上的四个滑标，拖动它们可以改变图像的色彩范围。吸管具体功能如下：

按下此钮后在图像中单击，可选定一种颜色作为色彩变化的范围。

按下此钮后在图像中单击，可在原有色彩范围上增加当前单击的颜色范围。

按下此钮后在图像中单击，可在原有色彩范围上删减当前单击的颜色范围。

其他选项的功能如下：

• Colorize(着色)—选中此选项时，可以将一幅灰色的或者黑白的图像染上一种彩色的颜色，变成一幅单彩色的图像。如果被处理的图像是彩色的，则也会变成单彩色的图像。

• Preview(预览)—选中之后可以在调整的过程中显示预览。

• Load(载入)或 Save(存储)按钮—点击后可载入或保存对话框的设置，文件扩展名为 *.AHU。

在对话框的下方有两条颜色条，上面的一条颜色固定不变，它可让用户识别当前选择的色彩变化范围；下面一条可以改变，拖动颜色条上的滑块就可以增减色彩变化的颜色范围，也可以用鼠标点住滑块中间的区域左右拖动来改变整个颜色范围的位置。

五、明暗对比调整：亮度/对比度(Bright/Contrast)

亮度(Brightness)和对比度(Contrast)可以用 Levels 和 Curve 命令调整。这里介绍的 Bright/Contrast 命令不但能实现对亮度和对比度的调整，而且更简便、直观。

打开图像，执行 Image>Adjustments>Bright/Contrast 命令，弹出如图 4-15 所示的对话框。

在文本框中键入数值(取值范围为－100～100)或拖动小三角滑块，就可以调整亮度和对比度了。当滑块位于滑杆正中间及文本框中的数值为 0 时，图像不发生变化；当滑块向左滑动及文本框中的数值为负值时，图像亮度和对比度下降；反之增加。

六、明暗对比调整：色阶(Levels)

在进行调整时，可以对整个图像，也可以对图像的某一选取范围、某一层图像或者某一个颜色通道进行。具体操作为：打开欲调整明暗度的图像，执行 Image>Adjustments>Levels命令，弹出对话框，如图 4-16 所示。在 Levels 对话框中先在 Channel(通道)列表中选定要进行色调调整的通道。若选中 RGB 主通道，则调整对所有通道起作用；若只选中 R、G、B 通道中的一个通道，则将只对所选通道起作用。

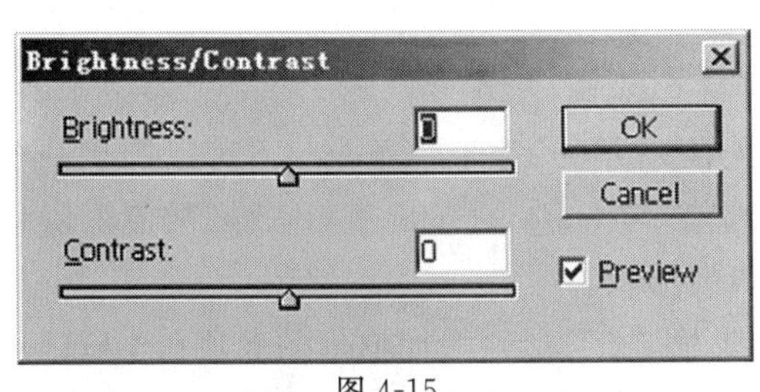

图 4-15

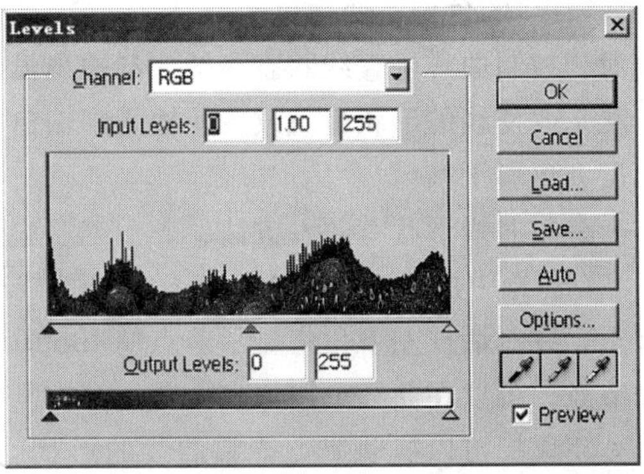

图 4-16

对话框中的色调分布状况图像是每个灰度位置像素点的频率数。可以用来判断整个图像或选区内图像的色调分布状况。

下面介绍各种不同的调整色调的方法：

(1) 用 Input Levels(输入色阶)进行调整

在 Input Levels 后面的文本框中输入数值便可进行调整。其中，左侧框中输入数值可以调节图像暗部色调；中间框中输入数值可以控制图像的中间色调；右侧的框中输入数值可以调节图像的亮部色调。也可以通过对文本框下方的直方图上与三个文本框相对应的三个小三角滑标的拖动来调整。

(2) 用 Output Levels(输出色阶)进行调整

Output Levels 与 Input Levels 的功能刚好相反。在左框中输入数值可以调整亮部色调；在右框中输入数值可以调整暗部色调。同样也可以拖动文本框下方的两个小三角滑块进行调整。

(3) 使用三个吸管工具

在 Levels 对话框中有黑、灰、白三个吸管。单击其中一个吸管后，将光标移至图像窗口内，光标变成吸管状，单击鼠标即可完成色调调整。三个吸管的作用各不相同：使用黑色吸管是将图像中的所有像素的亮度值减去吸管单击处的像素亮度值；使用灰色吸管是将图像中的所有像素的亮度值加上吸管单击处的像素亮度值；使用白色吸管是用该吸管所在点的像素中的灰点调整图像的色彩分布。

(4) 使用 Auto(自动)按钮自动调整

单击 Auto 按钮后，Photoshop 将以 0～5%的比例调整图像的亮度，图像中最亮的像素将变成白色，最暗的像素将变成黑色。这样图像的亮度分布会更均匀，但是这样会造成色偏，请慎用。

七、明暗对比调整：曲线(Curve)

曲线方式是比较高级的调整方式。执行 Image＞Adjustments＞Curves 命令，弹出 Curves 对话框(图 4-17)。在对话框中便可以调整图像的色调和其他效果。可以发现在 Curves 对话框中也有 Channel 列表框和 Load、Save、Auto 及三个吸管按钮。它们的功能其实与 Levels 对话框中相应按钮的功能一样。下面重点介绍 Curves 对话框特有的功能。

对话框中方形表格的横坐标表示原图像的 Input(输入)色调，纵坐标表示新图像 Output(输出)的色调，变化范围都是 0～255。对角的线条就是输入和输出间的控制曲线，初始时，控制曲线呈直线状态，输入与输出没有变化。通过在线条上增加节点可以改变线的形状。改变线的形状也就改变了输入和输出的对应关系，也就调整了图像输出的亮度、对比度和色彩平衡。

调整曲线形状有两种方法：

(1) 选中曲线工具( )，光标移到曲线表格中变成(＋)字形，单击一下可以产生一个节点，在对话框左下角将显示节点的 Input(输入值)与 Output(输出值)，改变数值可以移动节点。可以在曲线上增加多个节点来控制曲线的形状。

用鼠标可以拖动节点调整曲线的形状。曲线呈“C”形，增加输出的亮度(图 4-18)，呈反“C”形，减少输出的亮度(图 4-19)。曲线呈“S”形，图像中亮的更亮，暗的更暗。也就增加了对比度(图 4-20)，反“S”形则降低对比度(图 4-21)。而且，不同的形状和位置的“S”形，会产生不同的对比效果。

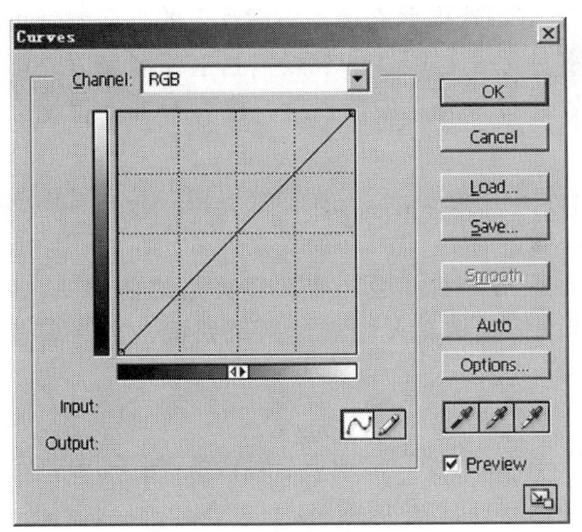

图 4-17

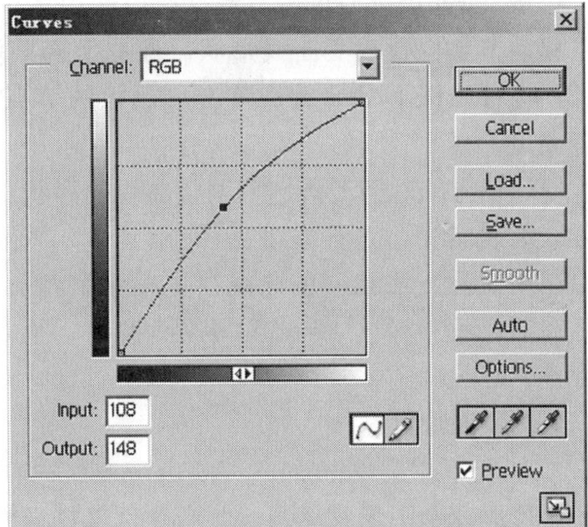

图 4-18

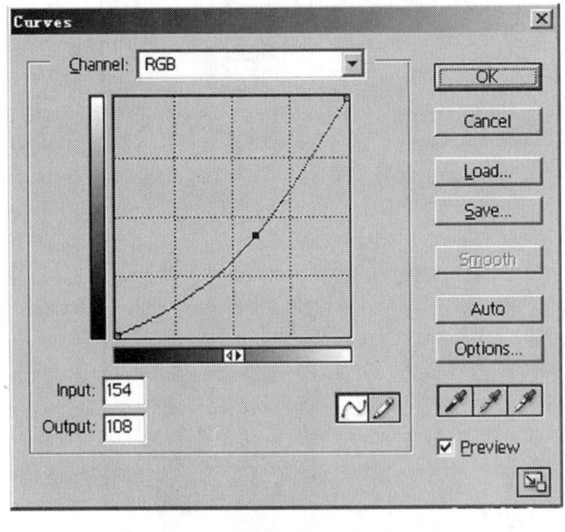

图 4-19

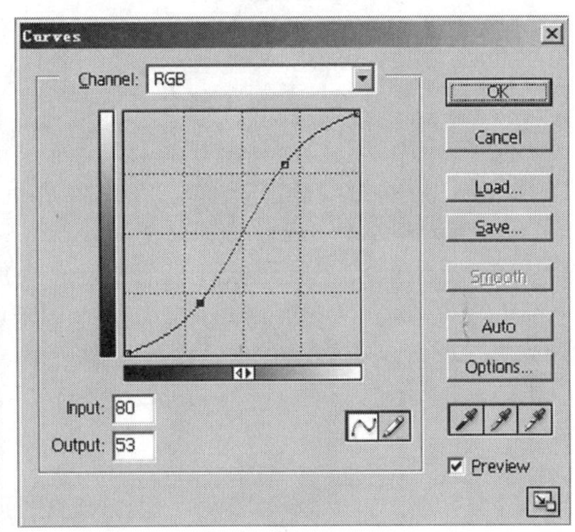

图 4-20

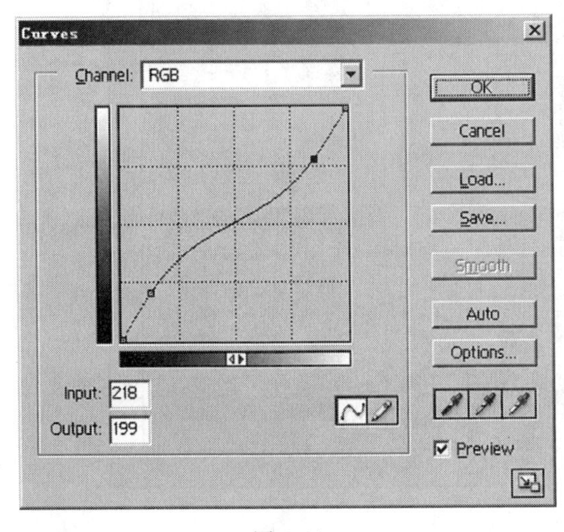

图 4-21

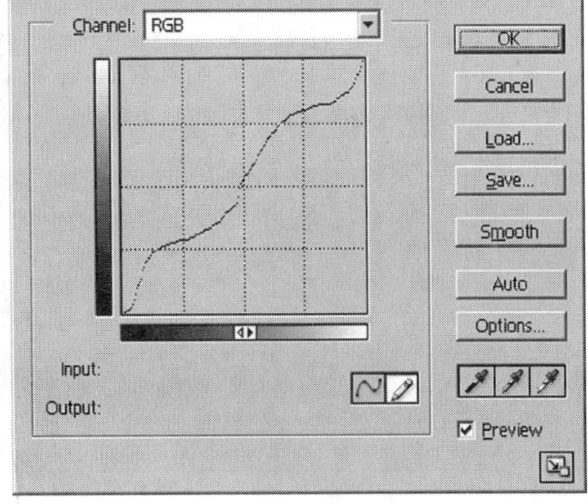

图 4-22

按下 Shift 键后单击节点，可以选中多个节点，选中后直接利用键盘上的方向键就可以移动节点位置改变曲线形状。删除节点有多种方法：可以将节点拖到坐标区域以外即可；也可以按下 Ctrl 键后单击要删除的节点；还可以先选中节点后，按下 Delete 键删除节点。

(2) 选择铅笔工具( )调整曲线的形状。选中铅笔工具后，在曲线表格内移动鼠标就可以绘制曲线，如图 4-22 所示。

用这种方法绘制的曲线往往很不平滑，不平滑的曲线会产生比较突然的色彩变化，可在对话框中单击 Smooth(平滑)按钮，也可以连续按动此钮继续平滑处理，直到满意为止。

八、色调调整

执行下拉菜单 Image＞Adjustments＞Variations 命令，出现下面对话框(图 4-23)。用来直观地改变图像的色调。此命令可以进行整体和局部的色调调整。

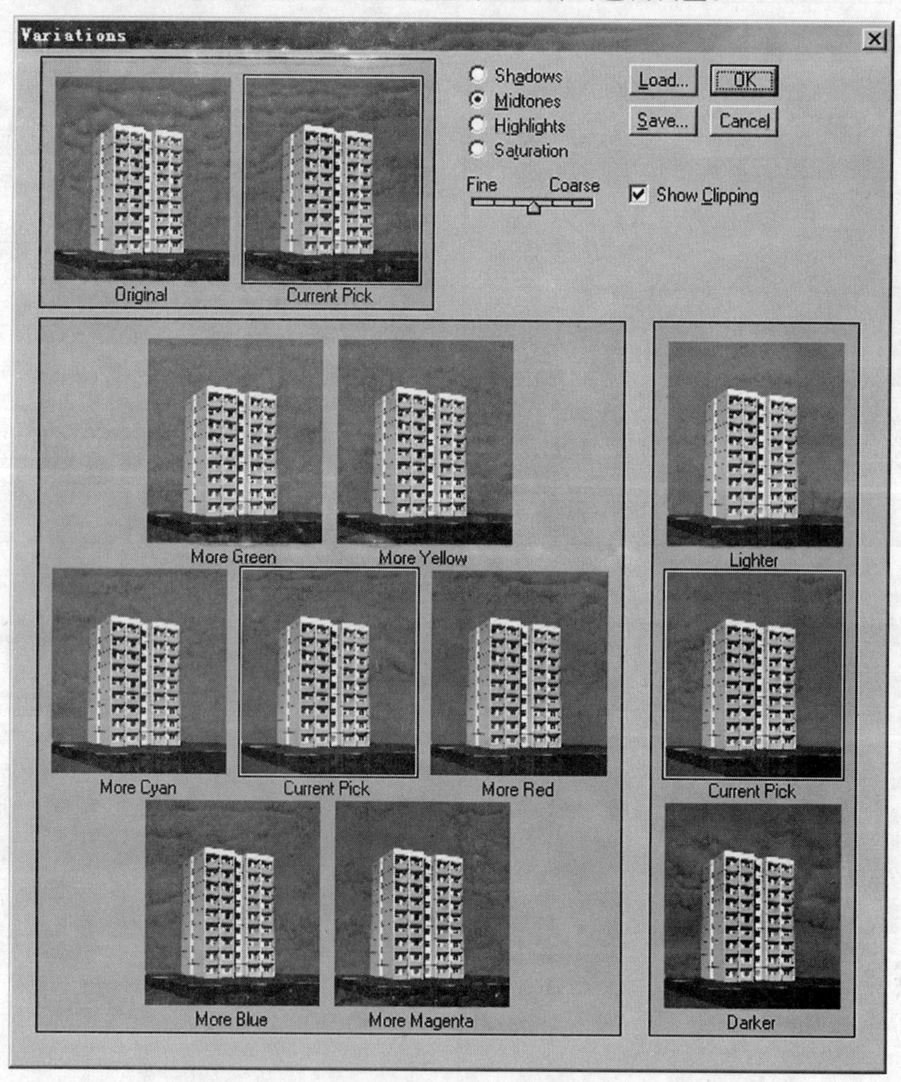

图 4-23

执行 Image>Adjustment>Variation 命令，出现如图 4-23 所示对话框。对话框中显示了 12 幅简图，其功能介绍如下：

对话框左上角的两幅简图 Original(初始)和 Current(当前)图像中，初始图像显示进入对话框时的真实效果，当前图像显示调整后的图像效果。通过这两幅图像的对比直观地看出调整前后的效果变化。单击初始图像可将当前图像还原到初始效果。

对话框左下方的七幅简图中，中间的 Current 图像与左上角的 Current 简图作用相同。其他六幅简图表示改变后的图像：More Red(更红)、More Green(更绿)、More Blue(更蓝)、More Cyan(更青)、More Magenta(更洋红)、More Yellow(更黄)六种颜色，单击任意一幅图就把该图的效果成为新的 Current 简图。

对话框右下方的三幅简图可调节图像的明暗度，单击(更亮)简图，图像变亮；单击(更暗)缩略图，图像变暗；Current 简图用来显示调整后的效果。

对话框右上角的四个单选按钮：Shadows(暗调)、Midtones(中间色调)和 Highlights(高光)选项用来调节图像的暗色调、中间色调和亮色调；Saturation(饱和度)按钮用来控制图像的饱和度，选中后会弹出新的对话框。对话框中只有 Less Saturation(减少饱和度)、Current Pick(当前)和 More Saturation(增加饱和度)三个简图。可以进行减少和增加图像饱和度的操作。

第四节　图像处理范围的选择

建筑效果图要进行局部调整，首先需要选出需要调整的图像范围，所以，我们必须很好地掌握图像的选择技术。Photoshop 提供的图像选择工具很多，主要有：菜单选择命令，工具箱选择工具和路径制作选区三个方面。

一、菜单选择命令(Select)

下拉菜单 Select 页中比较集中地集合了大多数的选择命令。它包括选择生成命令、选择编辑命令、选择存取命令和选择变换四个部分。

1. 选区生成命令

(1) All(全部选择)—选中全部图像像素点。

(2) Deselect(取消选择)—取消图像中当前的选择区域。

(3) Reselect(重新选择)—恢复 Deselect 命令撤消的选择区域。

(4) Inverse(反相选择)—当前选择状态的反相。图像中选中的改成不选中，没选中的改成选中。

(5) Color range(色彩范围)—打开 Color Range 对话框进行选择。

Color range 命令是一个很有用的工具，它能够按照对话框中设置的色彩范围对图像中的区域进行选择，就像工具箱中的魔棒工具一样。用光标单击 Color range 命令，打开如图 4-24 中所示的对话框。

下面介绍对话框中各项参数的设置：

• 预览框：在此对话框中可以看到中部有一个预览框，当选取 Selection 项时框内显示选择的范围，当选取 Image(图像)项时则显示原图像。可以来回选取这两选项以达到对比的效果。

图 4-24

• Select(选择)列表框：在下拉列表框中可以选择 Sampled Colors(取样颜色)、Red(红色)、Yellow(黄色)等颜色。选择"取样颜色"时，用户可以用光标作为吸管工具在图像中或颜色板等颜色取样工具中选择一种颜色；如果选择红、黄等六种颜色时，则可以指定在图像中选取相应的颜色范围区域；在亮度方式中有 Highlights(高光)、Midtones(中间调)和 Shadows(暗调)3 种，选择不同的项时可以在图像中选取不同亮度的区域；还有一个 Out of Gamut(溢色)方式选项，选中该项将选取当前图像中溢色的区域，即无法印刷的颜色区域，注意该项值用于 RGB 模式。

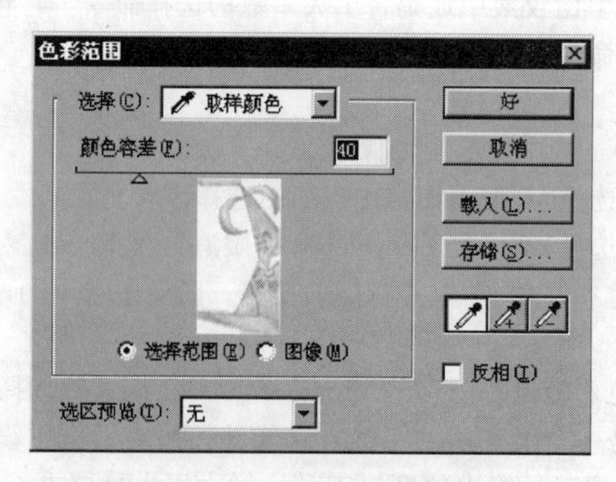

图 4-25　【色彩范围】对话框

• Fuzziness(颜色容差)：设置容差值可以调整选择区域颜色的近似程度，值越大，则包含的相近的颜色越多，选择区域也越大。

• Selection Preview(选区预览)列表框：从下拉列表中可以选择一种区域在图像窗口中的预览方式。选择 None(无)项将使在图像窗口中不显示选择区域的预览，选择

Grayscale(灰色)项将以灰色调显示未被选取的区域，选择 Black Matte(黑色)项将以黑色显示未被选取的区域，选择 Quick Mask(快速遮罩)项将以预设的遮罩颜色显示未被选取的区域。

• 三个吸管工具：三个吸管工具用于汲取色样，第一个用于确定基本的选择区域；第二个用于增加选择区域；第三个用于减少选择区域。

• Invert(反相)复选框：此项功能和菜单命令 Select>Inverse 的功能相同。

2. 选区编辑命令

(1) Grow(扩充选区)

此项命令用于将选区在图像上延伸，把连续的、颜色相近的像素点一起扩充到选择区域内，颜色相近程度由魔棒工具的选项面板的容差值来决定。

(2) Similar(近似扩选)

此项命令的作用和 Grow 命令的作用差不多，但是它所扩大的范围不局限于相邻的区域，它可以将不连续的颜色相近的像素点扩充到选择区域内。

(3) Feather(羽化边缘)

此命令用于在选择区域中产生边缘渐变的选择效果。单击此命令在打开的对话框中，可以在 Feather Radius(羽化半径)文本框中输入边缘渐变效果的像素值，值越大，模糊效果越明显。

(4) Modify(修改)

修改命令用于修改选区的边缘设置。它的子菜单中有 Border(扩边)、Smooth(平滑)、Expand(扩展)和 Contract(收缩)四个选项。

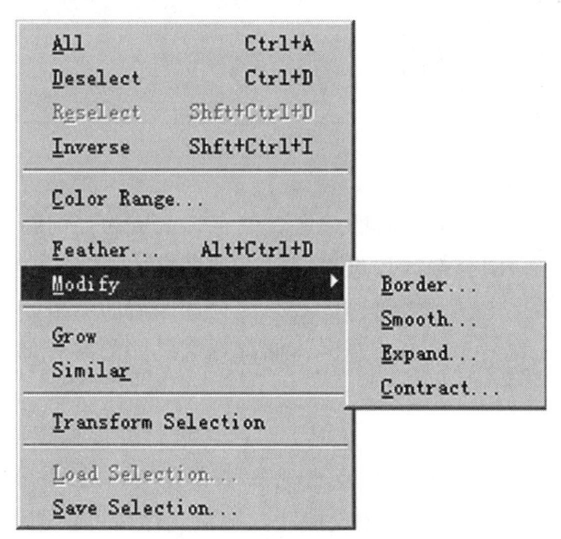

图 4-26

1) Border(边框)命令：该项命令可以将原有的选择区域变成带状的边框，这样用户可以只对选择区域边缘进行修改，边框的宽度是由 Border 对话框中的 Width 参数进行设置。

2) Smooth(平滑)命令：该项命令可以通过在选区边缘上增加或减少像素来改变边缘

的粗糙程度，以达到一种连续的、平滑的选择效果。平滑度的像素的大小可以通过 Smooth Selection 对话框来设置。

3) Expand(扩展)命令：此项命令用于将当前选择区域按设定的值向外扩充，用户可以在 Expand Selection 对话框中设置扩展值。

4) Contract(收缩)命令：此项命令用于将当前选择区域按设定的值向内收缩，用户可以在 Contract Selection 对话框设置收缩值。

3. 选区存取命令

(1) Save Selection(存储选区)

该命令用于调出 Alpha 通道中的选择区域，用户可以在载入选区对话框中设置通道所在的图像文件以及通道的名称(图 4-27)。

(2) Load Selection(载入选区)

该项命令用于将当前的选择区域存放到一个新的通道中，用户可以在存储选区对话框中设置保存通道的图像文件和通道的名称(图 4-28)。在载入选区的 Operation(操作)方式中，可以选用以下四种操作的结果：

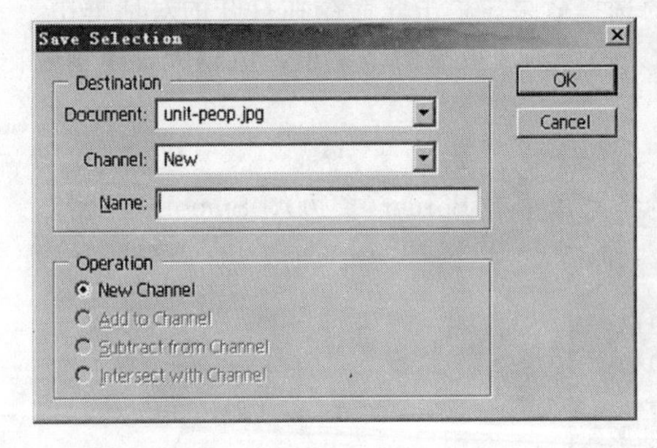

图 4-27

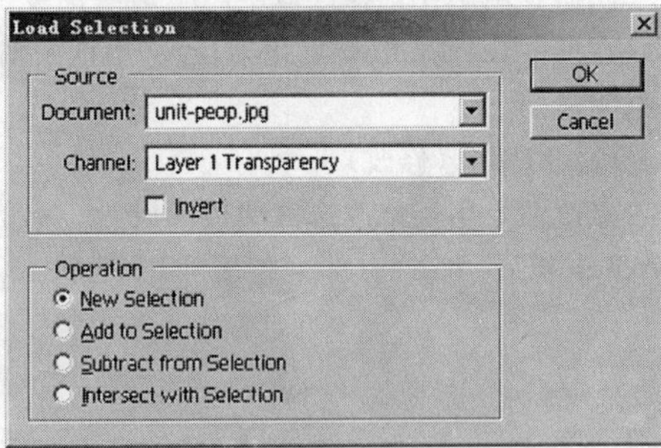

图 4-28

- New Selection—取消当前已有的选区，储存选区成为当前新选区。
- Add to Selection—储存选区加进当前已有选区之中。
- Subtract from Selection—当前选区减去储存选区后的结果。
- Intersect with Selection—当前选区与储存选区之间的共有部分。

4. 选区变换命令

Selection Transform(选区变换)命令用于对选区进行变形操作，选择此工具后，出现了选区的方形边框，边框视角和边线中点出现 8 个小方块，光标可以拖动方块改变选区的尺寸，如果光标在选区以外将变为旋转式指针，拖动光标即可带动选定区域在任意方向上旋转。

在出现 Selection Transform 的方形边框中单击右键，就会弹出一个对话框(图 4-29)。对话框中列出多个变换命令有：Scale(缩放)，Rotate(旋转)，Skew(斜切)，Distort(变形)，Perspective(透视)五个主要命令。还有 Rotate180°(旋转 180°)，Rotate 90° CW(顺时针旋转 90°)，Rotate 90° CCW(逆时针旋转 90°)，Flip Horizontal(水平翻转)，Flip Vertical(垂直翻转)。在执行选区变换命令过程中可以插入执行 Edit＞Transform 命令，也能实现上述的变换命令。

图 4-29

二、工具箱选择工具(Marquee，Lasso，Ward)

1. Marquee(框选)

这是一种最基本、最常用的区域选择工具，主要用于选取矩形、椭圆形、竖线和横线4种形状的选择范围。默认情况下的选框工具是矩形选框工具。用户可以根据需要在4种工具中选择一种。

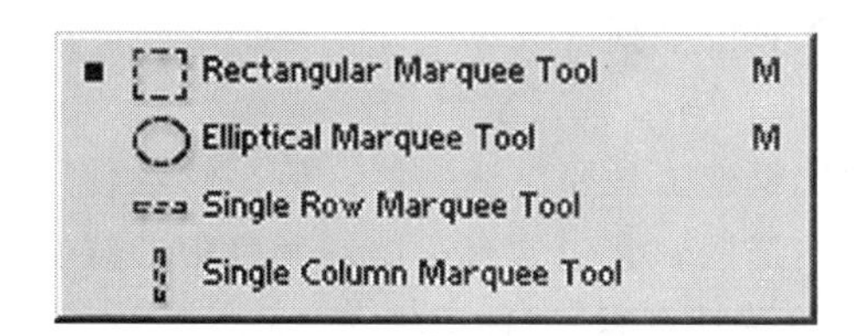

图 4-30

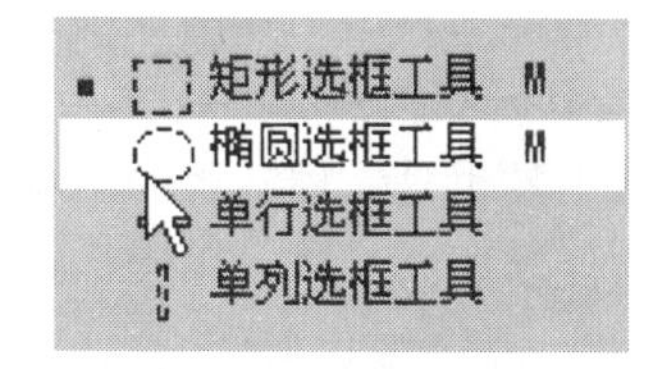

图 4-31　4种选框工具

(1) Rectangular Marquee(矩形选择)工具

该工具用于在图像或图层中选取矩形的区域，供用户编辑使用。它的工具参数栏设置如图4-30所示，其各项参数意义如下：(其他工具也有类似的参数栏)

• Feather(羽化)—设定选取范围的羽化功能。当设置羽化值后，在选取范围的边缘部分，会产生渐变晕开的柔和效果，其(羽化)的取值范围在0～255像素之间。

• Anti-aliased(消除锯齿)—选中此项，选取的边界较光滑，不会出现锯齿。该项只

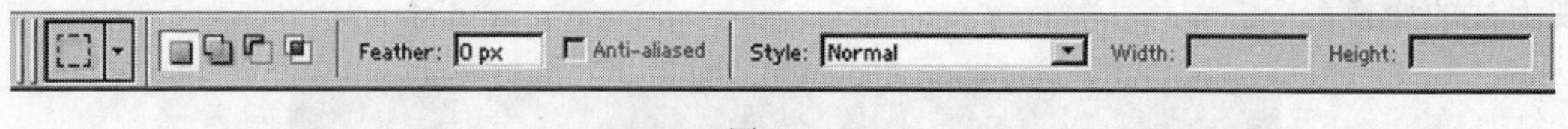

图 4-32

对椭圆形选取工具有效。

• Style(样式)—共有3种方式，为标准方式、按比例方式和固定尺寸方式。使用标准方式，则光标在图像中拖动所产生的矩形区域为选择区域；使用按比例方式，将按Width(宽度)和Height(高度)所设定的比例来进行选取；使用固定尺寸方式，则每次选择只是按照固定的尺寸来选择。如果使用固定尺寸，则要在工具栏中先设置固定尺寸的大小。

使用矩形选择框工具有以下使用方法：

1) 按住〈Shift〉键，拖动光标，将选出正方形区域。

2) 按住〈Alt〉键，拖动光标，将以拖动的开始处作为中心进行选择。

3) 按住空格键，光标将变成一个徒手工具，可用它来移动图像。

4) 按住〈Shift〉键拖动光标进行选取可以增加一个选择区域。

5) 按住〈Alt〉键在原来的选择区域拖动光标可以减少一个选择区域。

6) 按住〈Shift〉+〈Alt〉组合键可以选出一个和原来的区域相交的区域。

7) 按住〈Ctrl〉+〈Alt〉组合键拖动一个选择的区域，可以把该选择区域拷贝到新的位置。

8) 在工具参数栏前部有四个按钮，分别用于直接选取、增加选区、减少选区和相交选区。

(2) Elliptical Marquee(椭圆选框)工具

椭圆形选择工具和矩形选择工具的使用差不多，它是用于选择椭圆和圆形区域的工具，矩形工具的使用技巧也可以类似地加以使用。

(3) Single Row(单行选框)工具

单行选框工具用于在图像中选取出1个像素宽的横行区域。

(4) Single Column(单列选框)工具

单列选框工具用于在图像中选取出1个像素宽的竖列区域。

2. Lasso(圈选)

套索工具也是一种常用的工具，它的使用比框选工具要灵活一些，但是它在使用时对使用者的要求要高一些，用于构造不规则形状的选区。它包含有：Lasso(自由曲线套索)，Polygonal Lasso(多边形套索)，Magnetic Lasso(磁性套索)三种工具。

(1) Lasso(自由曲线套索)工具

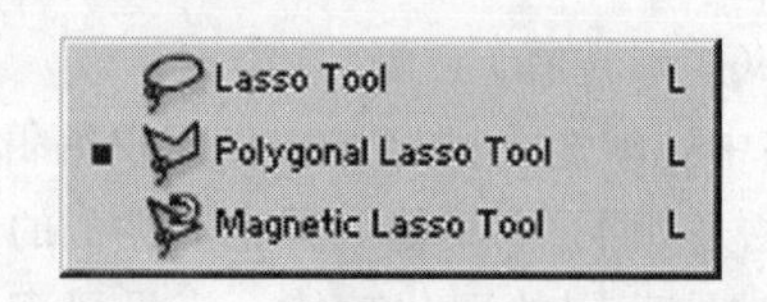

图 4-33

Lasso 工具是用手按住鼠标，自由操纵光标在图像上划出选区范围。如果拖动到起始点，则形成一个封闭的选区；如果未拖动到起始点，则会将起始点和终止点连成一条直线从而形成一个封闭的区域。由于徒手控制光标的准确度较差，此工具用得不多。

(2) Polygonal Lasso(多边形套索)工具

多边形套索工具用于选择不规则的多边形选区或用多边形近似一个曲线范围的选区，在使用时只要将光标在各个角点处单击即可。当光标回到起点时，光标的形状变成带小圆的套索形状，此时再单击，则形成一个封闭区域的选取。如果双击定义点，该点定义后自动再连到起始点，形成封闭区域。此工具是准确勾画选区的常用工具。

图 4-34

- Feather：设定边缘的羽化深度大小。
- Anti-aliased：设置边缘的反锯齿状况。

(3) Magnetic Lasso(磁性套索)工具

Magnetic Lasso 工具是利用图像中的色调的深淡差别，由手按住光标控制走向，系统自动辨认色差的边界位置来划出选区。它在进行对象的选取时只需在选取的起点单击鼠标，然后沿着对象的边缘移动光标，因为它能够识别背景和对象，并自动地附着在对象的边缘上，当光标回到起点时，光标的右下角会出现一个小圆，单击左键即可完成选取。此工具用得也不多。

3. Magic Ward(魔棒)

魔棒工具在进行区域的选取时，能一次性地选取颜色相近的区域，颜色的近似程度由工具参数栏中设置 Tolerance(容差值)参数来确定，容差值越大，则选取的区域越大。在魔棒工具的使用中要特别注意容差值的设定和 Contiguous(连续)复选框的设置。此工具由于它的工作效率得到了广泛的使用。工具的参数栏如图 4-35 所示：

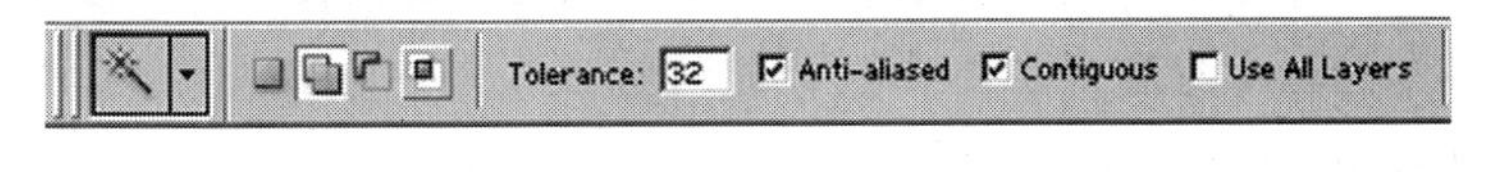

图 4-35

- Tolerance：色调容差的设定。某些选择命令如 Similar、Grow 等命令的容差值也在此设定。
- Anti-aliased：设置边缘的反锯齿状况。
- Contiguous：设定工作状态，选区是否必须是连续的(相当于 Grow 命令)，还是可以不连续(相当于 Similar 命令)。
- Use all layers：设定是否是对所有图层起作用。

三、路径(Path)转换选区

这是建立和修改复杂选区的优选工具。

Photoshop 中，路径是由贝塞尔(Bezier)曲线构成的线条图，贝塞尔曲线是由多个位于曲线上的 Anchor Point(锚点)来定义的，这种锚点是由三点的组合定义的，如图 4-36 所示，其中一点在曲线上，另外两点在控制手柄上，通过改变这三个点即可改变通过锚点的曲线方向和平滑度。在编辑状态时锚点带有方框，称为控制锚点，填黑的控制点是被选中的工作锚点。如过锚点的两边的手柄的长短一致，方向相反时，此锚点称为平滑锚点。如果锚点的两边的手柄的长短不一致或方向不是相反时，锚点处两曲线存在交角，此锚点称为拐角锚点。

1. 路径工具

在工具箱中有两组路径的工具：路径选择工具和路径编制工具(图 4-37)。

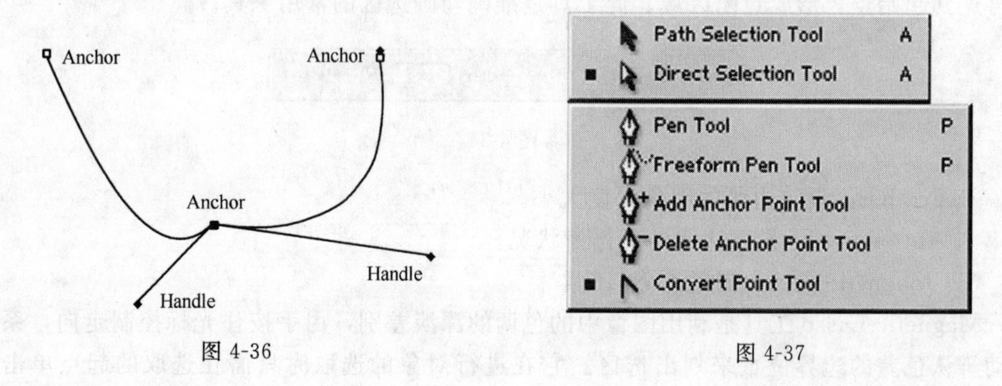

图 4-36　　　　图 4-37

(1) 路径选择工具

1) Direct Selection—选择单个锚点。

2) Path Selection—选择整个路径(即全部锚点)。参数栏见图 4-38。

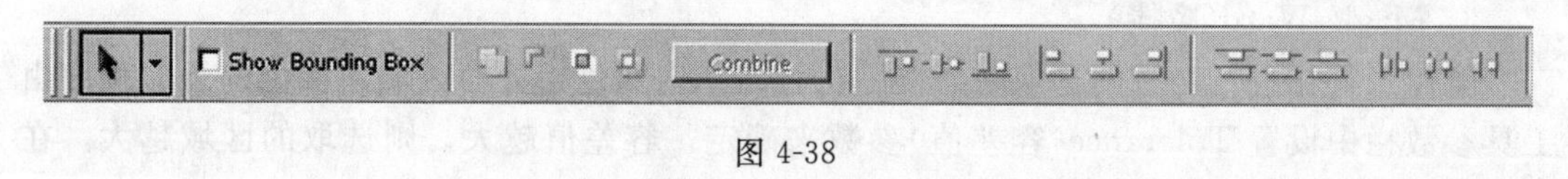

图 4-38

• Show Bounding Box：激活此项时，在选中某路径的同时显示路径的框盒，框盒四角和中点有八个方框点。即进入自由变换状态(图 4-39)。可以像 Edit＞Transform 命令一样对选区的图像和选区本身进行自由变换。此时选项栏显示改为图 4-40 所示。显示框盒的尺寸、比例和转角等参数。

(2) 路径编制工具

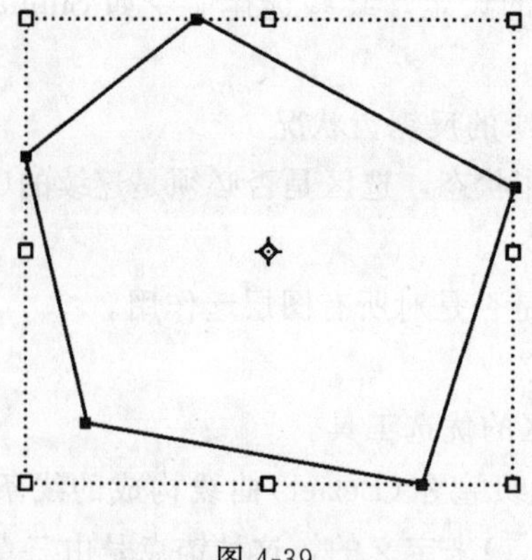

图 4-39

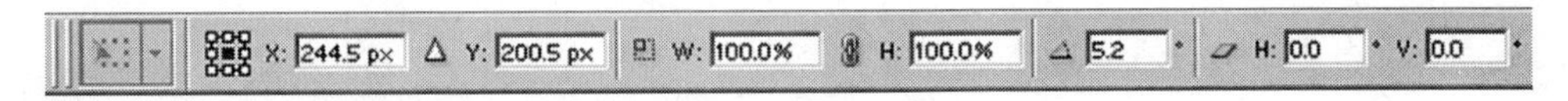

图 4-40

共有五个路径编制工具：

1）Pen—钢笔工具，创建路径的主要工具。

2）Freeform Pen—自由笔工具，可随意创建路径。

3）Add Anchor Point—增加锚点。

4）Delete Anchor Point—删除锚点。

5）Convert Point—直线锚点与曲线锚点的转换工具。

以钢笔工具为例，它的参数栏如图 4-41 所示。

图 4-41

• 三种工作状态：Shape Layers(建立填充路径)，Paths(建立路径)，Fill Pixels(绘制填充图像)。我们一般是用于 Paths 工作状态。

• 八种工具类型：Pen(钢笔)，Free Pen(自由钢笔)，Line(直线)，Rectangle(矩形)、Rounded Rectangle(圆角矩形)，Ellipse(椭圆)，Polygon(多边形)等。如果是在 Paths 状态，选用后六种工具可以直接绘出相应形状的路径图形。如果是在 Fill Pixels 状态，后六种工具将绘出相应填前景色的图像，而不是路径。点击八种工具后面的箭头会弹出相应选中图形的参数对话框。

• Auto Add/Delete：设置自动增删状态。

• 四种关系模式：在新建路径与原有路径重叠时，有四种关系模式来获得不同的结果：

—Add to Path Area　加进路径区。

—Subtract from Path Area　从路径区减除。

—Intersect Path Areas　取出覆盖部分。

—Exclude Overlapping Area　排除覆盖部分。

2. 创建路径

(1) 使用 Pen(钢笔)工具创建路径

创建直线段是路径工具使用中最简单的操作，只要顺序定义锚点的位置，锚点之间以直线相连。若要绘制 45°角、水平或垂直的方向线时，可在单击确定点位置时按下〈Shift〉键即可。如果最后要封闭路径，只要把光标移到第一个锚点，光标会在原有图标上加上小圆圈。按下左键即可(图 4-42)。

要产生曲线路径，只需在直线路径完成后，用 Convert Point 工具点击并拖动所在的锚点，出现两条手柄，拖动时的手柄保持长度一致，方向相反，也就是保持平滑点编辑状态。在放开锚点后再去调节手柄的长度和方向，此时只能调节一边的手柄和曲线，锚点处于拐点状态。

(2) 使用自由钢笔工具

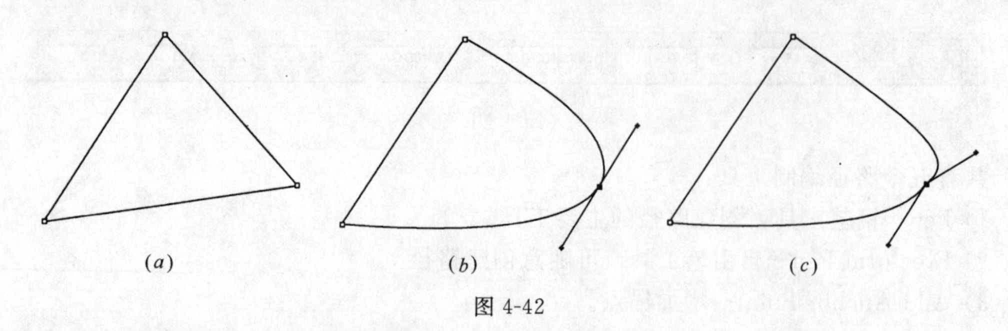

图 4-42

自由钢笔工具是一种以手绘的方式进行绘制路径的工具，它的使用与选取工具的自由套索工具的使用差不多。用户在选好第一个点后，按住鼠标移动直至终止点为止。

3. 编辑路径

路径不可能一经创建就能满足用户的要求，还需要根据需要进行编辑，只有经过编辑才能达到用户想要达到的效果。

(1) 选取路径

有两种工具可以选取路径，一种是使用锚点直接选取工具，一种是使用路径整体选取工具。在编辑路径时，主要是使用锚点直接选取工具，选择需要调整的锚点。

当用光标点取并拖动锚点时，锚点也随之移动。当用户按住〈Alt〉键移动光标时则会复制一个路径。当用户按住〈Shift〉键使用光标拖动时，则会使得此锚点和下面的第二个锚点的距离不变而移动这两个锚点。

(2) 增减锚点

用户在使用路径工具进行图形的绘制时，有时会觉得锚点少了，图形的形状不好控制，为此需要在已绘制好的路径图形上增加锚点。有时用户又觉得锚点太多了，从而不需要凸起的区域反而凸起了，这时用户就需要减少锚点，下面就结合例子介绍如何增加和减少锚点。

(3) 变换锚点

用锚点转换工具，使之在直线锚点与曲线锚点之间转换，进而改变路径的形状。

(4) 路径编辑

打开 Paths(路径)面板对话框，点击右上角箭头，弹出 Path 菜单，可以使用菜单中多项路径的编辑命令，进行编辑和变换操作。

4. 转成选区

(1) 路径转换成选区

这是我们的主要目的。把制作完成的路径转换成选区的操作如下：

打开 Paths(路径)面板对话框，点击右上角箭头，弹出 Path 菜单，选择 Make Selection 命令。就可以把当前的路径转成选区。

(2) 选区转换成路径

在选取的选区不精确时可以先转换成路径，对路径进行编辑，然后再转换为选区，因为路径比选区更精确、更容易编辑。选区转成路径的过程也很简单：

在当前选区情况下，打开 Paths 面板对话框，点击右上角箭头，弹出 Path 菜单，选择 Make Working Path 命令。就可以把当前的选区转成路径了(图 4-43)。

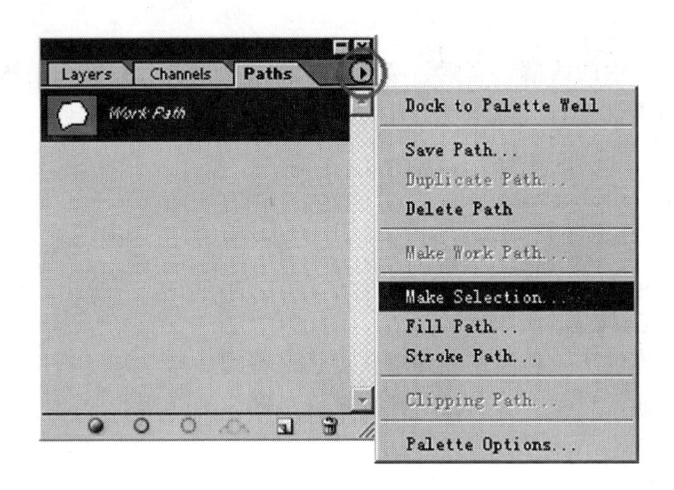

图 4-43

具体的建筑渲染图中的路径转换成选区的例子很多，我们将在后面的实例中加以应用。

第五节　图形处理工具箱

在 Photoshop 的工具箱中有很多工具，它们的功能强大，且各有自己的特点。用户只有掌握了这些最基本的工具，才能方便地进行图像的制作和编辑。

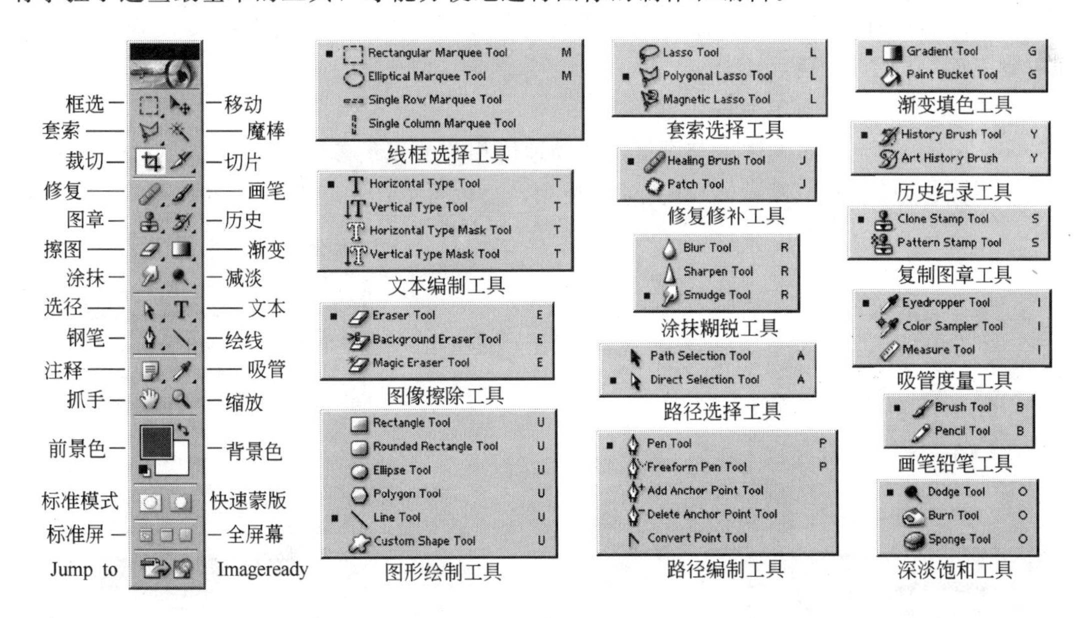

图 4-44

在 Photoshop 中有 50 多种工具。每种工具的使用，都是先设置工具参数栏，在参数栏中设置好使用工具的各项参数之后即可以正确地使用工具了。

一、图像选择工具

图像的选择工具中的线框、套索、魔棒工具和路径工具，在前面的图像选择一节中已经详细介绍过，不再重复。

(1) 线框选择工具(Marquee)

(2) 套索选择工具(Lasso)

(3) 魔棒选择工具(Magic Wand)

(4) 路径制作工具(Path)

(5) 快速蒙版工具(Quick Mask)

快速蒙版工具提供了一种制作和编辑灰度选区特别是制作渐变选区的有力工具。请见下一节中“选区、通道和蒙版”以及“渐变选区”的详细介绍。

二、图像绘制工具

1. 画笔铅笔工具

(1) 画笔工具(Brush)

画笔工具就是以当前的前景色和参数栏中的设定来绘制图像，用来绘制柔边缘的图线。单击工具箱的画笔工具，工具参数栏中出现画笔的参数项：

• Brush：定义画笔的形状和尺寸。点击画笔框中的小三角出现对话框(图 4-45)。在对话框中可以选择笔的形式和大小。它是用 Windows>Brush(画笔)命令弹出的通用的 Brush 控制面板的简化形式(图 4-46)。但对于建筑渲染图的制作是足够用的了。

• Mode：设定画笔色与所画处像素色的混合时所用的模式。所谓混合模式是指上下两种色彩叠在一起时的混合显示的方式。在下拉列表框中共列出 24 种选择。一般是用 Normal 方式，为由上到下的显示方式，只有在上面图层的透明(半透明)处或被屏蔽处才能看到下面层的图像内容。

• Opacity：设定画笔色的不透明度。

• Flow：设定色彩的浓度与画笔的移动速度相关的流量参数。

• Set to Airbruch(喷枪)：作为喷枪使用，喷枪可以产生色彩渐变的效果。

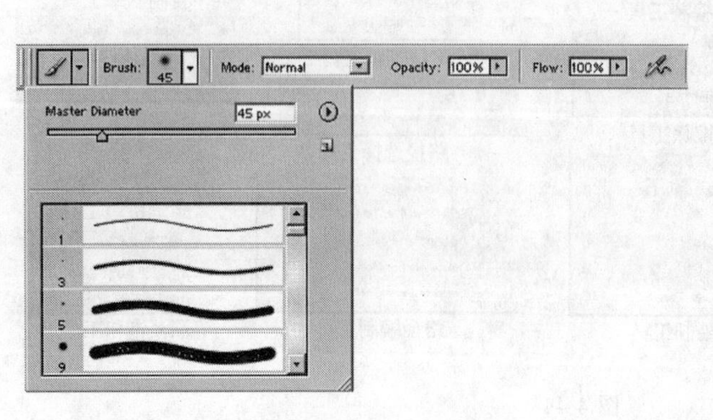

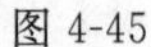
图 4-45

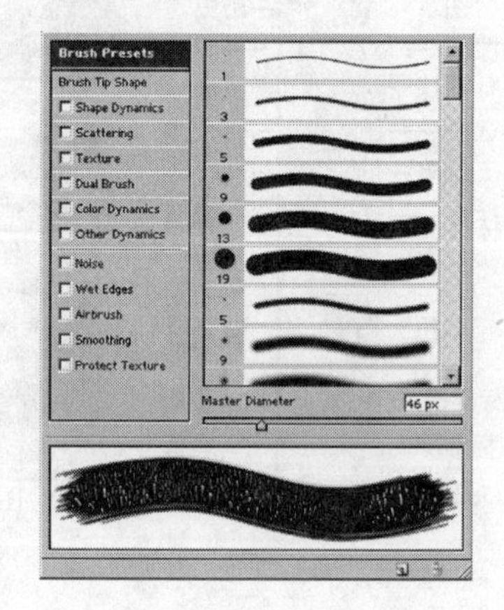

图 4-46

(2) 铅笔工具(Pencil)

用来绘制硬边缘的图线，不能选择软边的笔刷。它在建筑效果图中主要与吸管工具共用，用来修补图像的细部。

Pencil 工具一般也是用前景色画图，如果选定了参数栏中的 Auto Erase 选项后，如果它开始时是落在前景色的区域，则就用背景色来画图。如果开始时是落在背景色区域，就用前景色画图。其他选项与 Brush 工具相同(图 4-47)。

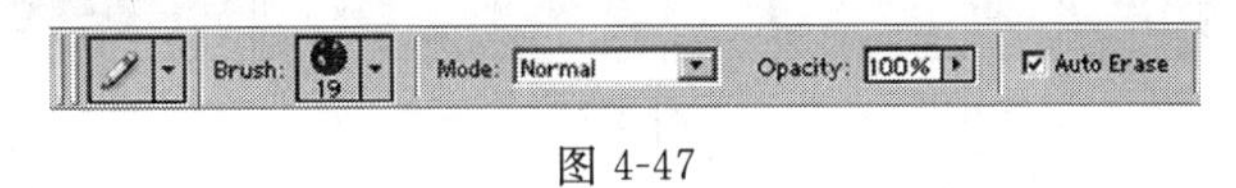

图 4-47

2. 渐变填色工具

(1) 渐变上色工具(Gradient)

渐变工具可以创建多种颜色间的渐变混合。在图像的选区范围中点击起点，拖动光标到终点处松开，完成一次渐变的定义。不同点的位置和方向会影响渐变的效果。

渐变工具的参数栏内容有(图 4-48)：

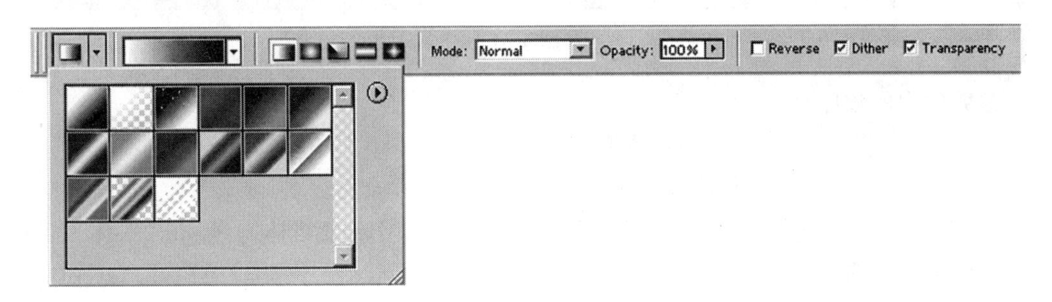

图 4-48

• Gradient Picker：在系统提供的 15 种渐变填充形式中选取所需的渐变方式。常用的形式有以下两种—前景色到背景色渐变方式和前景色到透明的渐变方式。

• Gradient Types：共五种渐变类型—Linear Gradient(线性渐变)，Radial Gradient (放射渐变)，Angle Gradient(成角渐变)，Reflected Gradient(反射渐变)，Diamond Gradient(菱形渐变)。建筑效果图中最常用的是线性渐变。

(2) 漆桶填色工具(Paint Bucket)

油漆桶工具用选定的颜色填充选区内的像素点，这些像素点应与击点像素之间的容差在设定的范围之内。漆桶工具的参数栏如图 4-49 所示：

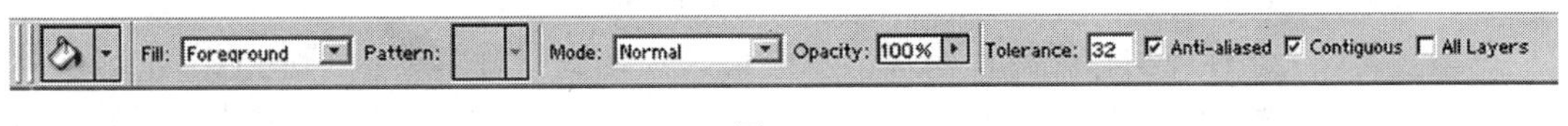

图 4-49

Fill(填充内容)：有两个选项—Foreground(前景色)和 Pattern(图案)。

Pattern(选用图案)：选用系统中已定义的图案。点击箭头可以弹出图案对话框。

其他参数还有：Mode(混合模式)，Opacity(不透明度)，Tolerance(容差)，Anti-aliased(反锯齿)，Contiguous(连续)，All Layers(作用于所有图层)。这些参数的含义与前面所介绍的是一样的。

3. 图形绘制工具

用图形绘制工具可以在图像中绘制 Line(直线)，Rectangule(矩形)、Rounded Rectangle(圆角矩形)，Ellipse(椭圆)，Polygon(多边形)和创建自定义图形库。每种图形都提供各自的相关参数。此参数栏与钢笔工具的参数栏很相像(图 4-50)，两个命令之间可以相互转换。很多选项的功能也是一样的。

图 4-50

4. 文本制作工具(Type)

用来在图像中输入和制作 Horizontal Type(水平文字)，Vertical Type(垂直文字)，Horizontal Type Mask(水平文字面罩)，Vertical Type Mask(垂直文字面罩)。具体的操作我们将在“图层”和“字牌标题”的章节介绍，这里只介绍它的参数栏中的参数项内容(图 4-51)。

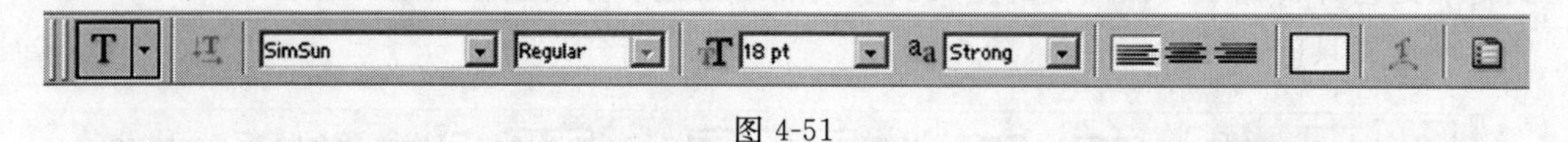

图 4-51

参数栏中的顺序是：

• Change Text Orientation：改变字体方向。

• Text Font：选择字体类型，共有中、外字体 130 余种。

• Text Style：选择字体形状，有 Regular(一般)，Bold(粗体)，Italic(斜体)，Bold Italic(粗斜体)四种。

• Text Size：设定字体尺寸，单位为像素点。

• Anti-aliasing Method：选择字体反锯齿方法。

• Text Align：有三种对齐方式—Left Align(左对齐)，Center Text(居中对齐)，Right Align(右对齐)。

• Text Color：设定文字色彩。

三、图像编辑工具

1. 移动复制工具(Move)

移动选区或图层图像，可用光标拖动图像，也可用上下左右四个箭头键进行像素点为单位的微调。选区内容移开后，原来位置由背景色填充。另有几个常用的组合键为：

(1)〈Shift〉+光标拖动：移动方向呈水平、垂直和 45°方向。

(2)〈Alt〉+光标拖动：光标出现黑白重叠箭头，这表明目前进入 Copy(图像复制)状态。拖动光标，选中的图像被复制到新的光标位置上。此操作是建筑效果图中配景树木等图像复制的基本方法。

(3)〈Alt〉+光标拖动到另一图像视窗中：此操作即是把选区图像复制到另一图像之中。

(4) 在其他工具处于激活状态时，按住〈Ctrl〉键后就临时进入 Move 工具状态，如果同时按住〈Ctrl〉+〈Alt〉键将临时进入 Copy 状态。

移动工具的参数栏如图 4-52 所示。其中：

图 4-52

• Auto Select Layer(自动选择图层)：自动选择位于最上面有像素的图层中的内容进行移动。

• Show Bounding Box(显示框盒)：此参数的功能请参见路径全选工具中的介绍。

2. 仿制图章工具(Stamp)

仿制图章工具从图像中取样，然后可将样本应用到同一图像的其他部分。图章工具是一种图形复制工具，有 Clone Stamp(图章复制)和 Pattern Stamp(图样复制)两种。它的参数栏如图 4-53 所示。这种复制方法在建筑效果图中很少使用。

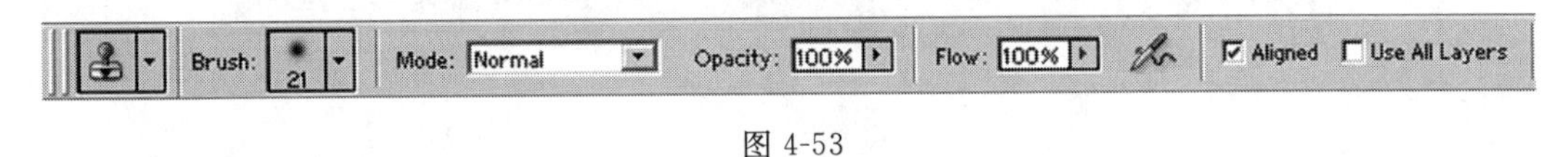

图 4-53

3. 图像擦除工具(Eraser)

图像擦除工具实际上是用背景色来进行绘制，结果好像是把原来的图像给擦除了。图像擦除工具共有三种：

(1) Eraser(橡皮擦工具)

橡皮擦工具的参数栏中，也有 Brush(笔刷)，Mode(混合模式)，Opacity(不透明度)，Flow(流量)，Airbrush(喷枪)等。这些参数项与前面介绍是一样的(图 4-54)。

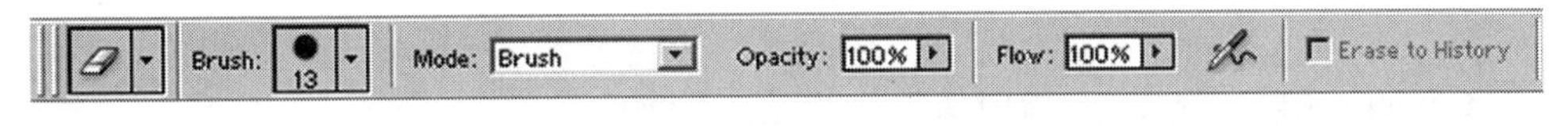

图 4-54

有个 Erase to History 选项，当被激活时图像将被删到历史纪录面板中的某快照状态。

(2) Background Eraser(背景擦工具)

背景色橡皮擦工具可把背景图像擦成透明。通过指定不同的取样点(画笔的中心点)和容差值，可以控制擦除时的透明度的范围和边界的锐化程度。它的参数栏如图 4-55 所示。

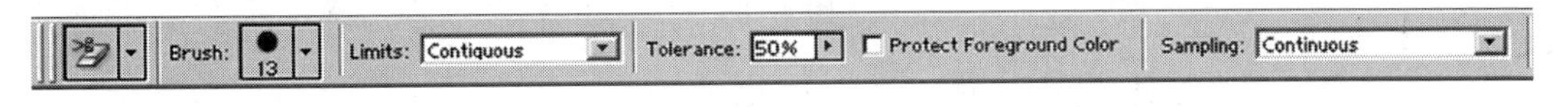

图 4-55

• Limits(限制范围)：有三种情况。

——Discontiguous——不连续。抹除出现在画笔中任何位置上与取样点相容的颜色。

——Contiguous——连续。抹除出现在画笔中与取样点颜色相容又连续的像素点的颜色。

——Find Edge——查找边缘。抹除相容又连续的像素点的颜色，同时又保留未擦除区边缘的锐化度。

• Tolerance(色调容差)：与取样点之间色调的允许偏差程度。

• Protect Foreground Color：保护与前景色匹配的区域。

• Sampling(取样方式)：有三种方式。

——Continuous——随着画笔移动，中心点不断取样。

——Once——画笔一次性取样后保持不变。

——Background Swatch——只抹除包含当前背景色的图像。

(3) Magic Eraser(魔术擦工具)

用魔术橡皮擦工具在图层中点击时，系统会自动更改所有相似的像素。如果您是在背景中或是在锁定了透明的图层中工作，像素会更改为背景色，或者像素会抹为透明。您可以选择：在当前图层上，是只抹除邻近的像素，还是要抹除所有相似的像素。参数栏如图4-56所示。相关的参数项都已经介绍过。

图 4-56

4. 浓淡饱和工具

(1) 图像减淡工具(Dodge)

用笔刷将局部图像的色调减淡。参数栏如图4-57所示：

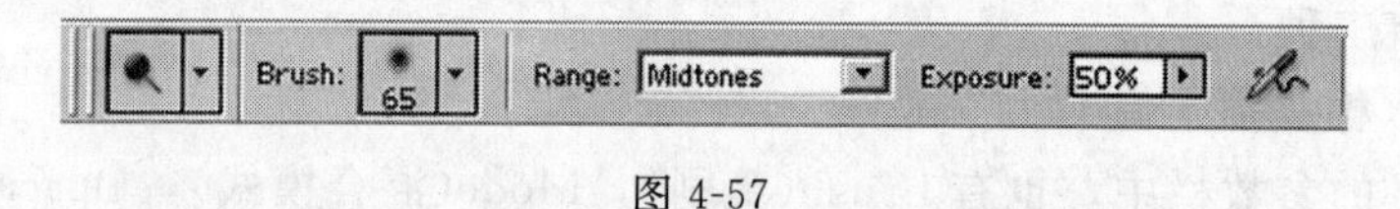

图 4-57

- Range(作用范围)：有Shadows(暗色区)，Midtones(中间色区)，Highlights(亮色区)。
- Exposure(曝光强度)：指图像整体的光亮程度。
- 喷枪按钮：以喷枪确定作用范围来减淡图像。

(2) 图像加深工具(Burn)

用笔刷将局部图像的色调加深。参数栏如图4-58所示：参数项与减淡工具相同。

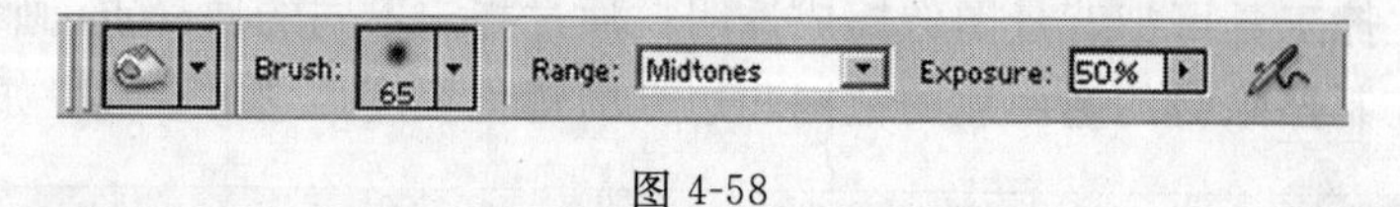

图 4-58

(3) 改变饱和度工具(Sponge)

用笔刷改变局部图像色彩的饱和度。参数栏如图4-59所示：

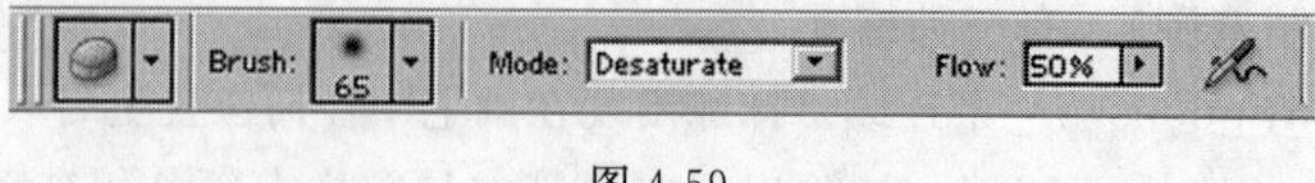

图 4-59

- Mode(工作模式)：有Desaturate(降低饱和度)和Saturate(增加饱和度)两种。
- Flow(工作流量)：是指操作时光标移动速度对作用程度的影响。
- 喷枪按钮：以喷枪确定作用范围来改变图像的饱和度。

5. 涂抹糊锐工具

此工具项包括三个工具：

(1) 图像涂抹工具(Smudge)

用笔刷涂抹局部图像使之像素的色彩彼此柔合在一起。参数栏如图4-60所示：相关的参数项有：

图 4-60

- Mode(模式)：色彩混合模式。
- Strength(强度)：是指每次操作时作用的强度。
- Finger Print：选中此项，在每次操作时以前景色进行涂抹。取消此项，涂抹工具用每次操作起点处的颜色进行涂抹。
- Use All Layers：选中此项时，用所有图层中在操作点位置上的颜色进行涂抹。

(2) 图像模糊工具(Blur)

用笔刷改变局部图像色彩的模糊度。参数栏如图 4-61 所示：参数项含义同涂抹工具。

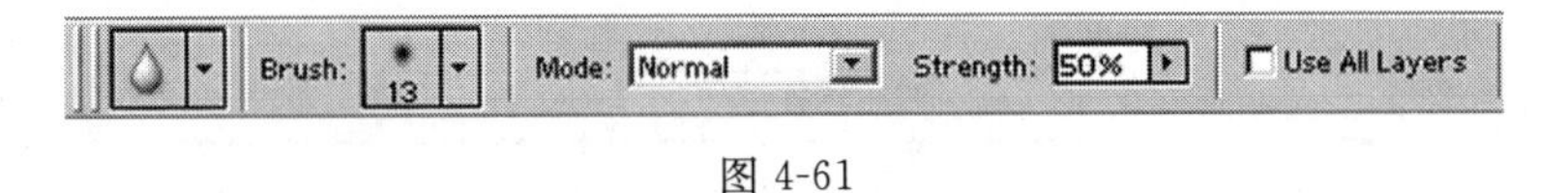

图 4-61

(3) 图像锐化工具(Sharpen)

用笔刷改变局部图像色彩的尖锐度。参数栏如图 4-62 所示：

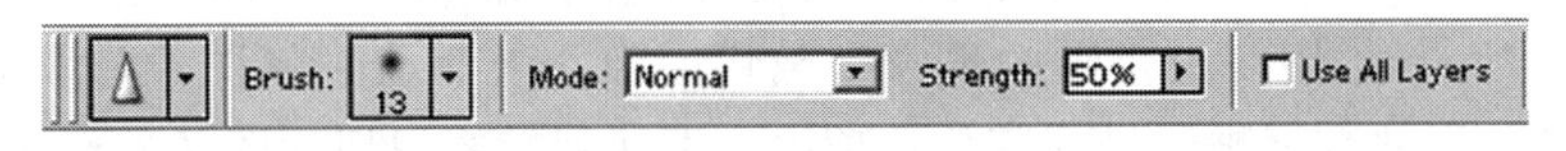

图 4-62

6. 修复修补工具

修复修补工具可用于校正瑕疵，使它们消失在周围的图像中。与仿制工具一样，使用修复画笔工具可以利用图像或图案中的样本像素来绘画。但是，修复画笔工具还可将样本像素的纹理、光照和阴影与源像素进行匹配，从而使修复后的像素不留痕迹地融入图像的其余部分。在效果图制作中此功能用得不多。

(1) 图像修复工具(Healing)

图像修复工具可用来校正图像中的瑕疵，使它们消失在周围的图像中。它可以利用图像或图案中的样本像素来绘画。此工具的参数栏如图 4-63 所示。

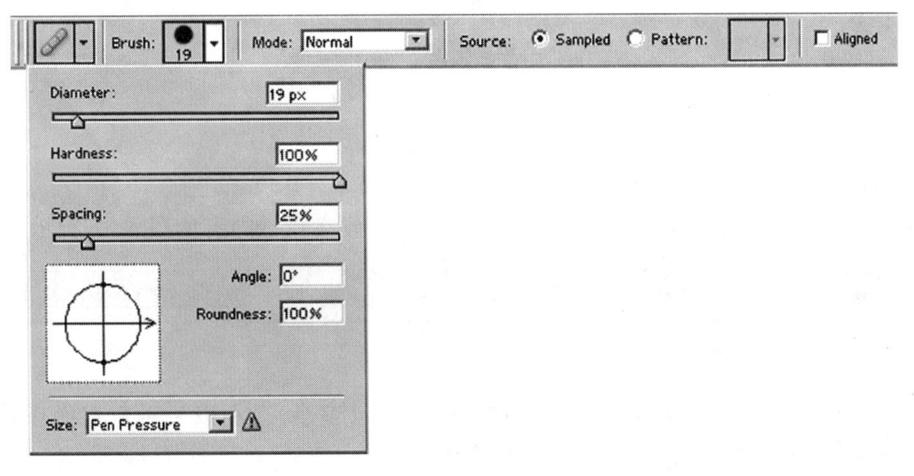

图 4-63

(2) 图像修补工具(Patch)

图像修补工具可用其他区域或图案中的像素来修补选区中的图像。此工具的参数栏内容如图 4-64 所示。

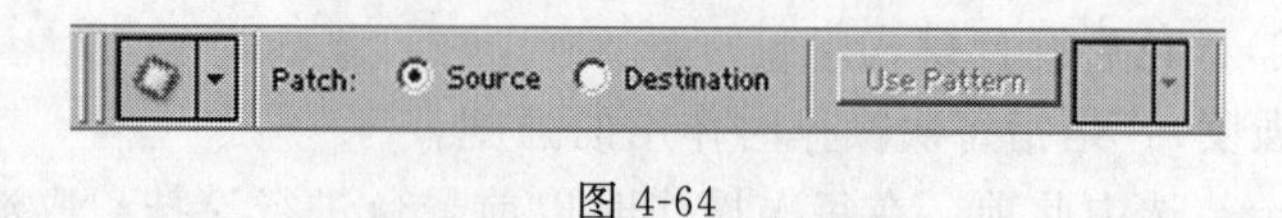

图 4-64

四、辅助操作工具

1. 图像裁切工具(Crop)

裁切是裁去部分图像，留下需要突出的部分图像，以达到完美的构图效果。如果是自由设定尺寸的裁切，就要使工具参数栏中的参数全部清空。参数栏内容如图 4-65 所示。

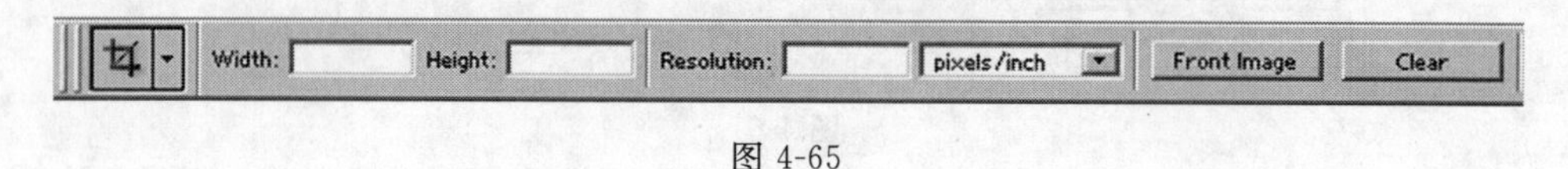

图 4-65

- Width，Height：设定裁切的宽度和高度尺寸(单位同下面 Resolution 中的设定)。
- Resolution：设定裁切图像的分辨率和单位(单位是 pixels/inch 或 pixels/cm)。
- Front Image：用前一幅图的尺寸来裁切图像。激活前一幅图像，取 Front Image 按钮，该图像的尺寸数据被纪录在其他选项中。再回到需要裁切的图像进行裁切。
- Crean：清楚参数项中的数值。

2. 视图操作工具

(1) 抓手平移工具(Hand)

当视图中只显示部分图像时，常用抓手工具来平移视图以显示图像的其他部分。在执行其他工具功能时，下按空格键可临时出现抓手光标并执行视图平移功能，当放开空格键后又恢复原来的工具功能。参数栏内容如图 4-66 所示。

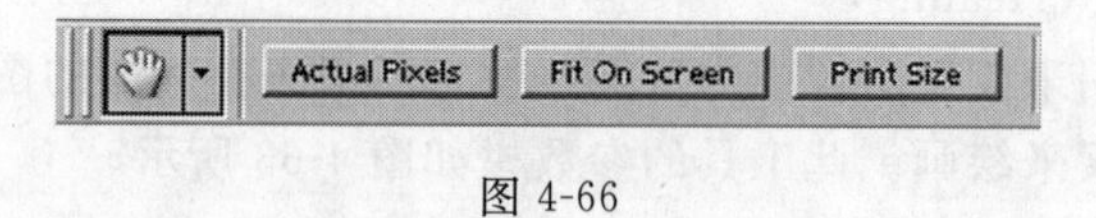

图 4-66

- Actual Pixels：按 100％的实际尺寸显示图像。
- Fit On Screen：按屏幕最大可能的尺寸显示图像。
- Print Size：按设定的打印尺寸显示图像。

(2) 视图缩放工具(Zoom)

实现对视图中的某部位图像进行放大和缩小显示。参数栏内容如图 4-67 所示。

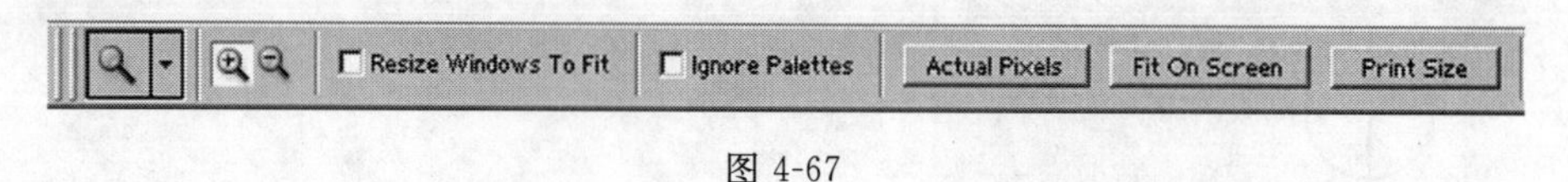

图 4-67

- 两种工作模式：Zoom In(放大)和 Zoom Out(缩小)。在以一种方式操作过程中，可以下按〈Alt〉键使之临时改变缩放的工作模式。
- Resize Windows To Fit：

• Ignore Palettes：

(3) 视图模式转换

工具箱底部的三个小图钮分别代表视图显示的三个模式：Standard Screen（标准模式），Full Screen with Menu（带菜单的全屏幕），Full Screen（全屏幕）。

3. 历史纪录工具

在 Photoshop 中，有一个十分有用的 History（历史纪录）控制面板（图 4-68）。它记录下使用者每一次的操作过程。如果我们发现操作有误，可以用 Windows>History 命令打开此面板，然后从后向前一步步后退，视图的显示也随之退回相应的位置上。你可以从这历史纪录中的任意位置作为新的起点，再继续往下进行制作。历史纪录有一定的长度限制，超过了限制就取最近的纪录。可以在系统的 Preference 命令中改变历史纪录的长度设定。

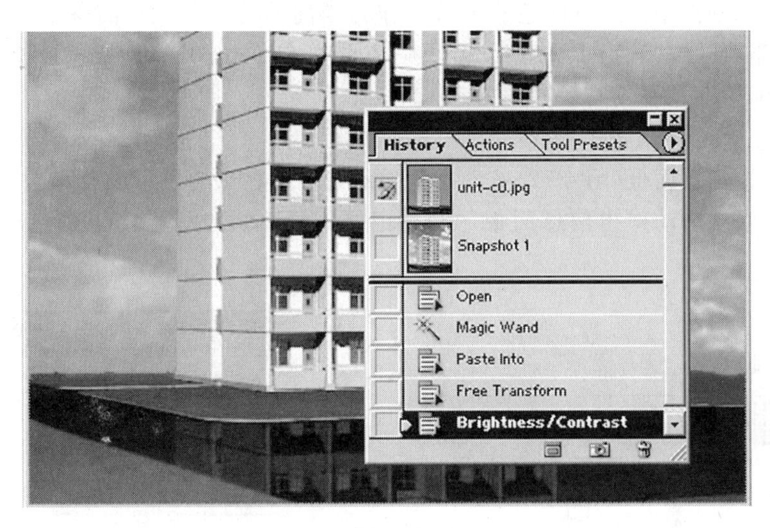

图 4-68

历史纪录面板的底行有三个图例命令：

• Create new document for current state：从当前状态开始，创建一新历史纪录。请小心使用此命令，点击了它以前的历史纪录会被删除。

• Create new snapshot：创建一新的快照，快照全面地记录下当前的图像状态。如果要把某次快照设定为历史画笔的恢复状态，可在此快照缩图前点击，把历史画笔设定与此。

• Delete current state：删除当前状态，相当于删除最后一次的操作。

(1) 历史画笔工具(History Brush)

历史画笔工具可以像橡皮擦工具那样，把图像中的一部分恢复到设定的快照状态。或是算计历史面板的某快照项，使其恢复到某快照状态。

参数栏内容如图 4-69 所示。可以设定 Mode（混合模式），Opacity（不透明度）和 Flow

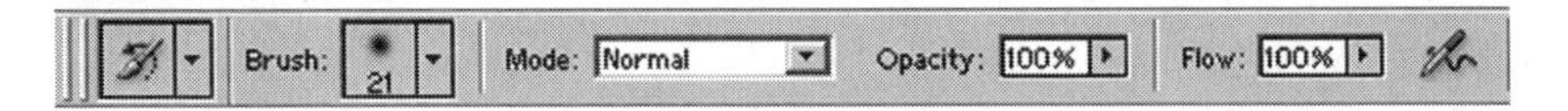

图 4-69

(工作流量)等参数项。

(2) 艺术历史画笔工具(Art-History Brush)

艺术历史画笔工具可使用指定历史纪录状态或快照，以风格化操作进行绘画。尝试不同的绘画样式、大小和容差选项；用不同的色彩和艺术风格模拟绘画的纹理。此功能在效果图中也用得很少。参数栏内容如图 4-70 所示。

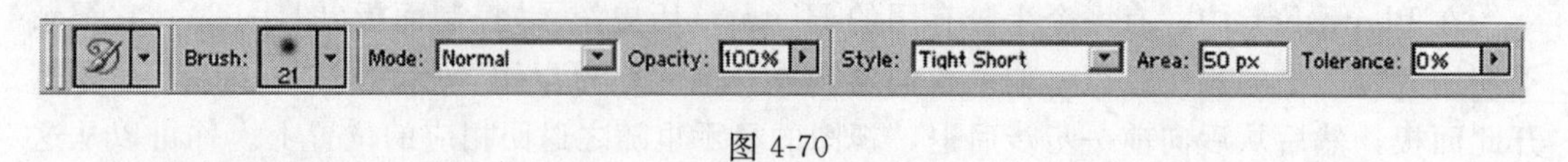

图 4-70

4. 滴管度量工具

(1) 滴管工具(Eyedropper)

功能是捡取图像中任意点的色彩成分，作为当前的前景色。它的参数栏中只有一项：Sample Size(取样尺寸)—有 Point Sample(一点取样)，3 by 3 Average(3×3 取平均)和 5 by 5 Average(5×5 取平均)三种(图 4-71)。

(2) 取样工具(Color Sampler)

系统有一个信息面板(图 4-72)，动态地显示光标所在点的色彩成分和像素点坐标。执行取样工具，系统自动弹出信息面板，同时记录下每一次光标点击点的色彩成分和坐标位置。

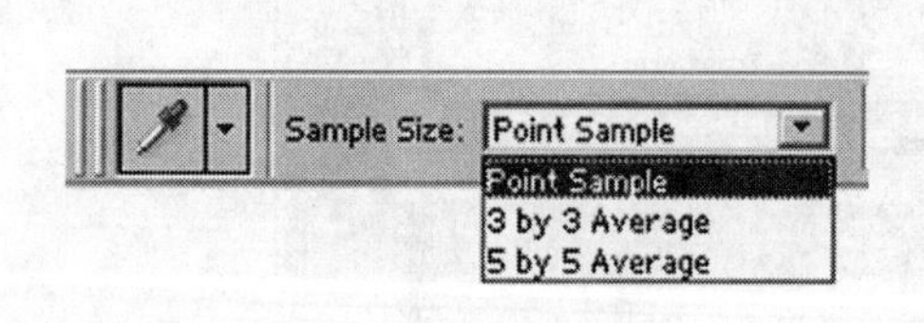

图 4-71

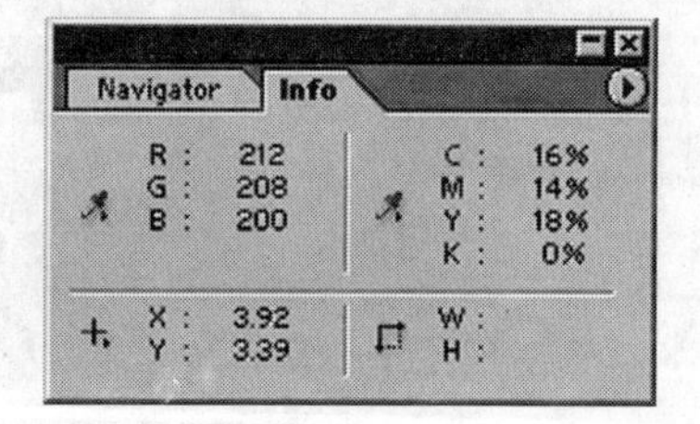

图 4-72

(3) 度量工具(Measure)

在图像中定义两点，在参数栏中实现两点间的距离、角度等度量信息。

5. 图像注释工具(Notes)

图像增加必要的文字的注释。参数栏内容如图 4-73 所示。

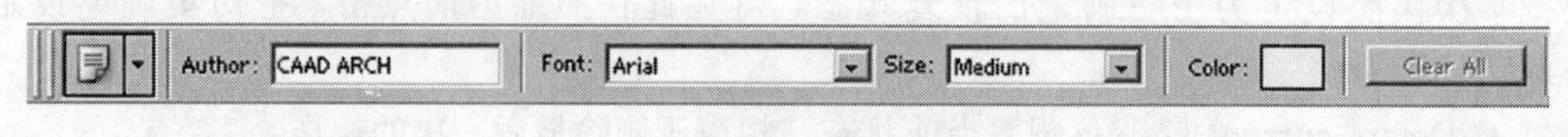

图 4-73

6. 前景与背景色彩(Foreground Color/Background Color)

在图形处理中，无论是进行颜色填充还是进行图像绘制，所使用的颜色取决于当前的前景色、背景色的设置。在工具箱的下部，有前景色和背景色的显示框(图 4-44)。点击其右上角的互换符号可以使前景色和背景色内容互换。点击左下角的黑白小色框可以使前景色成黑色，背景色成白色。

(1) 前景色：定义文字、漆桶、直线、画笔、铅笔等工具使用的颜色。有两种定义前景色方法：

1）单击前景色框，弹出如图 4-74 所示的(拾色器)对话框，从中选择颜色。

2）用工具箱吸管工具，在图像视窗内选择并点取色彩，所点取的颜色为前景色。使用〈Alt〉+〈Backspace〉组合键，可把前景色填充在选区内。

3）在 Color 控制面板中，按住〈Alt〉键同时选中一颜色加进前景色框。

4）在 Swatches 控制面板中，用可以把选中的颜色加进前景色框。

Color 和 Swatches 控制面板如图 4-75 所示。

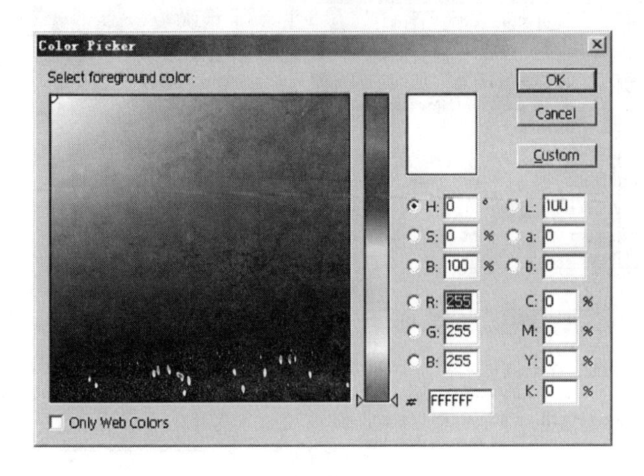

图 4-74

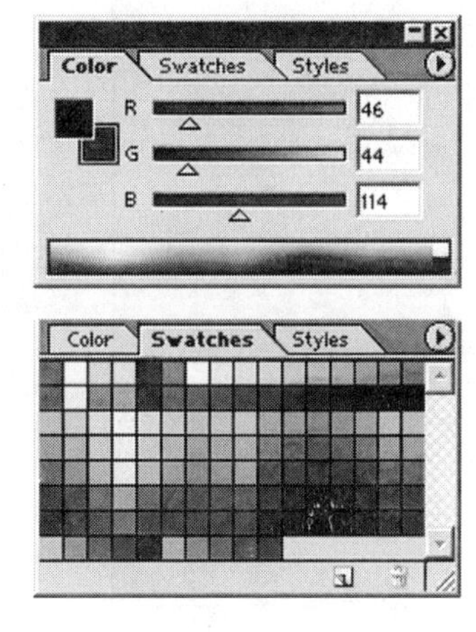

图 4-75

(2) 背景色：用于显示图像的底色。改变背景色也有两种方法：

1）单击背景色按钮，也可弹出如图 4-74 所示的对话框，在该对话框中选择一种颜色。

2）选择工具箱中的吸管工具，按住〈Alt〉键，在图像窗口内单击，鼠标所在处的颜色即作为背景色。使用〈Ctrl〉+〈Backspace〉组合键，可把背景色填充在选区内。

3）在 Color 控制面板中，用可以把选中的颜色加进背景色框。

4）在 Swatches 控制面板中，按住〈Ctrl〉键同时选中一颜色加进背景色框。

第六节　图层和通道技术

在 Photoshop 中，很多图层功能都可以使用图层面板中的命令按钮实现。Photoshop 把大多数相同的命令集成到了 Layer(图层)菜单(图 4-76)和 Layers(图层)控制面板(图 4-77)中。菜单提供了大多数控制命令，但是控制面板的使用还是非常重要的。

图层控制面板非常直观，所有的图层，他们的工作状况和相互关系都一目了然。图层面板中还提供了多数图层参数的控制功能。在第一行中提供了设置不透明度(Opacity)及混合模式(Blend mode)等操作；在第二行中则提供了对图层的各种锁定功能(Lock)和填充不透明度(Fill)。在底行的图例命令行中有：加特效(Add a layer style)，加蒙版(Add layer mask)，新设置(Create a new layer)，建新填充层或调整层(Create new fill or adjustment layer)，建新层(Create a new layer)和删除层(Delete layer)等命令。点击图层面板的 Option 箭头钮，会弹出更多的图层操作命令。

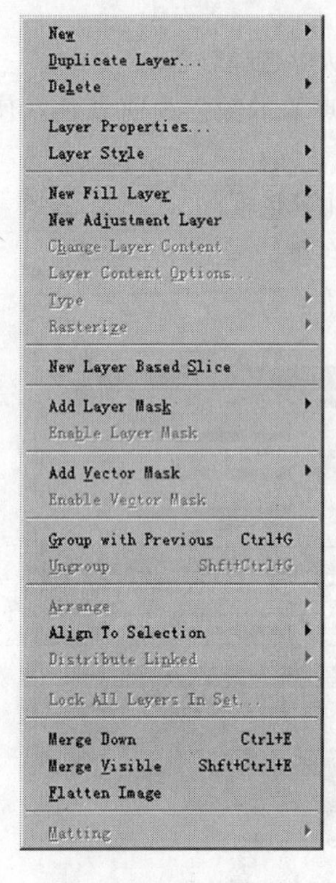

图 4-76　Layer 菜单

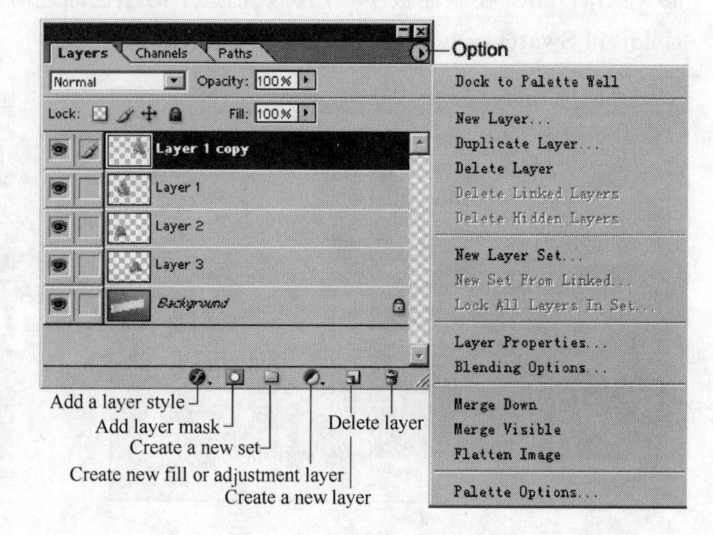

图 4-77　Layers 控制面板

一、图层的属性(Layer Properties)

在 Layers(图层)控制面板中可以对图层选项的各项参数进行设置，包括对图层名称、透明度、混合模式以及对混合模式的参数设置。所起作用和 Layer 菜单中的图层选项的命令的效果一样。

(1) 从 Layers(图层)控制面板的 Option(选项)菜单中，选择 Layer Properties(图层属性)，该命令打开图层属性对话框，可以在此对话框中设置图层的名称和图层的颜色，选择 None(无)则表示使用透明方式。

(2) 从 Layers 控制面板的面板菜单中选择 Blending Options(混合方式选项)命令，

• General Blending(常规混合)：此栏用于设置图层的 Opacity(不透明度)和 Blend Mode(混合模式)。

• Advanced Blending(高级混合)：此栏用于对各个通道设置 Fill Opacity(填充不透明度)和 Knockout(挖空)，其他复选框设置是否将设置的参数用于和此层链接的图层以及是否和图层剪辑组混合内部效果等。

• Blend If(混合颜色带)：此命令用于设置 Gray(灰色)、Red(红)、Green(绿)和 Blue(蓝)通道及色彩的渐变的方式。通过修改 This Layer(本图层)和 Underlying Layer(下一图层)的两个滑块应用透明度效果。通过移动 This Layer 滑块隐藏当前图层中的像素，通过修改 Underlying Layer 滑块隐藏那些基础图层中的像素。

• Layer Styles(图层特别效果)：列出十种附加的特别效果以供选用：Drop Shadow (投阴影)，Inner Shadow(内阴影)，Outer Glow(外发光)，Inner Glow(内发光)，Bevel

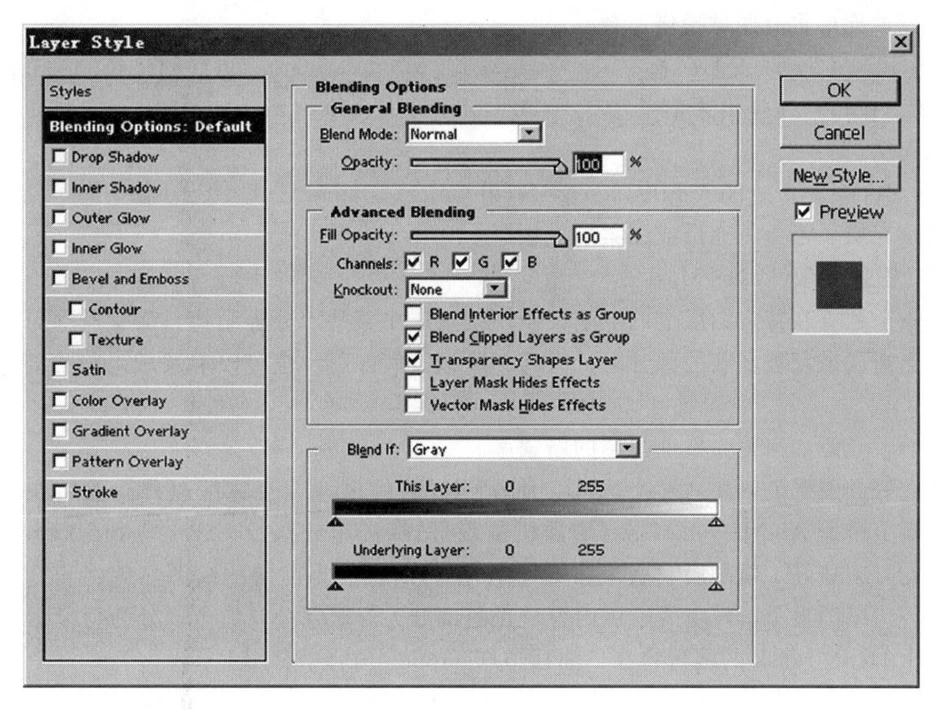

图 4-78

and Emboss(斜变和浮雕)，Satin(锦缎)，Color Overlay(色覆盖)，Gradient Overlay(渐变覆盖)，Pattern Overlay(图案覆盖)，Stroke(加边框)。

二、调整图层(Adjustment Layer)

调整图层把色彩或色调的变化调整应用到它下面的所有图层上，同时保持了所有这些图层中的原有数据。换句话说，这个调整图层的作用就好比是一个滤镜，把一个色彩附加到下面的那些图层上。

删除或关闭该调整图层，下面的那些图层就恢复到它们原先的色彩和对比度。因此可以试验各种色调选择，无需担心它们会影响到下面的图层，以至于带来不良的后果。

要使用调整层首先要新建调整层，新建调整层有两种途径：

(1) 在 Layers 控制面板菜单中选择 Create new fill or adjustment layer(创建新填充或调整层)图例按钮，在弹出的子菜单中选定某种调整功能(如 Color Balance)项。弹出调节功能对话框(Color Balance)。在对话框中作相应的调整，确认后就创建了该调整图层。

(2) 执行 Layer>New Adjustment Layer>(多种调整选项中一项)命令，弹出调节功能对话框。在对话框中作相应的调整，确认后就创建了该调整图层。

可以使用 Image>Adjustment 中所列举的那些命令项来修改调整图层的设置，也可以在 Layers 控制面板中双击该图层的缩略图来修改这些设置。

三、填充图层(Fill Layer)

填充图层是以某种色彩的填充方式建立一个色彩图层，蒙盖在下面图层之上。可以新建三种填充层：Solid Color(固定色填充层)、Gradient(渐变色填充层)和 Pattern(图案色填充层)。

新建填充层也有两种操作途径：

(1) 执行 Layers 控制面板中 Create new fill or adjustment layer(创建新的填充或调整图层)图标按钮，在弹出菜单中选择 Solid Color 或 Gradient 或 Pattern 命令，即可新建相应的填充层。

(2) 执行 Layer>New Fill Layer>Solid Color(Gradient、Pattern)命令即可新建相应的颜色填充层、渐变填充层或图案填充层。

四、图层蒙版(Layer Mask)

是一个建立在特定图层上的屏蔽蒙版，把该层中某些部分屏蔽掉，而让其余部分正常显示。当需要恢复被屏蔽的部分时，只需删除该蒙版即可。也可以对蒙版进行必要的编辑操作。

下面就介绍如何建立一个图层的新蒙版。

在选好的图层上，建立一个选区，使需要屏蔽的区域位于选区以外。然后在 Layers 控制面板上单击 Add Layer Mask(增加层蒙版)图标按钮或执行 Layer>Add Layer Mask 命令。此时就建好了新的层蒙版，在 Layers 控制面板的当前层的缩图右侧将出现一个新的缩图，该缩图显示新产生的蒙版内容，黑色部分为屏蔽部分，白色部分为可显示部分。

关于 Layer Mask 的编辑将在下面通道(Channel)内容中介绍。

五、图层不透明度(Opacity)

通过降低不透明度滑块的值，可以改变整个图层的不透明度，从而把两个或多个图层的显示效果叠加在一起。

为了突出一个图像从其背景中淡出的效果，需要调节处于前面的图层的不透明度，使后面图层的图像能够显示出来。

在 Layers 控制面板中，激活想要改变不透明度的图层，单击 Opacity(不透明度)的箭头弹出调节不透明度值的滑条。移动滑块调节不透明度值。也可以直接在文本框中输入想设置的不透明度值。

另一种方法是用擦除(Eraser)工具，擦除图层中不想要的某些部分，让下层图像透过来。如果同时再变化擦除器的压力或不透明度，就能产生不同等级的透明度，产生特殊的效果。需注意的是：删去的图层内容是无法再恢复的。

六、文字图层(Type Layer)

当用户在 Photoshop 中用工具箱的 Type(文本)工具创建文本时，文本图层会被自动添加到 Layers 控制面板上，位置在当前图层的上部。在图层缩图中有"T"字样，以示与一般图层的区别。

新建文本图层的工具有 4 种：Horizontal Type(水平文本)、Vertical(垂直文本)、Horizontal Type Mask(水平文本蒙版)和 Vertical Type Mask(垂直文本蒙版)。

文本图层的创建和操作过程：

(1) 选取 Type 工具后，工具参数栏显示文本工具参数(图 4-79)。第一栏是选择文字

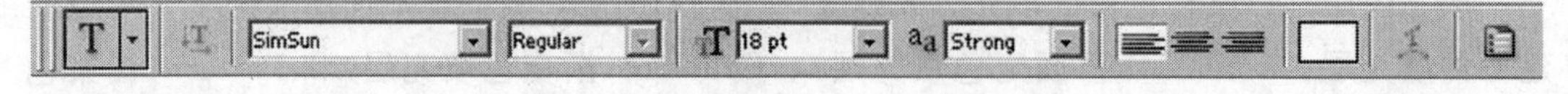

图 4-79

的排版方式：是横排或是竖排；第二栏是在字体下拉列表中选择文本字体；第三栏中可设置字体大小和字体式样；第四栏中选择段落的排版格式，分别为左对齐、居中对齐和右对齐；第五栏是选择字体的颜色等等。

(2) 当用户完成这些参数的设置后，用鼠标在图像中输入文字位置点击一下，随后出现一个闪烁的文字输入光标，就可在图像中输入文本了。

此后也可以运用文本编辑工具和层编辑工具进行文本的编辑了。

文本图层是个专用的透明图层，除文本之外，其他部分全部透明，显示的是下面的图层内容。文本图层随时随地都保持可编辑状态，并没有把文本栅格化成像素。所以该文本图层就好像是一个小型的字处理器一样，只要图层处于激活状态，就可以改字体、改尺寸、改颜色、改内容、改格式。操作十分方便。

(3) 可以通过菜单命令 Layer>Rasterize(栅格化)子菜单中的各项命令将其转换为普通图层和形状图形等图层模式，它就变成了 Bitmap(位图)形式，于是就可对它进行普通图层的各项操作了。

七、通道(Channel)**和 Alpha 通道**

我们已经知道一张彩色图像是可以以它图像模式中的基本色分成几个通道(Channels)进行分通道显示。例如 RGB 模式的图像可以分成 RGB，Red，Green，Blue 的一个公共通道和三个分色通道。我们在一些图像编辑命令中可以选择某个通道进行图像编辑。我们也可以在 Channels(通道)控制面板中，控制不同通道的可见性，以达到只显示和编辑某个色彩的图像的目的。

执行 Windows>Channels 命令，显示 Channels(通道)控制面板对话框(图 4-80)。通道面板很直观地显示了当前系统中的通道情况。每个通道有一个缩图，缩图的左面是可见性标志位，有“眼”图的通道属于可见。缩图右面是通道的名称和快捷键。面板的底行有四个图例命令，它们是：Load channel as selection(载入当前通道作为选区)，Save selection as channel(存储选区作为 Alpha 通道)，Create new channel(创建新 Alpha 通道)，Delete current channel(删除当前通道)。点击在面板的右上角的箭头图钮，会弹出一组菜单命令，进行多种的通道功能操作。

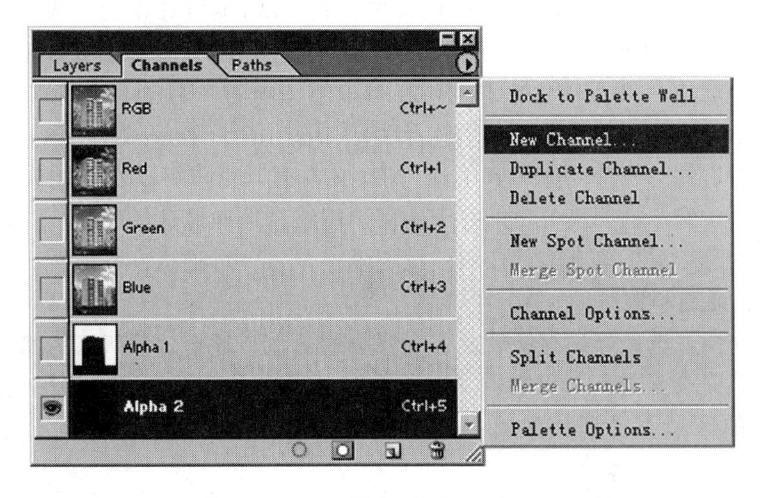

图 4-80

除了图像的基本通道外，还可以有多个 Alpha 通道。利用 Alpha 通道可以制作出许多独特的效果，在进行图像的编辑中，存储起来的选区实际上就是由选区转变成 Alpha 通道上的蒙版，而单独创建的新通道也都称为 Alpha 通道。下面介绍如何创建新的通道。

单击 Channels(通道)控制面板上的 New Channel(新通道)命令即可快速建立一个新通道，新建立的通道的默认色为黑色。

单击通道面板菜单中的(新通道)命令也可以创建一个新通道，点击此命令后出现一个对话框，如图 4-81 所示。

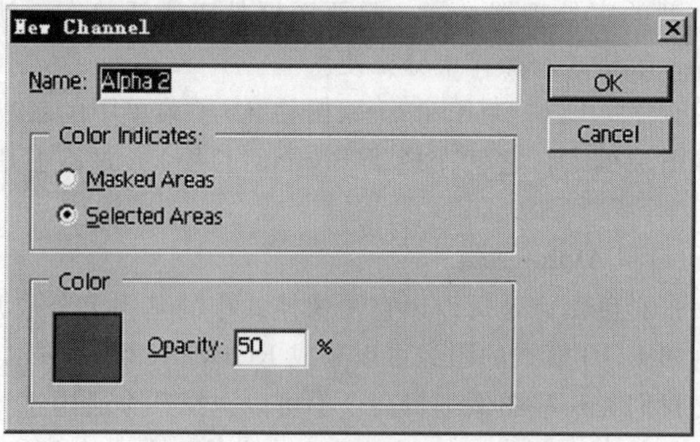

图 4-81

用户看到在对话框中可以设置通道的各项参数：

在 Name(名称)文本框中用户可以输入通道的名称，如果用户不输入，系统的默认名为 Alpha1、Alpha2……。

在 Color Indicates(色彩指示)选项组，用户可以设定通道中的颜色显示方式，有以下两种颜色：

• Masked Areas(被蒙版区域)：选择此项后，新建的 Alpha 通道中有颜色的区域代表蒙版区，没有颜色的区域代表非蒙版区。

• Selected Areas(所选区域)：该项和(被蒙版区域)项恰好相反，选中该项后，新建的 Alpha 通道中没有颜色的区域代表蒙版区，有颜色的区域代表非蒙版区。

单击颜色拾取块，打开颜色拾取器，在拾取器中选取一种通道颜色。在默认的情况下，蒙版的颜色为半透明的红色。

在颜色框的右侧有一个 Opacity(不透明度)文本框，用户可以在此输入数值设定蒙版的不透明度值，设定不透明度的目的在于使用户能够较准确地选择区域。

设定完这些选项后，单击 OK 按钮就设定了一个 Alpha 通道。

八、选区、通道和蒙版(Mask)

前面已经介绍，选区经过存储后成了有蒙版的 Alpha 通道，蒙版区为黑色区域。而新建的 Alpha 通道是全黑的，所以它也就成了全蒙版通道。蒙版是用来保护被遮蔽的区域，从而让被遮蔽的区域不受任何编辑操作的影响，而非蒙版区域，就是图像编辑的工作区域。

我们在选择图像区域时，可以使用魔棒工具、套索工具以及那些非常适用于按边缘来选择的工具。但是，Quick Mask(快速蒙版)允许你通过使用橡皮擦、笔刷、钢笔等工具在图像区域中涂擦来定义一个选择。如果能借助于绘画区域而不是轮廓和路径来思考，那么就会发现，快速蒙版是定义区域的一种更直观的方法。

快速蒙版是 Photoshop 中的一个特殊模式，它是专门用来定义选择区域的。当在快速蒙版模式中时，每个 Photoshop 的功能、工具结果以及菜单命令都与定义选区有关。当使用绘图工具时，是在定义一个选区；当使用模糊工具时，是在模糊一个被选区域；当应用滤镜时，实际正在过滤一个被选区域。

在快速蒙版状态下，系统将屏蔽选区以外的区域，并用一个彩色蒙版给这个区域着色以表明已选取了什么。一切操作都是为了编辑和制作选区。选区完成后退出快速蒙版模式，系统又自动把蒙版转换成一个标准选择，以便能进行图像编辑。

快速蒙版是建立选区的一种形象、直观的方法，而且如果处理正确，它可以制作一些特别精确、富有创意的艺术选区效果，并且这些选区是用其他任何一种方法都无法创建的。

在 Photoshop 中建立蒙版的方法很多，现在介绍几种常用的方法：

(1) 使用 Save Selection(存储选区)命令产生一个蒙版，或者单击通道面板中的 Save selection as channel(保存选取区域)按钮也可将选区范围转换成蒙版。

(2) 利用 Layer Mask(图层蒙版)工具，可在通道面板中产生一个蒙版。

(3) 先建立一个 Alpha 通道，然后关闭其他通道，用绘图工具或其他编辑工具在Alpha通道上编辑即可产生一个蒙版。此蒙版可以通过通道面板底行的 Load channel as selection(载入通道作为选区)图钮，把蒙版转换成选区。

(4) 使用工具箱中的快速蒙版工具，进入快速蒙版模式，用绘图工具制作快速蒙版。

(5) 使用 Layer 菜单中的 New Fill Layer 中的子命令即可建立蒙版。

下面介绍快速蒙版的建立。

在工具箱中，双击色块下方的快速蒙版图标，弹出与图 4-81 相同的对话框进行状态设定。

• 在 Color Indicates(色彩指示)选框中选定一个选项。选取 Masked Areas(被蒙版区域)意味着任何一个着色区域在退出快速蒙版模式时将不被选取。Selected Areas(所选区域)复选框意味着着色区域在退出快速蒙版模式时将被选取。在此对话框中设置色彩指示时，用户可以看到原图像将以灰度显示。

• 单击对话框中的颜色编辑块启动(颜色拾取器)，为蒙版选择一种颜色。如果当前颜色类似于被选区域的颜色，更改蒙版颜色，成为一种比较容易区分的颜色是特别重要的。

• 输入一个数值设置(不透明度)，以表明当绘画时有多大的透明度，然后单击 OK 按钮。

如果已经选择了一种蒙版颜色，那么，当处于快速蒙版模式时，就不必担心会更改图像中的任何颜色数据。事实上，Photoshop 不允许在这一模式中处理颜色，因为它把图像的各像素都转化成灰度图像了。

Photoshop 使用灰度值控制当前蒙版的相对密度。黑色作为活动颜色之后，绘画工具以 100%的密度涂画蒙版。如果白色是活动颜色，那么蒙版被删除，并且任何一级灰色将以相对不透明度来涂画蒙版。总而言之，黑色覆盖蒙版颜色；白色删除屏蔽颜色。用户有时会发现不能使用快速蒙版模式，这时用户需要检查是否在背景图层上进行编辑，因为背景图层不能使用快速蒙版。

九、渐变选区(Gradient Selection)

在建筑效果图的制作中，经常会出现需要产生柔和的渐变效果。例如在某个范围内，希望明暗度有渐变；或是模糊度有渐变；或是饱和度有渐变等，有时希望插入一张有渐变透明度的背景图等等。这些要求，不能在 Photoshop 提供的常规功能命令中实现，但是，如果我们能够把一般的选区改造成渐变选区，就能很方便地实现上述的要求。

我们知道某些选择命令能产生像素点的被选程度产生变化。例如选区边缘的 Feather(羽化)，Color Range 等命令产生的灰度选择效果(有不同选择度的选区)。我们所要建立的渐变选区，就是希望选区中像素点的被选程度能够按照我们的需要逐渐变化的。

建立简便选区要分两步进行，第一步是用一般选择工具建立一个常规选区。第二步是把常规选区变成渐变选区。把常规选区改造成渐变选区有两种方法，下面通过某建筑鸟瞰图的例子来进行具体介绍。

某大学新建教学楼，在效果图中，希望把后面的背景逐渐变暗变灰，以突出建筑主体。为此要把背景部分选择后改造成渐变选区。

1. 快速蒙版法

(1) 用路径工具勾画出正确的背景区域(图 4-82)。

(2) 在路径面板中点取 Load path as a selection 图钮命令，把路径转化为选区(图 4-83)。

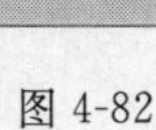

图 4-82

图 4-83

(3) 点击工具箱上的 Quick Mask Mode(快速蒙版模式)图例工具，进入快速蒙版编辑状态。图 4-84 中原来未被选区域被蒙上半透明的红色。

(4) 用魔棒工具点击背景透明区，得到新的有蚂蚁线的背景选区(图 4-85)。

(5) 用渐变涂色工具在新建的选区内进行渐变涂色。此时，只有黑白两种颜色，黑色代表图中红色的蒙版色，白色代表透明无色。这样，在选区范围内由下到上产生了逐渐变淡的红色，而原来的蒙版区域保持不变(图 4-86)。

图 4-84

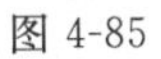

图 4-85

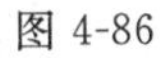

图 4-86

图 4-87

(6) 点击工具箱中的 Standard Mode(标准模式)工具，退出快速蒙版模式。此时，原来的背景选区已经变成了渐变选区。

渐变选区也有蚂蚁线，在选区的渐变方向上，蚂蚁线移到选择率在 50%的位置上。

2. 通道编辑法

(1) 用常规工具和命令建立背景选区(图 4-82、图 4-83)。

(2) 执行 Windows＞Channels 命令打开通道面板。点击面板上的 Save selection as channel(存储选区作为 Alpha 通道)图例命令，按背景选区建立一个有蒙版的 Alpha 通道(图 4-88)，此时的蒙版区为黑色。

(3) 用魔棒工具点击背景透明区，得到新的有蚂蚁线的背景选区。

(4) 用渐变涂色工具在新建的选区内进行渐变涂色。此时，也只有黑白两种颜色，黑色代表蒙版色，白色代表透明无色。这样，在选区范围内由下到上产生了逐渐变淡的黑色，而原来的蒙版区域保持不变(图 4-89)。

(5) 在通道面板中暂时关闭除了工作中的 Alpha 通道以外的其他通道。点击面板中的 Load channel as selection(载入当前通道作为选区)图例命令，以当前修改后的 Alpha 通道来创建一个新的选区。这就是我们所需要的渐变选区。

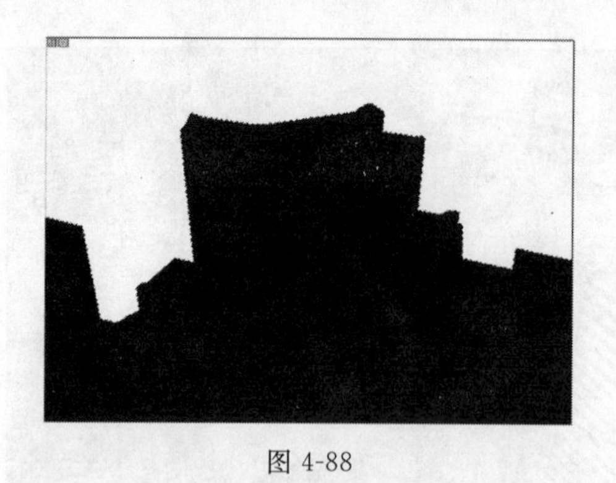

图 4-88

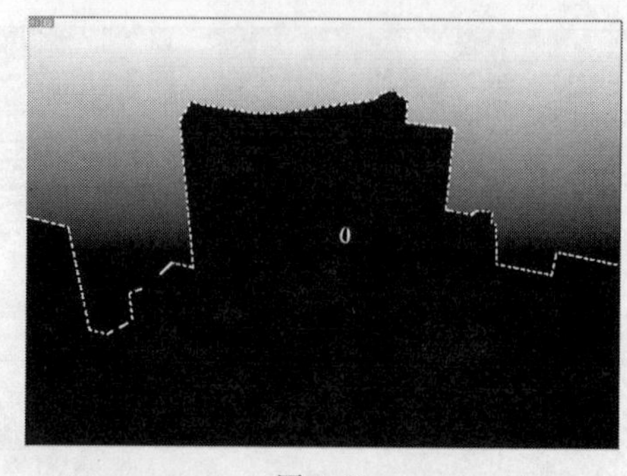

图 4-89

第七节　常用环境配景技法

一、建筑配景的基本方法

建筑的环境配景的内容，主要有远环境(天空、山林、建筑)、近环境(建筑、绿化、车辆、行人、道路、小品)和文字标注。这些内容大都是从另外的图像文件中得到并把它们插入进效果图中。“红花虽好，需绿叶相衬”。建筑主体制作得再好，也必须有恰当的配景来衬托。它们应该是有机地融合在一起，成为一个统一的整体。

我们在进行建筑配景作业之前，需要对全局的配景有一个计划构思。效果图要营造什么样的气氛，选择什么样的景物，采用什么样的色调，按照什么样的顺序进行等等。

一个最复杂的配景图像的制作过程包括：图像插入、尺度调节、修除亮边、色彩调整、明暗调整、移动就位、透视变形、制作倒影、制作阴影九个步骤，但前六步是每个配景图插入的基本步骤。下面主要以招待所建筑为例介绍常规的操作方法：

1. 图像的插入

首先要选择好配景对象，在 Photoshop 中打开此文件，准备插入。图 4-90 为经过整体和局部调整后的效果图，下面准备用图 4-91 天空图像贴到效果图中作为天空背景。图

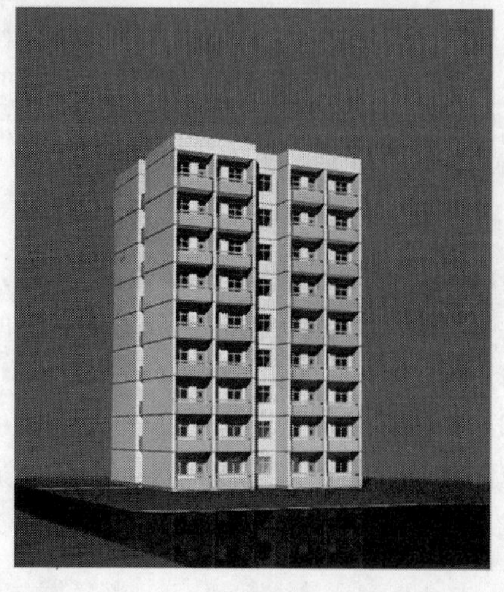

图 4-90

图 4-91

像的插入有两种不同的形式：

(1) Paste(粘贴)方式

此为全范围插入方式，过程是：激活配景视图，选择好需要插入的内容，执行 Edit＞Copy 命令，将选好的内容复制到内存中；激活效果图视图，执行 Edit＞Paste 命令，将内存图像粘贴进效果图视图中，此时效果图视图中建立一新图层，以放置粘贴图像。新图层在原先的当前层的上面，图像可以在全范围内显示和移动。图 4-92 就是用这种方式来插入天空图像，但结果它把建筑遮挡了，在图 4-93 图层面板对话框中，可以看出天空图层 Layer1 位于背景层的上方，它的图像总是浮在上面。此方式虽然在这里不适用，但大多数的图像插入都是采用此法。

图 4-92　Paste

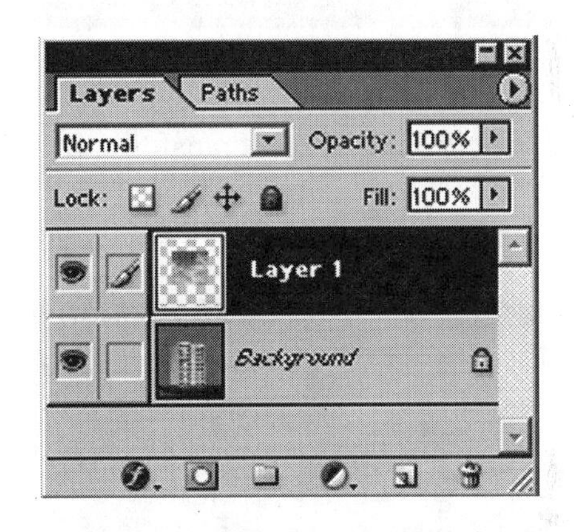

图 4-93

还有一种更为直接简便的插图方法是：在配景图选好后，激活工具箱的移动工具(Move)，左手按住〈Shift〉键，使移动变成了复制，右手用光标按住配景图像直接拖进效果图视图中去。

(2) Paste Into(粘贴入)方式

此为定范围插入方式，过程与 Paste 方式相似。不同之处是：效果图视图中首先要建好一个选择范围，配景图插入时改用 Edit＞Paste Into 命令。执行的结果是插入的图像只能在选择的范围内移动显示。在新图层中可以看到有一个图层的屏蔽区域。还是以上例为例：

1) 用魔棒工具对图 4-90 中的天空进行选择，又对近地面的部位处理成渐变选择，使天空插入后与地面的交接较柔和(图 4-94)。

2) 用 Paste Into 命令把图 4-91 的天空插入选区，产生的结果如图 4-95 所示。

3) 图层面板对话框中增加了有蒙版的图层 Layer1(图 4-96)。天空图层虽然也在背景层的上面，但天空图像在建筑和地面区域被黑色的蒙版所屏蔽而不能显示，而显示下面层中的建筑和地面，天空图像只能在天空的范围内才被显示。如果移动天空图像，就好像天空图像是在建筑图像的后面移动一样。

图 4-94

图 4-95　Paste lnto

4）执行 Edit>Free Transform 命令，把天空图像进行放大就位(图 4-97)。

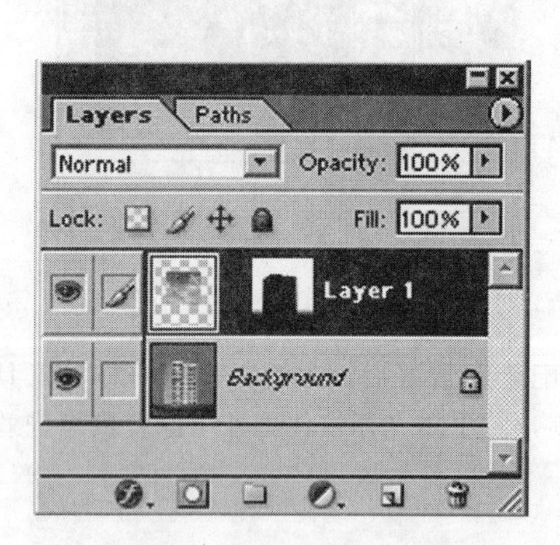

图 4-96

图 4-97

2. 调节尺度

插入的图像的大小，在于配景图的像素点数在效果图中同样点数所占的大小。所以，只能在插入之后才能知道。一般的配景图像在效果图中所占位置较小，所以往往是配景图尺寸偏大，需要调小。而天空图像在效果图中所占位置较大，常常需要在效果图中调大。调整配景图的比例大小常常采用 Edit>Free Transform(自由变换)命令。执行命令后，配景图像四周出现方框线，四角和边框中点出现小方块。拉动角点方块就可以调整图像的大小，如果按住〈Sheft〉键进行调整，图像将会按比例进行缩放。图像的尺度大小应该符合它在建筑环境中的合理尺度。此问题也比较重要，我们将在下面进行专门的讨论。

3. 修除亮边

被插入的配景图像，常常会出现周边有发亮的毛边(图 4-98)。可以执行 Layer>Matting>Defringe 命令来消除，命令执行后出现 Defringe 对话框，设定除边的厚度，一般为 1 像素点。确认后就把图像四周的亮边以里面的像素点的颜色所替代，毛边被消除了(图 4-99)。

图 4-98

图 4-99

4. 色彩调整

运用色彩的调整的工具，对配景图像的色彩进行调整，使之与周围的色彩协调一致。

5. 明暗调节

运用明暗的调整的工具，对配景图像进行亮度和对比度的调整，使之与周围的图像相协调。

6. 移动就位

用移动工具把配景图像移动到位。

7. 透视变形*

对于汽车，建筑，小品之类的有透视方向的配景图像，要注意配景图像与周围环境的透视关系的一致性。如果图像产生了透视错误，要么用移动图像位置来调节，要么改选一个新的图像，要么就执行图像的变形命令(Edit>Transform>Perspective，Distort)来改造图像。

8. 阴影制作

配景制作中，配景的阴影制作也是一种基本的制作过程。下面以树为例介绍其制作的方法步骤：

(1) 在效果图中插入树(图 4-100)。

(2) 框选插入的树(图 4-101)。

图 4-100

图 4-101

(3) 选择移动工具，按左键和右键各一次，图像仍在原位，但选区的蚂蚁线是改成选到所有的树的图像(图 4-102)。

(4) 执行 Select＞Transform Selection 命令，选区外出现编辑方框。用右键点击编辑框内，弹出编辑菜单，选中 Distort(变异)选项，此时可以任意拉动编辑框的四个角点。把选区变形转换成树的影子的选区(图 4-103)。需要注意的是：树影的方向和长度必须与建筑物的阴影相协调一致。

图 4-102

图 4-103

(5) 为树影建一个新图层，以便在需要移动或复制树时，影子也可以移动和复制。方法是：先把背景层设为当前层(影子落在此层)，Edit＞Copy 把选区内的背景层图像复制到内存，再用 Edit＞Paste 粘贴回来，同时建立了一个只包含树影范围背景层图像的新图层(图 4-104)。

(6) 执行 Image＞Adjustment＞Brightness/Contrast 命令，调整 Brightness 把新图层的亮度大幅度降低，产生树的阴影效果。阴影层在背景层之上、树图层之下，所以阴影层覆盖背景层但被树图层覆盖(图 4-105)。

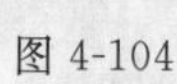

图 4-104

图 4-105

如果树影同时落在地面和墙面上，先做出树在地面的影子选区并储存起来，再制作在墙面上的影子选区，把它们与储存的地面选区合并成单一的影子选区。最后把选区中的背景图像加深成影(图 4-106)。

在图 4-107 的效果图中配景树和树的阴影在画面和构图中起到非常重要的作用。

9. 倒影制作*

如果建筑物在地面上有倒影，那么其他的人、车、树等在地面上也应制作倒影。倒影

图 4-106　树影分段制作

图 4-107

的制作相对比较简单。还是继续上面树的例子：

(1) 选取有建筑倒影的路面(图 4-108)。

(2) 把内存的树图形粘贴入(Paste Into)选区(图 4-109)。

(3) 用 Edit>Transform>Flip Vertical(垂直翻转)命令把树影图像垂直翻转成倒影，并移动到位(图 4-110)。

(4) 在图层面板对话框中，降低 Opacity 的百分值到适当值，或调整倒影的亮度和对比度，使树的倒影的强度和饱和度适中(图 4-111)。

图 4-108

图 4-109

图 4-110

图 4-111

下面是汽车倒影的例子。由于汽车具有透视的方向性，倒影也应符合透视的规律，所以倒影的形象就需要在常规的基础上进行手术变形：

(1) 按步骤插入好汽车配景图(图 4-112)。

(2) 复制一汽车图像，并进行垂直翻转(图 4-113)。

图 4-112

图 4-113

(3) 由于透视关系，倒影中车顶看不见，车身上部被压缩。所以对车的上部进行选择(图 4-114)。

(4) 用 Edit＞Free Transform 命令对车身上部进行压缩变形(图 4-115)。

(5) 把车影图像移位到汽车配景图下面。车影图像还需要第二次手术变形(图 4-116)。

(6) 选择车影中右半部翘起的部分，用 Edit＞Transform＞Distort 命令把右半部车身纠正就位(图 4-117)。

(7) 对整个车影的明暗度、对比度和透明度进行调整，完成车影的制作(图 4-118)。

图 4-114

图 4-115

图 4-116

图 4-117

图 4-118

二、配景尺度的路径控制法

配景的人和汽车，特别是人可以说是建筑效果图中的比例尺度，男人一般以 1.75m

左右高度为标准。建筑环境中有了人的比例陪衬，就能对比出建筑物的真实尺度了。所以掌握好人和汽车在配景中的尺度是非常重要的。

在效果图中，我们可以在建筑的墙脚处确定一个人的高度位置，再用路径工具把这个高度通过透视关系引导到人所站的位置，这样来调整配景人物的尺度(高度)就必然和建筑物的尺度相一致了。路径图形不是图像，它以矢量图形的方式另外存放在.PSD和.JPG等图像文件之中，所以路径图形就成为很理想的图像文件中辅助线的形式。下面以招待所效果图实例解析路径引导高度的操作过程(图4-119)：

图4-119

(1) 在效果图中用路径绘出视平线位置。该线以上的物体向下透视，以下的物体向上透视，只有在该线位置上没有透视。所有的透视灭点都应落在视平线上，图中二层阳台上方的水平线即为视平线。

(2) 在建筑图像的墙角处从地面向上绘出标准的人高线。为了引导方便，此图中有两处绘出了人高线。

(3) 引高的方法是：

1) 先确定配景人在图中的位置点，连接位置点与某人高线的底点，并延长后交视平线于量点。

2) 连接量点与人高线的顶点，延长该线使之与位置点的垂直线相交。

3) 此交点与位置点之间的垂直线段就是从人高线引到位置点的人体标准高度。

人体的高度是有一个变化范围的，所以标准人高线也只是一个参考高度，允许有一定的变化幅度。配景完成后，路径辅助线可以不必删除，它不会影响效果图的正常显示。

下面两张图中，图4-120是早先凭主观感觉配置的人和汽车景物。图4-121就是上例按照路径法从建筑物引出人体高度后配置的人和汽车景物。两者相比之下，配景尺度的不同使我们感受到的建筑尺度也不一样。

三、配景透视的路径控制法

在效果图中，我们也可以利用已有建筑的透视关系，在用路径线绘出的视平线上找到主体建筑的两个透视灭点。有了这两个灭点，就可以用它们来控制其他配景建筑的透视关

图 4-120

图 4-121

系，使配景建筑与主体建筑处于统一、和谐的透视环境之中。招待所效果图中的环境建筑就是用这种方法来调整它们的透视关系的(图 4-122)。同时我们可以看出，储存在图形文件中的路径图形是可以远远超出图像自身的范围。

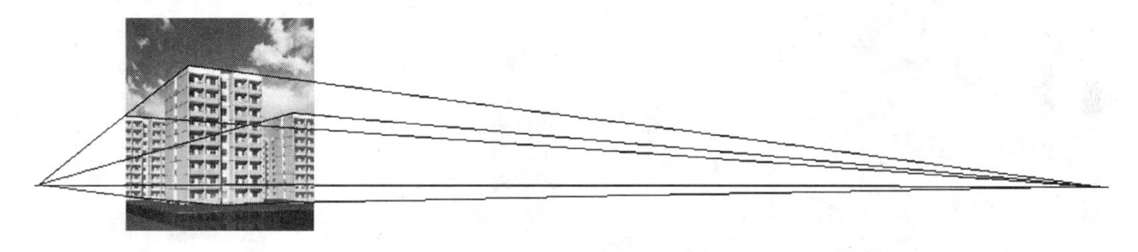

图 4-122

四、建筑插入环境

在某些情况下，建筑环境可能反客为主，建筑主体成为插入调整的对象。这种情况有时是发生在增补性的设计环境中(图 4-123、图 4-124)，或是为了增加效果图的真实感(图 4-125、图 4-126)，或是为了观察新建筑是否与环境协调一致。总之，周围的环境图像必须是真实的，通常是以实地的照片作为环境的基础。而建筑本身真正需要考虑与所在环境的协调一致：

(1) 它的透视关系应该符合周围的透视环境。3ds max 中提供了适应环境透视关系的 Camera 设定方法。

(2) 它的明暗和阴影关系必须与周围环境相一致。

(3) 它的色调也必须与四周的环境相协调。

下面以实例加以补充说明。

图 4-123、图 4-124 是一个假想的设计，在某原有的园林中插入一新设计的方形小亭。

图 4-123

图 4-124

图 4-125 和图 4-126 为一工程实例，采用现场定点照相的方法。此方法虽然不太精确，但也能基本符合方案设计中表达现场气氛的要求。具体做法是：

图 4-125

图 4-126

(1) 拍摄现场照片时，在现场地图上记录下拍摄点的位置、高度、方向和距离。

(2) 按照照片拍摄的像机平面位置、高度、方向和距离，制作建筑方案三维模型的透视图。进行建筑效果图制作。

(3) 把制作完成的建筑图像插入扫描后的照片图像之中。

拟建的大楼被插进真实的工程环境图像之后。为了使主体建筑与环境产生一定的联系，除了在色调光影方面要统一协调之外。还对道路表面制作隐约的大楼的倒影。

五、建筑标题和附图

建筑效果图的最后环节可能是制作文字标题。有时还要附加简单的平、立面图。

1. 建筑文字标题制作

图的标题也很重要，它是整个效果图构图中的有机组成部分。效果图的文字标题字数不宜很多，标题字要突出，但不宜过分复杂、显眼。不要喧宾夺主。

效果图文字标题有两种制作方法：

(1) 在 Photoshop 中，用工具箱 Type 命令直接制作标题字。执行 Type 命令，建立一个 Type 图层，相当于启动了一个小型文字处理器，可以动态设定字体、大小尺寸，也可以进行文字编辑。

(2) 在 Photoshop 外，启用独立的文字处理器进行标题字制作，完成后，用 Ctrl-c，Ctrl-V 两个 Windows 功能把标题字帖入 Photoshop 的效果图视图中，并进行编辑和移动就位。

以招待所建筑效果图为例。图 4-127 中的效果是由 Type 工具制作出来的。经过 Layer＞Layer Style＞Blending Options(图 4-129)中的 Drop Shadow(投下阴影)、Outer Glow(外部发光)Color Overlay(色彩覆盖)三个功能项的共同作用效果(图 4-128)。该对话框可以提供 10 种字体效果的功能选择和它们的组合形式。

图 4-127

图 4-128

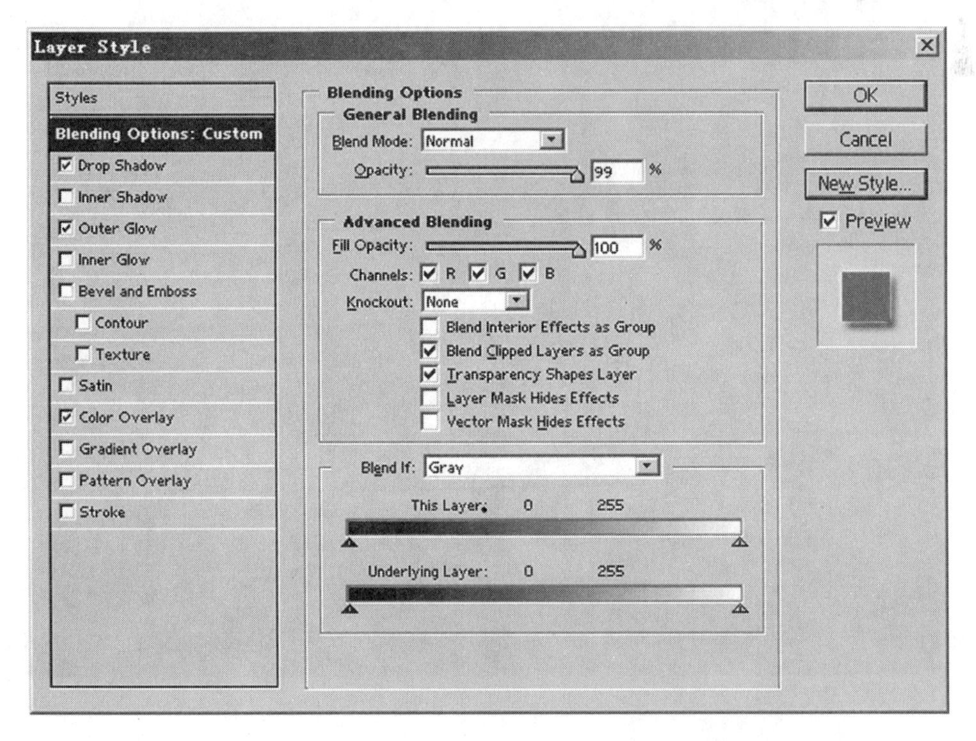

图 4-129

2. 效果图附加平、立面图

在 AutoCAD 中，选择并显示欲加进效果图中的建筑平面和立面图，执行 File>Export 命令，存储一个后缀为 .EPS 的图像文件(图 4-130)。

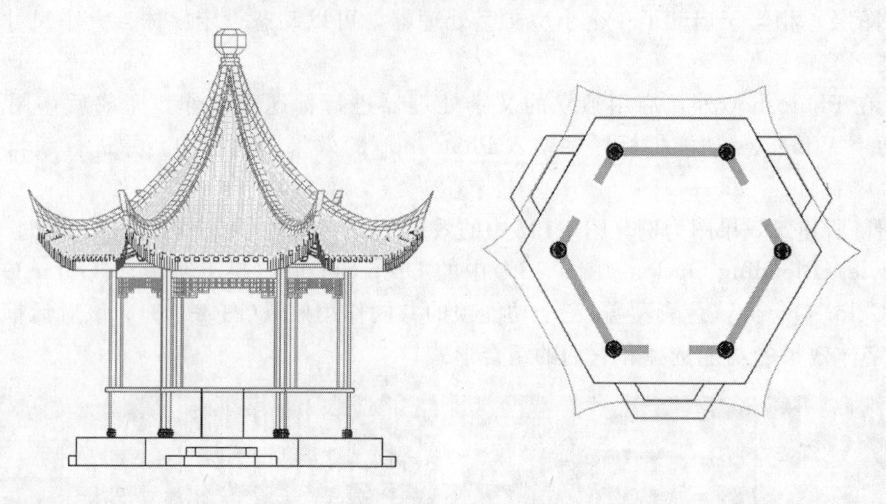

图 4-130

在 Photoshop 中，同时打开建筑效果图的图像文件中的平立面图的 EPS 文件。在 EPS 文件中执行 Select>Select all 和 Edit>Copy 命令，然后激活建筑效果图文件，执行 Edit>Paste 命令把平、立面图的图像载入效果图。移动位置、调整比例大小后重新存图，完成图像的插入工作(图 4-131)。

图 4-131

第八节　几种特殊效果技法

一、渐变选区的运用

1. 渐变效果的实现

实现图像的渐变效果处理，首先要制作图像渐变区的渐变选区(Gradient Selection)。现以住宅小建筑为例(图 4-132)，介绍建立由近到远的渐变选区和多种渐变效果。

(1) 建立渐变选区

1) 用路径工具建立一个精确又封闭的背景范围(图 4-133)。

图 4-132

图 4-133

2) 在路径面板对话框中把路径改变成选区(图 4-134)。

3) 点击工具箱上 Quick Mask 钮，进入蒙版编辑状态，未被选中的区域呈红色(图 4-135)。

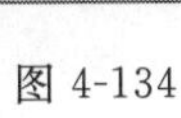

图 4-134

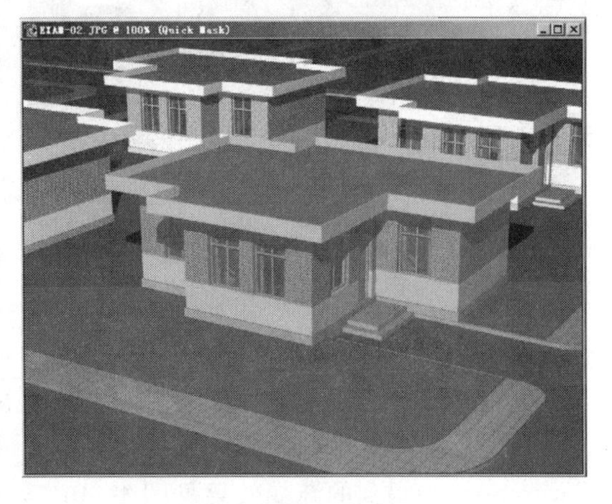

图 4-135

4) 用魔棒工具点击选中整个透明的非红区，并用 Gradient 工具进行渐变上色(图 4-136)。

5) 退出蒙版编辑状态，渐变选区已建成(图 4-137)。

(2) 制作渐变效果

图 4-136

图 4-137

任何对图像状态的调节功能都可以在渐变选区的配合下产生渐变的调节效果。其中用得较多的有以下四种情况。为了说明效果起见，图示的操作效果比较夸张，以示区别。

1）明暗度渐变效果

对渐变选区的图像执行 Image＞Adjustments＞Brightness/Contrast 命令，降低亮度(Brightness)。得到的渐变效果见图 4-138。

2）对比度渐变效果

对渐变选区的图像执行 Image＞Adjustments＞Brightness/Contrast 命令，降低对比度(Contrast)。得到的渐变效果见图 4-139。

图 4-138

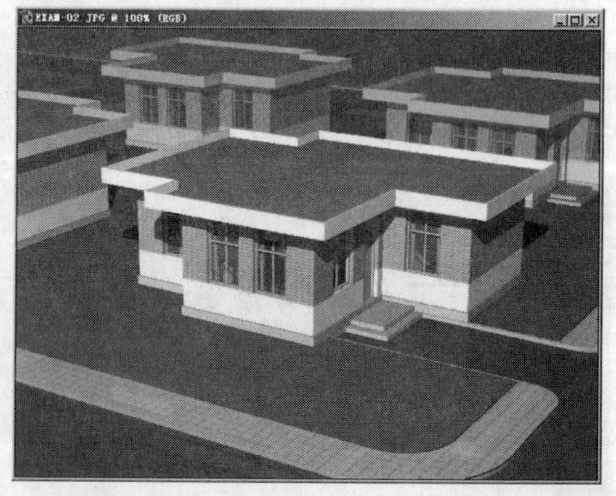

图 4-139

3）饱和度渐变效果

对渐变选区的图像执行 Image＞Adjustments＞Hue/Saturation 命令，降低饱和度(Saturation)。得到的渐变效果见图 4-140。

4）模糊度渐变效果

对渐变选区的图像执行 Filter＞Blur＞Gaussian Blur 滤镜命令，增加模糊度(Blur)。得到的渐变效果见图 4-141。

2. 渐变背景图插入

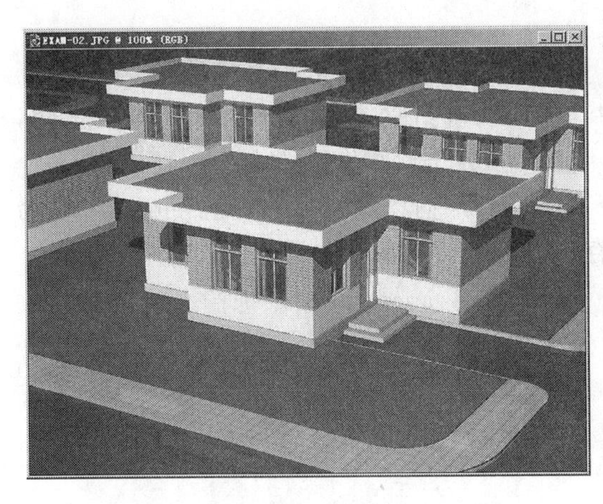

图 4-140

图 4-141

插入透明度渐变的背景图，是渐变选择的另一重要运用。它可以使插入的背景图与原图的背景部分有很好的渐变替换的过程。例如下面的效果图中的背景是人工绘制的结果(图 4-142)。现在有一张实地的背景照片(图 4-143)，我们要用它来加进效果图的背景中去。

图 4-142

图 4-143

具体的操作过程也是分为两步：

第一步先建立由近及远的渐变选区——图 4-144 用路径工具建立选区的范围，图 4-145 把路径变成选区，并进入快速蒙版状态，图 4-146 选择非红区并进行 Gradient 渐变上色，退出蒙版状态，建成渐变选择区。

第二步在渐变选区插入背景图——用 File>Open 命令打开背景图，用 Select>All 命令全选图像，并用 Edit>Copy 命令复制到内存；激活原效果图，如图 4-147 所示用 Edit>Paste into 命令把背景图插入渐变选区；用 Edit>Free Transform 命令把插入的背景图放大后就位，完成全部插入过程。图 4-148 所示为改造后的效果图。

图 4-144

图 4-145

图 4-146

图 4-147

图 4-148

二、效果图常用滤镜效果

1. 模糊滤镜效果

(1) 运动模糊制作运动的汽车和人

选择需要模糊的汽车，把它所在的层设为当前层(图 4-149)，然后进入 Filter 菜单的 Blur 选项中的 Motion blur 选项，调整需要模糊的方向(Angle)和程度(Distance)参数，工作完成(图 4-150)。

(2) 高斯模糊(Gaussian Blur)

高斯模糊有一个可调整模糊程度的半径(Radius)参数，另有一视窗可以形象地看到当前参数值下图像的模糊度。图 4-150 中对渐变选区所用的模糊滤镜就是高斯模糊。

(3) 模糊产生的柔和效果应用于玻璃内的反射贴图。

图 4-149　　图 4-150

2. 浮雕滤镜效果

常用于建筑墙面的局部部位，产生墙面的浮雕立体效果。执行 Filter＞Stylize＞Emboss命令，就可以对选中的图像进行浮雕滤镜的处理。图 4-151 中墙面上的方块中的图案经过浮雕滤镜处理后，再改成了棕色后成图 4-152 所示。

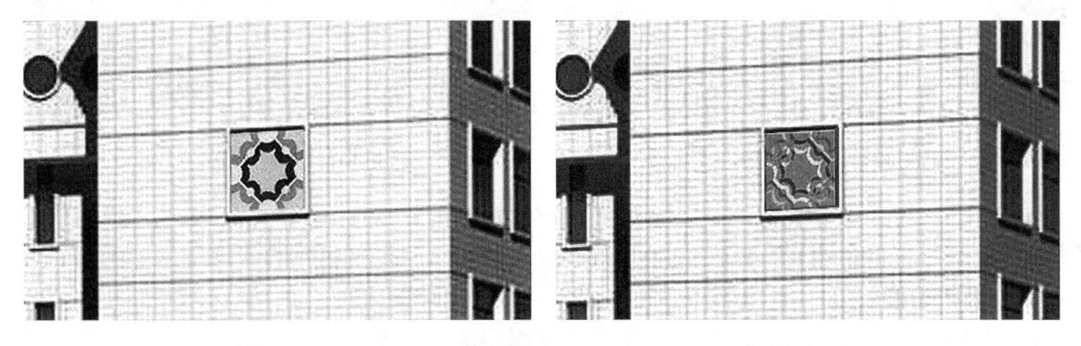

图 4-151　　图 4-152

3. 光晕滤镜效果

常用于建筑高光部位产生的眩光、光晕效果。执行 Filter＞Render＞Lens Flare 命令，对被选的图像进行光晕滤镜处理。图 4-153 和图 4-154 是处理前后的效果比较。

图 4-153

图 4-154

4. 波纹滤镜效果

在环境水面上产生水的波纹效果。

(1) Filter>Distort>Ocean Ripple，Ripple—完成水波的制作。

图 4-155　Ocean Ripple

图 4-156　Ripple

(2) Filter>Distort>ZigZag—产生同心波纹模拟平静水面的涟漪。先做成平面的同心波纹，建一个文件，然后把该文件在 Photoshop 中贴图，改成透视的效果。

5. 杂色滤镜效果

(1) Filter>Noise>Add Noise—制作平面图中的草地花纹。

(2) Filter>Noise>Despeckle—去除扫描文件中的杂色。

三、图层色彩的混合效果

利用上下图层在混合显示时的不同运行方式，来达到预定的显示效果。如图 4-157 的效果图中，大门两边花台上的树是配景加上的，而花台和铁栏杆是建模渲染的，树又必须在铁栏杆的后面。为此，需要使用这种特殊的调节层间色彩的混合方式。

图 4-157

先把问题简化成图 4-158 中的铁栏杆和图 4-159 中的树。现在要把树贴到栏杆的后面。操作的过程为：

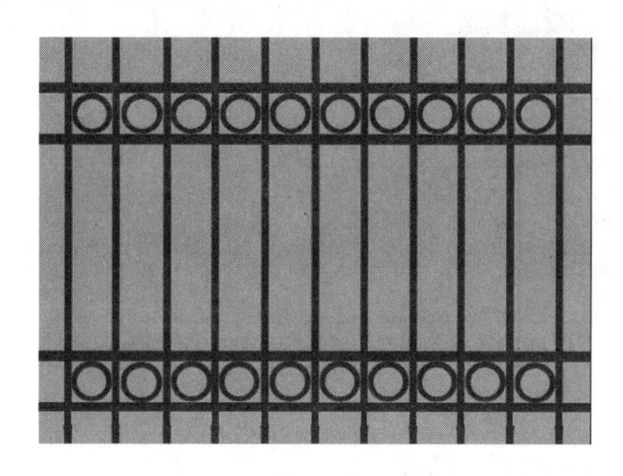

图 4-158

图 4-159

(1) 在 Photoshop 中打开图 4-158 和图 4-159。

(2) 用 Select＞Color Range 选取树的枝叶，并存入内存。

(3) 激活图 4-158，把树从内存中 Paste 进入栏杆图形中，此时栏杆在 Background 层而树在 Layer1 层。树是整个地叠在栏杆之上(图 4-160)。

(4) 执行 Layer＞Layer Style＞Blending Options 命令，出现 Layer Style 对话框(图 4-162)。

(5) 在对话框中把下面层(Underlying Layer)滑杆的左滑块向中间滑动(图中用红色标明)，就可以看到，树就会后退到栏杆的后面(图 4-161)。

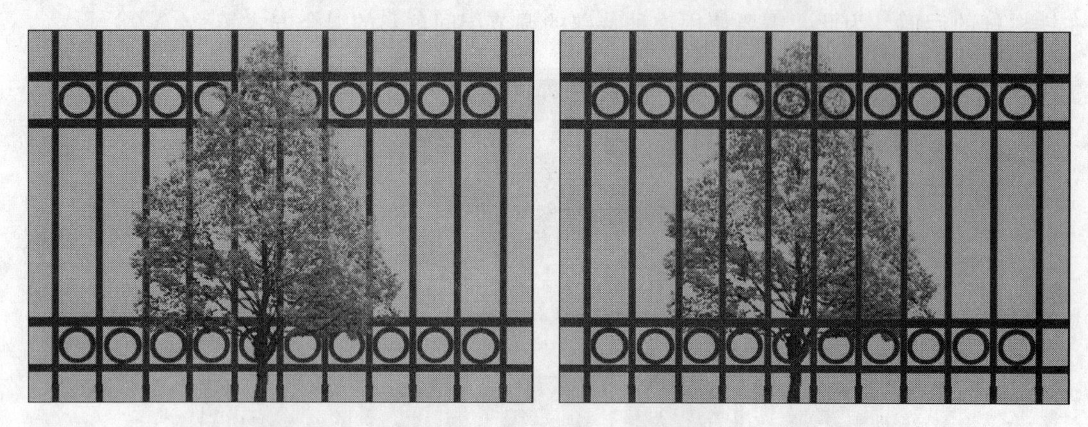

图 4-160　　　　图 4-161

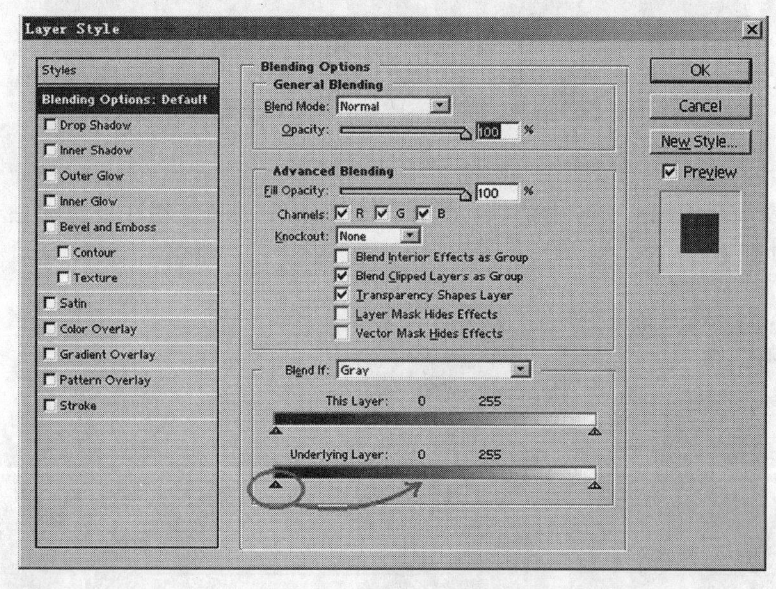

图 4-162

四、玻璃表面配景效果

玻璃是建筑表现中最活跃的元素，对画面的影响很大。

1. 反射玻璃(图 4-163)

反射玻璃在 3ds max 中一次渲染成功的难度是比较大的，而在 Photoshop 里后期处理要容易得多。反射玻璃面的后处理要注意以下几点：

(1) 首先确定玻璃的大的基调，这步工作可以在 3ds max 里完成，也可以在 Photoshop 调整。需要注意的是玻璃一定反射天空和周围环境的色彩，否则画面就会显得生硬唐突。

(2) 玻璃要表现丰富的光感，不能做成平板一块而成了“塑料片”。所以，玻璃的上下左右都要有退晕效果。

(3) 在局部大面积较深或较淡的地方，可以贴一些建筑、树木模拟反射景色(图 4-163)，也可以点缀一些灯光(图 4-149)。

图 4-163

(4) 暗部的玻璃面尤其要做得生动透明，否则建筑的暗面就会显得单调沉闷。由于玻璃的反射能力比墙面强，所以有时候暗部玻璃会显得很明亮。

2. 透明玻璃(图 4-164)

图 4-164

(1) 透明玻璃对最初建构模型的要求较高，应当把透过玻璃可见部分都建出来才能有好的效果。如果模型不到位，在后期处理时要仔细添加透明玻璃后面的配景。

(2) 透明玻璃也要有体积感，体积感的表现可以用透明度变化和高光来表现。现实中相对于不同的光线角度玻璃的透射率是不一样的，当角度很小时玻璃甚至会完全反射。利用这个特性，在绘制效果图时，与画面角度不一样的玻璃面的透明度也要有变化，某些面可以变成反射玻璃。如果是同一个面的大面积玻璃，它的上下左右与中间部分的透明度也不一样。玻璃的另一个特点就是有强烈的高光，高光与玻璃透射出的光线形成强烈对比，因而看上去高光部分也“不透明”；高光反射天光的颜色。

第二篇　方案演示与文档排版

第五章　建筑方案网页演示

第一节　Web Page 和 HTML 语言

一、简介

World Wide Web(WWW)，俗称万维网，是由世界各地的计算机组成的网络，所有的计算机都能通过此网络与其他计算机相联系。我们可以通过网络获取各种各样的知识，也可以通过网络发布各种信息。

所有的网络信息的载体被称作网页(Web Page)，并被储存在网络服务器中。我们可以通过诸如 Internet Explorer 之类的网络浏览器去观看网页。用来构成网页的最基本的语言就是被称为 HTML(Hyper Text Markup Language)的超文本标记语言。HTML 文件就是一个包含标记的文本文件，这些标记将告诉浏览器怎样显示这个页面。它可以显示文字、图像及其他对象，也可以通过链接的方式在不同页面之间进行跳转。

网页这种独特的显示特性和极为广泛的传播性使得它可以为建筑设计方案的演示提供一个崭新的阵地。设计者可以通过网页的形式向更多的人更好地展示其设计理念及成果，并接受更广泛的评论和意见。

二、HTML 语言的基本结构和语法

HTML 文件是标准的 ASCII 文件，它看起来像是加入了许多被称为标签(tag)的特殊字符串的普通文本文件。

从结构上讲，HTML 文档是由 HTML 元素(element)组成的文本文件。组成 HTML 文件的元素有许多种，用于组织文件的内容和指导文件的输出格式。HTML 标签用来标识 HTML 元素。HTML 标签两端有两个包括字符："<" 和 ">"。HTML 标签通常成对出现，比如<b>和</b>。一对标签的前面一个是开始标签，第二个是结束标签，在开始和结束标签之间的文本是元素体。HTML 标签是与大小写无关的，<b>跟<B>表示的意思是一样的。

每一个元素都有名称和可选择的属性，元素的名称和属性都在开始标签内标明，比如体元素<body>。属性能够为页面上的 HTML 元素提供附加信息。属性通常由属性名和值成对出现，如：name="value"。属性通常是附加给 HTML 元素的开始标签的。

来看一个简单的例子：

```
<html>
<head>
<title>Title of page</title>
</head>
<body background="background. gif" >
```

This is my first homepage.
<b>This text is bold</b>
</body>
</html>

在这个 HTML 文档中，第一个标签是<html>，是该元素的开始标签。这个标签告诉浏览器这是 HTML 文档的开始。HTML 文档的最后一个标签是</html>，是该元素的结束标签。这个标签告诉浏览器这是 HTML 文档的终止。在<head>和</head>标签之间的文本是头信息。在浏览器窗口中，头信息是不被显示的。在<title>和</title>标签之间的文本是文档标题，它被显示在浏览器窗口的标题栏。在<body>和</body>标签之间的文本是正文，会被显示在浏览器中。Background 是属性名，用来指定用什么方法来填充背景。其属性值为 background. gif，表示用 background. gif 文件来填充背景。一个元素可以有多个属性，各个属性用空格分开。在<b>和</b>标签之间的文本会以加粗字体显示。

从上面的例子中，我们可以看出，一个元素的元素体中可以有另外的元素。如上例中第三行的标题元素<title>...</title>。实际上，HTML 文件仅由一个 html 元素组成，即文件以<html>开始，以</html>结尾，文件其他部分都是 html 的元素体。html 元素的元素体由两大部分，即头元素<head>..</head>和体元素<body>...</body>和一些注释组成。头元素和体元素的元素体又由其他的元素和文本及注释组成。也就是说，一个 html 文件应具有下面的结构：

<html>	HTML 文件开始
<head>	文件头开始
文件头	
</head>	文件头结束
<body>	文件体开始
文件体	
</body>	文件体结束
</html>	HTML 文件结束

一般来讲，HTML 文件的元素有下列三种表示方法：

(1) <元素名>文件或超文本</元素名>

(2) <元素名 属性名=“属性值”>文本或超文本</元素名>

(3) <元素名>

其中第三种写法仅用于一些特殊的元素，比如空标签
，它没有结束标记。

HTML 文件中，有些元素只能出现在头元素中，绝大多数元素只能出现在体元素中。在头元素中的元素表示的是该 HTML 文件的一般信息，比如文件名称，是否可检索等等。这些元素书写的次序是无关紧要的，它只表明该 HTML 文件有还是没有该属性。与此相反，出现在体元素中的元素是次序敏感的，改变元素在 HTML 文件中的次序会改变该 HTML 文件的输出形式。

三、文字、图像和其他对象

HTML 文件所处理和显示的最基本的对象是文字和图像。

对于文字对象，HTML 语言中定义的标签包括对字体显示的控制和对文字布局的控制两大类。这些标签不但可以控制字体的形式、大小、颜色等，还可以控制文字的分段、位置以及列表等等。我们可以通过使用合适的标签，获得我们所需要的文字显示效果。

与字体显示相关的常用标签包括：

<h1～6 align＝"v1"> data </h1～6>	选用 h1～h6 标题字体(v1＝left，center，right)
<font face＝"v1" size＝"v2" color＝"v3"> data </font>	设定字体（v1＝字体名，v2＝1～7 或者＋1，－1，v3＝颜色）
<small> data </small>	缩小一级字体
<big> data </big>	放大一级字体
<b> data </b>	粗体显示
<i> data </i>	斜体显示
<u> data </u>	加下划线
^{data}	显示上标
_{data}	显示下标
<strong> data </strong>	粗体显示重要

与文字布局相关的常用标签包括：

<pre> data </pre>	保持原输入格式
 	回车
<p align＝"v1"> data </p>	段落标记(v1＝left，center，right)
<center> data </center>	图文居中
<ol start＝"v1"> <li type＝"v2"> data </ol>	有序列表(v1＝开始值，v2＝编号方式：A，a，I，i，1)
<ul> <li type＝"v1"> data </ul>	无序列表（v1＝ disk(●)，circle(○)，square(■)）
<dl> data </dl>	定义列表
<dt> data </dt>	为某项专有名词
<dd> data </dd>	为某项专有名词的解释

在 HTML 里面，图像是由<img>标签定义的。<img>是空标签，它只拥有属性，而没有结束标签。想要在页面上显示一个图像，需要使用 src 属性。“src”表示“源”的意思。“src”属性的值是所要显示图像的 url，它可以是本地的，也可以是非本地的。

插入图像的基本语法是：

<img src＝"url">

对图像的显示的控制是通过不同的属性设置实现的。

<img src＝"url" name＝"v1" align＝"v2" border＝"v3" vspace＝"v4" hspace＝"v5" width＝"v6" height＝"v7" alt＝"v8" >

url＝图片名地址，

v1＝内部名，
v2＝left，right，center，bottom，top，middle，
v3＝设定外框宽，
v4＝上下间距，
v5＝左右间距，
v6＝图片宽，
v7＝图片高，
v8＝在浏览器尚未完全读入图像时显示的文字

另外，HTML 文件所处理的对象还包括表格、表单、框架、层、多媒体音像等，同样都是通过不同的标签实现的，在以后的章节中，我们将逐步熟悉和使用这些丰富的对象。

四、链接

超文本链接是 HTML 语言最吸引人的优点之一，也是其最重要的特点。使用超文本链接可以使顺序存放的文件具有一定程度上随机访问的能力，这更加符合人类跳跃、交叉的思维方式。组织得好的链接不仅能使读者跳过他不感兴趣的部分，而且有助于更好地理解作者的意图，对建筑设计而言，也更有助于其设计思想的表达。

一个超文本链接由两部分组成。

一部分是指向目标的链接指针，也是激活链接的媒介物。它可以是一段文字，也可以是一幅图片，还可以是图片中的某个热点区域。

另一部分是被指向的目标，它可以一个 URL 网址，点击它将打开该网址指向的网页；可以是个文件，点击它将打开下载窗口下载该文件；可以是张图像，点击它将在网页窗口中显示该图像；可以是个 email 地址，点击它将自动启动电子邮件程序，打开新邮件，在收信人栏出现该地址。

描述连接的基本语法是：

<a href＝"url" name＝"v1" target＝"v2"> 超链接文本或图像</a>

url＝网站，网页，下载文件，同文件书签等，
v1＝书签名，
v2＝在什么地方显示该超链接网页：
"_self"　超链接网页显示在当前框架内
"_blank"　超链接网页显示在一个新窗口内
"_top"　超链接网页显示整个窗口
"_parent"　超链接网页显示在上一个层框架内

第二节　Dreamweaver MX 基本界面

一、操作环境简介

前面讲了关于 HTML 语言的一些基本知识，下面我们来具体谈谈如何建立一个真正的网页。网页的开发可以完全通过纯代码的编写完成，但对于大多数人来说，利用某些软件可以更简单和直观地完成这一工作，例如我们下面将要介绍的 Macromedia

Dreamweaver MX软件。

Macromedia Dreamweaver MX 是一种专业的 HTML 编辑器，用于对 Web 站点、Web 页和 Web 应用程序进行设计、编码和开发。利用 Dreamweaver 中的可视化编辑功能，我们可以快速地创建页面而无需编写任何代码。即使是直接编写 HTML 代码，Dreamweaver也可以提供许多很有帮助的工具。

在 Windows 中首次启动 Dreamweaver MX 时，会出现一个对话框以选择一种工作区布局。下面我们主要针对 Dreamweaver MX 工作区布局进行讲解。Dreamweaver MX 工作区是一个使用 MDI(多文档界面)的集成工作区，其中全部“文档”窗口和面板被集成在一个更大的应用程序窗口中，并将面板组停靠在右侧，这更符合我们的使用习惯。当然也可以使用“参数选择”对话框切换到另一种工作区。

图 5-1 就是 Dreamweaver MX 工作区的主要工作界面，下面我们将针对该界面作详细的讲解。

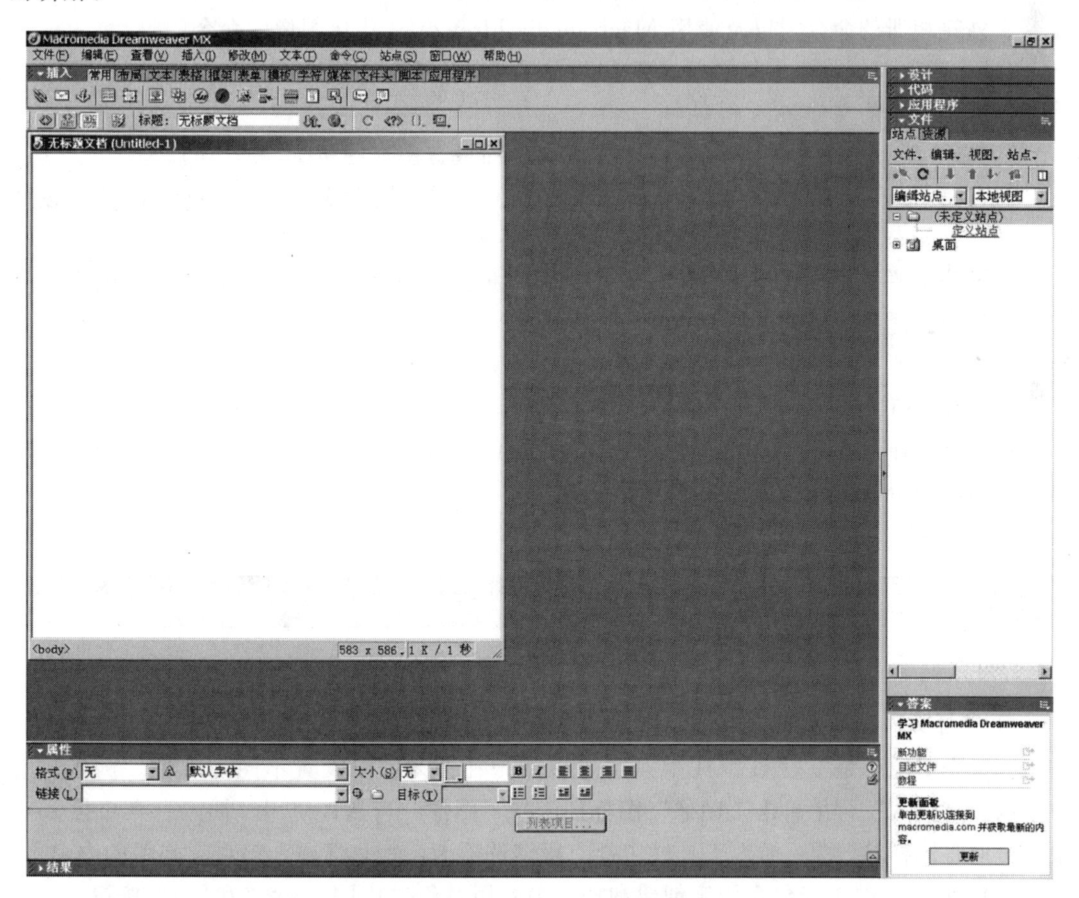

图 5-1　Dreamweaver MX 工作界面

二、菜单

菜单栏中有许多可执行的命令，其中包括了十个方面的内容。下面对 Dreamweaver 菜单作简要概述。

“文件”菜单和“编辑”菜单包含用于“文件”菜单和“编辑”菜单的标准菜单项，

例如“新建”、“打开”、“保存”、“剪切”、“拷贝”和“粘贴”。“文件”菜单还包含各种其他命令，用于查看当前文档或对当前文档执行操作，例如“在浏览器中预览”和“打印代码”。“编辑”菜单包括选择和搜索命令，例如“选择父标签”和“查找和替换”，并且提供对键盘快捷方式编辑器和标签库编辑器的访问。“编辑”菜单还提供对 Dreamweaver 菜单中“参数选择”的访问。

“查看”菜单可以看到文档的各种视图(例如“设计”视图和“代码”视图)，并且可以显示和隐藏不同类型的页面元素以及不同的 Dreamweaver 工具。

“插入”菜单提供插入栏的替代项，用于将对象插入文档。

“修改”菜单使用户可以更改选定页面元素或项的属性。使用此菜单，用户可以编辑标签属性，更改表格和表格元素，并且为库项和模板执行不同的操作。

“文本”菜单使用户可以轻松地设置文本的格式。

“命令”菜单提供对各种命令的访问；包括根据用户的格式参数选择设置代码格式的命令、创建相册的命令，以及使用 Macromedia Fireworks 优化图像的命令。

“站点”菜单提供一些菜单项，这些菜单项可用于创建、打开和编辑站点，以及用于管理当前站点中的文件。

“窗口”菜单提供对 Dreamweaver 中的所有面板、检查器和窗口的访问。

“帮助”菜单提供对 Dreamweaver 文档的访问，包括用于使用 Dreamweaver 以及创建对 Dreamweaver 的扩展的帮助系统，并且包括各种语言的参考材料。

除了菜单栏菜单外，Dreamweaver 还提供多种弹出式菜单，用户可以利用它们方便地访问与当前选择或区域有关的有用命令。若要显示弹出式菜单，右击窗口中的某一项。弹出式菜单中的所有项都可以在菜单栏菜单中找到。

三、窗口和面板

除了菜单命令外，Dreamweaver 中有着大量的窗口和面板，这些窗口和面板功能强大而又易用，使得网页编写变得更加简单容易。

1.“插入”工具栏(图 5-2)

插入　常用 布局 文本 表格 框架 表单 模板 字符 媒体 文件头 脚本 应用程序

图 5-2　“插入”工具栏

(1)“插入”工具栏包含用于将各种类型的对象(如图像、表格和层)插入到文档中的按钮。每个对象都是一段 HTML 代码，允许用户在插入它时设置不同的属性。例如，用户可以在“插入”栏中单击“图像”图标插入一个图像。当然，使用“插入”菜单插入对象也可取得同样的效果。插入工具栏包括有很多选项卡，每一选项卡都对应相关的内容。

(2)“常用”选项卡包含用于创建和插入最常用对象(如图像、表格和层)的按钮。

(3)“布局”选项卡允许用户插入表格和层，并且使用户可以在以下两种表格视图之间进行选择：“标准”(默认)视图和“布局”视图。当选定“布局”视图时，用户可以使用 Dreamweaver 布局工具：“绘制布局单元格”和“绘制布局表格”。

(4)“文本”选项卡允许用户插入各种文本格式设置标签和列表格式设置标签，如 b、em、p、hl 和 ul。

(5)“表格”选项卡允许用户插入完整的表格或特定的表格标签(如 tr、th 或 td)。

(6)“框架”选项卡包含普通的框架集布局。

(7)“表单”选项卡包含用于创建表单和插入表单元素的按钮。

(8)“模板”选项卡允许用户在模板文件中插入可编辑的、可选的和重复的区域。

(9)“字符”选项卡包含特殊字符，如版权符号、弯曲的引号和商标符号。请注意，其中的一些符号可能在 Internet Explorer 3.0 版和更早的版本以及 Netscape Navigator 浏览器中不能正确显示。

(10)“媒体”选项卡包含用于插入动画媒体对象或交互式媒体对象(如 Flash 按钮和文本、Java applets 和 ActiveX 对象)的按钮。

(11)“文件头”选项卡包含用于添加各种文件头元素(如 Meta 和基础标签)的按钮。

(12)“脚本”选项卡允许用户插入脚本、无脚本部分或服务器端包含。

(13)“应用程序”选项卡允许用户插入动态元素，如记录集、重复区域以及记录插入和更新表单。

2.“文档”工具栏(图 5-3)

图 5-3　“文档”工具栏

“文档”工具栏包含按钮和弹出式菜单，它们提供各种“文档”窗口视图(图 5-4)(如“设计”视图和“代码”视图)、各种查看选项和一些普通操作(如在浏览器中预览)。

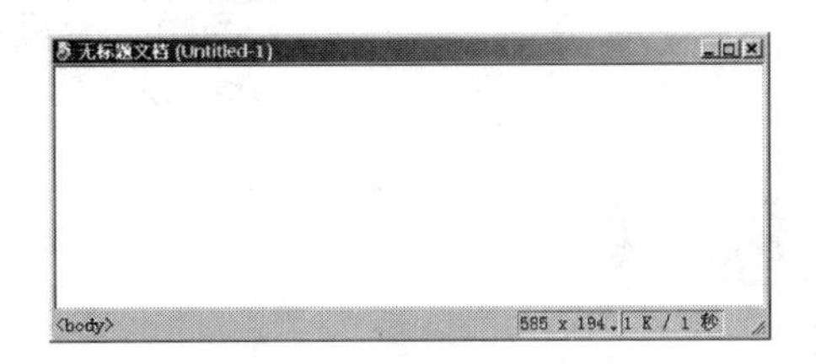

图 5-4　文档窗口

“文档”窗口显示用户当前创建和编辑的文档。

3.“属性”面板(图 5-5)

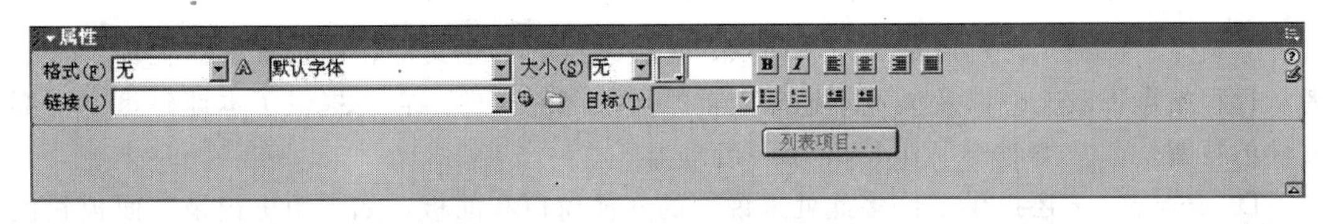

图 5-5　“属性”面板

“属性”面板用于查看和更改所选对象或文本的各种属性。每种对象都具有不同的属性。对属性所做的大多数更改会立刻应用在“文档”窗口中。但是对于有些属性，需要在属性编辑文本域外单击、按下回车键或者按下 Tab 键切换到其他属性时，才会应用更改。

“属性”面板的内容根据选定的元素而变化。要了解有关特定属性的信息，请在“文档”窗口中选择一个元素，然后单击属性检查器右上角的“帮助”图标。

“属性”面板最初显示选定元素的大多数属性。单击属性检查器右下角的展开箭头，可以折叠属性面板使之仅显示最常用的属性。

4. 面板组(图 5-6)

面板组是一组停靠在某个标题下面的相关面板的集合。Dreamweaver 中的面板被组织到面板组中。每个面板组都可以展开或折叠，并且可以和其他面板组停靠在一起或取消停靠。面板组还可以停靠到集成的应用程序窗口中。这使得能够很容易地访问所需的面板，而不会使工作区变得混乱。面板组内的面板显示为选项卡。若要展开一个面板组，单击组名称左侧的展开箭头；若要取消停靠一个面板组，拖动该组标题条左边缘的手柄。

5.“站点”面板(图 5-7)

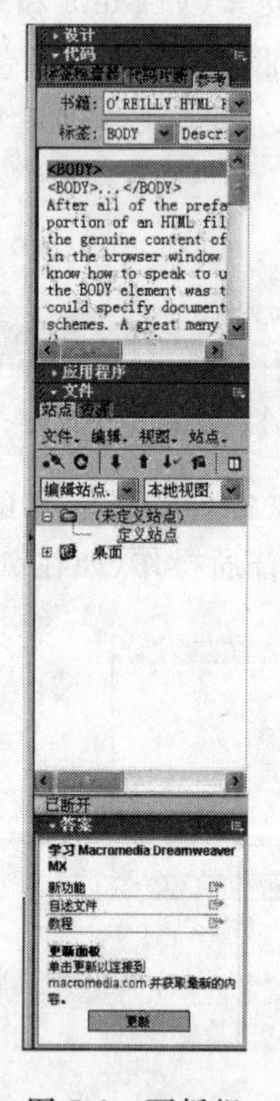

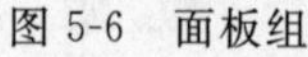

图 5-6 面板组

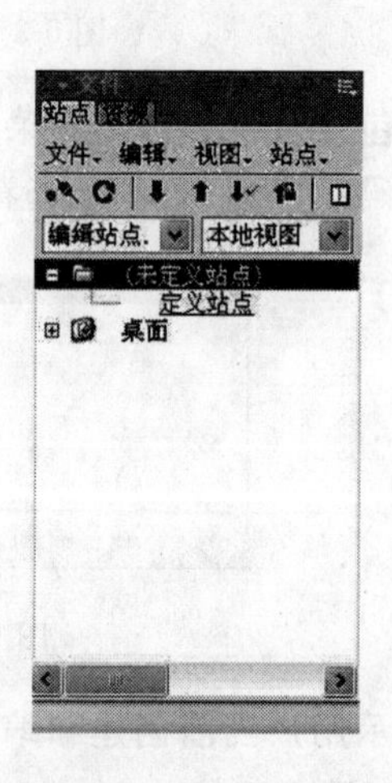

图 5-7 “站点”面板

“站点”面板允许用户定义一个站点、管理站点的本地文件、向远程站点上传文件或者从远程站点下载文件以及浏览本地磁盘上站点外部的文件。它还提供了本地磁盘上全部文件的视图，非常类似于 Windows 资源管理器。

Dreamweaver 还提供了许多此处未说明的其他窗口和面板，如“历史记录”面板和代码面板等。有效的使用这些窗口和面板将为网页的设计编排带来极大的便利。

第三节 站点的建立

一、基本概念

如果我们要在 Dreamweaver 中设计编排网页，需要预先设立站点，以使所有的网页及网页中的元素有一个有效的提取路径。

建立一个网站要用到许多格式的文件，必须分门别类的建立一个有序的体系，将相关联的文件存储到相应的文件夹中，这一工作可以为以后站点管理工作节省大量的时间。

一个网站所包含的网页成百上千，其中要用到的元素就可能不计其数。建立站点就是建立秩序，就是规范化管理。

对于建筑设计方案的演示而言，常用的元素主要是大量的图像，其中包括经由渲染得到的效果图，也包括从 CAD 软件中转出的平立面图等，dwf 也是一种可以直接在网络传播的 CAD 图形格式。另外，在建筑方案的演示中，还会用到说明文字、动画、虚拟现实等各种元素。对所有这些元素的组织对于一个网站来说是很重要的。

使用 Dreamweaver 创建 Web 站点最常见的方法就是在本地磁盘上创建并编辑页，然后将这些页的拷贝上传到一个远程 Web 服务器使公众可以访问它们。

通常，创建 Web 站点是从对其进行规划开始的：决定要创建多少页、每页上显示什么内容以及页是如何互相连接起来的。

二、站点的定义

我们将使用“站点定义”对话框来创建站点。用户可以通过两种方法：“基本”或“高级”。“基本”方法指导用户一步一步地完成站点设置。“高级”选项则有利于更为熟练的使用者。

以下过程介绍如何设置“基本”版本对话框中的选项，该版本的对话框也叫做“站点定义向导”。

(1) 选择“站点”＞“新建站点”菜单命令。即会出现“站点定义”对话框(图 5-8)。

如果对话框显示的是“高级”选项卡，则单击“基本”。

出现“站点定义向导”的第一个屏幕，要求用户为站点输入一个名称。

在文本框中，输入一个名称以在 Dreamweaver 中标识该站点。该名称可以是任何所需的名称。例如，用户可以将站点命名为“Mysite”。

单击“下一步”进入下一个步骤。

(2) 出现向导的下一个屏幕，询问用户是否要使用服务器技术(图 5-9)。

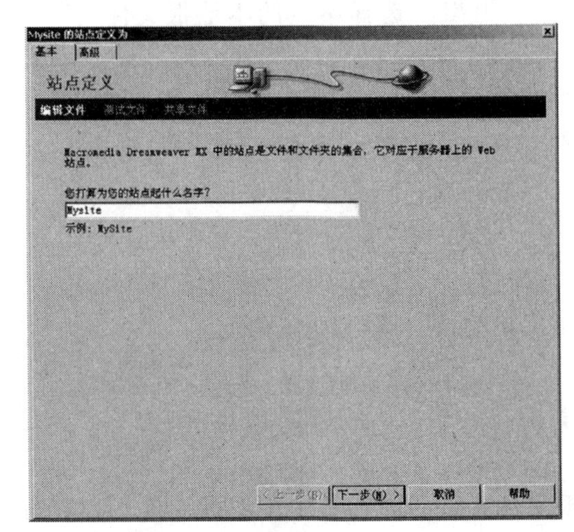

图 5-8 站点基本定义对话框一

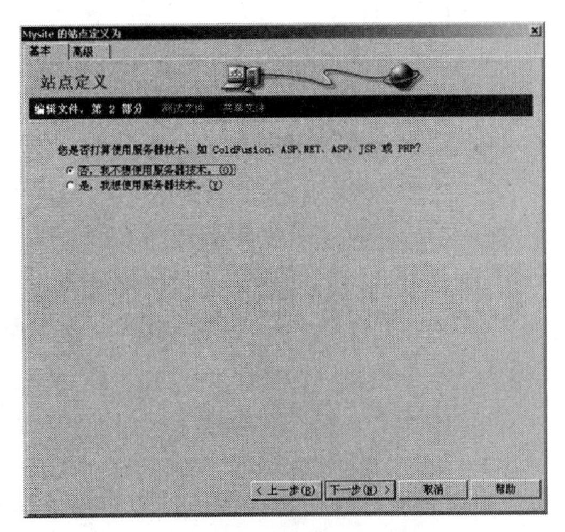

图 5-9 站点基本定义对话框二

选择“否”选项指示目前该站点是一个静态站点，没有动态页。(我们所学习的内容不包括服务器技术方面)

单击“下一步”进入下一个步骤。

(3) 出现向导的下一个屏幕，询问用户要如何使用用户的文件(图 5-10)。

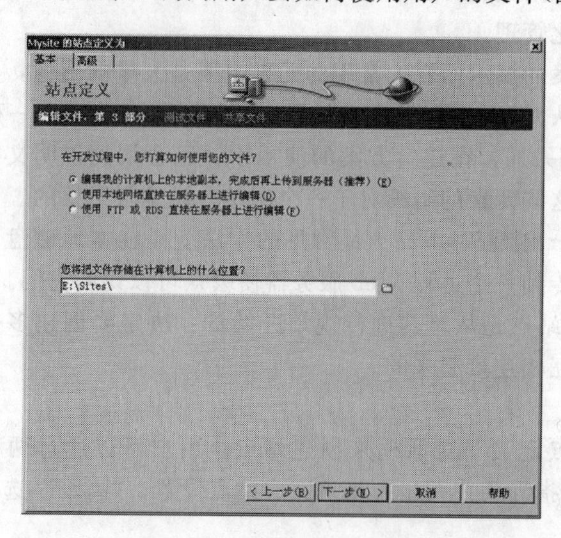

图 5-10　站点基本定义对话框三

选择标有“编辑我的计算机上的本地拷贝，完成后再上传到服务器(推荐)”的选项。

文本框允许用户在本地磁盘上指定一个文件夹，Dreamweaver 将在其中存储站点文件的本地版本。若要指定一个准确的文件夹名称，通过浏览指定要比键入路径更加简便易行，因此请单击该文本框旁边的文件夹图标。

随即会出现“选择站点的本地根文件夹”对话框。在此对话框中，先选择准备存放站点的本地磁盘，再浏览到该磁盘上可以存放站点的文件夹。如果用户尚未创建站点文件夹，现在就可以创建一个(使用“选择站点的本地根文件夹”对话框中的文件夹创建按钮)，并将该文件夹命名为“Sites”。单击“确定”退出“选择站点的本地根文件夹”对话框。

这个新文件夹就是用户的站点的本地根文件夹。

单击“下一步”进入下一个步骤。

(4) 出现向导的下一个屏幕，询问用户如何连接到远程服务器(图 5-11)。

现在，从弹出式菜单中选择“无”。

单击“下一步”进入下一个步骤。

(5) 该向导的下一个屏幕将出现，其中显示用户的设置概要(图 5-12)。

单击“完成”完成设置。

用户可以以后设置有关远程站点的信息，目前，本地站点信息对于开始创建页已经足够了。

“站点”面板现在显示当前站点的新本地根文件夹，同时显示一个图标允许用户以分层树视图查看所有本地磁盘。该图标标为“桌面”(图 5-13)。

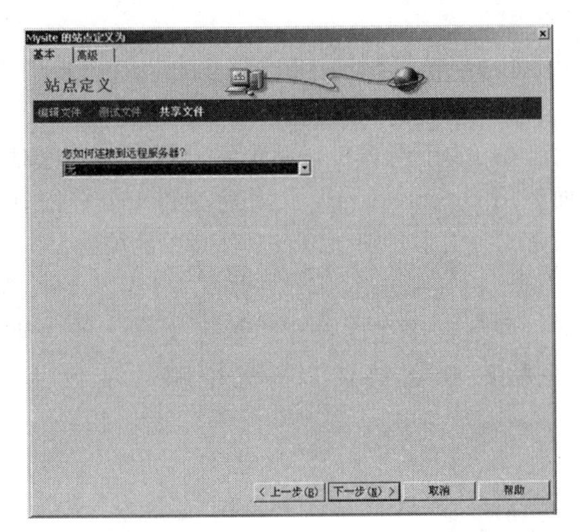

图 5-11　站点基本定义对话框四

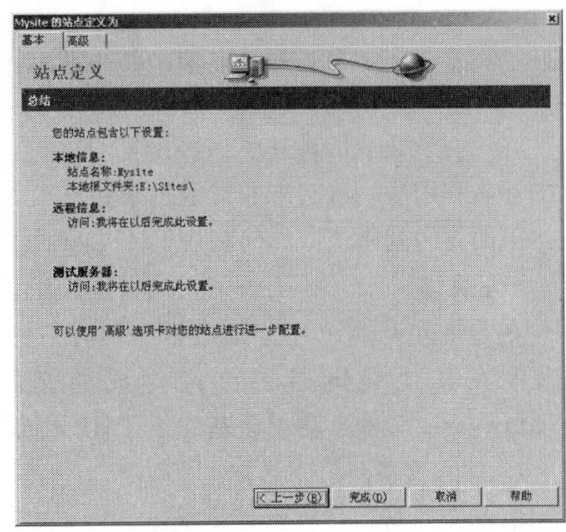

图 5-12　站点基本定义对话框五

图 5-13　站点面板显示

“站点”面板通常显示用户站点中的所有文件和文件夹，但是目前站点中不包含任何文件或文件夹。当站点中存在文件时，“站点”面板中的文件列表将充当文件管理器，允许用户拷贝、粘贴、删除、移动和打开文件，就像在计算机桌面上一样。

三、资源的添加

在创建了本地站点之后，如果用户已为该站点创建了资源(图像或其他内容片断)，则将这些资源放置在本地站点根文件夹内的一个文件夹中。那么当用户要向页中添加内容时，这些资源将随时可用。

(1) 在“站点”面板中，展开“桌面”图标以查看可用的磁盘，找到用户已创建的资源所在的文件夹。

(2) 选择该文件夹，然后按 Ctrl+C 组合键复制该文件夹。

(3) 还是在“站点”面板中，滚动到用户的站点的本地根文件夹(用户在定义站点时创建的文件夹)并选择该文件夹。然后按 Ctrl+V 组合键将包含资源文件的文件夹的粘贴到用户的站点中。

第四节　网页的基本结构与制作

在第一节，我们讲述了许多 HTML 语言中定义的关于网页中显示文字、图像和其他对象的标签和用法，看起来非常的复杂和繁琐。而使用 Dreamweaver，工作将变得十分轻松有效。下面我们就来谈谈如何利用 Dreamweaver 来完成对文字、图像以及其他对象的控制。

一、文本

在 Dreamweaver 中添加文本有两种方法：一种是直接在文档窗口输入文本；另一种是复制在其他编辑器中已经生成的文本并粘贴到文档窗口。无论哪一种方法，Dreamweaver都将自动创建基础 HTML 代码。

1. 输入文本

单击文档窗口，输入以下文本：

“这是我的第一个网页。”

效果如图 5-14 所示。

点击文档工具栏的第一个按钮显示代码视图，我们可以看到 Dreamweaver 已经自动完成了 HTML 代码的编写(图 5-15)。

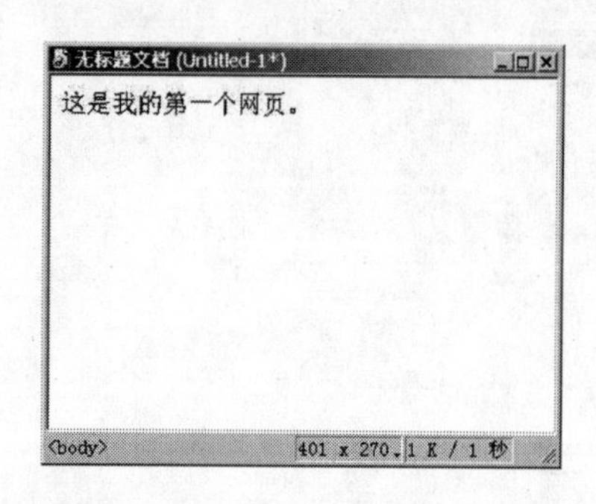

图 5-14　在文档窗口输入文本

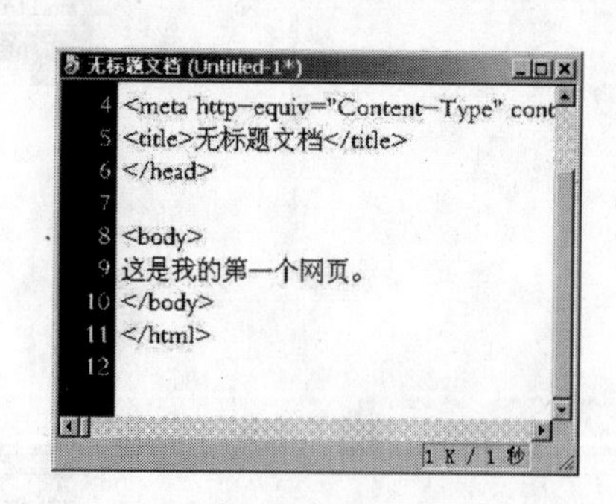

图 5-15　代码视图

2. 设置文本属性

输入文本之后，我们可以在属性面板中对其属性进行设置，获得不同的效果。

(1) 格式的指定

首先回到设计视图，选定我们刚才输入的文本，单击属性面板的格式下拉列表框，选择任意一种格式(图 5-16)，察看其显示效果(图 5-17、图 5-18)。

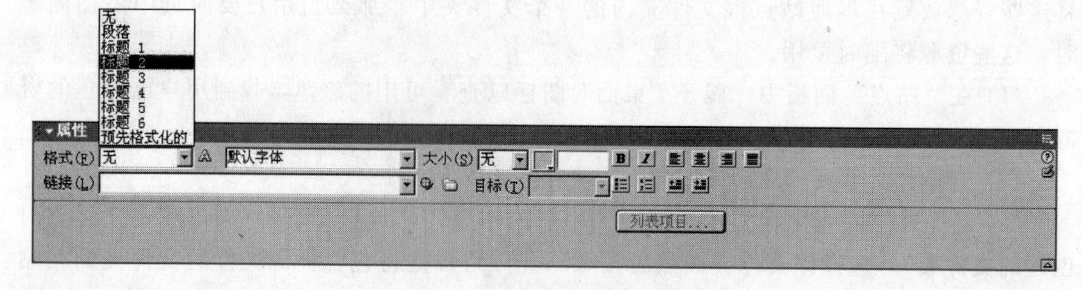

图 5-16　文本格式下拉列表

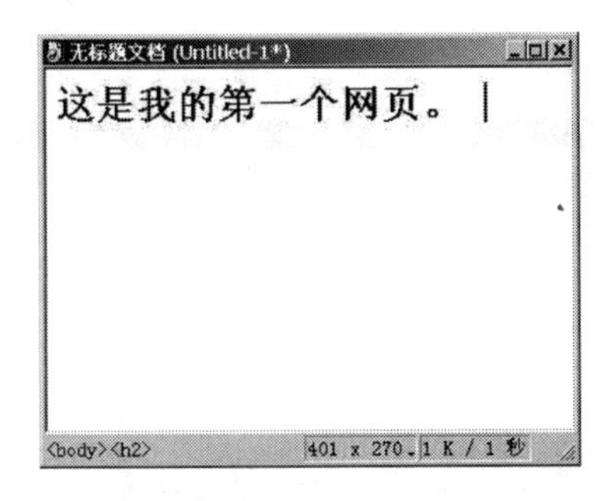

图 5-17　标题 2 的文本格式

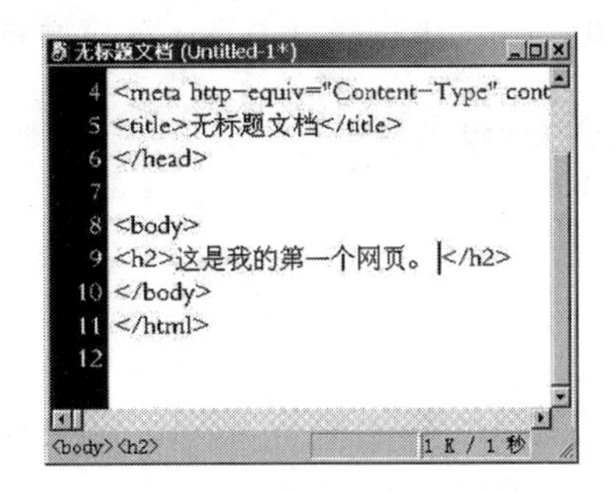

图 5-18　上图的代码视图

（2）字体的设置

回到设计视图，选定我们刚才输入的文本，单击属性面板的字体下拉列表框，选择一种字体，察看其显示效果。对于简体中文环境的系统来说，一般默认字体是宋体。（图 5-19）

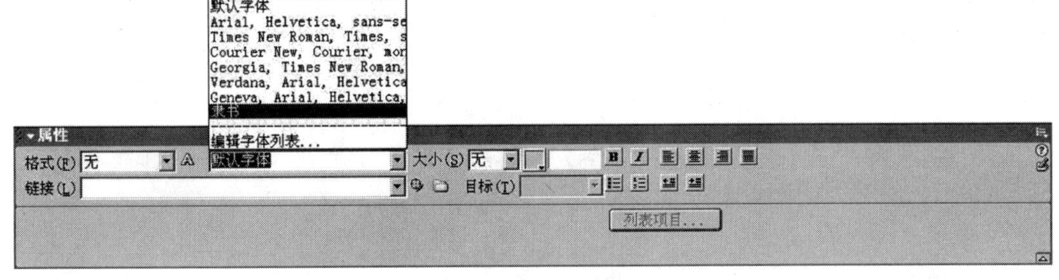

图 5-19　文本字体下拉列表

如果字体列表中没有所需要的字体，则可以选择“编辑字体列表”，打开如图 5-20 所示的对话框，定制字体列表。

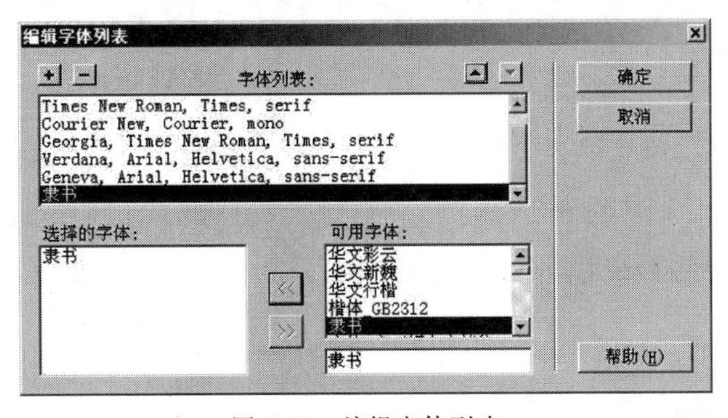

图 5-20　编辑字体列表

添加新字体时，直接在“可用字体”列表中选择需要的字体名称，再单击 << 按钮，被添加的字体将会出现在“选择的字体”列表中。

删除字体时，在“选择的字体”列表中选择需要的字体名称，再单击 >> 按钮即可。

注意：通常不要在网页中使用过于特殊的字体，因为对于浏览网页的人来说，其计算机中不一定会安装这些特殊字体，这样如果浏览到这些特殊字体的文本时，只能以普通的默认字体来显示。

如图 5-21 中选择隶书字体后，文档显示效果如图 5-22 所示。

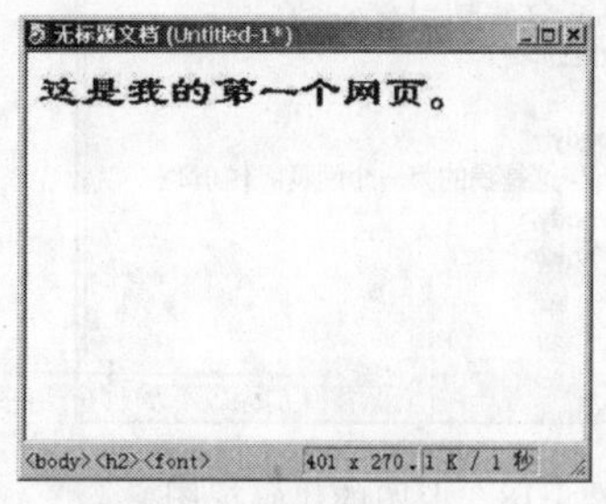

图 5-21 隶书字体效果

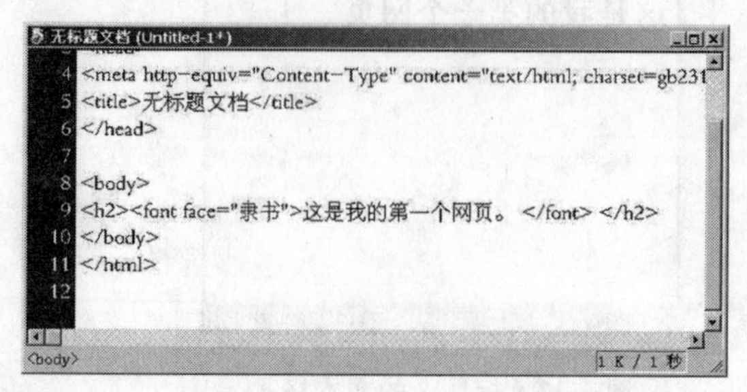

图 5-22 上图的代码视图

(3) 字号的设置

回到设计视图，选定我们刚才输入的文本，单击属性面板的大小下拉列表框，选择一种字体，察看其显示效果。对于简体中文环境的系统来说，一般默认字体大小是 3 号(图 5-23、图 5-24、图 5-25)。

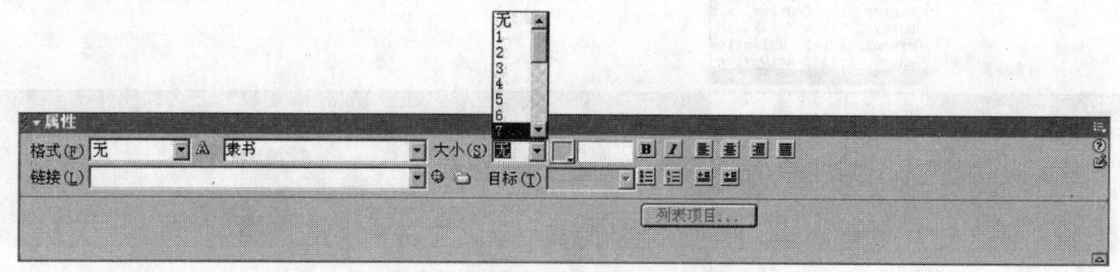

图 5-23 文本字号大小下拉列表

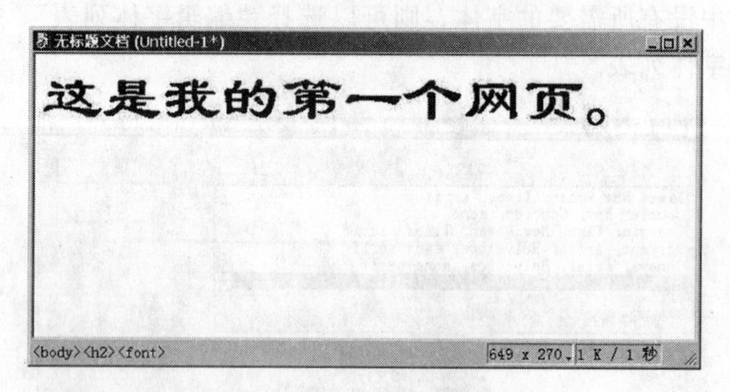

图 5-24 隶书 7 号字体效果

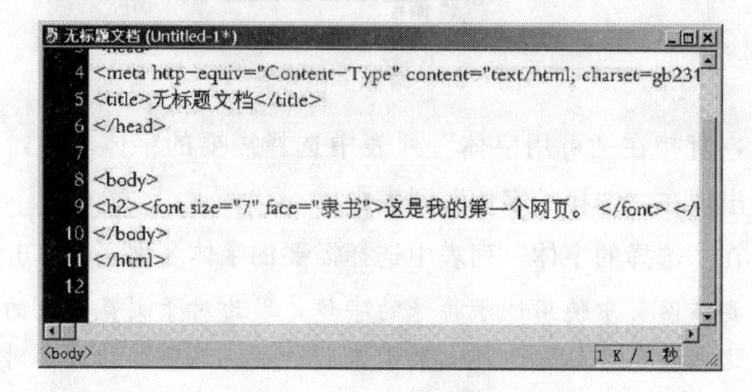

图 5-25 上图的代码视图

（4）字体颜色的设置

回到设计视图，选定我们刚才输入的文本，单击属性面板的文本颜色按钮，打开Dreamweaver颜色板，选择做需要的颜色，察看其显示效果。选择完后，该颜色的十六进制数值将显示在该按钮右边的文本框内(图 5-26)。

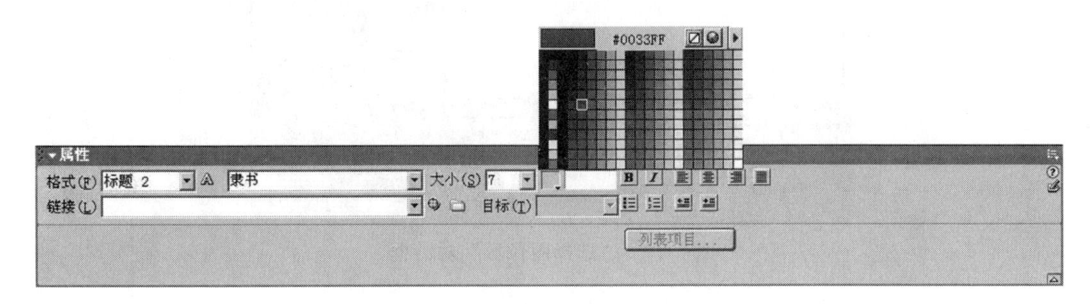

图 5-26　Dreamweaver 颜色板

（5）字体样式的设置

字体的样式指的是字体外观的显示方式，例如字体的加粗、倾斜和下划线等，利用Dreamweaver，可以很容易的设置多种字体样式。

在属性面板中，仅列出了粗体(B)和斜体(I)两种样式，更多的样式可以在“文本”>“样式”菜单命令中找到。用户可以逐一试验这些样式，观察它们之间的区别。

在菜单中选择某一字体样式后，该菜单项的左方将出现选中标记。再次点击该菜单项将可以清除其选中标记，并取消刚才设置的字体样式。

（6）对齐方式的设置

对齐方式是指文本段落相对文档窗口在水平位置的对齐方式。一共有四种对齐方式：左对齐、居中对齐、右对齐和两端对齐。在属性面板上都有相应的功能按钮。

二、图像

建筑方案的演示需要用到大量的图像，图像的运用对于建筑类网站来说是非常重要的。这一节主要讲解如何在网页中操纵图像。

虽然存在很多种图形文件格式，但 Web 页中通常使用的只有三种，即 GIF、JPEG 和 PNG。目前，GIF 和 JPEG 文件格式的支持情况最好，大多数浏览器都可以查看它们。

1. 插入普通图像

把一幅图像插入 Dreamweaver 文档时，Dreamweaver 将在文档中自动产生对该图像文件的引用。要确保这种引用正确，该图像文件必须位于当前站点之内。如果该文件不在当前站点之内，Dreamweaver 依然会询问是否要把该文件复制到当前站点的文件夹中。因此我们建议，在插入图像之前，用户应预先将所需要操作的图像全部复制到当前站点中，并设置相应的文件夹，如“images”。

我们首先将一幅名为“firstimage.jpg”的图像复制到“e:\sites\images\”目录下。

在文档窗口中，将插入点放置在要显示图像的位置。

在“插入”工具栏的“常用”选项卡中，单击图像按钮，出现“选择图像源”对话框(图 5-27)。

选择“images”目录下的“firstimage.jpg”文件，单击确定，该图像即被插入当前文档中(图 5-28)。

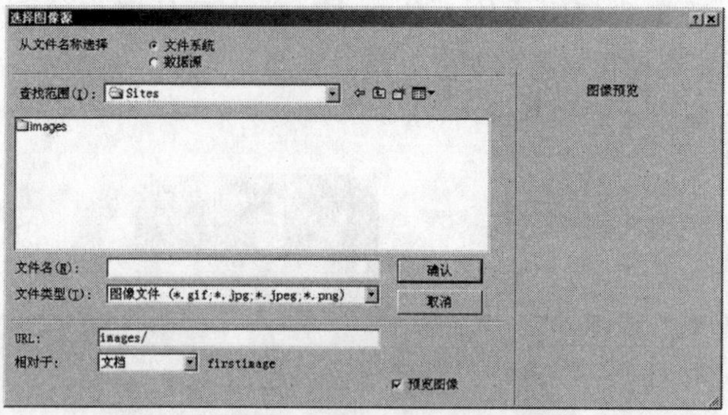

图 5-27　“选择图像源”对话框

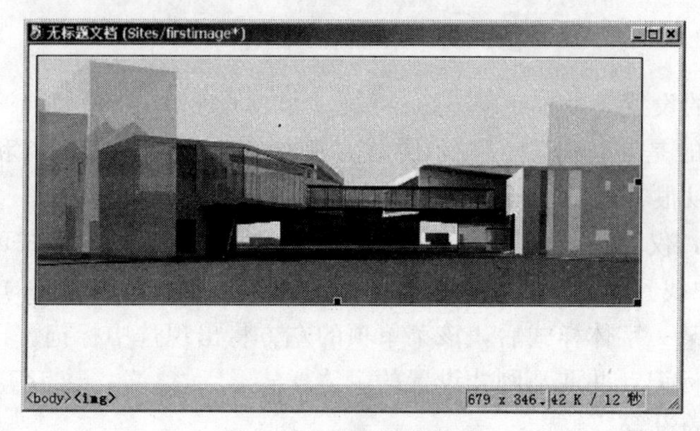

图 5-28　插入图像效果

如果用户正在一个未保存的文档中工作，则 Dreamweaver 生成一个对图像文件的“file：// ”引用。将文档保存到站点中的任何位置后，Dreamweaver 将该引用转换为文档相对路径。

2. 插入鼠标经过图像

有时候我们需要这样一种效果，当鼠标指针经过一幅图像时，它会变成另一幅图像。这可以通过插入“鼠标经过图像”来实现。鼠标经过图像实际上由两个图像组成：主图像(当首次载入页时显示的图像)和次图像(当鼠标指针移过主图像时显示的图像)。鼠标经过图像中的这两个图像应大小相等；如果这两个图像大小不同，Dreamweaver 将自动调整第二个图像的大小以匹配第一个图像的属性。

用户不能在 Dreamweaver 的“文档”窗口中看到鼠标经过图像的效果。若要看到鼠标经过图像的效果，需要按 F12 键在浏览器中预览该页，然后将鼠标指针滑过该图像。

首先我们同样将需插入的图像复制到相应文件夹内。

在文档窗口中，将插入点放置在要显示鼠标经过图像的位置。

在“插入”工具栏的“常用”选项卡中，单击鼠标经过图像按钮，出现“插入鼠标经过图像”对话框(图 5-29)。

浏览以选择用户要插入的“原始图像”和“鼠标经过图像”文件，单击确定，该图像即被插入当前文档中。按 F12 键可以预览效果(图 5-30)。

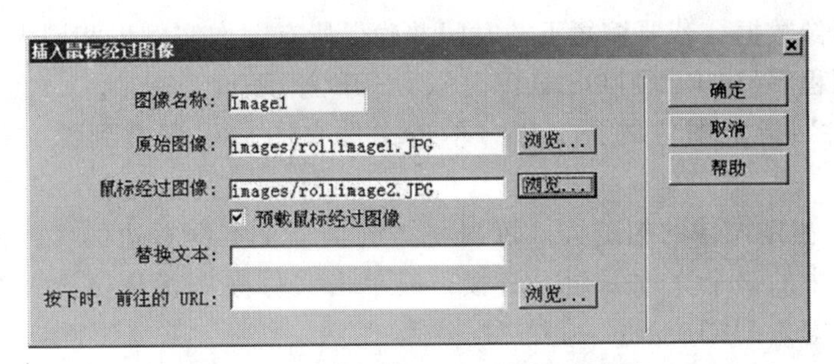

图 5-29　“插入鼠标经过图像”对话框

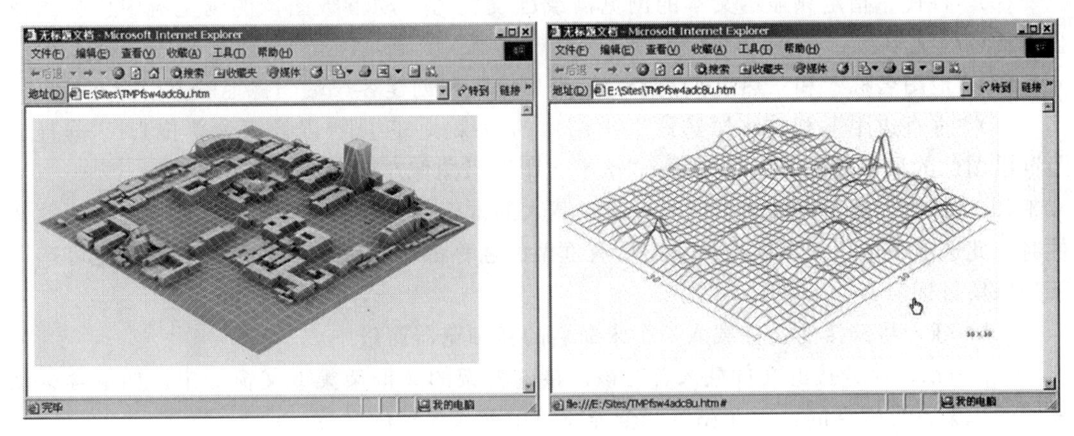

图 5-30　鼠标经过图像效果

3. 设置图像属性

在“属性”面板中可以查看和修改图像的属性。在文档窗口选择刚才插入的图像，可以看到“属性”面板显示如图 5-31。

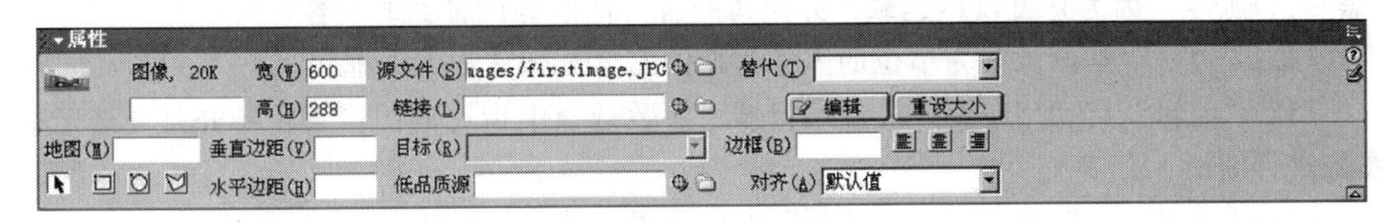

图 5-31　图像属性面板

图像的属性设置如下：

(1) 使用缩略图下面的文本域设置名称，以便在使用 Dreamweaver 行为(例如“交换图像”)或脚本撰写语言(例如 JavaScript 或 VBScript)时可以引用该图像。

(2)“宽”和“高”以像素为单位指定图像的宽度和高度。当用户在页中插入图像时，Dreamweaver 自动用图像的原始尺寸更新这些域。用户可以用以下单位指定图像大小：pc(十二点活字)、pt(点)、in(英寸)、mm(毫米)、cm(厘米)和诸如 2in＋5mm 的单位组合；在 HTML 源代码中，Dreamweaver 将这些值转换为像素。

如果设置的“宽”和“高”的值与图像的实际宽度和高度不相符，则该图像在浏览器中可能不会正确显示。(若要恢复为原始值，可以单击“宽”和“高”域标签。)

更改这些值可以缩放该图像的显示大小，但不会缩短下载时间，因为浏览器在缩放图像前下载所有图像数据。若要缩短下载时间并确保所有图像实例以相同大小显示，需要使用图像编辑应用程序(如 PHOTOSHOP、ACDSEE 等)缩放图像。

(3)“源文件”指定图像的源文件。单击文件夹图标以浏览到源文件。也可以键入路径。

(4)“链接”指定图像的超链接。可以将“链接”文本框右边的“指向文件”图标拖到“站点”面板中的某个文件以建立链接，或单击文件夹图标浏览选择站点上的某个文档。也可以手动键入 URL。

(5)“对齐”对齐同一行上的图像和文本。

(6)“替代”指定只显示文本的浏览器或已设置为手动下载图像的浏览器中代替图像显示的替代文本。

(7)“地图名称”和“热点工具”允许用户标注和创建客户端图像地图。

(8)“垂直边距”和“水平边距”沿图像的边缘添加边距(以像素为单位)。“垂直边距”沿图像的顶部和底部添加边距。“水平边距”沿图像左侧和右侧添加边距。

(9)“目标”指定链接的页应当在其中载入的框架或窗口。(当图像没有链接到其他文件时，此选项不可用。)当前框架集中所有框架的名称都显示在“目标”列表中。也可选用下列保留目标名：

_ blank，将链接的文件载入一个未命名的新浏览器窗口中。

_ parent，将链接的文件载入含有该链接的框架的父框架集或父窗口中。如果含有该链接的框架不是嵌套的，则在浏览器全屏窗口中载入链接的文件。

_ self，将链接的文件载入该链接所在的同一框架或窗口中。此目标为默认值，因此通常不需要指定它。

_ top，在整个浏览器窗口中载入所链接的文件，因而会删除所有框架。

(10)“低品质源”指定在载入主图像之前应该载入的图像。通常使用主图像的 2 位(黑和白)版本，因为它可以迅速载入并使访问者对他们等待看到的内容有所了解。

(11)“边框”是以像素为单位的图像边框的宽度。默认为无边框。

(12)“编辑”启动用户在“外部编辑器”参数选择中指定的图像编辑器并打开选定的图像进行编辑。

(13)“重设大小”将“宽”和“高”的值重置为图像的原始大小。

4. 创建图像地图

图像地图指已被分为多个区域(或称“热点”)的图像。当用户单击某个热点时，会发生某种操作(例如，打开一个新文件)。使用图像属性检查器可通过图形方式创建或编辑客户端图像地图。

首先在文档中插入一幅建筑平面图(图 5-32)。

选择该图像，在“属性”面板左下角选择热点工具，可以选择矩形、圆形或多边形，然后在图像上创建热点区域(图 5-33)。

重新单击属性面板中的箭头，选择某个刚才创建的热点区域，“属性”面板将显示该热点的属性选项(图 5-34)：

在“链接”文本框中指定该热点的超链接，在“目标”文本框中指定链接的页应当在其中载入的框架或窗口，用法和图像属性中的一样。在“替代”文本框中输入替代文本，

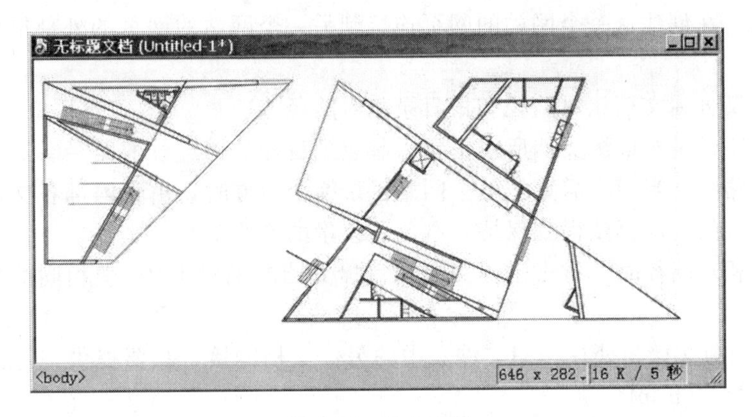

图 5-32 插入图像

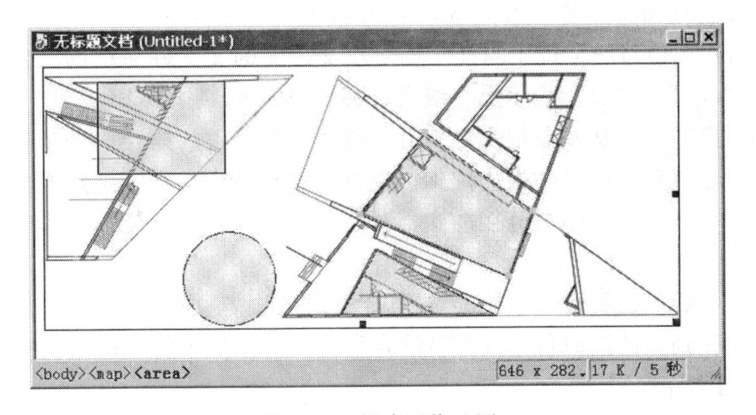

图 5-33 创建图像地图

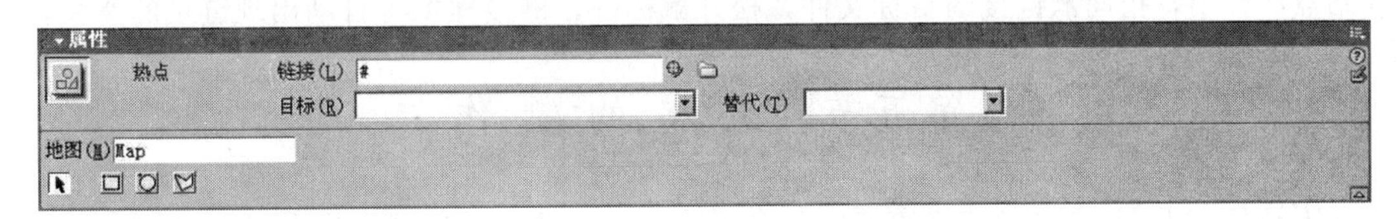

图 5-34 热点属性

在浏览器中，当用户的鼠标移到该热点区域时将显示该文本。

三、超链接

前面我们已经介绍过 HTML 语言中关于链接的一些概念，现在我们就来学习如何在 Dreamweaver 中创建超链接。

在文本和图像的属性面板中均涉及到了关于链接的部分，利用它，我们可以很轻松的完成超链接的创建。

1. 直接输入链接路径

选择要创建链接的主体——一段文本、一幅图像或图像中的某个热点区域，在属性面板中的链接文本框中直接输入目标地址。其所包含的路径可以是绝对路径，也可以是相对路径。

绝对路径通常是以“http：//”开头的一段 URL 网址，无论源文件在哪儿，目标地址都是明确的。在创建从一个网站的网页连接到另一个网站的网页的外部链接时，必须使用绝对路径。

相对路径又分为文档相对路径和根目录相对路径。

文档相对路径是指以源文档所在位置为起点到目标文档经过的路径。这是用于本地链接的最适宜的路径。当用户需要把整个网站目录换个地方时，由于内部各文件间的相对位置不变，其链接的指向仍然得到保持，避免了大量的修改工作。

指定文档相对路径时，省去了源文档和目标文档的绝对 URL 中相同的部分，只留下不同的部分：

(1) 要把当前文档与处在相同文件夹中的另一文档链接，只要提供该链接文档的文件名即可；如："123.html"

(2) 要把当前文档与一个位于当前文档所在文件夹的子文件夹里的文件链接，要提供子文件夹名、正斜杠和文件名；如："abc/123.html"

(3) 要把当前文档与一个位于当前文档所在文件夹的父文件夹里的文件链接，只需在文件名前加上"../"（".."表示上一级文件夹）。如："../123.html"

根目录相对路径是指从站点根文件夹到被链接文档经由的路径。一个根目录相对路径以正斜杠开头，它就表示站点的根文件夹。根目录相对路径是指定站点内文档链接的最好方法，因为在移动一个包含相对链接的文档时，无需对原有的链接进行修改。

2. 利用浏览文件按钮

选择链接主体后，在属性面板中点击链接框后的浏览文件按钮，出现选择文件对话框。在对话框中找到要链接的目标文件，确定即可。链接框中将自动出现链接的路径。

3. 利用指向文件按钮

选择链接主体后，在属性面板中点击并按住链接框后的指向文件按钮，将该按钮拖拽到站点面板中，指向欲链接的目标文件，松开鼠标键，链接框中将自动出现链接的路径。

第五节 表格的制作

表格是 HTML 文件中非常重要的一个元素，几乎所有网站都是利用表格来进行布局的。它可以控制文本和图像在页面上出现的位置，易于修改而且与大多数浏览器兼容，是一种出色的用于设计 Web 页布局的解决方案。

一、创建表格

Dreamweaver 有两种视图："标准"视图和"布局"视图，在两种视图中均可以设计表格。在本书中，我们主要学习在标准视图中创建表格。

在"插入"工具栏的"常用"选项卡中单击插入表格按钮，出现插入表格对话框(图 5-35)：

(1)"行数"表示表格的行数。

(2)"列数"表示表格的列数。

(3)"宽度"表示表格的宽度，其度量单位有百分比和像素两种。当以百分比为单位时，通常表示表格宽度与浏览器宽度的比值；如果表格 A 在表格 B 的一个单元格内，则表示表格 A 的宽度与表格 B 宽度的比值；如果表格在一个层或框架内，则表示表格的宽

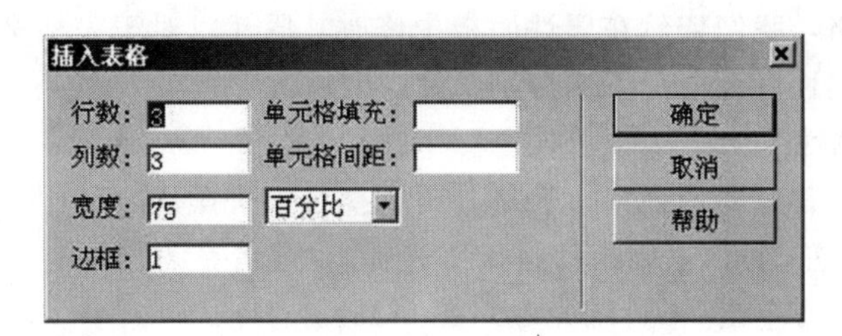

图 5-35 插入表格对话框

度与层的宽度或框架宽度的比值。当以像素为单位时，则表示表格的绝对宽度，并不随其外部环境的变化而变化。

(4)“边框”表示表格线的像素宽度。如果没有明确指定边框的值，则大多数浏览器按边框设置为 1 显示表格。若要确保浏览器显示的表格没有边框，可以将“边框”设置为 0。若要在边框设置为 0 时查看单元格和表格边界，请选择“查看”>“可视化助理”>“表格边框”菜单命令。

(5)“单元格填充”表示单元格内容和单元格边界之间的像素数。也叫单元格边距。

(6)“单元格间距”表示相邻的表格单元格之间的像素数。

当没有明确指定单元格间距和单元格边距的值时，大多数浏览器按单元格边距设置为 1，单元格间距设置为 2 显示表格。若要确保浏览器显示的表格没有边距和间距，需要将“单元格填充”和“单元格间距”设置为 0。

按照如图所示的表格信息，单击确定后，即可在文档中创建一个 3×3 的表格(图 5-36)：

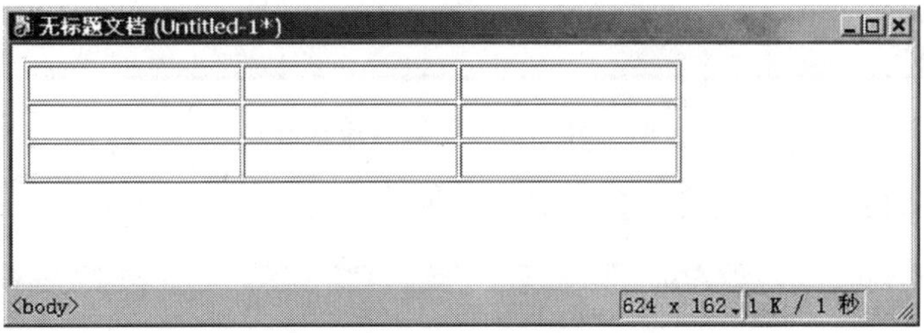

图 5-36 3×3 的表格

需要指出的是，HTML 语言中，表格是可以嵌套的。在刚才创建的表格中单击任何一个单元格，可以再次插入一个表格，效果如下(图 5-37)：

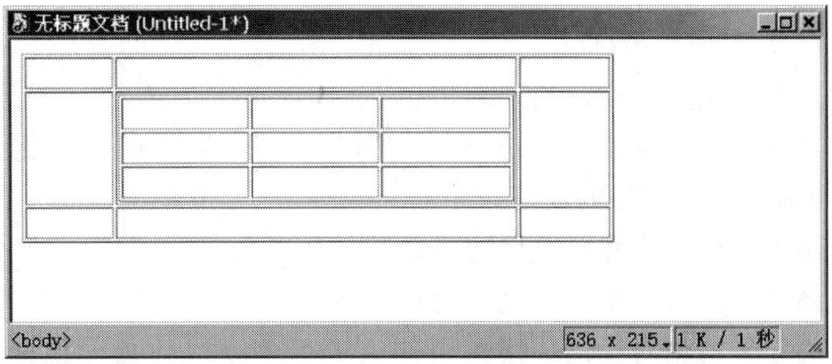

图 5-37 嵌套的表格

对于创建的表格，我们依然在属性面板中修改其属性。对于表格来说，其属性可分为表格属性和单元格属性两部分。下面分别描述。

二、设置表格属性

要设置表格属性首先要选择整个表格，可以执行以下操作之一：

(1) 单击表格的左上角(鼠标指针呈十字光标)，或者在表格的右边缘及下边缘或者单元格内边框的任何地方单击(平行线光标)(图 5-38)。

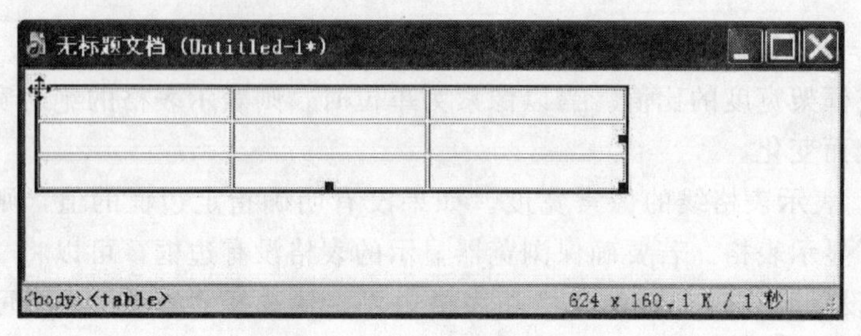

图 5-38 选择整个表格

(2) 在单元格中单击，然后选择“修改”＞“表格”＞“选择表格”菜单命令。

(3) 在单元格中单击，然后从文档窗口左下角状态栏选择＜table＞标签(图 5-39)。

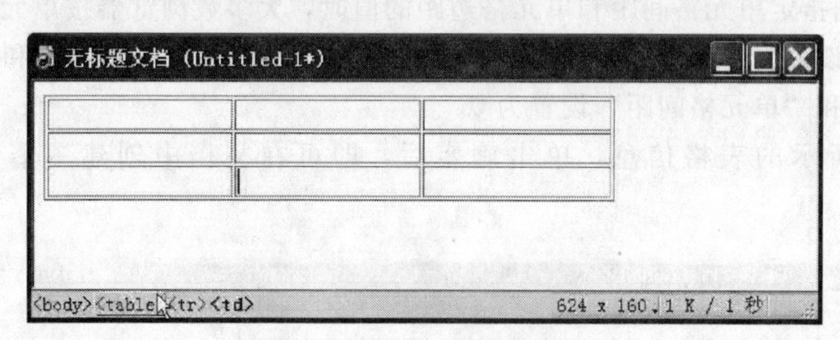

图 5-39 通过标签选择表格

选中整个表格后，属性面板将会显示与之相关的属性(图 5-40)：

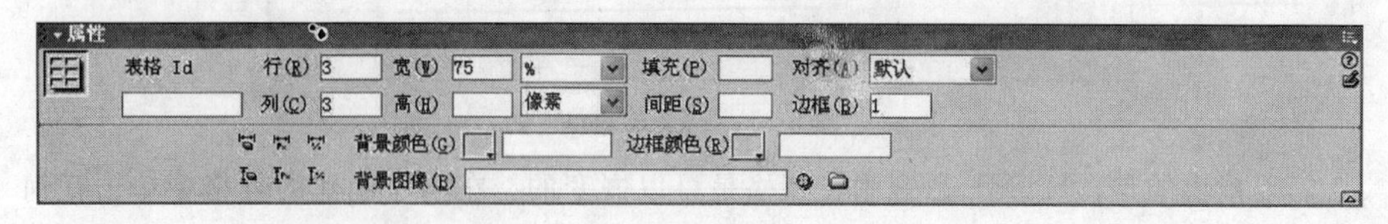

图 5-40 表格属性

(1)“表格 ID”是表格的名称。

(2)“行”和“列”是表格中行和列的数目。

(3)“宽”和“高”是以像素为单位或按占浏览器窗口宽度的百分比计算的表格的宽度和高度。通常不需要设置表格的高度。

(4)“填充”是单元格内容和单元格边界之间的像素数。

(5)“间距”是相邻的表格单元格之间的像素数。

(6)“对齐”确定表格相对于同一段落中其他元素(例如文本或图像)的显示位置。“左对齐”沿其他元素的左侧对齐表格(因此同一段落中的文本在表格的右侧换行)；“右对齐”

沿其他元素的右侧对齐表格(文本在表格的左侧换行);“居中对齐”将表格居中(文本显示在表格的上方和/或下方)。“默认”指示浏览器应该使用其默认对齐方式。当将对齐方式设置为“默认”时，其他内容不显示在表格的旁边。若要在其他内容旁边显示表格，请使用“左对齐”或“右对齐”。

(7)“边框”指定表格边框的宽度(以像素为单位)。

(8)“清除列宽”和“清除行高”按钮从表格中删除所有显式指定的行高或列宽值。

(9)“将表格宽度转换成像素”和“将表格高度转换成像素”按钮将表格中每个列的宽度或高度设置为以像素为单位的当前宽度(还将整个表格的宽度设置为以像素为单位的当前宽度)。

(10)“将表格宽度转换成百分比”和“将表格高度转换成百分比”按钮将表格中每个列的宽度或高度设置为按占文档窗口宽度百分比表示的当前宽度(还将整个表格的宽度设置为按占文档窗口宽度百分比表示的当前宽度)。

(11)“背景颜色”是表格的背景颜色。可以单击其右侧按钮从颜色板中选取，或直接输入十六进制颜色代码。

(12)“边框颜色”是表格边框的颜色。

(13)“背景图像”是表格的背景图像。

三、设置单元格属性

1. 选择单元格的几种情况

(1) 一次选择整行或整列:

将鼠标指向行的左边缘或列的上边缘。当鼠标指针变为选择箭头时，单击以选择行或列，或进行拖动以选择多个行或列。

(2) 选择矩形的单元格块:

从一个单元格拖到另一个单元格，或者单击一个单元格，然后按住 Shift 键单击另一个单元格。这两个单元格定义的直线或矩形区域中的所有单元格都将被选中。

(3) 选择单个单元格或多个不相邻的单元格:

在按住 Ctrl 键的同时单击要选择的单元格，即可选中该单元格。如果按住 Ctrl 键再次单击已经被选中的单元格，则会取消其选择。

2. 选中单元格后，“属性”面板将会显示与之相关的属性(图 5-41)

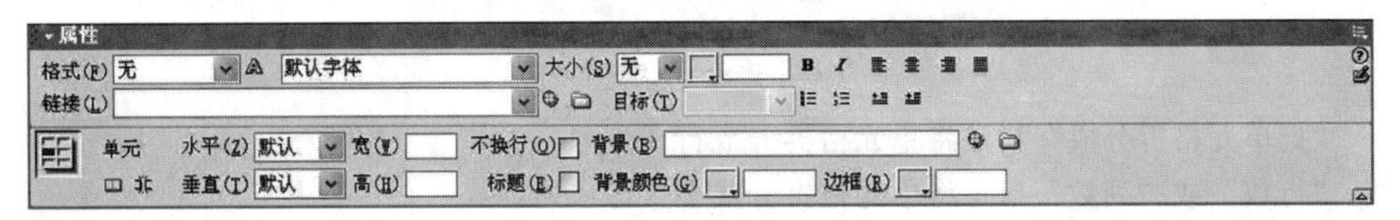

图 5-41 单元格属性

属性面板的上半部与文本属性面板的设置一样，可以参看前面对文本的描述。下半部是关于单元格本身的一些属性:

(1)“水平”指定单元格、行或列内容的水平对齐方式。用户可以将内容对齐到单元格的左侧、右侧或使之居中对齐，也可以指示浏览器使用其默认的对齐方式(通常常规单元格为左对齐，标题单元格为居中对齐）。

(2)“垂直”指定单元格、行或列内容的垂直对齐方式。用户可以将内容对齐到单元格的顶端、中间、底部或基线，或者指示浏览器使用其默认的对齐方式(通常是居中对齐)。

(3)“宽”和“高”是以像素为单位或按占整个表格宽度或高度百分比计算的所选单元格的宽度和高度。若要指定百分比，在值后面使用百分比符号(%)。若要让浏览器根据单元格的内容以及其他列和行的宽度和高度确定适当的宽度或高度，将此域留空(默认设置)。

默认情况下，浏览器选择一列的宽度来容纳列中最宽的图像或最长的行，选择一行的高度来容纳该行中的所有文本和图像。

(4)“不换行”可以防止换行，从而使给定单元格中的所有文本都在一行上。如果启用了“不换行”，则当用户键入数据或将数据粘贴到单元格时单元格会加宽来容纳所有数据。(通常，单元格在水平方向扩展以容纳单元格中最长的单词或最宽的图像，然后根据需要在垂直方向进行扩展以容纳其他内容。)

(5)“标题”将所选的单元格格式设置为表格标题单元格。默认情况下，表格标题单元格的内容为粗体并且居中。

(6)“背景”(上面的文本域)是单元格、列或行背景图像的文件名。单击文件夹图标浏览到某个图像，或使用“指向文件”图标选择某个图像文件。

(7)“背景颜色”(下面的颜色样本和文本域)是使用颜色选择器选择的单元格、列或行的背景颜色。

(8)“边框”是单元格的边框颜色。

(9)当选择多个连续的单元格、行或列时，其属性面板左下角的“合并单元格”按钮将有效。点击该按钮可以将所选的单元格、行或列合并为一个单元格。只有当单元格形成矩形或直线的块时才可以合并这些单元格。单个单元格的内容放置在最终的合并单元格中。所选的第一个单元格的属性将应用于合并的单元格。

(10)当仅选择单个单元格时，“拆分单元格”按钮将有效，它可以分开一个单元格，创建两个或多个单元格。点击该按钮将出现拆分单元格对话框(图5-42)：

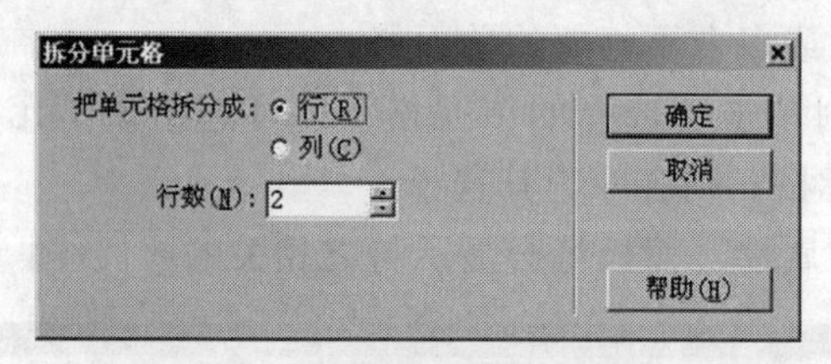

图 5-42　拆分单元格对话框

“把单元格拆分成”指定将单元格拆分成行还是列。

“行数”或“列数”指定将单元格拆分成多少行或列。

四、在表格中插入图像和文字

在表格中插入图像或文字和在文档插入图像或文字基本上是一样的。单击需要插入图像或文字的单元格，键入文本或在插入工具栏点击插入图像按钮即可。

当在表格中添加或编辑内容时，使用键盘在表格中定位可以节省不少时间。

若要使用键盘从一个单元格移动到另一个单元格，可以执行以下任意操作：

(1) 按 Tab 键移动到下一个单元格。在表格的最后一个单元格中按 Tab 键会自动在表格中另外添加一行。

(2) 按 Shift+Tab 键移动到上一个单元格。

(3) 按箭头键上下左右移动。

第六节 层 的 创 建

一、层的特点

层是一种 HTML 页面元素，也是一种网页元素定位技术，用户可以将它定位在页面上的任意位置。层可以包含文本、图像或其他任何可在 HTML 文档正文中放入的内容。

利用 Dreamweaver，用户可以在不进行任何 JavaScript 或 HTML 编码的情况下放置层和制作层动画。用户可以将层前后放置，隐藏某些层而显示其他层，以及在屏幕上移动层。用户可以在一个层中放置背景图像，然后在该层的前面放置第二个层，它包含带有透明背景的文本。这样就可以制作层渐进和渐出的动画。

利用层可以非常灵活地放置内容。但是，Microsoft Internet Explorer 4.0 和 Netscape Navigator 4.0 之前的 Web 浏览器无法显示层，而版本 4 浏览器显示层的方式并不完全一致。若要确保所有人都能够查看用户的 Web 页，可以使用层设计页，然后将层转换为表格。不过，目前通用的浏览器基本都在 IE4.0 以上，因此用户完全可以用层来设计布局，而无需将层转换为表格。

二、层的创建

1. Dreamweaver 可以方便地在页面上创建层并精确地将层定位

首先使用“参数选择”对话框中的“层”类别可指定新建层的默认设置。

选择“编辑”>“参数选择”菜单命令，从“类别”列表中选择“层”(图 5-43)。

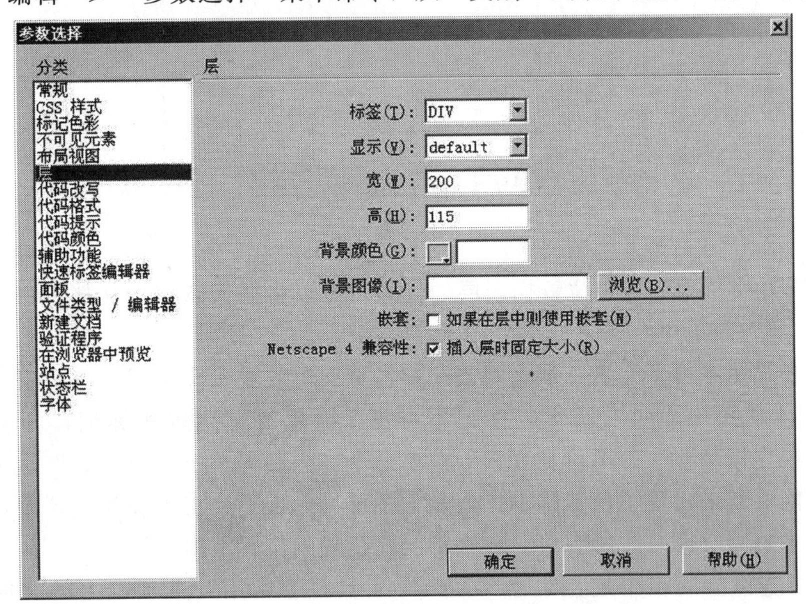

图 5-43 层参数选择对话框

(1)“标签”设置在创建层时 Dreamweaver 要使用的 HTML 标签。其选项为 div(默认)和 span。

(2)“显示”确定层在默认情况下是否可见。其选项为“默认”、“继承”、“可见”和“隐藏”。

“默认”不指定可见性属性。当未指定可见性时，大多数浏览器都会默认为“继承”。

“继承”使用该层父级的可见性属性。

“可见”显示该层的内容，而不管父级的值是什么。

“隐藏”隐藏这些层的内容，而不管父级的值是什么。

(3)“宽”和“高”指定用户使用“插入”＞“层”菜单命令创建的层的默认宽度和高度(以像素为单位)。

(4)“背景颜色”指定默认的背景颜色。可以从颜色选择器中选择颜色或输入十六进制颜色代码。

(5)“背景图像”指定默认的背景图像。单击“浏览”可在计算机上查找图像文件。

(6)“嵌套”：在层中创建时嵌套指定从现有层边界内的某点开始绘制的层是否应该是嵌套层。当绘制层时，按下 Alt 键可临时更改此设置。

(7)“Netscape 4 兼容性”：插入层时添加调整大小，修正 Netscape 4 浏览器中的一个已知问题，该问题使层在访问者调整浏览器窗口大小时失去它们的定位。

2. 创建层的几种方法

(1) 若要绘制层，单击“插入”工具栏“常用”选项卡上的“描绘层”按钮，然后在文档窗口的设计视图中通过拖动来绘制层。如图 5-44 所示：

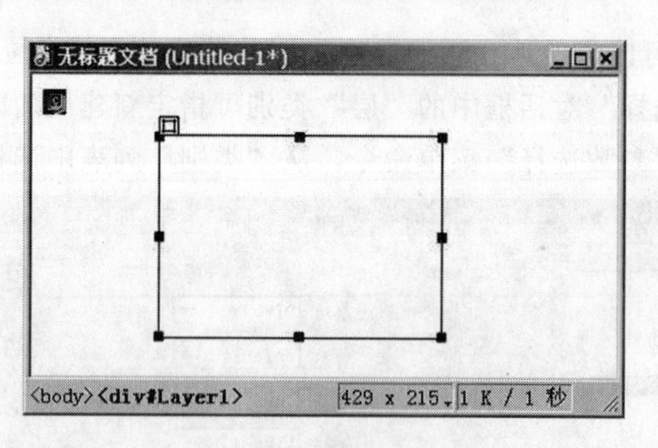

图 5-44　绘制层

(2) 若要在文档中的特定位置插入层的代码，可以将插入点放入文档窗口，然后选择“插入”＞“层”菜单命令。

如果正在显示不可见元素，那么每当用户在页面上放置一个层时，一个层代码标记就会出现在设计视图中。如果层代码标记不可见，而想要看到这些标记，可以选择“查看”＞“可视化助理”＞“不可见元素”菜单命令。当启用“不可见元素”选项后，页面上的元素可能看起来出现了位置移动，但是，不可见元素不会出现在浏览器中，因此当用户在浏览器中查看页面时，所有可见元素都会在正确的位置上出现。

(3) 若要连续绘制多个层，单击“插入”工具栏“常用”选项卡上的“描绘层”按钮。通过按住 Ctrl 键并拖动来绘制各个层。只要不松开 Ctrl 键，就可以继续绘制新的层。

(4) 嵌套层是其代码包含在另一个层中的层。嵌套通常用于将层组织在一起。嵌套层随其父层一起移动，并且可以设置为继承其父层的可见性。

若要插入嵌套层，可以将插入点放入现有层中并选择“插入”＞“层”菜单命令。

若要绘制嵌套层，请单击“插入”工具栏“常用”选项卡上的“描绘层”按钮，然后通过拖动在现有层中绘制一个层。如果已经在层参数选择中禁用“嵌套”，可以通过按住Alt键并拖动鼠标在现有层中绘制一个嵌套层。

在不同的浏览器中，嵌套层的外观可能会有所不同。因此当创建嵌套层时，需要在设计过程中经常检查它们在不同浏览器中的外观。

创建完多个层后，通过“层”面板(图5-45)可以管理文档中的这些层。若要打开层面板，先选择“窗口”＞“其他”＞“层”菜单命令。

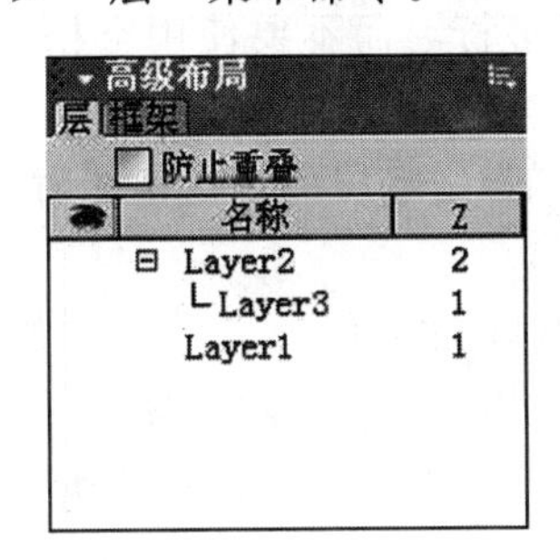

图5-45　“层”面板

“层”面板中层显示为按z轴顺序排列的名称列表；首先创建的层出现在列表的底部，最新创建的层出现列表的顶部。嵌套的层显示为连接到父层的名称。单击加号(＋)或减号(－)图标显示或隐藏嵌套的层。

使用层面板可防止重叠，更改层的可见性，将层嵌套或层叠，以及选择一个或多个层。

三、层的属性设置

选择一个或多个层后即可对它们进行操作或更改它们的属性。

1. 选择一个层可选用的操作

(1) 在层面板中单击该层的名称。

(2) 单击一个层的选择柄。如果选择柄不可见，可以在该层中的任意位置单击以显示该选择柄。

(3) 单击一个层的边框。

(4) 在一个层中按住Ctrl＋Shift键并单击。如果已选定多个层，此操作会取消选定其他所有层而只选择用户所单击的层。

(5) 单击层代码标记(在设计视图中)，它表示层在HTML代码中的位置。如果层代码标记不可见，先选择“查看”＞“可视化助理”＞“不可见元素”菜单命令。

2. 选择多个层可选用的操作

(1) 按住Shift键并单击层面板上的两个或更多个名称。

(2) 在两个或更多个层的边框内(或边框上)按住Shift键并单击。

当选定多个层时，最后选定层的大小调整柄将以黑色突出显示。其他层的大小调整柄则以白色显示。

3. 层的“属性”面板

(1) 单个层的“属性”面板如图 5-46：

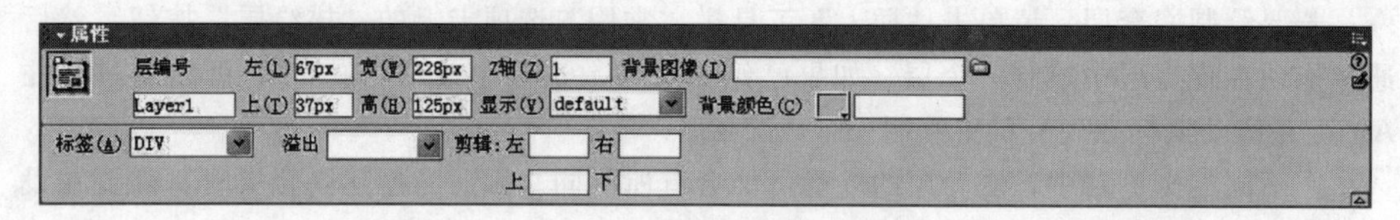

图 5-46 单个层属性面板

1)“层编号”用于指定一个名称，以便在层面板和 JavaScript 代码中标识该层。输入的名称只应使用标准的字母数字字符，而不要使用空格、连字符、斜杠或句号等特殊字符。每个层都必须有它自己的惟一名称。

2)“左”和“上”(左侧和顶部)指定层的左上角相对于页面(如果嵌套，则为父层)左上角的位置。

3)“宽”和“高”指定层的宽度和高度。

如果层的内容超过指定大小，层的底边缘(按照在 Dreamweaver 设计视图中的显示)会延伸以容纳这些内容。(如果“溢出”属性没有设置为“可见”，那么当层在浏览器中出现时，底边缘将不会延伸。)

位置和大小的默认单位为像素(px)。可以指定以下单位：pc(pica)、pt(点)、in(英寸)、mm(毫米)、cm(厘米)或 %(父层相应值的百分比)。这些单位缩写必须紧跟值，中间不留空格，例如，3mm 表示 3 毫米。

4)“Z 轴”确定层的 z 轴(即层叠顺序)。在浏览器中，编号较大的层出现在编号较小的层的前面。值可以为正，也可以为负。当更改层的层叠顺序时，使用“层”面板要比输入特定的 z 轴更为简便。

5)“显示”指定该层最初是否是可见的。它有下列选项：

“默认”(default)不指定可见性属性。当未指定可见性时，大多数浏览器都会默认为“继承”。

“继承”(inherit)使用该层父级的可见性属性。

“可见”(visible)显示该层的内容，而不管父级的值是什么。

“隐藏”(hidden)隐藏这些层的内容，而不管父级的值是什么。

6)“背景图像”指定层的背景图像。单击其文件夹图标可浏览到一个图像文件并将其选定作为层的背景图像。

7)“背景颜色”指定层的背景颜色。如果将此选项留为空白，则背景为透明。

8)“标签”指定用来定义该层的 HTML 标签。

9)“溢出”(仅限 div 和 span)控制当层的内容超过层的指定大小时如何在浏览器中显示层。

“可见”(visible)指示在层中显示额外的内容；实际上，该层会通过延伸来容纳额外的内容。

“隐藏”(hidden)指定不在浏览器中显示额外的内容。

“滚动”(scroll)指定浏览器应在层上添加滚动条，而不管是否需要滚动条。

“自动”(auto)使浏览器仅在需要时(即当层的内容超过其边界时)才显示层的滚动条。

溢出选项在不同的浏览器中具有不同程度的支持。

10)“剪辑”定义层的可见区域。左侧、顶部、右侧和底边坐标可在层的坐标空间中定义一个矩形(从层的左上角开始计算)。层经过“剪辑”后，只有指定的矩形区域才是可见的。例如，若要使一个层中 50 像素宽 75 像素高的矩形区域可见而其他内容均不可见，可以将“左”设置为 0，将“上”设置为 0，将“右”设置为 50 并将“下”设置为 75。

(2) 多个层的“属性”面板如图 5-47：

图 5-47　多个层属性面板

多个层的“属性”面板的上半部与文本属性面板的设置一样，可以参看前面对文本的描述。下半部是关于多个层本身的一些属性：

1)“左”和“上”(左侧和顶部)指定层的左上角相对于页(如果嵌套，则为父层)的左上角的位置。

2)“宽”和“高”指定层的宽度和高度。

3)“显示”指定这些层最初是否是可见的。

4) 标签指定用来定义这些层的 HTML 标签。

5) 背景图像指定这些层的背景图像。单击其文件夹图标可浏览到一个图像文件并将其选定。

6) 背景颜色指定这些层的背景颜色。如果将此选项留为空白，则背景为透明。

四、层的管理

前面讲过，通过“层”面板可以管理文档中的层。使用“层”面板可以防止重叠，可以更改层的可见性、更改层的层叠顺序、以及将层嵌套。

1. 防止层重叠

由于表格单元不能重叠，Dreamweaver 无法从重叠层创建表格。如果用户要将一个文档中的层转换为表格，需要使用“防止重叠”选项来约束层的移动和定位，使层不会重叠。

选择“层”面板上的“防止重叠”选项(图 5-48)。

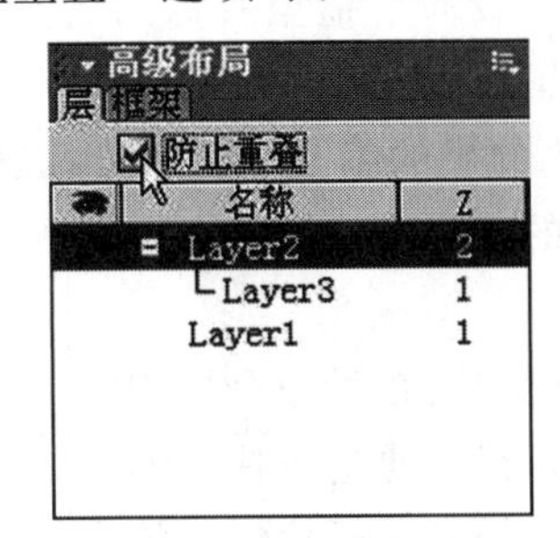

图 5-48　层面板上的防止重叠

当启用该选项后，可以在现有层前面创建层，在现有层上移动层或调整层大小，或者将某个层嵌套在现有层中。如果用户在创建重叠层后激活此选项，请拖动每个重叠层以使其离开其他层。当启用“防止重叠”选项后，Dreamweaver 不会自动修正页面上的现有重叠层。

即使在启用“防止重叠”选项后，仍可以执行某些操作来将层重叠。如果使用“插入”菜单插入一个层，在属性检查器中输入数字或者通过编辑 HTML 源代码来重定位层，则可以在此选项已启用时使层重叠或嵌套。如果出现重叠，需要在设计视图中拖动各重叠层以使其分离。

2. 更改层的可见性

当处理文档时，可以使用“层”面板手动显示和隐藏层，以查看页如何在不同的条件下显示。当前选定层始终会变为可见，它在选定时将出现在其他层的前面。

单击一个层的眼形图标以更改其可见性。

眼睛睁开表示该层是可见的。

眼睛闭合表示该层是不可见的。

如果没有眼形图标，该层通常会继承其父级的可见性(如果层没有嵌套，父级就是文档正文，而文档正文始终是可见的)。另外，如果未指定可见性，则不会显示眼形图标(这在属性检查器中表示为“默认”可见性)(图 5-49)。

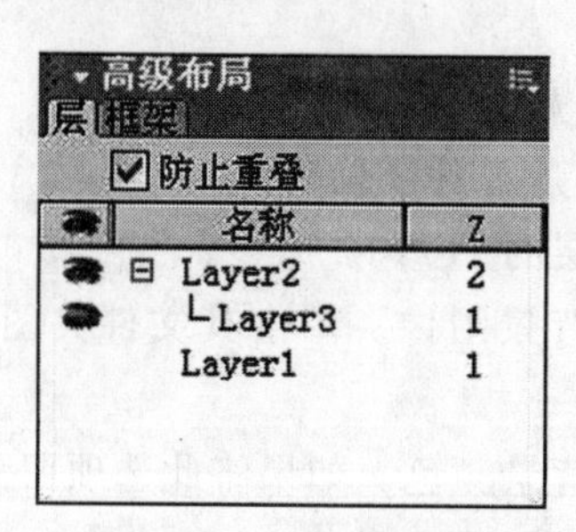

图 5-49　层的可见性

若要同时更改所有层的可见性，可以单击位于列顶部的标头眼形图标。此过程可以将所有层设置为“可见”或“隐藏”，但不能设置为“继承”。

3. 更改层的层叠顺序

使用“层”面板可更改层的层叠顺序。层面板列表顶部的层将位于层叠顺序的顶部，并且会出现在其他层之前。具体方法如下：

选择一个层，然后将该层向上或向下拖至所需的层叠顺序。移动层时会出现一条线，它指示该层将出现的位置。当放置线出现在层叠顺序中的所需位置时，松开鼠标按钮。

或者在“Z”列，单击要更改的层的编号。如果键入比现有编号大的编号，该层将在层叠顺序中上移；如果键入较小的编号，该层将在层叠顺序中下移。

4. 层的嵌套

使用“层”面板可以将现有层嵌套在另一个层中。

在“层”面板中选择一个层，然后通过按住 Ctrl 键并拖动将层移动到层面板上的目标层。当目标层的名称突出显示时，松开鼠标按钮。该层将被嵌套到目标层下。

五、将层转化为表格

层的应用很大优点是可以方便地对网页元素进行布局。使用层创建布局后，还可以将层转换为表，以便在较早的浏览器中进行查看。

若要将层转换为表，选择“修改”>“转换”>“层到表格”菜单命令，这时出现“转换层为表格”对话框(图 5-50)：

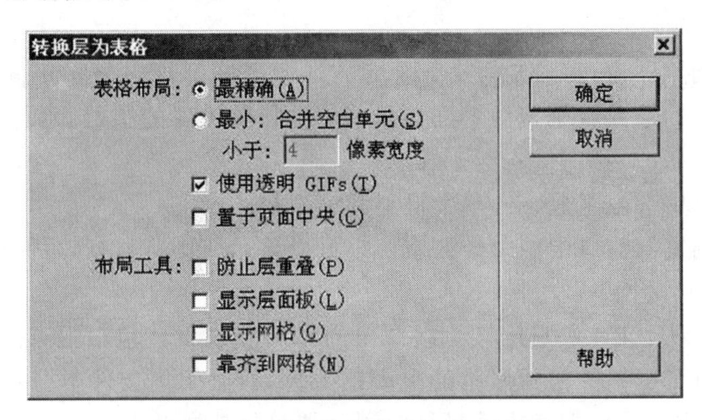

图 5-50 “转换层为表格”对话框

(1)“最精确”为每个层创建一个单元格，并附加保留层之间的空间所必需的任何单元格。

(2)“最小：合并空白单元”指定如果层定位在指定数目的像素内，则层的边缘应对齐。如果选择此选项，结果表将包含较少的空行和空列，但可能不与用户的布局精确匹配。

(3)“使用透明 GIFs”用透明的 GIF 填充表的最后一行。这将确保该表在所有浏览器中以相同的列宽显示。

当启用此选项后，不能通过拖动表列来编辑结果表。当禁用此选项后，结果表将不包含透明 GIF，但在不同的浏览器中可能会具有不同的列宽。

(4)“置于页面中央”将结果表放置在页面的中央。如果禁用此选项，表将在页面的左边缘开始。

(5)“防止层重叠”在创建、移动层和调整层大小时约束层的位置，使层不会重叠。

(6)“显示层面板”显示层面板。

(7)“显示网格”和“靠齐到网格”能够使用网格来协助将层定位。

选择所需的选项，单击“确定”后，层转换为一个表。

Dreamweaver 不但能将层转换为表格，也可以将表格转换为层。

若要将表转换为层，选择“修改”>“转换”>“表格到层”菜单命令，这时出现“转换表格为层”对话框(图 5-51)：

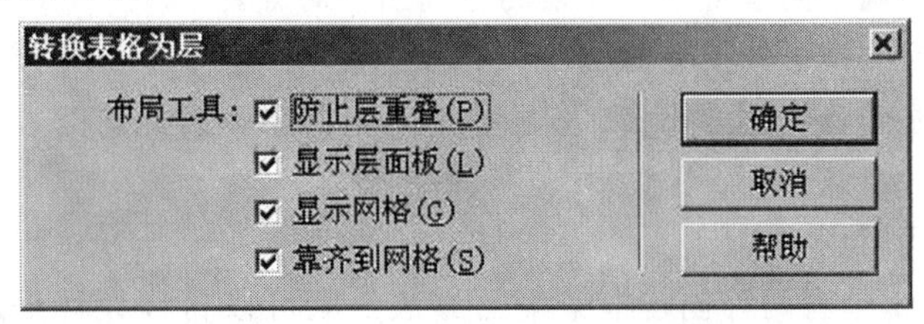

图 5-51 “转换表格为层”对话框

注意：空单元格不会转换为层(除非它们具有背景颜色)。位于表外的页面元素也会放入层中。

第七节 框 架 网 页

一、框架概述

框架将一个浏览器窗口划分为多个区域，每个区域都可以显示不同的 HTML 文档。使用框架的最常见的情况就是，一个框架显示包含导航控件的文档，而另一个框架显示含有内容的文档。

框架有两个主要部分组成——单个框架和框架集。

单个框架是浏览器窗口中的一个区域，它可以显示与浏览器窗口的其余部分中所显示内容无关的 HTML 文档。

框架集是 HTML 文件，它定义一组框架的布局和属性，包括框架的数目、框架的大小和位置以及在每个框架中初始显示的页面的 URL。框架集文件本身不包含要在浏览器中显示的 HTML 内容，框架集文件只是向浏览器提供应如何显示一组框架以及在这些框架中应显示哪些文档的有关信息。

如果一个站点在浏览器中显示为包含三个框架的单个页面，则它实际上至少由四个单独的 HTML 文档组成：框架集文件以及三个文档，这三个文档包含在这些框架内初始显示的内容。当用户在 Dreamweaver 中设计使用框架集的页面时，用户必须保存全部这四个文件，以便该页面可以在浏览器中正常工作。

框架的最常见用途就是导航。一组框架通常包括一个含有导航条的框架和另一个要显示主要内容页面的框架。

框架的设计可能比较复杂，但是在许多情况下，用户可以创建没有框架的 Web 页，它可以达到使用一组框架所能达到的许多同样效果。例如，如果想让导航条显示在页面的左侧，则既可以用一组框架代替用户的页面，也可以只是在站点中的每一页上包含该导航条。

1. 使用框架的优点

(1) 访问者的浏览器不需要为每个页面重新加载与导航相关的图形。

(2) 每个框架都具有自己的滚动条(如果内容太大，在窗口中显示不下)，因此访问者可以独立滚动这些框架。(例如，当框架中的内容页面较长时，如果导航条位于不同的框架中，那么向下滚动到页面底部的访问者就不需要再滚动回顶部来使用导航条。)

2. 使用框架的缺点

(1) 可能难以实现不同框架中各元素的精确图形对齐。

(2) 对导航进行测试可能很耗时间。

(3) 各个带有框架的页面的 URL 不显示在浏览器中，因此访问者可能难以将特定页面设为书签。

二、建立框架网页

在 Dreamweaver 中有两种创建框架集的方法：既可以自己设计框架集，也可以从若干预定义的框架集中选择。选择预定义的框架集将自动设置创建布局所需的所有框架集和框架，它是迅速创建基于框架布局的最简单方法。注意只能在“文档”窗口的“设计”视图中插入预定义的框架集。

点击“插入”工具栏的“框架”选项卡，可以看到预定义用于当前文档的每个框架集的图标(图 5-52)。

图 5-52　“插入框架”工具条

当使用“插入”工具栏中的预定义框架集时，Dreamweaver 将自动设置该框架集，以便在某一框架中显示当前文档(插入点所在的文档)。预定义的框架集图标的蓝色区域表示当前文档，而白色区域表示将显示其他文档的框架。

例如：选择第五个预定义框架集图标，在文档中将看到具体的显示效果(图 5-53)。该文档窗口已经被分为三个框架，可以点击任何一个框架开始文档的操作。

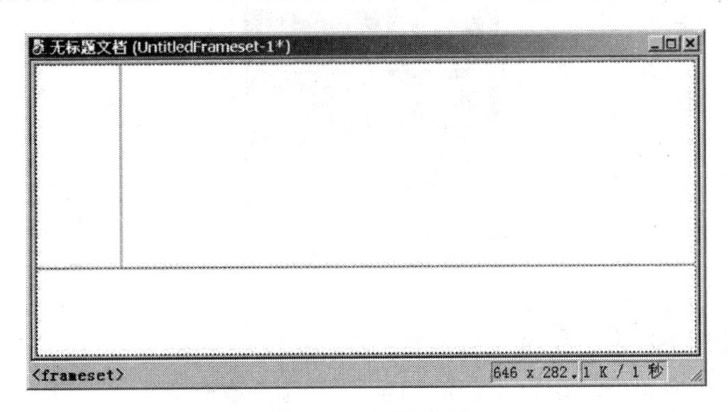

图 5-53　框架效果

一个框架还可以拆分成几个更小的框架。方法如下：

点击要拆分的框架，选择“修改”＞“框架页”菜单命令选择拆分项。

要以垂直或水平方式拆分一个框架或一组框架，可以将框架边框从“设计”视图的边缘直接拖入“设计”视图的中间。

要使用不在“设计”视图边缘的框架边框拆分一个框架，可以在按住 Alt 键的同时拖动框架边框。

要将一个框架拆分成四个框架，可以将框架边框从“设计”视图一角拖入框架的中间。

框架也可以被删除，只要将边框框架拖离页面或拖到父框架的边框上。如果正被删除的框架中的文档有未保存的内容，则 Dreamweaver 将提示用户保存该文档。

不能通过拖动边框完全删除一个框架集。要删除一个框架集，直接关闭显示它的“文档”窗口。如果该框架集文件已保存，则删除该文件。

同表格相类似，框架也可以被嵌套使用。在另一个框架集之内的框架集称作嵌套的框架集。一个框架集文件可以包含多个嵌套的框架集。大多数使用框架的 Web 页实际上都使用嵌套的框架，并且在 Dreamweaver 中大多数预定义的框架集也使用嵌套。如果在一组框架里，不同行或不同列中有不同数目的框架，则要求使用嵌套的框架集。

三、框架属性设置

同表格相类似，框架属性同样分为框架集属性和框架属性两部分。针对不同的选择对象，属性面板会有不同的显示。因此，首先我们需要学会如何选择框架或框架集。

用户既可以在“文档”窗口中选择框架或框架集，也可以通过“框架”面板进行选择。

1. 通过“框架”面板选择框架或框架集

“框架”面板提供框架集内各框架的可视化表示形式。“框架”面板能够显示框架集的层次结构，而这种层次在“文档”窗口中的显示可能不够直观。在“框架”面板中，环绕每个框架集的边框非常粗；而环绕每个框架的是较细的灰线，并且每个框架由框架名称标识。

选择“窗口”>“其他”>“框架”菜单命令，在 Dreamweaver 右侧的面板区出现“框架”面板(图 5-54)：

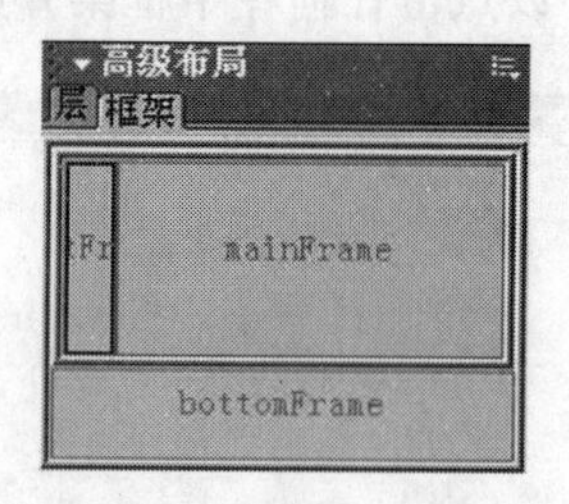

图 5-54　“框架”面板

在“框架”面板中单击某个框架可以选择该框架。

在“框架”面板中单击环绕框架集的边框可以选择该框架集。

当选择框架或框架集时，在“框架”面板和“文档”窗口的“设计”视图中都会在框架或框架集周围显示一个选择轮廓。

2. 通过“文档”窗口选择框架或框架集

要在“文档”窗口中选择一个框架，在“设计”视图中，按住 Alt 键的同时单击框架内部即可。

要在“文档”窗口中选择一个框架集，在“设计”视图中，单击框架集的某一内部框架边框。(要执行这一操作，框架边框必须是可见的；如果看不到框架边框，则选择“查看”>“可视化助理”>“框架边框”菜单命令以使框架边框可见。)

在“框架”面板中选择框架集通常比在“文档”窗口中选择框架集容易。

要选择不同的框架或框架集，还可以使用一些特别的方法：

要在当前选定内容的同一层次级别上选择下一框架(框架集)或前一框架(框架集)，可以在按住 Alt 键的同时按下左箭头键或右箭头键。使用这些键，可以用框架和框架集在框架集文件中定义的顺序依次显示这些框架和框架集。

要选择父框架集(包含当前选定内容的框架集)，可以在按住 Alt 键的同时按上箭头键。

要选择当前选定框架集的第一个子框架或框架集(即按其在框架集文件中定义顺序中的第一个)，按住 Alt 键的同时按下箭头键。

3. 框架属性设置

选择一个框架，可以看到“属性”面板如图 5-55 所示：

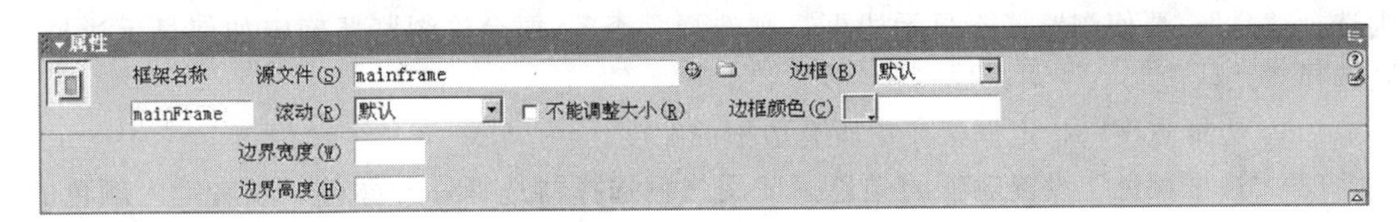

图 5-55 框架属性面板

（1）“框架名称”是链接的 target 属性或脚本在引用该框架时所用的名称。

框架名称必须是单个单词；允许使用下划线（ _ ），但不允许使用连字符(-)、句点(.)和空格。框架名称必须以字母起始(而不能以数字起始)。框架名称区分大小写。不要使用 JavaScript 中的保留字(例如 top 或 navigator)作为框架名称。

（2）“源文件”指定在框架中显示的源文档。单击文件夹图标可以浏览并选择一个文件。还可以在框架中打开一个文件，方法是：将插入点放置在框架中并选择“文件”>“在框架中打开”菜单命令。

（3）“滚动”指定在框架中是否显示滚动条。将此选项设置为“默认”将不设置相应属性的值，从而使各个浏览器使用其默认值。大多数浏览器默认为“自动”，这意味着只有在浏览器窗口中没有足够空间来显示当前框架的完整内容时才显示滚动条。

（4）“不能调整大小”令访问者无法通过拖动框架边框在浏览器中调整框架大小。当然，在 Dreamweaver 中始终可以调整边框大小，该选项仅适用于在浏览器中查看框架的访问者。

（5）“边框”在浏览器中查看框架时显示或隐藏当前框架的边框。为框架选择“边框”选项将重写框架集的边框设置。选项为“是”（显示边框）、“否”（隐藏边框）和“默认值”；大多数浏览器默认为显示边框，除非父框架集已将“边框”设置为“否”。只有当共享该边框的所有框架都将“边框”设置为“否”时；或者当父框架集的“边框”属性设置为“否”，并且共享该边框的框架都将“边框”设置为“默认值”时，边框才是隐藏的。

（6）“边框颜色”为所有框架的边框设置边框颜色。此颜色应用于和框架接触的所有边框，并且重写框架集的指定边框颜色。

可以根据需要设置以下边距选项：

（7）“边界宽度”以像素为单位设置左边距和右边距的宽度(框架边框和内容之间的空间)。

（8）“边界高度”以像素为单位设置上边距和下边距的高度(框架边框和内容之间的空间)。

4. 框架集属性设置

选择一个框架集，可以看到“属性”面板如图 5-56 所示：

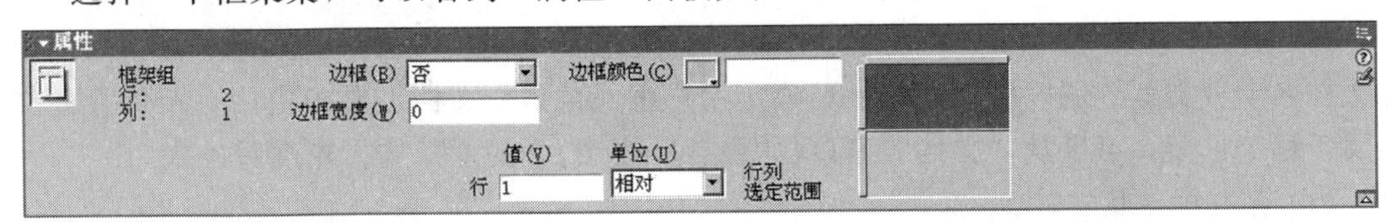

图 5-56 框架集属性面板

(1)“边框”确定在浏览器中查看文档时在框架周围是否应显示边框。要显示边框，则选择“是”；要使浏览器不显示边框，则选择“否”。要允许浏览器确定如何显示边框，则选择“默认值”。

(2)“边框宽度”指定框架集中所有边框的宽度。

(3)“边框颜色”设置边框的颜色。使用颜色选择器选择一种颜色，或者键入颜色的十六进制值。

(4) 要设置选定框架集的各行和各列的框架大小，在“行列选择范围”区域左侧的标签上单击以选择一行，或者在顶部的标签上单击以选择一列。

(5) 在“值”域中，输入选定行的高度或选定列的宽度。

(6) 从“单位”菜单中指定浏览器分配给每个框架的空间大小。

“像素”将选定列或行的大小设置为一个绝对值。对于应始终保持相同大小的框架(例如导航条)而言，此选项是最佳选择。以百分比或相对值指定大小的框架分配空间，也可以像素为单位指定大小的框架分配空间。设置框架大小的最常用方法是将左侧框架设定为固定像素宽度，将右侧框架大小设置为相对大小，这样在分配像素宽度后，右侧框架能够伸展以占据所有剩余空间。

如果所有宽度都是以像素为单位指定的，而指定的宽度对于访问者查看框架集所使用的浏览器而言太宽或太窄，则框架将按比例伸缩以填充可用空间。这同样适用于以像素为单位指定的高度。因此，将至少一个宽度和高度指定为相对大小通常是一个不错的主意。

“百分比”指选定列或行应相当于其框架集的总宽度或总高度的百分比。以“百分比”为单位的框架分配空间是在以“像素”为单位的框架之后，但在将单位设置为“相对”的框架之前。

“相对”指定在为“像素”和“百分比”框架分配空间后，为选定列或行分配其余可用空间；剩余空间在大小设置为“相对”的框架中按比例划分。

当从“单位”菜单中选择“相对”时，在“值”域中输入的所有数字均消失；如果用户想要指定一个数字，则必须重新输入。不过，如果只有一行或一列设置为“相对”，则不需要输入数字，因为该行或列在其他行和列已分配空间后，将接受所有剩余空间。为了确保完全的跨浏览器兼容性，可以在“值”域中输入 1，这等效于不输入任何值。

四、保存框架

在浏览器中预览框架集前，必须保存框架集文件以及要在框架中显示的所有文档。可以单独保存每个框架集文件和带框架的文档，也可以同时保存框架集文件和框架中出现的所有文档。

在使用 Dreamweaver 中的可视工具创建一组框架时，框架中显示的每个新文档将获得一个默认文件名。例如，第一个框架集文件被命名为“UntitledFrameset-1”，而框架中第一个文档被命名为“UntitledFrame-1”。

在选择某一保存命令后，将出现一个对话框，准备用其默认文件名保存文档。因为默认文件名十分类似，所以用户可能很难确定用户正保存哪个文档。要确定用户正保存的文档属于哪个框架，可以从“文档”窗口(“设计”视图)中的框架选择轮廓看出来。

(1) 保存框架集文件：

在“框架”面板或“文档”窗口中选择框架集。

要保存框架集文件，请选择“文件”＞“保存框架页”或选择“文件”＞“框架页另存为”菜单命令。

(2) 保存在框架中显示的文档：

在框架中单击，然后选择“文件”＞“保存框架”或选择“文件”＞“框架另存为”菜单命令。

(3) 保存与一组框架关联的所有文件：

选择“文件”＞“保存全部”菜单命令。

该命令将保存在框架集中打开的所有文档，包括框架集文件和所有带框架的文档。如果该框架集文件未保存过，则在“设计”视图中框架集的周围将出现粗边框，并且出现一个对话框，用户可从中选择文件名。然后，对于尚未保存的每个框架，在框架的周围都将显示粗边框，并且出现一个对话框，用户可从中选择文件名。

如果使用“文件”＞“在框架中打开”菜单命令在框架中打开文档，则当用户保存框架集时，在框架中打开的文档将成为在该框架中显示的默认文档。如果不希望该文档成为默认文档，则不要保存框架集文件。

第八节　建筑方案网页演示

下面我们将通过一个简单的，但是比较完整的建筑方案演示网页的创建来更好的了解 Dreamweaver 的工作流程。

一、准备素材和站点环境

在建立网站之前，我们先要准备好所有的与建筑方案有关的素材。这是我们将要借助于网页这个工具向人们展示的内容，也是网页的核心。所有的工作都是围绕如何更好的展示这些设计；让人们了解设计而进行的。这其中不但包括与设计本身相关的平面图、透视图、分析图等内容，还包括标题、背景等与网页外观相关图案的设计。

我们举的这个例子是某大学校史陈列馆的设计，最后的成图有基地环境图、分析图、构思图、形式生成图、平面图、剖视图和效果图。

首先我们需要对这些现有的图进行处理，以符合网络传输的要求。一般每幅图像的大小不要超过 800×600 像素，过大的图像在网络传输时需要更多的时间，不利于浏览。图像也不宜过小，过小将丧失细部，使人无法看清，也不利于浏览的效果。有些确实需要大尺寸的图像，可以利用一些图像编辑工具分割成几幅较小的图像拼在一起，这样也能减轻传输的负担。

除了这些大尺寸的图像外，我们还需要制作相应的更小尺寸的图像，一般在 200×150 左右。这些图是作为大尺寸图像的缩略图使用的，它使我们可以在浏览大图像之前就对图像的内容有了大致的了解。

在处理完这些图像后，我们还需要制作一些标题图片和背景图片，以供网页设计时使用。

要注意，所有这些图像的名字都应使用英文、数字、下划线或短划线，不要使用一些特殊的字符和汉字，以免造成网页浏览时的错误。

接下来，我们需要在 Dreamweaver 中对整个站点进行定义，以便于下一步工作的开始。

按照前面“第三节站点的建立”所述，新建站点“Mysite”，目录是“E:\Sites\”。

现在，我们把所有大尺寸的和方案相关的图像放入“E:\Sites\Images\”目录下，把所有小尺寸的缩略图放入“E:\Sites\Images-small \ ”目录下，把其他的图像放入“E:\Sites\Images-other \ ”目录下。这样一个网站环境已经初步搭建起来了(图 5-57)。

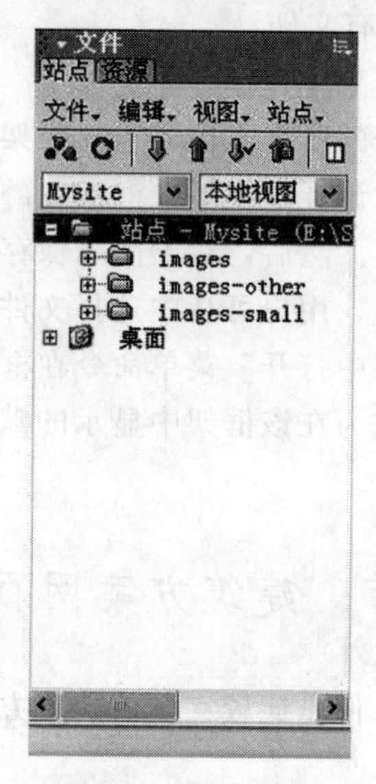

图 5-57　建立站点

二、建立站点结构和导航体系

有了素材之后，我们需要规划整个网站的结构和导航体系。如果说素材是网站的血与肉的话，结构和导航体系就是网站的骨架。一个合理的网站结构和导航体系可以让人在浏览网站时很清楚地理解作者的意图，很容易地找到想找的内容。合理的网站结构还需要很好的逻辑关系，所有的超链接清晰明确。良好的导航体系也可以使人在浏览网站时，清楚把握自己所处位置，并能轻松到达站点的任意位置。

在本例的架构中，我们将建立一个有三个框架的站点，其中上部的较窄的框架专门放置建筑方案的标题，下部左边较窄的框架是网站的导航栏，下部右边的最大的框架才是放置具体内容的。这样在浏览网页时，可以始终保证标题的可见性，同时又可以随时通过导航栏切换到其他的网页内容。

在分别点击导航栏各条目时，首先在主框架内显示与该条目相关的所有图像的缩略图，点击任一缩略图均可在主框架内显示其大尺寸图，同时在该图下方将有导航按钮指向上一张、下一张和回到缩略图状态。整个结构比较清晰，可以有较好的浏览效果。

具体步骤如下：

1. 创建框架

在“插入”工具栏的“框架”选项卡，点击第十二个预定义的框架按钮▣，在文档窗口出现如图 5-58 所示框架：

依次察看框架属性，我们可以知道个框架名称分别为：上部框架“topFrame”；左下部框架“leftFrame”；右下部框架“mainFrame”。

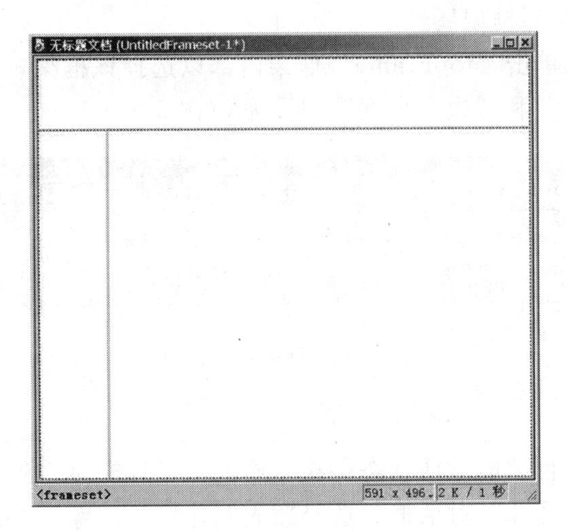

图 5 58　插入框架

选择“文件”>“保存全部”菜单命令，依次将框架集保存为“xiaoshiguan. htm”；右下部主框架保存为“firstimage. htm”；左下部框架保存为“navigation. htm”；上部框架保存为“title. htm”。此时，“站点”面板如图 5-59 所示：

下面我们将分别完成“topFrame”和“leftFrame”框架的内容。

2. 设置“topFrame”页面属性

单击“topFrame”以激活该框架，选择“修改”>“页面属性”菜单命令，出现“页面属性”对话框。

在“标题”栏输入“校史陈列馆设计演示标题”（文档标题的定义也可以在文档工具栏的标题栏内输入）。

点击“背景图像”栏后的“浏览”按钮，选择预先制作好的图像：“images-other”文件夹中的“texture. jpg”文件。

其余选项一律缺省，对话框将如图 5-60 所示：

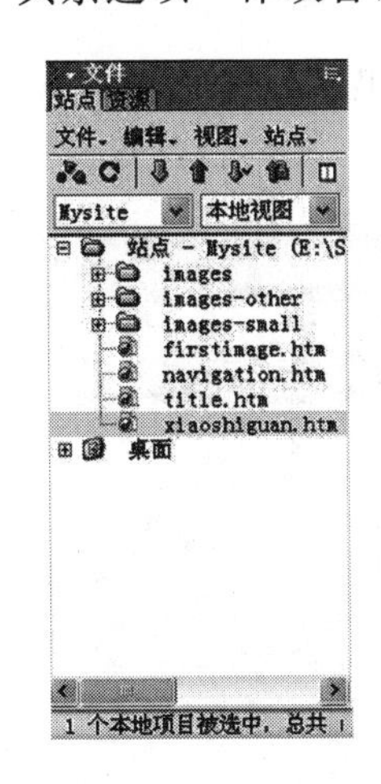

图 5-59　“站点”面板

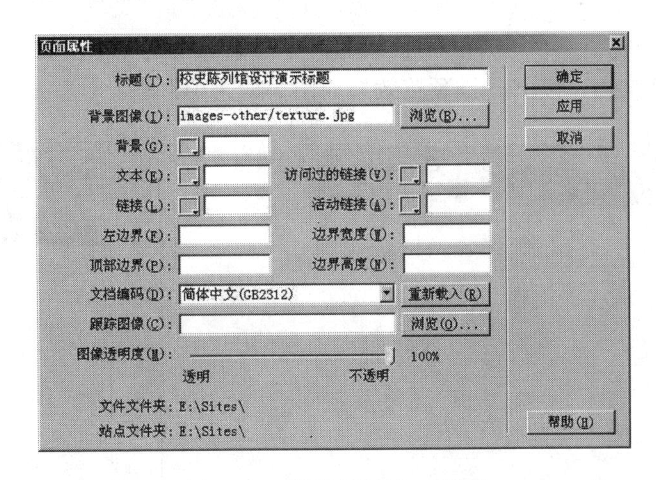

图 5-60　“页面属性”对话框

单击“确定”以确认对页面所作的修改。

3. 设置“topFrame”框架属性

按住 Alt 键的同时单击“topFrame”框架内部以选择该框架，“属性”面板显示该框架属性，将“边界宽度”和“边界高度”均设为 0(图 5-61)。

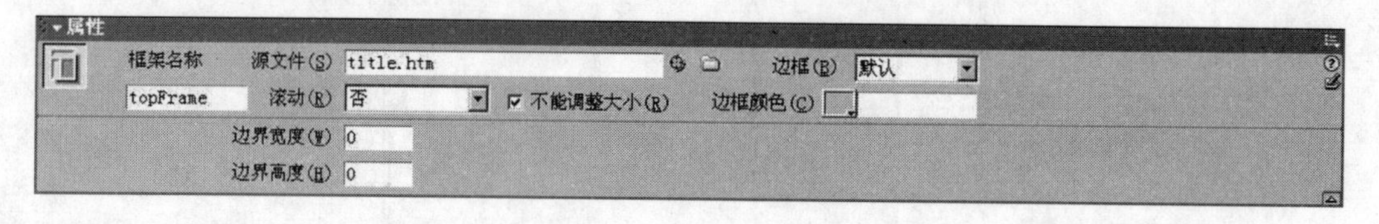

图 5-61　框架属性面板

4. 插入图像

保持“topFrame”框架的激活状态，在“插入”工具栏的“常用”选项单击插入图像按钮。出现“选择图像源”对话框，选择预先制作好的图像：“images-other”文件夹中的“title.jpg”文件。单击“确定”。该图像将被插入到文档中。

5. 设置框架集属性

为使得标题图像能充满整个“topFrame”框架，使其上下不留空隙，有必要将该框架的高度与图像的高度设为一致。

单击刚才插入的图像，在属性面板将显示该图像的属性，可以看到其高度为“89”。

在“框架”面板中单击环绕框架集的边框以选择该框架集。在“行列选定范围”项中点击上部区域以选择“topFrame”框架，在行的值中输入数值 89，单位选项选择“像素”(图 5-62)。

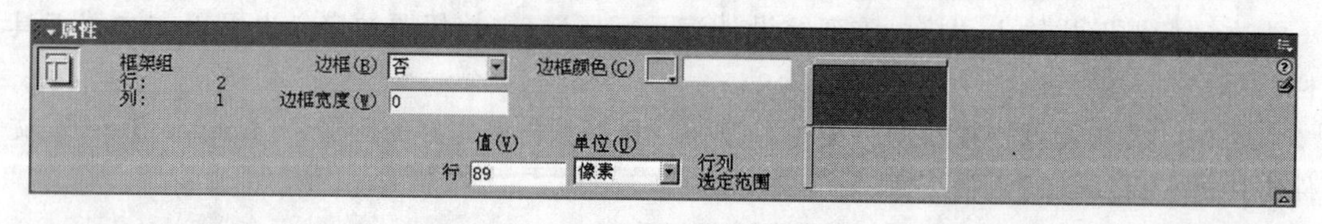

图 5-62　框架集属性面板

现在，“topFrame”框架的内容已添加设定完毕，文档窗口效果将如图 5-63 所示。保存该文档，按 F12 键预览效果如图 5-64 所示。

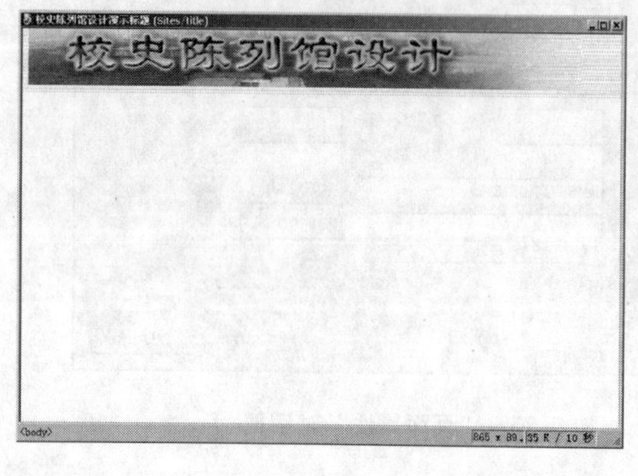

图 5-63　文档窗口

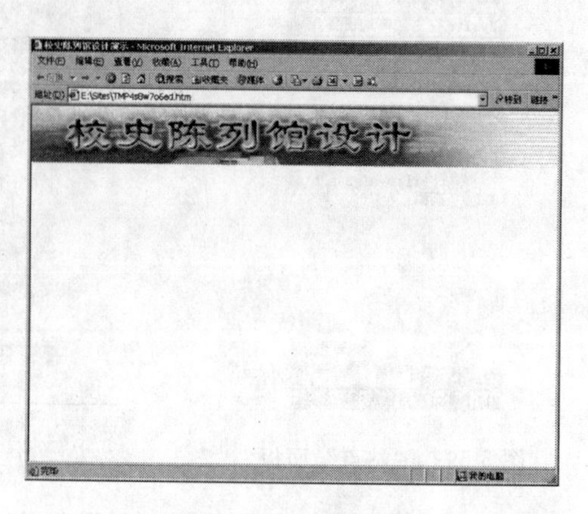

图 5-64　预览效果

6. 设置“leftFrame”页面属性

单击“leftFrame”以激活该框架，选择“修改”＞“页面属性”菜单命令，出现“页面属性”对话框。

在“标题”栏输入“导航栏”。

点击“背景图像”栏后的“浏览”按钮，选择预先制作好的图像：“images-other”文件夹中的“texture.jpg”文件。

导航栏内的文本基本都有超链接，按照缺省设置，浏览器对普通文本、链接、访问过的链接和活动链接都有不同的颜色表示。如果我们不希望这种效果的话，可以在这个对话框内将这几种文本的颜色都设为同样的颜色，如图 5-65 所示：

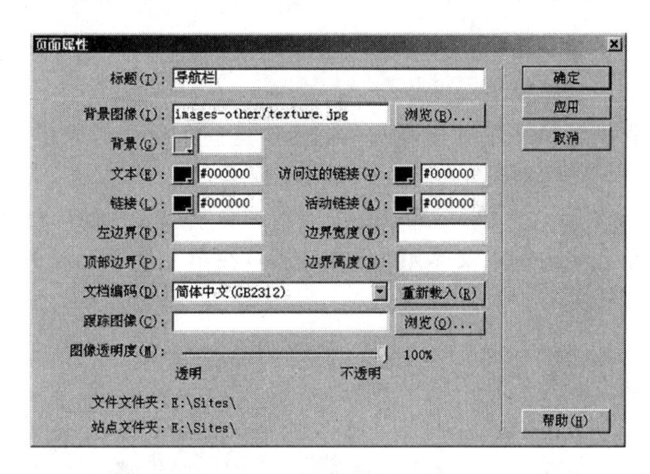

图 5-65　页面属性对话框

点击“确定”按钮，确认页面属性的设置。因为我们不需要对此框架的属性进行修改，下面将直接插入相应的表格和文本。

7. 插入表格

保持“leftFrame”框架的激活状态，在“插入”工具栏的“常用”选项卡单击插入表格按钮，出现“插入表格”对话框。将“行数”设为 9，“列数”设为 1，“宽度”设为 100，单位选择百分比，“边框”设为 0(图 5-66)。单击“确定”，该表格将被插入到文档中。

8. 设置单元格属性

因为在插入表格时，我们已经给定了一些参数的设置，此时不需要再作修改整个表格的属性，只需要对单元格进行属性的设置就可以了。

选择第 1、3、5、7、9 单元格，在“属性”面板中，将它们的背景颜色设为灰色“#999999”。这是我们将要输入导航栏条目的地方。

选择第 2、4、6、8 单元格，在“属性”面板中，将它们的高度统一设为 30。这是为了导航栏各条目间有一定的间距。通过对该值的设定，我们可以得到任意的间距效果。

现在，整个文档看起来如图 5-67 所示：

9. 插入导航栏条目

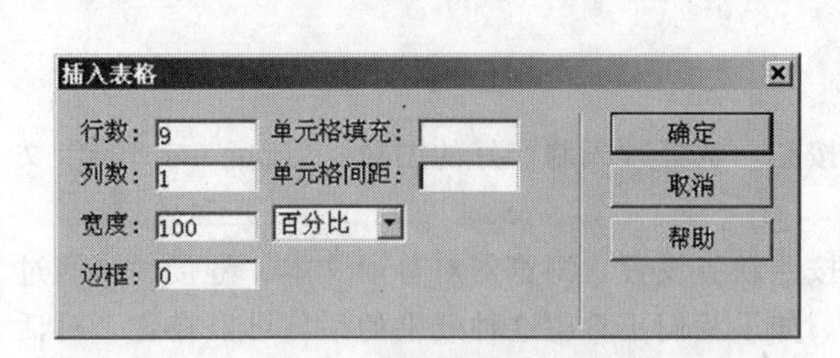

图 5-66 插入表格对话框

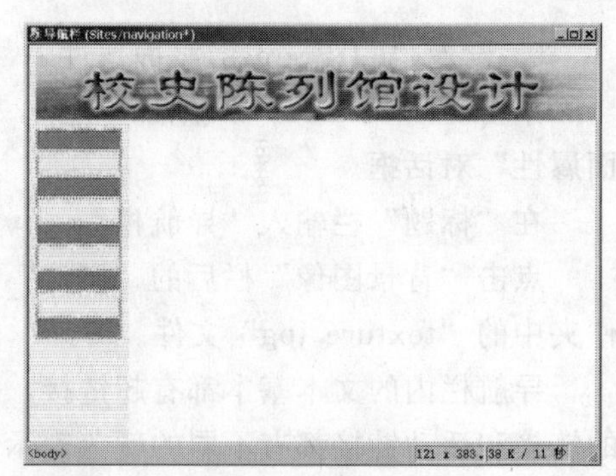

图 5-67 文档窗口

单击表格的第一个单元格，输入文本“基地”。这是我们的第一个导航条目，它将链接到有关基地环境方面的内容。

这时文本的缺省设置是靠左对齐，而我们希望这些条目能够居中对齐。单击“属性”面板上的“居中对齐”按钮即可。

按同样的操作，在第三个单元格内输入文本“分析”；在第五个单元格内输入文本“构思”；在第七个单元格内输入文本“形式生成”；在第九个单元格内输入文本“成果”。并且将这些文本全部设为居中对齐。

现在，“leftFrame”框架的内容已添加设定完毕，文档窗口效果将如图 5-68 所示。保存该文档，按 F12 键预览效果如图 5-69 所示。

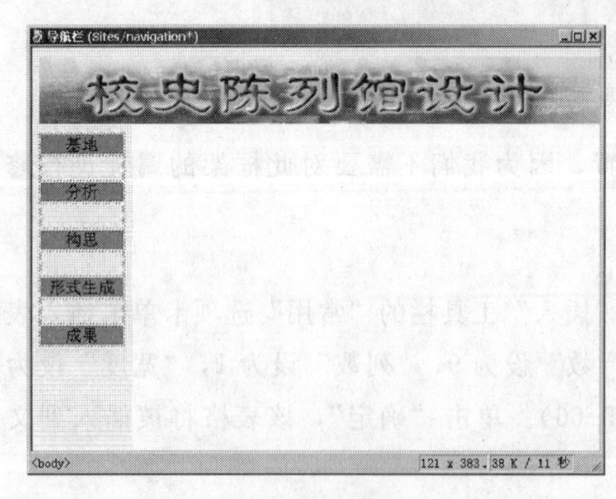

图 5-68 文档窗口

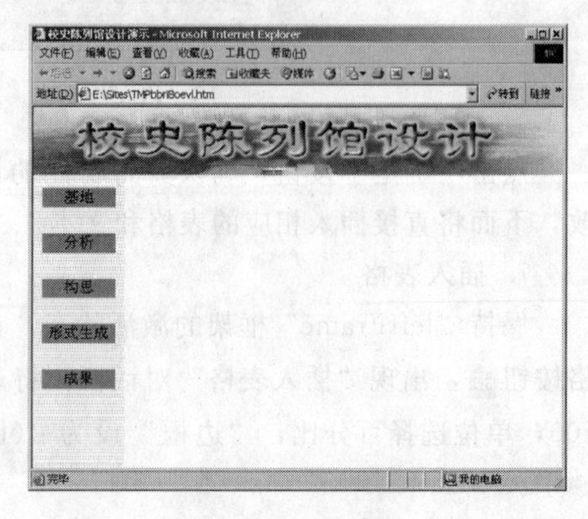

图 5-69 预览效果

现在我们已经初步完成了网站页面的设计，它有一个标题框架、一个导航栏框架和一个主体框架。标题框架和导航栏框架的内容也已基本添加完毕，接下来的工作就是完成主体框架，并且在各框架间加上必要的链接。

10. 完成首页主框架

现在我们要完成的页面是打开网站看到的最初的页面，也就是前面保存框架时命名为“firstimage. htm”的网页。

单击“mainFrame”以激活该框架，在文档工具栏的标题栏内输入“首页效果图”。

保持“mainFrame”框架的激活状态，在“插入”工具栏的“常用”选项单击插入图像按钮。出现“选择图像源”对话框，选择预先制作好的图像：“images”文件夹中的“perspective5.jpg”文件。单击“确定”。该图像将被插入到文档中。

现在，整个文档窗口效果将如图 5-70 所示。保存该文档，按 F12 键预览效果如图5-71所示。

图 5-70　文档窗口

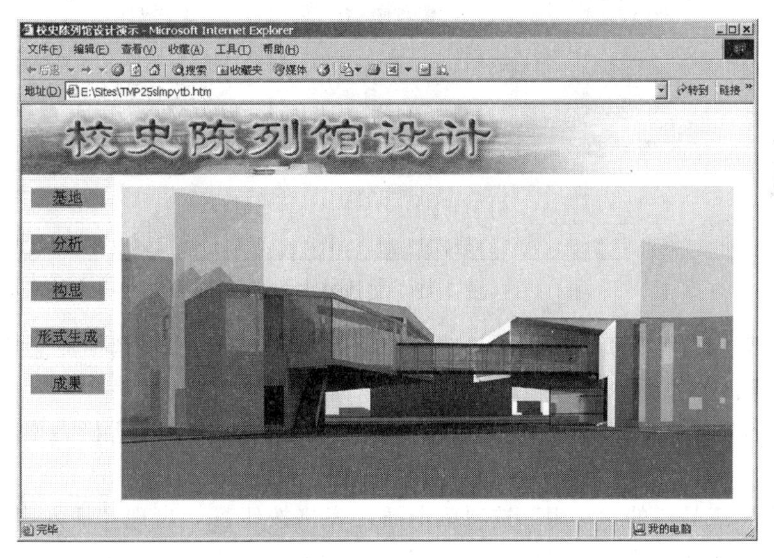

图 5-71　预览效果

三、编辑和处理页面

作为一个多框架的网页，一般内容的变化都是在主框架内，其余的框架保持不变，起到导航的作用。现在我们已经完成了首页的制作，接下来就是与导航栏相链接的网页了。由于各导航栏条目指向的网页结构相同，仅内容不同，我们仅以“分析”条目为例来说明，其余各条目均参照它进行即可。

1. 缩略图网页的创建

按照前面我们对网页结构设计的安排，首先完成缩略图网页。与“分析”相关的素材有5张图像和5张缩略图。

在Dreamweaver中新建一文档，在“文档”工具栏的标题栏内输入“环境分析”。

在“插入”工具栏的“常用”选项单击插入表格按钮，出现“插入表格”对话框。将“行数”设为5，“列数”设为3，“宽度”设为100，单位选择百分比，“边框”设为0。单击“确定”，该表格将被插入到文档中。

选择所有单元格(注意不是选择整个表格)，在属性面板中将“水平”栏设为“居中对齐”，“垂直”栏设为中间。这是为了将单元格的内容放置在单元格的中间位置。

在表格的第一行和第四行的每个单元格中，分别插入准备好的缩略图像。在第二行和第五行的单元中插入各种相应图像的说明文本。

选择表格的第三行，在“属性”面板中将“高”设为30。这行起分隔作用。

保存该文档为“Sites”文件夹中的“analysis. htm”。

完成后，文档窗口效果将如图5-72所示：

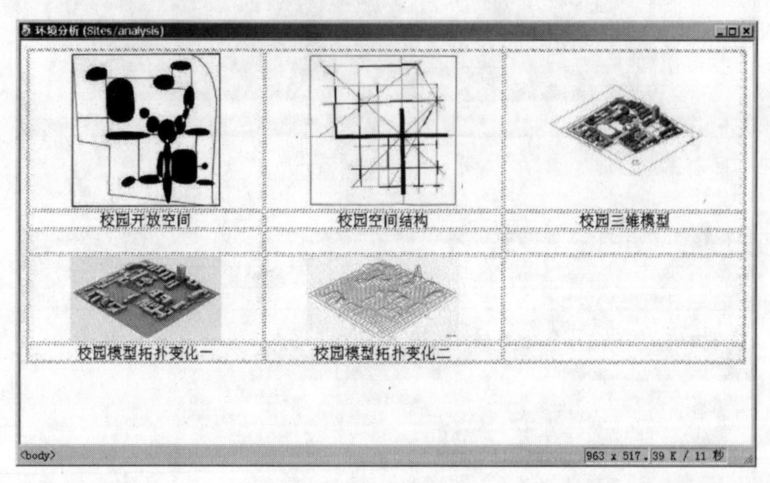

图5-72　文档窗口

下面我们要完成各分页面——大尺寸图像，完成后，再在本文档中加上链接。

2. 分页面的创建

在Dreamweaver中新建一文档，在“文档”工具栏的标题栏内输入“校园开放空间”。

在“插入”工具栏的“常用”选项单击插入表格按钮，出现“插入表格”对话框。将“行数”设为3，“列数”设为1，“宽度”设为100，单位选择百分比，“边框”设为0。单击“确定”，该表格将被插入到文档中。

选择所有单元格(注意不是选择整个表格)，在属性面板中将“水平”栏设为“居中对齐”，“垂直”栏设为中间。

在表格的第一行插入图像“images”文件夹中的“analysis1. jpg”，在第二行插入文本“校园开放空间”。

在表格的第三行插入一个新的子表格，“行数”设为1，“列数”设为3，“宽度”设为300，单位选择像素，“边框”设为0。

选择新插入子表格的所有单元格，在属性面板中将“水平”栏设为“居中对齐”，“垂直直”栏设为中间，“宽度”设为 100。

在子表格的第二和第三列分别输入“回首页”和“下一张”。

保存该文档为“Sites”文件夹中的“analysis-1. htm”。

现在，文档窗口效果将如图 5-73 所示：

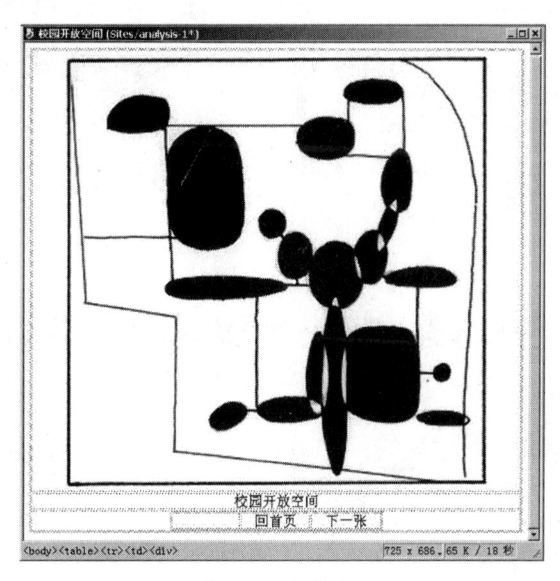

图 5-73　文档窗口

按照同样的步骤分别创建其余四个分页面，分别保存为“Sites”文件夹中的“analysis-2. htm”、“analysis-3. htm”、“analysis-4. htm”、“analysis-5. htm”。只是在其余页面的子表格的第一列加上文本“上一张”。将“analysis-5. htm”页面的子表格的第三列中的文本“下一张”删除(图 5-74)。

3. 缩略图页面与各分页面间链接的创建

现在我们有了一张缩略图页面和五张分页面，下面将要创建相应的链接使得这些页面能够互相连接起来。

在 Dreamweaver 中打开缩略图页面“analysis. htm”，选择第一幅缩略图像，在属性面板的“链接”栏内输入“analysis-1. htm”，创建与该文件的链接。在此，我们使用的是相对路径的表示方法。也可以点击后面的“浏览文件”按钮去选择文件；还可以用鼠标左键按住“指向文件”按钮，并拖拽到站点面板上的相应文件。

用同样的方法继续创建缩略图页面上其余图像与各分页面间的链接。

4. 分页面间链接的创建

在 Dreamweaver 中打开第一张分页面“analysis-1. htm”，选择文本“回首页”，在属性面板的“链接”栏内输入“analysis. htm”，创建与该文件的链接(或者通过“指向文件”按钮和“浏览文件”按钮创建)。

选择文本“下一张”，在属性面板的“链接”栏内输入“analysis-2. htm”，创建与该文件的链接。

用同样的方法在其他分页面上创建各自的链接，分别以“上一张”指向前一幅页面文

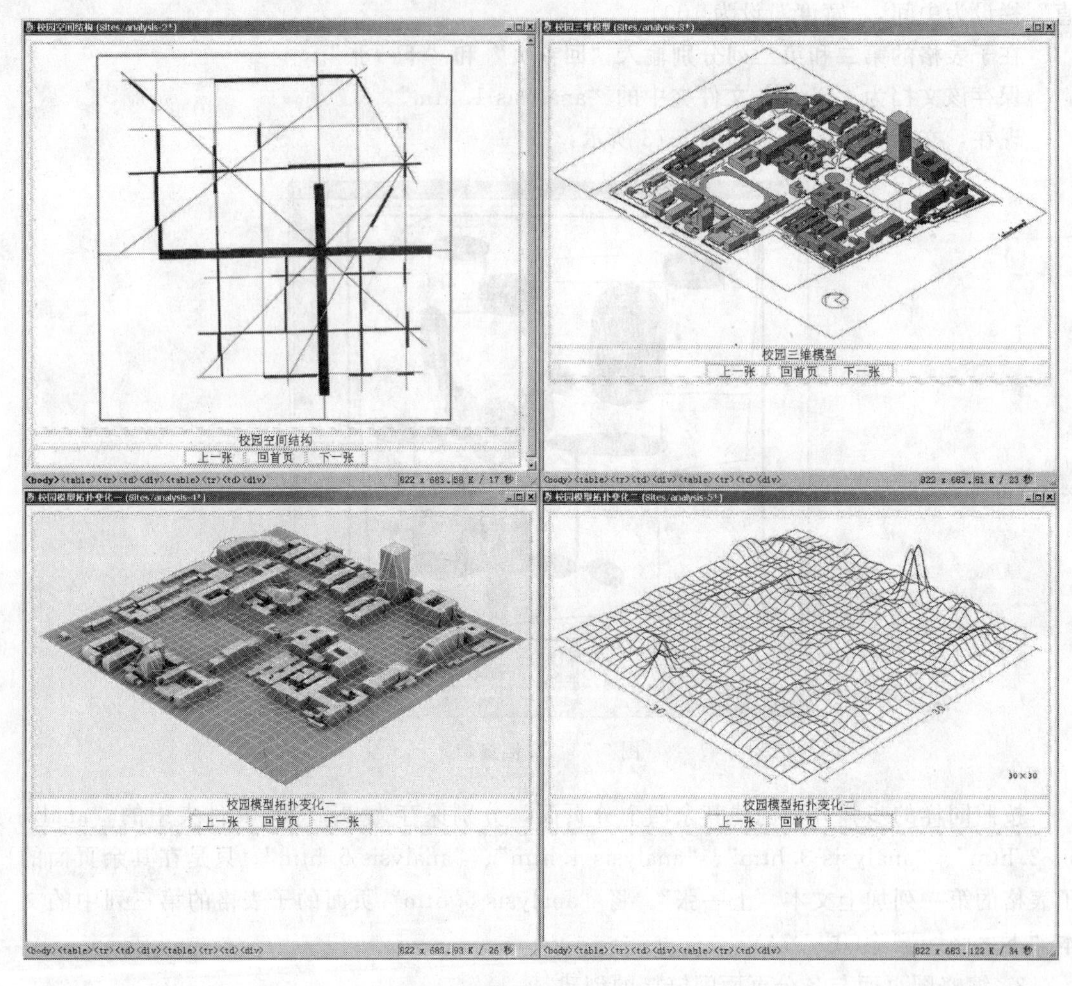

图 5-74　分页面

件，以“下一张”指向后一幅页面文件，以“回首页”指向缩略图页面文件。

5. 缩略图页面与导航栏之间链接的创建

现在我们已经创建了与分析有关的所有页面，还需要将它们和导航栏链接起来，使得我们可以在浏览器中浏览到它们。

在 Dreamweaver 中打开最初建立的网页 xiaoshiguan. htm，选择导航栏框架内的文本“分析”，在“属性”面板的“链接”栏内输入“analysis. htm”，创建与该文件的链接。在目标下拉框内选择“mainFrame”，指定链接页面将在该框架内打开。

6. 用同样的方法创建其他各条目的页面，并创建各自间的链接

7. 查看站点地图

现在我们已经创建了本例中所有的页面，也已创建了各自间的链接。在站点地图中可以很清楚地看到所有页面之间的关系。

在“站点”面板中，选择“xiaoshiguan. htm”，在该文件名上点击鼠标右键，在弹出的菜单中选择“设成首页”。点击站点面板中的“视图”菜单，选择“站点地图”，站点内的文件将按照树状结构显示各自的关联关系。点击站点面板中“展开/折叠”按钮，我

们可以看到整个站点地图的展开图(图 5-75)：

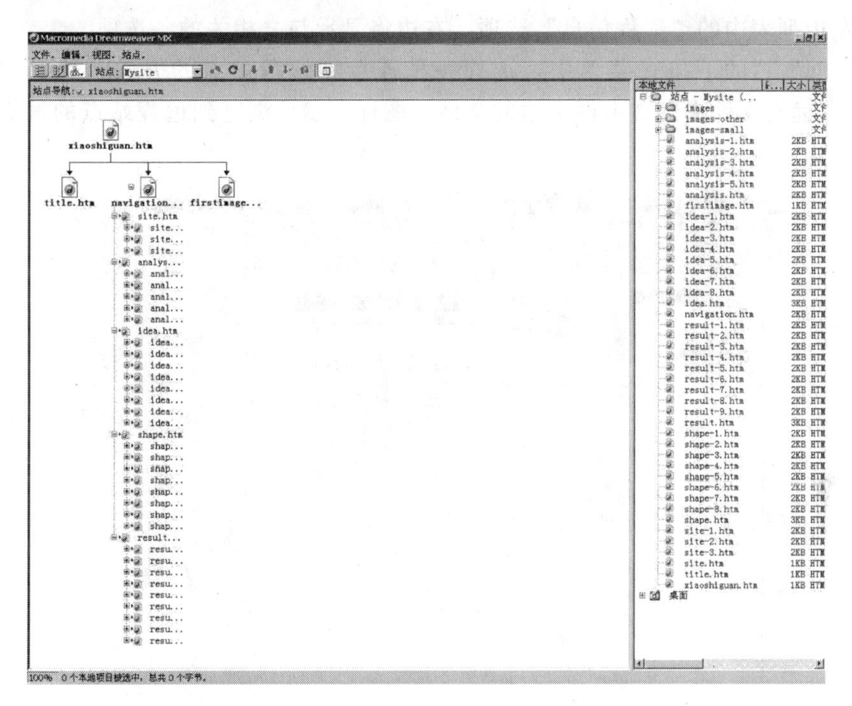

图 5-75　站点地图

8. 在浏览器中预览

接下来我们将通过在浏览器中预览来检验我们的成果。

在 Dreamweaver 中打开网页“xiaoshiguan. htm”，按 F12 键将启动浏览器进行预览。点击各相应的图像和文本，查看链接工作是否正常。查看页面的显示效果是否和预想的相同。如有问题，则到相应的页面进行修改。

四、站点的发布

现在，我们已经创建了一个小型且功能齐全的 Web 站点。我们可以直接在自己的计算机上展示该设计方案，只需要直接双击“xiaoshiguan. htm”即可，然后通过点击相应的链接就可以看到相关的内容了。

另外还可以通过将文件上传到远程 Web 服务器来发布该站点，使得别人可以通过因特网访问到这个站点。

具体的上传方法取决于用户用什么样的网络和 Web 服务器。我们仅就本地网络作简要说明。

在继续之前，用户必须具有对远程 Web 服务器的访问权。否则用户就无法进行此项操作。

当远程根文件夹为空时最适合上传的进行。如果远程站点已经包含文件，则需要在远程站点(在服务器上)中创建一个空文件夹，然后将该空文件夹用作用户的远程根文件夹。

在 Dreamweaver 中选择“站点”>“编辑站点”菜单命令。

选择我们刚才建立的站点“Mysite”，然后单击“编辑”。

单击对话框顶部的“高级”选项卡。

选择左边列表中的“远程信息”选项，右边将显示与之相关的各选项。

在“访问”栏的下拉式菜单中，选择一种连接到远程站点的方法。选择“本地/网络”，单击“远端文件夹”文本框旁边的文件夹图标，然后浏览到远程站点的根文件夹(图5-76)。

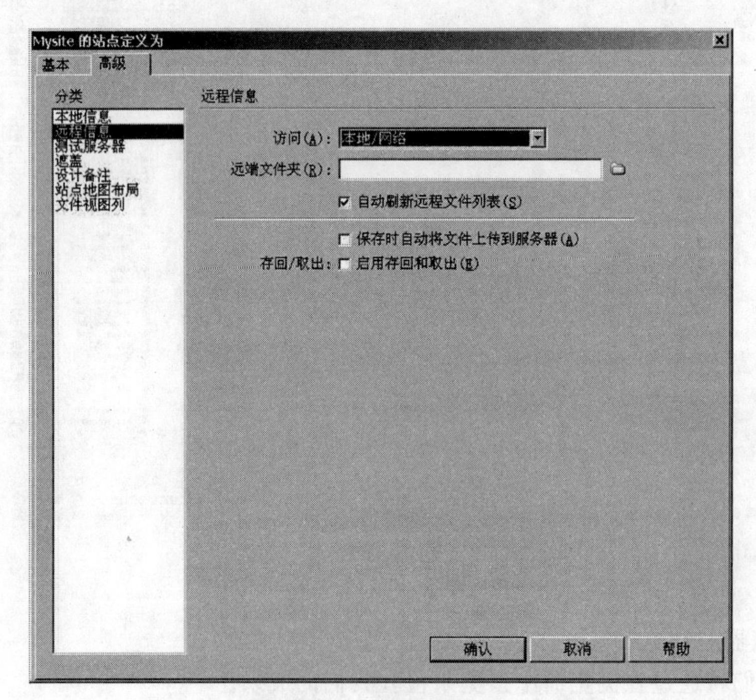

图 5-76 编辑站点

单击“确认”完成远程站点的设置。

再次单击“完成”，完成对站点的编辑。

将网页上传到远程站点的操作如下：

在“站点”面板中，选择站点的本地根文件夹。

单击“上传文件”按钮。

所有站点文件将被上传到远程站点。

在浏览器中打开用户的远程站点以确保正确上传了所有内容。

第六章　建筑方案文档排版(PageMaker 6.5C)

PageMaker 是 Adobe 公司推出的专业排版软件，具有优越的排版性能、卓越的页面设计能力、灵活的自定义功能、高质量的输出效果和完善的颜色管理，支持电子出版，是许多排版人员、广告设计人员的首选，也非常适合于建筑方案设计文档和作品集的制作。

目前，许多建筑方案设计文本的制作都采用 Adobe 公司的图像制作软件 Photoshop，利用 Photoshop 提供的专用文件格式，将文件复制编辑为一个个图像文件，每一页为一个图像。中间过程以 PSD 文件保存，确保各种图层及通道信息被保留，以便能够进行后续的修改。其缺点是文件很大，占用的存贮空间非常大。当文档制作完成后，一般保存为 JPEG 格式，以减少大量的磁盘存贮空间，但会损失图层等重要信息以及图像质量，以后的编辑修改比较困难。

而利用 PageMaker 制作方案文档和作品集可以避免上述的缺点，并且，PageMaker 可以使用 TrueType 和 PostScripe 字体，可以使用 EPS 格式图形文件，因此可以获得很好的文字和线图的打印精度。

PageMaker 6.5C 是 Adobe 公司在 1998 年推出的一个中文版本，适用于中文排版，是目前使用最广也比较容易获得的一个版本。PageMaker 的最后一个版本是 PageMaker 7.0，与 PageMaker 6.5C 相比，它在打印、发行、电子出版等方面有了一些改进，但它的中文版不如 6.5 版那样流行，所以我们在这里选择了 PageMaker 6.5C。

第一节　PageMaker 6.5C 的界面

图 6-1 所示是 PageMaker 6.5C 的界面情况，它主要由标题栏、菜单栏、操作页面以及各种控制面板组成。

一、菜单

PageMaker 6.5C 的菜单包括文件、编辑、版面、文字、成分、工具、视图、窗口、帮助。各菜单的具体内容如图 6-2～图 6-10 所示。

二、工具面板

工具面板(或工具箱)中包含了最常用的一些工具(图 6-11)，各工具的作用如下：

- 选择工具：选择、移动文本块和图形，重定文本块和图形的大小
- 文本工具：输入、选择及编辑文本
- 旋转工具：选择及旋转对象
- 剪切工具：修剪图像
- 画线工具：绘制任意角度的线段
- 直线工具：绘制水平、垂直的线段

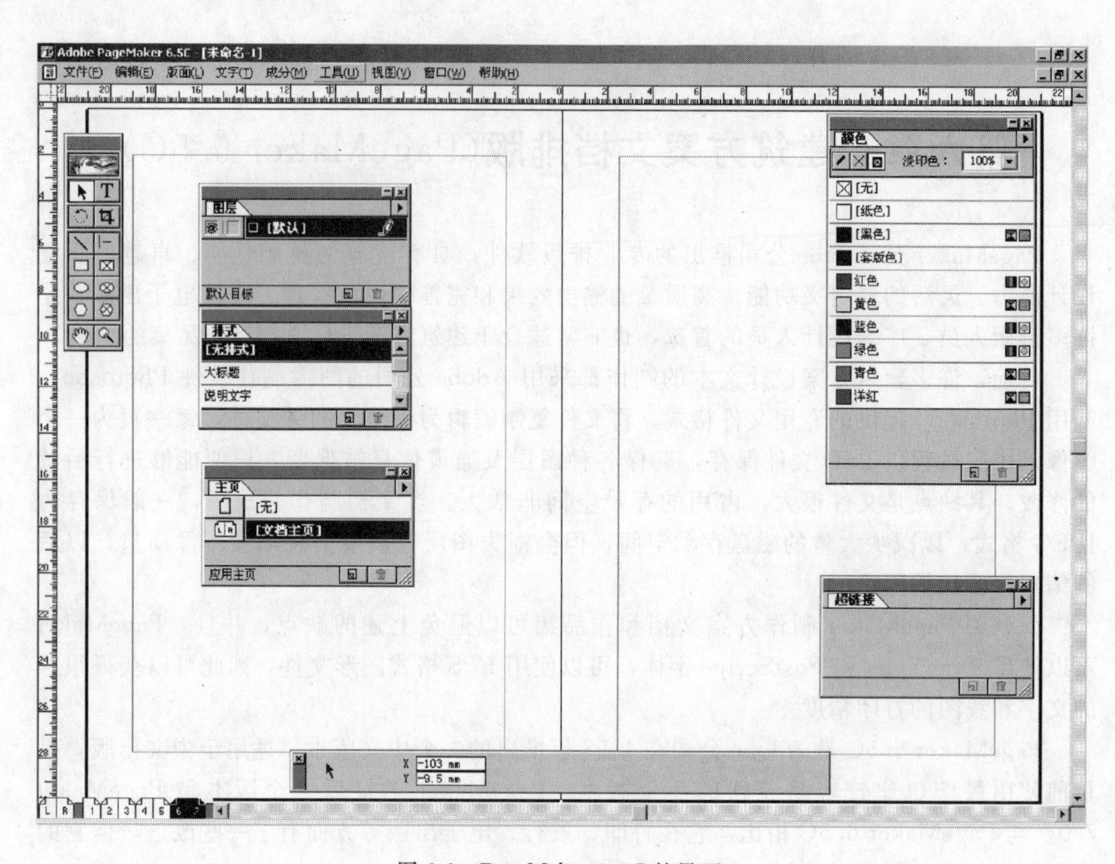

图 6-1 PageMaker 6.5C 的界面

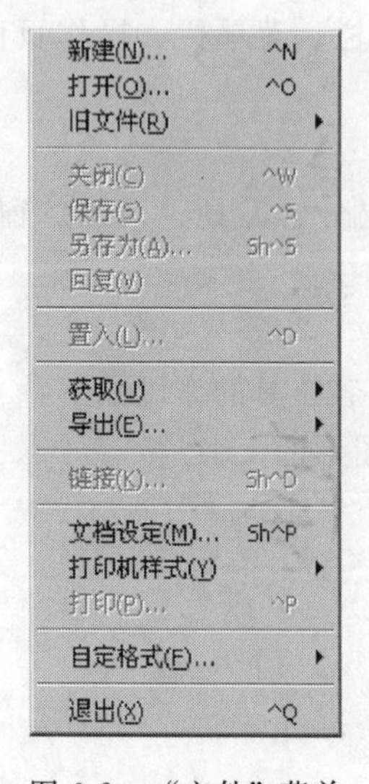

图 6-2 “文件”菜单

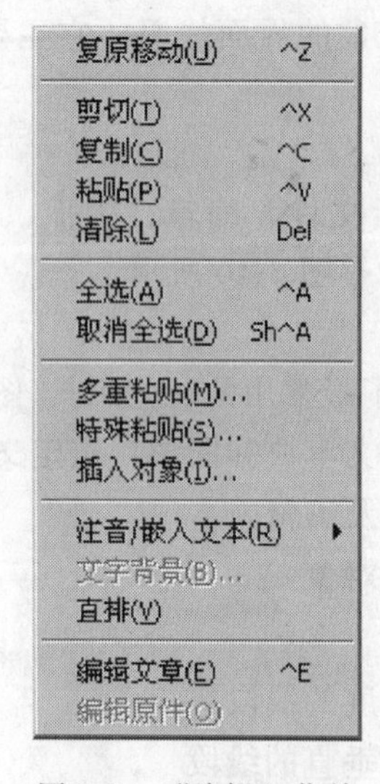

图 6-3 “编辑”菜单

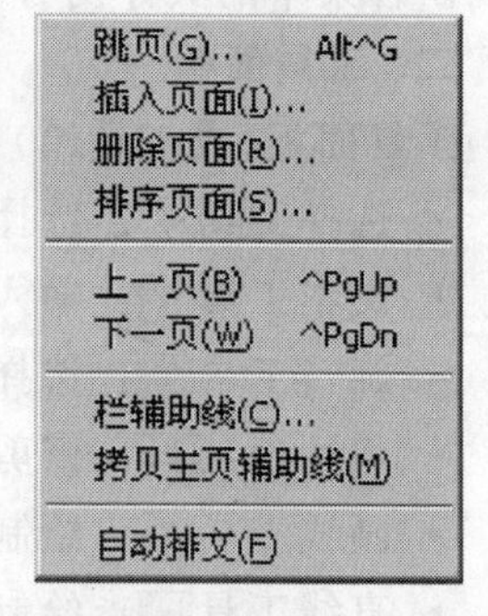

图 6-4 “版面”菜单

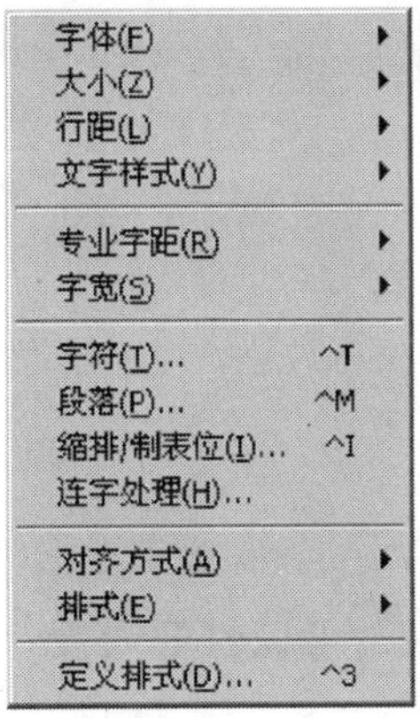

字体(F) ▸
大小(Z) ▸
行距(L) ▸
文字样式(Y) ▸
专业字距(R) ▸
字宽(S) ▸
字符(T)... ^T
段落(P)... ^M
缩排/制表位(I)... ^I
连字处理(H)...
对齐方式(A) ▸
排式(E) ▸
定义排式(D)... ^3

图 6-5 “文字”菜单

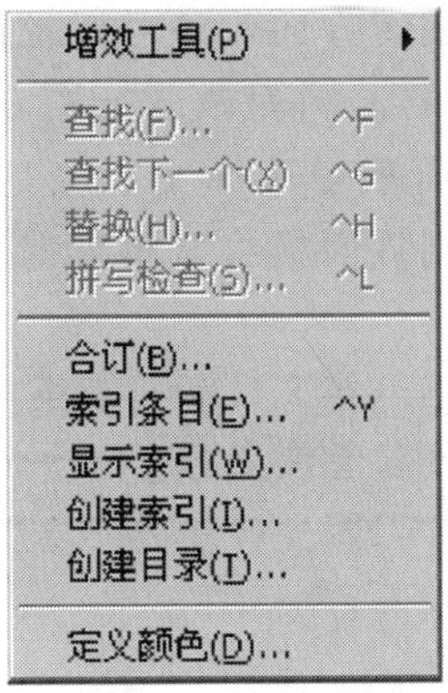

增效工具(P) ▸
查找(F)... ^F
查找下一个(X) ^G
替换(H)... ^H
拼写检查(S)... ^L
合订(B)...
索引条目(E)... ^Y
显示索引(W)...
创建索引(I)...
创建目录(T)...
定义颜色(D)...

图 6-6 “工具”菜单

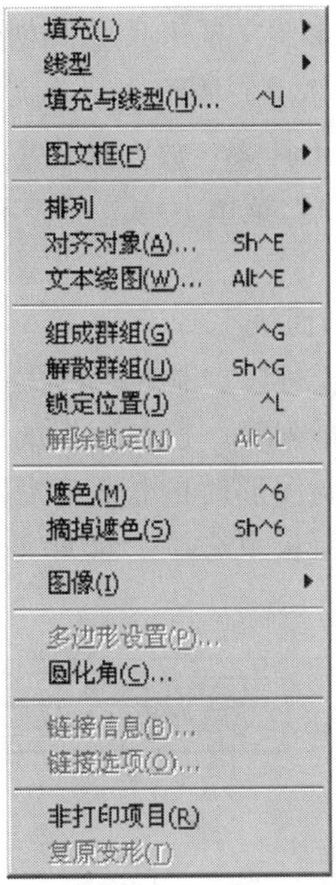

填充(L) ▸
线型 ▸
填充与线型(H)... ^U
图文框(F) ▸
排列 ▸
对齐对象(A)... Sh^E
文本绕图(W)... Alt^E
组成群组(G) ^G
解散群组(U) Sh^G
锁定位置(J) ^L
解除锁定(N) Alt^L
遮色(M) ^6
摘掉遮色(S) Sh^6
图像(I) ▸
多边形设置(P)...
圆化角(C)...
链接信息(B)...
链接选项(O)...
非打印项目(R)
复原变形(T)

图 6-7 “成分”菜单

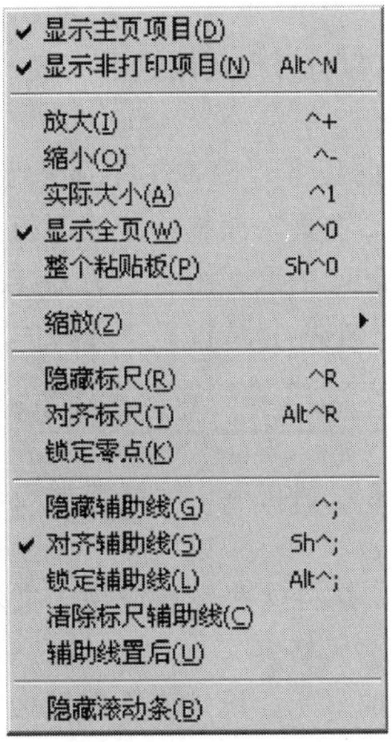

✔ 显示主页项目(D)
✔ 显示非打印项目(N) Alt^N
放大(I) ^+
缩小(O) ^-
实际大小(A) ^1
✔ 显示全页(W) ^0
整个粘贴板(P) Sh^0
缩放(Z) ▸
隐藏标尺(R) ^R
对齐标尺(T) Alt^R
锁定零点(K)
隐藏辅助线(G) ^;
✔ 对齐辅助线(S) Sh^;
锁定辅助线(L) Alt^;
清除标尺辅助线(C)
辅助线置后(U)
隐藏滚动条(B)

图 6-8 “视图”菜单

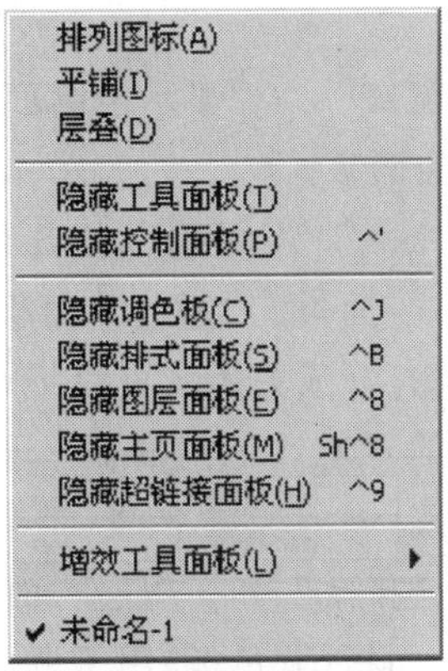

排列图标(A)
平铺(I)
层叠(D)
隐藏工具面板(T)
隐藏控制面板(P) ^'
隐藏调色板(C) ^J
隐藏排式面板(S) ^B
隐藏图层面板(E) ^8
隐藏主页面板(M) Sh^8
隐藏超链接面板(H) ^9
增效工具面板(L) ▸
✔ 未命名-1

图 6-9 “窗口”菜单

帮助条目(H)... F1
快捷键(S)...
关于 PageMaker(A)..

图 6-10 “帮助”菜单

- 矩形工具：绘制矩形及正方形
- 圆形工具：绘制椭圆及圆形
- 多边形工具：绘制任意多边形
- 矩形图文框工具：创建矩形或正方形图文框
- 圆形图文框工具：创建椭圆形或圆形图文框
- 多边形图文框工具：创建多边形图文框
- 手形移动工具：滚动页面
- 缩放工具：放大或缩小页面

在“窗口”菜单中单击“显示工具面板/隐藏工具面板”可以打开或关闭工具面板。

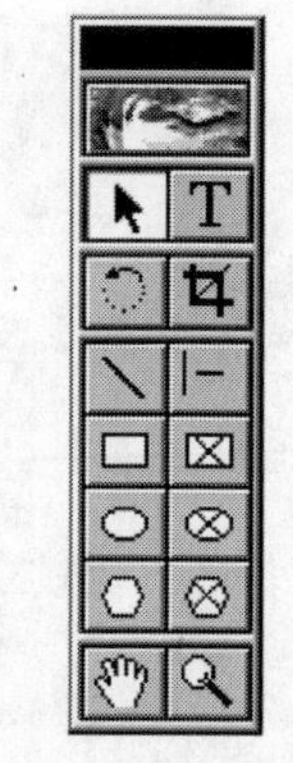

图 6-11　“工具”面板

三、控制面板

控制面板可以控制对象的大小、位置、旋转角度及翻转方向，还可以控制文字的规格、段落的排列等。控制面板的内容随着所选取的对象的不同而改变。图 6-12 显示的是选取了绘制图形时的情况，图 6-13 显示的是在工具面板中选择文字工具后的情况。如果在工具面板中选择了除文字工具之外的其他工具，则该面板将显示当前光标所在点的坐标值。

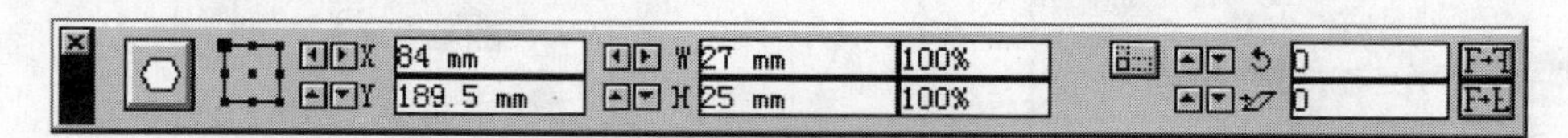

图 6-12　控制面板(图形)

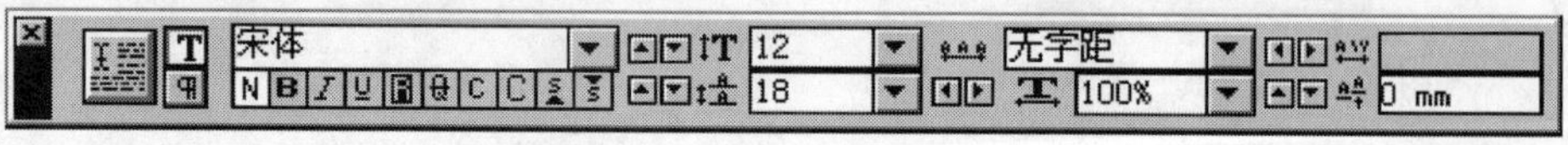

图 6-13　控制面板(文字)

单击“窗口”＞“显示控制面板/隐藏控制面板”可以打开或关闭这个面板。

四、其他面板

PageMaker 6.5C 还有其他几个面板分别用于不同的任务，图 6-1 中显示了“图层”面板、“排式”面板、“颜色”面板、“超链接”面板和“主页”面板，这些面板都可以从“窗口”菜单打开或关闭。可以拖动面板将它们在面板窗口中重新组合。另外，通过“窗口”菜单下的“增效工具面板”子菜单，还可以打开另外两个面板：“资料库”面板和“脚本”面板。

“颜色”“排式”和“图层”面板是我们常用的。

“颜色”面板(调色板)用于调配并存储颜色，并用来控制文本、绘制图形边线及内部填充的颜色及浓度。

“排式”面板可以用来定义和存储文字、段落属性，并将这些属性应用于文本上，或快速地改变文本的文字、段落属性，以便形成统一的版面风格。

利用“图层”面板可以创建并管理图层、控制图层的显示、设定工作图层、将图层排序显示等。

第二节 基 本 操 作

一、创建文档

创建新的文档的步骤如下：

(1) 在菜单栏中单击“文件”＞“新建”命令(或 Ctrl＋N)。

(2) 在弹出的“文档设定”对话框(图 6-14)中设定页面大小、页边距、页数、页码等一系列基本参数。

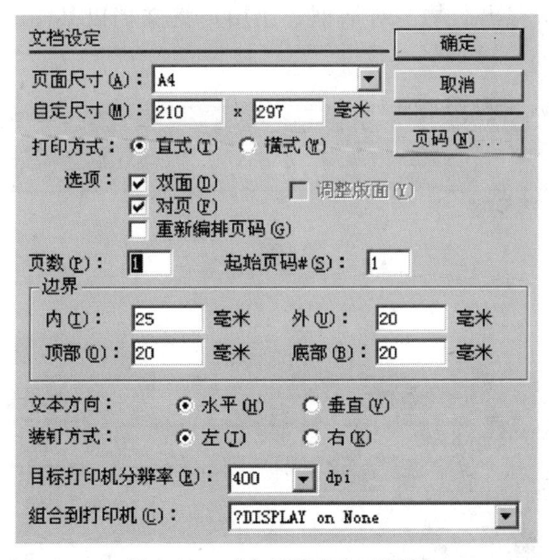

图 6-14 “文档设定”对话框

(3) 单击“确定”按钮，一个新建的空白文档就出现在工作窗口中。

二、打开、关闭、保存文档

打开、关闭及保存文档的操作方法与其他 Windows 软件非常相似。

用“文件”＞“打开”命令(或 Ctrl＋O)，可以打开一个已存的 PageMaker 6.5C 文

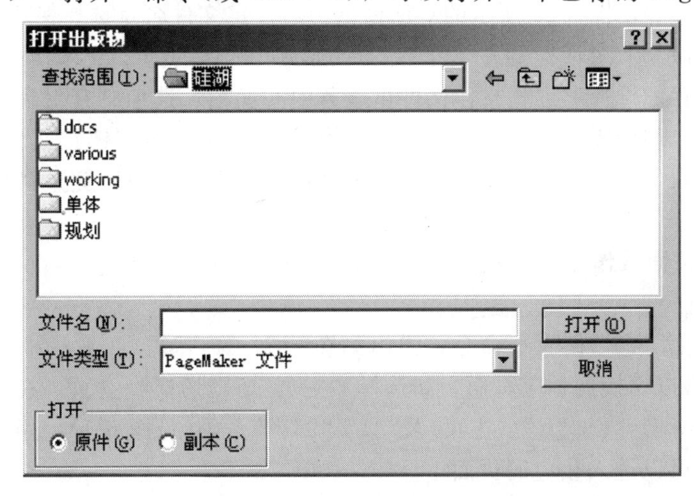

图 6-15 “打开出版物”对话框

档，弹出的“打开出版物”对话框如图 6-15 所示，在默认情况下，将打开文档的原件，也可以选择对话框左下角的“副本”单选按钮，以打开一个副本进行编辑，而不动原件。

用“文件”＞“关闭”命令(或 Ctrl＋W)，可以关闭当前的文档，按住 Shift 再单击“文件”菜单，“关闭”将变为“全部关闭”，选择它可以一次性关闭 PageMaker 打开的所有文档。

如果要关闭的文档被修改，则会弹出对话框询问是否要保存修改，可以根据需要选择“是”“否”或“取消”来保存、不保存文件或取消关闭命令。

用“文件”＞“保存”命令(或 Ctrl＋S)可以将当前文件保存。如果是新建文件，就会弹出如图 6-16 的“保存出版物”对话框，让用户将文档以某个文件名保存在某个文件夹中。

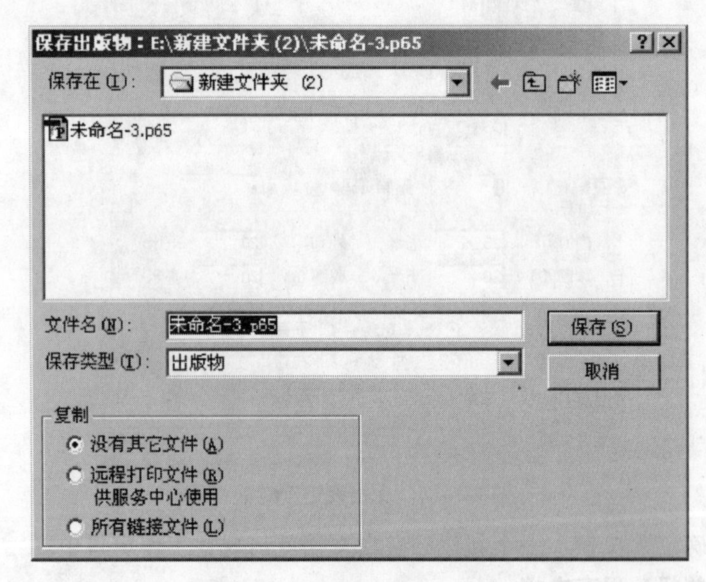

图 6-16　“保存出版物”对话框

如果要将当前文档用另一个名称或不同位置来保存，可以使用“文件”＞“另存为”命令，这时同样会弹出图 6-16 所示的对话框供用户设定文件名及选择保存文档的文件夹。

在“保存出版物”对话框的左下角有三个选项，默认的为“没有其他文件”，它只将当前文档进行保存。选择“远程打印文件供服务中心使用”选项则在保存文档时还在同一文件夹中保存了打印所需的文件，如字体等。如果选择了“所有链接文件”，则在保存文档的同时还在同一文件夹保存文档链接的所有文件的副本，这对于完整拷贝文件是非常有益的。

三、窗口及页面操作

1. 页面切换

选择用“版面”＞“跳页”命令，弹出如图 6-17 的“跳页”对话框，填入页码后按“确定”键，就可以切换到相应页面，如选择“主页”，则切换到主页。在工作窗口的左下角是页面图标，标有“L”“R”(主页)及“1”“2”等页码(见图 6-1)，用鼠标左键单击某个页面图标，就可以进入相应的页面。

2. 页面显示

图 6-17 “跳页”对话框

选择“视图”＞“放大”命令(或 Ctrl＋＋)可以放大当前视图。

选择“视图”＞“缩小”命令(或 Ctrl＋—)可以缩小当前视图。

选择“视图”＞“实际大小”命令(或 Ctrl＋1)可以看到实际打印的大小。

选择“视图”＞“显示全部”命令(或 Ctrl＋0)可以浏览当前页(对页)的整体布局。

选择“视图”＞“缩放”子菜单，并在不同的显示比例中选择所需的视图缩放。

在页面空白的地方单击鼠标右键，可以在上下文菜单中取选所需的视图显示比例。

放大缩小视图的另一种方法是采用工具面板中的缩放工具。不论页面处于何种大小，只要在按下 Alt 键的同时双击缩放工具，都可以转到“显示全页”的视图页面下。当单击缩放工具时，鼠标的选择会变成一个中心有加号的放大镜，在窗口中移动放大镜并单击，则以放大镜所指位置为中心放大页面，还可通过拖动放大镜在想放大的区域周围绘制一个边框来放大页面的一部分。反之，如果放大镜的中心是个减号，则放大镜所指位置将成为缩小后页面的中央。当缩放到文档的最大限度时，放大镜的中心将变为空白。通过按下 Ctrl 键，并同时单击缩放工具，可实现放大和缩小功能的切换。

四、对象基本操作

1. 选择对象

单击工具面板中的选择工具，然后再单击工作窗口的某个对象就可以将它选择。被选择的对象周围会显示出控制句柄(图 6-18)。

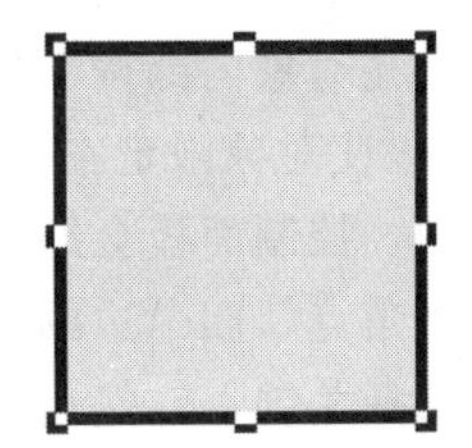

图 6-18 被选择的对象

图 6-19 所示的是被选择的文本对象，除四角上的句柄外，它们的顶部和底部还各有一个窗形控制点。空白窗形控制点代表文章的开始或结束，带有“＋”号的控制点代表处于文章的中间，后面或前面还有文本被包含在其他文本对象中；底部带有箭头符号的窗形控制点代表文章未完，后面还有文本没有被放置在页面中。

在选择对象时，如果按下 Shift 键，可以选择多个对象。当多个对象被选择时，按下 Shift 键再单击某个被选对象，可以将它从当前选择集中去除。

拖动鼠标会拉出一个虚线形的选择框，松开鼠标时，包含在选择框中的对象将被选择。

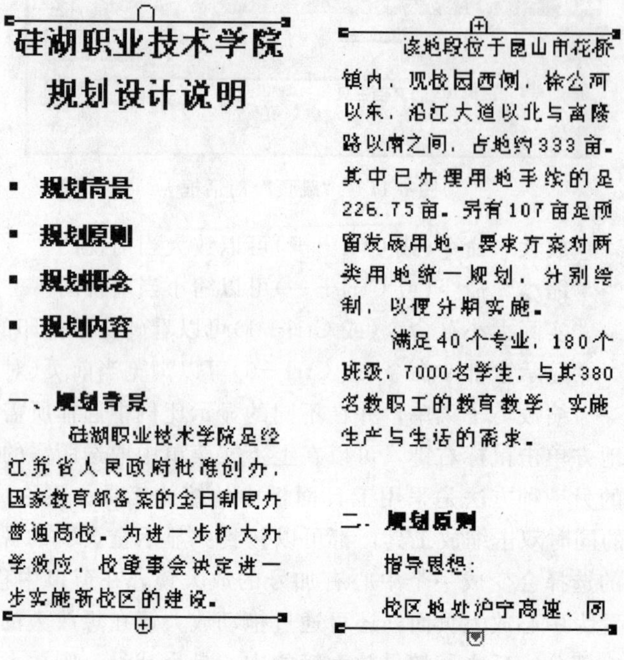

硅湖职业技术学院

规划设计说明

- 规划背景
- 规划原则
- 规划概念
- 规划内容

一、规划背景

硅湖职业技术学院是经江苏省人民政府批准创办，国家教育部备案的全日制民办普通高校。为进一步扩大办学效应，校董事会决定进一步实施新校区的建设。

该地段位于昆山市花桥镇内，现校园西侧，徐公河以东，沿江大道以北与富陵路以南之间，占地约333亩。其中已办理用地手续的是226.75亩，另有107亩是预留发展用地。要求方案对两类用地统一规划，分别绘制，以便分期实施。

满足40个专业，180个班级，7000名学生，与其380名教职工的教育教学，实施生产与生活的需求。

二、规划原则

指导思想：

校区地处沪宁高速、同

图 6-19　被选择的文本对象

如果几个对象互相重叠，可以按住 Ctrl 并用鼠标单击，以选择到正确的对象。用同样的方法可以在群组中选择某个对象。

用“编辑”>“全选”命令(或 Ctrl＋A)可以选择当前页(对页)上的所有对象。

如果要选择文本对象中的部分文本，需在工具面板中选择文本工具，然后拖动 I 形光标进行选择。

2. 移动对象

选择对象后，在对象内部按下鼠标，然后拖动到所需位置即可移动所选对象，在移动前按住 Shift 键可以使对象限定在垂直或水平方向上移动。

在拖动过程中，控制面板会即时显示被移动对象的某个关键点的坐标。所谓关键点就是对象范围的四个角点、四个边的中点及中心点，用户可以在控制面板中选择关键点。

在控制面板选择关键点，然后在“X”、“Y”中填入坐标值，可以精确地将对象移到某个位置(参见图 6-12)。

3. 缩放对象

选择某个对象，然后拖动四角或四边中心的句柄，可以自由地缩放对象。按住 Shift 键，则可以进行等比例缩放。

在控制面板中的“W”、“H”中输入宽和高的数值或百分比，可以精确地缩放对象。

4. 旋转、倾斜和翻转对象

利用控制面板，可以旋转、倾斜和翻转对象，选择对象，在控制面板右边的旋转角度框和倾斜角度框中填入旋转角度和倾斜角度即可。如要自由旋转对象，可以使用工具面板中的旋转工具。控制面板的最右边的两个按钮可以用来翻转对象，单击上面的按钮，被选择的对象将左右翻转，单击下面的按钮，被选择的对象将上下翻转。图 6-20 所示是旋转、倾斜和翻转对象的例子。

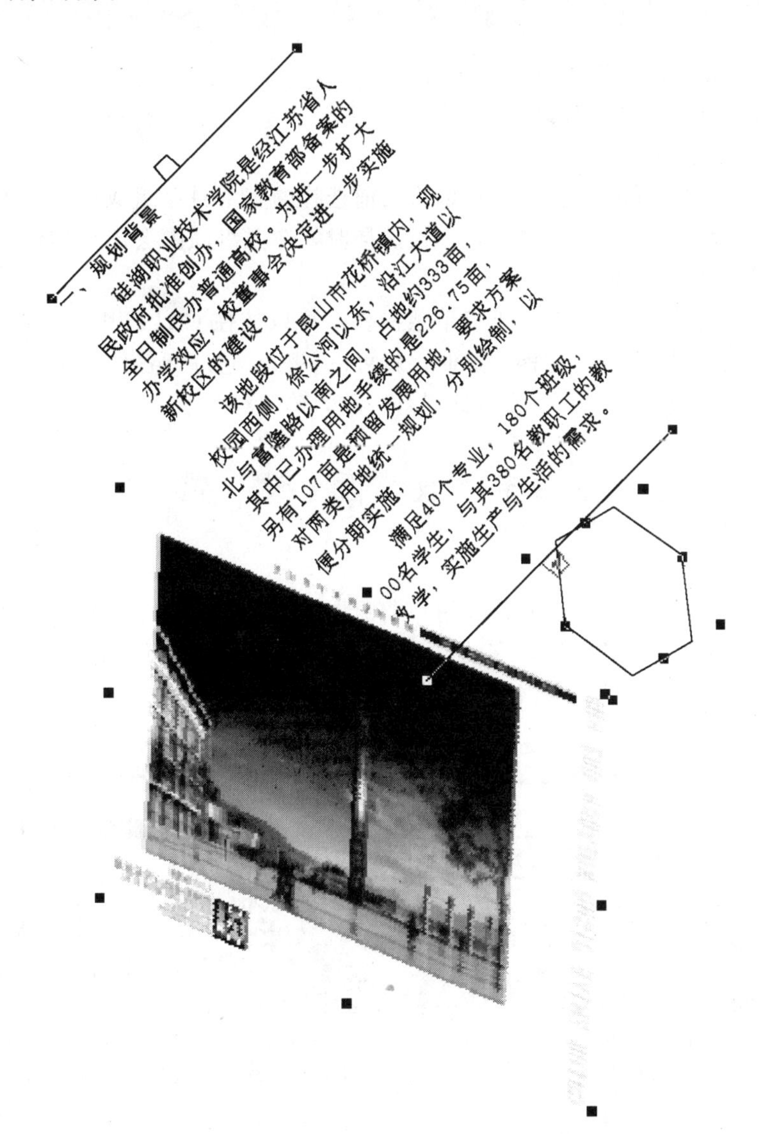

图 6-20 旋转、倾斜和翻转对象

5. 复制对象

用“编辑”>“复制”命令(或 Ctrl+C)可以将选择的物体拷贝到剪切板，然后用“编辑”>“粘贴”命令(或 Ctrl+V)可以将它复制到页面中。

新复制的对象和原对象之间在位置上会有一点移动，以易于用户辨认。如果希望新复制的对象和原对象在同一位置上，可以用 Ctrl+Alt+V 进行粘贴。

6. 改变对象顺序

一般来说，在 PageMaker 中，先绘制的对象被放在底层，而后绘制的被放在顶层，如果有重合的部分，后绘制的将会遮住先绘制的对象。

利用“成分”＞“排列”下的子菜单可以改变对象的顺序：

- “移至最前”：将所选对象移到最上面一层
- “置前”：将所选对象向上移动一层
- “置后”：将所选对象向下移动一层
- “移至最后”：将所选对象移到最下面一层

7. 群组

用“成分”＞“组成群组”命令可以将当前选择的多个对象组成一个群组，一个群组可以像单个对象那样移动、缩放和旋转。被选择时，在群组周围会出现句柄，而群组的各个成员对象的周围没有句柄。

若要对群组中的某个成员对象进行单独操作，可以按住 Ctrl 再用鼠标选择成员对象，被选择的成员对象周围会再现句柄，这时，就可以单独对它进行各种操作了。

“成分”＞“解散群组”命令将所选群组解散为单个对象。

第三节　版　面　设　置

一、文档设定

选择“文件”＞“文档设定”命令可以打开如图 6-21 所示的“文档设定”对话框来设定文档的基本参数。一般来说，在建立新的文档时应首先进行文档设定，因而用“文件”＞“新建”命令来创建新文档时，会自动跳出这个对话框。

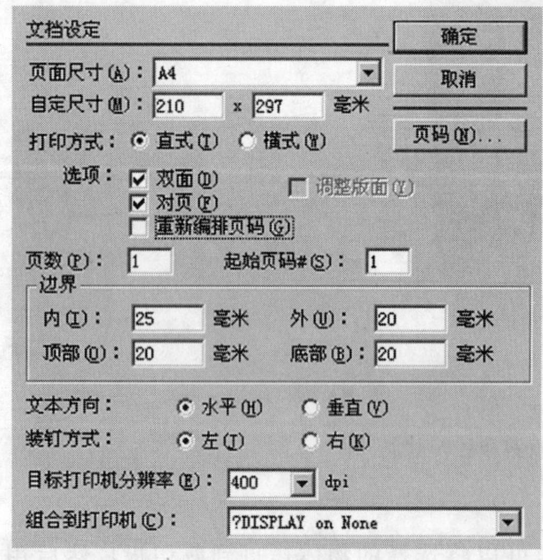

图 6-21　“文档设定”对话框

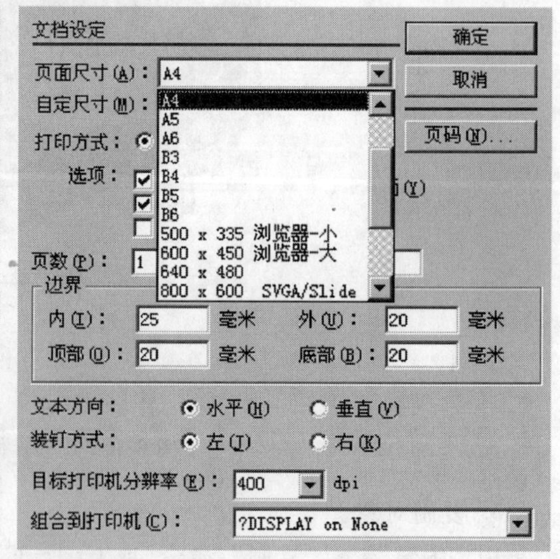

图 6-22　在“文档设定”对话框中设定页面尺寸

1. 页面设置

首先要确定页面的尺寸。在“文档设定”对话框的“页面尺寸”下拉列表框中(图 6-22)选择一个标准大小的页面，或者在“自定尺寸”文本框中自定义页面尺寸。自定义页面尺寸的上限为 1065mm×1065mm(42 英寸×42 英寸)。

在“打印方式”中选择“直式”或“横式”来设定页面方向。

如果是双面打印，可以选择“双面”，这时可以通过内外边界的设定来满足双面打印的装订要求。

选择“对页”，可以让对页的两页同时显示，以便更好地进行排版。

在这个对话框里还可以输入“页数”和“起始页码”来进行相应的设定。在建立文档时，可以按估计的数字来填入“页数”，也可以根据需要随时进行增减。如果一个方案文档或作品集被分为几个 PageMaker 文件，可以根据情况输入起始页码。对于双面的文档来说，如果起始页码为单数，则第一个页面为单页，从第二个页面开始为对页，如果是偶数，则从第一个页面开始即为对页。

2. 页边距

在“文档设定”对话框中输入“边界”的值，可以控制页面对象与页边的距离。

当“双面”被选取时，可以设置“内”“外”页边距，内侧页边距在偶数页码右侧及奇数页面的左侧，外侧页边距与之相反。

当“双面”未被选取时，文档为单面，“内”“外”页边距将变为“左”“右”页边距。

页边距在页面上以非打印线条显示，呈蓝色或粉红色。

3. 其他

为了避免在打印时出现问题，应根据打印机设定“目标打印机分辨率”和“组合到打印机”。

在已有文档或编辑过程中选择“文件”>“文档设定”命令，可以随时改变文档的页面大小、页边距等选项。如果希望 PageMaker 相应地重新定位文本、图像和辅助线，那么应该选择“文档设定”对话框中的“调整版面”。但无论是否选择让 PageMaker 调整版面，都要检查修改过“文档设定”的文档，以避免排版上的错误。

二、标尺

在 PageMaker 工作窗口的上边和左边，分别有水平标尺和垂直标尺，当移动鼠标时，会在标尺中反映鼠标的位置，而当移动对象时，对象的大小和位置也会在标尺中反映出来。

1. 标尺的显示和隐藏

按 Ctrl+R 可以显示或隐藏标尺，或者选择“视图”>“显示标尺/隐藏标尺”命令来开关。

2. 标尺单位

选择“文件”>“自定格式”>“通用”命令，将打开如图 6-23 所示的“自定格式”对话框，在“度量单位”和“垂直标尺”下拉框列表中可以选择想要使用的单位，“度量单位”即水平标尺的单位。

用鼠标右键单击水平标尺或垂直标尺可以在上下文菜单中快速地选择标尺单位。

3. 零点

对于双面文档，PageMaker 默认坐标零点在对开页的上边与内边的交叉点，对于单面文档，零点在上边界与左边界的交叉点。

将鼠标移到水平和垂直标尺交接处，然后拖动坐标，在页面中的某一点处松开，松开处的点就被设为新的零点。在拖动鼠标的过程中，水平标尺与垂直标尺交接处会以黑白反转的形式显示。

双击水平标尺与垂直标尺的交接处，可以将零点恢复到初始状态。

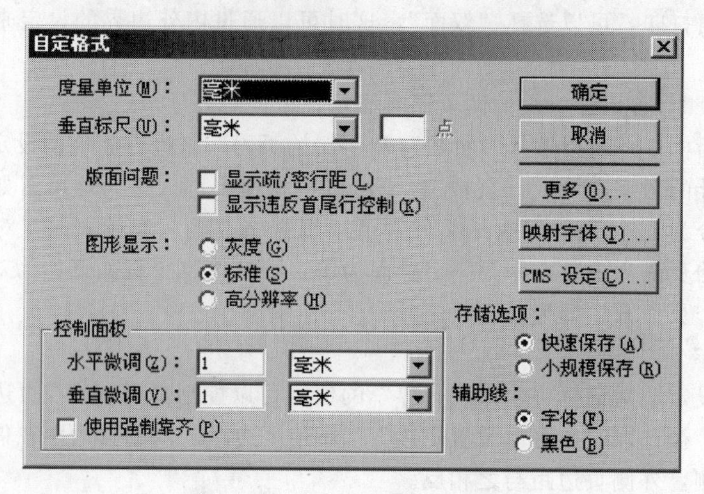

图 6-23　“自定格式”对话框

选择“视图”＞“锁定零点”命令可以锁定零点位置，这时将不能重新设置零点。

三、非打印辅助线

PageMaker 提供了一系列辅助线以帮助排版工作。辅助线不会被打印，它们包括页边距辅助线，栏辅助线和标尺辅助线(如图 6-24)。

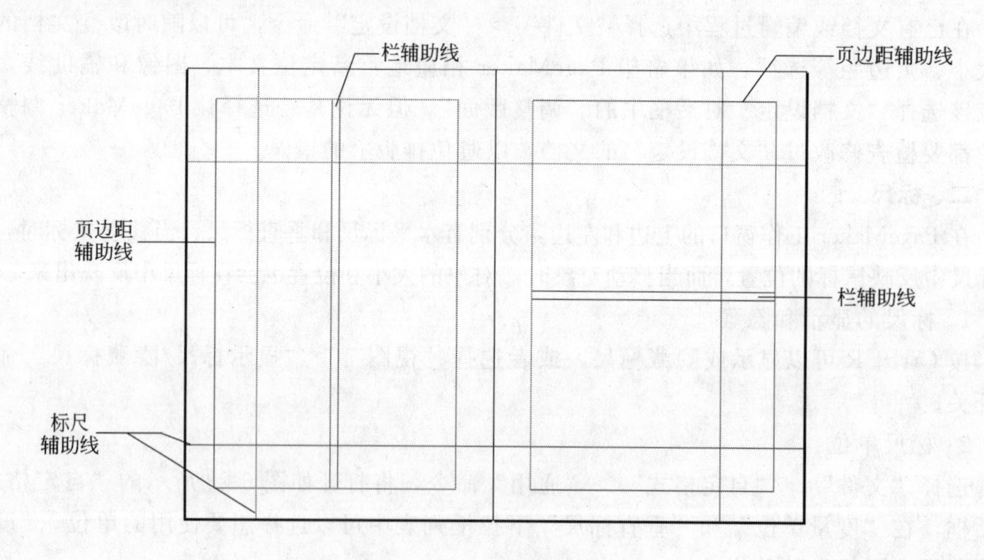

图 6-24　非打印辅助线

1. 页边距辅助线

在“文档设定”对话框中设定的边界尺寸将在页面中以辅助线的形式显示出来，这就是页边距辅助线，它的颜色为粉红色。蓝色实际上是栏辅助线，它遮盖了粉红色的页边距辅助线。

2. 栏辅助线

通过创建栏可以自动控制文本的分栏，并可以帮助定位文本及图像。

选择“版面”＞“栏辅助线”可以打开如图 6-25 的“栏辅助线”对话框，对于双面文档来说，如果希望左右两面各有不同的分栏，可以选取“分别设置左右页面”复选框。

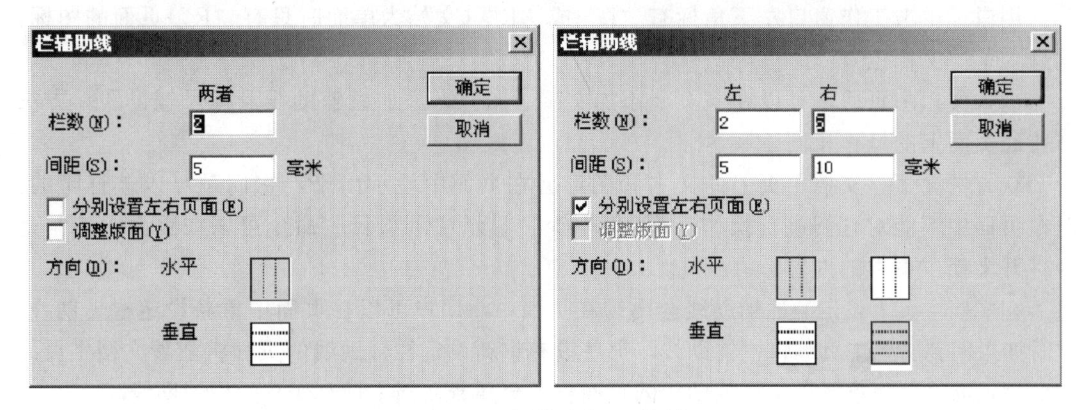

图 6-25 “栏辅助线”对话框

在“栏数”中填入要分栏的数量，把分栏之间的间距填入到“间距”，再选择分栏的方向，然后单击“确定”按钮，就可以完成分栏，这些分栏的宽度是平均的。页面中将显示蓝色的栏辅助线。

边上的栏辅助线是单根的，两栏之间的辅助线是成对的，它们的距离为栏间距值。如果间距值为 0，则两栏之间的栏辅助线也是单根的。可以用鼠标拖动栏辅助线，使各栏非均匀分布。

3. 标尺辅助线

标尺辅助线的主要作用是定位文本或图形对象，将鼠标移动到水平标尺或垂直标尺处按下，然后向页面拖动鼠标，这时将出现一根绿色的线，松开鼠标，就在页面中放置了一条标尺辅助线。

在工具面板中单击选择工具，然后在标尺辅助线处按下鼠标并拖动，可以移动标尺辅助线，如将标尺辅助线移出页面，就删除了这条标尺辅助线。

“视图”>“消除标尺辅助线”命令可以将所有的标尺辅助线删除。

在“视图”菜单中还有其他一些控制辅助线的命令：

- “隐藏辅助线/显示辅助线”命令可以隐藏或显示以上三种辅助线。
- “锁定辅助线”命令可以将栏辅助线和标尺辅助线锁定，不能移动或删除。
- “辅助线置后/辅助线置前”用来控制文本或图像是否覆盖于辅助线之上。
- “对齐辅助线”命令用来设定对象是否与辅助线对齐，如果此选项被选择，当移动对象向辅助线靠近时，对象会自动地与辅助线对齐。

用“工具”>“增效工具”>“网格管理器”命令可以打开“网格管理器”对话框，通过它，用户可以自定义辅助线，并有一些高级的网格管理功能。本书不做具体介绍，读者可以在 PageMaker 的手册或教程中查阅网格管理的高级功能。

四、文档主页

在 PageMaker 6.5C 的主页上可以设定各页面所共有的内容，包括各种对象以及辅助线，在主页上还可以设定页眉、页脚和页号，可以使文档具有一致性，并减少排版的工作量。

每个文档可以有不受限制的主页数目，可以通过“主页”面板来创建和管理主页。

本书只介绍默认的“文档主页”，它基本上可以胜任方案文档或作品集的排版要求。

当创建一个 PageMaker 文档时，会默认生成这个“文档主页”。

用鼠标单击工作窗口左下角标有“L”或“R”(文档为单面时只有“R”)页面的图标，就进入了“文档主页”。

进入文档主页后，可以在主页上添加文字、图像、添加栏辅助线及标尺辅助线，方法与普通页面上的操作相同。

缺省情况下，文档主页上的文本和图形会在页面中显示出来，它们是可以被打印的，但在页面中不能对它们进行操作。“视图”＞“显示主页项目”命令可以在页面中控制是否打开文档主页上的内容。

在文档主页上设定的栏辅助线会出现在页面中，用户可以在页面中重新设定栏辅助线。这时如果回到文档主页编辑栏辅助线，那些没有重新设定栏辅助线的页面将随着文档主页而改变栏辅助线，而重新设定栏辅助线的页面将不会随着文档主页改变它的栏辅助线。

文档主页上的标尺辅助线也将出现在页面中，用户可以在页面中移动或添加标尺辅助线。一旦在页面中编辑了标尺辅助线，在文档主页上的对标尺辅助线的编辑结果将不会再反映到这个(对)页面中。

选择“版面”＞“拷贝主页辅助线”命令可以使页面上的辅助线重新与文档主页上的辅助线保持一致。

可以通过文档主页中的操作给文档添加页码，其过程如下：

(1) 进入文档主页。

(2) 选择文本工具，在主页页面上单击文本插入点。

(3) 按下 Ctrl＋Alt＋P，这时，会出现“LM”(左页上)或“RM”(右页上)字样。

(4) 格式化“LM”或“RM”文本，以设定页码的格式。

(5) 将“LM”或“RM”移动到所需页码位置。

(6) 如果是双面的文档，在另一主页面上重复1)～5)步骤，也可以复制“LM”或“RM”，并移到所需位置，PageMaker 会根据它处于左页或右页，自动将它变为“LM”或“RM”。

在普通页面中，“LM”或“RM”将显示为相应的页码。

如果需要在页码前后加上前缀或后缀，可以在“RM”或“LM”前后加上相应文字，如“PageRM”，则页面中的页码将会是“Page1”、“Page3”、“Page5”等。

一般情况下，页码是以阿拉伯数字显示的，选择“文件”＞“文档设定”命令，在文档设置对话框(图 6-14)中单击“页码”按钮将打开如图 6-26 所示的对话框，可以设定页码的显示方式。

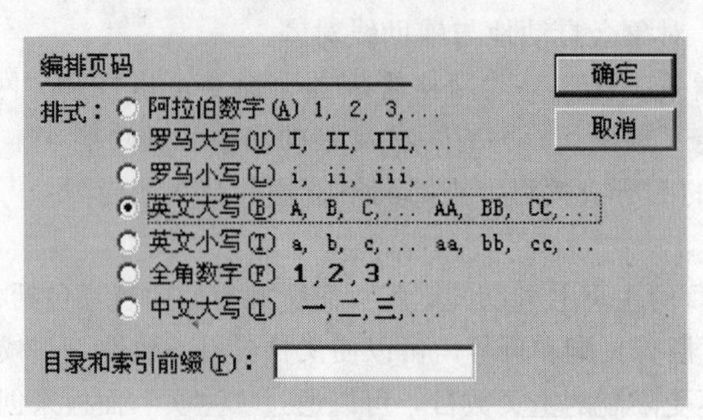

图 6-26　“编排页码”对话框

第四节　文本与图形的输入与编辑

一、文本

1. 输入文本

选择工具面板中的文字工具，在页面中单击，这时页面中会出现一个“I”形光标，与单击点处于同一高度，左右位置处于页面的左页边距线或分栏的左边界线上。这时可以在光标处输入文本，文本块的宽度为页面边距之间的宽度或分栏的宽度。如果选择文字工具后在页面内拖动鼠标，则文本的输入不受页边距或分栏的控制，拖动的第一点为文本输入的起点（“I”光标的位置），拖动宽度为文本块的宽度。

2. 置入文本文件

PageMaker 6.5C 支持多种文字处理软件的文件格式，可以导入如 WordPerfect、Microsoft Word 和 Microsoft Works 等字处理软件的文件，并保持字符、段落等格式，也可以置入 HTML 文件。当然，可以导入纯文本文件，也可以从其他 PageMaker 文件中置入文本。一个置入的文本称作一个文章。

置入文本文件的步骤如下：

(1) 选择“文件”＞“置入”命令，弹出如图 6-27 所示的对话框。

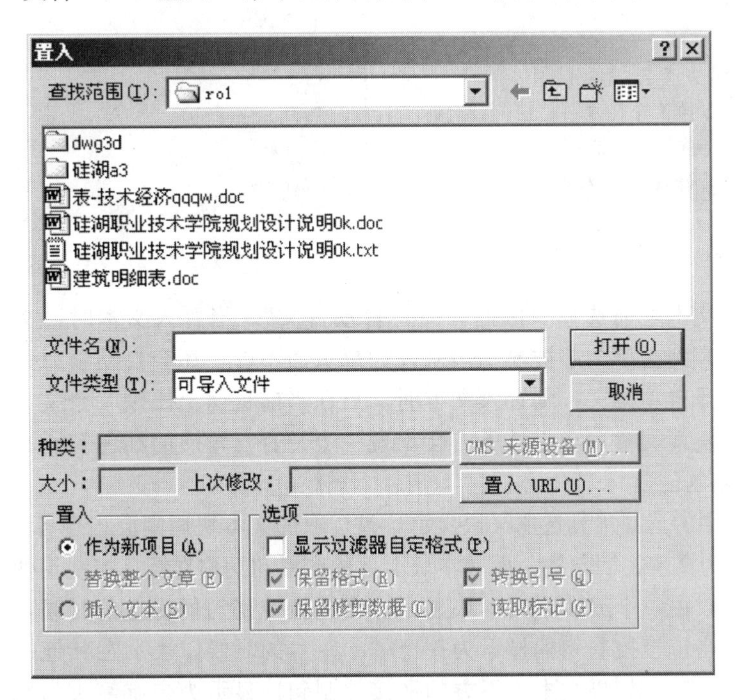

图 6-27　“置入”对话框

(2) 选择文本文件，单击“打开”按钮，这时鼠标光标会显示为置入光标形式。

(3) 单击或拖动鼠标，以放置文本。单击鼠标将以当前分栏宽度（无分栏则为页边距之间宽度）置入文本文件，而拖动鼠标则以拖动的矩形为文本块，置入文本文件。

(4) 移动、拉伸文本块。

(5) 如果文本块下方为带箭头的红色窗形句柄，则可以用鼠标单击这个手柄，这时鼠标会再次显示为置入光标，这时，可以回复到第 3)步，继续放置文本。

如果需要用置入的文本替换某个文章，需要在第 1)步操作前用工具面板中的选择工具选择需要被替换的文章，并在“置入”对话框中选择“替换整个文章”，然后再置入文本。

如果要在某个文章中插入文本文件，需要在第 1)步操作之前用文本工具在被插入的文章中单击插入点，然后在“置入”对话框中选择“插入文本”。

如果要替代某个文章中的一段文本，则需要在第 1)步操作之前用文本工具选择需要被替换的文本，在“置入”对话框中选择“替换所选文本”(在“插入文本”位置)。

如果选择了“置入”对话框中的“显示过滤器自定格式”，则在插入文本文件之前，PageMaker 会根据文件类型弹出一个过滤器设置对话框，以设定导入时的转换。如果选择的是纯文本文件，则无论是否选择了“显示过滤器的自定格式”，都会弹出“纯文本导入过滤器”(图 6-28)。

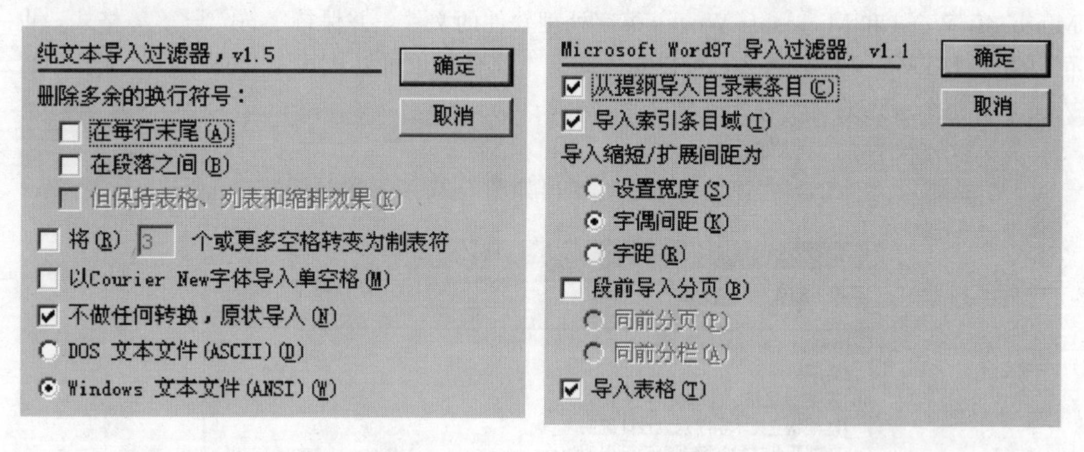

图 6-28　纯文本导入过滤器　　　　图 6-29　Word 文件导入过滤器

如果在置入文本之前选择“版面”＞“自动排文”，当置入文本时，文章将沿页面和分栏顺序放置，直到文章全部被显示出来，如果页面不够，还会自动添加页面。

如果没有选择自动排文，则置入文本时，只在当前页面上出现一个文本块，如果这个文本块不能装下整篇文章，在它的下方会出现一个带有三角形的红色句柄。

3. 文本块控制

用工具面板中的选择工具选取某段文字，被选取的文本块周围会出现各种控制句柄，四个角上的句柄称为文本控制句柄，而文本块上下的窗形句柄称作链接控制句柄(图 6-30)。

一个文章可以由一个或多个文本块显示。当链接控制句柄为空的时候，表示处于文章的开头或结尾；当链接控制句柄显示为一个“十”号的时候，表示在其他的文本块中还有前续文字或后续文字。如果文本块下方的链接控制句柄显示为带有箭头的红色，则表示此文本块为文章的最后一个文本块，并且仍然有文字没有显示出来。这时可以单击这个句柄，并在本页或其他页上单击以形成一个新的文字块放置没有显示的文本。

拖动文本块周围句柄的任何一个，都可以很方便地改变文本块的大小，而文章中的文字会相应地在文本块之间流动。

4. 格式化文本

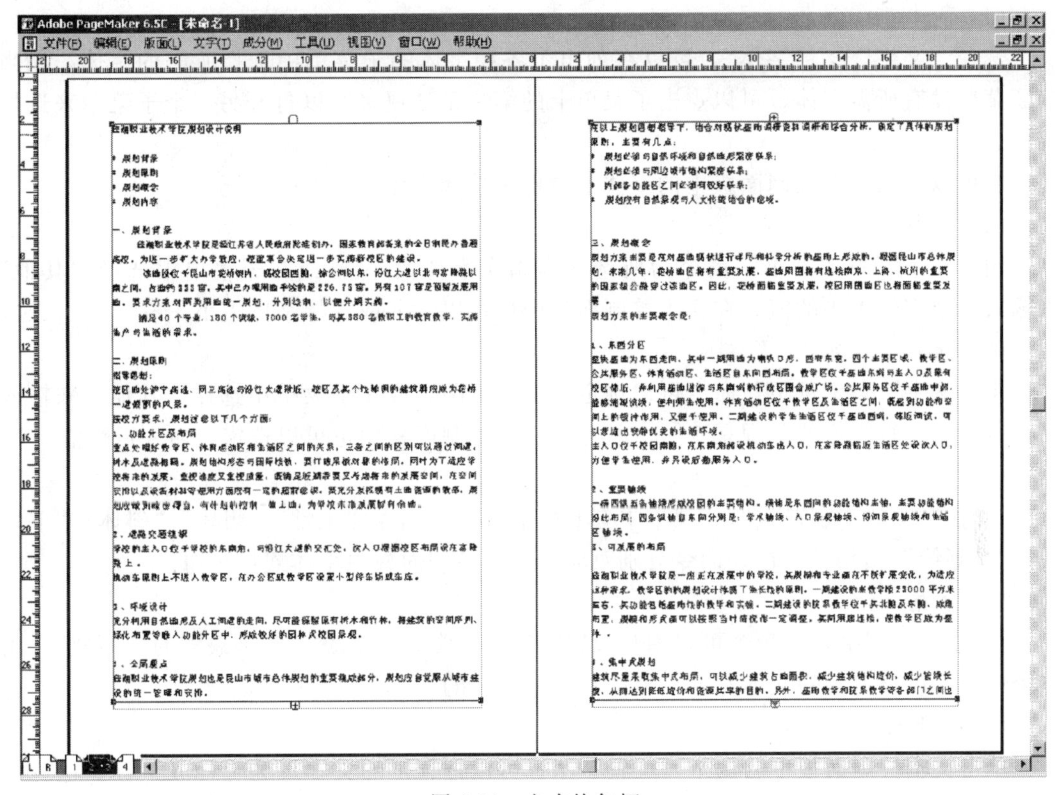

[illegible]职业技术学院规划设计说明

- 规划背景
- 规划原则
- 规划概念
- 规划内容

一、规划背景

[illegible]职业技术学院是经江苏省人民政府批准创办，国家教育部备案的全日制民办普通高校，为进一步扩大办学规模，校董事会决定进一步实施新校区的建设。

该地段位于昆山市花桥镇内，[illegible]以西，[illegible]以东，沿江大道以北与[illegible]之间，占地约333亩，其中已办理用地手续的是226.75亩，另有107亩是预留发展用地，要求方案对两块用地统一规划，分别征用，以便分期实施。

满足40个专业，180个班级，7000名学生，与其380名教职工的教育教学、实际生产与生活的需求。

二、规划原则

[illegible]：

校区由[illegible]高速、[illegible]与沿江大道围成，校区及其个性鲜明的建筑群应成为花桥一道靓丽的风景。

按校方要求，规划应考虑以下几个方面：

1、功能分区及布局

重点处理好教学区、体育运动区和生活区之间的关系，三者之间的区别可以通过河道、树木及道路相隔。规划结构形态与周围环境，[illegible]的格局，同时为了适应学校将来的发展，重视速度又重视质量，[illegible]又考虑将来的发展空间，在空间[illegible]以及设备材料等使用方面应有一定的超前意识。[illegible]的特色，规划应做到既[illegible]，[illegible]，为学校未来发展留有余地。

2、道路交通组织

学校的主入口位于学校的东南角，与沿江大道的交汇处，次入口根据校区布局设在[illegible]上。

机动车限制上不进入教学区，在办公区或教学区设置小型停车场或车库。

3、环境设计

充分利用自然地形及人工河道的走向，尽可能保留原有树木和竹林，将建筑的空间序列、绿化布置等融入功能分区中，形成较好的园林式校园景观。

4、全局意识

[illegible]职业技术学院规划也是昆山市城市总体规划的重要组成部分，规划应自觉服从城市建设的统一管理和安排。

在以上规划思想指导下，结合对现状基地的调查资料分析和综合分析，确定了具体的规划原则，主要有几点：

- 规划必须与自然环境和自然地形紧密联系；
- 规划必须与周边城市结构紧密联系；
- 内部各功能区之间必须有较好联系；
- 规划应有自然景观与人文传统结合的意境。

三、规划概念

规划方案主要是在对基地现状进行详尽和科学分析的基础上形成的。根据昆山市总体规划，未来几年，花桥地区将有重要发展，基地周围将有连接南京、上海、杭州的重要的国家级公路穿过该地区。因此，花桥面临重要发展，校园周围地区也将面临重要发展。

规划方案的主要概念是：

1、东西分区

整块基地为东西走向，其中一期用地为[illegible]口形，西窄东宽，四个主要区域：教学区、公共服务区、体育活动区、生活区自东向西布局。教学区位于基地东侧与主入口及[illegible]校区[illegible]，并利用基地湿[illegible]与东南侧的行政区围合成广场。公共服务区位于基地中部，[illegible]，便利师生使用，体育活动区位于教学区及生活区之间，既起到功能和空间上的缓冲作用，又便于使用。二期建设的学生生活区位于基地西侧，[illegible]，可以营造出安静优美的生活环境。

主入口位于校园南侧，在东侧设机动车出入口，在[illegible]生活区处设次入口，方便学生使用，并另设后勤服务入口。

2、主要轴线

一横四纵五条轴线形成校园的主要结构，横轴是东西向的功能结构主轴，主要功能结构[illegible]布局；四条纵轴自东向分别是：学术轴线、入口景观轴线、[illegible]景观轴线和生活区轴线。

3、可发展的布局

[illegible]职业技术学院是一座正在发展中的学校，其规模和专业都在不断扩展变化，为适应这种要求，教学区的规划设计体现了生长性的原则。一期建设的教学楼23000平方米左右，其功能包括基地内的教学和实验。二期建设的院系教学位于其北侧及东侧，[illegible]布置、规模和形式都可以按照当时情况作一定调整，其间用廊连接，使教学区成为整体。

4、集中式规划

建筑尽量采取集中式布局，可以减少建筑占地面积，减少结构造价，减少管线长度，从而达到降低造价和资源共享的目的。另外，基础教学和院系教学等各部门之间也

图 6-30　文本块句柄

利用“文字”菜单和控制面板(图 6-31)，可以非常方便地格式化文本，“文字”>“字符”命令可以打开“文字规格”对话框(图 6-32)，这个对话框集成了大多数的文字操作。在格式化文本之前，首先要用工具面板中的文本工具选择需要格式化的文本。

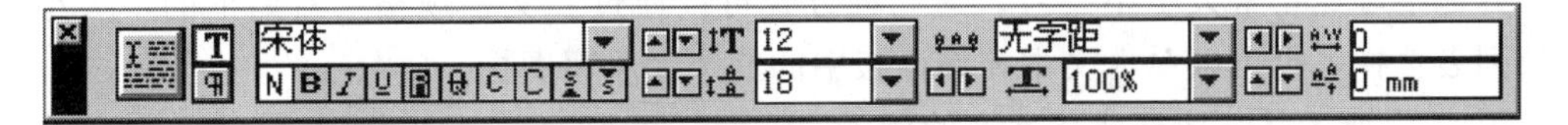

图 6-31　文本控制面板

图 6-32　“文字规格”对话框

（1）字体

选择“文字”＞“字体”，可以在列出了各种字体的子菜单中选择所需的字体，如当前子菜单没有所需字体，可以点击子菜单上的第一条“更多”以打开另一个子菜单来选择字体。

也可以利用文本控制面板中的字体下拉框来选择字体。

（2）大小

用“文字”＞“大小”命令为所选文本指定字体大小，或在子菜单中选择“其他”来输入一个字体大小的值，在文本控制面板中也可以输入或选择字体大小。

（3）行距

用“文字”＞“行距”命令可以选定文本的行距，或在子菜单中选择“其他”来输入一个行距值，行距值的范围是0～1300点。文本控制面板中也可以选定或输入行距值。

（4）文字样式

“文字”＞“文字样式”子菜单中有6个选项，分别为“正常”“粗体”“斜体”“下划线”“删划线”“阴文”，这些命令分别对应于文本控制面板中字体式样按钮。

（5）字宽

“文字”＞“字宽”命令可以用来设置字宽。通常，文本宽度都是缺省的“原宽”，用这个命令可以设定新的文本宽度，范围是“原宽”的5%～250%。

（6）上下标

单击文本控制面板中的两个“位置”图标可以把选定的文本设为上标或下标。也可以在图6-32所示的“文字规格”对话框中的“位置”下拉列表中设定。

（7）大小写

对于英文文字，可以设定不同的大小写方式：“正常”、“正常大写”、“小型大写”。正常大写将英文文字全部转换为大写。小型大写将全部转换为大写，除了每个单词的首字母外，其他字母比正常大小小一号。这三种方式可以通过“文字规格”对话框的“大小写”下拉列表选择，也可以单击文本控制面板中的三个大小写图标。

图6-33所示是一些格式化文本的例子。

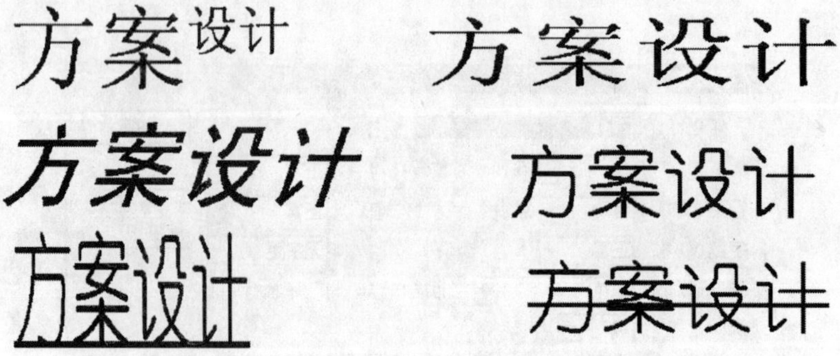

图6-33　文字格式示例

5. 格式化段落

选择“文字”＞“段落”命令，将弹出如图6-34所示的“段落规格”对话框来格式化段落。格式化某段落之前，须将“I”型文本光标置于需要调整的文本段落中。

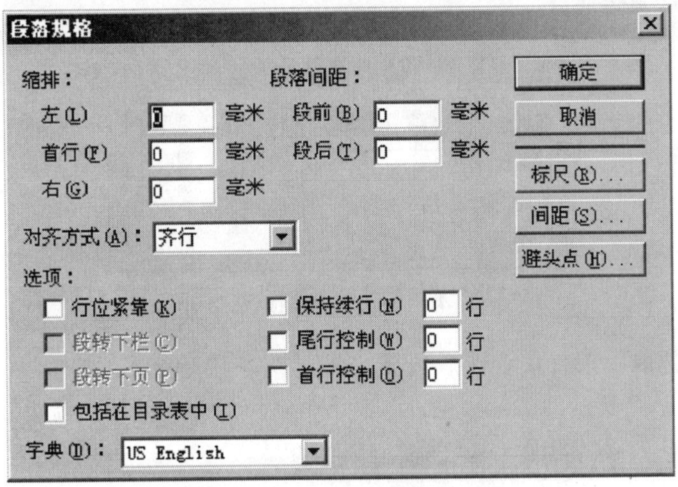

图 6-34　“段落规格”对话框

“段落规格”对话框各部分的功能如下：

(1)“缩排”选项组

“左”文本框的值为文本块左边界缩进的距离。

“首行”文本框数值为首行缩进值。

“右”文本框的值为文本块右边界缩进的距离。

(2)“段落间距”选项组：

“段前”、“段后”值分别为当前段落的前后增加的空距。

(3)“对齐方式”

“对齐方式”下拉列表有五个选项：左对齐、居中、右对齐、齐行和强制齐行，用于设定当前段落的文本对齐方式。

“齐行”选项可以使除最后一行外的所有文本行左边与右边进行对齐，是最常用的段落对齐选项。

“强制齐行”使当前段落的每一行的左右都对齐，无论这行中有多少文字。

单击文本控制面板的“段落”按钮，可以将面板切换为如图 6-35 的段落视图，以用于格式化段落。

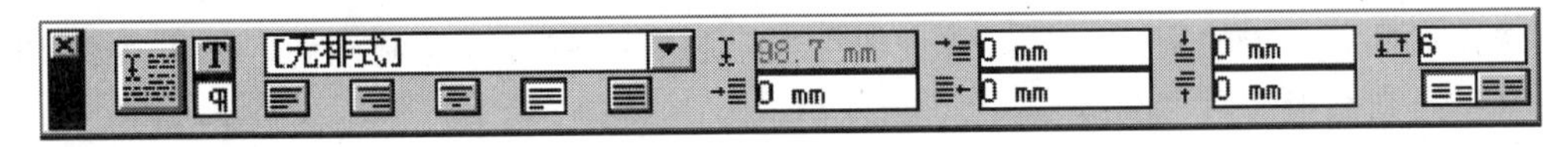

图 6-35　段落控制面板

二、矢量图形

1. 图形的绘制

(1) 线条

用工具面板中的画线工具可以绘制任意角度的线条，如果按住 Shift 键，可以绘制水平、垂直和 45°方向的线条。

双击画线工具按钮，将打开如图 6-36 所示的“自定义线型”对话框，设定随后绘制的线条的线型、线宽等属性。

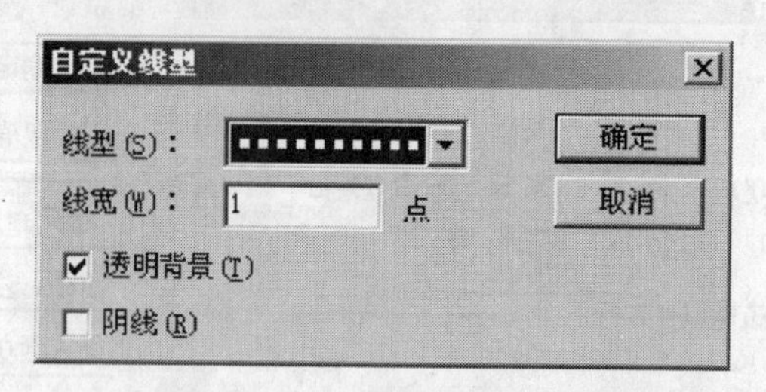

图 6-36　“自定义线型”对话框

用选择工具选取一条直线，然后选择“工具”＞“增效工具”＞“创建箭头物”命令，将弹出如图 6-37 所示的“箭头设置”对话框，可以为直线增加箭头。

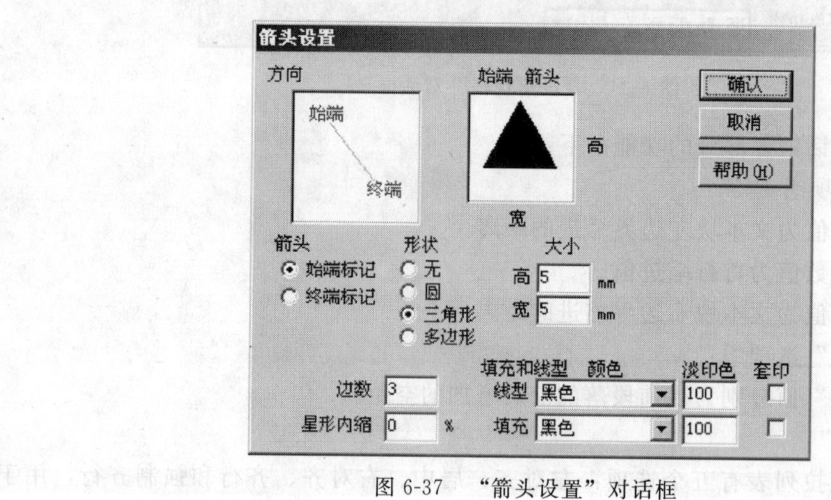

图 6-37　“箭头设置”对话框

用“工具面板”中的直线工具可以绘制垂直、水平或 45°方向上的直线。

(2) 矩形

选择工具面板中的矩形工具，然后在页面上拖动鼠标，就可以绘制出一个矩形。如果按住 Shift 键，可以绘制一个正方形。双击矩形工具图标，将跳出如图 6-38 所示的“圆化角”对话框，设定矩形四角的圆化方式。

(3) 圆和椭圆

选择工具面板中的圆形工具，在页面上拖动鼠标，就可以绘制椭圆，如果按住 Shift 键，可以绘制圆形。

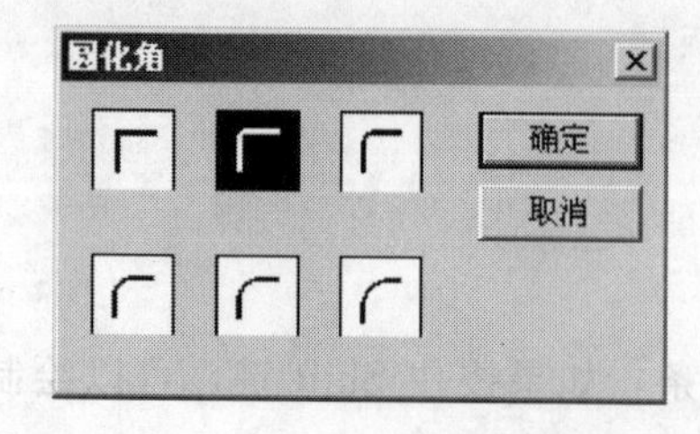

图 6-38　“圆化角”对话框

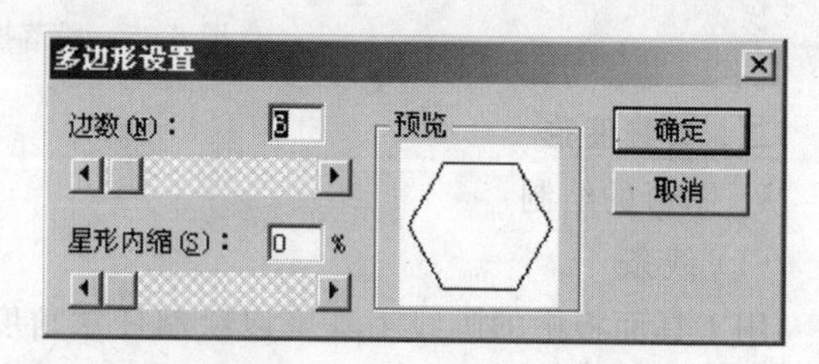

图 6-39　“多边形设置”对话框

(4) 多边形和星形

绘制多边形和星形的步骤如下：

1) 双击工具面板中的多边形工具按钮，弹出如图 6-39 所示的“多边形设置”对话框。

2) 在多边形设置对话框中设置边数(3～100)，在“星形内缩”文本框中设置凹陷值(0%为无凹陷，100%为完全凹陷)。

3) 在页面中拖动鼠标，绘制多边形或星形。按住 Shift 键将绘制正多边形或正星形。

图 6-40 为绘制的六边形和六角形星的例子(边数为 6，星形内缩分别为 0%，25%，50%，100%)。

图 6-40　六边形和六角星形

(5) 任意多边形

选择工具面板中的多边形工具，然后在页面中不同处单击，可以在各点之间建立连线，在最后一点处双击可以完成绘制，这时得到一个开放的多边形。

如果在绘制过程中将鼠标移到第一点处单击，将得到一个封闭的多边形。

在绘制过程中按 Delete 键，可以删除刚刚绘制的线段并回到前一点继续绘制操作。

2. 图形的编辑

(1) 多边形的形状

对于用多边形工具绘制的多边形，可以编辑它的形状。用选择工具双击多边形，会在多边形的每一个角点出现一个句柄。拖动这些句柄可以改变多边形的形状；单击某个角点句柄，可以将这个角点删除；在多边形边线上无句柄处单击，会增加一个句柄，拖动它可以形成多边形的一个角点。

(2) 填充与线型

“成分”＞“填充”下的子菜单可以用来设定图形的填充效果。“成分”＞“线型”下的子菜单可以用来设定图形的线型。图 6-41 和图 6-42 所示为这两个子菜单。

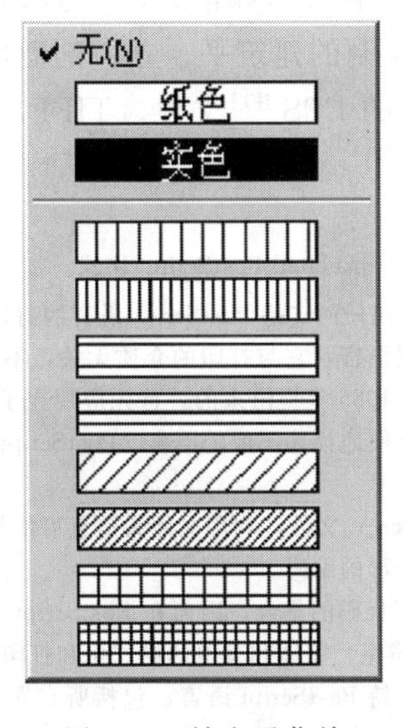

图 6-41　填充子菜单

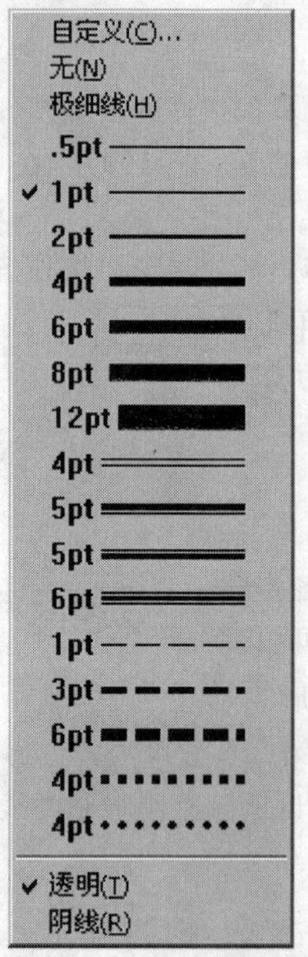

图 6-42　线形子菜单

填充和边线都可以有不同的色彩和色彩浓度，设置方法见第五节。

选择“成分”>“填充与线型”命令将弹出“填充与线型”对话框，它集成了填充与线型及其色彩的设置。

三、图像

对于建筑方案文档或作品集来说，图像是非常重要的内容。效果图、照片都是以图像的形式出现的，它们一般被保存为各种图像格式，如 JPEG、TIFF 等。利用 AutoCAD 打印程序，可以将在 AutoCAD 中绘制的建筑平、立、剖面图输出为精度较高的图像格式文件，或者是 PageMaker 充分支持的 EPS[注1] 文件。TIFF、JPEG、EPS 是数字印刷最常用的文件格式。

［注 1］　EPS 即封装的 PostScript(Encapsulated PostScript)格式。

PostScript 语言是 Adobe 公司设计用于向任何支持 PostScript 语言的打印机打印文件的页面描述语言。PostScript 是专门为打印图形和文字而设计的一种编程语言，它与打印的介质无关，不管您是在纸上、胶片上打印，还是在屏幕显示都适合。PostScript 是由 Adobe 公司在 1985 年提出来的，首先应用在了苹果的 LaserWriter 打印机上。PostScript 的主要目标是提供一种独立于设备的能够方便地描述图像的语言。PostScript 文件在 PostScript 设备上打印和显示有着得天独厚的优势，可以达到最好的效果。

EPS 文件就是包括文件头信息的 PostScript 文件，利用文件头信息可使其他应用程序将此文件嵌入文档之内。EPS 文件格式可用于像素图像、文本以及矢量图形的编码。

由于 EPS 文件实际上是 PostScript 语言代码的集合，因而在 PostScript 打印机上可以以多种方式打印它。创建或是编辑 EPS 文件的软件可以定义容量、分辨率、字体和其他的格式化和打印信息。这些信息被嵌入到 EPS 文件中，然后由打印机读入并处理。有上百种打印机支持 PostScript 语言，包括所有在桌面出版行业中使用的图像排版系统。所以，EPS 格式是专业出版与打印行业使用的文件格式。

1. 导入图像

和导入文本相同，选择“文件”＞“置入”命令也可以导入图像。此命令弹出“置入对话框”，如图 6-43 所示。如果在导入图像文件之前选择了某个图像，并在“置入对话框”左下角“置入”单选框中单选“替换整个图形”，那么置入的图像将替换所选图像。置入操作不能用 Ctrl＋Z 取消，所以作替换操作时一定要注意。替换时，如果原图是被裁剪过的，在“选项”复选框中选择“保留修剪数据”可以将原图的剪切属性应用于新置入的图像。

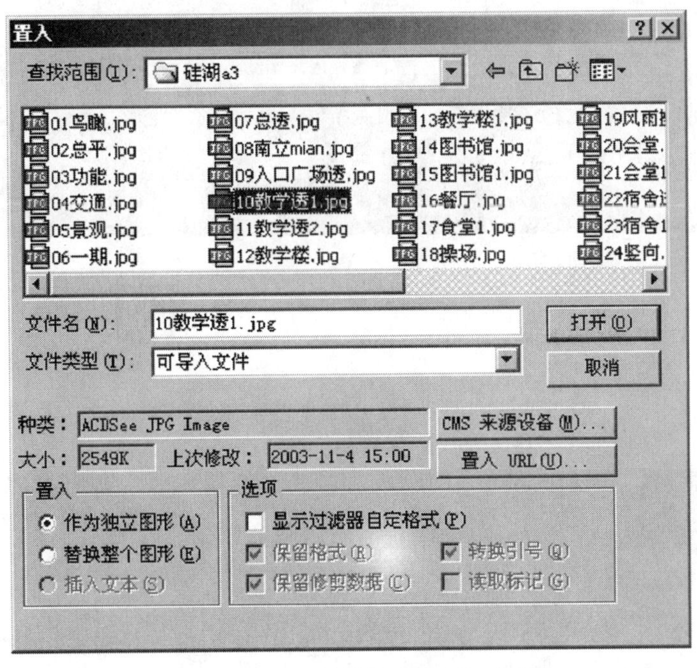

图 6-43　置入图像时的“置入”对话框

2. 图像的剪切

用工具面板中的剪切工具，可以剪掉不需要的部分。如图 6-44 和图 6-45 所示，剪切图像的步骤如下：

(1) 单击工具面板中的剪切工具。

(2) 单击需要剪切的图像，这时被点击的图像周围出现手柄。

(3) 拖动句柄裁剪图像。

(4) 将鼠标移到图像内部拖动改变图像的显示中心(这时鼠标显示为手形)。

(5) 重复 3)，4)直到满意。

图像被剪除的部分实际上仍然存在，只是没有显示，也不能被打印。利用剪切工具，可以在任何时候改变一个图像的剪切状况。

3. 图像控制

对于 Bitmap(黑白)和 Grayscale(灰度)模式下的 TIFF 格式的图像，可以用“成分”＞“图像”＞“图像控制”命令弹出“图像控制”对话框来调整亮度及对比，对于这两种模式的 TIFF 图像，还可以用“颜色”面板来改变色调。

图 6-44　剪切前的图

图 6-45　剪切后的图

对于 RGB 和 CMYK 模式的 TIFF 格式的图像，可以用“成分”＞“图像”＞“Photoshop 效果”命令处理成各种各样的效果，这些效果是安装在 Photoshop 中一些效果过滤器，如果在 Photoshop 中安装了 Adobe Gallery 过滤器，它们将自动安装在 PageMaker 6.5C 中。对于其他的过滤器，可以将 Photoshop＞Plug＞ins 文件夹中的过滤器文件 *.8BF文件拷贝到 RSRC 文件夹中的 Plug＞ins 文件夹并重新启动。

如果对 Photoshop 比较熟悉，最好在 Photoshop 中设置图像效果，然后再置入到 PageMaker 文档中来。

四、遮色

遮色是 PageMaker 提供的一种显示对象某一部分的方法。图 6-46 所示的是对图 6-45 所示图像进行遮色处理的效果。遮色需要一个 PageMaker 绘制的图形，它像一个窗口，透过它可以显示被遮色对象的一部分。进行遮色处理后，遮色多边形和被遮色的对象仍然是相互独立的，各自都可以被编辑，也可以进行相对的移动。为了避免相对移动，可以将它们组成群组。遮色的命令是“成分”>“遮色”，去除遮色的命令是“成分”>“摘掉遮色”。

图 6-46　进行了遮色处理的图像

1. 图像的遮色

对一幅图像进行遮色处理的步骤如下：

(1) 置入遮色的图像。

(2) 用绘图工具(矩形工具、圆形工具、多边形工具等)绘制出希望保留下来的区域，将其的填充类型设置成“无”，并将其放置在正确的位置(如图 6-47)。

图 6-47　绘制遮色多边形

(3) 将图像与绘制的图形一起选中，然后选择“成分”>“遮色”命令。这时，绘制的图形就像一个窗口，透过它可以显示部分的图像画面，而图像的其他部分被屏蔽。

(4) 如果不希望遮色的图形外部有线条，选择“成分”>“线型”命令将线型设置为“无”。

2. 文本的遮色

利用遮色也可以屏蔽掉文字的一部分，以取得特殊的文字效果。以下示例说明图 6-51 所示的文字效果的制作过程：

(1) 用“文字工具”输入“设计”二字，并设置字体、字号等。

(2) 用“矩形工具”绘制两个矩形，分别包括“设计”二字的上半部分和下半部分。(如图 6-48)。

(3) 用“选择工具”选择“设计”，然后按 Ctrl+C 将其复制到剪切板。

(4) 选择上方的矩形和文字，然后选择“成分”>“遮色”进行遮色处理，并用”成分”>“组成群组”命令将它们组成一个群组。结果如图 6-49 所示。

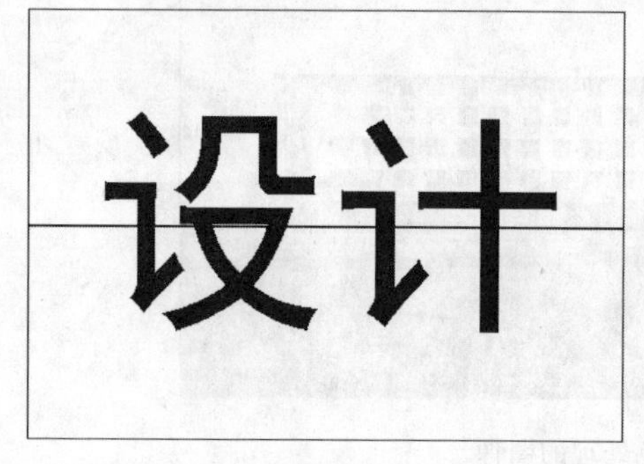

图 6-48

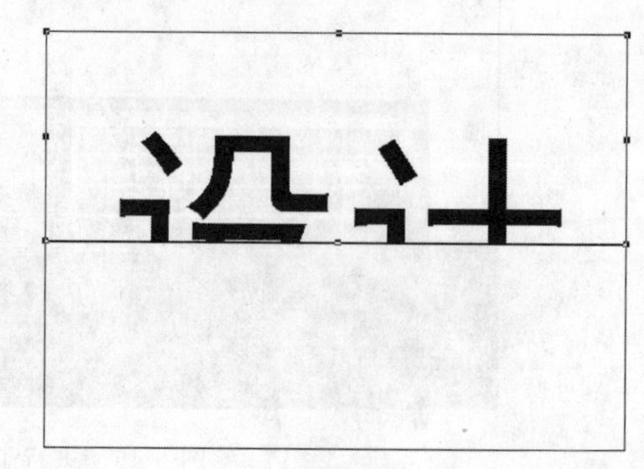

图 6-49

(5) 按 Ctrl+Alt+V，将刚才复制到剪切板上的“设计”粘贴到原来位置，选择上一步作了遮色处理的文字，然后按 Ctrl+X 将它剪切到剪切板。

(6) 选择下方的矩形，用“颜色”面板将它的填充设为“黑色”，用文本工具选择新粘贴的文字，然后用“颜色”面板将它设为“纸色”。

(7) 同时将两者选择，用“成分”>“遮色”进行遮色处理，并用“成分”>“组成群组”将它们组合成一个群组，如图 6-50 所示。

(8) 将 Ctrl+Alt+V，将刚才复制到剪切板上的上半部分粘贴到原来位置。

图 6-50

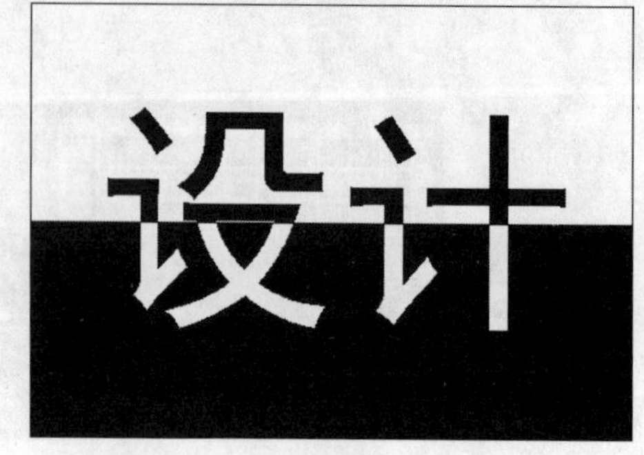

图 6-51

五、图文框

PageMaker 6.5C 提供了一种特殊的称为图文框的对象，它与图形对象非常相似，但它可以容纳文字或图像。

1. 创建图文框

工具面板中提供了三个图文框创建工具：矩形图文框工具、圆形图文框工具、多边形图文框工具，这些工具的使用方法和矩形工具、圆形工具、多边形工具是一样的。图文框的显示和图形非常相似，只是空图文框内部会显示一个叉，以表明它是文本框而非图形。

选择一个图形，然后选择“成分”＞“图文框”＞“改为图文框”可以将这个图形改变为图文框。而“成分”＞“图文框”＞“改为图形”可以将图文框改变为图形。

2. 在图文框中置入文本或图像

在图文框中置入文本或图像的步骤如下：

(1) 用选择工具选择图文框。

(2) 选择“文件”＞“置入”命令，这时，将弹出“置入”对话框，左下角“置入”单选框中的“在图文框中”将被选择。

(3) 选择所需置入的文件，然后单击“打开”按钮，所选的文本或图像就会被置入所选图文框中。如图 6-52 所示为分别置入文本和图像的图文框。选择一个置入了文本的图文框，在图文框的上下都会出现类似文本块的控制句柄。如果图文框下部的链接控制句柄为红色箭头形，单击这个箭头，然后用鼠标单击一个空的图文框，可以将未显示的文本置入这个空图文框。

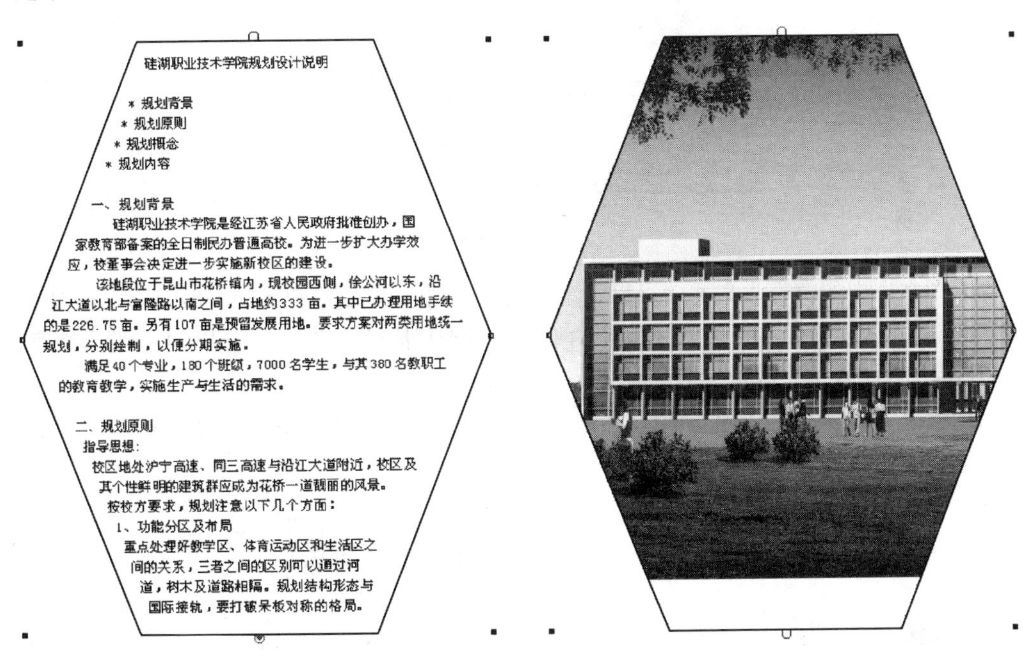

图 6-52 图文框

3. 在图文框中输入文本

可以在图文框中直接输入文本：选择文本工具然后在空的或包含文字的图文框中单击，就可以在“I”形光标处输入文本了。

4. 向图文框中移入或移出内容

用选择工具选择一个空的图文框和一篇文章或一幅图像，然后选择“成分”＞“图文框”＞“加入内容”命令，可以将所选文章加入到图文框。

用选择工具选择一个含有内容的图文框，然后选择“成分”＞“图文框”菜单上部的“移出内容”命令，可以将图文框中的内容移出。选择菜单下部的“移出内容”命令将删除图文框的内容。

5.“图文框选项”

用“图文框选项”对话框可以对图文框内容的放置进行控制。

用选取工具选择需要调整的图文框，然后选择“成分”＞“图文框”＞“图文框选项”命令，将弹出如图 6-53 所示的“图文框选项”对话框。在这个对话框的“内容位置”选项组中，分别选择“裁剪内容以适应图文框”、“缩放图文框以适应内容”、“缩放内容以适应图文框”可以控制图文框与图文框内图像的缩放关系，也可以选择不同的垂直对齐和水平对齐方式。

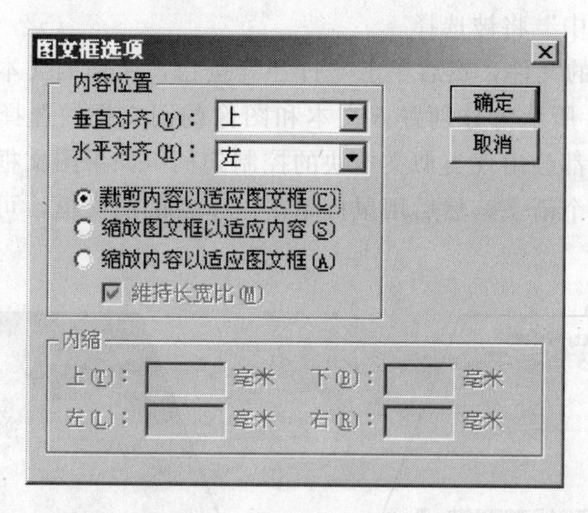

图 6-53　“图文框选项”对话框

如果图文框中的内容为文本，可以设定“内缩”值，设定文本与文本框的间距，对于矩形文本框，可以设定上、下、左、右四个内缩值，对于其他形状文本框，只有单一的内缩值。

6. 在图文框内移动图像

当图文框只显示图像一部分时，可以选择工具面板的裁剪工具，然后在图文框中拖动来移动图像。

第五节　链接、颜色和图层

一、链接

从外部置入文本或图像时，PageMaker 会保存链接信息，根据这些链接信息，可以控制信息的输入和更新。

当置入的图像文件较大时，PageMaker 将在置入文件时询问是否在文档中包括完整的文件副本。如果选择“否”，则只在文档中存储一个低分辨率的图像以供排版使用，在打印时，PageMaker 将根据链接信息，调用原图像文件以获得高质量的输出效果。

选择“文件”＞“链接”命令，将打开如图 6-54 所示的用来控制链接的对话框。

在“链接”对话框中列出了链接文件的名称、文件类型和所处的页面。如果在选择

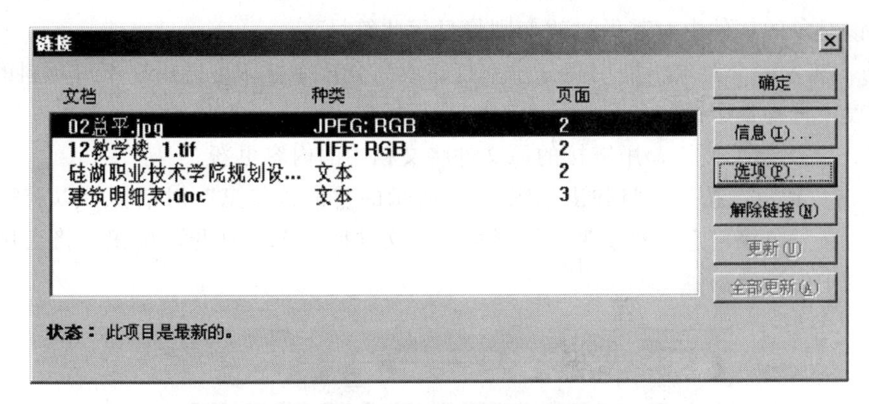

图 6-54　“链接”对话框

“文件”＞“链接”命令之前选取了某个置入的图像或文本，在打开“链接”对话框时，这个图像或文本的链接条目将被自然选择。“链接”对话框中有时会出现一些符号，不同的符号代表不同的意义。

“页面”列表栏出现的符号的意义如下：

• (UN)：表示链接的行间图形或文本在一个还没有被组合的文章中，因此页码是未知的

• (LM)：表示该链接对象在左面主页上

• (RM)：表示链接对象在右面主页上

• (PB)：表示链接对象在剪贴板上(即除正式页面外的区域上)

• (OV)：表示(文本过量)链接的行间图形没有显示在版面视图中，因为它是一个没有被完全排文的文本块的一部分

• ＞：表示 Windows 版本的 PageMaker 6.5C 不支持 Macintosh 版本的 PageMaker 6.5C 文档建立的链接

“文档”列表栏出现的符号的意义如下：

• (NA)：表示对象没有来源文档，是通过在软件之间的拷贝与粘贴操作将该对象链入文档中的

• ＊：表示链接被断开，因为对象是一个包含指向一个或多个的“开放预印接口”图像的 EPS 图像的链接，但是不能找到链接引用的原始 OPI 图像

• ?：表示链接已断

• ＋：表示对象被链接到一个外部文件，该文件从文档中被导入或导出后已经被修改过了。如果在当前文档中置入了一个对象，而后又在建立该对象的软件中将其做了改变，则会有此符号显示于该链接对象的前方

• ＞：表示对象被链接到一个外部文件，该文件从文档中被导入或导出后已经被修改过了。与上示“＋”不同的是，当置入对象时，如果在链接选项对话框中将“自动更新”选项关闭，则在该对象被改变后会有此符号显示

• !：表示对象被链接到一个外部的文件并且对象的内部和外部的副本已经被修改了

• X：表示对象被链接到一个保存在文档以外的文件中，并且外部的副本已经修改。如果在链接选项对话框中未选定(将副本存入文档中)选项，该链接对象在置入文档中后，

又在建立该对象的软件中对其做过改变则将显示此符号

• @：表示一个对象不能用高分辨率打印或高分辨率打印可能出现不可预料的结果

在列表中选择某个链接条目，可以对它进行操作：

• 单击“更新”按钮，用链接的原文件将文档中的内容更新。

• 单击“信息”按钮，将弹出如图 6-55 所示的“链接信息”对话框，以获得详细的链接信息。在“链接信息”对话框中选择另一个文件后单击“打开”按钮，将会用新的文件替代文档中的所选内容。

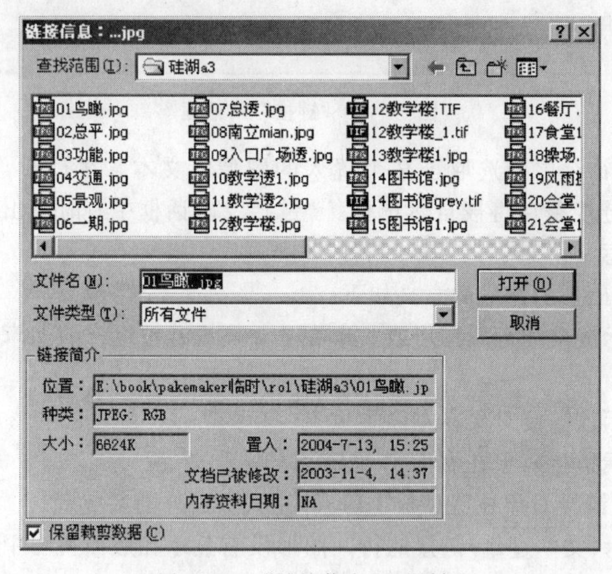

图 6-55 “链接信息”对话框

• 单击“选项”按钮，将弹出如图 6-56 所示的“链接选项”对话框，以设定是否在文档中保存副本，是否自动更新这一文件。

如果没有选取任何一条链接而单击“链接”对话框的“选项按钮”，则会弹出如图 6-57所示的对话框以设定链接选项的默认值。

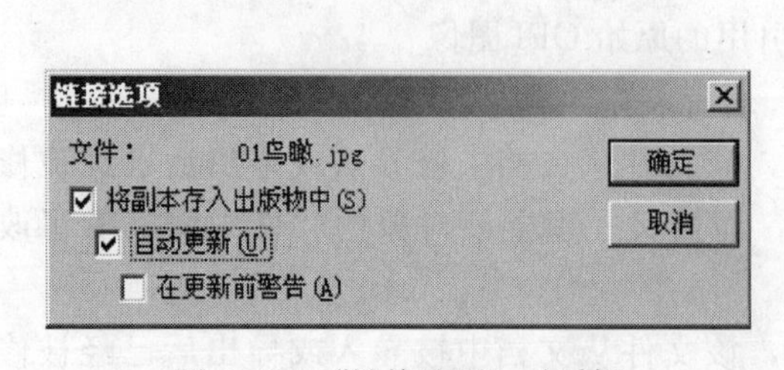

图 6-56 “链接选项”对话框

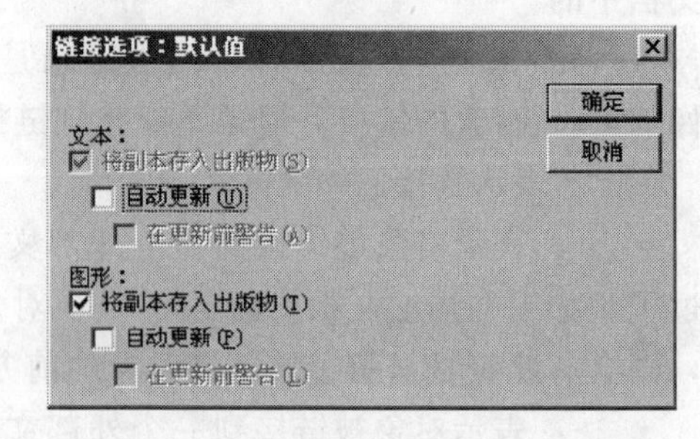

图 6-57 “链接选项：默认值”对话框

二、颜色操作

PageMaker 6.5C 的颜色操作和管理功能主要集中在“颜色”面板中。选择“窗口”>“显示调色板”可以打开“颜色”面板。图 6-58 所示的是“颜色”面板及其面板菜单。

改变对象颜色的步骤如下：

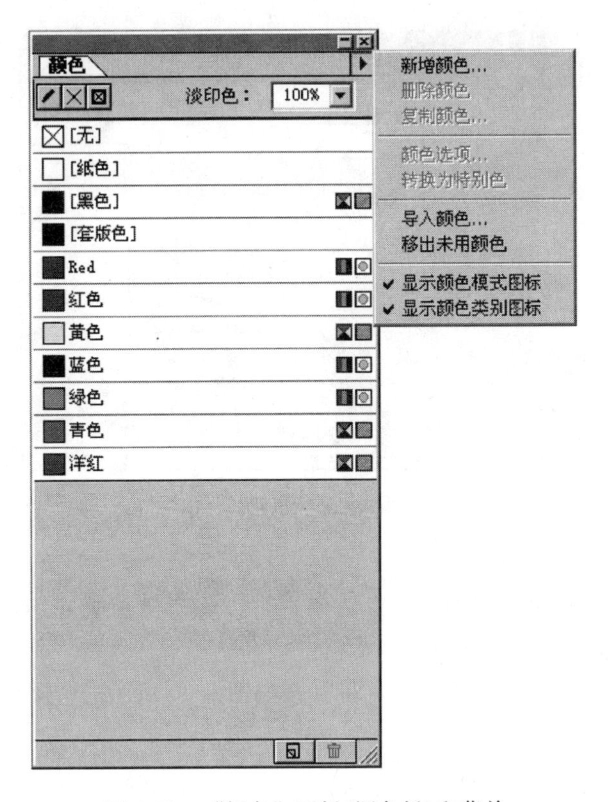

图 6-58　“颜色”面板(调色板)和菜单

(1) 选择要改变颜色的对象

(2) 如果要改变线条或边框颜色，则单击“颜色”面板上的“边线色彩”按钮；如果要改变填充的颜色，则单击“填充色彩”按钮，如果要同时改变边线和填充，则单击“边线和填充色彩”按钮。

(3) 在“颜色”面板中选取所需颜色，则对象的颜色随之发生改变。

(4) 双击“淡印色”下拉框，选择百分比浓度。

如果“颜色”面板中没有满意的颜色，可以自己创建一个颜色来使用。这里举一个简单的例子说明：

1) 在“颜色”面板的菜单中单击“新增颜色”命令，弹出如图 6-59 所示的“颜色选项”对话框。

2) 在“名称”文本框中输入文本，为新颜色命令。

3) 在“类别”下选择“印刷色”。

4) 在“模式”下选择“RGB”(对于印刷来说，应选用 CMYK，这时可以通过青色、洋红、黄色、黑色四个滑块来调色)。

5) 拖动红绿蓝 3 个滑块条调出所需色彩。

6) 单击“确定”按钮，新调配的颜色出现在“颜色面板”中。

利用“颜色”面板菜单，还可以删除、复制颜色。选择某一颜色后在面板菜单中选择“颜色选项”命令，可以对所选颜色重新调配。

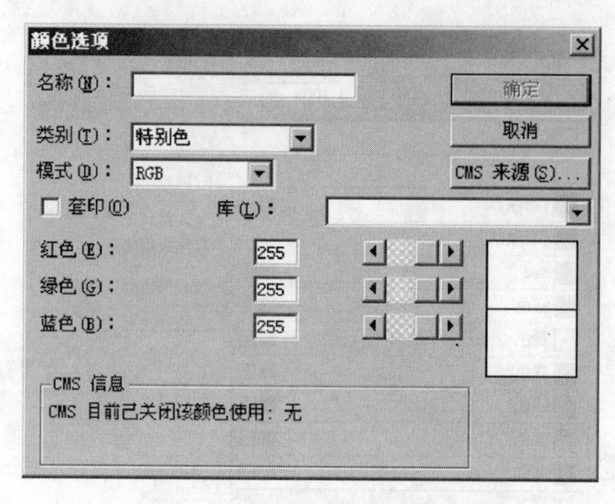

图 6-59 “颜色选项”对话框

三、图层操作

PageMaker 6.5C 也采用了图层技术，用户可以将对象放置在不同的层上，通过图层的开关和排序，可以更快、更好地编辑文档。

选择“窗口”＞“显示图层面板”，将打开如图 6-60 所示的“图层”面板。

1. 创建图层

创建一个新的图层的步骤如下：

1）在“图层”面板的菜单中选择“新增图层”命令，弹出如图 6-61 所示的“新增图层”对话框。

2）在“新增图层”对话框的“名称”文本框中输入层名，在颜色下拉列表框中选择一个颜色。

3）单击“确定”按钮。

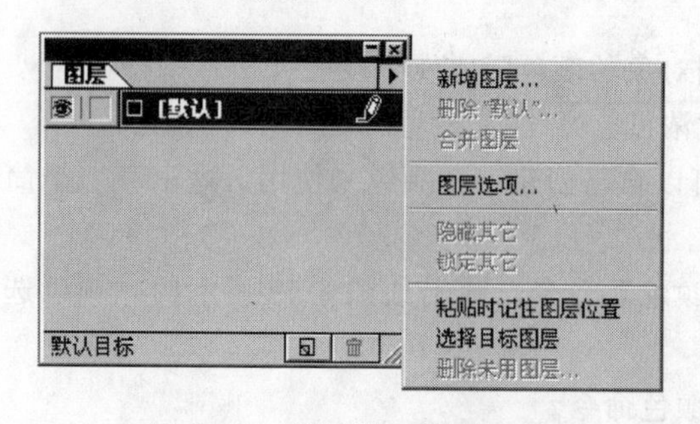

图 6-60 “图层”面板及菜单

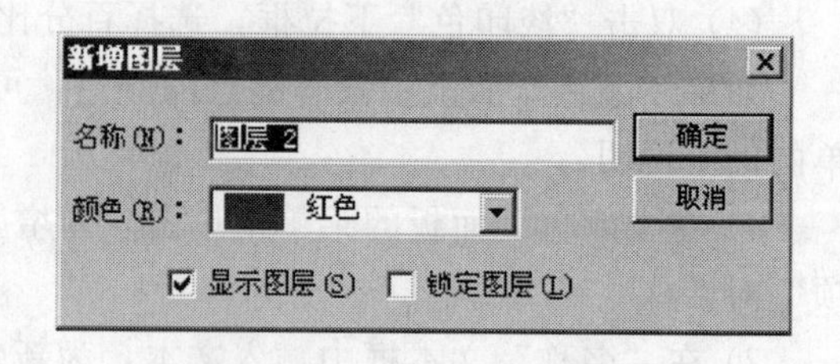

图 6-61 “新增图层”对话框

“新增图层”对话框中的颜色是这个图层上对象控制点的颜色，它可以帮助用户识别对象是否在同一个层上。对话框中的“显示图层”和“锁定图层”选项用以控制是否显示和锁定这个图层上的对象。

2. 其他图层操作

在“图层”面板中的图层列表中，第一列为矩形框眼睛图标，单击它可以关闭或打开这个图层。

单击第二个小矩形框，可以锁定或解锁图层。锁定的图层将在这个矩形框中出现一个锁定图标，被锁定的图层上不能进行操作。在“图层”面板中上下拖动一个图层可以将它重新放置以改变图层的顺序，上面图层中的对象将覆盖下面图层上的对象。

选择图层，然后选择面板菜单中的“删除图层”命令，可以将所选图层删除。在删除图层时，可以在“删除图层”对话框中选择将图层上的项目一同删除或移动到别的图层。

面板菜单中的“删除未用图层”可以将未使用的图层(空图层)删除。

按住 Ctrl，然后在“图层”面板中选择多个图层，在菜单中选择“合并图层”命令可以将所选图层合并到最上面的一个图层。

另外，选择某个图层，然后在“图层”面板菜单中选择“图层选项”，可以重新设定图层的名称、颜色等属性。

3. 在层间控制、移动或复制对象

在“图层”面板中选择某个图层，然后在页面上绘图、打字或置入对象，新生成的对象位于所选图层上。

用工具面板的选择工具选择某个对象，在“图层”面板中，所选对象所处的图层右边将出现一个小的色点(如图 6-62)。用鼠标将这个色点拖到另一个图层，就将所选对象移到了目标图层。如果按住 Ctrl 再拖动，可以将对象复制到目标图层上。

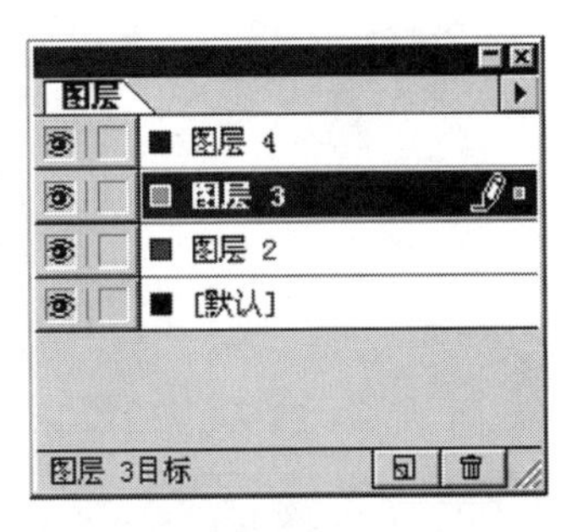

图 6-62

在“图层”面板菜单中选择“粘贴时记住图层位置”，当使用“复制”、“粘贴”命令或“剪切”、“粘贴”命令在页面间复制或移动对象时，将使粘贴的对象处于原来的层上。如果“粘贴时记住图层位置”没有被选定，那么在粘贴操作时，粘贴的对象将被放在当前图层。

第六节 实 例 演 示

下面我们通过一个具体的实例来演示 PageMaker 6.5C 制作方案文档的过程。读者可以跟着演示过程，自己动手，实际体会一下用 PageMaker 制作建筑方案文档的过程。先将演示文件所在的文件夹拷贝到本机。

本实例所用的文件以 JPEG 图像文件为主，效果图基本上都是 JPEG 格式，方案的平、立、剖面图都是用 AutoCAD 绘制的，然后通过打印方式将它们输出为 EPS 文件，为了不依赖于 PostScript 打印设备，我们通过 Photoshop 将 EPS 文件转化成了 JPEG 图像文件。另外，本实例所用文件还包括一个设计说明的纯文本文件。

一、创建新文件

(1) 运行 PageMaker 6.5C 后，选择“文件”＞“新建”命令，在“文档设定”对话框中设定“页面尺寸”为 A3，“打印方式”为横式，“选项”为单面，左边界和底部边界为 30mm，右边界和顶部边界为 15mm，目标打印机分辨率为 300，然后按“确定”按钮。这时生成一个只有一页的文档，如图 6-63 所示。

(2) 选择“文件”＞“保存”命令将它保存在本演示文件所在文件夹，并命名为“方案文本”，文件后缀为默认的“.P65”。

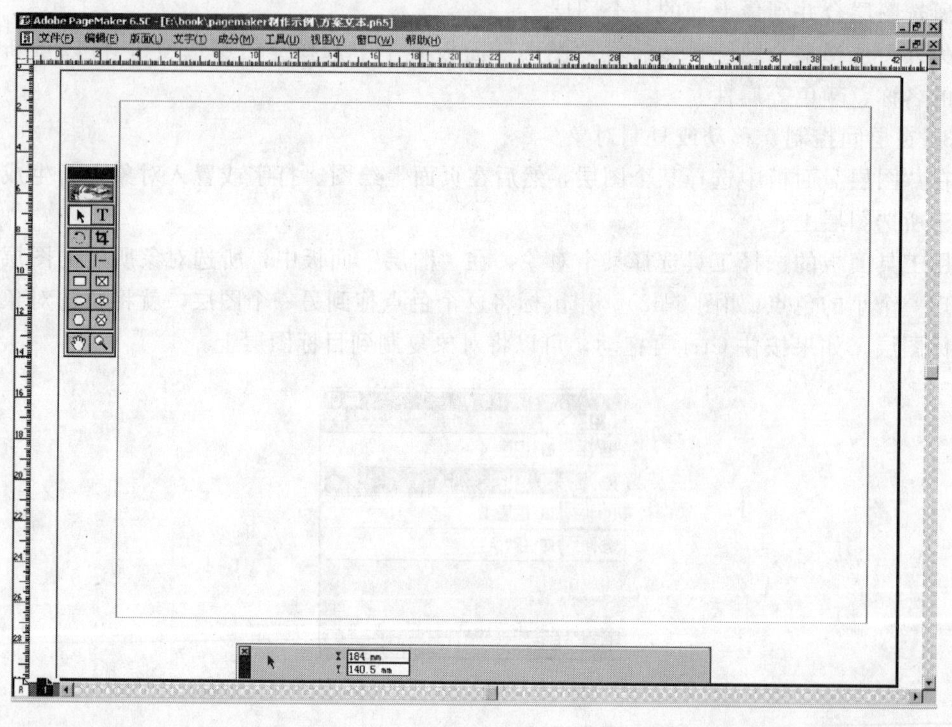

图 6-63

二、版式设计

(1) 单击左下角标有“R”的页码图标，进入主页。

(2) 选择“版面”＞“栏辅助线”命令打开“栏辅助线”对话框，设定“栏数”为 3，“间距”为 5mm，“方向”为垂直。然后按“确定”按钮。版面在垂直方向上被分为 3 等分。

(3) 如果标尺没有打开，选择“视图”＞“显示标尺”来打开它。将鼠标移入上部的标尺按下并向下拖动和栏辅助线重合，一共拖出 4 条标尺辅助线，以和栏辅助线的位置重合。

(4) 再一次选择“版面”＞“栏辅助线”命令打开“栏辅助线”对话框，设定“栏数”为 3，“间距”为 5mm，“方向”改为水平。然后按“确定”按钮。这时版面在水平方向上被分为 3 栏，而垂直方向上的划分由上一步拖入的四条标尺辅助线形成，版式呈 9 宫格形式，如图 6-64 所示。选择“选择视图”＞“锁定辅助线”。

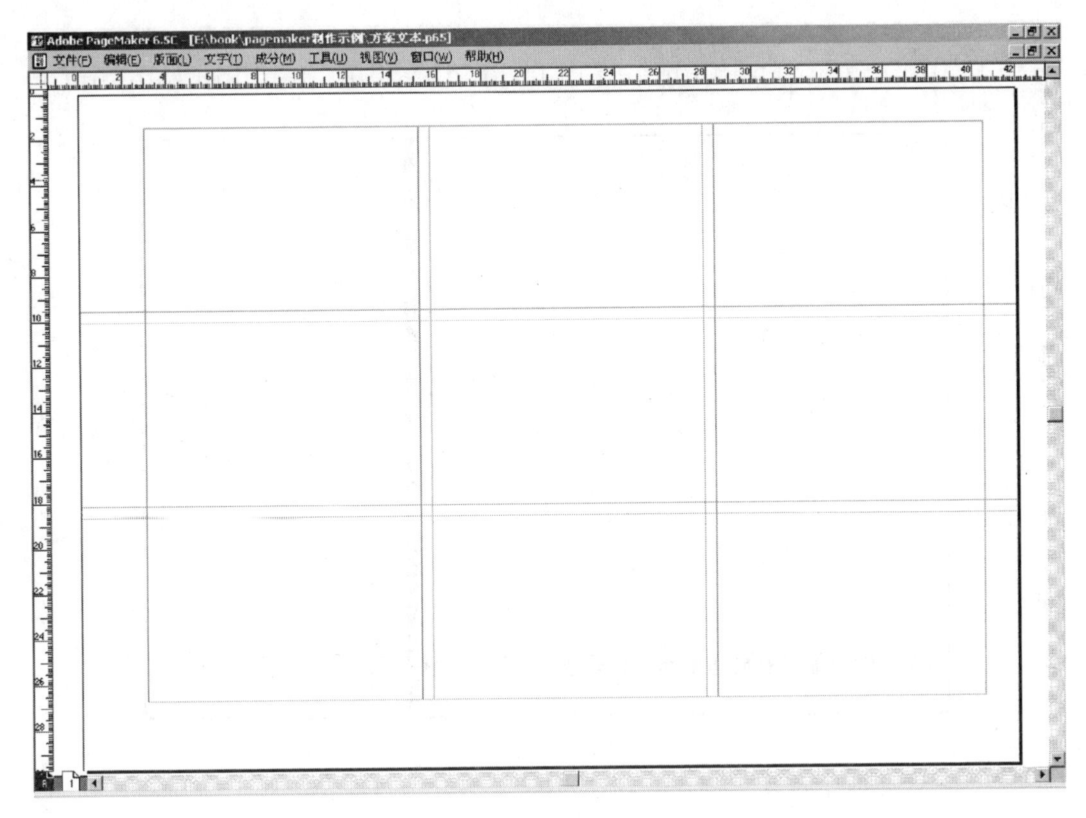

图 6-64

(5) 选择工具面板中的文字工具，然后在主页页面上输入标题“镇江市疾病预防控制中心综合业务楼方案设计”，选择这些文字，选择“文字”＞“字符”命令将“字体”设为黑体；“大小”设为 3 点；文字式样采用粗体，再用“文字”＞“段落”命令将它“对齐方式”设为“强制齐行”。

用“工具面板”中的“选择工具”单击所写文字，然后移动文字到所需位置，并拖动四周的句柄控制文本的宽度。

(6) 用“文字工具”输入标题的汉语拼音“ZHENJIANG SHI JIBING YUFANG KONGZHI ZHONGXIN ZONGHE YEWU LOU FANGAN SHEJI”。然后用选择工具选择它，在控制面板右上角输入旋转角度“90”，使它转动 90°，然后拖动句柄到图 6-65 所示位置。用“文字工具”选择标题汉语拼音，用“控制面板”或菜单命令将它字体设定为“Helvetica”，文字式样设为“粗体”，对齐方式为“强制对齐”。用“颜色”面板将颜色设为纸色。

(7) 用“工具面板”中的矩形工具，绘制一个宽度与右边分栏间距重合的通长的一个矩形。用“颜色”面板将它填充与边线设为黑色，并选择“成分”＞“排列”＞“移至最后”将它移至底部，以显示标题的汉语拼音。

(8) 参照第(5)步，在绘制的矩形右边输入日期：“2004 年 7 月”并调整字型格式。

(9) 用“工具面板”中的“画线工具”沿底部边界线绘制一条通长水平线条，用“颜色”面板将它设为黑色，用“成分”＞“线型”命令将它的宽度设为“1pt”。

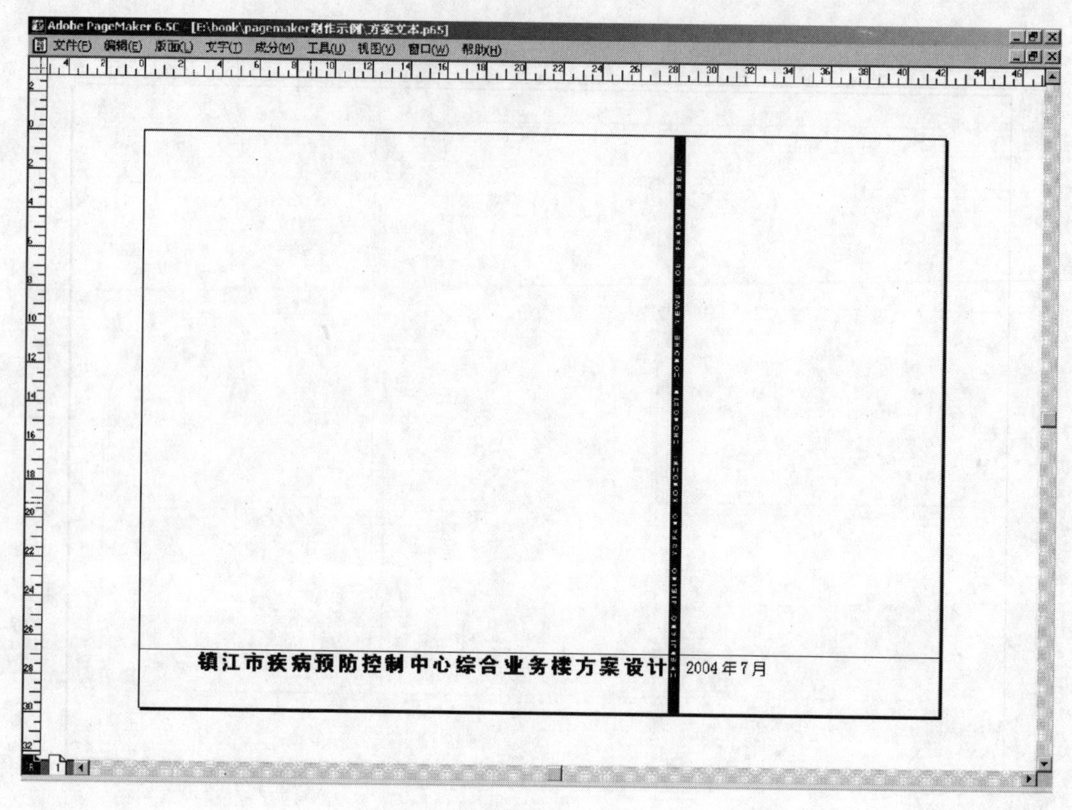

图 6-65

(10) 选择“视图”＞“隐藏辅助线”可以清楚地看到版面设计后的效果(图 6-65)。

三、输入设计说明文本

我们在这里准备把说明文本置入各页的右侧，与图像混合，以获得一定的视觉效果。

(1) 选择“版面”＞“插入页面”命令，先插入 10 个页面备用，第 1 页作为封面，我们单击左下角页码图标进入第 2 页。选择“视图”＞“显示辅助线”命令以显示辅助线。

(2) 选择“文件”＞“置入”命令，选择“设计说明 .txt”文件，单击“打开”按钮。

(3) 在第 2 页页面中移动鼠标，在写有标题拼音的黑色竖条右侧单击，将设计说明文本放置在第 2 页最右边的分栏中，如图 6-66 所示。

(4) 选择“工具面板”中的文字工具，在文本块中单击，这时鼠标光标呈“I”型，选择“编辑”＞“全选”命令，选择所有文本，将它们的字体设为“宋体”，大小设为“14”。

(5) 拖动文本块上下的句柄使它充满右边的分栏，然后单击文本块下方的红色句柄，鼠标图标显示为置入文本时的光标样式，单击左下角第 3 项页码图标进入第 3 页，并在右边分栏中单击，以继续放置文本。如果没有放置完，则继续在下一页放置，直至将文本全部显示。

(6) 回到第 2 页，逐页对文字及段落进行格式化，如标题加粗，左缩排，首行缩进

图 6-66

等，具体方法参见前面章节。

四、置入图形

(1) 单击页码图标进入第 2 页，选择“文件”＞“置入”命令置入文件：“日景透视 .jpg”，这时弹出如图 6-67 对话框，选择“否”，然后在页面上任一点单击，以放置日景透视效果图，拖动图像和句柄，将图像放入适当位置并缩放为适当大小。

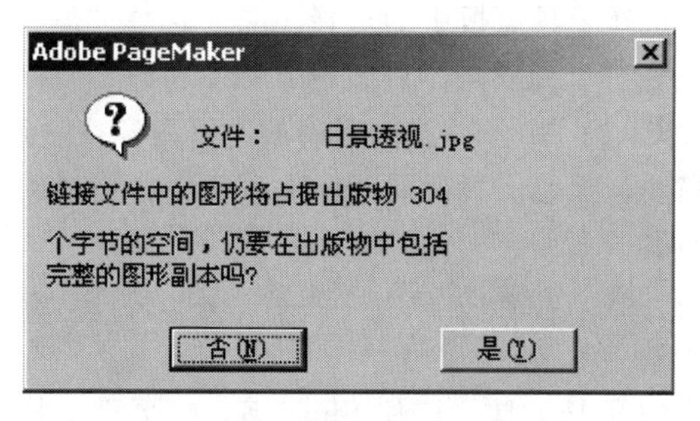

图 6-67

如果希望在视图中将图形显示为高分辨率，可以选择“文件”＞“自定格式”＞“通用”命令，在“自定格式”对话框中将图形显示设为高分辨。

(2) 用“工具面板”中的文字工具输入图片名称“日景效果图”。操作结果如图 6-68 所示。

图 6-68

(3) 重复以上操作，将效果图和各层平面图及立面图置入当前文档，如页数不够，可选择“版面”＞“插入页面”以插入新页面。

五、制作封面页

(1) 单击页码图标进入第 1 页即封面页，单击“视图”菜单中的“显示主页项目”选项，使之处于非选取状态，这样第 1 页上就不显示主页的内容而成为一个空白页。

(2) 进入主页页面，选择工具面板中的选择工具，选择“编辑”＞“全选”命令将主页上所有内容选取，然后选择“编辑”＞“复制”命令将它们复制到剪切板。

(3) 回到第 1 页，按 Ctrl＋Alt＋V 将刚复制的主页内容粘贴到封面页上的相同位置。

(4) 将页面下部的横线、标题、日期同时向上移动，并使横线与从上数第 3 条标尺辅助线重合，如图 6-69 所示。

(5) 选择“文件”＞“置入”命令置入“夜景.tif”文件，并用“工具面板”的选择工具进行缩放和拖动。

(6) 选择工具面板中的圆形工具，按住 Shift 键，在页面上拖动鼠标，绘制出一个圆形，再用选择工具选取这个图形进行缩放并移动至如图 6-70 所示位置。

(7) 按住 Shift 键用选择工具将图和夜景图同时选取，选择“成分”＞“遮色”命令进行遮色处理并选择“成分”＞“组成群组”命令将它们组合。再选择成分”＞“排列”＞“移至最后”命令将它们移到其他对象之下。为了不显示圆形的边界，选择“成分”＞“线型”＞“无”命令。

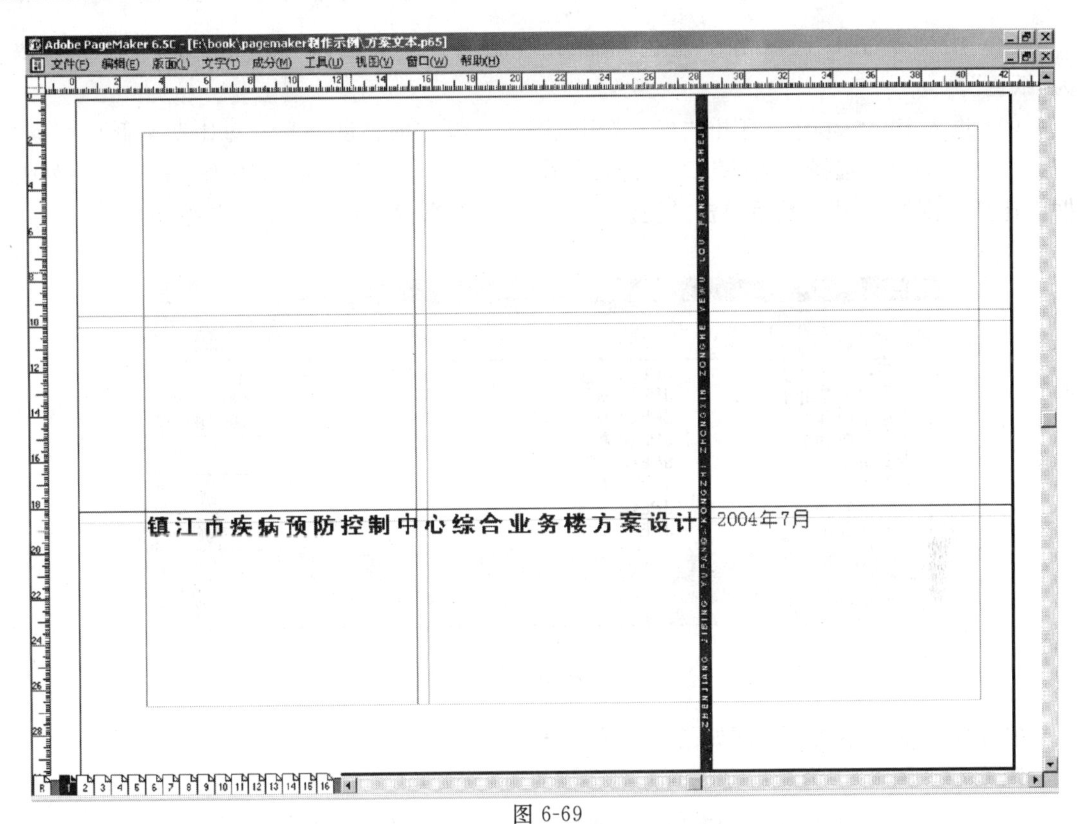
Adobe PageMaker 6.5C - [E:\book\pagemaker制作示例\方案文本.p65]
文件(F) 编辑(E) 版面(L) 文字(T) 成分(M) 工具(U) 视图(V) 窗口(W) 帮助(H)
镇江市疾病预防控制中心综合业务楼方案设计
2004年7月

图 6-69

Adobe PageMaker 6.5C - [E:\book\pagemaker制作示例\方案文本.p65]
文件(F) 编辑(E) 版面(L) 文字(T) 成分(M) 工具(U) 视图(V) 窗口(W) 帮助(H)
镇江市疾病预防控制

图 6-70

(8) 用文本工具选取落于遮色图像之内的文字，然后用“颜色”面板，将它改为“纸色”。

(9) 进入 Photoshop，打开“夜景.tif”图像，将它的亮度调高、对比度调低后存盘，回到 PageMaker，选择“文件”＞“链接”命令打开“链接”对话框(如图 6-71)，在列表框中选择“夜景.tif”，然后单击“更新”按钮以更新图像，单击“确定”按钮。

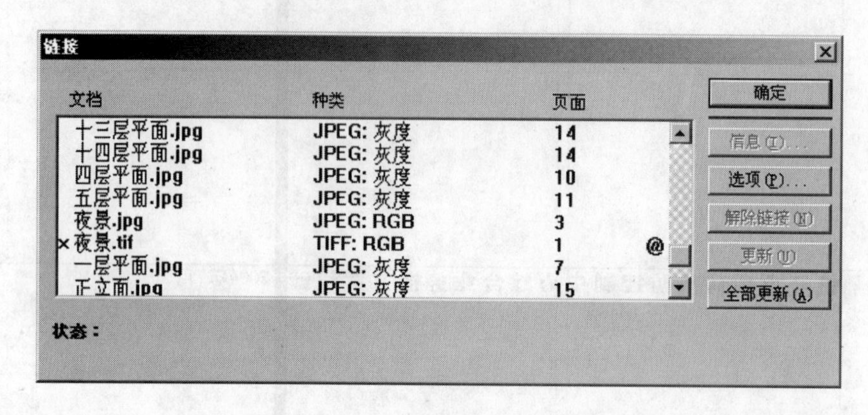

图 6-71

制作完成的方案文档封面如图 6-72 所示。

图 6-72～图 6-87 为最后完成的方案文档的各个页面。

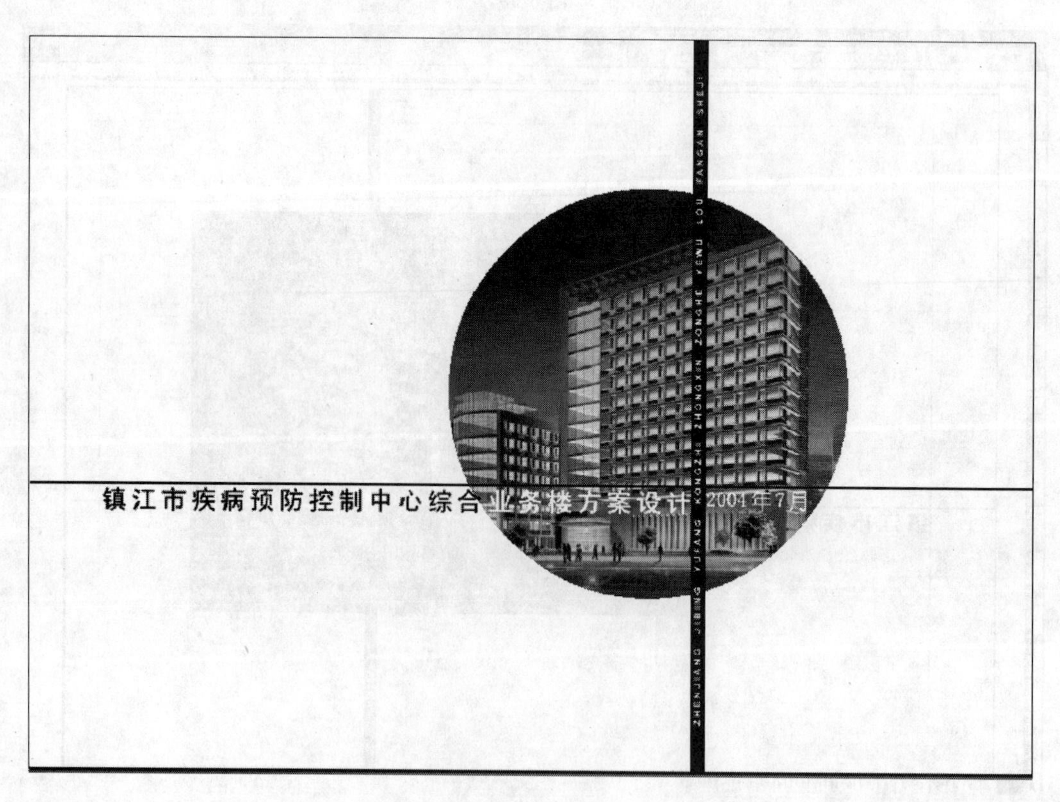

图 6-72

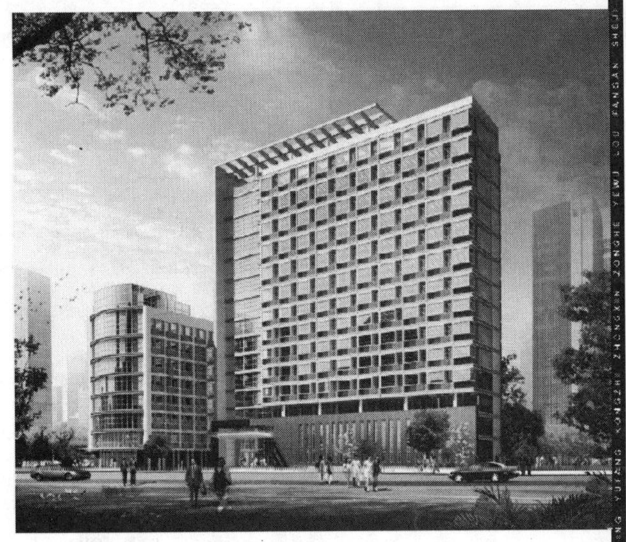

日景效果图

ZHENJIANG JIBING YUFANG KONGZHI ZHONGXIN ZONGHE YEWU LOU FANGAN SHEJI

镇江市疾病控制预防中心综合业务楼设计方案设计说明

第一章 建筑设计说明

一、 设计依据

1、 镇江市疾病控制预防中心提供的总平面图

2、 镇江市疾病控制预防中心提供的设计任务书

3、 设计主要采用的法规和标准：

《高层建筑设计防火规范》GB 50045-95

《办公建筑设计规范》JGJ67-89

《汽车库、修车厂、停车场设计防火规范》GB50067-97

二、 总体布局与功能分区

本项目位于镇江市运河路东北面，西临镇江市疾病控制预防中心老楼，建筑占地1000平方米。

本设计充分考虑地形条件和规划要求中城市绿化的要求，建筑退让东南面运河路15米，景观上配合花坛、绿地设计形成一片开敞的入口广场。广场沿街一侧设有地下车库出口。新楼与老楼之间间隔4米，设有一条地下车库入口。新楼沿旧楼一侧为防火墙，满足防火规范要求。上部以过街楼的形式加以连接，视觉上形成一个整体。

三、 平面设计

充分考虑到在使用中的灵活分割的需求，将核心筒偏于建筑平面的一侧。北侧设疏散楼梯一部，以开敞的阳台作为楼梯的入口，经济实用；并在顶层转换为三跑楼梯，利于顶层的学术报告厅形成开场的大空间。

根据功能要求，设负一层地下车库，层高为3.6米。

镇江市疾病预防控制中心综合业务楼方案设计 2004年7月

图 6-73

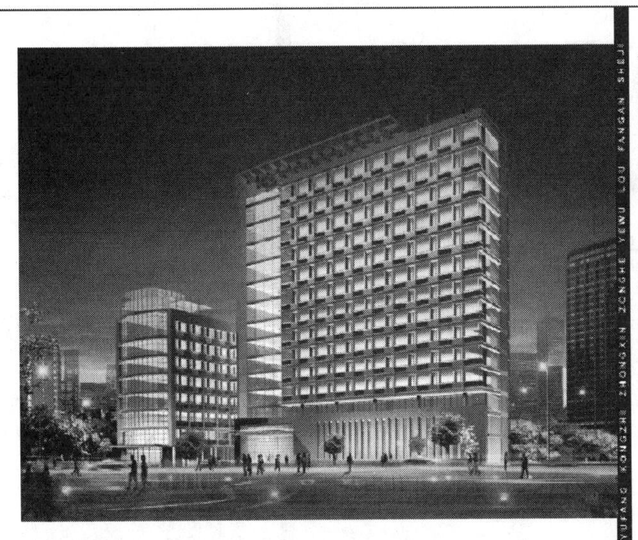

夜景效果图

ZHENJIANG JIBING YUFANG KONGZHI ZHONGXIN ZONGHE YEWU LOU FANGAN SHEJI

局部为地下二层，设配电和水泵房。底层和二层为门诊部，底层的层高为4.5米，二层层高为3.2米。三到八层层高为3.2米，为办公用房。九到十二层层高为3.7米，为检测中心。十三层为党建活动室和职工活动室。十四层为客房和学术报告厅，层高为4米。平面柱网为7.5X8.5米，可以满足各种使用要求。办公楼设两部电梯，其中一部是客梯，另一部是兼作客货两用的消防电梯，满足功能和防火疏散的要求。

四、 立面设计

建筑风格新颖现代，建筑形式力求简洁大方，利用体量的变化打破板式高层的单调感，并使整个建筑获得很好的比例，建筑立面出挑的层层挑板配合大块的玻璃，并以百叶对空调室外机进行遮挡，虚实相应，并有很强的韵律感，顶部的镂空格架的处理，打破传统的形式，丰富建筑立面效果同时也增加现代气质。对于原有的老楼，在不改变的原有结构前提下，参照新楼进行一体化的立面改造，并在两楼之间以过渡性体量进行联系，使得新老建筑风格统一，神韵相似。

第二章 结构设计说明

一、 设计依据及设计要求

1. 设计依据

1) 建筑结构荷载规范 B50009-2001

2) 混凝土结构设计规范 GB50010-2002

3) 建筑抗震设计规范 GB50011-2001

4) 建筑地基基础设计规范 GB50007-2002

5) 建筑桩基技术规范 JBJ94-94

6) 高层建筑混凝土结构技术规程 JGJ3-2002

7) 建筑结构可靠度设计统一标准 GB50068-2001

2. 自然条件

1) 基本风压： 0.45KN/m2

镇江市疾病预防控制中心综合业务楼方案设计 2004年7月

图 6-74

2)　雪荷载：　0.40 KN/m2
3)　抗震设防烈度为7度，设计基本地震加速度为0.15g，地震分组为第一组。
3.　设计要求
1) 使用荷载标准值
办公室：　2.0KN/m2
会议室：　2.0KN/m2
培训室：　2.0KN/m2
停车库：　4.0KN/m2
通风机房：　4.0KN/m2
电梯机房：　7.0KN/m2
未详部分按GB50009-2001规范取值
2) 按GB50068-2001规范规定，本工程结构安全等级为二级。
3) 地基基础设计等级为甲级。 结构设计使用年限：50年。
二、　结构设计
1. 工程概况
地下一层地下室做为停车库，埋深3.6M；地上十四层，分别为办公室、培训室及各种业务用房，地面以上高度49.4M。
2.　结构选形
现浇钢筋混凝土框架－剪力墙结构，框架抗震等级三级，剪力墙抗震等级二级。
3.　基础型式
勘察报告后拟定具体基础型式。
三、　主要结构材料：
钢筋：　Ⅰ、Ⅱ、Ⅲ级钢。
混凝土：　C30~C40。
砌体：　框架填充墙采用KM1型非承重空心砖(190X190X90)及加气混凝土砌块。
立面效果图
镇江市疾病预防控制中心综合业务楼方案设计
2004年7月

图 6-75

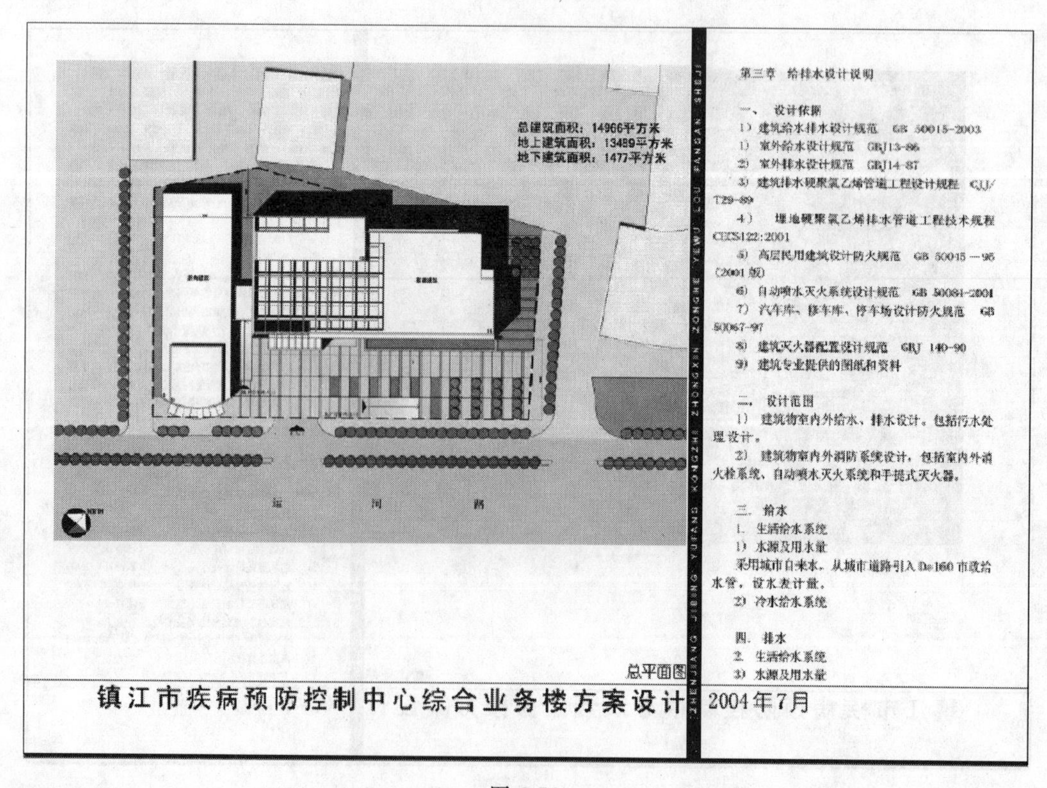
总建筑面积：14966平方米
地上建筑面积：13489平方米
地下建筑面积：1477平方米
运　河　路
总平面图
第三章　给排水设计说明
一、　设计依据
1) 建筑给水排水设计规范　GB 50015-2003
1)　室外给水设计规范　GBJ13-86
2)　室外排水设计规范　GBJ14-87
3) 建筑排水硬聚氯乙烯管道工程设计规程　CJJ/T29-98
4)　埋地硬聚氯乙烯排水管道工程技术规程 CECS122:2001
5) 高层民用建筑设计防火规范　GB 50045—95(2001版)
6) 自动喷水灭火系统设计规范　GB 50084-2001
7) 汽车库、修车库、停车场设计防火规范　GB 50067-97
8) 建筑灭火器配置设计规范　GBJ 140-90
9) 建筑专业提供的图纸和资料
二、　设计范围
1)　建筑物室内外给水、排水设计。包括污水处理设计。
2)　建筑物室内外消防系统设计，包括室内外消火栓系统、自动喷水灭火系统和手提式灭火器。
三、　给水
1.　生活给水系统
1)　水源及用水量
采用城市自来水。从城市道路引入De160市政给水管，设水表计量。
2) 冷水给水系统
四、　排水
2　生活给水系统
3)　水源及用水量
镇江市疾病预防控制中心综合业务楼方案设计
2004年7月

图 6-76

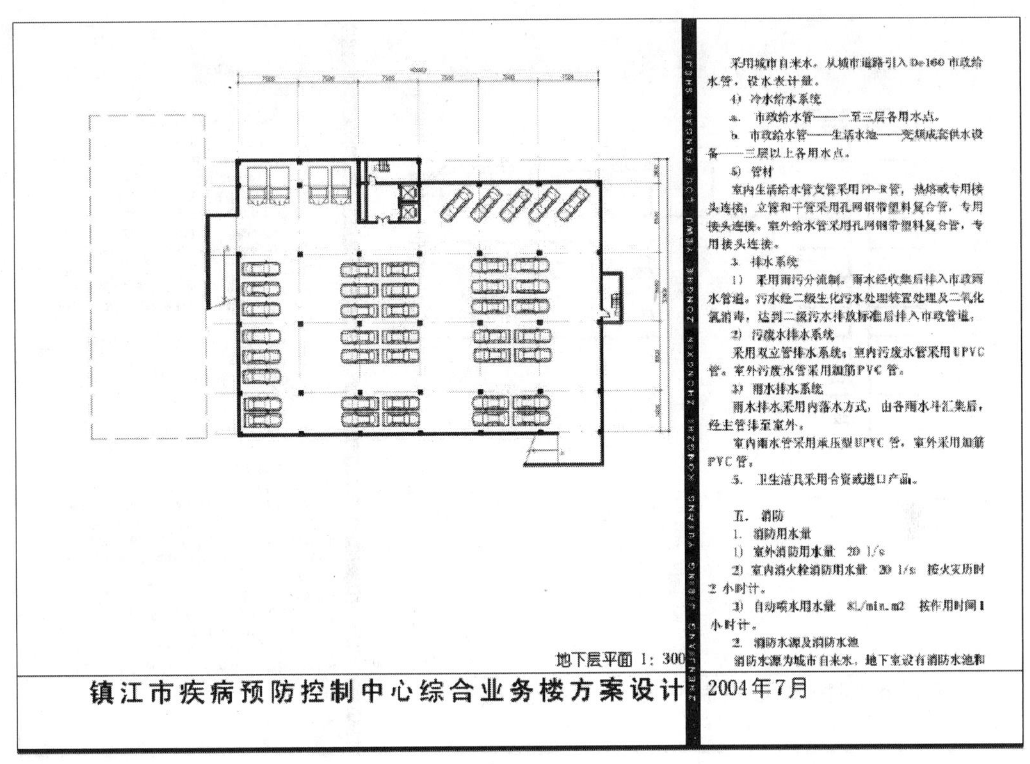
采用城市自来水，从城市道路引入De160市政给水管，设水表计量。
4) 冷水给水系统
a. 市政给水管——一至三层各用水点。
b. 市政给水管——生活水池——变频成套供水设备——三层以上各用水点。
5) 管材
室内生活给水管支管采用PP-R管，热熔或专用接头连接；立管和干管采用孔网钢带塑料复合管，专用接头连接。室外给水管采用孔网钢带塑料复合管，专用接头连接。
3. 排水系统
1) 采用雨污分流制。雨水经收集后排入市政雨水管道，污水经二级生化污水处理装置处理及二氧化氯消毒，达到二级污水排放标准后排入市政管道。
2) 污废水排水系统
采用双立管排水系统；室内污废水管采用UPVC管。室外污废水管采用加筋PVC管。
3) 雨水排水系统
雨水排水采用内落水方式，由各雨水斗汇集后，经主管排至室外。
室内雨水管采用承压型UPVC管，室外采用加筋PVC管。
5. 卫生洁具采用合资或进口产品。
五、消防
1. 消防用水量
1) 室外消防用水量 20 l/s
2) 室内消火栓消防用水量 20 l/s 按火灾历时2小时计。
3) 自动喷水用水量 8L/min.m2 按作用时间1小时计。
2. 消防水源及消防水池
消防水源为城市自来水，地下室设有消防水池和
地下层平面 1：300
镇江市疾病预防控制中心综合业务楼方案设计
2004年7月
ZHENJIANG JIBING YUFANG KONGZHI ZHONGXIN ZONGHE YEWU LOU FANGAN SHEJI

图 6-77

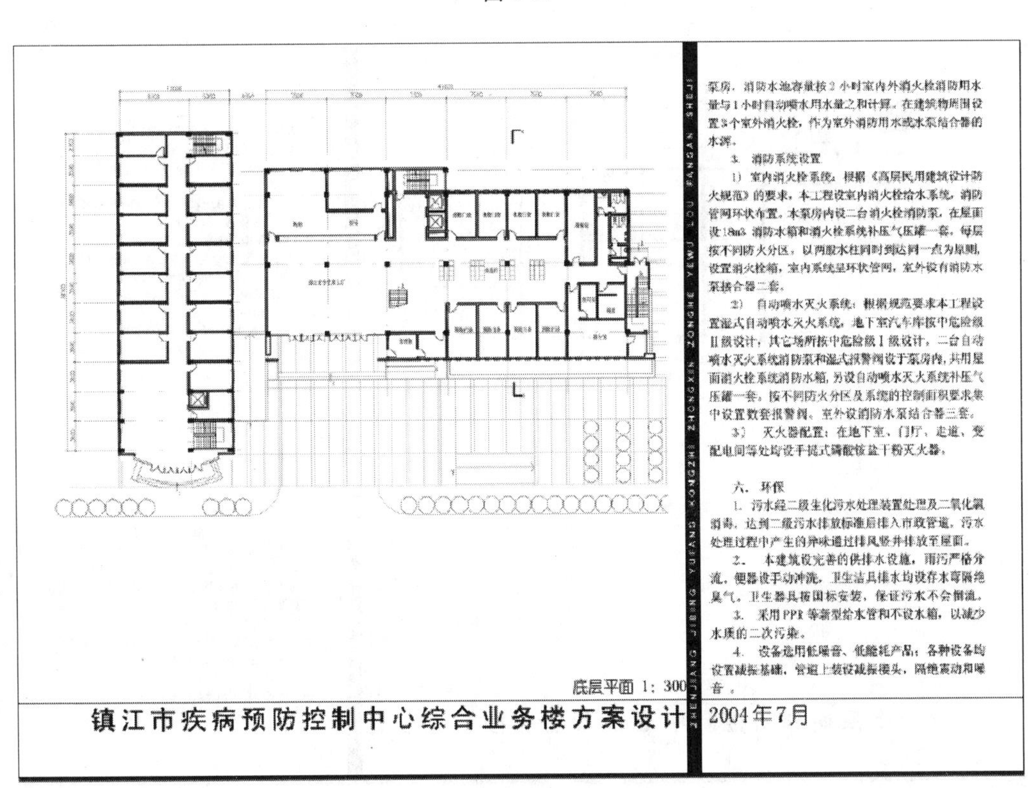
泵房，消防水池容量按2小时室内外消火栓消防用水量与1小时自动喷水用水量之和计算。在建筑物周围设置3个室外消火栓，作为室外消防用水或水泵结合器的水源。
3. 消防系统设置
1) 室内消火栓系统：根据《高层民用建筑设计防火规范》的要求，本工程设室内消火栓给水系统，消防管网环状布置。水泵房内设二台消火栓消防泵，在屋面设18m3消防水箱和消火栓系统补压气压罐一套。每层按不同防火分区，以两股水柱同时到达同一点为原则，设置消火栓箱，室内系统呈环状管网，室外设有消防水泵接合器二套。
2) 自动喷水灭火系统：根据规范要求本工程设置湿式自动喷水灭火系统，地下室汽车库按中危险级Ⅱ级设计，其它场所按中危险级Ⅰ级设计，二台自动喷水灭火系统消防泵和湿式报警阀设于泵房内，共用屋面消火栓系统消防水箱，另设自动喷水灭火系统补压气压罐一套。按不同防火分区及系统的控制面积要求集中设置数套报警阀。室外设消防水泵结合器三套。
3) 灭火器配置：在地下室、门厅、走道、变配电间等处均设手提式磷酸铵盐干粉灭火器。
六、环保
1. 污水经二级生化污水处理装置处理及二氧化氯消毒，达到二级污水排放标准后排入市政管道。污水处理过程中产生的异味通过排风竖井排放至屋面。
2. 本建筑设完善的供排水设施，雨污严格分流，便器设手动冲洗，卫生洁具排水均设存水弯隔绝臭气。卫生器具按国标安装，保证污水不会倒流。
3. 采用PPR等新型给水管和不设水箱，以减少水质的二次污染。
4. 设备选用低噪音、低能耗产品；各种设备均设置减振基础，管道上装设减振接头，隔绝震动和噪音。
底层平面 1：300
镇江市疾病预防控制中心综合业务楼方案设计
2004年7月
ZHENJIANG JIBING YUFANG KONGZHI ZHONGXIN ZONGHE YEWU LOU FANGAN SHEJI

图 6-78

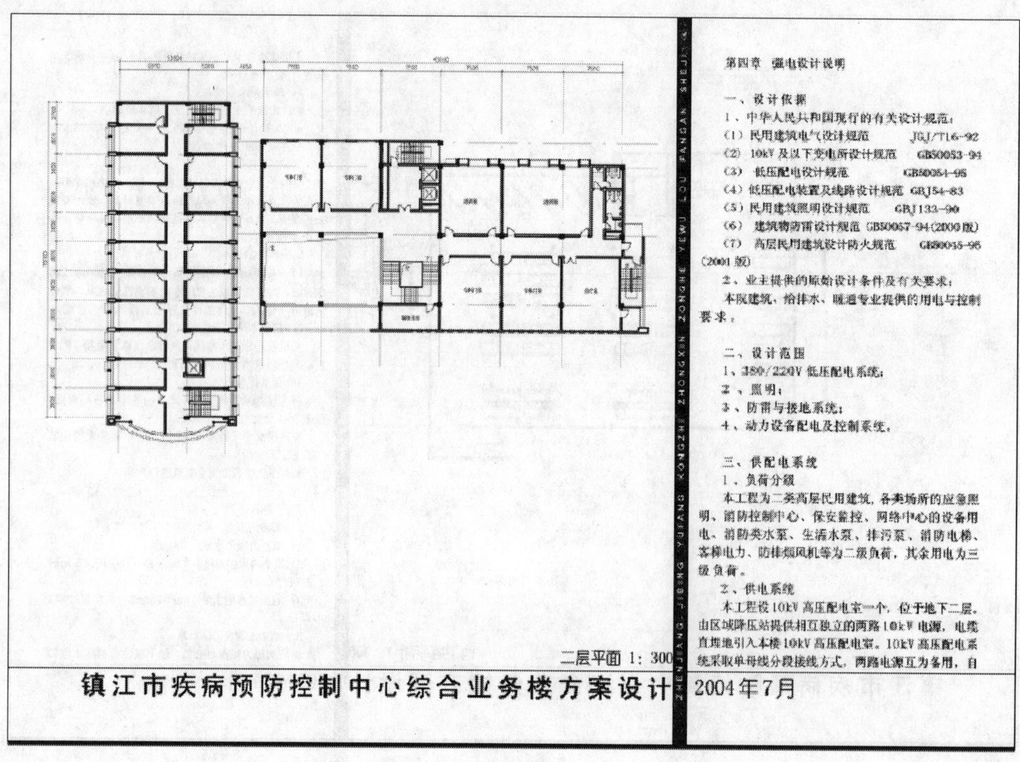
第四章　强电设计说明
一、设计依据
1、中华人民共和国现行的有关设计规范：
(1) 民用建筑电气设计规范　JGJ/T16-92
(2) 10kV及以下变电所设计规范　GB50053-94
(3) 低压配电设计规范　GB50054-95
(4) 低压配电装置及线路设计规范　GBJ54-83
(5) 民用建筑照明设计规范　GBJ133-90
(6) 建筑物防雷设计规范 GB50057-94(2000版)
(7) 高层民用建筑设计防火规范　GB50045-95 (2001版)
2、业主提供的原始设计条件及有关要求：
本院建筑、给排水、暖通专业提供的用电与控制要求。
二、设计范围
1、380/220V低压配电系统；
2、照明；
3、防雷与接地系统；
4、动力设备配电及控制系统。
三、供配电系统
1、负荷分级
本工程为二类高层民用建筑，各类场所的应急照明、消防控制中心、保安监控、网络中心的设备用电、消防类水泵、生活水泵、排污泵、消防电梯、客梯电力、防排烟风机等为二级负荷，其余用电为三级负荷。
2、供电系统
本工程设10kV高压配电室一个，位于地下二层。由区域降压站提供相互独立的两路10kV电源，电缆直埋地引入本楼10kV高压配电室。10kV高压配电系统采取单母线分段接线方式，两路电源互为备用，自
二层平面 1：300
镇江市疾病预防控制中心综合业务楼方案设计
2004年7月

图 6-79

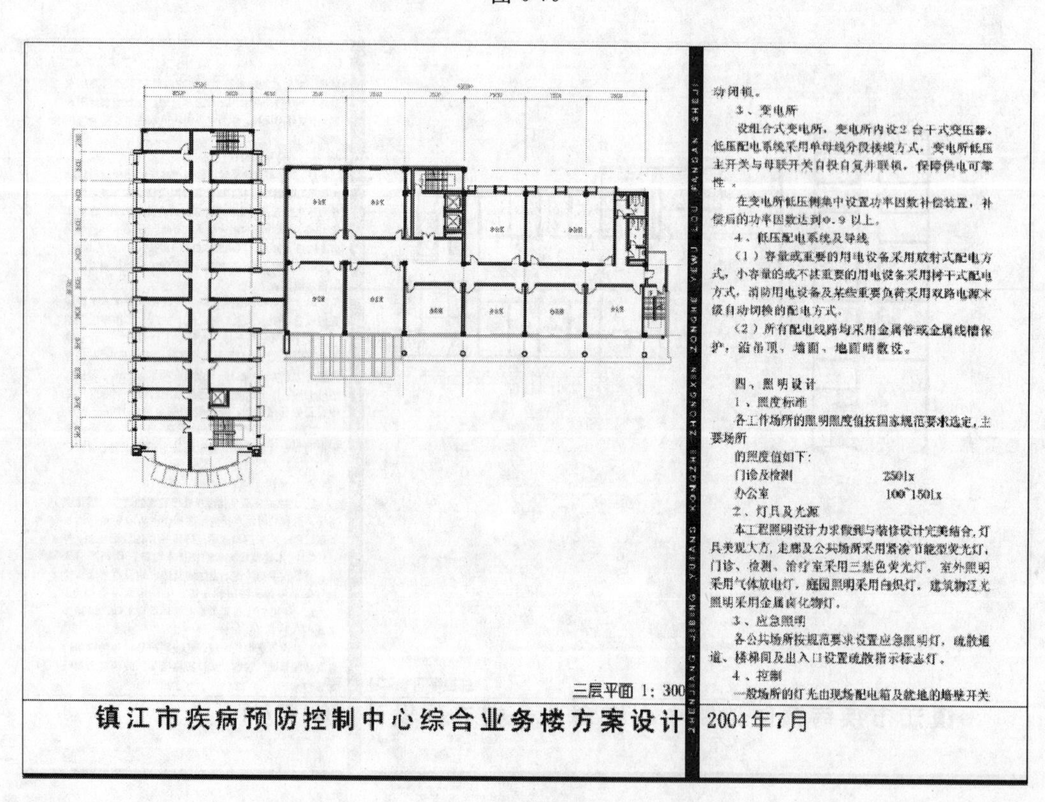
动闭锁。
3、变电所
设组合式变电所，变电所内设2台干式变压器。低压配电系统采用单母线分段接线方式，变电所低压主开关与母联开关自投自复并联锁，保障供电可靠性。
在变电所低压侧集中设置功率因数补偿装置，补偿后的功率因数达到0.9以上。
4、低压配电系统及导线
(1) 容量或重要的用电设备采用放射式配电方式，小容量的或不甚重要的用电设备采用树干式配电方式，消防用电设备及某些重要负荷采用双路电源末级自动切换的配电方式。
(2) 所有配电线路均采用金属管或金属线槽保护，沿吊顶、墙面、地面暗敷设。
四、照明设计
1、照度标准
各工作场所的照明照度值按国家规范要求选定，主要场所
的照度值如下：
门诊及检测　250lx
办公室　100~150lx
2、灯具及光源
本工程照明设计力求做到与装修设计完美结合，灯具美观大方，走廊及公共场所采用紧凑节能型荧光灯，门诊、检测、治疗室采用三基色荧光灯，室外照明采用气体放电灯，庭园照明采用白炽灯，建筑物泛光照明采用金属卤化物灯。
3、应急照明
各公共场所按规范要求设置应急照明灯，疏散通道、楼梯间及出入口设置疏散指示标志灯。
4、控制
一般场所的灯光由现场配电箱及就地的墙壁开关
三层平面 1：300
镇江市疾病预防控制中心综合业务楼方案设计
2004年7月

图 6-80

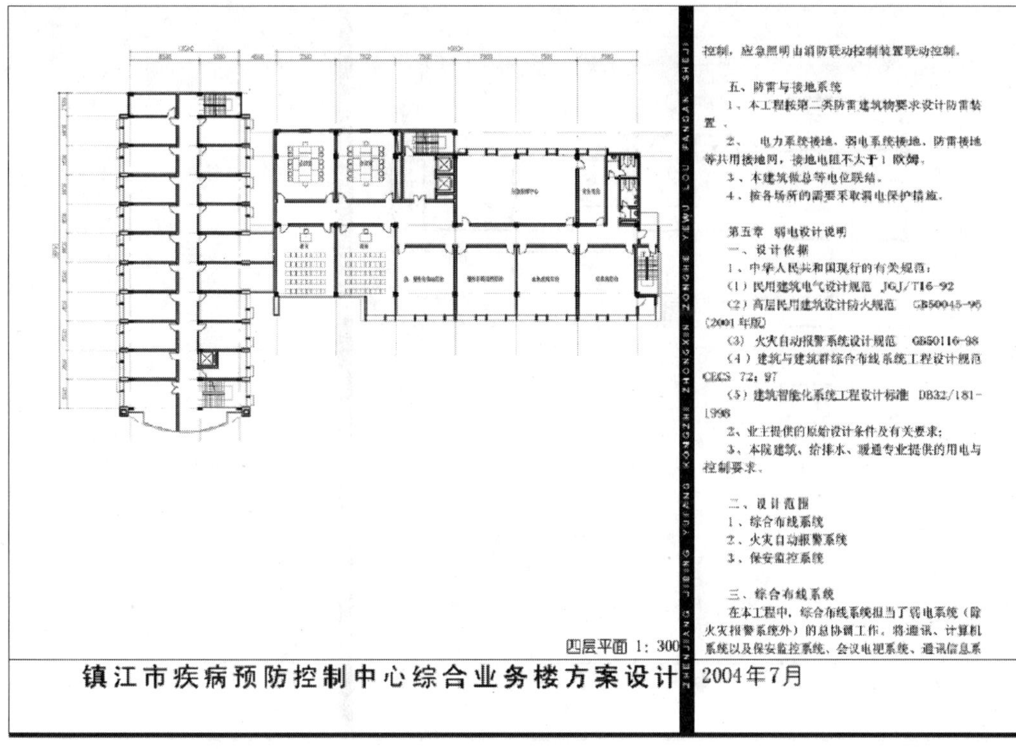
控制，应急照明由消防联动控制装置联动控制。
五、防雷与接地系统
1、本工程按第二类防雷建筑物要求设计防雷装置。
2、 电力系统接地，弱电系统接地，防雷接地等共用接地网，接地电阻不大于1欧姆。
3、本建筑做总等电位联结。
4、按各场所的需要采取漏电保护措施。
第五章 弱电设计说明
一、设计依据
1、中华人民共和国现行的有关规范：
（1）民用建筑电气设计规范 JGJ/T16-92
（2）高层民用建筑设计防火规范 GB50045-95（2001年版）
（3）火灾自动报警系统设计规范 GB50116-98
（4）建筑与建筑群综合布线系统工程设计规范 CECS 72：97
（5）建筑智能化系统工程设计标准 DB32/181-1998
2、业主提供的原始设计条件及有关要求；
3、本院建筑、给排水、暖通专业提供的用电与控制要求。
二、设计范围
1、综合布线系统
2、火灾自动报警系统
3、保安监控系统
三、综合布线系统
在本工程中，综合布线系统担当了弱电系统（除火灾报警系统外）的总协调工作。将通讯、计算机系统以及保安监控系统、会议电视系统、通讯信息系
四层平面 1：300
ZHENJIANG JIBING YUFANG KONGZHI ZHONGXIN ZONGHE YEWU LOU FANGAN SHEJI
镇江市疾病预防控制中心综合业务楼方案设计
2004年7月

图 6-81

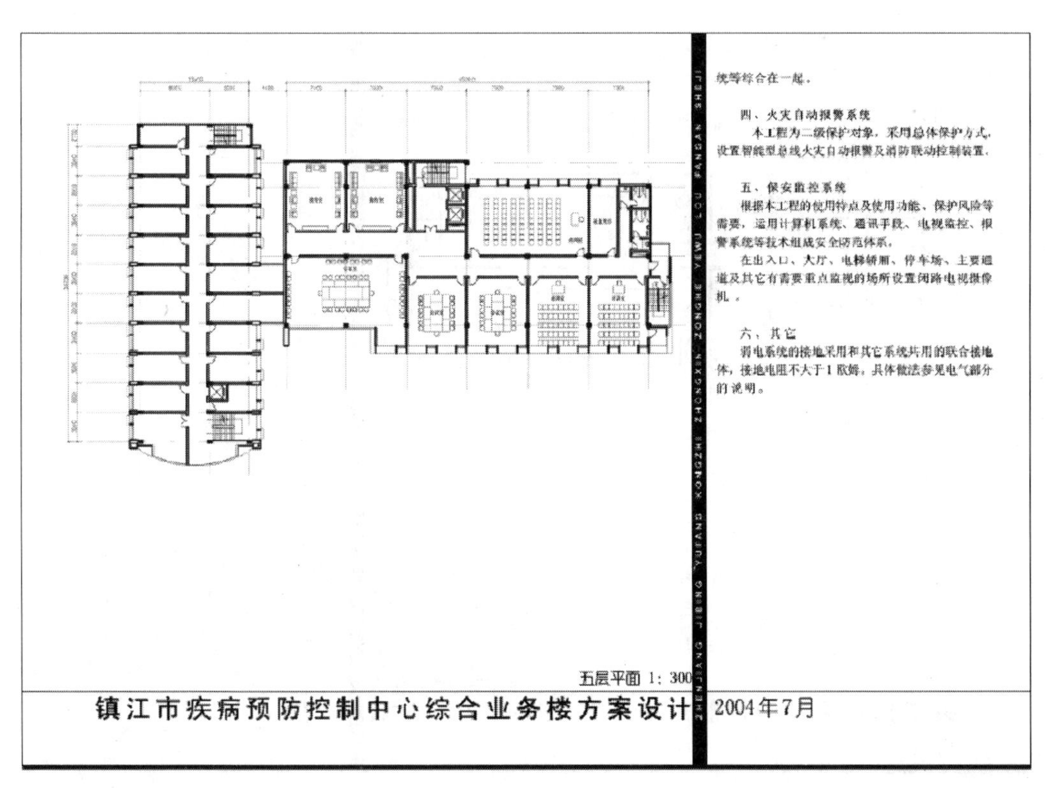
统等综合在一起。
四、火灾自动报警系统
本工程为二级保护对象，采用总体保护方式，设置智能型总线火灾自动报警及消防联动控制装置。
五、保安监控系统
根据本工程的使用特点及使用功能、保护风险等需要，运用计算机系统、通讯手段、电视监控、报警系统等技术组成安全防范体系。
在出入口、大厅、电梯轿厢、停车场、主要通道及其它有需要重点监视的场所设置闭路电视摄像机。
六、其它
弱电系统的接地采用和其它系统共用的联合接地体，接地电阻不大于1欧姆。具体做法参见电气部分的说明。
五层平面 1：300
ZHENJIANG JIBING YUFANG KONGZHI ZHONGXIN ZONGHE YEWU LOU FANGAN SHEJI
镇江市疾病预防控制中心综合业务楼方案设计
2004年7月

图 6-82

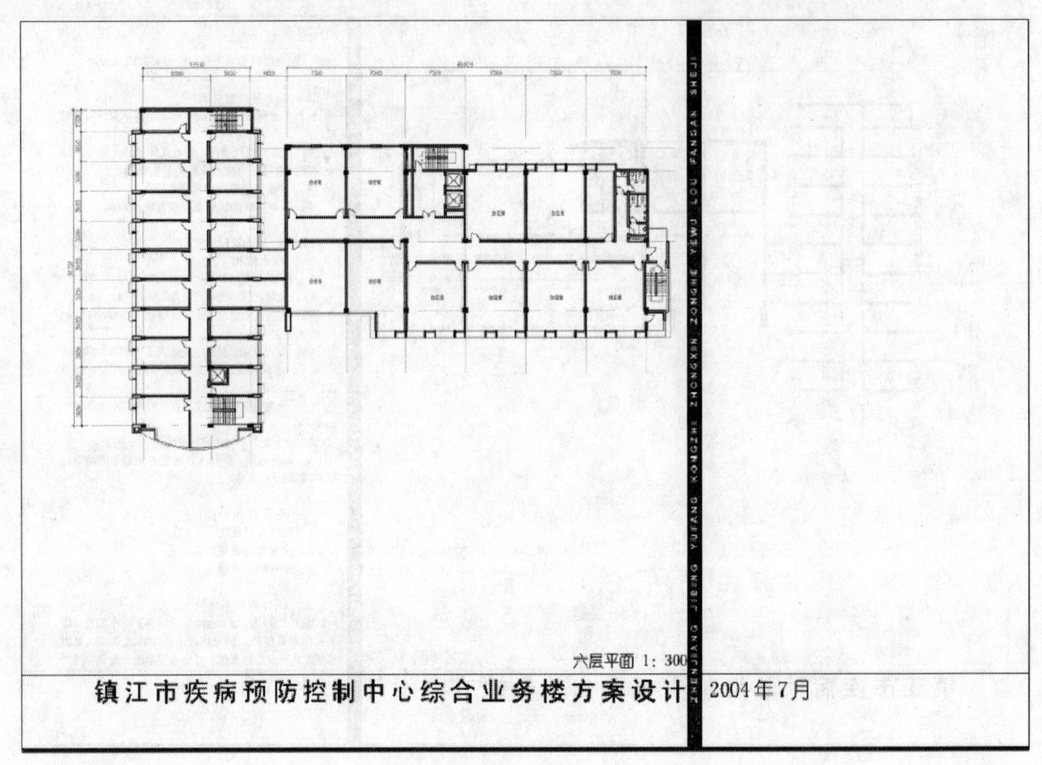
六层平面 1: 300
镇江市疾病预防控制中心综合业务楼方案设计
2004年7月
ZHENJIANG JIBING YUFANG KONGZHI ZHONGXIN ZONGHE YEWU LOU FANGAN SHEJI

图 6-83

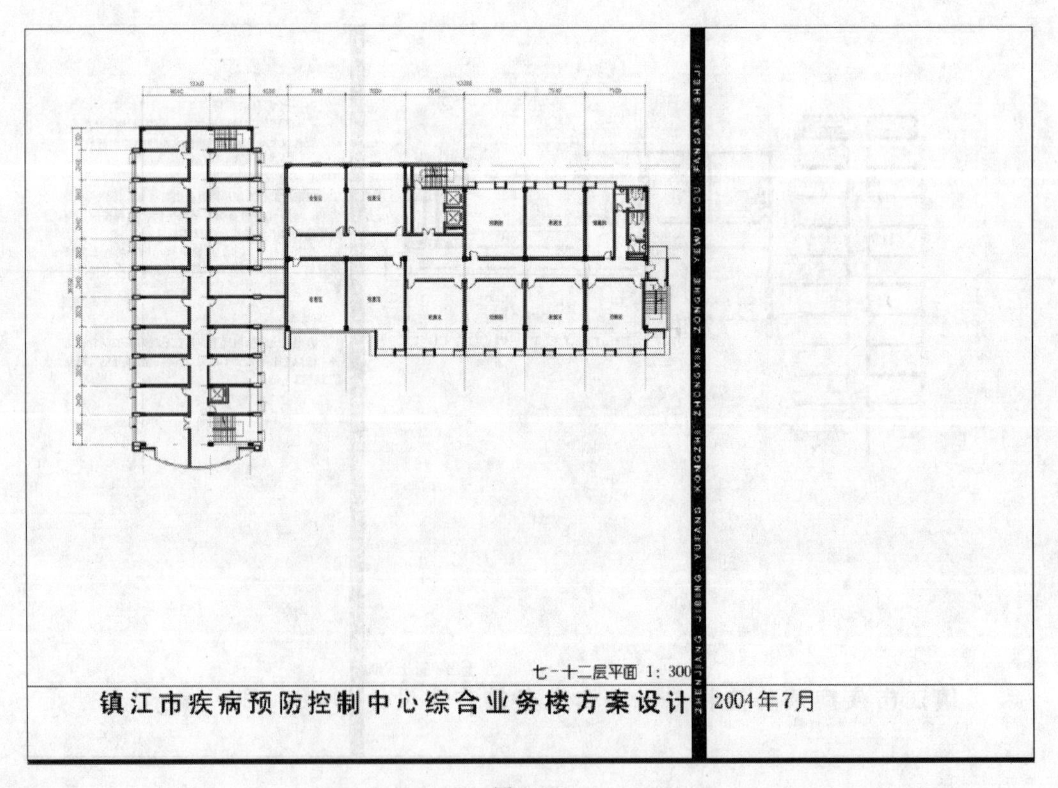
七－十二层平面 1: 300
镇江市疾病预防控制中心综合业务楼方案设计
2004年7月
ZHENJIANG JIBING YUFANG KONGZHI ZHONGXIN ZONGHE YEWU LOU FANGAN SHEJI

图 6-84

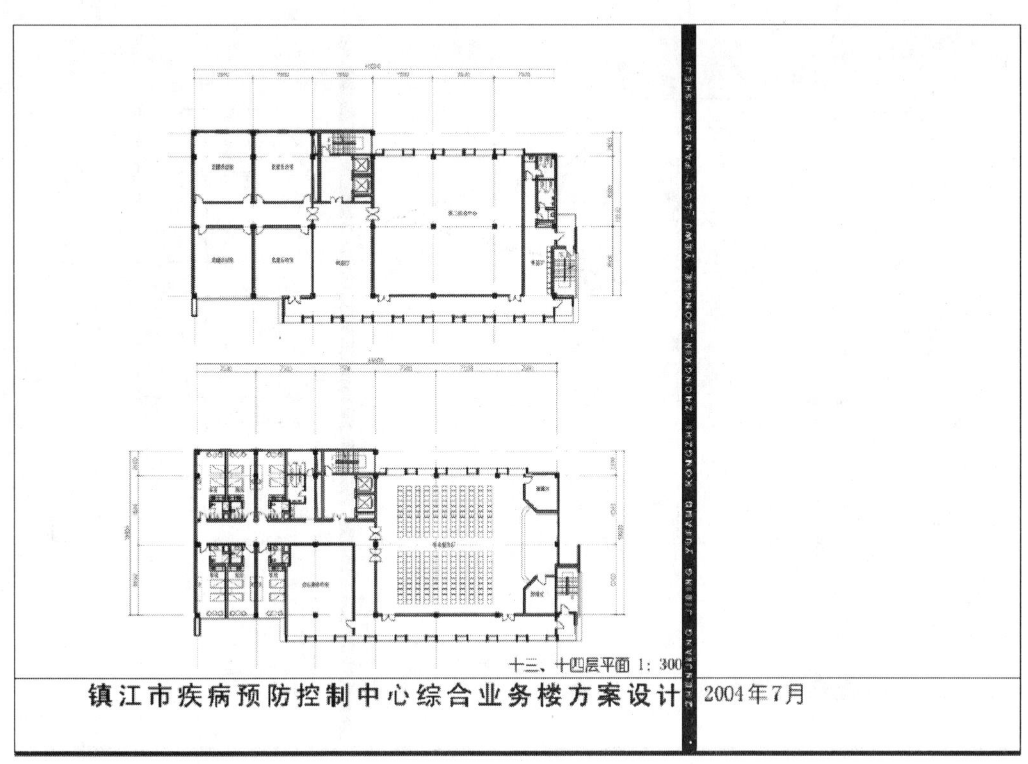
十三、十四层平面 1: 300
镇江市疾病预防控制中心综合业务楼方案设计
2004年7月

图 6-85

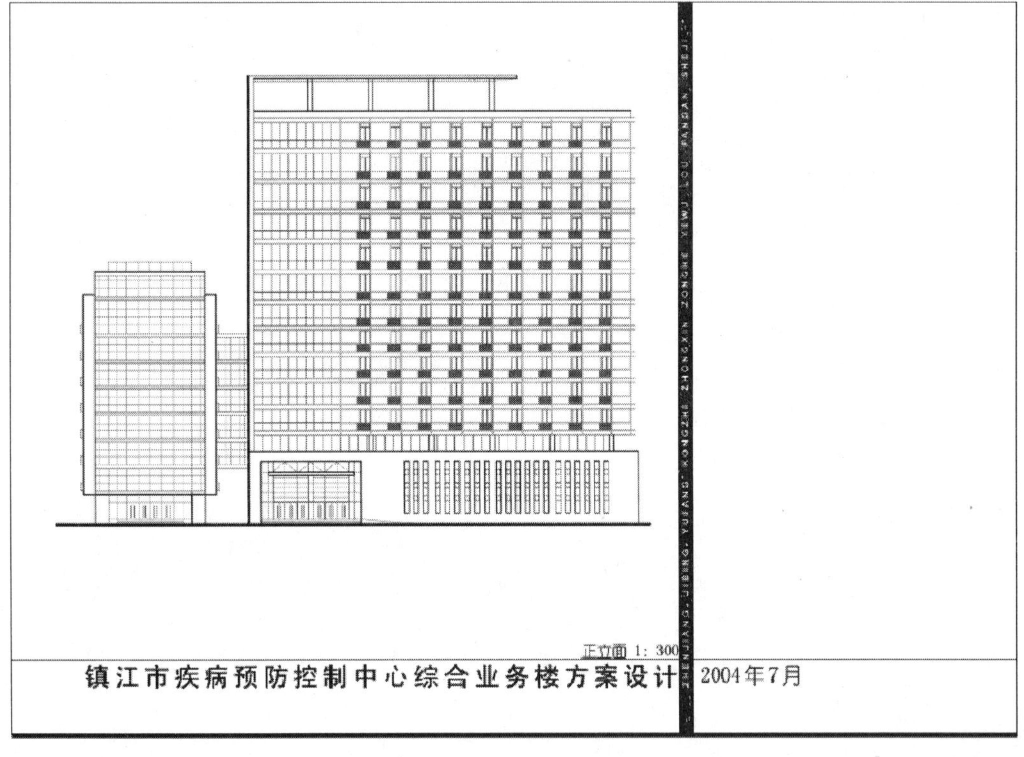
正立面 1: 300
镇江市疾病预防控制中心综合业务楼方案设计
2004年7月

图 6-86

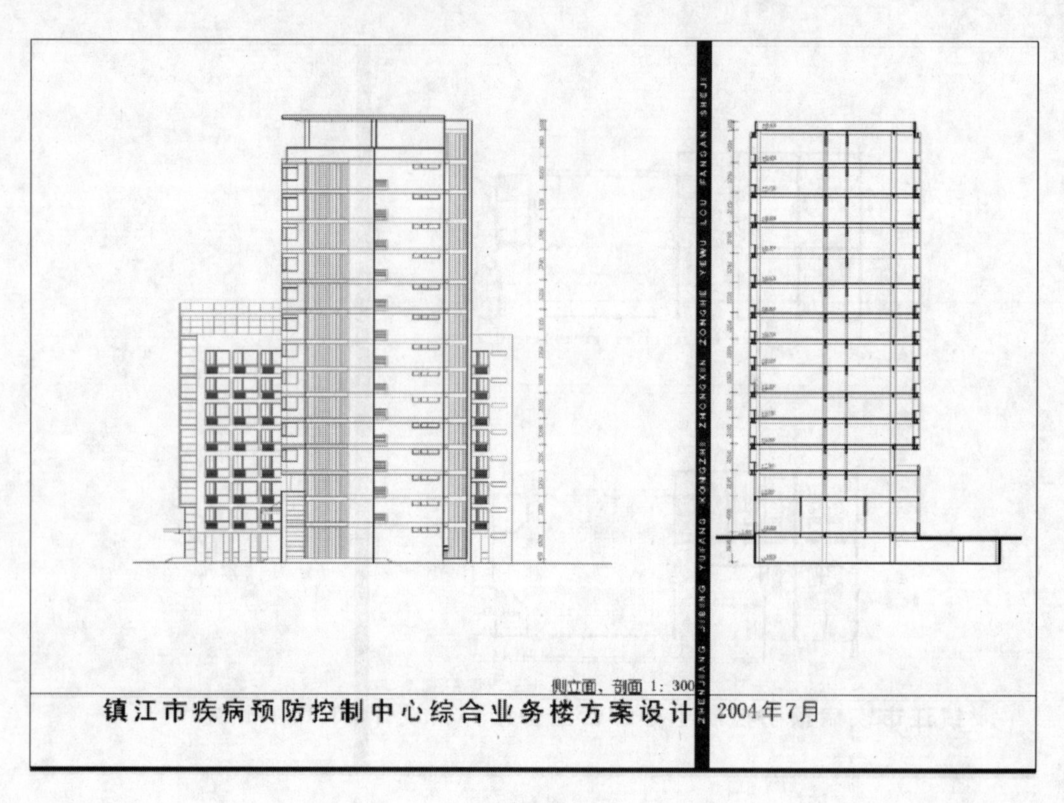
侧立面，剖面 1：300
镇江市疾病预防控制中心综合业务楼方案设计
2004年7月
ZHENJIANG JIBING YUFANG KONGZHI ZHONGXIN ZONGHE YEWU LOU FANGAN SHEJI

图 6-87

第七章　建筑方案演示文稿(PowerPoint 2002)

第一节　建筑方案演示文稿的常用种类

汇报和演示建筑方案常常采用以下三种形式：

- 用图像浏览软件(如 ACDSee)展示图像文件
- 用网页浏览器展示网页文件
- 用 PowerPoint 展示 PowerPoint 演示文稿

第一种方式最为简单，由于图像是建筑方案展示中最为重要的部分，所以，图像文件能够基本满足较低的展示要求。一般情况下，建筑方案需要制作成展板和文本，我们可以直接利用制作展板或文本所获得的图像文件进行这种展示，一举两得、快速方便。制作图像文件一般使用的软件是 Photoshop，结果存为 JPEG 格式的文件，可以按照顺序将文件名修改成 01….jpg，02….jpg，03….jpg 等，以便在图像浏览软件中进行顺序播放。

利用图像文件进行演示的方式如同用传统幻灯机放映一张张幻灯片，一般只能是静态的，放映方式和顺序也比较呆板，只能满足较低的演示要求。另外，对图像文件的编辑(特别是图像中的文字的编辑)比较麻烦。

随着网络应用的日益普及和网页制作技术的迅速发展，利用网页来演示建筑方案也日益普及。由于网络技术的发展，我们可以充分利用网络的多媒体技术及其他动态展示技术，还可以将网页放在网站上进行远程演示，这种方式具有非常好的应用前景。制作网页需要相应的技术知识，动态网页和多媒体网页制作还需要更进一步的技能(如 Asp，JavaScript等)，因而有一点难度。

PowerPoint 是微软的 Office 软件的系列组件之一，是专门用来制作演示文稿的工具，它还具有编辑多媒体的强大功能。PowerPoint 内置了丰富的动画、过渡效果及各种声音效果，并有强大的超级链接及由此带来的交互功能，还可以直接调用外部媒体文件，能够满足建筑方案展示的要求。虽然还有功能更为强大的其他软件(如 Authorware、Flash 等)，但 PowerPoint 有一个非常重要的优点：简单易学。初学者一般只需几个小时的学习就可以着手制作自己的演示文稿。

本章所要介绍的就是 PowerPoint 制作建筑方案演示文稿的过程及方法。

关于版本：

本书采用的是 PowerPoint 2002，它是微软公司 2001 年推出的版本，也是 Office XP 组件的一个重要部分，这是目前最流行的一个版本。它对 PowerPoint 2000 做了许多改进，但操作方法是基本一致的。本书写作时 PowerPoint 的最新版本是 PowerPoint 2003，它是 Office 2003 的一个组件。

第二节　PowerPoint 2002 的界面

图 7-1 所示是 PowerPoint 2002 的基本界面。

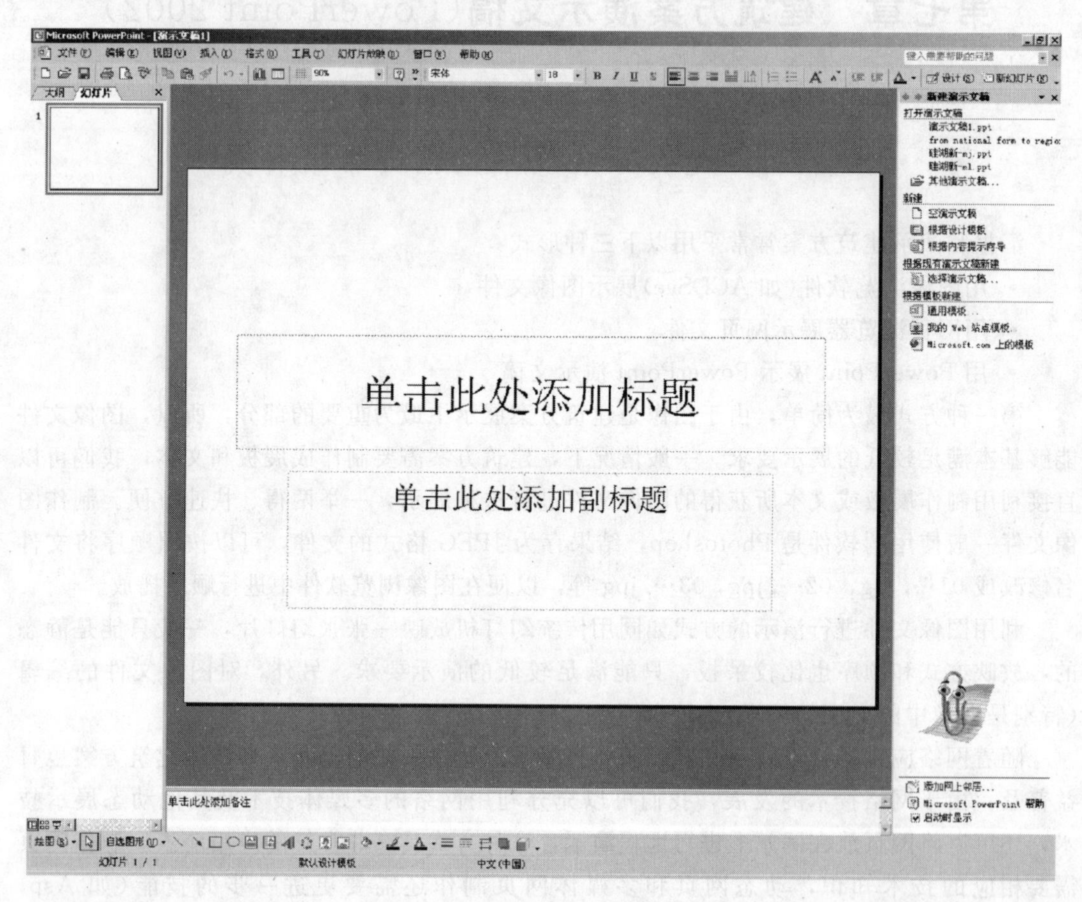

图 7-1　PowerPoint 2002 基本界面

一、菜单

同绝大多数 Windows 窗口一样，PowerPoint 窗口的最上端是标题栏，它显示当前所编辑的文件的名称以及最小化、还原及关闭按钮。标题栏的下面，就是 PowerPoint 的菜单栏，它包括了各种功能操作，包括文件、编辑、视图、插入、格式、工具、幻灯片放映、窗口、帮助等菜单，各菜单项的具体内容如图 7-2～图 7-10 所示。可以拖动菜单栏使它以一个独立的窗口显示。

二、工具栏

工具栏提供了快捷的操作，它们针对各类常用的操作，使得大量的操作简单化。PowerPoint 2002 提供的工具栏包括：常用工具、格式工具、Visual basic 工具、Web 工具、表格和边框工具、大纲工具、绘图工具、控件工具箱、任务窗格工具栏、审阅工具、图片工具、修订窗格工具栏、艺术字工具等，还可以自定义自己常用的工具栏。通过拖动工具栏到相应的位置，各工具栏可以显示为一个单独的窗口，也可以嵌在工作窗口的四周。用鼠标右键单击任一工具栏或菜单栏，就会弹出如图 7-11 所示的上下文菜单，用以打开或关闭各工具栏。

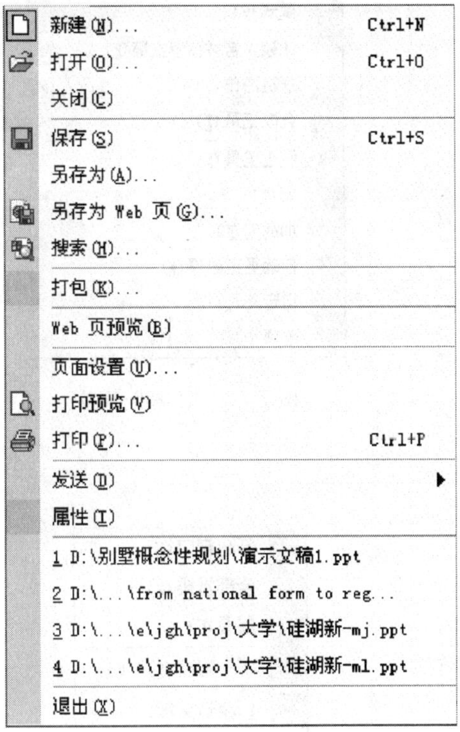

图 7-2　“文件”菜单

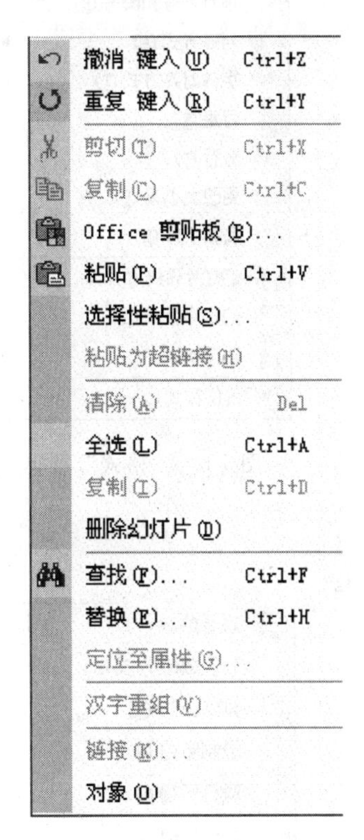

图 7-3　“编辑”菜单

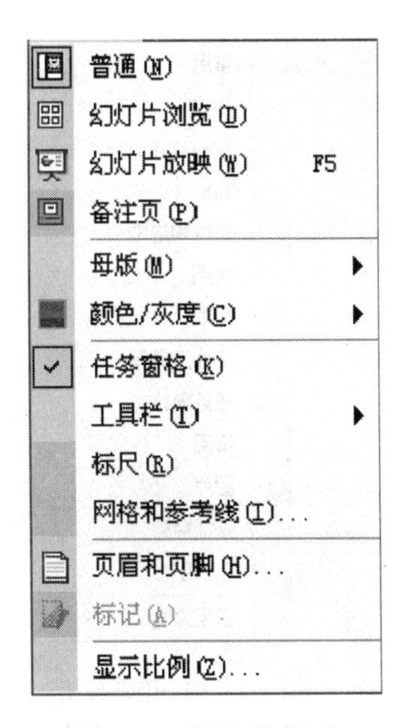

图 7-4　“视图”菜单

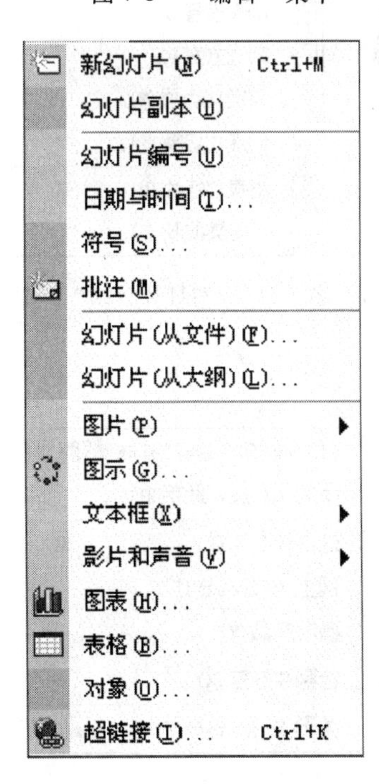

图 7-5　“插入”菜单

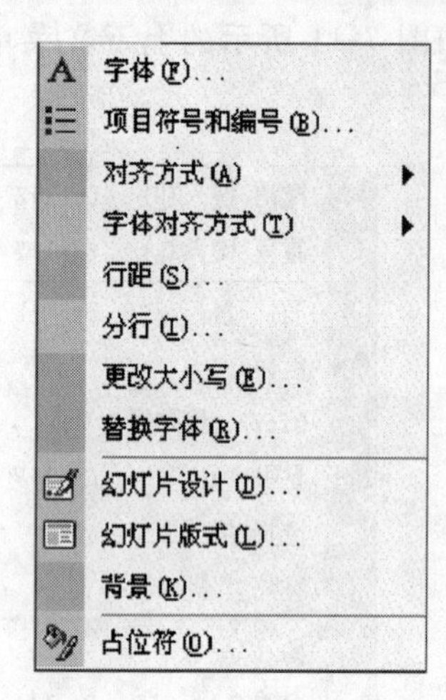

图 7-6　“格式”菜单

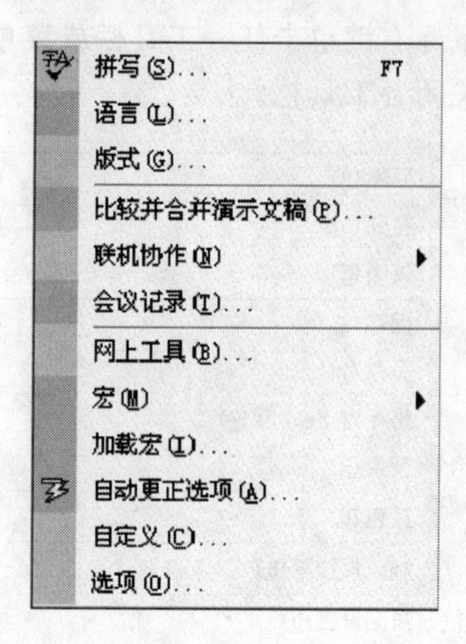

图 7-7　“工具”菜单

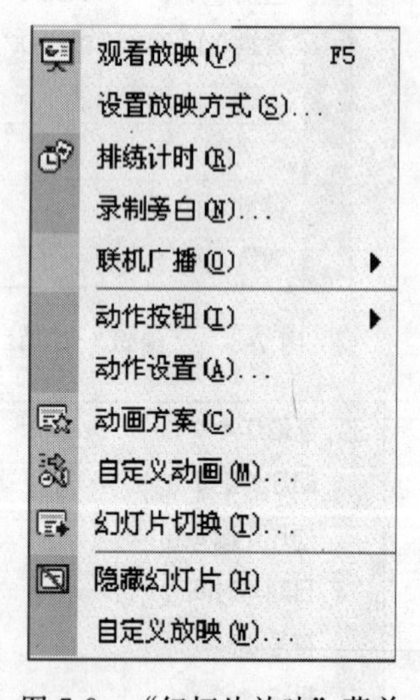

图 7-8　“幻灯片放映”菜单

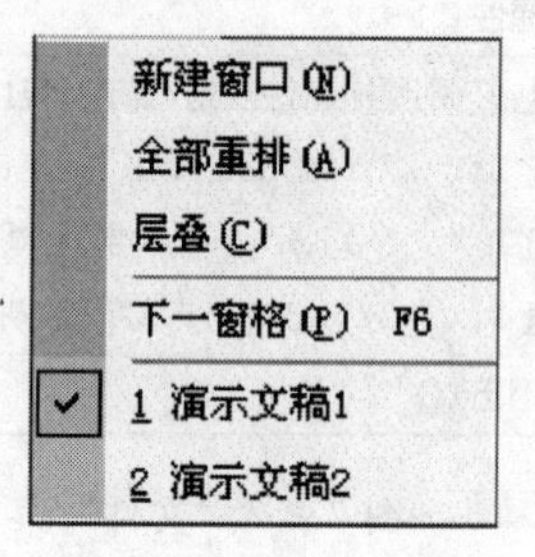

图 7-9　“窗口”菜单

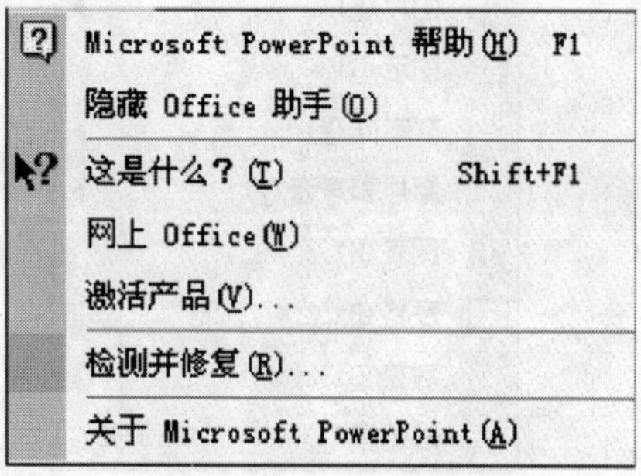

Microsoft PowerPoint 帮助(H)　F1
隐藏 Office 助手(O)
这是什么?(T)　Shift+F1
网上 Office(W)
激活产品(V)...
检测并修复(R)...
关于 Microsoft PowerPoint(A)

图 7-10“帮助”菜单

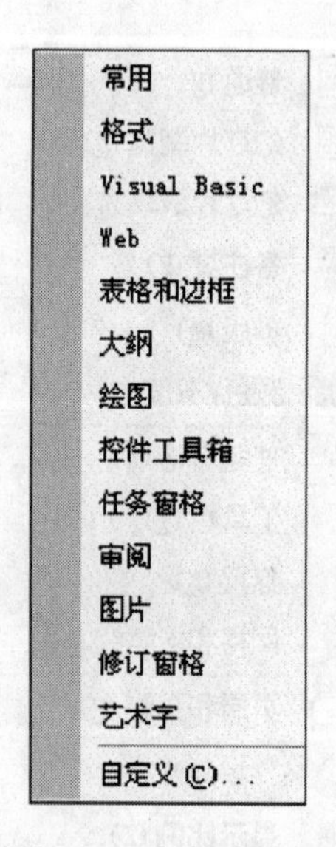

图 7-11　打开或关闭工具栏的上下文菜单

图 7-12～图 7-14 所示是几个常用的工具栏。

图 7-12 “绘图”工具栏

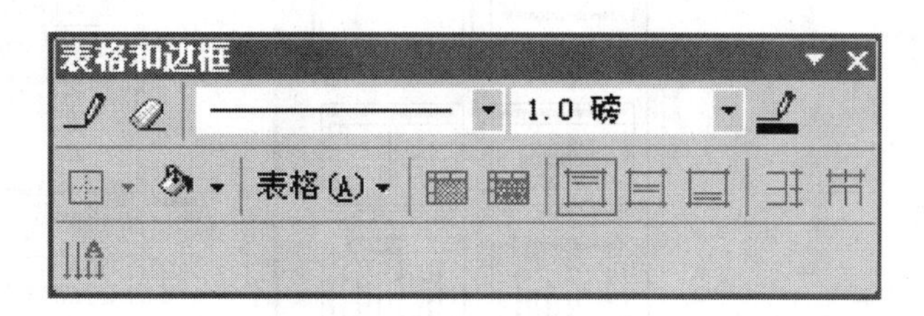

图 7-13 “表格与边框”工具栏

图 7-14 “图片”工具栏

三、任务窗格

PowerPoint 2002 增加了一个任务窗格，它主要包括新建演示文稿、剪切板、搜索、插入剪贴画、幻灯片版式、幻灯片设计、自定义动画、幻灯片切换等功能。任务窗格使用户操作界面更加直接，用户可以在任务窗口中快捷地选择所需操作，它给文稿的创建与编辑带来了极大的方便。

在“视图”菜单中单击“任务窗格”，可以打开任务窗格，PowerPoint 运行的默认任务窗格为“新建演示文稿”(图 7-16)，如果选择它下方的“启动时显示”复选框，可以在打开 PowerPoint 时显示任务窗格。单击任务窗格的下拉按钮，将会显示如图 7-15 所示的菜单，以便在不同的任务窗格之间切换。单击任务窗格左上角的箭头按钮也可以进行顺序切换。图 7-16～图 7-21 所示的是任务窗格的一些内容。

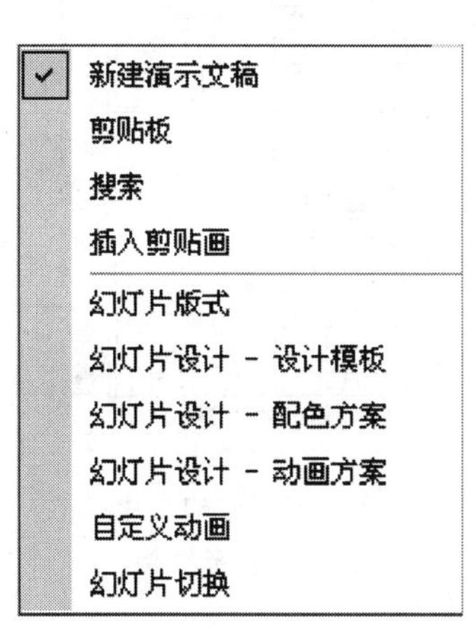

图 7-15 任务窗格下拉菜单

图 7-16　“新建演示文稿”任务窗格

图 7-17　“幻灯片版式”任务窗格

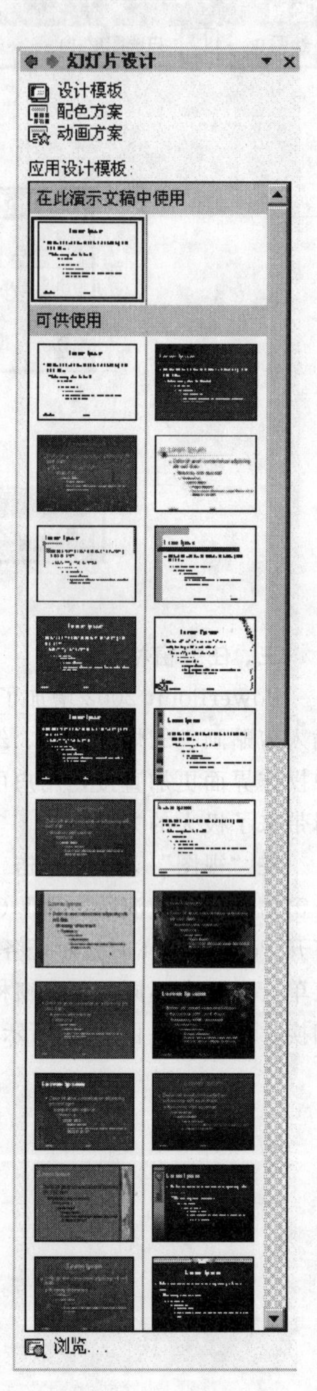

图 7-18　“幻灯片设计—设计模板”任务窗格

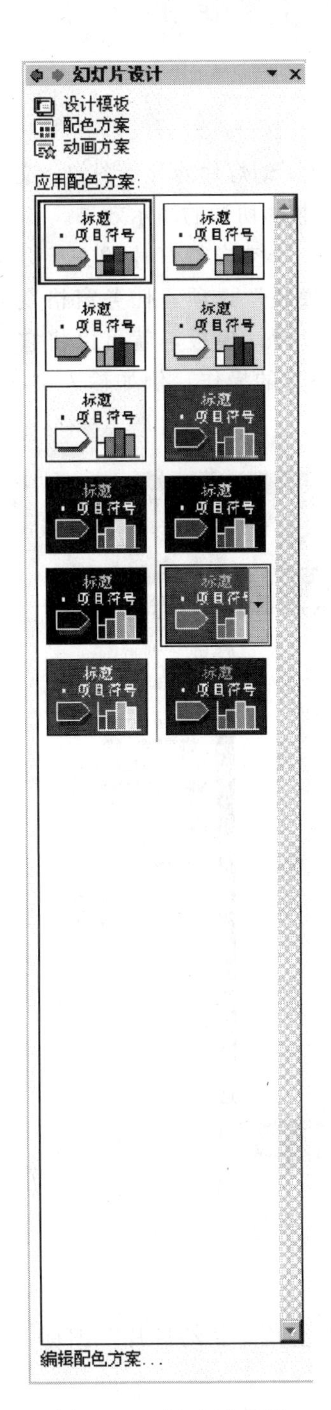

图 7-19 “幻灯片设计—配色方案”任务窗格

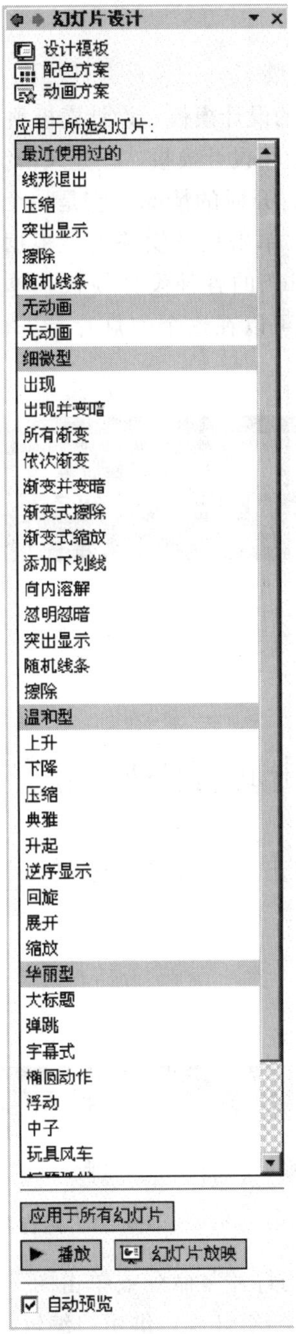

幻灯片设计
设计模板
配色方案
动画方案
应用于所选幻灯片:
最近使用过的
线形退出
压缩
突出显示
擦除
随机线条
无动画
无动画
细微型
出现
出现并变暗
所有渐变
依次渐变
渐变并变暗
渐变式擦除
渐变式缩放
添加下划线
向内溶解
忽明忽暗
突出显示
随机线条
擦除
温和型
上升
下降
压缩
典雅
升起
逆序显示
回旋
展开
缩放
华丽型
大标题
弹跳
字幕式
椭圆动作
浮动
中子
玩具风车
应用于所有幻灯片
▶ 播放
幻灯片放映
☑ 自动预览

图 7-20 “幻灯片设计—动画方案”任务窗格

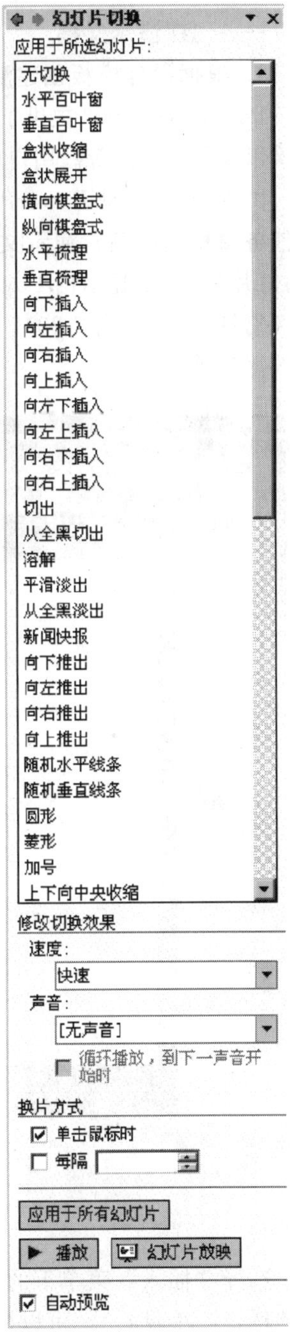

幻灯片切换
应用于所选幻灯片:
无切换
水平百叶窗
垂直百叶窗
盒状收缩
盒状展开
横向棋盘式
纵向棋盘式
水平梳理
垂直梳理
向下插入
向左插入
向右插入
向上插入
向左下插入
向左上插入
向右下插入
向右上插入
切出
从全黑切出
溶解
平滑淡出
从全黑淡出
新闻快报
向下推出
向左推出
向右推出
向上推出
随机水平线条
随机垂直线条
圆形
菱形
加号
上下向中央收缩
修改切换效果
速度:
快速
声音:
[无声音]
循环播放，到下一声音开始时
换片方式
☑ 单击鼠标时
☐ 每隔
应用于所有幻灯片
▶ 播放
幻灯片放映
☑ 自动预览

图 7-21 “幻灯片切换”任务窗格

第三节 演示文稿和幻灯片的基本操作

一、创建演示文稿

1. 根据设计模板创建演示文稿

PowerPoint 2002 提供了大量的设计模板。设计模板预先定义了幻灯片的背景图像、文字结构以及色彩配置等。用户可以应用设计模板，创建风格统一、整体协调的演示效果。

图 7-22 所示是 PowerPoint 打开时的情况，它是一个只有一个空白幻灯片的文稿，这时任务窗格为“新建演示文稿”。单击任务窗格的“根据设计模板”选项，任务窗格变为“幻灯片设计”，显示出 PowerPoint 的各种设计模板。单击任一设计模板，就可以将它应用到幻灯片中(如图 7-23)，然后可以在这个幻灯片上进行进一步的操作，例如输入文字，插入图片等。

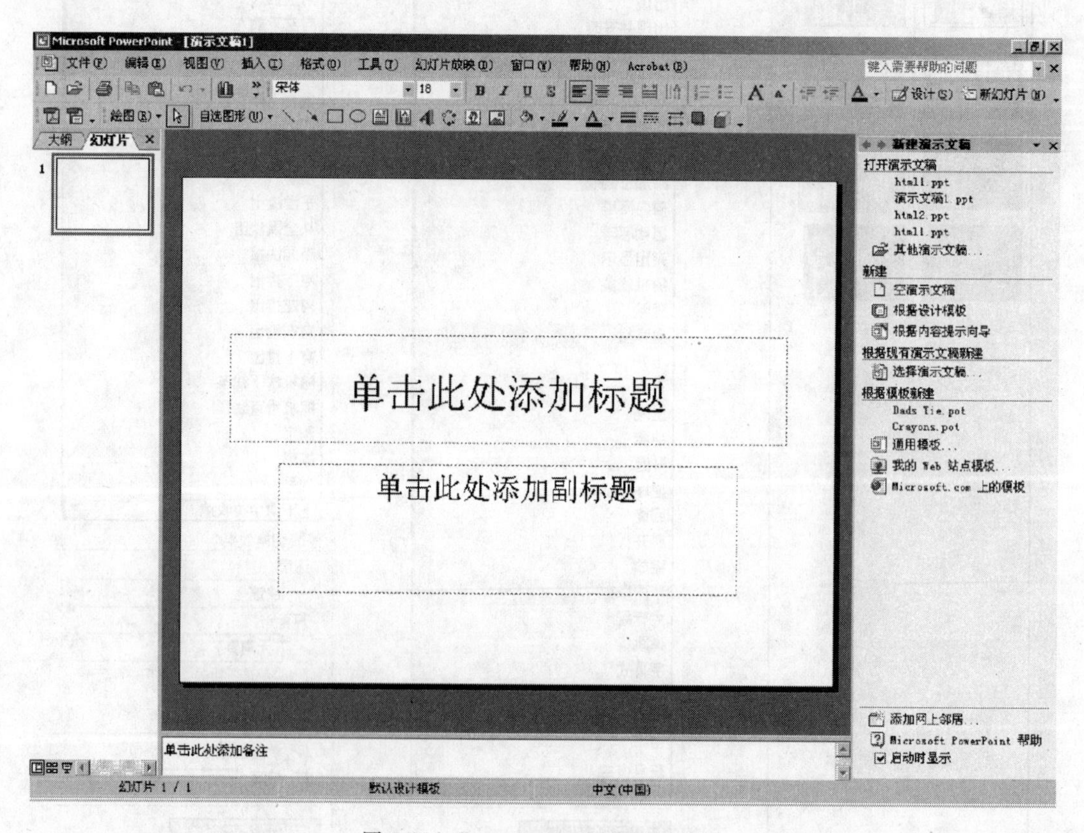

图 7-22 PowerPoint 2002 运行界面

选择“插入”菜单下的“新幻灯片”命令或单击图 7-22 右上角“新幻灯片”图标(属于“格式”工具栏)，可以插入新的幻灯片，供用户编辑。

2. 由空演示文稿创建

如果用户对演示文稿的内容和结构比较熟悉，或者需要创建自己风格的演示文稿，可以从空白演示文稿开始。

在图 7-22 所示的任务窗格中单击“新建”栏下的“空演示文稿”，可以创建一个新的

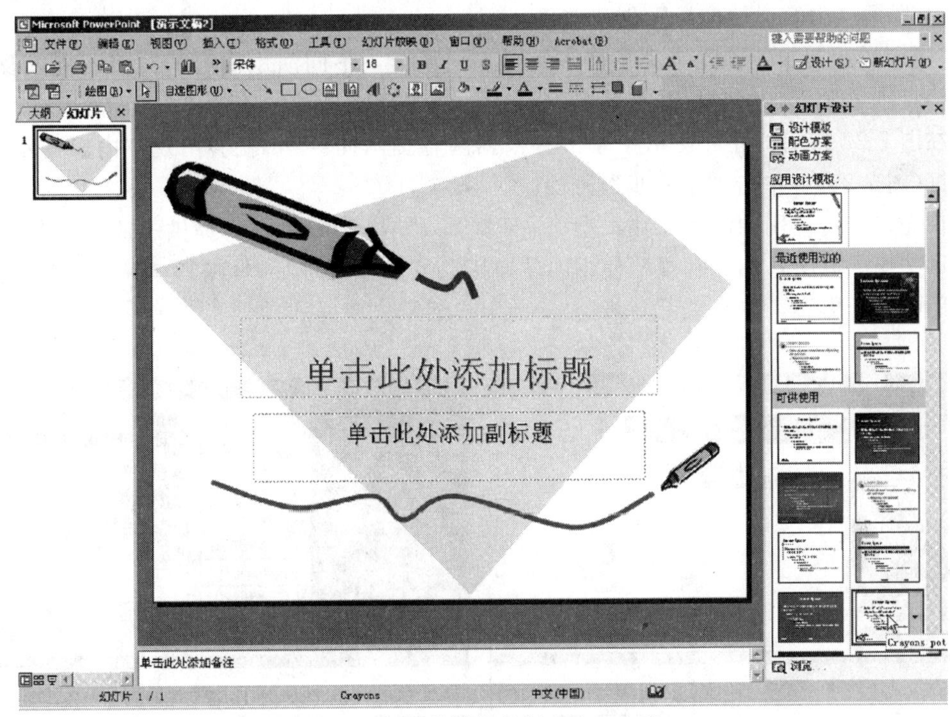

图 7-23　根据设计模板创建演示文稿

演示文稿，任务窗格将自动切换为“幻灯片版式”（如图 7-24），用户可以选择所需版式，编辑文稿。

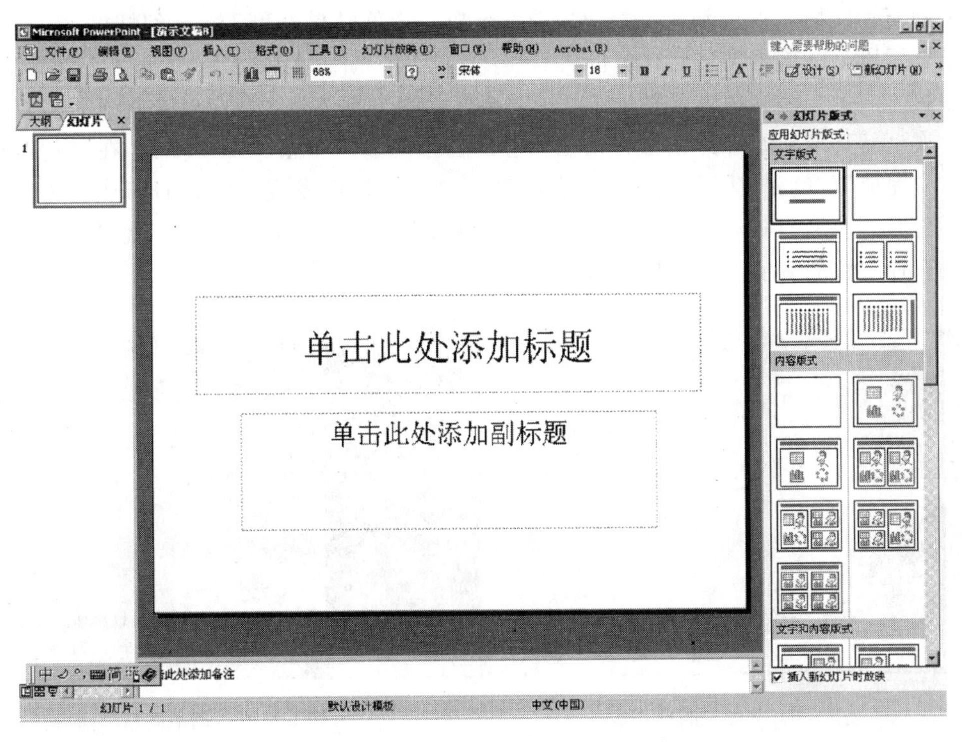

图 7-24　由空演示文稿创建演示文稿

3. 根据“内容提示向导”创建文稿

“内容提示向导”预先定义了许多针对不同场合，不同演示内容的文档结构以及配色方案，特别适合于一些常用类型的演示(如可行性方案、论文、商品介绍等等)。

在图 7-22 所示的任务窗格中单击“根据内容提示向导”，就会出现“内容提示向导”对话框(图 7-25)，单击“下一步”开始。

首先选定将使用的演示文稿类型(图 7-26)，PowerPoint 2002 提供了适用于各种场合的演示文稿的方案，如“常规”使用的“通用”、“推荐策略”、“培训”等一系列方案。选择适用的某个方案，单击“下一步”，开始定义演示文稿样式。

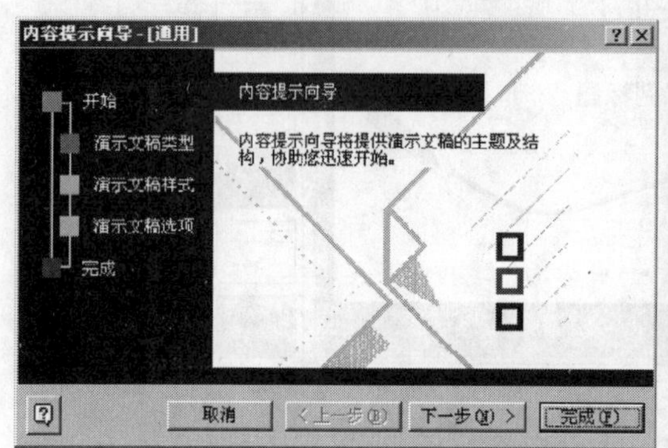

图 7-25　“内容提示向导—开始”对话框

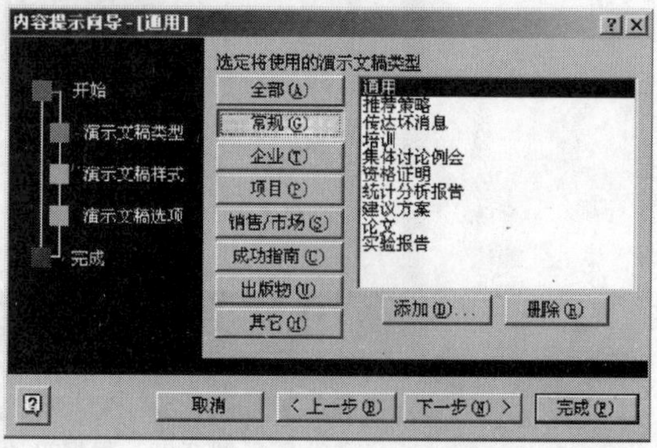

图 7-26　“内容提示向导—演示文稿类型”对话框

“演示文稿的式样”需要确定的是演示文稿的输出类型，共有 5 种(图 7-27)，分别是屏幕上的演示文稿、Web 演示文稿、黑白投影机、彩色投影机和 35mm 幻灯机。

选定了所需的输出类型后，单击“下一步”进入“演示文稿选项”(见图 7-28)。在对话框中填入演示文稿标题以及每张幻灯片都会显示的页脚信息，如果需要在每张幻灯片中显示上次更新日期和幻灯片编号，则在相应的位置勾选，单击“下一步”，在新的对话框中单击“完成”，就完成了新演示文稿的创建。这时，你会发现，PowerPoint 已为你定做配备了色彩、大纲的一整套幻灯片，只要对大纲和各张幻灯片进行调整，就可以制作一个非常具有针对性的演示文稿(图 7-29)。

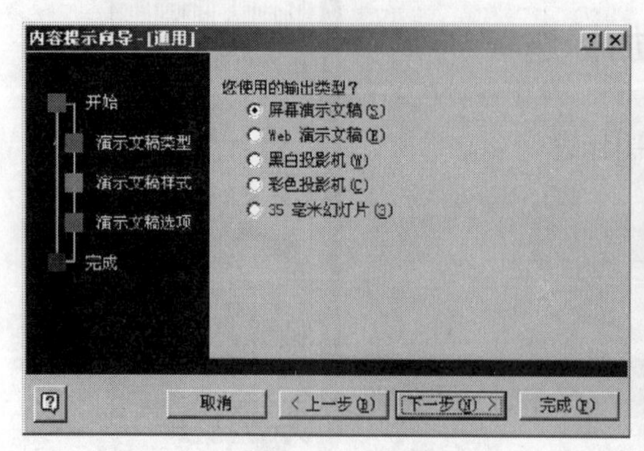

图 7-27　“内容提示向导—演示文稿样式”对话框

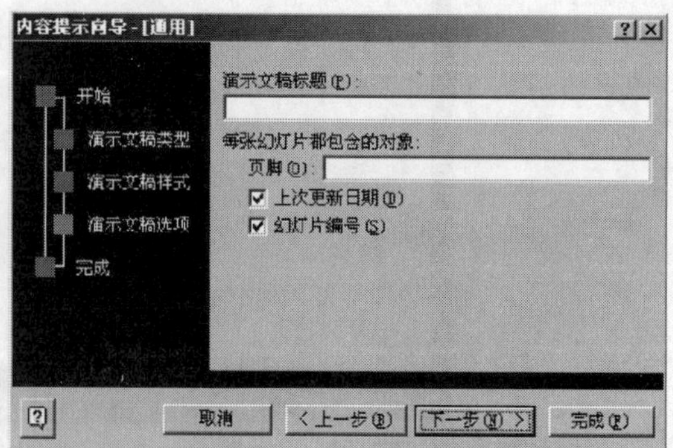

图 7-28　“内容提示向导—演示文稿选项”对话框

图 7-29

在前面所述的选项设置过程中，可以在“内容提示向导”对话框中单击“上一步”或“下一步”进入前一个或后一个设置内容，或者在对话框的左侧直接单击所需修改的选项前的方框进行切换。

4. 根据现有演示文稿新建

另外，还可以利用已有文稿来创建新的文稿，单击图 7-22 的任务窗格中的“根据现有文稿新建”项目下的“选择演示文稿”，可以选择一个已有 PowerPoint 文件作为新建文稿的基础，在此基础上，通过对幻灯片的修改，形成一个新的演示文稿。在这一过程中，原有演示文稿的内容不会发生改变。

二、演示文稿的保存、打开与关闭

1. 保存演示文稿

PowerPoint 演示文稿的文件操作与其他的 Windows 应用程序是一样的。选择“文件”菜单中的“保存”命令或按键盘上的 Ctrl+S，可以随时保存正在编辑的演示文稿。如果当前的演示文稿为新文稿时，就会弹出如图 7-30 所示的对话框。如果在“文件”菜单中单击“另存为”，可以弹出相同的对话框以便将当前文件以另一个文件名或另一种格式保存。

单击如图 7-30 所示对话框下方的“保存类型”下拉框，选择相应的类型，我们可以把当前文稿保存为各种文件格式，包括不同版本的 PowerPoint 文件、各种图像

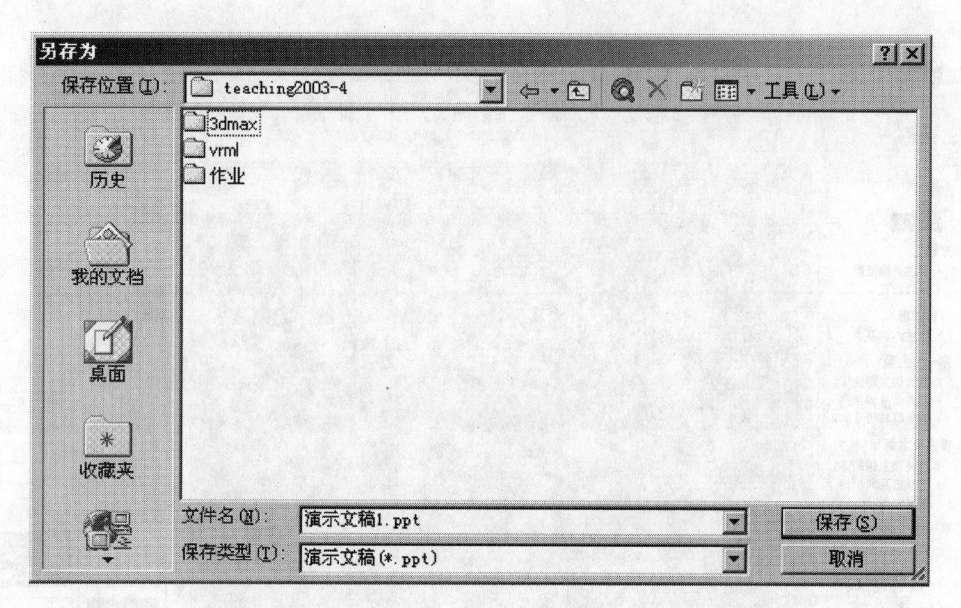

图 7-30　“另存为”对话框

文件、RTF文件、还有“Web 页”文件。把当前文件保存为 Web 页，其扩展名为“.htm”，可以在 Internet 中发布，选择“文件”＞“另存为 Web 页”命令可以进行同样的操作。

2. 打开演示文稿

选择“文件”＞“打开”命令，或在“常用”工具栏中单击“打开”命令按钮 可以打开如图 7-31 所示的对话框，找到相应的文件夹，选择需要打开的文件，再单击“打开”就可以打开所选择的文件。

图 7-31　“打开”对话框

PowerPoint 2002 允许同时打开多个演示文稿。如果它们是连续排列的，可以按住“Shift”键，首先单击第一个文件，然后单击最后一个文件，就可以将所有文件选择，然后单击对话框的“打开”按钮就可以将它们全部打开。如果文件不是连续的，可以按住“Ctrl”键，用鼠标分别选取需要打开的文稿，完成后单击对话框的“打开”按钮。

3. 关闭演示文稿

选择“文件”菜单的“关闭”命令，或用鼠标单击演示文稿窗口右上角的“关闭”按钮，可以将当前文稿关闭。如果当前文稿经过编辑而没有保存，就会跳出一个警告对话框(如图 7-32)，单击“是”进行文件保存，单击“否”将不对当前文稿进行保存而退出，单击“取消”则取消当前的退出操作。

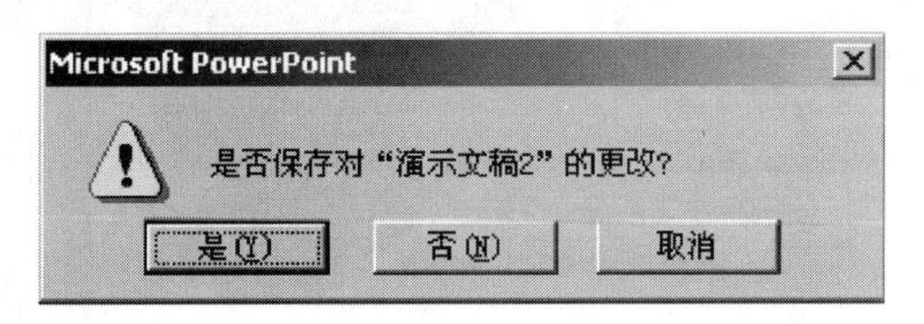

图 7-32

三、幻灯片的基本操作

1. 插入新幻灯片

在幻灯片视图中选择要插入新幻灯片的位置，在“插入”菜单中选择“新幻灯片”命令，或者单击鼠标右键，在上下文菜单中选择“新幻灯片”命令，就可以在所需位置插入一张新幻灯片。在选择插入位置的时候，如果选择的是两张幻灯片之间，会显示一条闪烁的线，新幻灯片就插入到线的位置，而如果选择的是某张幻灯片，新插入的幻灯片位置就在所选幻灯片之后。

新幻灯片是空白的(它只显示母板的内容)，用户可以根据需要进行编辑。

2. 插入已有幻灯片

还可以将其他演示文稿中的幻灯片插入到当前演示文稿中。其步骤如下：

(1) 选定要插入幻灯片的位置。

(2) 选择“插入”菜单的“幻灯片(从文件)”命令。

(3) 在“幻灯片搜索器”(如图 7-34)对话框中单击“浏览”按钮然后选择相应的演示文稿文件。

(4) 在“幻灯片搜索器”的“选定幻灯片”中选取要插入的幻灯片。

(5) 单击“插入”按钮。

可以同时选取多张幻灯片插入到相应位置。选取多张幻灯片的方法类似于同时打开多个文稿的操作。

3. 复制幻灯片

复制幻灯片的操作步骤如下：

(1) 选择需要复制的幻灯片，在“编辑”菜单中选择“复制”命令，或用鼠标右键单击需要复制的幻灯片并在上下文菜单中选择“复制”命令。

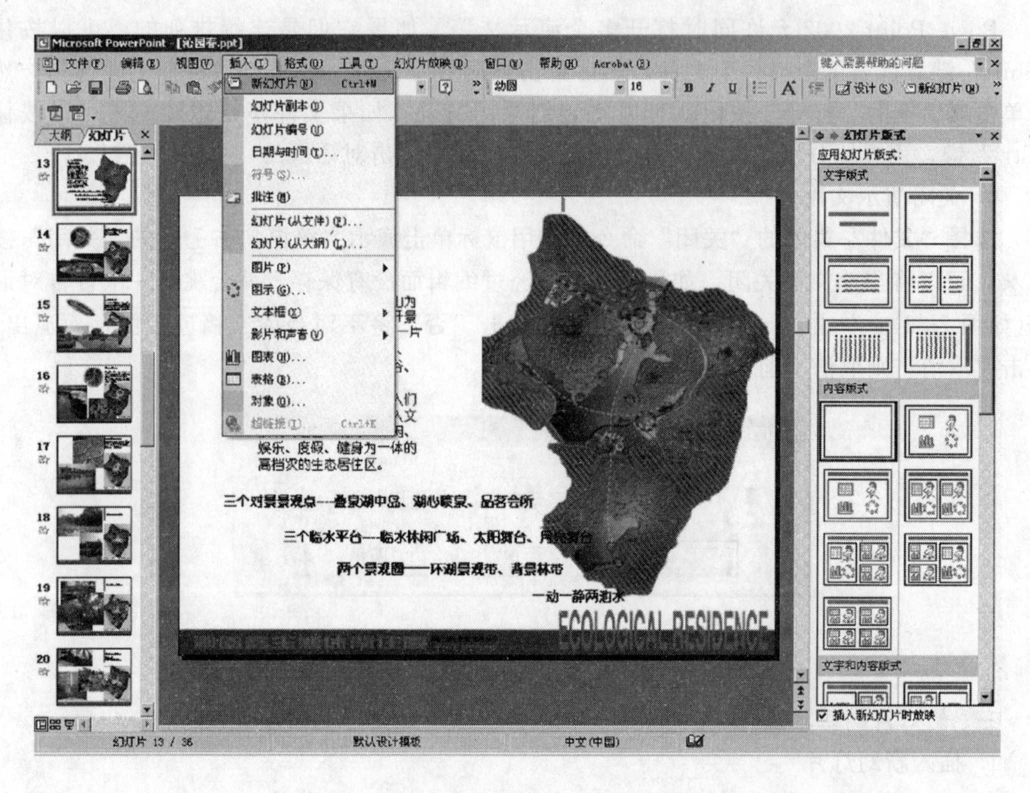

图 7-33 插入新幻灯片

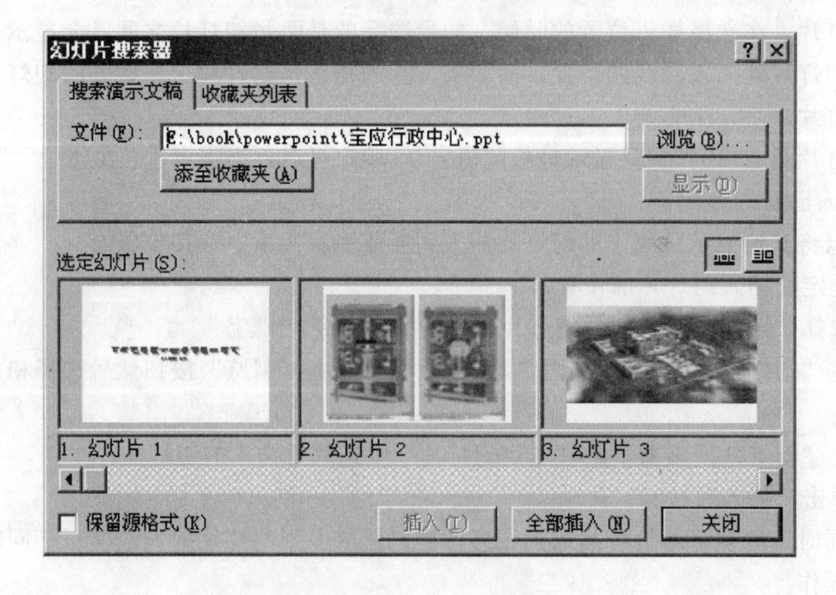

图 7-34 “幻灯片搜索器”

(2) 在幻灯片视图中选择需要复制的位置。

(3) 在“编辑”菜单中选“粘贴”命令，或用鼠标右键单击，在上下文菜单中选择

“粘贴”命令。

4. 移动幻灯片

移动幻灯片的方法很简单。选择一张或数张幻灯片(用“Ctrl”或“Shift”键)并拖动到所需位置即可。PowerPoint 会以闪烁的线条标识拖动到的位置。

5. 删除幻灯片

选择一张或数张幻灯片(利用“Ctrl”或“Shift”键)，按“Delete”键，或单击鼠标右键，在上下文菜单中选择“删除幻灯片”即可将所选幻灯片删除。“删除幻灯片”命令也可在“编辑”菜单中找到。

6. 隐藏幻灯片

选择幻灯片后单击鼠标右键或打开“幻灯片放映”菜单，选择“隐藏幻灯片”命令，即可将所选幻灯片“隐藏”。在幻灯片视图中，“隐藏”的幻灯片的编号标记上多了一条斜标，它们将不会在幻灯片放映中被放映出来。对已隐藏的幻灯片再进行一次“隐藏幻灯片”操作可以将它们变为非隐藏的幻灯片。

7. 幻灯片视图方式的切换

PowerPoint 2002 提供了二种不同的幻灯片视图方式，分别为“普通视图”、“幻灯片浏览视图”。单击左下角的视图切换按钮就可以在不同视图方式之间切换。

图 7-35 和图 7-36 所示分别为“普通视图”和“幻灯片浏览视图”。

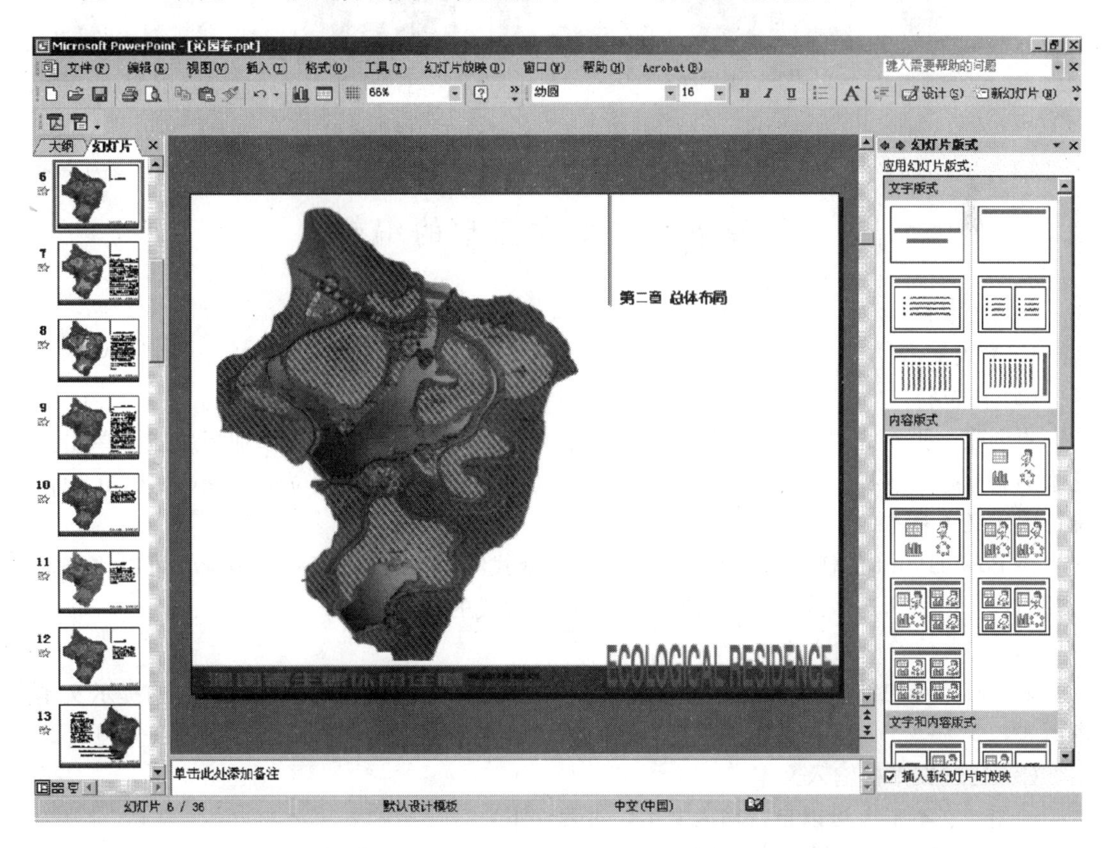

图 7-35　幻灯片视图方式——“普通视图”

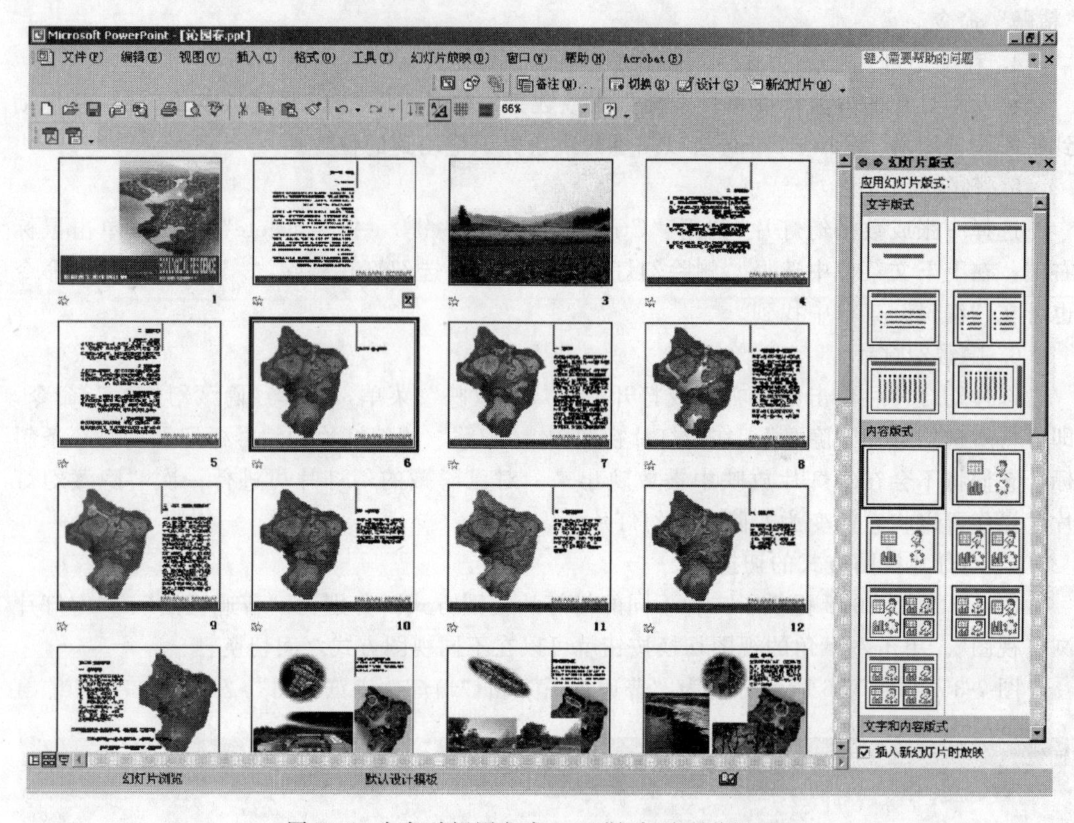

图 7-36 幻灯片视图方式——“幻灯片浏览视图”

第四节 文本和图形的编辑

一、文本

1. 输入文本

(1) 占位符

当创建一张新的幻灯片的时候，上面一般会有标记了“单击此处添加标题”、“单击此处添加副标题”等提示文字的虚线框，这些就是 PowerPoint 的占位符，PowerPoint 用占位符预定义了基本的版式和文字格式。

将 PowerPoint 的任务窗格切换到“幻灯片版式”，单击各种版式的图标，可以将当前的新幻灯片改为所选版式，其内容就是由占位符构成的。

(2) 在占位符中输入文本

单击占位符中的任意位置，此时虚线边框将变为加粗的斜线边框，占位符的提示文本将消失，变为一个闪烁的文本插入点，这时可以输入文本。

(3) 通过文本框输入文本

利用“文本框”可以自行输入文本，过程如下：

1) 在“插入”菜单中选择“文本框”（“水平”或“垂直”的)或在绘图工具栏中选择相应工具。

图 7-37　几种占位符

2）拖动鼠标绘制出文本框的宽度限制范围。松开鼠标后，文本框中就会出现一个闪烁的插入点。

3）输入文本。

2. 格式化文本

格式化文本的步骤如下：

(1) 单击幻灯片中的文本，这段文本所处的文本框或占位符将以斜线边框的形式显示。

(2) 拖动鼠标以选择需要格式化的文本，所选文本以黑白反相显示。

(3) 选择“格式”>“字体”菜单命令，打开如图 7-38 所示的“字体”对话框。

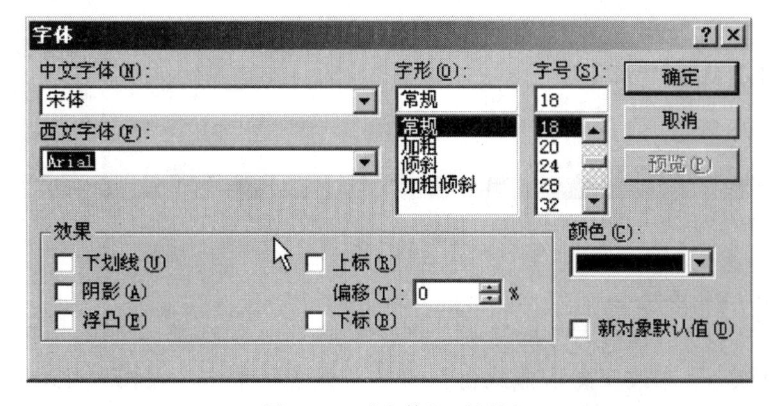

图 7-38　“字体”对话框

(4) 在“字体”对话框中为所选文本设定字体、字形、字号、上下标及下划线等效果，还可以设定文本的颜色。单击“确定”按钮。

(5) 如果需要，在“格式”＞“字体对齐方式”子菜单中设定文本的对齐方式。

(6) 如果需要，在“格式”＞“项目符号与编号”子菜单中设定列表编号。

PowerPoint 的“格式”工具栏(图 7-39)提供了格式化文本的各种工具。

图 7-39　“格式”工具栏

3. 文本框和占位符的位置、大小及旋转

单击某段文本、文本框或占位符，边框将以斜线边框的形式显示。在它的边框的 4 个角和 4 条边的中间各有一个操作句柄。

拖动句柄，可以改变文本框的大小和形状。拖动文本框边框，可以移动文本框。

文本框上边中点句柄的上方还有一个绿色的句柄，当把鼠标移动到它上面的时候，就会显示为旋转光标，这时按住鼠标左右移动，可以将文本框旋转。

当编辑倾斜文本框中文本的时候，文本框会临时转到正角度方向，待编辑完成后再转回倾斜方向。

占位符的旋转需要通过“设置占位符格式”来进行(参见 P510)。

4. 色彩与边框线型

单击某段文字，文本框或占位符边框将以斜线边框的形式显示。打开“绘图”工具栏(如图 7-12)，其“填充颜色”、“线条颜色”、“字体颜色”等工具可以用来给文本框或占位符配色，“线型”、“虚线线型”工具可以用来设置边框的粗细与线型，而“阴影式样”和“三维效果式样”还可以设定一定的立体效果。

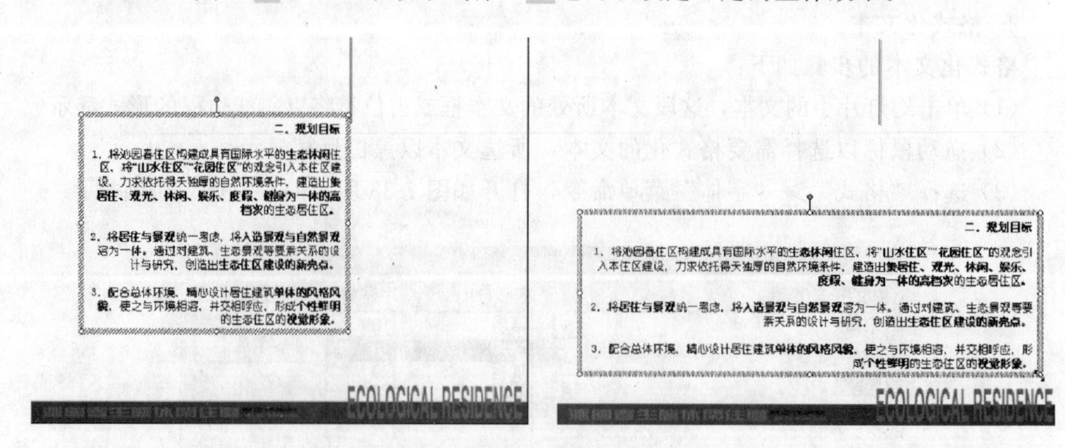

图 7-40　改变文本框的大小与位置

(1) 颜色

单击“填充颜色”图标右部的箭头，打开如图 7-42 的菜单，可以选择列出的各种色彩或“无填充颜色”来改变文本框或占位符的背景色。单击“绘图”工具栏的“填充颜色”图标，PowerPoint 将用上一次选定的色彩来填充文本框或占位符。

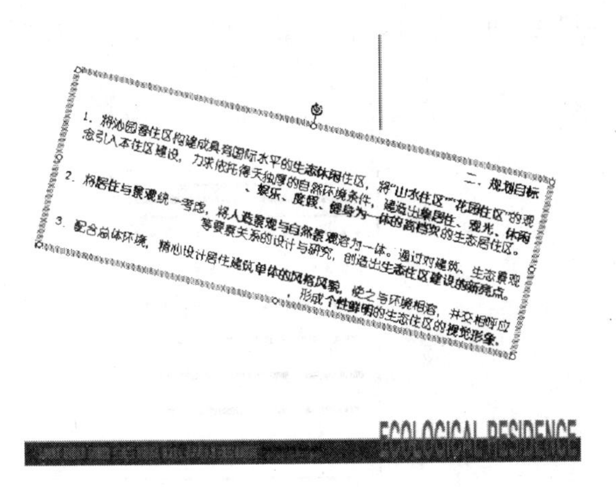

图 7-41 旋转文本框

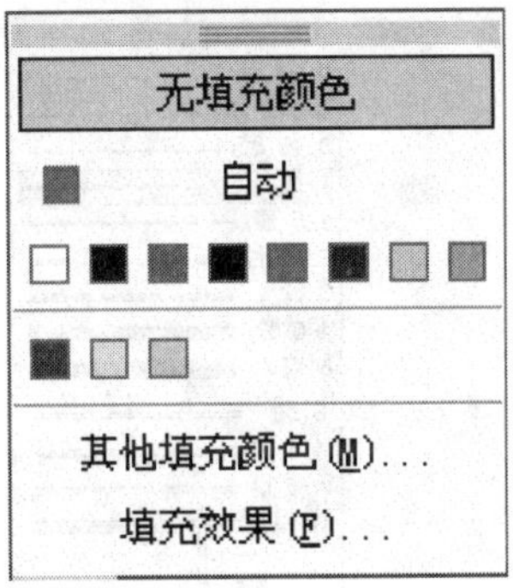

无填充颜色
自动
其他填充颜色(M)...
填充效果(F)...

图 7-42 “填充颜色”下拉菜单

单击图 7-42 中的“其他填充颜色”，将弹出如图 7-43 所示的“颜色”对话框，可以为文本框或占位符选择一种颜色，还可以设定所用颜色的透明度。单击“预览”按钮，还可以预览所选色彩和透明度的实际效果。

单击图 7-42 的“填充效果”，将弹出“填充效果”对话框(图 7-44)，可以制作色彩渐变、图案、纹理及图片填充的填充效果。

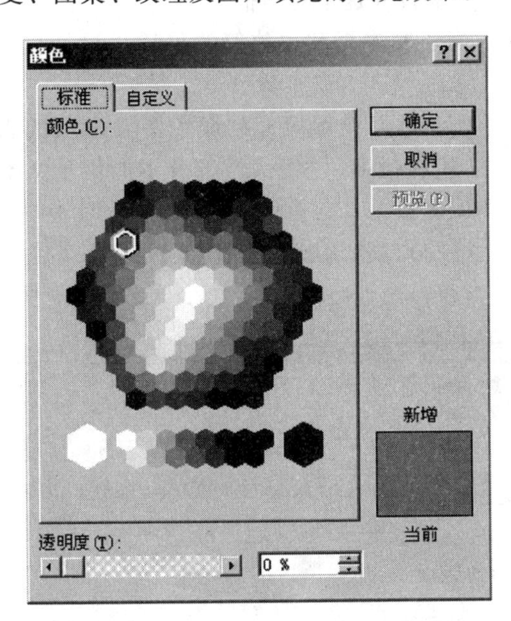

图 7-43 “颜色”对话框

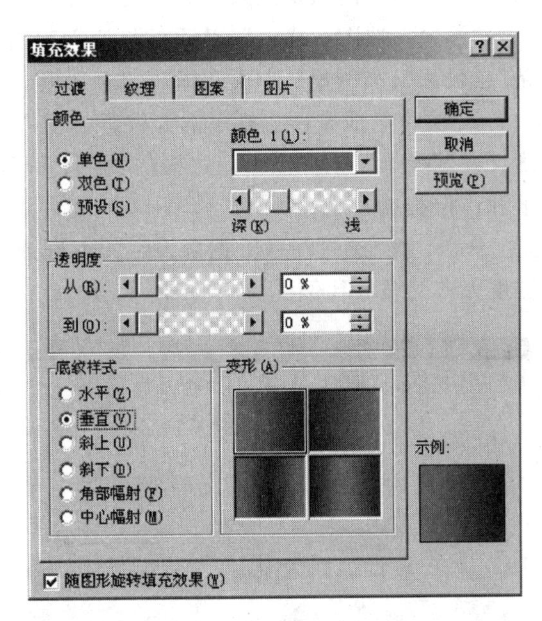

图 7-44 “填充效果”对话框

“绘图”工具栏的“线条颜色”工具用来设定和改变边框的颜色或图案，其使用方法和“填充颜色”基本一致。

绘图工具栏“字体颜色”的工具用来设定文本框中文字的颜色，使用方法也是一样的。

(2) 线型

选取图形，然后单击“绘图”工具栏中的“线型”按钮，在如图 7-45 所示菜单中选择所需线型，即可改变图形的线型。

单击“绘图”工具栏中的“虚线线型”按钮，还可以在如图 7-46 所示的弹出式菜单中改变图形的虚线线型。

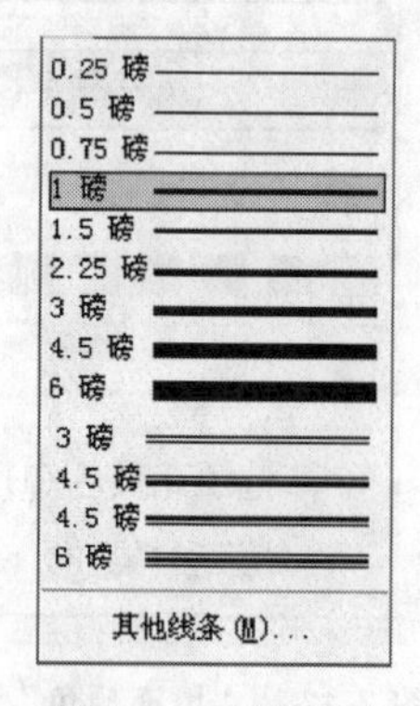

图 7-45 “线型”下拉菜单

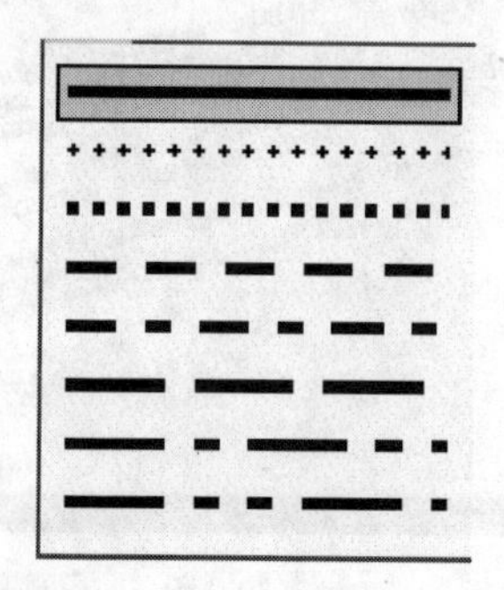

图 7-46 “虚线线型”下拉菜单

(3) 用“设置自选图形格式”对话框来设定文本框和占位符格式。

用鼠标单击文本，文本框或占位符边框将会显示出来，双击边框，就会弹出如图 7-47 所示的“设置自选图形格式”对话框(也可以用鼠标右键单击边框，在上下文菜单中选择“设置自选图形的默认效果”或“设置占位符格式”来打开这个对话框)。

“设置自选图形格式”对话框包括六项内容，用于文本框和占位符的包括“颜色和线条”、尺寸”、“位置”、“文本框”四个选项卡。

• 颜色与线条：包括三部分内容，在“填充”栏可以设置填充的颜色图案以及透明度，在“线条”栏可以设定边框的颜色、线型、样式和粗细，“箭头”部分不能用于文本框和占位符。

• 尺寸：通过输入数据来设定文本框或占位符的高度、宽度、旋转角度以及高度和宽度方向的缩放比例。

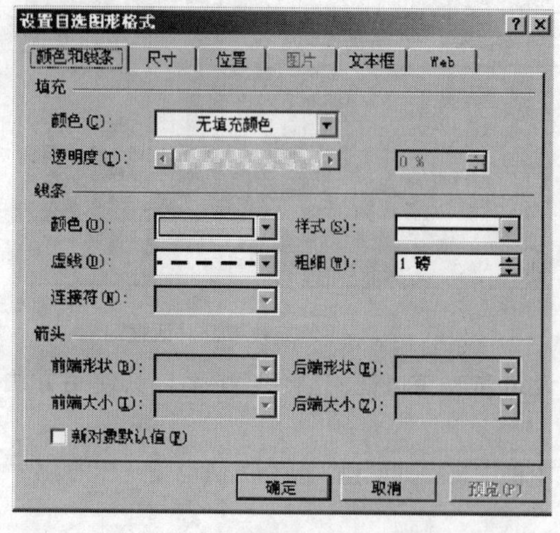

图 7-47 “设置自选图形格式”对话框“颜色和线条”选项卡

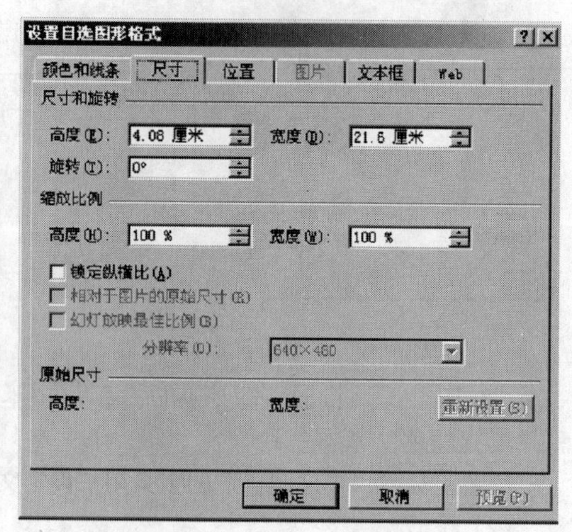

图 7-48 “设置自选图形格式”对话框“尺寸”选项卡

• 位置：通过输入文本框或占位符的左上角与幻灯片左上角或中心点的距离来设定文本框或占位符的位置。

• 文本框：用以设定文本框或占位符内部文字与边框的距离，并可以设定文字是否换行，还可以使文本框改变大小以适应文字或强制文字旋转90°。

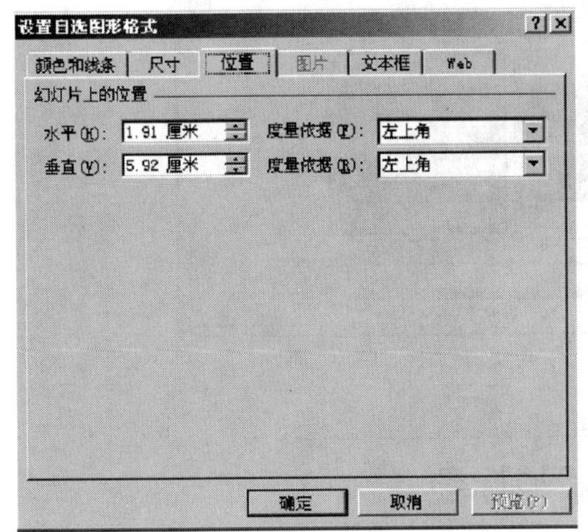

图 7-49　“设置自选图形格式”对话框“位置”选项卡

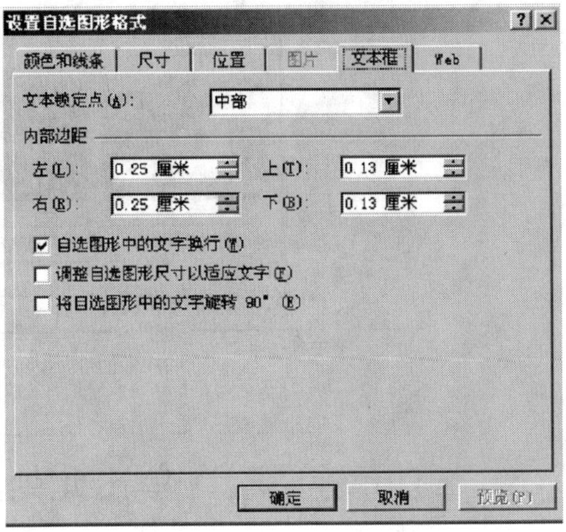

图 7-50　“设置自选图形格式”对话框“文本框”选项卡

二、图片

1. 插入图片

PowerPoint 可以使用的图片的来源包括 Office 软件的“剪辑库”里的剪贴画，以计算机文件形式存贮的各种图形图像文件，也可以直接从扫描仪和数码相机获取图片。PowerPoint 还有些预先定义的组织结构图、自选图形以及艺术字，它们都可以作为图片插入到幻灯片中。

对于建筑设计演示来说，常常需要将一些照片、效果图、分析图等插入到幻灯片中，它们往往是以文件的形式存贮在计算机磁盘中或光盘等其他存贮媒介上的，我们主要介绍这类图片的插入。

选择“插入”＞“图片”＞“来自文件”命令，将打开如图7-51所示的“插入图片”对话框，找到需要插入的图像文件后单击“插入”按钮，所选图像就插入到了幻灯片中。

在 PowerPoint 预定义的某些幻灯片版式带有“单击图标添加内容”的占位符，如图7-52，单击其中的“插入图片”图标，可以进行同样的插入图片操作。

单击“插入图片”对话框的“插入”按钮右方的箭头，可以选择图形文件是插入到幻灯片中或只是“链接文件”。后者将图片以链接方式插入到幻灯片中，当源文件发生变化时，幻灯片中插入的图片也会相应地发生改变。这样做并没有把源文件拷贝到 PowerPoint 文件中，因而文件量也比较小，但原有的图形文件和 PowerPoint 文件须同时保存，当需要将演示文稿放在另一台计算机上演示时，要特别注意不要漏掉了文件。

2. 编辑图片

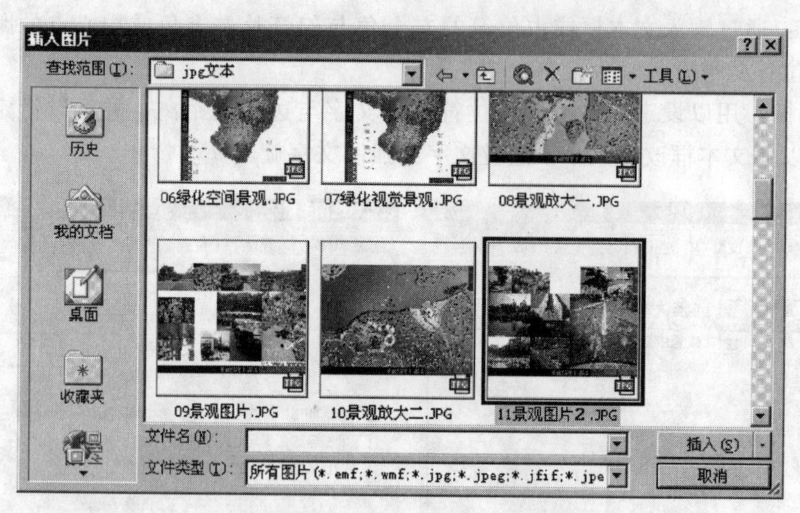

图 7-51　“插入图片”对话框

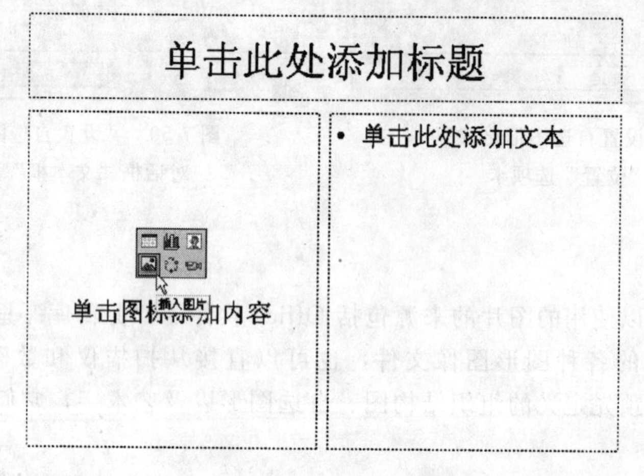

图 7-52　用占位符插入图片

(1) 图片工具栏

用鼠标右键单击图片，在上下文菜单中选择“显示图片工具栏”，就可以打开“图片”工具栏(如图 7-14)。也可以在“视图”菜单下的“工具栏”子菜单中开关“图片工具栏”。

“图片”工具栏包括了大多数编辑图片所需的命令按钮：

• “插入图片”：打开“插入图片”对话框，从中选择需要插入到幻灯片中的图片。

• “图像控制”：控制图片的颜色，将所选图片转换为“灰度”、“黑白”或“水印”图片。

• “增加对比度”：增加所选图片颜色的饱和度和明暗度。

• “降低对比度”：降低所选图片颜色的饱和度和明暗度。

• “增加亮度”：通过增加白色，将所选的图片中的颜色变亮。

• “降低亮度”：通过降低白色，将所选的图片中的颜色变暗。

• “裁剪”：将不需要的部分隐藏起来，只保留选中的区域。

• “向左旋转”：将图片向左旋转 90°。

• “线型”：给所选的图片设置线型和线宽。

• “图片重新着色”：打开“重新着色”对话框，更改所选图片、图表或组织结构图的颜色属性。

• “设置图片格式”：打开“设置图片格式”对话框，更改所选图片的大小、位置和线条等属性。

• “设置透明色”：可以设置图片的透明颜色。

• “重设图片”：从所选图片中取消裁剪，并恢复初始的颜色、亮度、对比度等属性。

(2) 图片的缩放、转动和翻转

单击图片，其周边将出现 8 个句柄(如图 7-53)，拖动任何一个句柄，可以改变图片的大小。拖动句柄越过对边，可以将图形翻转。如果拖动的是角部的句柄，则缩放和翻转将保持图形的长宽比。

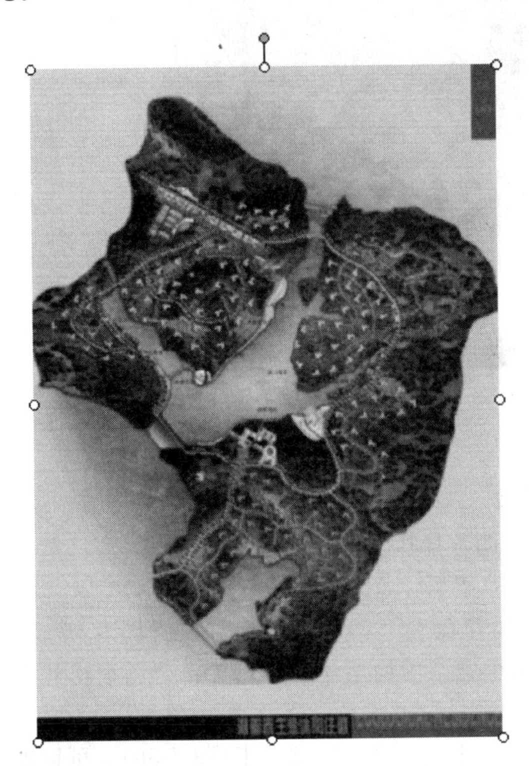

图 7-53　选择图片

在拖动句柄时按住 Ctrl 键，则图片以中心为原点进行缩放。

要旋转图片，须按住图片上方绿色句柄并向左右拖动。

“图片”工具栏上有一个“向左旋转”按钮，每按一下，所选图片会向左旋转 90°。

(3) 移动、拷贝图片

将鼠标移入图片内部并拖动，可以移动图片，移动的同时按下 Ctrl 键，可以拷贝图片，这时在移动过程中鼠标会显示一个“十”号作为拷贝的提示。

单击图片后按 Ctrl+C 键可以向剪切板拷贝图片的副本，按 Ctrl+V 可以向幻灯片拷贝这个副本。这个操作是 Windows 程序所共同的。

(4) 图片的裁剪

裁剪图片的步骤如下：

1) 单击图片，然后在“图片”工具栏中单击“裁剪”按钮，这时图片的句柄形状发生改变(如图 7-54)。

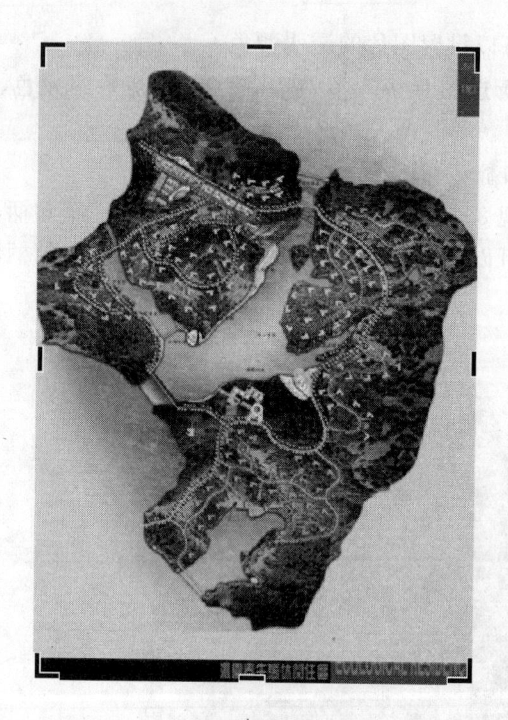

图 7-54 裁剪图片

2) 拖动句柄对图片进行裁剪

裁剪图片的操作过程和缩放图片操作非常相似。

(5) 精确控制图片的大小和位置等

双击图片或用右键单击图片并在上下文菜单中选“设置图片格式”，就会打开如图 7-55的“设置图片格式”对话框。它与前面所述的“设置自选图形格式”对话框几乎是一样的。

打开“设置图片格式”对话框中的“尺寸”选项卡(图 7-56)，可以通过输入“高度”、“宽度”，以及缩放比例来改变图片的大小。输入“旋转”可以改变图片的角度。

对话框“位置”选项卡可以让用户输入图片左上角相对于幻灯片左上角或中心的距离来控制图片的位置(图 7-57)。

在对话框的“图片”选项卡(图 7-58)，用户可以输入“左”“右”“上”“下”四个数值来对图片进行裁剪，还可以控制图片的颜色模式(自动、灰度、黑白、冲饰)以及亮度及对比度等。

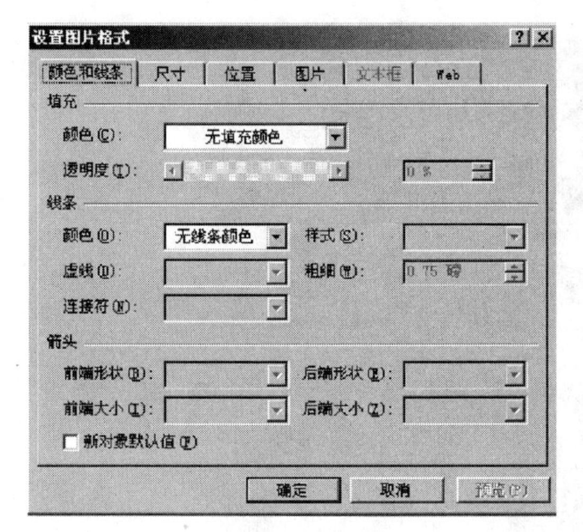

图 7-55 “设置图片格式”对话框“颜色和线条”选项卡

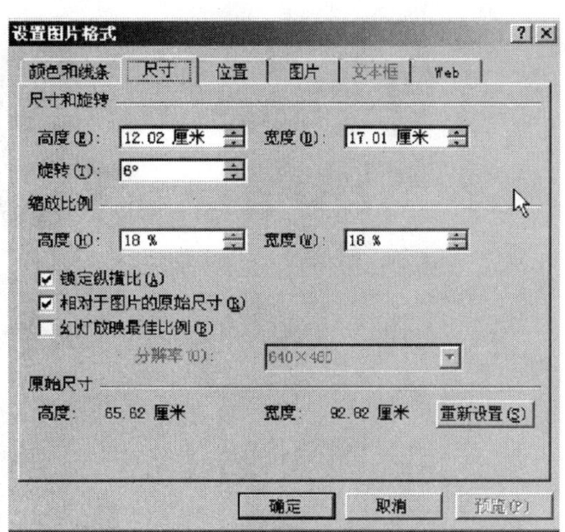

图 7-56 “设置图片格式”对话框“尺寸”选项卡

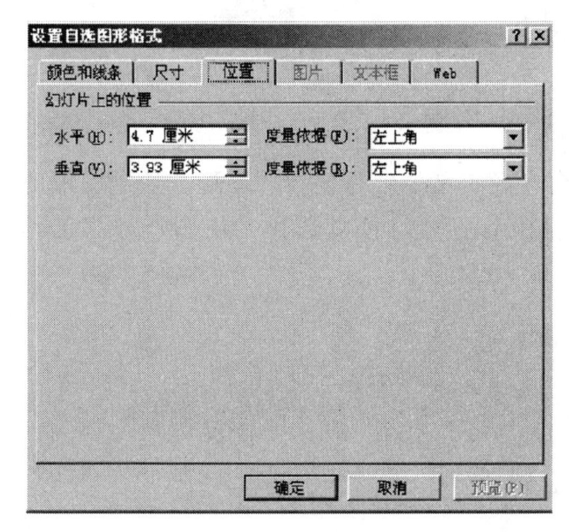

图 7-57 “设置图片格式”对话框“位置”选项卡

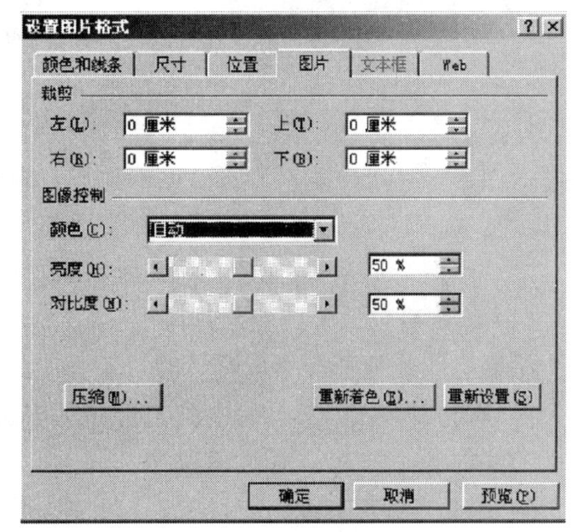

图 7-58 “设置图片格式”对话框“图片”选项卡

(6) 给图片加边框

单击“图片”工具栏中的“线型”按钮，打开如图 7-45 所示的线型菜单，从中选择一种线型，即可给图片加上一个简单的边框。

如需更加精细地设定边框，可选择下部的“其他线条”以打开“设置图片格式”对话框。

通过“设置图片格式”对话框的“颜色和线条”项，可以设置图片边框线条的颜色、式样、线型、粗细等，图 7-59 是几种图片边框的例子。

三、绘制图形

1. 绘制图形

PowerPoint 提供了一些基本的绘制图形的手段，可以绘制直线、箭头、矩形、椭圆

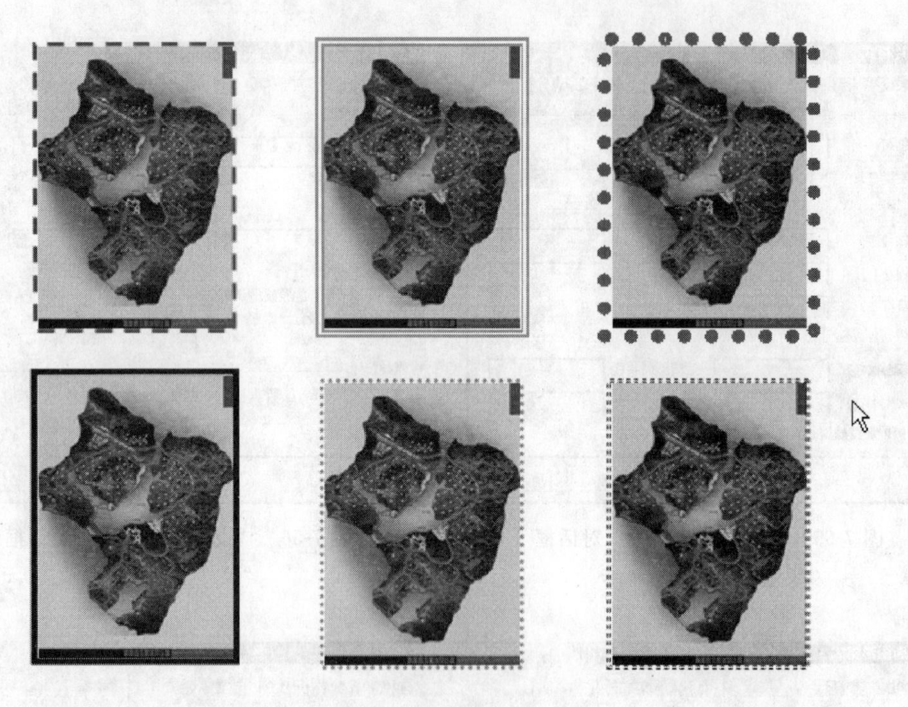

图 7-59　各种图片边框示例

等基本图形，还可以通过“自选图形”来绘制各种预定义的较为复杂的图形。绘制图形的工具主要位于“绘图”工具栏，如果此工具栏没有打开，可以选择“视图”＞“工具栏”＞“绘图”命令打开如图 7-12 所示的“绘图”工具栏。

(1) 绘制直线及带箭头的直线

绘制直线是最基本和最简单的，其基本步骤如下：

1) 单击“绘图”工具栏中的“直线”按钮╲。

2) 在直线的起始点处按下鼠标左键。

3) 拖动鼠标至直线终点位置，松开鼠标左键。

这时就绘制出了一条直线，并且新绘制的直线处于被选取状态，在其两端显示句柄。

在“绘图”工具栏中选择“箭头”工具↘，可以绘制带有箭头的直线，其步骤与绘制直线相同。

图 7-60 是用 PowerPoint 绘制的直线和带箭头的直线的情况。

(2) 绘制矩形和正方形

绘制矩形的步骤如下：

1) 单击“绘图”工具栏中的“矩形”按钮□。

2) 在矩形的一角处按下鼠标左键。

3) 拖动鼠标至矩形的对角位置，松开鼠标左键。

如果在拖动的过程中按住 Shift 键，可以绘制正方形。

如果按住 Ctrl 键，则按下鼠标的点就成了矩形的中心点。

(3) 绘制椭圆和圆

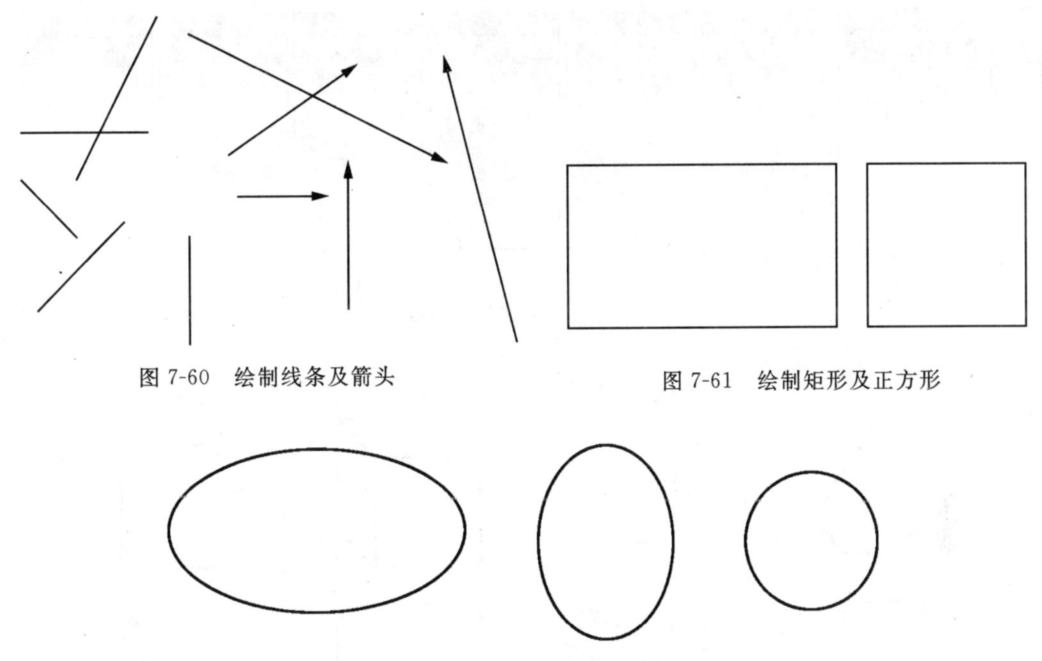

图 7-60　绘制线条及箭头

图 7-61　绘制矩形及正方形

图 7-62　绘制的椭圆和圆

单击“绘图”工具栏中的“椭圆”按钮，可以绘制椭圆。绘制椭圆的步骤和绘制矩形是一样的，它得到的是一个内切于矩形的一个椭圆。

在拖动鼠标时按住 Shift 键，可以绘制圆形。

(4) 绘制自选图形

绘制自选图形的步骤如下：

1) 单击“绘图”工具栏中的“自选图形”按钮，打开如图 7-63 的菜单。

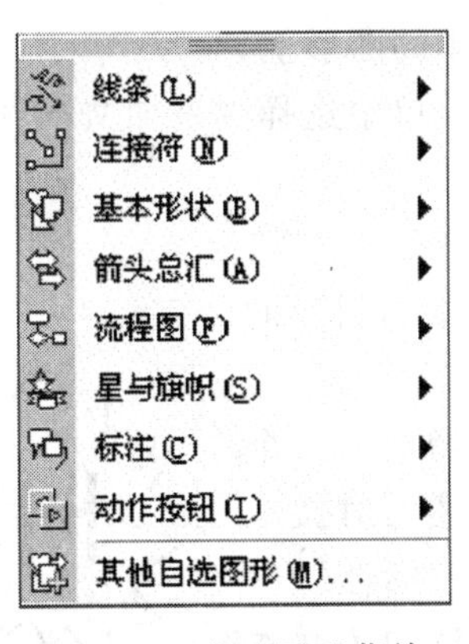

图 7-63　自选图形菜单

2) 在子菜单中(图 7-64)选择所需绘制的图形。

3) 在幻灯片窗口中单击鼠标左键并拖动鼠标，PowerPoint 在鼠标拖动形成的矩形区域内绘制选择的图形；如果按住 Shift 键拖动，则在正方形范围内绘制图形；按住 Ctrl 键也会产生与绘制矩形或椭圆相似的结果。

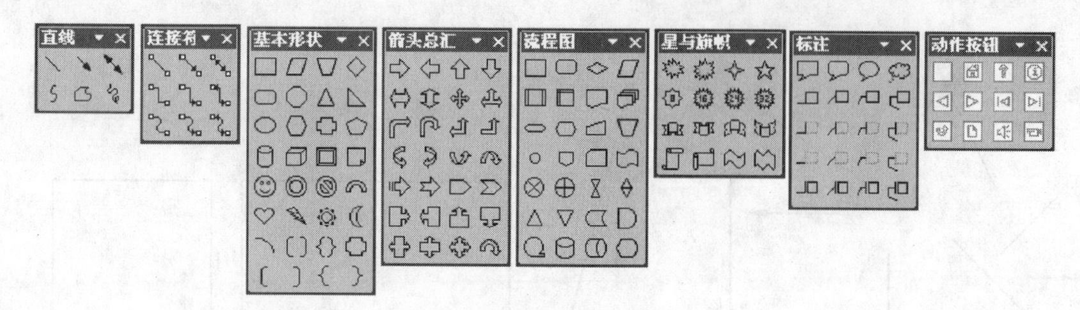

图 7-64　自选图形子菜单

图 7-65 是一些自选图形的例子。

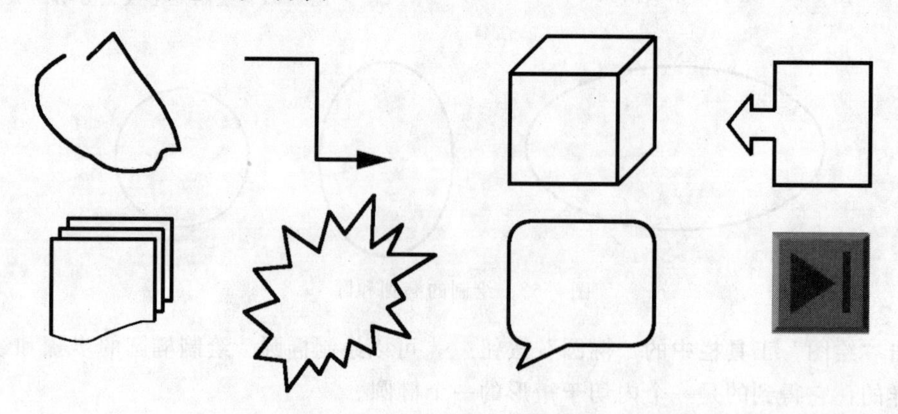

图 7-65　绘制的自选图形示例

(5) 在图形中插入文本

在矩形(正方形)，椭圆(圆)以及“基本形状”，“箭头总汇”、“流程图”、“显示旗帜”、“标注”、“动作按钮”等各种自选图形中，可以加入文本，其过程如下：

1) 将鼠标移动到需要添加文本的图形上。

2) 单击鼠标右键，在上下文菜单中选择“添加文本”，对于“标注”自选图形，则选择“编辑文本”。

3) 往图形中添加文本。

图 7-66 所示为两个添加了文本的图形的效果。

这一过程相当于在图形外围增加了一个文本框，对文本的编辑操作与前述的对文本框中的文字编辑是一样的。对于“标注”中的自选图形，它们实际上已经被添加了文本框，所以用“编辑文本”而不是“添加文本”来添加文字。

图 7-66　在图形中添加文本

2. 编辑图形

(1) 选取图形

用鼠标左键单击某个图形，就可以将此图形选取，被选取的图形将显示句柄。按住

Ctrl 键，然后分别选取单个图形，可以选取多个图形。

单击“绘图”工具栏中的“选择对象”按钮，然后在幻灯片窗口中按下鼠标左键并拖动鼠标，就会显示一个虚线的矩形，松开鼠标左键，完全处于虚线矩形之内的图形(以及文本框、图片等对象)将被选取。

当选取了多个图形时，按住 Ctrl 键然后用鼠标单击选中的某个图形，这个图形将不被选取。

(2) 图形的移动、缩放和旋转

图形的移动、缩放及旋转操作与文本框、占位符及图片的移动、缩放及旋转操作是一样的。

除了直线、箭头以及“连接符”，被选取的图形周围沿着控制性的矩形边界会出现 8 个白色句柄，分别位于矩形四角和四边中点，在上边中点句柄的上方还有一个绿色的句柄。如图 7-67 所示。

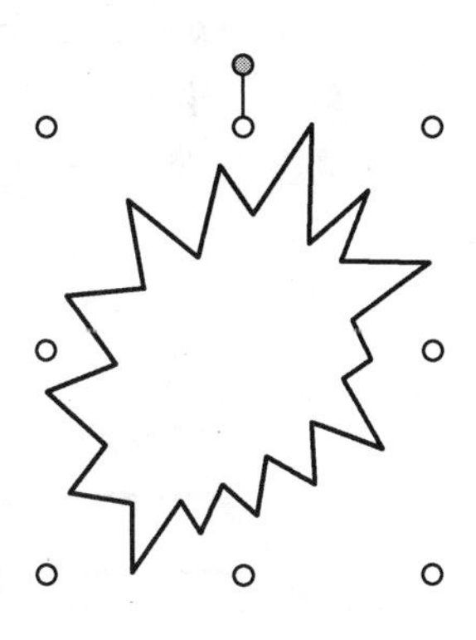

图 7-67　被选取的图形

将鼠标移动到选取的图形上，当光标呈现 时，按下鼠标左键并拖动，就可以移动所选图形，移到需移动的位置时松开鼠标键即可。

拖动白色的句柄，可以缩放选取的图形，如果要等比例缩放，可以按住 Shift 键，然后用鼠标左键拖动位于角部的句柄。

如果同时选取了多个图形，那么拖动其中一个图形句柄引起的缩放将会作用到其他的图形。

将鼠标移动上边中点上方的绿色句柄处按下，然后拖动鼠标，可以对选取的图形进行旋转操作。如果选取了多个图形，其他的图形也会围绕各自中心旋转相同的角度。

双击所选图形或用右键单击所选图形并在弹出菜单中选取“设置自选图形格式”，将打开“设置自选图形格式”对话框，选用它可以精确设定所选图形的位置、大小、旋转等。方法请参见“用‘设置自选图形格式’对话框来设定文本框和占位符格式”部分(P510)。

(3) 改变图形的形状

选取直线、箭头或“连接符”，在它们的两端会出现句柄(如图 7-68 所示)，拖动句柄可以改变端点的位置，以改变长短和形状。

在“绘图”工具栏中单击“箭头样式”按钮，打开如图 7-69 的下拉菜单，用户可以

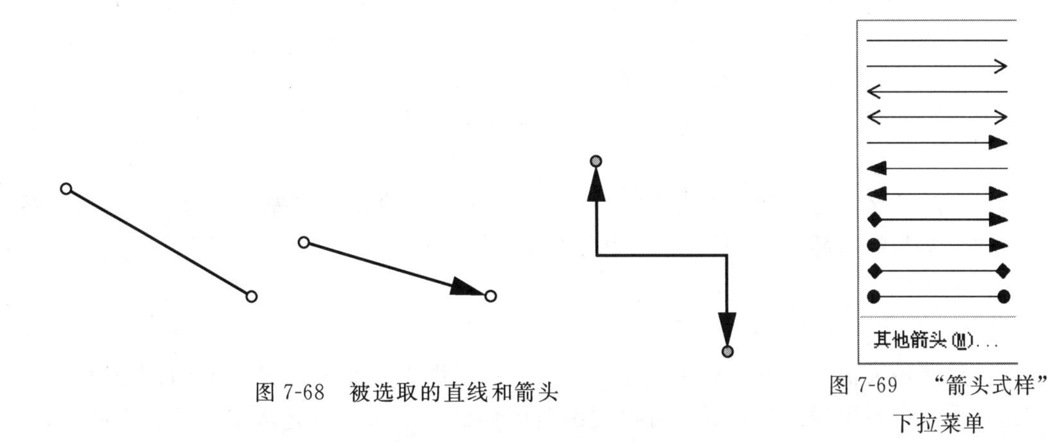

图 7-68　被选取的直线和箭头

图 7-69　“箭头式样”下拉菜单

给直线、箭头或连接符的两个端点选择不同的箭头样式。

对于有些图形，如“箭头总汇”、“显示旗帜”、“标注”、“动作按钮”以及“连接符”中的一些图形，当选取时，图形上会出现一个或数个黄色的句柄，拖动这些句柄，可以改变这个图形的形状(如图 7-70 所示)。

(4) 对齐和排列图形

如果我们在操作中需要使用很多图形，图形的排列就显得很困难，如果一个个地去排列图形对象，很难使多个图形对象排列整齐，PowerPoint 2002 提供了方便和准确地图形对齐方法。操作如下：

1) 选定要对齐的多个图形对象

2) 单击“绘图”工具栏中的“绘图”按钮，打开下拉菜单。

3) 单击下拉菜单中的“对齐或分布”命令，这时出现如图 7-71 所示的菜单。

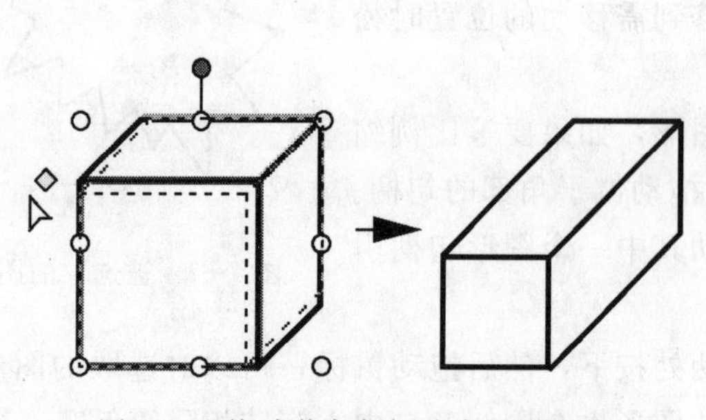

图 7-70 拖动黄色句柄改变图形形状

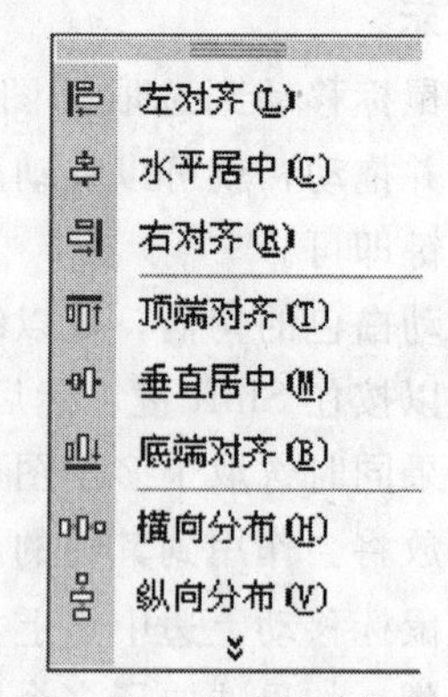

图 7-71 “对齐或分布”子菜单

4) 从“对齐或分布”菜单中选择需要的对齐方式。

各种对齐方式功能如下：

- 左对齐：使图形对象的左边界对齐；
- 水平居中：使图形对象横向居中对齐；
- 右对齐：使图形对象的右边界对齐；
- 顶端对齐：使图形对象的顶边界对齐；
- 垂直居中：使图形对象纵向居中对齐；
- 底端对齐：使图形对象的底边界对齐；

若要等距离排列图形对象，可以选择“横向分布”或“纵向分布”命令。

(5) 格式化图形对象

图形对象的格式化包括线条线型、色彩及填充效果的设定，其操作过程请参见前面的文本框的色彩与线型部分(P508)。

四、艺术字

1. 插入艺术字

为了使演示文稿更加丰富多彩，有时可以使用一些“艺术字”。在 PowerPoint 中，艺术字是作为图形对象插入的，所以可以用编辑图形的方法来编辑艺术字，设定它的边框、底纹、填充颜色、阴影、三维效果等。

在文稿中插入艺术字的步骤如下：

(1) 在“绘图”工具栏中单击“插入艺术字”按钮，或者选择“插入＞图片＞艺术字”命令。这时会打开如图 7-72 所示的“‘艺术字’库”对话框。

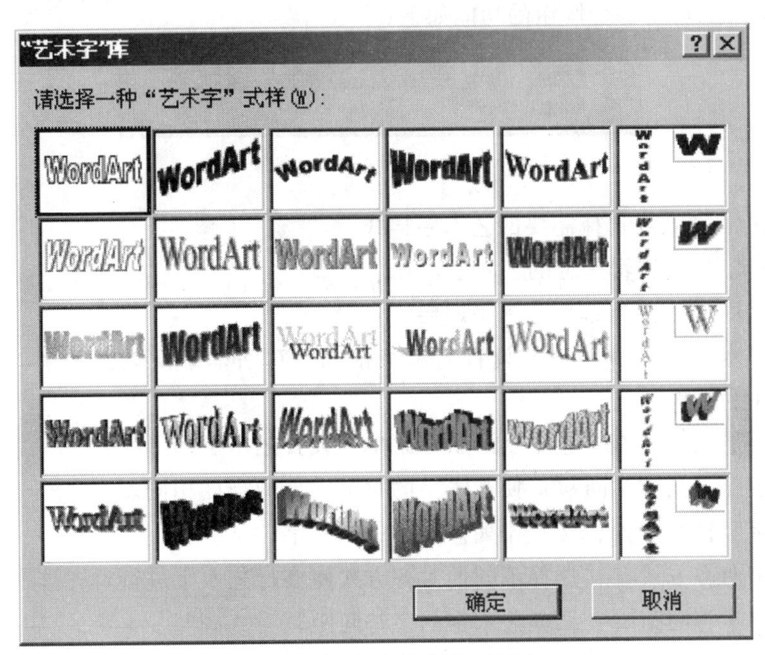

图 7-72 “‘艺术字库’”对话框

(2) 对“‘艺术字库’”对话框中选择某种艺术字式样，单击“确定”按钮，弹出“编辑‘艺术字’文字”对话框，如图 7-73 所示。

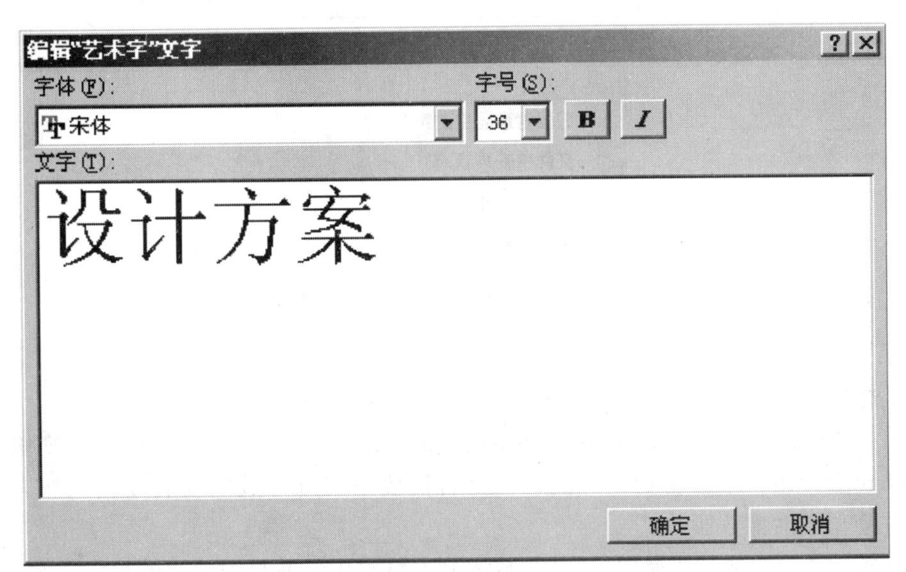

图 7-73 “编辑‘艺术字’文字”对话框

(3) 输入文字，同时还可以设定文字的字体、大小以及加粗和斜体属性，然后单击

“确定”按钮。

2. 编辑艺术字

选择所要编辑的艺术字，将显示如图 7-74 所示的“艺术字”工具栏。如果该工具栏没有显示，可以用右键单击要编辑的艺术字，在上下文菜单中选择“显示‘艺术字’工具栏”。“艺术字”工具栏各个按钮的功能如下：

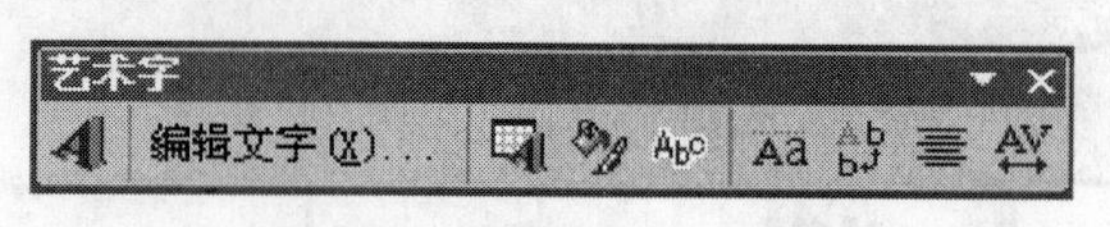

图 7-74　“艺术字”工具栏

- 插入艺术字：选择需要的艺术字样式。
- “编辑文字”：编辑选定的艺术字。
- 艺术字库：重新选择艺术字的样式。
- 设置艺术字格式：在“设置艺术字格式”对话框中设置艺术字的颜色、线条、大小、版式和环绕等。
- 艺术字形状：在“艺术字形状”菜单中设置艺术字的形状。
- 艺术字字母高度相同：使艺术字的每个字母的高度相同。
- 艺术字竖排文字：竖直排列艺术字中的文字。
- 艺术字对齐方式：选择不同的对齐方式使多行艺术字进行对齐排列。
- 艺术字字符间距：调整艺术字的字符间距。

五、多媒体对象

选择“插入”菜单下的“影片和声音”，可以在幻灯片中插入声音和动画文件。图 7-75是选择“影片和声音”打开的子菜单。

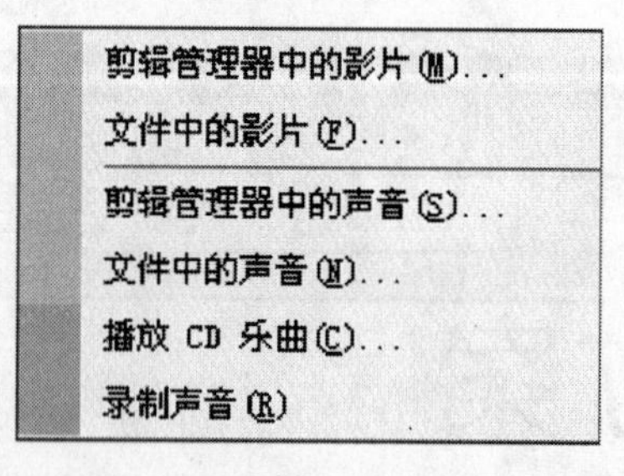

图 7-75　“插入影片和声音”子菜单

如果要在幻灯片中插入影片(动画)文件，可以按如下步骤进行：

(1) 选择“文件中的影片”，打开“插入影片”对话框。

(2) 在“插入影片”对话框中选择需要插入的文件，并单击“确定”按钮。这时PowerPoint会弹出一个警告窗口，问你“是否需要在幻灯片放映时自动播放影片？如果不，则在您单击时播放影片。”

(3) 选择“是”或“不是”，影片被放入到幻灯片中，并显示影片的片头图像。

用同样的方法还可以向幻灯片中插入声音文件，如插入 CD 音乐，并用曲目或时间来控制 CD 的播放，在这里就不加以介绍了。

第五节　幻灯片的放映及控制

一、创建幻灯片的动画效果

1. 使用“动画方案”快速创建动画效果

对于通过 PowerPoint 预设的幻灯片版式(即通过占位符来置入文字、图像)创建的演示文档，可以采用 PowerPoint 预设的一系列“动画方案”快速地创建动画效果。步骤如下：

(1) 选择要添加动画效果的幻灯片。

(2) 选择“幻灯片放映”>“动画方案”命令，打开“幻灯片设计—动画方案”任务窗格(图 7-20)。

(3) 在“应用于所选幻灯片”框中选择所需的动画效果，所选动画效果就赋予了该幻灯片，当然，也可以选择“无动画”效果。

如果选择了“自动预览”，则会在工作窗口中自动播放该动画效果，也可以单击“播放”或“幻灯片放映”钮来播放该效果。

如果单击“应用于所有幻灯片”钮，则所选择的动画效果将会赋予所有的幻灯片。

2. 用“自定义动画”设定动画效果

采用“自定义动画”，可以更加自由地控制幻灯片的动画效果，包括文字、图像的“进入”、“强调”、“退出”效果和动作路径。

用“自定义动画”设定动画效果的步骤如下：

(1) 选择文本框、图像或图形等对象。

(2) 用鼠标右键单击所选对象，在上下文菜单中选择“自定义动画”，或选择“幻灯片放映”>“自定义动画”命令，打开“自定义动画”窗格，如图 7-76 所示。

(3) 单击“添加效果”选项，选择“进入”、“强调”、“退出”、“动作路径”中的效果。如果“自动预览”被选取，动画效果将会自动演示。在“自定义动画”任务窗格中会自动将选择的动画效果一一列出来，如图 7-77 所示。

“进入”、“退出”分别设定对象的进入和退出的动画效果，“强调”则用来设定某个对象需要被强调时的动画效果，“动作路径”可以用来设定对象在幻灯片中移动的效果。这四个子菜单的内容如图 7-78 所示，它们分别列出了常用的效果，用户可以单击“其他效果”以便在更多的动画效果中选择。对于动作路径，则可以选择“更多动作路径”，甚至可以绘制自定义路径来设定对象的移动。

3. 设定幻灯片的切换效果

用鼠标右键单击某张幻灯片，在上下文菜单中选择“幻灯片切换”，或者用左键选择某幻灯片后在“幻灯片放映”菜单中选择“幻灯片切换”，就可以打开如图 7-21 所示的“幻灯片切换”任务窗格来设定幻灯片的切换效果。

在“幻灯片切换”任务窗格中，你可以给选定的幻灯片选择切换效果，设定速度、声音，还可以设定换片方式(单击鼠标或设定放映时间)。单击“幻灯片切换”任务窗格下部的“应用于所有幻灯片”按钮，将把当前设定的切换效果赋予所有的幻灯片。

二、编辑“自定义动画”效果

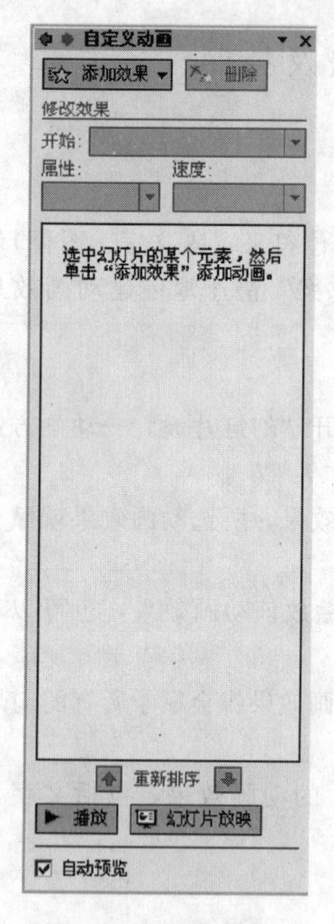

图 7-76　"自定义动画"任务窗格

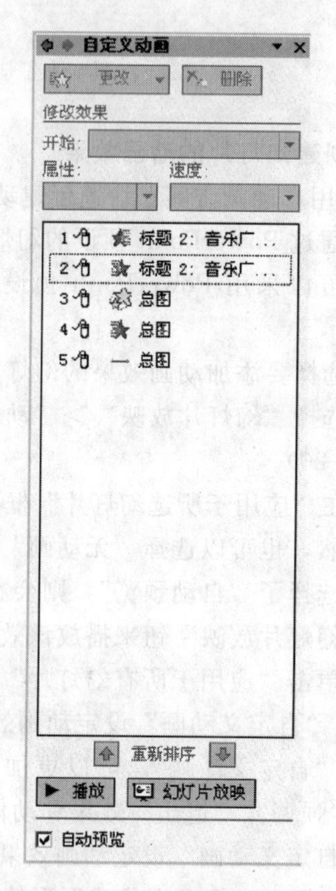

图 7-77　"自定义动画"任务窗格中的动画列表

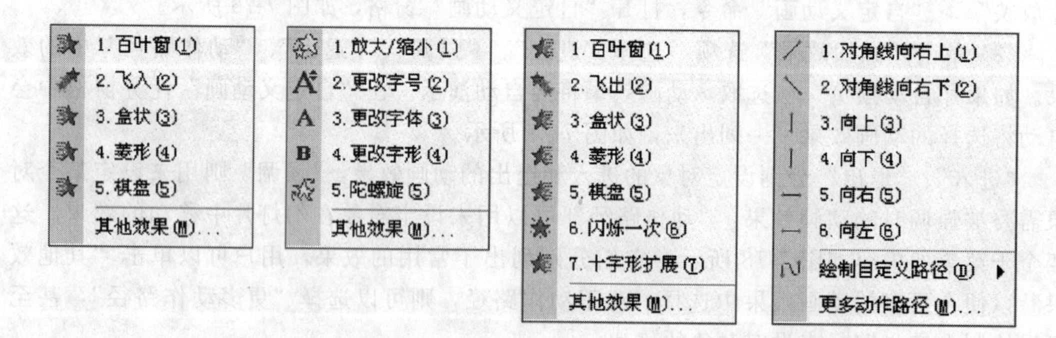

图 7-78　"进入"、"强调"、"退出"和"动作路径"效果子菜单

1. 更改动画效果的顺序

一旦用"自定义动画"为幻灯片上的文字、图片等对象设定了动画效果，各个动画效果的清单就会顺序地列在"自定义动画"的任务窗格中(参见图 7-77)。选取某条动画效果，然后单击"重新排序"的上下箭头按钮可以上下移动这条动画效果以改变它的出现顺序，也可以直接将某条动画效果拖动到所需位置。

实际上，任何动画效果的出现位置都是可以改动的，甚至可以把某个对象的"退出"效果放在"进入"效果之前，这样，在实际演示中，对象将先进行"退出"动画，再进行

“进入”动画。

2. 设置动画效果的开始时间

选择某条动画效果，然后单击“自定义动画”任务窗格上部的“开始”框右边的箭头，可以设定动画效果的开始时间。“开始”下拉式列表栏中有三个选项：

- “单击时”：动画在单击鼠标时启动；
- “之前”：动画与上一个效果同时启动；
- “之后”：动画在上一个效果结束时启动。

用鼠标右键单击“自定义动画”任务窗格列出的某条动画效果，然后在上下文菜单中也可以选择以上三个选项。

3. 设置动画的其他属性

- 速度：

利用“自定义动画”任务窗格上部的“速度”下拉式列表栏，可以设定动画的速度，它有以下几个选项：非常慢、慢速、中速、快速、非常快。

- 动作方式

对于不同动画效果，还可以设定相应的动作方式，例如：对于“飞入”效果，可以设定飞入的方向(自底部、自左侧、自右侧、自顶部、自左下部、右下部、自左上部、自右上部)；对于“百叶窗”效果，可以设定百叶的方向(水平、垂直)；对于“放大/缩小”效果，可以设定缩放的比例等等。

一旦某个动画效果被选取，“自定义动画”任务窗格的“速度”栏左边的栏目就会相应地改变，让用户去选择所需的运动方式。

4. 按字母、词或段落显示动画效果

对于文本对象，可以设定是按照文本中字母、词或段落来显示动画效果，步骤如下：

1) 在“自定义动画”任务窗格中用鼠标右键单击文本对象的动画效果，在上下文菜单中选择“效果选项”，弹出相应的效果选项对话框(如图 7-79)。

2) 在“动画文本”栏中选择“整批发送”、“按字/词”或“按字母”中的一项。

3) 如果要按段落级别或项目符号显示动画，则进入“正文文本动画”选项卡(如图 7-80)，在“组合文本”列表中选取所需选项，还可以设定间隔时间和顺序。

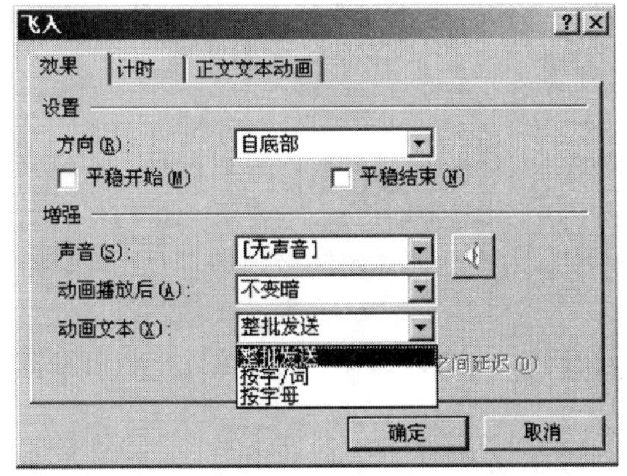

图 7-79　“飞入”效果对话框“效果”选项卡

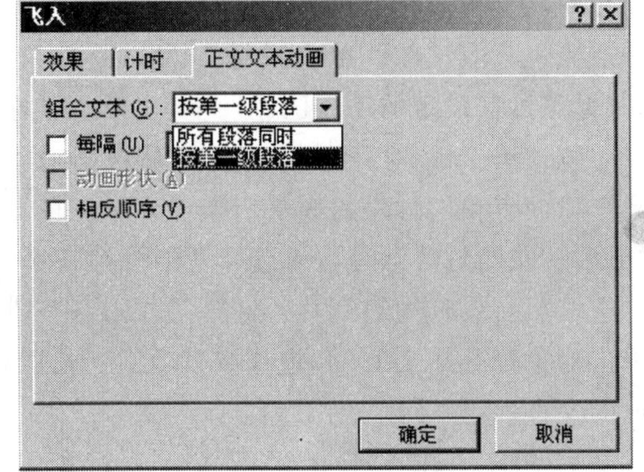

图 7-80　“飞入”效果对话框“正文文本动画”选项卡

效果选项对话框可以设定动画效果的各种属性，包括前述的速度、动作方式、动画开始时间，还可以设定动画声音效果、播放后的对象显示方式、动画的延时、重复等。

三、创建交互式演示文稿

有时在演示时需要不按照次序放映幻灯片，这时需设置一些动作来跳转到某幻灯片。

在上一节中，我们讲到了自选图形的绘制和编辑，这其中包括动作按钮。当绘制完一个动作按钮后，会自动弹出如图 7-81 所示的“动作设置”对话框，让用户设定交互式动作。

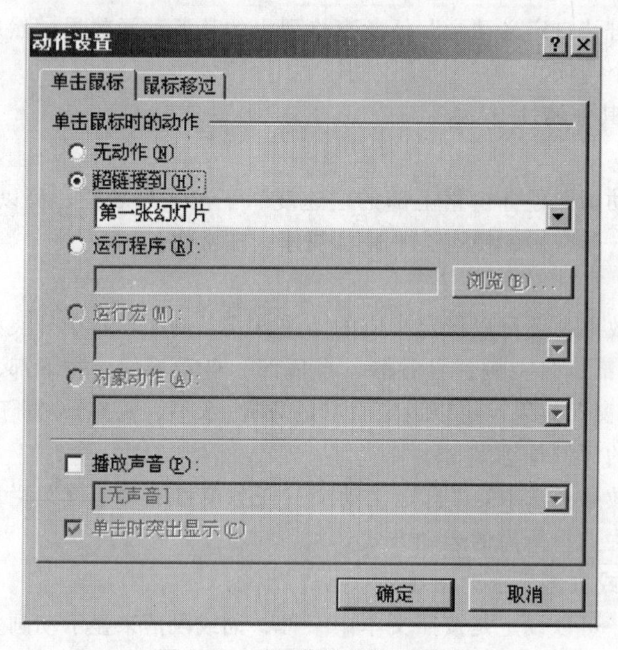

图 7-81　“动作设置”对话框

实际上，对于任一种对象，如文本框、图片、自选图形等，都可以设定交互式动作，其方法是用右键单击所选对象，在上下文菜单中选择“动作设置”，打开“动作设置”对话框，进行设定。

“动作设置”对话框有两个选项卡，分别是“单击鼠标”和“鼠标移过”，分别用来设定在对象上单击鼠标和将鼠标移过对象时所启动的动作。这两个选项卡的内容是一样的，一般来说，应该在“单击鼠标”和“鼠标移过”中二选一，因为当鼠标移到对象上时，“鼠标移过”设定的动作已经发生，“单击鼠标”已不可能。

以“单击鼠标”为例。当你希望单击对象时进入了某一张幻灯片，可以选择“超链接到”中的有关幻灯片的选项，如“下一张幻灯片”、“上一张幻灯片”、“第一张幻灯片”、“最后一张幻灯片”等，或选择“幻灯片……”，在随后弹出的“超链接到幻灯片”对话框中选取想要放映的幻灯片。选择“URL……”或“其他 PowerPoint 演示文稿”可以通过单击对象打开某个 URL 地址或某个 PowerPoint 文件，也可以选择“其他文件”以打开其他的文件。

启动的动作还包括运行程序，运行宏及对象动作等，还可以加上一个声音的播放。

第六节　幻灯片母板

一、幻灯片母板的设置

在幻灯片母板可以设定各式的占位符，这些占位符为标题、主要文本及其他对象设定了外观属性。如果修改了幻灯片母板式样，将影响到基于该母板的所有幻灯片效果，幻灯片母板上的图形、文字及其他对象将会出现在幻灯片上，因此，幻灯片母板对于幻灯片的统一风格具有十分重要的意义。

在“视图”菜单中选择“母板”＞“幻灯片母板”，就在工作视图中打开了幻灯片母板，同时打开“幻灯片母板视图”工具栏，如图 7-82、图 7-83 所示。

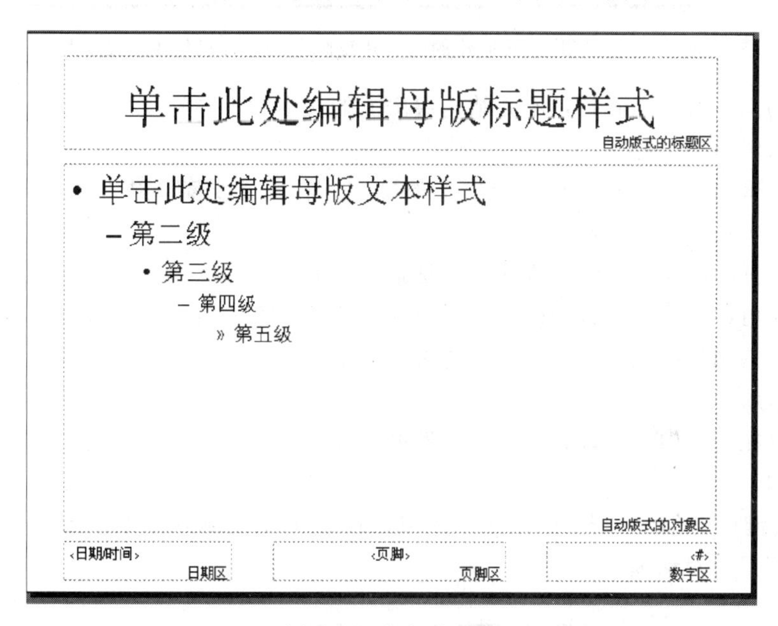

图 7-82　幻灯片母板

图 7-83　“幻灯片母板视图”工具栏

在幻灯片母板中包括 5 个占位符，分别为标题、文本、日期、页脚、幻灯片编号，用户可以删除其中的某些占位符，如果想恢复删除的占位符，可单击“幻灯片版式视图”工具栏中的“母版版式”按钮，在弹出的“母版版式”对话框中选取需恢复的占位符。

1. 设置文本格式、项目符号及占位符

用鼠标单击需要修改的某个占位符中的文本，例如“单击此处编辑母板标题样式"、“单击此处编辑母板文本样式”、“第二级”……“＜日期/时间＞”、“＜＃＞”等，这时被选择的占位符中的文本就会以黑白反相显示，我们可以用前面章节关于格式化文本的方法设置文本的字体、字号、颜色、加粗、斜体、下划线、段落对齐方式等。单击“幻灯片母版视图”工具栏中的“关闭母板视图”按钮，回到普通视图，这时，对母板中的文本的修改将反映到幻灯片中。

例如我们首先将母板中的标题和一些文本的格式进行改变，然后根据幻灯片版式创建新的幻灯片。图 7-84 所示的是这些新幻灯片的效果。

图 7-84　根据幻灯片版式创建的幻灯片反映了幻灯片母板中的文本格式

从母板的文本区可以看到，不同结构层次上的文本有不同的项目符号，这些项目符号也可以更改，步骤如下：

(1) 用鼠标右键单击某一结构层次上的文本，在上下文菜单中选择“项目符号和编号”，弹出“项目符号和编号”对话框。

(2) 选择项目符号、大小、颜色等，按确定按钮。

另外，还可以设置占位符的格式、大小和位置，其方法参见第四节中有关占位符的操作部分。修改的结果将反映在幻灯片中的占位符中。

2. 设置幻灯片背景

用户可以在母板中设置背景，这个背景可以被应用到幻灯片中。在幻灯片母板中设置背景的过程如下：

(1) 用右键单击幻灯片母板的空白区域，在上下文菜单中选取“背景…”，弹出如图 7-85的“背景”对话框。

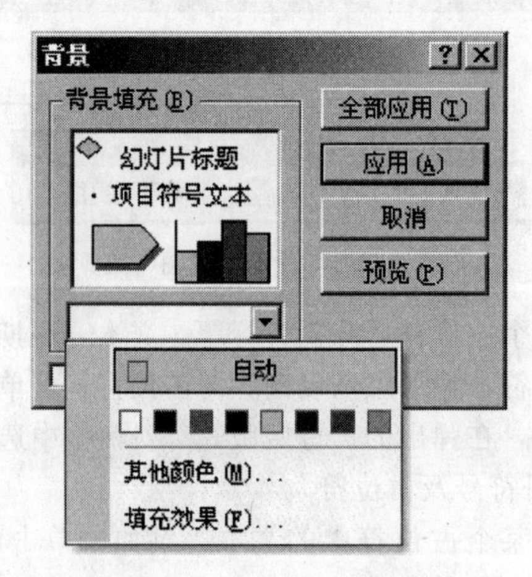

图 7-85　“背景”对话框

(2) 单击“背景填充”下的下拉列表框箭头，在下拉列表(图 7-85)中选取所需的颜色，或者单击“其他颜色”以打开“颜色”对话框选取背景颜色，也可以单击“填充效果”，设定更为复杂的填充效果，包括过渡、纹理、图案和图片的背景填充。

(3) 在“背景”对话框中单击“应用”，完成背景设置。

二、创建与母版不同的幻灯片

幻灯片母板上的内容将反映到各个幻灯片中，但是，并非所有幻灯片在每个细节上都必须与幻灯片母版一致。例如，某张幻灯片可能需要使用与母版不同的背景颜色或纹理图案；对于某个幻灯片，或许想在标题或文本格式上使用不同的字号或颜色，或在页眉或页脚部分放入不同的信息。此外，某些幻灯片希望使用和母版不同的配色方案等。这时，需要创建与母版不同的幻灯片。

创建和母版不同的幻灯片的操作步骤如下：

(1) 在幻灯片视图中，打开需要更改的幻灯片。

(2) 根据需要更改标题和文本的格式，所作的更改不会影响其他的幻灯片或母版。

(3) 选择“格式”菜单中的“背景”命令，或用鼠标右键单击空白处并在上下文菜单中选择“背景”命令打开“背景”对话框。

(4) 单击“背景填充”区域下方列表框右边的箭头，从下拉列表中选择所需的颜色并单击“应用”按钮，所做的更改只应用到当前幻灯片。如果在“背景”对话框中选择了“忽略母版的背景图形”，那么母板上的内容将不会出现在当前幻灯片上。

第七节　一个建筑方案演示文稿的制作实例

下面我们用 PowerPoint 2002 来实际演示建筑方案讲演文稿的制作过程。演示的所有文件都可以在案例演示文件夹中找到。由于讲演文稿主要用于在电脑屏幕和投影机上演示，所示我们采用的图像文件的分辨率都不大，以便快速地编辑文稿并减少文件存贮量。最终的成果文件也保存在同样的文件夹中。读者可以跟着我们的演示进行练习，实际操作一下演示文稿的制作过程。有些操作的具体方法没有仔细介绍，读者可以在前面的章节中查找。

一、创建新文稿

打开 PowerPoint 2002，这时出现一个新文稿，或选择“文件”＞“新建”命令，在“新建演示文稿”任务窗格中单击“空演示文稿”，这时任务窗格会自动切换到“幻灯片版式”，并生成如图 7-86 所示的一个空白的封面页。选择“文件”＞“保存”命令将它保存为“方案演示 . ppt”。

二、编辑母板

为了获得统一的幻灯片格式，我们首先要编辑母板，通过母板的编辑，我们还可以设定我们比较喜欢的文本格式。

(1) 选择“视图”＞“母板”＞“幻灯片母板”命令，进入幻灯片母板视图。单击“单击此处编辑母版标题样式”，然后用“格式”＞“字体”命令将标题的中文字体改为“黑体”，西文改为“Helvetica”，字形设置为“加粗”，字号为“20”。

(2) 将“单击此处编辑母版文本样式”改为“黑体”“Helvetica”“常规”“20”。

(3) 将“第二级”“第三级”“第四级”“第五级”全部设为“宋体”“Arial”“常规”“18”。

(4) 用“绘图”工具栏中的“文本框”工具在母版顶部绘制文本框，并用“填充颜

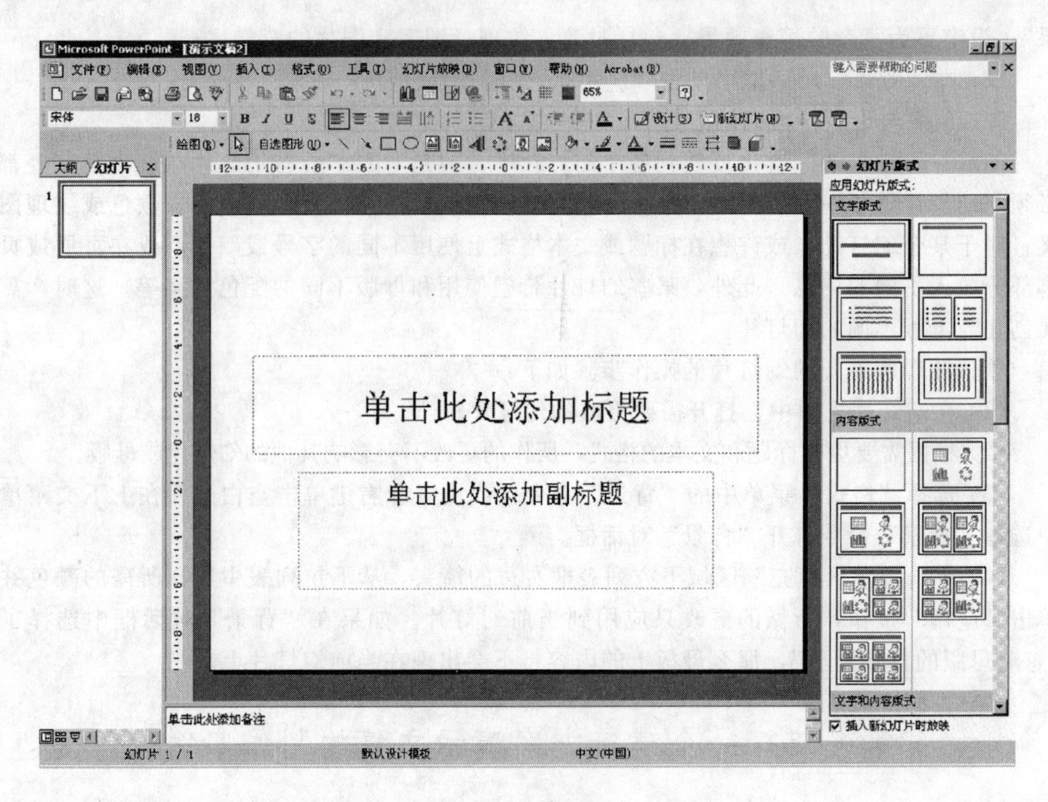

图 7-86　新建幻灯片

色”工具将文本框的填充颜色设为淡蓝色，用“选择对象”工具选择文本框，移动鼠标到文本框前部，当鼠标光标变成“I”形时，单击，然后在闪动的“I”形光标处输入方案的名称“硅湖职业技术学院规划设计”，并用前述方法将字体设为“隶书”，字号为20。

(5) 选择“绘图”工具栏的“直线”工具，在母板下部绘制一条直线，然后双击这条直线，在打开的“设置自选图形格式”对话框中将线条颜色设为与文本框一致的淡蓝色，粗细设为10磅。

(6) 选择“绘图”工具栏的“矩形工具”，在母版左边绘制一个矩形，宽度略大于“硅湖职业技术学院”几个文字。再用“绘图”工具栏的“线条颜色”和“填充颜色”工具分别将线条颜色设为“无线条颜色”将填充颜色设为淡蓝色。

(7) 删除“日期”“页脚”和“数字”三个占位符。拖动标题样式和文本样式占位符的控制句柄，形成如图7-87的构图。在每一个幻灯片上，都会出现和母版一致的统一的形式。按Ctrl+S保存。单击“幻灯片母版视图”工具栏中的“关闭母版视图”，回到正常的工作视图。

三、制作“标题幻灯片”

(1) 在“幻灯片版式”任务窗格中单击第一个版式——“标题幻灯片”。

(2) 单击幻灯片上的“单击此处添加标题”，输入“硅湖职业技术学院规划设计”。双击此占位符边界，在“设置自选图形格式”对话框中将填充颜色设为淡蓝色。拖动占位符的句柄，改变它的形状。

（3）在“单击此处添加副标题”处输入日期：“2004 年 7 月”。选择此日期，用“绘图”工具栏的“字体颜色”工具将它设为深蓝色。

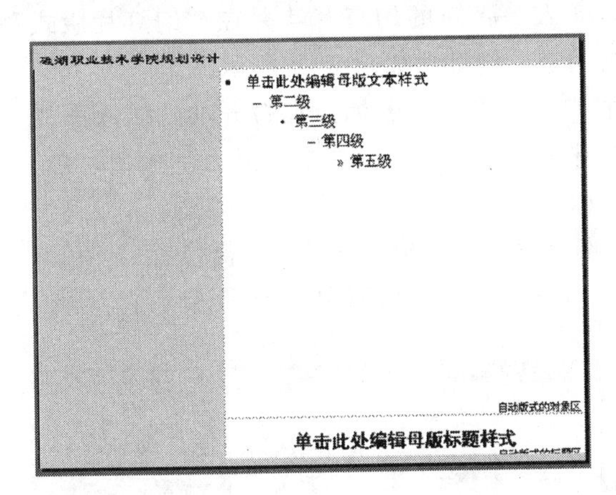

图 7-87　编辑母板

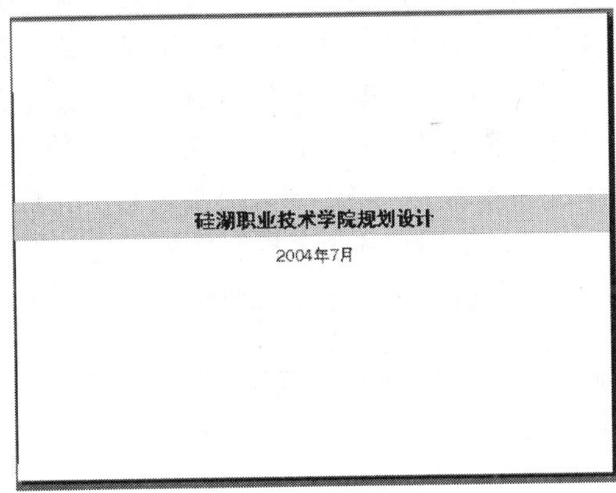

图 7-88　标题幻灯片

（4）用鼠标右键单击空白处，在上下文菜单中选择“背景”，打开“背景”对话框，在“背景”对话框下方勾选“忽略母版的背景图形”并单击“应用”按钮，使母版上的内容不被显示。

结果如图 7-88 所示。

四、制作纯文本的幻灯片

（1）选择“插入”＞“新幻灯片”命令，在标题幻灯片后插入一个新的幻灯片，在“幻灯片版式”任务窗格中选择“标题和文本”版式。结果如图 7-89 所示。

（2）用记事本打开“设计说明 . txt”文件，选取有关规划背景的一段文字，然后选择“编辑”＞“复制”命令。

（3）回到 PowerPoint 2002，单击图 7-89 所示的“单击此处添加文本”，选择“编辑”＞“粘贴”命令，将刚才拷贝到剪切板的文字输入，然后在前面适当输入空行，使文本处于页面中部。

（4）单击“单击此处添加标题”，输入“规划背景”。

此步操作结果如图 7-90 所示。

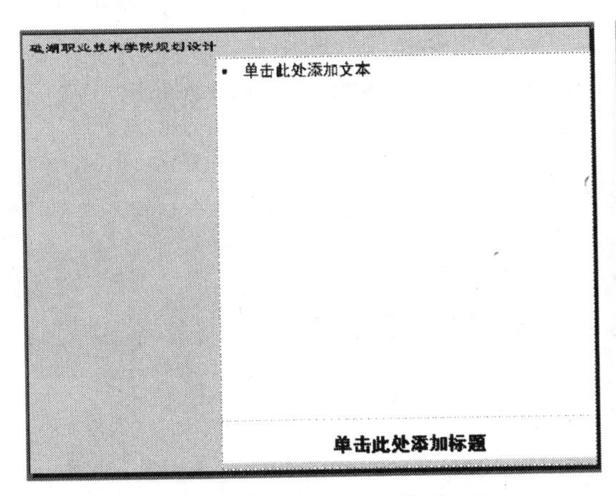

图 7-89　“标题和文本”版式

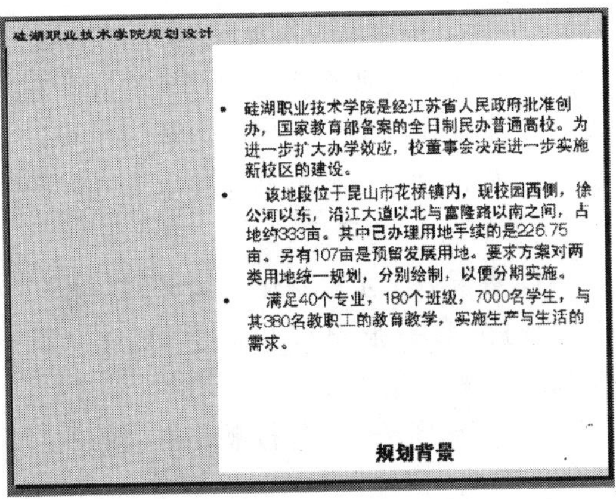

图 7-90　纯文本的幻灯片

用类似方法制作设计说明的其他页面。

五、制作纯图像幻灯片

(1) 选择“插入”＞“新幻灯片”命令，插入一张新的幻灯片，并在“幻灯片版式”任务窗格中选择“标题和内容”版式。新生成的空白幻灯片如图 7-91 所示。

(2) 单击“单击图标添加内容”的左下角“插入图片”图标，在打开的“插入图片”对话框中选择本演示文件所在文件夹下的“总平面.jpg”，然后单击“插入”按钮，总平面图就插入到了“单击图标添加内容”占位符中。

(3) 拖动图片的角部控制句柄，进行等比例缩放大，并拖动图片至所需位置。

(4) 单击“单击此处添加标题”后，输入“总平面”。如果如图 7-92 所示。

图 7-91　“标题和内容”版式

图 7-92　纯图像的幻灯片

六、制作图文混排的幻灯片

(1) 插入一张新幻灯片，并在“幻灯片版式”任务窗格中选择“标题、文本与内容”。结果如图 7-93 所示。

(2) 单击“单击图标添加内容”的“插入图片”图标，插入图片“功能分析.jpg”。

(3) 在记事本中打开“设计说明.txt”文件，选取有关分区的说明文本，然后选择“编辑”＞“复制”命令将所选文本拷贝到剪切板。

(4) 单击“单击此处添加文本”，选择“编辑”＞“粘贴”将剪切板中的文本贴入幻灯片。为便于阅读，可将文章分成几小段。

(5) 拖动文本所在的占位符到幻灯片左边的蓝色区域并拖动四周句柄调整大小。

(6) 拖动图片的角部句柄以放大图片，并拖到适当位置。

(7) 单击“单击此处添加标题”，输入“功能分区”。

结果如图 7-94 所示。

七、参照以上步骤制作出其他幻灯片

我们在第一张幻灯片后插入一个新的空白幻灯片，以供下一步制作索引幻灯片用。

图 7-95～图 7-120 是按顺序排列的所有幻灯片。

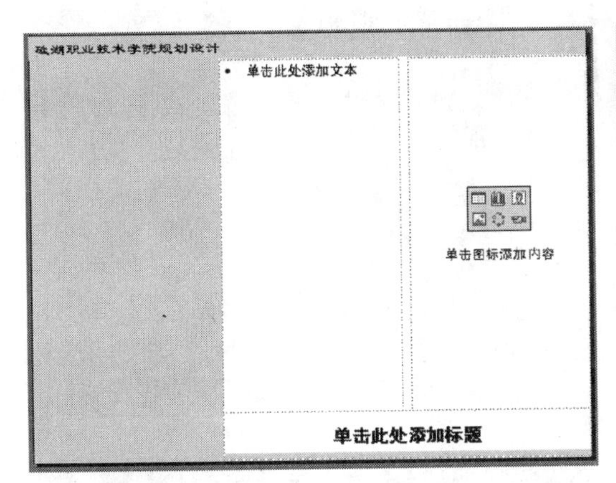

图 7-93　“标题、文本与内容”版式

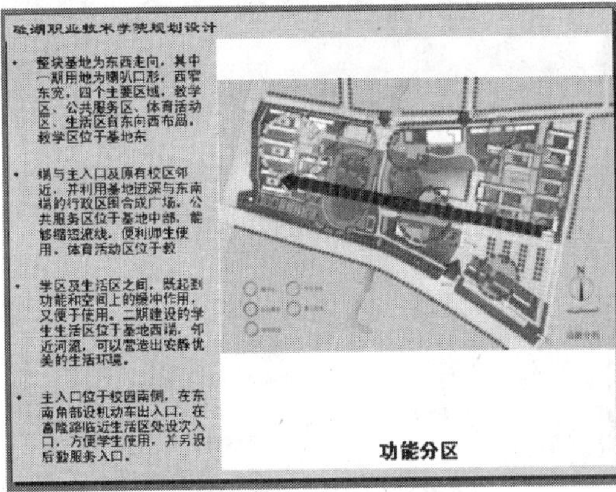

图 7-94　图文混排的幻灯片

图 7-95　第 1 张幻灯片

图 7-96　第 2 张幻灯片

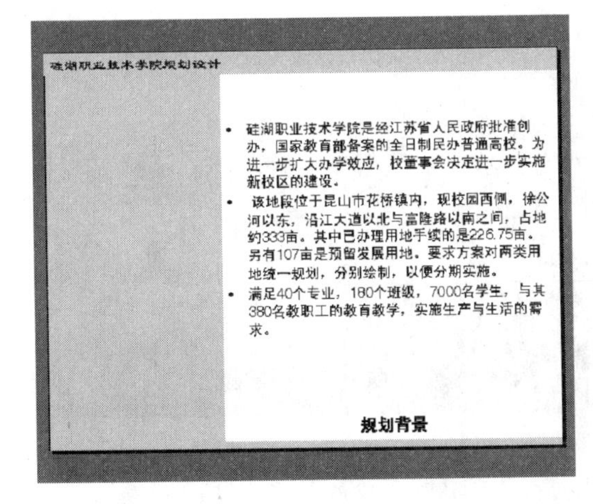

图 7-97　第 3 张幻灯片

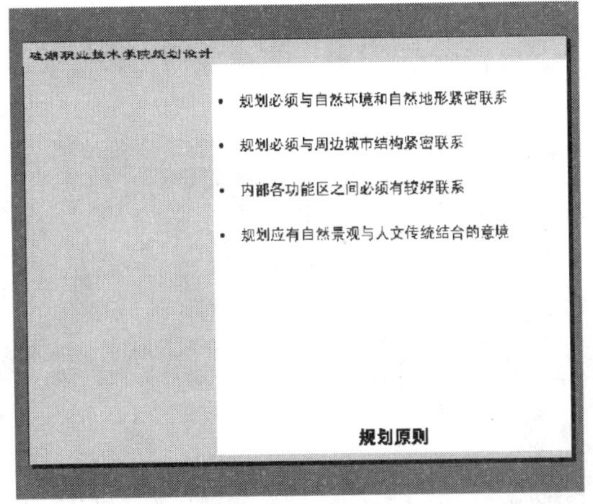

图 7-98　第 4 张幻灯片

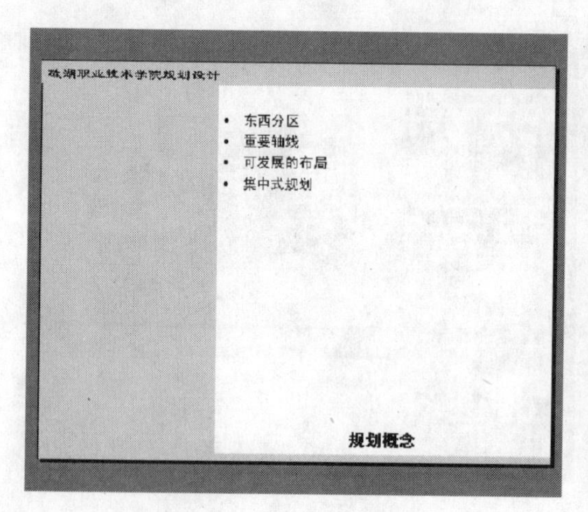

图 7-99　第 5 张幻灯片

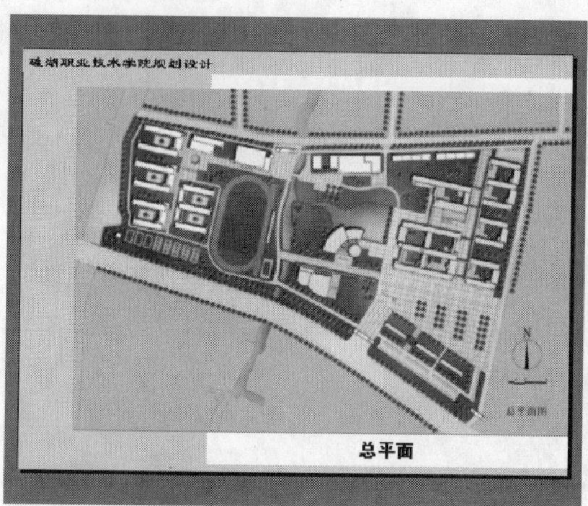

图 7-100　第 6 张幻灯片

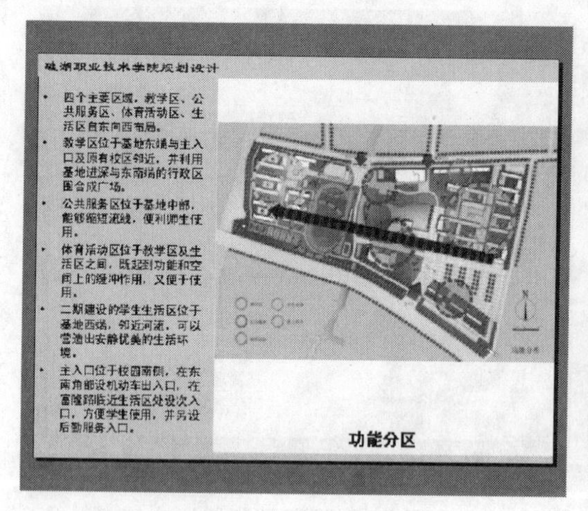

图 7-101　第 7 张幻灯片

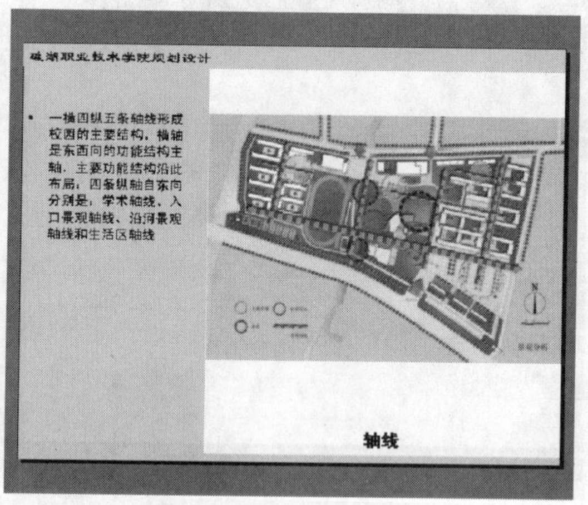

图 7-102　第 8 张幻灯片

图 7-103　第 9 张幻灯片

图 7-104　第 10 张幻灯片

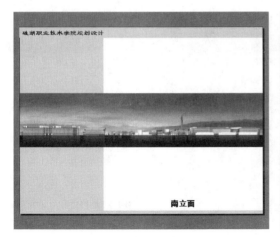

图 7-105　第 11 张幻灯片

图 7-106　第 12 张幻灯片

图 7-107　第 13 张幻灯片

图 7-108　第 14 张幻灯片

图 7-109　第 15 张幻灯片

图 7-110　第 16 张幻灯片

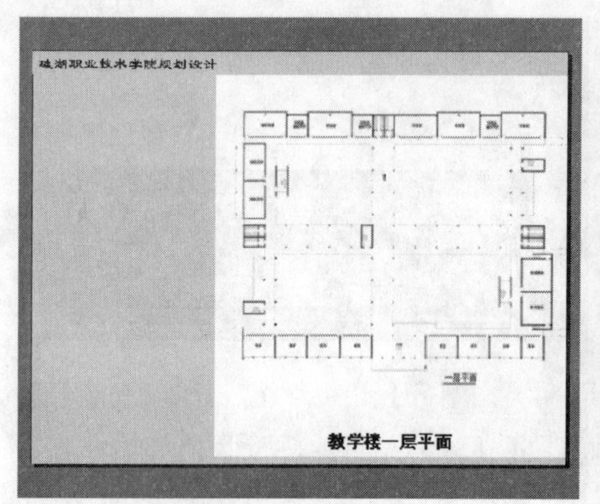

图 7-111 第 17 张幻灯片

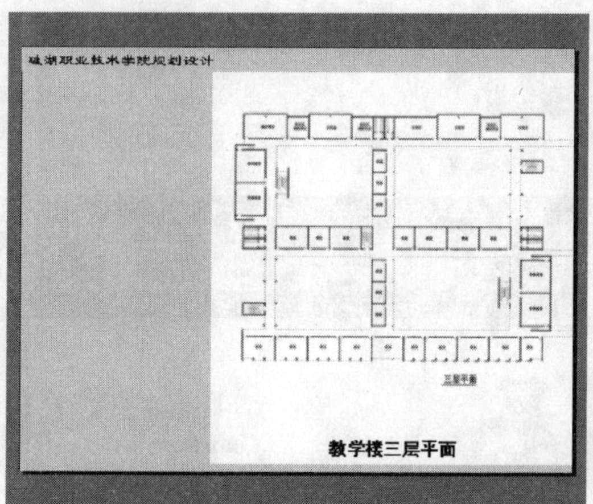

图 7-112 第 18 张幻灯片

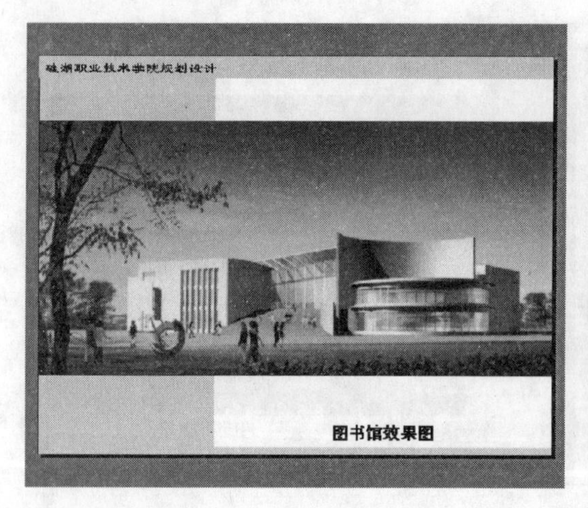

图 7-113 第 19 张幻灯片

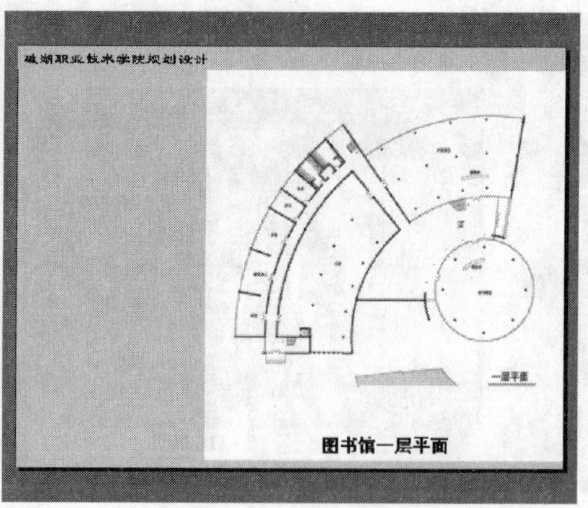

图 7-114 第 20 张幻灯片

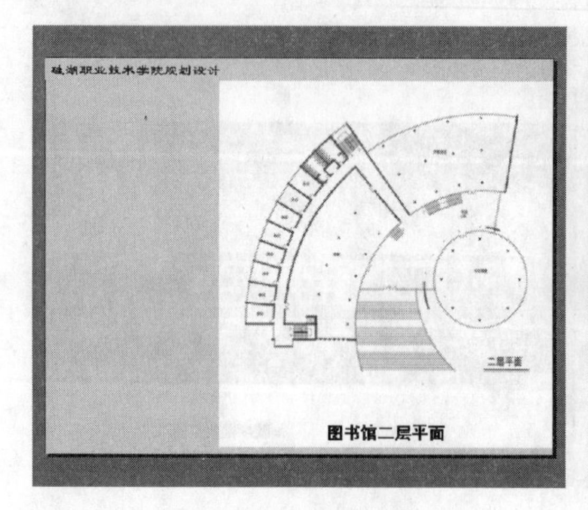

图 7-115 第 21 张幻灯片

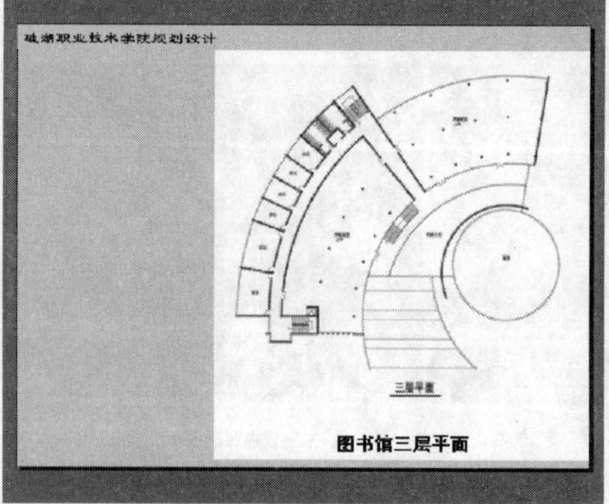

图 7-116 第 22 张幻灯片

图 7-117　第 23 张幻灯片

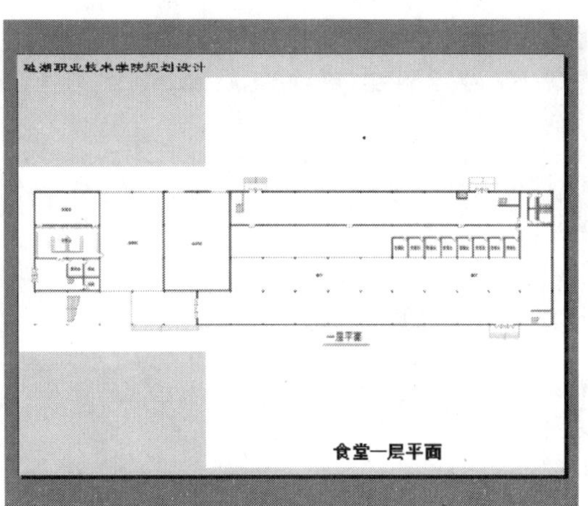

图 7-118　第 24 张幻灯片

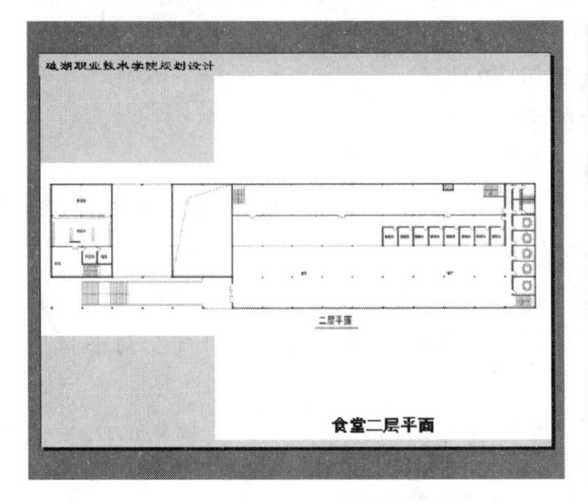

图 7-119　第 25 张幻灯片

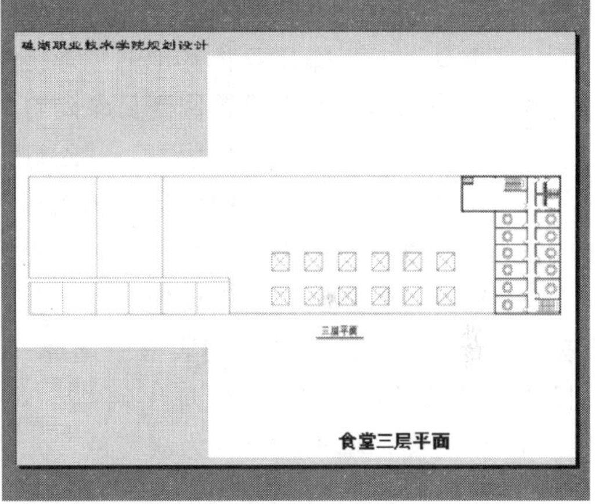

图 7-120　第 26 张幻灯片

八、制作目录幻灯片

(1) 选取第二张幻灯片作为当前的工作幻灯片。

(2) 选择“绘图”工具栏中的“自选图形”>“基本形状”中的矩形，在幻灯片中绘制一适当大小的矩形。用“绘图”工具栏中的“填充颜色”工具将它的填充颜色设为白色，用“线型”工具将它的线条粗细设为“1 磅”，用“线条颜色”工具将它设为黑色。

(3) 用鼠标右键单击这个矩形并在上下文菜单中选择“添加文本”，在矩形中输入第三张幻灯片的标题“规划背景”。结果如图 7-121 所示。

(4) 重复复制写有“规划背景”的矩形，然后将内部文字改为其他幻灯片的标题。并将这些矩形排列整齐。如图 7-122 所示。

(5) 用鼠标右键单击标有“规划背景”的矩形，在上下文菜单中选择“动作设置”命令。在弹出的“动作设置”对话框中选择“超链接到”单选按钮，并在其下方的下拉式选择列表框中选择“幻灯片”，在弹出的“超链接到幻灯片”对话框中选择“3. 规划背景”，

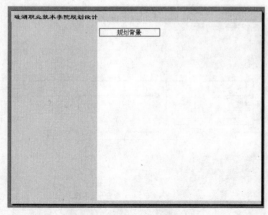

图 7-121　制作目录幻灯片

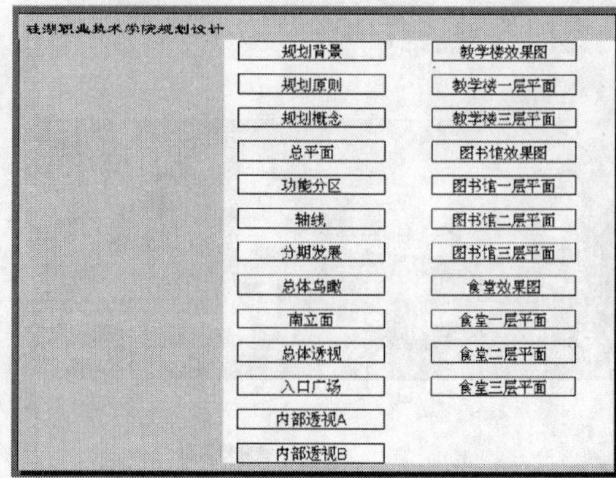

图 7-122　目录幻灯片

然后单击“确定”按钮完成超链接设置。单击屏幕左下角“幻灯片放映模式”按钮，在放映的第二张幻灯片中单击标有“规划背景”的矩形，幻灯片将转入第三张幻灯片。

(6) 重复上一步操作，将其他的矩形链接到相应幻灯片。

九、在其他幻灯片上设置回到目录幻灯片的按钮

(1) 选择“视图”＞“母版”＞“幻灯片母版”命令进入幻灯片母版。

(2) 在“绘图”工具栏中的“自选图形”＞“动作按钮”菜单中选择第二个按钮“动作按钮：第一张”，并在幻灯片中拖动鼠标绘制出一个按钮。

(3) 这时，将弹出“动作设置”对话框，其选项为“超链接到＞第一张幻灯片”。我们在“超链接到”的下拉式列表框中选择“幻灯片”，并在“超链接到幻灯片”对话框中选择“2：幻灯片”，即目录幻灯片。

(4) 将此图标填充颜色设为淡蓝色，并移到幻灯片右上角位置，如图 7-123 所示。

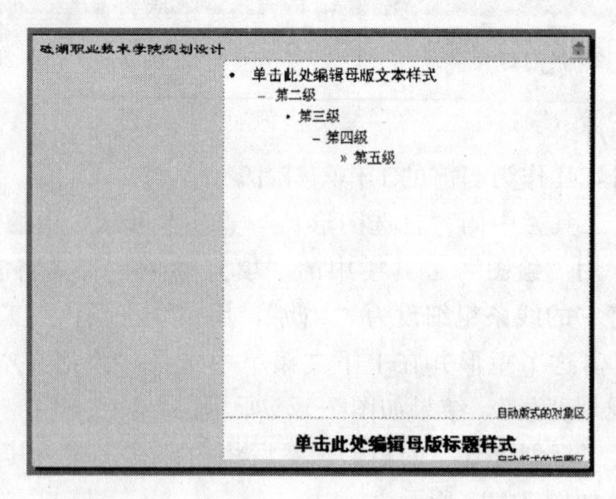

图 7-123　在幻灯片母板中添加动作按钮

(5) 关闭母版视图回到正常视图，除第一、第二张之外，每一张幻灯片的右上角将出现这个图标。在放映幻灯片时，单击这个图标，就会转入目录幻灯片。

十、设置幻灯片放映的动画效果

(1) 选择“幻灯片放映”＞“动画方案”命令。打开“幻灯片设计”＞“动画方案”任务窗格。

(2) 在“动画方案”任务窗格中选择一种动画方案如“细微型”中的“向内溶解”，然后单击“应用于所有幻灯片”图标，这样，所有幻灯片上的对象都有向内溶解的动画效果。进入放映模式察看动画效果。

(3) 选择“视图”＞“母板”＞“幻灯片母板”命令，然后选择“幻灯片放映”＞“自定义动画”命令打开“自定义动画”任务窗格，在“自定义动画”任务窗格中选择“标题1：单击此处编辑母板标题样式”，然后单击“删除”按钮将这一动画效果删除，使每张幻灯片上的标题没有动画效果。关闭母版视图，放映幻灯片察看效果。

(4) 进入第二张幻灯片。由于第二张幻灯片上的内容不是通过占位符输入的，因此动画方案对它没有影响。选择所有的矩形，然后选择“幻灯片放映”＞“自定义动画”命令打开“自定义动画”任务窗格，在“添加效果”＞“进入”菜单中选择一种动画方式，如“百页窗”，在“自定义动画”任务窗格中的“开始”下拉选择框中选择“之前”。单击“自定义动画”任务窗格中的“播放”钮，察看效果。

(5) 进入第7张“功能分区”幻灯片，选择“幻灯片放映”＞“动画方案”命令打开“幻灯片设计”＞“动画方案”任务窗格，选择“无动画”。用鼠标右键单击图片，在上下文菜单中选择“自定义动画”，在“自定义动画”任务窗格中选择“添加效果”＞“进入”＞“棋盘”(或其他)效果，在“开始”下拉选择框中选择“之前”，并选择方向和速度。单击“幻灯片放映”钮察看动画效果。用同样方法为文字选择进入效果如“飞入”。单击“幻灯片放映”察看动画效果。

用同样方法分别为第8张和第9张幻灯片制作自定义的动画效果。

(6) 选择“幻灯片放映”＞“幻灯片切换”命令打开“幻灯片切换”任务窗格，选择一种幻灯片切换动画效果，如“向右插入”，并选择“速度”为“快速”，换片方式为“单击鼠标时”。单击“应用于所有幻灯片”，并单击“幻灯片放映”按钮察看效果。

附录

将 AutoCAD 图形输出为图像

我们常常需要把 AutoCAD 绘制的建筑图转化为图像文件，用于排版、填色等后期制作。可以利用 AutoCAD 的打印功能完成这一任务。

首先，需要配制一台特殊的打印机，它的打印结果不是一张图纸，而是一个图像文件。

在 AutoCAD(2000 版及以后版本)选择“File＞Plotter Manger...”命令，打开如附图-1所示的“Plotters”文件夹，双击“Add-A-Plotter Wizard”，弹出如附图-2 所示的“Add Plotter-Introduction Page”对话框。

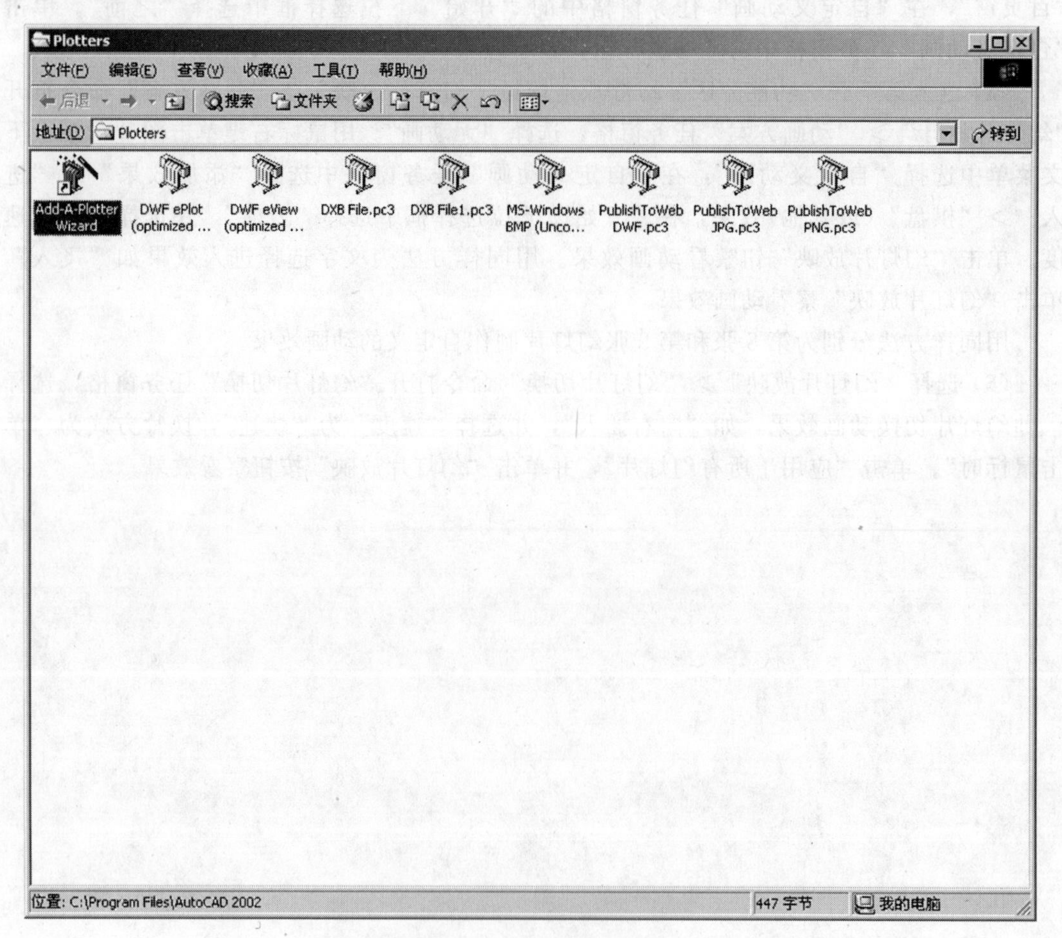

附图-1 “Plotters”文件夹

单击“下一步”按钮，打开“Add Plotter-Begin”对话框(附图-3)，单选“My Computer”，单击“下一步”按钮，打开“Add Plotter-Plotter Model”对话框(附图-4)。

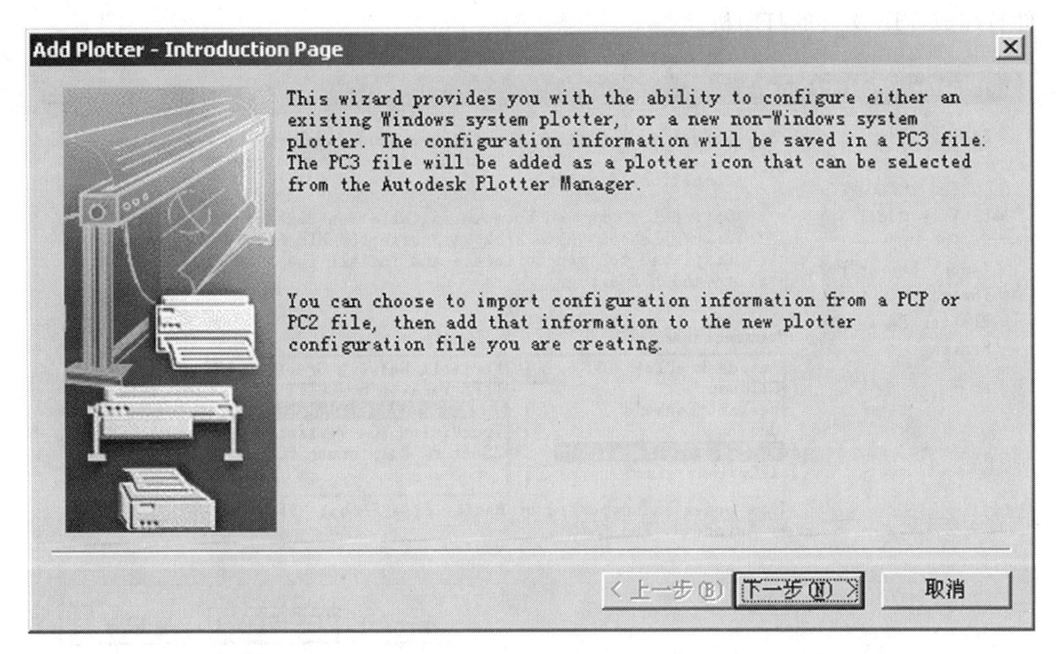

附图-2　“Add Plotter-Introduction Page”对话框

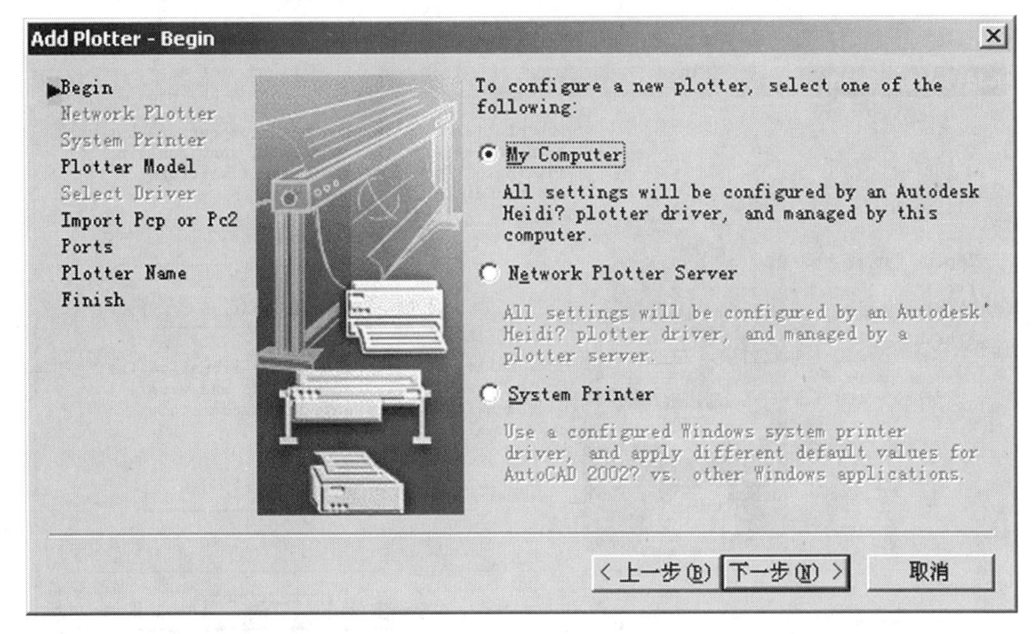

附图-3　“Add Plotter-Begin”对话框

在附图-4 所示对话框的“Manufacturers”中选择“Raster File Formats”，然后在“Models”列表框中选择需要打印生成的图像文件格式。这些文件格式包括 BMP、PNG、TIF、TGA、PCX、JPG 等，我们选择“TIFF version 6(Uncompressed)”，然后单击“下一步”按钮，然后在接下来的其他对话框中均单击“下一步”按钮，并在如附图-5 所示的“Add Plotter-Finish”对话框中单击“完成”按钮，就成功配置了一台可以将 AutoCAD

文件打印成 TIF 文件的打印机。

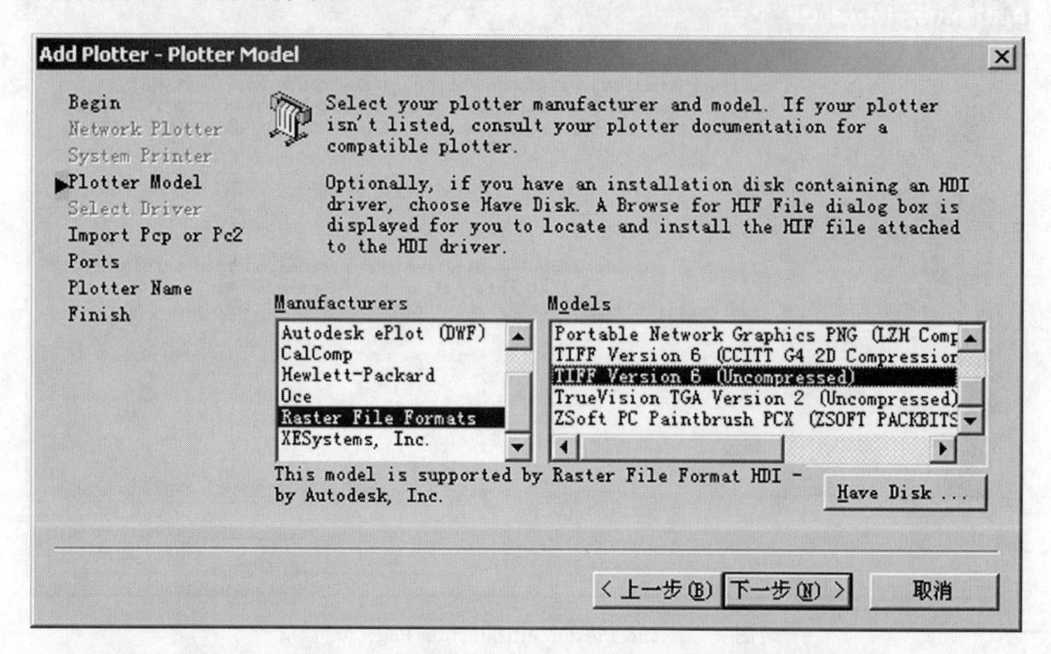

附图-4　“Add Plotter-Plotter Model”对话框

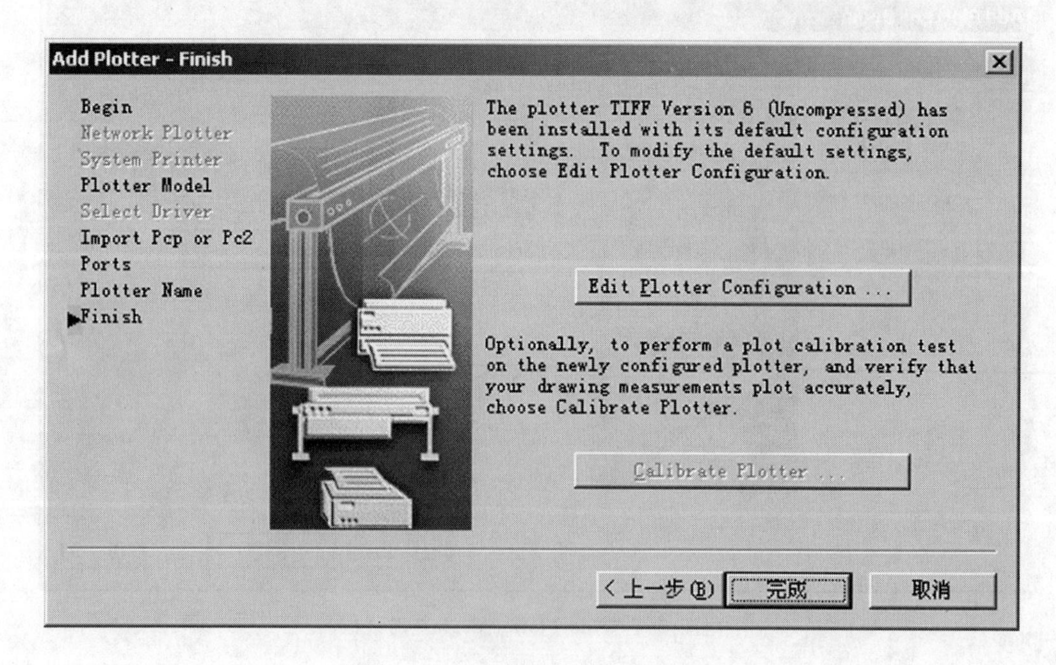

附图-5　“Add Plotter-Finish”对话框

如果这时进入“Plotter”文件夹，可以发现多了一台名为“TIFF Version 6(uncompressed).pc3”的打印机。

增加了打印机，还需要对它进行配置，以适应自己的打印需要。

在 AutoCAD 中选择“File>Plot...”菜单命令(Ctrl+P)，打开如附图-6 所示的

"Plot"对话框，在"Plot Device"选项卡的"Plotter Configuration"的"Name"下拉列表框中选择刚增加的"TIFF Version 6 (uncompressed).pc3"，单击右侧的"Properties..."按钮，打开"Plotter Configuration Editor"对话框(附图-7)。

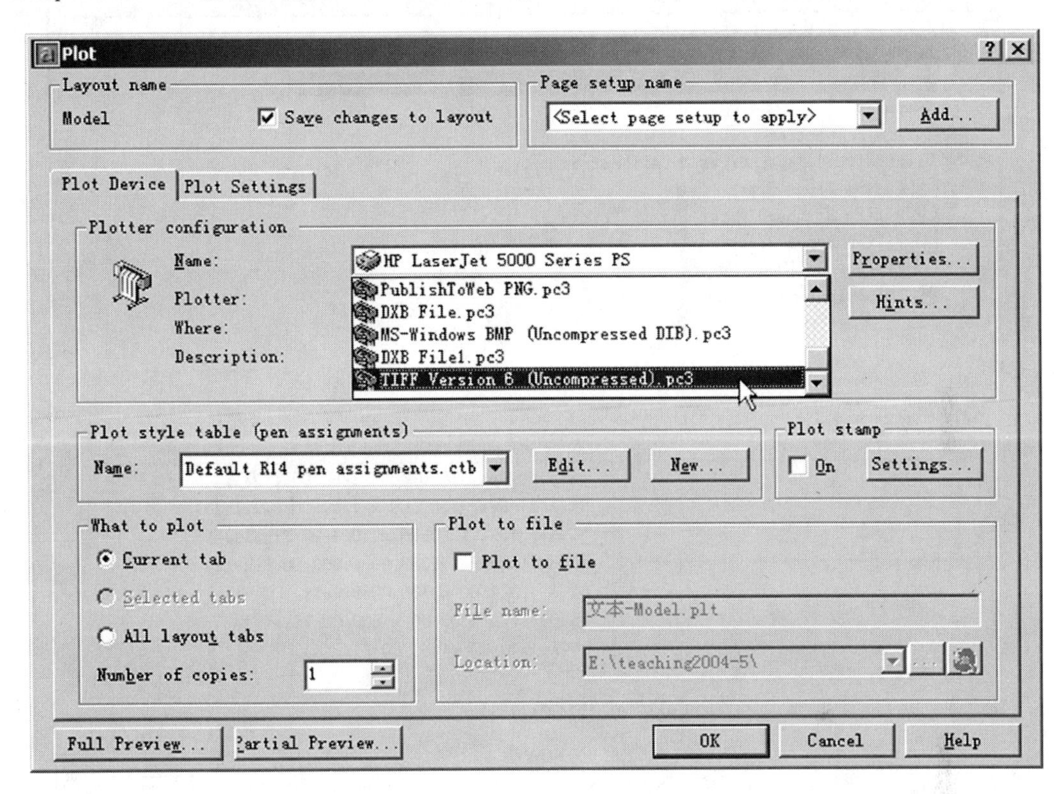

附图-6 "Plot"对话框

在附图-7 所示的对话框的右下的"Size"列表框中列出了一些已经设置好的打印结果图像的大小。在上部列表框中选择"Custom Paper Sizes"，可以自定义打印图像大小，如附图-8 所示，这时单击"Add"按钮，打开"Custom Paper Size-Begin"对话框(附图-9)；单击"下一步"按钮，打开"Custom Paper Size-Media Bounds"对话框(附图-10)，设定打印生成图像的大小，例如 Width = 4000，Height = 3000；单击"下一步"按钮，在"Custom Paper Size-Paper Size Name"对话框(附图-11)中给新设定的打印图像大小起一个名字(或使用自动给出的名字)；按"下一步"按钮，在"Custom Paper Size-File name"对话框(附图-12)中给一个新的 PMP 文件名；单击"下一步"按钮，在随后打开的对话框中单击"完成"，回到"Plotter Configuration Editor"对话框；单击"OK"按钮，在弹出的"Change to a Printer Configuration File"对话框中单选"Apply Changes for the current plot only"，单击"OK"按钮，回到"Plot"对话框。

在"Plot"对话框中的"Plot style table(pen assignments)"中设置打印笔号、颜色、粗细，在"Plot to file"中设定打印文件的位置和文件名称，然后进入"Plot Settings"选项卡(附图-13)中选择刚才设置的图像大小(Paper size)，选取打印区域，设置打印比例，就可以将 AutoCAD 文件打印为一个 TIF 文件。

除了直接将 AutoCAD 文件打印成 TIF、JPG 等图像文件之外，我们还可以将 AutoCAD

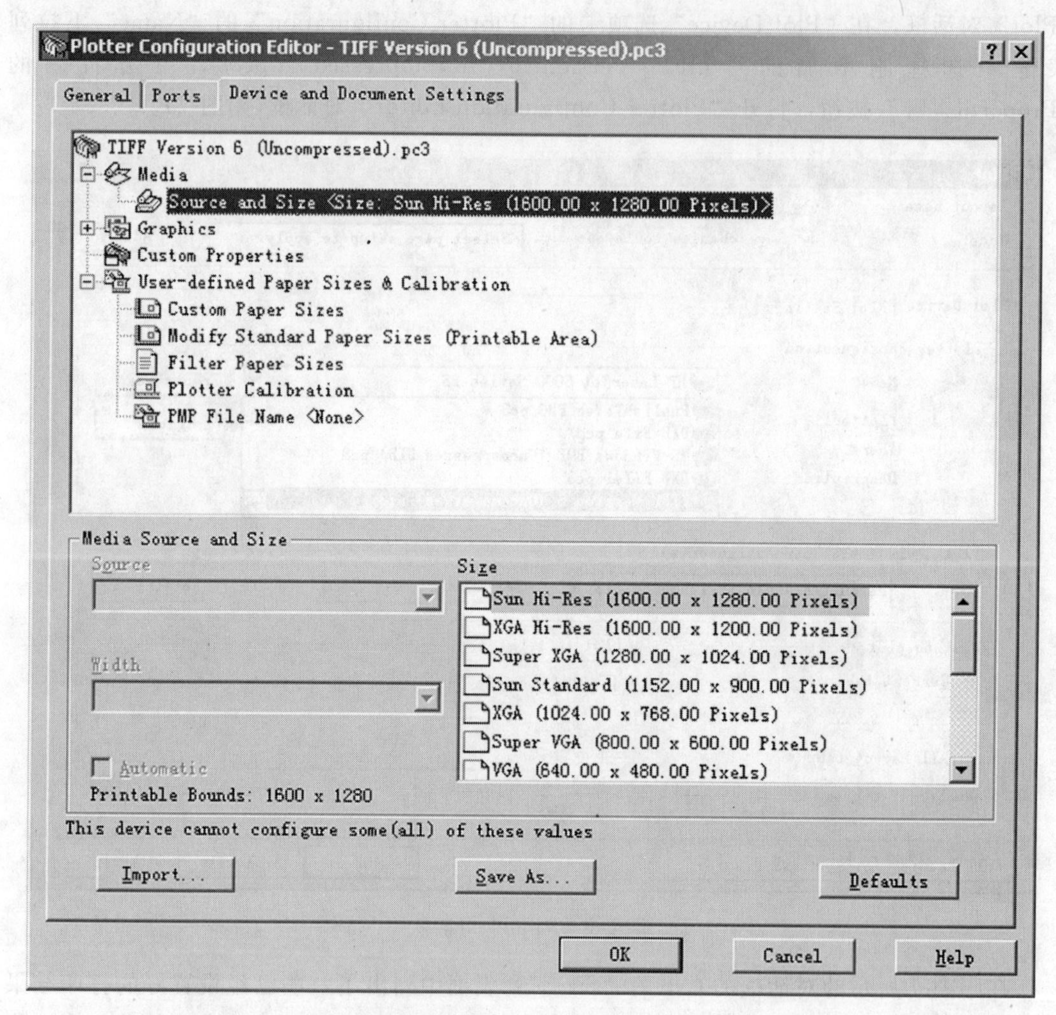

附图-7　“Plotter Configuration Editor”对话框

文件打印成 EPS 文件，然后再通过 PhotoShop 将 EPS 文件转换成图像文件。

用 EPS 打印机打印的过程和通常将图打印在纸上是一样的，因此，它的打印过程更易掌握，特别是打印比例更易控制。另外，当用 PhotoShop 打开生成的 EPS 文件时，打印的内容是单独位于一个层上，没有和背景合在一起，这样非常有利于后期的填色等处理。

增加一台 EPS 打印机的方法同前述的 TIF 打印机相似，不同的是需在“Add Plotter-Plotter Model”对话框(附图-4)的“Manufactures”中选择“Adobe”，然后在“Models”中选择一种 PostScript 格式，如“PostScript Lever 2”，并在“Add Plotter-Ports”对话框(附图-14)中选择“Plot to File”。

配置 EPS 打印机的关键是图形的分辨率。在“Plotter Configuration Editor”对话框的“Device and Document Settings”选项卡上部的列表中单击“Graphics”前的“+”，并单击“Vector Graphics”(附图-15)，在下部的“Color Depth”中选择是彩色的还是单色的，并用鼠标移动游标来设定分辨率“Res”，分辨率“300×300 DPI”表示每英寸打印 300 个像素。

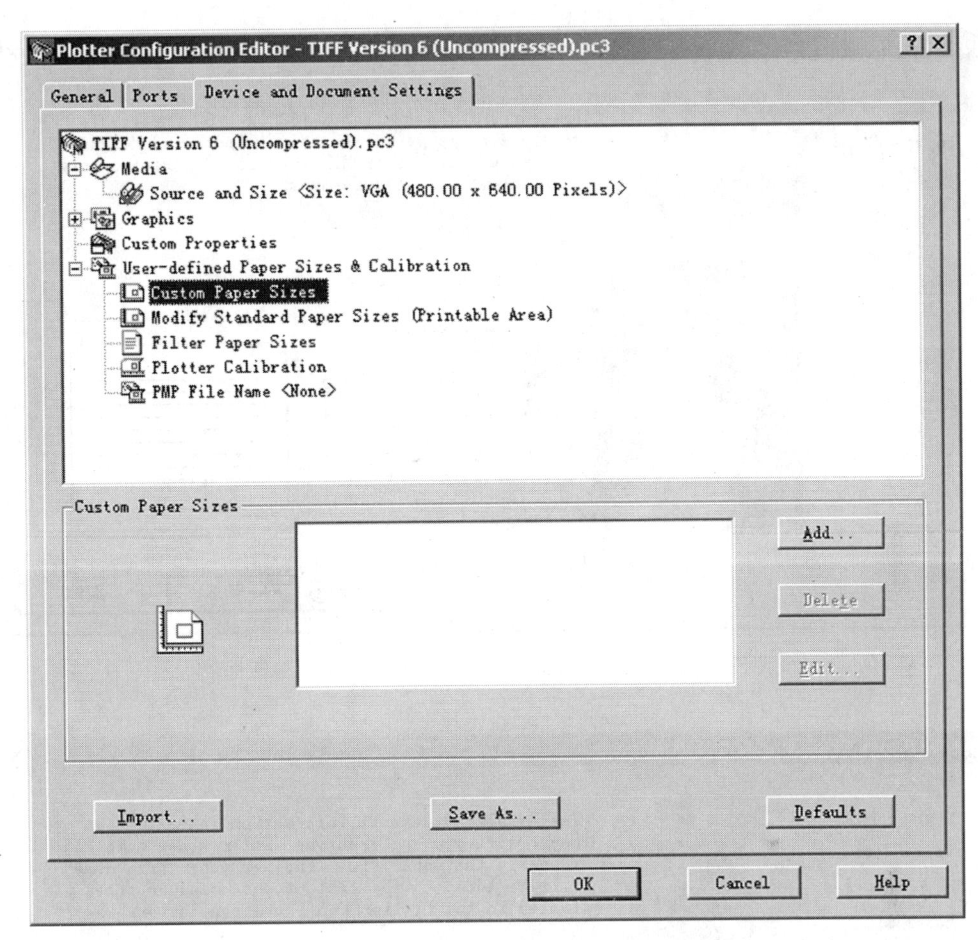

附图-8

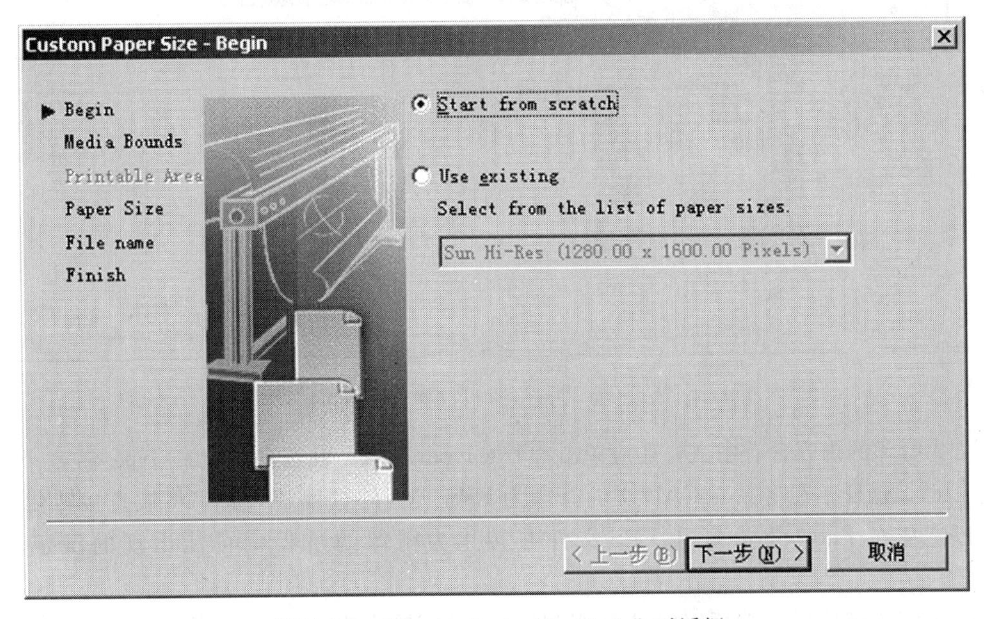

附图-9　“Custom Paper Size-Begin”对话框

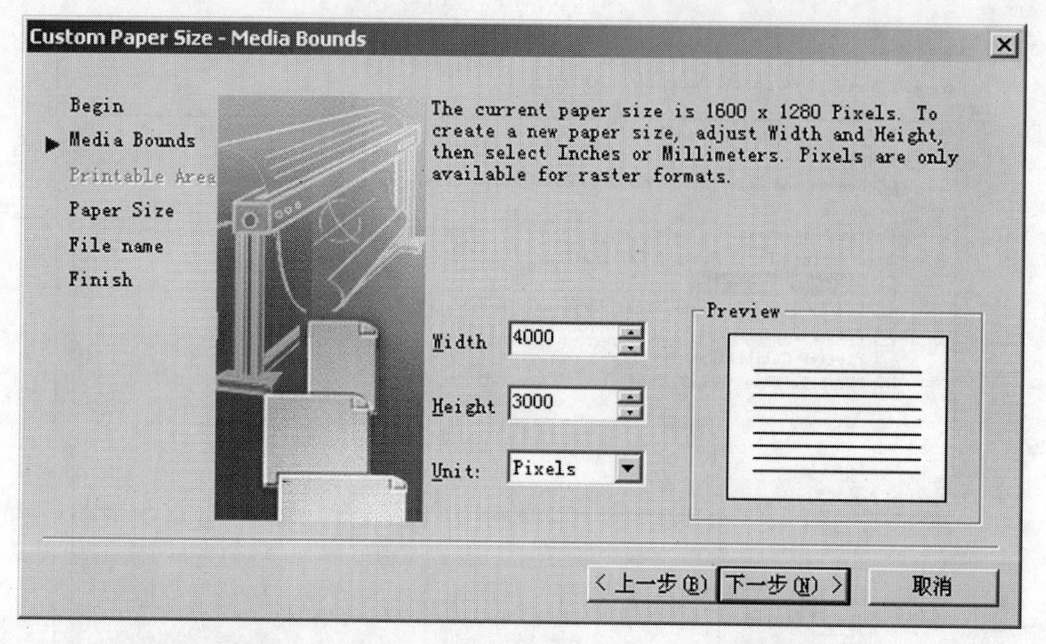

附图-10　“Custom Paper Size-Media Bounds”对话框

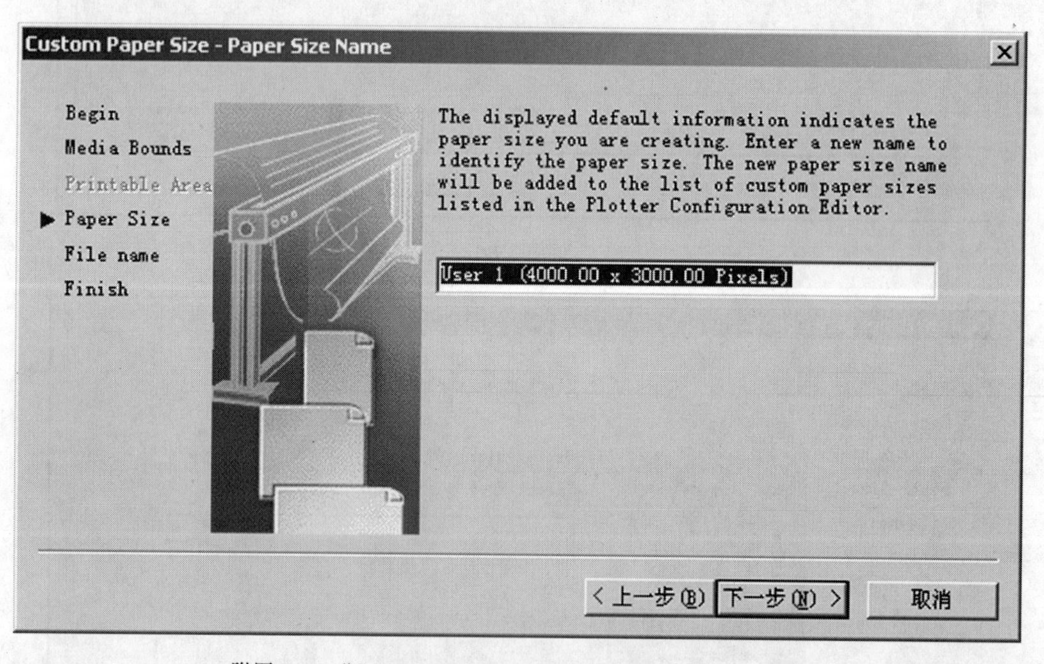

附图-11　“Custom Paper Size-Paper Size Name”对话框

如果打印的内容含有中文，还应单击“TrueType Text”并选择“True Type as graphics”(附图-16)，这样，在将 AutoCAD 文件打印为 EPS 文件的过程中，文字将被直接转化为图像，以避免在 PhotoShop 打开 EPS 文件并转化为图像的过程中可能出现的汉字转换错误。

以上配置完成后，就可以将 AutoCAD 文件打印输出为 EPS 文件了。

Custom Paper Size - File name
Begin
Media Bounds
Printable Area
Paper Size
File name
Finish
The new paper size will be stored in a PMP (Plotter Model Parameters) file. Enter a name for the PMP file you are saving.
PMP File name :
TIFF Version 6 (Uncompressed)
< 上一步(B)
下一步(N) >
取消

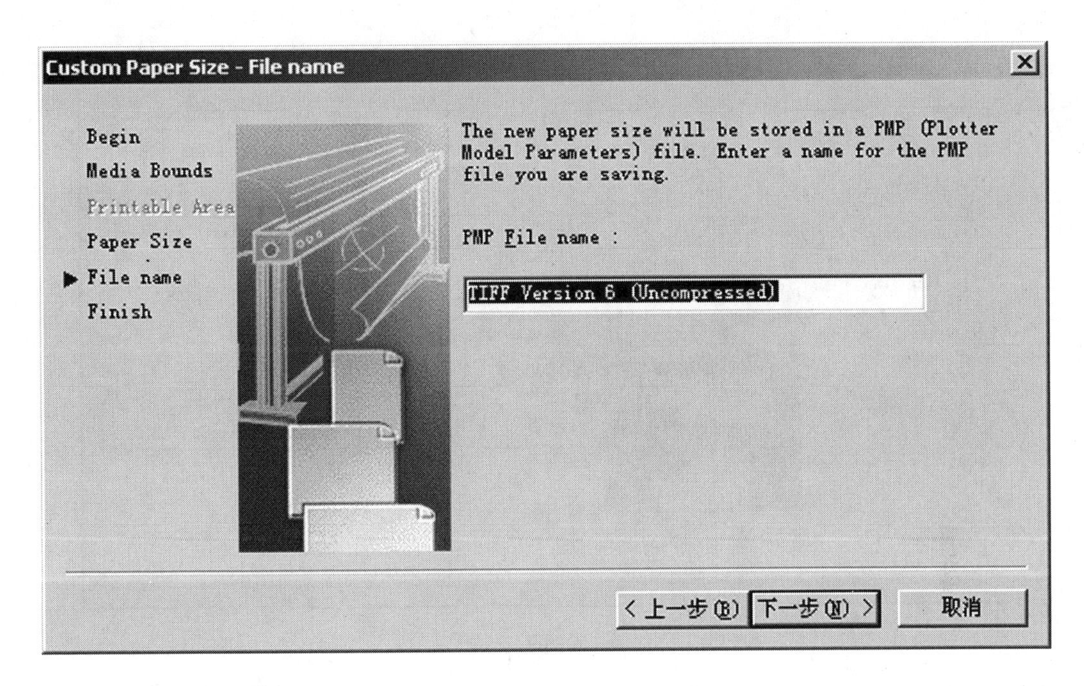

附图-12　“Custom Paper Size-File name”对话框

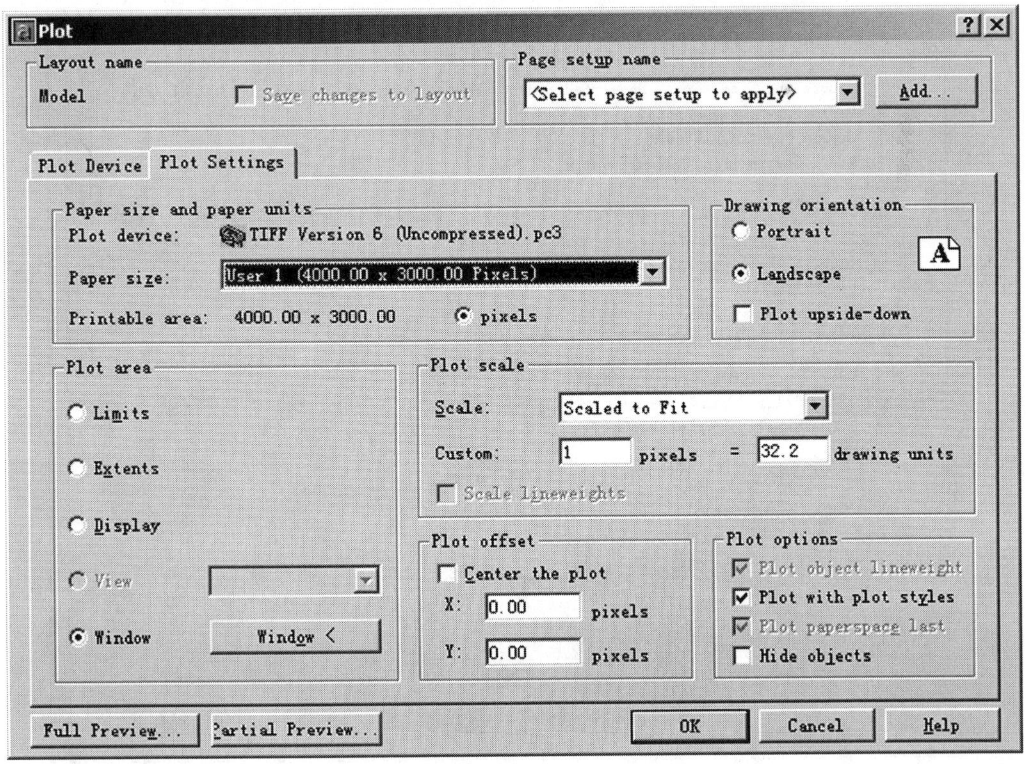

Plot
Layout name
Model
Save changes to layout
Page setup name
<Select page setup to apply>
Add...
Plot Device
Plot Settings
Paper size and paper units
Plot device:
TIFF Version 6 (Uncompressed).pc3
Paper size:
User 1 (4000.00 x 3000.00 Pixels)
Printable area:
4000.00 x 3000.00
pixels
Drawing orientation
Portrait
Landscape
Plot upside-down
Plot area
Limits
Extents
Display
View
Window
Window <
Plot scale
Scale:
Scaled to Fit
Custom:
1
pixels
=
32.2
drawing units
Scale lineweights
Plot offset
Center the plot
X:
0.00
pixels
Y:
0.00
pixels
Plot options
Plot object lineweight
Plot with plot styles
Plot paperspace last
Hide objects
Full Preview...
Partial Preview...
OK
Cancel
Help

附图-13

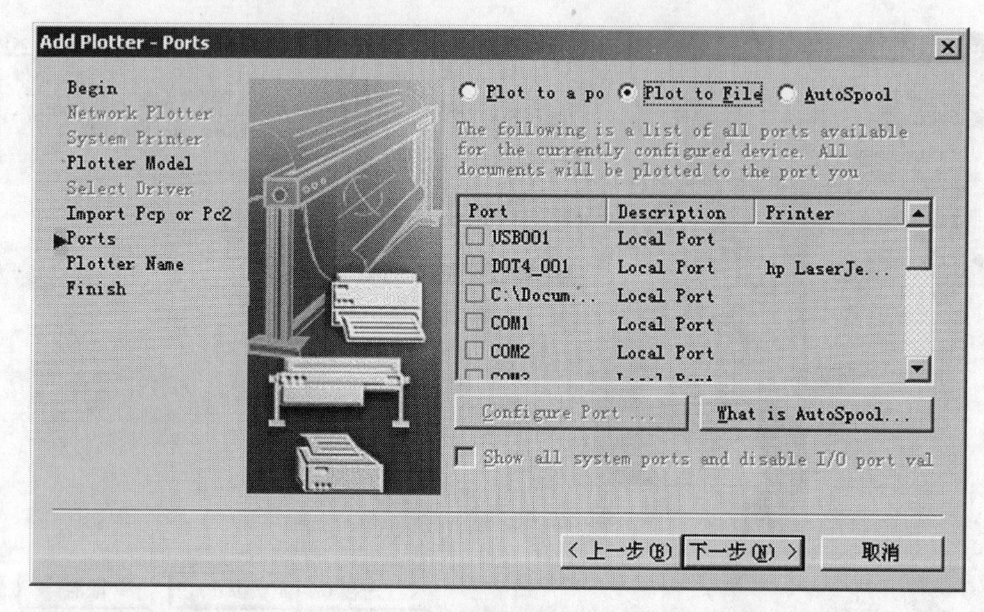

附图-14

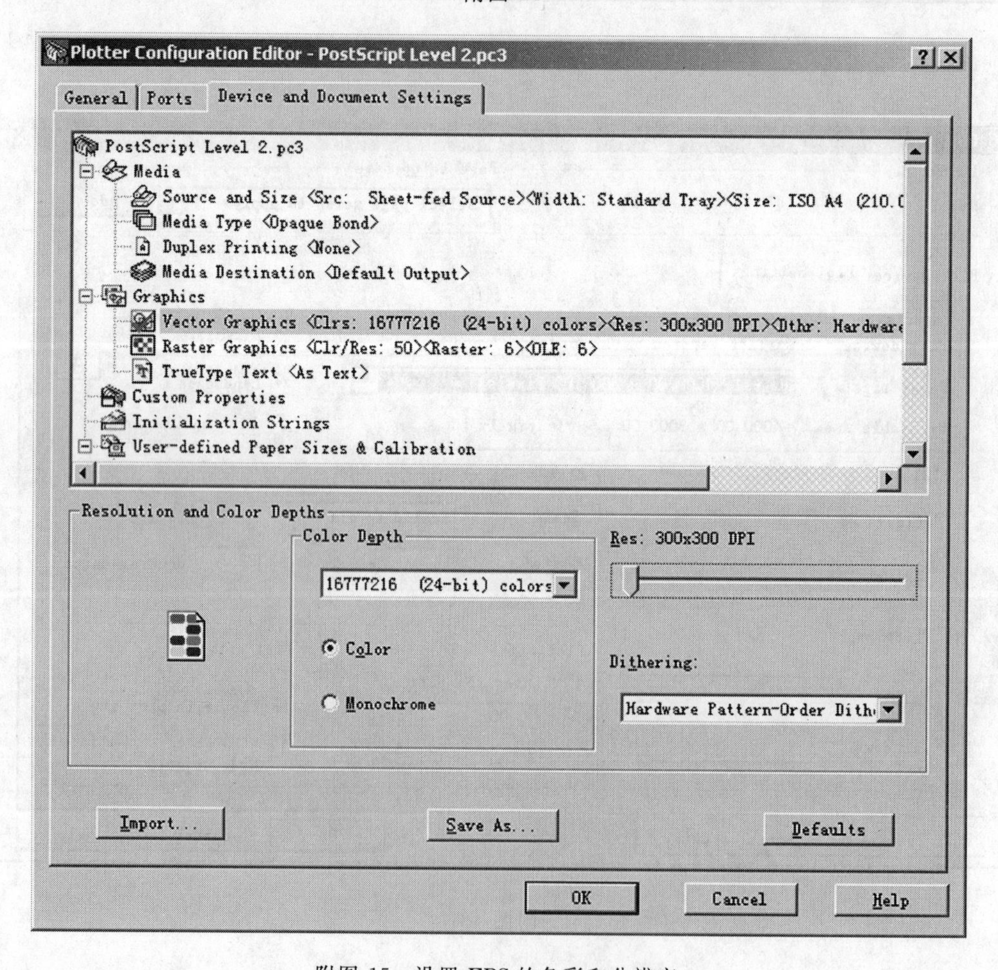

附图-15　设置 EPS 的色彩和分辨率

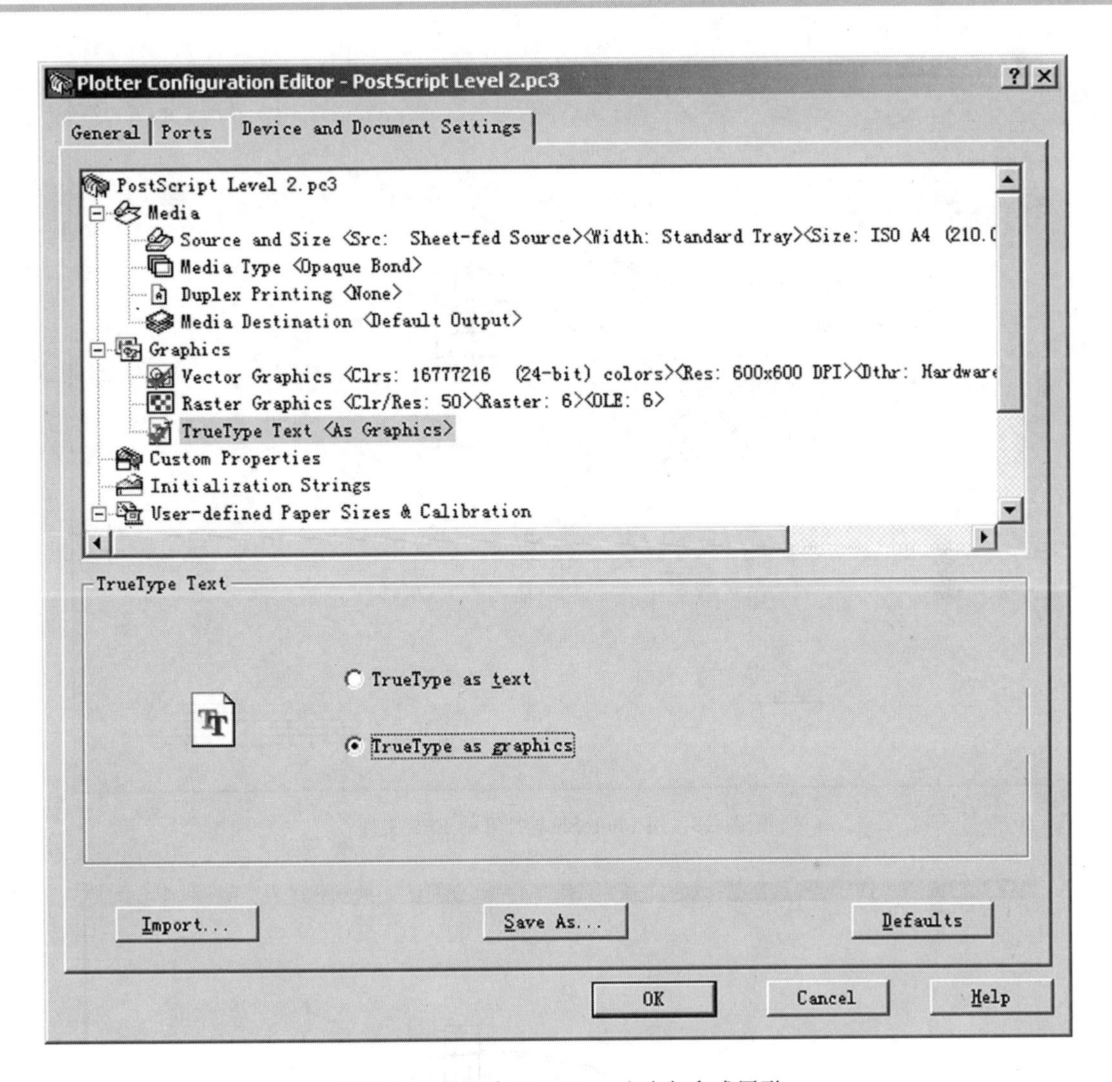

附图-16 设置将 TureType 文字打印成图形

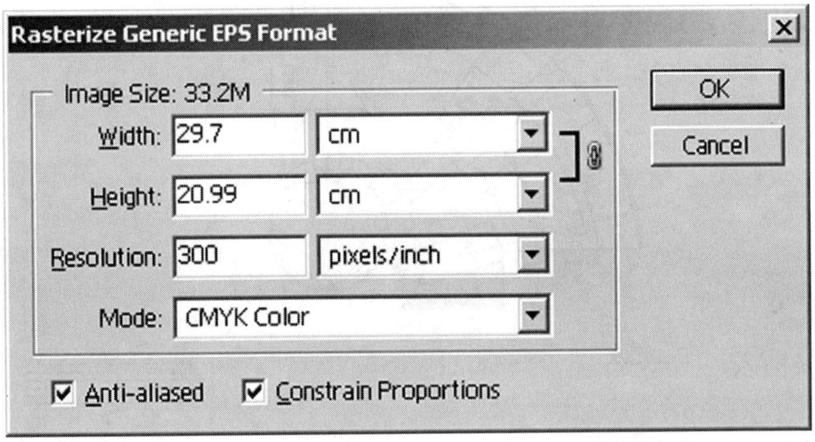

Rasterize Generic EPS Format

Image Size: 33.2M

Width: 29.7 cm

Height: 20.99 cm

Resolution: 300 pixels/inch

Mode: CMYK Color

OK

Cancel

Anti-aliased Constrain Proportions

附图-17 用 PhotoShop 打开 EPS 文件时的用于设定图像大小对话框

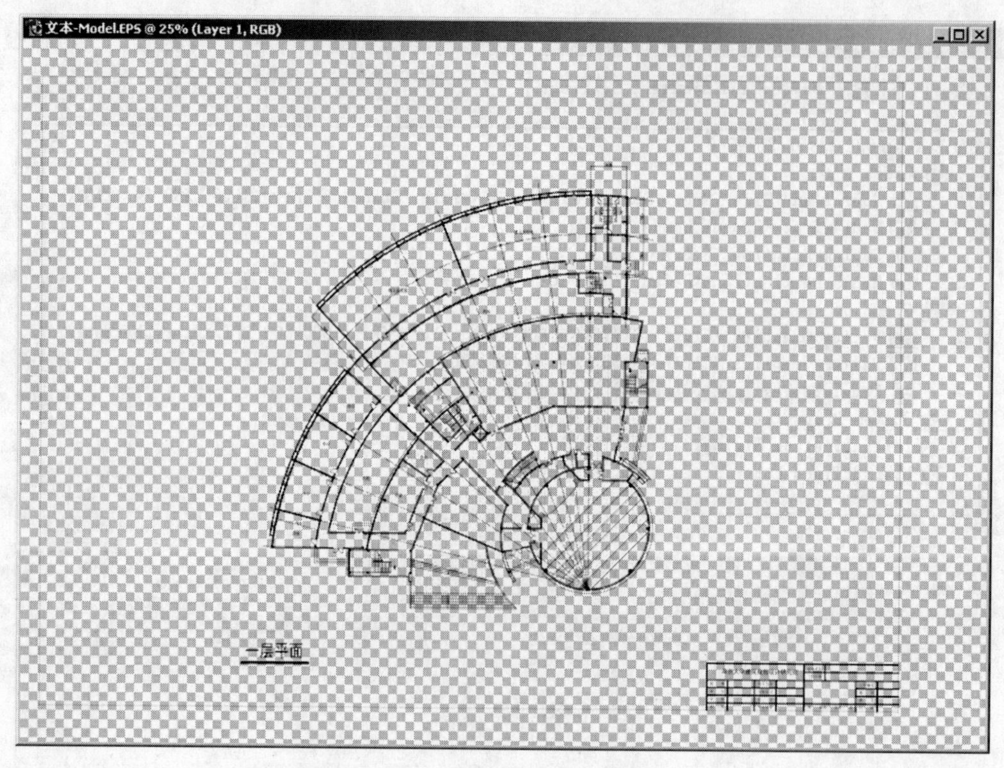

附图-18　用 PhotoShop 打开的 EPS 文件

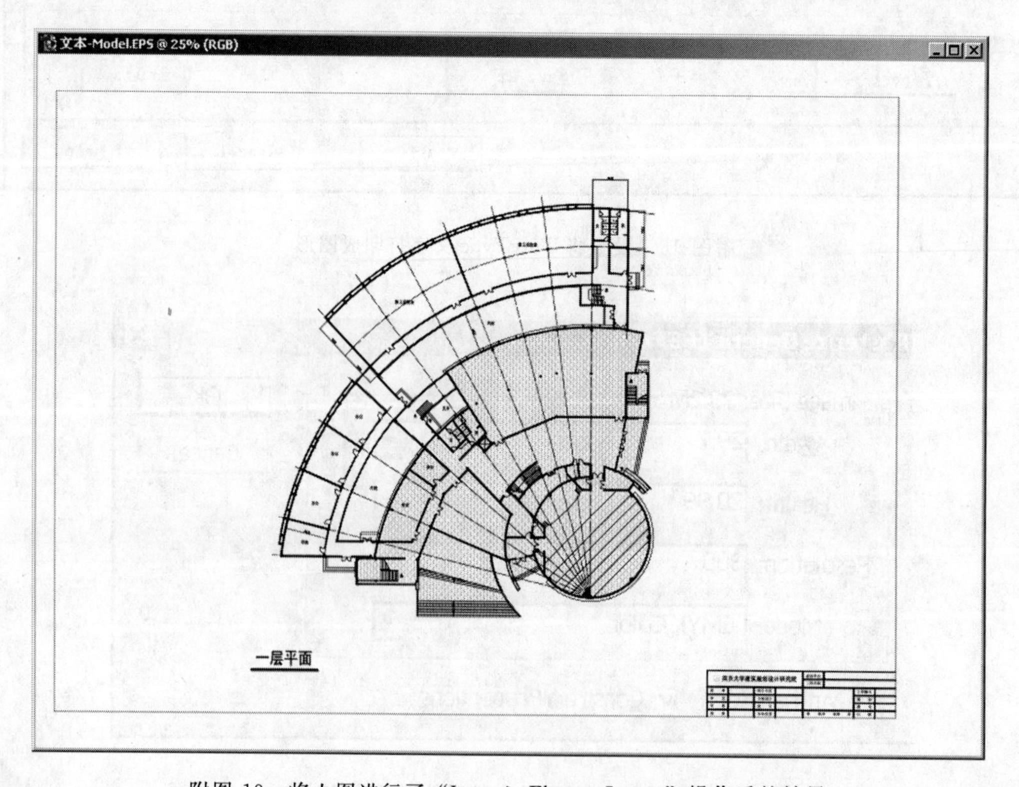

附图-19　将上图进行了“Layer>Flatten Image”操作后的结果

在 PhotoShop 中，选择“File>Open”菜单命令(Ctrl+O)，打开 AutoCAD 打印生成的 EPS 文件，将弹出如附图-17 所示的对话框，在这个对话框中，“Width”、“Height”、“Resolution”等内容就是在 AutoCAD 打印时设置的纸张大小和分辨率。单击“OK”按钮，Photoshop 将打开 EPS 文件并转化为图像，所有打印内容均在一个透明图层上(如附图-18所示)。可以将它保存为 PSD 文件，以备进一步的编辑，或者选择“Layer>Flatten Image”菜单命令，将这一图层和背景合并(如附图-19 所示)，然后保存为 TIF、JPG 或其他图像文件格式。

在Photoshop中，选择"File>Open"菜单命令或Ctrl+O，打开AutoCAD中输出的EPS文件，将弹出如图17所示的对话框。在这个对话框中，"Width"、"Height"、"Resolution"等内容就是在AutoCAD打印时设置的图纸大小和分辨率。单击"OK"按钮，Photoshop将打开EPS文件并转化为图像，再在它的下面新建一个透明图层并填充白色，如图18所示。可以将它保存为PSD文件，以备进一步编辑。或者选择"Layer>Flatten Image"菜单命令，将这一图层和背景层合并(或删除)，然后保存为TIF、JPG等其他图像文件格式。